Redes e Sistemas de Comunicação de Dados

William Stallings

Redes e Sistemas de Comunicação de Dados

Consultoria Editorial

Sergio Guedes de Souza
Pesquisador - Núcleo de Computação Eletrônica - NCE - UFRJ
Professor Colaborador - Departamento de Ciência da Computação,
Instituto de Matemática - DCC/IM - UFRJ

Tradução

Daniel Vieira
Presidente da Multinet Informática
Programador e tradutor especializado em Informática

Revisão Técnica

Manoel Camillo Penna
Doutor em Ciência da Computação pela Universidade de Paris VI,
Professor Titular da Pontifícia Universidade Católica do Paraná

19ª tiragem

ELSEVIER

CAMPUS

Do original:
Business Data Communications
Tradução autorizada do idioma inglês da edição publicada por Pearson Prentice Hall.
Copyright © 2005 by Pearson Education, 2nc.

© 2005, Elsevier Editora Ltda.

Todos os direitos reservados e protegidos pela Lei 9.610 de 19/02/1998.
Nenhuma parte deste livro, sem autorização prévia por escrito da editora,
poderá ser reproduzida ou transmitida sejam quais forem os meios empregados:
eletrônicos, mecânicos, fotográficos, gravação ou quaisquer outros.

Copidesque:
Maria Luiza de Oliveira Brilhante

Projeto Gráfico e Editoração Eletrônica:
Estúdio Castellani

Revisão Gráfica:
Marco Antonio Correa

Projeto Gráfico
Elsevier Editora Ltda.
Conhecimento sem Fronteiras
Rua Sete de Setembro, 111 – 16º andar
20050-006 – Centro – Rio de Janeiro – RJ – Brasil

Rua Quintana, 753 – 8º andar
04569-011 – Brooklin – São Paulo – SP – Brasil

Serviço de Atendimento ao Cliente
0800-0265340
sac@elsevier.com.br

ISBN 13: 978-85-352-1731-5
ISBN 10: 85-352-1731-2
Edição original: ISBN 0-13-144257-0

Nota: Muito zelo e técnica foram empregados na edição desta obra. No entanto, podem ocorrer erros de digitação, impressão ou dúvida conceitual. Em qualquer das hipóteses, solicitamos a comunicação ao nosso Serviço de Atendimento ao Cliente, para que possamos esclarecer ou encaminhar a questão.

Nem a editora nem o autor assumem qualquer responsabilidade por eventuais danos ou perdas a pessoas ou bens, originados do uso desta publicação.

CIP-Brasil. Catalogação-na-fonte.
Sindicato Nacional dos Editores de Livros, RJ

S781r
    Stallings, William
        Redes e sistemas de comunicação da dados : teoria e aplicações corporativas / William Stallings . – Rio de Janeiro : Elsevier, 2005.
        il.

        Tradução de: Business data communications, 5th ed
        Apêndice
        Inclui bibliografia
        ISBN 85-352-1731-2

        1. Negócios – Processamento de dados. 2. Negócios – Sistemas de comunicação – Processamento de dados. 3. Redes locais de computadores. 4. Sistemas de transmissão de dados. 5. Empresas – Redes de computadores. 6. Comércio eletrônico. I. Título.

05-2194.   CDD 004.6
                                           CDU 004.732

*Para a minha amada esposa ATS,
a melhor, a mais corajosa e a mais generosa.*

Sumário

Prefácio

Capítulo 1	**Introdução**	**1**
	1.1 Informação e comunicação	2
	1.2 Comunicação de dados e redes para a empresa de hoje	2
	1.3 A natureza dos requisitos de informação da empresa	5
	1.4 Processamento de dados distribuído	6
	1.5 A Internet e aplicações distribuídas	7
	1.6 Redes	8
	1.7 A transmissão da informação	12
	1.8 Aspectos de gerenciamento	13
	1.9 Padrões	14
	1.10 Recursos na Internet	14
	1.11 Publicações úteis	14
	1.12 Perguntas para revisão	16
	Apêndice 1A Prefixos para unidades numéricas	16

PARTE UM	**REQUISITOS**	**17**
Capítulo 2	**Informações corporativas**	**19**
	2.1 Áudio	20
	2.2 Dados	21
	2.3 Imagem	22
	2.4 Vídeo	24
	2.5 Medidas de desempenho	26
	2.6 Resumo	29
	2.7 Leitura e Web sites recomendados	29
	2.8 Principais termos, perguntas para revisão e problemas	29
Capítulo 3	**Processamento de dados distribuído**	**35**
	3.1 Processamento centralizado *versus* distribuído	36
	3.2 Formas de processamento de dados distribuído	43
	3.3 Dados distribuídos	45
	3.4 Implicações do PDD na rede	49
	3.5 Resumo	50
	3.6 Leitura recomendada	52
	3.7 Principais termos, perguntas para revisão e problemas	52
	ESTUDO DE CASO I: MasterCard International	54

PARTE DOIS A INTERNET E APLICAÇÕES DISTRIBUÍDAS 57

Capítulo 4 História e arquitetura da Internet 59

4.1 História da Internet 59
4.2 Arquitetura da Internet 65
4.3 Domínios da Internet 68
4.4 Resumo 72
4.5 Leitura e Web sites recomendados 72
4.6 Principais termos, perguntas para revisão e problemas 74

Capítulo 5 TCP/IP e OSI 77

5.1 Uma arquitetura de protocolos simples 78
5.2 A arquitetura de protocolos TCP/IP 83
5.3 Interconexão de redes 88
5.4 Detalhes do TCP e IP 91
5.5 A arquitetura de protocolos OSI 96
5.6 Resumo 100
5.7 Leitura e Web sites recomendados 100
5.8 Principais termos, perguntas para revisão e problemas 100
Apêndice 5A O Trivial File Transfer Protocol 102

ESTUDO DE CASO II: Department of Management Services da Flórida 105

Capítulo 6 Aplicações baseadas na Internet 109

6.1 Correio eletrônico e SMTP 110
6.2 Acesso à Web e HTTP 120
6.3 Telefonia de Internet e SIP 124
6.4 Resumo 132
6.5 Leitura e Web sites recomendados 132
6.6 Principais termos, perguntas para revisão e problemas 133

Capítulo 7 Computação cliente/servidor e intranet 135

7.1 O crescimento da computação cliente/servidor 136
7.2 Aplicações cliente/servidor 139
7.3 Middleware 143
7.4 Intranets 148
7.5 Extranets 152
7.6 Resumo 155
7.7 Leitura e Web sites recomendados 155
7.8 Principais termos, perguntas para revisão e problemas 155

ESTUDO DE CASO III: ING Life 157

Capítulo 8 Operação da Internet 159

8.1 Endereçamento da Internet 160
8.2 Protocolos de roteamento da Internet 162
8.3 Necessidade de velocidade e qualidade de serviço 166

8.4	Serviços diferenciados	171
8.5	Resumo	178
8.6	Leitura recomendada	178
8.7	Principais termos, perguntas para revisão e problemas	178

PARTE TRÊS   REDES LOCAIS   181

Capítulo 9   Arquitetura e protocolos de LAN   183

9.1	Fundamentos	184
9.2	Configurações de LAN	187
9.3	Meio de transmissão guiado	188
9.4	Arquitetura de protocolo de LAN	195
9.5	Resumo	200
9.6	Leitura e Web sites recomendados	200
9.7	Principais termos, perguntas para revisão e problemas	201
Apêndice 9A	Decibéis e força do sinal	202

Capítulo 10   Ethernet e Fibre Channel   205

10.1	O surgimento das LANs de alta velocidade	206
10.2	Ethernet tradicional	207
10.3	Pontes, hubs e comutadores	210
10.4	Ethernet de alta velocidade	215
10.5	Fibre Channel	219
10.6	Resumo	224
10.7	Leitura e Web sites recomendados	224
10.8	Principais termos, perguntas para revisão e problemas	224
	ESTUDO DE CASO IV: Carlson Companies	225

Capítulo 11   LANS sem fio   229

11.1	Visão geral	230
11.2	Padrão de LAN sem fio IEEE 802.11	235
11.3	Bluetooth	238
11.4	Resumo	242
11.5	Leitura e Web sites recomendados	243
11.6	Principais termos, perguntas para revisão e problemas	243
	ESTUDO DE CASO V: St. Luke's Episcopal Hospital	244

PARTE QUATRO   REDES REMOTAS   247

Capítulo 12   Comutação de circuitos e comutação de pacotes   249

12.1	Técnicas de comutação	250
12.2	Redes de comutação de circuitos	251
12.3	Redes de comutação de pacotes	257
12.4	Alternativas tradicionais de redes remotas	260

12.5	Resumo	266
12.6	Leitura e Web sites recomendados	267
12.7	Principais termos, perguntas para revisão e problemas	267
	ESTUDO DE CASO VI: Staten Island University Hospital	268

Capítulo 13 Frame Relay e ATM 271

13.1	Alternativas de rede remota	272
13.2	Frame Relay	275
13.3	Asynchronous Transfer Mode (ATM)	280
13.4	Resumo	287
13.5	Leitura e Web sites recomendados	287
13.6	Principais termos, perguntas para revisão e problemas	288
	ESTUDO DE CASO VII: Olsten Staffing Services	289
	ESTUDO DE CASO VIII: Guardian Life Insurance	291

Capítulo 14 WANs sem fio 295

14.1	Redes celulares sem fio	296
14.2	Acesso múltiplo	301
14.3	Comunicação sem fio de terceira geração	305
14.4	Comunicação via satélite	307
14.5	Resumo	313
14.6	Leitura e Web sites recomendados	314
14.7	Principais termos, perguntas para revisão e problemas	314
	ESTUDO DE CASO IX: Choice Hotels International	315

PARTE CINCO   COMUNICAÇÃO DE DADOS 317

Capítulo 15 Transmissão de dados 319

15.1	Sinais para transmissão de informações	320
15.2	Deficiências de transmissão e capacidade de canal	326
15.3	Resumo	332
15.4	Leitura recomendada	332
15.5	Principais termos, perguntas para revisão e problemas	333

Capítulo 16 Fundamentos de comunicação de dados 335

16.1	Comunicação de dados analógica e digital	336
16.2	Técnicas de codificação de dados	338
16.3	Transmissão assíncrona e síncrona	345
16.4	Detecção de erros	349
16.5	Resumo	350
16.6	Leitura e Web sites recomendados	352
16.7	Principais termos, perguntas para revisão e problemas	352

Capítulo 17 **Controle de enlace de dados e multiplexação** **355**

    17.1 Fluxo de controle e controle de erros   356
    17.2 Controle de enlace de dados de alto nível   357
    17.3 Motivação para multiplexação   362
    17.4 Multiplexação por divisão de freqüência   362
    17.5 Multiplexação por divisão de tempo síncrona   368
    17.6 Resumo   374
    17.7 Leitura e Web sites recomendados   374
    17.8 Principais termos, perguntas para revisão e problemas   374

    ESTUDO DE CASO X: Haukeland University Hospital   375

PARTE SEIS   **ASPECTOS DE GERENCIAMENTO**   **377**

Capítulo 18 **Segurança de rede** **379**

    18.1 Requisitos de segurança e ataques   380
    18.2 Privacidade e criptografia simétrica   381
    18.3 Autenticação de mensagem e funções de hash   388
    18.4 Criptografia de chave pública e assinaturas digitais   391
    18.5 Redes privadas virtuais e IPSec   397
    18.6 Resumo   402
    18.7 Leitura e Web sites recomendados   403
    18.8 Principais termos, perguntas para revisão e problemas   403

    ESTUDO DE CASO XI: O hacker que existe em todos nós   405

Capítulo 19 **Gerenciamento de rede** **409**

    19.1 Requisitos de gerenciamento de rede   410
    19.2 Sistemas de gerenciamento de rede   413
    19.3 Simple Network Management Protocol (SNMP)   414
    19.4 Leitura e Web sites recomendados   423
    19.5 Principais termos, perguntas para revisão e problemas   423

    Glossário   **425**
    Acrônimos   **431**
    Referências Bibliográficas   **433**
    Índice   **439**

Prefácio

FUNDAMENTOS

Quatro tendências tornaram um conhecimento sólido dos fundamentos da **comunicação de dados** essencial para os alunos de gerenciamento de negócios e informações:

- **O uso cada vez maior de equipamento de processamento de dados:** À medida que o custo do hardware de computador caía, o equipamento de processamento de dados tornava-se cada vez mais importante e uma parte onipresente em ambientes de escritório, fábrica e engenharia.
- **O uso cada vez maior de sistemas distribuídos:** A queda de custos de hardware resultou no uso cada vez maior de sistemas pequenos, incluindo servidores, estações de trabalho e computadores pessoais. Esses sistemas estão distribuídos pela empresa e precisam ser interconectados para trocar mensagens, compartilhar arquivos e recursos, como impressoras.
- **A diversidade cada vez maior de opções de rede:** O surgimento de uma grande quantidade de padrões de rede local (LAN) mais a evolução da tecnologia de LAN levaram a uma grande e superposta gama de produtos para as comunicações em área local. De modo semelhante, o planejamento para a próxima geração de equipamento de telefone e redes e a evolução de novas tecnologias de transmissão e rede proporcionaram uma grande e superposta gama de opções para a comunicação por longa distância.
- **O surgimento da Internet e da World Wide Web:** Em muito pouco tempo, a Internet e especialmente a World Wide Web atraíram milhões de usuários corporativos e pessoais. Nenhuma empresa pode ignorar o potencial dessa enorme facilidade.

Como resultado desses fatores, os cursos de comunicação de dados corporativos têm-se tornado comuns nas seqüências de gerenciamento de negócios e informações, e este livro pretende atacar as necessidades para tal curso. Porém, um foco nas comunicações de dados não é mais suficiente.

Durante os últimos vinte anos, à medida que a capacidade de processamento de dados era introduzida no escritório, produtos e serviços de comunicações de dados gradualmente assumiram importância cada vez maior. Agora, os desenvolvimentos tecnológicos e a grande aceitação de padrões estão transformando a maneira como a informação é utilizada para dar suporte à função empresarial. Além dos requisitos de comunicações tradicionais para voz e dados (significando texto e dados numéricos), agora existe a necessidade de lidar com imagens e informações de vídeo. Esses quatro tipos de informação (voz, dados, imagem e vídeo) são essenciais para a sobrevivência de qualquer empresa no ambiente internacional competitivo de hoje. O necessário é um tratamento não apenas da comunicação de dados, mas também da **comunicação de informações** para o ambiente corporativo.

A comunicação de informações e as redes de computadores tornaram-se indispensáveis para o funcionamento das empresas de hoje, grandes e pequenas. Além do mais, elas tornaram-se um custo importante e crescente para as organizações. A gerência e o pessoal precisam de um conhecimento completo da comunicação de informações para avaliar necessidades; planejar o lançamento de produtos, serviços e sistemas; e gerenciar os sistemas e pessoal técnico que os operam. Esse conhecimento precisa compreender o seguinte:

- **Tecnologia:** A tecnologia subjacente às facilidades de comunicação de informações, sistemas de rede e software de comunicação.
- **Arquitetura:** O modo como o hardware, o software e os serviços podem ser organizados para oferecer interconexão entre computador e terminal.
- **Aplicações:** Como a comunicação de informações e os sistemas de rede podem atender aos requisitos das empresas de hoje

ABORDAGEM

A finalidade deste texto é apresentar os conceitos da comunicação de informações de uma maneira que se relaciona especificamente ao ambiente de negócios e aos problemas da gerência e do pessoal da empresa. Para essa finalidade, o livro utiliza uma abordagem baseada em requisitos, ingredientes e aplicações:

- **Requisitos:** A necessidade de fornecer serviços que habilitam as empresas a utilizarem informações é a força-motriz por trás da tecnologia de comunicação de dados e informações. O texto esboça os requisitos específicos que essa tecnologia pretende resolver. Essa ligação entre requisitos e tecnologia é decisiva para motivar um texto dessa natureza.
- **Ingredientes:** A tecnologia da comunicação de informações inclui o hardware, o software e os serviços de comunicação disponíveis para dar suporte a sistemas distribuídos. Um conhecimento dessa tecnologia é essencial para um gerente fazer escolhas inteligentes entre as muitas alternativas.
- **Aplicações:** A gerência e o pessoal precisam entender não apenas a tecnologia, mas também o modo como essa tecnologia pode ser aplicada para satisfazer requisitos corporativos.

Esses três conceitos são a estrutura da apresentação. Eles oferecem um meio de o aluno entender o contexto do que está sendo apresentado em qualquer ponto do texto, e eles motivam o material. Assim, o aluno terá um conhecimento *prático* da comunicação de informações corporativas.

Um tema importante em todo o livro é o papel central dos padrões. A proliferação de computadores pessoais e de outros sistemas de computador inevitavelmente significa que o gerente verá a necessidade de integrar equipamento a partir de diversos fornecedores. A única maneira de gerenciar esse requisito de forma eficaz é por meio de padrões. E, na realidade, cada vez mais fornecedores oferecem produtos e serviços em conformidade com os padrões internacionais. Esse texto aborda alguns dos principais grupos de padrões que estão remodelando o mercado e que definem as opções disponíveis àqueles que tomam decisões.

PÚBLICO-ALVO

Este livro é voltado para alunos e profissionais que agora têm ou esperam ter alguma responsabilidade com gerenciamento de comunicação de informações. Como um cargo de tempo integral, alguns leitores podem ser ou planejar ser responsável pelo gerenciamento da função de telecomunicações da empresa. Mas praticamente todos os gerentes e grande parte do pessoal precisarão ter um conhecimento básico da comunicação de informações para realizar suas tarefas de forma eficaz.

Este texto serve como um curso introdutório sobre comunicação de informações para alunos de administração de empresas e informática. Ele não pressupõe qualquer base em comunicações de dados, mas, sim, um conhecimento básico de processamento de dados.

O livro também serve como auto-estudo e foi elaborado para uso como tutorial e livro de referência para aqueles que já estão envolvidos em comunicação de informações corporativas.

PLANO DO LIVRO

O livro faz um levantamento do campo amplo e em constante mudança da comunicação de informações. Está organizado de modo que o material novo seja encaixado ao contexto do material já apresentado. Enfatizando requisitos e aplicações, além da tecnologia, o aluno recebe motivação e um meio de avaliar a importância de um assunto específico com relação ao todo. O livro é dividido em seis partes:

1. **Requisitos:** Define as necessidades de comunicação de informações no ambiente da empresa. Discute o modo como várias formas de informação são utilizadas e a necessidade de facilidades de interconexão e rede. Um exame da natureza e do papel do processamento de dados distribuído é o destaque dessa primeira parte.
2. **A Internet e aplicações distribuídas:** Oferece uma visão geral da Internet e dos protocolos básicos que são o seu alicerce. Além disso, aborda a questão crítica da qualidade de serviço. Essa parte também trata de aplicações comerciais específicas, que exigem facilidades de comunicação de informações e redes. Essa parte apresenta as principais aplicações, como correio eletrônico e a World Wide Web, e inclui uma discussão sobre a computação cliente/servidor e as intranets.
3. **Redes locais:** Explora as tecnologias e as arquiteturas desenvolvidas para o uso de redes por distâncias mais curtas. Explora os meios de transmissão, as topologias e os protocolos de controle de acesso ao meio, que são os ingredientes-chave de um projeto de LAN, e examina os sistemas de LAN específicos e padronizados.
4. **Redes de longo alcance:** Examina os mecanismos internos e as interfaces usuário-rede que têm

sido desenvolvidas para dar suporte a comunicações de voz, dados e multimídia por redes de longa distância. As tecnologias tradicionais da comutação de pacotes e de circuitos são examinadas, assim como as tecnologias mais recentes de ATM e WANs sem fio.
5. **Comunicação de dados:** Trata da tecnologia básica da comunicação da informação. A ênfase está nas técnicas de comunicação digitais, pois estas estão rapidamente substituindo as técnicas analógicas para todos os produtos e serviços relacionados à comunicação de informações. Os principais assuntos são meios de transmissão, protocolos de controle do enlace de dados e multiplexação.
6. **Questões de gerenciamento:** Trata de duas áreas-chave: segurança da rede e gerenciamento da rede.

Além disso, o livro inclui um extenso glossário, uma lista de acrônimos usados com freqüência e uma bibliografia. Cada capítulo inclui perguntas para revisão, problemas e sugestões para leitura complementar. Finalmente, uma série de casos reais aparece ao longo do livro.

NOTA AO PROFESSOR

O principal objetivo deste texto é torná-lo uma ferramenta de ensino o mais eficaz possível para esse assunto fascinante e de rápida evolução.

O livro contém diversos recursos que oferecem suporte pedagógico importante para o professor. Cada capítulo começa com uma lista de objetivos relacionados, fornecendo, como resultado, um esboço do capítulo e alertando o aluno no sentido de examinar certos conceitos-chave, à medida que este lê o capítulo. Os principais termos do capítulo são apresentados em negrito, e todos os termos novos são listados respectivamente ao final do capítulo. Os acrônimos são destacados no final do livro; isso é muito importante, porque o campo de comunicação de informações está repleto de acrônimos. Um glossário, ao final do livro, oferece um resumo prático dos principais termos. Um resumo ao final de cada capítulo destaca os principais conceitos e os coloca no contexto do livro inteiro. Além disso, existem perguntas e problemas do tipo "dever de casa", para reforçar e estender o que foi aprendido. O livro também possui muitas figuras e tabelas para reforçar os assuntos abordados no texto.

Em todo o livro, apresentamos diversos estudos de caso. Estes não são casos "inventados", mas casos reais, relatados em bibliografia. Cada caso é escolhido para fixar ou estender os conceitos apresentados antes do respectivo estudo.

ABORDAGEM DE CIMA PARA BAIXO E DE BAIXO PARA CIMA

O livro está organizado para apresentar o material em um padrão de cima para baixo. A vantagem disso é focalizar imediatamente a parte mais visível do material, as aplicações, e depois examinar progressivamente como cada camada tem o suporte da próxima camada inferior. Essa abordagem faz mais sentido para muitos professores e alunos. A camada da aplicação é a camada mais visível ao aluno e normalmente oferece mais interesse. Um entendimento das aplicações motiva os mecanismos encontrados na camada de transporte. O tratamento das camadas de aplicação e transporte permite que o aluno entenda as muitas questões de projeto na camada da inter-rede, incluindo as questões de qualidade de serviço e roteamento. Finalmente, as redes de computadores e os mecanismos de enlace de dados podem ser tratados.

Alguns leitores e alguns professores se sentem melhor com uma abordagem de baixo para cima. Com ela, cada parte se baseia no material da parte anterior, de modo que sempre fica claro como determinada camada de funcionalidade tem o suporte da camada inferior. Assim, o livro é organizado em um padrão modular. Depois de ler a Parte I, as outras partes podem ser lidas em diversas seqüências possíveis.

NOTA AO LEITOR

Em um livro sobre esse assunto, para esse tipo de público, é tentador começar imediatamente com uma descrição da tecnologia de comunicações e redes e examinar e comparar as diversas abordagens. Certamente, esse é um elemento essencial de um livro que trata de comunicação de informações corporativas. No entanto, acreditamos que essa técnica seja imprópria. O leitor empresarial deseja (corretamente) ver o material técnico no contexto das necessidades da empresa e a maneira como a tecnologia de comunicações e redes dão suporte às funções da empresa desejadas. Assim, este livro começa definindo os requisitos para a comunicação de informações na empresa. Os tipos de informação e sua utilidade são examinados primeiro. Isso prepara o cenário para uma discussão das aplicações que podem atender a esses requisitos e o papel da Internet no suporte às aplicações. Depois, teremos condições de examinar as redes de comunicações, tanto LANs quanto WANs, que formam a infra-estrutura para as aplicações distribuídas e a rede. Continuando nesse modelo de cima para baixo, o livro examina em seguida as tecnologias fundamentais da comunicação. Finalmente, são discutidas as questões de gerenciamento de segurança e da rede. Esperamos que essa estratégia torne o material mais compreensível e ofereça uma estrutura mais natural para um leitor com uma orientação empresarial.

O QUE HÁ DE NOVO NA QUINTA EDIÇÃO

Nos quatro anos desde que a quarta edição do original deste livro foi publicada, o setor tem visto inovações e melhorias contínuas. Nesta nova edição, tentamos capturar essas mudanças, enquanto mantemos uma cobertura ampla e abrangente do setor inteiro. Para iniciar o processo de revisão, a quarta edição deste livro foi extensamente revista por diversos professores que lecionam o tema e por profissionais que trabalham no setor. O resultado é que, em muitos pontos, a narrativa tornou-se mais clara e rigorosa, e as ilustrações foram aperfeiçoadas. Além disso, diversos novos problemas "testados em campo" foram acrescentados.

Além dessas melhorias na pedagogia e na interação com o usuário, houve mudanças importantes no decorrer do livro. Alguns destaques são os seguintes:

- **Organização de cima para baixo:** A organização do livro foi radicalmente alterada em resposta às sugestões dos professores, e também para oferecer uma ênfase maior sobre a Internet e sobre as aplicações.
- **A Internet:** Um material novo considerável foi acrescentado sobre a organização e a operação da Internet.
- **LANs e WANs:** A quarta edição continha cinco capítulos em uma parte que tratava das redes. A quinta edição divide esse material em duas partes, fornecendo mais detalhes sobre o assunto e dando uma ênfase maior às redes sem fio.

Além disso, no decorrer de todo o livro, praticamente todos os assuntos foram atualizados para refletir os desenvolvimentos nos padrões e na tecnologia, que ocorreram desde a publicação da quarta edição americana.

AGRADECIMENTOS

Esta nova edição foi beneficiada pela revisão feita por diversas pessoas, que ofereceram generosamente parte de seu tempo e conhecimento. Eis uma relação dos que revisaram todo ou grande parte do manuscrito: Ron Fulle (Rochester Institute of Technology), Rangadhar Dash (University of Texas – Arlington), Hugo Moortgat (San Francisco State), Pramod Pandya (Cal. State – Fullerton), Bongsik Shin (San Diego State University) e Zhangxi Lin (Tennessee Tech).

Bruce Hartpence (Departamento de Tecnologia da Informação, Rochester Institute of Technology) foi autor das notas de aplicação ao final de cada capítulo e contribuiu com diversas perguntas para revisão e problemas de dever de casa. Ric Heishman (Diretor Assistente de Ciência da Computação e Tecnologia da Informação, Northern Virginia Community College) também contribuiu com problemas de dever de casa. Fernando Ariel Gont contribuiu com diversos problemas de dever de casa; ele também ofereceu críticas detalhadas a todos os capítulos da quinta edição.

Steven Kilby contribuiu com o estudo de caso sobre a ING Life, e também colaborou em parte do Capítulo 4. O professor Varadharajan Sridhar, do Indian Institute of Management, contribuiu com o estudo de caso sobre o Staten Island University Hospital.

Richard Van Slyke, do Brooklyn Polytechnic Institute, contribuiu substancialmente para a segunda e terceira edições deste livro, e foi listado como co-autor. Grande parte de sua contribuição foi mantida e revisada.

Finalmente, gostaria de agradecer as muitas pessoas responsáveis pela publicação do livro; todas elas realizaram um excelente trabalho, como sempre. Isso inclui o pessoal da Prentice Hall, particularmente meus editores Alan Apt e Toni Holm, seu assistente Patrick Lindner, a gerente de produção Rose Kernan e a gerente de aquisições Sarah Parker. Além disso, Jake Warde, da Warde Publishers, administrou o copidesque; e Patricia M. Daly fez a revisão do texto.

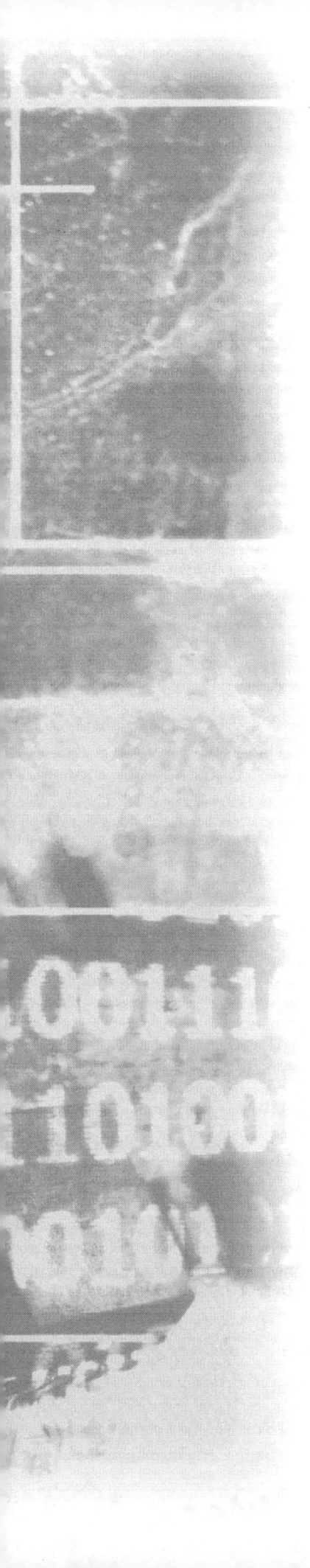

Capítulo 1

Introdução

1.1 Informação e comunicação
1.2 Comunicação de dados e redes para a empresa de hoje
1.3 A natureza dos requisitos de informação da empresa
1.4 Processamento de dados distribuído
1.5 A Internet e aplicações distribuídas
1.6 Redes
1.7 A transmissão da informação
1.8 Aspectos de gerenciamento
1.9 Padrões
1.10 Recursos na Internet
1.11 Publicações úteis
1.12 Perguntas para revisão
APÊNDICE 1A Prefixos para unidades numéricas

OBJETIVOS DO CAPÍTULO

Depois de ler este capítulo, você deverá ser capaz de:

- Entender os requisitos básicos para a comunicação de dados e as redes, a fim de dar suporte às necessidades de informação da empresa.
- Ver a "imagem ampla" dos principais tópicos tratados no livro.
- Avaliar a importância da Internet e das comunicações sem fio no planejamento da empresa.
- Entender o papel central dos padrões na comunicação de dados e nas redes.

Este capítulo introdutório começa com uma visão geral do papel da comunicação de dados e redes na empresa. Depois, uma rápida discussão apresenta cada uma das partes deste livro.

1.1 INFORMAÇÃO E COMUNICAÇÃO

Uma confluência de computadores, tecnologias de comunicação e demografias está transformando o modo como uma empresa se conduz e executa sua proposta organizacional. E isso está acontecendo de forma rápida. Uma empresa que ignora isso ficará inevitavelmente para trás na corrida global para alcançar uma margem competitiva. No núcleo da transformação está a informação. Não mais um subproduto – em muitos casos, não mais sequer um centro de custo – , a geração, o armazenamento e o movimento de informação têm-se tornado lucrativos para aquelas empresas que assumiram o desafio tecnológico imposto pelas inúmeras máquinas que automatizam grande parte de nossas vidas.

Somos inquestionavelmente dependentes dos computadores e dos dispositivos e serviços de comunicação que os conectam. A quantidade de computadores e terminais em funcionamento no mundo hoje está na ordem de centenas de milhões. Isso constitui uma massa crítica: a necessidade esmagadora das organizações e seus trabalhadores agora é por conectividade, por integração, por facilidade de acesso à informação. A tecnologia da comunicação de informações é tão fundamental para o sucesso da empresa que ela está surgindo como a base de uma nova estratégia, agora tomando forma nas empresas americanas – usar estruturas de gerenciamento para obter uma vantagem competitiva.

Enquanto as empresas são desafiadas por forças como concorrência global, fusões e aquisições, as estruturas de gerenciamento testadas pelo tempo estão dando peso aos resultados corporativos. Em resposta, as empresas estão derrubando as paredes divisórias e achatando as pesadas pirâmides de gerenciamento para criar novas estruturas corporativas, que as ajudem a competir de modo mais eficiente. A tecnologia que está possibilitando grande parte disso é a *interligação de redes*.

A tecnologia de comunicação ajuda as empresas a contornarem três tipos de dificuldades organizacionais básicas: boas redes tornam empresas geograficamente dispersas mais administráveis; elas ajudam empresas pesadas no topo a reduzirem a gerência intermediária; e elas também ajudam as empresas a derrubarem barreiras entre as divisões. À medida que examinarmos a tecnologia e as aplicações durante este livro, veremos as maneiras como a tecnologia de comunicação de informações soluciona estes e outros problemas vitais da empresa.

1.2 COMUNICAÇÃO DE DADOS E REDES PARA A EMPRESA DE HOJE

Facilidades de comunicação de dados e interligação de redes eficazes e eficientes são vitais para qualquer empresa. Nesta seção, examinamos primeiro as tendências que estão aumentando o desafio para o gerente corporativo no planejamento e gerenciamento dessas facilidades. Em seguida, apresentamos o conceito de impulsionadores da empresa que a guiarão ao desenvolvimento de um plano geral de comunicação de dados e redes. Finalmente, apresentamos o conceito de convergência e mostramos sua importância na comunicação de dados da empresa.

Tendências

Três forças diferentes têm controlado coerentemente a arquitetura e a evolução das facilidades de comunicação de dados e redes: crescimento do tráfego, desenvolvimento de novos serviços e avanços na tecnologia.

O **tráfego** de comunicações, tanto local (dentro de um prédio ou conjunto de prédios) quanto de longa distância, tanto de voz quanto de dados, tem crescido em ritmo elevado e constante durante décadas. A ênfase cada vez maior na automação de escritórios, no acesso remoto, nas transações on-line e em outras medidas de produtividade significa que essa tendência provavelmente continuará. Assim, os gerentes estão constantemente lutando para maximizar a capacidade e minimizar os custos de transmissão.

À medida que as empresas contam cada vez mais com a TI (Tecnologia da Informação), a faixa de **serviços** aumenta. Isso gera mais demanda por facilidades de rede e transmissão de alta capacidade. Por sua vez, o crescimento contínuo nas ofertas de rede de alta velocidade, com uma queda contínua nos preços, encoraja a expansão dos serviços. Assim, o crescimento nos serviços e o crescimento na capacidade de tráfego seguem lado a lado. A Figura 1.1 oferece alguns exemplos de serviços baseados em informação e das taxas de dados necessárias para dar suporte a eles [ELSA02].

Finalmente, as tendências na tecnologia permitem a provisão de capacidade de tráfego cada vez maior e o suporte de uma grande gama de serviços. Quatro tendências tecnológicas são particularmente notáveis e precisam ser entendidas pelo gerente responsável pela Tecnologia da Informação:

1. A tendência em direção ao mais rápido e mais barato, tanto na computação quanto nas comunicações,

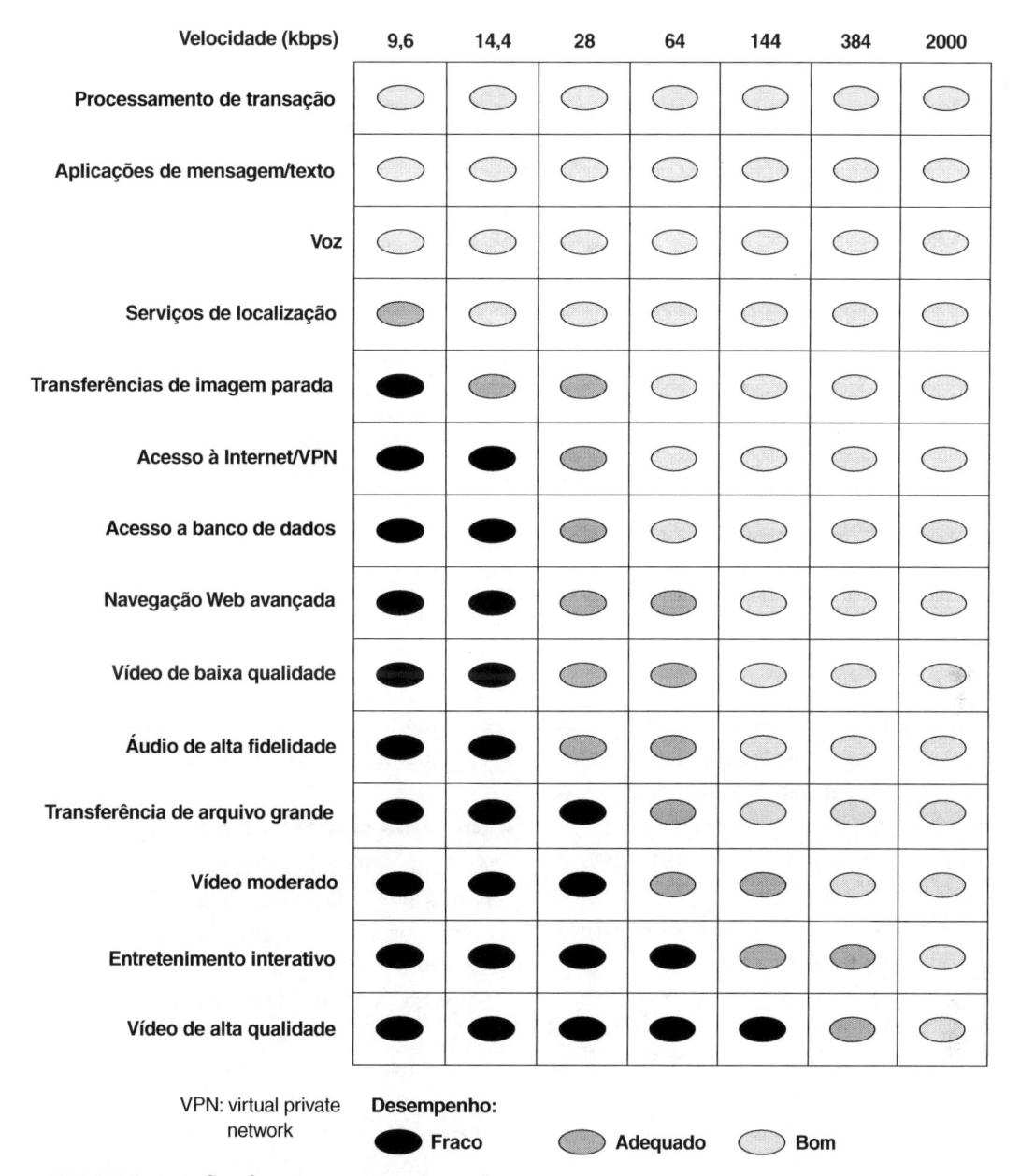

Velocidade (kbps)	9,6	14,4	28	64	144	384	2000
Processamento de transação	Bom	Bom	Bom	Bom	Bom	Bom	Bom
Aplicações de mensagem/texto	Bom	Bom	Bom	Bom	Bom	Bom	Bom
Voz	Bom	Bom	Bom	Bom	Bom	Bom	Bom
Serviços de localização	Adequado	Bom	Bom	Bom	Bom	Bom	Bom
Transferências de imagem parada	Fraco	Adequado	Adequado	Bom	Bom	Bom	Bom
Acesso à Internet/VPN	Fraco	Fraco	Adequado	Bom	Bom	Bom	Bom
Acesso a banco de dados	Fraco	Fraco	Adequado	Bom	Bom	Bom	Bom
Navegação Web avançada	Fraco	Fraco	Adequado	Adequado	Bom	Bom	Bom
Vídeo de baixa qualidade	Fraco	Fraco	Adequado	Adequado	Bom	Bom	Bom
Áudio de alta fidelidade	Fraco	Fraco	Adequado	Adequado	Bom	Bom	Bom
Transferência de arquivo grande	Fraco	Fraco	Fraco	Adequado	Bom	Bom	Bom
Vídeo moderado	Fraco	Fraco	Fraco	Adequado	Adequado	Bom	Bom
Entretenimento interativo	Fraco	Fraco	Fraco	Fraco	Adequado	Adequado	Bom
Vídeo de alta qualidade	Fraco	Fraco	Fraco	Fraco	Fraco	Adequado	Bom

VPN: virtual private network

Desempenho: Fraco / Adequado / Bom

FIGURA 1.1 Serviços *versus* taxas de vazão.

continua. Em termos de computação, isso significa computadores mais poderosos e clusters de computadores capazes de admitir aplicações mais exigentes, como aplicações de multimídia. Em termos de comunicações, o uso crescente da fibra óptica reduziu os preços de transmissão e aumentou bastante a capacidade. Por exemplo, para enlaces de telecomunicação e redes de dados de longa distância, as ofertas recentes de Dense Wavelength Division Multiplexing (DWDM) permitem capacidades de muitos terabits por segundo. Para as redes locais (LANs – Local Area Networks), muitas empresas agora possuem redes com backbone Gigabit Ethernet, e algumas estão começando a empregar 10-Gbps Ethernet.[1]

2. Tanto as redes de telecomunicações orientadas a voz, como a rede telefônica pública (PSTN – Public Switched Telephone Network), quanto as redes de dados, incluindo a Internet, são mais "inteligentes" do que nunca. Duas áreas de inteligência merecem ser destacadas. Primeiro, as redes de hoje podem oferecer diferentes níveis de qualidade de serviço (QoS – Quality of Service), o que inclui es-

---

[1] Veja, no Apêndice 1A, uma explicação sobre os prefixos numéricos, como *tera* e *giga*.

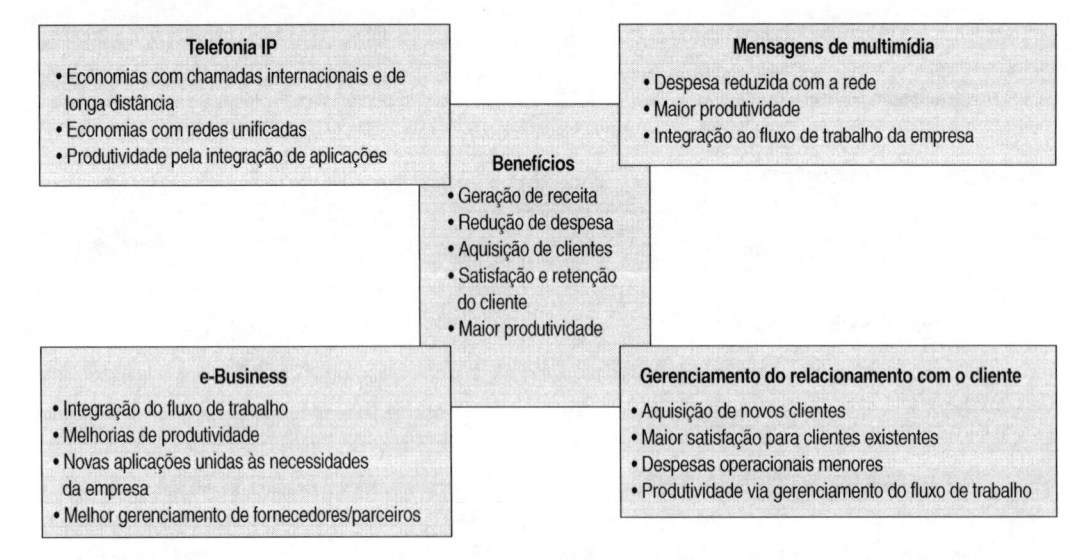

Telefonia IP
- Economias com chamadas internacionais e de longa distância
- Economias com redes unificadas
- Produtividade pela integração de aplicações

Mensagens de multimídia
- Despesa reduzida com a rede
- Maior produtividade
- Integração ao fluxo de trabalho da empresa

Benefícios
- Geração de receita
- Redução de despesa
- Aquisição de clientes
- Satisfação e retenção do cliente
- Maior produtividade

e-Business
- Integração do fluxo de trabalho
- Melhorias de produtividade
- Novas aplicações unidas às necessidades da empresa
- Melhor gerenciamento de fornecedores/parceiros

Gerenciamento do relacionamento com o cliente
- Aquisição de novos clientes
- Maior satisfação para clientes existentes
- Despesas operacionais menores
- Produtividade via gerenciamento do fluxo de trabalho

IP = Internet Protocol
e-business = Atividades da empresa baseadas no acesso móvel e global às redes da empresa

FIGURA 1.2 Aplicações para controlar as redes da empresa.

pecificações para atraso máximo, vazão mínima e assim por diante. Segundo, as redes de hoje oferecem uma série de serviços personalizáveis nas áreas de gerenciamento de rede e segurança.

3. A Internet, a Web e as aplicações associadas emergiram como recursos dominantes do mundo corporativo e pessoal, abrindo muitas oportunidades e desafios para os administradores. Além de explorar a Internet e a Web para alcançar clientes, fornecedores e parceiros, as empresas formaram intranets e extranets[2] para isolar suas informações particulares, livrando-as de acesso indesejado.

4. Há décadas observa-se uma tendência em direção à mobilidade cada vez maior, liberando os colaboradores do confinamento na empresa física. As inovações incluem correio de voz, acesso remoto aos dados, pagers, fax, correio eletrônico, telefones sem fio, telefones celulares e redes celulares e portais da Internet. O resultado é a capacidade de os funcionários levarem seu contexto de empresa com eles enquanto se movimentam. Agora, estamos vendo o crescimento do acesso sem fio de alta velocidade, o que aumenta ainda mais a capacidade de usar recursos e serviços de informação da empresa em qualquer lugar.

Impulsionadores da empresa

As tendências apresentadas na subseção anterior estão permitindo o desenvolvimento de facilidades de redes e comunicações corporativas que estão cada vez mais bem integradas à base de informações, que a própria empresa controla. O gerenciamento e a operação da rede dependem de algumas informações-chave, específicas da empresa, como nomes, endereços de rede, capacidades de segurança, grupos de usuários finais, designações de prioridade, caixas de correio e atributos de aplicação. Com a capacidade e a funcionalidade cada vez maior das redes corporativas, essa informação pode ser unificada com a base de informações corporativas, de modo que a informação seja correta, consistente e disponível por todas as aplicações da empresa.

A natureza das facilidades de redes e comunicações corporativas depende das aplicações da empresa que ela precisa aceitar. [MILO00] lista quatro áreas de aplicação principais que servirão como impulsionadores para determinar o projeto e a criação da rede corporativa. A Figura 1.2 lista essas áreas, junto com seus motivadores de negócios e benefícios esperados.

Convergência

Um último conceito que queremos apresentar nesta seção de introdução é o de convergência [HETT03], que se refere à união das tecnologias e mercados de te-

---

[2] Resumindo, uma intranet usa a tecnologia de Internet e Web em uma facilidade isolada e interna a uma empresa; uma extranet estende a intranet de uma empresa para a Internet, permitindo que determinados clientes, fornecedores e trabalhadores móveis acessem os dados privados e as aplicações da empresa. Leia um debate a respeito no Capítulo 7.

lefonia e informação anteriormente distintos. Podemos pensar nessa convergência em termos de um modelo de quatro camadas das comunicações da empresa:

- **Aplicações:** Estas são vistas pelos usuários finais de uma empresa. A convergência integra aplicações de comunicação, como chamada de voz (telefone), correio de voz, correio eletrônico e mensagem instantânea, com aplicações corporativas, como colaboração de grupo de trabalho, gerenciamento de relacionamento com o cliente e outras funções de back-office. Com a convergência, as aplicações fornecem recursos que incorporam voz, dados e vídeo de uma maneira transparente, organizada e com valor agregado. um exemplo é a mensagem de multimídia, que permite que um usuário empregue uma única interface para acessar mensagens de diversas fontes (por exemplo, correio de voz do escritório, correio eletrônico do escritório, beeper e fax).
- **Serviços:** Nesse nível, o gerente lida com a rede de informações em termos dos serviços que ela fornece para suportar as aplicações. O gerente de rede precisa de serviços de projeto, manutenção e suporte relacionados ao emprego de facilidades baseadas em convergência.
- **Gerenciamento:** Nesse nível, os gerentes de rede lidam com a rede da empresa como um sistema provedor de função. Esses serviços de gerenciamento podem incluir a preparação de esquemas de autenticação; gerenciamento de capacidade para vários usuários, grupos e aplicações; e provisão de QoS.
- **Infra-estrutura:** A infra-estrutura consiste em enlaces de comunicação, LANs, WANs e conexões da Internet disponíveis à empresa. O aspecto principal da convergência nesse nível é a capacidade de transportar voz por redes de dados, como a Internet.

A Figura 1.3, baseada em [MILO00], ilustra as quatro camadas e seus atributos de convergência associados.

1.3 A NATUREZA DOS REQUISITOS DE INFORMAÇÃO DA EMPRESA

Uma empresa sobrevive e prospera com informações: as informações dentro da organização e as informações trocadas com fornecedores, clientes e agências reguladoras. Além do mais, a informação precisa ser consistente, acessível e estar no local certo. Na Parte Um, Capítulos 2 e 3, consideramos informação de quatro formas – voz, dados, imagem e vídeo – e as implicações do processamento de dados distribuído.

Neste livro, o termo **comunicação de voz** refere-se principalmente às comunicações relacionadas ao telefone. De longe, a forma mais comum da comunicação em qualquer organização e para a maioria do pessoal é a conversa telefônica direta. O telefone tem sido uma ferramenta comercial básica há décadas. A comunicação por telefone tem sido aperfeiçoada por uma série de serviços baseados em computador, incluindo correio de voz e sistemas de central telefônica computadorizada. O correio de voz oferece a capacidade de enviar, encaminhar e responder a mensagens de voz não simulta-

FIGURA 1.3 Convergência voltada para a empresa.

neamente, e tem-se tornado uma ferramenta econômica, até mesmo para muitas organizações de pequeno e médio porte. Ele oferece economias com máquinas e serviços de secretária eletrônica, além de um serviço mais atencioso a clientes e fornecedores. Também houve avanços nos sistemas de central telefônica computadorizada, incluindo sistemas de PBX (Private Branch eXchange) digitais internos e sistemas Centrex, fornecidos pela companhia telefônica local. Esses novos sistemas oferecem diversos recursos, incluindo encaminhamento de chamada, chamada em espera, roteamento de menor custo das ligações de longa distância, e uma série de recursos para contabilidade e auditoria. Mais recentemente, a fusão de tecnologias de voz e Internet, com base no protocolo Voice over IP (VoIP), resultou em sistemas de PBX que oferecem suporte completo para Internet.

O termo **comunicação de dados** às vezes é usado para se referir a praticamente qualquer forma de transferência de informação diferente de voz. Às vezes, é conveniente limitar esse termo a informações na forma de texto (como relatórios, memorandos e outros documentos) e dados numéricos (como arquivos contábeis). As mudanças rápidas na tecnologia criaram novos desafios para a gerência no uso eficaz da comunicação de dados. Mais adiante neste capítulo, esboçamos rapidamente as mudanças na tecnologia de transmissão, redes e software de comunicação, que apresentam ao gerente ferramentas de negócios novas e poderosas, mas também geram a necessidade de se tomar decisões entre alternativas complexas.

Comunicação de imagens agora é um componente importante do ambiente de escritório. O exemplo mais conhecido dessa tecnologia é o facsímile (fax). Como a tartaruga que ultrapassa a lebre, as máquinas de fax alcançaram as alternativas de tecnologia mais avançada e lograram o status nos últimos anos de método preferido de envio de documentos por longa distância. Com o fax, o documento pode ter qualquer conteúdo, incluindo texto, gráficos, assinaturas e até mesmo fotografias. As máquinas mais novas podem transmitir esses documentos por redes telefônicas em segundos, e o hardware de baixo custo, incluindo conexões de computador pessoal, agora está disponível. Além disso, a comunicação de imagens está passando a desempenhar um papel importante dentro do escritório. A chegada do disco óptico, baseado na mesma tecnologia do familiar CD da indústria musical, permite que quantidades maciças de informação sejam armazenadas de forma pouco dispendiosa. Assim, todo o tipo de imagem, incluindo especificações de engenharia e projeto, documentos misturados (texto, gráficos, assinaturas etc.), material de apresentação, e assim por diante, pode ser movimentado rapidamente pelo escritório e exibido nas estações de trabalho do usuário. Essa nova tecnologia para armazenar e transmitir imagens cria uma demanda por redes de alta capacidade e é uma das forças-motrizes do desenvolvimento de tecnologia de rede.

A **comunicação de vídeo** também está se tornando importante no ambiente de escritório. Tradicionalmente, essa tecnologia tem sido usada como um sistema de entrega unidirecional de programas de entretenimento. Agora, com a disponibilidade de enlaces de transmissão e redes de alta capacidade, ela possui aplicação em negócios cada vez maior, principalmente para videoconferência. A videoconferência permite a conexão de duas ou mais salas de conferência localizadas remotamente para realizar reuniões como sessões de planejamento, negociações de contratos e revisões de projeto. O tempo e o dinheiro economizados em viagens, alimentação e hospedagem tornam a videoconferência uma ferramenta poderosa para aumentar a eficiência e a produtividade.

Todas essas formas de comunicação de informações desempenham um papel importante nas empresas de hoje. O gerente responsável por elas precisa entender a tecnologia o bastante para poder lidar de modo eficaz com os fornecedores de produtos e serviços de comunicação e tomar decisões mais econômicas entre o conjunto cada vez maior de opções. O Capítulo 2 examina os usos dessas quatro classes de informação na empresa e os requisitos de comunicação que elas geram.

1.4 PROCESSAMENTO DE DADOS DISTRIBUÍDO

Durante muitos anos, a queda constante no custo do equipamento de processamento de dados, associada a um aumento na capacidade desse equipamento, levou à introdução de muitos computadores de pequeno e médio porte para o ambiente da empresa. Tradicionalmente, a função de processamento de dados era organizada de forma central, em torno de um computador de grande porte (mainframe). Hoje, porém, é muito mais comum encontrarmos uma configuração de processamento de dados distribuído, consistindo em muitos computadores e terminais ligados por redes. O Capítulo 3 examina a motivação para o processamento de dados distribuído e discute as diversas formas que ele assume.

1.5 A INTERNET E APLICAÇÕES DISTRIBUÍDAS

Uma empresa precisa se preocupar com duas dimensões do software de comunicação do computador: o software de aplicação, que é fornecido por uma comunidade de terminais e computadores, e o software básico de interconexão, que permite que esses terminais e computadores trabalhem juntos de forma cooperativa.

A mera existência de uma grande população de computadores e terminais cria a demanda para que esses dispositivos trabalhem juntos. Por exemplo, quando a maioria dos funcionários de uma organização tem acesso a um terminal ou um computador pessoal (PC), um dos meios mais eficazes de comunicação dentro da organização é o correio eletrônico (e-mail). Se um funcionário precisa se comunicar com outro, uma mensagem enviada por correio eletrônico pode ser muito mais eficiente do que as tentativas (às vezes frustradas) de encontrar a pessoa por telefone. Uma mensagem detalhada de correio eletrônico pode ficar na "caixa de correio eletrônico" do destinatário, e ser lida e respondida quando este retornar ao escritório. Outras aplicações, como a troca de documentos, o uso de um banco de dados que está distribuído entre diversos computadores e a capacidade de acessar muitos computadores diferentes a partir de um único terminal, podem ser oferecidas por software de aplicação que é preparado para o novo ambiente em rede.

A chave para o sucesso dessas aplicações é que todos os terminais e comunicações da comunidade "falem" a mesma linguagem. Esse é o papel do software de interconexão básico. Esse software precisa garantir que todos os dispositivos transmitam mensagens de modo que possam ser entendidos pelos outros computadores e terminais na comunidade. Com a introdução da Systems Network Architecture (SNA) pela IBM na década de 1970, esse conceito se tornou uma realidade. Entretanto, a SNA funcionava apenas com equipamento IBM. Logo, outros fornecedores criaram suas próprias arquiteturas de comunicação proprietárias, para conectar seus equipamentos. Essa abordagem pode ser um bom negócio para o fornecedor, mas é um mau negócio para o cliente. Felizmente, essa situação teve uma mudança radical com a adoção de padrões para o software de interconexão. O gerente precisa entender o escopo e o status desses padrões para poder explorá-los na criação de uma instalação ajustada para múltiplos fornecedores.

A comunicação de dados e a microeletrônica moderna estão mudando radicalmente a arquitetura dos sistemas de informação modernos. A maioria das aplicações evoluiu de grandes computadores de grande porte, de uso geral, para a *computação distribuída*. Ao invés de terminais burros, escravizados pelos mainframes, poderosas estações de trabalho e PCs oferecem, de modo local ao usuário, interfaces gráficas poderosas e grande parte da computação da aplicação. As estações de trabalho e PCs locais possuem o suporte de servidores especializados, projetados especificamente para uma única função, como imprimir, armazenar arquivos ou dar suporte a atividades de banco de dados. As estações de trabalho e os PCs normalmente estão conectados aos servidores por LANs de alta velocidade. Essa técnica, chamada *arquitetura cliente/servidor*, exige comunicação de dados sofisticada, confiável e segura, mas sua flexibilidade e responsividade inerentes a tornam uma ferramenta essencial no repertório dos sistemas de informação da organização.

A Parte Dois examina diversos assuntos que lidam com a infra-estrutura para suporte às aplicações distribuídas.

A Internet

Praticamente nenhuma empresa, e decerto nenhuma de médio ou grande porte, pode competir sem explorar a Internet e a Web. A Web oferece um meio de comunicação com consumidores e publicação da empresa, e pode formar a base para uma série de aplicações de e-commerce. A tecnologia da Internet, na forma de intranets e extranets, permite a comunicação segura tanto dentro de uma empresa quanto com clientes, fornecedores e parceiros. O Capítulo 4 dá uma base importante sobre a Internet.

TCP/IP

Um dos problemas mais difíceis que os usuários de computador têm encarado é que diferentes fornecedores têm usado arquiteturas diversas e incompatíveis. O Capítulo 5 discute o uso de protocolos de comunicação padronizados para integrar equipamento diverso. O foco está no conjunto de protocolos TCP/IP (Transmission Control Protocol/Internet Protocol), que agora é usado universalmente para a função de software de comunicação entre equipamentos de vários fornecedores, e é a base para a operação da Internet.

O Capítulo 5 também revê rapidamente a arquitetura Open System Interconnection (OSI), desenvolvida pela International Organization for Standardization (ISO).

Aplicações distribuídas

O processamento de informações distribuído é essencial em praticamente todas as empresas. Existe um uso cada vez maior de aplicações que são projetadas para trabalhar entre um conjunto distribuído de computadores, para troca de informações tanto dentro da empresa quanto entre empresas. O Capítulo 6 examina algumas das principais aplicações que provavelmente são as mais importantes para uma empresa.

Arquiteturas cliente/servidor e intranets

Uma transformação marcante está ocorrendo na arquitetura dos computadores comerciais de hoje. O computador de grande porte, embora ainda importante, tem sido substituído ou suplementado em muitas aplicações por PCs e estações de trabalho em rede, conforme é ilustrado pela fabricação cada vez maior de computadores de diferentes tipos. O número de PCs e estações de trabalho está crescendo em uma velocidade muito maior do que a dos computadores de grande e médio porte, com o resultado de que a computação está ficando mais distribuída. Cada vez mais, a computação é fornecida pelo modelo *cliente/servidor*. Computadores separados (servidores) dão suporte a funções de banco de dados, armazenam arquivos, realizam serviços de impressão e oferecem outras funções especializadas em uma base compartilhada para muitos usuários (clientes). Esses servidores, que podem oferecer desempenho avançado e economias de custo por meio da especialização, são acessados por redes locais e outras redes de comunicação.

Ainda mais recentemente, uma nova técnica obteve amplo suporte dentro das organizações: a intranet. Uma intranet oferece o mesmo tipo de aplicação e interface encontradas na Internet, especialmente a World Wide Web. A diferença é que uma intranet é confinada para uso dentro da organização, sem acesso por qualquer um fora dela. A intranet é uma técnica flexível, fácil de usar e fácil de implementar para muitas aplicações da empresa.

O Capítulo 7 examina a computação cliente/servidor, intranets e extranets.

1.6 REDES

A quantidade de computadores em uso no mundo inteiro está em centenas de milhões. Além do mais, a memória e o poder de processamento em expansão desses computadores significa que os usuários podem colocar as máquinas para trabalhar em novos tipos de aplicações e funções. Por conseguinte, a pressão dos usuários desses sistemas por meios de se comunicarem entre todas essas máquinas é irresistível. Isso está mudando o modo como os fornecedores pensam e o modo como todos os produtos e serviços de automação são vendidos. Essa demanda por conectividade é manifestada em dois requisitos específicos: a necessidade de software de comunicação, que é analisada na próxima seção, e a necessidade de redes.

Um tipo de rede que se tornou cada vez mais comum é a rede local (LAN – Local Area Network). Na realidade, a LAN deve ser encontrada em praticamente todos os prédios de escritórios de médio e grande porte. À medida que a quantidade e o poder dos dispositivos de computação cresceram, também aumentaram a quantidade e a capacidade de LANs encontradas em um escritório. Embora tenham sido desenvolvidos padrões que reduzem um pouco a quantidade de tipos de LANs, ainda existem cerca de meia dúzia de tipos gerais de redes locais para escolhermos. Além do mais, muitos escritórios precisam de mais de uma dessas redes, com os problemas relativos a interconectar e administrar uma coleção diversificada de redes, computadores e terminais.

Além dos limites de um único prédio de escritórios, redes para voz, dados, imagem e vídeo são igualmente importantes para a empresa. Aqui, também existem mudanças rápidas. Os avanços na tecnologia geraram capacidades cada vez maiores e ao conceito de integração. *Integração* significa que o equipamento do cliente e as redes podem lidar simultaneamente com voz, dados, imagem e até mesmo vídeo. Assim, um memorando ou relatório pode ser acompanhado por um comentário de voz, gráficos de apresentação e talvez até mesmo uma pequena introdução ou resumo em vídeo. Serviços de imagem e vídeo impõem grandes demandas sobre a transmissão de rede remota. Além do mais, à medida que as LANs se tornam onipresentes e suas velocidades de transmissão aumentam, as demandas sobre as redes remotas para dar suporte à interconexão da LAN aumentaram as demandas sobre a capacidade e comutação das mesmas. Por outro lado, felizmente, a capacidade enorme e cada vez maior da transmissão por fibra óptica provê amplos recursos para atender a essas demandas. Todavia, o desenvolvimento de sistemas de comutação com a capacidade e resposta rápida para dar suporte a esses requisitos ampliados é um desafio ainda não conquistado.

As oportunidades são grandes para se utilizarem redes como uma ferramenta competitiva e agressiva e como um meio de melhorar a produtividade e cortar custos. O gerente que entende a tecnologia e pode lidar de forma eficaz com os fornecedores de serviço e equipamento é capaz de melhorar a posição competitiva de uma empresa.

Pelo restante desta seção, oferecemos uma visão geral e rápida das diversas redes. As Partes Três e Quatro abordam esses tópicos com profundidade.

Redes remotas

As redes remotas normalmente cobrem uma grande área geográfica, exigem a travessia de serviços públicos e contam pelo menos em parte com circuitos fornecidos por uma operadora comum. Normalmente, uma WAN consiste em uma série de nós de comutação interconectados. Uma transmissão a partir de qualquer dispositivo conectado é roteada por esses nós internos para o dispositivo de destino especificado. Esses nós (incluindo os nós de limite) não se preocupam com o conteúdo dos dados, mas, em vez disso, sua finalidade é oferecer uma facilidade de comutação que moverá os dados de um nó para outro até que alcancem seu destino.

Tradicionalmente, as WANs têm sido implementadas usando uma de duas tecnologias: comutação de circuitos e comutação de pacotes. Mais recentemente, redes Frame Relay e ATM assumiram papéis importantes. O Capítulo 13 examina Frame Relay e ATM.

Comutação de circuitos Em uma rede de comutação de circuitos, um caminho de comunicação dedicado é estabelecido entre duas estações por meio dos nós da rede. Esse caminho é uma seqüência conectada de enlaces físicos entre os nós. Em cada enlace, um canal lógico é dedicado à conexão. Os dados gerados pela estação de origem são transmitidos ao longo do caminho dedicado o mais rapidamente possível. Em cada nó, os dados que chegam são roteados ou comutados para o canal de saída apropriado sem atraso. O exemplo mais comum de comutação de circuitos é a rede telefônica.

Comutação de pacotes Uma técnica bem diferente é utilizada em uma rede de comutação de pacotes. Nesse caso, não é necessário dedicar capacidade de transmissão ao longo de um caminho na rede. Em vez disso, os dados são enviados em uma seqüência de pequenos pedaços, chamados pacotes. Cada pacote é passado pela rede de um nó para outro ao longo do caminho que leva da origem ao destino. Em cada nó, o pacote inteiro é recebido, armazenado rapidamente e depois transmitido para o nó seguinte. As redes de comutação de pacotes normalmente são usadas para comunicações de terminal para computador e de computador para computador.

Frame Relay A comutação de pacotes foi desenvolvida em uma época em que as instalações de transmissão digital por longa distância exibiam uma taxa de erros relativamente alta em comparação com as instalações de hoje. Por isso, existe uma quantidade considerável de sobrecarga embutida nos esquemas de comutação de pacotes para compensar os erros. A sobrecarga inclui bits adicionais, acrescentados a cada pacote, para introduzir redundância e processamento adicional nas estações finais e nos nós de comutação intermediários para detectar e recuperar-se dos erros.

Com os sistemas de telecomunicações modernos, de alta velocidade, essa sobrecarga é desnecessária e contraprodutiva. Ela é desnecessária porque a taxa de erros foi reduzida drasticamente e quaisquer erros restantes podem ser facilmente apanhados nos sistemas finais pela lógica que opera acima do nível da lógica de comutação de pacotes. Ela é contraprodutiva porque a sobrecarga envolvida engole uma fração significativa da alta capacidade fornecida pela rede.

Frame Relay foi desenvolvido para tirar proveito dessas altas velocidades de dados e baixas taxas de erro. Enquanto as redes originais de comutação de pacotes eram projetadas com uma velocidade de dados para o usuário final de cerca de 64kbps, as redes Frame Relay são projetadas para operar de forma eficiente em velocidades de dados do usuário de até 2Mbps. A chave para se conseguir essas altas velocidades de dados é retirar a maior parte da sobrecarga envolvida com o controle de erro.

ATM Asynchronous Transfer Mode (ATM), às vezes chamado de Cell Relay, é um resultado dos desenvolvimentos em comutação de circuitos e comutação de pacotes. ATM pode ser visto como uma evolução do Frame Relay. A diferença mais óbvia entre Frame Relay e ATM é que Frame Relay utiliza pacotes de tamanho variável, chamados frames, e ATM utiliza pacotes de tamanho fixo, chamados células. Assim como Frame Relay, ATM oferece pouca sobrecarga para controle de erro, dependendo da confiabilidade inerente do sistema de transmissão e das camadas lógicas mais altas nos sistemas finais para apanhar e corrigir erros. Usando um tamanho de pacote fixo, a sobrecarga de processamento é reduzida ainda mais para ATM em comparação com Frame Relay. O resultado é que ATM foi projetado para trabalhar na faixa das dezenas e centenas de Mbps, e na faixa dos Gbps.

ATM também pode ser visto como uma evolução da comutação de circuitos. Com a comutação de circuitos, somente circuitos com velocidades de dados fixas estão disponíveis ao sistema final. ATM permite a definição de vários canais virtuais com velocidades de dados que são definidas dinamicamente no momento em que o canal virtual é criado. Usando pequenas células de tamanho fixo, ATM é tão eficiente que pode oferecer um canal de velocidade de dados constante, embora esteja usando uma técnica de comutação de pacotes. Assim, ATM estende a comutação de circuitos para permitir vários canais com a velocidade de dados em cada canal definida dinamicamente por demanda.

Redes locais

Assim como as WANs, uma LAN é uma rede de comunicações que interconecta uma série de dispositivos e oferece um meio de troca de informações entre esses dispositivos. Existem várias distinções importantes entre LANs e WANs:

1. O escopo da LAN é pequeno, normalmente um único prédio ou um grupo de prédios. Essa diferença no escopo geográfico leva a diferentes soluções técnicas, conforme veremos.
2. Normalmente acontece que a LAN pertence a alguma organização que possui os dispositivos conectados. Para as WANs, isso acontece com menos freqüência ou, pelo menos, uma fração significativa dos equipamentos da rede não pertence a ela. Isso possui duas implicações. Em primeiro lugar, deve-se tomar cuidado na escolha da LAN, pois pode haver um investimento de capital substancial (em comparação com os custos de linhas dial-up ou alugadas para as WANs) tanto para a compra quanto para a manutenção. Em segundo lugar, a responsabilidade pelo gerenciamento de rede para uma LAN recai unicamente sobre o proprietário.
3. As velocidades de dados internas das LANs normalmente são muito maiores do que as das WANs.

As LANs podem ter diversas configurações diferentes. As mais comuns são LANs comutadas e LANs sem fio. A LAN comutada mais comum é uma LAN comutada Ethernet, que consiste em um único comutador (switch) com uma série de dispositivos conectados, ou uma série de comutadores interconectados. Dois outros exemplos proeminentes são LANs ATM, que simplesmente utilizam uma rede ATM em uma área local, e Fibre Channel. As LANs sem fio utilizam diversas tecnologias e organizações de transmissão sem uso de fio.

A Parte Três explica sobre as LANs.

Redes sem fio

Conforme já mencionamos, as LANs sem fio são comuns e bastante utilizadas nos ambientes de empresa. A tecnologia sem fio também é comum para redes remotas de voz e dados. As redes sem fio oferecem vantagens nos aspectos de mobilidade e facilidade de instalação e configuração. O Capítulo 14 aborda as WANs sem fio.

Redes metropolitanas

Como o nome sugere, uma rede metropolitana (MAN – Metropolitan Area Network) ocupa um campo intermediário entre LANs e WANs. O interesse pelas MANs surgiu como resultado de um reconhecimento de que as técnicas tradicionais de rede ponto a ponto e comutada usadas nas WANs podem ser inadequadas para as necessidades crescentes das organizações. Embora Frame Relay e ATM prometam atender a uma grande gama de necessidades de alta velocidade, agora existe um requisito para redes privadas e públicas que oferecem alta capacidade em baixos custos por uma área grande. Diversas técnicas foram implementadas, incluindo redes sem fio e extensões metropolitanas à rede Ethernet.

O principal mercado para MANs é o cliente que possui necessidades de alta capacidade em uma área metropolitana. Uma MAN tem como finalidade oferecer a capacidade exigida com menor custo e maior eficiência do que seria possível com um serviço equivalente da companhia telefônica local.

Um exemplo de configuração

Para que você tenha uma idéia do escopo referente às Partes de Dois a Quatro, a Figura 1.4 ilustra alguns dos elementos típicos de comunicação e rede em uso atualmente. Na parte superior esquerda da figura, vemos um usuário residencial individual conectado a um provedor de serviços da Internet (ISP) por meio de algum tipo de conexão por assinatura. Os exemplos comuns de tal conexão são a rede telefônica pública, para a qual o usuário exige um modem dial-up (por exemplo, um modem de 56kbps); uma linha de assinante digital (DSL), que oferece um enlace de alta velocidade por linhas telefônicas e exige um modem DSL especial; e uma instalação de TV a cabo, que exige um modem a cabo. Em cada caso, existem aspectos separados referentes à codificação de sinal, ao controle de erro e à estrutura interna da rede do assinante.

Normalmente, um ISP consistirá em uma série de servidores interconectados (somente um único servidor aparece na figura) conectados à Internet por meio

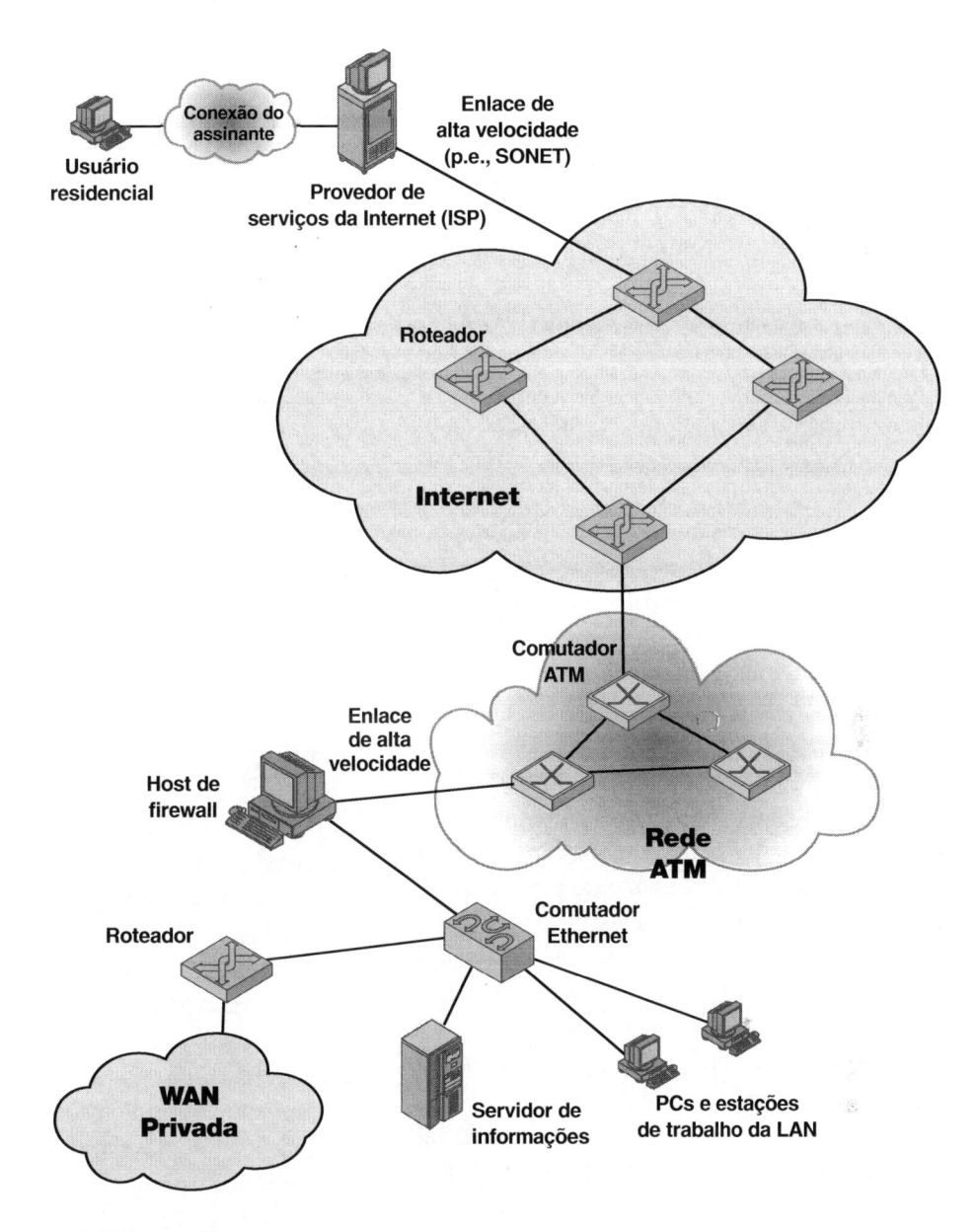

FIGURA 1.4 Uma configuração de rede.

de um enlace de alta velocidade. Um exemplo desse tipo de enlace é uma linha SONET (Synchronous Optical NETwork), descrita no Capítulo 17. A Internet consiste em uma série de roteadores interconectados, que se espalham pelo globo. Esses roteadores encaminham pacotes de dados da origem ao destino por meio da Internet.

A parte inferior da Figura 1.4 mostra uma LAN implementada usando um único comutador Ethernet. Essa é uma configuração comum em pequenas empresas e outras organizações pequenas. A LAN é conectada à Internet por meio de um host de firewall que oferece serviços de segurança. Neste exemplo, o firewall se conecta à Internet por meio de uma rede ATM. Há também um roteador para fora da LAN, conectado a uma WAN privada, que poderia ser uma rede privada ATM ou Frame Relay.

Diversas questões de projeto, como a codificação do sinal e o controle de erro, se relacionam aos enlaces entre elementos adjacentes. Alguns exemplos são enlaces entre roteadores na Internet, entre comutadores na rede ATM e entre um assinante e um ISP. A estrutura interna das diversas redes (telefone, ATM, Ethernet) gera questões adicionais. Nas Partes de Dois a Quatros, vamos nos preocupar com as características de projeto sugeridas pela Figura 1.4.

1.7 A TRANSMISSÃO DA INFORMAÇÃO

O bloco de montagem básico de qualquer instalação de comunicações é a linha de transmissão. Grande parte dos detalhes técnicos de como a informação é codificada e transmitida por uma linha não é de interesse real para o gerente da empresa. O gerente se preocupa em saber se a instalação específica oferece a capacidade exigida, com confiabilidade aceitável, ao custo mínimo. Entretanto, existem certos aspectos da tecnologia de transmissão que um gerente precisa entender para poder fazer as perguntas certas e tomar decisões informadas.

Uma das escolhas básicas que um usuário de empresa encara é o meio de transmissão. Para uso dentro das instalações empresariais, essa escolha geralmente fica totalmente a cargo da empresa. Para comunicação de longa distância, a escolha geralmente (mas nem sempre) é feita pela operadora de longa distância. De qualquer forma, as mudanças na tecnologia estão rapidamente modificando a mistura de mídia utilizada. De interesse particular são a transmissão por *fibra óptica* e a transmissão *sem fio* (por exemplo, satélite e rádio). Esses dois meios agora estão conduzindo a evolução da transmissão na comunicação de dados.

A capacidade cada vez maior dos canais de fibra óptica tornará a capacidade do canal um recurso praticamente gratuito. O crescimento do mercado para sistemas de transmissão por fibra óptica desde o início da década de 1980 é sem precedentes. Durante os últimos 10 anos, o custo da transmissão por fibra óptica caiu em mais de uma ordem de grandeza, e a capacidade de tais sistemas cresceu em uma taxa rápida. Os troncos de comunicação por telefone de longa distância dentro dos Estados Unidos logo consistirão quase totalmente em cabo de fibra óptica. Devido a essa alta capacidade e por causa de suas características de segurança – a fibra é quase impossível de se grampear –, ela está se tornando cada vez mais usada dentro de prédios de escritório para transportar a crescente carga de informações da empresa. No entanto, a comutação agora está se tornando o gargalo. Esse problema está acarretando mudanças radicais na arquitetura de comunicação, incluindo a comutação ATM (Asynchronous Transfer Mode), o processamento altamente paralelo em comutadores e os esquemas integrados de gerenciamento de rede.

O segundo meio – transmissão sem fio – é um resultado da tendência em direção às telecomunicações pessoais universais e ao acesso universal às comunicações. O primeiro conceito se refere à capacidade de uma pessoa de se identificar com facilidade e usar convenientemente qualquer sistema de comunicação em uma área grande (por exemplo, globalmente, por um continente, ou em um país inteiro) em termos de uma única conta. O segundo refere-se à capacidade de alguém usar um terminal em uma grande variedade de ambientes para se conectar a serviços de informação (por exemplo, ter um terminal portátil que funcione da mesma forma no escritório, na rua ou em aviões). Obviamente, essa revolução na computação pessoal envolve a comunicação sem fio de um modo fundamental.

Apesar do crescimento na capacidade e da queda no custo das instalações de transmissão, esses serviços de transmissão continuam sendo o componente mais dispendioso de um orçamento de comunicações para a maioria das empresas. Assim, o gerente precisa estar ciente das técnicas que aumentam a eficiência do uso dessas facilidades. As duas técnicas principais para uma maior eficiência são multiplexação e compactação. *Multiplexação* refere-se à capacidade de diversos dispositivos compartilharem uma instalação de transmissão. Se cada dispositivo precisar da instalação apenas por uma fração do tempo, então um esquema de compartilhamento permite que o custo da instalação seja dividido por muitos usuários. A *compactação*, como o nome indica, envolve espremer os dados de modo que a instalação de transmissão de menor capacidade, mais barata, possa ser usada para atender uma determinada demanda. Essas duas técnicas aparecem separadamente e em combinação em diversos tipos de equipamento de comunicação. O gerente precisa entender essas tecnologias para poder avaliar a adequação e os ganhos de custo dos diversos produtos no mercado.

Os Capítulos 15 e 16, na Parte Cinco, examinam os principais aspectos e as tecnologias no setor de transmissão de informações.

Transmissão e meios de transmissão

A informação pode ser comunicada convertendo-a em um sinal eletromagnético e transmitindo esse sinal por algum meio, como uma linha de telefone de par trançado. Os meios de transmissão mais utilizados são linhas de par trançado, cabo coaxial, cabo de fibra óptica e microondas terrestres e por satélite. As velocidades de dados que podem ser alcançadas e a taxa em que os erros podem ocorrer dependem da natureza do sinal e do tipo de meio de comunicação. O Capítulo 15 examina as propriedades significativas dos sinais eletromagnéticos. Os Capítulos 9, 11 e 14 discutem a respeito dos diversos meios de transmissão.

Técnicas de comunicação

A transmissão de informações por um meio de transmissão envolve mais do que simplesmente inserir um sinal no meio. A técnica utilizada para codificar a informação em um sinal eletromagnético precisa ser determinada. Existem várias maneiras pelas quais a codificação pode ser feita, e as opções afetam o desempenho e a confiabilidade. Além do mais, a transmissão bem-sucedida da informação envolve um alto grau de cooperação. A interface entre um dispositivo e o meio de transmissão precisa ser definida. Alguns meios de controlar o fluxo de informações e recuperar-se de sua perda ou adulteração precisam ser utilizados. Essas últimas funções podem ser realizadas por um protocolo de controle de enlace de dados. Todas essas questões são examinadas nos Capítulos 16 e 17.

Eficiência da transmissão

Um custo importante em qualquer instalação de computador/comunicações é o custo de transmissão. Por causa disso, é importante maximizar a quantidade de informações que pode ser transportada por determinado recurso ou, como alternativa, minimizar a capacidade de transmissão necessária para satisfazer determinado requisito de comunicação de informação. A técnica padrão para se conseguir esse objetivo é a multiplexação. O Capítulo 17 examina as três técnicas de multiplexação mais comuns – divisão de freqüência, divisão de tempo síncrona e divisão de tempo estatística.

1.8 ASPECTOS DE GERENCIAMENTO

A Parte Seis conclui o livro examinando os principais aspectos da gerência relacionados à comunicação de dados da empresa.

Segurança da rede

À medida que as empresas contam cada vez mais com as redes e aumentam o acesso por estranhos via Internet e outros enlaces, a questão irritante da segurança torna-se ainda mais importante. As empresas correm o risco de divulgação de informações confidenciais e alteração não autorizada de dados corporativos. O Capítulo 18 examina as ferramentas básicas para conseguir a segurança da rede e discute como elas podem ser adaptadas para atender as necessidades de uma empresa.

Gerenciamento de redes

Nos primeiros anos da comunicação de dados, na década de 1970, o foco principal era a funcionalidade e o desempenho da tecnologia. As principais perguntas eram: O que a tecnologia poderia fazer? Com que rapidez? Para quantas transações? Quando os sistemas eletrônicos se tornaram parte da estrutura básica de muitas empresas, os gerentes descobriram que a operação de suas empresas tinha se tornado dependente dos sistemas de informação e que o desempenho econômico de suas firmas dependia do uso econômico da tecnologia. Ou seja, como qualquer recurso, a tecnologia da informação tinha que ser gerenciada. Por exemplo, os gerentes de comunicação de dados normalmente são os mais preocupados hoje com a confiabilidade da rede. Muitas das funções gerenciais exigidas são comuns a outras partes da administração da empresa, mas os requisitos a seguir são específicos da tecnologia da informação:

- As redes evoluíram de uma técnica centralizada facilmente controlada (ou seja, mainframe/terminal burro) para interconexões peer-to-peer entre sistemas altamente distribuídos.
- As redes peer-to-peer tornaram-se cada vez maiores – algumas possuem dezenas de milhares de dispositivos conectados – , de modo que seu gerenciamento, monitoração e manutenção se tornaram muito complexos.
- Em muitos setores de negócios, como em bancos, comércio e outros setores de serviço, as redes de dispositivos de computação constituem um recurso estratégico crítico, que não pode falhar.
- Enquanto isso, os custos com comunicações estão subindo, e existe uma escassez de pessoal habilitado para ocupar os centros de comando de rede e lidar com o gerenciamento de redes.

O gerenciamento de redes precisa oferecer visibilidade global no fluxo de informações corporativas. As técnicas de monitoração e o controle centralizado, remoto, oferecem notificação rápida das falhas e chamada automática de medidas de recuperação. A análise em funcionamento do desempenho da rede e o ajuste dinâmico dos parâmetros da rede oferecem adaptação a ciclos variáveis de atividade da empresa. O gerenciamento de redes é uma disciplina complexa, particularmente em um ambiente com múltiplos fornecedores. O gerente precisa entender os requisitos para gerenciamento de redes e as ferramentas e tecnologias disponíveis para poder planejar de modo eficiente uma estrutura automatizada de gerenciamento de redes. O Capítulo 19 focaliza o gerenciamento de redes.

1.9 PADRÕES

Os padrões passaram a desempenhar um papel dominante no mercado da comunicação de informações. Praticamente todos os fornecedores de produtos e serviços estão comprometidos em dar suporte aos padrões internacionais. Um documento de suporte no Web site deste livro explica a importância dos padrões e o status atual de seu uso. Ele também oferece uma visão geral das principais organizações envolvidas no desenvolvimento desses padrões.

1.10 RECURSOS NA INTERNET

Existem diversos recursos disponíveis na Internet e na Web para dar suporte a este livro e para acompanhar os desenvolvimentos nesse setor.

Web sites

Existem diversos Web sites que oferecem informações relacionadas aos assuntos deste livro. Nos capítulos subseqüentes, indicações de Web sites específicos podem ser encontrados na seção "Leitura recomendada". Como os endereços para Web sites costumam mudar com freqüência, não os incluí no livro. Para todos os Web sites listados no livro, o link apropriado poderá ser encontrado no Web site deste livro. Outros links não mencionados neste livro serão acrescentados ao site com o passar do tempo.

Grupos de notícias USENET

Diversos grupos de notícias USENET são dedicados a algum aspecto da comunicação de dados e redes. Assim como em praticamente todos os grupos USENET, existe uma relação ruído/sinal muito alta, mas vale a pena experimentar para ver se algum grupo atende as suas necessidades. Aqui está uma amostra:

- **comp.dcom.lans, comp.dcom.lans.etherenet e comp.dcom.lans.misc:** Discussões gerais sobre LANs
- **comp.std.wireless:** Discussão geral sobre redes sem fio, incluindo LANs sem fio
- **comp.security.misc:** Segurança de computador e criptografia
- **comp.dcom.cell-relay:** Abrange ATM e LANs ATM
- **comp.dcom.frame-relay:** Abrange redes Frame Relay
- **comp.dcom.net-management:** Discussão de aplicações, protocolos e padrões de gerenciamento de redes
- **comp.protocols.tcp-ip:** O conjunto de protocolos TCP/IP

1.11 PUBLICAÇÕES ÚTEIS

Este livro serve como um tutorial para o aprendizado no campo de comunicação de dados na empresa e uma referência que pode ser usada para ajudar sobre um assunto específico. No entanto, com as rápidas mudanças que ocorrem nesse campo, nenhum livro pode esperar ficar sozinho por muito tempo. Se você estiver verdadeiramente interessado nessa área, terá que investir um pouco do seu tempo atualizando-se com novos desenvolvimentos, e a melhor maneira de fazer isso é lendo alguns periódicos relevantes. A lista de publicações que poderia ser recomendada é muito grande. Incluímos aqui uma pequena e seleta lista de publicações que lhe recompensarão pelo tempo que você dedicar a elas. Todas essas publicações possuem Web sites (Tabela 1.1).

Publicações orientadas à empresa

Devido à importância cada vez maior da comunicação de informações para a empresa, praticamente todos os periódicos de negócios agora oferecem alguma cobertura desse setor. Dois dos melhores nessa área são *Forbes* e *Business Week*. *Forbes* inclui regularmente uma seção "Computer/Communications", que apresenta dois ou três artigos e mais uma coluna regular em cada edição. Os artigos são atuais, diretos ao ponto que interessa e abrangem uma gama muito ampla. Periodicamente, o suplemento *ASAP* é distribuído com a *Forbes*. *ASAP* é uma revista completa, com ampla cobertura de assuntos de sistemas de informações da empresa e comunicação de dados para empresas.

Business Week possui uma seção regular "Information Processing", que inclui dois ou três artigos toda semana. A seção é mais orientada para computadores do que comunicações, mas oferece alguma cobertura do segundo. Além disso, a revista de vez em quando possui histórias de capa nesse setor, que oferecem discussão mais aprofundada.

Publicações comerciais/técnicas

A quantidade de periódicos que cobrem algum aspecto desse campo é vasta e crescente. Alguns dos mais úteis são discutidos nesta seção.

Tabela 1.1 Periódicos úteis

Nome	Web site
Business Communications Review	Links para páginas Web de fornecedores que anunciam na revista. Inclui cópias de alguns artigos de edições anteriores.
Telecommunications	Artigos e informações de novos produtos de edições passadas, mais uma listagem internacional abrangente das feiras do setor. As listagens de produtos incluem uma rápida descrição mais a capacidade de solicitar informações de produtos do fornecedor. Uma capacidade de pesquisa muito útil pode ser usada para pesquisar artigos e listagens de produtos por palavra-chave.
Network World	O melhor Web site desta lista. Contém um arquivo bem organizado do conteúdo do artigo. Também contém links para sites relacionados a histórias de notícias atuais, sites relacionados a diversos assuntos técnicos abordados no artigo e informações do fornecedor.
Network Computing	Artigos da revista disponíveis mais indicações de anunciantes. O site também inclui um manual em hipertexto de projeto de rede com dicas práticas muito úteis para o projeto de rede do usuário final.
Network Magazine	Links para páginas Web dos fornecedores que anunciam na revista, além de muitas informações on-line úteis.
IT Professional	Inclui recursos de emprego e links relacionados à Tecnologia da Informação.
ACM Networker	Inclui cópias on-line de artigos da revista.
Forbes/ASAP	São fornecidas cópias de alguns artigos de edições anteriores.
Business Week	São fornecidas cópias de alguns artigos de edições anteriores. Também possui uma quantidade considerável de informações suplementares.

Business Communications Review é um periódico mensal muito útil, orientado para o usuário da empresa, que integra comunicação de dados e voz. Além de artigos escritos com clareza, abordando a tecnologia de comunicações, gerenciamento e aplicações, ele possui diversos colunistas bem qualificados escrevendo sobre tudo desde o cenário de regulamentação de Washington e gerenciamento de redes até o que há de mais recente em tecnologias de banda larga.

Network Magazine é uma revista mensal que oferece cobertura excelente do setor, incluindo uma coluna regular sobre tarifas de comunicação, artigos sobre empresas particulares, estatísticas sobre ações relacionadas a comunicações e cobertura de tendências do setor e questões sobre regulamentação. A revista também costuma apresentar artigos de guia do comprador sobre produtos e serviços particulares. Além disso, a cada mês existem um ou dois artigos de estudo de caso relacionados à experiência de determinada empresa que instalou algum tipo de sistema distribuído ou rede. Normalmente, esses artigos são escritos por alguém ligado à empresa. *Telecommunications* é uma revista mensal, que contém artigos técnicos e relacionados ao setor. A revista se concentra bastante em assuntos de redes de longa distância, como telefone, telecomunicações e questões sobre legislação.

Network World é um jornal semanal, do tamanho de um tablóide, que é uma excelente fonte de informações sobre o setor e o mercado para produtos e serviços de comunicação de informações. A cobertura é bastante profunda e inclui guias de compras sobre produtos e serviços. A cada semana existem um ou mais artigos detalhados que focalizam uma única área, como gerenciamento de redes. O tratamento é voltado para a gerência, não tendo uma orientação técnica. O jornal também oferece comparações de produtos. *Network Computing* focaliza os produtos de rede, mas também possui alguns artigos técnicos. Essa revista, mais *Network Magazine,* oferecem um meio excelente para acompanhar lançamentos de novos produtos e obter análises comparativas das ofertas de produtos.

IT Professional, distribuída pelo IEEE, serve para desenvolvedores e gerentes de sistemas de informações corporativos. A revista é boa para explicar a tecnologia, a fim de ajudá-lo a montar e gerenciar seus sistemas de informação atualizados, e oferece notícias sobre as tendências que poderão dar forma à sua empresa nos próximos anos. *Networker,* distribuída pela ACM, é outra

Tabela 1.2 **Prefixos numéricos**

Nome do prefixo	Símbolo do prefixo	Fator SI	Fator Armazenamento no computador
tera	T	10^{12}	2^{40}
giga	G	10^{9}	$2^{30} = 1.073.741.824$
mega	M	10^{6}	$2^{20} = 1.048.576$
kilo	k	10^{3}	$2^{10} = 1.024$
mili	m	10^{-3}	
micro	m	10^{-6}	
nano	n	10^{-9}	

boa fonte de informações para desenvolvedores e gerentes de sistemas de informação corporativos, porém com mais ênfase em redes e comunicação de dados do que a *IT Professional*.

1.12 PERGUNTAS PARA REVISÃO

1.1. Que três tipos de dificuldades organizacionais básicas a tecnologia de comunicações pode ajudar as empresas a superar?

1.2. Cite quatro tipos de informações que podem ser encontradas nas redes.

1.3. Como a tecnologia do CD usado no setor musical tem sido usada na comunicação de imagens?

1.4. Por que o peso sobre o gerente é maior hoje do que nos anos anteriores, quando se trata de uso eficiente da nova tecnologia?

1.5. Por que motivo a transmissão por fibra óptica se tornou popular nos últimos anos?

1.6. Que tipos de comunicações podem ser transportados por transmissão de satélite?

1.7. Cite duas técnicas que podem ser usadas para aumentar a eficiência dos serviços de transmissão.

1.8. Compare a função do software de aplicação com o do software de interconexão.

APÊNDICE 1A   PREFIXOS PARA UNIDADES NUMÉRICAS

O **bit** (b) é a unidade fundamental de informações discretas. Ele representa o resultado de uma opção: 1 ou 0, sim ou não, ou ligado ou desligado. Um bit representa dois resultados em potencial. Assim, por exemplo, um bit pode representar o estado ligado/desligado de uma chave. Dois bits podem representar quatro resultados: 00, 01, 10, 11, por exemplo. Três bits representam oito resultados: 000, 001, 010, 011, 100, 101, 110, 111, por exemplo. Cada vez que outro bit é acrescentado, os números dos resultados dobram (Tabela 2.1). Um **byte** (ou **octeto**, normalmente abreviado como B) é o nome dado a 8 bits (por exemplo, 8b = 1B). O número de resultados em potencial que um byte representa é $2 \times 2 \times 2 \times 2 \times 2 \times 2 \times 2 \times 2 = 2^8 = 256$. Os bytes normalmente são usados na representação de quantidades de armazenamento nos computadores. Os bits tradicionalmente têm sido usados na descrição de velocidades de comunicação.

Na literatura de ciência da computação, os prefixos kilo, mega e assim por diante normalmente são usados em unidades numéricas. Estes possuem duas interpretações diferentes (Tabela 1.2)

- **Transmissão de dados:** Para transmissão de dados, os prefixos utilizados são aqueles definidos para o sistema internacional (SI) de unidades, o padrão internacional. Nesse esquema, os prefixos são usados como um método de abreviação da expressão de potências de 10. Por exemplo, um kilobit por segundo (1kbps) = 10^3bps = 1000bps.

- **Armazenamento de computador:** A quantidade de dados na memória do computador em um arquivo ou em uma mensagem transmitida normalmente é medida em bytes. Como a memória é indicada por endereços binários, o tamanho da memória é expresso como potências de 2. Os mesmos prefixos são usados de um modo que aproxima seu uso no esquema do SI. Por exemplo, um kilobyte (1kB) = 2^{10} bytes = 1.024 bytes.

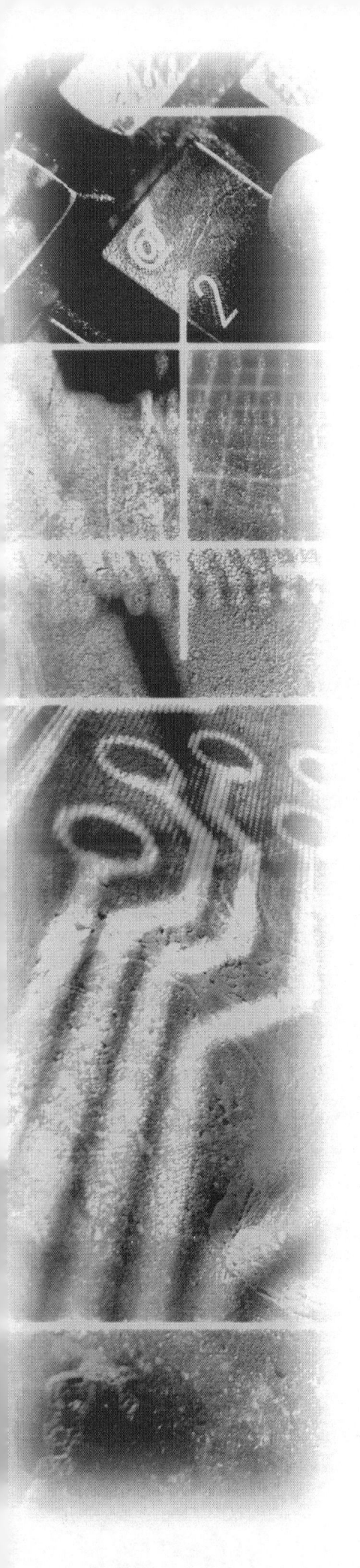

Parte Um

Requisitos

A Parte Um define as necessidades de comunicação de informações no ambiente da empresa. Apresenta as maneiras como as diversas formas de informação são usadas e a necessidade de interconexão e instalações de rede.

MAPA DA PARTE UM

Capítulo 2
Informações corporativas

Os requisitos para comunicação de dados e instalações de rede em uma organização são controlados pela natureza e pelo volume das informações que são tratadas. O Capítulo 2 oferece uma visão geral das quatro categorias básicas de informação utilizadas em qualquer organização: áudio, dados, imagem e vídeo. O capítulo discute algumas das características predominantes de cada tipo e examina suas implicações na rede.

Capítulo 3
Processamento de dados distribuído

O Capítulo 3 descreve a natureza e o papel do processamento de dados distribuído (DDP – Distributed Data Processing) em uma organização. Praticamente todos os sistemas de informação das organizações são distribuídos, e os requisitos de rede e de comunicações são conduzidos pela forma como os dados e as aplicações são distribuídos.

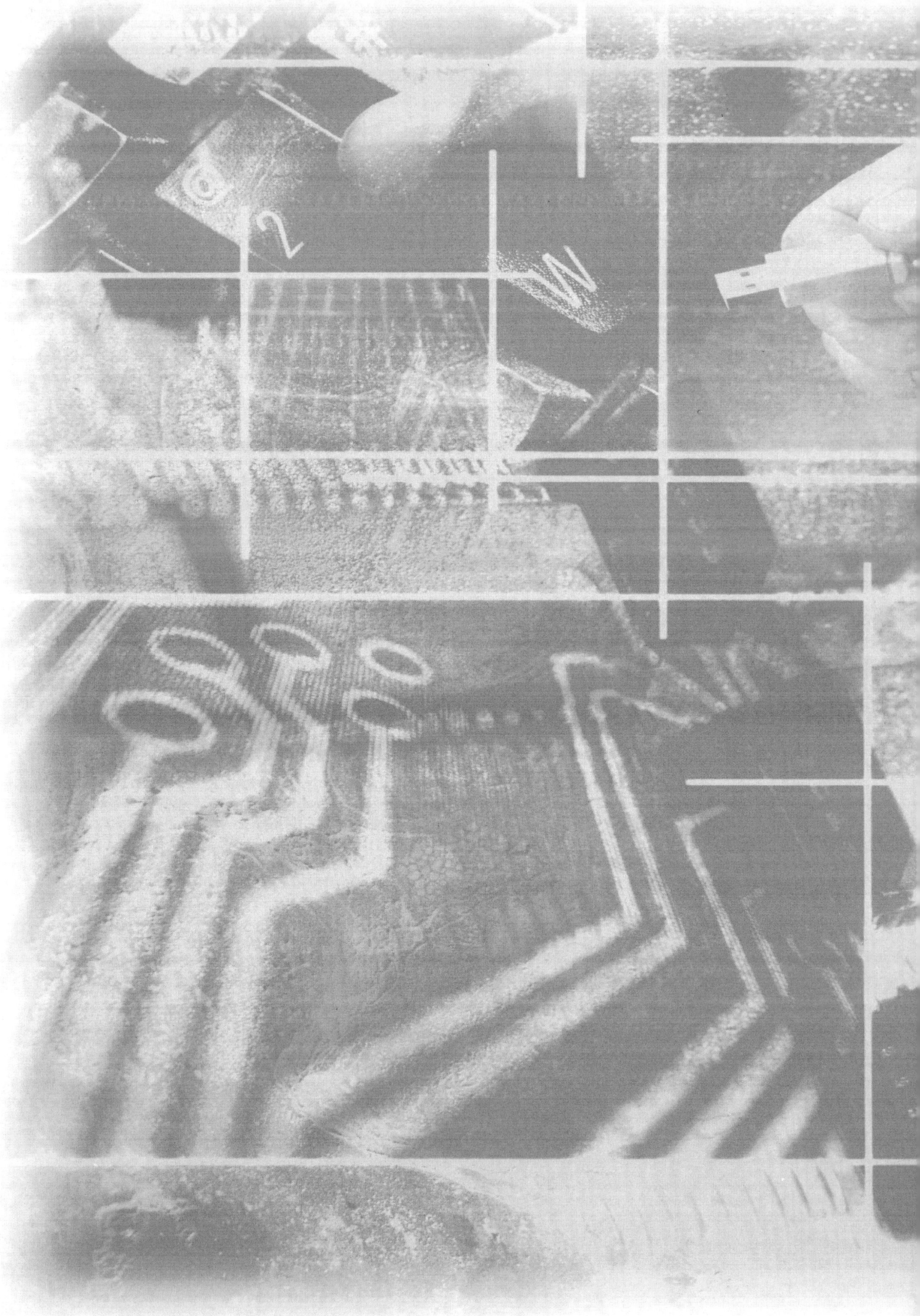

Capítulo 2

Informações corporativas

2.1 Áudio
2.2 Dados
2.3 Imagem
2.4 Vídeo
2.5 Medidas de desempenho
2.6 Resumo
2.7 Leitura e Web sites recomendados
2.8 Principais termos, perguntas para revisão e problemas

OBJETIVOS DO CAPÍTULO

Depois de ler este capítulo, você deverá ser capaz de

- Distinguir entre fontes de informação digitais e analógicas.
- Caracterizar os tipos de informação da empresa em uma das quatro categorias: áudio, dados, imagem e vídeo.
- Estimar quantitativamente os recursos de comunicação exigidos pelos quatro tipos de fontes de informação.
- Explicar por que o tempo de resposta do sistema é um fator crítico para a produtividade do usuário.

É importante entender como a comunicação da informação se relaciona com os requisitos da empresa. Uma primeira etapa nesse conhecimento é examinar as várias formas de informação da empresa. Existe uma grande variedade de aplicações, cada qual com características próprias de informação. No entanto, para a análise e o projeto das redes de informação, os tipos de informação normalmente podem ser caracterizados como os que exigem um entre um pequeno número de serviços: **áudio, dados, imagem** e **vídeo**. Nosso exame abrange os seguintes assuntos:

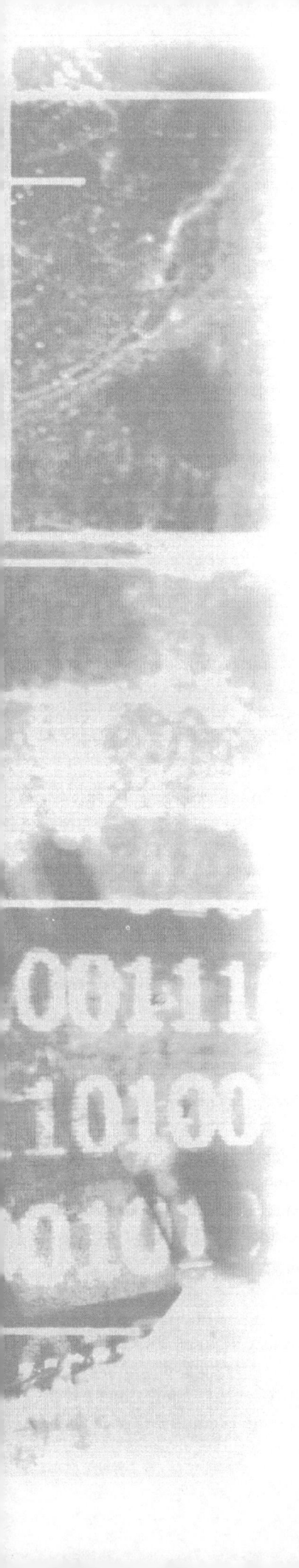

- Como é medido o impacto das fontes de informação sobre os sistemas de comunicação
- A natureza das quatro formas principais de informação na empresa: áudio, dados, imagem e vídeo
- Os tipos de serviços da empresa que se relacionam a cada uma dessas formas de informação
- Uma visão introdutória das implicações desses serviços do ponto de vista dos requisitos de comunicação que eles geram

As fontes de informação podem produzir informações em formato **digital** ou **analógico**. As *informações digitais* são representadas como uma seqüência de símbolos discretos, a partir de um "alfabeto" finito. Alguns exemplos são texto, dados numéricos e dados binários. Para a comunicação digital, a taxa de informações e a capacidade de um canal digital são medidas em bits por segundo (bps).

A *informação analógica* é um sinal contínuo (por exemplo, uma voltagem) que pode pressupor uma série contínua de valores. Um exemplo é o sinal elétrico que chega de um microfone quando alguém fala. Nesse caso, o sinal elétrico analógico representa as mudanças acústicas contínuas na pressão do ar que compõem o som. Para a comunicação analógica, a taxa de informação e a capacidade do canal são medidos em hertz (Hz) de largura de banda (1Hz = 1 ciclo por segundo). Praticamente, qualquer sinal de comunicação pode ser expresso como uma combinação de oscilações puras de várias freqüências. A largura de banda mede os limites dessas freqüências. Quanto maiores são as faixas de freqüências permitidas, com mais precisão um sinal complexo poderá ser representado.

2.1 ÁUDIO

O serviço de áudio dá suporte às aplicações com base no som, normalmente da voz humana. A principal aplicação que utiliza o serviço de áudio é a comunicação por telefone. Outras aplicações incluem telemarketing, correio de voz, teleconferência de áudio e rádio de entretenimento. A qualidade do som é caracterizada principalmente pela largura de banda utilizada. A voz em um telefone, que é de qualidade moderada, é limitada a cerca de 3.400Hz de largura de banda. A voz na qualidade de teleconferência exige cerca de 7.000Hz de largura de banda. Para o som de alta fidelidade de qualidade razoável, cerca de 15.000Hz (aproximadamente a faixa do ouvido humano) são necessários. Para CDs, 20.000Hz são admitidos para cada um dos dois canais estéreos.

A informação de áudio também pode ser representada digitalmente. Os detalhes são mostrados no Capítulo 16. Aqui, apresentamos uma discussão abreviada. Para obter uma boa representação do som no formato digital, precisamos fazer a amostragem de sua amplitude em uma certa taxa (amostras por segundo, ou smp/s) igual a pelo menos o dobro da freqüência máxima (em Hz) do sinal analógico. Para a voz de qualidade de telefone, normalmente se faz amostragem em uma taxa de 8.000smp/s. Para o som de alta qualidade em CDs, 44.100smp/s é a taxa usada em cada canal. Depois da amostragem, as amplitudes de sinal precisam ser colocadas em forma digital, um processo chamado de quantização. Oito bits por amostra normalmente são usados para a voz de telefone, e 16 bits por amostra para cada canal do "compact disc" estereofônico. No primeiro caso, 256 níveis de amplitude podem ser distinguidos, e no segundo, 65.536 níveis. Assim, sem a compactação, a voz digital exige 8b/smp × 8.000smp/s = 64.000 bps. No caso dos CDs, uma multiplicação direta dos parâmetros anteriores leva a uma velocidade de dados de cerca de 1,41Mbps para os dois canais. Um CD normalmente é classificado em uma capacidade de cerca de 600 megabytes (MB). Isso leva a uma capacidade de áudio de cerca de 1 hora de som estéreo.

As conversas telefônicas típicas possuem um tamanho médio no intervalo de 1 a 5 minutos. Para a comunicação telefônica comum de voz, a informação em cada direção é transmitida em menos da metade do tempo; caso contrário, as duas partes estariam falando ao mesmo tempo. A fala normalmente ocorre em rajadas, com uma média de aproximadamente 350 milissegundos (ms), separadas por períodos de silêncio de cerca de 650ms [SPIR88].

Implicações da rede

Os requisitos que discutimos indicam a necessidade de uma instalação de intralocalização poderosa e flexível e mais acesso a uma série de serviços de telefone externos. Os serviços externos são fornecidos por redes telefônicas públicas, incluindo a companhia telefônica local e as operadoras de longa distância, como AT&T ou uma operadora com licença nacional. Além disso, diversos arranjos de instalações de rede privadas e linhas alugadas são possíveis. Todos estes são tratados no Capítulo 12.

Os serviços de intralocalização, mais o acesso a serviços externos, são fornecidos por meio de equipamento doméstico, normalmente chamado equipamento das instalações do cliente, como uma central de comutação privada, ou por um Centrex.

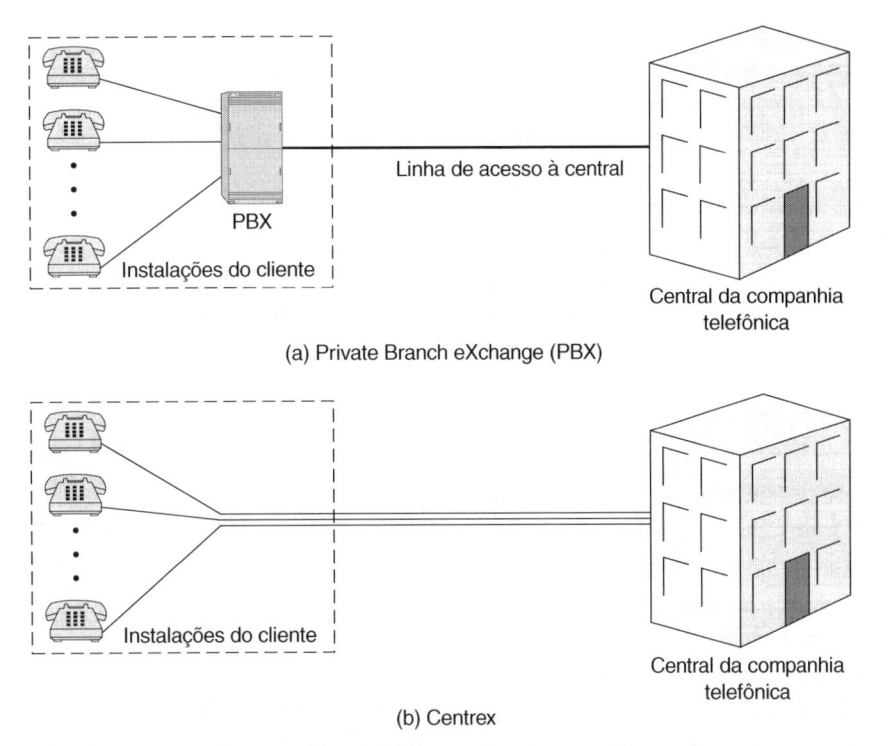

FIGURA 2.1 Configurações de telefone na empresa.

O modo mais eficaz de gerenciar os requisitos de voz é unir todos os telefones em determinado local em um único sistema. Existem duas alternativas principais para isso: as centrais de PBX e Centrex. A central de **PBX** (Private Branch eXchange) é uma facilidade de comutação nas instalações, possuída ou alugada por uma organização, que interconecta os telefones dentro dessa instalação e oferece acesso ao sistema telefônico público (Figura 2.1a). Normalmente, um usuário de telefone nas instalações disca para um número de três ou quatro dígitos a fim de chamar outro assinante nas instalações, e disca um dígito (normalmente, 8, 9 ou 0) para obter uma linha externa, que lhe permite discar para um número da mesma forma como um usuário residencial.

Centrex é uma oferta da companhia telefônica que oferece o mesmo tipo de serviço de um PBX, mas realiza a função de comutação no equipamento localizado no escritório central da companhia telefônica, em vez de nas instalações do cliente (Figura 2.1b). Todas as linhas telefônicas são roteadas do local do cliente para a central. O usuário ainda pode fazer ligações locais com um número de ramal curto que dá a aparência de uma central nas instalações.

Tanto PBX quanto a facilidade Centrex podem admitir uma grande variedade de serviços relacionados à voz. Tanto o correio de voz quanto a teleconferência de áudio podem ser usados nas duas técnicas.

2.2 DADOS

Os dados consistem em informações que podem ser representadas por um alfabeto finito de símbolos, como os dígitos de 0 a 9 ou os símbolos representados em um teclado de terminal. Alguns exemplos comuns de dados são informações de texto e numéricas. Os símbolos normalmente são representados nos computadores ou para transmissão, em grupos de 8 bits (octetos ou bytes).

Um exemplo familiar de dados digitais é o **texto** ou strings de caracteres. Embora os dados textuais sejam mais convenientes para seres humanos, eles não podem, na forma de caractere, ser armazenados ou transmitidos com facilidade por sistemas de processamento de dados e comunicações. Esses sistemas são projetados para dados binários. Assim, diversos códigos foram idealizados, pelos quais os caracteres são representados por uma seqüência de bits. Talvez o exemplo comum mais antigo disso seja o código Morse. Hoje, o código de texto mais utilizado é o International Reference Alphabet (IRA).[1] Cada caractere nesse código é

---

[1] IRA está definido na Recomendação ITU-T T.50 e era conhecido inicialmente como International Alphabet Number 5 (IA5). A versão nacional dos Estados Unidos do IRA é conhecida como American Standard Code for Information Interchange (ASCII).

representado por um padrão exclusivo de 7 bits; assim, 128 caracteres diferentes podem ser representados. Esse é um número maior do que o necessário, e alguns dos padrões representam *caracteres de controle* invisíveis. Os caracteres codificados pelo IRA quase sempre são armazenados e transmitidos usando 8 bits por caractere. O oitavo bit é um bit de paridade, usado para detecção de erro. Esse bit é definido de modo que o número total de 1s binário em cada octeto seja sempre ímpar (**paridade ímpar**) ou sempre par (**paridade par**). Assim, um erro de transmissão que muda um único bit, ou qualquer número ímpar de bits, pode ser detectado.

Texto, dados numéricos e outros tipos de dados normalmente são organizados em um banco de dados. Esse assunto é abordado no Capítulo 3.

Para obter alguma prática no uso dos conceitos introduzidos até aqui, vamos estimar aproximadamente quantos bits são necessários para transmitir uma página de texto. Normalmente, uma letra do alfabeto ou um símbolo tipográfico são representados por um byte, ou 8 bits. Vamos considerar uma página de 8,5 por 11 polegadas, com uma margem de 1 polegada em todos os lados. Isso deixa um espaço de mensagem de 6,5 por 9 polegadas. Uma página em espaço duplo normalmente tem 3 linhas por polegada, ou 27 linhas por página. Em uma fonte comum, existem 10 caracteres por polegada, ou 65 caracteres por linha. Isso nos leva a um total de $8 \times 27 \times 65 = 14.040$ bits. Isso exagera a situação, porque os espaços contíguos nas extremidades das linhas normalmente não são incluídos, e algumas páginas não estão cheias. Como um número redondo, 10.000 bits por página provavelmente seja uma estimativa justa. Para um PC ou um terminal comunicando-se com um computador por uma linha telefônica que usa um modem, uma capacidade típica do canal é de 56.000bps. Assim, seriam necessários cerca de 0,18s para transmitir uma página.

Para testar nossa teoria, analisamos um relatório de 84 páginas que foi formatado com margens de 1 polegada e usava uma fonte de 10 pontos, exceto para os títulos. O relatório formatado consistia em 115.325 caracteres, que é equivalente a 1.373 caracteres por página, ou 10.983 bits, que é muito próximo da nossa estimativa aproximada.

Essa, de forma alguma, é a história completa. Por exemplo, o texto em inglês é muito redundante. Ou seja, a mesma informação pode ser enviada usando muito menos bits. Na experiência que descrevemos, usamos uma rotina de compactação padrão para reduzir o arquivo para menos de 40% do seu tamanho, ou 4.098 bits por página. Outro recurso que caracteriza muitas fontes de informação orientadas a dados é o tempo de resposta exigido, discutido mais adiante neste capítulo.

Implicações da rede

Os requisitos de rede para dar suporte a aplicações de dados em uma organização variam bastante. Fazemos uma análise desses requisitos no Capítulo 3.

2.3 IMAGEM

O serviço de imagem oferece suporte à comunicação de figuras, gráficos ou desenhos individuais. As aplicações baseadas em imagem incluem facsimile, projeto auxiliado por computador (CAD), publicação e imagens médicas.

Como um exemplo dos tipos de demandas que podem ser colocados pelos sistemas de imagem, considere os requisitos de transmissão de imagens médicas. A Tabela 2.1 resume o impacto de comunicação dos diversos tipos de imagens médicas. Além de indicar os bits por imagem e o número de imagens por exame, a tabela mostra o tempo de transmissão por exame para três velocidades de transmissão digital padronizadas: DS-0 = 56kbps, DS-1 = 1,544Mbps e DS-3 = 44,736Mbps.

Novamente, a compactação pode ser utilizada. Se permitirmos alguma perda de informação pouco percebida, podemos usar a compactação "com perdas", que poderia reduzir os dados por fatores de aproximadamente 10:1 a 20:1. Por outro lado, para imagens médicas, a compactação com perdas normalmente não é aceitável, de modo que as taxas de compactação para essas aplicações ficam abaixo de 5:1.

Representação da imagem

Existem várias técnicas usadas para representar a informação da imagem. Estas se encaixam em duas categorias principais:

- **Gráficos vetoriais:** Uma imagem é representada como uma coleção de segmentos de linha retos e curvos. Objetos simples (como retângulos e ovais) e objetos mais complexos são definidos pelo agrupamento de segmentos de linha.
- **Gráficos de varredura:** Uma imagem é representada como um array bidimensional de pontos, chama-

Tabela 2.1 Tempo de transferência para imagens digitais de radiologia [DWYE92]

Tipo de imagem	Mbytes por imagem	Imagens por exame	DS-0 tempo/exame (segundos)	DS-1 tempo/exame (segundos)	DS-3 tempo/exame (segundos)
Tomografia computadorizada (CT)	0,52	30	2247	81	3
Imagem de ressonância magnética (MRI)	0,13	50	928	34	1
Angiografia digital	1	20	2857	104	4
Fluorografia digital	1	15	2142	78	3
Ultra-sonografia	0,26	36	1337	48	2
Medicina nuclear	0,016	26	59	2	0,1
Radiografia computadorizada	8	4	4571	166	6
Filme digitalizado	8	4	4571	166	6

DS-0 = 56kbps
DS-1 = 1,544Mbps
DS-3 = 44,736Mbps

dos pixels.[2] Em sua forma mais simples, cada pixel pode ser preto ou branco. Essa técnica é usada não apenas para processamento de imagens de computador, mas também para fax.

Todas as figuras neste livro foram preparadas com um pacote gráfico que utiliza gráficos vetoriais. Os gráficos vetoriais envolvem o uso de códigos binários para representar o tipo, o tamanho e a orientação do objeto. Em todos esses casos, a imagem é representada e armazenada como um conjunto de dígitos binários e pode ser transmitida usando sinais digitais.

A Figura 2.2 mostra uma representação simples de 10 × 10 de uma imagem, usando gráficos de varredura. Este poderia ser um fax ou uma imagem gráfica digitalizada por varredura pelo computador. A representação 10 × 10 é facilmente convertida para um código de 100 bits para a imagem. Neste exemplo, cada pixel é representado por um único bit, que indica preto ou branco. Uma **imagem em tons de cinza** (ou grayscale) é produzida se cada pixel for definido por mais de um bit, representando os tons de cinza. A Figura 2.3 mostra o uso de uma escala de 3 bits para produzir oito tons de cinza, variando de branco até preto. Os tons de cinza também podem ser usados nos gráficos vetoriais para definir a escala dos segmentos de linha ou o interior de objetos fechados, como os retângulos.

As imagens também podem ser definidas em cores. Existem diversos esquemas em uso para essa finalidade. Um exemplo é o esquema RGB (Red-Green-Blue – vermelho-verde-azul), em que cada pixel ou área da imagem é definido por três valores, um para cada uma das três cores. O esquema RGB explora o fato de que

```
0000000000
0000000000
0001111000
0001001000
0001111000
0000001000
0000001000
0001111000
0000000000
0000000000
```

(a) Imagem   (b) Código binário

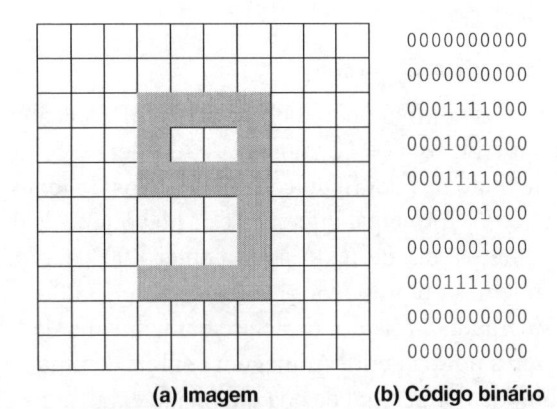

FIGURA 2.2 Uma imagem de 100 pixels e seu código binário.

---

[2] Um pixel, ou elemento de imagem, é o menor elemento de uma imagem digital que pode receber um nível de cinza. De modo equivalente, um pixel é um ponto individual em uma representação de matriz de pontos de uma figura.

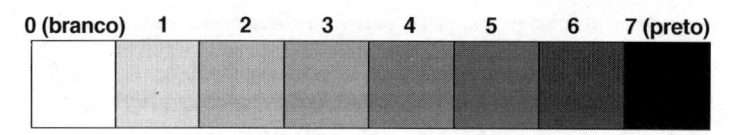

FIGURA 2.3 Uma escala de cinza de oito níveis.

uma grande porcentagem do espectro visível pode ser representada pela mistura de vermelho, verde e azul em várias proporções e intensidades. A magnitude relativa de cada valor de cor determina a cor real.

Formatos de imagem e documento

O formato mais usado para imagens de varredura é conhecido como JPEG. O Joint Photographic Experts Group (JPEG) é um esforço conjunto para criação de padrões entre ISO e ITU-T. JPEG desenvolveu um conjunto de padrões para a compactação de imagens de varredura, tanto em tons de cinza quanto coloridas. O padrão JPEG foi criado para uso geral, atendendo uma série de necessidades em áreas como editoração eletrônica, artes gráficas, transmissão de fotos para jornais e imagens médicas. JPEG é apropriado para imagens de alta qualidade, incluindo fotografias. Outro formato normalmente visto na Web é o Graphics Interchange Format (GIF). Este é um formato colorido de 8 bits que pode exibir até 256 cores e geralmente é útil para imagens não fotográficas, com um intervalo de cores bastante estreito, como na logomarca de uma empresa.

Há também dois formatos de documento muito populares, adequados para documentos que incluam texto e imagens. O formato Portable Document Format (PDF) é muito utilizado na Web, e os leitores de PDF estão disponíveis para praticamente todos os sistemas operacionais. Postscript é uma linguagem de descrição de página que está embutida em muitas impressoras de mesa e em praticamente todos os sistemas de impressão de alto nível.

Implicações de rede

As diversas configurações pelas quais a informação da imagem é utilizada e comunicada não diferem fundamentalmente das configurações para dados de texto e numéricos. A principal diferença está no volume de dados. Uma página de texto pode conter 300 palavras, que podem ser representadas com cerca de 13.000 bits (considerando 8 bits por caractere e uma média de 5,5 caracteres por palavra). A imagem em bits de uma tela de computador pessoal de boa qualidade exige mais de 2 milhões de bits (isto é, para o modo de vídeo de 640 × 480 × 256). Uma página de fax com uma resolução de 200 pontos por polegada (que é uma resolução adequada, porém não desnecessariamente alta) geraria cerca de 4 milhões de bits para uma imagem simples em preto e branco, e muito mais bits para imagens em tons de cinza ou coloridas. Assim, para informações de imagem, uma quantidade tremenda de bits é necessária para a representação no computador.

O número de bits necessários para representar uma imagem pode ser reduzido pelo uso de técnicas de compactação de imagem. Em um documento, contenha ele texto ou informações de imagem, as áreas em preto e branco da imagem costumam ser agrupadas. Essa propriedade pode ser explorada para descrever os padrões de preto e branco de uma maneira que seja mais concisa do que simplesmente fornecer uma listagem de valores pretos e brancos, um para cada ponto na imagem. Razões de compactação (a razão entre o tamanho da imagem não compactada, em bits, e o tamanho da imagem compactada) de 8 a 16 são facilmente alcançadas.

Até mesmo com compactação, o número de bits a serem transmitidos para as informações da imagem é grande. Como sempre, existem dois problemas: tempo de resposta e vazão. Em alguns casos, como uma aplicação de CAD/CAM, o usuário está manipulando uma imagem interativamente. Se o terminal do usuário estiver separado da aplicação por uma facilidade de comunicação, então a capacidade de comunicação precisa ser substancial para dar um tempo de resposta adequado. Em outros casos, como em um fax, um atraso de alguns segundos ou até mesmo de alguns minutos normalmente não tem grandes conseqüências. Porém, a facilidade de comunicação ainda precisa ter capacidade grande o suficiente para acompanhar a velocidade média da transmissão do fax. Caso contrário, os atrasos na facilidade aumentarão com o tempo, à medida que o acúmulo de dados se forma.

2.4 VÍDEO

O serviço de vídeo transporta seqüências de figuras no tempo. Basicamente, o vídeo utiliza uma seqüência de imagens de varredura. Aqui é mais fácil caracterizar os dados em termos de espectador (destino) da tela de TV, ao invés da cena original (origem) que é registrada pela câmera de TV. Para produzir uma imagem na tela, um feixe de elétrons varre a superfície da tela da esquerda para a direita e de cima para baixo. Para a televisão em preto-e-branco, a quantidade de iluminação produzida (em uma escala de preto a branco) em qualquer ponto é proporcional à intensidade do feixe enquanto ele passa por esse ponto. Assim, a qualquer instante, o feixe assume um valor analógico de intensidade para produzir o brilho desejado nesse ponto da tela. Além do mais, enquanto o feixe varre, o valor analógico muda. Assim, a imagem do vídeo pode ser imaginada como um sinal analógico variando com o tempo.

A Figura 2.4 representa o processo de varredura. Ao final de cada linha de varredura, o feixe é varrido rapidamente de volta para a esquerda (retraçado horizontal). Quando o feixe atinge a parte inferior, ele é varrido rapidamente de volta ao topo (retraçado vertical). O feixe é desligado (apagado) durante os intervalos de retraçado.

Para conseguir uma resolução adequada, o feixe produz um total de 483 linhas horizontais em uma velocidade de 30 varreduras completas da tela por segundo. Os testes têm mostrado que essa velocidade produzirá uma sensação de oscilação, em vez de um movimento suave. Para fornecer uma imagem sem oscilações, sem aumentar o requisito de largura de banda, utiliza-se uma técnica conhecida como **entrelaçamento**. Como mostra a Figura 2.4, as linhas de varredura de número ímpar e as linhas de varredura de número par são varridas separadamente, com os campos par e ímpar alternando em varreduras sucessivas. O campo ímpar é a varredura de A para B, e o campo par é a varredura de C para D. O feixe atinge o meio da linha inferior da tela após 241,5 linhas. Nesse ponto, o feixe é rapidamente posicionado para o topo da tela e recomeça no meio da linha mais alta visível da tela, para produzir outras 241,5 linhas entrelaçadas com o conjunto original. Assim, a tela é atualizada 60 vezes por segundo, em vez de 30, e evita-se a oscilação.

Implicações de rede

As aplicações baseadas em vídeo incluem televisão educativa e de entretenimento, teleconferência, circuito fechado de TV e multimídia. Por exemplo, um sinal de TV em preto-e-branco para videoconferência poderia ter uma resolução de quadro de 360 por 280 pixels, enviados a cada 1/30s com uma intensidade variando do preto, passando por cinza, até chegar ao branco, representada por 8 bits. Isso corresponderia a uma taxa de dados bruta, sem compactação, de cerca de 25Mbps. Para acrescentar cor, a taxa de bits poderia subir em 50%. A Tabela 2.2 indica a taxa de amostragem para

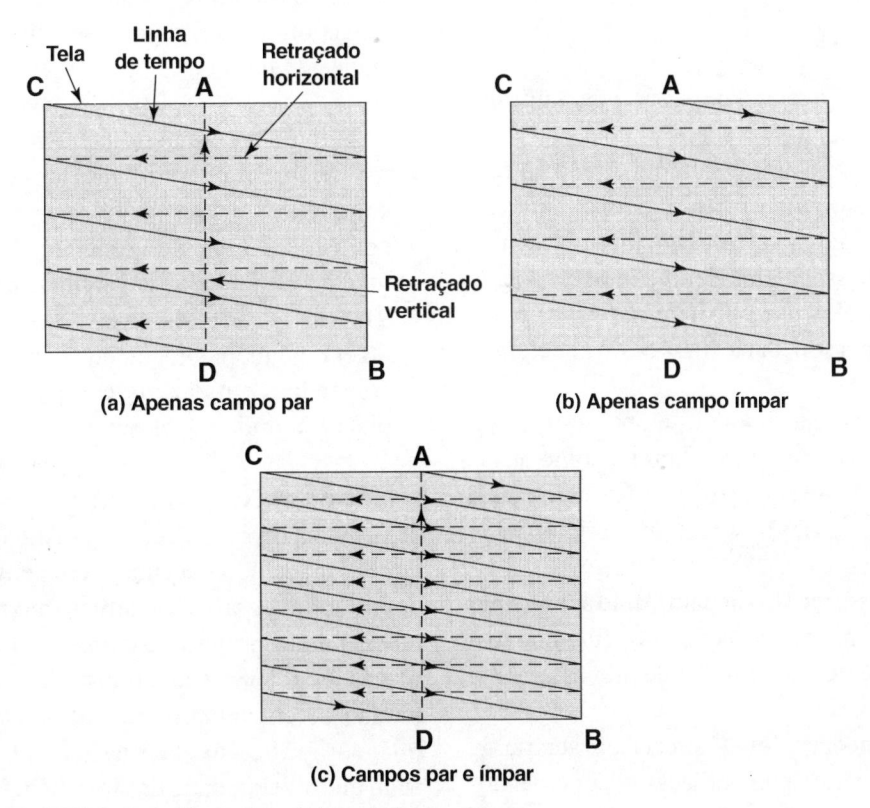

FIGURA 2.4 Varredura intercalada do vídeo.

Tabela 2.2 Formatos de televisão digital

Formato	Resolução espaço-temporal	Taxa de amostragem
CIF	360 × 288 × 30	3MHz
CCIR	720 × 576 × 30	12MHz
HDTV	1280 × 720 × 60	60MHz

três tipos comuns de vídeo. A Tabela só indica as taxas para iluminação, pois a cor é tratada de forma diferente nos três formatos. No caso extremo, a televisão em cores de alta definição sem compactação exigiria mais de um gigabit por segundo para sua transmissão. Assim como nas imagens, a compactação com perdas pode ser utilizada. Além do mais, pode-se usar o fato de que as cenas de vídeo em quadros adjacentes normalmente são muito semelhantes. Uma qualidade razoável pode ser alcançada com razões de compactação de cerca de 20:1 a 100:1.

2.5 MEDIDAS DE DESEMPENHO

Esta seção considera dois parâmetros fundamentais relacionados aos requisitos de desempenho: tempo de resposta e vazão.

Tempo de resposta

O tempo de resposta é o tempo necessário para um sistema reagir à determinada entrada. Em uma transação interativa, ele pode ser definido como o tempo entre o último toque de tecla pelo usuário e o início da exibição de um resultado pelo computador. Para diferentes tipos de aplicações, é necessária uma definição ligeiramente diferente. Em geral, ele é o tempo necessário para o sistema responder a uma solicitação para realizar determinada tarefa.

De modo geral, deseja-se que o tempo de resposta para qualquer aplicação seja curto. Porém, como quase sempre acontece, o tempo de resposta mais curto acarreta um custo maior. Esse custo tem duas origens:

- **Poder de processamento do computador:** Quanto mais rápido o computador, menor é o tempo de resposta. Naturalmente, maior poder de processamento significa maior custo.
- **Requisições concorrentes:** Oferecer um tempo de resposta menor para alguns processos pode penalizar outros processos.

Assim, o valor de determinado nível de tempo de resposta precisa ser avaliado contra o custo para se alcançar esse tempo de resposta.

A Tabela 2.3, baseada em [MART88], lista seis intervalos gerais de tempos de resposta. Dificuldades de projeto são encaradas quando um tempo de resposta de menos de 1 segundo é exigido.

Esse tempo de resposta rápido é a chave para a produtividade nas aplicações interativas e foi confirmado em diversos estudos [SHNE84; THAD81; GUYN88; SEVC03]. Esses estudos mostram que, quando um computador e um usuário interagem em um ritmo que garante que nenhum terá de esperar pelo outro, a produtividade aumenta significativamente, o custo do trabalho realizado no computador cai e a qualidade tende a melhorar. Costumava-se aceitar que uma resposta relativamente lenta, acima de 2 segundos, seria aceitável para a maioria das aplicações interativas, pois a pessoa estaria pensando a respeito da próxima tarefa. Entretanto, agora mostra-se que a produtividade aumenta quando se consegue tempos de resposta mais rápidos.

Os resultados informados no tempo de resposta são baseados em uma análise das transações on-line. Uma transação consiste em um comando do usuário a partir de um terminal e a resposta do sistema. Ela é a unidade de trabalho fundamental para os usuários de sistemas on-line. Ela pode ser dividida em duas seqüências de tempo:

- **Tempo de resposta do usuário:** O período entre o momento em que um usuário recebe uma resposta completa para um comando e o momento em que ele entra com o comando seguinte. As pessoas normalmente se referem a isso como *tempo para pensar*.
- **Tempo de resposta do sistema:** O período de tempo entre o momento em que o usuário entra com um comando e o momento em que uma resposta completa é exibida no terminal.

Como um exemplo do efeito da redução do tempo de resposta do sistema, a Figura 2.5 mostra os resultados de um estudo executado com engenheiros usando um programa gráfico de projeto auxiliado por computador, para o projeto de chips de circuito integrado e placas [SMIT88]. Cada transação consiste em um comando do engenheiro, que altera de alguma forma a imagem gráfica exibida na tela. Os resultados mostram que a velocidade das transações aumenta à medida que o tempo de resposta do sistema cai, e aumenta

Tabela 2.3 Intervalos de tempo de resposta

Maior que 15 segundos

Isso elimina a interação conversacional. Para certos tipos de aplicações, certos tipos de usuários podem ficar satisfeitos ao sentarem em um terminal por mais de 15 segundos, aguardando pela resposta a uma única consulta simples. Porém, para uma pessoa ocupada, ficar presa por mais de 15 segundos parece algo intolerável. Se essas demoras ocorrerem, o sistema deverá ser projetado de modo que o usuário possa passar para outras atividades e solicitar a resposta em algum outro momento.

Maior que 4 segundos

Essas esperas geralmente são muito longas para uma conversa que exige que o operador retenha informações na memória de curta duração (a memória do operador, e não do computador). Essas esperas seriam empecilhos na atividade de solução de problemas e frustrantes na atividade de entrada de dados. Porém, após uma ação de fechamento importante, esperas de 4 a 15 segundos podem ser toleradas.

2 a 4 segundos

Uma espera maior do que 2 segundos pode ser um empecilho para operações de terminal que exigem um alto nível de concentração. Uma espera de 2 a 4 segundos em um terminal pode parecer surpreendentemente longa quando o usuário está absorvido e emocionalmente comprometido para terminar o que está fazendo. Novamente, uma espera nesse intervalo pode ser aceitável após a ocorrência de uma ação de fechamento intermediária.

Menos de 2 segundos

Quando o usuário do terminal tiver que se lembrar de informações durante várias respostas, o tempo de resposta precisa ser curto. Quanto mais detalhada a informação a ser lembrada, maior a necessidade de respostas de menos de 2 segundos. Para atividades de terminal pormenorizadas, 2 segundos representa um limite importante para o tempo de resposta.

Tempo de resposta abaixo de um segundo

Certos tipos de trabalho com uso intenso do raciocínio, especialmente com aplicações gráficas, exigem tempos de resposta muito curtos para manter o interesse e a atenção do usuário por longos períodos.

Tempo de resposta de décimo de segundo

Uma resposta relacionada a pressionar uma tecla e ver um caractere exibido na tela ou relacionada a clicar em um objeto da tela com um mouse precisa ser quase instantânea – menos de 0,1 segundo após a ação. A interação com um mouse exige uma resposta extremamente rápida, se o projetista tiver de evitar o uso de alguma sintaxe estranha (com comandos, mnemônicos, pontuação etc.).

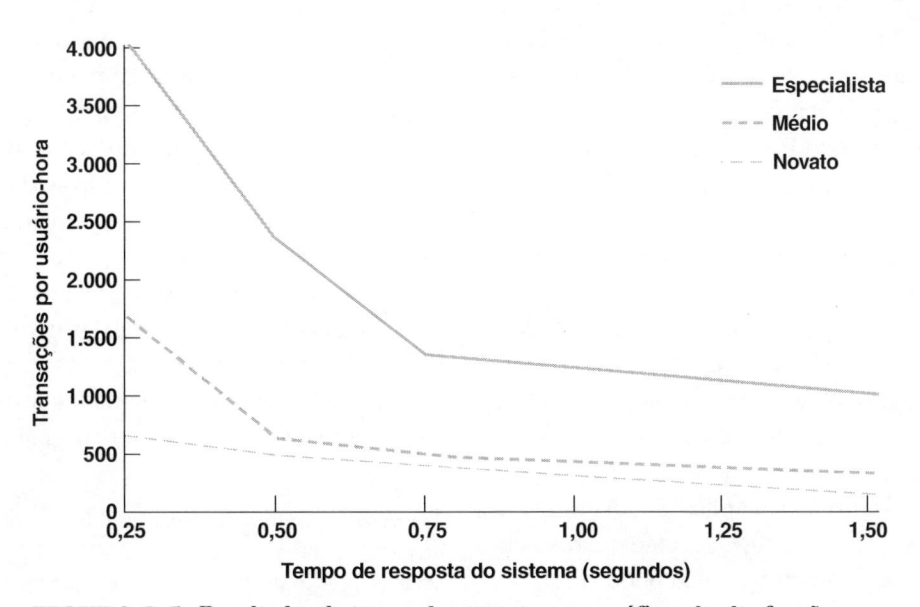

FIGURA 2.5 Resultados de tempo de resposta para gráficos de alta função.

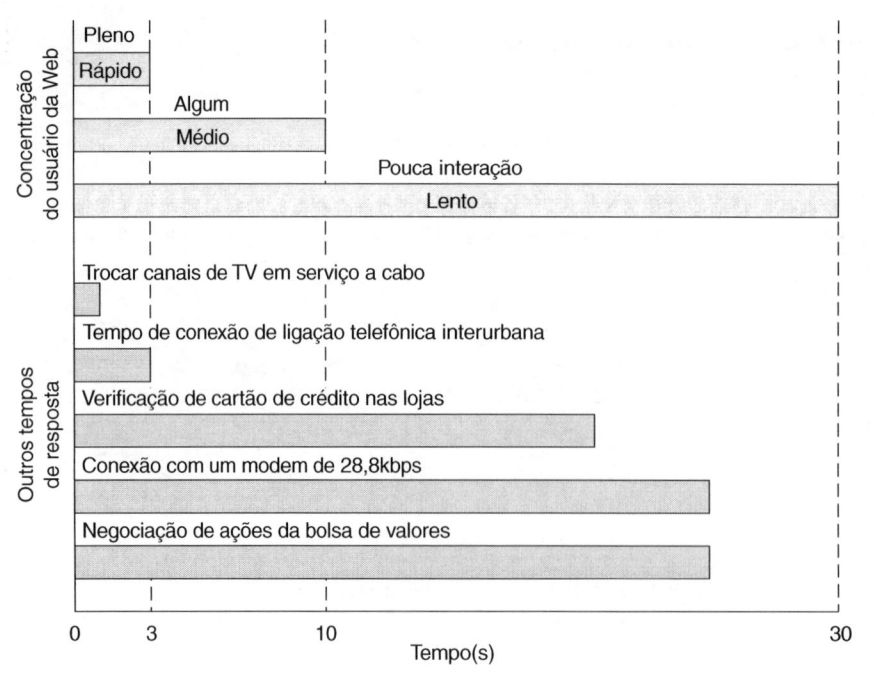

FIGURA 2.6 Requisitos de tempo de resposta [SEVC96].

drasticamente quando o tempo de resposta do sistema cai abaixo de 1 segundo. O que acontece aqui é que, quando o tempo de resposta do sistema cai, o tempo de resposta do usuário também cai. Isso tem a ver com os efeitos da memória de curta duração e do leque de atenção humano.

Em termos dos tipos de sistemas de informação baseados em computador que estivemos discutindo, o tempo de resposta rápido é quase crítico para os sistemas de processamento de transação. A saída dos sistemas de informação de gerenciamento e dos sistemas de apoio à decisão é, geralmente, um relatório ou os resultados de algum exercício de modelagem. Nesses casos, o retorno rápido não é fundamental. Para aplicações de automação de escritórios, a necessidade do tempo de resposta rápido ocorre quando os documentos estão sendo preparados ou modificados, mas existe menos urgência para coisas como correio eletrônico e teleconferência por computador. A implicação em termos de comunicações é esta: se houver uma facilidade de comunicações entre um usuário interativo e a aplicação, e um tempo de resposta rápido for exigido, então o sistema de comunicações precisa ser projetado de modo que sua contribuição para o atraso seja compatível com esse requisito. Assim, se uma aplicação de processamento de transações exigir um tempo de resposta de 1s e o tempo médio necessário para a aplicação no computador gerar uma resposta for de 0,75s, então o atraso devido à facilidade de comunicação não pode ser maior do que 0,25s.

Outra área onde o tempo de resposta se tornou crítico é o uso da World Wide Web, seja pela Internet ou por uma intranet corporativa.[3] O tempo gasto para uma página Web típica aparecer na tela do usuário varia muito. Os tempos de resposta podem ser medidos com base no nível de envolvimento do usuário na sessão; em particular, sistemas com tempos de resposta muito rápidos costumam exigir mais atenção do usuário.

Conforme indica a Figura 2.6, os sistemas Web com um tempo de resposta de 3 segundos ou menos mantêm um alto nível de atenção do usuário. Com um tempo de resposta entre 3 e 10 segundos, alguma concentração do usuário é perdida, e tempos de resposta acima de 10 segundos desencorajam o usuário, que pode simplesmente cancelar a sessão. Para uma organização que mantém um Web site na Internet, grande parte do tempo de resposta é determinado por forças além do controle da organização, como a vazão da Internet, o congestionamento da Internet e a velocidade de acesso do usuário final. Em tais circunstâncias, a organização poderá reduzir o conteúdo de imagem de cada página e contar mais com o texto, para promover um tempo de resposta rápido. Para as intranets, a organização tem mais controle sobre as velocidades de dados da entrega, e pode utilizar páginas Web mais elaboradas.

---

[3] *Intranet* é um termo usado para se referir à implementação de tecnologias de Internet dentro de uma organização corporativa, em contraposição à conexão externa com a Internet global; esse assunto é explorado no Capítulo 7.

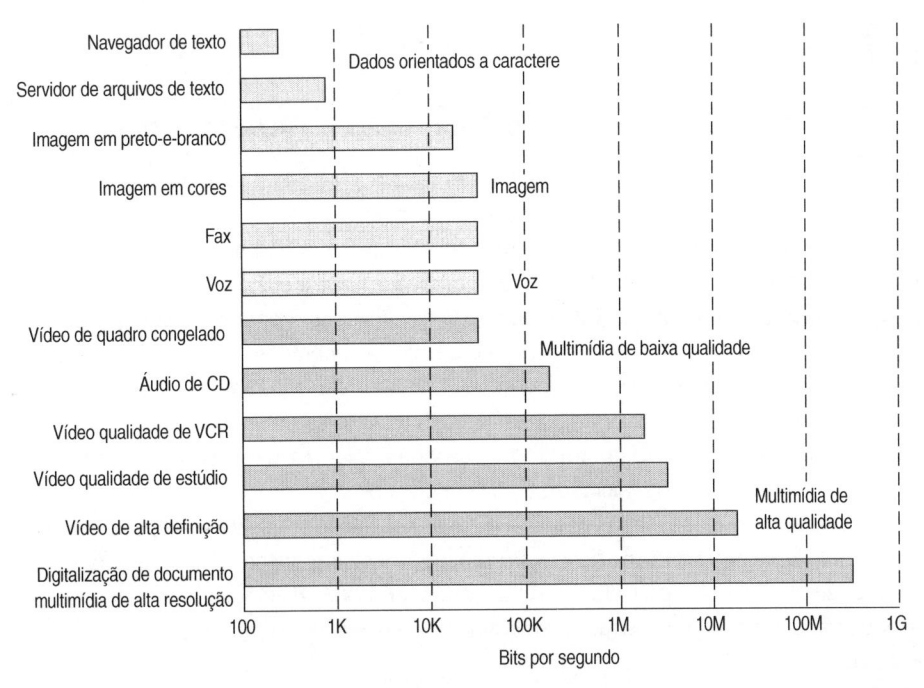

FIGURA 2.7 Velocidades de dados exigidas para diversos tipos de informação [TEGE95].

Vazão

A tendência para velocidades de transmissão cada vez mais altas torna possível aumentar o suporte para diferentes serviços (por exemplo, Integrated Services Digital Network [ISDN] e serviços de multimídia baseados em banda larga) que anteriormente pareciam ser muito exigentes para as comunicações digitais. Para fazer uso efetivo dessas novas capacidades, é indispensável ter um sentido das demandas feitas por serviço sobre o armazenamento e as comunicações dos sistemas de informação integrados. Os serviços podem ser agrupados em dados, áudio, imagem e vídeo, cujas demandas sobre os sistemas de informação variam bastante. A Figura 2.7 dá uma idéia das velocidades de dados exigidas para os diversos tipos de informação.[4]

2.6 RESUMO

Os sistemas de comunicação e redes da empresa precisam lidar com diversos tipos de informação, que podem ser categorizadas de forma conveniente como voz, dados, imagem e vídeo. Cada tipo apresenta seus próprios requisitos em termos de vazão, tempo de resposta e demandas nas instalações da rede.

2.7 Leitura e Web sites recomendados

Dois livros que oferecem cobertura expandida dos assuntos explorados neste capítulo são [RAO02] e [STEI02].

RAO02 Rao, K.; Bojkovic, Z.; e Milovanovic, D. Multimedia Communication Systems: Techniques, Standards, and Networks. Upper Saddle River, NJ: Prentice Hall, 2002.
STEI02 Steinmetz, R. e Nahrstedt, K. Multimedia Fundamentals, Volume 1: Media Coding and Content Processing. Upper Saddle River, NJ: Prentice Hall, 2002.

Web site recomendado

Multimedia Communications Research Laboratory: At Bell Labs. Boa fonte de informações de pesquisa atualizadas.

2.8 Principais termos, perguntas para revisão e problemas

Principais termos

analógico	imagem em tons de cinza
ASCII	IRA
áudio	JPEG
byte	PDF
Centrex	pixel
dados	Postscript
digital	Private Branch eXchange (PBX)
entrelaçamento	tempo de resposta
GIF	vídeo
gráficos de varredura	voz
gráficos vetoriais	

---
[4] Observe o uso de uma escala logarítmica para o eixo-x.

NOTA DE APLICAÇÃO

Por que o tipo de informação é importante

Este capítulo forneceu uma visão geral das diversas formas (áudio, vídeo, imagem, dados) que a informação pode assumir e algumas explicações de como essa informação é representada. Ao projetar um sistema de rede e adquirir equipamentos, nem sempre fica claro como estes podem afetar diretamente o desempenho do sistema e como as pequenas mudanças no tipo de informação podem afetar drasticamente o custo.

De um modo geral, podemos dizer que a quantidade de informações aumenta à medida que passamos de dados simples para áudio, imagens e vídeo. Contudo, para compreender realmente o efeito sobre o seu sistema, é preciso entender como a informação passa de um lugar para outro. Por exemplo, algumas organizações podem criar redes separadas para executar videoconferência entre as instalações da empresa a fim de evitar que a enxurrada de informações de vídeo desative a rede local. Outra organização pode explorar a execução de vídeo ou áudio pela rede usando aplicações como Net Meeting da Microsoft ou Voice Over IP.

Também é importante entender que, cada vez mais, os usuários incluem os diversos tipos de informação no mesmo arquivo. Por exemplo, uma apresentação do PowerPoint pode incluir gráficos ou figuras (imagem), um fundo musical (áudio) ou um pequeno clipe de vídeo, além do texto padrão. Esse arquivo de apresentação grande afeta a rede enquanto está sendo transferido, porém, de modo mais significativo, ele afeta o armazenamento em rede necessário para acomodar a apresentação.

Muitas organizações preferem que os usuários salvem as informações ou arquivos "na rede" em vez de usar o armazenamento local, como discos rígidos ou CDs. Isso é verdade especialmente com informações financeiras ou de funcionários da empresa. O resultado de políticas desse tipo é que o armazenamento em rede exigido pode aumentar drasticamente, dependendo do tipo da informação.

Quando um sistema de rede é projetado, ele é preparado para determinado tipo de uso. Os sistemas mais antigos podem ter sido projetados para lidar com mensagens de texto, para armazenar essas mensagens de texto e para lidar com uma pequena quantidade de comunicação pela rede para fora da instalação. Quando os usuários do sistema recebem (ou ainda são apresentados a) capacidades de imagem, áudio ou vídeo, o sistema de rede pode não ser mais capaz de dar suporte à comunidade de usuários. Os tempos de resposta aumentarão e a vazão individual será reduzida. Isso é devido aos maiores tamanhos de arquivo e à largura de banda exigida pelos tipos de informação introduzidos.

Não é raro que novas capacidades sejam introduzidas antes do aumento da capacidade de transmissão da rede ou de melhorias no armazenamento. Assim, o desempenho do sistema pode diminuir significativamente com a introdução de diferentes tipos de informação e pode exigir atualizações dispendiosas para retornar aos níveis de desempenho anteriores.

Perguntas para revisão

2.1. Quais são as duas interpretações diferentes dos prefixos *kilo*, *mega* e *giga*? Defina um contexto em que cada interpretação é utilizada.

2.2. Qual é a largura de banda da voz no telefone?

2.3. Como é chamado o processo que aproveita a redundância para reduzir o número de bits enviados para determinado dado?

2.4. Qual é a diferença entre Centrex e PBX?

2.5. Qual é a diferença entre um caractere imprimível e um caractere de controle?

2.6. Explique os princípios básicos dos gráficos vetoriais e dos gráficos de varredura.

2.7. Liste dois formatos de imagem comuns.

2.8. Liste dois formatos de documento comuns.

2.9. Descreva o processo utilizado para evitar oscilação em uma tela de vídeo.

2.10. Defina tempo de resposta.

2.11. O que é considerado um tempo de resposta aceitável do sistema para aplicações interativas e como esse tempo de resposta se relaciona com os tempos de resposta aceitáveis para Web sites?

Problemas

2.1 Quantos canais de música com qualidade de CD podem ser transmitidos simultaneamente por uma Ethernet de 10Mbps, supondo que nenhum tráfego seja transportado na mesma rede e ignorando a sobrecarga?

2.2 O CD (Compact Disc) foi criado originalmente para manter dados de áudio. As informações no CD são arrumadas em um formato específico que divide os dados em segmentos. As considerações de projeto de hardware em vigor na época em que o CD foi desenvolvido ditaram que cada segundo de áudio se espalharia por exatamente 75 setores no CD.

NOTA DE APLICAÇÃO

Tamanhos de arquivo

Os tamanhos no arquivo de dados ou imagem normalmente são gerados com base na quantidade de informações na(s) página(s) e qualquer conteúdo colorido. Os arquivos de áudio não contêm dados ou cores, mas são executados por um período. As características que mudam os tamanhos do arquivo de áudio são a taxa de amostragem e os bits por amostra. Quanto melhor a qualidade do som, maior o arquivo ou maior a largura de banda exigida para facilitar a transmissão. O vídeo inclui tudo isso e, portanto, os arquivos podem ser muito grandes. Além do mais, as imagens de vídeo são exibidas (ou enviadas) muitas vezes por segundo. Isso é chamado de taxa de quadros, e pode mudar bastante o tamanho do arquivo ou a largura de banda exigida.

É importante observar que as aplicações (por exemplo, FTP e processadores de textos), sistemas operacionais (por exemplo, Windows ou Linux) e os sistemas de arquivos (por exemplo, FAT32, NTFS) podem informar os tamanhos do arquivo de formas diferentes. O sistema de arquivos descreve como os dados são organizados para armazenamento e como eles são acessados. Embora essas diferenças normalmente não sejam grandes, elas podem gerar alguma confusão.

Logo, o que você pode fazer para limitar o tamanho do arquivo? Provavelmente, medida principal que o usuário final pode tomar é decidir sobre a qualidade exigida. Depois disso, o usuário selecionará o tipo de arquivo apropriado. Na realidade, há muito pouco a ser feito com relação aos dados. As organizações normalmente padronizam determinado processador de textos e sistema operacional, de modo que isso já é predeterminado. Todas as outras formas de informação (áudio, imagem e vídeo) são editadas pelo criador da informação e podem ser ajustadas de acordo com os parâmetros discutidos. Quando a informação e os arquivos estiverem criados, haverá pouca coisa que o administrador da rede ou do sistema poderá fazer para mudá-los. O administrador precisa simplesmente fornecer o armazenamento em rede suficiente e a largura de banda necessária para lidar com a informação.

Como um exemplo, a seguir vemos uma tabela dos diferentes tamanhos de arquivo de imagem, com base no tipo de informação.

Informação	Tipo	Tipo de arquivo	Tamanho
Figura de 640 × 480 pixels	Imagem	Mapa de bits de 24 bits	900kB
Figura de 640 × 480 pixels	Imagem	Mapa de bits de 256 cores (8 bits)	300kB
Figura de 640 × 480 pixels	Imagem	Mapa de bits de 16 cores (4 bit)	150kB
Figura de 640 × 480 pixels	Imagem	GIF	58kB
Figura de 640 × 480 pixels	Imagem	JPEG	45kB

a. Usando o áudio estéreo em uma taxa de amostragem de CD de áudio padrão, de alta qualidade, qual é o número máximo de bytes que podem ser armazenados em um único setor do CD de áudio?

b. Quantos minutos de áudio com qualidade de CD pode comportar um CD de 700MB?

c. Quanto armazenamento é necessário para manter 5 minutos de áudio com qualidade de CD? Que tipos de mídia estão disponíveis para manter essa quantidade de dados?

2.3 A central telefônica de uma empresa digitaliza os canais de telefone a 8.000smp/s, usando 8 bits para a quantização. Essa central telefônica precisa transmitir simultaneamente 24 desses canais de telefone por um enlace de comunicações.

a. Qual é a taxa de dados exigida?

b. Para oferecer serviço de secretária eletrônica, a central telefônica pode armazenar mensagens de áudio de 3 minutos com a mesma qualidade daquela dos canais de telefone. Quantos megabytes de espaço de armazenamento de dados são necessários para armazenar cada uma dessas mensagens de áudio?

2.4 Quantos bits são necessários para representar os seguintes conjuntos de resultados?

a. O alfabeto em maiúsculas A, B, ...,Z
b. Os dígitos 0,1, ..., 9
c. Os segundos em um dia de 24 horas
d. A população dos Estados Unidos (cerca de 300 milhões de pessoas)
e. A população do mundo (cerca de 6 bilhões)

2.5 IRA é um código de 7 bits que permite a definição de 128 caracteres. Na década de 1970, muitos jornais receberam matérias por meio de serviços de comunicação por fio em um código de 6 bits chamado TTS. Esse código transportava caracteres maiúsculos e minúsculos, além de caracteres especiais e comandos de formatação. O conjunto de caracteres TTS típico permitia a definição de mais de 100 caracteres. Como você acha que se poderia conseguir isso?

2.6 Em um documento, que caracteres ASCII padrão poderiam cair na categoria de invisíveis?

2.7 Um tipo de dados primitivo importante (devido à sua natureza indivisível) disponível à maioria das linguagens de programação é o tipo de dados de caractere. Esse tipo de dados tradicionalmente tem sido representado internamente para o sistema de computador usando os esquemas de codificação ASCII (7 bits) ou Extended Binary-Coded Decimal Interchange Code, EBCDIC (8 bits). Linguagens de programação como Java utilizam o esquema de codificação Unicode (16 bits) para representar elementos de dados de caractere primitivos (www.unicode.org). Discuta as implicações, benéficas e prejudiciais, inerentes ao processo de decisão com relação ao uso desses vários esquemas de codificação.

2.8 A codificação Base64 permite que seqüências arbitrárias de octetos sejam representadas por caracteres imprimíveis. O processo de codificação representa grupos de 24 bits de bits de entrada como seqüências de quatro caracteres codificados. Os grupos de 24 bits são formados concatenando-se três octetos. Esses grupos de 24 bits são, então, tratados como quatro grupos de 6 bits concatenados, cada qual traduzido para um caractere do alfabeto Base64. O fluxo de saída codificado é representado por linhas de até 76 caracteres imprimíveis, com quebras de linha sendo indicadas pela seqüência de caracteres "CR, LF". O quanto um arquivo será expandido codificando-o com Base64?

2.9 O texto da *Encyclopaedia Britannica* tem cerca de 44 milhões de palavras. Para uma amostra com cerca de 2.000 palavras, o tamanho médio da palavra foi de 5,1 caracteres por palavra.

    a. Aproximadamente quantos caracteres existem na enciclopédia? (Não se esqueça de incluir os espaços e os sinais de pontuação entre as palavras.)

    b. Quanto tempo será necessário para transmitir o texto por uma linha T-1 a 1,544Mbps? E em um enlace de fibra óptica a 2,488Gbps?

    c. O texto poderia caber em um CD de 600MB?

2.10 Um desenho em uma página de 8,5 × 11 polegadas é digitalizado por meio de um scanner de 300dpi (pontos por polegada).

    a. Qual é a resolução visual da imagem resultante (número de pontos em cada dimensão)?

    b. Se 8 bits forem usados para a quantização de cada pixel, quanto espaço de armazenamento de dados é necessário para armazenar a imagem como dados brutos?

2.11 Ao examinar raios X, os radiologistas normalmente lidam com quatro a seis imagens de cada vez. Para uma representação digital fiel de uma fotografia de raio X, um conjunto de pixels de 2048 por 2048 normalmente é usado com uma escala de cinzas de intensidade de 12 bits para cada pixel. Como seria de esperar, os radiologistas não gostam da compactação, que degrada a qualidade da imagem.

    a. Quantos níveis da escala de cinzas são representados por 12 bits?

    b. Quantos bits são necessários para representar um raio X com base nesses parâmetros?

    c. Suponha que cinco raios X tenham que ser enviados para outro site por uma linha T-1 (1,544Mbps). Quanto tempo será necessário, na melhor das hipóteses – ignorando a sobrecarga?

    d. Suponha agora que queiramos montar um sistema de comunicações que oferecerá os cinco raios X da parte (*c*) por demanda; ou seja, que, a partir do momento em que os raios X são solicitados, queremos que estejam disponíveis dentro de 2s. Qual é a menor taxa de canal que pode admitir essa demanda?

    e. A próxima geração de telas de raios X é planejada para 4096 por 4096 pixels com uma escala de cinzas de 12 bits. Como será a resposta para a parte *d* ao usar essa resolução?

2.12 Uma versão de multimídia de uma obra de referência em vários volumes está sendo preparada para armazenamento em CD-ROM. Cada disco pode armazenar cerca de 700MB (megabytes). A entrada para cada volume consiste em 10.000 páginas de texto digitado a 10 caracteres por polegada, 6 linhas por polegada em um papel de 8 × 11 polegadas e com margens de 1 polegada em cada lado. Cada volume também possui cerca de 100 figuras, que serão exibidas em cores em resolução Super VGA (1.024 × 768 pixels, 8b/pixel). Além do mais, cada volume é melhorado para a versão em CD com 30 minutos de áudio de qualidade de teleconferência (16.000smp/s, 6b/smp).

    a. Quantos bits existem em um CD de 700 megabytes (1 megabyte = 2^{20} bytes)?

    b. Sem compactação e ignorando a sobrecarga, quantos volumes podem ser colocados em um CD?

    c. Suponha que o material deve ser transmitido por uma instalação T-1 (1,544Mbps). Quanto tempo levará, excluindo a sobrecarga, para transmitir um volume?

    d. Suponha que o texto possa ser compactado em uma taxa de 3:1, as figuras em 10:1, e o áudio em 2:1. Quantos volumes, excluindo a sobrecarga, caberão em um CD? Quanto tempo levará para transmitir um volume compactado em um canal T-1?

2.13 Normalmente, estudos de ultra-som da radiologia digital médica consistem em cerca de 25 imagens extraídas de um exame de ultra-som com movimentos completos. Cada imagem consiste em 512 por 512 pixels, cada um com 8b de informação de intensidade.

    a. Quantos bits existem nas 25 imagens?

    b. Porém, de modo ideal, os médicos gostariam de usar quadros de 512 × 512 × 8 bits a 30fps. Ignorando os possíveis fatores de compactação e de sobrecarga, qual é a capacidade mínima do canal exigida para sustentar esse ultra-som em movimentos completos?

    c. Suponha que cada estudo com movimentos completos consista em 25s de quadros. Quantos desses estudos caberiam em um CD-ROM de 600MB?

2.14 Uma imagem de 800 × 600 com profundidade de cor de 24 bits precisa ser armazenada em disco. Embora a imagem possa conter 2^{24} cores diferentes, apenas 256 cores estão realmente presentes. Essa imagem poderia ser codificada por meio de uma tabela (palheta) de 256 elementos de 24 bits e, para cada pixel, um índice de seu valor RGB na tabela. Esse tipo de codificação normalmente é chamado de codificação Color Look-Up Table (CLUT).

a. Quantos bytes são necessários para armazenar a informação bruta da imagem?

b. Quantos bytes são necessários para armazenar a imagem usando a codificação CLUT?

c. Qual é a razão de compactação alcançada adotando-se esse método de codificação simples?

2.15 Uma câmera de vídeo digital oferece um fluxo de vídeo com saída não compactada a uma resolução de 320 × 240 pixels, uma taxa de quadros de 30fps e 8 bits para a quantização de cada pixel.

a. Qual é a largura de banda exigida para a transmissão do fluxo de vídeo não compactado?

b. Quanto espaço de armazenamento de dados é necessário para registrar dois minutos do fluxo de vídeo?

2.16 Um fluxo de vídeo codificado em MPEG com uma resolução de 720 × 480 pixels e uma taxa de quadros de 30fps é transmitido por uma rede. Uma estação de trabalho antiga deve receber e exibir o fluxo de vídeo. São necessários 56 milissegundos para a estação de trabalho decodificar cada quadro recebido e exibi-lo na tela. Essa estação de trabalho exibirá o fluxo de vídeo com sucesso? Por que ou por que não?

2.17 Consulte a Tabela 2.3 para ver uma lista e a descrição das categorias gerais do tempo de resposta do sistema. Suponha que você esteja oferecendo cinco sistemas de computador para desenvolvedor de jogo de vídeo e o orçamento para o hardware (por exemplo, velocidade de clock da CPU, RAM, taxa de dados do barramento, taxa de dados de E/S etc.) seja limitado pelo consumidor. O preço básico de um sistema é de US$1.500 (oferecendo um tempo de resposta básico maior que 15s para todos os cenários de aplicação) e cada melhoria no intervalo do tempo de resposta aumenta US$500 ao custo do hardware do sistema. Crie um caso para a classificação de cada um dos sistemas rodando os cenários de aplicação listados, que manterão o custo total do cliente para os cinco sistemas abaixo de US$15.000.

a. Sistema 1 – aplicação de processamento de textos e acesso básico à Internet

b. Sistema 2 – terminal de verificação de equipamento de skate (para recreação do jogador)

c. Sistema 3 – projeto gráfico e acesso básico à Internet

d. Sistema 4 – programação e acesso básico à Internet

e. Sistema 5 – teste de jogo de vídeo

Nota: Não existe uma única solução. Na sua resposta, cada letra deverá fornecer um tipo de raciocínio explicando por que cada categoria foi selecionada, para mostrar que o aluno teve alguma idéia do impacto sobre a produtividade que escolhas como estas podem acarretar.

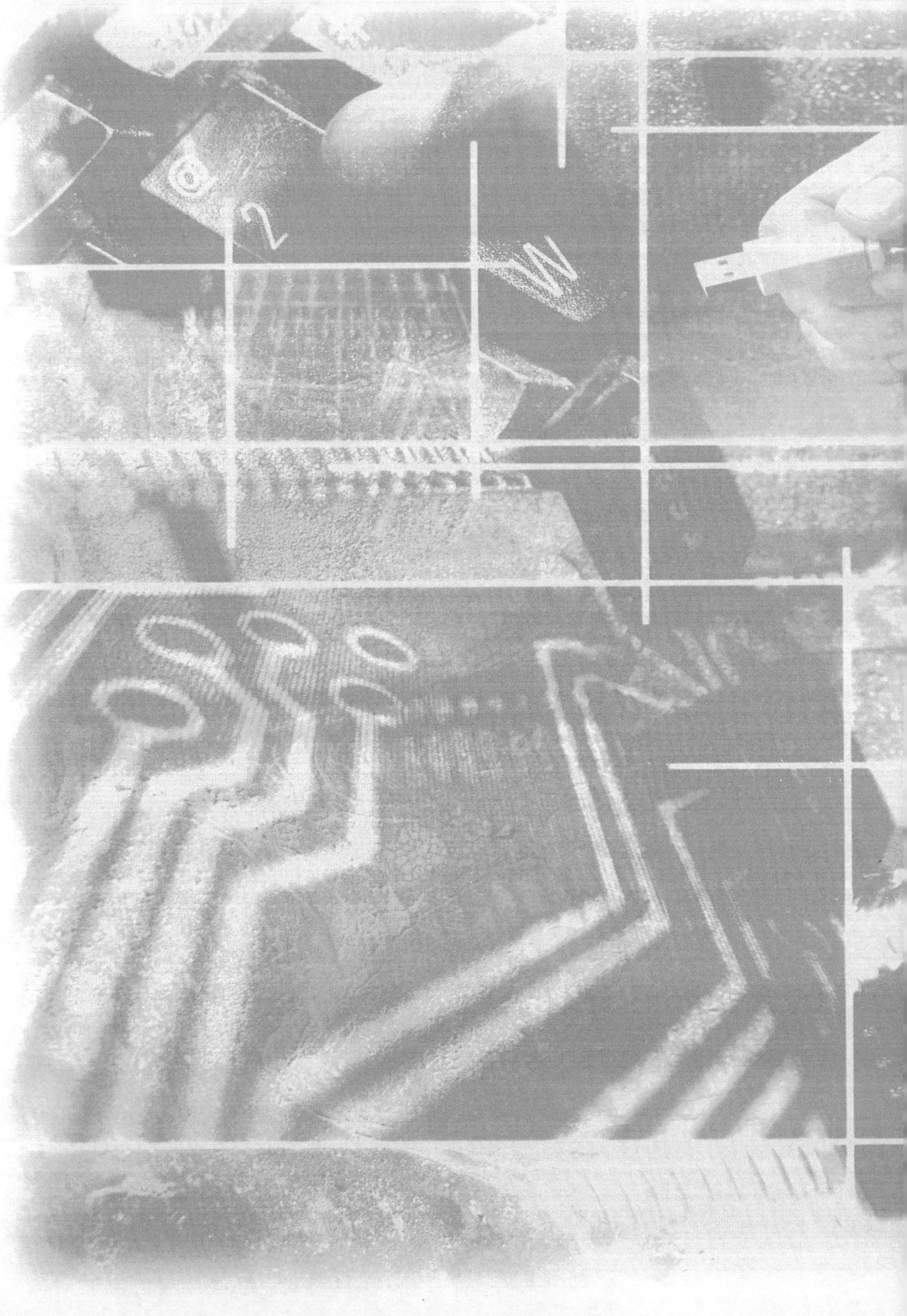

Capítulo 3

Processamento de dados distribuído

3.1 Processamento centralizado *versus* distribuído
3.2 Formas de processamento de dados distribuído
3.3 Dados distribuídos
3.4 Implicações do PDD na rede
3.5 Resumo
3.6 Leitura recomendada
3.7 Principais termos, perguntas para revisão e problemas

OBJETIVOS DO CAPÍTULO

Depois de ler este capítulo, você deverá ser capaz de

- Descrever a diferença entre processamento de dados centralizado e distribuído e discutir os prós e os contras de cada enfoque.
- Explicar por que um sistema de processamento de dados distribuído precisa estar interconectado com algum tipo de facilidade de comunicação de dados ou de rede.
- Descrever as diferentes formas de processamento de dados distribuído para as aplicações.
- Descrever as diferentes formas de bancos de dados distribuídos.
- Discutir as implicações do processamento de dados distribuído em termos dos requisitos para as facilidades de comunicação de dados e de rede.
- Entender a motivação por trás da tendência para arquiteturas cliente/servidor.

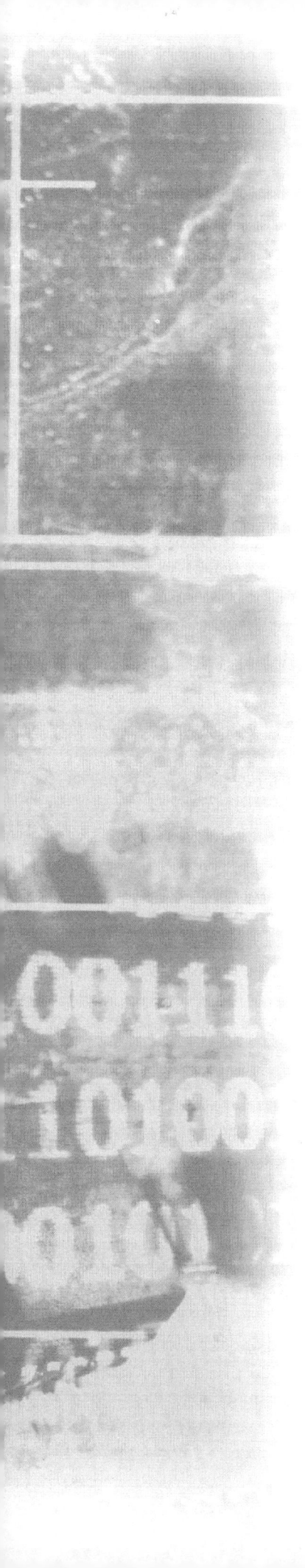

No Capítulo 2, vimos os requisitos gerais para a informação em uma organização e descobrimos que quatro tipos de informação são vitais para a saúde competitiva de qualquer empresa: dados, voz, imagem e vídeo. Em termos de facilidades de comunicação de dados e de rede, é o primeiro desses tipos de informação, os dados, que definem a estratégia corporativa. Até pouco tempo, a voz era tratada como um requisito inteiramente separado, e na realidade ainda é tratada dessa forma em muitas organizações. Como veremos no decorrer do texto, o advento da transmissão digital e das facilidades de rede, mais o uso de protocolos de transmissão flexíveis, como ATM (Asynchronous Transfer Mode), tornaram viável para as empresas integrarem voz, dados, imagem e, em alguns casos, vídeo, para fornecer soluções de rede econômicas.

Voz, imagem e vídeo produziram cada qual tecnologias de comunicação separadas e aquilo que deve ser considerado como soluções relativamente simples do ponto de vista do usuário. A situação com relação aos dados é muito mais complexa, tanto porque a variedade de instalações de processamento de dados é grande, quanto porque a variedade de técnicas para dar suporte à função de comunicação de dados da empresa é muito ampla. Portanto, para que as diversas técnicas de comunicação de dados e redes da empresa possam ser vistas no contexto, dedicamos este capítulo ao exame dos tipos de sistemas de processamento de dados que são típicos nas organizações. Começamos com uma visão dos dois extremos da função de computação dentro da organização: processamento de dados centralizado e distribuído. A função de computação na maioria das organizações é implementada em algum ponto no espectro entre esses dois extremos. Examinando esse espectro, podemos ver a natureza dos requisitos de comunicações e rede para a empresa começar a emergir. Depois, focalizamos o processamento de dados distribuído, examinamos diversas técnicas e verificamos as implicações dessas técnicas nas comunicações. Em particular, examinamos as arquiteturas cliente/servidor como uma técnica para se conseguir o melhor das arquiteturas centralizada e descentralizada.

3.1 PROCESSAMENTO CENTRALIZADO *VERSUS* DISTRIBUÍDO

Organização centralizada e distribuída

Tradicionalmente, a função de processamento de dados foi organizada em um padrão centralizado. Em uma arquitetura de **processamento de dados centralizado**, o suporte ao processamento de dados é fornecido por um grupo ou um conjunto de computadores, geralmente de grande porte, localizados em uma instalação central de processamento de dados. Muitas das tarefas realizadas por tal instalação são iniciadas no centro, com os resultados produzidos no centro. Um exemplo é uma aplicação de folha de pagamento. Outras tarefas podem exigir acesso interativo por pessoal que não está localizado fisicamente no centro de processamento de dados. Por exemplo, uma função de entrada de dados, como atualização de inventário, pode ser realizada pelo pessoal nos locais de toda a organização. Em uma arquitetura centralizada, cada pessoa recebe um terminal local que está conectado por uma facilidade de comunicação à instalação de processamento de dados central.

Uma instalação de processamento de dados centralizado está centralizada em muitos sentidos da palavra:

- **Computadores centralizados:** Um ou mais computadores estão localizados em uma instalação central. Em muitos casos, existem um ou mais computadores mainframes que exigem instalações especiais, como ar-condicionado e piso elevado. Em uma organização menor, o computador ou os computadores centrais são servidores de alto desempenho ou sistemas intermediários. O iSeries da IBM é um exemplo de um sistema intermediário.

- **Processamento centralizado:** Todas as aplicações são executadas na instalação de processamento de dados central. Isso inclui aplicações que são, por natureza, claramente centrais ou no nível da organização, como folha de pagamento, além de aplicações que dão suporte às necessidades dos usuários em determinada unidade organizacional. Como um exemplo desse último caso, um departamento de projeto de produtos pode utilizar um pacote gráfico de projeto auxiliado por computador (CAD) que é executado na instalação central.

- **Dados centralizados:** A maioria dos dados está armazenada em arquivos e bancos de dados na instalação central e é controlada e acessível pelo computador ou computadores centrais. Isso inclui dados que são de uso para muitas unidades na organização, como valores de estoque, além de dados que dão suporte às necessidades dos usuários de uma unidade organizacional e devem ser usados somente por eles. Como um exemplo disso, a organização de marketing pode manter um banco de dados com informações derivadas de pesquisas com o cliente.

- **Controle centralizado:** Um gerente de processamento de dados ou de sistemas de informação possui responsabilidade pela instalação de processamento de dados centralizada. Dependendo do tamanho e da importância da instalação, o controle pode ser exercido no nível de gerência intermediária ou pode ser muito alto na organização. É muito comum o controle ser exercido no nível de vice-presidente, e diversas organizações possuem o equivalente a um diretor de informações corporativas, com autoridade em nível de diretoria. No caso da gerência ocorrer em alto nível, um subordinado geralmente gerencia a instalação de processamento de dados centralizada, enquanto o diretor de processamento de dados ou de informações possui autoridade mais ampla em questões relacionadas à aquisição, ao uso e à proteção das informações corporativas.

- **Pessoal de suporte centralizado:** Uma instalação de processamento de dados centralizada precisa incluir pessoal de suporte técnico para operar e manter o equipamento de processamento de dados. Além disso, alguma programação (e em muitos casos toda ela) é feita por um pessoal central.

Essa organização centralizada possui diversos aspectos atraentes. Pode haver economias de escala na compra e na operação de equipamento e software. Uma grande firma de processamento de dados central pode ter condições de possuir programadores profissionais no seu quadro de pessoal, para atender às necessidades dos diversos departamentos. A gerência pode manter controle sobre a aquisição de processamento de dados, impor padrões para a programação e estrutura de arquivo de dados, e projetar e implementar uma política de segurança.

Um exemplo de uma instalação de processamento de dados centralizada é a do Holiday Inn [LIEB95], mostrada em termos gerais na Figura 3.1. A sede corporativa do Holiday Inn em Atlanta tem o suporte de diversas estações de trabalho e computadores pessoais conectados por redes locais (LANs) internas a uma série de máquinas servidoras. Os servidores mantêm muitos dos arquivos utilizados na operação diária e na direção da organização central. O centro de dados corporativo está localizado a pouco mais de 20 quilômetros de distância; uma linha digital alugada de 44Mbps conecta o equipamento em rede nos dois locais. O núcleo do centro de dados é um par de computadores mainframes IBM: um para executar uma aplicação de processamento de transações que lida com reservas de agentes de viagem, hotéis e indivíduos; e o outro executa aplicações básicas da empresa, como finanças e recursos humanos. O centro de dados também está ligado via satélite a cada um dos aproximadamente 1.600 hotéis nos Estados Unidos, além de ter enlaces de satélite para a Europa.

Essa configuração centralizada atende a uma série de objetivos de negócios para a Holiday Inn. O sistema de reservas do mainframe é o maior de sua espécie no mundo, lidando com cerca de 25 milhões de chamados por ano. O sistema de reservas central único significa que existe um lugar com informações atualizadas sobre a disponibilidade em todos os hotéis; essa informação a tempo contribui para a alta taxa de ocupação do Holi-

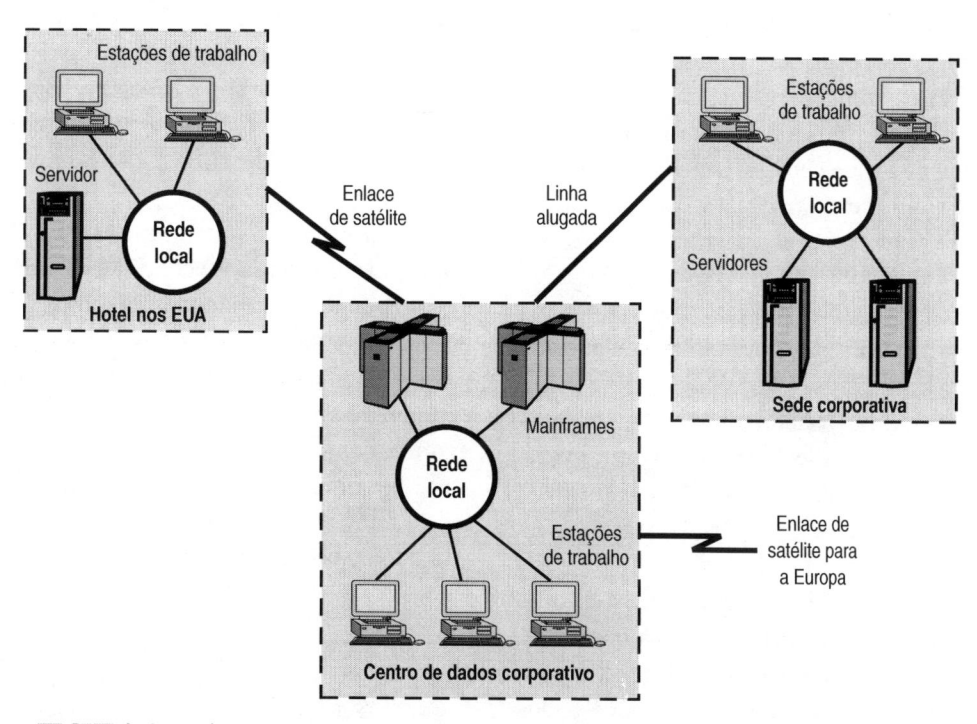

FIGURA 3.1 Arquitetura de sistemas de informação do Holiday Inn.

day Inn. Além disso, o sistema central coleta e mantém informações detalhadas sobre comportamento do cliente e outros detalhes da operação individual do hotel. Essas informações podem ser analisadas de várias maneiras, para fornecer à alta gerência orientação valiosa no tocante a atender os objetivos de satisfação do cliente. Sem um sistema centralizado, seria difícil reunir e utilizar os muitos tipos diferentes de dados que vão para as aplicações de análise do cliente.

Uma instalação de processamento de dados pode diferir em graus variados da organização de processamento de dados centralizada, implementando uma estratégia de **processamento de dados distribuído (PDD)**. Uma instalação de processamento de dados distribuído é aquela em que os computadores, normalmente computadores pequenos, estão dispersos pela organização. O objetivo dessa dispersão é processar informações do modo mais eficaz, com base em considerações operacionais, econômicas, geográficas ou todas as três juntas. Uma instalação de PDD pode incluir uma instalação central mais instalações satélites, ou então pode se assemelhar a uma comunidade de instalações de computação parceiras. De qualquer modo, alguma forma de interconexão normalmente é necessária; ou seja, os diversos computadores no sistema precisam estar conectados uns aos outros. Como seria de esperar, dada a caracterização do processamento de dados centralizado fornecida aqui, uma instalação de PDD envolve a distribuição de computadores, processamento e dados.

Um exemplo de uma instalação de processamento de dados distribuído é a do Fixed Income Market Department da J. P. Morgan Securities [HAIG92], mostrado em termos gerais na Figura 3.2. O negócio principal do departamento é negociar títulos hipotecários. Esses instrumentos financeiros oferecem aos seus compradores pagamentos com juros enquanto as hipotecas que os apóiam estiverem obtendo juros. Determinar o valor de tais títulos é um processo muito complexo, que envolve estimativas sobre quando as hipotecas gerarão juros (os juros cessam se a propriedade for vendida, refinanciada ou transferida) e as mudanças futuras nas taxas de juros. Os corretores competem usando diversos algoritmos para fazer essas projeções. A entrada dos algoritmos inclui uma série de fatores atuais, além de dados históricos do imenso banco de dados da J. P. Morgan de transações anteriores. Para que os corretores individuais tenham acesso aos dados exigidos, sejam capazes de ajustar os algoritmos ao seu uso e obtenham respostas imediatas, cada um deles possui seu próprio computador veloz para executar os algoritmos, com acesso a bancos de dados atualizados, quando for necessário.

Como podemos ver na Figura 3.2, os corretores individuais possuem alguma liberdade na escolha de um computador. Dependendo do volume de trabalho do corretor, da preferência pessoal e dos algoritmos escolhidos, um PC, Macintosh ou estação de trabalho Sun de alta potência será o mais apropriado. Dezenas dessas máquinas estão ligadas por meio de redes locais (LANs). As máquinas são agrupadas em uma única LAN com base na necessidade de os corretores trocarem dados uns com os outros. Todas essas LANs, por sua vez, estão conectadas a uma LAN[1] de backbone que oferece suporte a um conjunto de servidores de alto desempenho e grande volume de armazenamento. Os servidores mantêm um banco de dados centralizado, além de admitir algumas aplicações especializadas, como contabilidade e preparação de relatório, que não precisam ser executadas nas máquinas dos corretores individuais. Finalmente, são mantidos enlaces com outros departamentos da Morgan e com escritórios em Tóquio e na Europa.

Tendências técnicas que conduzem ao processamento de dados distribuído

Até o início da década de 1970, a técnica de processamento de dados centralizado era de uso quase universal nas empresas. Desde essa época, tem havido uma evolução constante rumo ao processamento distribuído. Podemos examinar essa tendência a partir de dois pontos de vista: meios e motivo. Em primeiro lugar, vamos analisar as mudanças no setor de processamento de dados que têm dado às empresas os meios para escolher o processamento distribuído. Depois, passaremos à questão de por que o processamento de dados distribuído está sendo preferido em relação ao processamento de dados centralizado.

O fator principal que tornou possível o PDD é a diminuição considerável e contínua no custo do hardware de computador, associada a um aumento na capacidade. Os computadores pessoais de hoje possuem velocidade, conjunto de instruções e capacidade de memória comparáveis aos dos minicomputadores e até mesmo mainframes de alguns anos atrás. Igualmente importante, os computadores pessoais de hoje ostentam interfaces gráficas com o usuário (GUIs), que oferecem facilidade de uso e tempo de resposta sem precedentes.

---

[1] Várias LANs são usadas para limitar a quantidade de tráfego em qualquer LAN. As LANs são conectadas por roteadores, que são dispositivos que podem rotear o tráfego entre as estações em diferentes redes. Os roteadores são descritos no Capítulo 5.

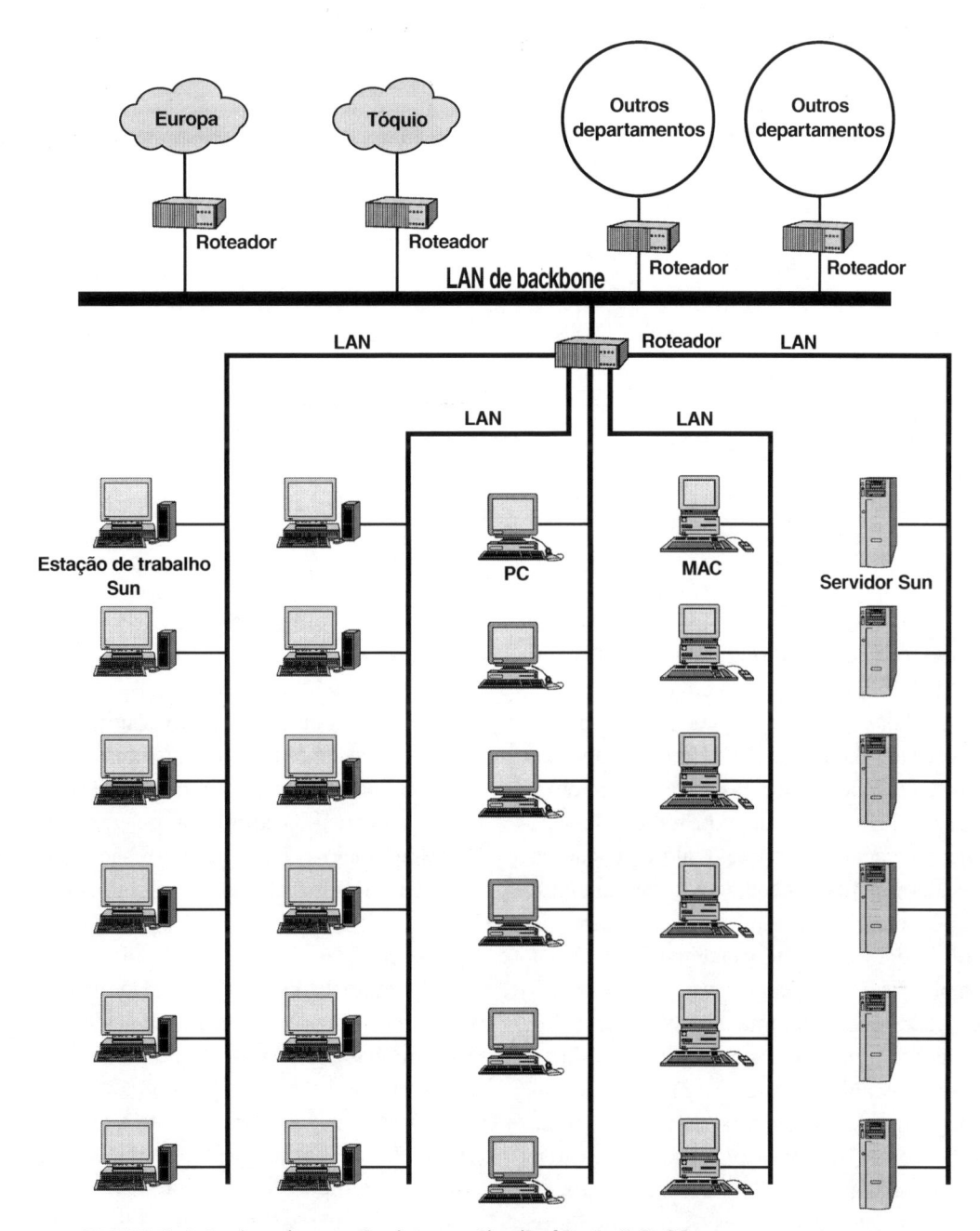

FIGURA 3.2 Arquitetura de sistemas distribuída da J. P. Morgan.

Considerações de gerenciamento e organização

A disponibilidade cada vez maior de sistemas baratos, mas poderosos, com um repertório crescente de software de aplicações, tornou possível para as organizações difundirem capacidade de computador por toda a organização, em vez de continuar a contar com uma instalação centralizada com, no máximo, terminais distribuídos para acesso. No entanto, a opção centralizada ainda está muito disponível para a organização. Assim como outros tipos de computadores, os poderosos mainframes, que são o núcleo de uma instalação centralizada, também caíram de preço e aumentaram em potência.

Para começar, vamos considerar os requisitos para a função de computação corporativa, ou seja, aquelas necessidades que a instalação de computador precisa atender. A Tabela 3.1 mostra nove requisitos específicos para a instalação de computação. Pode-se claramente argumentar que os requisitos 1, 3, 7, 8 e 9 podem ser satisfeitos com uma organização distribuída de servidores, estações de trabalho e computadores pessoais de baixo custo. O uso generalizado de computadores pequenos pode oferecer serviço altamente individualizado a todos os departamentos que precisam de computação, permitir que os usuários estabeleçam e mantenham autonomia em suas operações usando seu próprio

Tabela 3.1 Requisitos para a função de computação corporativa

1. Oferecer capacidade de computação a todas as unidades organizacionais que a exijam legitimamente.
2. Conter o capital e o custo operacional na provisão de serviços de computação dentro da organização.
3. Satisfazer necessidades de computação especiais dos departamentos do usuário.
4. Manter a integridade organizacional nas operações que são dependentes da computação (ou seja, evitar divergências na operação entre os departamentos).
5. Atender os requisitos de informação da gerência.
6. Oferecer serviços de computação de uma maneira confiável, profissional e tecnicamente competente.
7. Permitir que as unidades organizacionais tenham autonomia suficiente na condução de suas tarefas para otimizar a criatividade e o desempenho no nível de unidade.
8. Preservar a autonomia entre as unidades organizacionais e, se possível, aumentar sua importância e influência dentro da organização maior.
9. Tornar o trabalho dos funcionários agradável, além de produtivo.

equipamento, e oferecer aos usuários oportunidades práticas para desfrutar do uso da computação, enquanto melhoram a produtividade departamental.

Dois aspectos das necessidades dos usuários demonstram a verdade da afirmação anterior: a necessidade de novas aplicações e a necessidade de um tempo de resposta curto. Primeiramente, considere a necessidade de novas aplicações. Para que qualquer organização permaneça competitiva, cada departamento dentro da organização precisa lutar continuamente para melhorar a produtividade e a eficiência. Uma fonte importante dessa melhoria é fortalecer a confiança no processamento de dados e nos computadores. O resultado é que, na maioria das organizações bem administradas, a demanda por novas aplicações está aumentando mais rapidamente do que o serviço central de processamento de dados pode desenvolvê-las. Existem vários motivos para isso, incluindo a inadequação de técnicas para comunicar requisitos dos usuários para os programadores profissionais e o fato de que grande parte do tempo dos programadores em qualquer instalação de processamento de dados madura é ocupada com manutenção de software. Por esses motivos, o acúmulo de aplicações necessárias está crescendo. Na realidade, um tempo de espera de dois a sete anos para novas aplicações do usuário nos sistemas de computador central não é algo incomum. Um modo de contornar esse dilema é utilizar servidores, estações de trabalho e computadores pessoais distribuídos. Se os usuários finais tiverem acesso a essas máquinas, o grupo de aplicações pode ser dividido de duas maneiras:

- **Aplicações de prateleira:** Existe uma longa lista de software de aplicações para máquinas comuns, como servidores e estações de trabalho baseadas em UNIX, e para computadores pessoais baseados em Windows e Macintosh.
- **Programação do usuário final:** Muitas ferramentas estão disponíveis em sistemas pequenos, permitindo que os usuários construam aplicações modestas sem ter de usar uma linguagem de programação tradicional. Alguns exemplos são programas de planilha e ferramentas de gerenciamento de projeto.

A segunda necessidade mencionada anteriormente é para o tempo de resposta curto. Conforme descrevemos no Capítulo 2, em muitas aplicações é crítico para a produtividade que o tempo de resposta seja curto. Em um computador mainframe, com um sistema operacional complexo, cujo tempo está sendo compartilhado por muitos usuários, normalmente é difícil conseguir razoáveis tempos de resposta, mas um usuário em um computador pessoal ou estação de trabalho dedicada, ou um usuário que é apenas um entre outros que compartilham um minicomputador poderoso, geralmente pode experimentar tempos de resposta extremamente curtos.

Podemos ver, então, que com sistemas pequenos distribuídos, fisicamente mais próximos do usuário e mais dedicados a aplicações particulares do usuário, a produtividade do usuário e a eficácia da computação podem ser melhoradas. Entretanto, o gerente precisa ter cuidado na adoção de uma estratégia distribuída. A falta de computação centralizada pode resultar na perda de controle centralizado. Os departamentos individuais podem adotar sistemas incompatíveis, tornando a cooperação interdepartamental difícil. As decisões de aquisição podem ser feitas sem previsões sistemáticas de requisitos e custo, e sem imposição de padrões para hardware, software ou práticas de programação no departamento. Esses efeitos expõem os objetivos 4 e 6 da Tabela 3.1. Também muito importante, o desenvolvimento das atividades de processamento de dados no nível departamental pode aumentar a dificuldade de obtenção de dados para uso pela gerência superior (objetivo 5). A adoção de padrões departamentais diferentes e meios de resumir dados diferentes torna mais difícil a coleta uniforme de dados para fins de relatório.

As Tabelas 3.2 e 3.3 resumem alguns dos principais benefícios em potencial e desvantagens em potencial do processamento de dados distribuído.

Arquitetura cliente/servidor

A tão utilizada arquitetura cliente/servidor serve para fornecer os melhores aspectos da computação distribuída e centralizada. Os usuários trabalham em estações de trabalho poderosas ou PCs, que admitem a programação do usuário final, oferecem a capacidade de usar software de prateleira e dão a resposta imediata inerente à arquitetura distribuída. Essas estações de trabalho, ou "clientes", têm o suporte de "servidores" especializados. Alguns exemplos de servidores são computadores especializados para oferecer serviços de banco de dados, serviços de impressão e fax, armazenamento de arquivos e front-ends de comunicações, gateways e pontes. Essa arquitetura se tornou possível pelo advento de redes locais (LANs) de alta velocidade e interconexões de LAN, junto com software de sistemas mais sofisticado para oferecer processamento entre máquinas.

A arquitetura cliente/servidor é atraente por vários motivos. Em primeiro lugar, ela é econômica e consegue economia de escala, centralizando o suporte para funções especializadas. Os servidores de arquivos e os servidores de banco de dados também facilitam o fornecimento de acesso universal às informações por usuários autorizados e a manutenção da coerência e segurança dos arquivos e dados. A arquitetura física dos computadores usados pode ser projetada especialmente para apoiar sua função de serviço. Finalmente, essa arquitetura é muito flexível. Um motivo é que os serviços funcionais não estão necessariamente em uma relação um-para-um com os computadores físicos. Ou seja, o serviço de arquivo e os serviços de banco de dados podem estar no mesmo computador, ou, como um exemplo no outro extremo, os serviços de banco de dados podem ser fornecidos por várias máquinas geograficamente dispersas. Os serviços podem compartilhar processadores em sistemas de informação menores, e podem estar espalhados entre processadores em sistemas maiores, para aumentar a disponibilidade, a capacidade e a responsividade. Essa técnica popular é examinada com mais detalhes no Capítulo 7.

Um exemplo de uma arquitetura cliente/servidor é aquela usada pela MasterCard International, descrita no Estudo de Caso após este capítulo.

Intranets

Um dos desenvolvimentos mais recentes na evolução contínua do processamento de dados distribuído é a intranet. Basicamente, uma intranet oferece aos usuários os recursos e as aplicações da Internet, mas isolados dentro da organização. Os principais recursos de uma intranet são os seguintes:

- Utiliza padrões baseados na Internet, como HyperText Markup Language (HTML) e Simple Mail Transfer Protocol (SMTP).
- Usa o conjunto de protocolos TCP/IP para redes locais e remotas.
- Compreende conteúdo próprio, não acessível à Internet pública, mesmo que a corporação tenha conexões com a Internet e controle um servidor Web na Internet.
- Pode ser gerenciada, ao contrário da Internet.

Em termos gerais, uma intranet pode ser considerada uma forma de arquitetura cliente/servidor. As vantagens da técnica de intranet incluem facilidade de implementação e facilidade de uso. As intranets são examinadas em detalhes no Capítulo 7.

Extranets

Outro desenvolvimento recente é o da extranet. Assim como a intranet, a extranet utiliza protocolos e aplicações TCP/IP, especialmente a Web. O recurso que distingue a extranet é que ela oferece acesso a recursos corporativos por clientes externos, normalmente fornecedores e clientes da organização. Esse acesso externo pode ser feito pela Internet ou por outras redes de comunicação de dados. Uma extranet oferece mais do que o acesso simples à Web para o público, que praticamente todas as empresas agora oferecem. Em vez disso, a extranet oferece acesso mais extenso aos recursos corporativos, normalmente de uma maneira que força uma política de segurança. Assim como a intranet, o modelo de operação típico para a extranet é cliente/servidor. As extranets são examinadas em detalhes no Capítulo 7.

Tabela 3.2 Benefícios em potencial do processamento de dados distribuído

MResponsividade
As instalações de computação locais podem ser gerenciadas de modo que possam satisfazer mais diretamente as necessidades da gerência organizacional local do que aquela localizada em uma instalação central e voltada para satisfazer as necessidades da organização como um todo.

Disponibilidade
Com diversos sistemas interconectados, a perda de qualquer sistema isolado deverá ter impacto mínimo. Os principais sistemas e componentes (por exemplo, computadores com aplicações críticas, impressoras, dispositivos de armazenamento em massa) podem ser replicados de modo que um sistema de backup possa rapidamente assumir a carga após uma falha.

Correspondência com padrões organizacionais
Muitas organizações empregam uma estrutura descentralizada com políticas e procedimentos operacionais correspondentes. Os requisitos para arquivos de dados e outros recursos automatizados costumam refletir esses padrões organizacionais.

Compartilhamento de recursos
O hardware dispendioso, como uma impressora a laser, pode ser compartilhado entre os usuários. Os arquivos de dados podem ser gerenciados e mantidos de forma central, mas com acesso por toda a organização. Serviços, programas e bancos de dados de pessoal podem ser desenvolvidos para toda a organização e distribuídos para instalações dispersas.

Crescimento incremental
Em uma instalação centralizada, o incremento da carga de trabalho ou a necessidade de um novo conjunto de aplicações normalmente envolve uma compra de equipamento importante ou uma atualização de software importante. Tudo isso envolve gastos significativos. Além disso, uma grande mudança pode exigir a conversão ou a reprogramação de aplicações existentes, com o risco de erro ou degradação de desempenho. Com um sistema distribuído, é possível substituir aplicações ou sistemas gradualmente, evitando a técnica do "tudo ou nada". Além disso, o equipamento antigo pode ser deixado na instalação para executar uma única aplicação se o custo de mover a aplicação para uma nova máquina não for justificado.

Maior envolvimento e controle do usuário
Com o equipamento menor e mais gerenciável localizado fisicamente perto do usuário, o usuário tem maior oportunidade de influenciar o projeto e a operação do sistema, seja pela interação direta com o pessoal técnico ou por meio do seu superior imediato.

Operação descentralizada e controle centralizado
Aplicações e instalações descentralizadas podem ser moldadas aos requisitos da unidade organizacional individual e podem ser melhoradas por serviços e bancos de dados centralizados com graus variáveis de centralização de controle.

Produtividade do usuário final
Os sistemas distribuídos costumam dar um tempo de resposta mais rápido para o usuário, pois cada equipamento está tentando realizar uma tarefa menor. Além disso, as aplicações e as interfaces da instalação podem ser otimizadas segundo as necessidades da unidade organizacional. Os gerentes de unidade estão em uma posição de avaliar a eficácia da parte local da instalação e fazer as mudanças apropriadas.

Independência de distância e local
Os sistemas distribuídos introduzem interfaces e métodos de acesso para utilizar serviços de computação. Essas interfaces e métodos de acesso se tornam independentes de local ou distância. Logo, o usuário tem acesso às instalações em nível de organização, com pouco ou nenhum treinamento extra.

Privacidade e segurança
Com um sistema distribuído, é mais fácil atribuir responsabilidade pela segurança dos arquivos de dados e outros recursos aos proprietários e usuários desses recursos. Meios físicos e de software podem ser empregados para impedir o acesso não autorizado a dados e recursos.

Independência do fornecedor
Devidamente implementado, um sistema distribuído acomodará equipamento e software de diversos fornecedores. Isso provê maior competição e maior poder de barganha por parte do comprador. É menos provável que a organização se torne dependente de um único fornecedor com os riscos que essa posição acarreta.

Flexibilidade
Os usuários podem estar em posição de adaptar seu software de aplicação a circunstâncias em mudança se tiverem controle sobre a manutenção do programa e sua execução no dia-a-dia. Como seu equipamento não é usado por outros usuários, eles são capazes de mudar a configuração, se precisarem, com pouco trabalho.

Tabela 3.3 Desvantagens em potencial do processamento de dados distribuído

MTeste e diagnóstico de falhas mais difíceis
Particularmente quando existe um alto grau de interação entre os elementos de um sistema distribuído, é difícil determinar a causa da falha ou degradação do desempenho.

Mais dependência da tecnologia de comunicação
Para ser eficaz, um sistema distribuído precisa ser interconectado por facilidades de comunicação e rede. Essas facilidades se tornam críticas para a operação do dia-a-dia da organização.

Incompatibilidade entre equipamentos
Os equipamentos de diferentes fornecedores podem não se conectar e comunicar de modo fácil. Para impedir a ocorrência desse problema, o usuário precisa restringir aplicações e recursos àqueles para os quais existem padrões.

Incompatibilidade entre dados
De modo semelhante, os dados gerados por uma aplicação podem não ser utilizáveis na forma gerada por outra aplicação. Novamente, o usuário pode ter de restringir as aplicações àquelas que são padronizadas.

Gerenciamento e controle de rede
Como o equipamento está disperso fisicamente, pode envolver vários fornecedores e pode ser controlado por diversas unidades organizacionais, é difícil oferecer gerenciamento geral, impor padrões para software e dados e controlar a informação disponível por meio da rede. Assim, as instalações e os serviços de processamento de dados podem evoluir de uma maneira descontrolada.

Dificuldade no controle de recursos de informação corporativos
Os dados podem estar dispersos ou, se não, pelo menos o acesso aos dados é disperso. Se os usuários distribuídos puderem realizar a função de atualização (fundamental em muitas aplicações), fica difícil para uma autoridade central controlar a integridade e a segurança dos dados necessários no nível corporativo. Em alguns casos, pode até mesmo ser difícil reunir as informações gerenciais exigidas, a partir de bancos de dados detalhados, dispersos e divergentes.

Subotimização
Com a dispersão de equipamento de computador e a facilidade de acrescentar equipamento e aplicações aos poucos, torna-se mais fácil pra os gerentes de suborganizações justificarem a aquisição para sua unidade. Embora cada aquisição possa ser justificável individualmente, a totalidade das aquisições de uma organização inteira poderá ultrapassar o requisito total.

Duplicação de esforço
O pessoal técnico em várias unidades pode desenvolver individualmente aplicações ou arquivos de dados semelhantes, resultando em duplicação de esforço desnecessária e dispendiosa.

3.2 FORMAS DE PROCESSAMENTO DE DADOS DISTRIBUÍDO

Definimos um sistema de PDD como uma instalação de computação em que os computadores estão dispersos dentro de uma organização com algum meio de interconexão entre eles. Essa definição geral esconde a grande variedade de formas que o PDD pode assumir. Um modo de avaliar essa variedade é considerar com mais detalhes as seguintes funções ou objetos que são admitidos pelos processadores distribuídos:

- Aplicações
- Controladores de dispositivo
- Controle
- Dados

Normalmente acontece que mais de uma dessas funções ou objetos é distribuída em um sistema de PDD. Para nossas finalidades, basta examiná-las uma de cada vez para ter uma idéia quanto às configurações que estão implementadas no PDD. Examinamos os três primeiros tópicos nesta seção e o último tópico na seção seguinte.

Aplicações distribuídas

Duas dimensões caracterizam a distribuição de aplicações. Em primeiro lugar, existe a alocação de funções da aplicação:

- Uma aplicação é dividida em componentes que estão dispersos entre uma série de máquinas.

- Uma aplicação é replicada em uma série de máquinas.
- Uma série de aplicações diferentes são distribuídas entre uma série de máquinas.

O processamento distribuído das aplicações também pode ser caracterizado pela distribuição vertical ou horizontal. Em geral, o particionamento vertical envolve uma aplicação dividida em componentes que estão dispersos entre uma série de máquinas, enquanto o particionamento horizontal envolve uma aplicação replicada em uma série de máquinas ou uma série de aplicações diferentes distribuídas entre uma série de máquinas.

Com o **particionamento vertical**, o processamento de dados é distribuído em um padrão hierárquico. Essa distribuição pode refletir a estrutura organizacional, ou pode simplesmente ser a mais apropriada para a aplicação. Alguns exemplos são os seguintes:

- **Seguro:** A distribuição de processamento de dados normalmente é uma hierarquia de dois níveis. Cada ramo possui um sistema de computador que ele utiliza para preparar novos contratos e para processar pedidos. Na maioria dos casos, essas transações podem ser tratadas diretamente pelo escritório local. A informação de resumo é enviada a um escritório central. O escritório central usa informações de contrato e pedido para realizar análise de risco e cálculos atuariais. Com base na posição financeira da empresa e exposição atual, o escritório central pode ajustar as taxas e comunicar as mudanças às filiais.
- **Cadeia de revenda:** Cada loja inclui terminais de ponto de vendas e terminais para uso pelo pessoal de vendas e do escritório. Um arranjo conveniente é uma única estação de trabalho ou servidor poderoso que acomoda toda a informação usada na loja. Um conjunto interconectado de computadores pessoais também é possível, mas a natureza da aplicação se ajusta mais facilmente a um único site para armazenar toda a informação da filial. Os terminais de ponto de vendas utilizam informações de preço do sistema de computador. As transações de vendas registram vendas e mudanças no estoque e contas a receber. O pessoal de vendas e de escritório pode usar terminais para exibir informações de resumo de vendas, estoque, contas a receber e recibos do cliente. O gerente da loja pode exibir informações sobre desempenho de vendas, validade de produtos e outras análises. Periodicamente, talvez uma vez por dia, as informações de vendas e de estoque são transmitidas para o sistema do escritório central.
- **Controle de processo:** A função de controle de processo em uma fábrica se adapta bem a um sistema de PDD vertical. Cada uma das principais áreas operacionais é controlada por uma estação de trabalho, que recebe informações de microprocessadores individuais de controle de processo. Esses microprocessadores são responsáveis pelo controle automatizado de dispositivos sensores e atuadores no chão da fábrica. A estação de trabalho das operações varre as leituras do sensor, procurando exceções ou analisando tendências. Ela também pode controlar parte da operação para variar a taxa ou a mistura de produção. Essas estações de trabalho distribuídas garantem resposta rápida a condições no nível de processo. Todas as estações de trabalho estão ligadas a um computador de nível mais alto, preocupado com o planejamento de operações, a otimização, a provisão de informações à gerência e o processamento de dados corporativo em geral.

Conforme esses exemplos ilustram, um sistema de PDD particionado verticalmente em geral consiste em um sistema de computador central com um ou mais níveis de sistemas satélites. A natureza da partição reflete a estrutura organizacional ou a estrutura da tarefa a ser realizada, ou ambos. O objetivo é atribuir carga de processamento no nível da hierarquia que é mais econômico. Esse arranjo combina alguns dos melhores recursos do processamento de dados centralizado e distribuído.

Com o **particionamento horizontal**, o processamento de dados é distribuído entre uma série de computadores que possuem um relacionamento de parceria. Ou seja, não existe o conceito de cliente/servidor. Os computadores em uma configuração horizontal normalmente operam de forma autônoma, embora, em alguns casos, essa configuração seja usada para balanceamento de carga. Em muitos casos, o particionamento horizontal reflete a descentralização organizacional. Dois exemplos aparecem a seguir:

- **Sistema de suporte à automação de escritórios:** Normalmente, o pessoal de secretaria e outros são equipados com computadores pessoais ligados por uma rede. O computador pessoal de cada usuário contém pacotes de software úteis para esse usuário (por exemplo, processamento de textos, planilha). Os sistemas são interligados de modo que os usuários possam trocar mensagens, arquivos e outras informações.
- **Sistema de controle de tráfego aéreo:** Cada centro regional para controle de tráfego aéreo opera de for-

ma autônoma dos outros centros, realizando o mesmo conjunto de aplicações. Dentro do centro, vários computadores são usados para processar dados de radar e de rádio, e oferecer um status visual para os controladores de tráfego aéreo.

Normalmente a função de computação de uma organização inclui ambos, o particionamento horizontal e vertical. A sede corporativa pode manter uma instalação de computador mainframe com um sistema de informações da gerência corporativa e um sistema de apoio à decisão. As principais funções de pessoal, como relações públicas, planejamento estratégico e finanças e contabilidade corporativa, podem ter suporte daqui. Uma partição vertical é criada fornecendo-se instalações de computação subordinadas nas filiais. Dentro de cada filial, uma partição horizontal dará suporte à automação de escritórios.

Outras formas de PDD

Além, ou no lugar da distribuição de aplicações ou dados, um sistema de PDD pode envolver a distribuição de controladores de dispositivos ou gerenciamento de rede. Vamos examinar rapidamente cada uma dessas possibilidades.

Dispositivos distribuídos Um uso natural do PDD é para dar suporte a um conjunto distribuído de dispositivos que podem ser controlados por processadores, como máquinas de caixa eletrônico ou equipamento de interface de laboratório. Uma aplicação comum dessa técnica é na automação de fábricas. Uma fábrica pode conter diversos sensores, controladores programáveis, microprocessadores e, até mesmo, robôs que estão envolvidos na automação do processo de manufatura. Tal sistema envolve a distribuição de tecnologia de processamento para os vários locais do processo de manufatura.

Gerenciamento de rede Qualquer sistema distribuído exige alguma forma de gerenciamento e controle, incluindo controle de acesso a algumas das instalações no sistema distribuído, monitoração do status de vários componentes do sistema distribuído e gerenciamento das facilidades de comunicações para garantir a disponibilidade e a responsividade. Na maioria dos casos, algum tipo de sistema de gerenciamento de rede central é exigido. Entretanto, tal sistema precisa obter informações de status dos diversos computadores no sistema distribuído e emitir comandos para esses computadores. Assim, cada computador no sistema distribuído precisa incluir alguma lógica de gerenciamento e controle para poder interagir com o sistema de gerenciamento de rede central. Uma visão mais detalhada desses pontos encontra-se no Capítulo 19.

3.3 DADOS DISTRIBUÍDOS

Antes de abrirmos nossa discussão sobre dados distribuídos, é necessário mencionar algo sobre a natureza da organização dos dados em um sistema de computador. Em alguns casos, uma organização pode funcionar com uma coleção relativamente simples de arquivos de dados. Cada arquivo pode conter texto (por exemplo, cópias de memorandos e relatórios) ou dados numéricos (por exemplo, planilhas). Um arquivo mais complexo consiste em um conjunto de registros. No entanto, para uma organização de qualquer tamanho apreciável, é necessária uma organização mais complexa, conhecida como banco de dados. Um **banco de dados** é uma coleção estruturada de dados armazenados para uso em uma ou mais aplicações. Além dos dados, um banco de dados contém os relacionamentos entre itens de dados e grupos de itens de dados. Como um exemplo da distinção entre arquivos de dados e um banco de dados, considere o seguinte. Um arquivo pessoal simples poderia consistir em um conjunto de registros, um para cada funcionário. Cada registro indica o nome do funcionário, endereço, data de nascimento, cargo, salário e outros detalhes necessários ao departamento de pessoal. Um banco de dados de pessoal inclui um arquivo de pessoal, conforme descrevemos. Ele também pode incluir um arquivo de horário e freqüência, mostrando semanalmente as horas trabalhadas por funcionário. Com uma organização de banco de dados, esses dois arquivos estão ligados de modo que um programa de folha de pagamento possa extrair a informação sobre horas trabalhadas e salário para cada funcionário e, assim, gerar contra-cheques.

Um **banco de dados distribuído** é aquele em que partes dos dados são dispersas entre uma série de sistemas de computador. Um banco de dados distribuído precisa incluir um diretório que identifique o local físico de cada elemento de dados no banco de dados. Em termos gerais, podemos distinguir três maneiras de organizar os dados para uso por uma organização: centralizada, replicada e particionada.

Banco de dados centralizado

Um banco de dados centralizado é abrigado em uma instalação de computador central. Se a função de computação for distribuída, então os usuários e programas de aplicação em locais remotos podem ter acesso ao banco de dados centralizado. Um banco de dados centralizado normalmente é usado com uma organização de PDD vertical. Isso é desejável quando a segurança e a integridade dos dados forem fundamentais, pois a instalação central é controlada com mais facilidade do que uma coleção dispersa de dados. Por outro lado, existem vários motivos para uma organização de dados distribuída ser atraente, incluindo os seguintes itens:

1. Um projeto distribuído pode refletir a estrutura ou função de uma organização. Isso torna o projeto da organização de dados e o uso dos dados mais inteligível e mais fácil de implementar e manter.
2. Os dados podem ser armazenados localmente e ficar sob controle local. O armazenamento local diminui os tempos de resposta e os custos de comunicação, e aumenta a disponibilidade de dados.
3. A distribuição de dados por várias instalações autônomas confina os efeitos de um colapso no computador ao seu ponto de ocorrência; os dados nos computadores sobreviventes ainda podem ser processados.
4. O tamanho da coleção total de dados e a quantidade de usuários desses dados não precisam ser limitados pelo tamanho de um computador e pelo seu poder de processamento.

Banco de dados replicado

Quando os dados são distribuídos, uma dessas duas estratégias gerais podem ser adotadas: replicada ou particionada. Em um **banco de dados replicado**, todo ou parte do banco de dados é copiado em dois ou mais computadores. Antes de examinar os princípios gerais dessa importante estratégia, vamos descrever rapidamente dois exemplos vindos de [CONN99].

O primeiro exemplo é o Golden Gate Financial Group, que gera cerca de US$1 bilhão em negócios por mês. Os negócios são registrados em seu sistema em San Francisco e, quando cada negócio é realizado, ele também é registrado em um escritório remoto em San Jose. A Golden Gate utiliza uma linha alugada para transferir cerca de 6,6 Gbytes de dados a cada mês e conseguir a replicação. A empresa recuperou seu investimento em software de replicação e custos de linha para o ano inteiro quando San Francisco foi atingida por uma falta de energia durante um dia inteiro. Os funcionários viajaram para San Jose, configuraram as instalações e usaram os dados replicados atuais para realizar seu trabalho. Como resultado, os negócios ficaram parados apenas por meia hora.

Uma estratégia diferente é usada por Merrill Lynch, que precisa distribuir 2 Gbytes de informações financeiras críticas para três escritórios remotos diariamente, para uso do pessoal. Antes, o pessoal de Sistemas de Informação (SI) copiava o banco de dados inteiro para os escritórios remotos uma vez por semana, por comando manual. Agora, os dados são atualizados duas vezes por dia para os servidores em cada local remoto. Somente os dados alterados, chegando a cerca de 200 Mbytes, são enviados, economizando assim largura de banda e tempo. Agora, os usuários têm acesso aos dados mais recentes, e os dados são locais, evitando a necessidade de usar conexões de longa distância.

A replicação de dados tornou-se cada vez mais popular. Diversos fornecedores oferecem tecnologia de replicação de dados para plataformas Windows e UNIX, para o backup de dados baseados em mainframe. Seu uso é praticamente exigido no setor bancário. A principal vantagem da replicação de dados é que ela oferece backup e recuperação de falhas da rede e do servidor.

Três variantes da replicação de dados estão em uso comum: tempo real, tempo quase real e adiada, como mostra a Tabela 3.4 (baseada em [GOLI99]). A **replicação em tempo real** normalmente é utilizada nos sistemas transacionais, como entrada de pedidos, em que todas as cópias dos dados precisam ser sincronizadas imediatamente. As atualizações envolvem o uso de um algoritmo chamado confirmação em duas fases, que tenta evitar incoerências nos dois bancos de dados (principal e de backup) e acrescenta uma etapa de confirmação a cada atualização. Contudo, essa operação dobra o tempo de resposta e pode nem sempre ter sucesso.

A **replicação quase em tempo real** normalmente é mais usada. Nesse caso, os backups ocorrem em lotes, com uma pequena quantidade de tempo de retardo (por exemplo, 30 minutos). Isso é adequado para a maioria das aplicações.

A **replicação adiada** envolve a transferência em massa de um grande número de mudanças em intervalos não freqüentes, como uma ou duas vezes por dia. A transferência ocorre na forma de uma mensagem ou de transferência de arquivos em massa, que pode envolver uma grande quantidade de dados. Essa técnica minimiza os requisitos de recursos de rede, mas não oferece dados atuais.

Banco de dados particionado

Em um banco de dados particionado, o banco de dados existe como segmento distinto e não superposto, dis-

Tabela 3.4 Variantes da estratégia de replicação [GOLI99]

	Tempo real	Quase tempo real	Adiada
Arquitetura de projeto	Confirmação em duas fases	Distribuição em cascata ou broadcast	Mensagem e fila
Benefícios	Sincronismo rigoroso de dados Transações distribuídas Dados atualizados em tempo real	Consolidação de dados Distribuição de dados Tempo de resposta melhorado Menor carga na WAN	Atualizações de banco de dados heterogêneos Remessa garantida por qualquer rede Suporte para múltiplos protocolos de rede
Desvantagens	Maior tempo de resposta Difícil de implementar Confirmação em duas fases nem sempre funciona	Falta de atualização de dados em tempo real Solução de único fornecedor	Atraso nas atualizações Exige mais trabalho de programação

perso entre vários sistemas de computador. Em geral, não existe duplicação de dados entre os segmentos de um banco de dados particionado. Essa estratégia pode ser usada graças a uma organização PDD horizontal ou vertical.

A vantagem principal dessa técnica é que ela dispersa a carga e elimina um único ponto de falha. Essa técnica pode ser contraproducente se a requisição típica ao banco de dados envolver dados de várias partições.

A Tabela 3.5 oferece uma comparação simplificada dessas três técnicas para a organização do banco de dados. Na prática, uma mistura de estratégias será utilizada. Uma visão mais detalhada das estratégias para organização de banco de dados pode ser vista na Tabela 3.6 (com base em [HOFF02]). Para bancos de dados replicados, duas estratégias são possíveis. Em primeiro lugar, um banco de dados central é mantido, e cópias de partes do banco de dados podem ser extraídas para uso local.

Tabela 3.5 Vantagens e desvantagens dos métodos de distribuição de banco de dados

Tipo de distribuição	Vantagens	Desvantagens
Banco de dados comum acessado por todos os processadores. (Centralizado)	Nenhuma duplicação de dados, exige pouca reorganização.	Disputa entre vários processadores tentando acessar dados simultaneamente. O banco de dados é grande, o tempo de resposta do software é lento. Durante as falhas no disco, todos os processadores perdem acesso aos dados.
Cópia do banco de dados central comum armazenada em cada processador. (Replicado)	Cada processador tem acesso ao banco de dados sem disputa. Tempo de resposta curto. Durante a falha, nova cópia pode ser obtida.	Alto custo de armazenamento, devido à duplicação dispendiosa dos dados. Atualizações de uma cópia precisam ser feitas subseqüentemente em todas as outras cópias. Altos custos de reorganização do banco de dados.
Banco de dados individual para cada processador. (Particionado)	Nenhuma duplicação de dados reduz o custo de armazenamento. Tamanho do banco de dados determinado pela aplicação do nó, e não pelo requisito corporativo total. Tempo de resposta curto.	Relatórios ocasionais ou gerenciais precisam ser obtidos a partir de diferentes bancos de dados.

Tabela 3.6 **Estratégias para organização do banco de dados**

Estratégia	Confiabilidade	Facilidade de expansão	Sobrecarga na comunicação	Facilidade de gerenciamento	Coerência ou integridade dos dados
Centralizado					
Banco de dados centralizado O banco de dados reside em um local no host; valores de dados podem estar distribuídos para usuários dispersos geograficamente para processamento local	Fraca Altamente dependente do servidor central	Fraca Limitações são barreiras para o desempenho	Muito alta Alto tráfego para um local	Muito boa Um local monolítico requer pouca coordenação	Excelente Todos os usuários sempre têm os mesmos dados
Replicado					
Bancos de dados de snapshot distribuídos Cópia de parte do banco de dados central criada por extração e replicação para uso em locais remotos	Boa Redundância e atrasos tolerados	Muito boa Custo de cópias adicionais pode ser menor do que linear	Baixa a média Snapshots periódicos podem causar rajadas de tráfego na rede	Muito boa Todas as cópias são idênticas	Média Boa enquanto atrasos forem tolerados pelas necessidades dos negócios
Banco de dados replicado, distribuído Dados são replicados e sincronizados em diversos locais	Excelente Redundância e atrasos mínimos	Muito boa Custo de cópias adicionais pode ser baixo	Média As mensagens são constantes, mas alguns atrasos são tolerados	Média Colisões dão um pouco mais de complexidade à instalação de gerenciamento	Média a muito boa Perto da coerência exata
Particionado					
Bancos de dados distribuídos, não-integrados Bancos de dados independentes que podem ser acessados por aplicações em computadores remotos	Boa Depende da disponibilidade do banco de dados local	Boa Novos locais independentes dos existentes	Baixa Pouca ou nenhuma necessidade de passar dados ou consultas por uma rede	Muito boa Fácil para cada local, até que seja necessário compartilhar dados entre os locais	Baixa Nenhuma garantia de coerência
Banco de dados distribuído, integrado Dados espalham-se por vários computadores e software	Muito boa Uso eficaz do particionamento	Muito boa Novos nós pegam apenas dados necessários, sem mudanças no projeto geral do banco de dados	Baixa a média A maioria das consultas é local, mas as que exigem dados de vários locais podem causar uma carga temporária	Difícil Especialmente para consultas que precisam de dados de tabelas distribuídas, e as atualizações precisam ser bastante coordenadas	Muito fraca Esforço considerável e incoerências não toleradas

Normalmente, tais sistemas travam a parte afetada do banco de dados central se o computador satélite tiver autoridade para atualizar. Se isso acontecer, então o computador remoto transmite as atualizações de volta para o banco de dados central no término da tarefa. Como alternativa, uma técnica de sincronismo mais elaborada pode ser empregada de modo que as atualizações em uma cópia do banco de dados replicado sejam propagadas automaticamente por todo o sistema de PDD, com o intuito de atualizar todas as cópias. Essa estratégia requer muito mais carga de software e comunicações, mas oferece ao usuário um sistema mais flexível.

A estratégia particionada mais simples é aquela em que existem diversos bancos de dados operados de forma independente, com o acesso remoto permitido. Com efeito, temos uma coleção de bancos de dados centralizados, com mais de um centro. Um sistema mais complexo é aquele em que os bancos de dados são integrados de modo que uma única consulta pelo usuário pode exigir acesso a qualquer um dos bancos de dados. Em um sistema sofisticado, esse acesso é invisível ao usuário, que não precisa especificar onde os dados estão localizados e que não precisa usar um estilo de comando diferente para diversas partes do banco de dados distribuído.

Assim, podemos ver que diversas estratégias são possíveis. No projeto de um banco de dados distribuído, dois conjuntos de objetivos são fundamentais: objetivos do banco de dados e objetivos das comunicações. Os *objetivos do banco de dados* incluem acessibilidade dos dados, segurança e privacidade, e integridade dos dados. Os *objetivos de comunicações* servem para minimizar a carga de comunicações e os atrasos impostos pelo uso das facilidades de comunicações.

3.4 IMPLICAÇÕES DO PDD NA REDE

Podemos caracterizar os requisitos para comunicações e redes gerados pelo uso do processamento de dados distribuído (PDD) em três áreas principais: conectividade, disponibilidade e desempenho.

A **conectividade** de um sistema distribuído refere-se à capacidade de os componentes no sistema trocarem dados. Em um sistema de PDD particionado verticalmente, os componentes do sistema geralmente precisam de enlaces apenas com os componentes acima e abaixo deles na estrutura hierárquica. Esse requisito normalmente pode ser atendido com enlaces diretos simples entre os sistemas. Em um sistema particionado horizontalmente, pode ser necessário permitir a troca de dados entre dois sistemas. Por exemplo, em um sistema de automação de escritórios, qualquer usuário deve ser capaz de trocar correio eletrônico e arquivos

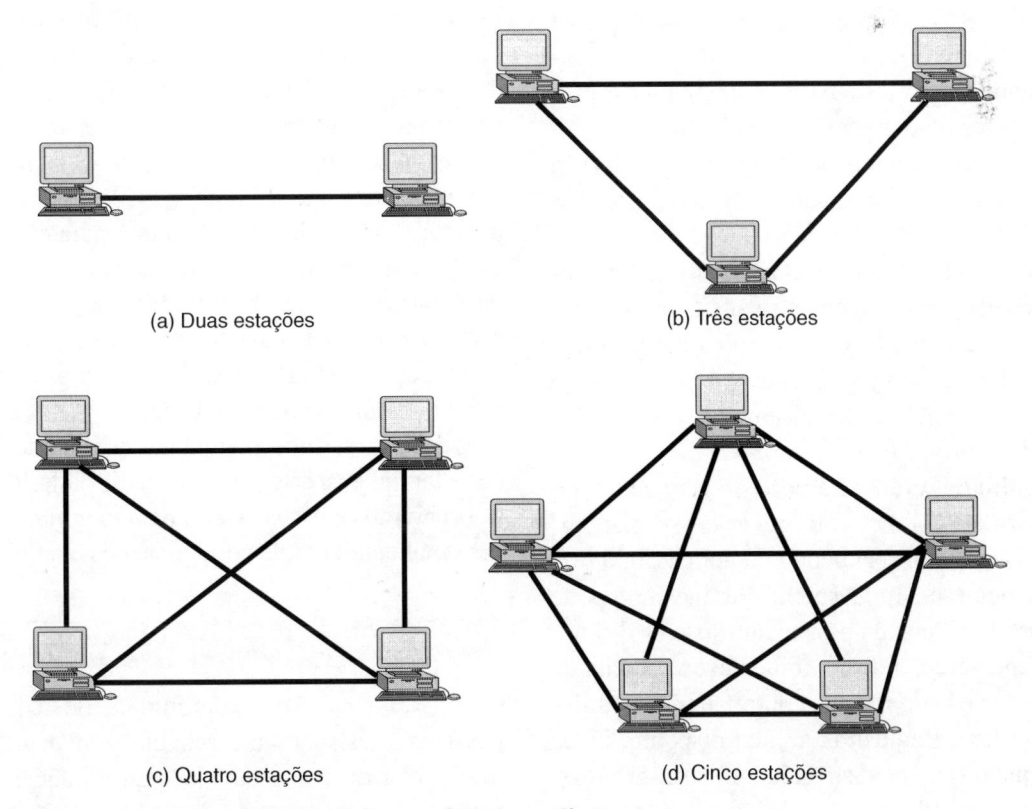

(a) Duas estações (b) Três estações

(c) Quatro estações (d) Cinco estações

FIGURA 3.3 Conectividade plena usando enlaces diretos.

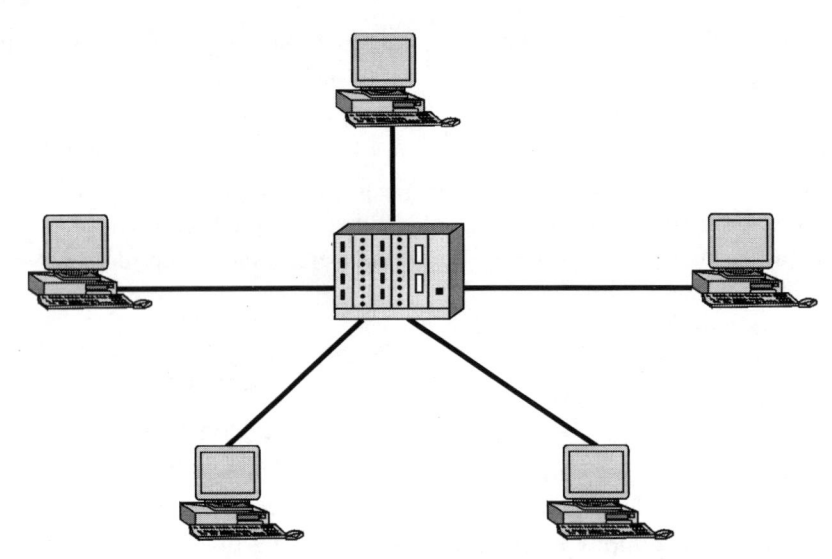

FIGURA 3.4 Uso de um comutador central para a conectividade plena.

com qualquer outro usuário, sujeito a qualquer política de segurança. Em um sistema exigindo alta conectividade, algum tipo de rede pode ser preferível a um grande número de enlaces diretos. Para observar isso, analise a Figura 3.3. Se tivermos um sistema distribuído exigindo conectividade plena e usarmos um enlace direto entre cada par de sistemas, o número de enlaces e as interfaces de comunicação necessárias crescem rapidamente com o número de sistemas. Com quatro computadores, seis enlaces são exigidos; com cinco computadores, dez enlaces são exigidos. Em vez disso, suponha que criemos uma rede oferecendo um comutador central e conectando cada sistema de computador a esse comutador. Os resultados aparecem na Figura 3.4. Nesse caso, com quatro computadores, quatro enlaces são exigidos, e com cinco computadores, cinco enlaces são exigidos.

Se os componentes de um sistema distribuído estiverem dispersos geograficamente, o requisito de conectividade dita que é necessário algum método de transmissão de dados por longas distâncias. Isso envolve o uso de facilidades públicas de telecomunicações ou alguma facilidade privada.

Disponibilidade refere-se à porcentagem de tempo que uma determinada função ou aplicação está disponível para os usuários. Dependendo da aplicação, a disponibilidade pode ser simplesmente desejável ou pode ser indispensável. Por exemplo, em um sistema de controle de tráfego aéreo, a disponibilidade do sistema de computador que dá suporte aos controladores de tráfego aéreo é crítica. Requisitos de alta disponibilidade significam que o sistema distribuído precisa ser projetado de modo que a falha de um único computador ou outro dispositivo não negue o acesso à aplicação. Por exemplo, processadores de backup podem ser empregados. Requisitos de alta disponibilidade também significam que a facilidade de comunicações precisa estar altamente disponível. Assim, é necessário que haja alguma forma de redundância e backup na facilidade de comunicações.

Finalmente, o **desempenho** da facilidade de comunicações pode ser avaliado, dada a natureza do sistema de PDD e das aplicações que ele apóia. Em um sistema altamente interativo, como um sistema de entrada de dados ou uma aplicação de projeto gráfico, vimos que o tempo de resposta é criticamente importante. Assim, não apenas os processadores que executam as aplicações precisam responder rapidamente, mas também, se a interação envolver a transmissão por uma rede, esta precisa ter capacidade e flexibilidade suficientes para oferecer o tempo de resposta exigido. Se o sistema for usado em vez disso para movimentar muitos dados, mas sem o tempo ser crítico, o problema pode ser mais de vazão. Ou seja, a facilidade de comunicações precisa ser projetada para lidar com grandes volumes de dados.

Quando tivermos examinado os detalhes das técnicas e facilidades de comunicação de dados disponíveis, retornaremos a esse assunto para examinar estratégias para planejamento de comunicações e rede.

3.5 RESUMO

Com o aumento da disponibilidade dos computadores pessoais e estações de trabalho pouco dispendiosas, mas poderosas, tem havido uma tendência crescente rumo ao processamento de dados distribuído (PDD).

NOTA DE APLICAÇÃO

Trabalhando com um sistema descentralizado

Poder de processamento, grande armazenamento em disco e baixo custo das estações de trabalho e computadores pessoais contribuem para aumentar o número dessas máquinas que uma organização comprará. Depois de entender os prós e os contras de tais investimentos, às vezes vemos que existem vários aspectos que não são observados até começarem a criar problemas. É importante observar que muitos problemas podem ser resolvidos facilmente se o pessoal de TI for capacitado e se houver uma estrutura de suporte sólida. Os departamentos de TI têm trabalhado sob a crença de que não fazem parte do negócio básico e, portanto, só recebem atenção esporádica ou um enfoque do tipo "conserte quando estiver defeituoso".

Como os computadores pessoais são baratos e menos complexos do que os mainframes, as organizações podem contratar pessoal com nível correspondente de treinamento e habilidade. Embora esse possa ser um meio econômico de prover suporte para a organização, pode não ser um planejamento de longo prazo apropriado. O pessoal de TI precisa ser capaz não apenas de instalar, diagnosticar e manter a infra-estrutura de rede e todos os computadores, mas também precisam ser profissionais. Trabalhando com uma série de pessoas na organização, eles precisam ser capazes de se comunicar em forma verbal e escrita, ser cordiais e atentos. Como um componente de serviço, a satisfação do cliente é fundamental. Outros departamentos precisam ser vistos como clientes. Em qualquer empresa, a capacidade de transmitir informações verbais e escritas, solucionar problemas de modo oportuno e mostrar educação pode significar a diferença entre sucesso e fracasso.

Outro componente normalmente subestimado é o helpdesk ou call center. O pessoal e a confiabilidade são aspectos importantes dessa área em particular. Para organizações grandes, a quantidade de chamadas de pessoas com problemas pode ser desconcertante. Um grupo ineficaz ou insuficiente respondendo ao telefone ou saindo para atender chamados pode atrasar as funções principais da empresa e ter um efeito significativo nos resultados em termos de homens-horas e tempo de paralisação. O software utilizado para dar suporte a tal sistema deve ser simples, mas também deve possuir funções como análise de tendência, pesquisa, categorização e diversas capacidades de relatório. As organizações devem se comprometer com o nível apropriado de suporte para o helpdesk.

Muitos departamentos retêm seu próprio especialista "local" de computador. Este é alguém que, além de suas tarefas regulares, também assume a responsabilidade por manter as máquinas de departamento atualizadas e realizar reparos. Na maioria dos casos, esse é um problema significativo para o pessoal normal de TI, pois o especialista local normalmente não documentará a manutenção das máquinas nem informará ao pessoal da TI sobre quaisquer mudanças realizadas. O equipamento é comprado a partir de dois ou mais orçamentos diferentes e em geral o especialista "local" é um especialista apenas no nome. É importante deixar reparos e instalações para uma única entidade organizacional.

Talvez a única e a mais importante técnica que uma empresa precisa realizar a fim de economizar dinheiro, tempo e energia quando lidar com computadores e redes de dados seja padronizar um conjunto de aplicações, plataformas de computação e hardware de rede. Embora sempre haja algumas exceções, onde for possível, as escolhas devem ser mínimas. Selecionando um único conjunto de aplicações para uso em desktop e laptop, o custo com o licenciamento e as taxas de software podem ser reduzidos pela compra em massa. Particularmente, quando as licenças são contratadas com base no número de usuários, podem-se tornar muito dispendiosas, e o licenciamento para todo o local pode ser muito mais econômico. Além disso, a manutenção do software torna-se mais fácil quando os técnicos tiverem menos variáveis para combater em suas soluções de problemas e atualizações.

O mesmo acontece com o hardware. Com um único fabricante para lidar, é preciso manter menos peças sobressalentes em mãos, os técnicos se tornam bastante familiarizados com o equipamento e os fornecedores são conhecidos e possuem um interesse comprometido em manter seus clientes satisfeitos. É um pesadelo o diagnóstico de problemas ao se migrar de uma máquina equipada com Windows para a máquina seguinte equipada com Mac OS.

Para concluir esta seção, vamos examinar os sistemas descentralizados e os vírus. Quando um vírus é recebido por download, ele normalmente é compartilhado entre os usuários. Isso é particularmente verdadeiro se estiver disfarçado em um programa interessante, uma figura ou uma falsa oferta de algum tipo. No caso de um ambiente totalmente distribuído, a melhor cura para essa eventualidade é a prevenção. A maioria dos vírus vem por download de correio eletrônico e, portanto, um bom pacote de antivírus sobre máquinas individuais e sobre o servidor são importantes.

> Quando o vírus tiver contaminado a rede e as máquinas, um processo de remoção de vírus precisa ser iniciado imediatamente. Algumas idéias deverão ser postas em prática para enfrentar o problema, pois não raro as varreduras não são suficientes para remover o vírus. Em alguns casos, a varredura de um disquete inicializável ou um procedimento de inoculação precisa ser repetido para remover o vírus. Pior ainda, a(s) máquina(s) infectada(s) pode(m) ter backup na rede, resultando em servidores infectados e perda em grande escala em potencial de dados da organização. Se isso ocorrer, é possível que os dados não possam ser recuperados. Qualquer meio removível que estivesse em uso no momento da infecção também tem de ser considerado infectado.
>
> Os sistemas descentralizados ou distribuídos podem impor problemas exclusivos, não experimentados por sistemas totalmente centralizados. Com o uso cada vez maior de nós autônomos, um conhecimento desses problemas poderá minimizar o impacto, os problemas de pessoal e reduzir o tempo de paralisação do sistema de comunicações.

Graças ao PDD, processadores, dados e outros aspectos de um sistema de processamento de dados podem estar dispersos dentro de uma organização. Isso oferece um sistema mais responsivo às necessidades do usuário, que é capaz de fornecer melhores tempos de resposta, e que pode minimizar custos de comunicação, em comparação com uma técnica centralizada. Um sistema de PDD envolve o particionamento horizontal ou vertical da função de computação e também pode envolver uma organização distribuída dos bancos de dados, controle de dispositivo e controle de interação (rede). Essa tendência tem sido facilitada pelo advento das arquiteturas cliente/servidor.

Nesse estágio, ainda não estamos prontos para traduzir nossa descrição de características do PDD em uma análise das facilidades de comunicação de dados e rede necessárias. Em termos gerais, podemos dizer que um sistema de PDD envolve requisitos nas áreas de conectividade, disponibilidade e desempenho. Esses requisitos, por sua vez, ditam o tipo de comunicação de dados ou a técnica de rede que é apropriada para determinado sistema de PDD.

3.6 Leitura recomendada

Uma das melhores abordagens sobre o processamento de dados distribuído é [COUL02]. Esse livro é um estudo amplo dos aspectos envolvidos, incluindo redes, projeto de arquivo e banco de dados, protocolos, aspectos de transação e segurança. Uma discussão valiosa e completa dos bancos de dados distribuídos pode ser vista em [OZSU99].

COUL02 Coulouris, G.; Dollimore, J. e Kindberg, T. *Distributed Systems: Concepts and Design.* Reading, MA: Addison-Wesley, 2002.

OZSU99 Ozsu, M. e Valduriez, P. *Principles of Distributed Database Systems.* Upper Saddle River, NJ: Prentice Hall, 1999.

3.7 Principais termos, perguntas para revisão e problemas

Principais termos

arquitetura cliente/servidor
banco de dados
banco de dados centralizado
banco de dados distribuído
banco de dados particionado
banco de dados replicado
conectividade
desempenho
disponibilidade
extranet
intranet
particionamento horizontal
particionamento vertical
processamento de dados centralizado
processamento de dados distribuído (PDD)

Perguntas para revisão

3.1 Quais são algumas das funções centralizadas em uma instalação de processamento de dados totalmente centralizada?

3.2 Quais são algumas vantagens de uma instalação de processamento de dados centralizada?

3.3 Com base na sua leitura do capítulo, cite cinco componentes que poderiam fazer parte de um sistema totalmente centralizado.

3.4 O que é uma estratégia de processamento de dados distribuído (PDD)?

3.5 As aplicações para o ambiente distribuído estão disponíveis muito mais cedo do que aquelas no ambiente centralizado. Quais são as principais fontes dessas aplicações?

3.6 Descreva três maneiras como uma aplicação pode ser alocada em um ambiente distribuído.

3.7 Que problemas importantes para o gerente de processamento de dados resultam de sistemas pequenos e distribuídos?

3.8 Quais são alguns motivos para querer interconectar sistemas de processamento de dados distribuídos?

3.9 Explique a distinção entre o particionamento horizontal e vertical das aplicações.

3.10 Por que uma empresa desejaria um banco de dados distribuído?

3.11 No projeto de um banco de dados distribuído, os objetivos de banco de dados e os objetivos de comunicações nem sempre são os mesmos. Mostre a distinção entre esses dois conjuntos de objetivos.

3.12 Como uma fábrica normalmente reflete o uso de dispositivos distribuídos?

3.13 Cite três tipos de requisitos de comunicações e de rede gerados pelo uso do processamento de dados distribuído.

3.14 Por que ainda precisamos de computadores mainframes, embora os computadores pessoais e as estações de trabalho tenham se tornado muito mais poderosos?

Problemas

3.1 O novo diretor de Tecnologia da Informação criou uma declaração de missão com nove pontos para a divisão de TI da empresa (consulte a Tabela 3.1). Como um dos gerentes de operações do departamento, você recebeu um memorando sobre a nova política e uma tarefa associada. O diretor deseja realizar a nova estratégia em um plano de implantação em três fases e quer o seu retorno sobre quais são os três dos nove pontos que têm maior importância e, portanto, devem ser o foco da fase inicial de implantação. Selecione os três que você acha que atenderão esse critério e prepare um caso para cada uma das suas seleções.

3.2 Você acabou de aceitar o cargo de CIO na Holiday Inn. Como seu primeiro ato oficial, o presidente lhe pediu para avaliar as operações de computador da corporação (consulte a Figura 3.1) e lhe enviar sua recomendação, se deve permanecer na situação atual (ou seja, uma arquitetura de SI centralizada), migrar para uma arquitetura distribuída, ou criar uma solução híbrida, usando aspectos das duas arquiteturas gerais. Escolha sua posição e prepare um caso para apresentação na próxima reunião da equipe.

3.3 A Internet, se vista por um ponto de vista cliente/servidor global, geralmente consiste em servidores Web e seus bancos de dados associados, além de outros repositórios de dados no lado do servidor e diversas aplicações de navegador Web e plug-ins associados no lado do cliente. Um sistema desse tipo é mais bem descrito como processamento de aplicações distribuídas verticalmente, processamento de aplicações distribuídas horizontalmente ou alguma mistura dessas duas caracterizações?

3.4 Quantas conexões diretas são necessárias para conectar *n* computadores? (*Dica:* Conte o número de "extremidades" das conexões e divida por 2.) Suponha que você tenha um computador em cada um dos 50 estados dos norte-americanos; de quantas conexões diretas você precisaria?

3.5 Embora muitos sistemas sejam considerados centralizados, como um mainframe da empresa realizando funções financeiras, existem cada vez menos "terminais burros" acessando o mainframe. Em vez disso, são usados programas de emulação de terminal. A família de sistemas operacionais Windows tem um programa como esse embutido. Como ele se chama?

3.6 Este capítulo descreve vários componentes e vantagens de um sistema totalmente centralizado. Quais seriam algumas das principais desvantagens de um sistema como esse?

3.7 Este capítulo descreve o "software de prateleira" e a "programação do usuário final" como tipos de aplicações. Discuta o que significam esses termos e mostre alguns exemplos de cada um.

3.8 Na arquitetura cliente/servidor, o que significa o termo "servidor"?

3.9 Dois centros de dados usados para autorização de crédito do varejo estão localizados em dois importantes centros populacionais, que estão separados um do outro por uma grande zona de muito pouca população. Cada centro de dados pretende abranger uma área geográfica específica e, assim, contém dados que refletem o status de conta dos mantenedores de cartão nessa área (apenas). Os terminais para cada área estão conectados ao centro de dados correspondente. A comunicação entre os centros de dados ocorre apenas no caso de um mantenedor de cartão de uma área geográfica comprar em um estabelecimento de crédito de revenda da área geográfica coberta pelo outro centro de dados.

a. Classifique o relacionamento entre cada terminal e o centro de dados correspondente como cliente/servidor ou peer-to-peer.

b. Classifique o relacionamento entre os dois centros de dados como cliente/servidor ou peer-to-peer.

c. Classifique o banco de dados do sistema de crédito de revenda como particionado ou replicado.

d. Essa técnica de processamento de dados distribuído é adequada para o cenário descrito? Por que ou por que não?

e. Essa técnica seria adequada se os dois importantes centros populacionais estivessem próximos um do outro? Por que ou por que não?

3.10 Um sistema de terminal on-line implementado em um computador está sendo usado para atender a quatro cidades. Discuta como a disponibilidade geral do sistema poderia ser aumentada

a. reduzindo o escopo da falhas

b. reduzindo o impacto das falhas

3.11 A revenda é uma das primeiras áreas na adoção do processamento de dados distribuído. Em vez de centralizar os sistemas de ponto de vendas (POS – Point-Of-Sale), os revendedores empregam bancos de dados distribuídos, de modo que todos os seus sistemas de POS são locais, mas vinculados a um sistema central. Os preços para todas as mercadorias são determinados e mantidos no sistema central. A cada dia, antes que o comércio inicie, os preços relevantes são baixados para o sistema de POS em cada loja, replicando os dados do sistema central. Analise as vantagens econômicas da adoção do processamento de dados distribuído no setor de varejo.

3.12 Napster foi um sistema de troca de música famoso, que também oferecia muitos serviços complementares. Ele foi sentenciado a encerrar suas atividades devido à violação de direito autoral. O sistema funcionava da seguinte forma: o servidor Napster mantinha um banco de dados de todos os arquivos de música oferecidos pelos usuários participantes. Os usuários tinham de efetuar o login no servidor Napster e enviar a lista de arquivos que eles ofereciam. Cada usuário poderia, então, enviar solicitações de busca ao servidor Napster, a fim de receber uma lista dos usuários que oferecem arquivos correspondentes à pesquisa. O solicitante poderia, então, escolher um usuário dessa lista, estabelecer uma conexão direta com ele e solicitar um download do arquivo.

    a. Categorize o relacionamento entre o servidor Napster e os usuários do sistema como cliente/servidor ou peer-to-peer.

    b. Categorize o relacionamento entre os usuários do sistema como cliente/servidor ou peer-to-peer.

    c. Categorize o banco de dados de arquivos de música como centralizados, descentralizados ou distribuídos e analise as implicações econômicas sobre o sistema.

    d. Categorize o banco de dados contendo a lista de arquivos de música disponíveis como centralizado ou distribuído e analise suas implicações técnicas.

    e. Analise o relacionamento entre a arquitetura do sistema Napster e a vulnerabilidade do Napster contra ações legais.

3.13 Uma empresa empregará um sistema de vendas a crédito que fornecerá serviços a dez grandes centros populacionais. Um banco de dados será usado para armazenar informações do usuário e registrar transações de crédito. O departamento de TI está considerando duas opções:

    a. Um banco de dados centralizado, em que uma única cópia dos dados é armazenada em um centro de dados e usada a partir de todos os centros populacionais.

    b. Um banco de dados replicado, em que uma cópia dos dados é armazenada em vários centros de dados (um em cada centro poulacional) e todas as cópias dos dados são sincronizadas.

Estabeleça alguns critérios para decidir qual tipo de banco de dados deve ser usado para esse projeto.

ESTUDO DE CASO I: MasterCard International

Um exemplo de uma arquitetura cliente/servidor é aquela usada pela MasterCard International [HIGG03, STEI02b]. A instalação de computador da empresa autoriza, libera e estabelece cada transação de cartão de crédito em tempo real enquanto o cartão de crédito do comprador é usado. O sistema cliente/servidor une 25.000 bancos associados com o maciço data warehouse da MasterCard, que ajuda a gigante do cartão de crédito e seus bancos clientes a tomarem decisões de negócios mais eficazes. A MasterCard converteu os 50 terabytes (TB)[1] de dados de transação e financeiros para um engine de inteligência de negócios para uso por bancos e funcionários da MasterCard.

O planejamento para o data warehouse começou em meados da década de 1990. É interessante que o pessoal da TI (Tecnologia da Informação) não sentiu a necessidade de apresentar um caso de negócios detalhado para a gerência superior desse projeto importante. Em vez disso, o data warehouse foi apresentado como uma mudança estratégica para dar à MasterCard uma margem competitiva. Especificamente, a MasterCard queria melhorar sua fatia do mercado. Na época, a MasterCard era responsável por cerca de 25% das cobranças pelos bens vendidos no mundo inteiro com cartões de crédito, e a Visa era responsável por 50%. Hoje, essa fatia de mercado está mais perto de um terço, e continua crescendo.

As instituições financeiras que utilizam a MasterCard contam com o histórico das transações de cartão de crédito para fornecer informações ao marketing direcionado e ao planejamento de negócios. Por exemplo, um banco que emite cartões de crédito poderia observar um grande volume de cobranças para vôos de uma linha aérea específica. O banco pode usar essa informação para negociar um acordo com a companhia aérea no sentido de fornecer ofertas especiais e incentivos aos proprietários de cartão.

A empresa utiliza uma combinação de ferramentas analíticas para identificar tendências de compras, fraude de cartão de crédito e outras informações úteis. A empresa pode correlacionar e analisar transações para determinar o interesse de um consumidor ou detectar anomalias que indicam que um cartão foi roubado. A MasterCard oferece aos clientes de banco acesso a essas ferramentas, bem como relatórios personalizados.

Entre as aplicações de assinatura fornecidas pela MasterCard está o pacote Business Performance Intelligence de ferramentas de relatório operacionais. Esse pacote inclui cerca de 70 relatórios-padrão que permitem seus associados analisarem transações a cada dia, semana ou mês e compararem os resultados com diferentes partes do país, outras partes do mundo ou grupos predefinidos de bancos semelhantes. Por exemplo, um banco-membro descobriu que tinha uma taxa desproporcionalmente alta de transações desfeitas. Isso não era por causa de qualquer análise do crédito do cliente, mas porque os sistemas do banco simplesmente esgotavam seu tempo limite.

[1] Veja, no Apêndice 1A, uma explicação sobre os prefixos numéricos, como *tera* e *giga*.

Outra ferramenta popular é o MarketScope, que ajuda os bancos a monitorar, analisar e desenvolver campanhas para aumentar o uso de seus cartões. Por exemplo, um emissor de cartão em Nova York poderia usar os dados para ver quantos usuários gastaram US$25 ou mais em janeiro e fevereiro com produtos de esporte nas lojas Wal-Mart. Depois, ele poderia propor à Wal-Mart uma campanha de marketing por correspondência antes da abertura da temporada de beisebol, ligada aos que mais gastam, com uma afinidade com os New York Mets ou Yankees.

A configuração é mostrada em termos gerais na Figura 1.1. Uma operação cliente/servidor prossegue da seguinte maneira:

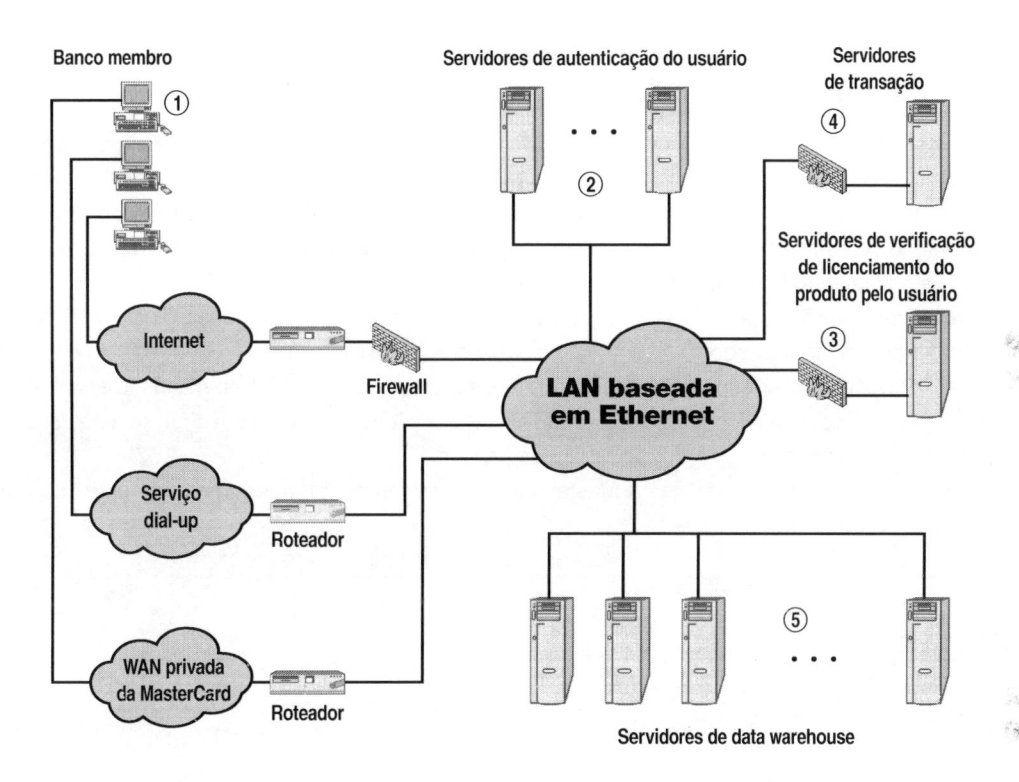

Figura I.1   Arquitetura cliente/servidor da MasterCard.

1. O banco-membro se conecta à instalação da MasterCard, conhecida como MasterCard Online. Isso pode ser por Internet, por meio de um serviço de acesso dial-up privado ou por meio de uma rede remota privada, como uma rede Frame Relay. No caso do acesso à Internet, todo o tráfego precisa passar por um firewall, que garante que o tráfego indesejado será bloqueado.
2. O usuário se autentica com a MasterCard Online. Um grupo de servidores dedicados recebe a tarefa de autenticar toda solicitação de transação que chega a fim de garantir que o usuário tenha permissão para usar a instalação e para especificar o nível de privilégio do usuário.
3. A MasterCard Online verifica o licenciamento de produto pelo usuário. Isso tem a ver com quais ferramentas de software da empresa o banco cliente é capaz de usar.
4. A solicitação do usuário é encaminhada a um servidor de operações, que invoca o software de aplicação apropriado para essa transação. A aplicação traduz a solicitação em solicitações e atualizações de banco de dados correspondentes.
5. O servidor de operações encaminha uma solicitação de transação para o data warehouse, que processa a solicitação e retorna uma resposta ao usuário-membro.

A MasterCard continua a expandir o tamanho do banco de dados e seu conjunto de ferramentas. O objetivo é incluir cada transação tratada pelos membros por um período de três anos, capturando o valor em dólares, o número do cartão, o local e o comerciante em cada instante. Mas é o conjunto de aplicações fornecidas aos membros que é crucial para obter vantagem competitiva. A MasterCard procura ser favorecida pelos gerentes de portfólio e bancos associados, que decidem se devem usar Visa ou MasterCard. Se as ferramentas on-line ajudarem esses gerentes a analisar melhor a lucratividade dos cartões em sua pasta e obter mais clientes e volume de transações mais rapidamente, então, a MasterCard se beneficia. Para se manter à frente da Visa, o departamento de TI da MasterCard possui 35 desenvolvedores em tempo integral, encarregados de criar novas ferramentas para fornecer aos bancos. Os desenvolvedores também trabalham com os bancos para criar relatórios personalizados repetíveis que possam focalizar qualquer aspecto da autorização de um cartão ou transação, incluindo reembolso de valores em disputa e fraude.

Pontos de discussão

1. Os gerentes de TI responsáveis pela venda do conceito de data warehouse à gerência superior dizem que seria muito mais difícil produzir o caso no clima atual de redução de recursos para TI, pois a maioria das organizações está tentando cortar custos, em vez de lançar novas iniciativas. Discuta a abordagem que o departamento de TI precisaria usar na apresentação de um caso de negócios para um data warehouse com ferramentas de aplicação como a da MasterCard International.
2. A MasterCard torna suas ferramentas disponíveis a todos os seus bancos associados. [STEI02b] indica que essas ferramentas provavelmente serão atraentes para bancos estaduais e regionais. Grandes bancos nacionais e internacionais provavelmente desenvolveram e usam suas próprias ferramentas analíticas. Discuta as implicações disso em termos do marketing dos serviços de TI da MasterCard. Inclua em sua análise uma consideração sobre o que a MasterCard pode oferecer aos grandes bancos.
3. Proponha aplicações ou ferramentas que a MasterCard poderia fornecer e que seriam atraentes para os bancos-membros.

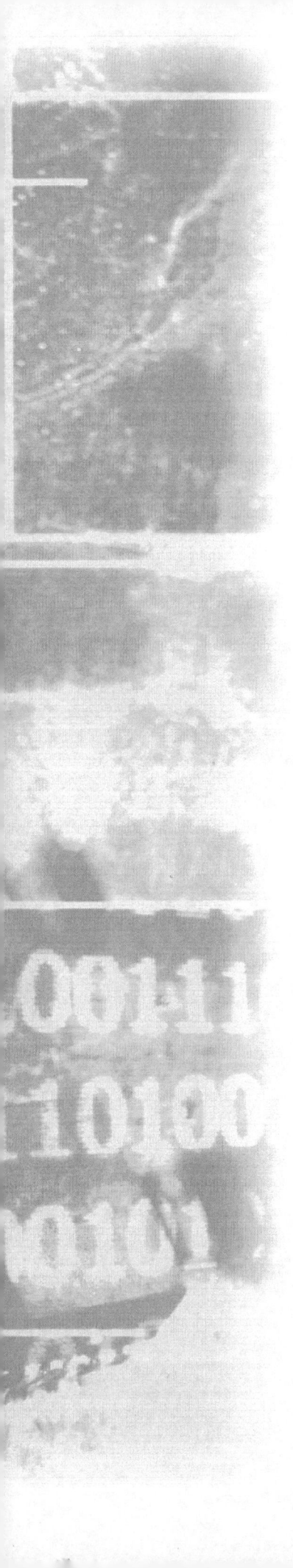

Parte Dois

A Internet e aplicações distribuídas

A Parte Dois apresenta uma visão geral da Internet e dos protocolos básicos que são o seu alicerce. Esta parte examina os serviços percebidos pelos usuários finais, incluindo aplicações distribuídas baseadas na Internet e suporte cliente/servidor. Finalmente, a Parte Dois analisa alguns dos detalhes de operação da Internet.

MAPA DA PARTE DOIS

CAPÍTULO 4
História e arquitetura da Internet

O Capítulo 4 oferece uma visão geral da Internet. O capítulo começa com uma rápida história da Internet, e depois examina os seus principais componentes e o modo como são organizados e como interagem. O capítulo também discute o conceito importante de domínios da Internet.

CAPÍTULO 5
TCP/IP e OSI

As comunicações de rede de dados e as aplicações distribuídas contam com o software de comunicações básico, que é independente das aplicações e alivia a aplicação de grande parte do peso da troca confiável de dados. Esse software de comunicações é organizado em uma arquitetura de protocolos, sendo que a mais importante delas é o conjunto de protocolos TCP/IP. O Capítulo 5 apresenta o conceito de uma arquitetura de protocolo e oferece uma visão geral do TCP/IP. Depois, o conceito de inter-redes e o uso do TCP/IP para realizar a inter-rede é discutido.

Capítulo 6
Aplicações baseadas na Internet

A gama de aplicações admitidas pelas instalações de comunicação de dados é ampla. No Capítulo 6, examinamos algumas aplicações distribuídas que são bastante utilizadas na empresa. Elas incluem correio eletrônico, acesso à Web usando HTTP e Internet Telephony usando SIP. Todas essas áreas exigem o uso das tecnologias de comunicações e rede, e cada uma é importante na melhoria do desempenho, da eficiência e competitividade de uma empresa.

Capítulo 7
Computação cliente/servidor e intranet

Um tratamento mais geral das aplicações distribuídas pode ser visto no Capítulo 7, que lida com a computação cliente/servidor e com intranets. O enfoque cliente/servidor oferece uma arquitetura para dar suporte a aplicações distribuídas, que é uma combinação ideal para o ambiente de negócios de hoje, dominado pelo PC. Uma intranet é uma facilidade no estilo da Internet que utiliza suas tecnologias para oferecer uma base cliente/servidor. Uma extranet estende essas facilidades baseadas em Internet aos parceiros de negócios, como clientes e fornecedores.

Capítulo 8
Operação da Internet

O Capítulo 8 continua a discussão sobre tecnologia TCP/IP, iniciada nos Capítulos 4 e 5, examinando a questão crítica de endereçamento na Internet e as questões relacionadas ao roteamento. O restante do capítulo examina os esforços recentes para oferecer determinado nível de qualidade de serviço (QoS) a várias aplicações, com ênfase na área de serviços diferenciados.

Capítulo 4

História e arquitetura da Internet

4.1 História da Internet
4.2 Arquitetura da Internet
4.3 Domínios da Internet
4.4 Resumo
4.5 Leitura e Web sites recomendados
4.6 Principais termos, perguntas para revisão e problemas

OBJETIVOS DO CAPÍTULO

Depois de ler este capítulo, você deverá ser capaz de

- Analisar a história da Internet e explicar seu crescimento explosivo.
- Descrever a arquitetura geral da Internet e seus principais componentes, incluindo ISPs, POPs e NAPs.
- Explicar os domínios da Internet e os nomes de domínio.
- Discutir a operação do Domain Name System.

4.1 HISTÓRIA DA INTERNET

O princípio

A Internet evoluiu a partir da ARPANET, que foi desenvolvida em 1969 pela Advanced Research Projects Agency (ARPA) do Departamento de Defesa dos Estados Unidos. Ela foi a primeira rede operacional de comutação de pacotes. A ARPANET iniciou suas operações em quatro locais. Hoje, o número de hosts está na ordem de centenas de milhões, o número de usuários em bilhões e o número de países participantes chegando perto de 200. O número de conexões com a Internet continua a crescer espantosamente (Figura 4.1).

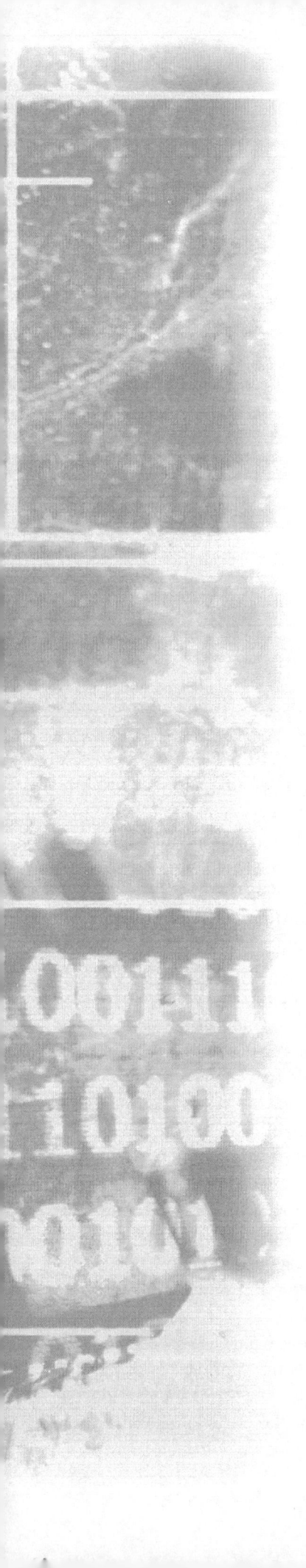

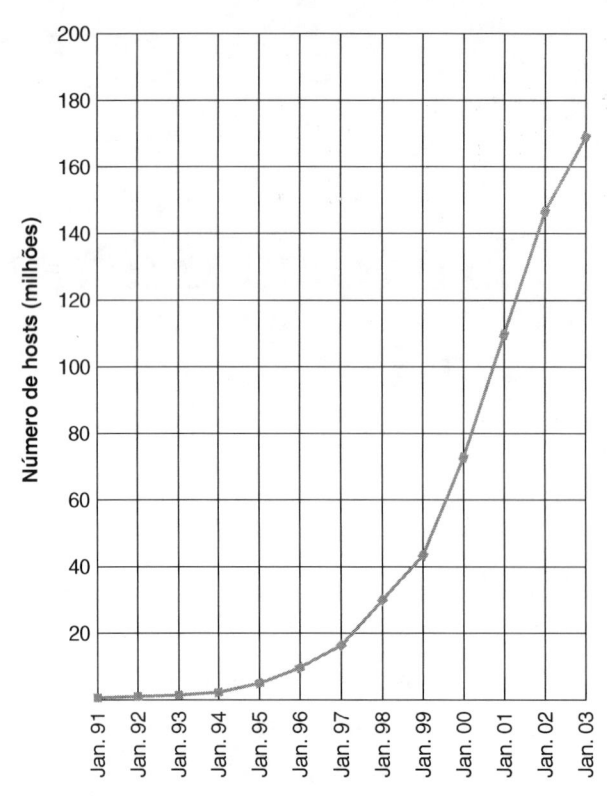

FIGURA 4.1 Número de hosts da Internet.
Fonte: Internet Software Consortium (http://www.isc.org).

A ARPANET utilizava a nova tecnologia de comutação de pacotes, com vantagens oferecidas em relação à comutação de circuitos, ambas introduzidas rapidamente na seção 1.6.

Tradicionalmente, os dois principais paradigmas para as comunicações eletrônicas eram comutação de circuitos (basicamente, comunicação por voz; ver Capítulo 12) e comutação de mensagens (telégrafo e Telex). Na **comutação de circuitos** (Figura 4.2), quando a origem S se comunica com o destino T por uma rede, um caminho dedicado de facilidades de transmissão se estabelece (por exemplo, S, A, C, E, T) conectando S a T. Todas essas facilidades se mantêm durante a "chamada". Mais especificamente, havendo tréguas durante a conversa, o caminho das facilidades ficaria sem uso durante esses períodos. Por outro lado, depois que se estabelece a conexão, existe um atraso mínimo pela rede. Além do mais, quando a "chamada" se estabelece, a rede basicamente poderia ser passiva. Como a comutação normalmente era eletromecânica, esse era um fator importante.

Na **comutação de mensagens** (Figura 4.2), uma mensagem é enviada de S para T em estágios. Em primeiro lugar, a facilidade de transmissão de S para A poderia ser apanhada, e a mensagem transmitida de S para A, onde seria armazenada temporariamente. Nesse ponto, o canal de S para A é liberado. Depois, um canal de A para C é acessado e a mensagem é enviada para C, e assim por diante. Nesse caso, utilizam-se os canais de transmissão apenas quando necessários, não sendo desperdiçados quando não são necessários. Para compensar essa transmissão mais eficiente, o atraso pode ser substancial e bastante variável. As mensagens eram armazenadas freqüentemente em cada local intermediário em processadores periféricos lentos, como discos, tambores magnéticos ou, nos primeiros dias, em fitas de papel perfuradas. Esses periféricos são lentos. Além do mais, toda vez que a mensagem era transmitida, havia um tempo de transmissão igual ao tamanho da mensagem dividido pela taxa de dados do canal. Mensagens muito longas ocasionariam atrasos muito longos em cada salto. Haveria um atraso assim para cada salto no caminho que conecta a origem ao destino. Assim, o atraso devido às transmissões variariam muito, dependendo do tamanho da mensagem e do número de saltos no caminho que conecta a origem ao destino.

A **comutação de pacotes** é um caso especial de comutação de mensagens, com propriedades especiais. Em primeiro lugar, a unidade de dados transmitidos, o pacote, é limitada em tamanho. Se uma mensagem for maior do que o tamanho máximo do pacote, ela é des-

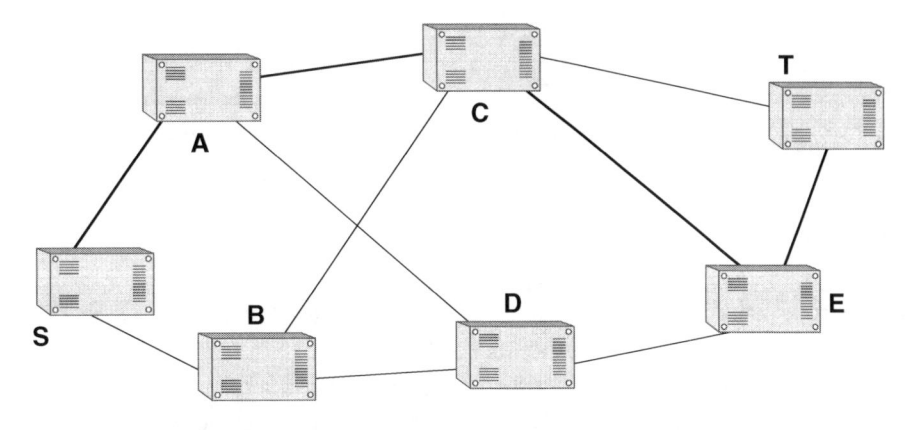

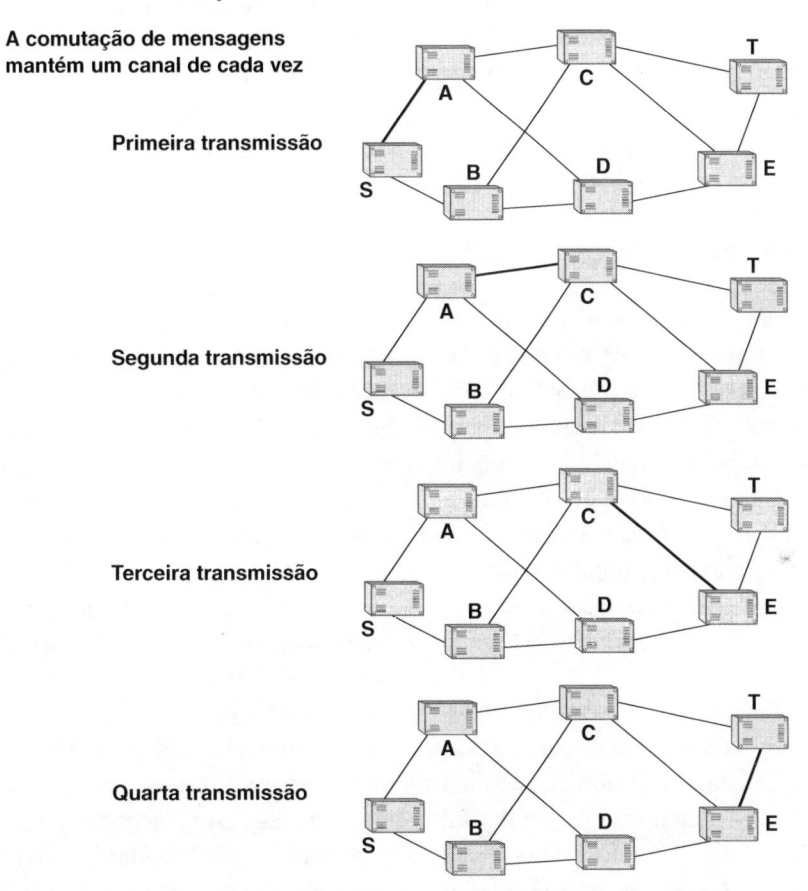

FIGURA 4.2 Comutação de circuitos *versus* comutação de mensagens.

membrada em uma série de pacotes. Segundo, quando os pacotes são passados de um comutador para outro, eles são armazenados na memória de acesso aleatório (RAM) de alta velocidade, em vez de periféricos mais lentos, normalmente usados nos sistemas de comutação de mensagens. A comutação de pacotes possui diversas vantagens óbvias em comparação com a comutação de mensagens. O atraso é muito menor. O atraso do primeiro pacote a chegar é apenas o tempo de transmissão do primeiro pacote vezes o número de saltos no caminho utilizado. Os pacotes seguintes seguem em seqüência imediatamente atrás. Se canais de alta velocidade forem usados, o atraso, mesmo atravessando os Estados Unidos, é de algumas centenas de milissegundos. A ARPANET usava enlaces de 50kbps. Assim, para um caminho com 5 ou menos saltos e um tamanho de pacote inferior a 1.000 bytes, o tempo de transmissão é menor que $1.000 \times 8/50.000 = 0,16$ segundos. Ao mesmo tempo, os canais são usados de forma tão eficiente quanto a comutação de mensagens.

A tecnologia da ARPANET proporcionou outras novas vantagens, conforme apresentaremos nos parágrafos a seguir.

Quando a comutação de circuitos é usada para transmissão de dados, as taxas de dados do dispositivo transmissor e do dispositivo receptor precisam ser iguais. Com a comutação de pacotes, isso não é necessário. Um pacote pode ser enviado na taxa de dados do dispositivo transmissor para a rede, trafegar pela rede em diversas velocidades de dados diferentes, normalmente maiores do que a velocidade do transmissor, e depois ser convertido para a velocidade de dados que o receptor estava esperando. A rede de comutação de pacotes e suas interfaces podem colocar dados de backup em buffer para fazer a conversão de uma velocidade maior para uma menor possível. Não eram apenas as velocidades de dados diferentes que tornavam as interconexões difíceis no momento da invenção da ARPANET; a completa falta de padrões abertos de comunicação tornava muito difícil a comunicação entre um computador montado por um fabricante e um computador montado por outro. Portanto, uma parte fundamental do esforço da ARPANET era o desenvolvimento de protocolos padronizados de comunicação e aplicação, conforme discutimos a seguir. De interesse particular para seus patrocinadores militares, a ARPANET também ofereceu roteamento adaptativo. Cada pacote, individualmente, era roteado para o seu destino por qualquer rota que parecesse mais rápida no momento de sua transmissão. Assim, se partes da rede ficassem congestionadas ou falhavam, os pacotes seriam roteados em torno dos obstáculos.

Algumas das primeiras aplicações desenvolvidas para a ARPANET também ofereciam nova funcionalidade. As duas primeiras aplicações importantes foram Telnet e FTP. Telnet oferecia uma linguagem universal para terminais de computador remotos. Quando a ARPANET foi introduzida, cada sistema de computador diferente admitia um terminal diferente. A aplicação Telnet forneceu um denominador comum. Se o software fosse escrito para cada tipo de computador para dar suporte ao "terminal Telnet", então um terminal poderia interagir com todos os tipos de computador. O File Transfer Protocol (FTP) ofereceu uma funcionalidade aberta semelhante. O FTP permitiu a transferência transparente de arquivos de um computador para outro pela rede. Isso não é tão trivial quanto pode parecer, pois vários computadores possuíam diferentes tamanhos de palavras, armazenavam seus bits em diferentes ordens e usavam formatos diversos de palavras. No entanto, a primeira "aplicação quente" para a ARPANET foi o correio eletrônico. Antes da ARPANET, havia sistemas de correio eletrônico, mas todos eles eram para um único sistema de computador. Em 1972, Ray Tomlinson, da Bolt Beranek and Newman (BBN), escreveu o primeiro sistema para fornecer serviço de correio distribuído por uma rede de computadores usando vários computadores. Em 1973, um estudo da ARPA descobriu que três quartos de todo o tráfego da ARPANET eram por correio eletrônico [HAFN96].

A rede foi a tal ponto bem-sucedida que a ARPA aplicou a mesma tecnologia de comutação de pacotes à comunicação tática por rádio (rádio de pacotes) e à comunicação por satélite (SATNET). Como as três redes operavam em ambientes de comunicação muito diferentes, os valores apropriados para certos parâmetros, como tamanho máximo de pacote, eram diferentes em cada caso. Confrontados com o dilema de integrar essas redes, Vint Cerf e Bob Kahn, da ARPA, começaram a desenvolver métodos e protocolos para *interligação de redes*; ou seja, a comunicação por redes de comutação de pacotes arbitrárias e múltiplas. Eles publicaram um artigo bastante influente em maio de 1974 [CERF74], esboçando sua técnica para um Transmission Control Protocol. A proposta foi refinada e os detalhes preenchidos pela comunidade da ARPANET, com contribuições importantes de participantes das redes européias, como Cyclades (França) e EIN, por fim levando aos protocolos TCP (Transmission Control Protocol) e IP (Internet Protocol) que, por sua vez, formaram a base para o que finalmente se tornou o conjunto de protocolos TCP/IP. Isso forneceu o alicerce para a Internet. Em 1982-1983, a ARPANET converteu-se do protocolo NCP original para o TCP/IP. Muitas redes, então, foram conectadas por meio dessa tecnologia no mundo inteiro. Apesar disso, o uso da ARPANET geralmente era restrito a contratantes da ARPA.

A década de 1980 viu a ampla divulgação das redes locais (LANs), computadores pessoais (PCs) e estações de trabalho. Muitos destes foram conectados à Internet, resultando na expansão em grande escala. À medida que a escala da Internet aumentava, novas inovações foram exigidas para atender novos desafios. Originalmente, os hosts recebiam endereços numéricos, mas estes rapidamente se tornaram incômodos. O Domain Name System (DNS) foi inventado para que os hosts pudessem receber nomes mais fáceis de lembrar, com o DNS fornecendo uma tradução de nomes de domínio para endereços numéricos. Novos algoritmos de roteamento também foram inventados para lidar com a complexidade cada vez maior das muitas redes conectadas.

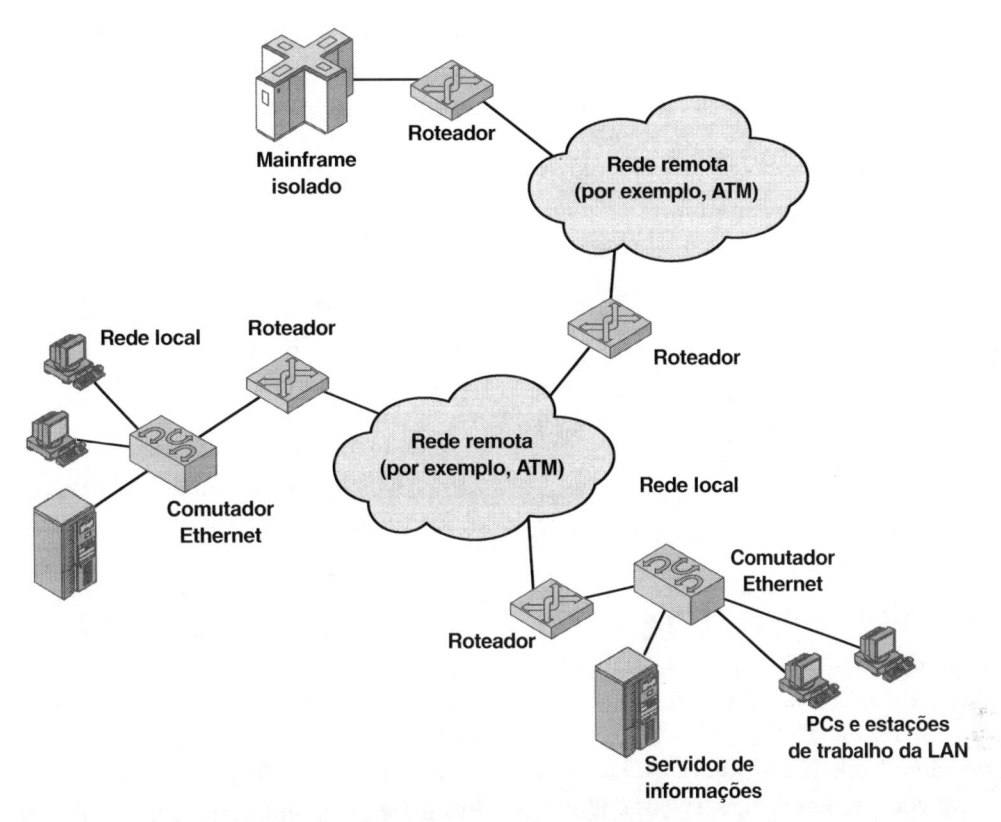

FIGURA 4.3 Elementos principais da Internet.

A Figura 4.3 ilustra os principais elementos que compreendem a Internet. A finalidade da Internet, naturalmente, é interconectar sistemas finais, chamados **hosts**; estes incluem PCs, estações de trabalho, servidores, mainframes e assim por diante. A maioria dos hosts que utilizam a Internet está conectada a uma **rede**, como uma rede local (LAN) ou uma rede remota (WAN). Essas redes, por sua vez, são conectadas por **roteadores**. Cada roteador se conecta a duas ou mais redes. Alguns hosts, como mainframes ou servidores, se conectam diretamente a um roteador, e não por meio de uma rede.

Basicamente, a Internet opera da seguinte maneira. Um host pode enviar dados para outro host em qualquer lugar na Internet. O host de origem divide os dados a serem enviados em uma seqüência de pacotes, chamados **datagramas IP**, ou **pacotes IP**. Cada pacote inclui um endereço numérico exclusivo para o host de destino. Esse endereço é denominado **endereço IP**, pois o endereço é transportado em um pacote IP. Com base nesse endereço de destino, cada pacote atravessa uma série de roteadores e redes da origem ao destino. Cada roteador, quando recebe um pacote, toma uma decisão de roteamento e direciona o pacote pelo seu caminho até o destino. Falaremos mais sobre esse processo no Capítulo 5.

National Science Foundation assume uma função

Em 1985, a National Science Foundation (NSF) dos Estados Unidos anunciou planos para estabelecer o NSFNET a fim de atender as universidades dos Estados Unidos. A NSF também concordou em fornecer o backbone para o serviço de Internet dos Estados Unidos. Ao cabo de três anos, o backbone NSFNET foi implementado, atendendo o tráfego na velocidade T-1 (1,544Mbps). Essa versão da Internet, porém, excluía "finalidades que não fossem o suporte à pesquisa e educação"; essa finalidade foi codificada em uma *política de uso aceitável*, o que limitou a exploração comercial da Internet. Por fim, a NSF ofereceu interconexão por seu backbone para redes de comutação de pacotes em todo o país.

A NSF estendeu o suporte para outros grupos de pesquisa de ciência de computação com a CSNET em 1980-1981; em 1986, a NSF estendeu o suporte de Internet a todas as disciplinas da comunidade de pesquisa em geral com o backbone NSFNET. Em 1990, a ARPANET foi encerrada.

A NSF foi responsável por muitas das decisões de política que levaram à Internet moderna. Um dos principais objetivos da fundação foi estabelecer uma infra-estrutura de rede remota que não fosse patrocinada diretamente pelo governo federal. Para esse fim, a fundação encorajou as redes regionais que fizeram parte da NSFNET a expandir suas instalações para clientes comerciais. A NSF também ajudou a padronizar o uso de muitas tecnologias a que estamos acostumados, como TCP/IP. A fundação também padronizou os requisitos para gateways da Internet para garantir a interoperabilidade entre as partes da Internet.

As políticas da NSF encorajaram a concorrência deliberadamente e, em 1995, a Internet passou a ser "privada" à medida que a função do backbone NSFNET passou a ser controlado por redes privadas de longa distância. Desse ponto em diante, a Internet se tornou aberta à atividade comercial praticamente ilimitada.

Pontos de interconexão da Internet

Em 1991, a General Atomics, que operava a CERFnet (rede regional da Califórnia); a Performance Systems International, operando a PSINet (ramo comercial da rede regional de Nova York, NYSERnet); e a UUNET Technologies, provedor comercial de serviços de Internet proprietário da Alternet, ofereciam quase todos os serviços TCP/IP comerciais nos Estados Unidos. Em suas próprias redes, como eles não usavam o backbone da NSF, não estavam sujeitos à Política de Uso Aceitável da NSF. Entretanto, para se comunicar entre suas redes, eles estavam usando o backbone da NSF, o que os arrastou para a mesma política. Para contornar esse problema, eles formaram a Commercial Information Interchange (CIX). Originalmente, esse era um mecanismo para as redes dos três fundadores trocarem o tráfego transportado em suas redes em um roteador da Costa Oeste, e para que os clientes em cada rede tivessem acesso aos clientes nas redes dos outros sem custo adicional. À medida que outros provedores entraram no mercado, eles também acharam o conceito útil e se juntaram ao mecanismo de troca. Em 1996, a CIX tinha 147 redes-membros. Uma característica da CIX é que não existem *pagamentos*, ou seja, nenhuma taxa baseada em tráfego para uso do mecanismo de troca. Um ponto de interconexão semelhante foi formado em 1994 na Inglaterra, a London Internet Exchange (LINX); em 1996, ela tinha 24 redes-membros. Também em 1991, o governo dos Estados Unidos anunciou que não mais subsidiaria a Internet depois de 1995. Como parte do plano de privatização, o governo implantou pontos de interconexão denominados pontos de acesso de rede. Havia também centrais de troca em áreas metropolitanas, MAE East e MAE West. Depois que o governo dos Estados Unidos privatizou o backbone nacional em 1995, a atividade comercial começou a dominar.

A World Wide Web

Na primavera de 1989, no CERN (European Laboratory for Particle Physics), Tim Berners-Lee propôs a idéia de uma tecnologia de hipermídia distribuída para facilitar a troca internacional de descobertas de pesquisa usando a Internet. Dois anos depois, um protótipo da World Wide Web (WWW ou Web, para abreviar) foi desenvolvido no CERN, usando o computador NeXT como plataforma. Ao final de 1991, o CERN lançou um *navegador* ou leitor orientado para texto a uma população limitada. O crescimento explosivo da tecnologia veio com o desenvolvimento do primeiro navegador orientado graficamente, o *Mosaic*, desenvolvido no NCSA Center da Universidade do Illinois por Mark Andreasson e outros em 1993. Dois milhões de cópias do Mosaic foram distribuídas pela Internet. Hoje, os endereços característicos da Web, os URLs (Uniform Resource Locators), estão por toda a parte. Não se consegue ler um jornal ou assistir à televisão sem avistar esses endereços em todo lugar.

A Web é um sistema que consiste em uma coleção internacionalmente distribuída de *arquivos de multimídia* com suporte de clientes (usuários) e servidores (provedores de informação). Cada arquivo é endereçado de uma maneira coerente por meio do seu URL. Os arquivos dos provedores são vistos pelos clientes usando *navegadores* como Netscape Navigator ou Internet Explorer da Microsoft. A maioria dos navegadores possui tela gráfica e admite multimídia – texto, áudio, imagem, vídeo. O usuário pode passar de um arquivo para outro clicando com um mouse ou outro dispositivo apontador sobre os elementos de texto ou imagem especialmente destacados na tela do navegador; a transferência de um arquivo para o outro é chamada de *hiperlink*. O layout da tela do navegador é controlado pelo padrão *HyperText Markup Language* (HTML), que define comandos embutidos nos arquivos de texto que especificam recursos da tela do navegador, como fontes, cores, imagens e seu posicionamento na tela, e o local ou os locais onde o usuário pode invocar os hiperlinks e seus destinos. Outro recurso importante da Web é o Hypertext Transfer Protocol (HTTP), que é um protocolo de comunicações para uso nas redes TCP/IP para carregar os arquivos a partir dos servidores apropriados, conforme especificado pelos hiperlinks.

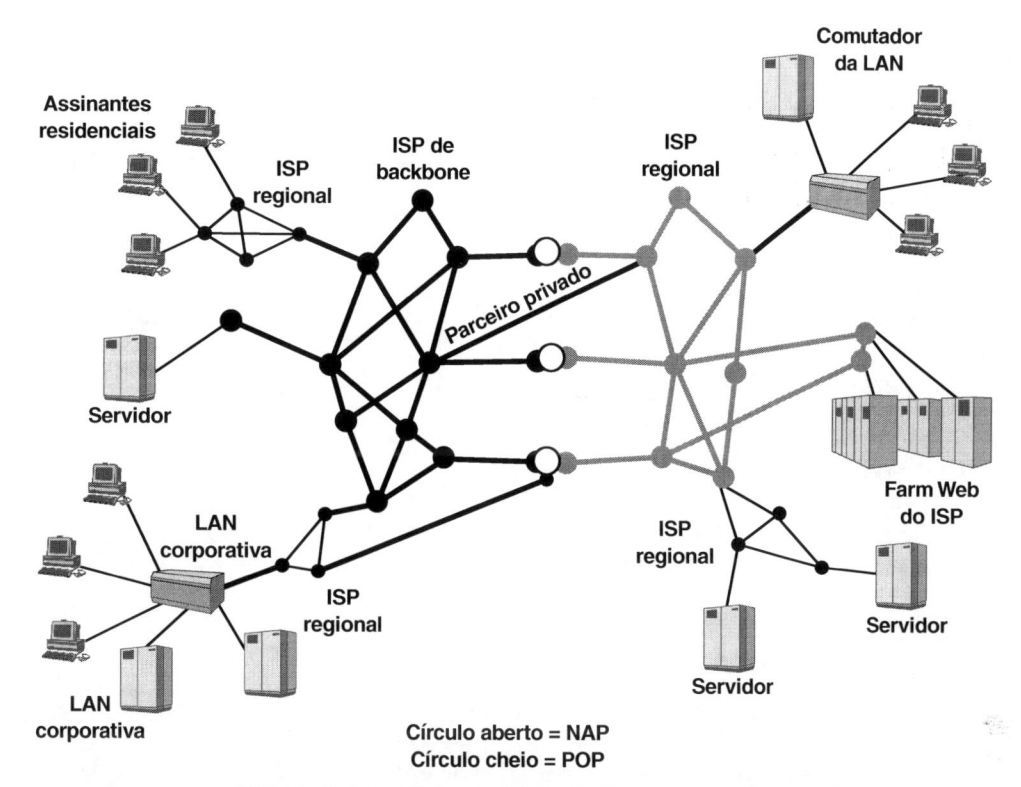

FIGURA 4.4 Visão simplificada de parte da Internet.

4.2 ARQUITETURA DA INTERNET

Como é a Internet de hoje

A Internet hoje é composta de milhares de redes hierárquicas superpostas. Por causa disso, não é prático tentar fazer uma descrição detalhada da arquitetura ou topologia exata da Internet. Contudo, podemos dar uma visão geral das características comuns e gerais. A Figura 4.4 ilustra esse tema e a Tabela 4.1 resume a terminologia.

Um elemento importante da Internet é o conjunto de hosts conectados a ela. Simplificando, um host é um computador. Hoje, os computadores vêm em muitas formas, incluindo telefones móveis e até mesmo carros. Todas essas formas podem ser hosts na Internet. Os hosts às vezes são agrupados em uma LAN. Essa é a configuração típica em um ambiente corporativo. Os hosts individuais e as LANs são conectados a um **Internet Service Provider (ISP)** por meio de um **ponto de presença (POP)**. A conexão é feita em uma série de etapas, começando com o **Customer Premises Equipment (CPE)**. O CPE é o equipamento de comunicações localizado no mesmo local do host.

Para o usuário doméstico típico, o CPE é um modem de 56K. Isso é perfeitamente adequado para correio eletrônico e serviços relacionados, mas não é ideal para a navegação Web com uso intenso de gráficos. As ofertas de CPE mais recentes oferecem maior capacidade e serviço garantido em alguns casos. Um exemplo dessas novas tecnologias de acesso inclui DSL, modem a cabo e satélite. Os usuários que se conectam à Internet no trabalho geralmente utilizam estações de trabalho ou PCs conectados às LANs das empresas onde trabalham, que, por sua vez, se conectam a um ISP por meio de troncos corporativos compartilhados. Nesses casos, o circuito compartilhado normalmente é uma conexão T-1 (1,544Mbps), enquanto, para organizações muito grandes, conexões T-3 (44,736) às vezes são encontradas. Como alternativa, a LAN de uma organização pode estar ligada a uma rede remota (WAN), como uma rede Frame Relay, que por sua vez se conecta a um ISP.

O CPE está conectado fisicamente ao "loop local" ou "última milha". Essa é a infra-estrutura entre a instalação de um provedor e a instalação onde o local host está localizado. Por exemplo, um usuário doméstico com um modem de 56K conecta o modem à linha telefônica. A linha telefônica normalmente é um par de fios de cobre que vai da casa até um **Central Office (CO)** pertencente e operado pela companhia telefônica. Nesse caso, o loop local é o par de fios de cobre ligando a casa ao CO. Se o usuário doméstico tiver um

Tabela 4.1 Terminologia da Internet

Central Office (CO)

O lugar onde as companhias telefônicas terminam as linhas do cliente e localizam o equipamento de comutação para interconectar essas linhas com outras redes.

Customer Premises Equipment (CPE)

Equipamento de telecomunicações localizado nas instalações do cliente (local físico), e não nas instalações do provedor, ou entre cliente e provedor. Aparelhos de telefone, modems, dispositivos de TV a cabo e roteadores DSL são alguns exemplos. Historicamente, esse termo se refere ao equipamento colocado na extremidade do cliente da linha telefônica e normalmente pertence à companhia telefônica. Hoje, quase todo equipamento de usuário final pode ser chamado de CPE e pode pertencer tanto ao cliente quanto ao provedor.

Internet Service Provider (ISP)

Uma empresa que oferece acesso ou presença na Internet a outras empresas ou indivíduos. Um ISP possui o equipamento e o acesso à linha de telecomunicação necessários para oferecer um POP na Internet para a área geográfica atendida. Os maiores ISPs possuem suas próprias linhas alugadas de alta velocidade, de modo que são menos dependentes dos provedores de telecomunicação e podem oferecer melhor atendimento aos seus clientes.

Network Access Point (NAP)

Nos Estados Unidos, um ponto de acesso à rede (NAP – Network Access Point) é um dos vários pontos de interconexão importantes da Internet que servem para unir todos os ISPs. Originalmente, quatro NAPs – em Nova York, Washington, D.C., Chicago e San Francisco – foram criados e ofereciam suporte da National Science Foundation como parte da transição da Internet original financiada pelo governo original dos Estados Unidos para uma Internet operada comercialmente. Desde então, diversos novos NAPs foram agregados,* incluindo o site "MAE West" da WorldCom em San Jose, Califórnia, e "Big East", da ICS Network Systems.

Os NAPs oferecem as principais instalações de comutação que atendem o público em geral. As empresas pedem para usar as instalações do NAP. Grande parte do tráfego da Internet é feito sem envolver NAPs, usando arranjos e interconexões de parceria dentro das regiões geográficas.

Network Service Provider (NSP)

Uma empresa que oferece serviços de backbone para um provedor de serviços da Internet (ISP). Normalmente, um ISP se conecta por meio de um ponto chamado Internet eXchange (IX) com um ISP regional que, por sua vez, se conecta a um backbone NSP.**

Point of Presence (POP)

Uma instalação que possui uma coleção de equipamentos de telecomunicação, e normalmente se refere às instalações do ISP ou da companhia telefônica. O POP de um ISP é a borda da rede do ISP; as conexões dos usuários são aceitas e autenticadas aqui. Um provedor de acesso à Internet pode operar vários POPs distribuídos por sua área de operação para aumentar as chances de seus assinantes poderem alcançar um POP por meio de uma ligação telefônica local. Os maiores ISPs nacionais possuem POPs em todo o país.

---

modem a cabo, o loop local será um cabo coaxial que vai da casa até as instalações da companhia de cabo. Os exemplos anteriores são bastante simplificados, mas são suficientes para esta discussão. Em muitos casos, os fios que saem de uma casa são agregados aos fios de outras casas e depois convertidos para um meio diferente, como fibra. Nesses casos, o termo *loop local* ainda se refere ao caminho da casa até o CO ou instalação da companhia de cabo. O provedor do loop local não é necessariamente o ISP. Em muitos casos, o provedor do loop local é a companhia telefônica, e o ISP é uma grande organização nacional de serviços. Entretanto, freqüentemente, o provedor do loop local também é o ISP.

---

*Nota do revisor técnico: No Brasil, NAPs originais foram criados no LNCC (Laboratório Nacional de Computação Científica) no Rio de Janeiro, e na Fapesp (Fundação de Amparo à Pesquisa do Estado de São Paulo). Ofereciam o suporte à conexão do backbone da RNP (Rede Nacional de Pesquisa) à Universidade de Maryland, próxima de Washington, e ao Fermi National Laboratory em Chicago.

** *Nota do revisor técnico*: No Brasil, os NSPs são os operadores de telecomunicações.

O ISP oferece acesso à sua rede maior por meio de um POP. Um POP é simplesmente uma facilidade para os clientes poderem se conectar à rede do ISP. A facilidade às vezes pertence ao ISP, mas normalmente o ISP aluga espaço na instalação da operadora que possui o loop local. Um POP pode ser tão simples quanto um banco de modems e um servidor de acesso instalado em um rack no CO. Os POPs normalmente estão espalhados pela área geográfica onde o provedor oferece serviço. O ISP atua como um gateway para a Internet, oferecendo muitos serviços importantes. Para a maioria dos usuários domésticos, o ISP oferece o endereço IP numérico exclusivo necessário para a comunicação com outros hosts da Internet. A maioria dos ISPs também oferece tradução de nome e outros serviços de rede essenciais. O serviço mais importante que um ISP oferece, porém, é o acesso a outras redes de ISP. O acesso é facilitado pelos acordos de parceria formais entre os provedores. O acesso físico pode ser implementado pela conexão de POPs de diferentes ISPs. Isso pode ser feito diretamente com uma conexão local se os POPs estiverem no mesmo local ou com linhas alugadas, quando os POPs não estão no mesmo local. Um mecanismo utilizado com mais freqüência é o **Network Acess Point (NAP)**.

Um NAP é uma instalação física que oferece a infra-estrutura para mover os dados entre as redes conectadas. Nos Estados Unidos, o plano de privatização da NSF exigiu a criação de quatro NAPs. Os NAPs foram montados e são operados pelo setor privado. A quantidade de NAPs cresceu significativamente no decorrer dos anos, e a tecnologia empregada passou de Fiber Distributed Data Interface (FDDI) e Ethernet para ATM e Gigabit Ethernet. A maioria dos NAPs hoje possui um núcleo ATM. As redes conectadas a um NAP pertencem e são operadas por **Network Service Provider (NSP)**. Um NSP também pode ser um ISP, mas isso nem sempre acontece. Os acordos de parceria são entre os NSPs e não incluem o operador do NAP. Os NSPs instalam roteadores no NAP e os conectam à infra-estrutura do NAP. O equipamento do NSP é responsável pelo roteamento, e a infra-estrutura do NAP oferece os caminhos de acesso físicos entre os roteadores.

Um pequeno exemplo hipotético pode ajudar a tornar o quadro mais claro. Nesse exemplo, existem duas empresas, uma chamada A, Inc. e outra chamada B, Inc., e ambas são NSPs. A, Inc. e B, Inc. possuem um acordo de parceria e ambos instalam roteadores nos dois NAPs, um localizado na costa leste dos Estados Unidos e outro na costa oeste. Há também duas outras empresas conhecidas como Y, Inc. e Z, Inc., e ambas são ISPs. Finalmente, existe um usuário doméstico chamado Bob e uma pequena empresa chamada Small, Inc.

A Small, Inc. possui quatro hosts conectados a uma LAN. Cada um dos quatro hosts pode se comunicar e compartilhar recursos com os outros três. A Small, Inc. gostaria de acessar um conjunto mais amplo de serviços, de modo que contratam o ISP Y, Inc. para uma conexão. A Small, Inc. instala um CPE para controlar uma linha T-1 alugada a um POP da Y, Inc. Quando o CPE é conectado, o software automaticamente atribui um endereço numérico a cada host da Small, Inc. Os hosts da Small, Inc. agora podem comunicar e compartilhar recursos com qualquer outro host conectado à rede do ISP. No outro lado do país, Bob decide contratar o ISP Z, Inc. Ele instala um modem em sua linha telefônica que discará para um POP da Z, Inc. Quando o modem é conectado, um endereço numérico é atribuído automaticamente ao seu computador doméstico. Seu computador agora pode se comunicar e compartilhar recursos com qualquer outro computador conectado à rede do ISP.

A máquina na casa de Bob e os hosts pertencentes à Small, Inc. ainda não podem se comunicar. Isso se torna possível quando seus respectivos ISPs contratam NSPs que possuem um acordo de parceria. Neste exemplo, o ISP Y, Inc. decide expandir sua cobertura de serviço para a costa oposta e contrata o NSP A, Inc. A, Inc. vende largura de banda em sua rede de alta velocidade de costa a costa. O ISP Z, Inc. também deseja expandir sua cobertura de serviços e contrata o NSP B, Inc. Assim como A, Inc., B, Inc. também vende largura de banda em uma rede de alta velocidade de costa a costa. Como A, Inc. e B, Inc. possuem um acordo de parceria e implementaram o acordo em dois NAPs, a máquina na casa de Bob e os hosts da Small, Inc. agora podem se comunicar e compartilhar recursos. Embora esse exemplo seja fictício, em princípio, a Internet é assim mesmo. As diferenças são que a Internet possui milhões de hosts e muitos milhares de redes usando dezenas de tecnologias de acesso, incluindo satélite, rádio, T-1 alugada e DSL.

Uso comercial da Internet

O uso comercial da Internet veio em estágios. No início, limitado pelas regras de acesso da ARPANET e, mais tarde, pela Política de Uso Aceitável, o uso comercial era limitado à pesquisa e desenvolvimento (P&D) ou a outras unidades técnicas usando "a Rede" para fins de pesquisa e educação, embora algumas atividades informativas, que poderiam ser consideradas marketing, fossem executadas sob o nome de pesquisa e educação. Quando a Internet foi privatizada em 1995, as primeiras aplicações eram principalmente informações de vendas e marketing e relações públicas. As transações de intercâmbio eletrônico de dados (EDI) para faturas e cobranças entre empresas, ou algo desse tipo, que foram projetadas originalmente para uso em redes remotas dedicadas e redes públicas comerciais, começaram a ser realizadas na Internet. As redes comerciais, especialmente a America Online, há muito tempo desempenham um papel de atendimento ao cliente, oferecendo serviços tipo BBS para lidar com problemas técnicos e de uso. Essas atividades foram gradualmente sendo estendidas para a Internet. No entanto, a atividade mais significativa é a das vendas diretas para as dezenas de milhões de usuários da Internet no mundo inteiro. A infra-estrutura inicial da Internet não admitia as transações on-line muito bem. Havia três limitações: falta de uma interface gráfica com o usuário fácil de usar, falta de segurança e falta de sistemas de pagamento eficazes. A interface mais popular e fácil de usar, a World Wide Web e seus navegadores, não era muito comum antes do início da década de 1990. Em suas primeiras aparições, havia muito pouco suporte para permitir que o navegador cliente submetesse informações (formulários) ao servidor. Além do mais, não havia muitas opções para pagamento de pedidos on-line, e todas as opções eram inseguras. Um método de pagamento óbvio é usar contas de cartão de crédito. Contudo, muitas pessoas não gostam de enviar números de cartão de crédito pela Internet, com razão, devido à falta de segurança. Por exemplo, se a informação de cartão de crédito não estiver criptografada, será muito fácil "escutá-la" nas comunicações da Internet. Além do mais, vários arquivos contendo números de cartão de crédito des clientes nos computadores dos comerciantes têm sido comprometidos. A facilidade para coletar e integrar informações sobre transações do cliente quando elas estão em formato eletrônico também gera problemas de privacidade para os clientes. Uma das áreas de aplicação mais quentes nos sistemas de informações financeiras é o "data mining", que normalmente envolve a coleta de grandes quantidades de informações de transação de cliente para melhorar o direcionamento dos esforços de marketing. Essas limitações foram resolvidas. Os navegadores de hoje admitem a comunicação segura com o servidor para o preenchimento de formulários e o fornecimento de informações de cartão de crédito.

4.3 DOMÍNIOS DA INTERNET

Nomes e endereços da Internet

Lembre-se, na seção 4.1, de que os dados atravessam a Internet na forma de pacotes, com cada pacote incluindo um endereço de destino numérico. Esses endereços são números binários de 32 bits. O endereço IP de 32 bits oferece um meio de identificar com exclusividade os dispositivos conectados à Internet. Esse endereço é interpretado como tendo dois componentes: um número de rede, que identifica uma rede na Internet, e um endereço de host, que identifica um host exclusivo nessa rede. O uso de endereços IP apresenta dois problemas:

1. Os roteadores traçam um caminho pela Internet com base no número da rede. Se cada roteador tivesse de manter uma tabela mestra que listasse cada rede e o caminho preferido para essa rede, o gerenciamento das tabelas seria complicado e demorado. Seria melhor agrupar as redes de modo que simplifique a função de roteamento.
2. O endereço de 32 bits normalmente é escrito como quatro números decimais, correspondendo aos quatro octetos do endereço. Esse esquema numérico é eficaz para o processamento do computador, mas não é conveniente para os usuários, que podem se lembrar com mais facilidade de nomes do que de endereços numéricos.

Esses problemas são resolvidos com o conceito de **domínio** e com o uso de **nomes de domínio**. Em termos gerais, um domínio refere-se a um grupo de hosts que estão sob o controle administrativo de uma única entidade, como uma empresa ou agência do governo. Os domínios são organizados hierarquicamente, de modo que determinado domínio pode consistir em diversos domínios subordinados. Os nomes são atribuídos a domínios e refletem essa organização hierárquica.

A Figura 4.5 mostra uma parte da árvore de nomes de domínio. No nível mais alto, está uma pequena quantidade de domínios que compreendem a Internet inteira. A Tabela 4.2 lista os domínios de alto nível atualmente definidos. O nome de cada nível subordinado é formado prefixando-se o nome subordinado ao nome do próximo nível mais alto. Por exemplo:

- edu é o domínio de instituições educacionais de nível superior.
- mit.edu é o domínio para o Massachusetts Institute of Technology (MIT).
- lcs.mit.edu é o domínio para o Laboratório de Ciência da Computação no MIT.

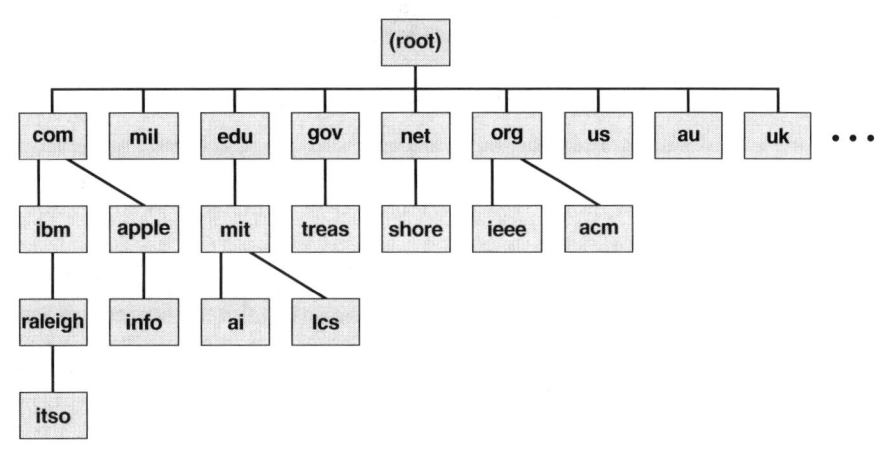

```
                              (root)
    ┌────┬────┬────┬────┬────┼────┬────┬────┬────┐
   com  mil  edu  gov  net  org  us   au   uk  ...
   ┌┴┐       │         │    ┌┴┐
  ibm apple mit      shore ieee acm
        │    │ │
     raleigh │ │
      info  ai lcs
       │
      itso              treas
```

FIGURA 4.5 Parte da árvore de domínios da Internet.

Ao descer pela árvore de nomes, você por fim chegará aos nós de folha que identificam hosts específicos na Internet. Esses hosts recebem endereços da Internet. Os nomes de domínio são atribuídos hierarquicamente de modo que cada nome de domínio seja exclusivo. No topo da hierarquia, a criação de novos nomes de nível mais alto e a atribuição de nomes e endereços são administradas pela Internet Corporation for Assigned Names and Numbers (ICANN). Na realidade, a atribuição real de endereços é delegada para os níveis inferiores da hierarquia. Assim, o domínio mil recebe um grande grupo de endereços. O Departamento de Defesa dos Estados Unidos (DoD), então, aloca partes desse espaço de endereços a várias organizações do DoD para posterior atribuição aos hosts.

Por exemplo, o host principal no MIT, com um nome de domínio mit.edu, possui quatro endereços IP: 18.7.21.77, 18.7.21.69, 18.7.21.70 e 18.7.21.110. O domínio subordinado lcs.mit.edu possui o endereço IP 18.26.0.36.

Tabela 4.2 Domínios da Internet de alto nível

Domínio	Conteúdo
com	Organizações comerciais
edu	Instituições educacionais
gov	Agências do governo federal
mil	Órgãos militares
net	Centros de suporte de rede, provedores de serviços da Internet e outras organizações relacionadas à rede
org	Organizações sem fins lucrativos
us	Agências do governo estadual e local dos Estados Unidos, escolas, bibliotecas e museus
código do país	Identificador de 2 letras padrão do ISO para domínios específicos de um país (por exemplo, au, br, ca, uk)
biz	Dedicado exclusivamente para empresas privadas
info	Uso irrestrito
name	Indivíduos, para endereços de e-mail e nomes de domínio personalizados
museum	Restrito a museus, organizações de museu e membros individuais de profissões no museu
coop	Organizações cooperativas pertencentes aos membros, como uniões de crédito
aero	Comunidade da aviação
pro	Profissões médicas, jurídicas e de contabilidade
arpa	Domínio temporário do ARPA (ainda usado)
int	Organizações internacionais

Domain Name System

O Domain Name System (DNS) é um serviço de pesquisa de diretório que oferece um mapeamento entre o nome de um host na Internet e seu endereço numérico. O DNS é fundamental para o funcionamento da Internet. Quatro elementos compreendem o DNS:

- **Espaço de nomes de domínio:** O DNS usa um espaço de nomes estruturado em árvore para identificar recursos na Internet.
- **Banco de dados DNS:** Conceitualmente, cada nó e folha na estrutura de árvore do espaço de nomes nomeia um conjunto de informações (por exemplo, endereço IP, servidor de nomes para esse nome de domínio etc.) que está contido em registros de recursos (RR). A coleção de todos os RRs é organizada em um banco de dados distribuído.
- **Servidores de nomes:** Estes são programas servidores que mantêm informações sobre uma parte da estrutura de árvore de nomes de domínio e os RRs associados.
- **Tradutores:** Estes são programas que extraem informações dos servidores de nomes em resposta às solicitações de cliente. Uma solicitação típica de cliente é questionar o endereço IP correspondente a determinado nome de domínio.

Já vimos os nomes de domínio. Os elementos de DNS restantes são discutidos ao longo desta subseção.

O banco de dados DNS O DNS é baseado em um banco de dados hierárquico que contém **registros de recursos (RRs)** incluindo o nome, o endereço IP e outras informações sobre hosts. Os principais recursos do banco de dados são os seguintes:

- **Hierarquia de profundidade variável para nomes:** O DNS permite níveis basicamente ilimitados e usa o ponto (.) como delimitador de nível nos nomes impressos, conforme descrito anteriormente.
- **Banco de dados distribuído:** O banco de dados reside nos servidores de DNS espalhados pela Internet.
- **Distribuição controlada pelo banco de dados:** O banco de dados de DNS é dividido em milhares de zonas gerenciadas separadamente, que, por sua vez, são gerenciadas por administradores separados. A distribuição e a atualização de registros são controladas pelo software de banco de dados.

Usando esse banco de dados, os servidores de DNS fornecem um serviço de diretório de tradução de nome para endereço às aplicações de rede que precisam localizar servidores específicos. Por exemplo, toda vez que uma mensagem de correio eletrônico é enviada ou uma página Web é acessada, deve haver uma pesquisa de nome de DNS para determinar o endereço IP do servidor de correio eletrônico ou do servidor Web.

Operação do DNS A operação do DNS normalmente inclui as seguintes etapas (Figura 4.6):

1. Um programa do usuário pergunta qual é o endereço IP para um nome de domínio.
2. Um módulo tradutor no host local ou no ISP local consulta um servidor de nomes local no mesmo domínio do tradutor.
3. O servidor de nomes local verifica se o nome está no seu banco de dados ou cache local e, se estiver, retorna o endereço IP ao solicitante. Caso contrário, o servidor de nomes consulta outros servidores de nomes disponíveis, se necessário indo até o servidor raiz, conforme explicaremos mais adiante.
4. Quando uma resposta é recebida no servidor de nomes local, ele armazena o mapeamento nome/endereço em seu cache local e pode manter essa entrada pelo tempo especificado no campo de tempo de vida do RR recuperado.
5. O programa do usuário recebe o endereço IP ou uma mensagem de erro.

O banco de dados DNS distribuído que dá suporte à funcionalidade de DNS precisa ser atualizado com freqüência, devido ao crescimento rápido e contínuo da Internet. Além do mais, o DNS precisa lidar com a atribuição dinâmica de endereços IP, como a que é feita para os usuários de DSL domésticos por seu ISP. Conseqüentemente, foram definidas funções de atualização dinâmica para o DNS. Basicamente, os servidores de nomes de DNS enviam atualizações para outros servidores de nomes relevantes, conforme as condições o permitam.

A hierarquia de servidores O banco de dados DNS é distribuído hierarquicamente, residindo nos servidores de nomes DNS espalhados pela Internet. Os servidores de nomes podem ser operados por qualquer organização que possui um domínio, ou seja, qualquer organização que tenha responsabilidade por uma subárvore do espaço hierárquico de nomes de domínio. Cada servidor de nomes é configurado com um subconjunto do espaço de nomes de domínio, conhecido como **zona**, que é uma coleção de

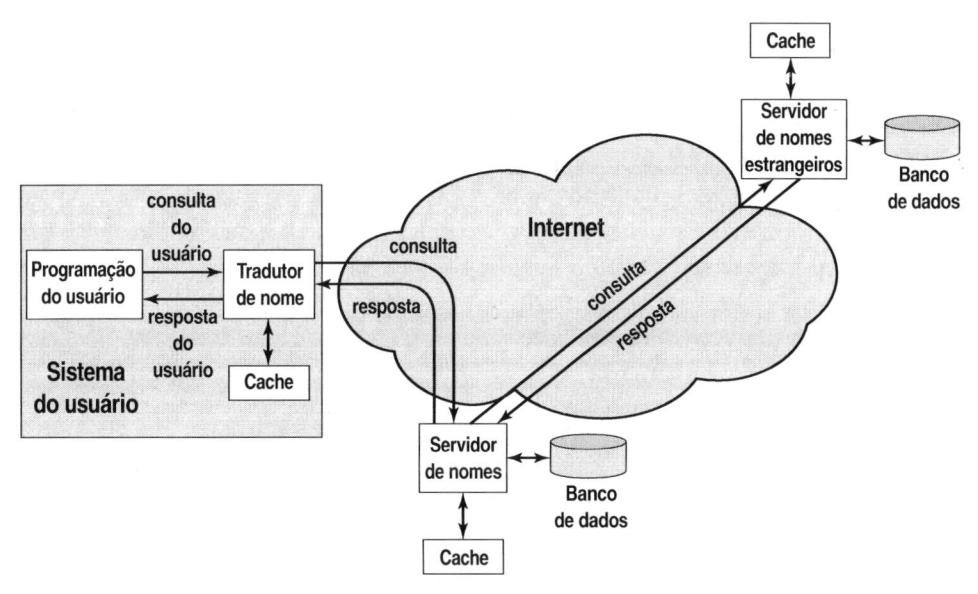

FIGURA 4.6 Tradução de nome de DNS.

um ou mais (ou todos) subdomínios dentro de um domínio, junto com os RRs associados. Esse conjunto de dados é chamado autorizado, pois esse servidor de nomes é responsável por manter um conjunto preciso de RRs para essa parte do espaço de nomes de domínio. A estrutura hierárquica pode se estender para praticamente qualquer profundidade. Assim, uma parte do espaço de nomes atribuído a um servidor de nomes autorizado pode ser delegada a um servidor de nomes subordinado de modo que corresponda à estrutura da árvore de nomes de domínio. Por exemplo, um servidor de nomes é autorizado para o domínio ibm.com. Uma parte desse domínio é definida pelo nome watson.ibm.com, que corresponde ao nó watson.ibm.com e todos os ramos e nós de folha abaixo do nó watson.ibm.com.

Tabela 4.3 Servidores raiz da Internet

Servidor	Operador	Cidades	Endereço IP
A	VeriSign Global Registry Services	Herndon VA, US	198.41.0.4
B	Information Sciences Institute	Marina Del Rey CA, US	128.9.0.107
C	Cogent Communications	Herndon VA, US	192.33.4.12
D	University of Maryland	College Park MD, US	128.8.10.90
E	NASA Ames Research Center	Mountain View CA, US	192.203.230.10
F	Internet Software Consortium	Palo Alto CA, US; San Francisco CA, US	IPv4:192.5.5.241 IPv6:2001:500::1035
G	U.S. DOD Network Information Center	Vienna VA, US	192.112.36.4
H	U.S. Army Research Lab	Aberdeen MD, US	128.63.2.53
I	Autonomica	Estocolmo, SE	192.36.148.17
J	VeriSign Global Registry Services	Herndon VA, US	192.58.128.30
K	Reseaux IP Europeens–Network Coordination Centre	Londres, UK	193.0.14.129
L	Internet Corporation for Assigned Names and Numbers	Los Angeles CA, US	198.32.64.12
M	WIDE Project	Tóquio, JP	202.12.27.33

No topo da hierarquia de servidores existem 13 **servidores de nomes raiz**, que compartilham a responsabilidade pelas zonas de alto nível (Tabela 4.3). Essa replicação é para impedir que o servidor raiz se torne um gargalo, e também por questões de confiabilidade. Mesmo assim, cada servidor raiz individual é bastante ocupado. Por exemplo, o Internet Software Consortium informa que seu servidor (F) responde a quase 300 milhões de solicitações de DNS diariamente (www.isc.org/services/public/F-root-server.html).

Imagine uma consulta feita por um programa em um host do usuário para watson.ibm.com. Essa consulta é enviada ao servidor de nomes local, e ocorrem as seguintes etapas:

1. Se o servidor local já tiver o endereço IP para watson.ibm.com em seu cache local, ele retornará o endereço IP.
2. Se o nome não estiver no cache do servidor de nomes local, ele envia a consulta para um servidor raiz. O servidor raiz retorna os nomes e endereços dos servidores de nome de domínio que contêm informações para ibm.com.
3. O servidor de nomes local envia uma solicitação para o servidor de nomes apropriado. Se esse servidor tiver a informação para watson.ibm.com, ele retorna o endereço IP.
4. Se houver um servidor de nomes delegado específico para watson.ibm.com, então o servidor de nomes ibm.com encaminha a solicitação para o servidor de nomes watson.ibm.com, que retorna o endereço IP.

Tradução de nomes   Como indica a Figura 4.6, cada consulta começa em um tradutor de nomes localizado no sistema host do usuário (por exemplo, gethostbyname, no UNIX). Cada tradutor é configurado para conhecer o endereço IP de um servidor de nomes DNS local. Se o tradutor não tiver o nome solicitado em seu cache, ele envia uma consulta de DNS ao servidor DNS local, que retorna um endereço de imediato ou depois de consultar um ou mais outros servidores.

Existem dois métodos segundo os quais as consultas são encaminhadas e os resultados são retornados. Suponha que um tradutor emita uma solicitação ao servidor de nomes local (A). Se A tiver o nome/endereço em seu cache ou banco de dados local, ele poderá retornar o endereço IP ao tradutor. Se isso não for possível, então A poderá tomar as seguintes medidas:

1. Consultar outro servidor de nomes para buscar o resultado desejado e depois enviar o resultado de volta ao tradutor. Esta é conhecida como uma técnica **recursiva**.
2. Retornar ao tradutor o endereço do próximo servidor (B) para o qual a solicitação deve ser enviada. O tradutor, então, envia uma nova solicitação de DNS para B. Esta é conhecida como a técnica **iterativa**.

4.4 RESUMO

A instalação de rede mais importante disponível para as organizações é a Internet. A Internet pode ser usada para interligar clientes e fornecedores e pode funcionar como uma parte da estratégia de rede remota para interligar instalações corporativas. A Internet é uma ferramenta corporativa fora do comum, no sentido de que não pertence nem é gerenciada por uma única entidade. Em vez disso, cada organização que usa a Internet precisa entender e empregar os protocolos padronizados necessários para comunicação pela Internet.

A Internet, e qualquer intranet privada, consiste em várias redes separadas que estão interconectadas por roteadores. Os dados são transmitidos em pacotes de um sistema de origem para um destino por um caminho que envolve várias redes e roteadores. Um roteador aceita pacotes e os repassa para seu destino, e é responsável por determinar a rota, da mesma maneira como operam os nós na comutação de pacotes.

Um elemento central da Internet é o seu esquema de endereçamento. É necessário que cada host conectado tenha um endereço exclusivo, para possibilitar o roteamento e a entrega. Os padrões da Internet definem um esquema de endereçamento de 32 bits para essa finalidade. O Domain Name System oferece um meio de traduzir nomes de host para endereços da Internet, facilitando a identificação dos recursos da Internet para os usuários.

4.5 Leitura e Web sites recomendados

[COME00] é uma excelente e profunda discussão sobre os assuntos abordados neste capítulo.

COME00   Comer, D. *The Internet Book.* Upper Saddle River, NJ: Prentice Hall, 2000.

Web site recomendado

The Living Internet: Oferece informações abrangentes e profundas sobre a história da Internet, e mais links para diversos outros sites relevantes.

NOTA DE APLICAÇÃO

Ajustando o DNS à sua estrutura organizacional

O Domain Name System, ou DNS, é uma parte integrante da comunicação pela sua rede local e pela Internet. Toda vez que um nome ou Uniform Resource Locator (URL) é inserido em um programa que trabalha por uma rede, o nome precisa ser convertido para o endereço IP (Internet Protocol). O melhor exemplo é um navegador Web. O DNS nos permite dispensar endereços IP difíceis de lembrar, como 207.42.16.185, em favor de nomes mais fáceis, "legíveis para seres humanos", como www.yahoo.com. O Web site do Yahoo, na realidade, é composto de servidores acessados por seus endereços IP depois que o nome tiver sido convertido a partir do que foi digitado no navegador.

O DNS também é usado para serviços diferentes de Web sites. Telnet e FTP são dois programas que usamos para acessar informações por nossas redes. Normalmente, os servidores nas redes da organização também são contatados por nome, em vez de endereço IP. Poderíamos emitir um comando ou abrir um programa de simulação de terminal que se conecte a um desses servidores. O comando ftp www.georgia.com utiliza um nome que precisa ser traduzido para um endereço numérico para o servidor. O correio eletrônico é outro serviço que traduz nomes em endereços IP.

Em algum momento, quase todo computador isolado precisa entrar em contato com o DNS para poder completar a transmissão ou transação. Logo, onde estão as máquinas que oferecem esse serviço? A resposta é que esse serviço já pode estar sendo fornecido, ou você deve tratar de parte dele por conta própria. O tamanho da rede da sua organização normalmente determina sua opção. Redes pequenas normalmente não precisam ou não desejam manter seu próprio servidor DNS. É somente quando você tem um grande número de servidores e serviços executando internamente que poderá optar por executar seu próprio serviço DNS.

Quando o serviço já é fornecido para você, normalmente é por meio do seu provedor de serviços da Internet, ou ISP. O ISP também pode oferecer outros serviços automaticamente, como os endereços IP para os computadores das organizações e correio eletrônico. Se você receber um endereço IP automaticamente, o endereço do servidor DNS poderá ser fornecido ao mesmo tempo. Isso não é obrigatório. Outra opção é configurar manualmente o endereço do servidor DNS nos computadores individuais. Uma instituição pode decidir fazer isso se a rede for configurada com endereços IP privados, que não são oriundos do ISP.

Se a instituição decidir que é o momento de executar seu próprio servidor DNS, haverá diversas configurações possíveis. No entanto, devemos entender que o DNS é, na realidade, uma grande coleção de servidores trabalhando juntos em uma hierarquia. Esses servidores estarão tanto na sua instalação (seu DNS local) quanto fora dela (aqueles servidores usados por qualquer um conectado à Internet). Isso significa que, a menos que o servidor seja projetado para estar isolado, ele terá de se comunicar com os servidores DNS externos, fora da rede local.

Praticamente qualquer computador pode ser configurado como um servidor DNS. Embora os detalhes técnicos estejam além do escopo deste texto, devemos entender que, como todos os elementos de computação, isso acrescenta uma camada adicional de complexidade e gerenciamento. O servidor DNS precisa ser mantido atualizado e ter um sistema de backup. Se o servidor de DNS local estiver off-line, todas as máquinas que dependem dele poderão ter dificuldades de conexão.

Os sistemas operacionais modernos, como Windows XP, possuem serviços de DNS interoperando com o que se chama de active directory. Active Directory é um repositório ou banco de dados de objetos da organização. Esses objetos podem descrever pessoas, grupos, serviços e muito mais. Anteriormente, as redes Windows tinham o suporte de controladores de domínio, NetBIOS e DNS. NetBIOS é um protocolo usado pelo Windows. Active Directory muda tudo isso, substituindo a parte NetBIOS por DNS. Assim, o sistema Windows depende ainda mais da operação correta do DNS. Nesse caso, seria melhor executar seu próprio servidor DNS. Isso é devido a toda a informação específica da organização que precisa ser armazenada lá. Se fosse executado pelo ISP, todas as atualizações teriam de ser enviadas ao ISP para as mudanças, e a conexão de rede fora da instalação teria maiores níveis de tráfego, já que o DNS precisa ser consultado pelo sistema Windows.

DNS é parte integrante de qualquer rede de comunicações de dados. A decisão de implementar o seu próprio servidor ou contar com os serviços fornecidos por uma organização externa precisa ser muito pensada, pois exige um tempo considerável para a configuração e o gerenciamento contínuo. A decisão de utilizar serviços de diretório avançados dos sistemas operacionais também precisa ser planejada cuidadosamente, pois pode ter um efeito dramático sobre implementações de DNS atuais e futuras.

4.6 Principais termos, perguntas para revisão e problemas

Principais termos

ARPANET
Central Office (CO)
comutação de mensagens
Customer Premises Equipment (CPE)
datagrama IP
Domain Name System (DNS)
domínio
endereço IP
host
Internet Protocol (IP)
Internet Service Provider (ISP)
Network Access Point (NAP)
Network Service Provider (NSP)
pacote IP
Point Of Presence (POP)
rede
roteador
servidor de nomes raiz
Transmission Control Protocol (TCP)
World Wide Web (WWW)

Perguntas para revisão

4.1. Qual é a diferença entre ARPANET e a Internet?
4.2. Quais são os dois protocolos que formam o alicerce e controlam o modo de nos comunicarmos na Internet?
4.3. Quais são as funções do host, da rede e dos roteadores na Internet?
4.4. Quais foram as duas primeiras aplicações desenvolvidas para uso em uma rede?
4.5. O que é um endereço IP?
4.6. O que é Mosaic?
4.7. Cite o nome de dois programas de aplicação que tomaram o lugar do Mosaic.
4.8. Qual é a linguagem de programação utilizada para exibir páginas Web?
4.9. Qual é a diferente entre um ISP e um POP?
4.10. Qual é a diferença entre um NAP e um NSP?
4.11. O que é um domínio da Internet?
4.12. O que é DNS?
4.13. Cite os quatro componentes principais do Domain Name System.
4.14. Qual é a diferença entre um servidor de nomes e um tradutor no DNS?
4.15. O que é um registro de recursos do DNS?
4.16. Dê uma rápida descrição da operação do DNS.
4.17. O que é um servidor de nomes raiz?
4.18. Explique a diferença entre a técnica recursiva e a técnica iterativa no DNS.

Problemas

4.1 Compare e mostre a diferente entre comutação de circuitos e comutação de pacotes. Descreva os prós e os contras das duas tecnologias. Por que a comutação de pacotes é o mecanismo mais apropriado para a operação da Internet?

4.2 Dois eventos aparentemente não relacionados ocorreram no final de 1992 e no início de 1993, que, juntos, semearam o crescimento explosivo da Internet, cujas raízes estão no início da década de 1990. Um deles foi uma legislação de autoria do congressista Rick Boucher e o outro foi um software de autoria de Marc Andreessen. Explique como e por que esses dois eventos foram grandes contribuintes para o estado da Internet conforme a conhecemos hoje. Referências: http://www.house.gov/boucher/docs/boucherinfotech.htm, http://www.webhistory.org/www.lists/www-talk.1993q1/0262.html.

4.3 A ferramenta dig oferece acesso interativo fácil ao DNS. A ferramenta dig está disponível para os sistemas operacionais UNIX e Windows. Ela também pode ser usada pela Web. Aqui estão três sites que, no momento em que este livro era escrito, forneciam acesso gratuito à ferramenta dig:
  http://www.gont.com.ar/tools/dig
  http://www.webmaster-toolkit.com/dig.shtml
  http://www.webhostselect.com/whs/dig-tool.jsp
Use a ferramenta dig para obter a lista dos servidores raiz.

4.4 Escolha um servidor raiz e use a ferramenta dig para enviar-lhe uma consulta para o endereço IP de www.example.com, com o bit RD (Recursion Desired) marcado. Ele admite pesquisas recursivas? Por que ou por que não?

4.5 Um usuário no host 170.210.17.145 está usando um navegador Web para visitar www.example.com. Para traduzir o domínio www.example.com para um endereço IP, uma consulta é enviada a um servidor de nomes autorizado, para buscar o domínio 'example.com'. Em resposta o servidor de nomes retorna uma lista de quatro endereços IP, na seguinte ordem: {192.168.0.1, 128.0.0.1, 200.47.57.1, 170.210.10.130}. Embora esse seja o último endereço IP na lista retornada pelo servidor de nomes, o navegador Web cria uma conexão com 170.210.17.130. Por quê?

4.6 Antes da implantação do Domain Name System, um arquivo de texto simples ('HOSTS.TXT') mantido de forma central no SRI Network Information Center era usado para permitir o mapeamento entre nomes de host e endereços. Cada host conectado à Internet deveria ter uma cópia local atualizada desse arquivo, para poder utilizar nomes de host em vez de ter de lidar diretamente com seus endereços IP. Discuta as principais vantagens do DNS em relação ao antigo sistema HOST.TXT centralizado.

4.7 Cada máquina conectada a uma rede precisa ter um endereço IP. Isso é sempre verdade, não importa se o endereço vem de um servidor ou se é configurado manualmente. Use as ferramentas a seguir para determinar o seu endereço IP. Para usar cada uma, você deverá primeiro abrir um shell do DOS (no Windows) ou um Bourne shell (o shell do Linux mais utilizado). Esses shells às vezes são chamados de janelas de comando. Nos sistemas operacionais Windows, o shell pode ser acessado digitando-se "command" na caixa Iniciar/Executar. Para o Linux, o shell pode ser o padrão ou pode ser acessado pelo ícone de shell na barra de tarefas.

- Windows 98/2000/XP – digite "ipconfig" na janela do shell e depois pressione "Enter"
- Linux – digite "ifconfig eth0" na janela do shell e depois pressione "Enter"

4.8 Qual é o nome do protocolo utilizado para fornecer seu endereço IP automaticamente?

4.9 Nessa mesma janela, você pode interagir com o servidor oferecendo o endereço IP para o seu computador. Para o Linux, você pode usar o comando ifdown eth0 seguido pelo comando ifup eth0. Isso enviará uma série de solicitações ao servidor. Na máquina 98/2000/XP, digite o comando ipconfig /?, que exibirá uma série de opções. Libere e renove seu endereço IP usando essas opções. Você recebeu o mesmo endereço IP?

4.10 O Windows 2000/XP e o Linux têm um programa embutido que lhe permitirá interagir com o servidor DNS. Esse programa é chamado "nslookup". Digite esse nome nas janelas de comando e pressione "Enter". Qual é o retorno automático que você recebe e o que ele significa? O comando "exit" fechará o programa.

4.11 Pelo exercício anterior, você descobriu seu endereço IP. Digite o comando nslookup e use o seu endereço IP como argumento. Por exemplo, nslookup 10.20.30.40. Isso pesquisará seu endereço IP com o sistema DNS. O que o servidor retorna?

4.12 Que tipo de pesquisa você realizou no problema anterior?

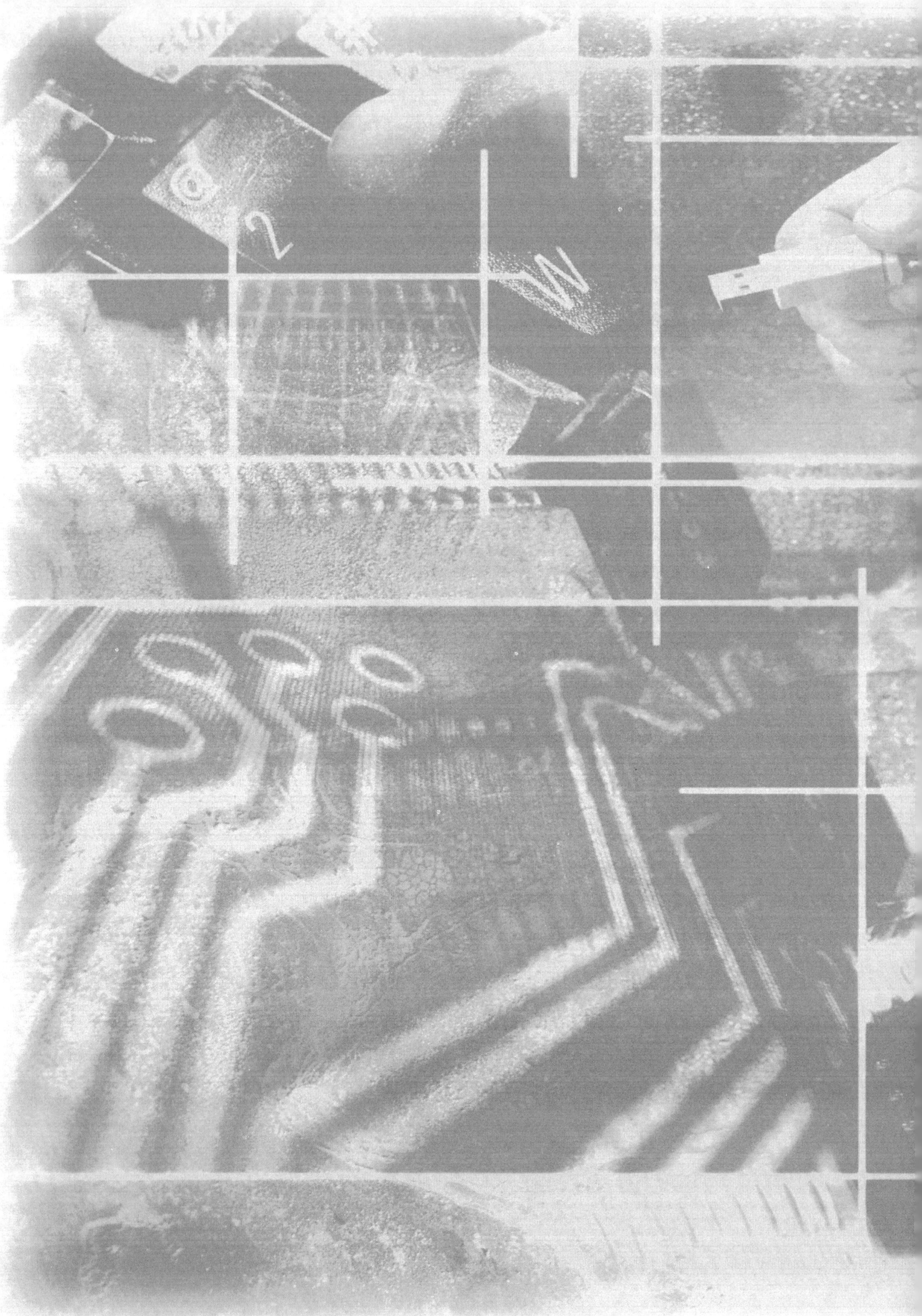

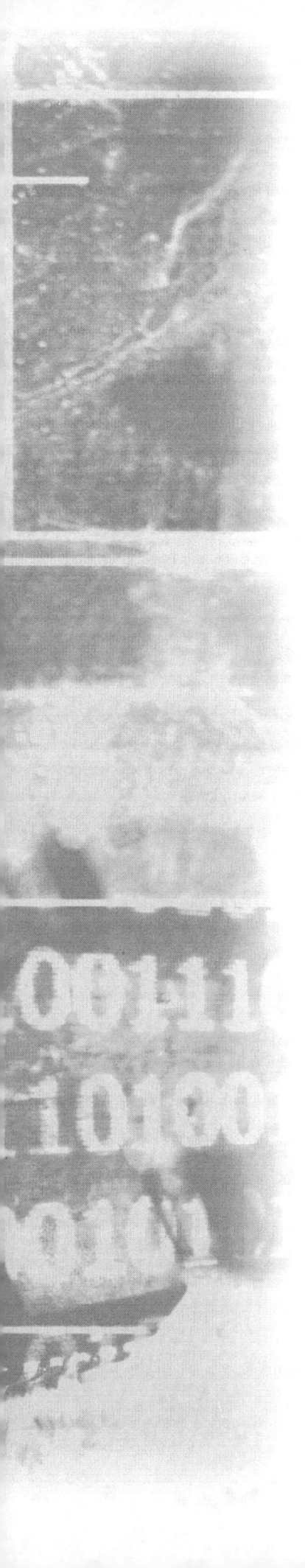

Capítulo 5

TCP/IP e OSI

5.1 Uma arquitetura de protocolos simples
5.2 A arquitetura de protocolos TCP/IP
5.3 Interconexão de redes
5.4 Detalhes de TCP e IP
5.5 A arquitetura de protocolos OSI
5.6 Resumo
5.7 Leitura e Web sites recomendados
5.8 Principais termos, perguntas para revisão e problemas
APÊNDICE 5A O Trivial File Transfer Protocol

OBJETIVOS DO CAPÍTULO

Depois de ler este capítulo, você deverá ser capaz de

- Definir o termo *arquitetura de protocolo* e explicar a necessidade e os benefícios de uma arquitetura de comunicações.
- Descrever a arquitetura de protocolos TCP/IP e explicar o funcionamento de cada camada.
- Explicar o que levou ao desenvolvimento de uma arquitetura padronizada e os motivos de um cliente usar produtos com base em uma arquitetura de protocolos-padrão em detrimento de produtos baseados em uma arquitetura proprietária.
- Explicar a necessidade de interconexão de redes.
- Descrever a operação de um roteador dentro do contexto do TCP/IP para oferecer interconexão de redes.
- Dar uma descrição rápida da arquitetura OSI e cada uma de suas camadas constituintes.

Este capítulo examina o software de comunicações básico exigido para dar suporte às aplicações distribuídas. Veremos que o software exigido é substancial. Para tornar a tarefa de implementação desse software de comunicações administrável, utiliza-se uma estrutura modular, conhecida como arquitetura de protocolos.

Começamos este capítulo introduzindo uma arquitetura de protocolos simples, consistindo em apenas três módulos, ou camadas. Isso nos permitirá apresentar as principais características e os recursos de projeto de uma arquitetura de protocolos examinados em detalhes. Com essa base, estaremos então prontos para examinar a mais importante dessa arquitetura: TCP/IP (Transmission Control Protocol/Internet Protocol). TCP/IP é um padrão baseado na Internet e é a estrutura para o desenvolvimento de uma gama completa de padrões de comunicação por computador. Praticamente todos os fornecedores de computador agora oferecem suporte para essa arquitetura. Open Systems Interconnection (OSI) é outra arquitetura padronizada que normalmente é utilizada para descrever as funções de comunicação, mas agora é raramente implementada. Para o leitor interessado, OSI é explicada no final deste capítulo.

Após uma discussão do TCP/IP, examinamos o conceito importante de interconexão de redes. Inevitavelmente, uma empresa exigirá o uso de mais de uma rede de comunicações. Algum meio de interconexão dessas redes é necessário, e isso levanta questões que se relacionam à arquitetura de protocolos.

5.1 UMA ARQUITETURA DE PROTOCOLOS SIMPLES

A necessidade de uma arquitetura de protocolos

Quando computadores, terminais e/ou outros dispositivos de processamento de dados trocam dados, os procedimentos envolvidos podem ser muito complexos. Observe, por exemplo, a transferência de um arquivo entre dois computadores. Deve haver um caminho de dados entre as duas máquinas, seja diretamente ou por uma rede de comunicação. Mas é preciso mais do que isso. As tarefas típicas a serem realizadas incluem o seguinte:

1. O sistema de origem precisa ativar o caminho de comunicação de dados direto ou informar à rede de comunicação quanto à identidade do sistema de destino desejado.
2. O sistema de origem precisa assegurar que o sistema de destino está preparado para receber dados.
3. A aplicação de transferência de arquivos no sistema de origem precisa garantir que o programa de gerenciamento de arquivos no sistema de destino esteja preparado para aceitar e armazenar o arquivo para esse usuário em particular.
4. Se os formatos de arquivo ou a representação de dados utilizada nos dois sistemas forem incompatíveis, um ou outro sistema terá de realizar uma função de tradução de formato.

A troca de informações entre os computadores para fins de ação cooperativa geralmente é conhecida como *comunicações de computadores*. De modo semelhante, quando dois ou mais computadores estão interconectados por uma rede de comunicação, o conjunto de estações de computador é chamado de *rede de computadores*. Como é necessário um nível de cooperação semelhante entre um terminal e um computador, esses termos normalmente são usados quando algumas das entidades de comunicação são terminais.

Na discussão sobre comunicações de computadores e redes de computadores, dois conceitos são fundamentais:

- Protocolos
- Arquitetura de comunicações de computadores, ou arquitetura de protocolos

Um **protocolo** é usado para a comunicação entre entidades em diferentes sistemas. Os termos *entidade* e *sistema* são usados em sentido bastante genérico. Alguns exemplos de entidades são programas de aplicação do usuário, pacotes de transferência de arquivos, sistemas de gerenciamento de banco de dados, facilidades de correio eletrônico e terminais. Alguns exemplos de sistemas são computadores, terminais e sensores remotos. Observe que, em alguns casos, a entidade e o sistema em que ele reside são co-extensivos (por exemplo, terminais). Em geral, uma entidade é algo capaz de enviar ou receber informações, e um sistema é um objeto fisicamente distinto, que contém uma ou mais entidades. Para que duas entidades se comuniquem com sucesso, elas precisam "falar a mesma linguagem". O que é comunicado, como e quando é comunicado, tem de estar de acordo com convenções mutuamente combinadas, entre as entidades envolvidas. As convenções são conhecidas como um protocolo, que pode ser definido como um conjunto de regras controlando a troca de dados entre duas facilidades. Os principais elementos de um protocolo são os seguintes:

- **Sintaxe:** Inclui elementos como formato de dados e níveis de sinal
- **Semântica:** Inclui informações de controle para coordenação e tratamento de erro
- **Temporização:** Inclui combinação de velocidade e seqüência

O Apêndice 5A mostra um exemplo específico de um protocolo, o padrão Trivial File Transfer Protocol (TFTP) da Internet.

Tendo introduzido o conceito de um protocolo, podemos agora introduzir o conceito de uma **arquitetura de protocolos**. É claro que deve haver um alto grau de cooperação entre os dois sistemas de computador. Em vez de implementar a lógica para isso como um único módulo, a tarefa é dividida em subtarefas, cada qual implementada separadamente. Como um exemplo, a Figura 5.1 indica o modo como uma facilidade de transferência de arquivo poderia ser implementada. Três módulos são utilizados. As tarefas 3 e 4 na lista anterior poderiam ser realizadas por um módulo de transferência de arquivos. Os dois módulos nos dois sistemas trocam arquivos e comandos. No entanto, em vez de exigir que o módulo de transferência de arquivos trate dos detalhes da transferência real de dados e comandos, os módulos de transferência de arquivo contam com um módulo de serviço de comunicações. Esse módulo é responsável por certificar-se de que os comandos e dados de transferência de arquivos serão trocados de forma confiável entre os sistemas. A forma como um módulo de serviço de comunicações funciona é explorada mais adiante. Entre outras coisas, esse módulo realizaria a tarefa 2. Finalmente, a natureza da troca entre os dois módulos de serviço de comunicações independe da natureza da rede que os interconecta. Portanto, em vez de acumular detalhes da interface de rede no módulo do serviço de comunicações, faz sentido ter um terceiro módulo, um módulo de acesso à rede, que realize a tarefa 1 interagindo com a rede.

Resumindo, o módulo de transferência de arquivos contém toda a lógica que é exclusiva à aplicação de transferência de arquivos, como a transmissão de senhas, comandos de arquivo e registros de arquivo. Esses arquivos e comandos precisam ser transmitidos de forma confiável. Entretanto, os mesmos tipos de requisitos de confiabilidade são relevantes para toda uma série de aplicações (por exemplo, correio eletrônico, transferência de documentos). Portanto, esses requisitos são atendidos por um módulo de serviço de comunicações separado, que pode ser usado por diversas aplicações. O módulo de serviço de comunicações trata de garantir que os dois sistemas de computador estejam ativos e prontos para transferência de dados e por registrar os dados que estão sendo trocados para garantir a remessa. Contudo, essas tarefas são independentes do tipo de rede que está sendo utilizada. Portanto, a lógica para realmente lidar com a rede é colocada em um módulo de acesso à rede separado. Se a rede a ser usada for mudada, somente o módulo de acesso à rede é afetado.

Assim, em vez de um único módulo para realizar comunicações, existe um conjunto estruturado de módulos que implementa a função de comunicações. Essa estrutura é conhecida como uma arquitetura de protocolos. Uma analogia poderia ser útil neste ponto. Suponha que um executivo no escritório X queira enviar um documento a um executivo no escritório Y. O executivo em X prepara o documento e talvez anexe uma nota. Isso corresponde às ações da aplicação de transferência de arquivos na Figura 5.1. Depois o executivo em X entrega o documento a uma secretária ou assistente administrativa (AA). A AA em X coloca o documento em um envelope e coloca o endereço de Y e o endereço de remetente de X na parte externa. Talvez o envelope também esteja marcado como "confidencial". As ações da AA correspondem ao módulo de serviço de comunicações na Figura 5.1. A AA em X, então, entrega o pacote ao departamento de entrega. Alguém no departamento de entrega decide como enviar o pacote: correio, UPS ou malote. O departamento de entrega anexa devidamente os selos ou os documentos de remessa no pacote e o envia. O departamento de entrega corresponde ao módulo de acesso à rede da Figura 5.1. Quando o pacote chega em Y, ocorre um conjunto semelhante de

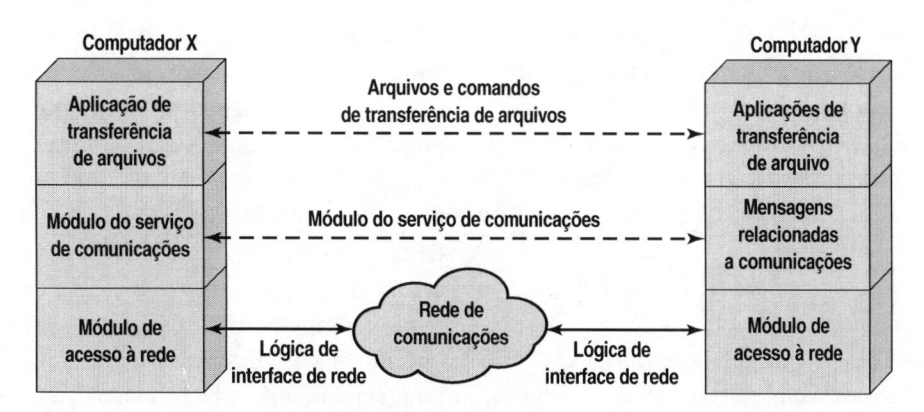

FIGURA 5.1 Uma arquitetura simplificada para transferência de arquivos.

camadas de ações. O departamento de entrega em Y recebe o pacote e o envia para a AA ou a secretária designada, tomando por base o nome no pacote. A AA abre o pacote e entrega o documento para o executivo ao qual está endereçado.

No restante desta seção, analisaremos o exemplo da Figura 5.1 para apresentar uma arquitetura de protocolos simplificada. Depois disso, examinaremos o exemplo do mundo real do TCP/IP.

Um modelo em três camadas

Em termos muito gerais, as comunicações de dados distribuídas podem envolver três agentes: aplicações, computadores e redes. No Capítulo 6, veremos várias aplicações; alguns exemplos são a transferência de arquivos e o correio eletrônico. Essas aplicações são executadas em computadores que normalmente admitem várias aplicações simultâneas. Os computadores estão conectados a redes, e os dados a serem trocados são transferidos pela rede de um computador para outro. Assim, a transferência de dados de uma aplicação para outra implica primeiro levar os dados ao computador em que a aplicação reside e, depois, levá-los para a aplicação intencionada dentro do computador.

Com esses conceitos em mente, parece natural organizar a tarefa de comunicação em três camadas relativamente independentes: camada de acesso à rede, camada de transporte e camada de aplicação.

A **camada de acesso à rede** trata da troca de dados entre um computador e a rede à qual está conectado. O computador emissor precisa oferecer à rede o endereço do computador de destino, de modo que a rede possa rotear os dados para o destino apropriado. O computador emissor pode querer invocar certos serviços, como prioridade, que poderiam ser providos pela rede. O software específico utilizado nessa camada depende do tipo da rede utilizada; diferentes padrões foram desenvolvidos para comutação de circuitos, comutação de pacotes, redes locais (LANs) e outros. Por exemplo, IEEE 802 é um padrão que especifica o acesso a uma LAN; esse padrão é descrito na Parte Três. Faz sentido colocar essas funções que têm a ver com o acesso à rede em uma camada separada. Ao fazer isso, o restante do software de comunicações, acima da camada de acesso à rede, não precisa se ocupar dos detalhes específicos da rede a ser utilizada. O mesmo software da camada de rede deverá funcionar corretamente, independente da rede em particular à qual o computador está conectado.

Seja qual for a natureza das aplicações que estão trocando dados, existe normalmente um requisito de que os dados sejam trocados de modo confiável. Ou seja, gostaríamos de ter certeza de que todos os dados chegam à aplicação de destino e de que os dados chegam na mesma ordem em que foram enviados. Conforme veremos, os mecanismos para fornecer a confiabilidade são basicamente independentes da natureza das aplicações. Assim, faz sentido coletar esses mecanismos em uma camada comum, compartilhada por todas as aplicações; esta é conhecida como **camada de transporte**.

Finalmente, a **camada de aplicação** contém a lógica necessária para dar suporte às diversas aplicações do usuário. Para cada tipo diferente de aplicação, como transferência de arquivos, um módulo separado é necessário, que é peculiar a essa aplicação.

As Figuras 5.2 e 5.3 ilustram essa arquitetura simples. A Figura 5.2 mostra três computadores conectados a uma rede. Cada computador contém software nas camadas de acesso à rede e de transporte, e software na camada de aplicação para uma ou mais aplicações. Para a comunicação bem-sucedida, cada entidade no sistema geral precisa ter um endereço exclusivo. Na realidade, dois níveis de endereçamento são necessários. Cada computador na rede precisa ter um endereço de rede exclusivo; isso permite que a rede entregue dados ao computador apropriado. Cada aplicação em um computador precisa ter um endereço que seja exclusivo dentro desse computador; isso faz com que a rede entregue dados ao computador correto. Cada aplicação em um computador precisa ter um endereço exclusivo dentro desse computador; com isso, a camada de transporte pode dar suporte a várias aplicações em cada computador. Esses últimos endereços são conhecidos como **pontos de acesso de serviço** (SAPs – Service Access Points), ou **portas**, indicando o fato de que cada aplicação está acessando individualmente os serviços da camada de transporte.

A Figura 5.3 indica a maneira como os módulos na mesma camada em diferentes computadores se comunicam entre si: por meio de um protocolo. Vamos acompanhar uma operação simples. Suponha que uma aplicação, associada à porta 1 no computador A, queira enviar uma mensagem a outra aplicação, associada à porta 2 no computador B. A aplicação em A entrega a mensagem para sua camada de transporte com instruções para enviá-la à porta 2 no computador B. A camada de transporte entrega a mensagem para a camada de acesso à rede, que instrui a rede a enviar a mensagem para o computador B. Observe que a rede não precisa ter informações da identidade da porta de destino. Tudo o que ela precisa saber é que os dados são para o computador B.

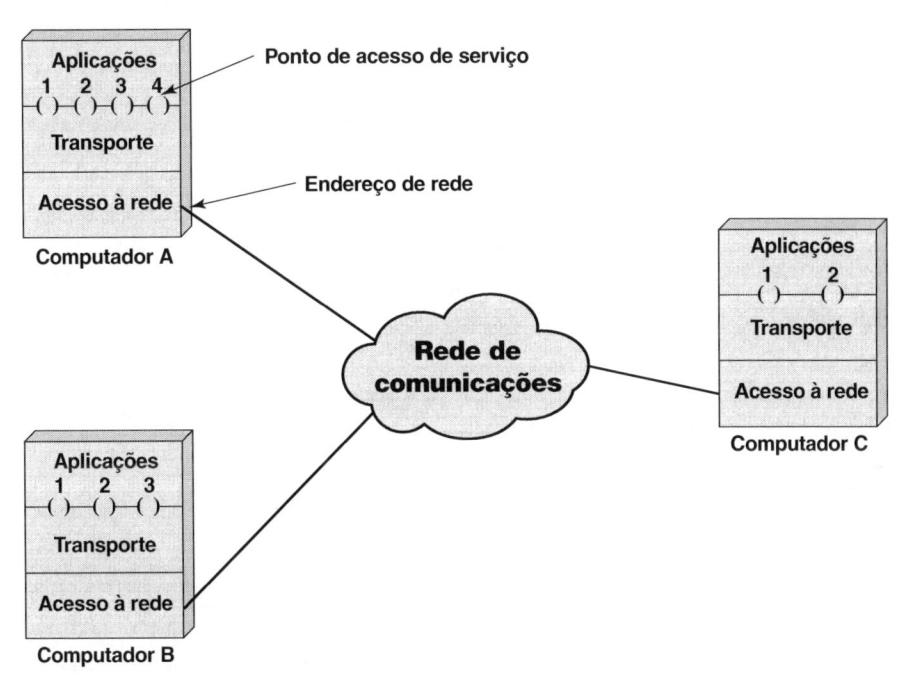

FIGURA 5.2 Arquiteturas de protocolos e redes.

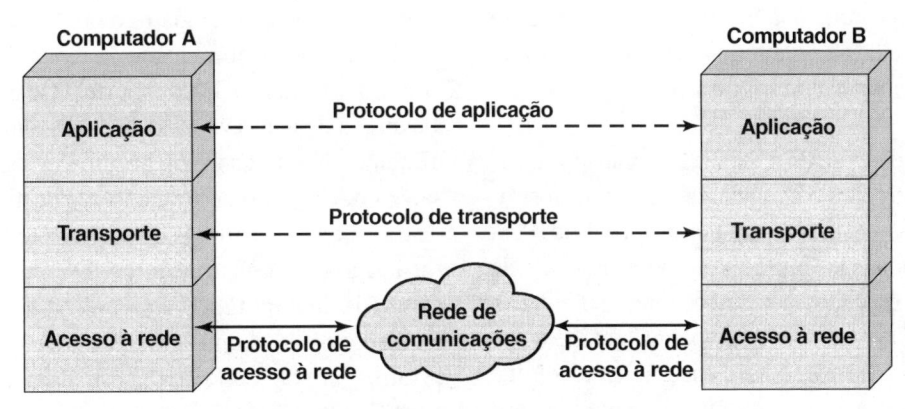

FIGURA 5.3 Protocolos em uma arquitetura simplificada.

Para controlar essa operação, informações de controle, bem como dados do usuário, precisam ser transmitidos, conforme sugere a Figura 5.4. Digamos que a aplicação de envio gere um bloco de dados e passe isso à camada de transporte. A camada de transporte pode desmembrar esse bloco em duas partes menores por conveniência, conforme discutimos mais adiante. Para cada uma dessas partes, a camada de transporte anexa um **cabeçalho** de transporte, contendo informações de controle de protocolo. A combinação de dados da próxima camada superior e informações de controle é conhecida como **unidade de dados do protocolo** (PDU – Protocol Data Unit); nesse caso, ela é considerada uma PDU de transporte. As PDUs de transporte normalmente são chamadas de **segmentos** de transporte. O cabeçalho em cada segmento contém informações de controle a serem usadas pelo protocolo de transporte parceiro, no computador B. Alguns exemplos de itens que podem ser armazenados nesse cabeçalho incluem os seguintes:

- **Porta de destino:** Quando a camada de transporte de destino recebe o segmento, ele precisa saber para que aplicação os dados devem ser entregues.
- **Número de seqüência:** Como o protocolo de transporte está enviando uma seqüência de segmentos, ele os numera seqüencialmente, de modo que, se chegarem fora de ordem, a entidade de transporte de destino poderá reordená-los.
- **Código de detecção de erro:** A entidade de transporte de envio pode incluir um código que é uma função do conteúdo do segmento. O protocolo de

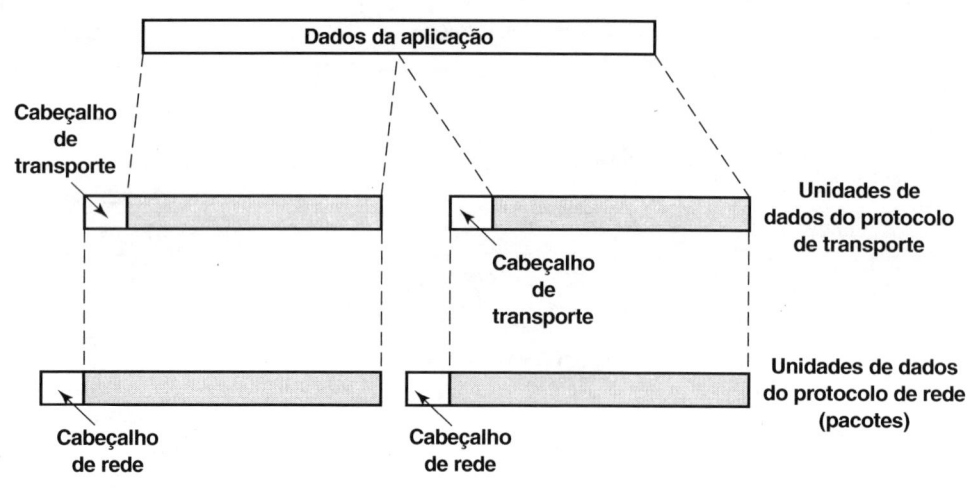

FIGURA 5.4 Unidades de dados do protocolo.

transporte receptor realiza o mesmo cálculo e compara o resultado com o código que chega. Uma discrepância aparece se tiver havido algum erro na transmissão. Nesse caso, o receptor pode descartar o segmento e tomar uma ação corretiva. Esse código também é conhecido como **soma de verificação** ou **seqüência de verificação de quadro**.

O próximo passo é quando a camada de transporte entrega cada segmento para a camada de rede, com instruções para transmiti-lo para o computador de destino. Para satisfazer essa solicitação, o protocolo de acesso à rede precisa apresentar os dados à rede com uma solicitação para transmissão. Como antes, essa operação exige o uso de informações de controle. Nesse caso, o protocolo de acesso à rede anexa um cabeçalho de acesso aos dados que recebe da camada de transporte, criando uma PDU de acesso à rede, normalmente chamado de **pacote** ou **quadro**. Alguns exemplos dos itens que podem ser armazenados no cabeçalho incluem os seguintes:

- **Endereço do computador de destino:** A rede precisa saber para que computador os dados devem ser entregues.
- **Solicitações de facilidades:** O protocolo de acesso à rede pode querer que a rede utilize certas facilidades, como prioridade.

A Figura 5.5 reúne todos esses conceitos, mostrando a interação entre os módulos para transferir um bloco de dados. Digamos que o módulo de transferência de arquivos no computador A esteja transferindo um arquivo para o computador B em um registro de cada vez. Cada registro é entregue ao módulo da camada de transporte. Podemos representar essa ação como sendo na forma de um comando ou chamada de procedimento. Os argumentos dessa chamada de procedimento incluem o endereço do computador de destino, o ponto de acesso de serviço de destino e o registro. A camada de transporte anexa ao registro o ponto de acesso de serviço de destino e outras informações de controle, para criar um segmento de transporte. Isso é, então, entregue à camada de acesso à rede por outra chamada de procedimento. Nesse caso, os argumentos para o comando são o endereço do computador de destino e o segmento de transporte. A camada de acesso à rede utiliza essa informação para construir uma PDU de rede, geralmente chamada de **pacote**. O segmento de transporte é o campo de dados do pacote, e o cabeçalho do pacote inclui a informação de endereçamento para ativar a entrega para B. Observe que o cabeçalho de transporte não é "visível" na camada de acesso à rede; a camada de acesso à rede não se preocupa com o conteúdo do segmento de transporte.

A rede aceita o pacote de rede de A e o entrega a B. O módulo de acesso à rede em B recebe o pacote, remove seu cabeçalho de pacote e transfere o segmento de transporte incluído ao módulo da camada de transporte de B. A camada de transporte examina o cabeçalho de segmento e, com base no campo de porta do cabeçalho, entrega o registro incluído à aplicação apropriada, neste caso, o módulo de transferência de arquivos em B.

Arquiteturas de protocolo padronizadas

Quando se deseja a comunicação entre computadores de diferentes fabricantes, o esforço de desenvolvimento de software pode ser um pesadelo. Os diferentes fornecedores utilizam diversos formatos de dados e protocolos de troca de dados. Até mesmo dentro da linha de produtos

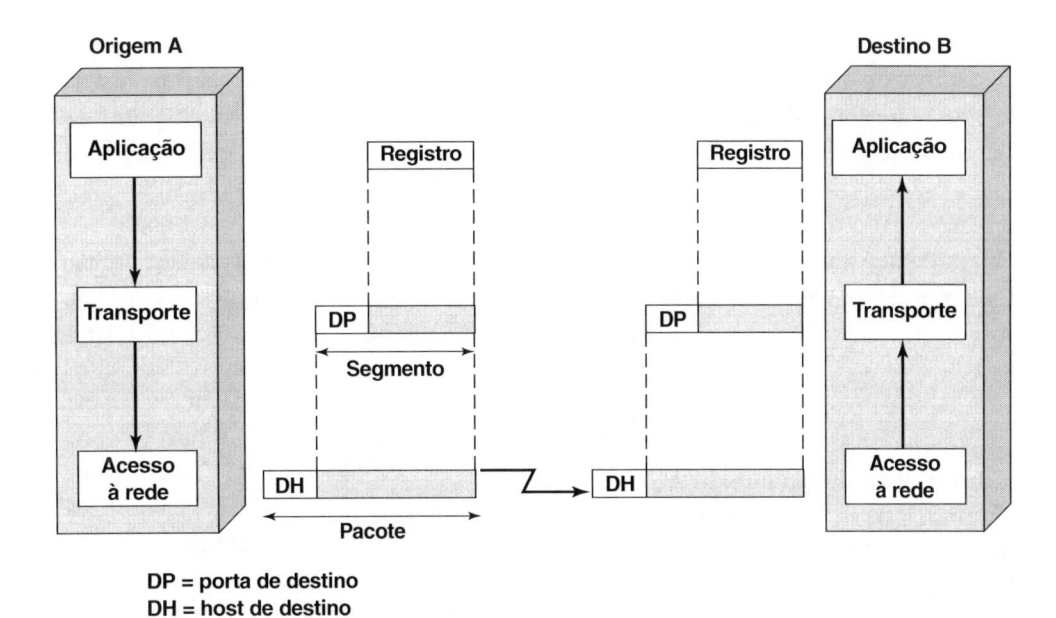

FIGURA 5.5 Operação de uma arquitetura de protocolos.

DP = porta de destino
DH = host de destino

de um fornecedor, computadores de diferentes modelos podem se comunicar de maneiras exclusivas.

Agora que as comunicações de computador e as redes de computadores são onipresentes, uma técnica de uso especial única para o desenvolvimento de software de comunicações é muito dispendiosa para ser aceitável. A única alternativa é que os fornecedores de computador adotem e implementem um conjunto comum de convenções. Para que isso aconteça, são necessários padrões. Esses padrões teriam dois benefícios.

- Os vendedores se sentem encorajados a implementar os padrões, devido a um receio de que, com o uso generalizado de padrões, seus produtos sejam menos comercializáveis sem eles.
- Os clientes estão em posição de exigir que os padrões sejam implementados por qualquer vendedor que queira propor equipamento para eles.

Duas arquiteturas de protocolos serviram como base para o desenvolvimento de padrões de protocolo interoperáveis: o conjunto de protocolos TCP/IP e o modelo de referência OSI. TCP/IP é, de longe, a arquitetura interoperável mais utilizada. OSI, embora bem conhecida, nunca sobreviveu à sua promessa inicial. Há também um esquema patenteado muito utilizado: Systems Network Architecture (SNA) da IBM. Embora a IBM ofereça suporte para TCP/IP, ela continua a usar SNA, e essa última arquitetura continuará sendo importante por alguns anos. O restante deste capítulo examina com alguns detalhes o TCP/IP e o OSI.

5.2 A ARQUITETURA DE PROTOCOLOS TCP/IP

TCP/IP é um resultado da pesquisa e desenvolvimento de protocolos realizados na rede experimental de comutação de pacotes, ARPANET, patrocinada pela Defense Advanced Research Projects Agency (DARPA), e geralmente é referenciada como conjunto de protocolos TCP/IP. Esse conjunto de protocolos consiste em uma grande coleção de protocolos que foram emitidos como padrões da Internet, pelo Internet Activities Board (IAB). Um documento no Web site deste livro oferece uma discussão dos padrões da Internet.

Camadas do TCP/IP

Não há um modelo de protocolo TCP/IP oficial, assim como no caso da OSI. Entretanto, com base nos padrões de protocolo que foram desenvolvidos, podemos organizar a tarefa de comunicação para o TCP/IP em cinco camadas relativamente independentes:

- Camada de aplicação
- Camada host a host, ou transporte
- Camada de inter-rede
- Camada de acesso à rede
- Camada física

A **camada física** abrange a interface física entre um dispositivo de transmissão de dados (por exemplo, estação de trabalho, computador) e um meio de transmissão ou rede. Essa camada trata da especificação das características do meio de transmissão, da natureza dos sinais, da taxa de dados e de questões relacionadas.

A **camada de acesso à rede** trata da troca de dados entre um sistema final (servidor, estação de trabalho etc.) e a rede à qual está conectado. O computador de envio precisa fornecer à rede o endereço do computador de destino, de modo que a rede possa rotear os dados para o destino apropriado. O computador de envio pode querer invocar certos serviços, como prioridade, que poderiam ser fornecidos pela rede. O software específico utilizado nessa camada depende do tipo de rede a ser usado; diferentes padrões foram desenvolvidos para comutação de circuitos, comutação de pacotes (por exemplo, Frame Relay), LANs (por exemplo, Ethernet) e outros. Assim, faz sentido separar essas funções que têm a ver com acesso à rede em uma camada separada. Fazendo isso, o restante do software de comunicações, acima da camada de rede, não precisa se preocupar com os detalhes da rede a ser utilizada. O mesmo software da camada superior deverá funcionar corretamente, independente da rede em particular à qual o computador está conectado.

A camada de acesso à rede trata do acesso e do roteamento de dados por uma rede para dois sistemas finais conectados à mesma rede. Nos casos em que dois dispositivos estão conectados a diferentes redes, procedimentos são necessários para permitir que os dados atravessem várias redes interconectadas. Isso é a função da camada de inter-rede. O **Protocolo de Inter-rede (IP – Internet Protocol)** é usado nessa camada para oferecer a função de roteamento por várias redes. Esse protocolo é implementado não apenas nos sistemas finais, mas também nos roteadores. Um **roteador** é um processador que conecta duas redes e cuja função principal é repassar dados de uma rede para a outra em uma rota a partir do sistema final de origem ao sistema final no destino.

Independente da natureza das aplicações que estão trocando dados, normalmente existe um requisito de que os dados sejam trocados de forma confiável. Ou seja, gostaríamos de ter certeza de que todos os dados chegam na aplicação de destino e que os dados chegam na mesma ordem em que foram enviados. Como veremos, os mecanismos para fornecer confiabilidade são basicamente independentes da natureza das aplicações. Assim, faz sentido coletar esses mecanismos em uma camada comum, compartilhada por todas as aplicações; esta é conhecida como camada host a host, ou **camada de transporte**. O Transmission Control Protocol (TCP) é o protocolo mais utilizado para fornecer essa funcionalidade.

Finalmente, a camada de **aplicação** contém a lógica necessária para dar suporte a diversas aplicações do usuário. Para cada tipo de aplicação diferente, como transferência de arquivos, um módulo separado é necessário, que é peculiar a essa aplicação.

TCP e UDP

Para a maioria das aplicações executando como parte da arquitetura de protocolos TCP/IP, o protocolo da camada de transporte é TCP. TCP oferece uma conexão

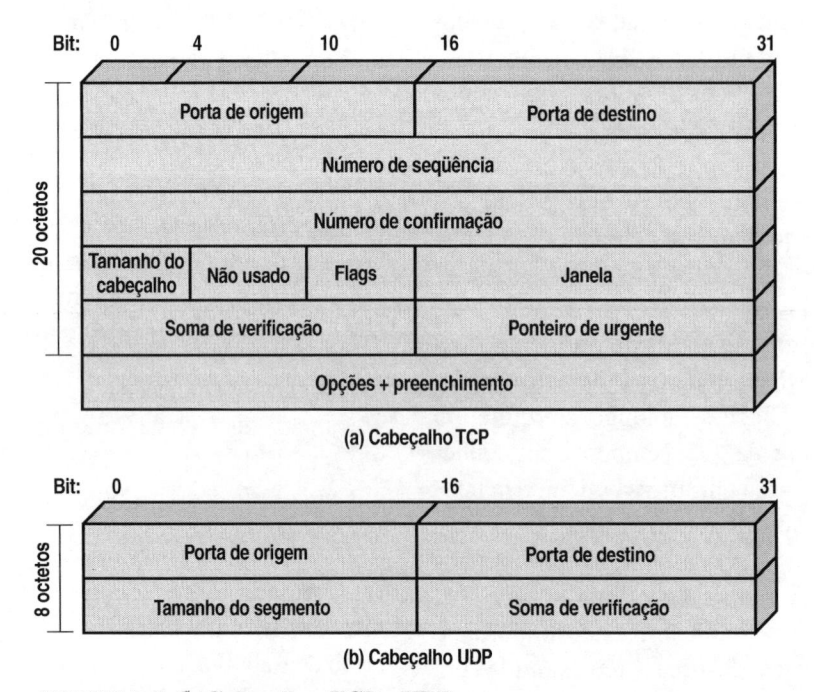

FIGURA 5.6 Cabeçalhos TCP e UDP.

(a) Cabeçalho IPv4

Bit: 0	4	8	14	16	19	31
Versão	IHL	DS	ECN	Tamanho total			
Identificação			Flags	Deslocamento de fragmento		
Tempo de vida		Protocolo	Soma de verificação de cabeçalho			
Endereço de origem						
Endereço de destino						
Opções + preenchimento						

20 octetos

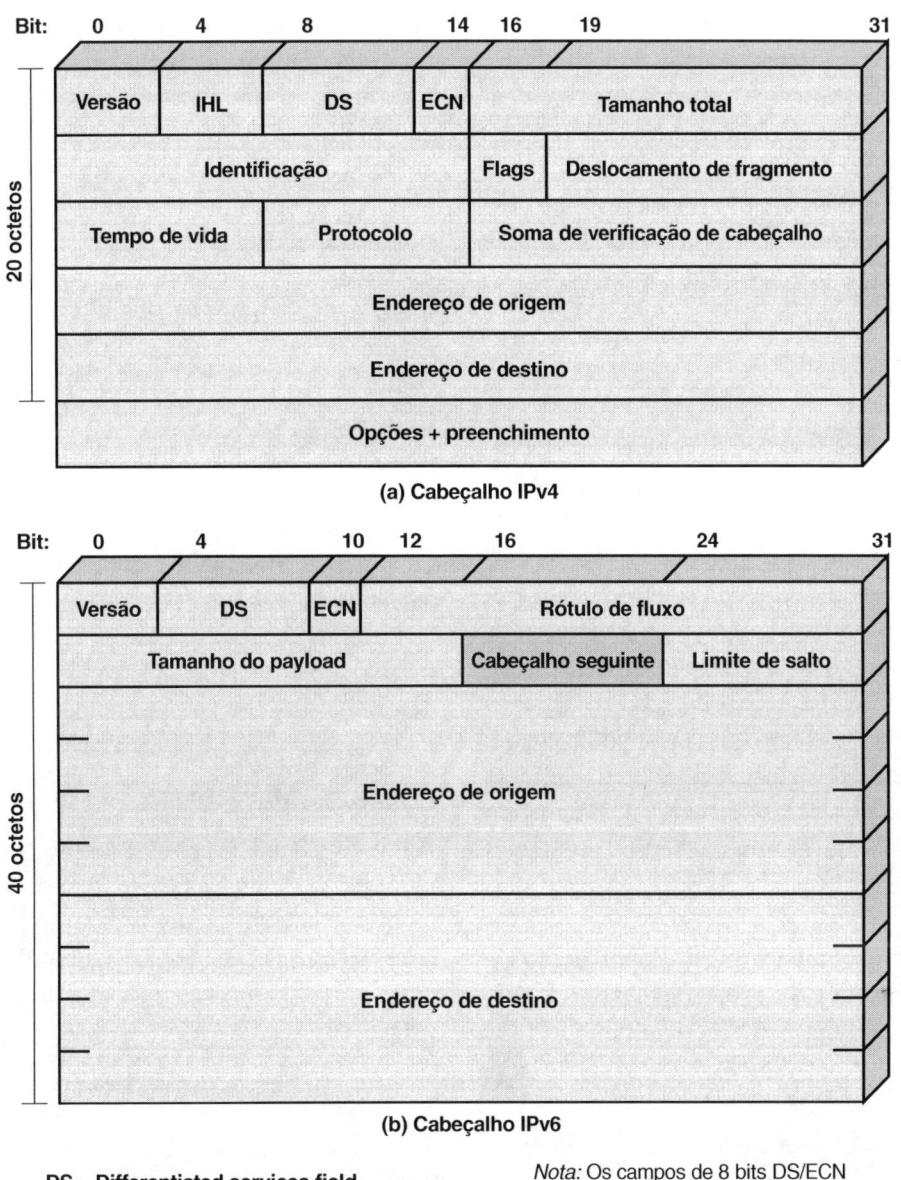

(b) Cabeçalho IPv6

Bit: 0	4	10	12	16	24	31
Versão	DS	ECN	Rótulo de fluxo			
Tamanho do payload			Cabeçalho seguinte	Limite de salto		
Endereço de origem						
Endereço de destino						

40 octetos

DS = Differentiated services field
ECN = Explicit congestion notification field

Nota: Os campos de 8 bits DS/ECN anteriormente eram conhecidos como campo Type of Service (Tipo de Serviço) no cabeçalho IPv4 e campo Traffic Class (Classe de Tráfego) no cabeçalho IPv6.

FIGURA 5.7 Cabeçalhos IP.

confiável para a transferência de dados entre as aplicações. Uma conexão é simplesmente uma associação lógica temporária entre duas entidades em diferentes sistemas. Durante a conexão, cada entidade registra os segmentos entrando e saindo para a outra entidade, a fim de regular o fluxo de segmentos e recuperar-se de segmentos perdidos ou danificados.

A Figura 5.6a mostra o formato de cabeçalho para TCP, que é um mínimo de 20 octetos, ou 160 bits. Os campos Porta de Origem e Porta de Destino identificam as aplicações nos sistemas de origem e destino que estão usando essa conexão. Os campos Número de Seqüência, Número de Confirmação e Janela oferecem controle de fluxo e controle de erro. A soma de verificação é uma seqüência de verificação de quadro de 16 bits utilizada para detectar erros no segmento TCP. Para o leitor interessado, a seção 5.4 oferece mais detalhes.

Além do TCP, existe outro protocolo no nível de transporte que está em uso comum como parte do conjunto de protocolos TCP/IP: o User Datagram Protocol (UDP). UDP não garante entrega, preservação de seqüência ou proteção contra duplicação. UDP permite que um processo envie mensagens a outros processos com um mecanismo de protocolo mínimo. Algumas aplicações orientadas à transação utilizam UDP; um exemplo é o SNMP (Simple Network Management Protocol), o protocolo padrão de gerenciamento de redes para redes TCP/IP. Por não usar conexão, UDP tem muito pouco a fazer. Basicamente, ele acrescenta uma capacidade de endereçamento de porta ao IP. Isso pode ser visto melhor examinando-se o cabeçalho UDP, mostrado na Figura 5.6b.

IP e IPv6

Há décadas, a base da arquitetura de protocolos TCP/IP tem sido o IP. A Figura 5.7a mostra o formato do cabeçalho IP, que tem no mínimo 20 octetos, ou 160 bits. O cabeçalho e o segmento da camada de transporte formam uma PDU de nível IP referenciada como datagrama IP, ou pacote IP. O cabeçalho inclui endereços de origem e destino de 32 bits. O campo de Soma de Verificação de Cabeçalho é usado para detectar erros no cabeçalho, e evitar erros de entrega. O campo Protocolo indica qual protocolo da camada superior está usando IP. Os campos ID, Flags e Deslocamento de Fragmento são usados no processo de fragmentação e remontagem. Para o leitor interessado, a seção 5.4 fornece mais detalhes.

Em 1995, a Internet Engineering Task Force (IETF), que desenvolve os padrões de protocolo para a Internet, emitiu uma especificação para um IP da próxima geração, então conhecido como IPng. Essa especificação foi transformada em um padrão em 1996, conhecido como IPv6. IPv6 oferece diversas melhorias funcionais em relação ao IP existente, projetado para acomodar as maiores velocidades das redes de hoje e a mistura de fluxos de dados, incluindo gráfico e vídeo, que estão se tornando mais prevalentes. Mas o motivo principal por trás do desenvolvimento do novo protocolo foi a necessidade de mais endereços. O IP atual utiliza um endereço de 32 bits para especificar uma origem ou destino. Com o crescimento explosivo da Internet e das redes privadas conectadas à Internet, esse tamanho de endereço tornou-se insuficiente para acomodar todos os sistemas que precisam de endereços. Como mostra a Figura 5.7b, o IPv6 inclui campos de endereço de origem e destino de 128 bits.

Por fim, todas as instalações usando TCP/IP deverão migrar do IP atual para o IPv6, mas esse processo levará muitos anos, ou até mesmo décadas.

Operação do TCP/IP

A Figura 5.8 indica como esses protocolos são configurados para comunicações. Utiliza-se algum tipo de protocolo de acesso à rede, como a lógica Ethernet, para conectar um computador a uma rede. Esse protocolo permite que o host envie dados pela rede para outro

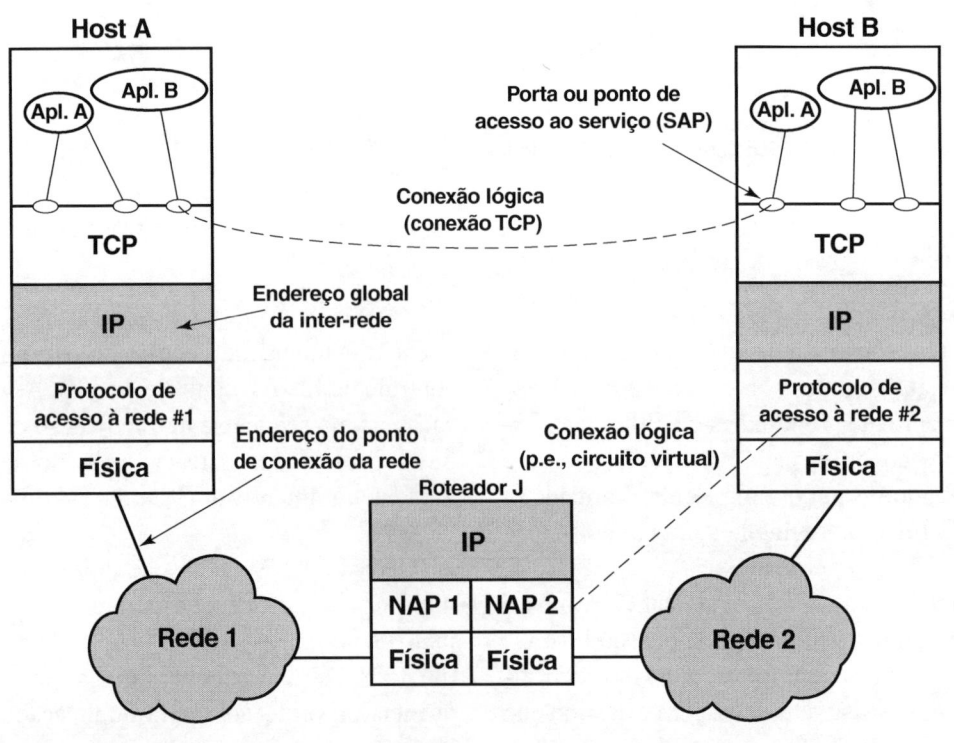

FIGURA 5.8 Conceitos do TCP/IP.

host ou, no caso de um host em outra rede, para um roteador. O IP é implementado em todos os sistemas finais e roteadores. Ele atua como um repasse para mover um bloco de dados de um host, passando por um ou mais roteadores, para outro host. TCP é implementado apenas nos sistemas finais; ele registra blocos de dados sendo transferidos, para garantir que todos sejam entregues de forma confiável para a aplicação apropriada.

Para que a comunicação seja bem-sucedida, cada entidade no sistema geral precisa ter um endereço exclusivo. De fato, dois níveis de endereçamento são necessários. Cada host em uma rede precisa ter um endereço de inter-rede global exclusivo; isso permite que os dados sejam entregues ao host apropriado. Esse endereço é usado pelo IP para roteamento e entrega. Cada aplicação dentro de um host precisa ter um endereço que seja exclusivo dentro do host; isso faz com que o protocolo de host a host (TCP) entregue dados ao processo apropriado. Esses últimos endereços são conhecidos como portas.

Vamos acompanhar uma operação simples. Suponha que um processo, associado à porta 3 no host A, queira enviar uma mensagem para outro processo, associado à porta 2 no host B. O processo em A entrega a mensagem para o TCP com instruções para enviá-la ao host B, porta 2. O TCP entrega a mensagem para o IP com instruções para enviá-la ao host B. Observe que o IP não precisa saber da identidade da porta de destino. Tudo o que ele precisa saber é que os dados são para o host B. Em seguida, o IP entrega a mensagem para a camada de acesso à rede (por exemplo, lógica Ethernet) com instruções para enviá-la ao roteador J (o primeiro salto no caminho até B).

Para controlar essa operação, precisam ser transmitidas informações de controle além dos dados do usuário, conforme é sugerido na Figura 5.9. Digamos que o processo emissor gere um bloco de dados e o passe para o TCP. O TCP anexa as informações de controle conhecidas como cabeçalho TCP (Figura 5.6a), formando um segmento TCP. As informações de controle devem ser usadas pela entidade do protocolo TCP parceiro, no host B.

Em seguida, o TCP entrega cada segmento ao IP, com instruções para transmiti-lo para B. Esses segmentos precisam ser transmitidos por uma ou mais redes e repassados por um ou mais roteadores intermediários. Essa operação também exige o uso de informações de controle. Assim, o IP anexa um cabeçalho de informações de controle (Figura 5.7) a cada segmento, para formar um **datagrama IP**. Um exemplo de um item armazenado no cabeçalho IP é o endereço do host de destino (neste exemplo, B).

Finalmente, cada datagrama IP é apresentado à camada de acesso à rede para transmissão pela primeira rede em sua jornada rumo ao destino. A camada de acesso à rede anexa seu próprio cabeçalho, criando um pacote, ou frame. O pacote é transmitido pela rede ao roteador J. O cabeçalho do pacote contém a informação que a rede precisa para transferir os dados pela rede. Alguns exemplos de itens que podem estar contidos nesse cabeçalho são os seguintes:

- **Endereço da rede de destino:** A rede precisa saber para qual dispositivo conectado o pacote deve ser entregue, neste caso, o roteador J.

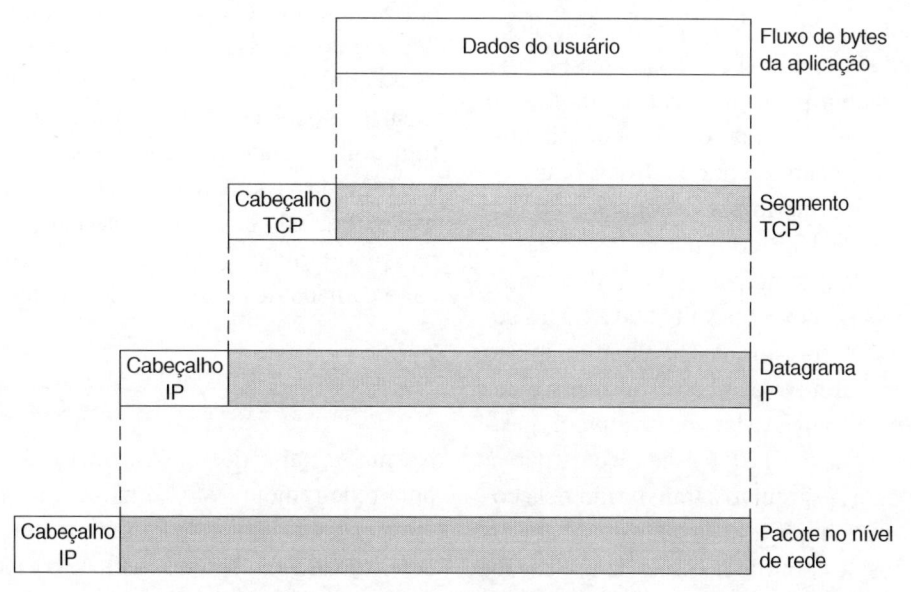

FIGURA 5.9 Unidades de dados do protocolo (PDUs) na arquitetura TCP/IP.

- **Solicitações de facilidades:** O protocolo de acesso à rede pode exigir a utilização de certas facilidades, como prioridade.

No roteador J, o cabeçalho do pacote é removido e o cabeçalho IP é examinado. Com base na informação de endereço de destino no cabeçalho IP, o módulo IP no roteador direciona o datagrama pela rede 2 para B. Para fazer isso, o datagrama novamente é aumentado com um cabeçalho de acesso à rede.

Quando os dados são recebidos em B, ocorre o processo inverso. Em cada camada, o cabeçalho correspondente é removido e o restante é passado para a próxima camada mais alta, até que os dados originais do usuário sejam entregues ao processo de destino.

Aplicações TCP/IP

Diversas aplicações foram padronizadas para operar em cima do TCP. Aqui, mencionamos três das mais comuns.

O **Simple Mail Transfer Protocol** (SMTP) oferece a facilidade básica de correio eletrônico. Ele fornece um mecanismo para transferir mensagens entre hosts separados. Os recursos do SMTP incluem listas de correspondência, recibos de retorno e encaminhamento. O protocolo SMTP não especifica o modo como as mensagens devem ser criadas; alguma facilidade local de edição ou correio eletrônico é necessária. Quando uma mensagem é criada, o SMTP aceita a mensagem e utiliza o TCP para enviá-la a um módulo SMTP ou outro host. O módulo SMTP de destino utilizará uma aplicação de correio eletrônico local para armazenar a mensagem que chega na caixa de correio de um usuário. SMTP é examinado com mais detalhes no Capítulo 6.

O **File Transfer Protocol** (FTP) é usado para enviar arquivos de um sistema para outro sob comando do usuário. Arquivos de texto e binários são acomodados, e o protocolo oferece recursos para controlar o acesso do usuário. Quando um usuário deseja engajar na transferência de arquivos, o FTP configura uma conexão TCP com o sistema de destino para a troca de mensagens de controle. Essa conexão permite que a ID e a senha do usuário sejam transmitidas e permite que o usuário especifique o arquivo e as ações de arquivo desejadas. Quando uma transferência de arquivo é aprovada, uma segunda conexão TCP é estabelecida para a transferência de dados. O arquivo é transferido pela conexão de dados, sem a sobrecarga de quaisquer cabeçalhos ou informações de controle no nível da aplicação. Quando a transferência termina, a conexão de controle é usada para sinalizar o término e aceitar novos comandos de transferência de arquivos.

TELNET oferece uma capacidade de logon remoto, que permite que um usuário em um terminal ou computador pessoal efetue logon com um computador remoto e funcione como se estivesse conectado a esse computador. O protocolo foi projetado para funcionar com terminais simples, no modo de rolagem. TELNET, na realidade, é implementado em dois módulos: O usuário TELNET interage com o módulo de E/S do terminal para se comunicar com um terminal local. Ele converte as características dos terminais reais para o padrão de rede e vice-versa. O servidor TELNET interage com uma aplicação, atuando como um manipulador de terminal substituto, de modo que os terminais remotos apareçam como locais à aplicação. O tráfego de terminais entre o Usuário e o Servidor TELNET é transportado em uma conexão TCP.

Interfaces de protocolo

Cada camada no conjunto de protocolos TCP/IP interage com suas camadas adjacentes imediatas. No início, a camada de aplicação utiliza os serviços da camada de transporte e oferece dados para essa camada. Existe um relacionamento semelhante na interface entre as camadas de transporte e inter-rede, e na interface entre as camadas de inter-rede e acesso à rede. No destino, cada camada entrega dados para a próxima camada seguinte.

Esse uso de cada camada individual não é exigido pela arquitetura. Como a Figura 5.10 sugere, é possível desenvolver aplicações que chamam diretamente os serviços de qualquer uma das camadas. A maioria das aplicações exige um protocolo de transporte confiável e, assim, utiliza o TCP. Algumas aplicações de uso especial não precisam dos serviços do TCP. Algumas dessas aplicações, como o Simple Network Management Protocol (SNMP), utilizam outro protocolo de transporte, conhecido como User Datagram Protocol (UDP); outros podem utilizar o IP diretamente. As aplicações que não envolvem interconexão de redes e que não precisam do TCP foram desenvolvidas para invocar a camada de acesso à rede diretamente.

5.3 INTERCONEXÃO DE REDES

Na maior parte dos casos, uma rede local (LAN) ou uma rede remota (WAN) não é uma entidade isolada. Uma organização pode ter mais de um tipo de LAN em determinado local para satisfazer o espectro de necessidades. Uma organização pode ter várias LANs do mes-

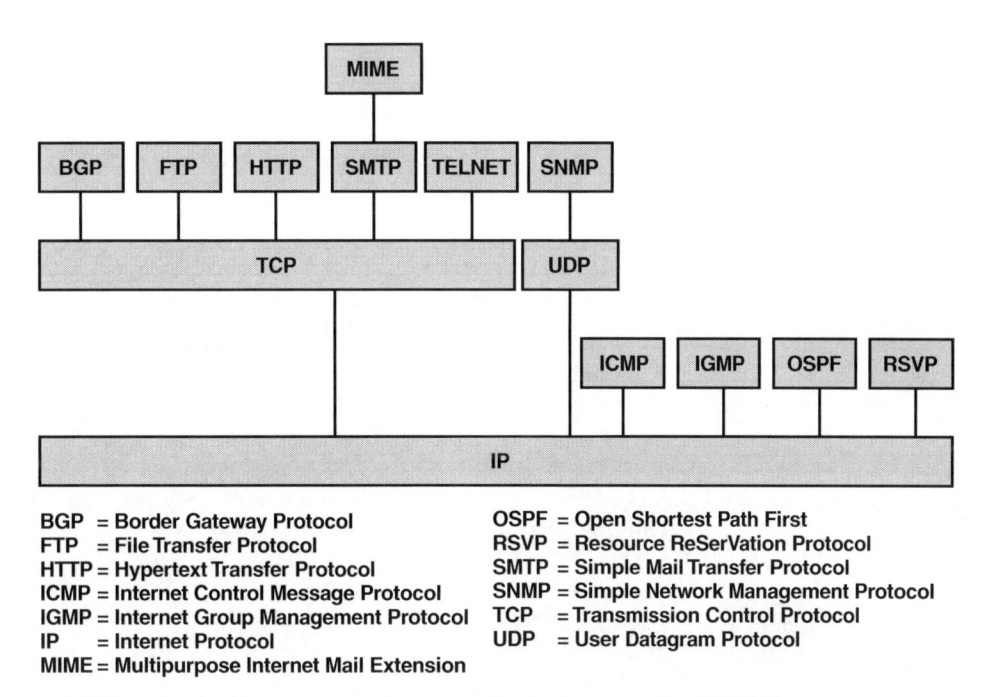

BGP = Border Gateway Protocol
FTP = File Transfer Protocol
HTTP = Hypertext Transfer Protocol
ICMP = Internet Control Message Protocol
IGMP = Internet Group Management Protocol
IP = Internet Protocol
MIME = Multipurpose Internet Mail Extension
OSPF = Open Shortest Path First
RSVP = Resource ReSerVation Protocol
SMTP = Simple Mail Transfer Protocol
SNMP = Simple Network Management Protocol
TCP = Transmission Control Protocol
UDP = User Datagram Protocol

FIGURA 5.10 Alguns protocolos no conjunto de protocolos TCP/IP.

mo tipo em determinado local, para acomodar os requisitos de desempenho e segurança. E uma organização pode ter LANs em vários locais e precisar que elas sejam interconectadas por meio de WANs para o controle central da troca de informações distribuídas.

A Tabela 5.1 lista alguns dos termos mais utilizados com relação à interconexão de redes. Um conjunto interconectado de redes, do ponto de vista de um usuário, pode parecer simplesmente como uma rede maior. No entanto, se cada uma das redes constituintes retiver sua identidade e mecanismos especiais forem necessários para a comunicação por várias redes, então a configuração inteira normalmente é conhecida como uma **inter-rede**, e cada uma das redes constituintes como uma **sub-rede**. O exemplo mais importante de uma inter-rede é conhecido simplesmente como a Internet. À medida que a Internet evoluía do seu início modesto como uma rede de comutação de pacotes orientada para pesquisa, ela servia como a base para o desenvolvimento da tecnologia de interconexão de redes e como o modelo para inter-redes privadas dentro das organizações. Estas últimas também são referenciadas como **intranets**. Se uma organização estende o acesso à sua intranet, pela Internet, para clientes e fornecedores selecionados, então a configuração resultante normalmente é conhecida como uma **extranet**.

Cada sub-rede constituinte em uma inter-rede admite a comunicação entre os dispositivos conectados a essa sub-rede; esses dispositivos são conhecidos como **sistemas finais** (ESs – End Systems). Além disso, as sub-redes são conectadas por dispositivos conhecidos nos documentos da ISO como **sistemas intermediários** (ISs – Intermediate Systems). ISs oferecem um caminho de comunicações e realizam o repasse e o roteamento necessários para que os dados possam ser trocados entre os dispositivos conectados a diferentes sub-redes na inter-rede.

Dois tipos de ISs de interesse particular são **pontes** e **roteadores**. As diferenças entre eles têm a ver com os tipos de protocolos utilizados para a lógica de inter-redes. Examinamos o papel e as funções das pontes no Capítulo 10. O papel e as funções dos roteadores foram apresentados anteriormente neste capítulo no contexto do IP. Todavia, devido à importância dos roteadores no esquema de rede em geral, vale a pena fazer algum comentário adicional nesta seção.

Roteadores

A interconexão de redes é alcançada usando-se sistemas intermediários, ou roteadores, para interconectar uma série de redes independentes. Funções essenciais que o roteador precisa realizar incluem as seguintes:

1. Fornecer um enlace entre as redes.
2. Fornecer o roteamento e a entrega de dados entre os sistemas finais conectados a diferentes redes.
3. Fornecer essas funções de modo que não exija modificações da arquitetura de rede de qualquer uma das redes conectadas.

Tabela 5.1 **Termos de interconexão de redes**

Rede de comunicação

Uma facilidade que oferece um serviço de transferência de dados entre dispositivos conectados à rede.

Inter-rede

Uma coleção de redes de comunicação interconectadas por pontes e/ou roteadores.

Intranet

Uma inter-rede usada por uma única organização, que oferece as principais aplicações da Internet, especialmente a World Wide Web. Uma intranet opera dentro da organização para fins internos, e pode existir como uma inter-rede isolada, autocontida, ou pode ter links para a Internet.

Extranet

A extensão da intranet de uma empresa para a Internet, permitindo que clientes, fornecedores e trabalhadores móveis selecionados acessem os dados e as aplicações privadas da empresa por meio da World Wide Web.

Sub-rede

Refere-se a uma rede constituinte de uma inter-rede. Isso evita ambigüidade porque a inter-rede inteira, do ponto de vista de um usuário, é uma única rede.

End System (ES)

Sistema final. Um sistema conectado a uma das redes de uma inter-rede, que é usado para dar suporte a aplicações ou serviços do usuário final.

Intermediate System (IS)

Sistema intermediário. Um dispositivo usado para conectar duas redes e permitir a comunicação entre os sistemas finais conectados a diferentes redes.

Ponte

Um IS usado para conectar duas LANs que utilizam protocolos de LAN semelhantes. A ponte atua como um filtro de endereços, selecionando pacotes de uma LAN que deverão seguir para um destino em outra LAN e passando esses pacotes adiante. A ponte não modifica o conteúdo dos pacotes e não acrescenta algo ao pacote. A ponte opera na camada 2 do modelo OSI.

Roteador

Um IS usado para conectar duas redes, que podem ou não ser semelhantes. O roteador emprega um protocolo de inter-rede presente em cada roteador e cada sistema final da rede. O roteador opera na camada 3 do modelo OSI.

O ponto 3 significa que o roteador precisa acomodar uma série de diferenças entre as redes, como as seguintes:

- **Esquemas de endereçamento:** As redes podem utilizar diferentes esquemas para atribuir endereços aos dispositivos. Por exemplo, uma LAN IEEE 802 utiliza endereços binários de 48 bits para cada dispositivo conectado; uma rede ATM normalmente utiliza endereços decimais de 15 dígitos (codificados como 4 bits por dígito para um endereço de 60 bits). Alguma forma de endereçamento de rede global precisa ser fornecida, bem como um serviço de diretório.
- **Tamanhos máximos de pacote:** Os pacotes de uma rede podem ter de ser desmembrados em partes menores para serem transmitidos em outra rede, um processo conhecido como **fragmentação**. Por exemplo, a rede Ethernet impõe um tamanho máximo de pacote de 1.500 bytes; um tamanho máximo de pacote de 1.600 bytes é comum em redes Frame Relay. Um pacote que é transmitido em uma rede Frame Relay e apanhado por um roteador para ser encaminhado em uma LAN Ethernet pode ter de ser fragmentado em dois pacotes menores.
- **Interfaces:** As interfaces de hardware e software para várias redes diferem. O conceito de um roteador precisa ser independente dessas diferenças.
- **Confiabilidade:** Diversos serviços de rede podem oferecer algo, desde um circuito virtual confiável de ponta a ponta até um serviço não confiável. A opera-

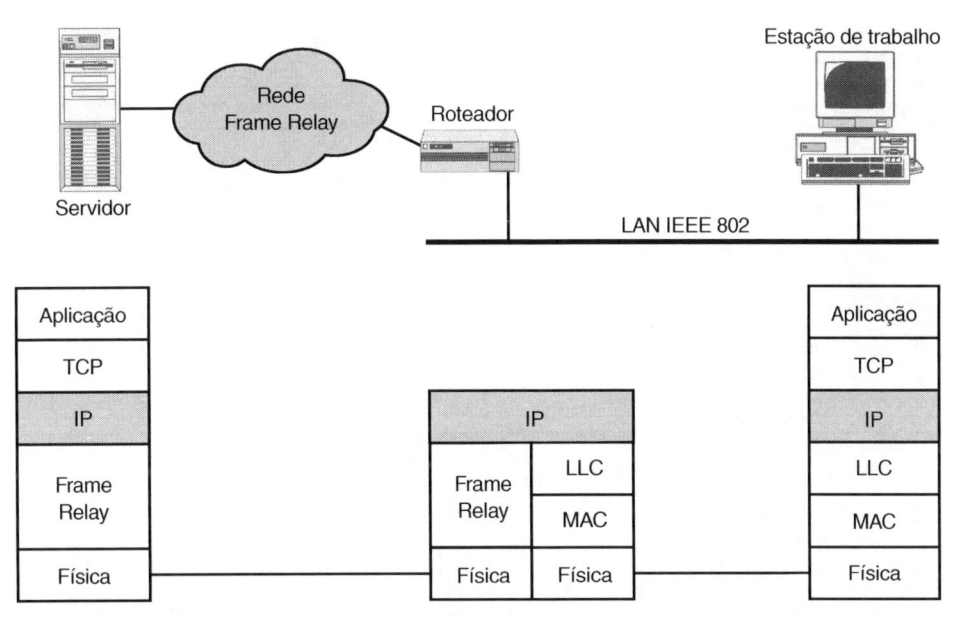

FIGURA 5.11 Configuração para exemplo de TCP/IP.

ção dos roteadores não deverá depender de uma suposição da confiabilidade da rede.

Os requisitos anteriores são mais bem satisfeitos por um protocolo de interconexão de redes, como IP, que é implementado em todos os sistemas finais e roteadores.

Exemplo de inter-redes

A Figura 5.11 representa uma configuração que usaremos para ilustrar as interações entre protocolos para interconexão de redes. Nesse caso, focalizamos um servidor conectado a uma WAN Frame Relay e uma estação de trabalho conectada a uma LAN IEEE 802, como Ethernet, com um roteador conectando as duas redes. O roteador oferece um enlace entre o servidor e a estação de trabalho que possibilita esses sistemas finais ignorarem os detalhes das redes intermediárias. Para a rede Frame Relay, o que chamamos de camada de acesso à rede consiste em um único protocolo Frame Relay. No caso da LAN IEEE 802, a camada de acesso à rede consiste em duas subcamadas: a camada de controle lógico do enlace (LLC – Logical Link Control) e a camada de controle de acesso ao meio (MAC – Medium Access Control). Para os propósitos desta discussão, não precisamos descrever essas camadas com detalhes, mas eles são explorados em capítulos subseqüentes.

As Figuras de 5.12 a 5.14 esboçam as etapas típicas na transferência de um bloco de dados, como um arquivo ou uma página Web, do servidor, passando pela inter-rede e por fim para a aplicação na estação de trabalho. Nesse exemplo, a mensagem passa por apenas um roteador. Antes de os dados serem transmitidos, as camadas de aplicação e transporte no servidor estabelecem, com as camadas correspondentes na estação de trabalho, as regras de base aplicáveis para uma sessão de comunicação. Estas incluem o código de caracteres a ser utilizado, o método de verificação de erros e coisas desse tipo. O protocolo em cada camada é usado para essa finalidade e depois é usado na transmissão da mensagem.

5.4 DETALHES DO TCP E IP

Tendo examinado a arquitetura TCP/IP e a funcionalidade básica da interconexão de redes, agora podemos retornar ao TCP e IP e examinar alguns detalhes.

TCP

TCP utiliza apenas um único tipo de segmento. O cabeçalho aparece na Figura 5.6a. Como um cabeçalho precisa servir para realizar todos os mecanismos do protocolo, ele é um tanto longo, com um tamanho mínimo de 20 octetos. Os campos são os seguintes:

- **Porta de origem (16 bits):** Usuário TCP de origem.
- **Porta de destino (16 bits):** Usuário TCP de destino.
- **Número de seqüência (32 bits):** Número de seqüência do primeiro octeto de dados nesse segmento, exceto quando o flag SYN está marcado. Se SYN estiver marcado, esse campo contém o número de seqüência inicial (ISN – Initial Sequence Number) e o primeiro octeto de dados nesse segmento possui o número de seqüência ISN + 1.

1. Preparar os dados. O protocolo de aplicação prepara um bloco de dados para transmissão: por exemplo, uma mensagem de correio eletrônico (SMTP), um arquivo (FTP) ou um bloco de entrada do usuário (TELNET).

2. Usar uma sintaxe comum. Se for preciso, os dados são convertidos para uma forma esperada pelo destino. Isso pode incluir um código de caracteres diferente, o uso de criptografia e/ou compactação.

3. Segmentar os dados. O TCP pode desmembrar o bloco de dados em diversos segmentos, registrando sua seqüência. Cada segmento TCP inclui um cabeçalho com um número de seqüência e uma seqüência de verificação de quadro para detectar erros.

4. Duplicar segmentos. É feita uma cópia de cada segmento TCP, caso a perda ou dano de um segmento precise de retransmissão. Quando uma confirmação é recebida da outra entidade TCP, um segmento é apagado.

5. Fragmentar os segmentos. O IP pode desmembrar um segmento TCP em uma série de datagramas, para atender os requisitos de tamanho das redes intermediárias. Cada datagrama inclui um cabeçalho com um endereço de destino, uma seqüência de verificação de frame e outras informações de controle.

6. Framing. Um cabeçalho e término Frame Relay são acrescentados a cada datagrama IP. O cabeçalho contém um identificador de conexão e o término contém uma seqüência de verificação de quadro.

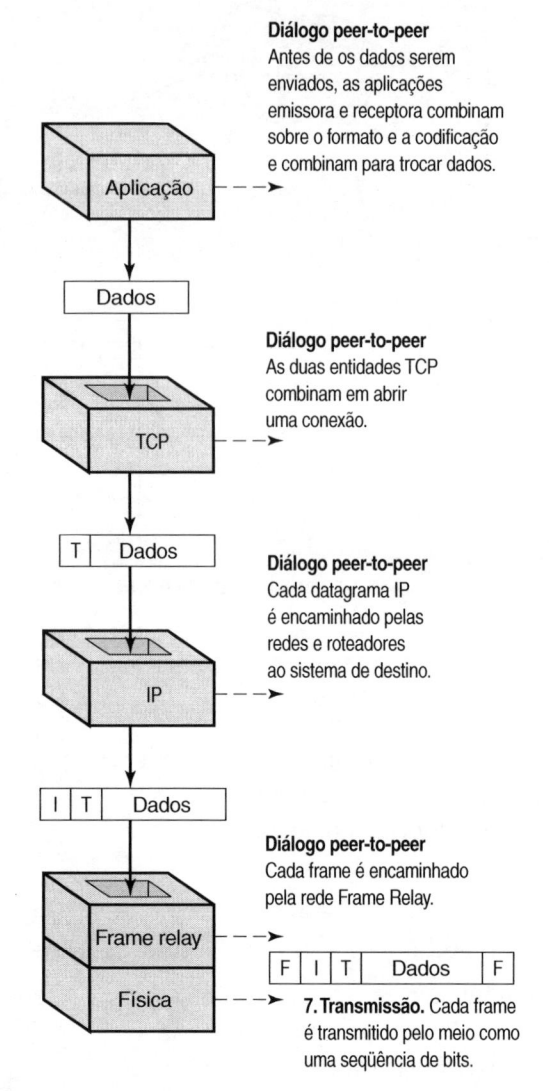

Diálogo peer-to-peer
Antes de os dados serem enviados, as aplicações emissora e receptora combinam sobre o formato e a codificação e combinam para trocar dados.

Diálogo peer-to-peer
As duas entidades TCP combinam em abrir uma conexão.

Diálogo peer-to-peer
Cada datagrama IP é encaminhado pelas redes e roteadores ao sistema de destino.

Diálogo peer-to-peer
Cada frame é encaminhado pela rede Frame Relay.

7. Transmissão. Cada frame é transmitido pelo meio como uma seqüência de bits.

FIGURA 5.12 Operação do TCP/IP: Ação no emissor.

- **Número de confirmação (32 bits):** Contém o número de seqüência do próximo octeto de dados que a entidade TCP espera receber da outra entidade TCP.
- **Tamanho do cabeçalho (4 bits):** Número de palavras de 32 bits no cabeçalho.
- **Reservado (4 bits):** Reservado para uso futuro.
- **Flags (6 bits):** Para cada flag, se definido como 1, o significado é o seguinte:

    CWR: janela de congestionamento reduzida.

    ECE: ECN-Echo; os bits CWR e ECE bits, definidos na RFC 3168, são usados para a função explícita de notificação de congestionamento, que é descrita no Capítulo 8.

    URG: campo ponteiro de urgente significativo.

    ACK: campo de confirmação significativo.

    PSH: função push.

    RST: restabelece a conexão.

    SYN: sincroniza os números de seqüência.

    FIN: não há mais dados do emissor.

- **Janela (16 bits):** Alocação de crédito de controle de fluxo, em octetos. Contém o número de octetos de dados, começando com o número de seqüência indicado no campo de confirmação que o emissor deseja aceitar.
- **Soma de verificação (16 bits):** O complemento de um, do módulo da soma de complemento de um, de todas as palavras de 16 bits do segmento mais um pseudocabeçalho, descrito mais adiante.

10. Roteamento do pacote. O IP examina o cabeçalho IP e toma uma decisão de roteamento. Ele determina qual enlace de saída deve ser usado e depois passa o datagrama de volta à camada de enlace para transmissão nesse enlace.

Diálogo peer-to-peer
O roteador passará esse datagrama para outro roteador ou para o sistema de destino.

11. Formando a PDU LLC. Um cabeçalho LLC é acrescentado a cada datagrama IP para formar uma PDU LLC. O cabeçalho contém informações de número de seqüência e endereço.

9. Processando o frame. A camada Frame Relay remove o cabeçalho e o término e os processa. O número de seqüência de verificação de quadro é usado para detecção de erro. O número de conexão identifica a origem.

12. Framing. Um cabeçalho e término MAC são acrescentados a cada PDU LLC, formando um quadro MAC. O cabeçalho contém informações de endereço e o término contém a seqüência de verificação de quadro.

8. Chegando no roteador. O sinal de chegada é recebido pelo meio de transmissão e interpretado como um fluxo de bits.

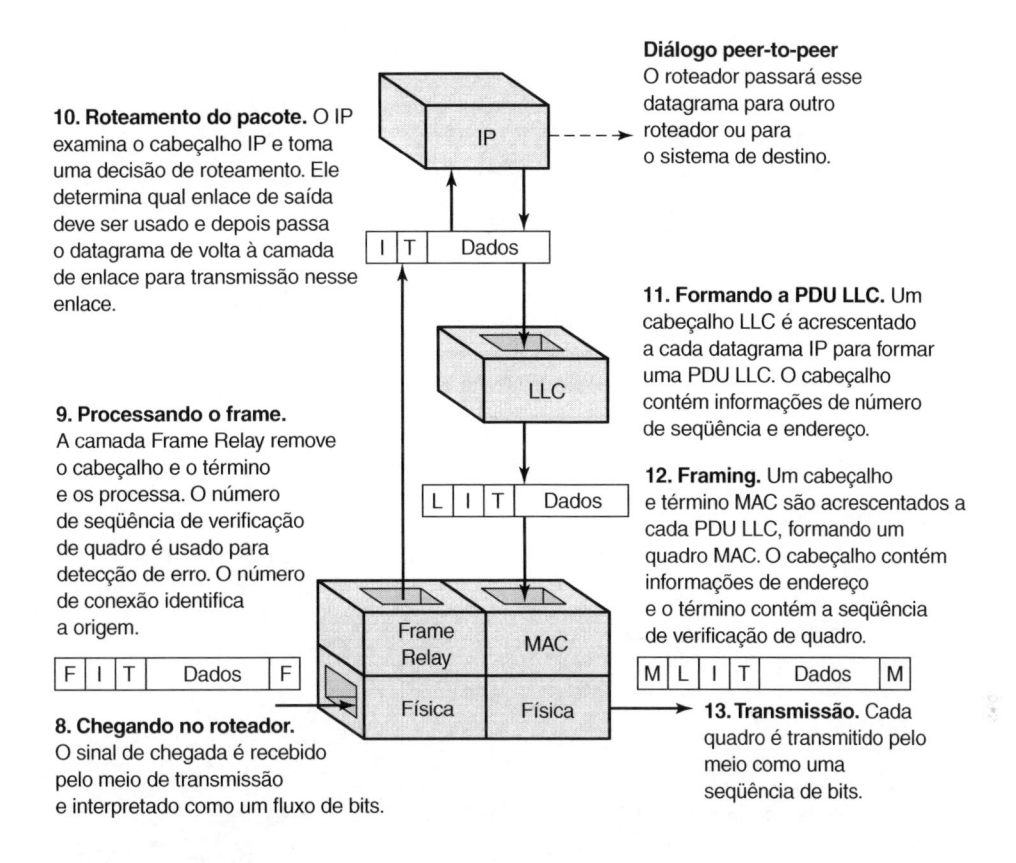

13. Transmissão. Cada quadro é transmitido pelo meio como uma seqüência de bits.

FIGURA 5.13 Operação do TCP/IP: Ação no roteador.

- **Ponteiro de urgente (16 bits):** Esse valor, quando acrescentado ao número de seqüência do segmento, contém o número de seqüência do último octeto em uma seqüência de dados urgentes. Isso permite que o receptor saiba quantos dados urgentes estão chegando.
- **Opções (variável):** Zero ou mais opções podem ser incluídas.

A Porta de Origem e a Porta de Destino especificam os usuários emissor e receptor do TCP. Existem diversos usuários comuns do TCP que receberam números fixos; alguns exemplos aparecem na Tabela 5.2. Esses números devem ser reservados para essa finalidade em qualquer implementação. Outros números de porta precisam ser combinados por acordo entre as duas partes em comunicação.

Tabela 5.2 Alguns números de porta atribuídos

5	Remote Job Entry	79	Finger
7	Echo	80	World Wide Web (HTTP)
20	FTP (Default Data)	88	Kerberos
21	FTP (Control)	119	Network News Transfer Protocol
23	TELNET	161	SNMP Agent Port
25	SMTP	162	SNMP Manager Port
43	WhoIs	179	Border Gateway Protocol
53	Domain Name Server	194	Internet Relay Chat Protocol
69	TFTP	389	Lightweight Directory Access Protocol

20. Entregar os dados. A aplicação realiza quaisquer transformações necessárias, incluindo descompactação e descriptografia, e direciona os dados para o arquivo apropriado ou outro destino.

19. Remontar os dados do usuário. Se o TCP tiver desmembrado os dados do usuário em vários segmentos, estes são remontados e o bloco é passado para a aplicação.

18. Processar o segmento TCP. O TCP remove o cabeçalho. Ele verifica a seqüência de verificação de quadro e confirma a recepção do quadro se a verificação for positiva, descartando o quadro se não for positiva. O controle de fluxo também é realizado.

17. Processar o datagrama IP. O IP remove o cabeçalho. A seqüência de verificação de quadro e outras informações de controle são processadas.

16. Processar a PDU LLC. A camada LLC remove o cabeçalho e o processa. O número de seqüência é usado para controle de fluxo e erro.

15. Processar o frame. A camada MAC remove o cabeçalho e o término e os processa. O número de seqüência de verificação de quadro é usado para detecção de erro.Dados

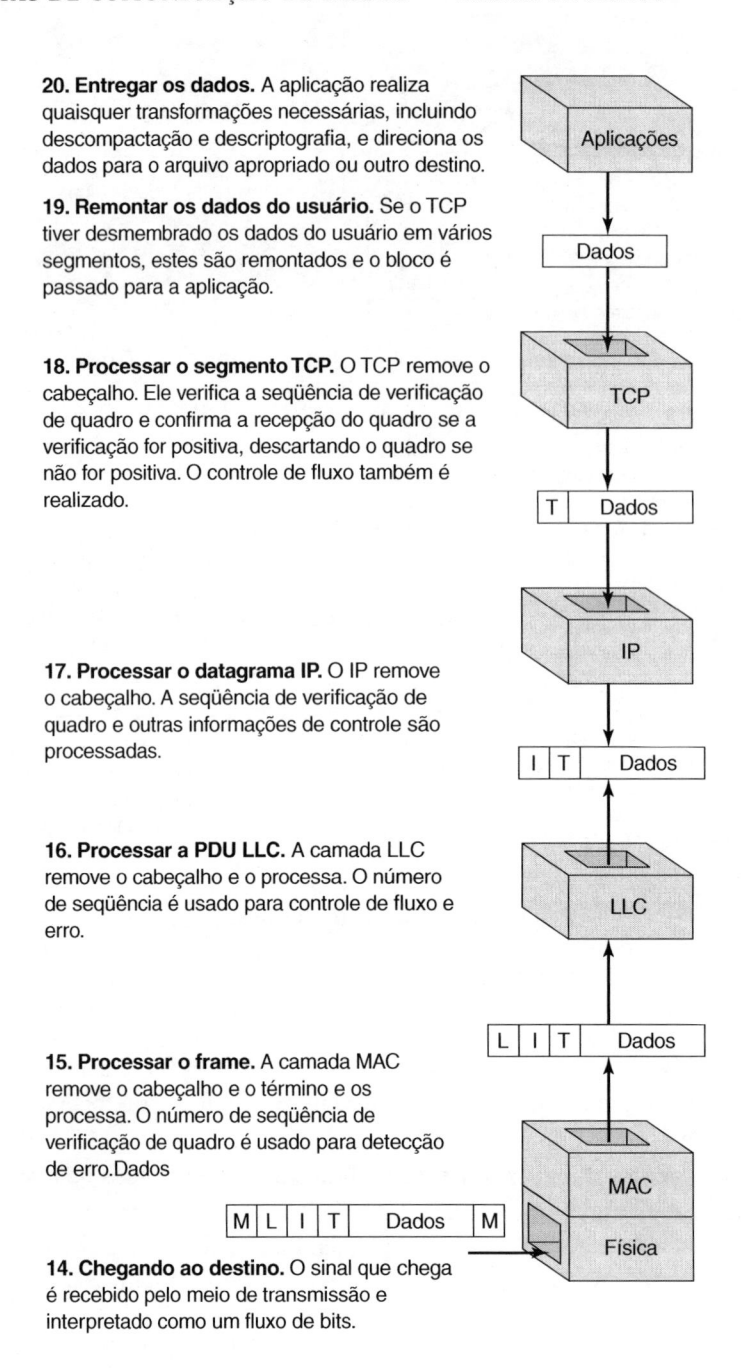

14. Chegando ao destino. O sinal que chega é recebido pelo meio de transmissão e interpretado como um fluxo de bits.

FIGURA 5.14 Operação do TCP/IP: Ação no receptor.

O Número de Seqüência e o Número de Confirmação estão ligados aos octetos, e não aos segmentos inteiros. Por exemplo, se um segmento contém o Número de Seqüência 1001 e inclui 600 octetos de dados, o Número de Seqüência refere-se ao primeiro octeto no campo de dados; o próximo segmento na ordem lógica terá o Número de Seqüência 1601. Assim, o TCP é logicamente orientado ao fluxo: ele aceita um fluxo de octetos do usuário, agrupa-os em segmentos como for melhor e numera cada octeto no fluxo. Esses números são usados para controle de fluxo, junto com o campo de janela. O esquema funciona da seguinte maneira, para um segmento TCP trafegando de X para Y. O Número de Confirmação é o número do próximo octeto esperado por X; ou seja, X já recebeu octetos de dados até esse número. A Janela indica quantos octetos adicionais X estão preparados para receber de Y. Limitando o valor da Janela, X pode limitar a taxa em que os dados chegam de Y.

O campo de Soma de Verificação é usado para detectar erros. Esse campo é calculado com base nos bits de todo o segmento, mais um pseudocabeçalho colocado antes do cabeçalho no momento do cálculo (na transmissão e na recepção). O emissor calcula essa Soma de Verificação e a acrescenta ao segmento. O receptor realiza o mesmo cálculo com o segmento recebido e compara esse cálculo com o conteúdo do campo de Soma de Verificação nesse mesmo segmento recebido. Se os dois valores não forem iguais, então um ou mais bits foram alterados acidentalmente em trânsito. O pseudocabeçalho inclui os seguintes campos do cabeçalho IP: Endereço e Protocolo de Origem e Destino, mais um campo com o tamanho do segmento. Incluindo o pseudocabeçalho, o TCP se protege contra erros de entrega pelo IP. Ou seja, se o IP entregar um segmento ao host errado, mesmo que o segmento não contenha erros de bit, a entidade TCP receptora detectará o erro na entrega.

IPv4

A Figura 5.7a mostra o formato do cabeçalho IP, que tem no mínimo 20 octetos, ou 160 bits. Os campos são os seguintes:

- **Versão (4 bits):** Indica o número da versão, para permitir a evolução do protocolo; o valor é 4.
- **Tamanho do cabeçalho de inter-rede (IHL) (4 bits):** Tamanho do cabeçalho em words de 32 bits. O valor mínimo é cinco, para um tamanho de cabeçalho mínimo de 20 octetos.
- **DS/ECN (8 bits):** Antes da introdução dos serviços diferenciados, esse campo era conhecido como campo de **Tipo de Serviço (TOS)** e especificava os parâmetros de confiabilidade, precedência, atraso e vazão. Essa interpretação agora foi substituída. Os 6 primeiros bits do campo TOS agora são conhecidos como o campo DS (Differentiated Services), discutido no Capítulo 8. Os 2 bits restantes são reservados para o campo ECN (Explicit Congestion Notification), também discutido no Capítulo 8.
- **Tamanho total (16 bits):** Tamanho total do datagrama, incluindo cabeçalho mais dados, em octetos.
- **Identificação (16 bits):** Um número de seqüência que, junto com o endereço de origem, endereço de destino e protocolo do usuário, serve para identificar um datagrama de forma exclusiva. Assim, esse número deverá ser único para o endereço de origem do datagrama, endereço de destino e protocolo do usuário durante o tempo em que o datagrama permanecerá na inter-rede.
- **Flags (3 bits):** Somente dois dos bits são definidos atualmente. O bit Mais é usado para fragmentação e remontagem, conforme explicado anteriormente. O bit Não Fragmentar proíbe a fragmentação quando marcado. Esse bit pode ser útil se for sabido que o destino não tem a capacidade para remontar fragmentos. Se o bit estiver marcado, porém, o datagrama será descartado se ultrapassar o tamanho máximo de uma rede na rota. Portanto, se o bit estiver marcado, pode ser aconselhável usar o roteamento na origem, para evitar redes com pequeno tamanho máximo do pacote.
- **Deslocamento do fragmento (13 bits):** Indica o lugar, no datagrama original, a que esse fragmento pertence, medido em unidades de 64 bits. Isso implica que os fragmentos diferentes do último fragmento precisam conter um campo de dados que seja um múltiplo de 64 bits de extensão.
- **Tempo de Vida (TTL) (8 bits):** Especifica a duração, em segundos, que um datagrama tem permissão para continuar na inter-rede. Cada roteador que processa um datagrama precisa diminuir o TTL em pelo menos um, de modo que o TTL é um tanto semelhante a um contador de saltos.
- **Protocolo (8 bits):** Indica o protocolo do próximo nível superior que deve receber o campo de dados no destino; assim, esse campo identifica o tipo do próximo cabeçalho no pacote após o cabeçalho IP.
- **Soma de verificação do cabeçalho (16 bits):** Um código de detecção de erro aplicado apenas ao cabeçalho. Como alguns campos de cabeçalho podem mudar durante o trânsito (por exemplo, tempo de vida, campos relacionados à fragmentação), isso é reverificado e recalculado em cada roteador. A soma de verificação é formada apanhando-se o complemento de um, da adição do complemento de um, de todas as palavras de 16 bits do cabeçalho. Para fins de cálculo, esse campo de soma de verificação é iniciado com o valor zero.
- **Endereço de origem (32 bits):** Codificado para permitir uma alocação variável de bits para especificar a rede e o sistema final conectado à rede especificada, conforme trataremos mais adiante.
- **Endereço de destino (32 bits):** As mesmas características do endereço de origem.
- **Opções (variável):** Codifica as opções solicitadas pelo usuário emitente.
- **Preenchimento (variável):** Usado para garantir que o cabeçalho do datagrama tenha um tamanho múltiplo de 32 bits.

Tabela 5.3 Alguns números de protocolo atribuídos

1	Internet Control Message Protocol	17	User Datagram Protocol
2	Internet Group Management Protocol	46	Reservation Protocol (RSVP)
6	Transmission Control Protocol	89	Open Shortest Path First (OSPF)
8	Exterior Gateway Protocol		

- **Dados (variável):** O campo de dados precisa ter um tamanho múltiplo inteiro de 8 bits. O tamanho máximo do datagrama (campo de dados mais cabeçalho) é de 65.535 octetos.

O campo de protocolo IP indica a qual usuário os dados nesse datagrama IP devem ser entregues. Embora o TCP seja o usuário mais comum do IP, outros protocolos podem acessar o IP. Para protocolos que comumente utilizam IP, números de protocolo específicos foram atribuídos e deverão ser usados. A Tabela 5.3 lista algumas dessas atribuições.

5.5 A ARQUITETURA DE PROTOCOLOS OSI

O **modelo de referência OSI (Open Systems Interconnection)** foi desenvolvido pela International Organization for Standardization (ISO) como um modelo para arquitetura de protocolos de computador e como uma estrutura básica para o desenvolvimento de padrões de protocolo. As funções de comunicações são particionadas em um conjunto hierárquico de camadas. Cada camada realiza um subconjunto relacionado das funções exigidas para a comunicação com outro sistema. Ele conta com a próxima camada inferior para realizar funções mais primitivas e ocultar os detalhes dessas funções. Ele oferece serviços à próxima camada mais alta. Teoricamente, as camadas devem ser definidas de modo que as mudanças em uma camada não exijam mudanças nas outras camadas. Assim, decompomos um problema em uma série de subproblemas mais administráveis.

A tarefa da ISO foi definir um conjunto de camadas e os serviços realizados por camada. O particionamento deverá agrupar funções logicamente e deverá ter camadas suficientes para tornar cada camada pequena, para fins de gerenciamento, mas não deverá ter muitas camadas, de modo que a sobrecarga de processamento imposta pela coleção de camadas seja onerosa. O modelo de referência resultante possui sete camadas, que são listadas com uma rápida definição na Figura 5.15. A intenção do modelo OSI é que os protocolos sejam desenvolvidos para realizar as funções de cada camada.

Os projetistas do modelo OSI consideraram que esse modelo e os protocolos desenvolvidos dentro desse modelo viriam a dominar as comunicações de computador, por fim substituindo implementações de protocolo proprietárias e modelos multivendedor rivais, como TCP/IP. Isso não aconteceu. Embora muitos protocolos úteis tenham sido desenvolvidos no contexto do OSI, o modelo geral de sete camadas não floresceu. Em vez disso, a arquitetura TCP/IP veio a dominar. Existem vários motivos para esse resultado. Talvez o mais importante seja que os principais protocolos TCP/IP estivessem amadurecidos e bem testados na época em que protocolos OSI semelhantes estavam no estágio de desenvolvimento. Quando as empresas começaram a reconhecer a necessidade de interoperabilidade entre as redes, somente TCP/IP estava disponível e pronto para seguir. Outro motivo é que o modelo OSI é desnecessariamente complexo, com sete camadas para realizar o que o TCP/IP faz com menos camadas.

A Figura 5.16 ilustra a arquitetura OSI. Cada sistema contém as sete camadas. A comunicação é entre aplicações nos dois computadores, rotuladas como aplicação X e aplicação Y na figura. Se a aplicação X quiser enviar uma mensagem à aplicação Y, ela invocará a camada de aplicação (camada 7). A camada 7 estabelece um relacionamento de parceria com a camada 7 do computador de destino, usando um protocolo da camada 7 (protocolo de aplicação). Esse protocolo exige os serviços da camada 6, de modo que as duas entidades da camada 6 utilizam um protocolo próprio, e assim por diante até a camada física, que realmente transmite os bits por um meio de transmissão.

Observe que não existe uma comunicação direta entre camadas parceiras, exceto na camada física. Ou seja, acima da camada física, cada entidade de protocolo envia dados para a próxima camada inferior para levar os dados à sua entidade parceira. Mesmo na ca-

Aplicação
Proporciona acesso ao ambiente OSI para usuários e também oferece serviços de informação distribuídos.

Apresentação
Oferece independência aos processos da aplicação com relação às diferenças na representação dos dados (sintaxe).

Sessão
Fornece a estrutura de controle para a comunicação entre as aplicações; estabelece, gerencia e termina as conexões (sessões) entre aplicações cooperando.

Transporte
Possibilita a transferência de dados confiável e transparente entre as extremidades; oferece recuperação de erro e controle de fluxo de ponta a ponta.

Rede
Oferece às camadas superiores independência das tecnologias de transmissão e comutação de dados, usadas para conectar os sistemas; responsável por estabelecer, manter e terminar as conexões.

Enlace de dados
Oferece a transferência confiável de informações pelo enlace físico; envia blocos (quadros) com o sincronismo, controle de erro e controle de fluxo necessários.

Física
Trata da transmissão do fluxo de bits não estruturado pelo meio físico; lida com características mecânicas, elétricas, funcionais e de procedimento para acessar o meio físico.

FIGURA 5.15 As camadas OSI.

mada física, o modelo OSI não estipula que dois sistemas sejam conectados diretamente. Por exemplo, uma rede de comutação de pacotes ou comutação de circuitos pode ser usada para fornecer o enlace de comunicação.

A Figura 5.16 também destaca o uso de PDUs dentro da arquitetura OSI. Primeiro, considere a forma mais comum em que os protocolos são utilizados. Quando a aplicação X tem uma mensagem para enviar à aplicação Y, ela transfere esses dados para uma entidade de aplicação na camada de aplicação. Um cabeçalho é anexado aos dados, contendo a informação exigida para o protocolo parceiro da camada 7 (encapsulamento). Os dados originais e o cabeçalho agora são passados como uma unidade para a camada 6. A entidade de apresentação trata a unidade inteira como dados, e anexa seu próprio cabeçalho (um segundo encapsulamento). Esse processo continua até a camada 2, que geralmente acrescenta um cabeçalho e um término (por exemplo, HDLC). Essa unidade da camada 2, denominada quadro, é passada pela camada física para o meio de transmissão. Quando o quadro é recebido pelo sistema de destino, ocorre o processo inverso. À medida que os dados sobem, cada camada remove o cabeçalho externo, atua sobre a informação de protocolo lá contida e passa o restante para cima, para a camada seguinte.

A cada estágio do processo, uma camada pode fragmentar a unidade de dados que recebe da próxima camada superior em várias partes, para acomodar seus próprios requisitos. Essas unidades de dados precisam, então, ser remontadas pela camada parceira correspondente, antes de serem passadas para cima.

A Figura 5.17 mostra a correspondência aproximada na funcionalidade das camadas das arquiteturas TCP/IP e OSI.

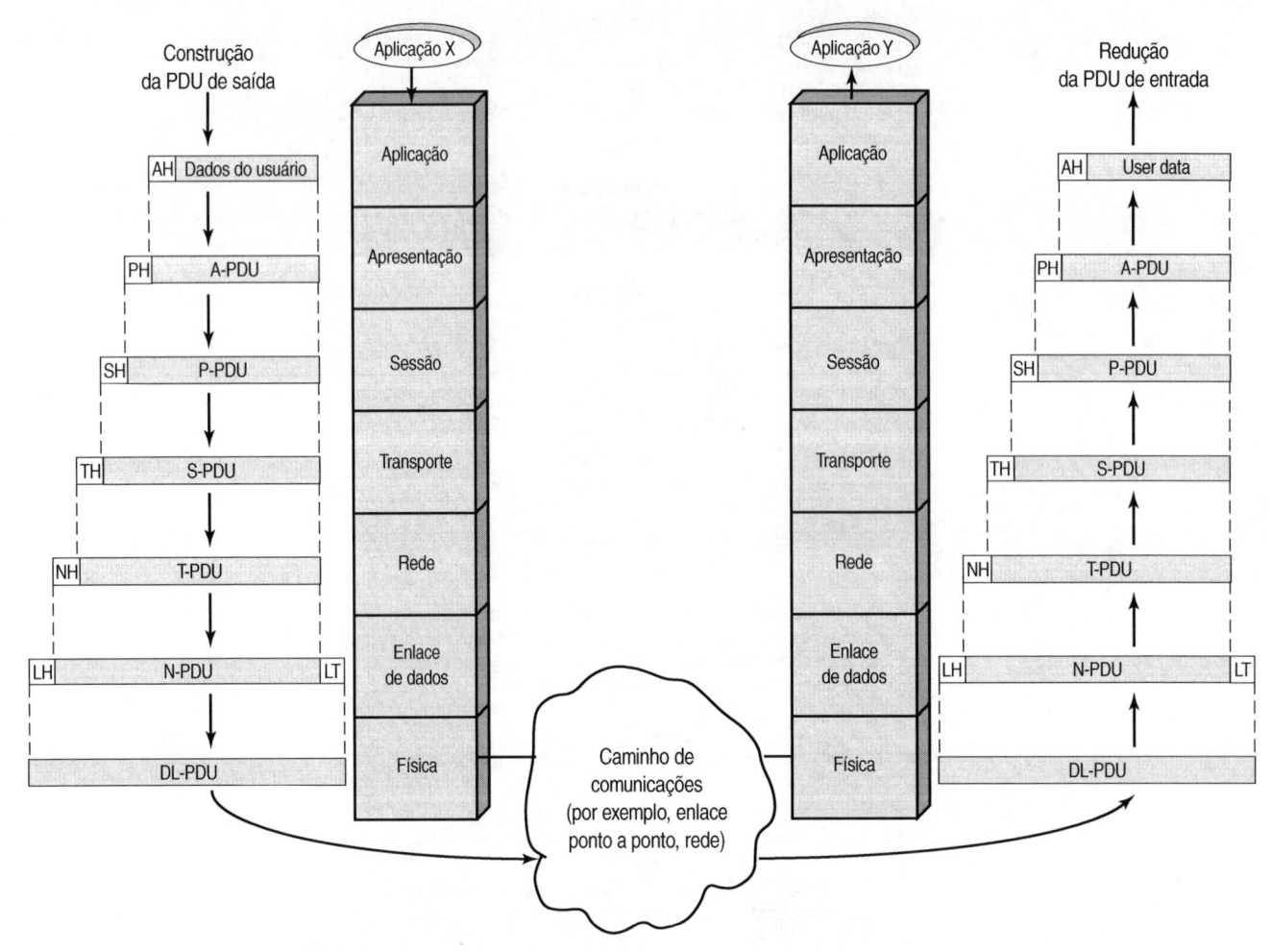

FIGURA 5.16 O ambiente OSI.

FIGURA 5.17 Uma comparação das arquiteturas de protocolos OSI e TCP/IP.

NOTA DE APLICAÇÃO

Guia prático das redes

Existe uma grande quantidade de protocolos e modelos para selecionar, na montagem de um sistema de comunicação. Tentar entender todos eles pode ser um desafio, e é o mínimo que se pode dizer. Pode ser útil saber que isso não é realmente necessário. Acontece que a maioria das decisões sobre a rede poderá ser tomada por você, se entender o que todas as outras pessoas estão fazendo e o que funciona bem.

Por exemplo, você pode decidir que o melhor protocolo de rede local é o Token Ring. Em certos cenários, Token Ring é superior a muitos outros protocolos de rede local. Infelizmente, o restante do mundo decidiu ficar com Ethernet. Isso significa que o suporte do fornecedor, a disponibilidade de produtos, o custo e a variedade favorecem uma infra-estrutura Ethernet.

Isso é verdade em muitas outras áreas. Outro exemplo poderá ser encontrado na Apple Computers. Por muitos anos, a Apple tinha sua própria pilha de protocolos (AppleTalk), que era empregada em seus computadores, e aplicações como compartilhamento de arquivos funcionavam muito bem com esses protocolos. Contudo, o conjunto de protocolos TCP/IP teve um sucesso tão estrondoso que os administradores do sistema normalmente gastavam muito do seu tempo tentando fazer com que os computadores Apple falassem com máquinas executando TCP/IP. Isso acabou gerando mudanças importantes em versões recentes do MacOS, não apenas para incluir suporte para TCP/IP, mas também remover muitos dos protocolos AppleTalk. Assim, quando estiver em dúvida, siga com TCP/IP. Isso não quer dizer que uma organização só deva usar TCP/IP em cima de Ethernet. Devemos entender, porém, que, quando outros protocolos são usados ou quando os protocolos são misturados, outros níveis de complexidade e gerenciamento são introduzidos.

As redes locais normalmente são definidas pelo tipo de protocolo da camada 2 que é utilizado. Assim, normalmente temos redes Ethernet, 802.11 ou FDDI. A maior parte do equipamento de rede é construída para lidar com um protocolo específico da camada 2. As pontes que foram mencionadas neste capítulo poderiam ser específicas à Ethernet. Para garantir que elas possam lidar com tipos adicionais de tráfego, módulos ou placas extras teriam de ser comprados e instalados.

Os roteadores são independentes dos protocolos da camada 2, com a exceção de que a interface de roteador conectada a determinada rede da camada 2 precisa ser do mesmo tipo. Assim, todo o tráfego que sai de uma rede Token Ring passará pela interface Token Ring do roteador no seu caminho de saída. Embora independentes do protocolo da camada 2, eles precisam ser capazes de lidar com coisas como tamanhos diferentes no campo de dados. Isso pode resultar em processamento adicional. As configurações de roteador padrão apontam para o IP na camada 3. A configuração básica pode ser muito simples, mas se torna mais complexa se houver uma necessidade de lidar com um protocolo adicional da camada 3, como IPX.

Finalmente, quando vários protocolos da camada superior são utilizados, um equipamento ou software especializado pode precisar ser instalado. Um bom exemplo disso pode ser visto onde os mainframes são posicionados. Normalmente, os mainframes IBM são empregados para lidar com aplicações de grande escala nas áreas de finanças ou vendas. O mainframe pode estar usando o conjunto de protocolos SNA para a comunicação. Um computador executando TCP/IP e tentando se comunicar com o mainframe não conseguiria fazer isso, a menos que tivesse ajuda. Essa ajuda vem na forma de um tradutor de protocolos ou gateway. Esse tradutor converte ou encapsula a transmissão de uma extremidade, de modo que a outra extremidade possa entender os dados.

Embora existam muitas opções de comunicação disponíveis, padronizar um conjunto específico de protocolos populares pode tornar a administração mais fácil e reduzir os custos e a complexidade. A complexidade reduzida também pode se traduzir em maior tempo de funcionamento e menor tempo de configuração. É muito comum vermos empresas implantando aplicações baseadas em TCP/IP com o suporte de equipamento otimizado para TCP/IP. A rede normalmente é Ethernet, especialmente com velocidades de gigabit disponíveis para o desktop. Fornecedores específicos são escolhidos com base em sua experiência nessa área. Os fornecedores mais importantes são empresas como Cisco, Nortel e Extreme. Ao movermos de uma geração técnica para outra, muitas das decisões são tomadas por nós, como no caso dos protocolos AppleTalk. Esses tipos de decisão, porém, terão de ser tomados à medida que protocolos mais recentes sejam desenvolvidos e onde o equipamento da geração anterior ainda estiver em uso.

5.6 RESUMO

A funcionalidade de comunicação exigida para as aplicações distribuídas é bastante complexa. Essa funcionalidade geralmente é implementada como um conjunto estruturado de módulos. Os módulos são organizados em um padrão vertical, em camadas, com cada camada oferecendo uma parte específica da funcionalidade necessária e contando com a próxima camada inferior para funções mais primitivas. Essa estrutura é conhecida como arquitetura de protocolos.

Uma motivação para uso desse tipo de estrutura é que ela facilita a tarefa de projeto e implementação. É uma prática-padrão para qualquer pacote de software grande dividir as funções em módulos que possam ser projetados e implementados separadamente. Depois que cada módulo for projetado e implementado, ele poderá ser testado. Depois, os módulos podem ser combinados e testados juntos. Essa motivação levou os fornecedores de computador a desenvolverem arquiteturas de protocolo em camadas proprietárias. Um exemplo disso é a Systems Network Architecture (SNA) da IBM.

Uma arquitetura em camadas também pode ser usada para construir um conjunto padronizado de protocolos de comunicação. Nesse caso, as vantagens do projeto modular permanecem. Mas, além disso, uma arquitetura em camadas é particularmente bem adequada para o desenvolvimento de padrões. Padrões podem ser desenvolvidos simultaneamente para protocolos em cada camada da arquitetura. Isso desmembra o trabalho para torná-lo mais gerenciável e agiliza o processo de desenvolvimento de padrões. A arquitetura de protocolos TCP/IP é a arquitetura padrão utilizada para essa finalidade. Essa arquitetura contém cinco camadas. Cada camada oferece uma parte da função de comunicação total exigida pelas aplicações distribuídas. Padrões foram desenvolvidos para cada camada. O trabalho de desenvolvimento ainda continua, particularmente na camada superior (aplicação), onde novas aplicações distribuídas ainda estão sendo definidas.

Outra arquitetura padronizada é o modelo OSI (Open Systems Interconnection). Esse modelo de sete camadas foi criado para ser o padrão internacional que governaria todo o projeto de protocolo. Entretanto, OSI jamais conseguiu aceitação de mercado, e recuou em favor do TCP/IP.

5.7 Leitura e Web sites recomendados

[STAL04] oferece uma descrição detalhada do modelo TCP/IP e dos padrões em cada camada do modelo. Um trabalho de referência muito útil sobre TCP/IP é [RODR02], que aborda o espectro dos protocolos relacionados ao TCP/IP em um padrão tecnicamente conciso, porém completo.

RODR02 Rodriguez, A. e outros. *TCP/IP Tutorial and Technical Overview.* Upper Saddle River: NJ: Prentice Hall, 2002.

STAL04 Stallings, W. *Data and Computer Communications,* 7ª edição. Upper Saddle River, NJ: Prentice Hall, 2004.

Web sites recomendados

Networking Links: Excelente coleção de links relacionados ao TCP/IP

IPng: Informações sobre IPv6 e assuntos relacionados

5.8 Principais termos, perguntas para revisão e problemas

Principais termos

arquitetura de protocolos
cabeçalho
camada de aplicação
camada de rede
camada de transporte
camada física
datagrama IP
extranet
Frame Check Sequence (FCS)
interconexão de redes
Internet Protocol (IP)
inter-rede
intranet
IPv4
IPv6
Open Systems Interconnection (OSI)
pacote
porta
Protocol Data Unit (PDU)
protocolo
roteador
segmento TCP
Service Access Point (SAP)
sistema final
sistema intermediário
soma de verificação
sub-rede
Transmission Control Protocol (TCP)
User Datagram Protocol (UDP)

Perguntas para revisão

5.1. Qual é a principal função da camada de acesso à rede?
5.2. Que tarefas são realizadas pela camada de transporte?
5.3. O que é um protocolo?
5.4. O que é uma unidade de dados de protocolo (PDU)?

5.5. O que é uma arquitetura de protocolo?

5.6. O que é TCP/IP?

5.7. Existem vários modelos de protocolo que foram desenvolvidos. Alguns exemplos deles são SNA, Appletalk, OSI e TCP/IP, além de modelos mais genéricos, como modelos de três camadas. Que modelo é realmente utilizado para as comunicações que trafegam pela Internet?

5.8. Quais são algumas vantagens das camadas vistas na arquitetura TCP/IP?

5.9. Que versão do IP é a que mais prevalece hoje?

5.10. Todo o tráfego existente na Internet utiliza TCP?

5.11. Compare o espaço de endereços entre IPv4 e IPv6. Quantos bits são usados em cada um?

5.12. Grandes arquivos enviados pela rede precisam ser desmembrados em pacotes menores. Como a camada IP evita que os pacotes sejam misturados ou coletados fora de ordem?

5.13. O que é um roteador?

5.14. Um roteador exige que todos os protocolos conectados à camada 2 sejam iguais?

Problemas

5.1 Usando os modelos de camada na Figura 5.18, descreva a ordenação e a entrega de uma pizza, indicando as interações em cada nível.

5.2 **a.** Os primeiros-ministros da França e da China precisam chegar a um acordo por telefone, mas nenhum deles fala o idioma do outro. Além disso, nenhum tem à disposição um tradutor que possa traduzir para o idioma do outro. Contudo, os dois primeiros-ministros possuem tradutores de inglês em seu pessoal. Desenhe um diagrama semelhante ao da Figura 5.18 para representar a situação e descreva a interação em cada camada.

b. Agora, suponha que o tradutor do primeiro-ministro da China possa traduzir apenas para japonês e que o primeiro-ministro da França tem um tradutor de alemão à sua disposição. Existe um tradutor de alemão e japonês à disposição na Alemanha. Desenhe um novo diagrama que reflita esse arranjo e descreva a conversa telefônica hipotética.

5.3 Liste as principais desvantagens da técnica em camadas para os protocolos.

5.4 Suponha que você tenha duas máquinas em redes separadas, que estejam se comunicando por correio eletrônico. A máquina A está conectada a uma rede Frame Relay e a máquina B está conectada a uma rede Ethernet. Para determinado conjunto de condições de rede (por exemplo, congestionamento, seleção de caminho etc.) uma mensagem de correio eletrônico transmitida de A para B levará o mesmo tempo e exigirá o mesmo esforço de uma mensagem idêntica transmitida de B para A?

5.5 Um segmento TCP consistindo em 1.500 bits de dados e 160 bits de cabeçalho é enviado à camada IP, que anexa outros 160 bits de cabeçalho. Depois, isso é transmitido por duas redes, cada qual usando um cabeçalho de pacote de 24 bits. A rede de destino tem um tamanho de pacote máximo de 800 bits. Quantos bits, incluindo cabeçalhos, são entregues ao protocolo da camada de rede no destino?

5.6 Por que o UDP é necessário? Por que um usuário não pode acessar o IP diretamente?

5.7 IP, TCP e UDP, todos descartam um pacote que chega com um erro de soma de verificação e não tentam notificar a origem. Por quê?

5.8 Por que o cabeçalho TCP tem um campo de tamanho de cabeçalho, enquanto o cabeçalho UDP não tem?

5.9 OSI possui sete camadas. Projete uma arquitetura com oito camadas e monte um caso para ela. Projete uma arquitetura com seis camadas e monte um caso para isso.

5.10 A versão anterior da especificação TFTP, RFC 783, incluía a seguinte afirmação:

> Todos os pacotes, exceto aqueles usados para término, são confirmados individualmente, a menos que esgote o tempo limite.

A nova especificação modifica isso e diz:

> Todos os pacotes, exceto ACKs duplicados e aqueles usados para término, são confirmados, a menos que esgote o tempo limite.

A mudança foi feita para resolver um problema conhecido como "Aprendiz de Feiticeiro". Deduza e explique o problema.

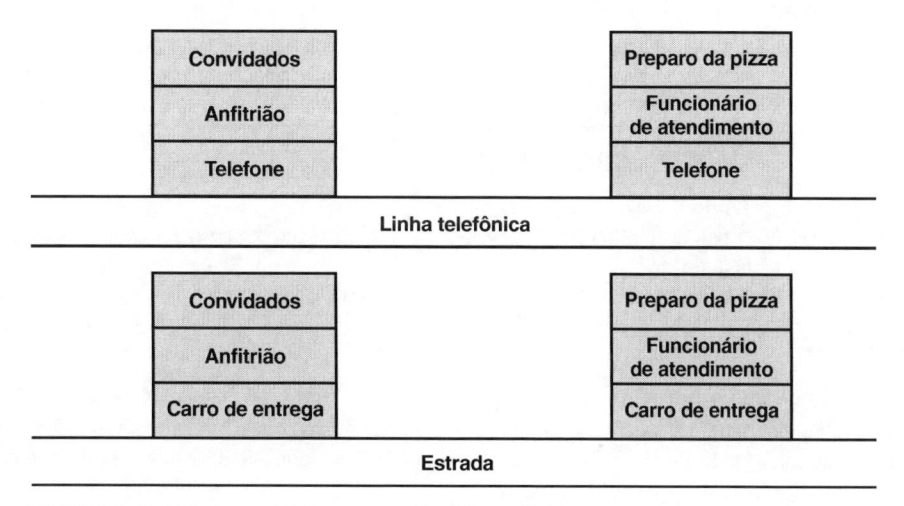

FIGURA 5.18 Arquitetura para o Problema 5.1.

5.11 Qual é o fator limitador no tempo necessário para transferir um arquivo usando TFTP?

5.12 Este capítulo menciona o uso de Frame Relay como um protocolo específico ou sistema utilizado para conexão com uma rede remota. Cada organização terá uma certa coleção de serviços disponíveis (como Frame Relay), mas isso depende de provedor, custo e equipamento nas instalações do cliente. Quais são alguns dos serviços disponíveis a você na sua área?

5.13 Ethereal é um farejador de pacotes gratuito, que lhe permite capturar o tráfego em uma rede local. Ele pode ser usado em diversos sistemas operacionais e está disponível no endereço www.ethereal.com. Você também precisa instalar o driver de captura de pacotes WinPcap, que pode ser obtido no endereço http://winpcap.mirror.ethereal.com/.

Depois de iniciar uma captura pelo Ethereal, inicie uma aplicação baseada em TCP, como telnet, FTP ou http (navegador Web). Você pode determinar o seguinte a partir da captura?
  a. Endereços de origem e destino da camada 2 (MAC)
  b. Endereços de origem e destino da camada 3 (IP)
  c. Endereços de origem e destino da camada 4 (números de porta)

5.14 Software de captura de pacote ou farejadores podem ser ferramentas poderosas para gerenciamento e segurança. Usando a capacidade de filtragem que está embutida, você pode rastrear o tráfego com base em vários critérios diferentes e eliminar tudo o mais. Use a capacidade de filtragem embutida no Ethereal para fazer o seguinte:
  a. Capturar apenas o tráfego que chega do endereço MAC do seu computador.
  b. Capturar apenas o tráfego vindo do endereço IP do seu computador.
  c. Capturar apenas as transmissões baseadas em UDP.

5.15 A Figura 5.10 mostra os protocolos construídos como parte do IP. Ping é um programa usado para testar a conectividade entre máquinas, e está disponível em todos os sistemas operacionais. Qual dos protocolos embutidos Ping utiliza e do que consistem os dados de payload? *Dica:* Você pode usar o Ethereal para ajudá-lo a encontrar as respostas.

5.16 Que outros programas estão embutidos no seu sistema operacional para ajudá-lo a diagnosticar ou oferecer informações sobre a sua conectividade?

APÊNDICE 5A O TRIVIAL FILE TRANSFER PROTOCOL

Este apêndice dá um panorama geral do Trivial File Transfer Protocol (TFTP) padrão da Internet. Nossa finalidade é dar ao leitor alguma idéia dos elementos de um protocolo.

Introdução ao TFTP

TFTP é muito mais simples do que o File Transfer Protocol (FTP) padrão da Internet. Não existem provisões para controle de acesso ou identificação do usuário, de modo que o TFTP só é adequado para diretórios de arquivo de acesso público. Devido à sua simplicidade, o TFTP é implementado de modo fácil e compacto. Por exemplo, alguns dispositivos sem disco utilizam o TFTP para fazer o download do seu firmware no momento da inicialização.

O TFTP roda em cima do UDP. A entidade TFTP que inicia a transferência faz isso enviando uma solicitação de leitura ou escrita em um segmento UDP com uma porta de destino 69 para o sistema de destino. Essa porta é reconhecida pelo módulo UDP de destino como identificador do módulo TFTP. Durante a transferência, cada lado utiliza um identificador de transferência (TID) como seu número de porta.

Pacotes TFTP

Entidades TFTP trocam comandos, respostas e dados de arquivo na forma de pacotes, cada qual transportado no corpo de um segmento UDP. TFTP admite cinco tipos de pacotes (Figura 5.19); os dois primeiros bytes contêm um opcode que identifica o tipo de pacote:

- **RRQ:** O pacote de solicitação de leitura solicita permissão para transferir um arquivo do outro sistema. O pacote inclui um nome de arquivo, que é uma seqüência de bytes ASCII[1] terminados com um byte zero. O byte zero é o meio pelo qual a entidade TFTP receptora sabe quando o nome do arquivo termina. O pacote também inclui um campo de modo, que indica se o arquivo de dados deve ser interpretado como uma seqüência de bytes ASCII ou como bytes de dados com 8 bits cada.
- **WRQ:** O pacote de solicitação de escrita pede permissão para transferir um arquivo para o outro sistema.
- **Dados:** Os números de bloco nos pacotes de dados começam com um e aumentam em um para cada novo bloco de dados. Essa convenção permite que o programa use um único número para discriminar entre novos pacotes e duplicatas. O campo de dados tem de 0 a 512 bytes de extensão. Se tiver 512 bytes, o bloco não é o último bloco de dados; se for de zero a 511 bytes, isso sinaliza o final da transferência.
- **ACK:** Esse pacote é usado para confirmar o recebimento de um pacote de dados ou um pacote WRQ. Um ACK de um pacote de dados contém o número de bloco do pacote de dados sendo confirmado. Um ACK de um WRQ contém um número de bloco zero.
- **Erro:** Um pacote de erro pode ser a confirmação de qualquer outro tipo de pacote. O código de erro é um inteiro indicando a natureza do erro. A mensagem de erro serve para leitura humana, e precisa estar em ASCII. Como todas as outras strings, esta termina com um byte zero.

Todos os pacotes que não sejam ACKs duplicados (explicados mais adiante) e aqueles usados para término devem ser confirmados. Qualquer pacote pode ser confirmado por um

---

[1] ASCII é o American Standard Code for Information Interchange, um padrão do American National Standards Institute. Ele designa um padrão exclusivo de 7 bits para cada letra, com um oitavo bit usado para paridade. ASCII é equivalente ao International Reference Alphabet (IRA), definido na Recomendação ITU-T T.50.

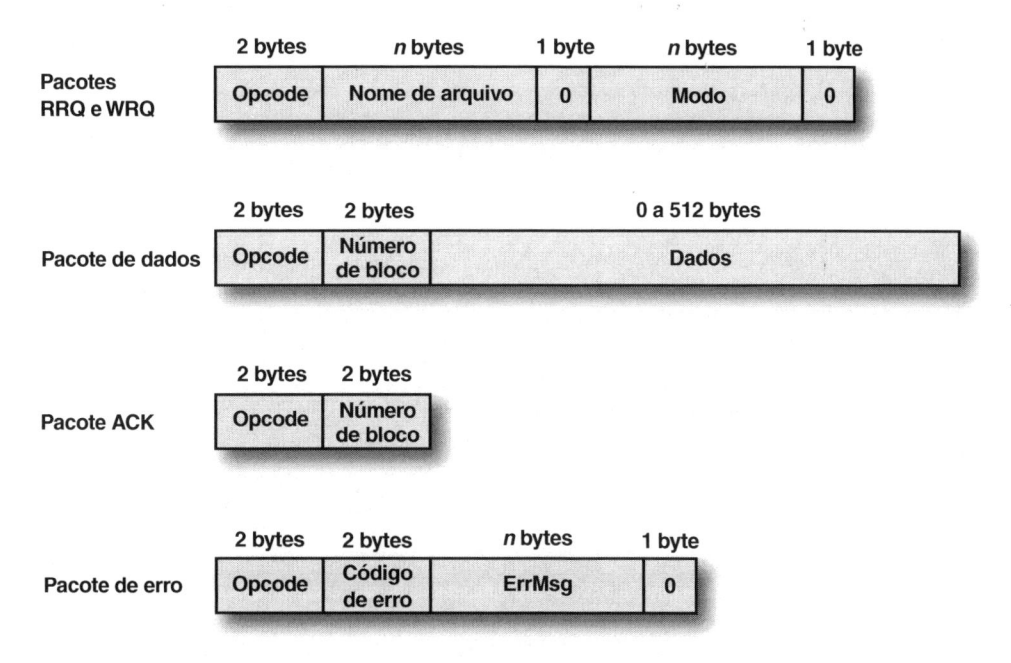

FIGURA 5.19 Formatos de pacote TFTP.

Pacotes RRQ e WRQ: Opcode (2 bytes) | Nome de arquivo (n bytes) | 0 (1 byte) | Modo (n bytes) | 0 (1 byte)

Pacote de dados: Opcode (2 bytes) | Número de bloco (2 bytes) | Dados (0 a 512 bytes)

Pacote ACK: Opcode (2 bytes) | Número de bloco (2 bytes)

Pacote de erro: Opcode (2 bytes) | Código de erro (2 bytes) | ErrMsg (n bytes) | 0 (1 byte)

pacote de erro. Se não houver erros, então as convenções a seguir se aplicam. Um pacote WRQ ou de dados é confirmado por um pacote ACK. Quando um RRQ é enviado, o outro lado responde (na ausência de erro), começando a transferir o arquivo; assim, o primeiro bloco de dados serve como uma confirmação do pacote RRQ. A menos que a transferência de arquivo esteja completa, cada pacote ACK de um lado é acompanhado por um pacote de dados do outro, de modo que o pacote de dados funciona como uma confirmação. Um pacote de erro pode ser confirmado por qualquer outro tipo de pacote, dependendo da circunstância.

A Figura 5.20 mostra um pacote de dados TFTP no contexto. Quando esse tipo de pacote é entregue ao UDP, este acrescenta um cabeçalho para formar um segmento UDP. Este, então, é passado ao IP, que acrescenta um cabeçalho IP para formar um datagrama IP.

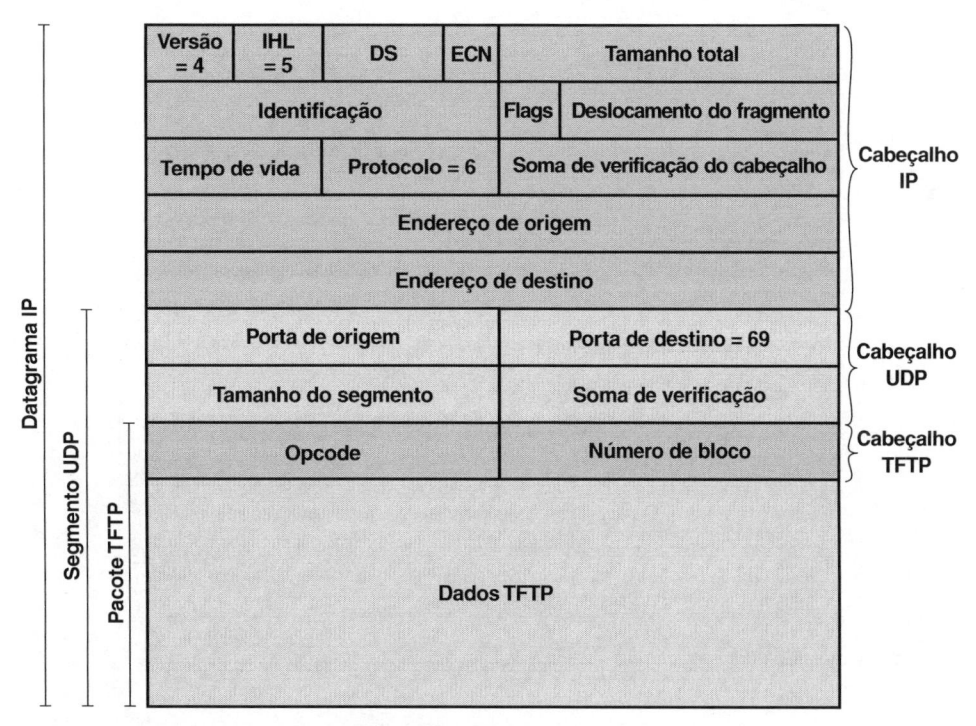

FIGURA 5.20 Um pacote TFTP no contexto.

Cabeçalho IP:
- Versão = 4 | IHL = 5 | DS | ECN | Tamanho total
- Identificação | Flags | Deslocamento do fragmento
- Tempo de vida | Protocolo = 6 | Soma de verificação do cabeçalho
- Endereço de origem
- Endereço de destino

Cabeçalho UDP:
- Porta de origem | Porta de destino = 69
- Tamanho do segmento | Soma de verificação

Cabeçalho TFTP:
- Opcode | Número de bloco

Dados TFTP

Visão geral de uma transferência

O exemplo ilustrado na Figura 5.21 é de uma operação de transferência de arquivo simples de A para B. Nenhum erro ocorre e os detalhes da especificação de opção não são explorados.

A operação começa quando o módulo TFTP no sistema A envia uma solicitação de escrita (WRQ) para o módulo TFTP no sistema B. O pacote WRQ é transportado como o corpo de um segmento UDP. A solicitação de escrita inclui o nome do arquivo (nesse caso, XXX) e o modo de octeto, ou dados brutos. No cabeçalho UDP, o número da porta de destino é 69, que alerta a entidade UDP receptora de que essa mensagem é voltada para a aplicação TFTP. O número da porta de origem é um TID selecionado por A, neste caso, 1511. O sistema B está preparado para aceitar o arquivo e, assim, responde com um ACK com um número de bloco 0. No cabeçalho UDP, a porta de destino é 1511, o que permite que a entidade UDP em A roteie o pacote de chegada para o módulo TFTP, que pode fazer a correspondência desse TID com o TID no WRQ. A porta de origem é um TID selecionado por B para essa transferência de arquivo, neste caso, 1660.

Após essa troca inicial, a transferência de arquivos prossegue. A transferência consiste em um ou mais pacotes de dados de A, cada um confirmado por B. O pacote de dados final contém menos de 512 bytes de dados, o que sinaliza o final da transferência.

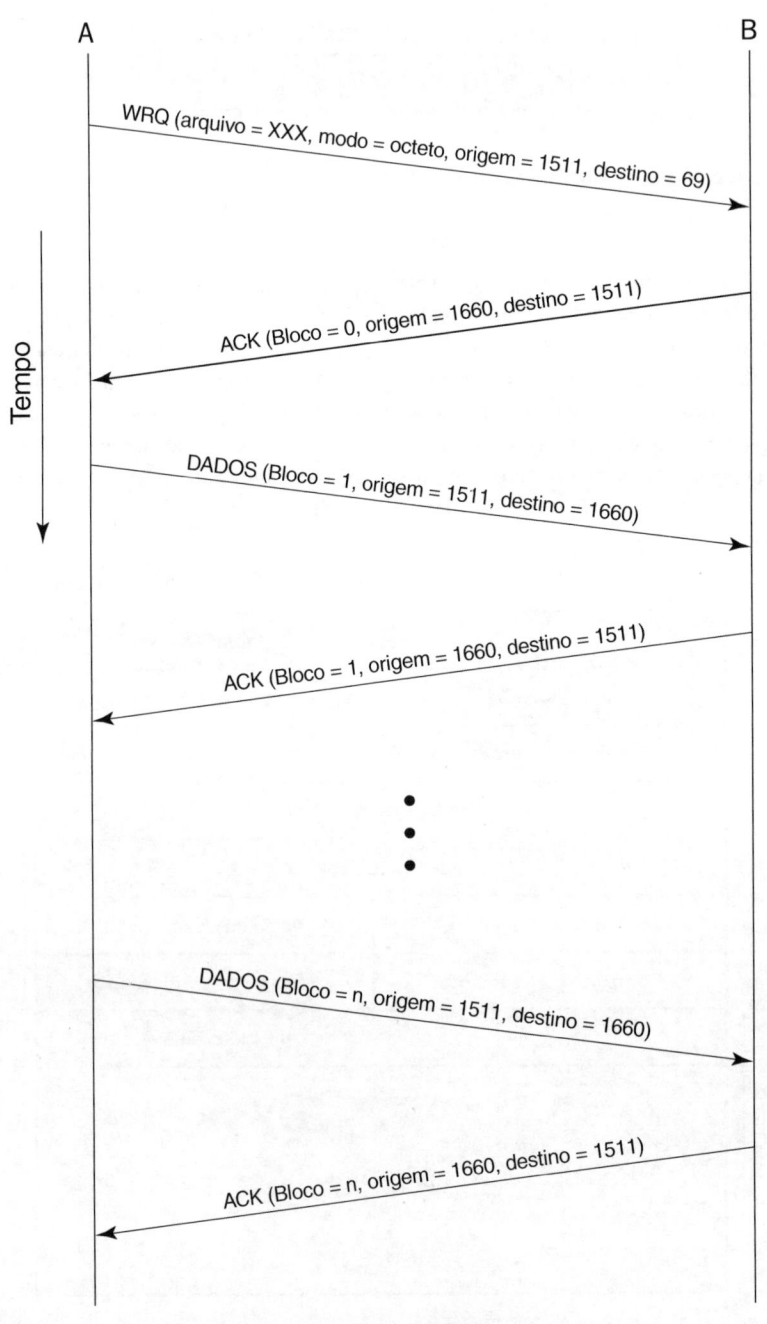

FIGURA 5.21 Exemplo de operação do TFTP.

Erros e atrasos

Se o TFTP opera por uma rede ou inter-rede (ao contrário de um enlace de dados direto), é possível que pacotes sejam perdidos. Como o TFTP opera por UDP, que não oferece um serviço de remessa confiável, é preciso haver algum mecanismo no TFTP para lidar com pacotes perdidos. TFTP usa uma técnica comum de um mecanismo de tempo limite. Suponha que A envie um pacote para B que exija uma confirmação (ou seja, qualquer pacote que não seja de ACKs duplicados e aqueles usados para término). Quando A tiver transmitido o pacote, ele inicia um temporizador. Se o temporizador expirar antes que a confirmação seja recebida de B, A retransmite o mesmo pacote. Se, de fato, o pacote original foi perdido, então a retransmissão será a primeira cópia desse pacote recebida por B. Se o pacote original não foi perdido, mas a confirmação de B foi perdida, então B receberá duas cópias do mesmo pacote de A e simplesmente confirmará as duas cópias. Devido ao uso de números de bloco, isso não causa confusão. A única exceção a essa regra é para pacotes ACK duplicados. O segundo ACK é ignorado.

Sintaxe, semântica e temporização

Na seção 5.1, foi mencionado que os principais recursos de um protocolo podem ser classificados como sintaxe, semântica e temporização. Essas categorias são facilmente vistas no TFTP. Os formatos dos diversos pacotes TFTP formam a **sintaxe** do protocolo. A **semântica** do protocolo aparece nas definições de cada um dos tipos de pacote e dos códigos de erro. Finalmente, a seqüência em que os pacotes são trocados, o uso de números de bloco e o uso de temporizadores são todos aspectos da **temporização** do TFTP.

ESTUDO DE CASO II: Department of Management Services da Flórida

No início da década de 1990, o Department of Management Service (DMS) da Flórida, Estados Unidos, montou uma grande rede de sistemas de informação que atendeu a agências do governo estadual em 10 pontos regionais e as conectou ao centro de dados em Tallahassee. A rede era baseada no uso da arquitetura proprietária Systems Network Architecture (SNA) da IBM e um mainframe no centro de dados, que acomodava a maior parte das aplicações.

Embora relativamente satisfeito com a operação da SNA, o DMS viu uma necessidade de expandir as aplicações e os serviços, oferecendo capacidade de TCP/IP e acesso à Internet. O objetivo foi atendido em um tempo bastante curto. No decorrer de 30 meses, o DMS montou uma rede TCP/IP estadual, começou a oferecer serviços de Internet a agências locais e estaduais, e criou um conjunto de aplicações da Internet que por fim colocará os sistemas de pessoal, contabilidade e cobrança on-line [JOHN96]. Para completar a história de sucesso, o DMS conseguiu realizar tudo isso, enquanto fazia o estado da Flórida economizar mais de US$4 milhões. Os detalhes aparecem na Tabela II.1.

Tabela II.1 Desmembramento do custo do DMS

O que foi gasto		O que não foi gasto	
Pessoal	$450.000	Atualizações de terminal	$150.000
Desenvolvimento de aplicações	$300.000	Desenvolvimento de aplicação para mainframe	$1.000.000
Software (incluindo software Web, bancos de dados e ferramentas de desenvolvimento)	$850.000	Atualizações de hardware de mainframe	$6.000.000
Hardware (servidores, roteadores, serviços de telecomunicação)	$1.525.000	Atualizações de software de mainframe	$600.000
Manutenção	$450.000		
TOTAL	$3.575.000	TOTAL	$7.750.000

O objetivo dessa atualização foi explorar a Internet. A conectividade com a Internet e as principais aplicações, como Web, poderiam facilitar a comunicação entre as agências do estado, os fornecedores e os usuários, melhorando assim a produtividade do funcionário.

A infra-estrutura IP

A primeira etapa foi montar uma infra-estrutura IP. A configuração então atual, baseada na SNA, utilizava bastante os equipamentos e serviços da companhia telefônica (telco). O DMS considerou a possibilidade de terceirizar a capacidade de IP, mas rejeitou isso pelos seguintes motivos:

1. Nenhuma das telcos tinha um serviço baseado em roteador na época, o que significava que o DMS teria de esperar pela operadora para montar sua própria rede.
2. O DMS queria selecionar os roteadores. As telcos não comprariam os produtos selecionados pelo DMS porque eles não se ajustavam aos seus planos. Finalmente, uma proibição regulatória contra a co-localização significava que o equipamento pertencente ao usuário não poderia ser instalado nos escritórios centrais da telco.
3. A rede SNA existente poderia ser facilmente adaptada ao TCP/IP.

A configuração existente tinha sido preparada para permitir que uns 6.000 usuários em todo o estado acessassem a aplicação do mainframe em Tallahassee. Os processadores de controle de rede (NCP) da SNA em 10 cidades estavam ligados via linhas T-1 (1,544Mbps) e T-3 (45Mbps) a um controlador de comunicações em uma LAN token ring no centro de dados do DMS. O controlador de comunicações tratava do tráfego SNA que entrava e saía do mainframe. A rede token ring também admitia terminais SNA, computadores pessoais e outros equipamentos.

Para transformar o backbone SNA em uma rede de roteadores, tudo o que o DMS tinha de fazer, basicamente, era implantar roteadores em cada site, conectar as caixas e ligá-las a um roteador central no centro de dados (Figura II.1). Exposto dessa forma, parece fácil; de fato, a instalação e a partida foram muito tranqüilas.

O DMS escolheu o Cisco 7000 como roteador de backbone, com um instalado em cada um dos 10 sites regionais. O dispositivo da Cisco veio com forte gerenciamento de rede e podia ser inicializado e configurado de forma central. Em cada local, o roteador Cisco e o NCP estão conectados a um DACS (Digital Access Cross-connect Switch). Esse comutador separa o tráfego SNA do tráfego TCP/IP e o direciona apropriadamente. O DACS agora oferece o enlace T-1/T-3 para o controlador de comunicações SNA no centro de dados. Além disso, cada DACS é conectado ao DACS em cada um dos nove outros centros regionais para criar uma malha de tráfego IP. Finalmente, existe um enlace de cada DACS para um roteador no centro de dados.

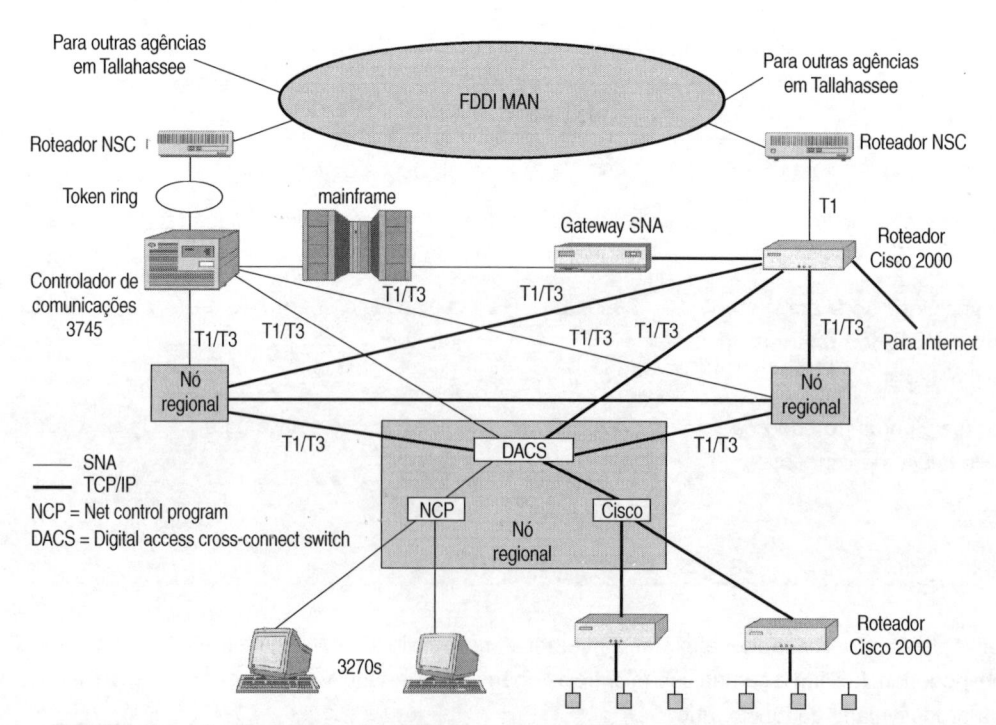

FIGURA II.1 Configuração de rede para o Department of Management Services da Flórida.

No centro regional, o tráfego SNA é tratado como antes, a partir de terminais IBM 3270. Esse tráfego só vai do centro regional para o mainframe no centro de dados. Para a conexão com o backbone IP e as aplicações Internet, cada centro regional é equipado com roteadores Cisco 2000 para conectar estações de trabalho, computadores pessoais e servidores por meio de LANs.

No centro de dados, existe um roteador Cisco 2000 de alta capacidade que possui um enlace alugado direto para cada um dos 10 centros regionais. Esse roteador também está conectado à Internet e oferece o ponto de entrada da Internet para a rede DMS inteira. Finalmente, existem vários roteadores da Network Systems Corp. que conectam o centro de dados à MAN de Tallahassee, que é um anel FDDI de propriedade da Sprint Corporation e por ela operado. A MAN dá às agências localizadas em toda a Tallahassee acesso ao centro de dados e entre si.

As aplicações

Quando a infra-estrutura do IP estava pronta, o DMS começou a acrescentar aplicações. A primeira delas, e ainda a mais popular, foi um sistema de empregos com arquitetura cliente/servidor. O sistema original armazenava informações sobre aproximadamente 125.000 funcionários estaduais no mainframe. Cerca de 1.200 usuários em todo o estado o acessavam pela rede SNA. Embora o sistema fosse seguro e confiável, os serviços eram lentos e a interface complicada. As aplicações em torno do banco de dados foram desenvolvidas e instaladas no início da década de 1980 e eram no modo batch com acesso por transação fixa. Os usuários não podiam configurar sua própria solicitação e pesquisas no ato. Se quisessem algo fora do comum, tinham de falar com os programadores do mainframe, que poderiam levar dias ou semanas para desenvolver o que era necessário. A nova aplicação utiliza um servidor UNIX no centro de dados, que está conectado ao mainframe e faz o download do banco de dados de empregados pelo menos semanalmente, para armazenar no seu próprio servidor de banco de dados. Os usuários nas estações de trabalho de várias agências e centros acessam o servidor pela rede IP, executando uma aplicação chamada Copesview.

Outra aplicação cliente/servidor que gera muito tráfego pela rede IP é o Spursview, uma aplicação de compras. Assim como Copesview, ela foi adaptada de uma aplicação de mainframe – SPURS (Statewide Purchasing System). SPURS, que era usado por aproximadamente 4.000 funcionários, armazenava informações no mainframe sobre produtos comprados pelo site, incluindo fornecedor, número de modelo e preço. Novamente, os usuários aqui eram limitados quanto ao tipo de pesquisas que poderiam realizar. Com o Spursview, os usuários ganharam diversas capacidades novas, como consultas com curinga em quaisquer parâmetros (dados de compra, fornecedor, tipo de produto etc.). Eles também podem criar gráficos e gráficos de barra e importar dados diretamente em planilhas baseadas em PC.

Aplicações de intranet e Internet

O centro de dados mantém um enlace com a Internet por meio do qual passa todo o tráfego entre a rede IP do centro de dados e a Internet. Esse enlace é equipado com um firewall que impede o acesso não autorizado.

Com o enlace da Internet e a rede IP ativos, o DMS estava em posição de oferecer acesso à Internet para os funcionários estaduais e também configurar serviços Web para acesso por intranet e Internet. Assim como os servidores na configuração cliente/servidor, o servidor Web possui um enlace com o mainframe e é capaz de construir bancos de dados acessíveis a partir de navegadores Web.

Uma das aplicações baseadas na Web mais populares é um serviço de postagem de emprego, que permite que os usuários procurem vagas dentro do sistema estadual por local, faixas de salário e tipo de trabalho. O estado tem cerca de 8.000 vagas de emprego em um dia qualquer. Os candidatos podem preencher um formulário de emprego on-line e armazená-lo para várias solicitações. Essa aplicação recebe aproximadamente 100.000 visitas por semana.

Outro site bem utilizado elimina a necessidade de funcionários estaduais de processar informações com relação a contratos e fornecedores do governo. Antes, quando um fornecedor ganhava uma licitação, ele submetia dados de preço e produto em disquetes. O DMS empregava várias pessoas de tempo integral só para rever essa informação, formatá-la e inseri-la no mainframe. Essa informação agora está disponível na Web. Os usuários podem acessá-la no servidor Web do DMS e nos servidores Web nos sites dos fornecedores. Por exemplo, os usuários podem procurar os fornecedores contratados que oferecem computadores com preços abaixo de US$2.000. A consulta gera uma lista de nomes, cada um sendo um link da Web. Como os dados residem nos servidores Web dos fornecedores, fica a cargo destes, e não do DMS, garantir que todos os dados sejam precisos e atualizados.

O DMS também está trabalhando em um sistema de compras on-line pela Web. Os usuários não apenas poderiam ver informações do fornecedor, mas também poderiam pedir produtos on-line. Essa aplicação exigirá muita coordenação, pois envolve o departamento de compras, o escritório do controlador e a contabilidade. Ela também envolve a autenticação dos usuários, para garantir que estejam autorizados a fazer compras.

O DMS não se esqueceu daqueles que pagam os salários dos funcionários estaduais: os cidadãos da Flórida. O serviço Web disponível ao público se chama Florida Community Network (FCN), e tem sido uma história de sucesso e um modelo para outros estados [REGE96]. O FCN atualmente tem uma média de um milhão de visitas por mês. O acesso on-line às informações pode, em muitos casos, eliminar duas ou três camadas de burocracia e fornecer uma conexão de atendimento direto com o governo. Por exemplo, um dos projetos em desenvolvimento é o licenciamento automático de pesca e jogos. A Sra. X em Palm Beach deseja sair para pescar, mas sabe que precisa de uma licença. Ela se conecta ao site do FCN, escolhe a opção de busca e digita "fishing". Dentro de segundos, um formulário aparece para que a Sra. X se cadastre e, do conforto de sua casa, pague pela licença. Ela preenche o formulário, o submete e rapidamente uma licença lhe é enviada por correio eletrônico. Sem funcionários, sem filas, sem viagens à Secretaria de Fazenda ou a uma loja de produtos esportivos.

Outro serviço Web popular é o Statewide Telephone Directory, que inclui listagens para o governo estadual e local, universidades, escolas comunitárias e diretores de escolas.

Mais recentemente, o DMS trabalhou com a junta de governadores para preparar um serviço de aprendizado a distância, que utiliza as facilidades de rede do DMS [MADA98].

O Web site do DMS está passando por constante evolução e melhoria. Ele está localizado no endereço http://fcn.state.fl.us/dms.

Pontos de discussão

1. Que mecanismos de segurança são necessários para proteger os sistemas do DMS contra funcionários estaduais e usuários acessando pela Internet?
2. Visite o Web site do DMS e liste os principais serviços encontrados. Analise os méritos relativos de cada um.
3. Proponha melhorias aos serviços existentes e sugira novos serviços que deverão ser acrescentados.

Capítulo 6

Aplicações baseadas na Internet

6.1 Correio eletrônico e SMTP
6.2 Acesso à Web e HTTP
6.3 Telefonia de Internet e SIP
6.4 Resumo
6.5 Leitura e Web sites recomendados
6.6 Principais termos, perguntas para revisão e problemas

OBJETIVOS DO CAPÍTULO

Depois de ler este capítulo, você deverá ser capaz de

- Discorrer sobre aplicações de correio eletrônico.
- Descrever a funcionalidade básica do SMTP.
- Explicar a necessidade do MIME como melhoria para o e-mail comum.
- Apresentar os principais elementos do MIME.
- Explicar o papel do HTTP na operação da Web.
- Identificar as funções dos proxies, gateways e túneis no HTTP.
- Explicar o caching na Web.
- Descrever o papel do SIP.
- Analisar o relacionamento entre SIP e SDP.

Conforme apresentamos nos Capítulos 2 e 3, o processamento de informações distribuídas é fundamental em praticamente todas as empresas. Grande parte do processamento distribuído é adaptado a tipos específicos de dados e tem o suporte de software proprietário do fornecedor. Porém, há um uso cada vez maior de aplicações distribuídas para a troca dentro e fora da empresa, com natureza de uso geral e definida por padrões internacionais ou por padrões do setor. Essas aplicações podem ter um impacto direto sobre a eficiência e competitividade de uma empresa. Neste capítulo, vemos três das aplicações mais importantes e difundidas:

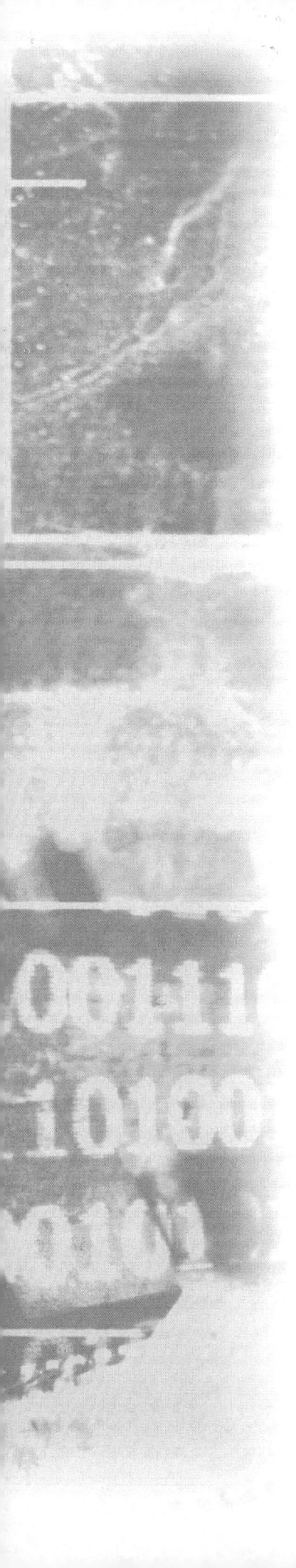

correio eletrônico, acesso à Web e suporte para multimídia, incluindo voz sobre IP. Em cada um desses casos, desenvolveram-se padrões internacionais. À medida que se implementam esses padrões cada vez mais por fornecedores de computador e de software, essas aplicações se tornam progressivamente mais importantes e úteis no ambiente corporativo.

6.1 CORREIO ELETRÔNICO E SMTP

Correio eletrônico é uma facilidade que permite que os usuários em estações de trabalho e terminais redijam e troquem mensagens. As mensagens nunca precisam existir em papel, a menos que o usuário (emissor ou receptor) queira uma cópia da mensagem em papel. Alguns sistemas de correio eletrônico só atendem a usuários em um único computador; outros oferecem serviços por uma rede de computadores. A Tabela 6.1 relaciona alguns dos recursos comuns fornecidos por uma facilidade de correio eletrônico.

Nesta seção, examinamos o funcionamento básico do correio eletrônico, seu uso em um ambiente distribuído e, finalmente, os padrões internacionais para o correio eletrônico.

Correio eletrônico público *versus* privado

Um serviço público de correio eletrônico é aquele fornecido por um fornecedor de correio eletrônico de terceiros. O serviço normalmente está disponível por uma ou mais redes públicas, especialmente a rede telefônica pública dial-up. Os usuários ganham acesso à facilidade de um terminal ou computador pessoal conectando-se à facilidade por meio da rede pública. As mensagens podem ser enviadas a qualquer outro assinante registrado. Assim, uma empresa poderia usar o sistema de correio público para comunicação de correio eletrônico interno e também poderia trocar mensagens com clientes e fornecedores que também estão registrados com essa facilidade. Alguns exemplos de sistemas de correio público são MCI Mail, disponível pela rede pública de telecomunicações MCI, e os sistemas de correio fornecidos pelos serviços on-line, como UOL.

Uma facilidade de correio eletrônico privada é aquela integrada com o equipamento de computador do usuário. Isso pode ser na forma de software de uma empresa de software independente, que é executado no equipamento de um ou mais fornecedores de computador. Normalmente, a facilidade de correio eletrônico é fornecida pelo fornecedor do computador, normalmen-

Tabela 6.1 Facilidades típicas de correio eletrônico

Preparação de mensagem

Processamento de textos

Facilidades para a criação e a edição de mensagens. Normalmente, estas não precisam ter a mesma potência de um processador de textos pleno, pois os documentos de correio eletrônico costumam ser simples. Porém, a maioria dos pacotes de correio eletrônico permite o acesso "off-line" aos processadores de textos: o usuário cria uma mensagem com o processador de textos do computador, armazena a mensagem como um arquivo e depois usa o arquivo como entrada para a função de preparação de mensagem do processador de textos.

Anotação

As mensagens normalmente exigem algum tipo de resposta curta. Uma técnica simples é permitir que o destinatário anexe uma anotação a uma mensagem recebida e a retorne ao remetente ou a um terceiro.

Envio de mensagem

Catálogo de usuários

Usado pelo sistema. Também pode ser acessível aos usuários, para que possam examinar endereços.

Entrega programada

Permite que o remetente especifique que uma mensagem seja entregue em uma data/hora especificada, antes ou depois. Uma mensagem é considerada entregue quando entra na caixa de correio do destinatário.

Endereçamento múltiplo

As cópias de uma mensagem são enviadas a vários endereços. Os destinatários são designados pela listagem de cada um no cabeçalho da mensagem ou pelo uso de uma lista de distribuição. A última é um arquivo que contém uma lista de usuários. As listas de distribuição podem ser criadas pelo usuário e por funções administrativas centrais.

Tabela 6.1 Facilidades típicas de correio eletrônico (continuação)

Prioridade de mensagem

Uma mensagem pode ser rotulada em determinado nível de prioridade. Mensagens de prioridade mais alta serão entregues mais rapidamente, se isso for possível. Além disso, o destinatário será notificado ou receberá alguma indicação da chegada de mensagens de alta prioridade.

Informação de status

Um usuário pode solicitar notificação da entrega ou da leitura real pelo destinatário. Um usuário também pode consultar o status atual de uma mensagem (por exemplo, enfileirada para transmissão, transmitida mas sem confirmação do recebimento).

Interface com outras facilidades

Estas incluem outros sistemas eletrônicos, como telex, e facilidades de distribuição físicas, como transportadoras e o serviço de correio público (por exemplo, o serviço postal dos Estados Unidos).

Recebimento de mensagem

Varredura de caixa de correio

Permite que o usuário analise o conteúdo atual da caixa de correio. Cada mensagem pode ser indicada por assunto, autor, data, prioridade e assim por diante.

Seleção de mensagem

O usuário pode selecionar mensagens individuais de uma caixa de correio para exibição, impressão, armazenamento em um arquivo separado ou exclusão.

Notificação de mensagem

Muitos sistemas notificam um usuário on-line quanto à chegada de uma nova mensagem e indicam a um usuário durante o logon que existem mensagens em sua caixa de correio.

Reposta da mensagem

Um usuário pode responder imediatamente a uma mensagem selecionada, sem precisar digitar o nome e o endereço do destinatário.

Re-roteamento de mensagem

Um usuário que se mudou, temporária ou permanentemente, pode re-rotear as mensagens recebidas. Uma melhoria é permitir que o usuário especifique diferentes endereços de encaminhamento para diferentes categorias de mensagens.

---

te como parte de um sistema de escritório integrado, como o PROFS da IBM. Como o nome sugere, as facilidades de correio eletrônico privado pertencem e são operadas por uma empresa para seus próprios requisitos de mensagem internos; para mensagens externas, é necessário que haja uma conexão com outros sistemas.

Em geral, os serviços oferecidos nos sistemas de correio eletrônico privado e público são muito semelhantes. Um fator na decisão entre os dois é o custo. Para sistemas privados, existe o custo inicial do software e hardware. Se a facilidade for implementada em computadores já usados para outras finalidades, os únicos custos de hardware serão terminais adicionais e suas conexões para usuários que precisam do terminal apenas para correio eletrônico. Para sistemas públicos, o custo é a quantidade e o tamanho das mensagens transmitidas e armazenadas nas caixas de correio do sistema. Outros fatores merecem análise: os sistemas de correio privados são capazes de proporcionar melhor integração com os sistemas de computador pertencentes ao cliente, enquanto os sistemas de correio públicos são capazes de apresentar um intervalo mais amplo de opções de entrega (por exemplo, links com serviços de telex e entrega) e uma comunidade de usuários mais ampla.

O correio eletrônico da Internet não se encaixa em nenhuma das categorias que abordamos. Na verdade, o correio da Internet não é uma facilidade de correio eletrônico completa, mas apenas o mecanismo de transferência para trocar correspondência entre sistemas assinantes. Essa distinção é explicada na próxima subseção.

Correio eletrônico de único computador *versus* múltiplos computadores

A forma mais simples de correio eletrônico é a facilidade de único sistema (Figura 6.1a). Essa facilidade permite que todos os usuários de um sistema de computador compartilhado troquem mensagens. Cada usuário é registrado no sistema e possui um identificador exclusivo, normalmente o sobrenome da pessoa. Associada a cada usuário está uma caixa de correio. A facilidade de correio eletrônico é um programa de aplicação disponível a qualquer usuário conectado ao sistema. Um usuário pode recorrer ao correio eletrônico, preparar uma mensagem e "enviá-la" para qualquer outro usuário no sistema. O ato de enviar simplesmente envolve pôr a mensagem na caixa de correio do destinatário. A caixa de correio é, na realidade, uma entidade mantida pelo sistema de gerenciamento de arquivos e está na própria natureza do diretório de arquivos. Uma caixa de correio está associada a cada usuário. Qualquer correio "chegando" é simplesmente armazenado como um arquivo no diretório de caixa de correio desse usuário. O usuário pode, mais tarde, abrir esse arquivo para ler a mensagem. Na maior parte dos sistemas, quando o usuário efetua o logon, ele recebe a informação de que existem novas mensagens na sua caixa de correio.

Muitos sistemas de correio públicos são de único computador, com um único sistema host que mantém todas as caixas de correio de todos os usuários. No contexto privado, um único host central pode dar suporte ao correio de único computador. Com mais freqüência, em uma configuração de LAN, o sistema de correio central é um servidor de correio dedicado ou uma instalação de correio em um servidor de múltiplas finalidades. Nesse último caso, o software para preparar e processar o correio pode estar na estação de trabalho de cada indivíduo, enquanto as próprias caixas de correio estão no servidor.

Com uma facilidade de correio eletrônico de único sistema, as mensagens só podem ser trocadas entre usuários desse sistema em particular. Logicamente, isso é muito limitador. Em um ambiente distribuído, gostaríamos de poder trocar mensagens com usuários conectados a outros sistemas. Assim, gostaríamos de tratar o correio eletrônico como uma aplicação distribuída.

Para o sistema de correio distribuído, diversos manipuladores de correio (por exemplo, servidores de correio) se conectam por uma facilidade de rede (por exemplo, WAN pública ou privada ou a Internet) e trocam correio (Figura 6.1b). Com essa configuração,

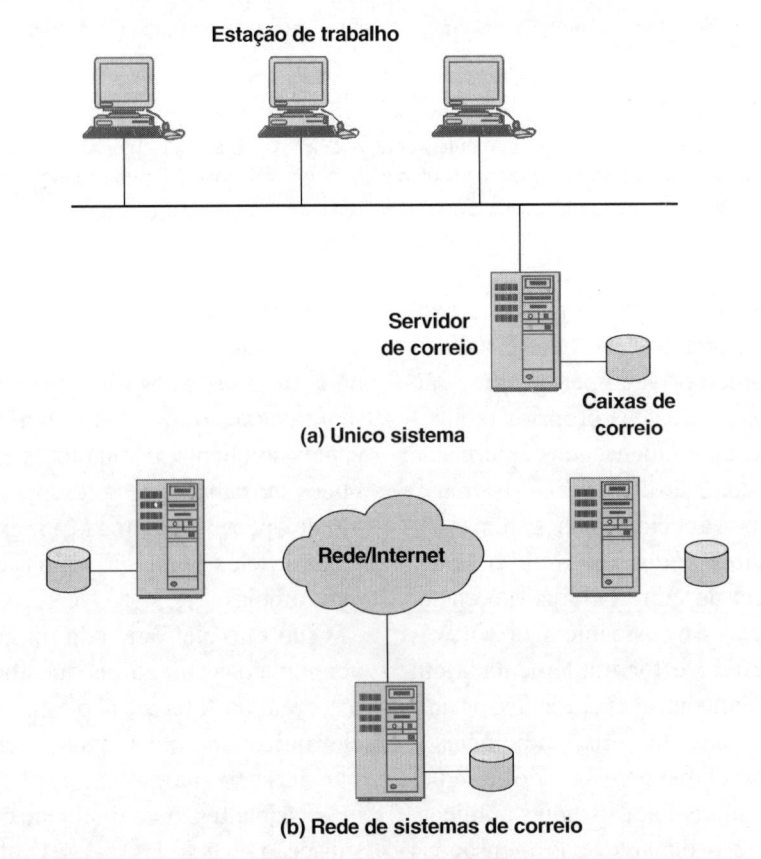

FIGURA 6.1 Configurações de correio eletrônico.

é útil agrupar as funções de correio eletrônico em duas categorias distintas: agente do usuário e agente de transferência de mensagem.

As funções do **agente do usuário** são visíveis ao usuário do correio eletrônico. Estas incluem facilidades para preparar e submeter mensagens para rotear ao(s) destino(s), além de funções utilitárias de auxiliar o usuário no arquivamento, recuperação, resposta e encaminhamento. O **agente de transferência de mensagem** aceita mensagens do agente do usuário para transmissão por uma rede ou inter-rede. O agente de transferência de mensagem se preocupa com a operação do protocolo necessária para transmitir e entregar mensagens.

O usuário não interage diretamente com o agente de transferência de mensagem. Se o usuário designar um destinatário local para uma mensagem, o agente do usuário a armazena na caixa de correio do destinatário local. Se um destinatário remoto for designado, o agente do usuário passa a mensagem para um agente de transferência remoto e, por fim, para uma caixa de correio remota.

Muitos fornecedores oferecem uma versão de rede a partir de sua facilidade básica de correio eletrônico. Porém, isso só permitirá que o usuário envie correio aos usuários em sistemas do mesmo fornecedor. Várias formas de interconexão são necessárias. É preferível oferecer uma interconexão entre uma rede de correio eletrônico privada e um serviço de correio eletrônico público. Também se deseja a capacidade de interconectar os sistemas privados com base nos computadores de diferentes fornecedores. Para fornecer essas interconexões, um conjunto de padrões é necessário; este é um tópico que explicamos a seguir.

Simple Mail Transfer Protocol

SMTP é o protocolo padrão para transferência de correio entre hosts no conjunto de protocolos TCP/IP; ele é definido na RFC 821.

Embora as mensagens transferidas pelo SMTP normalmente sigam o formato definido na RFC 822, que descreveremos mais adiante, SMTP não se preocupa com o formato ou o conteúdo das próprias mensagens, exceto em dois casos. Isso se exprime normalmente no conceito de que o SMTP utiliza informações escritas no envelope do correio (cabeçalho de mensagem), mas não vê o conteúdo (corpo da mensagem) do envelope. As duas exceções são as seguintes:

1. SMTP padroniza o conjunto de caracteres da mensagem definido como ASCII de 7 bits.
2. SMTP acrescenta informações de log no início da mensagem entregue, que indica o caminho que a mensagem seguiu.

Operação básica do correio eletrônico A Figura 6.2 ilustra o fluxo geral do correio em um sistema distribuído típico. Embora grande parte dessa atividade esteja fora do escopo do SMTP, a figura ilustra o contexto dentro do qual o SMTP normalmente opera.

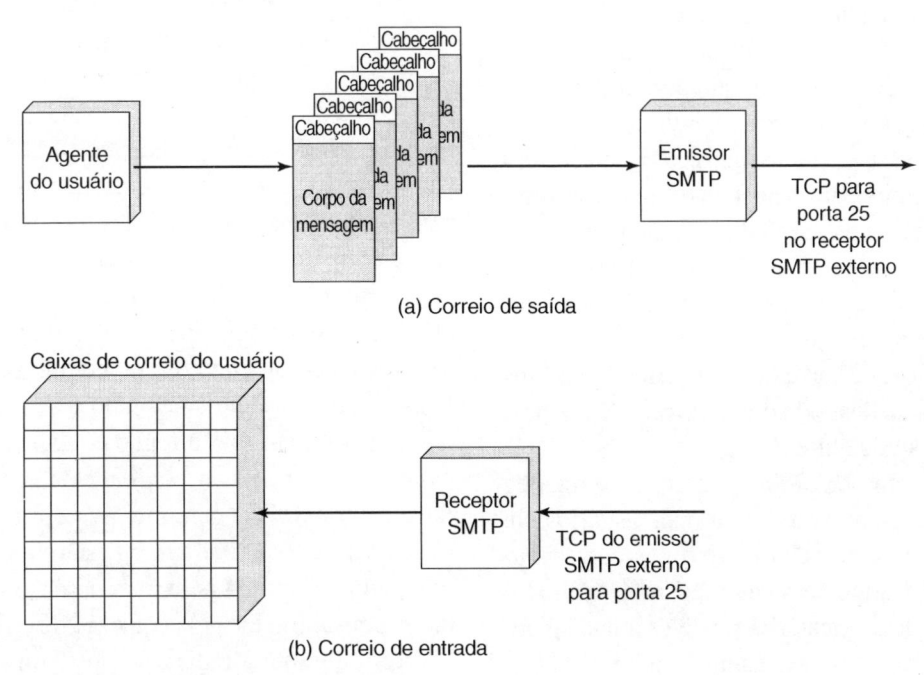

FIGURA 6.2 Fluxo de correio SMTP.

Para começar, o correio é criado por um programa agente do usuário em resposta à entrada do usuário. Cada mensagem criada consiste em um cabeçalho que inclui o endereço de correio eletrônico do destinatário e outras informações, e um corpo com a mensagem a ser enviada. Essas mensagens são, então, enfileiradas de alguma maneira e identificadas como entrada para um programa emissor de SMTP, que normalmente é um programa servidor sempre presente no host.

Embora a estrutura da fila de correio de saída seja diferente, dependendo do sistema operacional do host, cada mensagem em fila conceitualmente possui duas partes:

1. O texto da mensagem, que consiste em
   - O cabeçalho RFC 822: Este constitui o envelope da mensagem e inclui uma indicação do(s) destinatário(s) pretendido(s).
   - O corpo da mensagem, redigido pelo usuário.
2. Uma lista de destinos de endereço.

A lista de endereços de correio para a mensagem é derivada pelo agente do usuário a partir do cabeçalho de mensagem 822. Em alguns casos, o destino ou os destinos são literalmente especificados no cabeçalho da mensagem. Em outros casos, o agente do usuário pode ter de expandir os nomes da lista de correspondência, remover duplicatas e substituir nomes mnemônicos por nomes de caixa de correio reais. Se quaisquer cópias ocultas (BCCs) forem indicadas, o agente do usuário precisa preparar mensagens que estejam de acordo com esse requisito. A idéia básica é de que os vários formatos e estilos preferidos pelos indivíduos na interface com o usuário se substituam por uma lista padronizada adaptada ao programa de envio SMTP.

O **emissor SMTP** pega mensagens da fila de correio de saída e as transmite para o host de destino apropriado por meio de transações SMTP por uma ou mais conexões TCP com a porta 25 nos hosts de destino. Um host pode ter vários emissores SMTP ativos simultaneamente, se tiver um grande volume de correio de saída, e também deve ter a capacidade de criar receptores SMTP por demanda, de modo que o correio de um host não atrase o correio de outro.

Sempre que o emissor SMTP conclui a entrega de determinada mensagem para um ou mais usuários em um host específico, ele exclui os destinos correspondentes da lista de destino dessa mensagem. Quando todos os endereços de destinatários de determinada mensagem são processados, a mensagem é excluída da fila. No processamento de uma fila, o emissor SMTP pode realizar diversas otimizações. Se determinada mensagem tiver de ser enviada para vários usuários em um único host, o texto da mensagem precisa ser enviado apenas uma vez. Se várias mensagens estiverem prontas para envio ao mesmo host, o emissor SMTP pode abrir uma conexão TCP, transferir as múltiplas mensagens e depois fechar a conexão, em vez de abrir e fechar uma conexão para cada mensagem.

O emissor SMTP precisa lidar com uma série de erros. O host de destino pode estar inalcançável, fora de operação ou a conexão TCP pode falhar, enquanto o correio está sendo transferido. O emissor pode criar nova fila de correio para posterior entrega, mas abandonar após algum período, em vez de manter a mensagem na fila indefinidamente. Um erro comum é um endereço de destino defeituoso, o que pode ocorrer devido a erro de entrada do usuário ou porque o usuário de destino pretendido possui um novo endereço em um host diferente. O emissor SMTP precisa redirecionar a mensagem, se possível, ou retornar uma notificação de erro a quem originou a mensagem.

Utiliza-se o **protocolo SMTP** para transferir uma mensagem do emissor SMTP ao receptor SMTP por uma conexão TCP. O SMTP tenta oferecer operação confiável, mas não garante recuperação das mensagens perdidas. SMTP não retorna uma confirmação de ponta a ponta para quem originou uma mensagem, a fim de indicar que uma mensagem foi entregue com sucesso ao destinatário. As indicações de erro também não têm garantia de retorno. Porém, o sistema de correio baseado em SMTP geralmente é considerado confiável.

O **receptor SMTP** aceita cada mensagem de chegada e a coloca na caixa de correio do usuário apropriado ou a copia na fila de correio de saída, se o encaminhamento for necessário. O receptor SMTP precisa ser capaz de verificar destinos de correio locais e lidar com erros, entre os quais erros de transmissão e de falta de capacidade de arquivo em disco.

O emissor SMTP é responsável por uma mensagem até o ponto onde o receptor SMTP indica que a transferência está completa; porém, isso simplesmente significa que a mensagem chegou no servidor SMTP, e não que a mensagem foi entregue e recuperada pelo destinatário final. A responsabilidade de tratamento de erro do receptor SMTP geralmente se limita a abandonar conexões TCP que falham ou estão inativas por períodos muito longos. Assim, o emissor tem a maior parte da responsabilidade pela correção de erro. Os erros que ocorrem durante a indicação do término podem gerar mensagens duplicadas, mas elas não se perdem.

Na maioria dos casos, as mensagens vão diretamente da máquina de origem do correio para a máquina de destino, por uma única conexão TCP. No entanto, o correio ocasionalmente pode passar por máquinas intermediárias por meio de uma instalação de encaminhamento SMTP, em que a mensagem precisa atravessar uma série de conexões TCP entre a origem e o destino. Um modo disso acontecer é o emissor especificar uma rota ao destino na forma de uma seqüência de servidores. Um evento mais comum é o encaminhamento exigido porque um usuário mudou.

É importante observar que o protocolo SMTP é limitado à conversação que ocorre entre o emissor SMTP e o receptor SMTP. A função principal do SMTP é a transferência de mensagens, embora existam algumas funções auxiliares que lidam com a verificação e o tratamento do destino do correio. O restante do esquema de tratamento de correio representado na Figura 6.2 ultrapassa o escopo do SMTP, e pode diferir de um sistema para outro.

Agora, faremos uma análise dos principais elementos do SMTP.

Visão geral do SMTP A operação do SMTP consiste em uma série de comandos e respostas trocadas entre o emissor e o receptor SMTP. A iniciativa é do emissor SMTP, que estabelece a conexão TCP. Quando a conexão se estabelece, o emissor SMTP envia comandos pela conexão ao receptor. Cada comando gera exatamente uma resposta do receptor SMTP.

A operação básica do SMTP ocorre em três fases: configuração da conexão, troca de um ou mais pares de comando-resposta e término da conexão. Examinaremos uma fase de cada vez.

Configuração da conexão Um emissor SMTP tentará configurar uma conexão TCP com um host de destino quando tiver uma ou mais mensagens de correio para entregar a esse host. A seqüência é muito simples:

1. O emissor abre uma conexão TCP com o receptor.
2. Quando a conexão se estabelece, o receptor se identifica com "220 Service Ready".
3. O emissor se identifica com o comando HELO.
4. O receptor aceita a identificação do emissor com "250 OK".

Se o serviço de correio no destino estiver indisponível, o host de destino retorna uma resposta "421 Service Not Available" na etapa 2 e o processo termina.

Transferência de correio Quando uma conexão tiver se estabelecido, o emissor SMTP pode enviar uma ou mais mensagens ao receptor SMTP. Existem três fases lógicas para a transferência de uma mensagem:

1. Um comando MAIL identifica quem originou a mensagem.
2. Um ou mais comandos RCPT identificam os destinatários para essa mensagem.
3. Um comando DATA transfere o texto da mensagem.

O **comando MAIL** dá o caminho reverso, que pode ser usado para informar erros. Se o receptor estiver preparado para aceitar mensagens dessa origem, ele retorna uma resposta "250 OK". Caso contrário, o receptor retorna uma resposta que indica a falha ao executar o comando ou um erro no comando.

O **comando RCPT** identifica um destinatário individual dos dados de correio; vários destinatários são especificados pelo uso múltiplo desse comando. Uma resposta separada retorna para cada comando RCPT, com uma das seguintes possibilidades:

1. O receptor aceita o destino com uma resposta 250; isso indica que a caixa de correio designada está no sistema do receptor.
2. O destino exigirá o encaminhamento e, assim, o receptor encaminhará.
3. O destino exige o encaminhamento, mas o receptor não encaminhará; o emissor precisa reenviar para o endereço de encaminhamento.
4. Não existe uma caixa de correio para esse destinatário nesse host.
5. O destino é rejeitado devido a alguma outra falha em executar ou um erro no comando.

A vantagem do uso de uma fase RCTP separada é que o emissor não enviará a mensagem até ter certeza de que o receptor está preparado para recebê-la ao menos para um destinatário, o que evita a sobrecarga do envio de uma mensagem inteira para, depois, descobrir que o destino é desconhecido. Quando o receptor SMTP concorda em receber a mensagem de correio para pelo menos um destinatário, o emissor SMTP utiliza o comando DATA para iniciar a transferência da mensagem. Se o receptor SMTP ainda estiver preparado para receber a mensagem, ele retorna uma mensagem Start; do contrário, o receptor retorna uma resposta que informa a falha na execução do comando ou um erro no comando. Se a resposta Start retornar, o emissor SMTP prossegue, enviando a mensagem pela conexão TCP como uma seqüência de linhas ASCII. O final da mensagem é indicado por uma linha com apenas um ponto. O receptor SMTP responde com uma resposta OK se a mensagem for aceita ou com o código de erro apropriado.

Um exemplo, extraído da RFC 821, ilustra o processo:

> S: MAIL FROM:<Smith@Alpha.ARPA>
> R: 250 OK
>
> S: RCPTTO:<Jones@Beta.ARPA>
> R: 250 OK
>
> S: RCPTTO:<Green@Beta.ARPA>
> R: 550 No such user here
>
> S: RCPTTO:<Brown@Beta.ARPA>
> R: 250 OK
>
> S: DATA
> R: 354 Start mail input; end with <CRLF>.<CRLF>
> S: Blah blah blah...
> S: ...etc. etc. etc.
> S: <CRLF>.<CRLF>
> R: 250 OK

O emissor SMTP está transmitindo correio que se origina do usuário Smith@Alpha.ARPA. A mensagem é endereçada a três usuários na máquina Beta.ARPA, a saber, Jones, Green e Brown. O receptor SMTP indica que possui caixas de correio para Jones e Brown, mas não possui informações sobre Green. Como pelo menos um dos destinatários pretendidos foi verificado, o emissor prossegue com o envio da mensagem de texto.

Fechamento da conexão O emissor SMTP fecha a conexão em duas etapas. Em primeiro lugar, o emissor envia um comando QUIT e espera uma resposta. A segunda etapa é iniciar uma operação de fechamento TCP para a conexão TCP. O receptor inicia seu fechamento TCP depois de enviar sua resposta ao comando QUIT.

RFC 822 A RFC 822 define um formato para mensagens de texto que são enviadas por correio eletrônico. O padrão SMTP adota a RFC 822 como formato para uso na construção de mensagens para transmissão via SMTP. No contexto da RFC 822, as mensagens são vistas na forma de um envelope e conteúdo. O envelope contém quaisquer informações necessárias para realizar a transmissão e a entrega. O conteúdo compõe o objeto a ser entregue ao destinatário. O padrão da RFC 822 se aplica apenas ao conteúdo. Porém, o conteúdo padrão inclui um conjunto de campos de cabeçalho que pode ser usado pelo sistema de correio para criar o envelope, e o padrão serve para facilitar a aquisição de tais informações pelos programas.

Uma mensagem RFC 822 consiste em uma seqüência de linhas de texto e utiliza uma estrutura genérica de "memorando". Ou seja, uma mensagem consiste em algumas linhas de cabeçalho, que seguem um formato rígido, seguidos pelo corpo da mensagem que consiste em texto arbitrário.

Uma linha de cabeçalho normalmente compõe-se de uma palavra-chave, seguida por um sinal de dois pontos, seguido pelos argumentos da palavra-chave; o formato permite que uma linha longa se desmembre em várias linhas. As palavras-chave mais utilizadas são From, To, Subject e Date. Aqui está uma mensagem de exemplo:

> Date:Thur, 16 Jan 1997 10:37:17 (EST)
> From: "William Stallings" <ws@host.com>
> Subject: The Syntax in RFC 822
> To: Smith@Other-host.com
> Cc: Jones@Yet-Another-Host.com
>
> Olá. Esta seção inicia o corpo real da mensagem, que é destacado do cabeçalho da mensagem por uma linha em branco.

Outro campo que normalmente é encontrado nos cabeçalhos RFC 822 é Message-ID. Esse campo contém um identificador exclusivo associado a essa mensagem.

Multipurpose Internet Mail Extensions (MIME)

MIME é uma extensão à estrutura da RFC 822 que pretende resolver alguns dos problemas e limitações do uso do SMTP e RFC 822 para correio eletrônico. [RODR02] relaciona as seguintes limitações do esquema SMTP/822:

1. SMTP não pode transmitir arquivos executáveis ou outros objetos binários. Diversos esquemas estão em uso para converter arquivos binários em um formato de texto que possa ser usado pelos sistemas de correio SMTP, entre os quais o popular esquema uuencode/uudecode do Unix. Todavia, nenhum destes é um padrão ou sequer um padrão de fato.

2. SMTP não pode transmitir dados de texto que incluam caracteres de idioma nacional, pois estes são representados por códigos de 8 bits com valores iguais ou maiores do que 128 (decimal), e SMTP está limitado a ASCII em 7 bits.
3. Os servidores SMTP podem rejeitar a mensagem de correio acima de um certo tamanho.
4. Gateways SMTP que traduzem entre ASCII e o código de caracteres EBCDIC não usam um conjunto coerente de mapeamentos, o que gera problemas de tradução.
5. Gateways SMTP para redes de correio eletrônico X.400 não podem lidar com dados não-textuais, incluídos em mensagens X.400.
6. Algumas implementações SMTP não aderem completamente aos padrões SMTP definidos na RFC 821. Os problemas comuns incluem os seguintes:
   - Exclusão, acréscimo ou reordenação de carriage return e linefeed
   - Truncamento ou quebra de linhas maiores do que 76 caracteres
   - Remoção de espaço em branco final (caracteres de tabulação e espaço)
   - Preenchimento de linhas em uma mensagem com o mesmo tamanho
   - Conversão de caracteres de tabulação em vários caracteres de espaço

Essas limitações tornam difícil usar a criptografia com correio eletrônico e usar SMTP para transportar objetos de multimídia e mensagens de EDI (Electronic Data Interchange). MIME serve para resolver esses problemas de uma maneira que seja compatível com as implementações RFC 822 existentes.

Visão geral A especificação MIME inclui os seguintes elementos:

1. Cinco novos campos de cabeçalho de mensagem são definidos, que podem estar incluídos em um cabeçalho RFC 822. Esses campos oferecem informações sobre o corpo da mensagem.
2. Diversos formatos de conteúdo são definidos, padronizando assim as representações que admitem correio eletrônico de multimídia.
3. Codificações de transferência são definidas para permitir a conversão de qualquer formato de conteúdo em uma forma protegida contra alteração pelo sistema de correio.

Nesta subseção, introduzimos os cinco campos de cabeçalho de mensagem. As próximas duas subseções lidam com os formatos de conteúdo e codificações de transferência. Os cinco campos de cabeçalho definidos no MIME são os seguintes:

- **Versão MIME:** Precisa ter o valor de parâmetro 1.0. Esse campo indica que a mensagem está de acordo com as RFCs.
- **Tipo de conteúdo:** Descreve os dados contidos no corpo com detalhes suficientes para que o agente de usuário receptor possa apanhar um agente ou mecanismo apropriado para representar os dados ao usuário ou então lidar com os dados de uma maneira apropriada.
- **Codificação de transferência de conteúdo:** Indica o tipo da transformação que foi usada para representar o corpo da mensagem de modo que seja aceitável para o transporte de correio.
- **ID de conteúdo:** Usado para identificar de forma exclusiva as entidades MIME em vários contextos.
- **Descrição de conteúdo:** Uma descrição de texto puro do objeto contido no corpo; isso é útil quando o objeto não é legível (por exemplo, dados de áudio).

Qualquer um ou todos esses campos podem aparecer em um cabeçalho RFC 822 normal. Uma implementação compatível precisa dar suporte aos campos de Versão MIME, Tipo de Conteúdo e Codificação de Transferência de Conteúdo; os campos de ID de Conteúdo e Descrição de Conteúdo são opcionais e podem ser ignorados pela implementação no destinatário.

Tipos de conteúdo MIME A maior parte da especificação MIME trata da definição de uma série de tipos de conteúdo. Isso reflete a necessidade de fornecer maneiras padronizadas de lidar com uma grande variedade de representações de informação em um ambiente de multimídia.

A Tabela 6.2 relaciona os tipos de conteúdo MIME. Existem sete principais tipos diferentes de conteúdo e um total de 14 subtipos. Em geral, um tipo de conteúdo declara o tipo geral dos dados, e um subtipo determina um formato específico para esse tipo de dados.

Para corpo do **tipo text**, nenhum software especial é necessário para obter o significado completo do texto, fora o suporte do conjunto de caracteres indicado. O único subtipo definido é o texto puro, que é simplesmente uma seqüência de caracteres ASCII.

O **tipo multipart** indica que o corpo contém várias partes independentes. O campo de cabeçalho Tipo de Conteúdo inclui um parâmetro, chamado limite, que

Tabela 6.2 **Tipos de conteúdo MIME**

Tipo	Subtipo	Descrição
Text	Plain	Texto não formatado; pode ser ASCII ou ISO 8859.
Multipart	Mixed	As diferentes partes são independentes, mas devem ser transmitidas juntas. Elas devem se apresentar ao receptor na ordem em que aparecem na mensagem de correio.
	Parallel	Difere de Mixed apenas porque nenhuma ordem é definida para a entrega das partes ao receptor.
	Alternative	As diferentes partes são versões alternativas da mesma informação. Elas são ordenadas em fidelidade crescente com relação ao original e o sistema de correio do destinatário deve exibir a "melhor" versão para o usuário.
	Digest	Semelhante a Mixed, mas o tipo/subtipo padrão de cada parte é message/rfc822.
Message	rfc822	O próprio corpo é uma mensagem encapsulada que está de acordo com a RFC 822.
	Partial	Usado para permitir a fragmentação de grandes itens de correio, de modo que seja transparente ao destinatário.
	External-body	Contém um ponteiro para um objeto que existe em outro lugar.
Image	jpeg	A imagem está no formato JPEG, codificação JFIF.
	gif	A imagem está no formato GIF.
Video	mpeg	Formato MPEG.
Audio	Basic	Codificação mu-law ISDN em 8 bits com único canal a uma taxa de amostragem de 8kHz.
Application	PostScript	Adobe Postscript.
	octet-stream	Dados binários gerais que consistem em bytes de 8 bits.

define o delimitador entre as partes do corpo. Esse limite não deverá aparecer em quaisquer partes da mensagem. Cada limite começa uma nova linha e consiste em dois hifens seguidos pelo valor de limite. O limite final, que indica o final da última parte, também possui um sufixo de dois hifens. Dentro de cada parte, pode haver um cabeçalho MIME comum opcional.

Aqui está um exemplo simples de uma mensagem multipart, com duas partes, ambas expressas em um texto simples:

```
From: John Smith <js@company.com>
To: Ned Jones <ned@soft.com>
Subject: Sample message
MIME-Version: 1.0
Content-type: multipart/mixed; boundary="simple boundary"

Este é o preâmbulo. Ele deve ser ignorado, embora seja um local útil
para os programas de escrita de correio incluírem uma explicação para
leitores sem conformidade com MIME.
–simple boundary
Este é um texto ASCII puro digitado implicitamente. Ele NÃO termina com
uma quebra de linha.

–simple boundary
Content-type: text/plain; charset=us-ascii
Este é um texto ASCII puro digitado explicitamente. Ele TERMINA com uma
quebra de linha.

–simple boundary–
Este é o epílogo. Ele também deve ser ignorado.
```

Existem quatro subtipos do tipo multipart, todos eles com a mesma sintaxe geral. Utiliza-se o **subtipo multipart/mixed** quando existem várias partes de corpo independentes, que precisam ser agrupadas em uma ordem específica. Para o **subtipo multipart/parallel**, a ordem das partes não é significativa. Se o sistema do destinatário for apropriado, as múltiplas partes podem ser apresentadas em paralelo. Por exemplo, uma figura ou parte de texto poderia ser acompanhada por um comentário de voz que é reproduzido enquanto a figura ou texto é exibido.

Para o **subtipo multipart/alternative**, as diversas partes são representações diferentes da mesma informação. A seguir está um exemplo:

Neste subtipo, as partes de corpo são ordenadas em termos de preferência crescente. Para este exemplo, se o sistema de destino for capaz de exibir a mensagem no formato rich-text, isso será feito; do contrário, o formato de texto puro será usado.

O **subtipo multipart/digest** é usado quando cada uma das partes do corpo é interpretada como uma mensagem RFC 822 com cabeçalhos. Esse subtipo permite a construção de uma mensagem cujas partes são mensagens individuais. Por exemplo, o moderador de um grupo poderia coletar mensagens de e-mail dos participantes, agrupar essas mensagens e enviá-las em uma mensagem MIME encapsulada.

O tipo **message** possui diversas capacidades importantes em MIME. O **subtipo message/rfc822** indica que o corpo é uma mensagem inteira, incluindo cabeçalho e corpo. Apesar do nome desse subtipo, a mensagem encapsulada pode ser não apenas uma simples mensagem RFC 822, mas também qualquer mensagem MIME.

O **subtipo message/partial** permite a fragmentação de uma mensagem grande em diversas partes, que precisam ser remontadas no destino. Para esse subtipo, três parâmetros são especificados no campo Content-Type:Message/Partial:

- **id:** Um valor que é comum a cada fragmento da mesma mensagem, de modo que os fragmentos possam ser identificados no destinatário para remontagem, mas que é único em diferentes mensagens.
- **number:** Um número de seqüência que indica a posição desse fragmento na mensagem original. O primeiro fragmento tem o número 1, o segundo, 2, e assim por diante.
- **total:** O número total de partes. O último fragmento é identificado por ter o mesmo valor para os parâmetros *number* e *total*.

O **subtipo message/external-body** indica que os dados reais a serem transportados nessa mensagem não estão contidos no corpo. Em vez disso, o corpo contém a informação necessária para acessar os dados. Assim como com os outros tipos de mensagem, o subtipo message/external-body possui um cabeçalho externo e uma mensagem encapsulada com seu próprio cabeçalho. O único campo necessário no cabeçalho externo é o campo Content-type, que o identifica como um subtipo message/external-body. O cabeçalho interno é o cabeçalho de mensagem para a mensagem encapsulada.

```
From: John Smith <js@company.com>
To: Ned Jones <ned@soft.com>
Subject: Formatted text mail
MIME-Version: 1.0
Content-Type: multipart/alternative; boundary=boundary42

–boundary42

Content-Type: text/plain; charset=us-ascii

...versão de texto puro da mensagem entra aqui....
–boundary42 Content-Type: text/richtext

.... Versão RFC 1341 rich text da mesma mensagem entra aqui ...
–boundary42–
```

O campo Content-type no cabeçalho externo precisa incluir um parâmetro tipo de acesso, que possui um dos seguintes valores:

- **FTP**: O corpo da mensagem é acessível como um arquivo que usa o File Transfer Protocol (FTP). Para esse tipo de acesso, os seguintes parâmetros adicionais são obrigatórios: name, o nome do arquivo; e site, o nome do domínio do host onde o arquivo reside. Os parâmetros opcionais são os seguintes: directory, o diretório em que o arquivo está localizado, e mode, que indica como o FTP deverá apanhar o arquivo (por exemplo, ASCII, imagem). Antes de a transferência de arquivo ocorrer, o usuário terá de fornecer uma id de usuário e senha. Estes não são transmitidos com a mensagem, por motivos de segurança.
- **TFTP:** O corpo da mensagem é acessível como um arquivo que usa o Trivial File Transfer Protocol (TFTP). Os mesmos parâmetros do FTP são usados aqui, e a id de usuário e senha também devem ser fornecidas.
- **Anon-FTP:** Idêntico ao FTP, exceto que o usuário não fornece uma id de usuário e senha. O parâmetro name fornece o nome do arquivo.
- **local-file:** O corpo da mensagem é acessível como um arquivo na máquina do destinatário.
- **AFS:** O corpo da mensagem é acessível como um arquivo por meio do AFS (Andrew File System) global. O parâmetro name fornece o nome do arquivo.
- **mail-server:** O corpo da mensagem é acessível por meio do envio de uma mensagem de e-mail a um servidor de correio. Um parâmetro *server* precisa ser incluído, dando o endereço de e-mail do servidor. O corpo da mensagem original, conhecido como corpo fantasma, deverá conter o comando exato a ser enviado ao servidor de correio.

O tipo **image** indica que o corpo contém uma imagem que pode ser exibida. O subtipo, jpeg ou gif, especifica o formato da imagem. No futuro, mais subtipos serão acrescentados a essa lista.

O tipo **video** indica que o corpo contém uma imagem que varia no tempo, possivelmente com cor e som coordenados. O único subtipo até aqui especificado é mpeg.

O tipo **audio** indica que o corpo contém dados de áudio. O único subtipo, basic, está em conformidade com um serviço ISDN conhecido como "64-kbps, 8-kHz Structured, Usable for Speech Information", com um algoritmo de fala digitalizado conhecido como *fx-law*

PCM (Pulse Code Modulation). Esse tipo geral é o modo comum de transmitir sinais de fala por uma rede digital. O termo *fx-law* refere-se à técnica de codificação específica; essa é a técnica padrão usada na América do Norte e no Japão. Um sistema concorrente, conhecido como A-law, é padrão na Europa.

O tipo **application** refere-se aos outros tipos de dados, normalmente dados binários não interpretados ou informações a serem processadas pela aplicação baseada em correio. O **subtipo application/octet-stream** indica dados binários gerais em uma seqüência de octetos. A RFC 1521 recomenda que a implementação receptora deva se oferecer para colocar os dados em um arquivo ou usar os dados como entrada para um programa.

O **subtipo application/Postscript** indica o uso do Adobe Postscript.

6.2 ACESSO À WEB E HTTP

O Hypertext Transfer Protocol (HTTP) é o protocolo básico da World Wide Web (WWW) e pode ser usado em qualquer aplicação cliente/servidor que envolve hipertexto. O nome é um tanto enganoso, pois HTTP não é um protocolo para transferir hipertexto; em vez disso, ele é um protocolo para transmitir informações com uma eficiência necessária para fazer saltos de hipertexto. Os dados transferidos pelo protocolo podem ser texto puro, hipertexto, áudio, imagens ou qualquer informação acessível pela Internet.

Começamos com uma visão geral dos conceitos e da operação do HTTP e depois examinamos alguns detalhes, tomando como base a versão mais recente a ser colocada na rota dos padrões da Internet, HTTP 1.1. Diversos termos importantes definidos na especificação HTTP são resumidos na Tabela 6.3; estes serão apresentados enquanto a análise prossegue.

Visão geral do HTTP

HTTP é um protocolo cliente/servidor orientado para a transação. O uso mais típico do HTTP é entre um navegador Web e um servidor Web. Para garantir confiabilidade, o HTTP utiliza TCP. Apesar disso, HTTP é um **protocolo sem estado:** Cada transação é tratada independentemente. Por conseguinte, uma implementação típica criará uma nova conexão TCP entre cliente e servidor para cada transação e, depois, terminará a conexão assim que a transação for completada, embora a especificação não dite esse relacionamento um-para-um entre os tempos de transação e conexão.

Tabela 6.3 Principais termos relacionados ao HTTP

Cache
Armazém local das mensagens de resposta de um programa e o subsistema que controla seu armazenamento, recuperação e exclusão de mensagem. Um cache armazena respostas passíveis de cache a fim de reduzir o tempo de resposta e o consumo de largura de banda da rede em solicitações equivalentes, futuras. Qualquer cliente ou servidor pode incluir um cache, embora este não possa ser usado por um servidor enquanto estiver atuando como um túnel.

Cliente
Um programa de aplicação que estabelece conexões com a finalidade de enviar solicitações.

Conexão
Um circuito virtual da camada de transporte que se estabelece entre dois programas de aplicação para fins de comunicação.

Entidade
Uma representação particular de um recurso de dados, ou resposta de um recurso de serviço, que pode estar delimitada dentro de uma mensagem de solicitação ou resposta. Uma entidade consiste em cabeçalhos de entidade e um corpo de entidade.

Gateway
Um servidor que atua como um intermediário para algum outro servidor. Ao contrário de um proxy, um gateway recebe solicitações como se fosse o servidor original para o recurso solicitado; o cliente solicitante pode não estar ciente de sua comunicação com um gateway. Os gateways normalmente são usados como portais no servidor por meio de firewalls da rede e como tradutores de protocolo para acesso a recursos armazenados em sistemas não HTTP.

Mensagem
A unidade básica de comunicação HTTP, composta de uma seqüência estruturada de octetos transmitidos por meio da conexão.

Servidor
O servidor em que determinado recurso reside ou deve ser criado de origem

Proxy
Um programa intermediário que atua como um servidor e um cliente com a finalidade de fazer solicitações em favor de outros clientes. As solicitações são atendidas internamente ou repassadas, com possível tradução, para outros servidores. Um proxy precisa interpretar e, se necessário, reescrever uma mensagem de solicitação antes de encaminhá-la. Os proxies normalmente são usados como portais do lado do cliente, por meio de firewalls de rede, e como aplicações auxiliadoras para tratar de solicitações via protocolos não implementados pelo agente do usuário.

Recurso
Um objeto de dados ou serviço da rede que pode ser identificado por um URL.

Servidor
Um programa de aplicação que aceita conexões a fim de atender solicitações, enviando respostas de volta.

Túnel
Um programa intermediário que atua como um repasse cego entre duas conexões. Uma vez ativo, um túnel não é considerado uma parte da comunicação HTTP, embora o túnel possa ter sido inicializado por uma solicitação HTTP. Um túnel deixa de existir quando as duas extremidades das conexões repassadas se fecham. Os túneis são usados quando um portal é necessário, e o intermediário não pode ou não deve interpretar a comunicação repassada.

Agente do usuário
O cliente que inicia uma solicitação. Estes normalmente são navegadores, editores, spiders ou outras ferramentas do usuário final.

A natureza sem estado do HTTP é bem adequada à sua aplicação típica. Uma sessão normal de um usuário com um navegador Web envolve apanhar uma seqüência de páginas Web e documentos. A seqüência, de modo ideal, é realizada rapidamente, e os locais das várias páginas e dos documentos podem ser uma série de servidores bastante distribuídos.

Outro recurso importante do HTTP é que ele é flexível nos formatos que pode tratar. Quando um cliente emite uma solicitação a um servidor, ele pode incluir uma lista priorizada de formatos que pode tratar, e o servidor responde com o formato apropriado. Por exemplo, um navegador lynx não pode lidar com imagens, de modo que um servidor Web não precisa transmitir quaisquer imagens nas páginas Web. Esse esquema impede a transmissão de informações desnecessárias e estabelece a base para estender o conjunto de formatos com novas especificações padronizadas e proprietárias.

A Figura 6.3 ilustra três exemplos de operação HTTP. O caso mais simples é aquele em que um agente do usuário estabelece uma conexão direta com um servidor de origem. O **agente do usuário** é o cliente que inicia a solicitação, como um navegador Web sendo executado em favor de um usuário final. O **servidor de origem** é o servidor em que reside um recurso de interesse; um exemplo é um servidor Web em que reside uma Web home page desejada. Para esse caso, o cliente abre uma conexão TCP que é de ponta a ponta entre o cliente e o servidor. O cliente, então, emite uma solicitação HTTP. A solicitação consiste em um comando específico, conhecido como um método, um endereço [como um Uniform Resource Locator (URL)] e uma mensagem tipo MIME com parâmetros de solicitação, informações sobre o cliente, e talvez alguma informação de conteúdo adicional.

Quando o servidor recebe a solicitação, ele tenta realizar a ação solicitada e depois retorna uma resposta HTTP. Esta inclui informações de status, um código de sucesso/erro e uma mensagem tipo MIME que contém informações sobre o servidor, a própria resposta, possivelmente, o conteúdo do corpo. A conexão TCP, então, é fechada.

A parte do meio da Figura 6.3 mostra um caso em que não existe uma conexão TCP de ponta a ponta entre o agente do usuário e o servidor de origem. Em vez disso, existem um ou mais sistemas intermediários com conexões TCP entre sistemas logicamente adjacentes. Cada sistema intermediário atua como um repasse, de modo que uma solicitação iniciada pelo cliente é repassada pelos sistemas intermediários para o servidor, e a resposta do servidor é repassada de volta ao cliente.

Três formas de sistema intermediário se definem na especificação http: proxy, gateway e túnel, todas ilustradas na Figura 6.4.

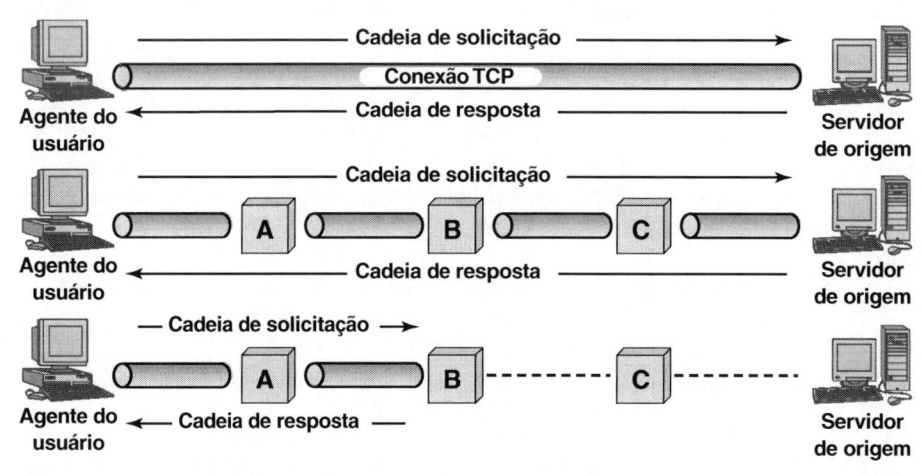

FIGURA 6.3 Exemplos de operação HTTP.

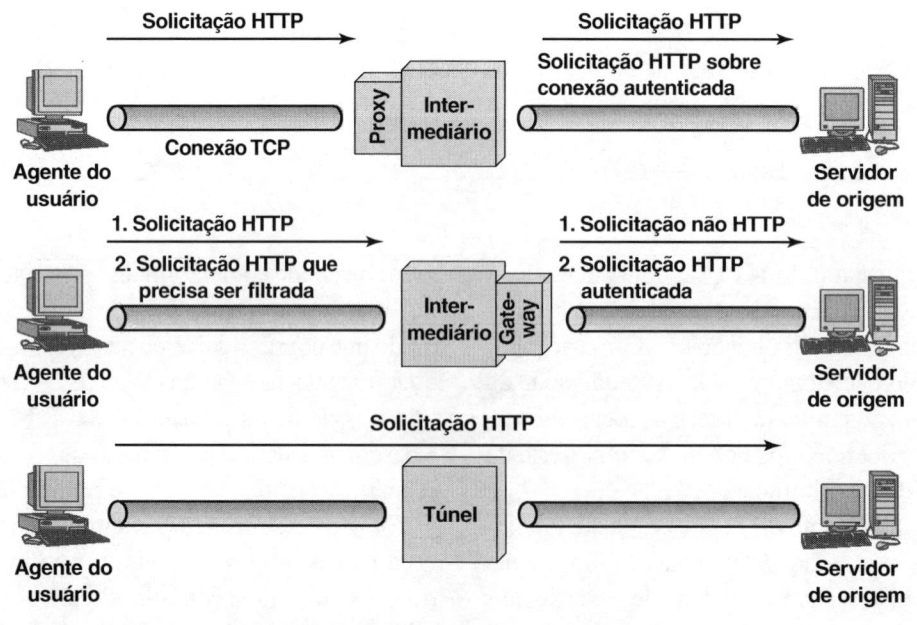

FIGURA 6.4 Sistemas HTTP intermediários.

Proxy Um proxy atua em favor de outros clientes e apresenta solicitações de outros clientes a um servidor. O proxy atua como um servidor ao interagir com um cliente e como um cliente ao interagir com um servidor. Existe dois cenários que exigem o uso de um proxy:

- **Intermediário de segurança:** O cliente e o servidor podem estar separados por um intermediário de segurança, como um firewall, com o proxy no lado cliente do firewall. Normalmente, o cliente faz parte de uma rede protegida por um firewall e o servidor é externo à rede protegida. Nesse caso, o servidor precisa se autenticar com o firewall para configurar uma conexão com o proxy. O proxy aceita respostas depois que elas tiverem passado pelo firewall.
- **Diferentes versões do HTTP:** Se o cliente e o servidor rodarem diferentes versões do HTTP, então o proxy pode implementar as duas versões e realizar o mapeamento exigido.

Em suma, um proxy é um agente de encaminhamento que recebe uma solicitação para um objeto URL, modifica a solicitação e encaminha a solicitação para o servidor identificado no URL.

Gateway Um gateway é um servidor que parece ao cliente como se fosse um servidor de origem. Ele atua em favor de outros servidores que podem não ser capazes de se comunicar diretamente com um cliente. Existem dois cenários em que os gateways podem ser usados.

- **Intermediário de segurança:** O cliente e o servidor podem estar separados por um intermediário de segurança, como um firewall, com o gateway no lado servidor do firewall. Normalmente, o servidor está conectado a uma rede protegida por um firewall, com o cliente externo à rede. Nesse caso, o cliente precisa se autenticar com o gateway, que pode, então, passar a solicitação para o servidor.
- **Servidor não HTTP:** Os navegadores Web têm embutida a capacidade de contatar servidores para protocolos diferentes de HTTP, como servidores FTP e Gopher. Essa capacidade também pode ser fornecida por um gateway. O cliente faz uma solicitação HTTP para o servidor gateway. O servidor gateway, então, contata o servidor FTP ou Gopher relevante a fim de obter o resultado desejado. Esse resultado, então, é convertido para um formato adequado para HTTP e transmitido de volta ao cliente.

Túnel Diferente do proxy e do gateway, o túnel não realiza operações sobre solicitações e respostas HTTP. Em vez disso, um túnel é simplesmente um ponto de repasse entre duas conexões TCP, e as mensagens HTTP são passadas sem alteração, como se existisse uma única conexão HTTP entre o agente do usuário e o servidor de origem. Os túneis são usados quando é preciso haver um sistema intermediário entre cliente e servidor, mas não é necessário que esse sistema entenda o conteúdo das mensagens. Um exemplo é um firewall em que um cliente ou servidor externo a uma rede protegida pode estabelecer uma conexão autenticada e depois manter essa conexão para fins de transações HTTP.

Cache Retornando à Figura 6.3, a parte inferior da figura mostra um exemplo de um cache. Um cache é uma facilidade que pode armazenar solicitações e respostas anteriores para lidar com novas solicitações. Se uma nova solicitação chegar e for igual a uma solicitação armazenada, então o cache pode fornecer a resposta armazenada em vez de acessar o recurso indicado no URL. O cache pode operar sobre um cliente ou servidor, ou sobre um sistema intermediário diferente de um túnel. Na figura, o intermediário B colocou uma transação de solicitação/resposta em cache, de modo que uma nova solicitação correspondente do cliente não precisa atravessar a cadeia inteira até o servidor de origem, mas é tratada por B.

Nem todas as transações podem ser postas em cache, e um cliente ou servidor podem ditar que uma certa transação pode ser colocada em cache apenas por determinado tempo.

Mensagens

A melhor forma de discorrer sobre a funcionalidade do HTTP é descrever os elementos individuais da mensagem HTTP. HTTP consiste em dois tipos de mensagens: solicitações de clientes para servidores, e respostas de servidores para clientes. A estrutura geral de tais mensagens aparece na Figura 6.5.

As mensagens Simple-Request e Simple-Response foram definidas no HTTP/0.9. A solicitação é um simples comando GET com o URL solicitado; a resposta é simplesmente um bloco com a informação identificada no URL. No HTTP/1.1, o uso dessas formas simples é desencorajado, pois impede que o cliente use a negociação de conteúdo e o servidor identifique o tipo de mídia da entidade retornada.

Com solicitações e respostas plenas, os seguintes campos são utilizados:

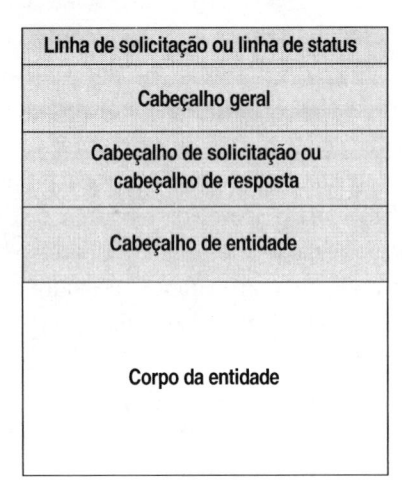

FIGURA 6.5 Estrutura geral das mensagens HTTP.

- **Request-Line:** Identifica o tipo de mensagem e o recurso solicitado
- **Response-Line:** Oferece informações de status sobre essa mensagem
- **General-Header:** Contém campos que se aplicam a mensagens de solicitação e resposta, mas que não se aplicam à entidade sendo transferida
- **Request-Header:** Contém informações sobre a solicitação e sobre o cliente
- **Response-Header:** Contém informações sobre a resposta
- **Entity-Header:** Contém informações sobre o recurso identificado pela solicitação e informações sobre o corpo da entidade
- **Entity-Body:** O corpo da mensagem

Todos os cabeçalhos HTTP consistem em uma seqüência de campos, que utilizam o mesmo formato genérico da RFC 822 (descrita na seção 6.1). Cada campo começa em uma nova linha e consiste no nome do campo seguido por um sinal de dois pontos e o valor do campo.

6.3 TELEFONIA DE INTERNET E SIP

O Session Initiation Protocol (SIP), definido na RFC 3261, é um protocolo de controle em nível de aplicação para configurar, modificar e terminar sessões de tempo real entre os participantes por uma rede de dados IP. A principal motivação para o SIP é permitir a telefonia de Internet, também conhecida como voz sobre IP (VoIP). SIP pode admitir qualquer tipo de sessão de mídia isolada ou sessão de multimídia, entre as quais a teleconferência.

SIP é apenas um componente no conjunto de protocolos e serviços necessários para dar suporte a trocas de multimídia pela Internet. SIP é o protocolo de sinalização que permite que uma parte faça uma chamada para outra parte e negocie os parâmetros de uma sessão de multimídia. O conteúdo real de áudio, vídeo ou outro conteúdo multimídia é trocado entre os participantes da sessão, mediante um protocolo de transporte apropriado. Em muitos casos, o protocolo de transporte a usar é o Real-Time Transport Protocol (RTP). Os protocolos de acesso e pesquisa ao diretório também são necessários.

Existe ampla aceitação no mercado que SIP será o mecanismo de sinalização IP padrão para serviços de chamada de voz e multimídia. Além disso, à medida que PBXs e comutadores de rede mais antigos são retirados, o setor passa para um modelo de rede de voz sinalizado com SIP, baseado em IP e com comutação de pacotes, e não apenas na área remota, mas também nas instalações do cliente [BORT02,BORT03].

SIP admite cinco facetas de estabelecimento e término de comunicações de multimídia:

- **Local do usuário:** Os usuários podem passar para outros locais e acessar seus recursos de telefonia ou outra aplicação a partir de locais remotos.
- **Disponibilidade do usuário:** Determinação do desejo da parte chamada de participar das comunicações.
- **Capacidades do usuário:** Determinação da mídia e parâmetros da mídia a serem usados.
- **Configuração da sessão:** Configuração de chamadas ponto a ponto e entre múltiplas partes, com parâmetros de sessão combinados.
- **Gerenciamento de sessão:** Incluindo transferência e término de sessões, modificação de parâmetros de sessão e chamada de serviços.

SIP emprega elementos de projeto desenvolvidos para protocolos mais antigos. SIP é baseado em um modelo de transação solicitação/resposta tipo HTTP. Cada transação consiste em uma solicitação do cliente que invoca determinado método ou função no servidor e pelo menos uma resposta. SIP usa a maior parte dos campos de cabeçalho, regras de codificação e códigos de status do HTTP. Isso propicia um formato legível, baseado em texto, para exibir informações. SIP incorpora o uso de um Session Description Protocol (SDP), que define o conteúdo da sessão mediante um conjunto de tipos semelhantes àqueles usados no MIME.

Componentes e protocolos do SIP

Uma rede SIP consiste em componentes definidos em duas dimensões: cliente/servidor e elementos individuais da rede. A RFC 3261 define **cliente** e **servidor** da seguinte maneira:

- **Cliente:** Um cliente é qualquer elemento da rede que envia solicitações SIP e recebe respostas SIP. Os clientes podem ou não interagir diretamente com um ser humano. Clientes agentes do usuário e proxies são clientes.
- **Servidor:** Um servidor é um elemento da rede que recebe solicitações a fim de atendê-las, e envia de volta respostas para essas solicitações. Alguns exemplos de servidores são proxies, servidores de agente do usuário, servidores de redirecionamento e registradores.

Os elementos individuais de uma rede SIP padrão são os seguintes:

- **Agente do usuário:** Reside em cada estação final SIP. Ele atua em duas funções:
  - **User Agent Client (UAC):** Emite solicitações SIP.
  - **User Agent Server (UAS):** Recebe solicitações SIP e gera uma resposta que aceita, rejeita ou redireciona a solicitação.
- **Servidor de redirecionamento:** Usado durante o início da sessão para determinar o endereço do dispositivo chamado. O servidor de redirecionamento retorna essa informação ao dispositivo que chama, direcionando o UAC para contatar um URI alternativo.
- **Servidor proxy:** Uma entidade intermediária, que atua como um servidor e um cliente para fins de fazer solicitações em favor de outros clientes. Um servidor proxy desempenha a função principal de roteamento, o que significa que seu trabalho é garantir que uma solicitação seja enviada para outra entidade mais próxima do usuário final. Os proxies também são úteis para impor a política (por exemplo, certificar-se de que um usuário tem permissão para fazer uma chamada). Um proxy interpreta e, se necessário, reescreve partes específicas de uma mensagem de solicitação antes de encaminhá-la.
- **Registrador:** Um servidor que aceita solicitações REGISTER e coloca as informações recebidas (o endereço SIP e o endereço IP associado do dispositivo registrante) nessas solicitações no serviço de localização para o domínio tratado.
- **Serviço de localização:** Um serviço de localização é usado por um servidor de redirecionamento SIP ou por um servidor proxy SIP para obter informações sobre a(s) possível(is) localização(ões) de quem chama. Para essa finalidade, o serviço de localização mantém um banco de dados de mapeamentos endereço SIP/endereço IP.

Os diversos servidores são definidos na RFC 3261 como dispositivos lógicos. Eles podem ser implementados como servidores separados, configurados na Internet, ou podem ser combinados em uma única aplicação, que reside em um servidor físico.

A Figura 6.6 mostra como alguns dos componentes SIP se relacionam entre si e com os protocolos que são empregados. Um agente do usuário que atua como cliente (neste caso, UAC alice) utiliza SIP para estabelecer uma sessão com um agente do usuário que atuará como servidor (neste caso, UAS bob). O diálogo de início de sessão utiliza SIP e envolve um ou mais servidores proxies para encaminhar solicitações e respostas entre os dois agentes do usuário. Os agentes do usuário também utilizam o Session Description Protocol (SDP), que é usado para descrever a sessão de mídia.

Os servidores proxies também podem atuar como servidores de redirecionamento, conforme a necessidade. Se o redirecionamento for feito, um servidor proxy precisará consultar o banco de dados do serviço de localização, que pode estar ou não no mesmo local do servidor proxy. A comunicação entre o servidor proxy e o serviço de localização ultrapassa o escopo do padrão SIP. O Domain Name Service (DNS), descrito no Capítulo 7, também é uma parte importante da operação do SIP. Normalmente, um UAC fará uma solicitação com o nome do domínio do UAS, em vez de um endereço IP. Um servidor proxy terá de consultar um servidor DNS para descobrir um servidor proxy para o domínio visado.

SIP normalmente trabalha em cima do UDP por motivos de desempenho, e fornece seus próprios mecanismos de confiabilidade, mas também pode utilizar TCP. Se for desejado um mecanismo de transporte seguro, criptografado, mensagens SIP podem, como alternativa, ser transportadas pelo protocolo Transport Layer Security (TLS), descrito no Capítulo 17.

Associado ao SIP está o Session Description Protocol (SDP), definido na RFC 2327. SIP é usado para convidar um ou mais participantes para uma sessão, enquanto o corpo codificado com SDP da mensagem SIP contém informações sobre quais codificações de mídia

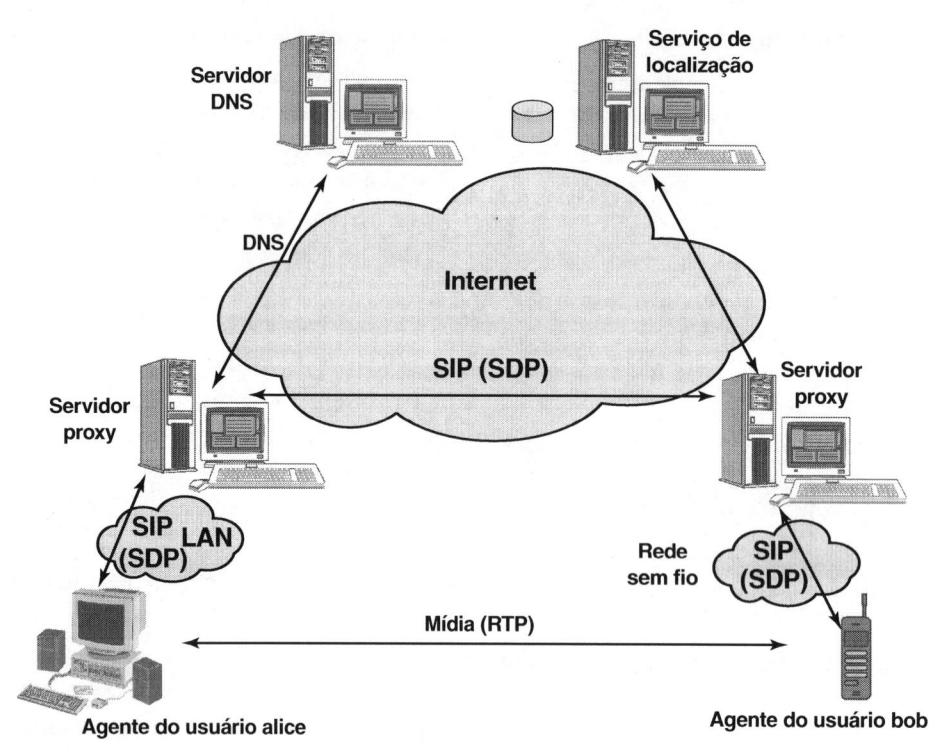

FIGURA 6.6 Componentes e protocolos do SIP.

(por exemplo, voz, vídeo) as partes podem usar e, de fato, usarão. Quando essa informação for trocada e confirmada, todos os participantes estarão cientes dos endereços IP dos participantes, da capacidade de transmissão disponível e do tipo de mídia. Então, começa a transmissão dos dados, por meio de um protocolo de transporte apropriado. Normalmente, utiliza-se o Real-Time Transport Protocol (RTP). RTP é um protocolo de transporte que dá suporte direto para tráfego em tempo real, diferente do TCP. Durante a sessão, os participantes podem fazer mudanças nos parâmetros, como novos tipos de mídia ou novas partes na sessão, usando mensagens SIP.

SIP Uniform Resource Identifier

Um recurso dentro de uma rede SIP é identificado por um Uniform Resource Identifier (URI).[1] Alguns exemplos de recursos de comunicações incluem os seguintes:

- Um usuário de um serviço on-line
- Um aparecimento em um telefone de múltiplas linhas
- Uma caixa de correio em um sistema de mensagens
- Um número de telefone em um serviço de gateway
- Um grupo (como "vendas" ou "helpdesk") em uma organização

URIs SIP possuem um formato baseado em formatos de endereço de correio eletrônico, a saber, user@domain. Existem dois esquemas comuns. Um SIP URI comum tem a forma

sip:bob@biloxi.com

O URI também pode incluir uma senha, número de porta e parâmetros relacionados. Se a transmissão segura for exigida, "sip:" será substituído por "sips:". No último caso, mensagens SIP são transportadas por TLS.

Exemplos de operação

A especificação SIP é muito complexa; o documento principal, RFC 3261, possui 269 páginas de extensão. Para dar uma idéia de sua operação, apresentaremos alguns exemplos.

A Figura 6.7 mostra uma tentativa bem-sucedida pela usuária Alice de estabelecer uma sessão com o usuário Bob, cujo URI é bob@biloxi.com.[2] O UAC de Alice é configurado para se comunicar com um servi-

---

[1] Um URI é um identificador genérico, usado para nomear qualquer recurso na Internet. O URL, usado para endereços Web, é um tipo de URI.

[2] As Figuras de 6.7 a 6.9 são adaptadas daquelas desenvolvidas pelo Professor H. Charles Baker, da Southern Methodist University.

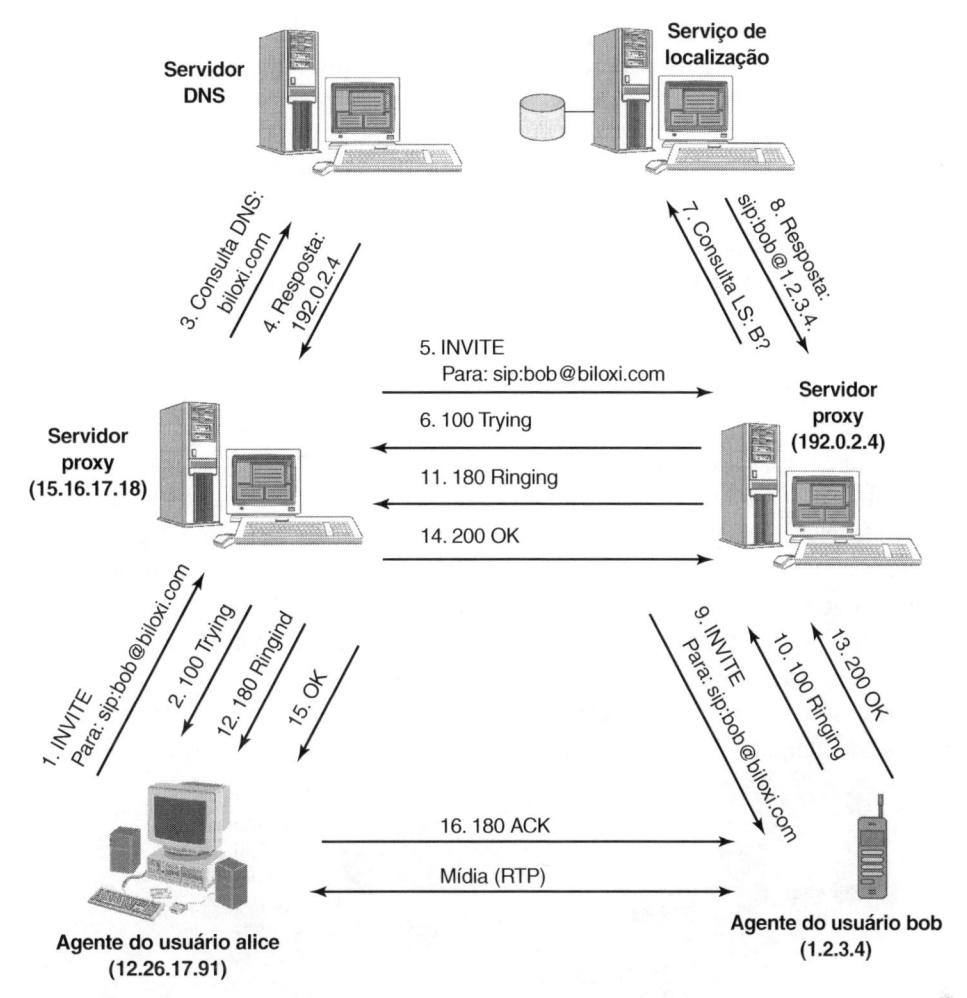

FIGURA 6.7 Configuração de chamada bem-sucedida com SIP.

dor proxy (o servidor de saída) em seu domínio e começa a enviar uma mensagem INVITE ao servidor proxy, que indica seu desejo de convidar o UAS de Bob para uma sessão (1); o servidor confirma a solicitação (2). Embora o UAS de Bob se identifique por seu URI, o servidor proxy de saída precisa levar em conta a possibilidade de que Bob não esteja atualmente disponível, ou de que Bob se tenha mudado. Por conseguinte, o servidor proxy de saída deverá encaminhar a solicitação INVITE para o servidor proxy que é responsável pelo domínio biloxi.com. O proxy de saída, assim, consulta um servidor DNS local para obter o endereço IP do servidor proxy de biloxi.com (3), pedindo o registro de recurso que contém informações sobre o servidor proxy para biloxi.com.

O servidor DNS responde (4) com o endereço IP do servidor proxy biloxi.com (o servidor de entrada). O servidor proxy de Alice agora pode encaminhar a mensagem INVITE para o servidor proxy de entrada (5), que confirma a mensagem (6). O servidor proxy de entrada agora consulta um servidor de localização para determinar o local de Bob (7) e o servidor de localização responde com a localização de Bob, indicando que Bob está inscrito e, portanto, disponível para mensagens SIP (8). O servidor proxy agora pode enviar a mensagem INVITE para Bob (9). Uma resposta ringing é enviada de Bob para Alice (10, 11, 12), enquanto o UAS em Bob está alertando a aplicação de mídia local (por exemplo, telefonia). Quando a aplicação de mídia aceita a chamada, o UAS de Bob manda de volta uma resposta OK para Alice (13, 14, 15).

Finalmente, o UAC de Alice envia uma mensagem para o UAS de Bob para confirmar a recepção da resposta final (16). Neste exemplo, o ACK é enviado diretamente de Alice para Bob, evitando os dois proxies. Isso acontece porque as extremidades descobriram os endereços uma da outra por meio da troca INVITE/200 (OK), que não eram conhecidos quando o INVITE inicial foi enviado. A sessão de mídia agora começou, e Alice e Bob podem trocar dados por uma ou mais conexões RTP.

O próximo exemplo (Figura 6.8) utiliza dois tipos de mensagem que ainda não fazem parte do padrão SIP, mas que são documentados na RFC 2848 e provavelmente serão incorporados em uma revisão futura do SIP. Esses tipos de mensagem admitem aplicações de telefonia. Suponha que, no exemplo anterior, Alice tenha sido informada de que Bob não estava disponível. O UAC de Alice pode, então, emitir uma mensagem SUBSCRIBE (1) e indicar que deseja ser informada quando Bob estiver disponível. Essa solicitação é encaminhada por dois proxies em nosso exemplo para um servidor PINT (PSTN-Internet Networking) (2, 3). Um servidor PINT atua como um gateway entre uma rede IP, da qual vem uma solicitação para fazer uma chamada telefônica, e uma rede telefônica que executa a chamada, conectando-se ao telefone de destino. Neste exemplo, consideramos que a lógica do servidor PINT está no mesmo local que o servidor de localização. Também seria possível que Bob estivesse conectado à Internet, e não à PSTN, neste caso, o equivalente à lógica PINT seria necessário para tratar as solicitações SUBSCRIBE. Neste exemplo, consideramos o último, e consideramos que a funcionalidade PINT está implementada no serviço de localização. De qualquer forma, o serviço de localização autoriza a inscrição e retorna uma mensagem OK (4), que é passada de volta para Alice (5, 6). O serviço de localização, então, envia imediatamente uma mensagem NOTIFY com o status atual de Bob, de não-inscrito, em (7, 8, 9), que o UAC de Alice confirma (10, 11, 12).

A Figura 6.9 continua o exemplo da Figura 6.8. Bob se inscreve e envia uma mensagem REGISTER ao proxy em seu domínio (1). O proxy atualiza o banco de dados no serviço de localização para refletir o registro (2). A atualização é confirmada para o proxy (3), que confirma o registro com Bob (4). A funcionalidade PINT descobre o novo status de Bob a partir do servidor de localização (aqui, consideramos que estão no mesmo local) e envia uma mensagem NOTIFY com o novo status de Bob (5), que é encaminhada para Alice (6, 7). O UAC de Alice confirma o recebimento da notificação (8, 9, 10).

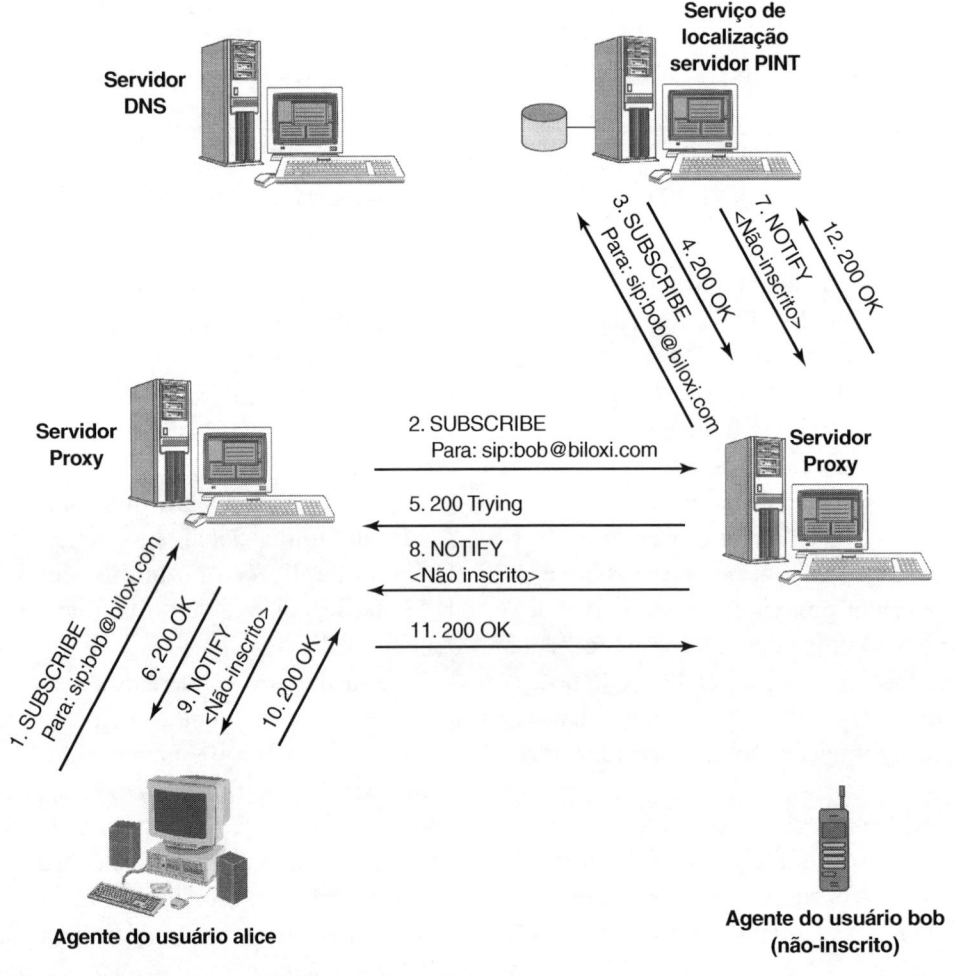

FIGURA 6.8 Exemplo da presença de SIP.

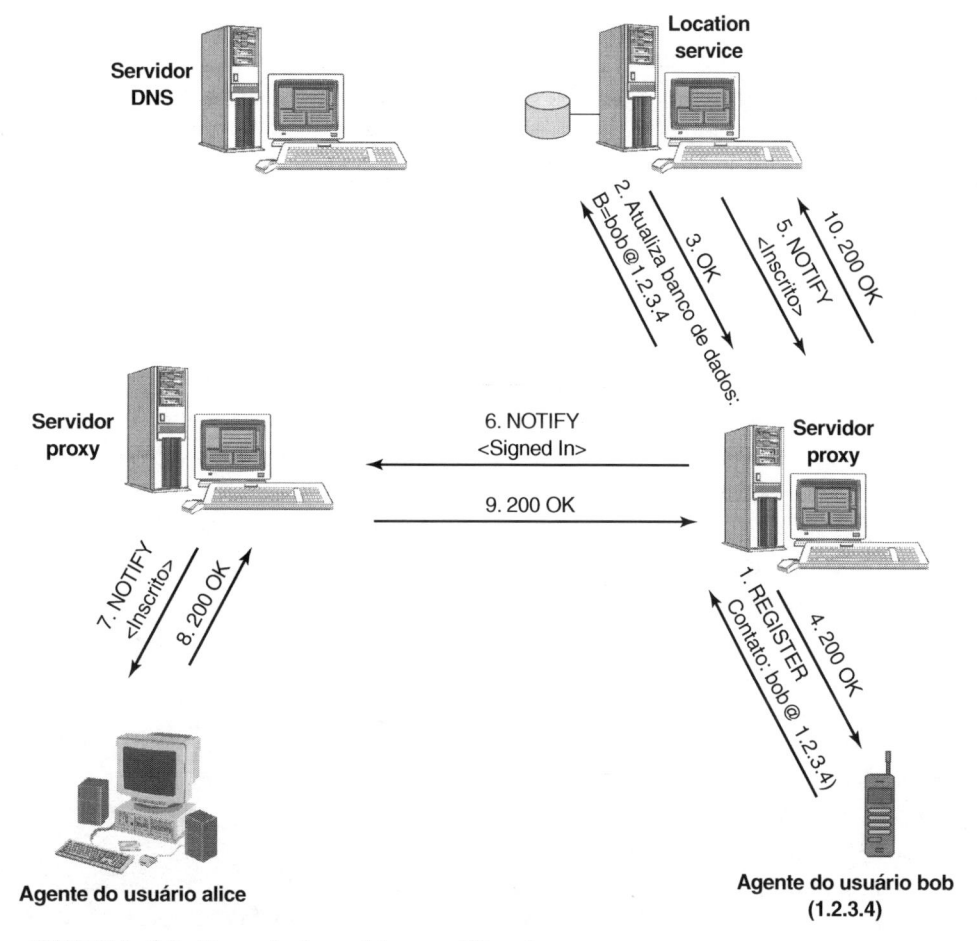

FIGURA 6.9 Exemplo de registro e notificação.

Mensagens SIP

Como dissemos, SIP é um protocolo baseado em texto, com uma sintaxe semelhante à do HTTP. Existem dois tipos diferentes de mensagens SIP, solicitações e respostas. A diferença de formato entre os dois tipos de mensagens é vista na primeira linha. A primeira linha de uma solicitação possui um **método**, que define a natureza da solicitação, e um Request-URI, que indica para onde enviar a solicitação. A primeira linha de uma resposta possui um **código de resposta**. Todas as mensagens incluem um cabeçalho, que consiste em diversas linhas, cada qual começando com um rótulo de cabeçalho. Uma mensagem também pode conter um corpo, como uma descrição de mídia SDP. Para **solicitações SIP**, a RFC 3261 define os seguintes métodos:

- **Register:** Usado por um agente do usuário para notificar uma configuração SIP de seu endereço IP atual e os URLs para os quais ele gostaria de receber chamadas
- **Invite:** Usado para estabelecer uma sessão de mídia entre agentes do usuário
- **Ack:** Confirma trocas de mensagem confiáveis
- **Cancel:** Termina uma solicitação pendente, mas não desfaz uma chamada completada
- **Bye:** Termina uma sessão entre dois usuários em uma conferência
- **Options:** Solicita informações sobre as capacidades de quem chama, mas não estabelece uma chamada.

Por exemplo, o cabeçalho da mensagem (1) na Figura 6.7 poderia se parecer com isto:

> **INVITE** sip:bob@biloxi.com SIP/2.0
> **Via:** SIP/2.0/UDP 12.26.17.91:5060
> **Max-Forwards:** 70
> **To:** Bob <sip:bob@biloxi.com>
> **From:** Alice <sip:alice@atlanta.com>;tag=1928301774
> **Call-ID:** a84b4c76e66710@12.26.17.91
> **CSeq:** 314159 INVITE
> **Contact:** <sip:alice@atlanta.com>
> **Content-Type:** application/sdp
> **Content-Length:** 142

O estilo de texto negrito usado para os rótulos de cabeçalho não é comum, mas usamos aqui para enfatizar. A primeira linha contém o nome do método (**INVITE**), um URI SIP, e o número de versão do SIP em uso. As linhas seguintes são uma lista dos campos do cabeçalho. Este exemplo contém o conjunto mínimo exigido.

Os cabeçalhos **Via** mostram o caminho que a solicitação tomou na configuração SIP (proxies de origem e intermediários) e são usados para rotear de volta as respostas pelo mesmo caminho. Quando a mensagem INVITE parte, existe apenas o cabeçalho inserido por Alice. A linha contém o endereço IP (12.26.17.91), o número de porta (5060) e o protocolo de transporte (UDP) que Alice deseja que Bob use em sua resposta.

Max-Forwards serve para limitar o número de saltos que uma solicitação pode fazer no caminho para seu destino. Ele consiste em um inteiro que é decomposto em um por proxy que encaminha a solicitação. Se o valor de Max-Forwards alcançar 0 antes que a solicitação alcance seu destino, ela será rejeitada com uma resposta de erro 483 (Muitos saltos).

To contém um nome em formato de exibição (Bob) e um URI SIP ou SIPS (sip:bob@biloxi.com) para o qual a solicitação foi direcionada originalmente. **From** também contém um nome em formato de exibição (Alice) e um URI SIP ou SIPS (sip:alice@atlanta.com) que indica o iniciador da solicitação. Esse campo de cabeçalho também possui um parâmetro de tag com uma seqüência aleatória (1928301774) que foi acrescentada ao URI pelo UAC. Ele é usado para identificar a sessão.

Call-ID contém um identificador global único para essa chamada, gerado pela combinação de uma seqüência aleatória e o nome do host ou endereço IP. A combinação da tag To, tag From e Call-ID define completamente um relacionamento SIP par a par entre Alice e Bob, e é conhecido como diálogo.

CSeq Command Sequence contém um inteiro e um nome de método. O número CSeq é inicializado no início de uma chamada (314159 neste exemplo), incrementado para cada nova solicitação dentro de um diálogo e é um número de seqüência tradicional. O CSeq é usado para distinguir uma retransmissão de uma nova solicitação.

O cabeçalho **Contact** contém um URI SIP para a comunicação direta entre os UAs. Enquanto o campo de cabeçalho Via diz a outros elementos para onde enviar a resposta, o campo de cabeçalho Contact diz a outros elementos para onde enviar solicitações futuras para esse diálogo.

O **Content-Type** indica o tipo do corpo da mensagem. **Content-Length** indica o tamanho em octetos do corpo da mensagem.

Os tipos de **resposta SIP** definidos na RFC 3261 estão nas seguintes categorias:

- **Provisional (1xx):** Solicitação recebida e em processamento.
- **Success (2xx):** A ação foi recebida, entendida e aceita com sucesso.
- **Redirection (3xx):** Outra ação precisa ser tomada para completar a solicitação.
- **Client Error (4xx):** A solicitação contém sintaxe incorreta ou não pode ser atendida nesse servidor.
- **Server Error (5xx):** O servidor deixou de atender uma solicitação aparentemente válida.
- **Global Failure (6xx):** A solicitação não pode ser atendida em servidor algum.

Por exemplo, o cabeçalho da mensagem (13) na Figura 6.7 poderia se parecer com isto:

```
SIP/2.0 200 OK
Via: SIP/2.0/UDP serverlO.biloxi.com
Via: SIP/2.0/UDP bigbox3.site3.atlanta.com
Via: SIP/2.0/UDP 12.26.17.91:5060
To: Bob <sip:bob@biloxi.com>;tag=a6c85cf
From: Alice <sip:alice@atlanta.com>;tag=1928301774
Call-ID: a84b4c76e66710@12.26.17.91
CSeq: 314159 INVITE
Contact: <sip:bob@biloxi.com>
Content-Type: application/sdp
Content-Length: 131
```

A primeira linha contém o número de versão do SIP que é usado e o código de resposta e nome. As linhas seguintes são uma lista de campos de cabeçalho. Os campos de cabeçalho Via, To, From, Call-ID e CSeq são copiados da solicitação INVITE. (Existem três valores no campo de cabeçalho Via – um acrescentado pelo UAC SIP de Alice, um acrescentado pelo proxy atlanta.com e um acrescentado pelo proxy biloxi.com.) O telefone SIP de Bob acrescentou um parâmetro de tag no campo de cabeçalho To. Essa tag será incorporada ao diálogo pelas duas extremidades e será incluída em todas as solicitações e respostas futuras nesta chamada.

Session Description Protocol

O Session Description Protocol (SDP), definido na RFC 2327, descreve o conteúdo das sessões, incluindo telefonia, rádio na Internet e aplicações de multimídia. SDP abrange informações sobre o seguinte [SCHU99]:

- **Fluxos de mídia:** Uma sessão pode incluir vários fluxos de conteúdo diferente. SDP atualmente define áudio, vídeo, dados, controle e aplicação como tipos de fluxo, semelhante aos tipos MIME usados para o correio da Internet (Tabela 6.2).
- **Endereços:** Indica os endereços de destino, que podem ser um endereço multicast, para um fluxo de mídia.
- **Portas:** Para cada fluxo, os números de porta UDP para envio e recebimento são especificados.
- **Tipos de payload:** Para cada tipo de fluxo de mídia em uso (por exemplo, telefonia), o tipo de payload indica os formatos de mídia que podem ser usados durante a sessão.
- **Tempos de início e fim:** Estes se aplicam a sessões de broadcast, como um programa de televisão ou rádio. Os tempos de início, fim e repetição da sessão são indicados.
- **Iniciador:** Para sessões de broadcast, o iniciador é especificado, com suas informações de contato. Isso pode ser útil se um receptor encontrar dificuldades técnicas.

NOTA DE APLICAÇÃO

Servir ou não servir?

Os servidores Web e os servidores de correio possivelmente são os tipos de sistemas mais difíceis de gerenciar. Eles são constantemente confrontados com solicitações de usuários válidos e assolados por ataques de usuários não tão válidos. Antes de decidir empregar qualquer um deles, existem algumas perguntas que uma organização precisa fazer. Normalmente, não há necessidade de gerenciar esses tipos de serviços internamente.

Talvez o melhor lugar para começar seja determinar o que o sistema terá de fazer. Em outras palavras, do que precisamos e o queremos? Para servidores de correio, cabe responder perguntas como a quantidade de contas necessárias, a segurança exigida e o correio interno *versus* externo. Pequenas empresas ou indivíduos que dirigem seu próprio negócio podem tirar proveito de serviços de correio gratuitos, como hotmail.com. Isso não oferece uma identidade real para a organização, mas facilita a comunicação.

Os grupos que estão na categoria dos pequenos normalmente possuem suas páginas Web hospedadas por seu provedor de serviços de Internet (ISP) ou por uma firma de hospedagem especializada. Isso permite que eles tenham uma presença na Web sem a necessidade de administrar um servidor Web. Além disso, os serviços de hospedagem Web ou ISPs normalmente registrarão um nome de domínio com o DNS para você. A um pequeno custo (normalmente, menos de US$100), isso gera uma identidade para o grupo e normalmente inclui várias contas de correio eletrônico, algumas ferramentas de segurança/logging e serviços de gerenciamento.

O uso da hospedagem Web e dos serviços de correio de um ISP ou empresa de hospedagem pode atender a empresas com vários funcionários. Por algum dinheiro a mais, o número de contas pode aumentar e o espaço ou scripting exigido pelo Web site pode se ampliar. Existe um ponto em que os serviços externos se tornam menos atraentes. Para grandes organizações, com dezenas ou centenas de pessoas, recursos humanos complexos ou demandas de comunicação interna, e um departamento de TI completo, pode ser muito mais atraente administrar seus próprios serviços.

A configuração interna de servidores de correio eletrônico ou Web pode ser uma tarefa assustadora para os que não estão preparados. Como na maioria das implantações, não é difícil colocar o software na máquina e configurar algumas contas. É a manutenção e a segurança dos sistemas que se tornam o problema. Além disso, a instalação interna de serviços pode afetar outros sistemas. É importante entender a operação e os requisitos de tal sistema antes que ele seja instalado.

Por exemplo, ao executar um servidor Web ou de correio que deva ser acessado de fora da rede da empresa, quaisquer firewalls que tenham sido configurados precisam ser atualizados para permitir esse tipo de tráfego. Isso está relacionado diretamente às portas utilizadas por essas aplicações. Regras de firewall também podem ser escritas com base em outros critérios, como endereço IP. Além disso, cabe analisar o tipo de software cliente, pois nem todos os sistemas externos terão o software necessário. Se os usuários estiverem transportando seus laptops, então provavelmente terão o software apropriado. Porém, parar no Starbuck's sem o laptop não permitirá que eles verifiquem seu correio, a menos que o software cliente esteja instalado lá ou o servidor de correio permita acesso por um navegador Web.

Permitir o acesso de fora pode ser complicado se a organização lida regularmente com dados confidenciais. Se esse for o caso, a segurança será uma prioridade máxima e os firewalls um foco principal. Uma política de segurança deverá ser estabelecida e uma atenção cuidadosa deverá ser dada ao pessoal com autorização de acesso externo aos sistemas internos. Normalmente, as empresas terão dois ou mais conjuntos de servidores em execução. Estes serão unicamente para o uso interno ou externo. Por exemplo, as informações e os benefícios dos funcionários podem ser executados em um servidor interno, enquanto o Web site da empresa e as informações de contato podem estar no externo.

Para o pessoal que cuida dos servidores, as tarefas que visam a aplicar correções de segurança e proteção contra vírus ocupam boa parte do tempo. Furos nas facilidades de segurança aparecem tão rapidamente quanto as brechas mais antigas podem ser fechadas, e novos vírus chegam, enquanto filtramos os existentes. Os vírus são um problema particularmente complicado, que tem levado muitos administradores a realizar muita filtragem do correio no próprio servidor. Isso significa que muitas mensagens chegarão ao usuário final com uma nota que descreve como um arquivo potencialmente perigoso foi removido automaticamente da mensagem original. Isso acontece particularmente com arquivos executáveis. Os usuários finais também devem utilizar software de proteção contra vírus, que examina o correio recebido e o computador local. Enfim, o problema real com os vírus é que o usuário final fará o download deles para um computador, seja contornando a segurança instalada ou porque as medidas de segurança não detectaram o vírus.

6.4 RESUMO

As aplicações distribuídas padronizadas tornam-se cada vez mais importantes para as empresas, por três motivos principais:

- Aplicações padronizadas são mais prontamente adquiridas e usadas do que o software de uso especial, que pode ter suporte inadequado e ser acompanhado de treinamento inadequado.
- O software padronizado permite que o usuário procure computadores de diversos fornecedores e, mesmo assim, fazer com que esses computadores trabalhem juntos.
- Os padrões promovem a capacidade para diferentes empresas trocarem dados.

Este capítulo examina três aplicações distribuídas importantes. Foram desenvolvidos padrões para essas aplicações, e seu uso continua a crescer.

Uma facilidade de correio eletrônico de uso geral fornece um meio de trocar mensagens não-estruturadas, normalmente, mensagens de texto. O correio eletrônico é um método rápido e conveniente para a comunicação, que complementa e, em muitos casos, substitui as comunicações por telefone e papel. Como o correio eletrônico é de uso tão geral por natureza, talvez ele seja a aplicação distribuída mais popular, e pode ter os benefícios mais difundidos.

O protocolo mais utilizado para a transmissão do correio eletrônico é o SMTP. SMTP considera que o conteúdo da mensagem é um bloco de texto simples. O padrão MIME recente expande o SMTP para dar suporte à transmissão de informações de multimídia.

O crescimento rápido no uso da Web é devido à padronização de todos os elementos que dão suporte a aplicações Web. Um elemento-chave é o HTTP, que é o protocolo para a troca de informações baseadas na Web entre os navegadores Web e os servidores Web. Três tipos de dispositivos intermediários podem ser usados em uma rede HTTP: proxies, gateways e túneis. HTTP utiliza um estilo de comunicação do tipo solicitação/resposta.

O Session Initiation Protocol (SIP) é um protocolo de controle no nível da aplicação para configurar, modificar e terminar sessões de tempo real entre os participantes por uma rede de dados IP. Um uso importante para o SIP é dar suporte à telefonia pela Internet, algo conhecido como voz sobre IP. O SIP utiliza o Session Description Protocol (SDP) para descrever o conteúdo de mídia a ser usado durante uma sessão.

6.5 Leitura e Web sites recomendados

[KHAR98] apresenta uma visão geral concisa do SMTP. [HOFF00] dá um bom panorama do SMTP e dos padrões de correio eletrônico relacionados. [KANE98] é uma visão abrangente do SMTP e dos padrões de correio relacionados, mais uma comparação com esquemas proprietários. [ROSE98] oferece um tratamento do tamanho de um livro sobre o correio eletrônico, incluindo alguma abordagem sobre SMTP e MIME. [GOUR02] faz cobertura abrangente sobre HTTP. Outra boa referência está em [KRIS01]. [SCHU98] é uma boa visão geral do SIP. [GOOD02] e [SCHU99] discutem sobre SIP no contexto do VoIP. [DIAN02] examina o SIP no contexto do suporte de serviços de multimídia pela Internet.

DIAN02 Dianda, J.; Gurbani, V. e Jones, M. "Session Initiation Protocol Services Architecture". *Bell Labs Technical Journal,* Volume 7, Número 1, 2002.

GOOD02 Goode, B. "Voice Over Internet Protocol (VoIP)". *Proceedings of the IEEE,* setembro de 2002.

GOUR02 Gourley, D. e outros. *HTTP: The Definitive Guide.* Sebastopol, CA: O'Reilly, 2002.

HOFF00 Hoffman, P. "Overview of Internet Mail Standards". *The Internet Protocol Journal,* junho de 2000 (www.cisco.com/warp/public/759)

KANE98 Kanel, J.; Givler, J.; Leiba, B. e Segmuller, W. "Internet Messaging Frameworks". *IBM Systems Journal,* Nº 1, 1998.

KHAR98 Khare, R. "The Spec's in the Mail". *IEEE Internet Computing,* setembro/outubro de 1998.

KRIS01 Krishnamurthy, B. e Rexford, J. *Web Protocols and Practice: HTTP/1.1, Networking Protocols, Caching, and Traffic Measurement.* Upper Saddle River, NJ: Prentice Hall, 2001.

ROSE98 Rose, M. e Strom, D. *Internet Messaging: From the Desktop to the Enterprise.* Upper Saddle River, NJ: Prentice Hall, 1998.

SCHU98 Schulzrinne, H. e Rosenberg, J. "The Session Initiation Protocol: Providing Advanced Telephony Access Across the Internet". *Bell Labs Technical Journal,* outubro-dezembro de 1998.

SCHU99 Schulzrinne, H. e Rosenberg, J. "The IETF Internet Telephony Architecture and Protocols". *IEEE Network,* maio/junho de 1999.

Web sites recomendados

- **WWW consortium:** Contém informações atualizadas sobre HTTP e assuntos relacionados.
- **SIP Forum:** Organização não-lucrativa para promover o SIP. O site contém informações de produto, documentos oficiais e outras informações e links úteis.
- **SIP working group:** Encarregado pelo IETF para desenvolver padrões relacionados ao SIP. O Web site inclui todas as RFCs e rascunhos de padrões da Internet relevantes.

6.6 Principais termos, perguntas para revisão e problemas

Principais termos

correio eletrônico
gateway HTTP
Hypertext Transfer Protocol (HTTP)
método HTTP
método SIP
Multipurpose Internet Mail Extensions (MIME)
proxy HTTP
registrador SIP
RFC 822
serviço de localização SIP
servidor de redirecionamento SIP
servidor proxy SIP
Session Description Protocol (SDP)
Session Initiation Protocol (SIP)
Simple Mail Transfer Protocol (SMTP)
túnel HTTP
Uniform Resource Identifier (URI)
Uniform Resource Locator (URL)
voz sobre IP (VoIP)

Perguntas para revisão

6.1. Com uma facilidade de correio de único sistema ou facilidade de correio nativa, que elementos principais são necessários?

6.2. Ao instalar um cliente de correio no seu computador, você estará armazenando no sistema seu correio não lido?

6.3. Estendendo um sistema de correio de único sistema para o sistema de correio distribuído, que principais acréscimos precisam ser feitos?

6.4. Qual é a porta usada pelo SMTP?

6.5. Qual é a diferença entre a RFC 821 e a RFC 822?

6.6. O que são os padrões SMTP e MIME?

6.7. Quais são algumas das limitações do SMTP que o MIME deveria resolver?

6.8. O que significa dizer que HTTP é um protocolo sem estado?

6.9. Explique as diferenças entre proxy HTTP, gateway e túnel.

6.10. Qual é a função do cache no HTTP?

6.11. Que porta é usada pelo HTTP?

6.12. Quais são os cinco principais serviços fornecidos pelo SIP?

6.13. Relacione e defina rapidamente os principais componentes em uma rede SIP.

6.14. Forneça um exemplo de um protocolo de transporte usado para transmitir conteúdo de áudio ou vídeo durante uma transmissão baseada em SIP.

6.15. O que é o Session Description Protocol?

Problemas

6.1 Os sistemas de correio eletrônico diferem na maneira como vários destinatários são tratados. Em alguns sistemas, o agente do usuário de origem ou emissor de correio faz todas as cópias necessárias e estas são enviadas independentemente. Uma técnica alternativa é, em primeiro lugar, determinar a rota para cada destino. Depois, uma única mensagem é enviada em uma parte comum da rota, e as cópias só são feitas quando as rotas divergem; esse processo é conhecido como "mail bagging". Discuta as vantagens e desvantagens relativas dos dois métodos.

6.2 Excluindo o estabelecimento e o término da conexão, qual é o número mínimo de viagens de ida e volta pela rede para enviar uma pequena mensagem de correio eletrônico usando SMTP?

6.3 O caching HTTP é uma operação que pode ser controlada no servidor de origem, em um nó intermediário ou na aplicação de navegador do cliente. Quais são os benefícios e as desvantagens em potencial associados a esse mecanismo (do ponto de vista da origem e do cliente) conforme é implementado?

6.4 A RFC 3298 descreve os requisitos do protocolo Sprits. O que é Sprits e como ele poderia ser posicionado em relação a uma discussão sobre SIP e PINT?

6.5 Muitos clientes de correio permitem que você veja o cabeçalho de correio que mostrará o caminho que a mensagem atravessou. Seu cliente ou programa de correio tem essa opção? Se tiver, você pode rastrear a mensagem da origem até o destino?

6.6 Que porta TCP seu sistema de correio utiliza?

6.7 Ao descobrir a porta que o seu sistema de correio utiliza, que porta a sua máquina está usando?

6.8 Por que é importante para o administrador de sistemas local entender que portas estão em uso pelas aplicações?

6.9 O que são POP3 e IMAP?

6.10 O que é HTTPS?

6.11 Netmeeting é um programa de conferência de vídeo embutido na família de sistemas operacionais Windows. Ele possibilita comunicações combinadas de vídeo, áudio ou vídeo/áudio. Com o Netmeeting e algum mecanismo de comunicação básico (microfone, alto-falantes, câmera), estabeleça a comunicação entre duas estações. Que protocolos e codecs estão em uso?

Capítulo 7

Computação cliente/servidor e intranet

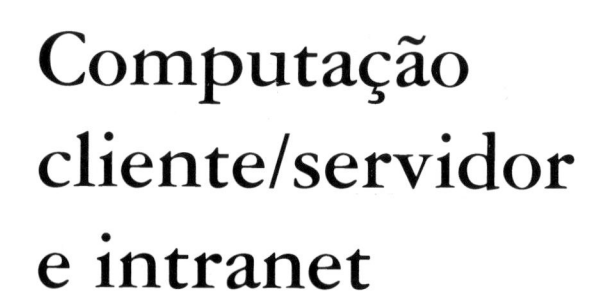

7.1 O crescimento da computação cliente/servidor
7.2 Aplicações cliente/servidor
7.3 Middleware
7.4 Intranets
7.5 Extranets
7.6 Resumo
7.7 Leitura e Web sites recomendados
7.8 Principais termos, perguntas para revisão e problemas

OBJETIVOS DO CAPÍTULO

Depois de ler este capítulo, você deverá ser capaz de

- Explicar os motivos para o interesse crescente e para a disponibilidade dos sistemas de computação cliente/servidor.
- Descrever os recursos e as características da computação cliente/servidor.
- Apresentar a arquitetura das aplicações cliente/servidor.
- Explicar o papel do middleware nos sistemas cliente/servidor.
- Avaliar os requisitos de rede e as implicações da computação cliente/servidor.
- Definir *intranet* e compará-la com a *Internet*.
- Comparar técnicas de cliente/servidor e intranet no que diz respeito à computação distribuída.
- Relacionar os benefícios e as opções de comunicação para extranets.

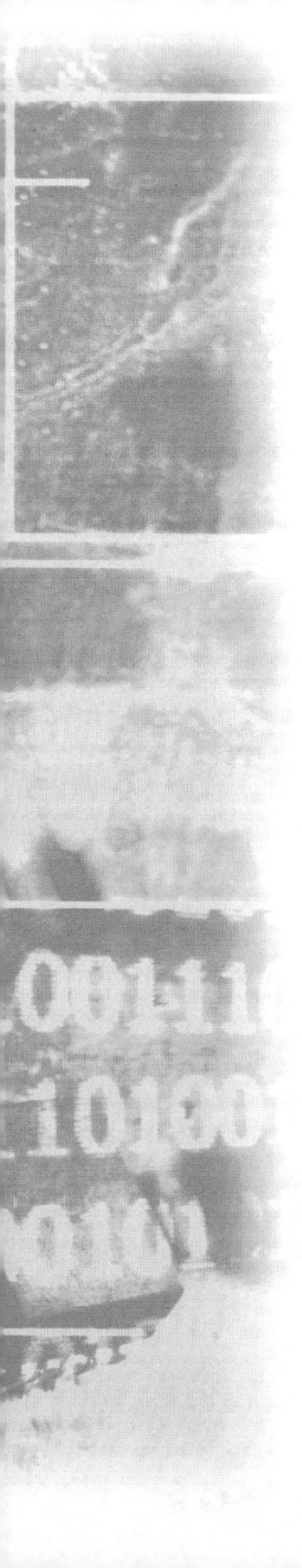

Diversas aplicações distribuídas, como as discutidas no capítulo anterior, envolvem o que poderia se considerar uma interação de parceria entre os sistemas. Há também um estilo de computação distribuída fundamentalmente diferente, que exerce profundo impacto sobre o modo de as empresas utilizarem computadores: a computação cliente/servidor.

Começaremos este capítulo com uma descrição geral da filosofia cliente/servidor e das implicações para as empresas. Em seguida, examinaremos a natureza do suporte da aplicação fornecida pela arquitetura cliente/servidor. Depois, analisaremos o conceito ainda confuso, porém muito importante, do middleware.

Depois desse estudo da computação cliente/servidor, examinaremos uma técnica mais recente, conhecida como intranet. Uma intranet utiliza tecnologia e aplicações da Internet (especialmente as aplicações baseadas na Web) para fornecer suporte interno para aplicações distribuídas. Finalmente, este capítulo aborda o conceito de extranet.

7.1 O CRESCIMENTO DA COMPUTAÇÃO CLIENTE/SERVIDOR

Talvez a tendência mais importante nos sistemas de informação nos anos recentes seja o surgimento da computação cliente/servidor. Esse modo de computação está rapidamente substituindo as técnicas de computação centralizadas, dominadas pelo mainframe, e também as formas alternativas de processamento de dados distribuído.

O que é cliente/servidor?

Assim como outras novas ondas no campo da computação, a computação cliente/servidor tem com seu jargão próprio. A Tabela 7.1 apresenta alguns dos termos que normalmente se encontram nas descrições de produtos e aplicações de cliente/servidor.

A Figura 7.1 tenta capturar a essência desses temas. Conforme o termo sugere, um ambiente cliente/servidor é preenchido por clientes e servidores. As máquinas **cliente** geralmente são PCs ou estações de trabalho de único usuário, que apresentam uma interface altamente amigável ao usuário final. A estação baseada no cliente geralmente apresenta o tipo de interface gráfica que é mais apropriada aos usuários, incluindo o uso de janelas e um mouse. Alguns exemplos comuns dessas interfaces são fornecidos pelo Microsoft Windows e pelo Macintosh OS X. As aplicações baseadas no cliente são ajustadas para facilitar o uso e incluem ferramentas familiares como a planilha eletrônica.

Cada **servidor** no ambiente cliente/servidor fornece um conjunto de serviços compartilhados do usuário para os clientes. O tipo mais comum de servidor atualmente é o servidor de banco de dados, que normalmente controla um banco de dados relacional. O servidor

Tabela 7.1 **Terminologia de cliente/servidor**

Application Programming Interface (API)

Um conjunto de funções e chamadas de programas e que permite a comunicação entre clientes e servidores.

Cliente

Um solicitante de informações em rede, normalmente um PC ou estação de trabalho, que pode consultar o banco de dados e/ou outras informações de um servidor.

Middleware

Um conjunto de drivers, APIs ou outro software, que melhora a conectividade entre uma aplicação cliente e um servidor.

Banco de dados relacional

Um banco de dados em que o acesso às informações limita-se à seleção das linhas que satisfazem todos os critérios de busca.

Servidor

Um computador, normalmente uma estação de trabalho poderosa ou um mainframe, que abriga informações para manipulação por clientes em rede.

Structured Query Language (SQL)

Uma linguagem desenvolvida pela IBM e padronizada pelo ANSI para endereçar, criar, atualizar ou consultar bancos de dados relacionais.

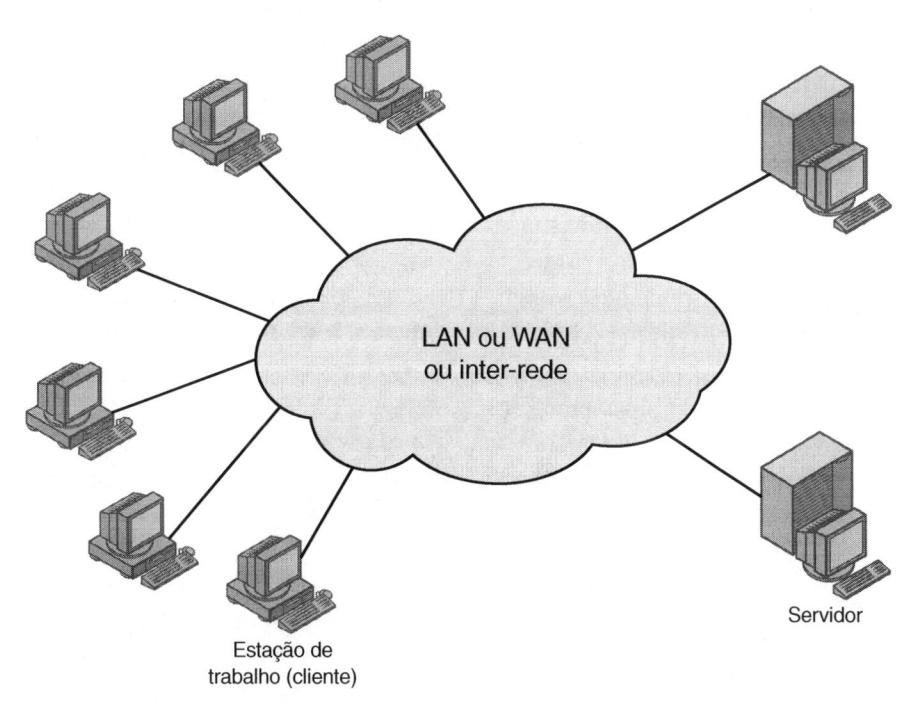

FIGURA 7.1 Ambiente cliente/servidor genérico.

permite que muitos clientes compartilhem o acesso ao mesmo banco de dados e possibilita o uso de um sistema de computador de alto desempenho para gerenciar o banco de dados.

Além de clientes e servidores, o terceiro ingrediente fundamental do ambiente cliente/servidor é a **rede**. A computação cliente/servidor é uma computação distribuída. Usuários, aplicações e recursos estão distribuídos conforme os requisitos da empresa e ligados por uma única LAN ou WAN, ou por uma inter-rede.

Como uma configuração cliente/servidor difere de qualquer outra solução de processamento distribuído? Existem várias características que se destacam e, juntas, tornam o ambiente cliente/servidor distinto do processamento distribuído comum:

- Existe uma grande dependência de levar aplicações amigáveis ao usuário para o próprio sistema do usuário. Isso lhe dá bastante controle sobre o tempo e o estilo de uso do computador, o que propicia aos gerentes no nível de departamento a capacidade de serem responsivos às suas necessidades locais.
- Embora as aplicações estejam dispersas, existe uma ênfase na centralização de bancos de dados corporativos, e em muitas funções de gerenciamento de rede e utilitárias. Isso permite que a gerência corporativa mantenha o controle geral do investimento de capital total nos sistemas de computação e informação, permitindo que a gerência corporativa ofereça interoperabilidade para que os sistemas sejam unidos. Ao mesmo tempo, isso remove dos departamentos e das divisões individuais grande parte da sobrecarga de manter instalações sofisticadas baseadas em computador, e permite que eles escolham praticamente qualquer tipo de máquina e interface necessária para acessar dados e informações.
- Existe um compromisso, tanto pelas organizações de usuários quanto de fornecedores, em relação aos sistemas abertos e modulares. Isso significa que o usuário tem maior escolha na seleção de produtos e na mistura de equipamentos de diversos fornecedores.
- A rede é fundamental para a operação. Assim, o gerenciamento e a segurança da rede possuem uma alta prioridade na organização e na operação dos sistemas de informação.

A computação cliente/servidor, por um lado, é uma solução natural do ponto de vista do produto, pois explora a disponibilidade e os recursos cada vez maiores dos microcomputadores e das redes. Por outro lado, a computação cliente/servidor pode ser a escolha ideal para dar suporte à direção da empresa no tocante à organização do trabalho.

Esse último ponto merece mais explicação. O sucesso da computação cliente/servidor no mercado não é apenas uma questão de novo jargão em cima de soluções antigas. A computação cliente/servidor, na verdade, é uma nova abordagem técnica para a computação distribuída. E, além disso, a computação cliente/servidor é responsiva; na verdade, ela cria as condições para novos meios de organização da empresa. Vamos analisar duas tendências importantes no setor que ilustram o assunto.

A primeira delas é a escassez permanente de empregos nas empresas, em um esforço de downsizing e de priorizar o sucesso em um mercado altamente competitivo. Por que as empresas precisaram abrir mão de cargos para permanecer competitivas e como elas conseguiram aumentar a produtividade tão rapidamente para terem crescimento de vendas sem um aumento correspondente na folha de pagamento? O custo por empregado cresce rapidamente, com aumentos de salário e também maiores benefícios obrigatórios. Ao mesmo tempo, o equipamento da empresa, especialmente o computador, equipamento de rede e serviços, sofreram aumentos de custo muito modestos. Isso ocasionou, como era de esperar, aumentos substanciais no investimento em computadores e outras tecnologias da informação, em um esforço para compensar uma menor base de empregados.

Essa tendência ocorre em empresas pequenas e grandes, e está afetando os gerentes intermediários e também o pessoal de escritório. O que a computação cliente/servidor oferece é um modo de automatizar tarefas e eliminar barreiras para a informação, o que permite que as empresas eliminem camadas de gerenciamento e aumentem o trabalho sem elevar o número de trabalhadores.

Outra tendência que ilustra a eficácia da computação cliente/servidor é o chamado mercado interno. Essa é uma estratégia de negócios que afeta principalmente grandes empresas, buscando combinar o zelo empreendedor com o poder corporativo para obter o melhor dos dois lados: as economias de escala de uma grande empresa com a agilidade de uma pequena empresa. Em uma era de rápidas mudanças tecnológicas e de mercado, muitas empresas de grande porte estão derrubando as hierarquias funcionais tradicionais para substituí-las por um elenco de unidades de negócios relativamente independentes. Essas unidades precisam, então, competir com empresas externas pelos negócios de outras unidades. Em um mercado interno, cada unidade de negócios opera como uma empresa independente. Cada qual decide comprar de fontes internas (outras unidades da corporação) ou de fornecedores externos. Até mesmo os departamentos "extras" tradicionais, como sistemas de informação, contabilidade e jurídico, precisam vender seus serviços para outras unidades e competir com fornecedores externos.

Essa dose de competição interna foi criada para corrigir as falhas do modo tradicional de se fazer negócios. Conforme observa Jay Forrester, do MIT [ROTH93]: "As corporações americanas são algumas das maiores burocracias socialistas do mundo. Elas possuem planejamento central, propriedade de capital central, alocação de recursos central, avaliação subjetiva das pessoas, falta de competição interna, e decisões tomadas no topo em resposta a pressões políticas".

Os mercados internos já transformaram algumas empresas e prometem ter um impacto importante em outras. Porém, até pouco tempo, tem havido um obstáculo intenso à implementação de tal esquema. Em uma empresa grande, o uso de um mercado interno pode fazer com que milhares de equipes estabeleçam acordos entre si e também com entidades externas. De alguma forma, a contabilidade para todas as transações resultantes precisa ser reconciliada. As análises dessa situação têm sugerido que o custo e a complexidade da escrituração contábil seriam maiores que os benefícios de um mercado interno. A evolução da tecnologia de computação contorna esse obstáculo. Hoje, diversas empresas multinacionais empregam o software de banco de dados mais recente em redes cliente/servidor para estabelecer mercados internos.

A evolução da computação cliente/servidor

A maneira como a computação cliente/servidor evoluiu merece observação. Esse estilo de organização dos recursos do computador começou no nível de grupo de trabalho e departamento. Os gerentes de departamento descobriram que contar com aplicações centrais, baseadas em mainframe, atrapalhava sua capacidade de responder rapidamente às demandas da empresa. O tempo de desenvolvimento de aplicações dentro da fábrica de SI central era muito longo, e os resultados não se ajustavam às necessidades específicas do departamento. A distribuição de PCs permitiu que os trabalhadores tivessem poder de computação e dados ao seu comando, e permitiu que os gerentes no nível de departamento selecionassem as aplicações necessárias rapidamente.

Porém, em um ambiente de PC puro, a cooperação entre os usuários era difícil. Até mesmo dentro do departamento, era preciso haver um banco de dados em nível de departamento e padrões de formatação e uso de dados. A solução para esses requisitos é uma arquitetura cliente/servidor em nível de departamento. Normalmente, tal arquitetura envolve uma única LAN, diversos PCs e um ou dois servidores.

O sucesso dos sistemas cliente/servidor em nível de departamento pavimentou o caminho para a introdução da computação cliente/servidor em nível de empresa. O ideal é que tal arquitetura permita a integração dos recursos do departamento e da organização de SI, para que as aplicações possam dar aos usuários individuais acesso imediato, porém controlado, aos bancos de dados corporativos. O tema dominante dessas arquiteturas é o restabelecimento de controle sobre os dados pela organização de SI central, mas no contexto de um sistema de computação distribuído.

7.2 APLICAÇÕES CLIENTE/SERVIDOR

O recurso central de uma arquitetura cliente/servidor é a alocação de tarefas em nível de aplicação entre clientes e servidores. A Figura 7.2 ilustra o caso geral. No cliente e no servidor, naturalmente o software básico é um sistema operacional que roda na plataforma de hardware. As plataformas e os sistemas operacionais do cliente e do servidor podem ser diferentes. Na realidade, pode haver diversos tipos diferentes de plataformas e sistemas operacionais de cliente e uma série de tipos diferentes de plataformas e sistemas operacionais de servidor em um único ambiente. Desde que determinado cliente e servidor compartilhem os mesmos protocolos de comunicação e admitam as mesmas aplicações, essas diferenças de nível inferior são irrelevantes.

É o software de comunicação que permite que cliente e servidor operem de forma integrada. O exemplo principal desse tipo de software é o TCP/IP. Naturalmente, a finalidade de todo esse software de suporte (comunicação e sistema operacional) é fornecer uma base para aplicações distribuídas. O ideal é que as funções reais executadas pela aplicação se dividam entre cliente e servidor de modo que otimizem os recursos de plataforma e rede, e que otimizem a capacidade de os usuários realizarem diversas tarefas e cooperarem entre si com a utilização de recursos compartilhados. Em alguns casos, esses requisitos ditam que a maior parte do software de aplicação seja executada no servidor, enquanto em outros casos, a maior parte da lógica da aplicação está localizada no cliente.

Um fator central no sucesso do ambiente cliente/servidor é o modo como o usuário interage com o sistema como um todo. Assim, o projeto da interface entre o usuário e a máquina cliente é crítico. Na maioria dos sistemas cliente/servidor, existe uma ênfase pesada no fornecimento de uma **interface gráfica com o usuário** (GUI – Graphical User Interface) que seja fácil de usar e fácil de aprender, embora poderosa e flexível. Assim, podemos pensar em um módulo de serviços de apresentação[1] na estação de trabalho cliente, responsável por fornecer uma interface amigável ao usuário para as aplicações distribuídas disponíveis no ambiente.

Aplicações de banco de dados

Como um exemplo que ilustra o conceito de divisão da lógica da aplicação entre cliente e servidor, vamos examinar a família mais comum de aplicações cliente/ser-

---

[1] Não confunda isso com a camada de apresentação do modelo OSI. A camada de apresentação trata da formatação dos dados para que sejam interpretados corretamente pelas duas máquinas em comunicação. Um módulo de serviços de apresentação trata da forma como o usuário interage com uma aplicação e com o layout e a funcionalidade do que se apresenta ao usuário na tela.

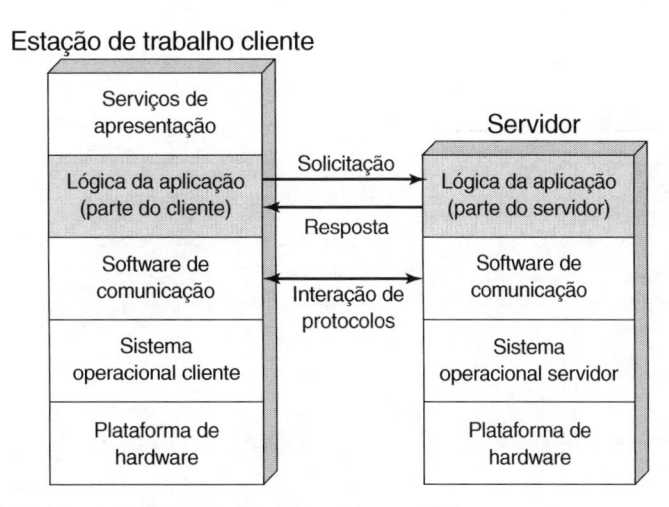

FIGURA 7.2 Arquitetura cliente/servidor genérica.

vidor: aquelas que utilizam bancos de dados relacionais. Nesse ambiente, o servidor é basicamente um servidor de banco de dados. A interação entre cliente e servidor é feita na forma de transações em que o cliente faz uma solicitação ao banco de dados e recebe uma resposta do mesmo.

A Figura 7.3 ilustra, em termos gerais, a arquitetura de tal sistema. O servidor é responsável por manter o banco de dados, para cuja finalidade é necessário haver um complexo módulo de software de sistema de gerenciamento de banco de dados. Diversas aplicações que utilizam o banco de dados podem se abrigar em máquinas cliente. A "cola" que une cliente e servidor é o software que permite que o cliente faça solicitações para acessar o banco de dados do servidor. Um exemplo popular dessa lógica é a Structured Query Language (SQL).

A Figura 7.3 mostra que toda a lógica da aplicação – o software para "mastigar números" ou outros tipos de análise de dados – está no lado do cliente, enquanto o servidor se preocupa apenas com o gerenciamento do banco de dados. Se tal configuração é apropriada ou não, isso depende do estilo e da finalidade da aplicação. Por exemplo, suponha que a finalidade principal seja fornecer acesso on-line para pesquisa de registros. A Figura 7.4a revela como isso poderia funcionar. Suponha que o servidor mantenha um banco de dados de um milhão de registros (denominados linhas, no jargão de banco de dados relacional) e que o usuário queira realizar uma pesquisa que deva resultar em zero, um ou no máximo alguns registros. O usuário poderia procurar esses registros mediante diversos critérios de consulta (por exemplo, registros mais antigos do que 1992; registros referentes a indivíduos em um estado; registros relacionados a um fato ou a uma característica específica etc.). Uma consulta inicial do cliente pode gerar uma resposta do servidor de que existem 100.000 registros que satisfazem os critérios da consulta. O usuário, então, acrescenta qualificadores adicionais e emite uma nova consulta. Dessa vez, volta uma resposta que indica a existência de 1.000 registros possíveis. Finalmente, o cliente emite uma terceira solicitação com qualificadores adicionais. O critério de consulta resultante gera uma única combinação, e o registro retorna ao cliente.

A aplicação anterior é bastante adequada para uma arquitetura cliente/servidor por dois motivos:

1. Existe uma tarefa maciça de classificação e consulta ao banco de dados. Isso exige um disco grande ou bancos de discos, uma CPU de alta velocidade e uma arquitetura de E/S de alta velocidade. Essa capacidade e esse poder não são necessários e é algo muito dispendioso para uma estação de trabalho ou PC de único usuário.
2. Geraria muito tráfego na rede mover o arquivo inteiro de um milhão de registros para o cliente, a fim de ser consultado. Portanto, não é suficiente que o servidor simplesmente possa apanhar registros em favor de um cliente; o servidor precisa ter lógica de banco de dados que lhe permita realizar consultas em favor de um cliente.

Agora, analise o cenário da Figura 7.4b, que possui o mesmo banco de dados de um milhão de registros. Nesse caso, uma única consulta resulta na transmissão de 300.000 registros pela rede. Isso poderia

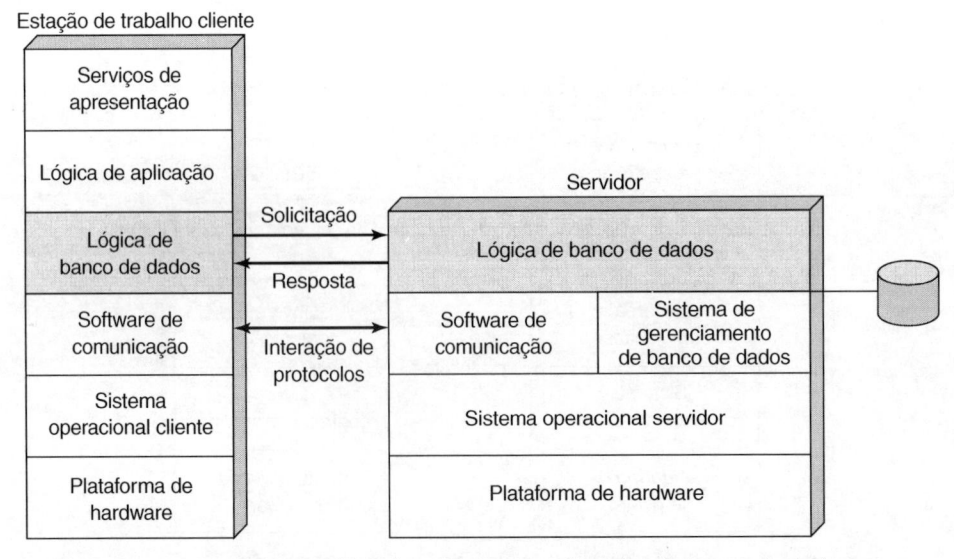

FIGURA 7.3 Arquitetura cliente/servidor para aplicações de banco de dados.

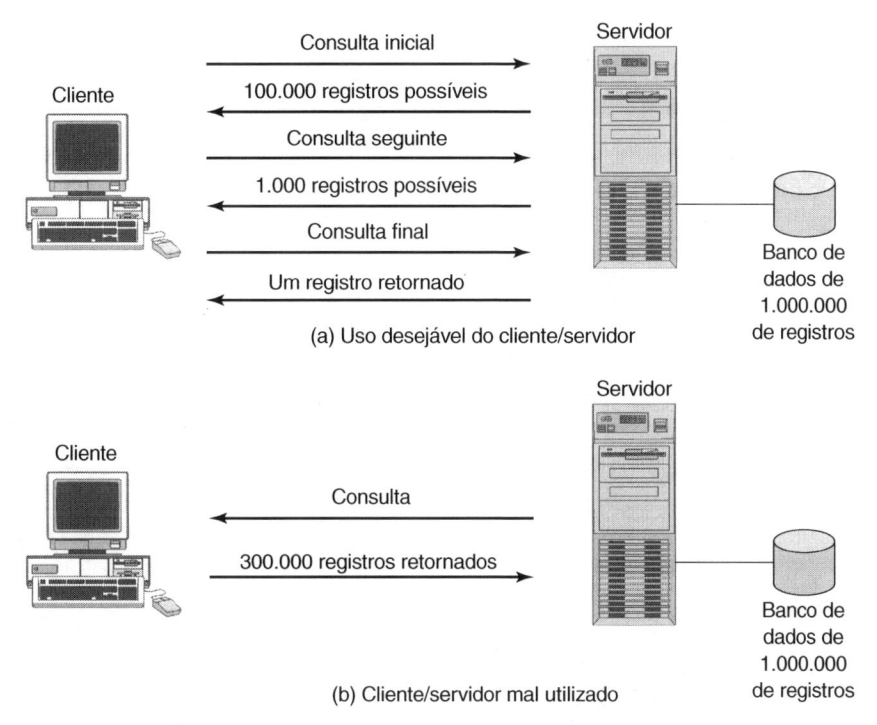

FIGURA 7.4 Uso de banco de dados cliente/servidor.

acontecer se, por exemplo, o usuário quisesse encontrar o valor do total geral ou da média de algum campo para muitos registros, ou mesmo para o banco de dados inteiro.

Logicamente, esse último cenário é inaceitável. Uma solução para esse problema, que mantém a arquitetura cliente/servidor com todos os seus benefícios, é mover parte da lógica da aplicação para o servidor. Ou seja, o servidor pode ser equipado com lógica de aplicação para realizar análise de dados, além da recuperação e consulta aos dados.

Classes de aplicações cliente/servidor

Dentro da estrutura geral de cliente/servidor, existe um espectro das implementações que divide o trabalho entre cliente e servidor de forma diferente. A distribuição exata dos dados e do processamento da aplicação depende da natureza das informações do banco de dados, dos tipos de aplicações admitidas, da disponibilidade do equipamento interoperável do fornecedor e dos padrões de uso dentro de uma organização.

A Figura 7.5 ilustra algumas das principais opções para aplicações de banco de dados. Outras divisões são possíveis, e as opções podem ter uma caracterização diferente para outros tipos de aplicações. De qualquer forma, é útil examinar essa figura para ter uma idéia dos tipos de opções possíveis.

A figura representa quatro classes:

- **Processamento baseado em host:** O processamento baseado em host não é uma computação cliente/servidor verdadeira, como o termo geralmente é usado. Em vez disso, o processamento baseado em host refere-se ao ambiente de mainframe tradicional, em que todo ou quase todo o processamento é feito em um host central. Normalmente, a interface com o usuário ocorre por meio de um terminal burro. Mesmo que o usuário use um microcomputador, a estação do usuário geralmente é limitada à função de um emulador de terminal.

- **Processamento baseado em servidor:** A classe mais simples de configuração cliente/servidor é aquela em que o cliente é responsável principalmente por oferecer uma interface gráfica com o usuário, enquanto quase todo o processamento é feito no servidor.

- **Processamento baseado em cliente:** No outro extremo, praticamente todo o processamento da transação pode ser feito no cliente, com a exceção das rotinas de validação de dados e outras funções da lógica de banco de dados que são realizadas melhor no servidor. Em geral, algumas das funções lógicas de banco de dados mais sofisticadas são abrigadas no lado do cliente. Essa arquitetura talvez seja a

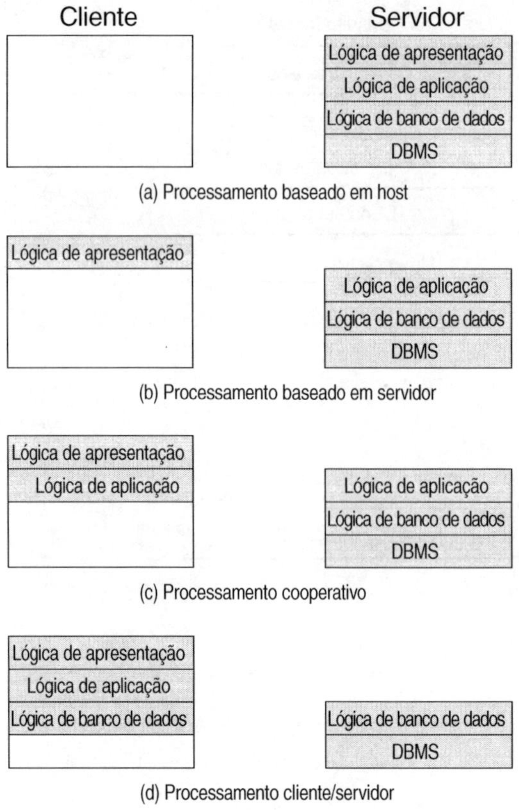

FIGURA 7.5 Classes de aplicações cliente/servidor.

- (a) Processamento baseado em host
- (b) Processamento baseado em servidor
- (c) Processamento cooperativo
- (d) Processamento cliente/servidor

técnica mais comum em uso atual. Ela permite que o usuário empregue aplicações ajustadas às necessidades locais.
- **Processamento cooperativo:** Em uma configuração de processamento cooperativo, o processamento da aplicação se realiza em um padrão otimizado, aproveitando-se dos pontos fortes das máquinas cliente e do servidor, e da distribuição de dados. Essa configuração se torna mais complexa de configurar e manter, mas, com o passar do tempo, esse tipo de configuração pode apresentar maiores ganhos de produtividade do usuário e maior eficiência da rede do que outras técnicas de cliente/servidor.

As Figuras 7.5c e d correspondem às configurações em que uma fração considerável da carga está no cliente. Isso se chama modelo de cliente gordo, e foi popularizado por ferramentas de desenvolvimento de aplicação como PowerBuilder da Powersoft Corp. e SQL Windows da Gupta Corp. As aplicações desenvolvidas com essas ferramentas normalmente são departamentais em escopo, admitindo entre 25 e 150 usuários [ECKE95]. O principal benefício do modelo de cliente gordo é que ele tira proveito dos recursos do desktop, desafogando o processamento da aplicação nos servidores e tornando-os mais eficientes e menos passíveis de gargalos.

Porém, existem diversas desvantagens na estratégia de cliente gordo. O acréscimo de mais funções rapidamente sobrecarrega a capacidade das máquinas de desktop, o que obriga as empresas a fazerem a atualização. Se o modelo se estender além do departamento, para incorporar muitos usuários, a empresa precisa instalar LANs de alta capacidade para admitir os grandes volumes de transmissão entre os servidores magros e os clientes gordos. Finalmente, é difícil manter, atualizar ou substituir aplicações distribuídas por dezenas ou centenas de desktops.

A Figura 7.5b representa uma técnica de servidor gordo. Essa técnica imita mais de perto a técnica tradicional centrada no host, e normalmente é o caminho de migração para evoluir as aplicações corporativas do mainframe para um ambiente distribuído.

Arquitetura cliente/servidor de três camadas

A arquitetura cliente/servidor envolve dois níveis, ou camadas: uma camada do cliente e uma camada do servidor. Nos últimos anos, uma arquitetura de três camadas se tornou cada vez mais comum (Figura 7.6). Nessa arquitetura, o software de aplicação é distribuído entre três tipos de máquinas: uma máquina do usuário, um servidor da camada do meio e um servidor de back-end. A máquina do usuário é a máquina cliente sobre a qual discutimos e, no modelo de três camadas, ela normalmente é um cliente magro. As máquinas da camada do meio são basicamente gateways entre os clientes usuários magros e uma série de servidores de banco de dados de back-end. As máquinas da camada do meio podem converter protocolos de um tipo de consulta de banco de dados para outro e também são capazes de mapear. Além disso, a máquina da camada do meio pode mesclar/integrar resultados de diferentes origens de dados. Finalmente, a máquina da camada do meio pode servir como um gateway entre as aplicações de desktop e as aplicações legadas no back-end, mediando entre os dois mundos.

A interação entre o servidor da camada do meio e o servidor de back-end segue o modelo cliente/servidor. Assim, o sistema de camada do meio atua como um cliente e um servidor.

7.3 MIDDLEWARE

O desenvolvimento e a implementação de produtos cliente/servidor foram muito superiores aos esforços para padronizar todos os aspectos da computação distribuída, desde a camada física até a camada de aplicação. Essa falta de padrões torna difícil implementar uma configuração cliente/servidor integrada, multifornecedora e para toda a empresa. Como grande parte do benefício do enfoque cliente/servidor liga-se à sua modularidade e à capacidade de misturar e combinar plataformas e aplicações para garantir uma solução comercial, esse problema de interoperabilidade precisa ser resolvido.

Para conseguir os verdadeiros benefícios da técnica cliente/servidor, os desenvolvedores precisam ter um conjunto de ferramentas que ofereça os meios e os estilos de acesso uniformes para os recursos do sistema em todas as plataformas. Isso permitirá que os programadores montem aplicações que não apenas tenham o mesmo estilo em diversos PCs e estações de trabalho, mas que usem o mesmo método para acessar dados, independentemente do local desses dados.

O modo mais comum de atender esse requisito é com interfaces de programação e protocolos padronizados, que se situam entre a aplicação acima e o software de comunicação e sistema operacional abaixo. Essas interfaces e protocolos padronizados passaram a ser chamados de **middleware**. Com interfaces de programação padrão, é fácil implementar a mesma aplicação em diversos tipos de servidor e tipos de estação de trabalho. Isso obviamente traz benefícios para o cliente, mas os fornecedores também são motivados a oferecer tais interfaces. O motivo é que os clientes compram aplicações, e não servidores; os clientes só escolherão entre aqueles produtos de servidor que executam as aplicações que desejam. Os protocolos padronizados são necessários para vincular essas diversas interfaces de servidor de volta aos clientes que precisam acessá-las.

Existem diversos pacotes de middleware, que variam do muito simples ao muito complexo. O que eles têm em comum é a capacidade de ocultar as complexidades e divergências de diferentes protocolos e sistemas operacionais de rede. Os fornecedores de cliente e servidor geralmente oferecem uma série de pacotes de middleware mais populares como opções. Assim, um usuário pode decidir-se por uma estratégia de middleware específica e depois montar equipamentos de vários fornecedores, que ofereçam suporte a essa estratégia.

Arquitetura de middleware

A Figura 7.7 mostra o papel do middleware em uma arquitetura cliente/servidor. O papel exato do componente de middleware dependerá do estilo da computação cliente/servidor em uso. Retornando à Figura 7.5, lembre-se de que existem várias técnicas cliente/servidor diferentes que dependem do modo como as funções da aplicação se dividem. De qualquer forma, a Figura 7.7 dá uma boa idéia geral da arquitetura envolvida.

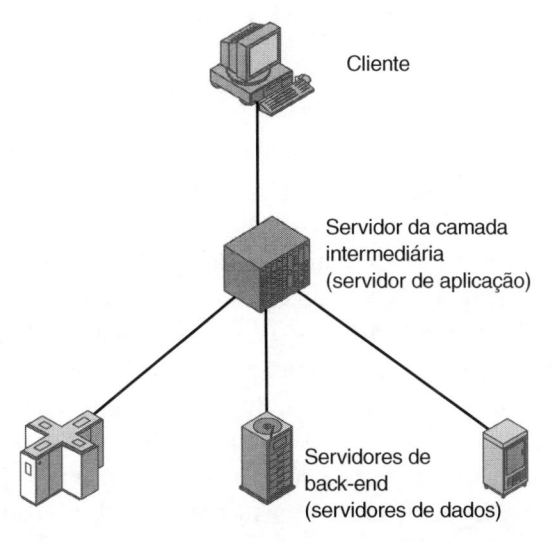

FIGURA 7.6 Arquitetura cliente/servidor de três camadas.

```
                    Estação de trabalho cliente
                    ┌─────────────────────────┐
                    │  Serviços de            │
                    │  apresentação           │
                    ├─────────────────────────┤
                    │  Lógica de              │                    Servidor
                    │  aplicação              │         ┌──────────────────────────────┐
                    ├─────────────────────────┤         │         Middleware           │
                    │  Middleware             │ ◄──── Interação do ────►              │
                    ├─────────────────────────┤       middleware      ├───────────────┤
                    │  Software de            │         │ Software de  │ Serviços de  │
                    │  comunicação            │ ◄──── Interação de ────► comunicação │ aplicação    │
                    ├─────────────────────────┤       protocolos      ├───────────────┤
                    │  Sistema operacional    │         │  Sistema operacional do servidor  │
                    │  do cliente             │         ├──────────────────────────────┤
                    ├─────────────────────────┤         │  Plataforma de hardware      │
                    │  Plataforma de          │         └──────────────────────────────┘
                    │  hardware               │
                    └─────────────────────────┘
```

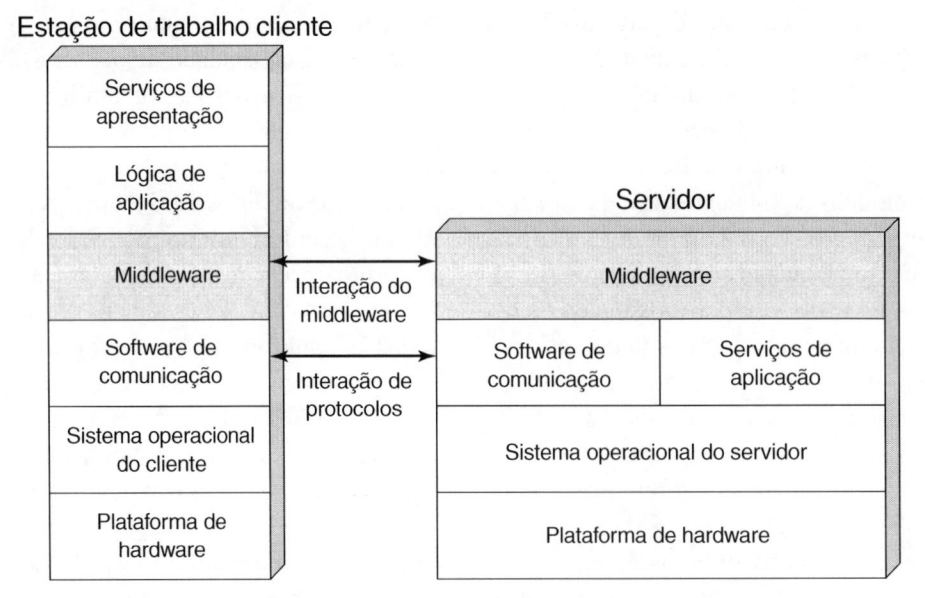

FIGURA 7.7 O papel do middleware na arquitetura cliente/servidor.

Observe que existe tanto um componente de cliente quanto servidor no middleware. A finalidade básica do middleware é permitir que uma aplicação ou usuário em um cliente acesse diversos serviços nos servidores sem se preocupar com as diferenças entre os servidores. Para examinar uma área de aplicação específica, a Structured Query Language (SQL) deveria fornecer um meio padronizado para o acesso a um banco de dados relacional, seja um usuário ou aplicação local ou remoto. Porém, muitos fornecedores de banco de dados relacional, embora admitissem SQL, acrescentaram suas próprias extensões proprietárias à SQL. Isso permite que os fornecedores diferenciem seus produtos, mas também cria incompatibilidades em potencial.

Como um exemplo, pense em um sistema distribuído para dar suporte, entre outras coisas, ao departamento de pessoal. As informações básicas do funcionário, como nome e endereço, poderiam estar armazenadas em um banco de dados Gupta, enquanto a informação de salário poderia estar em um banco de dados Oracle. Quando um usuário no departamento de pessoal solicitar acesso a determinados registros, esse usuário não se preocupa em saber qual banco de dados de qual fornecedor contém os registros necessários. O middleware oferece uma camada de software que permite o acesso uniforme a esses diferentes sistemas operacionais.

É instrutivo examinarmos o papel do middleware por um ponto de vista lógico, e não de uma implementação. Esse ponto de vista é ilustrado na Figura 7.8 [BERN96b]. O middleware permite a realização da promessa da computação cliente/servidor distribuída. O sistema distribuído inteiro pode ser visto como um conjunto de aplicações e recursos disponíveis aos usuários. Os usuários não precisam se preocupar com o local dos dados ou o local real das aplicações. Todas as aplicações operam por uma **API (Application Programming Interface)** uniforme. O middleware, que atravessa todas as plataformas cliente e servidor, é responsável por rotear as solicitações do cliente para o servidor apropriado.

Embora exista uma grande variedade de produtos de middleware, esses produtos normalmente se baseiam em um de três mecanismos principais: passagem de mensagens, chamadas de procedimento remoto e mecanismos orientados a objeto. O restante desta seção contém uma visão geral desses mecanismos.

Passagem de mensagens

A Figura 7.9a mostra o uso da passagem de mensagem distribuída para implementar a funcionalidade cliente/servidor. Um processo cliente solicita algum serviço (por exemplo, ler um arquivo, imprimir) e envia uma mensagem com uma solicitação de serviço a um processo servidor. O processo servidor honra a solicitação e envia uma mensagem com uma resposta. Em sua forma mais simples, somente duas funções são necessárias: Enviar e Receber. A função Enviar especifica um destino e inclui o conteúdo da mensagem. A função Receive informa de quem uma mensagem é desejada (incluindo "todos") e oferece um buffer onde deve ser armazenada a mensagem que chega.

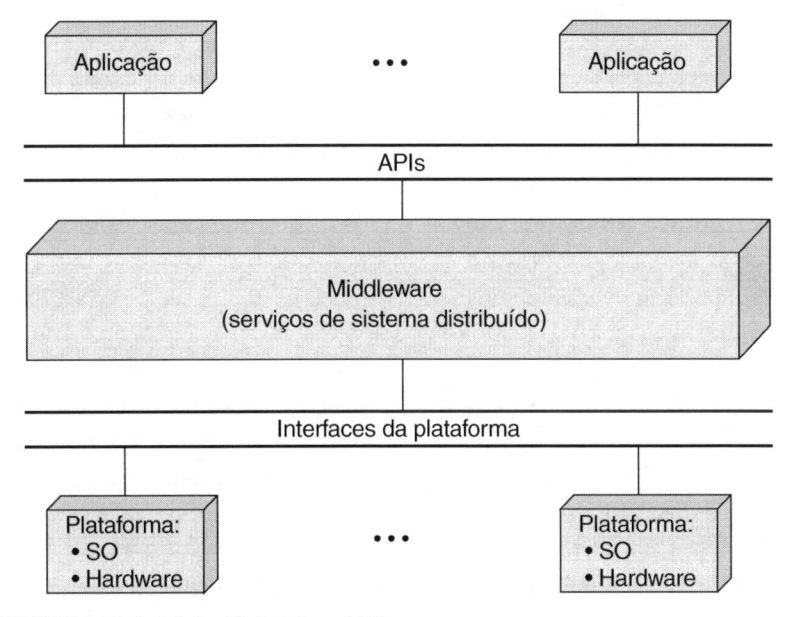

FIGURA 7.8 Visão lógica do middleware.

(a) Middleware orientado à mensagem

(b) Chamadas de procedimento remoto

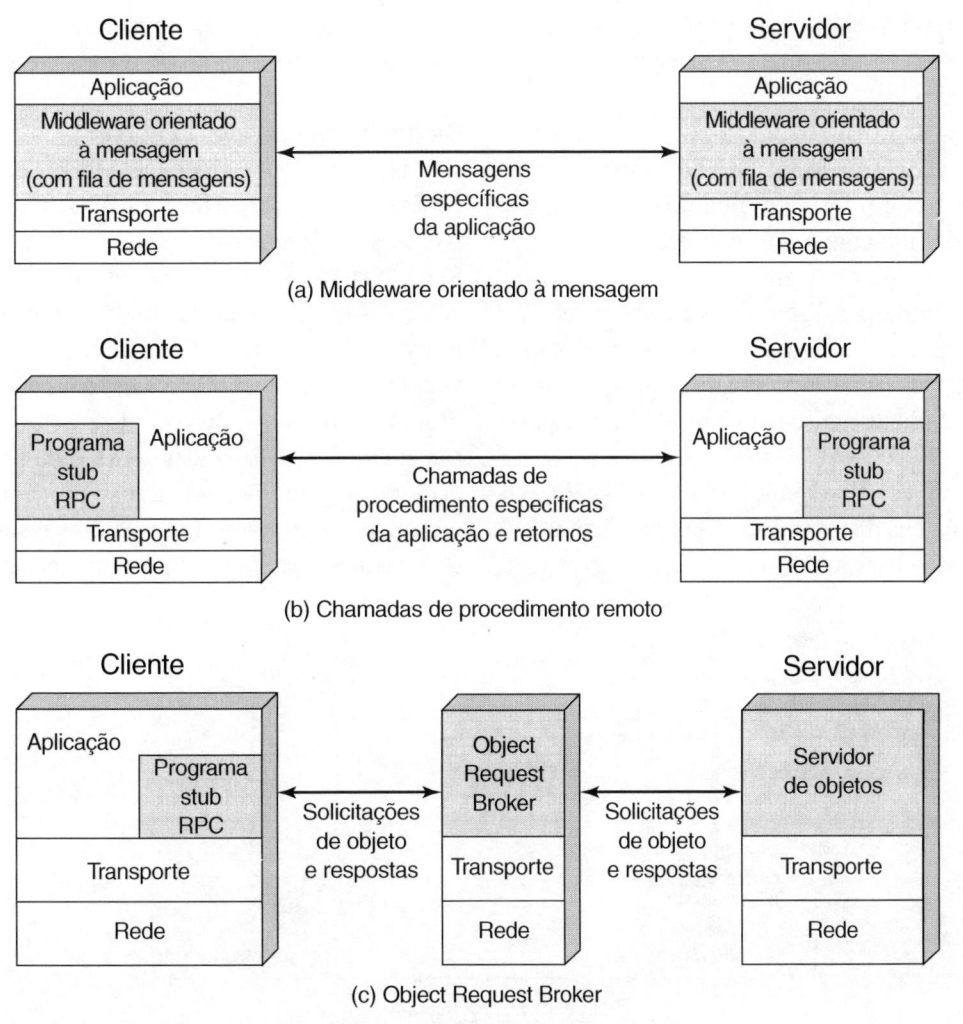

(c) Object Request Broker

FIGURA 7.9 Mecanismos de middleware.

A Figura 7.10 apresenta uma técnica de implementação para passagem de mensagem. Os processos utilizam os serviços de um módulo de passagem de mensagem. As solicitações de serviço podem ser expressas em termos de primitivas e parâmetros. Uma primitiva especifica a função a se realizar; e utilizam-se os parâmetros para passar dados e informações de controle. O formato real de uma primitiva depende do software de passagem de mensagem. Ele pode ser uma chamada de procedimento ou pode ser uma mensagem para um processo que faz parte do sistema operacional.

A primitiva Send é usada pelo processo que deseja enviar a mensagem. Seus parâmetros são o identificador do processo de destino e o conteúdo da mensagem. O módulo de passagem de mensagem constrói uma unidade de dados que inclui esses dois elementos. Essa unidade de dados é enviada à máquina que hospeda o processo de destino, usando algum tipo de facilidade de comunicação, como TCP/IP. Quando a unidade de dados é recebida no sistema de destino, ela é roteada pela facilidade de comunicação para o módulo de passagem de mensagens. Esse módulo examina o campo de identificação de processo e armazena a mensagem no buffer para esse processo.

Nesse cenário, o processo receptor precisa anunciar seu desejo de receber mensagens; para isso, designa uma área do buffer e informa o módulo de passagem de mensagem por um comando Receive. Uma técnica alternativa não exige esse anúncio. Em vez disso, quando o módulo de passagem de mensagem recebe uma mensagem, ele sinaliza o processo de destino com algum tipo de sinal Receive e, depois, torna a mensagem recebida disponível em um buffer compartilhado.

Diversas questões de projeto estão associadas à passagem de mensagens distribuída, e estas são discutidas no restante desta subseção.

Confiabilidade *versus* não confiabilidade Uma facilidade de passagem de mensagens confiável é aquela que garante a entrega se esta for possível. Tal facilidade utilizaria um protocolo de transporte confiável ou uma lógica semelhante para realizar a verificação, confirmação e retransmissão de erro, e reordenação de mensagens desordenadas. Como a entrega é garantida, não é necessário avisar o processo emissor que a mensagem foi entregue. Porém, pode ser útil dar uma confirmação ao processo emissor, de modo que ele saiba que a entrega já ocorreu. De qualquer forma, se a facilidade não conseguir fazer a entrega (por exemplo, falha de rede persistente, pane no sistema de destino), o processo emissor recebe uma notificação sobre a falha.

No outro extremo, a facilidade de passagem de mensagem pode simplesmente enviar a mensagem para a rede de comunicação, mas não informará sucesso nem falha. Essa alternativa reduz bastante a sobrecarga de processamento e comunicação da facilidade de passagem de mensagens. Para aquelas aplicações que exigem confirmação de que uma mensagem foi entregue, as próprias aplicações podem utilizar mensagens de solicitação e resposta para satisfazer o requisito.

Bloqueio *versus* sem bloqueio Com as primitivas sem bloqueio, ou assíncronas, um processo não é suspenso como resultado da emissão de um Send ou Receive. Assim, quando um processo emite uma primitiva Send, o sistema operacional retorna o controle ao processo assim que a mensagem tiver sido enfileirada para transmissão ou tiver sido feita uma cópia. Se não houver cópia, quaisquer mudanças feitas à mensagem pelo processo emissor antes ou até mesmo durante a sua transmissão são realizadas ao risco do processo. Quando a mensagem tiver sido transmitida, ou copiada para um local seguro para transmissão subseqüente, o processo emissor se interrompe para receber a informação

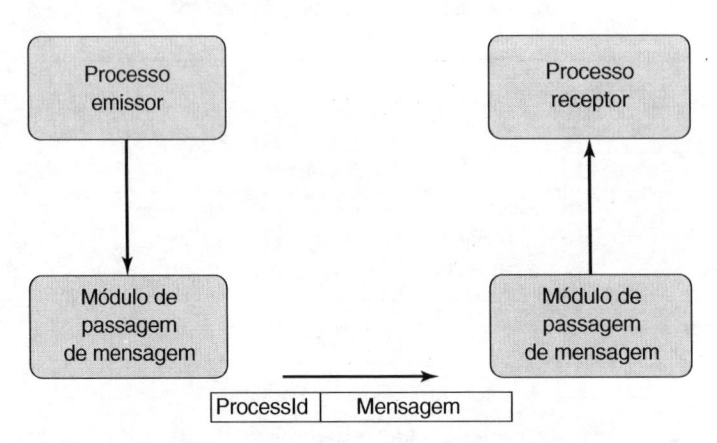

FIGURA 7.10 Primitivas básicas de passagem de mensagem.

de que o buffer de mensagem pode ser reutilizado. De modo semelhante, um Receive sem bloqueio é emitido por um processo que em seguida prossegue para execução. Quando uma mensagem chega, o processo é informado pela interrupção, ou então ele pode pesquisar o status periodicamente.

As primitivas sem bloqueio providenciam o uso eficiente e flexível da facilidade de passagem de mensagem pelos processos. A desvantagem dessa técnica é que é difícil testar e depurar programas que utilizam essas primitivas. Seqüências irreproduzíveis, dependentes do tempo, podem criar problemas sutis e difíceis.

A alternativa é usar primitivas com bloqueio, ou síncronas. Um Send com bloqueio não retorna o controle ao processo emissor até que a mensagem tenha sido transmitida (serviço não confiável) ou até que a mensagem tenha sido enviada e uma confirmação recebida (serviço confiável). Um Receive com bloqueio não retorna o controle até que uma mensagem tenha sido colocada no buffer alocado.

Chamadas de procedimento remoto

Uma variação do modelo básico de passagem de mensagem é a chamada de procedimento remoto (RPC – Remote Procedure Call). Este agora é um método bastante aceito e comum para encapsular a comunicação em um sistema distribuído. A essência da técnica é permitir que programas em diferentes máquinas interajam por meio da simples semântica de uma chamada/retorno de procedimento, como se os dois programas estivessem na mesma máquina. Ou seja, a chamada de procedimento é usada para acessar serviços remotos. A popularidade dessa técnica deve-se às seguintes vantagens:

1. A chamada de procedimento remoto é uma abstração bastante aceita, utilizada e entendida.
2. O uso de chamadas de procedimento remoto permite que interfaces remotas sejam especificadas como um conjunto de operações nomeadas com tipos designados. Assim, a interface pode ser claramente documentada, e os programas distribuídos podem ser verificados estaticamente quanto a erros de tipo.
3. Como uma interface padronizada e definida com precisão é especificada, o código de comunicação para uma aplicação pode ser gerado automaticamente.
4. Como uma interface padronizada e definida com precisão é especificada, os desenvolvedores podem escrever módulos cliente e servidor que podem ser movidos entre os computadores e sistemas operacionais com pouca modificação e recodificação.

O mecanismo de chamada de procedimento remoto pode ser visto como um refinamento da passagem de mensagem confiável, com bloqueio. A Figura 7.9b ilustra a arquitetura geral, e a Figura 7.11 oferece uma visão mais detalhada. O programa chamador faz uma chamada de procedimento normal com parâmetros em sua máquina. Por exemplo,

CALL P(X,Y)

onde

P = nome do procedimento
X = argumentos passados
Y = valores retornados

Pode ou não ser transparente para o usuário que a intenção é invocar um procedimento remoto em alguma outra máquina. Um procedimento fictício ou stub P precisa estar incluído no espaço de endereços de quem chama ou ser vinculado dinamicamente a ele no momento da chamada. Esse procedimento cria uma mensagem que indica o procedimento que está sendo chamado e inclui os parâmetros. Depois, ele envia essa mensagem a um sistema remoto e espera por uma resposta. Quando se recebe uma resposta, o procedimento stub retorna ao programa que chama, fornecendo os valores retornados.

Na máquina remota, outro programa stub é associado ao procedimento chamado. Quando uma mensagem chega, ela é examinada e um CALL P (X,Y) local é gerado. Esse procedimento remoto é, então, chamado de forma local, de modo que suas suposições normais sobre onde encontrar parâmetros, o estado da pilha, e assim por diante, são idênticos ao caso de uma chamada de procedimento puramente local.

Vínculo cliente/servidor O vínculo especifica como o relacionamento entre um procedimento remoto e o programa que chama se estabelecerá. Um vínculo se forma quando duas aplicações fizerem uma conexão lógica e estão preparadas para trocar comandos e dados.

Vínculo não persistente significa que uma conexão lógica se estabelece entre os dois processos no momento da chamada de procedimento remoto e que, assim que os valores forem retornados, a conexão é

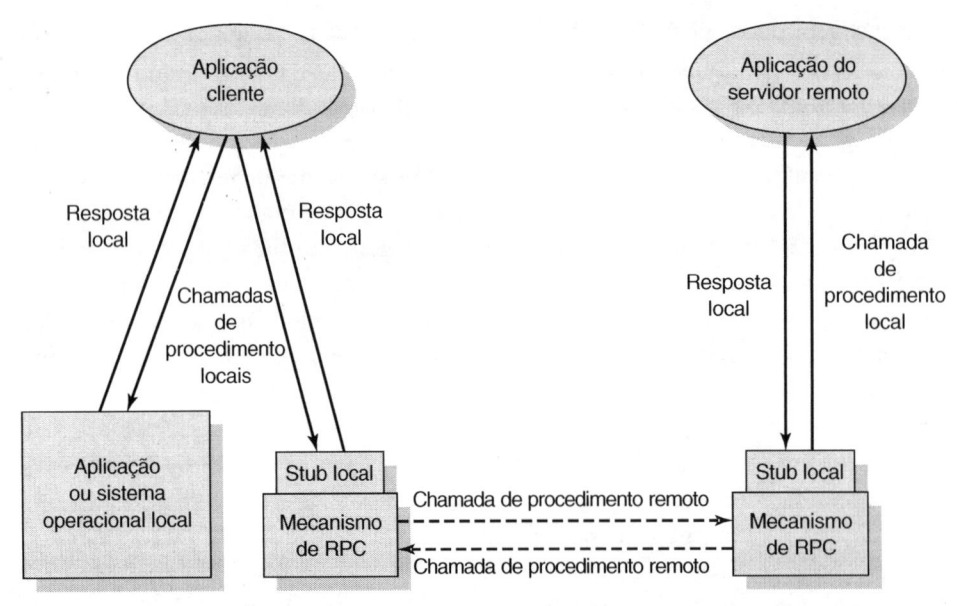

FIGURA 7.11 Mecanismo de chamada de procedimento remoto.

desfeita. Como uma conexão exige a manutenção de informações de estado nas duas extremidades, ela consome recursos. Usa-se o estilo não persistente para preservar esses recursos. Por outro lado, a sobrecarga envolvida no estabelecimento de conexões torna o vínculo não persistente impróprio para procedimentos remotos que são chamados com freqüência pelo mesmo chamador.

Com o **vínculo persistente**, uma conexão que é configurada para uma chamada de procedimento remoto é sustentada após o retorno do procedimento. A conexão pode, então, ser usada para chamadas futuras de procedimento remoto. Se durante um período específico não houver atividade na conexão, está é encerrada. Para aplicações que fazem muitas chamadas repetidas aos procedimentos remotos, o vínculo persistente mantém a conexão lógica e permite que uma seqüência de chamadas e retornos utilize a mesma conexão.

Mecanismos orientados a objeto

À medida que a tecnologia orientada a objeto se tornava predominante no projeto de sistemas operacionais, os projetistas de cliente/servidor começavam a adotar essa técnica. Nessa técnica, clientes e servidores remetem mensagens de um lado para outro entre os objetos. As comunicações de objeto podem contar com uma estrutura básica de mensagem ou RPC ou podem ser desenvolvidas diretamente em cima das capacidades orientadas a objeto no sistema operacional.

Um cliente que precisa de um serviço envia uma solicitação para um object request broker, que atua como um diretório de todos os serviços remotos disponíveis na rede (Figura 7.9c). O agente chama o objeto apropriado e passa quaisquer dados relevantes. Depois, o objeto remoto atende à solicitação e responde ao broker, que retorna a resposta ao cliente.

O sucesso da técnica orientada a objeto depende da padronização do mecanismo de objeto. Infelizmente, existem vários projetos concorrentes nessa área. Um é o Common Object Model (COM) da Microsoft, a base para o Object Linking and Embedding (OLE). Essa técnica possui o suporte da Digital Equipment Corporation, que desenvolveu o COM para UNIX. Uma técnica concorrente, desenvolvida pelo Object Management Group, é a Common Object Request Broker Architecture (CORBA), que possui grande suporte do setor. IBM, Apple, Sun e muitos outros fornecedores dão suporte para a técnica CORBA.

7.4 INTRANETS

Intranet é um termo que se refere à implementação de tecnologias de Internet dentro de uma organização corporativa, ao invés da conexão externa com a Internet global. Esse conceito resultou na mudança de direção mais rápida na história da comunicação de dados para a empresa. Por qualquer medida que se faça, como anúncios de produtos por fornecedores, declarações de intenção pelos clientes, emprego real de produtos e até mesmo livros nas prateleiras de livrarias, as intranets tiveram uma penetração mais rápida na consciência corporativa que os computadores pessoais, que a computação cliente/servidor ou até mesmo a Internet e a World Wide Web.

O responsável por esse crescimento é uma longa lista de recursos e vantagens atraentes de uma técnica baseada em intranet para a computação corporativa, entre as quais as seguintes:

- Prototipagem e implantação rápida de novos serviços (podem ser medidos em horas ou dias)
- Expande-se com eficiência (começa pequeno, se desenvolve conforme a necessidade)
- Praticamente nenhum treinamento exigido da parte dos usuários e pouco treinamento exigido para desenvolvedores, pois os serviços e as interfaces com o usuário são conhecidos na Internet
- Pode ser implementada em praticamente todas as plataformas com interoperabilidade total
- Arquitetura aberta significa um número grande e crescente de aplicações complementares disponíveis por muitas plataformas
- Admite uma variedade de arquiteturas de computação distribuídas (poucos servidores centrais ou muitos servidores distribuídos)
- Estruturada para dar suporte à integração de fontes de informação "legadas" (bancos de dados, documentos existentes de processamento de textos, bancos de dados de groupware)
- Admite uma variedade de tipos de mídia (áudio, vídeo, aplicações interativas)
- Pouco dispendioso para começar, exige pouco investimento em novo software ou infra-estrutura

As tecnologias habilitadoras para a intranet são a alta velocidade de processamento e capacidade de armazenamento dos computadores pessoais, junto com altas taxas de dados das LANs.

Embora o termo *intranet* se refira ao intervalo completo de aplicações baseadas em Internet, como news, e-mail e FTP, é a tecnologia da Web que é responsável pela aceitação quase imediata das intranets. Assim, a maior parte desta seção é dedicada a uma discussão sobre sistemas Web. Ao final da seção, mencionamos rapidamente outras aplicações da intranet.

Intranet Web

O navegador Web tornou-se a interface de informação universal. Um número cada vez maior de empregados tem tido experiência no uso da Internet Web e está acostumado com o modelo de acesso que ela oferece. A intranet Web tira proveito dessa base de experiência.

Conteúdo Web Uma organização pode utilizar a intranet Web para melhorar a comunicação gerência-empregado e fornecer informações relacionadas ao trabalho de modo fácil e rápido. A Figura 7.12 mostra, no nível superior, os tipos de informação que podem ser oferecidos por uma Web corporativa. Normalmente, existe uma página inicial (home page) corporativa interna que serve como um ponto de entrada para os funcionários na intranet corporativa. A partir dessa página inicial, existem links para áreas de interesse da empresa ou de grandes grupos de empregados, incluindo recursos humanos, finanças e serviços de sistemas de informação. Outros links são para áreas de interesse dos grupos de empregados, como vendas e manufatura.

Além desses serviços Web em geral, uma intranet Web é ideal para fornecer informações e serviços em nível de departamento e projeto. Um grupo pode configurar suas próprias páginas Web para disseminar informações e manter dados de projeto. Graças à grande disponibilidade de ferramentas de autoria de página WYSIWYG, de fácil utilização, como Adobe GoLive, é relativamente fácil para os funcionários fora do grupo de serviços de informação desenvolverem suas próprias páginas Web para necessidades específicas.

Aplicações Web/banco de dados Embora a Web seja uma ferramenta poderosa e flexível para dar suporte aos requisitos corporativos, o HTML utilizado para construir páginas Web dispõe de uma capacidade limitada para manutenção de uma grande base de dados em mudança. Para que uma intranet seja totalmente eficaz, muitas organizações desejarão conectar o serviço Web a um banco de dados em seu próprio sistema de gerenciamento de banco de dados.

A Figura 7.13 ilustra uma estratégia geral para a integração Web/banco de dados em termos simples. Para começar, uma máquina cliente (que executa um navegador Web) emite uma solicitação de informações na forma de uma referência URL. Essa referência dispara um programa no servidor Web, que emite o comando correto de banco de dados para um servidor de banco de dados. A saída retornada ao servidor Web é convertida para o formato HTML e retornada ao navegador Web.

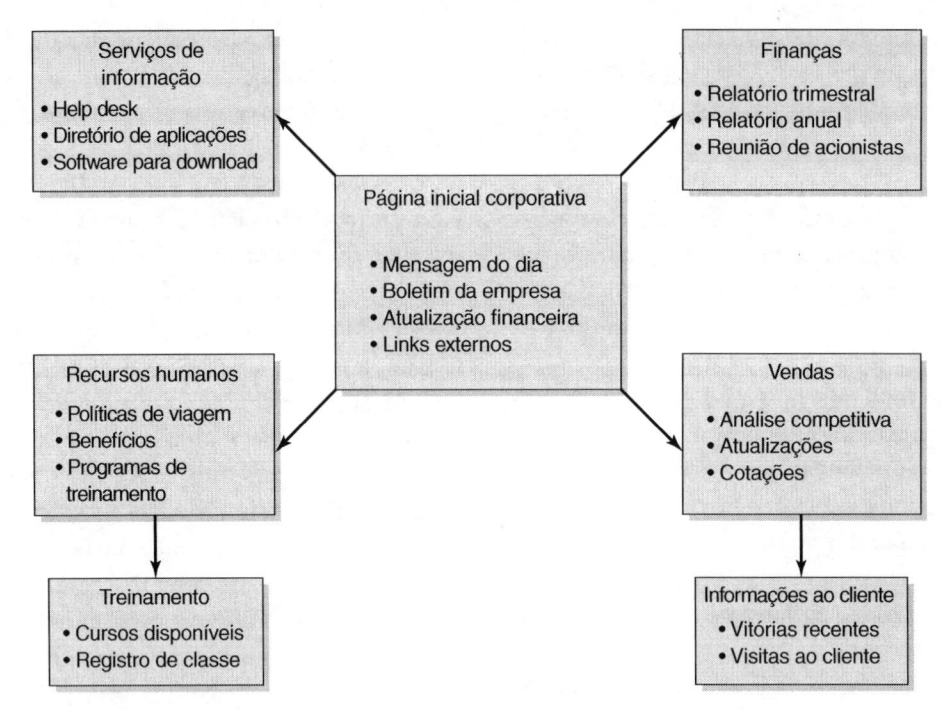

FIGURA 7.12 Exemplo de estrutura de página Web corporativa.

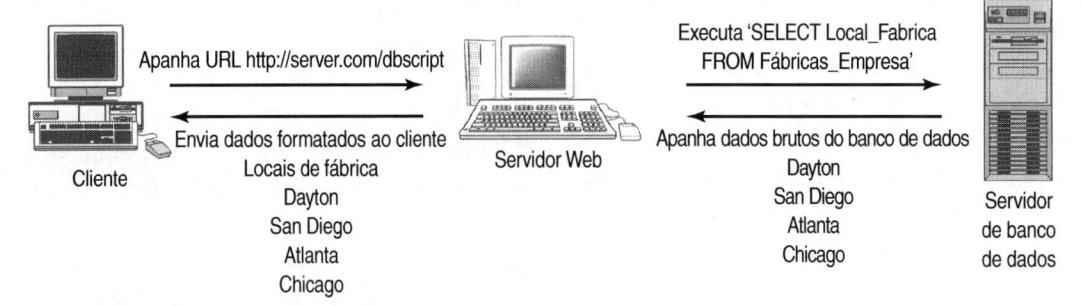

FIGURA 7.13 Conectividade Web/banco de dados.

[WHET96] relaciona as seguintes vantagens de um sistema Web/banco de dados em comparação com uma técnica de banco de dados mais tradicional:

- **Facilidade de administração:** A única conexão com o servidor de banco de dados é o servidor Web. O acréscimo de um novo tipo de servidor de banco de dados não exige a configuração de todos os drivers e interfaces requisitadas em cada tipo de máquina cliente. Em vez disso, só é necessário que o servidor Web possa fazer a conversão entre HTML e a interface de banco de dados.
- **Distribuição:** Os navegadores já estão disponíveis para quase todas as plataformas, o que retira do desenvolvedor a necessidade de implementar interfaces gráficas com o usuário para várias máquinas e sistemas operacionais do cliente. Além disso, os desenvolvedores podem considerar que os clientes já têm e poderão usar navegadores assim que o servidor Web da intranet estiver disponível, evitando problemas de distribuição como instalação e ativação sincronizada.
- **Velocidade de desenvolvimento:** Grande parte do ciclo normal de desenvolvimento, como a distribuição e o projeto do cliente, não se aplica aos projetos baseados na Web. Além disso, as tags HTML baseadas em texto permitem uma modificação rápida, o que facilita a melhoria contínua da aparência e do estilo da aplicação com base no feedback do usuário. Ao contrário, a mudança de formulário ou conteúdo de uma aplicação típica, baseada em interface gráfica, pode ser uma tarefa considerável.
- **Apresentação flexível de informações:** A base de hipermídia da Web permite que o desenvolvedor de

aplicação empregue qualquer estrutura de informação que seja melhor para determinada aplicação, incluindo o uso de formatos hierárquicos em que níveis progressivos de detalhes estão disponíveis ao usuário.

Essas vantagens levam à decisão de empregar uma interface de banco de dados baseada na Web. Porém, os gerentes precisam estar cientes de desvantagens em potencial, também listadas em [WHET96]:

- **Funcionalidade:** Em comparação com a funcionalidade disponível com uma interface gráfica com o usuário (GUI) sofisticada, uma interface típica de navegador Web pode ser mais limitada.
- **Operação sem estado:** A natureza do HTTP é tal que cada interação entre um navegador e um servidor é uma transação separada, independentemente de trocas anteriores ou futuras. Normalmente, o servidor Web não mantém informações entre transações para acompanhar o estado do usuário. Essa informação de histórico pode ser importante. Por exemplo, considere uma aplicação que permita que o usuário consulte um banco de dados de peças de carros e caminhões. Quando o usuário indicar que está em busca de uma peça de caminhão específica, menus subseqüentes só deverão mostrar as peças que pertencem a caminhões. É possível contornar essa dificuldade, mas de forma complicada.

Intranet Webs *versus* cliente/servidor tradicional Embora os sistemas cliente/servidor tradicionais tenham-se tornado cada vez mais difundidos e populares, o que afasta os modelos de computação corporativos mais antigos, seu uso ainda apresenta problemas, como os seguintes:

- Longos ciclos de desenvolvimento
- Dificuldade de particionar aplicações em módulos cliente e servidor, e dificuldade ainda maior na modificação da partição em resposta ao feedback do usuário
- Esforço envolvido na distribuição de atualizações nos clientes
- Dificuldade na escala dos servidores para responder à carga aumentada em um ambiente distribuído
- Requisito contínuo para máquinas de desktop cada vez mais poderosas

Grande parte dessa dificuldade pode ser rastreada para o projeto cliente/servidor típico, que coloca grande parte da carga no cliente; essa estratégia de cliente gordo corresponde às Figuras 7.5c e d. Como já mencionamos, essa estratégia pode não escalar bem para aplicações de nível corporativo. Assim, muitas empresas optam por uma técnica de servidor gordo. Uma intranet Web pode ser vista como uma realização do servidor gordo.

Visto como uma alternativa para outros esquemas de servidor gordo, a intranet Web tem as vantagens de facilidade de distribuição, uso de um pequeno número de padrões bastante aceitos e integração com outras aplicações baseadas em TCP/IP. Porém, é pouco provável que a intranet Web termine ou até mesmo reduza a distribuição cliente/servidor tradicional, pelo menos a curto prazo. A mais longo prazo, a intranet Web poderá dominar a computação corporativa, ou pode simplesmente ser uma alternativa bastante utilizada para outras estratégias cliente/servidor que também têm sucesso.

Outras tecnologias de intranet

A peça central de qualquer estratégia de intranet é a intranet Web. Porém, outras tecnologias de Internet também podem desempenhar um papel-chave no sucesso de uma intranet. Talvez as duas mais importantes, depois da Web, sejam o correio eletrônico e news.

Correio eletrônico Correio eletrônico já é a aplicação de rede mais utilizada no mundo corporativo. Porém, o correio eletrônico tradicional geralmente é limitado e inflexível. Os produtos de correio da intranet apresentam métodos padronizados e simples para anexar documentos, som, imagens e outros tipos de multimídia às mensagens de correio.

Além de dar suporte a multimídia, os sistemas de correio por intranet geralmente facilitam a criação e o gerenciamento de uma **lista de correspondência eletrônica**. Uma lista de correspondência na realidade não é nada mais do que um nome alternativo que possui vários destinos. As listas de correspondência normalmente são criadas para discutir tópicos específicos. Qualquer um interessado nesse assunto pode se juntar a essa lista. Quando um usuário for acrescentado ao grupo, ele recebe uma cópia de cada mensagem postada à lista. Um usuário pode fazer uma pergunta ou responder à pergunta de alguém com uma mensagem ao endereço da lista. A lista de correspondência é, portanto, um modo eficaz de dar suporte à comunicação no nível de projeto.

Network News A maioria dos leitores deste livro está acostumada com USENET, também conhecido como network news. USENET é uma coleção de BBSs que funciona da mesma maneira que as listas de correspondência da Internet. Se você se inscrever em um grupo de news, receberá todas as mensagens postadas para esse grupo, e você poderá postar uma mensagem que estará disponível a todos os assinantes. Uma diferença entre as listas de correspondência USENET e Internet tem a ver com a mecânica dos sistemas. USENET normalmente é uma rede distribuída de sites, que coleta e transmite entradas de grupo de news. Para acessar um grupo de news, para leitura ou escrita, alguém precisa ter acesso a um nó USENET. Outra diferença, mais significativa, é o modo como as mensagens são organizadas. Com uma lista de correspondência eletrônica, cada assinante recebe mensagens uma de cada vez, à medida que são enviadas. Com USENET, as mensagens são arquivadas em cada site de news e organizadas por assunto. Assim, é mais fácil acompanhar a seqüência de determinada discussão com a USENET. Essa capacidade de organizar e armazenar mensagens em seqüência de um assunto torna a USENET ideal para o trabalho colaborativo.

Assim como outras tecnologias de Internet, a USENET é prontamente adaptada para formar um serviço de news na intranet. As novas mensagens podem ser armazenadas em um único servidor de news, ou vários servidores dentro da organização podem atuar como novos repositórios. Novos grupos são criados por departamentos e projetos, conforme a necessidade.

7.5 EXTRANETS

Um conceito semelhante ao da intranet é a **extranet**. Assim como a intranet, a extranet utiliza protocolos e aplicações TCP/IP, especialmente a Web. O recurso distinto da extranet é que ela dá acesso a recursos corporativos a clientes externos, normalmente fornecedores e clientes da organização. Esse acesso externo pode ser pela Internet ou por outras redes de comunicação de dados. Uma extranet proporciona mais do que o simples acesso à Web para o público, que praticamente todas as empresas agora oferecem. Em vez disso, a extranet dá acesso mais extenso a recursos corporativos, normalmente em um modelo que impõe uma política de segurança. Assim como na intranet, o modelo típico de operação para a extranet é cliente/servidor.

O recurso importante de uma extranet é que ele permite o compartilhamento de informações entre empresas. [PFAF98] relaciona os seguintes benefícios de tal compartilhamento:

- **Custos reduzidos:** A informação que precisa ser compartilhada é feita em um modelo altamente automatizado, com pouca papelada e envolvimento humano.
- **Mais produtos comercializáveis:** Os clientes podem estar envolvidos diretamente no processo de projeto durante o ciclo de projeto do produto, com uma revisão rápida das especificações de projeto, ferramentas automatizadas para aceitar especificações de requisitos dos clientes, e outras ferramentas para feedback e revisão. Essas capacidades ajudam as empresas a determinarem a mistura ideal de recursos do produto.
- **Maior qualidade do produto:** Reclamações do cliente chegam aos fornecedores mais rapidamente e são mais fáceis de acompanhar, permitindo correções mais rápidas do produto.
- **Maiores lucros para fornecedores:** Informações atualizadas sobre o que vende bem e o que não vende ajudam os fornecedores a ajustar sua resposta ao mercado.
- **Estoques reduzidos e redução de estoques obsoletos:** As técnicas de manufatura "just-in-time", voltadas para o cliente, são aperfeiçoadas para possibilitar uma tomada de decisão mais refinada no momento da aquisição.
- **Rapidez para o mercado:** Os produtos chegam ao mercado mais rapidamente quando os fornecedores, projetistas, profissionais de marketing e clientes associam-se eletronicamente em uma nova parceria de produtos.

Uma observação importante com extranets é a segurança. Como os recursos Web corporativos e os recursos de banco de dados se tornam disponíveis para os de fora e são permitidas transações contra esses recursos, aspectos de privacidade e autenticação precisam ser resolvidos. Isso normalmente é feito com o uso de uma rede privada virtual, que é discutida no Capítulo 18. Aqui, podemos simplesmente apresentar algumas das opções de comunicação disponíveis para abrir a intranet corporativa aos de fora, para criar uma extranet:

- **Acesso dial-up de longa distância:** Isso permite que os de fora acessem a intranet diretamente, mediante um procedimento de logon para autenticar o usuário. Essa técnica pode oferecer a segurança mais fraca, devido ao risco de personificação, com poucas ferramentas para agir contra tais riscos.

- **Acesso seguro à intranet pela Internet:** A autenticação de usuários e a criptografia da comunicação entre o usuário e a intranet dão maior segurança. A criptografia impede bisbilhotagem, e a autenticação serve para impedir acesso sem autorização. Porém, assim como o acesso dial-up, se um hacker for capaz de burlar o mecanismo de autenticação, então todos os recursos da intranet se tornam vulneráveis.
- **Acesso pela Internet a um servidor externo que duplica alguns dos dados da intranet de uma empresa:** Essa técnica reduz o risco de invasão pelo hacker, mas também reduz o valor da extranet para parceiros externos.
- **Acesso pela Internet a um servidor externo, que origina consultas de banco de dados a servidores internos:** O servidor externo atua como um firewall para impor a política de segurança da empresa. O firewall pode empregar criptografia na comunicação com usuários externos, autenticará usuários externos e filtrará o fluxo de informações para restringir o acesso com base no usuário. Se o próprio firewall for seguro contra ataques de hacker, essa será uma técnica poderosa.
- **Rede privada virtual:** A VPN, na verdade, é uma generalização da técnica de firewall e aproveita as capacidades de segurança IP para permitir a comunicação segura entre os usuários externos e a intranet da empresa. As VPNs são analisadas no Capítulo 18.

NOTA DE APLICAÇÃO

Ser gordo ou ser magro — eis a questão

A configuração do cliente pode ter um efeito significativo sobre o desempenho da sua rede e das máquinas individuais. A Figura 7.2 ilustra o relacionamento entre o cliente e o servidor. Os diferentes componentes exigidos para realizar uma tarefa em particular podem ser separados de diversas maneiras. Uma organização pode ter muita dificuldade com seus sistemas de comunicação se não houver um plano que especifique a arquitetura ou se forem feitas as escolhas erradas.

Por exemplo, uma empresa procura atualizar sua rede, seus servidores e os computadores de desktop obsoletos. A rede é baseada em Ethernet a 10Mbps e consiste em equipamento fornecido por vários fornecedores diferentes, e está limitada por cabeamento e armários de fiação mais antigos. Existem muitos servidores, cada qual realiza uma tarefa separada. Essa fórmula tem sido seguida em cada departamento, de modo que existe muita duplicação do esforço por parte dos servidores. Os computadores de desktop são de várias gerações e de fabricantes diversos, o que torna o suporte muito difícil.

Decide-se atualizar a rede, os servidores e os computadores. Em primeiro lugar, os servidores são migrados para um novo sistema operacional e os serviços são consolidados. Isso pode ser uma tarefa monumental, simplesmente porque existem muitos servidores e nenhuma descrição clara quanto ao que cada um está fazendo e para quem. É preciso fazer um levantamento das máquinas. Algumas decisões que precisam ser tomadas incluem o seguinte:

- Que serviços são exigidos?
- Que serviços podem ser seguramente executados em um único servidor?
- Que forma deverá tomar o backup/redundância?
- Que sistema operacional se enquadra melhor às necessidades?
- Todos os dados do usuário devem ser armazenados no servidor?
- Onde a aplicação deverá residir?
- Que tipo de máquina deve ser o servidor?
- Quantos usuários temos?
- Um conjunto de servidores ou servidores de departamento?
- Quais são as expectativas de desempenho?

Existem outras perguntas, mas estas devem ser suficientes para iniciar o processo. Enquanto os novos servidores estão sendo colocados on-line, os antigos e os novos deverão funcionar paralelamente por um período determinado.

As aplicações podem ser a parte complicada. Dependendo do tamanho da organização, é provável que algumas aplicações ou serviços sejam executados exclusivamente nos servidores e outros sejam executados em máquinas do cliente. Os parágrafos seguintes esboçam alguns exemplos.

Para uma pequena empresa, impressoras individuais podem ser apropriadas. Isso decerto é algo que se torna menos viável quando o número de usuários aumenta. É muito mais provável que as impressoras sejam compartilhadas e que um dos servidores opere como um servidor de impressão, tratando de todas as solicitações de impressão. O número de impressoras e servidores dependerá do número de usuários e seus requisitos.

O software de pedidos é uma daquelas aplicações que serão executadas no servidor ou mainframe. Os clientes podem trabalhar por conexões seriais ou de rede, mas muito pouco processamento ou armazenamento ocorrerá nos clientes. Isso é para garantir que a informação do banco de dados seja precisa e atualizada. Os toques de tecla do usuário passam ao mainframe ou servidor e a informação é enviada de volta ao usuário depois que o processamento tiver sido concluído. Com relação a essa aplicação, os clientes podem ser considerados "magros".

Aplicações como processadores de textos ou planilhas podem ser baseadas em cliente ou servidor. Em um ambiente totalmente distribuído, com clientes gordos, os usuários terão um conjunto completo de aplicações, que não exigem qualquer conectividade com a rede. Mesmo sem a presença de uma conexão de rede, o usuário pode ser muito produtivo. Também é possível que o processador de textos exista totalmente ou em parte no servidor. Nesse caso, a instalação potencialmente economiza espaço nas máquinas cliente. O usuário não pode trabalhar com essas aplicações a menos que estejam conectadas e possivelmente autenticadas. Esse tipo de instalação permite o controle do uso das aplicações e das licenças de software.

As licenças de software podem custar muito dinheiro no momento da compra, e sempre existe a possibilidade de multas se forem administradas de forma inadequada. O servidor pode atuar no sentido de controlar o número de usuários que utilizam as aplicações em determinado momento. Isso também pode criar problemas, se o número de licenças não for atualizado quando novos usuários forem acrescentados. Mais de um usuário tem sido bloqueado numa aplicação da rede porque muitas pessoas já estavam logadas.

Os efeitos diretos da execução de aplicações de rede de uma forma ou de outra incluem um aumento do tráfego da rede e a extensão à qual os usuários contam com a rede em funcionamento. Dependendo do tipo de rede instalada, o desempenho pode cair bastante, se todos tiverem de usar a rede enquanto trabalham. Em nosso exemplo de empresa, foi exatamente isso o que aconteceu, e houve necessidade de maiores gastos e instalações à medida que a rede era efetivamente inundada pelas aplicações de rede. Esses mesmos usuários terão menor eficiência se toda ou mesmo parte da rede estiver parada.

O armazenamento de dados do usuário é outro componente-chave de qualquer discussão sobre cliente/servidor. Com uma grande população de usuários, o número de arquivos gerados pode ser esmagador, e o espaço necessário de armazenamento da ordem de centenas de gigabytes ou mesmo terabytes. Muitas empresas exigem que todos os usuários armazenem dados da empresa em servidores para fins de segurança e backup. Junte a isso o advento dos tipos de arquivo de multimídia e o risco de armazenamento de alto custo estará muito próximo. Sistemas especializados, como SAN (Storage Area Networks), arrays RAID e NAS (Network Attached Storage) têm sido vistos como soluções para os problemas de armazenamento e backup, mas todos estes podem ser custosos e exigem gastos de manutenção adicionais. No fim, o valor dos dados determina o tipo da solução escolhida. Todos estes são exemplos de armazenamento de servidor gordo.

Cabe fazer algumas escolhas importantes na tomada de decisão sobre servidores e clientes gordos *versus* magros. As escolhas podem ter efeitos drásticos sobre o custo, a segurança, o desempenho e o impacto sobre os usuários finais. Os clientes (e servidores) gordos e magros possuem áreas particulares às quais são bem adequados, e cada instalação é diferente da outra. É importante entender os requisitos do sistema instalado, dos serviços exigidos e o efeito de ser um sistema gordo ou magro.

7.6 RESUMO

A computação cliente/servidor é a chave para realizar o potencial de sistemas de informação e redes para melhorar consideravelmente a produtividade nas organizações. Com a computação cliente/servidor, as aplicações são distribuídas aos usuários em estações de trabalho de único usuário e computadores pessoais. Ao mesmo tempo, recursos que podem e devem ser compartilhados são mantidos nos sistemas de servidor que estão disponíveis a todos os clientes. Assim, a arquitetura cliente/servidor é uma mistura de computação descentralizada e centralizada.

Normalmente, o sistema cliente oferece uma interface gráfica com o usuário (GUI) que permite um usuário explorar uma série de aplicações com o mínimo de treinamento e relativa facilidade. Os servidores admitem utilitários compartilhados, como sistemas de gerenciamento de banco de dados. A aplicação real é dividida entre cliente e servidor para otimizar a facilidade de uso e o desempenho.

Como geralmente não existem padrões aceitos para as redes cliente/servidor, diversos produtos foram desenvolvidos para unir a lacuna entre cliente e servidor, permitindo que os usuários desenvolvam configurações de múltiplos fornecedores. Esses produtos geralmente são conhecidos como middleware. Os produtos de middleware são baseados em um mecanismo de passagem de mensagens ou chamada de procedimento remoto.

Um modelo organizacional mais recente, que concorre com o modelo cliente/servidor, é a intranet. Uma intranet aproveita as aplicações de Internet existentes, especialmente a Web, para fornecer um conjunto interno de aplicações apropriadas às necessidades de uma organização. As intranets são fáceis de configurar, envolvem software padronizado e podem ser empregadas em diversas plataformas, praticamente sem exigir qualquer treinamento do usuário.

7.7 Leitura e Web sites recomendados

[BERS96] oferece uma boa discussão técnica das questões de projeto envolvidas na alocação de aplicações para os enfoques cliente/servidor e middleware; o livro também discute sobre produtos e esforços de padronização. [RENA96] é voltado para os aspectos de gerenciamento da instalação de sistemas cliente/servidor e seleção de aplicações para esse ambiente. [SIMO95] descreve os princípios e os mecanismos da computação cliente/servidor e middleware no contexto de dois estudos de caso detalhados, um para Windows e um para UNIX. [REAGOOa] e [REAGOOb] são tratamentos mais recentes da computação cliente/servidor e técnicas de projeto de rede para dar suporte à computação cliente/servidor. Uma boa e rápida introdução ao middleware é [CAMP99].

BERN98 Bernard, R. *The Corporate Intranet.* Nova York: Wiley, 1998.
BERS96 Berson, A. *Client/Server Architecture.* Nova York: McGraw-Hill, 1996.
CAMP99 Campbell, A.; Coulson, G. e Kounavis, M. "Managing Complexity: Middleware Explained." *IT Pro,* outubro de 1999.
ECKE96 Eckel, G. *Intranet Working.* Indianápolis, IN: New Riders, 1996.
EVAN96 Evans, T. *Building an Intranet.* Indianápolis, IN: Sams, 1996.
PFAF98 Pfaffenberger, B. *Building a Strategic Extranet.* Foster City, CA: IDG Books, 1998.
REAGOOa Reagan, P. *Client/Server Computing.* Upper Saddle River, NJ: Prentice Hall, 2000.
REAGOOb Reagan, P. *Client/Server Network: Design, Operation, and Management.* Upper Saddle River, NJ: Prentice Hall, 2000.
RENA96 Renaud, P. *An Introduction to Client/Server Systems.* Nova York: Wiley, 1996.
SIMO95 Simon, A., and Wheeler, T. *Open Client/Server Computing and Middleware.* Chestnut Hill, MA: AP Professional Books, 1995.

Web sites recomendados

- **Complete Intranet Resource Site:** Grande variedade de recursos úteis sobre pesquisa, planejamento, projeto e implementação de intranets
- **Intranet Journal:** Inclui notícias e destaques, além de links para fornecedores de intranet e outros sites relacionados à intranet

7.8 Principais termos, perguntas para revisão e problemas

Principais termos

Application Programming Interface (API)
cliente
cliente/servidor
extranet
Graphical User Interface (GUI)
lista de correio eletrônico
mensagem
middleware
middleware orientado a objeto
notícias de rede
Remote Procedure Call (RPC)
servidor
USENET

Perguntas para revisão

7.1. O que é computação cliente/servidor?

7.2. O que distingue a computação cliente/servidor de qualquer outra forma de processamento de dados distribuído?

7.3. Analise o raciocínio para a colocação das aplicações no cliente, no servidor ou divididas entre cliente e servidor.

7.4. Quais são as quatro maneiras diferentes de dividir o processamento entre máquinas que se comunicam mutuamente?

7.5. Em que diferem as máquinas que estão interagindo nos sistemas baseados em cliente/servidor de um laptop ou de um computador de desktop típico?

7.6. O que são clientes gordos e servidores gordos, e quais são as diferenças de filosofia entre as duas técnicas?

7.7. Sugira prós e contras para estratégias de cliente gordo e servidor gordo.

7.8. O que é middleware?

7.9. Middleware normalmente é exigido para clientes que acessam dados em diferentes locais. Telnet e ftp são exemplos de aplicações que exigem middleware?

7.10. Se temos padrões como TCP/IP e OSI, por que o middleware é necessário?

7.11. O que é uma intranet?

7.12. Qual é a distinção entre cliente/servidor e intranet?

7.13. O que é uma extranet?

7.14. Relacione alguns benefícios do compartilhamento de informações fornecido por uma extranet.

7.15. Quais são as opções de comunicação disponíveis para converter uma intranet em uma extranet?

Problemas

7.1 Você acabou de ser contratado como CIO de uma organização que já está em atividade há algum tempo e recentemente adquiriu outra organização menor, a fim de aumentar sua fatia de mercado. A organização original operava uma frota de ônibus que realizava passeios turísticos e mantinha pacotes de viagem na parte norte da costa leste dos Estados Unidos. Todas as suas aplicações de computador existiam em um mainframe central na sua sede em Baltimore. A organização adquirida realizava passeios de helicóptero pela cidade de Nova York e Washington, DC. Todos os seus sistemas eram baseados em cliente/servidor (principalmente clientes gordos que acessam servidores de banco de dados magros) e eles se localizavam fora de Baltimore, perto do aeroporto BWI. Devido às fusões, a arquitetura de TI da organização agora é uma combinação diversificada de sistemas de computador e procedimentos manuais. Dada a descrição geral dos grupos de participantes abaixo e usando as classes de cliente/servidor gerais definidas na Figura 7.5, prepare um plano de arquitetura de TI para a nova organização e apresente-o ao CEO para aprovação. Inclua todas as vantagens e desvantagens em potencial do plano, dos pontos de vistas dos diversos grupos de participantes.

- trabalhadores e mecânicos de manutenção de ônibus/helicóptero (10 empregados)
  - sistema para pedir peças/suprimentos
- motoristas/pilotos (20 empregados)
  - informação de logs e rota/horário
- administração/RH (5 empregados)
  - registros de empregado
  - registros financeiros
- marketing (8 empregados)
  - atividades de marketing
  - interações com o cliente (CRM)
- administração (9 empregados)
  - relatórios

7.2 A linguagem de programação Java é conhecida por alguns como a linguagem da Web, devido à sua natureza independente de plataforma. Java utiliza uma forma híbrida de RPC e CORBA, chamada RMI (Remote Method Invocation). Como RMI difere dessas duas tecnologias e para que tipo de ambiente RMI pode ser uma solução aceitável (ou mesmo ideal)?

Referência:
http://www.25hoursaday.com/DistributedComputing-TechnologiesExplained.html

7.3 Um termo relativamente novo, que foi introduzido no ambiente Web, é o de Web Service. O que é um Web Service e como ele difere do conceito de uma aplicação Web?

Referência:
http://www.w3.org/TR/2003/WD-ws-gloss-20030514/

7.4 Quais são as aplicações baseadas em cliente/servidor que fazem parte do seu sistema operacional?

7.5 Quais são alguns dos servidores na sua rede local que operam dentro do paradigma cliente/servidor? Onde os servidores se localizam? Quais são os endereços IP dos servidores? Quais são os nomes dos servidores?

7.6 Este capítulo analisa os "clientes gordos". Tem havido muito trabalho, no passado e no presente, na área de clientes magros. Como você caracterizaria um cliente magro?

7.7 Este capítulo introduziu o termo *intranet*. Antes, o termo *Internet* também fora introduzido. Com base no seu conhecimento desses termos, desenhe um diagrama que represente sua intranet local (rede da escola) e a conexão da sua organização (escola) com a Internet.

- Qual é o tamanho da sua rede?
- Quem é o seu provedor de serviços de Internet?
- Quantas redes compreendem a rede da sua escola?
- A quantos usuários a rede atende?
- Que tipo de desempenho de rede você tem recebido?

ESTUDO DE CASO III: ING Life

ING Life (anteriormente NN Financial) é um provedor importante de produtos de seguro de vida no Canadá. A empresa tem sede em Ontário e opera a partir de três escritórios regionais. Mais de 2.000 agentes de seguro comercializam seus produtos [BRUN99, IBM00]. Em 1997, a maioria dos agentes utilizava fax, telefone e serviços postais para solicitar informações de apólices. Os tempos de resposta às vezes podiam ser medidos em horas. A empresa tinha uma rede remota Frame Relay de 56kbps, mas esta só conectava a sede em Ontário a 70 escritórios de gerentes (Figura III.1). Os sistemas em Ontário convertiam as solicitações Frame Relay para SNA a partir do TCP/IP e as roteavam para o mainframe corporativo em Connecticut.

Em dezembro de 1997, a ING decidiu que teria de reduzir os tempos de resposta para permanecer competitiva e atrair novos agentes. A empresa queria uma solução econômica que pudesse oferecer aos seus agentes um acesso rápido aos dados do mainframe e se expandir para acomodar novos parceiros. A ING investigou a extensão da rede Frame Relay existente e estimou o custo em um valor proibitivo de US$3,3 milhões. Em vez disso, a empresa decidiu montar uma extranet e fornecer um serviço Web-para-host para permitir que os parceiros acessem dados do mainframe diretamente pela Internet. A ING estimou o custo anual dos serviços de extranet para 2.000 agentes em US$70.000. O custo anual para manter a WAN existente para 70 agentes era de US$750.000.

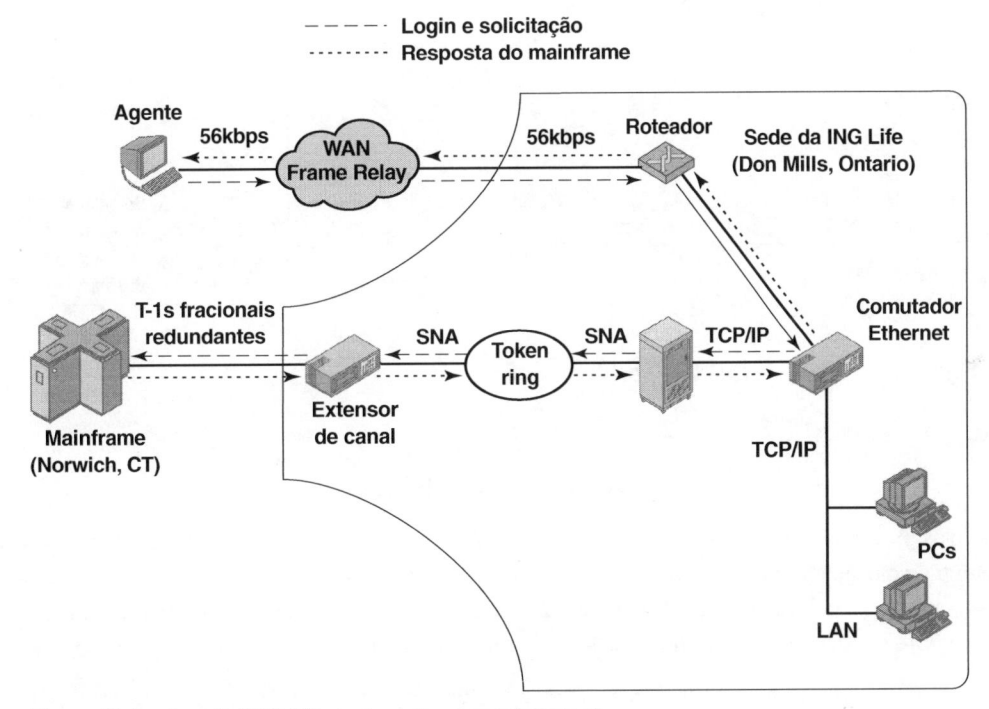

Figura III.1 **A rede ING Life antes de usar a Internet.**

Além de reduzir os custos de manutenção, a solução Web-para-host oferecia outros benefícios. O software cliente se instalava automaticamente como um applet do navegador, o que reduzia os custos administrativos. Além disso, o uso de um navegador como uma interface significava que os agentes não estavam mais ligados a uma estação de trabalho ou PC específico.

A nova solução incluiria dois servidores NT, um novo gateway SNA, para traduzir entre SNA e IP, e um firewall Cisco Pix conectado à Internet por meio de uma linha T-1 alugada (Figura III.2). Os servidores NT executariam o Lotus Notes, Host on Demand da IBM (software Web-para-host) e software de servidor Web. Como esse serviço enviaria dados privados pela Internet pública, a segurança era um problema. O firewall Pix impediria acesso não-autorizado aos dados. Além disso, o software Web-para-host usava uma conexão SSL (Secure Sockets Layer) (descrita no Capítulo 18). Antes de colocar o serviço on-line, a ING tinha consultores de segurança que investigavam as vulnerabilidades do sistema.

Em julho de 1999, a ING tinha 350 agentes conectados à extranet, e planejava conectar os agentes restantes por volta de 2000. Para usar o novo serviço, os agentes se conectam à Inernet usando a rede dial-up e apontam seu navegador para o servidor Web. O cliente Host on Demand é carregado automaticamente como um applet do navegador. O applet oferece serviços de simulação TN3270. Depois que o applet tiver sido carregado, o agente pode acessar o mainframe corporativo, pois está usando um terminal TN3270 conectado diretamente. Os tempos de resposta para solicitações de extranet levam menos de um minuto.

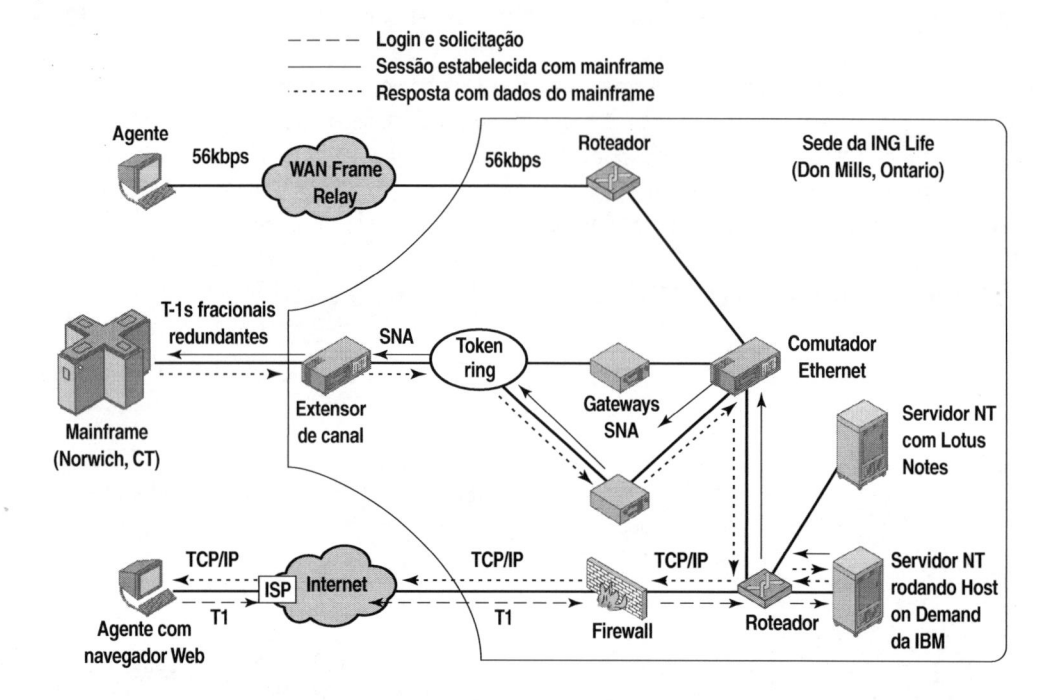

Figura III.2 **Rede da ING Life com extranet.**

Perguntas para discussão

1. Quais são as prováveis dificuldades e o risco associado ao uso da infra-estrutura pública, como a Internet, como parte de uma solução comercial privada?
2. Analise as precauções tomadas pela ING para garantir a segurança. As medidas foram adequadas?
3. Comente sobre a topologia da extranet. Existem gargalos em potencial?

Capítulo 8

Operação da Internet

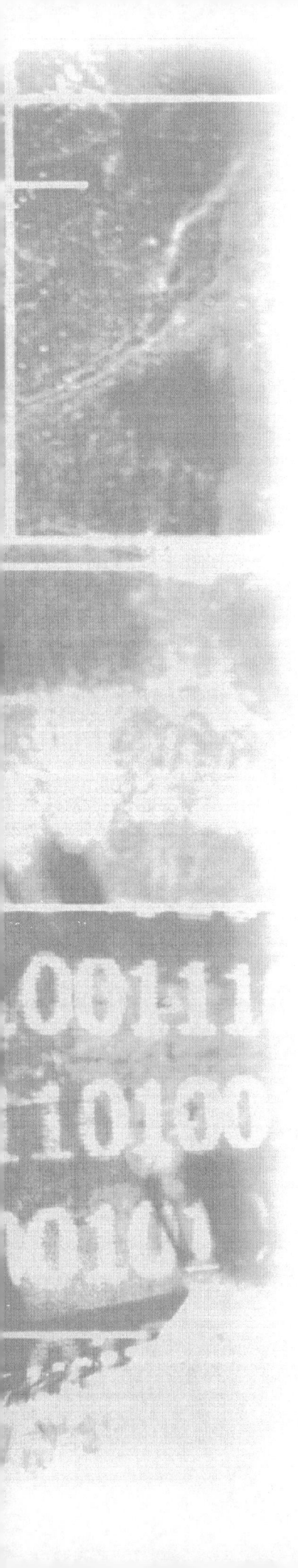

8.1 Endereçamento da Internet
8.2 Protocolos de roteamento da Internet
8.3 Necessidade de velocidade e qualidade de serviço
8.4 Serviços diferenciados
8.5 Resumo
8.6 Leitura recomendada
8.7 Principais termos, perguntas para revisão e problemas

OBJETIVOS DO CAPÍTULO

Depois de ler este capítulo, você deverá ser capaz de

- Descrever o endereçamento da Internet e avaliar os principais aspectos envolvidos na atribuição de endereço.
- Entender a diferença entre um protocolo de roteamento interior e um protocolo de roteamento exterior.
- Explicar os mecanismos básicos de um protocolo de roteamento.
- Entender o conceito de qualidade de serviço.
- Analisar a diferença entre tráfego elástico e tráfego não-elástico.
- Explicar os serviços fornecidos por uma facilidade de serviços diferenciados.

Este capítulo examina alguns dos detalhes "ocultos" da Internet. Começamos com uma análise da questão meio complicada do endereçamento em uma configuração bem diversificada, de grande escala e dinâmica. Em seguida, o capítulo apresenta uma visão geral dos protocolos de roteamento, por meio dos quais os roteadores cooperam para projetar rotas, ou caminhos, pela Internet, da origem ao destino. Depois, apresentamos a questão da qualidade de serviço. Finalmente, veremos a técnica mais importante de fornecer qualidade de serviço na Internet.

8.1 ENDEREÇAMENTO DA INTERNET

Os campos de origem e destino no cabeçalho IP contêm um endereço da Internet global de 32 bits, que geralmente consiste em um identificador de rede e um identificador de host.

Classes de rede

O endereço é codificado para tornar possível uma alocação variável de bits a fim de especificar rede e host, conforme representado na Figura 8.1. Essa codificação dá flexibilidade na atribuição de endereços aos hosts e permite uma mistura de tamanhos de rede em uma inter-rede. As três classes de rede principais são mais adequadas às seguintes condições:

- **Classe A:** Poucas redes, cada qual com muitos hosts
- **Classe B:** Número médio de redes, cada qual com um número médio de hosts
- **Classe C:** Muitas redes, cada qual com alguns hosts

Em um ambiente específico, talvez seja melhor usar todos os endereços de uma classe. Por exemplo, em uma inter-rede corporativa que consiste em um grande número de redes locais de departamento pode ser necessário usar endereços Classe C exclusivamente. Porém, o formato dos endereços é tal que é possível misturar todas as três classes de endereços na mesma inter-rede; é isso que ocorre no que diz respeito à própria Internet. Uma mistura de classes é apropriada para uma inter-rede, que consiste em algumas redes grandes, muitas redes pequenas, mais algumas redes de tamanho médio.

Os endereços IP normalmente expressos pelo que chamamos **notação decimal pontuada**, com um número decimal que representa cada um dos octetos do endereço de 32 bits. Por exemplo, o endereço IP 11000000 11100100 00010001 00111001 é escrito como 192.228.17.57.

Observe que todos os endereços de rede Classe A começam com um 0 binário. Os endereços de rede com um primeiro octeto 0 (binário 00000000) e 127 (binário 01111111) são reservados, de modo que existem 126 números de rede Classe A em potencial, que possuem um primeiro número decimal no intervalo de 1 a 126. Os endereços de rede Classe B começam com um 10 binário, de modo que o intervalo do primeiro número decimal em um endereço Classe B é de 128 a 191 (binário 10000000 a 10111111). O segundo octeto também faz parte do endereço Classe B, de modo que existem $2^{14} = 16.384$ endereços Classe B. Para os endereços Classe C, o primeiro número decimal varia de 192 a 223 (11000000 a 11011111). O número total de endereços Classe C é $2^{21} = 2.097.152$.

Sub-redes e máscaras de sub-rede

O conceito de sub-rede surgiu como um meio de resolver o requisito a seguir. Pense em uma inter-rede que inclua uma ou mais WANs e uma série de sites, cada qual com uma série de LANs. Gostaríamos de dar complexidade arbitrária de estruturas de LAN interconectadas dentro de uma organização, enquanto isola-

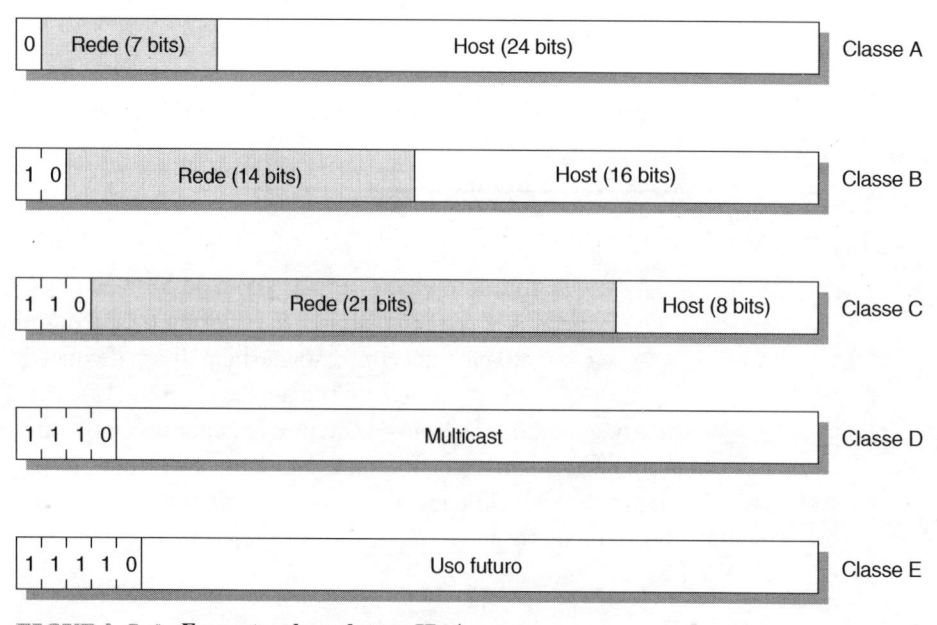

FIGURA 8.1 Formatos de endereço IPv4.

mos a Internet geral contra o crescimento explosivo nos números da rede e na complexidade do roteamento. Uma abordagem para esse problema é atribuir um único número de rede a todas as LANs em um site. Do ponto de vista do restante da Internet, existe uma única rede nesse site, o que simplifica o endereçamento e o roteamento. Para que os roteadores dentro do site possam operar corretamente, cada LAN recebe um número de sub-rede. A parte do host do endereço de Internet é desmembrada em um número de sub-rede e um número de host, para acomodar esse novo nível de endereçamento.

Dentro da rede subdividida, os roteadores locais precisam rotear com base em um número de rede estendido, que consiste na parte de *rede* do endereço IP e no número de sub-rede. A máscara de endereço indica as posições de bit que contêm esse número de rede estendido. O uso da máscara de endereço permite que o host determine se um datagrama de saída destina-se a um host na mesma LAN (enviar diretamente) ou outra LAN (enviar datagrama ao roteador). Considera-se a utilização de algum outro meio (por exemplo, configuração manual) para criar máscaras de endereço e torná-las conhecidas dos roteadores locais.

A Tabela 8.1a mostra os cálculos envolvidos no uso de uma máscara de sub-rede. Observe que o efeito da máscara de sub-rede é apagar a parte do campo do host que se refere a um host real em uma sub-rede. O que permanece são o número de rede e o número de sub-rede. A Figura 8.2 mostra um exemplo do uso da sub-rede. A figura mostra um complexo local de três LANs e dois roteadores. Para o restante da Internet, esse complexo é uma única rede com um endereço Classe C na forma 192.228.17.x, em que os três octetos mais à esquerda são o número da rede e o octeto mais à direita contém um número de host *x*. Os roteadores R1 e R2 são configurados com uma máscara de sub-rede com o valor 255.255.255.224 (ver Tabela 8.1a). Por exemplo, se um datagrama com o endereço de destino 192.228.17.57 chegar em R1 a partir do restante da Internet ou da LAN Y, R1 aplica a máscara de sub-rede para garantir que esse endereço se refira à sub-rede 1, que é a LAN X; e, assim, encaminha o datagrama para a LAN X. De modo semelhante, se um datagrama com esse endereço de destino chegar em R2 a partir da LAN Z, R2 aplica a máscara e depois determina, por seu banco de dados de encaminhamento, que os datagramas destinados da sub-rede 1 devem ser encaminhados para

Tabela 8.1 Endereços e máscaras de sub-rede

(a) Representações decimal pontuada e binária do endereço IP e máscaras de suporte		
	Representação binária	**Decimal pontuado**
Endereço IP	11000000.11100100.00010001.00111001	192.228.17.57
Máscara de sub-rede	11111111.11111111.11111111.11100000	255.255.255.224
AND bit a bit do endereço e máscara (número de rede/sub-rede resultante)	11000000.11100100.00010001.00100000	192.228.17.32
Número de sub-rede	11000000.11100100.00010001.001	1
Número de host	00000000.00000000.00000000.00011001	25

(b) Máscaras de sub-rede padrão		
	Representação binária	**Decimal pontuado**
Máscara padrão de Classe A	11111111.00000000.00000000.00000000	255.0.0.0
Exemplo de máscara de Classe A	11111111.11000000.00000000.00000000	255.192.0.0
Máscara padrão de Classe B	11111111.11111111.00000000.00000000	255.255.0.0
Exemplo de máscara de Classe B	11111111.11111111.11111000.00000000	255.255.248.0
Máscara padrão de Classe C	11111111.11111111.11111111.00000000	255.255.255.0
Exemplo de máscara de Classe C	11111111.11111111.11111111.11111100	255.255.255.252

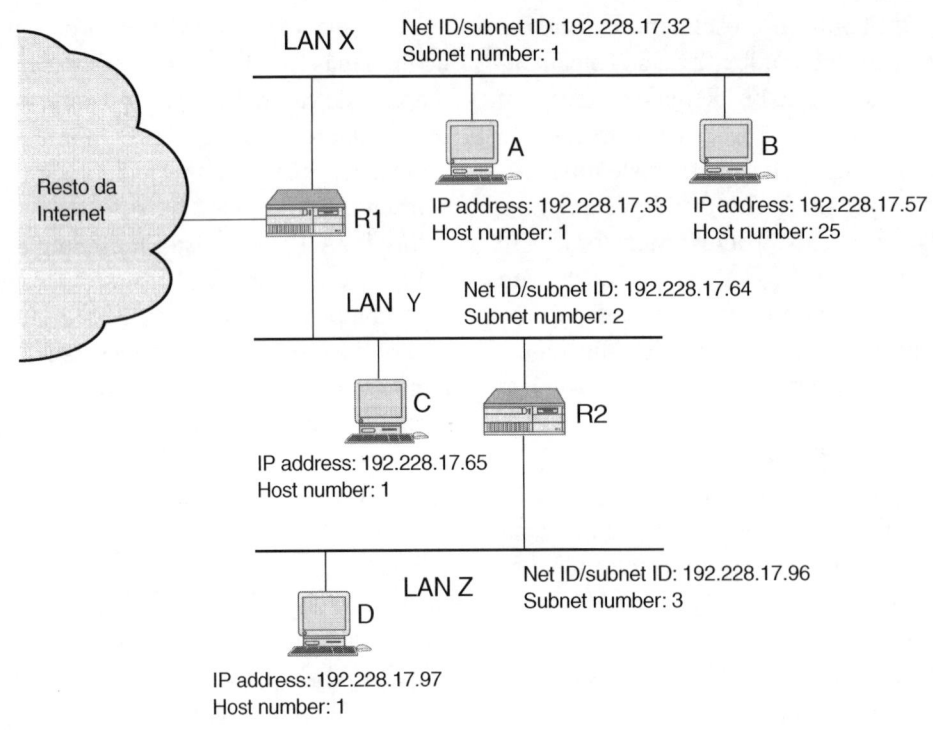

FIGURA 8.2 Exemplo de sub-rede.

R1. Os hosts também precisam empregar uma máscara de sub-rede em suas decisões de roteamento.

A máscara de sub-rede padrão para determinada classe de endereços é uma máscara nula (Tabela 8.1b), que gera o mesmo número de rede e host do endereço que não é de sub-rede.

8.2 PROTOCOLOS DE ROTEAMENTO DA INTERNET

Os roteadores em uma inter-rede são responsáveis por receber e encaminhar pacotes pelo conjunto de redes interconectadas. Cada roteador toma decisões de roteamento com base no conhecimento da topologia e das condições de tráfego/atraso da inter-rede. Em uma inter-rede simples, um esquema de roteamento fixo é possível, em que uma única rota permanente é configurada para cada par origem-destino de nós na rede. As rotas são fixas, ou no máximo só mudam quando existe uma modificação na topologia da rede. Assim, os custos do enlace usados no projeto das rotas não podem se basear em qualquer variável dinâmica, como o tráfego. Porém, eles poderiam se basear nos volumes de tráfego estimado entre diversos pares de origem-destino ou na capacidade de cada enlace.

Em inter-redes mais complexas, um grau de cooperação dinâmica é necessário entre os roteadores. Em particular, os roteadores precisam evitar partes da rede que falharam, e devem evitar partes da rede que estão congestionadas. Para tomar tais decisões de roteamento dinâmico, os roteadores trocam informações de roteamento mediante um protocolo de roteamento especial para essa finalidade. São necessárias informações sobre o status da inter-rede, em termos de que redes podem ser alcançadas por quais rotas, e as características de atraso das várias rotas.

Na análise da função de roteamento, é importante distinguir dois conceitos:

- **Informações de roteamento:** Informações sobre a topologia e os atrasos da inter-rede
- **Algoritmo de roteamento:** O algoritmo utilizado para tomar uma decisão de roteamento para determinado datagrama, com base nas informações de roteamento atual

Sistemas autônomos

Para prosseguir com nossa discussão dos protocolos de roteamento, precisamos introduzir o conceito de um **sistema autônomo**. Um sistema autônomo (AS) exibe as seguintes características:

1. Um AS é um conjunto de roteadores e redes gerenciados por uma única organização.

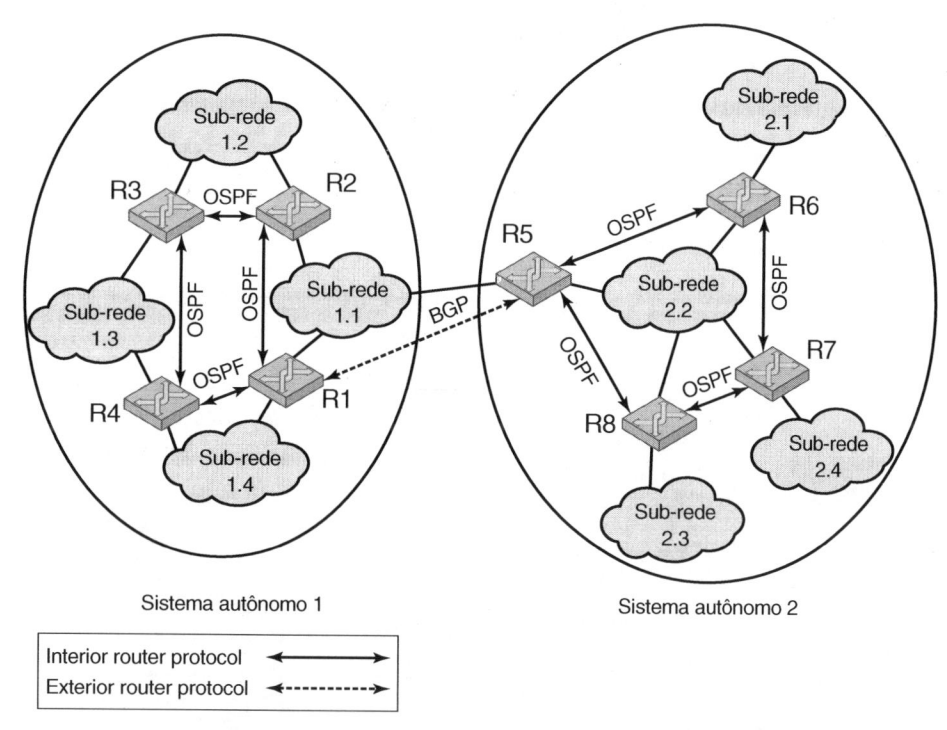

FIGURA 8.3 Aplicação dos protocolos de roteamento exterior e interior.

3. Um AS consiste em um grupo de roteadores que trocam informações por meio de um protocolo de roteamento comum.
3. Exceto em momentos de falha, um AS está conectado (no sentido da teoria dos grafos); ou seja, há um caminho entre qualquer par de nós.

Um protocolo de roteamento compartilhado, ao qual nos referiremos como um **Interior Router Protocol (IRP)**, passa informações de roteamento entre os roteadores dentro de um AS. O protocolo em uso dentro do AS não precisa ser implementado fora do sistema. Essa flexibilidade faz com que os IRPs se ajustem a aplicações e requisitos específicos.

Todavia, pode acontecer que uma inter-rede seja construída de mais de um AS. Por exemplo, todas as LANs em um site, como um complexo de escritório ou campus, poderiam se ligar por roteadores para formar um AS. Esse sistema poderia estar conectado por meio de uma rede de longa distância com outros ASs. A situação é ilustrada na Figura 8.3. Nesse caso, os algoritmos de roteamento e as informações nas tabelas de roteamento utilizadas pelos roteadores em diferentes ASs podem diferir. Apesar disso, os roteadores em um AS precisam de pelo menos um nível mínimo de informação referente a redes fora do sistema que possam ser alcançadas. Vamos nos referir ao protocolo utilizado para passar informações entre roteadores em ASs diferentes como um **Exterior Router Protocol** (ERP).[1]

Em termos gerais, IRPs e ERPs possuem um sabor um tanto diferente. Um IRP precisa montar um modelo de certa forma detalhado da interconexão de roteadores dentro de um AS a fim de calcular o caminho de menor custo de determinado roteador para qualquer rede dentro do AS. Um ERP admite a troca de informações de resumo do alcance entre ASs separadamente administrados. Normalmente, esse uso das informações de resumo significa que um ERP é mais simples e usa informações menos detalhadas do que um IRP.

No restante desta seção, examinamos aqueles que talvez sejam os exemplos mais importantes desses dois tipos de protocolos de roteamento: BGP e OSPF.

Border Gateway Protocol

O Border Gateway Protocol (BGP) foi desenvolvido para uso em conjunto com inter-redes que empregam o conjunto TCP/IP, embora os conceitos sejam aplicáveis a qualquer inter-rede. BGP tornou-se o exterior router protocol preferido para a Internet.

---
[1] Na bibliografia especializada, os termos *Interior Gateway Protocol* (IGP) e *Exterior Gateway Protocol* (EGP) normalmente referem-se ao que aqui denominamos IRP e ERP. Porém, como os termos *IGP* e *EGP* também se referem a protocolos específicos, evitamos empregá-los para definir os conceitos gerais.

BGP foi projetado a fim de permitir que roteadores, chamados gateways no padrão, em diferentes sistemas autônomos (ASs) cooperem na troca de informações de roteamento. O protocolo opera em termos de mensagens, que são enviadas por conexões TCP. A versão atual do BGP é conhecida como BGP-4.

Três procedimentos funcionais estão envolvidos no BGP:

- Aquisição de vizinho
- Alcance de vizinho
- Alcance de rede

Dois roteadores são considerados vizinhos se estiverem ligados à mesma rede. Se os dois roteadores estiverem em diferentes sistemas autônomos, eles podem querer trocar informações de roteamento. Para essa finalidade, é necessário antes realizar **aquisição de vizinho**. O termo *vizinho* refere-se a dois roteadores que compartilham a mesma rede. Basicamente, a aquisição de vizinho ocorre quando dois roteadores vizinhos em diferentes sistemas autônomos concordam em trocar informações de roteamento regularmente. Um procedimento de aquisição formal é necessário, pois um dos roteadores pode não querer participar. Por exemplo, o roteador pode estar sobrecarregado e não querer ser responsável pelo tráfego que vem de fora do AS. No processo de aquisição de vizinho, um roteador envia uma mensagem de solicitação para o outro, que pode aceitar ou recusar a oferta. O protocolo não resolve o problema de como um roteador sabe o endereço ou até mesmo a existência de outro roteador, nem de como decide que precisa trocar informações de roteamento com esse roteador específico. Essas questões devem ser tratadas no momento da configuração, ou pela intervenção ativa de um gerente de rede.

Para realizar a aquisição de vizinho, um roteador envia uma mensagem Open para outro. Se o roteador de destino aceitar a solicitação, ele retornará uma mensagem Keepalive em resposta.

Quando um relacionamento de vizinho se estabelecer, o procedimento de **alcance de vizinho** será usado para manter o relacionamento. Cada parceiro precisa ter certeza de que o outro ainda existe e ainda está engajado no relacionamento de vizinho. Para essa finalidade, os dois roteadores periodicamente emitem mensagens Keepalive um para o outro.

O procedimento final especificado pelo BGP é o **alcance de rede**. Cada roteador mantém um banco de dados das redes que ele pode alcançar e a rota preferida para chegar a cada rede. Sempre que se faz uma mudança nesse banco de dados, o roteador emite uma mensagem Update que é transmitida por broadcast a todas as outras rotas para as quais possui um relacionamento de vizinho. Como a mensagem Update é transmitida por broadcast, todos os roteadores podem juntar e manter suas próprias informações de roteamento.

Protocolo Open Shortest Path First (OSPF)

O protocolo OSPF é bastante utilizado como um interior router protocol nas redes TCP/IP. O OSPF utiliza o que é conhecido como um algoritmo de roteamento por estado do enlace. Cada roteador mantém descrições do estado de seus enlaces locais com as redes, e de vez em quando transmite informações de estado atualizadas para todos os roteadores dos quais está ciente. Cada roteador que recebe um pacote de atualização precisa confirmá-lo ao emissor. Essas atualizações produzem um mínimo de tráfego de roteamento, pois as descrições de enlace são pequenas e raramente precisam ser enviadas.

O OSPF calcula uma rota pela inter-rede que ocasione o menor custo, com base em uma medida de custo configurável pelo usuário. O usuário pode configurar o custo para expressar uma função de atraso, taxa de dados, custo em dólar ou outros fatores. OSPF é capaz de balancear as cargas por vários caminhos de mesmo custo.

Cada roteador mantém um banco de dados que reflete a topologia conhecida do sistema autônomo do qual faz parte. A topologia é expressa como um grafo direcionado. O grafo consiste no seguinte:

- Vértices, ou nós, de dois tipos:
  - Roteador
  - Rede, que por sua vez é de dois tipos:
    - Trânsito, se puder transportar dados que não começam nem terminam em um sistema final ligado a essa rede
    - Stub, se não for uma rede em trânsito
- Arcos, de dois tipos:
  - Um arco de grafo que conecta dois vértices de roteador quando os roteadores correspondentes estão conectados entre si por um enlace ponto a ponto direto.
  - Um arco de grafo que conecta um vértice de roteador a um vértice de rede quando o roteador está conectado diretamente à rede.

A Figura 8.4 mostra um exemplo de um sistema autônomo, e a Figura 8.5 é o grafo direcionado resultante. O mapeamento é direto:

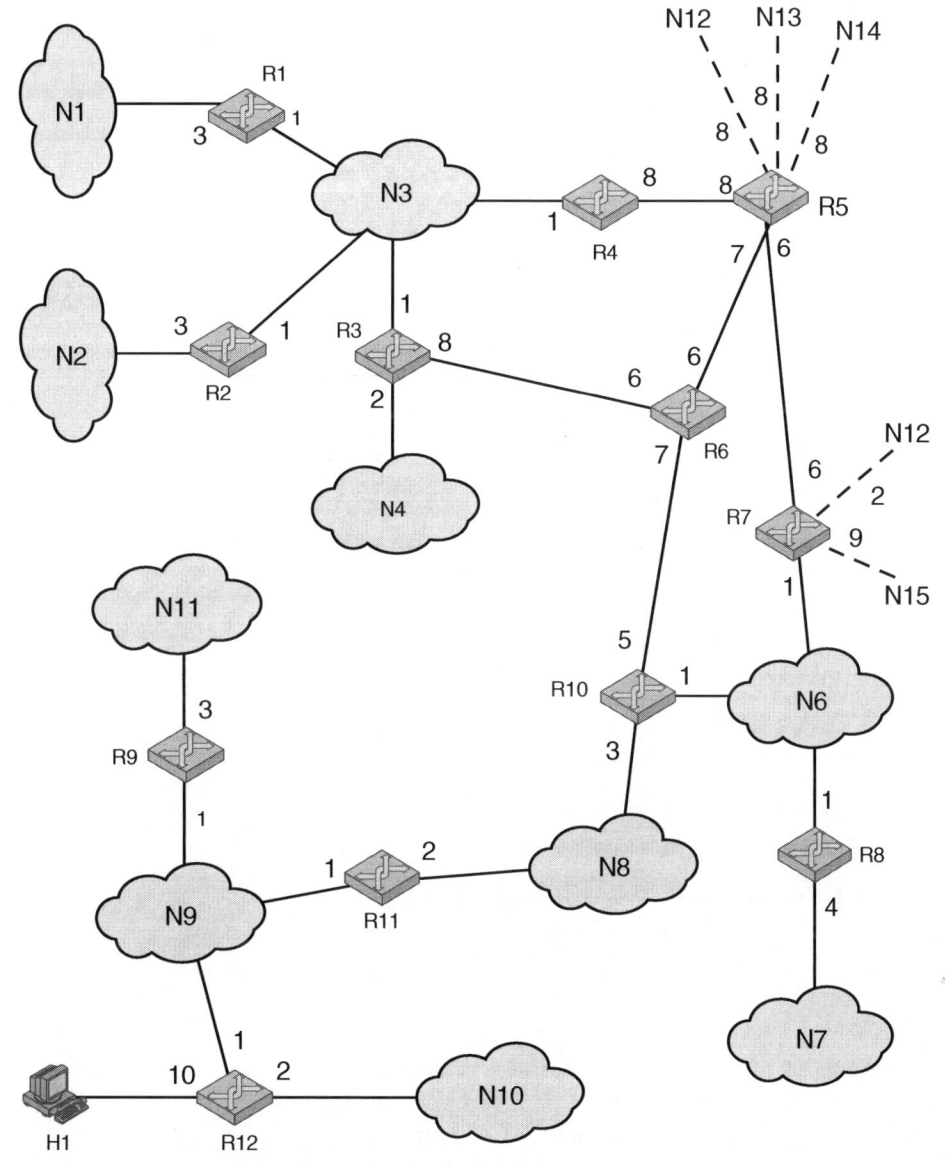

FIGURA 8.4 Um exemplo de sistema autônomo.

- Dois roteadores unidos por um enlace ponto a ponto são representados no grafo como se estivessem conectados por um par de arcos, um em cada direção (por exemplo, roteadores 6 e 10).
- Quando vários roteadores estão conectados a uma rede (como uma LAN ou rede de comutação de pacotes), o grafo direcionado mostra todos os roteadores bidirecionalmente conectados ao vértice da rede (por exemplo, os roteadores 1, 2, 3 e 4 se conectam à rede 3).
- Se um único roteador estiver conectado a uma rede, esta aparecerá no grafo como uma conexão stub (por exemplo, a rede 7).
- Um sistema final, chamado host, pode se conectar diretamente a um roteador, quando será representado no grafo correspondente (por exemplo, host 1).
- Se um roteador estiver conectado a outros sistemas autônomos, então o custo do caminho de cada rede no outro sistema precisa ser obtido por algum Exterior Routing Protocol (ERP). Cada uma dessas redes é representada no grafo por um stub e um arco para o roteador com o custo de caminho conhecido (por exemplo, redes de 12 a 15).

Um custo está associado ao lado de saída de cada interface de roteador. Esse custo é configurável pelo administrador do sistema. Os arcos no grafo são rotulados com o custo da interface de saída do roteador correspondente. Os arcos que não têm custo rotulado possuem um custo 0. Observe que os arcos que saem das redes para os roteadores sempre possuem um custo 0.

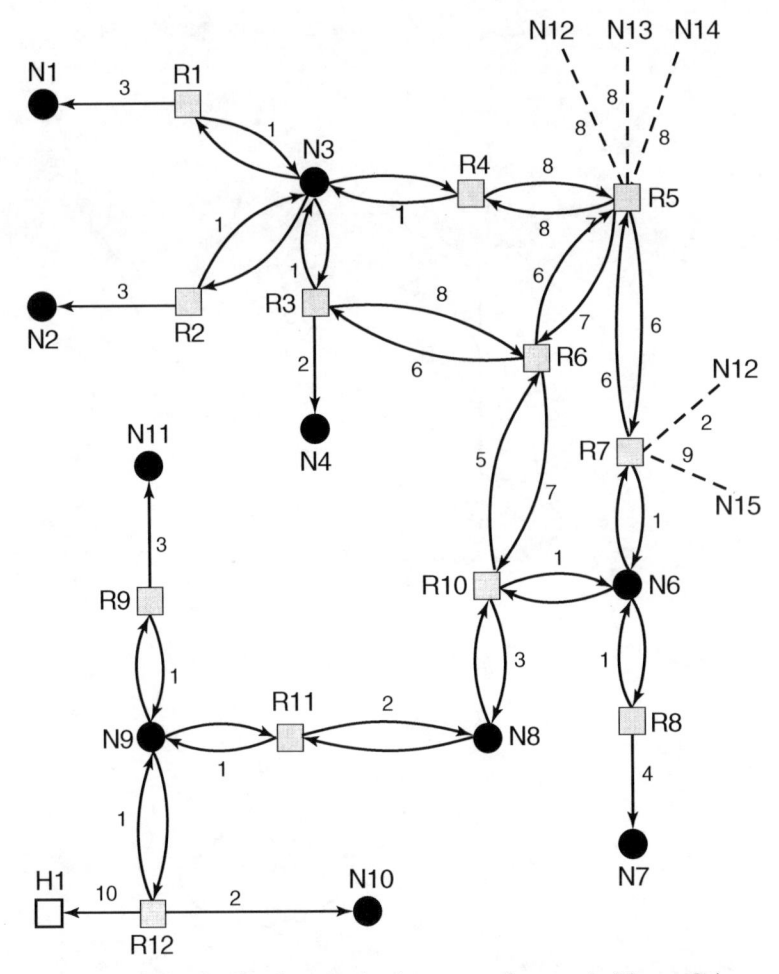

FIGURA 8.5 Grafo direcionado do sistema autônomo da Figura 8.4.

Um banco de dados correspondente ao grafo direcionado é mantido por cada roteador. Ele é montado a partir de mensagens de estado de enlace de outros roteadores na inter-rede. Mediante um algoritmo explicado na próxima subseção, um roteador calcula o caminho de menor custo para todas as redes de destino. Os resultados para o roteador 6 da Figura 8.4 aparecem como uma árvore na Figura 8.6, sendo R6 a raiz da árvore. A árvore indica a rota inteira para qualquer rede ou host de destino. Porém, somente o próximo salto para o destino é usado no processo de encaminhamento. A tabela de roteamento resultante para o roteador 6 aparece na Tabela 8.2. A tabela inclui entradas para roteadores que anunciam rotas externas (roteadores 5 e 7). Para redes externas cuja identidade é conhecida, também são fornecidas entradas.

8.3 NECESSIDADE DE VELOCIDADE E QUALIDADE DE SERVIÇO

Mudanças importantes no modo como as empresas realizam negócios e processam informações são fruto de modificações na tecnologia de rede e, ao mesmo tempo, são responsáveis por essas mesmas modificações. É difícil separar a galinha do ovo nesse campo. De modo semelhante, o uso da Internet por empresas e indivíduos reflete essa dependência cíclica: a disponibilidade de novos serviços baseados em imagem na Internet (ou seja, a Web) resultou em um aumento no número total de usuários e no volume de tráfego gerado por usuário. Isso, por sua vez, acarretou uma necessidade de aumentar a velocidade e a eficiência da Internet. Por outro lado, é somente essa maior velocidade que torna atraente para o usuário final o uso de aplicações baseadas na Web.

Nesta seção, estudaremos alguns dos aspectos do usuário final que se enquadram nessa equação. Começaremos com a necessidade de LANs de alta velocidade no ambiente da empresa, pois essa necessidade surgiu primeiro e forçou o ritmo do desenvolvimento da rede. Depois, veremos os requisitos de WAN da empresa. A seguir, analisaremos um pouco o efeito das mudanças na eletrônica comercial nos requisitos da rede.

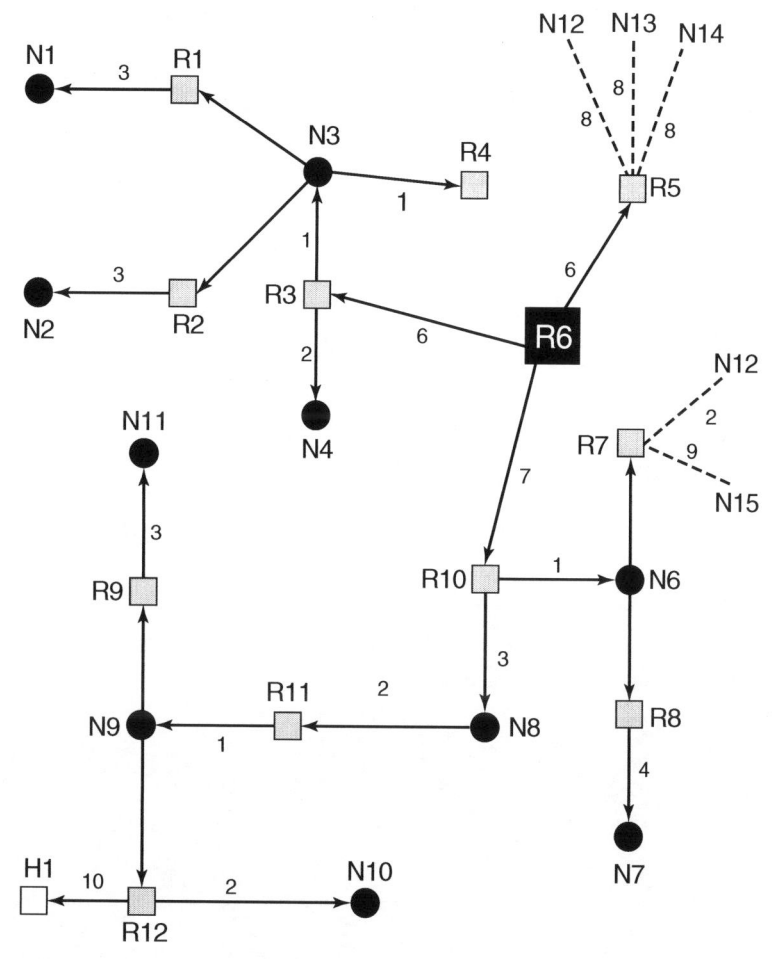

FIGURA 8.6 A árvore SPF para o roteador R6.

Finalmente, relacionaremos os requisitos de qualidade de serviço (QoS – Quality of Service) na Internet.

O surgimento de LANs de alta velocidade

Os computadores pessoais e as estações de trabalho com microcomputador começaram a adquirir aceitação geral na computação da empresa no início da década de 1980, e agora conquistaram praticamente o status do telefone: uma ferramenta indispensável para quem trabalha em escritório. Até há relativamente pouco tempo, as LANs de escritório forneciam serviços básicos de conectividade – conectando computadores pessoais e terminais aos sistemas de mainframe e de médio porte, que executavam aplicações corporativas, e ofereciam conectividade de grupo de trabalho no nível de departamento ou divisão. Nos dois casos, os padrões de tráfego eram relativamente leves, com ênfase na transferência de arquivos e correio eletrônico. As LANs que estavam disponíveis para esse tipo de carga de trabalho, principalmente Ethernet e token ring, são bastante adequadas a esse ambiente.

Em anos recentes, duas tendências significativas alteraram a função do computador pessoal e, portanto, os requisitos na LAN:

1. A velocidade e o poder de computação dos computadores pessoais continuaram a apresentar um crescimento explosivo. Essas plataformas mais poderosas admitem aplicações com uso intenso de gráficos e interfaces gráficas do usuário com o sistema operacional ainda mais elaboradas.

2. As organizações de TI (Tecnologia da Informação) reconheceram a LAN como uma plataforma de computação viável e fundamental, o que lançou um foco na computação em rede. Essa tendência começou com a computação cliente/servidor, que se tornou uma arquitetura dominante no ambiente empresarial e a mais recente tendência de intranet focalizada na Web. Essas duas técnicas envolvem a transferência freqüente de volumes de dados potencialmente grandes em um ambiente orientado a transação.

Tabela 8.2 **Tabela de roteamento para R6**

Destino	Próximo salto	Distância
N1	R3	10
N2	R3	10
N3	R3	7
N4	R3	8
N6	R10	8
N7	R10	12
N8	R10	10
N9	R10	11
N10	R10	13
N11	R10	14
H1	R10	21
R5	R5	6
R7	R10	8
N12	R10	10
N13	R5	14
N14	R5	14
N15	R10	17

O efeito dessas tendências tem sido o aumento de volume dos dados a serem entregues para as LANs e, como as aplicações são mais interativas, a redução do atraso aceitável nas transferências de dados. A geração mais antiga de Ethernets 10Mbps e token rings 16 Mbps simplesmente não consegue atender esses requisitos.

A seguir, veremos exemplos de requisitos que exigem LANs de velocidade mais alta:

- **Farms de servidor centralizadas:** Em muitas aplicações, existe uma necessidade de sistemas de usuário ou cliente capazes de apanhar quantidades imensas de dados de vários servidores centralizados, chamados farms de servidor. Um exemplo é uma operação de publicação em cores, em que os servidores normalmente contêm dezenas de gigabytes de dados de imagem que precisam ser baixados para estações de trabalho de imagem. Conforme o desempenho dos próprios servidores aumentou, o gargalo passou para a rede.
- **Grupos de trabalho poderosos:** Esses grupos normalmente consistem em uma pequena quantidade de usuários em cooperação, que precisam apanhar arquivos de dados maciços pela rede. Alguns exemplos são um grupo de desenvolvimento de software que executa testes em uma nova versão de software, ou uma empresa de CAD (Computer-Aided Design) que executa regularmente simulações de novos designs. Nesses casos, grandes quantidades de dados são distribuídas a diversas estações de trabalho, processadas e atualizadas em velocidade muito alta para várias iterações.
- **Backbone local de alta velocidade:** À medida que a demanda de processamento aumenta, as LANs se proliferam em um site, e a interconexão dessas LANs em alta velocidade é necessária.

Necessidades da rede remota corporativa

Logo no início da década de 1990, havia uma ênfase em muitas organizações no modelo de processamento de dados centralizado. Em um ambiente típico, poderia haver instalações de computação significativas em poucos escritórios regionais, consistindo em mainframes ou sistemas de médio porte bem equipados. Essas facilidades centralizadas podiam lidar com a maioria das aplicações corporativas, entre as quais finanças básicas, contabilidade e programas de recursos humanos, além de muitas das aplicações específicas da empresa. Escritórios menores e remotos (por exemplo, uma filial de banco) podiam ser equipados com terminais ou computadores pessoais básicos conectados a um dos centros regionais em um ambiente orientado a transação.

Esse modelo começou a mudar no início da década de 1990, e a mudança se acelerou nos meados da década. Muitas organizações dispersaram seus funcionários em vários escritórios menores. Utiliza-se cada vez mais a telecomutação. Mais significativo é que a natureza da estrutura de aplicação mudou. Em primeiro lugar, a computação cliente/servidor e, mais recentemente, a computação da intranet reestruturaram fundamentalmente o ambiente de processamento de dados organizacional. Agora há muito mais dependência de computadores pessoais, estações de trabalho e servidores, e muito menos uso de sistemas mainframe e de médio porte centralizados. Além do mais, a distribuição praticamente universal das interfaces gráficas do usuário com o desktop permite que o usuário final explore aplicações gráficas, multimídia e outras aplicações com uso intenso de dados. Além disso, a maioria das organizações exige acesso à Internet. Como alguns cliques do mouse podem disparar altos volumes de dados, os padrões de tráfego tornaram-se mais imprevisíveis à medida que a carga média aumentou.

Todas essas tendências significam que mais dados precisam ser transportados das instalações para as redes remotas. Por muito tempo foi aceito que, no ambiente de negócios típico, cerca de 80% do tráfego permanece local e cerca de 20% atravessa enlaces remotos. Mas essa regra não se aplica mais à maioria das empresas, com uma porcentagem maior do tráfego indo para o ambiente WAN [COHE96]. Essa mudança no fluxo de tráfego deposita um peso maior sobre os backbones da LAN e, naturalmente, sobre as facilidades de WAN usadas por uma corporação. Logo, à semelhança do que ocorre com as LANs, as mudanças nos padrões de tráfego de dados corporativos estão impulsionando a criação de WANs de alta velocidade.

Eletrônica digital

A conversão rápida da eletrônica de consumidor para a tecnologia digital está tendo um impacto sobre a Internet e as intranets corporativas. À medida que esses novos recursos aparecem e se proliferam, eles aumentam espantosamente a quantidade de tráfego de imagem e vídeo, transportados pelas redes.

Dois exemplos notáveis dessa tendência são os digital versatile disc e as câmeras digitais.

Digital Versatile Disc (DVD)   Com o espaçoso DVD, o setor de eletrônicos pelo menos encontrou um substituto aceitável para o videoteipe VHS analógico. O DVD substituirá o videoteipe usado nos VCRs (VideoCassette Recorders) e, mais importante ainda, substituirá o CD-ROM nos computadores pessoais e servidores. O DVD leva o vídeo para a era digital. Ele oferece filmes com qualidade de imagem que ultrapassa os discos a laser, e pode ser acessado aleatoriamente como os CDs de áudio, que as máquinas de DVD também são capazes de tocar. Grandes volumes de dados podem ser inseridos no disco, atualmente sete vezes a capacidade de um CD-ROM. Com a imensa capacidade de armazenamento do DVD e a qualidade vívida, os jogos para PC tornaram-se mais realistas e o software educacional incorpora mais vídeo. De par com esses desenvolvimentos, há um novo aumento de tráfego pela Internet e pelas intranets corporativas, à medida que esse material se incorpora aos Web sites.

Um desenvolvimento de produto derivado é a filmadora digital. Esse produto tornará mais fácil para indivíduos e empresas criarem arquivos de vídeo digital para serem inseridos em Web sites corporativos e da Internet, o que novamente intensifica o peso do tráfego.

Câmera digital   Embora a câmera digital já existisse há muitos anos, apenas recentemente ela começou a se difundir, pois os preços caíram a níveis razoáveis. A conveniência para uso nas redes é incomparável. Um indivíduo pode tirar uma foto de um ente querido ou de seu animal de estimação e transferi-la para uma página Web. As empresas podem rapidamente desenvolver catálogos de produto on-line com imagens totalmente coloridas de cada produto. Assim, tem havido um crescimento impressionante na quantidade de tráfego de imagem e vídeo on-line nos últimos anos.

QoS na Internet

À medida que a Internet e as inter-redes privadas aumentam em escala, cria-se uma série de novas demandas. Aplicações cliente/servidor de alto volume substituem conversações TELNET de baixo volume. A isso, junta-se mais recentemente o impressionante volume de tráfego da Web, que exige cada vez mais gráficos. Agora, as aplicações de voz e vídeo em tempo real aumentam o peso.

Para enfrentar essas demandas, não basta aumentar a capacidade da inter-rede. São necessários métodos sensíveis e eficazes para gerenciar o tráfego e controlar o congestionamento.

A Internet e o Internet Protocol (IP) foram criados para oferecer um serviço de **melhor esforço** e remessa justa. Sob um esquema de melhor esforço, a Internet (ou uma intranet privada) trata todos os pacotes da mesma forma. À medida que o tráfego na rede aumenta dá-se um congestionamento, toda a remessa de pacotes sofre atraso. Se o congestionamento agravar-se, os pacotes são descartados mais ou menos aleatoriamente, para aliviar o congestionamento. Nenhuma distinção é feita em termos da importância relativa de qualquer tipo de tráfego ou dos requisitos de tempo de qualquer tráfego.

Com o considerável aumento no volume do tráfego e a introdução de novas aplicações de tempo real, multimídia e multicasting, os protocolos e os serviços tradicionais da Internet tornam-se bastante inadequados. Além disso, as necessidades dos usuários mudaram. Uma empresa pode ter gasto milhões de dólares para instalar uma inter-rede baseada em IP, criada para transportar dados entre LANs, e agora descobre que novas aplicações de tempo real, multimídia e multicasting não possuem um suporte adequado para tal configuração. O único esquema de redes criado desde o primeiro dia para dar suporte ao tráfego TCP e UDP tradicional e o tráfego de tempo real é ATM. Porém, contar com ATM significa construir uma segunda infra-estrutura de redes para o tráfego de tempo real ou substituir a configuração existente, baseada em IP, por ATM, que são duas alternativas dispendiosas.

O tráfego em uma rede ou inter-rede pode se dividir em duas categorias amplas: elástica e inelástica (ou não-elástica). Um exame de seus requisitos distintos esclarece a necessidade de uma arquitetura de inter-rede aprimorada.

O **tráfego elástico** pode se ajustar, em grandes intervalos, às mudanças no atraso e na vazão por uma inter-rede e ainda atender as necessidades de suas aplicações. Esse é o tipo tradicional de tráfego admitido nas inter-redes baseadas em TCP/IP e é o tipo de tráfego para o qual as inter-redes foram criadas. Com TCP, o tráfego nas conexões individuais se ajusta ao congestionamento, reduzindo a velocidade com que os dados se apresentam à rede.

Aplicações elásticas incluem aplicações comuns, baseadas na Internet, como a transferência de arquivos, o correio eletrônico, o logon remoto, o gerenciamento de redes e o acesso à Web. Mas existem diferenças entre os requisitos dessas aplicações. Por exemplo:

- O correio eletrônico geralmente é muito insensível a mudanças no atraso.
- Quando a transferência de arquivos é feita on-line, como, aliás, costuma acontecer, o usuário espera que o atraso seja proporcional ao tamanho do arquivo e, portanto, é sensível a mudanças na vazão.
- Com o gerenciamento de rede, o atraso em geral não causa uma preocupação séria. Entretanto, se falhas em uma inter-rede forem a causa do congestionamento, haverá maior necessidade de mensagens de gerenciamento de rede para conseguir o mínimo de atraso com o maior congestionamento.
- Aplicações interativas, como logon remoto e acesso à Web, são muito sensíveis ao atraso.

Assim, mesmo que concentremos nossa atenção no tráfego elástico, um serviço de inter-rede baseado em QoS pode ser benéfico. Sem esse tipo de serviço, os roteadores lidam imparcialmente com os pacotes IP que chegam, sem se preocupar com o tipo de aplicação e se esse pacote faz parte de uma transferência grande ou pequena. Em tais circunstâncias, e se o congestionamento aumentar, é pouco provável que os recursos sejam alocados de tal forma que atenda às necessidades de todas as aplicações de forma justa. Quando o tráfego não-elástico é acrescentado à mistura, a situação torna-se ainda mais insatisfatória.

O **tráfego não-elástico** não se adapta facilmente, se é que chega a se adaptar, às mudanças no atraso e na vazão por uma inter-rede. O principal exemplo é o tráfego de tempo real, como voz e vídeo. Os requisitos para o tráfego não-elástico incluem o seguinte:

- **Vazão:** Um valor mínimo de vazão pode ser um requisito. À diferença da maior parte do tráfego elástico, que pode continuar a entregar dados com um serviço talvez degradado, muitas aplicações inelásticas exigem uma vazão mínima constante.
- **Atraso:** Um exemplo de aplicação sensível ao atraso é a negociação de ações; alguém que recebe sistematicamente um serviço atrasado atuará sistematicamente em atraso, e com grande desvantagem.
- **Variação do atraso:** Quanto maior o atraso permissível, maior o atraso real na remessa dos dados e maior o tamanho do buffer de atraso exigido nos receptores. As aplicações interativas de tempo real, como teleconferência, podem requisitar um limite máximo razoável para a variação do atraso.
- **Perda de pacotes:** As aplicações de tempo real variam na quantidade de perda de pacotes, se houver alguma, que elas podem sustentar.

Esses requisitos são difíceis de atender em um ambiente com atrasos de fila e perdas por congestionamento variáveis. Por conseguinte, o tráfego não-elástico introduz dois novos requisitos na arquitetura da inter-rede. Em primeiro lugar, é necessário que haja algum meio de dar tratamento preferencial às aplicações com requisitos mais exigentes. É preciso que aplicações sejam capazes de indicar seus requisitos, antes da hora, em algum tipo de função de solicitação de serviço, ou na hora, por meio de campos no cabeçalho do pacote IP.

Um segundo requisito no suporte ao tráfego não-elástico em uma arquitetura de inter-rede é que o tráfego elástico ainda precisa ser aceito. As aplicações inelásticas normalmente não recuam e reduzem a demanda em face do congestionamento, ao contrário das aplicações baseadas em TCP. Portanto, a menos que algum controle se imponha, em tempos de congestionamento, o tráfego não-elástico continuará a fornecer uma carga alta e o tráfego elástico encherá a inter-rede.

Outra maneira de examinar os requisitos de tráfego de uma organização aparece na Figura 8.5 [CROL00]. As aplicações podem ser caracterizadas por duas categorias gerais. O requisito de sensibilidade ao atraso pode ser satisfeito por um QoS que enfatiza a entrega oportuna e/ou oferece uma alta velocidade de dados. O requisito de aplicação crítica pode ser satisfeito por um QoS que enfatiza a confiabilidade.

Propuseram-se vários mecanismos para oferecer serviços de QoS na Internet. O que recebeu maior aceitação é conhecido como serviços diferenciados. Esse é o tema da próxima seção.

8.4 SERVIÇOS DIFERENCIADOS

À medida que o peso sobre a Internet cresce, e a variedade de aplicações cresce, existe uma necessidade imediata de oferecer diferentes níveis de QoS para diferentes usuários. A arquitetura de serviços diferenciados (ou DS – Differentiated Services) foi criada para oferecer uma ferramenta simples, fácil de implementar e de baixa sobrecarga, para dar suporte a uma série de serviços de rede que são diferenciados com base no desempenho. Basicamente, os **serviços diferenciados** não oferecem QoS com base no fluxo, mas, sim, com base nas necessidades de diferentes grupos de usuários. Isso significa que todo o tráfego na Internet se divide em grupos com diferentes requisitos de QoS e que os roteadores reconhecem diferentes grupos com base em um rótulo no cabeçalho IP.

Várias características importantes do DS contribuem para a sua eficiência e facilidade de implementação:

- Os pacotes IP são rotulados para um tratamento diferente de QoS, usando o campo de DS de 6 bits nos cabeçalhos do IPv4 e do IPv6 (Figura 5.7). Nenhuma mudança é necessária no IP.
- Um acordo de nível de serviço (SLA – Service-Level Agreement) se estabelece entre o provedor de serviços (domínio da inter-rede) e o cliente, antes do

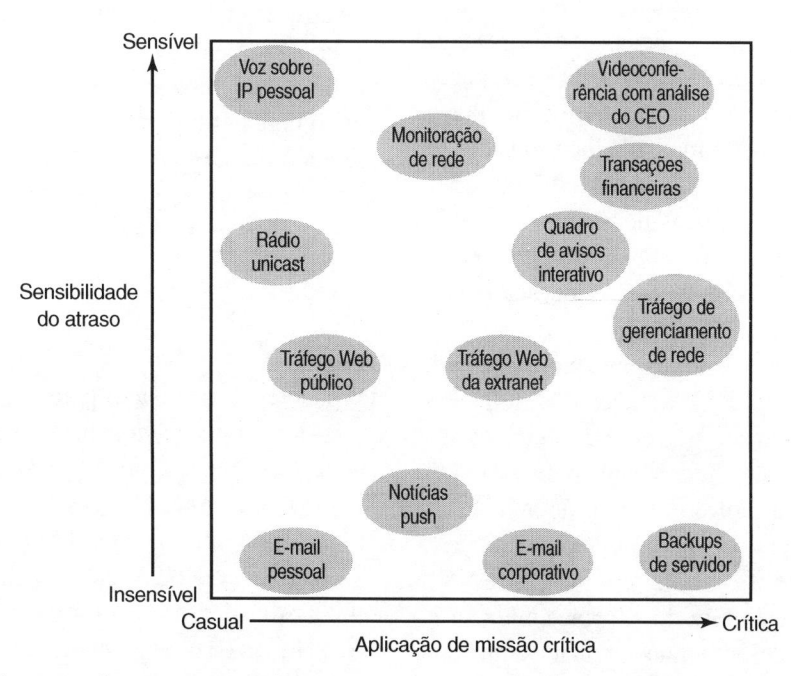

FIGURA 8.7 Comparação entre a sensibilidade de atraso da aplicação e aplicação crítica em uma empresa.

uso do DS. Isso evita a necessidade de incorporar mecanismos de DS nas aplicações. Assim, as aplicações existentes não precisam ser modificadas para usar DS.
- O DS oferece um mecanismo de agregação embutido. Todo o tráfego com o mesmo octeto DS é tratado da mesma forma pelo serviço de rede. Por exemplo, várias conexões de voz não são tratadas individualmente, mas no conjunto. Isso proporciona uma facilidade de expansão para maiores redes e cargas de tráfego.
- DS é implementado em roteadores individuais, enfileirando e encaminhando pacotes com base no octeto DS. Os roteadores trabalham com cada pacote individualmente e não precisam salvar informações de estado nos fluxos de pacotes.

Hoje, DS é o mecanismo de QoS mais aceito nas redes corporativas.

Serviços

O tipo de serviço DS é fornecido dentro de um domínio DS, que se define como parte contígua da Internet sobre a qual se administra um conjunto coerente de políticas de DS. Normalmente, um domínio DS estaria sob o controle de uma entidade administrativa. Os serviços fornecidos por um domínio DS são definidos em um acordo de nível de serviço (SLA), que é um contrato de serviço entre um cliente e o provedor de serviços, especificando o serviço de encaminhamento que o cliente deverá receber para diversas classes de pacotes. Um cliente pode ser uma organização de usuários ou outro domínio DS. Quando o SLA se estabelece, o cliente submete pacotes com o octeto DS marcado para indicar a classe do pacote. O provedor de serviços precisa garantir que o cliente receberá pelo menos o QoS combinado para cada classe de pacote. Para oferecer esse QoS, o provedor de serviços precisa configurar a políticas de encaminhamento apropriadas em cada roteador (com base no valor do octeto DS) e precisa medir continuamente o desempenho que está sendo oferecido a cada classe.

Se um cliente submeter pacotes intencionados para destinos dentro do domínio DS, então o domínio DS deverá oferecer o serviço combinado. Se o destino estiver fora do domínio DS do cliente, então o domínio DS tentará encaminhar os pacotes por meio de outros domínios, solicitando o serviço mais apropriado para atender o serviço solicitado.

Um documento de estrutura do DS relaciona os seguintes parâmetros de desempenho detalhados, que poderiam ser incluídos em um SLA:

- Parâmetros de desempenho de serviço, como a vazão esperada, probabilidade de descarte e latência
- Restrições sobre os pontos de ingresso e egresso em que o serviço é fornecido, indicando o escopo do serviço
- Perfis de tráfego que precisam ser acrescentados para que o serviço solicitado seja fornecido
- Disposição do tráfego submetido superior ao perfil especificado

O documento de estrutura também oferece alguns exemplos de serviços que poderiam ser fornecidos:

1. O tráfego oferecido no nível de serviço A será entregue com pouca latência.
2. O tráfego oferecido no nível de serviço B será entregue com pouca perda.
3. Noventa por cento do tráfego no perfil entregue no nível de serviço C não sofrerá mais de 50 ms de latência.
4. Noventa e cinco por cento do tráfego no perfil entregue no nível de serviço D será entregue.
5. O tráfego oferecido no nível de serviço E receberá o dobro da largura de banda do tráfego entregue no nível de serviço F.
6. O tráfego com precedência de descarte X tem uma probabilidade maior de remessa do que o tráfego com precedência de descarte Y.

Os dois primeiros exemplos são qualitativos e válidos apenas em comparação com outro tráfego, como o tráfego padrão que recebe o serviço do melhor esforço. Os dois exemplos seguintes são quantitativos e oferecem uma garantia específica que pode ser verifica pela medição do serviço real, sem comparação com quaisquer outros serviços oferecidos ao mesmo tempo. Os dois últimos exemplos são uma mistura de quantitativo e qualitativo.

Campo DS

Os pacotes são rotulados para tratamento de serviço por meio do campo DS de 6 bits, no cabeçalho IPv4 ou no cabeçalho IPv6 (Figura 5.7). O valor do campo DS, indicado como **codepoint DS**, é o rótulo usado para classificar os pacotes para os serviços diferenciados.

Com um codepoint de 6 bits, em princípio, existem 64 classes diferentes de tráfego que poderiam ser definidas. Esses 64 codepoints são alocados por três grupos de codepoints, da seguinte forma:

- Codepoints no formato xxxxxO, onde x é 0 ou 1, são reservados para atribuição como padrões.
- Codepoints no formato xxxx11 são reservados para uso experimental ou local.
- Codepoints no formato xxxx01 também são reservados para uso experimental ou local, mas podem ser alocados para ação de padrões futuros, conforme a necessidade.

Dentro do primeiro grupo, o codepoint 000000 corresponde à classe de pacotes-padrão. A classe padrão é o comportamento de encaminhamento pelo melhor esforço nos roteadores existentes. Esses pacotes são encaminhados na ordem que são recebidos assim que a capacidade do enlace estiver disponível. Se outros pacotes de maior prioridade em outras classes DS estiverem disponíveis para transmissão, estes terão preferência em relação aos pacotes-padrão do melhor esforço.

Os codepoints no formato xxxOOO são reservados para oferecer compatibilidade com o serviço de precedência do IPv4. Para explicar esse requisito, temos de nos desviar para uma explicação sobre o serviço de precedência do IPv4. O campo de tipo de serviço (TOS) original do IPv4 inclui dois subcampos: um subcampo de precedência de 3 bits e um subcampo de TOS de 4 bits. Esses subcampos possuem funções complementares. O subcampo TOS oferece orientação para a entidade IP (na origem ou no roteador) sobre a seleção do próximo salto para esse datagrama, e o subcampo de precedência oferece orientação sobre a alocação relativa de recursos do roteador para esse datagrama.

O campo de precedência é definido para indicar o grau de urgência ou prioridade a ser associado com um datagrama. Se um roteador aceitar o subcampo de precedência, haverá três técnicas para responder:

- **Seleção de rota:** Determinada rota pode ser selecionada se o roteador tiver uma fila menor para essa rota, ou se o próximo salto nessa rota admitir precedência ou prioridade de rede (por exemplo, uma rede token ring admite prioridade).
- **Serviço de rede:** Se a rede no próximo salto admitir precedência, então esse serviço será invocado.
- **Disciplina de enfileiramento:** Um roteador pode usar precedência para interferir no modo como as filas são tratadas. Por exemplo, um roteador pode receber tratamento preferencial nas filas para datagramas com precedência mais alta.

A RFC 1812, *Requirements for IP Version 4 Routers*, oferece recomendações para a disciplina de enfileiramento em duas categorias:

- **Serviço de fila**
  - **(a)** Os roteadores PRECISAM implementar o serviço de fila ordenada por precedência. O serviço de fila ordenada por precedência significa que, quando um pacote é selecionado para saída em um enlace (lógico), o pacote de maior precedência na fila para esse enlace é enviado.
  - **(b)** Qualquer roteador PODE implementar outros procedimentos de gerenciamento de vazão baseados em ações, que resultem em uma ordenação diferente da precedência estrita, mas ele PRECISA ser configurável para suprimi-los (ou seja, usar a ordenação estrita).
- **Controle de congestionamento.** Quando um roteador recebe um pacote superior à sua capacidade de armazenamento, ele precisa descartá-lo, ou descartar algum outro pacote ou pacotes.
  - **(a)** Um roteador PODE descartar o pacote que acabou de receber; essa é a medida mais simples, mas não a melhor.
  - **(b)** O ideal é que o roteador selecione um pacote a partir de uma das sessões que mais utilizam o enlace, caso a ação de QoS aplicável permita isso. Uma medida de ação recomendada nos ambientes de datagrama que usam filas FIFO é descartar um pacote selecionado aleatoriamente a partir da fila. Um algoritmo equivalente nos roteadores que usam filas justas é descartar a partir da fila mais longa. Um roteador PODE usar esses algoritmos para determinar qual pacote deve descartar.
  - **(c)** Se o serviço de fila ordenada por precedência estiver implementado e ativado, o roteador NÃO DEVERÁ descartar um pacote cuja precedência IP for mais alta do que a de um pacote que não é descartado.
  - **(d)** Um roteador PODE proteger pacotes cujos cabeçalhos IP solicitem o TOS de maximizar a confiabilidade, exceto nos casos em que isso violar a regra anterior.
  - **(e)** Um roteador PODE proteger pacotes IP fragmentados, pela teoria de que o descarte de um fragmento de um datagrama pode aumentar o congestionamento, fazendo com que todos os fragmentos do datagrama sejam retransmitidos pela origem.
  - **(f)** Para ajudar a impedir perturbações de roteamento ou interrupção das funções de gerenciamento, o roteador PODE proteger pacotes usados para controle de roteamento, controle de enlace ou

gerenciamento de rede contra descarte. Roteadores dedicados (ou seja, roteadores que não sejam também hosts de uso geral, servidores de terminais etc.) podem conseguir uma aproximação dessa regra, protegendo pacotes cuja origem ou destino estejam no próprio roteador.

Os pontos de código do DS no formato xxx000 deverão oferecer um serviço que, no mínimo, é equivalente ao da funcionalidade de precedência do IPv4.

Configuração e operação do DS

A Figura 8.8 ilustra o tipo de configuração idealizada nos documentos DS. Um domínio DS consiste em um conjunto de roteadores contíguos; ou seja, é possível passar de qualquer roteador no domínio para qualquer outro roteador no domínio por um caminho que não inclui roteadores fora do domínio. Dentro de um domínio, a interpretação dos codepoints DS é uniforme, de modo que é fornecido um serviço uniforme e coerente.

Os roteadores em um domínio DS são nós de borda ou nós interiores. Normalmente, os nós interiores implementam mecanismos simples para lidar com pacotes com base em seus valores de codepoint DS. Isso inclui uma disciplina de enfileiramento para oferecer tratamento preferencial, dependendo do valor do codepoint, e regras de descarte de pacotes, para ditar quais pacotes devem ser descartados primeiro, no caso de saturação do buffer. As especificações de DS referem-se ao tratamento de encaminhamento fornecido em um roteador como comportamento por salto (PHB – Per-Hop Behavior). Esse PHB precisa estar disponível em todos os roteadores, e normalmente o PHB é a única parte do DS implementada nos roteadores interiores.

Os nós de borda incluem não só mecanismos de PHB, mas também mecanismos de condicionamento de tráfego mais sofisticados, necessários ao serviço desejado. Assim, os roteadores interiores possuem uma funcionalidade e uma sobrecarga mínimas ao oferecer o serviço DS, enquanto a maior parte da complexidade está nos nós de borda. A função do nó de borda também pode ser fornecida por um sistema host conectado ao domínio, em favor das aplicações nesse sistema host.

A função de condicionamento de tráfego compõe-se de cinco elementos:

- **Classificador:** Separa os pacotes submetidos em diferentes classes. Essa é a base para oferecer serviços diferenciados. Um classificador só pode separar o tráfego com base no codepoint do DS (classificador agregado de comportamento) ou com base em vários campos dentro do cabeçalho do pacote, ou mesmo no payload do pacote (classificador de múltiplos campos).
- **Medidor:** Mede o tráfego submetido para verificar a conformidade com um perfil. O medidor determina se uma classe de fluxo de pacotes qualquer está dentro ou acima do nível de serviço garantido para essa classe.
- **Marcador:** Remarca os pacotes com um codepoint diferente, conforme a necessidade. É possível fazer isso quando se trata de pacotes que excedem o perfil;

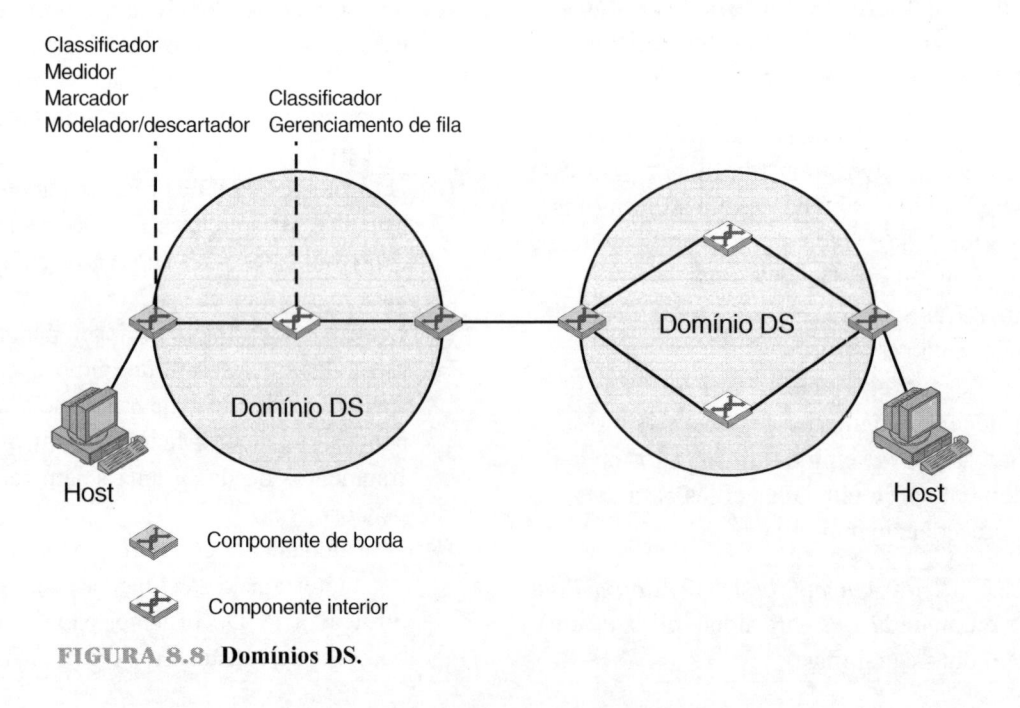

FIGURA 8.8 Domínios DS.

por exemplo, se determinada vazão estiver garantida para determinada classe de serviço, quaisquer pacotes nessa classe que excedam a vazão em algum intervalo de tempo definido podem ser remarcados para um tratamento pelo melhor esforço. Além disso, a remarcação pode ser requisitada no limite entre dois domínios DS. Por exemplo, se determinada classe de tráfego tiver de receber a maior prioridade admitida, com um valor 3 em um domínio e 7 no domínio seguinte, então os pacotes com valor de prioridade 3 que atravessam o primeiro domínio são remarcados como prioridade 7 quando entrarem no segundo domínio.
- **Modelador:** Atrasa os pacotes quando necessário, para que o fluxo de pacotes em determinada classe não ultrapasse a velocidade de tráfego especificada no perfil para essa classe.
- **Descartador:** Descarta pacotes quando a velocidade dos pacotes de determinada classe ultrapassa aquela especificada no perfil para essa classe.

A Figura 8.9 ilustra o relacionamento entre os elementos do condicionamento de tráfego. Após um fluxo ser classificado, seu consumo de recursos deverá ser medido. A função de medição define o volume de pacotes por um intervalo de tempo específico para determinar a compatibilidade de um fluxo com o acordo de tráfego. Se o host transmite em rajadas, uma velocidade de dados ou velocidade de pacote simples pode não ser suficiente para capturar as características de tráfego desejadas. Um esquema de balde de fichas (token bucket) é um exemplo de como definir um perfil de tráfego que leva em consideração a velocidade do pacote e o comportamento em rajadas.

Uma especificação de tráfego de balde de fichas consiste em dois parâmetros: uma velocidade de reabastecimento de fichas V e um tamanho de balde B. A velocidade das fichas V especifica uma velocidade de dados continuamente sustentável; ou seja, por um período relativamente longo, a velocidade de dados média a ser admitida para esse fluxo é V. O tamanho do balde B especifica a quantidade em que a velocidade de dados pode ultrapassar V por pequenos períodos. A condição exata é a seguinte: Durante qualquer período de tempo T, a quantidade de dados enviada não pode ultrapassar $VT + B$.

A Figura 8.10 ilustra esse esquema e explica o uso do termo *balde*. O balde representa um contador que indica o número permitido de octetos de dados IP que podem ser enviados em determinado momento. O balde se enche com as *fichas de octetos* na velocidade V (ou seja, o contador é incrementado V vezes por segundo), até a capacidade do balde (até o valor máximo do contador). Os pacotes IP chegam e são enfileirados para processamento. Um pacote IP pode ser processado se houver fichas de octetos suficientes que correspondam ao tamanho dos dados IP. Se houver, o pacote é processado e o balde é esvaziado pelo número de fichas correspondente. Se um pacote chegar e não houver fichas suficientes à disposição, então o pacote excede o limite para esse fluxo.

Com o passar do tempo, a velocidade dos dados IP permitida pelo balde de fichas é V. Porém, se houver um período ocioso ou relativamente lento, a capacidade do balde aumenta, de modo que no máximo B octetos adicionais acima da velocidade indicada poderão ser aceitos. Assim, B é uma medida do grau de ocupação do fluxo de dados que é permitido.

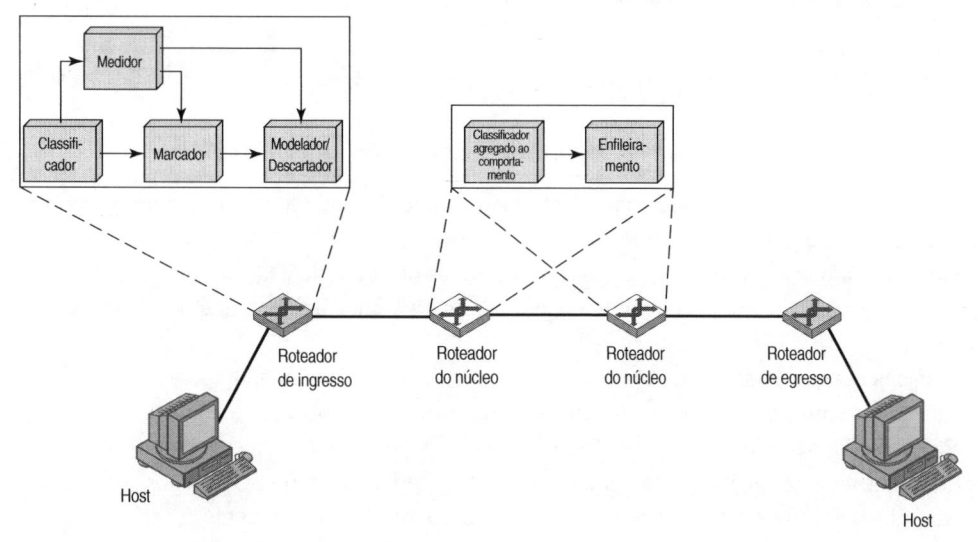

FIGURA 8.9 Funções do DS.

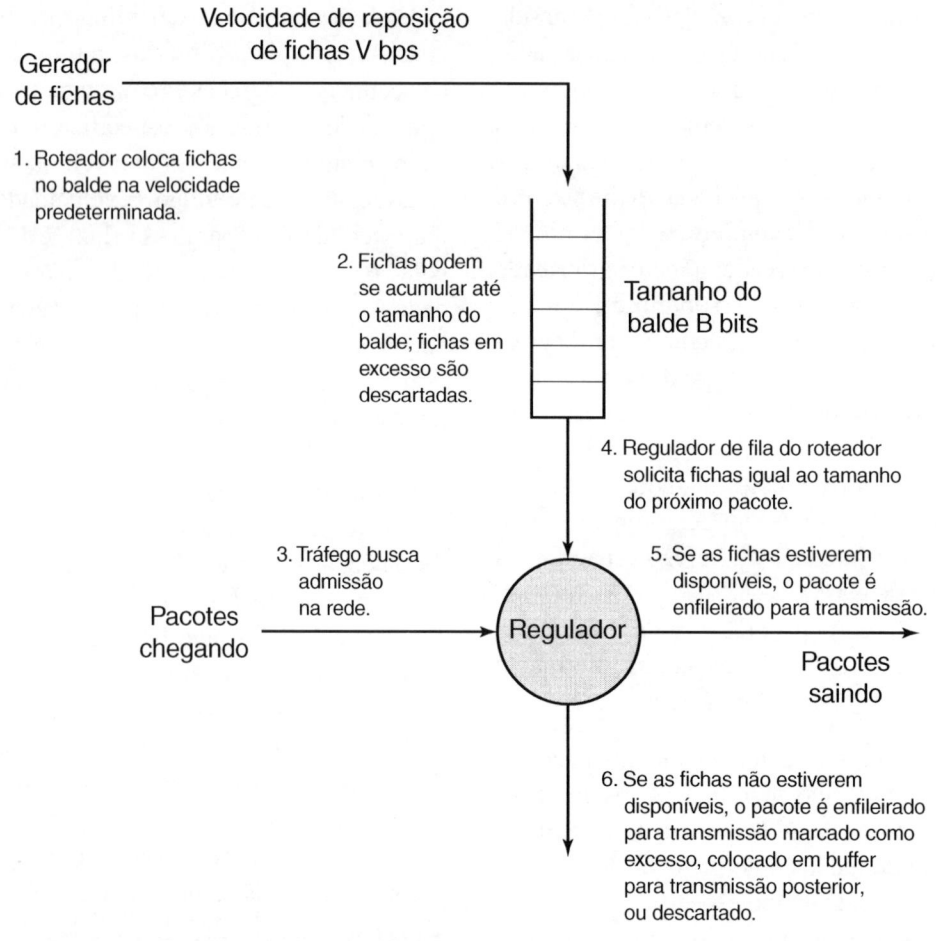

FIGURA 8.10 Esquema do balde de fichas.

Se um fluxo de tráfego ultrapassar algum perfil, várias técnicas podem ser adotadas. Os pacotes individuais do perfil, em excesso, podem ser remarcados para um tratamento com qualidade inferior e receber permissão para passar para o domínio DS. Um modelador de tráfego pode absorver uma rajada de pacotes em um buffer e enviar os pacotes por um período maior. Um descartador pode descartar os pacotes, se o buffer usado para o envio estiver saturado.

> **NOTA DE APLICAÇÃO**
>
> ### De onde vem meu endereço de rede?
>
> Qualquer rede que desejar conectividade com o restante do mundo, independentemente do seu tamanho, precisa obter um endereço de rede por um provedor de serviços da Internet (ISP – Internet Service Provider). Existem várias técnicas para atribuir os endereços para a rede e para os nós da rede. Os endereços de rede também estão bastante ligados ao registro de nomes de domínio (identidade da organização), o que normalmente também é tratado pelo ISP.
>
> As duas técnicas básicas podem ser descritas em termos do número de computadores que terão endereços de Internet globalmente exclusivos. Os endereços globalmente exclusivos são aqueles que só podem ser usados por um computador no espaço público da Internet. Todas as interfaces de comunicação conectadas à Internet possuem endereços globalmente exclusivos. Esses computadores ou interfaces em geral são conhecidos como máquinas "visíveis". *Visíveis* significa que esses computadores estão conectados diretamente à Internet pública. Isso não

significa que máquinas "invisíveis" não possam se comunicar pela Internet. O termo "serem visíveis" também significa que as máquinas estão mais expostas ao ataque de hackers; isso é verdade. Ser invisível, na realidade, indica que existe um firewall (especificamente, um firewall de tradução de endereço de rede) entre o computador e a Internet.

Uma organização pode decidir que todas as suas máquinas usem esses endereços globalmente exclusivos e que fiquem visíveis à Internet. Os motivos para essa técnica estão relacionados a questões de conectividade e disponibilidade de recursos. Nesse caso, o ISP precisa atribuir muitos endereços à organização. Isso pode ser obtido atribuindo-se um endereço de classe ao grupo. Por exemplo, uma empresa com 200 nós pode solicitar a atribuição de um endereço classe C para eles. O endereçamento classe C está se tornando cada vez menos comum. É mais provável que o ISP atribua endereços de dentro do próprio espaço de endereços.

Grandes ISPs podem controlar centenas de milhares de endereços IP e, mediante a máscara de sub-rede, atribuir uma fatia desse espaço de endereços aos seus clientes. Por exemplo, um ISP como Time Warner pode controlar uma grande parte do espaço de endereços dentro de uma rede classe A. Esse espaço de endereços constitui milhões de endereços. Uma pequena porcentagem desses endereços pode ser fornecida a uma única empresa. Quando isso ocorre, também é comum vermos o ISP tratando de uma boa quantidade de serviços para a empresa, como DNS, segurança e correio.

Outra opção é ter uma pequena quantidade de endereços globalmente exclusivos atribuída pelo ISP e usar esses endereços como a conexão externa para os firewalls da empresa. Nesse tipo de configuração, os computadores da empresa normalmente seriam invisíveis e o firewall atuaria como um proxy de comunicação para o exterior. Esse processo é chamado de tradução de endereço de rede. Todas as transmissões que vêm da rede da empresa parecem ter vindo da interface externa do firewall da empresa. Assim, todas as máquinas internas são consideradas "invisíveis".

Entretanto, isso apresenta o problema de endereçamento para os nós internos. Estes não estão vindo do ISP e, portanto, precisam ser atribuídos pelo administrador da rede local, seja por configuração estática ou por DHCP. Deve-se ter o cuidado de evitar o uso do endereçamento padrão da Internet internamente. Se máquinas internas receberem os mesmos endereços das máquinas externas visíveis, os roteadores na Internet poderão não rotear o tráfego de volta às máquinas internas da empresa. Isso porque os endereços potencialmente foram alocados a outros hosts que estão localizados em algum outro lugar.

Por esse motivo, o endereçamento IP privado foi estabelecido. Os endereços da Internet

10.0.0.0 – 10.255.255.255 (prefixo 10/8)
172.16.0.0 – 172.31.255.255 (prefixo 172.16/12)
192.168.0.0 – 192.168.255.255 (prefixo 192.168/16)

foram reservados para organizações que desejam empregar redes dessa maneira. O endereçamento privado é descrito com detalhes na RFC 1918. Fora o benefício da segurança para as máquinas internas, esse esquema foi introduzido para aliviar o problema de números cada vez maiores de usuários na Internet. Com esse crescimento espantoso, o número de endereços globalmente exclusivos no IPv4 é insuficiente para que todos tenham seu próprio endereço público.

Existem vantagens e desvantagens em cada um dos métodos aqui apresentados. O endereçamento privado normalmente exige mais gerenciamento, pelo menos na forma de um servidor DHCP, mas oferece maior segurança e redução no espaço de endereços públicos utilizado. Usar o endereçamento público para tudo é bom para o gerenciamento, e tem o potencial de facilitar as questões de conectividade, pois existem menos regras de firewall para combater. Porém, isso pode tornar a organização dependendo do ISP para vários de seus problemas, inclusive de segurança.

8.5 RESUMO

Um elemento central da Internet é o seu esquema de endereçamento. É necessário que cada host conectado tenha um endereço exclusivo para tornar possível o roteamento e a entrega. Os padrões da Internet definem um esquema de endereçamento de 32 bits para essa finalidade.

Utiliza-se um protocolo de roteamento de inter-rede para trocar informações sobre alcance e atrasos no tráfego, permitindo que cada roteador construa uma tabela de roteamento do próximo salto para os caminhos pela inter-rede. Normalmente, protocolos de roteamento relativamente simples são usados entre sistemas autônomos dentro de uma inter-rede maior, e utilizam-se protocolos de roteamento mais complexos dentro de cada sistema autônomo.

Os requisitos de velocidade de dados (capacidade) cada vez maiores das aplicações incentivaram o desenvolvimento de velocidades mais altas nas redes de dados e na Internet. A capacidade disponível mais alta, por sua vez, encorajou aplicações com uso ainda mais intenso dos dados. Para enfrentar demandas variáveis na Internet, foi introduzido o conceito de qualidade de serviço. Uma facilidade de QoS permite que a Internet trate de classes de tráfego diferentes de maneiras diferentes, a fim de otimizar o serviço a todos os clientes.

A arquitetura de serviços diferenciados foi projetada para oferecer uma ferramenta simples, fácil de implementar e de baixa sobrecarga, para dar suporte a uma gama de serviços de rede que são diferenciados com base no desempenho. Os serviços diferenciados são fornecidos com base em um rótulo de 6 bits no cabeçalho IP, que classifica o tráfego em termos do tipo de serviço a ser fornecido pelos roteadores para esse tráfego.

8.6 Leitura Recomendada

Para o leitor interessado em uma análise mais detalhada do endereçamento IP, [SPOR03] oferece uma profusão de detalhes. Um tratamento excelente sobre QoS é [CROL00].

[HUITOO], [BLACOO] e [PERLOO] dão uma cobertura detalhada dos vários algoritmos de roteamento. [KESH98] oferece uma visão instrutiva sobre a funcionalidade presente e futura dos roteadores.

Talvez o tratamento mais claro e mais abrangente, do porte de um livro, sobre QoS na Internet seja [ARMIOO]. [XIAO99] apresenta um panorama e a estrutura geral dos QoS na Internet, além dos serviços integrados e diferenciados. [CLAR92] e [CLAR95] fazem levantamentos valiosos sobre questões que envolvem a alocação de serviços de inter-rede para aplicações respectivamente de tempo real e elásticas. [SHEN95] é uma análise habilidosa do que se pensa a respeito da arquitetura de inter-redes baseada em QoS.

ARMIOO Armitage, G. *Quality of Service in IP Networks.* Indianapolis, IN: Macmillan Technical Publishing, 2000.

BLACOO Black, U. *IP Routing Protocols: RIP, OSPF, BGP, PNNI & Cisco Routing Protocols.* Upper Saddle River, NJ: Prentice Hall, 2000.

CLAR92 Clark, D.; Shenker, S. e Zhang, L. "Supporting Real-Time Applications in an Integrated Services Packet Network: Architecture and Mechanism". *Proceedings, SIGCOMM '92,* agosto de 1992.

CLAR95 Clark, D. *Adding Service Discrimination to the Internet.* MIT Laboratory for Computer Science Technical Report, setembro de 1995. Disponível em http://ana-www.lcs.mit.edu/anaweb/papers.html.

CROL00 Croll, A. e Packman, E. *Managing Bandwidth: Deploying QoS in Enterprise Networks.* Upper Saddle River, NJ: Prentice Hall, 2000.

HUITOO Huitema, C. *Routing in the Internet.* Upper Saddle River, NJ: Prentice Hall, 2000.

KESH98 Keshav, S. e Sharma, R. "Issues and Trends in Router Design". *IEEE Communications Magazine,* maio de 1998.

PERLOO Perlman, R. *Interconnections: Bridges, Routers, Switches, and Internetworking Protocols.* Reading, MA: Addison-Wesley, 2000.

SHEN95 Shenker, S. "Fundamental Design Issues for the Future Internet". *IEEE Journal on Selected Areas in Communications,* setembro de 1995.

SPOR03 Sportack, M. *IP Addressing Fundamentals.* Indianápolis, IN: Cisco Press, 2003.

XIAO99 Xiao, X. e Ni, L. "Internet QoS: A Big Picture". *IEEE Network,* março/abril de 1999.

8.7 Principais Termos, Perguntas para Revisão e Problemas

Principais termos

algoritmo de roteamento
balde de fichas
Border Gateway Protocol (BGP)
máscara de sub-rede
melhor esforço
notação decimal pontuada
Open Shortest Path First (OSPF)
protocolo de roteamento
protocolo de roteamento exterior
protocolo de roteamento interior
qualidade de serviço (QoS)
roteamento
serviços diferenciados
sistema autônomo (AS)
sub-rede
tráfego elástico
tráfego não-elástico
vizinho

Perguntas para revisão

8.1. Descreva as cinco classes de endereços da Internet.
8.2. O que é uma sub-rede?
8.3. Qual é a finalidade da máscara de sub-rede?
8.4. O que é um sistema autônomo?
8.5. Qual é a diferença entre um protocolo de roteador interior e um protocolo de roteador exterior?
8.6. Liste e explique rapidamente as três funções principais do BGP.
8.7. OSPF utiliza que tipo de algoritmo de roteamento?
8.8. OSPF foi projetado como que tipo de protocolo de roteamento?
8.9. Defina a qualidade de serviço (QoS).
8.10. Explique a diferença entre tráfego elástico e não-elástico.
8.11. Quais são os quatro requisitos possíveis para o tráfego não-elástico?
8.12. Qual é a finalidade de um codepoint DS?
8.13. Liste e explique rapidamente as cinco principais funções do condicionamento de tráfego DS.
8.14. O que é um balde de fichas e como ele funciona?

Problemas

8.1 Forneça os seguintes valores de parâmetro para cada uma das classes de rede A, B e C. Lembre-se de considerar quaisquer endereços especiais ou reservados nos seus cálculos.
    a. Número de bits na parte de rede do endereço
    b. Número de bits na parte de host do endereço
    c. Número de redes distintas permitidas
    d. Número de hosts distintos por rede permitidos
    e. Intervalo de inteiros do primeiro octeto

8.2 Que porcentagem do espaço total de endereços IP representa cada uma das classes de rede?

8.3 Qual é a diferença entre a máscara de sub-rede para um endereço Classe A com 16 bits para a ID da sub-rede e um endereço de classe B com 8 bits para a ID da sub-rede?

8.4 A máscara de sub-rede 255.255.0.255 é válida para um endereço de classe A?

8.5 Dado um endereço de rede de 192.168.100.0 e uma máscara de sub-rede 255.255.255.192,
    a. Quantas sub-redes são criadas?
    b. Quantos hosts existem por sub-rede?

8.6 Dada uma empresa com seis departamentos individuais e cada departamento com dez computadores ou dispositivos em rede, que máscara poderia ser aplicada à rede da empresa para fornecer a sub-rede necessária para dividir a rede igualmente?

8.7 No roteamento e endereçamento contemporâneo, a notação normalmente utilizada é chamada de roteamento entre domínios sem classe, ou CIDR (Classless InterDomain Routing). Com CIDR, a quantidade de bits na máscara é indicada da seguinte maneira: 192.168.100.0/24. Isso corresponde a uma máscara de 255.255.255.0. Se esse exemplo fornecesse 256 endereços de host na rede, quantos endereços seriam fornecidos com os seguintes?
    a. 192.168.100.0/23
    b. 192.168.100.0/25

8.8 Examine a sua rede. Usando o comando "ipconfig", "ifconfig" ou "winipcfg", podemos descobrir não apenas nosso endereço IP, mas outros parâmetros de rede também. Você consegue identificar sua máscara, gateway e número de endereços disponíveis na sua rede?

8.9 Usando seu endereço IP e sua máscara, qual é o seu endereço de rede? Isso é determinado mediante a conversão do endereço IP e a máscara para binário, prosseguindo depois com uma operação AND lógica bit a bit. Por exemplo, dado o endereço 172.16.45.0 e a máscara 255.255.224.0, descobriremos que o endereço de rede é 172.16.32.0.

8.10 Dê três exemplos (cada um) de tráfego da Internet elástico e não-elástico. Justifique a inclusão de cada exemplo em sua respectiva categoria.

8.11 Por que o domínio Differentiated Services (DS) consiste em um conjunto de roteadores contíguos? Qual é a diferença entre roteadores de nó de borda e roteadores de nó interiores em um domínio DS?

8.12 O esquema de balde de fichas coloca um limite sobre a extensão de tempo em que o tráfego pode se desviar da velocidade máxima dos dados. Considere que o balde de fichas é definido por um tamanho de balde de B octetos e uma velocidade de chegada de fichas de V octetos/s, e considere que a velocidade máxima dos dados de saída seja M octetos/s.
    a. Derive uma fórmula para S, que é a extensão da rajada na velocidade máxima. Ou seja, por quanto tempo um fluxo pode ser transmitido na velocidade de saída máxima quando controlado por um balde de fichas?
    b. Qual é o valor de S para $B = 250$ kB, $V = 2$ MB/s e $M = 25$ MB/s?
Dica: A fórmula para S não é tão simples quanto parece, pois mais fichas chegam enquanto a rajada está sendo enviada.

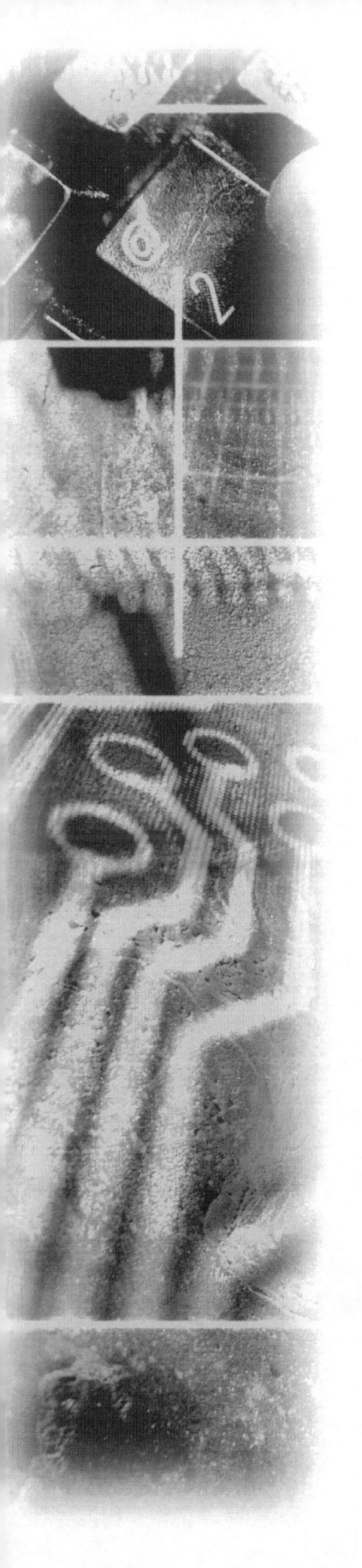

Parte Três

Redes locais

A tendência no âmbito das redes locais (LANs) envolve o uso de meios de transmissão compartilhados ou capacidade de comutação compartilhada para alcançar altas taxas de dados em relação a distâncias relativamente curtas. Várias questões-chave se apresentam. Uma delas é a escolha do meio de transmissão. Enquanto o cabo coaxial era normalmente utilizado nas LANs tradicionais, as instalações de LAN atuais enfatizam o uso do par trançado ou da fibra óptica. No caso do par trançado, esquemas de codificação eficientes são necessários para permitir altas taxa de dados sobre o meio. As LANs sem fio também ganharam importância cada vez maior. Outra questão de projeto é a do controle de acesso.

MAPA DA PARTE UM

CAPÍTULO 9
Arquitetura e protocolos de LAN

Um elemento central da operação de processamento de dados de qualquer organização é uma rede local (LAN). Uma LAN é necessária para interconectar equipamentos nas instalações do usuário e proporcionar um meio para a conexão eficaz com serviços externos e outros sites corporativos. O Capítulo 9 dá uma visão geral da tecnologia e dos padrões de LAN, incluindo uma discussão do meio de transmissão, controle de acesso ao meio e padrões.

CAPÍTULO 10
Ethernet e Fibre Channel

O Capítulo 10 examina os detalhes do meio de transmissão, e os protocolos MAC dos dois sistemas de LAN mais significativos em uso atualmente; os dois foram definidos em documentos de padrões. O mais importante destes é Ethernet, que tem sido utilizado nas versões em 10Mbps, 100Mbps, 1Gbps e 10Gbps. Em seguida, o capítulo examina o Fibre Channel, que é bastante utilizado para redes de área de armazenamento e outras aplicações de alta velocidade.

Capítulo 11
LANs sem fio

As LANs sem fio utilizam uma de três técnicas de transmissão: espectro estendido, microondas de banda estreita e infravermelho. O Capítulo 11 apresenta uma visão geral da tecnologia e das aplicações de LAN sem fio. O conjunto de padrões mais significativo que define LANs sem fio é o estabelecido pelo comitê IEEE 802.11. Outro padrão de LAN sem fio importante é Bluetooth. O Capítulo 11 também examina os dois padrões com alguns detalhes.

Capítulo 9

Arquitetura e protocolos de LAN

9.1 Fundamentos
9.2 Configuração de LAN
9.3 Meio de transmissão guiado
9.4 Arquitetura de protocolo de LAN
9.5 Resumo
9.6 Leitura e Web sites recomendados
9.7 Principais termos, perguntas para revisão e problemas
    Apêndice 9A   Decibéis e força do sinal

OBJETIVOS DO CAPÍTULO

Depois de ler este capítulo, você deverá ser capaz de

- Definir os diversos tipos de redes locais (LANs) e apresentar os requisitos que cada um deve satisfazer.
- Fornecer alguns exemplos representativos das aplicações de LAN.
- *Analisar os meios de transmissão normalmente utilizados para LANs.*
- Relacionar as diversas opções fornecidas nos padrões de LAN atuais, e explicar por que o cliente deve limitar a sua análise de compra a esses padrões.

Os anos recentes foram de rápidas mudanças na tecnologia, no projeto e nas aplicações comerciais para redes locais (LANs). Um recurso importante dessa evolução é a introdução de uma série de novos esquemas para rede local de alta velocidade. Neste capítulo, estudaremos a tecnologia básica das LANs. Os Capítulos 10 e 11 dedicam-se a uma discussão dos sistemas de LAN específicos.

9.1 FUNDAMENTOS

A variedade de aplicações para LANs é muito grande. Para dar uma idéia dos tipos de requisitos que as LANs pretendem reunir, esta seção examina algumas das áreas de aplicação mais gerais para essas redes. Na próxima seção, veremos as implicações para configuração de LAN.

LANs de computadores pessoais

Uma configuração de LAN comum é aquela que dá suporte a computadores pessoais. Com o custo relativamente baixo dos PCs, os gerentes nas organizações normalmente adquirem computadores pessoais independentemente das aplicações departamentais, como ferramentas de planilha, de gerenciamento de projetos e para acesso à Internet.

Mas uma coleção de processadores em nível departamental não atenderá a todas as necessidades de uma organização; ainda são necessárias facilidades de processamento centrais. Alguns programas, como modelos de previsão econômica, são muito grandes para serem executados em um computador pequeno. Arquivos de dados de abrangência corporativa, como contabilidade e folha de pagamento, exigem uma instalação centralizada, mas devem ser acessíveis a diversos usuários. Além disso, existem outros tipos de arquivos que, embora especializados, precisam ser compartilhados por muitos usuários. Além disso, existem motivos legítimos para a conexão de estações de trabalho inteligentes individuais, não apenas a uma instalação central, mas também entre si. Os membros de uma equipe de projeto ou da organização precisam compartilhar o trabalho e a informação. Com certeza, a maneira mais eficaz de fazer isso é digitalmente.

Certos recursos dispendiosos, como um grande sistema de disco ou uma impressora a laser, podem ser compartilhados por todos os usuários da LAN departamental. Além disso, a rede pode se ligar a instalações de rede corporativa maiores ainda. Por exemplo, a corporação pode ter uma LAN em um prédio e uma rede privada remota. Um servidor de comunicação pode oferecer acesso controlado a esses recursos.

LANs para o suporte de computadores pessoais e estações de trabalho tornaram-se quase universais nas organizações de todos os portes. Até mesmo aquelas instalações que ainda dependem muito do mainframe transferiram grande parte da carga de processamento para as redes de computadores pessoais. Talvez o exemplo principal do modo como os computadores pessoais são usados seja a implementação de aplicações cliente/servidor.

Para redes de computadores pessoais, um requisito-chave é o baixo custo. Em particular, o custo de conectar-se à rede precisa ser substancialmente menor que o custo do dispositivo conectado. Assim, para o computador pessoal comum, um custo de conexão de dezenas de dólares é desejável. Para estações de trabalho mais caras e de maior desempenho, os custos de conexão mais altos podem ser tolerados. De qualquer forma, isso mostra que a taxa de dados da rede pode ser limitada; em geral, quanto maior a taxa de dados, mais alto o custo.

Redes de back-end e redes de área de armazenamento

As redes de back-end são utilizadas para interconectar grandes sistemas, como mainframes, supercomputadores e dispositivos de armazenamento em massa. O requisito-chave aqui é a transferência de dados em massa entre um número limitado de dispositivos em uma área pequena. A alta confiabilidade em geral também é um requisito. As características típicas incluem os seguintes itens:

- **Taxas de dados altas:** Para satisfazer a demanda de alto volume, são necessárias taxas de dados de 100 Mbps ou mais.
- **Interface de alta velocidade:** As operações de transferência de dados entre um sistema host grande e um dispositivo de armazenamento em massa normalmente se realizam por meio de interfaces de E/S paralelas de alta velocidade, em vez de interfaces de comunicação mais lentas. Assim, o enlace físico entre a estação e a rede precisa ser de alta velocidade.
- **Acesso distribuído:** É preciso algum tipo de controle de acesso ao meio (MAC) distribuído para permitir que diversos dispositivos compartilhem a LAN com acesso eficiente e confiável.
- **Distância limitada:** Normalmente, emprega-se uma rede de back-end em uma sala de computador ou em um pequeno número de salas contíguas.
- **Número de dispositivos limitado:** O número de mainframes e dispositivos de armazenamento em massa dispendiosos encontrados na sala do computador geralmente está na ordem de dezenas de dispositivos.

Em geral, as redes de back-end são encontradas em sites de grandes empresas ou instalações de pesquisa com grandes orçamentos de processamento de dados. Devido à escala envolvida, uma pequena diferença na produtividade pode significar milhões de dólares.

Observe uma instalação que utiliza um computador mainframe dedicado. Isso significa que existe uma aplicação ou um conjunto de aplicações muito grande. À medida que aumenta a carga na instalação, o mainframe existente pode ser substituído por outro mais poderoso, talvez um sistema de processadores múltiplos. Em alguns sites, uma substituição de único sistema poderá não ser suficiente; as taxas de crescimento de desempenho do equipamento serão ultrapassadas pelas taxas de crescimento da demanda. A instalação por fim exigirá vários computadores independentes.

Novamente, existem motivos que forçam a interconexão desses sistemas. O custo da interrupção do sistema é muito alto, de modo que deverá ser possível, de modo fácil e rápido, deslocar aplicações para sistemas de backup. Deve ser possível testar novos procedimentos e aplicações sem degradar o sistema de produção. Grandes arquivos de armazenamento em massa precisam ser acessíveis a partir de mais de um computador. O nivelamento de carga deverá ser possível para maximizar a utilização e o desempenho.

Cabe observar que alguns dos requisitos-chave para as redes de back-end diferem daqueles das LANs de computador pessoal. Altas taxas de dados são necessárias para manter o nível do trabalho, o que normalmente envolve a transferência de grandes blocos de dados. O equipamento capaz de obter altas velocidades de dados é dispendioso. Felizmente, dado o custo muito mais alto dos dispositivos conectados, esses gastos são razoáveis.

Um conceito relacionado ao de rede de back-end é a **rede de área de armazenamento** (SAN – Storage Area Network). Uma SAN é uma rede separada, para lidar com as necessidades de armazenamento. A SAN separa as tarefas de armazenamento dos servidores específicos e cria uma facilidade de armazenamento compartilhada por meio de uma rede de alta velocidade. A coleção de dispositivos de armazenamento em rede pode incluir discos rígidos, bibliotecas de fita e arrays de CD. A maioria das SANs utiliza Fibre Channel, descrita no Capítulo 10. Em uma típica instalação de LAN de grande porte, diversos servidores e talvez mainframes têm cada qual seus dispositivos de armazenamento dedicados. Se um cliente precisar de acesso a determinado dispositivo de armazenamento, ele precisa passar pelo servidor que controla esse dispositivo. Em uma SAN, nenhum servidor se localiza entre os dispositivos de armazenamento e a rede; ao contrário, os dispositivos de armazenamento e os servidores ligam-se diretamente à rede. O arranjo da SAN melhora a eficiência do acesso cliente-armazenamento, além da comunicação direta de armazenamento a armazenamento para as funções de backup e replicação.

A Figura 9.1 mostra uma configuração SAN típica. Os usuários conectados à Internet enviam solicitações de arquivo (store, retrieve) a um banco de servidores. Esses servidores não mantêm os arquivos localmente, mas estão conectados à SAN, que admite uma série de dispositivos de armazenamento em massa. A SAN inclui dispositivos de rede otimizados para operar em tarefas de armazenamento.

Redes de escritório de alta velocidade

Tradicionalmente, o ambiente de escritório inclui uma série de dispositivos com requisitos de transferência de dados de baixa a média velocidade. Entretanto, para aplicações mais recentes no ambiente de escritório, as

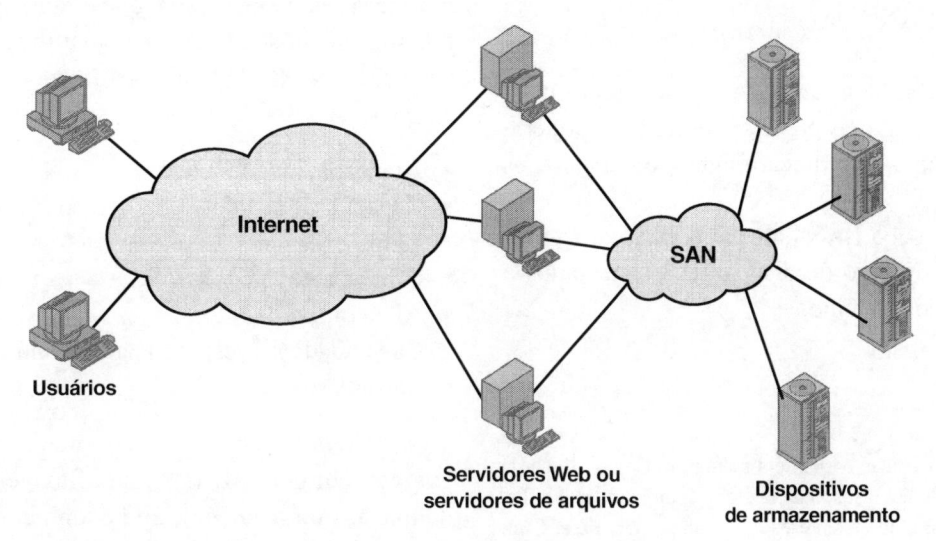

FIGURA 9.1 Configuração da rede de área de armazenamento.

velocidades limitadas (até 10Mbps) da LAN tradicional são inadequadas. Os processadores de imagem de desktop têm aumentado o fluxo de dados da rede em uma quantidade sem precedentes. Alguns exemplos dessas aplicações são aparelhos de fax, processadores de imagem de documentos e programas gráficos em computadores pessoais e estações de trabalho. Imagine que uma página típica com resolução de 200 elementos de imagem, ou pels[1] (pontos preto ou branco), por polegada (que é uma resolução adequada, mas não alta) gera 3.740.000 bits (8,5 polegadas x 11 polegadas x 40.000 pels por polegada quadrada). Mesmo com as técnicas de compactação, isso gerará uma carga tremenda. Além disso, a tecnologia de disco e o preço/desempenho evoluíram de modo que as capacidades de armazenamento de desktop superiores a 1 Gbyte são muito comuns. Essas novas demandas exigem LANs com alta velocidade, que podem admitir os maiores números e a maior extensão geográfica dos sistemas de escritório em comparação com os sistemas de back-end.

LANs de backbone

O uso cada vez maior de aplicações de processamento distribuído e computadores pessoais tem gerado a necessidade de uma estratégia flexível para rede local. O suporte de comunicação de dados por todas as instalações exige um serviço de rede capaz de se estender pelas distâncias envolvidas e que interconecte os equipamentos existentes em um prédio (talvez grande) ou em um conjunto de prédios. Embora seja possível desenvolver uma única LAN para interconectar todo o equipamento de processamento de dados de uma instalação, essa provavelmente não é uma alternativa prática na maioria dos casos. Existem várias desvantagens dessa estratégia de LAN única.

- **Confiabilidade:** Com uma LAN única, uma interrupção de serviço, mesmo de curta duração, poderia resultar em uma interrupção significativa para os usuários.
- **Capacidade:** Uma LAN única poderia ficar saturada quando o número de dispositivos conectados à rede crescer com o tempo.
- **Custo:** Uma tecnologia de LAN única não é otimizada para os requisitos diversificados de interconexão e comunicação. A presença de grande quantidade de microcomputadores de baixo custo determina que o suporte de rede para esses dispositivos seja de baixo custo. As LANs que dão suporte à conexão com muito baixo custo não serão adequadas para atender o requisito geral.

Uma alternativa mais atraente é empregar LANs de menor custo e menor capacidade dentro dos prédios ou departamentos e interconectar essas redes com uma LAN de maior capacidade. Essa última rede é conhecida como uma LAN de backbone. Se confinada a um único prédio ou conjunto de prédios, uma LAN de alta capacidade pode realizar a função de backbone.

LANs de fábrica

O ambiente de fábrica está cada vez mais dominado por equipamento automatizado: controladores programáveis, dispositivos automatizados de manipulação de materiais, estações de tempo e assistência, dispositivos de visão de máquina e várias formas de robôs. Para controlar o processo de produção e manufatura, é fundamental unir todo esse equipamento. Na realidade, a própria característica do equipamento facilita isso. Os dispositivos de microprocessador têm o potencial de coletar informações do armazém e aceitar comandos. Com o uso apropriado da informação e dos comandos, é possível melhorar o processo de manufatura e fornecer controle de máquina detalhado.

Quanto mais uma fábrica for automatizada, maior será a necessidade de comunicação. Somente interconectando todos os dispositivos e oferecendo mecanismos para sua cooperação é que a fábrica automatizada funciona de modo eficaz. O meio utilizado para a interconexão é a LAN de fábrica. As principais características de uma LAN de fábrica são as seguintes:

- Alta capacidade
- Capacidade de lidar com diversos tipos de tráfego de dados
- Grande alcance geográfico
- Alta confiabilidade
- Capacidade de especificar e controlar atrasos de transmissão

As LANs de fábrica são um mercado de nicho que exigem, em geral, LANs mais flexíveis e confiáveis do que as que se encontram no ambiente de escritório típico.

---

[1] *Um elemento de imagem*, ou *pel*, é a menor amostra de linha de varredura discreta de um sistema de fax, que contém apenas informações em preto-e-branco (sem escalas de cinza). Um *pixel* é um elemento de imagem que contém informações em tons cinza.

9.2 CONFIGURAÇÕES DE LAN

LANs em camadas

Imagine os tipos de equipamento de processamento de dados a serem admitidos em uma organização típica. Em termos brutos, podemos agrupar esse equipamento em três categorias:

- **Computadores pessoais e estações de trabalho:** Quem faz o trabalho pesado na maioria dos ambientes de escritório é o microcomputador, incluindo computadores pessoais e estações de trabalho. A maior parte desse equipamento se encontra no nível de departamento, usado individualmente por profissionais e pessoal de secretaria. Quando usado para aplicações em rede, a carga gerada costuma ser um tanto modesta.
- **Farms de servidor:** Os servidores, usados dentro de um departamento ou compartilhados por usuários em diversos departamentos, podem realizar uma série de funções. Exemplos genéricos incluem o suporte a periféricos caros, como dispositivos de armazenamento em massa, fornecendo aplicações que exigem grandes quantidades de recursos do processador e mantendo bancos de dados acessíveis por muitos usuários. Devido a esse uso compartilhado, essas máquinas podem gerar um tráfego considerável.
- **Mainframes:** Para grandes aplicações de banco de dados e científicas, o mainframe normalmente é a máquina escolhida. Quando as máquinas estão em rede, as transferências de dados em massa determinam que uma rede de alta capacidade será usada.

Os requisitos indicados por esse espectro mostram que uma única LAN, em muitos casos, não será a solução mais econômica. Uma única rede teria de ter uma velocidade relativamente alta para admitir a demanda agregada. Contudo, o custo de conexão com uma LAN costuma aumentar como reflexo da taxa de dados da rede. Assim, uma LAN de alta velocidade seria muito dispendiosa para a conexão de computadores pessoais de baixo custo.

Uma técnica alternativa, que está se tornando cada vez mais comum, é empregar duas ou três camadas de LANs (Figura 9.2). Dentro de um departamento, uma LAN de baixo custo, de velocidade moderada, admite um cluster de computadores pessoais e estações de trabalho. Essas LANs de departamento são amarradas a uma LAN de backbone de capacidade maior. Se os mainframes também fizerem parte da suíte de equipamentos de escritório, então uma LAN de alta velocidade separada admite esses dispositivos e pode estar ligada, como um todo, à LAN de backbone, para dar suporte a um tráfego entre os mainframes e outros equipamentos de escritório. Veremos que os padrões e os produtos de LAN atendem a necessidade para todos os três tipos de LANs.

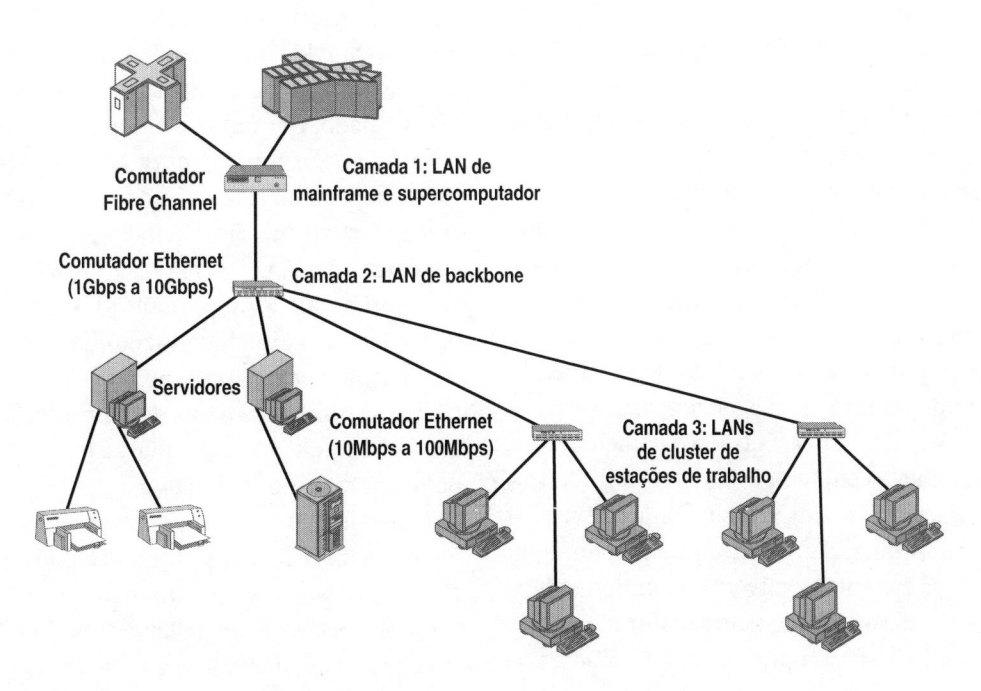

FIGURA 9.2 Redes locais em camadas.

Cenário de evolução

Cabe mencionar um aspecto final da arquitetura em camada: o modo como essa implementação de rede acontece em uma organização. Isso variará bastante de uma organização para outra, mas dois cenários gerais podem ser definidos. É útil estar ciente desses cenários, devido às suas implicações no que diz respeito à seleção e ao gerenciamento de LANs.

No primeiro cenário, as decisões sobre a LAN são tomadas de baixo para cima, com cada departamento decidindo mais ou menos isoladamente. Nesse cenário, os requisitos de aplicação em particular de um departamento normalmente são bem conhecidos. Por exemplo, um departamento de engenharia tem requisitos de taxa de dados muito altos para dar suporte ao seu ambiente de CAD, enquanto o departamento de vendas tem baixos requisitos de taxa de dados para suas necessidades de entrada de pedido e consulta de pedido. Como as aplicações são bem conhecidas, pode-se tomar uma decisão rapidamente sobre qual rede adquirir. Os orçamentos do departamento normalmente podem cobrir os custos dessas redes, de modo que a aprovação de uma autoridade superior não é necessária. O resultado é que cada departamento desenvolverá sua própria rede de cluster (camada 3). Enquanto isso, se essa for uma empresa de grande porte, a organização de processamento de dados central pode adquirir uma LAN de alta velocidade (camada 1) para interconectar mainframes.

Com o tempo, muitos departamentos desenvolverão sua própria camada de clusters; cada departamento identificará que tem uma necessidade de interconexão. Por exemplo, o departamento de marketing pode ter de acessar informações de custo do departamento de finanças, além da taxa de pedidos do mês passado a partir das vendas. Quando os requisitos de comunicação de cluster-a-cluster tornarem-se importantes, a empresa tomará uma decisão consciente de fornecer capacidade de interconexão. Essa capacidade de interconexão é realizada por meio da LAN de backbone (camada 2).

A vantagem desse cenário é que, como o gerente está mais próximo das necessidades do departamento, estratégias de interconexão locais podem ser responsivas às aplicações específicas do departamento, e a aquisição pode chegar em tempo. Existem várias desvantagens nessa técnica. Em primeiro lugar, existe o problema de subotimização. Se a aquisição for feita com base em toda a empresa, talvez um número menor de equipamentos seja adquirido para satisfazer a necessidade total. Além disso, compras de maior volume podem resultar em condições mais favoráveis. Em segundo lugar, a empresa por fim enfrentará a necessidade de interconectar todas essas LANs de departamento. Se houver uma grande variedade dessas LANs, de muitos fornecedores diferentes, o problema da interconexão se tornará mais difícil.

Por esses motivos, um cenário alternativo está se tornando cada vez mais comum: um projeto top-down de uma estratégia de LAN. Nesse caso, a empresa decide mapear uma estratégia de rede local total. A decisão é centralizada, pois tem impacto sobre a operação ou companhia inteira. A vantagem dessa técnica é a compatibilidade embutida para interconectar os usuários. A dificuldade com essa técnica, naturalmente, é a necessidade de ser responsivo e oportuno no atendimento das necessidades no nível de departamento.

9.3 MEIO DE TRANSMISSÃO GUIADO

Em um sistema de transmissão de dados, o **meio de transmissão** é o caminho físico entre transmissor e receptor. O meio de transmissão pode ser guiado ou não-guiado. Nos dois casos, a comunicação está na forma de ondas eletromagnéticas. Com o **meio guiado**, as ondas são guiadas por um meio sólido, como par trançado de cobre, cabo coaxial de cobre ou fibra óptica. A atmosfera e o espaço exterior são exemplos de **meio não-guiado**, que oferecem um meio de transmitir sinais eletromagnéticos, mas não guiá-los; essa forma de transmissão normalmente é chamada de **transmissão sem fio**.

As características e a qualidade de um sistema de transmissão de dados são determinadas tanto pelas características do meio quanto pelas do sinal. No caso de meio guiado, o próprio meio é mais importante na determinação das limitações da transmissão. Para o meio não-guiado, a largura de banda do sinal produzido pela antena de transmissão é mais importante do que o meio na determinação das características de transmissão. Uma propriedade importante dos sinais transmitidos por antena é a direcionalidade. Em geral, os sinais em freqüências mais baixas são ominidirecionais; ou seja, o sinal se propaga em todas as direções a partir da antena. Em freqüências mais altas, é possível focalizar o sinal em um raio direcional.

Considerando o projeto dos sistemas de transmissão de dados, os principais problemas são a velocidade dos dados e a distância: quanto maior a velocidade dos dados e a capacidade de distância, melhor. Diversos fatores de projeto relacionados ao meio de transmissão e ao sinal determinam a velocidade dos dados e a distância:

- **Largura de banda:** Todos os outros fatores mantendo-se constantes, quanto maior a largura de banda de um sinal, mais alta a velocidade de dados a ser alcançada.
- **Impedimentos à transmissão:** Os impedimentos, como a atenuação, limitam a distância. Para os meios guiados, o par trançado geralmente sofre mais impedimento do que o cabo coaxial, que, por sua vez, sofre mais do que a fibra óptica.
- **Interferência:** A interferência dos sinais concorrentes na sobreposição de faixas de freqüência pode distorcer ou eliminar um sinal. A interferência é de interesse particular para o meio não-guiado, mas também é um problema com um meio guiado. Para o meio guiado, a interferência pode ser causada por emanações de cabos vizinhos. Por exemplo, os pares trançados normalmente são reunidos e os condultes normalmente transportam vários cabos. A interferência também pode ocorrer a partir das transmissões não guiadas. A blindagem apropriada de um meio guiado pode reduzir esse problema.
- **Número de receptores:** Um meio guiado pode ser usado para construir um enlace ponto a ponto ou um enlace compartilhado por várias conexões. Nesse último caso, cada conexão gera alguma atenuação e distorção na linha, limitando a distância e/ou a velocidade dos dados.

A Figura 9.3 representa o espectro eletromagnético e indica as freqüências em que operam diversos meios guiados e técnicas de transmissão não guiada. Nesta seção, examinamos as alternativas de meio guiado para as LANs; uma discussão sobre as alternativas de meio sem fio para LANs ficará para o Capítulo 11.

Par trançado

Um par trançado consiste em dois fios de cobre isolados, arrumados em um padrão espiral regular (Figura 9.4a). Um par de fios atua como um único enlace de comunicação. Normalmente, diversos desses pares são reunidos em um cabo, envolvendo-os em uma manta protetora. Por distâncias maiores, os cabos podem conter centenas de pares.

O par trançado é muito menos dispendioso do que outros meios de transmissão normalmente utilizados (cabo coaxial, fibra óptica) e é mais fácil de trabalhar. Em comparação com outros meios de transmissão, o par trançado é limitado em distância, largura de banda e velocidade de dados. O meio é bastante suscetível à interferência e ruído, devido ao seu potencial de acoplamento com campos eletromagnéticos. Por exemplo, um fio correndo paralelamente a uma linha de energia de corrente alternada (CA) captará energia de 60Hz. O ruído de impulso também invade facilmente o par trançado. Cabe tomar várias medidas para reduzir os impe-

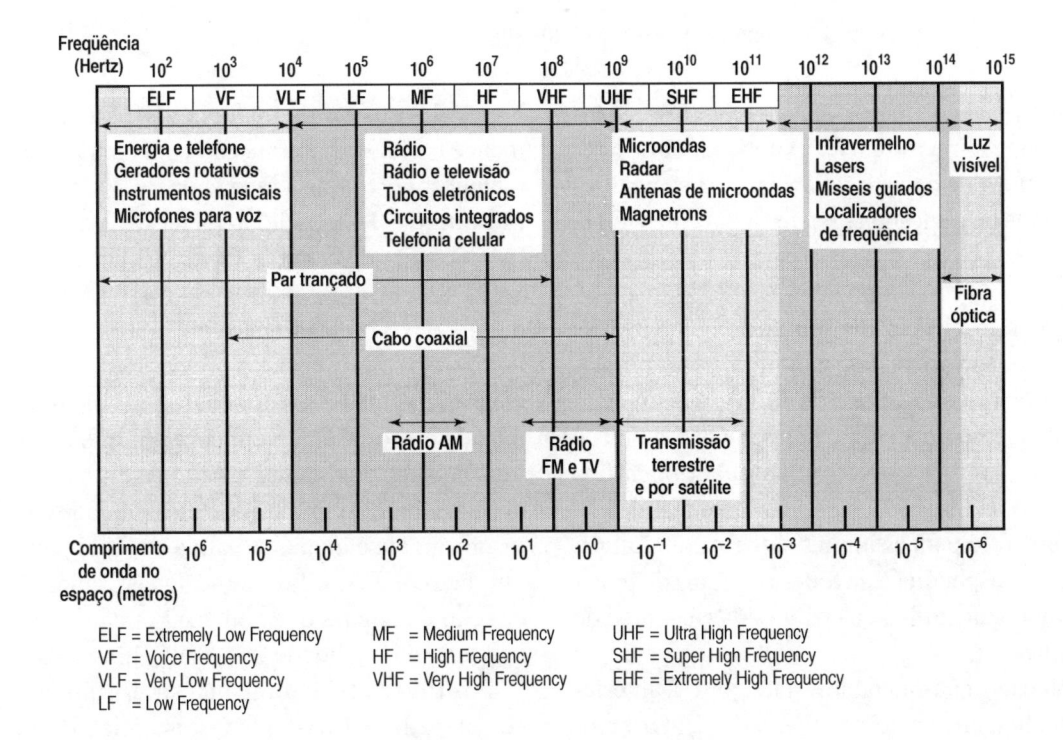

FIGURA 9.3 Espectro eletromagnético para telecomunicações.

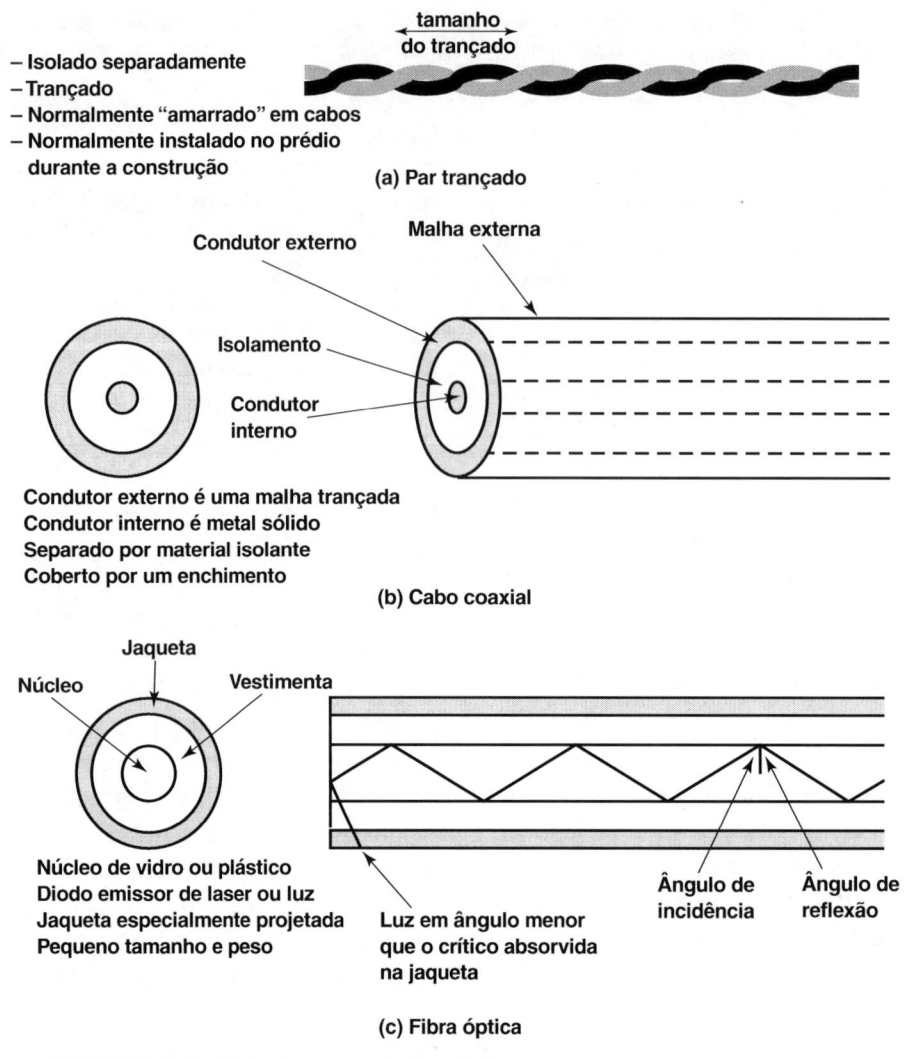

FIGURA 9.4 Meio de transmissão guiado.

dimentos. A blindagem do fio com uma malha ou manta metálica reduz a interferência. O trançado do fio reduz a interferência de baixa freqüência, e o uso de diferentes tamanhos de trançado em pares adjacentes reduz a linha cruzada.

Par trançado não-blindado e blindado O par trançado pode ter duas variedades: não-blindado e blindado. O **par trançado não-blindado** (UTP – Unshielded Twisted Pair) é o fio de telefone normal. Os prédios de escritórios, pela prática universal, possuem mais fios de par trançado não-blindados previamente instalados, do que é necessário para o simples suporte ao telefone. Esse é o menos dispendioso de todos os meios de transmissão normalmente utilizados para LANs, e é fácil de trabalhar e instalar.

O par trançado não-blindado está sujeito à interferência eletromagnética externa, incluindo a interferência do par trançado vizinho e os ruídos gerados no ambiente. Um modo de melhorar as características desse meio é blindar o par trançado com uma malha ou manta metálica, que reduz a interferência. Esse **par trançado blindado** (STP – Shielded Twisted Pair) oferece melhor desempenho em velocidades de dados mais baixas. Todavia, ele é mais caro e mais difícil de trabalhar do que o par trançado não-blindado.

UTP Categoria 3 e Categoria 5 A maioria dos prédios de escritórios já vem com um tipo de cabo de par trançado, normalmente referenciado como qualidade de voz. Como o par trançado na qualidade de voz já está instalado, ele é uma alternativa atraente para uso como um meio de LAN. Infelizmente, as velocidades de dados e as distâncias que podem ser alcançadas com o par trançado na qualidade de voz são limitadas.

Em 1991, a Electronic Industries Association publicou o padrão EIA-568, Commercial Building Telecommunications Cabling Standard, que especifica o uso de par trançado não-blindado na qualidade de voz, bem como o par trançado blindado para aplicações de dados no interior do prédio. Nessa época, considerou-se adequada a especificação para o intervalo de freqüências e velocidades de dados encontradas nos ambientes de escritório. Até essa época, o principal interesse para projetos de LAN estava na faixa das velocidades de dados de 1Mbps a 16Mbps. Mais tarde, quando os usuários migraram para estações de trabalho e aplicações de desempenho mais alto, houve cada vez mais interesse em fornecer LANs que pudessem operar em até 100Mbps por um cabo pouco dispendioso. Em resposta a essa necessidade, o EIA-568-A foi emitido em 1995. O novo padrão reflete os avanços no projeto de cabo e conector e nos métodos de teste. Ele abrange o par trançado blindado e o par trançado não-blindado.

O EIA-568-A reconhece três categorias de cabeamento UTP:

- **Categoria 3:** Cabos UTP e hardware de conexão associado, cujas características de transmissão são especificadas até 16MHz
- **Categoria 4:** Cabos UTP e hardware de conexão associado, cujas características de transmissão são especificadas até 20MHz
- **Categoria 5:** Cabos UTP e hardware de conexão associado, cujas características de transmissão são especificadas até 100MHz

Destes, o cabo de Categoria 3 e Categoria 5 receberam mais atenção para aplicações de LAN. A Categoria 3 corresponde ao cabo com qualidade de voz, encontrado em abundância na maioria dos prédios de escritórios. Por distâncias limitadas, e com um projeto apropriado, velocidades de dados de até 16Mbps podem ser alcançadas com a Categoria 3. A Categoria 5 é um cabo com qualidade de dados, que está se tornando cada vez mais comum para pré-instalação em novos prédios de escritórios. Por distâncias limitadas, e com um projeto apropriado, as taxas de dados de até 100Mbps podem ser obtidas com a Categoria 5.

Uma diferença importante entre o cabo de Categoria 3 e o de Categoria 5 é o número de trançados no cabo por distância unitária. A Categoria 5 é muito mais trançada, com um tamanho de trançado típico de 0,6 a 0,85 cm, em comparação com os 7,5 a 10cm para a Categoria 3. O trançado mais estreito da Categoria 5 é mais caro, porém proporciona um desempenho muito melhor do que a Categoria 3.

A Tabela 9.1 resume o desempenho do UTP Categoria 3 e Categoria 5, assim como o STP especificado no padrão EIA-568-A. O primeiro parâmetro utilizado para comparação, a atenuação, é muito simples. A força do sinal diminui com a distância, por qualquer meio de transmissão. Para o meio guiado, a atenuação geralmente é exponencial e, portanto, normalmente é expressa como um número constante de decibéis por distância unitária (ver Apêndice 9a). A atenuação introduz três considerações para o projetista. Em primeiro lugar, um sinal recebido precisa ter magnitude suficiente para que os circuitos eletrônicos no receptor possam detectar e interpretar o sinal. Em segundo lugar, o sinal precisa manter um nível suficientemente mais alto do que o ruído para ser recebido sem erro. Por último, a atenuação é uma função crescente da freqüência.

A linha cruzada na extremidade próxima, aplicada a sistemas de fiação de par trançado, é o acoplamento do

Tabela 9.1 Comparação de par trançado blindado e não-blindado

Freqüência (MHz)	Atenuação (dB por 100m)			Linha cruzada (dB)		
	UTP Categoria 3	UTP Categoria 5	STP	UTP Categoria 3	UTP Categoria 5	STP
1	2,6	2,0	1,1	41	62	58
4	5,6	4,1	2,2	32	53	58
16	13,1	8,2	4,4	23	44	50,4
25	–	10,4	6,2	–	41	47,5
100	–	22,0	12,3	–	32	38,5
300	–	–	21,4	–	–	31,3

sinal de um par de condutores a outro par. Esses condutores podem ser os pinos metálicos em um conector ou pares de fio em um cabo. A extremidade próxima refere-se ao acoplamento que ocorre quando o sinal de transmissão que entra no enlace é acoplado ao par de condutores de recepção na mesma extremidade do enlace (ou seja, o sinal transmitido próximo é apanhado pelo par de recepção próximo).

Desde a publicação do padrão EIA-568-A, tem havido certo trabalho contínuo no desenvolvimento de padrões para o cabeamento das instalações. Estes estão sendo conduzidos por duas dificuldades. A primeira é a especificação Gigabit Ethernet, que exige a definição de parâmetros que não estão especificados completamente em qualquer padrão de cabeamento publicado. A segunda é que existe um desejo de especificar o desempenho do cabeamento para níveis mais altos, a saber, Categoria 5 avançada (Cat 5E), Categoria 6 e Categoria 7. A Tabela 9.2 compara esses esquemas com os padrões existentes.

Cabo coaxial

O cabo coaxial, como o par trançado, consiste em dois condutores, mas é construído de forma diferente, para permitir que opere em um intervalo de freqüências mais amplo. Ele consiste em um condutor cilíndrico externo que cerca um único fio condutor interno (Figura 9.4b). O condutor interno é mantido no local por anéis isolantes regularmente espaçados ou por um material dielétrico sólido. O condutor externo é coberto por uma jaqueta ou malha. Um único cabo coaxial possui um diâmetro de 1 a 2,5cm. Devido à sua construção blindada, concêntrica, o cabo coaxial é muito menos suscetível à interferência e linha cruzada do que o par trançado. O cabo coaxial pode ser usado por distâncias maiores e admite mais estações do que o par trançado em uma linha compartilhada.

O cabo coaxial, como o par trançado blindado, oferece boa imunidade contra interferência eletromagnética. O cabo coaxial é mais caro do que o par trançado blindado, mas oferece maior capacidade.

Tradicionalmente, o cabo coaxial tem sido um meio de transmissão importante para LANs, começando com a popularidade inicial da rede Ethernet. Entretanto, nos últimos anos, a ênfase tem sido em LANs de distância limitada e baixo custo, usando par trançado, e LANs de alto desempenho, usando fibra óptica. O efeito disso é o declínio gradual, porém constante no uso do cabo coaxial para a implementação da LAN, a ponto de ser raramente utilizado hoje, exceto por LANs legadas.

Fibra óptica

Uma fibra óptica é um meio fino (2 a 125µm), flexível, capaz de conduzir um raio óptico. Diversos vidros e plásticos podem ser usados para criar fibras ópticas. As menores perdas foram obtidas usando fibras de sílica fundida ultrapuras. A fibra ultrapura é difícil de manufaturar; as fibras de vidro multicomponentes são mais econômicas e ainda oferecem bom desempenho. A fibra de plástico é ainda menos dispendiosa, e pode ser usada para enlaces curtos, para os quais as perdas moderadamente altas são aceitáveis.

Uma fibra óptica possui uma forma cilíndrica e consiste em três seções concêntricas (Figura 9.4c). As duas mais internas são dois tipos de vidro com diferentes índices de refração. O centro é chamado de núcleo, e a próxima camada é a vestimenta. Essas duas seções de vidro são cobertas por uma jaqueta protetora, que absorve a luz. As fibras ópticas são agrupadas em cabos ópticos.

Tabela 9.2 Categorias e classes de par trançado

	Categoria 3 Classe C	Categoria 5 Classe D	Categoria 5E	Categoria 6 Classe E	Categoria 7 Classe F
Largura de banda	16MHz	100MHz	100MHz	200MHz	600MHz
Tipo de cabo	UTP	UTP/FTP	UTP/FTP	UTP/FTP	SSTP
Custo do enlace (Cat 5 = 1)	0,7	1	1,2	1,5	2,2

UTP = Unshielded Twisted Pair
FTP = Foil Twisted Pair
SSTP = Shielded Screen Twisted Pair

Um dos avanços tecnológicos mais significativos na transmissão de informações foi o desenvolvimento dos práticos sistemas de comunicação por fibra óptica. A fibra óptica já tem um uso considerável nas telecomunicações por longa distância, e seu uso em aplicações militares está crescendo. As melhorias contínuas no desempenho e o declínio nos preços, associados às vantagens inerentes da fibra óptica, a tornaram cada vez mais atraente para a rede local. As características a seguir distinguem a fibra óptica do par trançado ou cabo coaxial:

- **Maior capacidade:** A largura de banda em potencial (portanto, a velocidade dos dados) da fibra óptica é imensa; velocidades de dados de centenas de Gbps por dezenas de quilômetros têm sido demonstradas. Compare isso com o máximo prático de centenas de Mbps por cerca de 1km para o cabo coaxial e apenas alguns Mbps por 1km ou até 100Mbps por algumas dezenas de metros para o par trançado.
- **Menor tamanho e menor peso:** As fibras ópticas são muito mais finas do que o cabo coaxial ou o cabo de par trançado amarrado – pelo menos, uma ordem de grandeza mais fina para uma capacidade semelhante de transmissão de informações. Para os conduítes limitados nos prédios e em subterrâneos de vias públicas, a vantagem do tamanho pequeno é considerável. A redução correspondente no peso reduz os requisitos de suporte estrutural.
- **Menor atenuação:** A atenuação é muito menor para a fibra óptica do que para o cabo coaxial ou par trançado, e é constante por um intervalo de freqüência maior.
- **Isolamento eletromagnético:** Sistemas de fibra óptica não são afetados por campos eletromagnéticos externos. Assim, o sistema não é vulnerável à interferência, ao ruído de impulso ou à linha cruzada. Pelo mesmo motivo, as fibras não irradiam energia, causando pouca interferência em outros equipamentos e fornecendo um alto grau de segurança contra espionagem. Além disso, a fibra é difícil de se grampear.

Os sistemas de fibra óptica operam no intervalo de aproximadamente 10^{14} a 10^{15}Hz; isso cobre partes do infravermelho e espectros visíveis. O princípio da transmissão por fibra óptica é o seguinte: a luz de uma fonte entra no núcleo cilíndrico de vidro ou de plástico. Os raios em ângulos rasos se refletem e propagam-se pela fibra; outros raios são absorvidos pelo material ao redor. Essa forma de propagação é chamada **multimodo com índice de passo**, que se refere à variedade de ângulos a serem refletidos. Com a transmissão multimodo, existem vários caminhos de propagação, cada qual com um tamanho diferente e, portanto, um tempo diferente para atravessar a fibra. Isso faz com que os elementos do sinal (pulsos de luz) espalhem-se no tempo, o que limita a velocidade em que os dados podem ser recebidos com precisão. Em outras palavras, a necessidade de deixar o espaçamento entre os pulsos limita a velocidade dos dados. Esse tipo de fibra é mais adequado para transmissão por distâncias curtas. Quando o raio do núcleo da fibra é reduzido, menos ângulos refletirão o sinal. Reduzindo o raio do núcleo para a ordem de um comprimento de onda, somente um único ângulo ou modo poderá passar: o raio axial. Essa propagação de **modo único** proporciona desempenho superior pelo seguinte motivo. Como existe um único caminho de transmissão com a transmissão de modo único, a distorção encontrada no multimodo não ocorre. O modo único normalmente é usado para aplicações de longa distância, incluindo telefone e televisão a cabo. Finalmente, variando o índice de refração do núcleo, é possível usarmos um terceiro tipo de transmissão, conhecido como **multimodo com índice graduado**. Esse tipo é intermediário entre os outros dois nas características. O índice refrativo mais alto no centro faz com que os raios de luz que se movem pelo eixo avancem mais lentamente do que os que estão perto da vestimenta. Em vez de ziguezaguear pela vestimenta, a luz no núcleo se encurva de modo helicoidal, devido ao índice graduado, reduzindo sua distância de viagem. O caminho mais curto e a velocidade mais alta permitem que a luz na periferia chegue ao receptor aproximadamente ao mesmo tempo em que os raios diretos no eixo do núcleo. As fibras de índice graduado são usadas com freqüência nas LANs.

Dois tipos diferentes de fonte de luz são usados nos sistemas de fibra óptica: o diodo emissor de luz (LED – Light-Emitting Diode) e o diodo de injeção de laser (ILD – Injection Laser Diode). Os dois são dispositivos semicondutores que emitem um raio de luz quando se aplica uma voltagem. O LED é mais barato, opera por um intervalo de temperaturas maior e possui uma vida operacional mais longa. O IDL, que opera com o princípio do laser, é mais eficiente e pode sustentar velocidades de dados mais altas.

Existe um relacionamento entre o comprimento de onda empregado, o tipo de transmissão e a velocidade de dados que pode ser alcançada. O modo único e o multimodo podem admitir vários comprimentos de onda de luz diferentes e podem empregar uma fonte de luz por laser ou LED. Na fibra óptica, a luz se propaga melhor em três "janelas" de comprimento de onda distintas, centralizadas em 850, 1.300 e 1.550 nanômetros (nm). Todos estes estão na parte de infravermelho do espectro de freqüências, abaixo da parte da luz visível, que é de 400 a 700nm. A perda é menor em comprimentos de ondas maiores, permitindo maiores velocidades de dados por distâncias maiores. A maioria das aplicações locais atualmente utiliza fontes de luz com LED na janela de 850nm. Embora essa combinação seja relativamente barata, ela geralmente é limitada a velocidades de dados abaixo de 100Mbps e distâncias de alguns quilômetros. Para atingir velocidades de dados mais altas e distâncias maiores, é preciso haver uma fonte de LED ou laser a 1.300nm. Velocidades de dados mais altas e distâncias maiores exigem fontes de laser a 1.500nm.

Cabeamento estruturado

Por uma questão prática, o gerente da rede precisa de um plano de cabeamento que lida com a seleção de cabo e o layout do cabo em um prédio. O plano de cabeamento deve ser fácil de implementar e deve levar em conta o crescimento futuro.

Para ajudar no desenvolvimento dos planos de cabeamento, emitem-se padrões que especificam os tipos de cabeamento e o layout dos prédios comerciais. Esses padrões denominam-se *sistemas de cabeamento estruturado*. Um sistema de cabeamento estruturado é um esquema genérico de fiação com as seguintes características:

- O esquema refere-se à fiação dentro do prédio comercial.
- O escopo do sistema inclui o cabeamento para dar suporte a todos os tipos de transferência de informações, entre as quais a transmissão de voz, as LANs, o vídeo e a imagem, além de outras formas de transmissão de dados.
- O layout do cabeamento e a seleção do cabo são independentes do fornecedor e do equipamento do usuário final.
- O layout do cabo é projetado para abranger a distribuição a todas as áreas de trabalho dentro do prédio, de modo que a relocação de equipamento não exige nova fiação, mas simplesmente a conexão do equipamento a uma tomada já existente no novo local.

Uma vantagem de tais padrões é que eles oferecem orientação para a pré-instalação de cabo em novos prédios, de modo que futuras necessidades de rede de voz e dados possam ser atendidas sem a necessidade de novos fios no prédio. Os padrões também simplificam o projeto de layout de cabo para os gerentes de rede. Dois padrões para sistemas de cabeamento estruturado foram emitidos: EIA/TIA-568, lançado em conjunto pela Electronic Industries Association e a Telecommunications Industry Association, e ISO 11801, lançado pela International Organization for Standardization. Os dois padrões assemelham-se muito; os detalhes nesta seção são do documento EIA/TIA-568.

Uma estratégia de cabeamento estruturado é baseada no uso de um layout de cabo hierárquico, ligado em estrela. A Figura 9.5 ilustra os principais elementos para um prédio comercial típico. Os cabos externos, da companhia telefônica local e das redes remotas, terminam em uma sala de equipamentos geralmente no andar térreo ou no porão. O painel e o equipamento de conexão cruzada na sala de equipamentos conectam os cabos externos ao cabo de distribuição interna. Normalmente, o primeiro nível de distribuição consiste em cabos de backbone. Na implementação mais simples, um único cabo de backbone ou conjunto de cabos vai da sala de equipamentos para os gabinetes de telecomunicações (chamados *gabinetes de fiação*) em cada andar. Um gabinete de telecomunicações difere da sala de equipamentos apenas porque é menos complexo; o gabinete de telecomunicações geralmente contém equipamento de conexão cruzada para a interconexão dos cabos em um único andar com o backbone. O cabo distribuído em um único andar é conhecido como *cabeamento horizontal*. Esse cabeamento conecta o backbone às tomadas da parede que servem ao equipamento individual de telefone e dados.

O uso de um plano de cabeamento estruturado permite que uma empresa utilize o meio de transmissão apropriado para seus requisitos de um modo sistemático e padronizado. A Figura 9.6 indica o meio recomendado para cada parte da hierarquia de cabeamento estruturado. Para o cabeamento horizontal, uma distância máxima de 90m é recomendada, independente do tipo de meio. Essa distância é adequada para oferecer cobertura a um andar inteiro, a muitos prédios comerciais. Para prédios com andar muito grande, o cabo de backbone pode ter de interconectar vários gabinetes de telecomunicações no mesmo andar. Para o cabeamento de backbone, as distâncias variam de 90 m a 3.000m, dependendo do tipo de cabo e da posição na hierarquia.

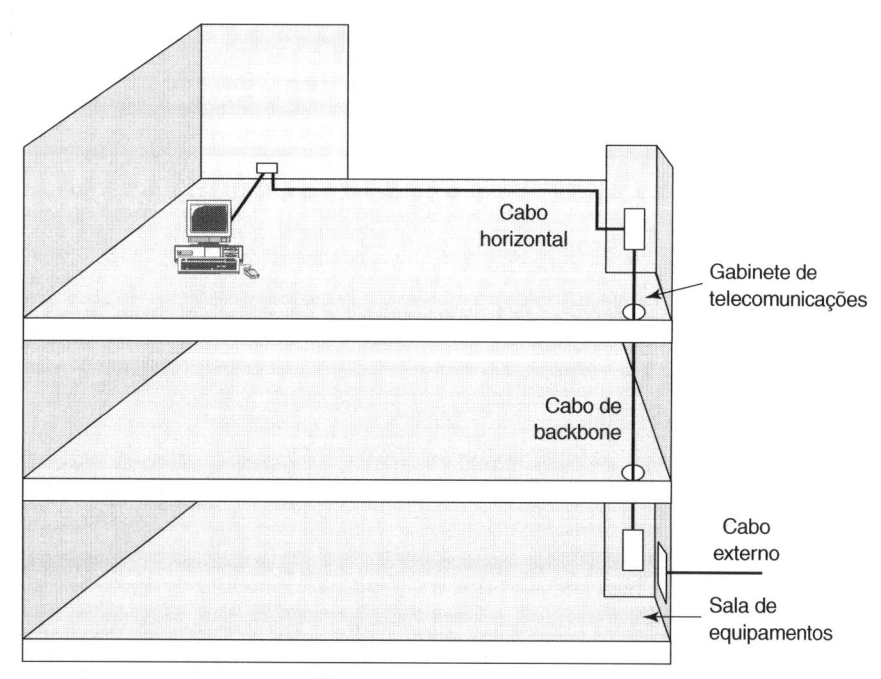

FIGURA 9.5 Elementos de um layout de cabeamento estruturado.

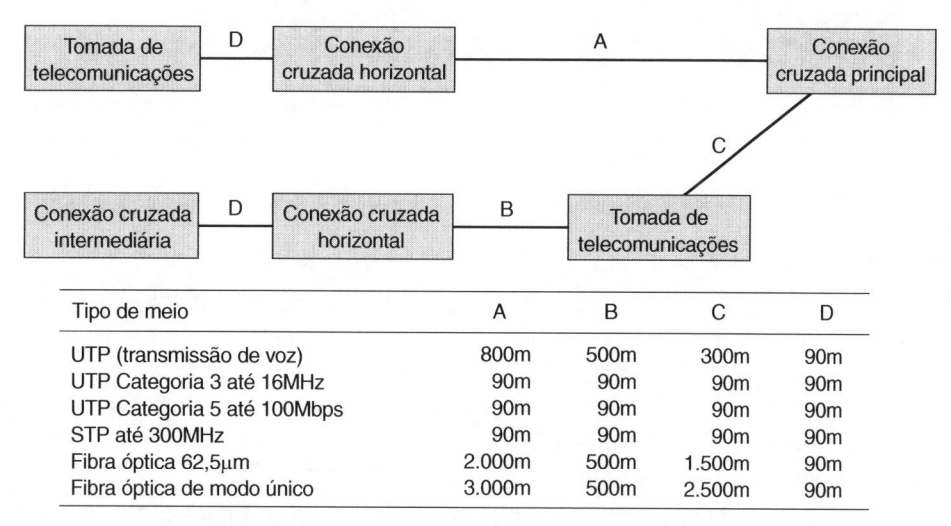

Tipo de meio	A	B	C	D
UTP (transmissão de voz)	800m	500m	300m	90m
UTP Categoria 3 até 16MHz	90m	90m	90m	90m
UTP Categoria 5 até 100Mbps	90m	90m	90m	90m
STP até 300MHz	90m	90m	90m	90m
Fibra óptica 62,5μm	2.000m	500m	1.500m	90m
Fibra óptica de modo único	3.000m	500m	2.500m	90m

FIGURA 9.6 Distâncias de cabo especificadas no documento EIA-568-A.

9.4 ARQUITETURA DE PROTOCOLO DE LAN

Pode-se descrever a arquitetura de uma LAN em termos de uma disposição em camadas de protocolos que organizam as funções básicas de uma LAN. Esta seção começa com uma descrição da arquitetura padronizada de protocolos para as LANs, abrangendo as camadas física, o controle de acesso ao meio (MAC) e o controle lógico do enlace (LLC). Depois, a seção apresenta uma visão geral das camadas MAC e LLC.

Modelo de referência IEEE 802

Os protocolos definidos especificamente para transmissão por LAN e MAN resolvem questões relacionadas à transmissão de blocos de dados pela rede. Em termos de OSI, os protocolos de nível mais alto (camada 3 e ou 4, e acima) são independentes da arquitetura de rede, e se aplicam a LANs, MANs e WANs. Assim, uma análise dos protocolos de LAN trata principalmente das camadas mais baixas do modelo OSI.

A Figura 9.7 relaciona os protocolos de LAN à arquitetura OSI (Figura 5.15). Essa arquitetura foi desen-

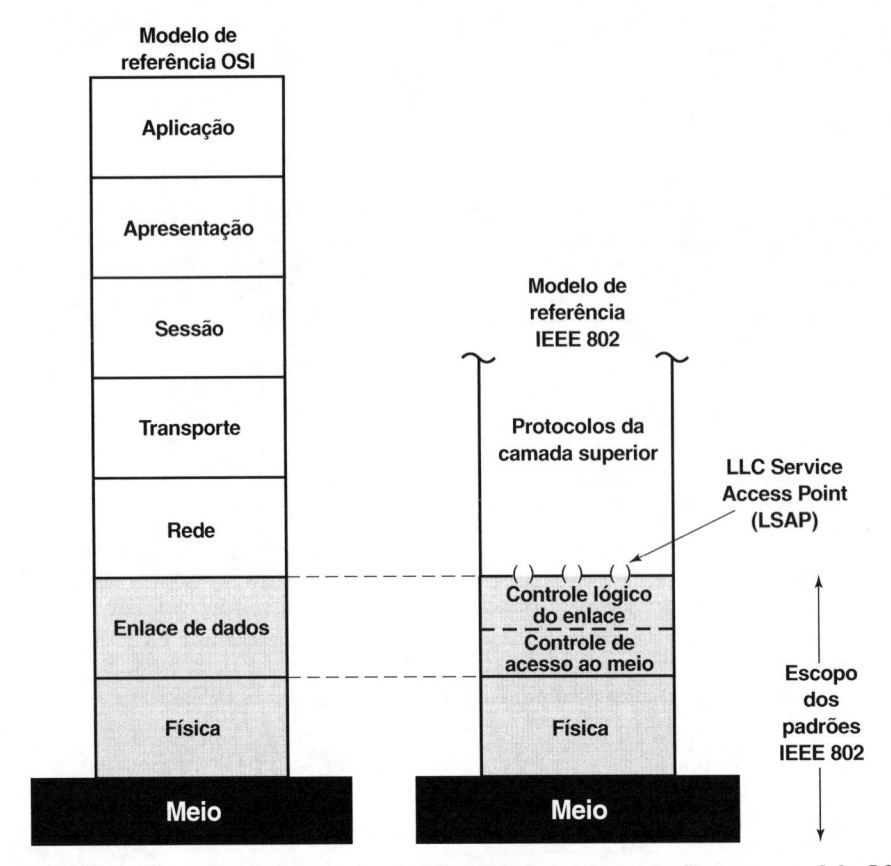

FIGURA 9.7 Camadas de protocolos IEEE 802 em comparação com o modelo OSI.

volvida pelo comitê IEEE 802 e foi adotada por todas as organizações que trabalhavam na especificação dos padrões de LAN. Geralmente, ela é conhecida como modelo de referência IEEE 802.

Trabalhando de baixo para cima, a camada mais baixa do modelo de referência IEEE 802 corresponde à **camada física** do modelo OSI, e inclui funções como codificação/decodificação de sinais e transmissão/recepção de bits. Além disso, a camada física inclui uma especificação do meio de transmissão. Geralmente, o meio de transmissão é considerado "abaixo" da camada inferior do modelo OSI. Contudo, a escolha do meio de transmissão é crítica no projeto de LAN, e, portanto, inclui-se uma especificação do meio.

Acima da camada física estão as funções associadas ao fornecimento de serviço aos usuários da LAN. Entre os quais constam os seguintes:

- Na transmissão, montar dados em um quadro com campos de endereço e detecção de erro.
- Na recepção, desmontar quadro e realizar reconhecimento de endereço e detecção de erro.
- Governar o acesso ao meio de transmissão da LAN.
- Oferecer uma interface às camadas mais altas e realizar controle de fluxo e erro.

Estas são funções normalmente associadas à camada OSI 2. As funções no último item estão agrupadas em uma camada de controle lógico do enlace (**LLC – Logical Link Control**). As funções nos três primeiros itens são tratadas como uma camada separada, chamada controle de acesso ao meio (**MAC – Medium Access Control**). A separação é feita pelos seguintes motivos:

- A lógica exigida para gerenciar o acesso a um meio de acesso compartilhado não se encontra no controle de enlace de dados tradicional da camada 2.
- Para o mesmo LLC, várias opções de MAC podem ser fornecidas.

A Figura 9.8 ilustra o relacionamento entre as camadas da arquitetura (compare com a Figura 5.9). Os dados de nível mais alto, como um datagrama IP, são passados para o LLC, que acrescenta informações de controle como um cabeçalho, criando uma unidade de dados de protocolo (**PDU – Protocol Data Unit**) LLC. Essa informação de controle é usada na operação do protocolo LLC. A PDU LLC inteira é então passada para a camada MAC, que acrescenta informações de controle no início e no final do pacote, formando um

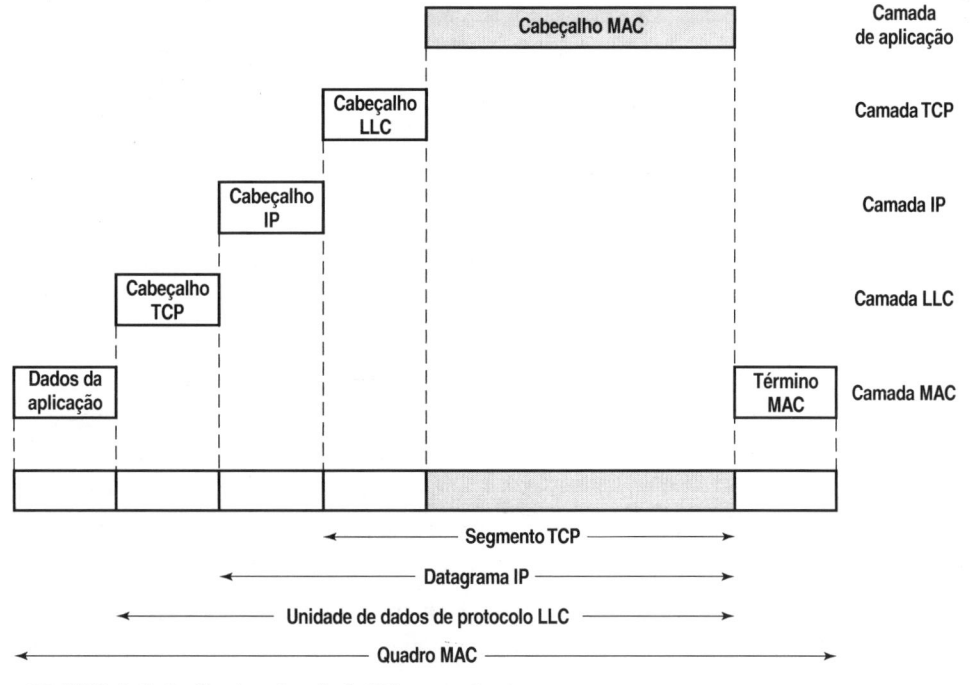

FIGURA 9.8 Protocolos de LAN no contexto.

quadro MAC. Novamente, as informações de controle no quadro são necessárias para a operação do protocolo MAC. Para o contexto, a figura também mostra o uso do TCP/IP e uma camada de aplicação acima dos protocolos de LAN.

Controle lógico do enlace

O **controle lógico do enlace** (LCC – Logical Link Control) é um protocolo de enlace comum para todas as LANs. LLC especifica os mecanismos para endereçar estações através do meio e controlar a troca de dados entre dois usuários. Três serviços são fornecidos como alternativas para dispositivos conectados usando LLC:

- **Serviço sem conexão não-confirmado:** Esse é um serviço em estilo de datagrama. Ele é muito simples, pois não envolve qualquer um dos mecanismos de controle de fluxo e controle de erro. Assim, a remessa de dados não é garantida, mas, na maioria dos dispositivos haverá alguma camada de software mais alta, que lida com questões de confiabilidade.
- **Serviço no modo de conexão:** Esse serviço é semelhante ao que é oferecido pelo HDLC. Uma conexão lógica é configurada entre dois usuários que trocam dados, e são fornecidos controle de fluxo e controle de erro.
- **Serviço sem conexão confirmado:** Esse é um serviço híbrido entre os dois serviços anteriores. Ele garante que os datagramas sejam confirmados, mas nenhuma conexão lógica anterior é configurada.

Normalmente, um fornecedor oferecerá esses serviços como opções que o cliente pode selecionar quando adquirir o equipamento. Como alternativa, o cliente pode adquirir equipamento que ofereça dois ou todos os três serviços e selecionar um serviço específico com base na aplicação.

O **serviço sem conexão não-confirmado** exige o mínimo de lógica e é útil em dois contextos. Em primeiro lugar, normalmente acontece que as camadas mais altas de software oferecem a confiabilidade e o mecanismo de controle de fluxo necessários, e o serviço é eficiente por evitar a duplicação dos mesmos. Por exemplo, o TCP oferece os mecanismos necessários para garantir que os dados sejam entregues de forma confiável. Em segundo lugar, existem instâncias em que a sobrecarga do estabelecimento e manutenção da conexão é injustificada ou até mesmo contraproducente. Um exemplo é a atividade de coleta de dados que envolve a amostragem periódica das fontes de dados, como sensores e relatórios automáticos de autoteste de equipamento de segurança ou componentes da rede. Em uma aplicação de monitoração, a perda ocasional de uma unidade de dados não causaria dificuldade, pois o próximo relato deveria chegar em breve. Assim, na maior parte dos casos, o serviço sem conexão não-confirmado é a opção preferida.

O **serviço no modo de conexão** poderia ser usado em dispositivos muito simples, como controladores de terminais, que possuem pouco software operando acima desse nível. Nesses casos, ele ofereceria os mecanismos de controle de fluxo e de confiabilidade normalmente implementados em camadas mais altas do software de comunicações.

O **serviço sem conexão confirmado** é útil em diversos contextos. Com o serviço no modo de conexão, o software de controle lógico do enlace precisa manter algum tipo de tabela para cada conexão ativa, para registrar o status dessa conexão. Se o usuário precisar de entrega garantida, mas houver uma grande quantidade de destinos para os dados, o serviço no modo de conexão pode não ser prático, devido ao grande número exigido de tabelas. Um exemplo é um ambiente de controle de processo ou fábrica automatizada, em que a instalação central pode precisar se comunicar com uma grande quantidade de processadores e controladores programáveis. Outro uso disso é o tratamento de sinais importantes e de tempo crítico para alarme ou controle de emergência em uma fábrica. Devido à sua importância, uma confirmação é necessária para que o emissor possa ter garantias de que o sinal passou. Em razão da urgência do sinal, o usuário pode não querer perder tempo para estabelecer inicialmente uma conexão lógica, e depois enviar os dados.

A PDU LLC inclui endereços de ponto de acesso ao serviço de destino e origem (DSAP, SSAP). Estes se referem ao próximo protocolo de camada mais alta que utiliza LLC (normalmente, IP). A PDU LLC também inclui um campo de controle que oferece um mecanismo de seqüência e controle de fluxo. Esse campo de controle é típico nos protocolos de controle de enlace de dados e é descrito no Capítulo 17.

Controle de acesso ao meio

Todas as LANs e MANs (Metropolitan Area Networks) consistem em coleções de dispositivos que precisam compartilhar a capacidade de transmissão da rede. Alguma forma de controlar o acesso ao meio de transmissão é necessária para oferecer um uso ordenado e eficiente dessa capacidade. Essa é a função de um protocolo de controle de acesso ao meio (**MAC – Medium Access Control**).

O relacionamento entre LLC e o protocolo MAC pode ser visto numa análise dos formatos de transmissão envolvidos. Os dados do usuário são passados para a camada LLC, que prepara um frame em nível de enlace, conhecido como unidade de protocolo de dados (PDU – Protocol Data Unit) LLC. Essa PDU é, então, passada para a camada MAC, onde é incluída em um quadro MAC.

O formato exato do quadro MAC difere um pouco para os diversos protocolos MAC em uso. Em geral, todos os quadros MAC possuem um formato semelhante ao da Figura 9.9. Os campos desse quadro são os seguintes:

- **Controle MAC:** Esse campo contém qualquer informação de controle de protocolo necessária para o funcionamento do protocolo MAC. Por exemplo, um nível de prioridade poderia ser indicado aqui.
- **Endereço MAC de destino:** O ponto de conexão físico de destino na LAN para esse quadro.
- **Endereço MAC de origem:** O ponto de conexão físico de origem na LAN para esse quadro.
- **PDU LLC:** Os dados LLC da próxima camada mais alta. Isso inclui os dados do usuário mais o ponto de acesso de serviço (SAP – Service Access Point) de origem e destino, que indicam o usuário do LLC.
- **CRC:** O campo de verificação de redundância cíclica (também conhecido como campo Frame Check Sequence, FCS). Esse é um código de detecção de erro, tal qual usado em outros protocolos de controle de enlace de dados (Capítulo 17). O CRC opera da mesma forma que a soma de verificação descrita para TCP no Capítulo 5. O CRC é calculado com base nos bits do quadro inteiro. O emissor calcula o CRC e o acrescenta ao quadro. O receptor realiza o mesmo cálculo no quadro que chega e compara o resultado desse cálculo com o campo CRC nesse quadro que chega. Se os dois valores não combinarem, então um ou mais bits foram acidentalmente alterados em trânsito.

Na maior parte dos protocolos de controle de enlace, a entidade de protocolo de enlace de dados é responsável não apenas por detectar erros usando o CRC, mas por recuperar-se desses erros, retransmitindo quadros danificados. Na arquitetura de protocolo de LAN, essas duas funções são divididas entre as camadas MAC e LLC. A camada MAC é responsável por detectar erros e descartar quaisquer quadros que contêm erros. A camada LLC opcionalmente registra quais quadros foram recebidos com sucesso e retransmite os quadros que não tiveram sucesso.

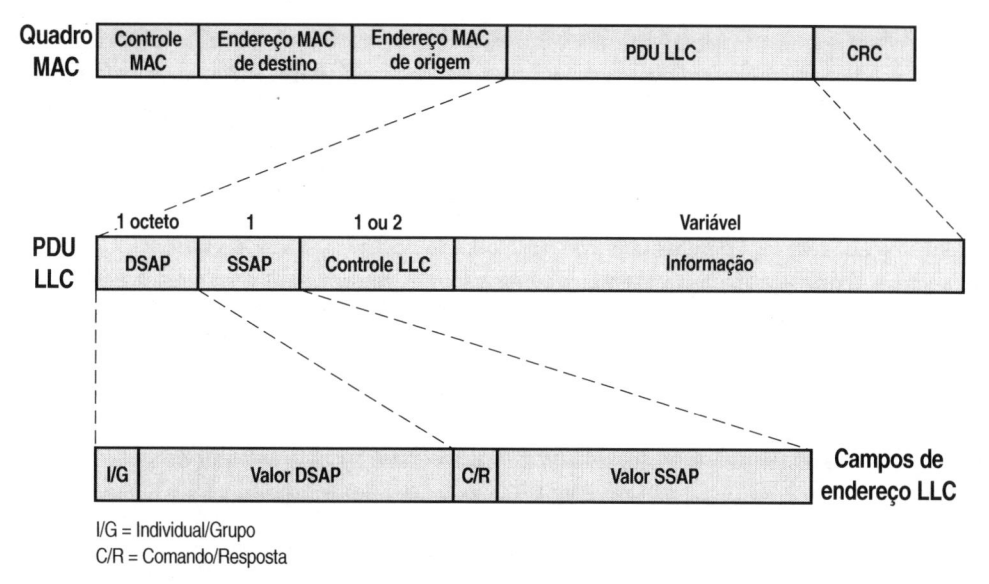

FIGURA 9.9 PDU LLC em um formato de quadro MAC genérico.

NOTA DE APLICAÇÃO

Infra-estrutura de cabeamento

Uma infra-estrutura de cabeamento sólida é a base para todas as comunicações confiáveis. Mesmo com o surgimento das comunicações sem fio, a instalação do cabo é extremamente importante, pois o equipamento sem fio por fim será conectado ao backbone com fio. É fácil perceber a importância do cabeamento para novas instalações, mas, nos sistemas mais antigos, isso pode ser muito importante para atualizações da rede e para entender as limitações do sistema.

Existem vários componentes importantes na infra-estrutura de cabeamento, dos quais a seleção do cabo é apenas uma parte. Embora a maioria das empresas utilize terceiros para a instalação da rede; ter um supervisor local que entenda os problemas pode significar a diferença entre uma instalação bem construída e outra fraca.

A rede será parte integrante dos sistemas do prédio, e por isso é necessário alocar espaço para os gabinetes de fiação e examinar o local dos cabos de dados. Isso é semelhante em escopo à atenção dada ao sistema elétrico. Os gabinetes de fiação são os pontos de término para todo o cabeamento e onde o equipamento de rede estará localizado. Os gabinetes de fiação também incluem conexões com o centro de dados ou com o backbone, por fim levando à Internet. Espaço, refrigeração, drenagem e limpeza adequadas devem ser fornecidos para garantir a longa vida do equipamento e a conectividade confiável. Normalmente, os gabinetes de fiação são vistos como um mal necessário, e são relegados aos locais mais inóspitos dentro do prédio. Isso pode resultar em um desempenho fraco na rede, pois corrosão, calor, sujeira e interferência servem para degradar a capacidade de comunicação.

O gabinete de fiação também deve estar localizado onde as limitações de distância não sejam violadas. Cada padrão de comunicação possui seu próprio intervalo máximo. Por exemplo, Ethernet exige que cada segmento tenha no máximo 100 metros de extensão para transmissões de 10Mbps e 100Mbps. Os 100 metros incluem o cabeamento instalado e os cabos de emenda nas duas pontas. Embora muitos prédios não tenham 100 metros de comprimento ou largura, a passagem pelos pavimentos, pelo teto e em torno de obstáculos pode rapidamente aumentar a distância.

A qualidade do cabeamento também faz uma diferença enorme. Embora possa existir uma economia de custo entre cabo de Categoria 5, 5e e 6, deve-se investir na melhor fiação disponível. Isso garante alguma longevidade à rede, a melhor velocidade de transmissão possível e, enfim, economizará dinheiro com o passar do tempo, pois as atualizações são menos freqüentes. Existe um ditado que diz: "A comunicação pode ser feita por arame farpado; só que a qualidade simplesmente não é boa".

Outros problemas de instalação de cabo incluem os seguintes, mas não estão limitados a estes: proximidade com fios de energia, equipamento instalado perto de motores, dutos de ventilação etc., gerenciamento do cabo no percurso (bandejas de cabo, anéis de cabo), cabo próprio utilizado (classificação plena ou não plena), reservas, danos durante e após a instalação, cabo puxado para permitir a modificação dos locais de término (o usuário do escritório deseja que uma tomada seja movida) e etiquetas. Todo o cabeamento deve ser rotulado nos dois extremos, na tomada e no gabinete de fiação, para facilitar o diagnóstico e a modificação.

O equipamento de terminação e sua qualidade também são importantes. Cada vez mais, utiliza-se o equipamento modular em novas redes. Isso significa que as conexões podem ser facilmente movidas e terminações concluídas rapidamente, mas deve-se ter o cuidado para garantir que sejam adquiridos componentes corretos. Cada tipo de cabo e cada tipo de aplicação possuem um tipo diferente de terminador. Por exemplo, um cabo rígido Cat 6 usará uma tomada diferente de um cabo de malha Cat 5. Todos os terminadores deverão ser verificados com o equipamento de teste de rede apropriado, como um testador de cabos Fluke. Esse dispositivo testará o cabo para verificar se há linha cruzada, retorno, atenuação e mapeamento de fio, para garantir que todos os segmentos estejam dentro da especificação.

Dentro do gabinete de fiação, deverá ser utilizada uma quantidade adequada de gerenciamento de fios. Gerenciamento de fios inclui componentes usados para organizar e "pôr em ordem" as instalações. Sem esse gerenciamento, o gabinete de fiação pode ser um caos absoluto, tornando o diagnóstico, a manutenção ou os acréscimos praticamente impossíveis. O gerenciamento de fios inclui itens como gerenciamento vertical e horizontal, partes de frente/fundos, tampas, guias e anéis de cabo para amarrar.

Finalmente, a instalação inteira do cabo deverá ser limpa e elegante. Ninguém deseja cabos saindo pela parede ou um espelho de tomada de rede torto em seu escritório. Nenhum técnico de rede deseja trabalhar em um gabinete que lembre um dia ruim na fábrica de espaguete. Uma instalação limpa e bem-feita permite um diagnóstico mais rápido, manutenção/modificações mais fáceis e não ocupa espaço desnecessário no piso, teto ou gabinete.

9.5 RESUMO

A exigência para a capacidade de rede dentro de um prédio é tão forte quanto a exigência para a rede remota. Cada ambiente de empresa é composto de uma coleção grande e crescente de equipamentos de processamento de dados. As redes locais são necessárias para unir esse equipamento, tanto no tocante à comunicação dentro do escritório quanto ao fornecimento de um enlace econômico com redes remotas.

Uma LAN consiste em um meio de transmissão compartilhado e um conjunto de hardware e software para a interface de dispositivos destinados ao meio e à regulamentação do acesso ordenado ao meio.

Os meios de transmissão utilizados para transmitir informações classificam-se como guiados ou não-guiados. Os meios guiados oferecem um caminho físico ao longo do qual os sinais são propagados; estes incluem o par trançado, cabo coaxial e fibra óptica. Os meios não-guiados empregam uma antena para transmitir por ar, vácuo ou água. Tradicionalmente, o par trançado tem sido o meio mais utilizado para comunicações de todos os tipos. Mais recentemente, a fibra óptica passou a desempenhar um papel dominante, e substituiu outros meios em muitas aplicações. Desses dois, a fibra óptica tem o futuro mais promissor para a maior variedade de aplicações.

Um conjunto de padrões tem sido definido para LANs, o qual especifica um intervalo de velocidades de dados e uma série de meios de transmissão. Esses padrões são bastante aceitos, e a maioria dos produtos no mercado está em conformidade com um desses padrões.

9.6 Leitura e Webs site recomendados

O material neste capítulo é abordado com muito mais detalhes em [STALOO]. [REGA04] também oferece uma extensa explicação.

REGA04 Regan, P. *Local Area Networks.* Upper Saddle River, NJ: Prentice Hall, 2004.
STAL00 Stallings, W. *Local and Metropolitan Area Networks, Sexta edição.* Upper Saddle River, NJ: Prentice Hall, 2000.

Web site recomendado

- **IEEE 802 LAN/MAN Standards Committee:** Status e documentos para todos os grupos de trabalho.

9.7 Principais termos, perguntas para revisão e problemas

Principais termos

cabeamento estruturado
cabo coaxial
decibel (dB)
farm de servidores
fibra óptica
IEEE 802
LAN de backbone
LAN em camadas
Logical Link Control (LLC)
Medium Access Control (MAC)
meio de transmissão
meio guiado
meio não-guiado
par trançado
rede de back-end
rede local (LAN)
Shielded Twisted Pair (STP)
Storage Area Network (SAN)
transmissão sem fio
Unshielded Twisted Pair (UTP)

Perguntas para revisão

9.1. Em que os principais requisitos para as redes de salas de computadores diferem dos requisitos para redes locais de computadores pessoais?

9.2. Quais são as diferenças entre LANs de back-end, SANs e LANs de backbone?

9.3. Além da grande capacidade de armazenamento, que outra vantagem uma SAN oferece?

9.4. Qual é o protocolo normalmente utilizado nas redes de área de armazenamento?

9.5. Explique a diferença entre meio guiado e meio não-guiado.

9.6. Por que os fios são trançados na fiação de cobre com par trançado?

9.7. Quais são algumas das principais limitações do fio de par trançado?

9.8. Qual é a diferença entre par trançado não-blindado e par trançado blindado?

9.9. Descreva os componentes do cabo de fibra óptica.

9.10. Quais são os tamanhos de onda utilizados na comunicação de fibra óptica?

9.11. Disponha na ordem de largura de banda mais alta para mais baixa: UTP, fibra e cabo coaxial.

9.12. Disponha na ordem de custo mais alto para mais baixo: UTP, fibra e cabo coaxial.

9.13. Qual é a finalidade do comitê IEEE 802?

9.14. Por que existem vários padrões de LAN?

9.15. Liste e defina rapidamente os serviços fornecidos pelo LLC.

9.16. Liste e defina rapidamente os tipos de operação fornecidos pelo protocolo LLC.

9.17 Liste algumas funções básicas realizadas na camada MAC.

Problemas

9.1 A indústria de semicondutores exige um alto grau de automação no processamento dos dispositivos de microeletrônica. Isso deve-se principalmente ao fato de exigirem-se tolerâncias extremamente pequenas no processo de manufatura da maioria dos dispositivos semicondutores e, portanto, as fábricas de semicondutores precisam ser muitas vezes "mais limpas" do que a instalação normal de cirurgia hospitalar. Por exemplo, o canal de condução de um MOSFET (Metal Oxide Semiconductor Field Effect Transistor) normalmente é inferior a 1 mícron em extensão. Comparando, um fio de cabelo humano tem aproximadamente 50 micra de diâmetro. Assim, contaminadores biológicos aparentemente minúsculos (por exemplo, uma única escama de pele) podem tornar diversos transistores inoperáveis. Como o operador humano do processo pode ser prejudicial à fabricação de semicondutores, deve-se instituir a robótica e a automação sempre que possível. Para facilitar essa automação, a organização SEMI desenvolveu o protocolo SECS/GEM (Semiconductor Equipment Communication Standard/Generic Equipment Model). Dê uma visão geral básica desse padrão e analise os benefícios associados relativos ao projeto e à operação de uma LAN de fábrica e seu impacto sobre as comunicações de fabricação em geral. Esse conceito poderia ser útil em outros cenários fora do setor de semicondutores?

9.2 Obtenha um pedaço de fio de categoria 3 e outro de categoria 5. Descasque o isolamento externo e conte o número de trançados. Você deverá ser capaz de observar três características da fiação de par trançado. Explique.

9.3 Desenvolva, em termos gerais, um plano de cabeamento econômico (atendendo os requisitos mínimos de integridade de dados) para uma organização de pesquisa e desenvolvimento científico que está montando uma nova instalação de pesquisa em cinco pavimentos. O primeiro andar terá o lobby e os escritórios administrativos. O segundo e terceiro andares terão os laboratórios que utilizam equipamentos de alto consumo de energia (por exemplo, pequenos aceleradores lineares e câmaras de íon reativo). Diversos técnicos e cientistas estarão trabalhando nesse andar e os requisitos de dados incluem transmissão de alta velocidade de dados com alta largura de banda (por exemplo, vídeo em cores). O quarto andar terá escritórios para o pessoal de laboratório e o quinto andar terá escritórios executivos.

9.4 Algumas organizações estão implementando redes remotas como um backbone de alta velocidade, a fim de aumentar a eficiência da comunicação e a eficácia dos serviços por toda uma região específica. Um exemplo disso é a Network Virginia, que oferece serviços de Internet e intranet para as organizações em todo o estado da Virgínia. Network Virginia também oferece um ponto de interconexão regional para membros da Internet 2. Desenvolva um esboço da Network Virginia e discuta a importância desse conceito na evolução da estratégia de rede, com referência em particular ao suporte da LAN.

9.5 Preencha os elementos que faltam na seguinte tabela de razões de potência aproximadas para os diversos níveis de dB.

Decibéis	1	2	3	4	5	6	7	8	9	10
Perdas			0,5							0,1
Ganhos			2							10

9.6 Se um amplificador possui um ganho de voltagem de 30 dB, que razão de voltagem representa esse ganho?

9.7 Dada uma potência de transmissão (P_{in}) de 5 watts e uma potência de recepção (P_{out}) de 2,5 watts, qual é a perda calculada em dB?

APÊNDICE 9A   DECIBÉIS E FORÇA DO SINAL

Um parâmetro importante em qualquer sistema de transmissão é a força do sinal. À medida que um sinal se propaga por um meio de transmissão, haverá uma perda (ou *atenuação*) da força do sinal. Para compensar, os amplificadores podem ser inseridos em vários pontos, para proporcionar um ganho na força do sinal. É comum expressar ganhos, perdas e níveis relativos em decibéis, porque

- A força do sinal normalmente cai exponencialmente, de modo que a perda é facilmente expressa em termos de decibel, que é uma unidade logarítmica.
- O ganho ou perda líquida em um caminho de transmissão em cascata pode ser calculado com a simples adição e subtração.

O decibel é uma medida da razão entre dois níveis de sinal. O ganho de decibel é dado por

$$G_{dB} = 10 \log_{10} \frac{P_{out}}{P_{in}}$$

onde

G_{dB} = ganho, em decibéis
P_{inn} = nível de potência de entrada
P_{out} = nível de potência de saída
$\log_{10}$ = logaritmo na base 10

A Tabela 8.3 mostra o relacionamento entre valores em decibéis e potências de 10.

Existe alguma incoerência na literatura com relação ao uso dos termos *ganho* e *perda*. Se o valor de G_{dB} for positivo, isso representa um ganho real na potência. Por exemplo, um ganho de 3dB significa que a potência dobrou. Se o valor de G_{dB} for negativo, isso representa uma perda real na potência. Por exemplo, um ganho de -3dB significa que a potência foi dividida ao meio, e isso é uma perda de potência. Normalmente, isso é expresso dizendo-se que existe uma perda de 3dB. No entanto, parte da literatura diria que isso é uma perda de -3dB. Faz mais sentido dizer que um ganho negativo corresponde a uma perda positiva. Portanto, definimos uma perda de decibéis como

$$L_{dB} = -10 \log_{10} \frac{P_{out}}{P_{in}} = 10 \log_{10} \frac{P_{in}}{P_{out}}$$

Tabela 9.3 Valores em decibéis

Razão de potência	dB	Razão de potência	dB
10^1	10	10^{-1}	−10
10^2	20	10^{-2}	−20
10^3	30	10^{-3}	−30
10^4	40	10^{-4}	−40
10^5	50	10^{-5}	−50
10^6	60	10^{-6}	−60

EXEMPLO

Se um sinal com um nível de potência de 10 mW for inserido em uma linha de transmissão e a potência medida a alguma distância for 5mW, a perda pode ser expressa como

$$L_{dB} = 10\log(10/5) = 10(0,3) = 3dB$$

Observe que o decibel é uma mdida de diferença relativa, e não absoluta. Uma perda de 1.000mW para 500mW também é uma perda de 3dB. Assim, uma perda de 3dB divide o nível de potência ao meio; um ganho de 3dB dobra a potência.

$$P = \frac{V^2}{R}$$

onde

P = potência dissipada pela resistência R
V = voltagem através da resistência R

Assim

$$L_{dB} = 10\log\frac{P_{in}}{P_{out}} = 10\log\frac{V_{in}^2/R}{V_{out}^2/R} = 20\log\frac{V_{in}}{V_{out}}$$

EXEMPLO

Os decibéis são úteis para determinar o ganho ou a perda por uma série de elementos de transmissão. Considere uma série em que a entrada está no nível de potência de 4mW, o primeiro elemento é uma linha de transmissão com uma perda de 12dB (ganho de -12dB), o segundo elemento é um amplificador com um ganho de 35dB e o terceiro elemento é uma linha de transmissão com uma perda e 10dB. O ganho líquido é de (-12 + 35 - 10) = 13dB. Para calcular a potência de saída P_{out},

$$G_{dB} = 13 = 10\log(P_{out}/4mW)$$

$$P_{out} = 4 \times 10^{1,3} mW = 79,8 mW$$

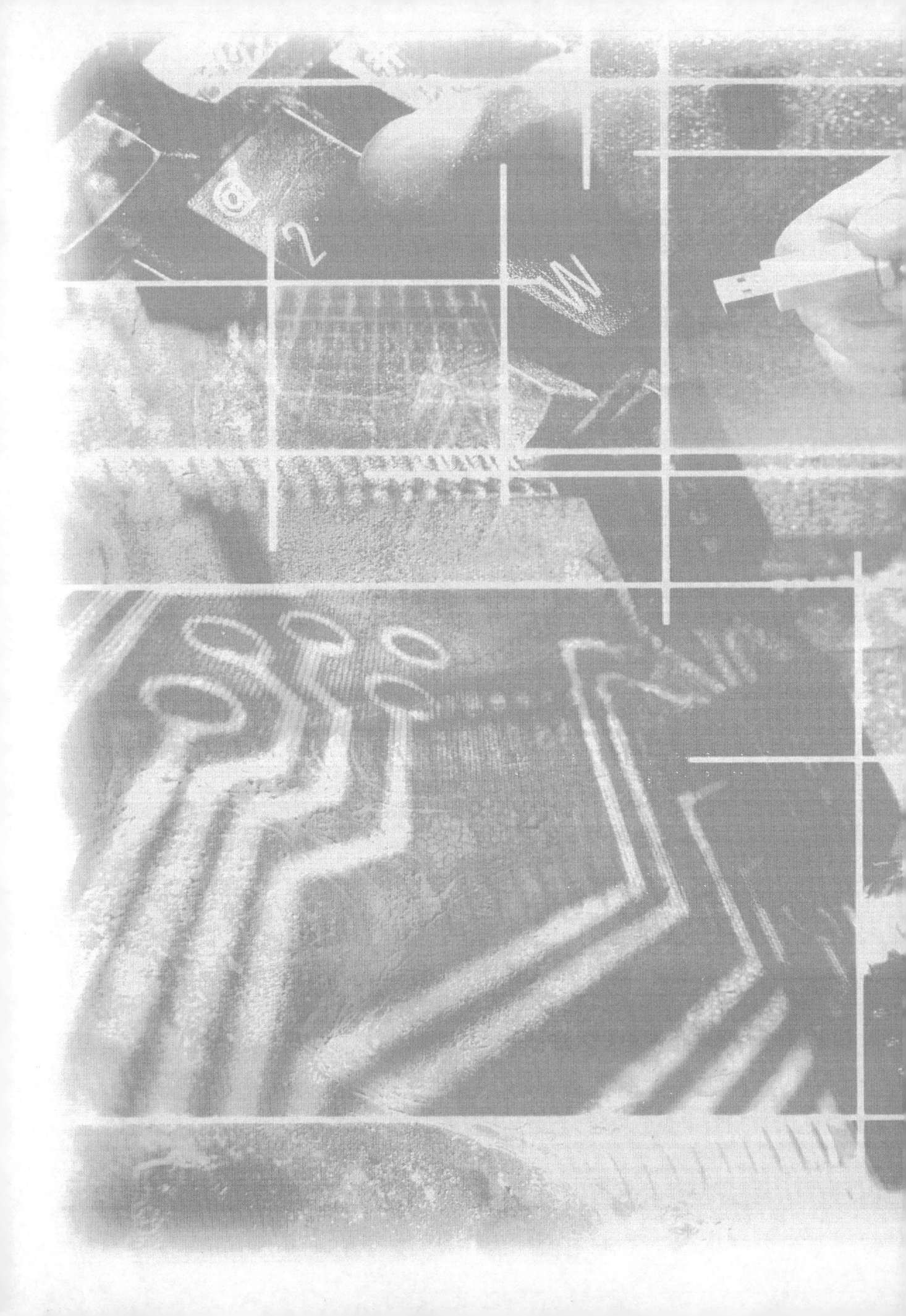

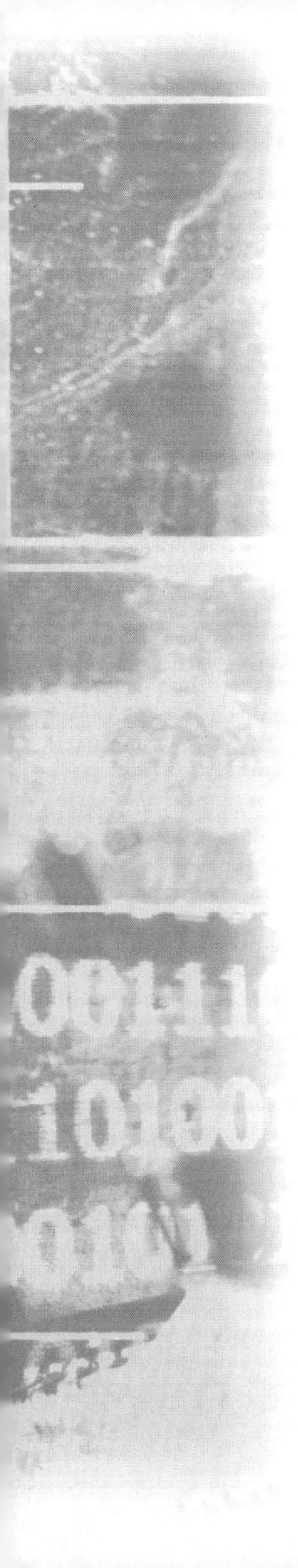

Capítulo 10

Ethernet
e Fibre Channel

10.1 O surgimento das LANs de alta velocidade
10.2 Ethernet tradicional
10.3 Pontes, hubs e comutadores
10.4 Ethernet de alta velocidade
10.5 Fibre Channel
10.6 Resumo
10.7 Leitura e Web sites recomendados
10.8 Principais termos, perguntas para revisão e problemas

OBJETIVOS DO CAPÍTULO

Depois de ler este capítulo, você deverá ser capaz de

- Explicar o interesse constante por sistemas tipo Ethernet em velocidades de dados cada vez maiores.
- Descrever as diversas alternativas à rede Ethernet.
- Apresentar as funções e a necessidade de pontes.
- Analisar as diferenças entre pontes, hubs, comutadores da camada 2 e comutadores da camada 3.
- Descrever a LAN Fibre Channel.

Os anos recentes foram de mudanças rápidas na tecnologia, no projeto e nas aplicações comerciais para redes locais (LANs – Local Area Networks). Um recurso importante dessa evolução é a introdução de uma série de novos esquemas para a rede local de alta velocidade. Para acompanhar o ritmo das necessidades de rede local da empresa, diversas técnicas para o projeto de LAN de alta velocidade tornaram-se produtos comerciais. As mais importantes destas são as seguintes:

- **Fast Ethernet e Gigabit Ethernet:** A extensão de CSMA/CD (Carrier Sense Multiple Access with Collision Detection) a 10Mbps para velocidades mais altas é uma estratégia lógica, pois costuma preservar o investimento nos sistemas existentes.
- **Fibre Channel:** Esse padrão oferece uma técnica de baixo custo, facilmente escalável, para conseguir velocidades de dados muito altas nas redes locais.
- **LANs sem fio de alta velocidade:** A tecnologia e os padrões de LAN sem fio finalmente amadureceram, e surgiram padrões e produtos de alta velocidade.

A Tabela 10.1 lista as características dessas técnicas.

O restante deste capítulo preenche alguns dos detalhes sobre Ethernet e Fibre Channel. O Capítulo 11 aborda as LANs sem fio.

10.1 O SURGIMENTO DAS LANS DE ALTA VELOCIDADE

Os computadores pessoais e as estações de trabalho de microcomputador começaram a obter grande aceitação na computação da empresa no início da década de 1980 e agora alcançaram praticamente o status do telefone: uma ferramenta essencial para trabalhadores de escritório. Até relativamente pouco tempo, as LANs de escritório ofereciam serviços de conectividade básicos – conectando computadores pessoais e terminais a mainframes e sistemas de médio porte que executavam aplicações corporativas, oferecendo conectividade de grupo de trabalho no nível de departamento ou divisão. Nos dois casos, os padrões de tráfego eram relativamente leves, com ênfase na transferência de arquivo e correio eletrônico. As LANs que estavam disponíveis para esse tipo de carga de trabalho, principalmente Ethernet e token ring, são bem adequadas a esse ambiente.

Na década de 1990, duas tendências importantes alteraram a função do computador pessoal e, portanto, os requisitos da LAN:

- A velocidade e o poder de computação dos computadores pessoais continuaram a ter um crescimento explosivo.
- As organizações de MIS reconheceram a LAN como uma plataforma de computação viável e realmente essencial. Essa tendência começou com a computação cliente/servidor, que se tornou uma arquitetura dominante no ambiente empresarial e na tendência de intra-rede mais recente. Essas duas técnicas, apresentadas no Capítulo 7, envolvem a transferência freqüente de volumes potencialmente grandes de dados em um ambiente orientado a transação.

O efeito dessas tendências é aumentar o volume de dados a serem operados pelas LANs e, como as aplicações são mais interativas, reduzir o atraso aceitável sobre as transferências de dados. A geração mais antiga de Ethernets de 10Mbps e token rings de 16Mbps simplesmente não tem suporte para esses requisitos.

A seguir, veja alguns exemplos de requisitos que exigem LANs de maior velocidade:

- **Farms de servidores centralizados:** Em muitas aplicações, existe a necessidade de que os sistemas do usuário, ou clientes, sejam capazes de captar grandes quantidades de dados de vários servidores centralizados, chamados farms de servidores. Um exemplo é uma operação de publicação em cores, em que os servidores normalmente contêm dezenas de gigabytes de dados de imagem que precisam ser baixados para estações de trabalho de imagem. Quando o desempenho dos próprios servidores aumentou, o gargalo passou para a rede. A Ethernet comutada sozinha não solucionaria esse problema, de-

Tabela 10.1 **Características de algumas LANs de alta velocidade**

	Fast Ethernet	**Gigabit Ethernet**	**Fibre Channel**	**LAN sem fio**
Taxa de dados	100Mbps	1Gbps, 10Gbps	100Mbps-3,2Gbps	1Mbps-54Mbps
Meio de transmissão	UTP, STP, fibra óptica	UTP, cabo blindado, fibra óptica	Fibra óptica, cabo coaxial, STP	Microondas 2,4GHz, 5GHz
Access Method	CSMA/CD	Comutado	Comutado	CSMA/Polling
Padrão de suporte	IEEE 802.3	IEEE 802.3	Fibre Channel Association	IEEE 802.11

vido ao limite de 10Mbps sobre um único enlace com o cliente.

- **Grupos de trabalho poderosos:** Esses grupos normalmente consistem em um pequeno número de usuários em cooperação, que precisam apanhar arquivos de dados maciços pela rede. Alguns exemplos são um grupo de desenvolvimento de software que executa testes em uma nova versão de software, ou uma empresa de CAD (Computer-Aided Design) que executa regularmente simulações de novos projetos. Nesses casos, grandes quantidades de dados são distribuídas para várias estações de trabalho, processadas e atualizadas em velocidade muito alta para várias iterações.
- **Backbone local de alta velocidade:** À medida que a demanda de processamento cresce, as LANs se proliferam em um site, e a interconexão de alta velocidade é necessária.

10.2 ETHERNET TRADICIONAL

Dentro do comitê de padrões de LAN IEEE 802, o grupo 802.3 emitiu um conjunto de padrões com uma técnica comum de controle de acesso ao meio, conhecida como CSMA/CD. Esse conjunto de padrões cresceu a partir do produto comercial **Ethernet**, e o termo *Ethernet* ainda é usado normalmente em referência a todas as especificações. Em seu conjunto, as LANs tipo Ethernet são a força dominante no mercado de LAN.

A Ethernet comercial original, além do padrão IEEE 802.3 original, operava a 10Mbps, e ainda existem várias LANs Ethernet de 10Mbps em uso. Nos últimos anos, foram desenvolvidos padrões para sistemas 802.3, operando a 100Mbps, 1Gbps e 10Gbps. Antes de examinar essas LANs de alta velocidade, oferecemos uma rápida visão geral da Ethernet original de 10Mbps e introduzimos o conceito de LANs comutadas.

A Ethernet clássica opera a 10Mbps por uma LAN com topologia de barramento, usando o protocolo de controle de acesso ao meio CSMA/CD (Carrier Sense Multiple Access with Collision Detection). Nesta seção, apresentamos os conceitos das LANs de barramento e a operação do protocolo CSMA/CD; em seguida apresentaremos rapidamente as opções do meio de transmissão.

LAN com topologia de barramento

Em uma LAN com topologia de barramento, todas as estações se conectam, por meio de uma interface de hardware conhecida como tap, diretamente a um meio de transmissão linear, ou barramento. A operação full-duplex entre a estação e o tap permite a transmissão de dados para o barramento e a recepção de dados do barramento. Uma transmissão de qualquer estação se propaga pela extensão do meio nas duas direções e pode ser recebida por todas as outras estações. Em cada ponta do barramento existe um terminador, que absorve qualquer sinal, removendo-o do barramento.

Existem dois problemas com essa arrumação. Em primeiro lugar, como uma transmissão de qualquer estação pode ser recebida por todas as outras estações, é preciso haver algum meio de indicar para quem a transmissão é feita. Em segundo lugar, é preciso haver um mecanismo para regular a transmissão. Para entender o porquê, imagine que, se duas estações no barramento tentarem ao mesmo tempo fazer uma transmissão, seus sinais serão sobrepostos e se tornarão lixo. Ou, então, imagine que uma estação decida transmitir continuamente por um longo período, bloqueando o acesso de outros usuários.

Para resolver esses problemas, as estações transmitem dados em pequenos blocos, conhecidos como **quadros**. Cada quadro consiste em uma parte de dados que uma estação deseja transmitir, mais um cabeçalho de quadro que contém informações de controle. Cada estação no barramento recebe um endereço exclusivo, ou identificador, e o endereço de destino de um quadro está incluído em seu cabeçalho.

A Figura 10.1 ilustra o esquema. Nesse exemplo, a estação C quer transmitir um quadro de dados para A. O cabeçalho de quadro inclui o endereço de A. À medida que o quadro se propaga pelo barramento, ele passa por B. B observa o endereço e ignora o quadro. A, por outro lado, vê que o quadro está endereçado para si e, portanto, copia os dados do quadro enquanto eles passam.

Assim, a estrutura do quadro soluciona o primeiro problema mencionado anteriormente: ele oferece um mecanismo para indicar o destinatário intencionado dos dados. Ele também fornece a ferramenta básica para solucionar o segundo problema, a regulamentação de acesso. Em particular, as estações se alternam no envio de quadros, de alguma maneira cooperativa, conforme explicamos na próxima subseção.

Controle de acesso ao meio

Para o CSMA/CD, uma estação que deseja transmitir primeiro escuta o meio para determinar se outra transmissão está em andamento (percepção da portadora).

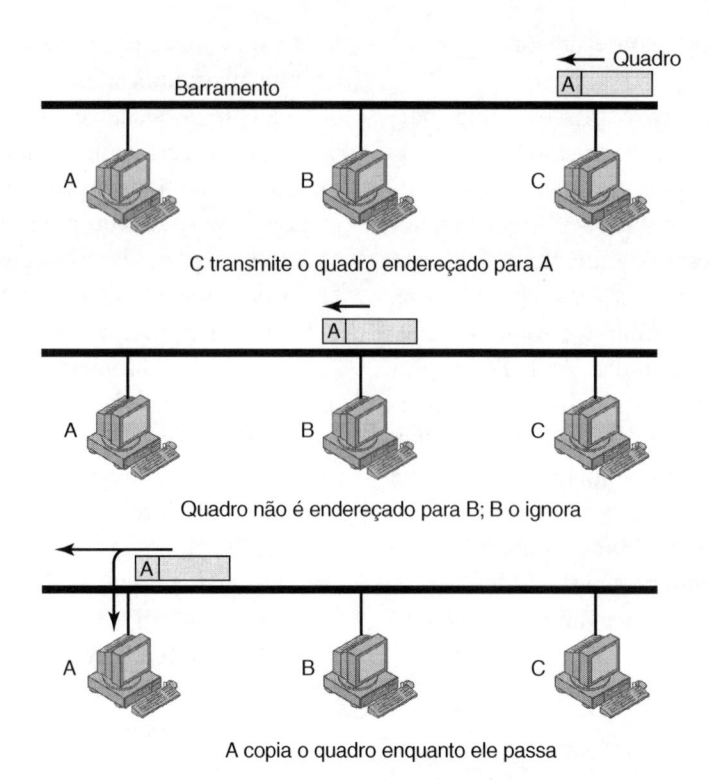

FIGURA 10.1 Transmissão de quadro em uma LAN de barramento.

Se o meio estiver ocioso, a estação pode transmitir. Pode acontecer de duas ou mais estações tentarem transmitir ao mesmo tempo. Se isso acontecer, haverá uma **colisão**; os dados das duas transmissões se misturarão e não serão recebidos com sucesso. O procedimento a seguir especifica o que uma estação deverá fazer se o meio estiver ocupado e o que ela deverá fazer se houver uma colisão:

1. Se o meio estiver ocioso, transmita; caso contrário, vá para a etapa 2.
2. Se o meio estiver ocupado, continue a escutar até que esteja ocioso, e depois transmita imediatamente.
3. Se uma colisão for detectada durante a transmissão, transmita um rápido sinal de colisão para garantir que todas as estações saibam que houve uma colisão e, depois, pare de transmitir.
4. Depois de transmitir o sinal de colisão, espere por um tempo aleatório, conhecido como **backoff**, em seguida tente transmitir novamente (repita a partir da etapa 1).

A Figura 10.2 ilustra a técnica. A parte superior da figura mostra um layout de LAN de barramento. O restante da figura representa a atividade no barramento em quatro instantes sucessivos no tempo. No tempo t_0, a estação A começa a transmitir um pacote endereçado para D. Em t_1, tanto B quanto C estão prontas para transmitir. B percebe a transmissão e, portanto, adia. Entretanto, C ainda não sabe da transmissão de A e inicia sua própria transmissão. Quando a transmissão de A alcança C, em t_2, C detecta a colisão e deixa de transmitir. O efeito da colisão se propaga de volta para A, onde é detectado algum tempo depois, t_3, quando A deixa de transmitir.

A vantagem do CSMA/CD é a sua simplicidade. É fácil implementar a lógica exigida para esse protocolo. Além do mais, há pouquíssima chance de sair errado na execução do protocolo. Por exemplo, se, por algum motivo, uma estação deixar de detectar uma colisão, o pior que pode acontecer é que ela continuará a transmitir seu quadro, desperdiçando algum tempo no meio. Quando a transmissão terminar, o algoritmo continuará a funcionar como antes.

Quadro MAC

A Figura 10.3 representa o formato de quadro para o protocolo 802.3. Ele consiste nos seguintes campos:

- **Preâmbulo:** Um padrão de 7 octetos de 0s e 1s alternados utilizados pelo receptor para estabelecer o sincronismo de bit.

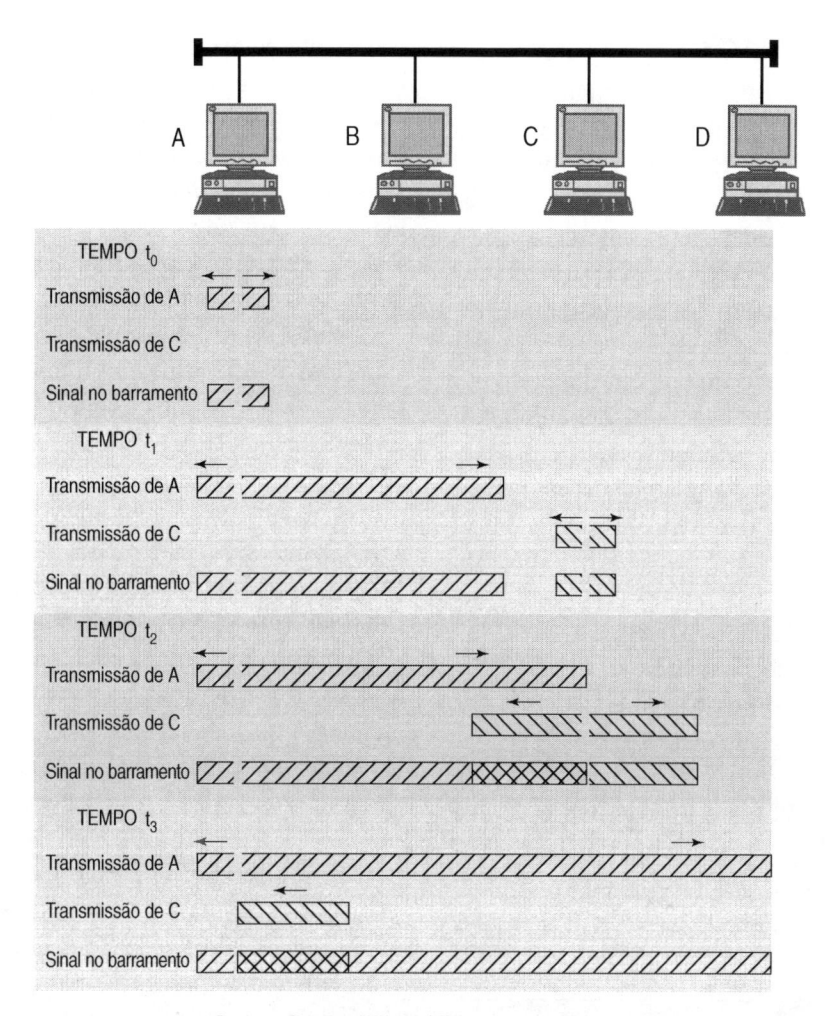

FIGURA 10.2 Operação do CSMA/CD.

FIGURA 10.3 Formato do quadro IEEE 802.3.

SFD = Start of Frame Delimiter (delimitador de início de quadro)
DA = Destination Address (endereço de destino)
SA = Source Address (endereço de origem)
FCS = Frame Cheek Sequence (seqüência de verificação de quadro)

- **Start Frame Delimiter (SFD):** A seqüência 10101011, que indica o início real do quadro e permite que o receptor localize o primeiro bit do restante do quadro.
- **Destination Address (DA):** Especifica a estação (ou estações) para a qual o quadro é direcionado. Esse pode ser um endereço físico exclusivo, um endereço de grupo ou um endereço global.
- **Source Address (SA):** Especifica a estação que enviou o quadro.
- **Tamanho:** O tamanho do campo de dados LLC em octetos. O tamanho máximo do quadro, excluindo o Preâmbulo e SFD, é de 1.518 octetos.
- **Dados de LLC:** Unidade de dados fornecida pelo LLC.
- **Pad:** Octetos acrescentados para garantir que o quadro seja grande o suficiente para a operação apropriada de CD.
- **Frame Check Sequence (FCS):** Um CRC de 32 bits, baseado em todos os campos exceto preâmbulo, SFD e FCS.

Opções do meio IEEE 802.3 a 10Mbps

O Comitê 802.3 definiu uma série de configurações físicas alternativas. Isso é bom e é ruim. No lado bom, o padrão tem sido responsivo à tecnologia em evolução. No lado ruim, o cliente, sem falar no vendedor em potencial, encara uma gama desconcertante de opções. Contudo, o comitê tem feito muita coisa para garantir que as diversas opções possam ser facilmente integradas a uma configuração que satisfaça uma série de necessidades. Assim, o usuário que possui um conjunto complexo de requisitos pode achar que a flexibilidade e a variedade do padrão 802.3 seja uma vantagem.

Para distinguir as diversas implementações que estão disponíveis, o comitê desenvolveu uma notação concisa:

<velocidade de dados em Mbps>
<método de sinalização>
<tamanho máximo do segmento em centenas de metros>

A Tabela 10.2 resume essas opções. Observe que 10BASE-T e 10BASE-F não seguem muito bem a notação: "T" significa par trançado e "F" significa fibra óptica.

10.3 PONTES, HUBS E COMUTADORES

Antes de continuarmos nossa análise da Ethernet, precisamos fazer um desvio e examinar os conceitos de pontes, hubs e comutadores.

Pontes

Em praticamente todos os casos, existe a necessidade de expandir além dos limites de uma única LAN, oferecendo interconexão com outras LANs e redes remotas. Utilizam-se duas técnicas gerais para essa finalidade: pontes e roteadores. A **ponte** é o mais simples dos dois dispositivos e oferece um meio de interconectar LANs semelhantes. O roteador é um dispositivo de uso mais genérico, capaz de interconectar uma série de LANs e WANs. Exploraremos as pontes nesta seção; os roteadores são examinados na Parte Dois.

A ponte foi projetada para ser usada entre redes locais (LANs) que utilizam protocolos idênticos nas camadas física e de enlace (por exemplo, todas em conformidade com IEEE 802.3). Como todos os dispositivos utilizam os mesmos protocolos, a quantidade de processamento exigida na ponte é mínima. Pontes mais sofisticadas são capazes de mapear de um formato MAC para outro (por exemplo, para interconectar uma Ethernet e uma LAN Fibre Channel).

Como a ponte é usada em uma situação em que todas as LANs têm a mesma característica, o leitor poderá perguntar por que não ter simplesmente uma LAN grande? Dependendo da circunstância, existem vários motivos para o uso de várias LANs conectadas por pontes:

- **Confiabilidade:** O perigo na conexão de todos os dispositivos de processamento de dados de uma organização a uma rede é que uma falha na rede pode desativar a comunicação para todos os dispositivos. Usando pontes, a rede pode ser particionada em unidades autocontidas.

- **Desempenho:** Em geral, o desempenho em uma LAN caiu com o aumento no número de dispositivos ou com o tamanho do fio. Diversas LANs menores normalmente proporcionarão maior desempenho se os dispositivos puderem ser agrupados de modo que o tráfego dentro da rede ultrapasse bastante o tráfego entre redes.

Tabela 10.2 Alternativas de meio da camada física de 10Mbps no padrão IEEE 802.3

	10BASE5	**10BASE2**	**10BASE-T**	**10BASE-F**
Meio de transmissão	Cabo coaxial	Cabo coaxial	Par trançado não-blindado	Par de fibra óptica de 850nm
Topologia	Barramento	Barramento	Estrela	Estrela
Tamanho máximo do segmento (m)	500	185	100	500
Nós por segmento	100	30	–	33
Diâmetro do cabo	10mm	5mm	0,4 a 0,6mm	62,5/125µm

- **Segurança:** O estabelecimento de várias LANs pode melhorar a segurança das comunicações. Deseja-se manter diferentes tipos de tráfego (por exemplo, contabilidade, pessoal, planejamento estratégico) que possuem diferentes necessidades de segurança em meios fisicamente separados. Ao mesmo tempo, os diferentes tipos de usuários com diferentes níveis de segurança precisam se comunicar por mecanismos controlados e monitorados.
- **Geografia:** Claramente, duas LANs separadas são necessárias para dar suporte a dispositivos agrupados em dois locais geograficamente distintos. Até mesmo no caso de dois prédios separados por uma estrada, pode ser muito mais fácil usar um enlace de ponte de microondas do que tentar esticar um cabo coaxial entre os dois prédios.

A Figura 10.4 mostra a ação de uma ponte que conecta duas LANs, A e B, usando o mesmo protocolo MAC. Nesse exemplo, uma única ponte se conecta às duas LANs; freqüentemente, a função de ponte é realizada por duas "meias pontes", uma em cada LAN. As funções da ponte são poucas e simples:

- Ler todos os quadros transmitidos em A e aceitar aqueles endereçados a qualquer estação em B.
- Usando o protocolo de controle de acesso ao meio para B, retransmitir cada quadro em B.
- Fazer o mesmo para o tráfego de B para A.

Diversos aspectos de projeto de uma ponte merecem destaque:

- A ponte não faz modificações no conteúdo ou no formato dos quadros que recebe, nem os encapsula com um cabeçalho adicional. Cada quadro a ser transferido é simplesmente copiado de uma LAN e repetido exatamente com o mesmo padrão de bits da outra LAN. Como as duas LANs utilizam os mesmos protocolos de LAN, é possível fazer isso.
- A ponte deverá conter espaço em buffer suficiente para atender demandas de pico. Em um curto período, os quadros podem chegar mais rapidamente do que podem ser retransmitidos.
- A ponte precisa conter inteligência de endereçamento e roteamento. No mínimo, a ponte precisa saber quais endereços estão em cada rede para saber quais quadros passar. Além do mais, pode haver mais de duas LANs interconectadas por uma série de pontes. Nesse caso, um quadro pode ter que ser roteado por várias pontes em sua jornada da origem ao destino.
- Uma ponte pode conectar mais de duas LANs.

Resumindo, a ponte oferece uma extensão para a LAN, que não exige modificação no software de comunicações nas estações conectadas às LANs. Em todas as estações nas duas (ou mais) LANs, parece que existe uma única LAN em que cada estação tem um endereço exclusivo. A estação usa esse endereço exclusivo e não precisa discriminar explicitamente entre as estações na mesma LAN e estações em outras LANs; a ponte cuida disso.

Hubs

Nos últimos anos, tem havido uma proliferação de tipos de dispositivos para interconectar LANs, que vai

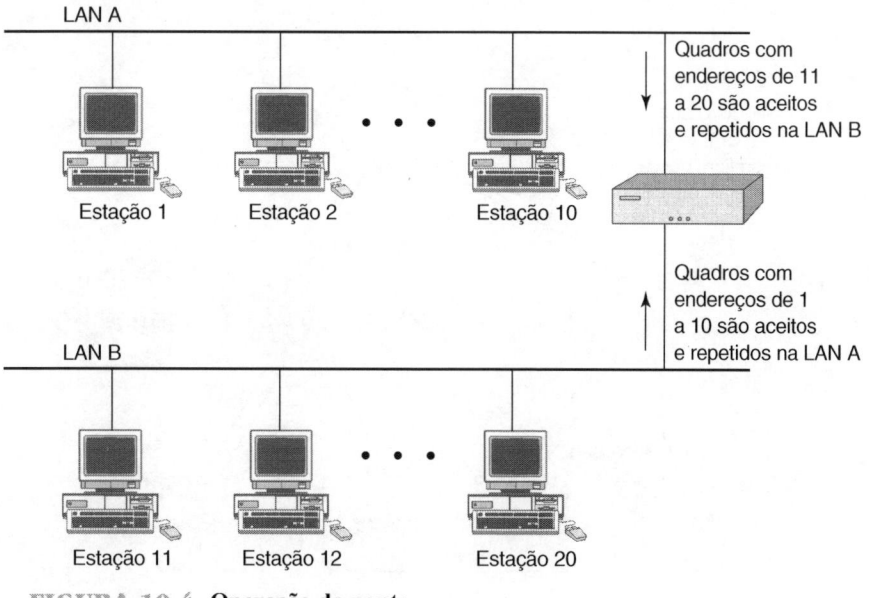

FIGURA 10.4 Operação da ponte.

além de pontes e roteadores. Esses dispositivos podem ser convenientemente agrupados nas categorias de comutadores layer 2 e comutadores layer 3. Começaremos com uma discussão sobre os hubs e, depois, exploraremos esses dois conceitos.

Um hub é uma alternativa à topologia de barramento. Cada estação é conectada ao hub por meio de duas linhas (transmissão e recepção). O hub atua como um repetidor: quando uma única estação transmite, o hub repete o sinal na linha de saída para cada estação. Normalmente, a linha consiste em dois pares trançados não-blindados. Devido à alta velocidade de dados e às qualidades de transmissão fracas do par trançado não-blindado, o comprimento de uma linha limita-se a cerca de 100m. Como alternativa, um enlace de fibra óptica poderá ser utilizado. Nesse caso, o tamanho máximo é de aproximadamente 500m.

Observe que, embora esse esquema seja fisicamente uma estrela, ele é logicamente um barramento: uma transmissão de qualquer estação é recebida por todas as outras estações e, se duas estações transmitem ao mesmo tempo, haverá uma colisão.

Vários níveis de hubs podem ser colocados em cascata em uma configuração hierárquica. A Figura 10.5 representa uma configuração de dois níveis. Existe um **hub coordenador** (HHUB – Header Hub) e um ou mais **hubs intermediários** (IHUB – Intermediate Hubs). Cada hub pode ter uma mistura de estações e outros hubs conectados abaixo dele. Esse layout se encaixa bem às práticas de fiação de prédio. Normalmente, existe um gabinete de fiação em cada andar de um prédio de escritórios, e um hub pode ser colocado em cada um. Cada hub poderia atender as estações nesse andar.

Comutadores layer 2

Nos últimos anos, o comutador layer 2 tem superado o hub em popularidade, principalmente para LANs de alta velocidade. O comutador layer 2 às vezes também é chamado de hub de comutação. Para esclarecer a distinção entre hubs e comutadores, a Figura 10.6a mostra um layout de barramento típico de uma LAN tradicional de 10Mbps. Um barramento é instalado e disposto de modo que todos os dispositivos a serem conectados estejam em proximidade razoável a um ponto no barramento. Na figura, a estação B está transmitindo. Essa transmissão vai de B, passa pelo enlace de B para o barramento, segue o barramento nas duas direções e atravessa as linhas de acesso de cada uma das outras estações conectadas. Nessa configuração, todas as estações precisam compartilhar a capacidade total do barramento, que é de 10Mbps.

Um hub, normalmente em um gabinete de fiação de prédio, utiliza um arranjo de fiação em estrela para conectar estações ao hub. Nesse arranjo, uma transmissão de qualquer estação é recebida pelo hub e retransmitida em todas as linhas de saída. Portanto, para evitar colisões, somente uma estação de cada vez deverá transmitir. Novamente, a capacidade total da LAN é de 10 Mbps. O hub tem diversas vantagens em relação ao arranjo de barramento simples. Ele explora as práticas de fiação padrão do prédio no layout do cabo. Além disso, o hub pode ser configurado para reconhecer uma estação que não esteja em funcionamento e esteja emperrando a rede, e, assim, cortar essa estação da rede. A Figura 10.6b ilustra a operação de um hub. Aqui, novamente, a estação B está transmitindo. Essa transmissão sai de B, passa pela linha de transmissão de B para o

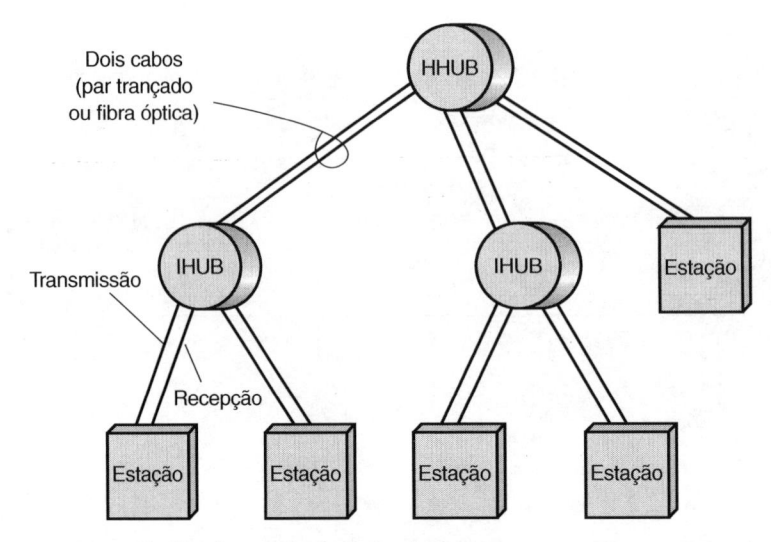

FIGURA 10.5 Configuração de dois níveis.

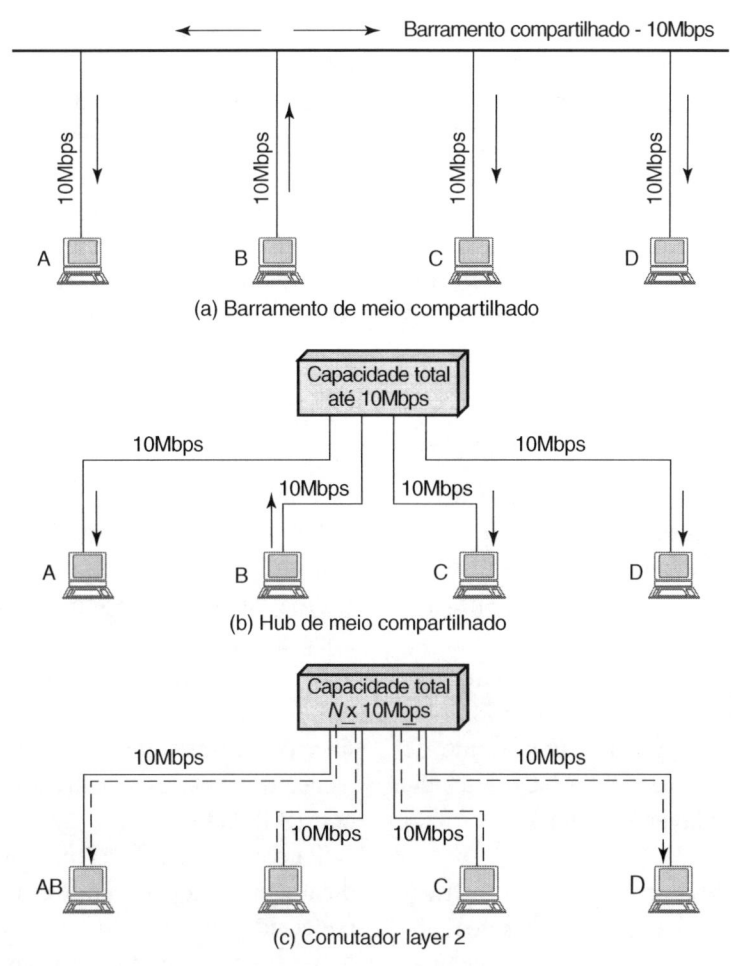

FIGURA 10.6 Hubs e comutadores de LAN.

hub e do hub para as linhas de recebimento em cada uma das outras estações conectadas.

Podemos conseguir maior desempenho com um comutador layer 2. Nesse caso, o hub central atua como um comutador, semelhante a um comutador de pacotes. Um quadro que chega de determinada estação é comutado para a linha de saída apropriada a fim de ser entregue ao destino pretendido. Nesse mesmo momento, outras linhas não-utilizadas podem ser usadas para a comutação de outro tráfego. A Figura 10.6c mostra um exemplo em que B está transmitindo um quadro para A e, ao mesmo tempo, C está transmitindo um quadro para D. Assim, no exemplo, a vazão atual na LAN é de 20Mbps, embora cada dispositivo individual esteja limitado a 10Mbps. O comutador layer 2 possui vários recursos atraentes:

1. Nenhuma mudança é necessária no software ou hardware dos dispositivos conectados para converter uma LAN de barramento ou uma LAN de hub para uma LAN comutada. No caso de uma LAN Ethernet, cada dispositivo conectado continua a usar o protocolo de controle de acesso ao meio Ethernet para acessar a LAN. Do ponto de vista dos dispositivos conectados, nada mudou na lógica de acesso.

2. Cada dispositivo conectado possui uma capacidade dedicada igual à da LAN original inteira, supondo que o comutador layer 2 tenha capacidade suficiente para acompanhar todos os dispositivos conectados. Por exemplo, na Figura 10.6c, se o comutador layer 2 puder sustentar uma vazão de 20 Mbps, cada dispositivo conectado parece ter uma capacidade dedicada para entrada ou saída de 10 Mbps.

3. O comutador layer 2 pode expandir com facilidade. Outros dispositivos podem ser conectados ao comutador layer 2, conseqüentemente aumentando a capacidade do comutador layer 2.

Dois tipos de comutadores layer 2 estão disponíveis como produtos comerciais:

- **Comutador store-and-forward:** O comutador layer 2 aceita um quadro em uma linha de entrada, coloca-o rapidamente em buffer e depois o roteia para a linha de saída apropriada.
- **Comutador cut-through:** O comutador layer 2 aproveita o fato de o endereço de destino aparecer no início do quadro MAC (Medium Access Control). O comutador layer 2 começa a repetir o quadro que chega na linha de saída apropriada, assim que ele reconhece o endereço de destino.

O comutador cut-through gera a mais alta vazão possível, mas corre o risco de propagar quadros com defeito, pois o comutador não é capaz de analisar o CRC (Cyclic Redundancy Check, descrito no Capítulo 9) antes da retransmissão. O comutador store-and-forward envolve um atraso entre o emissor e o receptor, mas aumenta a integridade geral da rede.

Um comutador layer 2 pode ser visto como uma versão full-duplex do hub. Ele também pode incorporar lógica que lhe permite funcionar como uma ponte de múltiplas portas. [BREY99] relaciona as seguintes diferenças entre comutadores layer 2 e pontes:

- O tratamento de quadros da ponte é feito no software. Um comutador layer 2 realiza as funções de reconhecimento de endereço e encaminhamento de quadro no hardware.
- Uma ponte normalmente só pode analisar e encaminhar um quadro de cada vez, enquanto um comutador layer 2 possui vários caminhos de dados paralelos e pode lidar com vários quadros ao mesmo tempo.
- Uma ponte utiliza a operação store-and-forward. Com um comutador layer 2, é possível ter operação cut-through, em vez de store-and-forward.

Como um comutador layer 2 possui desempenho mais alto e pode incorporar as funções de uma ponte, a ponte tem sofrido perdas comerciais. Novas instalações em geral incluem comutadores layer 2 com funcionalidade de ponte, ao invés de pontes.

Comutadores layer 3

Os comutadores layer 2 oferecem maior desempenho para atender as necessidades do tráfego de alto volume gerado por computadores pessoais, estações de trabalho e servidores. No entanto, quando o número de dispositivos em um prédio ou conjunto de prédios cresce, os comutadores layer 2 revelam algumas inadequações. Dois problemas específicos se apresentam: a sobrecarga de broadcast e a falta de múltiplos enlaces.

Considera-se que um conjunto de dispositivos e LANs conectados por comutadores layer 2 tem um espaço de endereços plano. O termo *plano* significa que todos os usuários compartilham um endereço de broadcast MAC comum. Assim, se qualquer dispositivo emitir um quadro MAC com um endereço de broadcast, esse quadro deve ser entregue a todos os dispositivos conectados à rede geral, que, por sua vez, está conectada por comutadores layer 2 e/ou pontes. Em uma rede grande, a transmissão freqüente de quadros de broadcast pode criar uma considerável sobrecarga. Pior ainda, um dispositivo com defeito pode criar uma *tempestade de broadcast*, em que diversos quadros de broadcast obstruem a rede e impedem o tráfego legítimo.

Um segundo problema relacionado ao desempenho com o uso de pontes e/ou comutadores layer 2 é que os padrões atuais para protocolos de ponte ditam que não pode haver laços fechados na rede. Ou seja, só pode haver um caminho entre dois dispositivos. Assim, é impossível, em uma implementação baseada nos padrões, fornecer vários caminhos por vários comutadores entre os dispositivos. Essa restrição limita o desempenho e a confiabilidade.

Para contornar esses problemas, parece lógico dividir uma rede local grande em uma série de **sub-redes** conectadas por roteadores. Um quadro de broadcast MAC é, então, limitado apenas aos dispositivos e switches contidos em uma única sub-rede. Além do mais, os roteadores baseados em IP empregam sofisticados algoritmos de roteamento, que permitem o uso de vários caminhos entre as sub-redes, passando por diferentes roteadores.

Entretanto, o problema com o uso de roteadores para contornar algumas das inadequações das pontes e comutadores layer 2 é que os roteadores normalmente fazem em software todo o processamento em nível de IP envolvido no encaminhamento de tráfego IP. As LANs de alta velocidade e os comutadores layer 2 de alto desempenho podem bombear milhões de pacotes por segundo, enquanto um roteador baseado em software só poderá lidar com bem menos do que um milhão de pacotes por segundo. Para acomodar tal carga, diversos fornecedores desenvolveram comutadores layer 3, que implementam a lógica de encaminhamento de pacotes do roteador no hardware.

Existem vários esquemas layer 3 no mercado, mas fundamentalmente todos eles se encontram em duas categorias: pacote por pacote e baseado em fluxo. O comutador pacote por pacote opera no padrão idêntico ao de um roteador tradicional. Como a lógica de encaminhamento está no hardware, o comutador pacote por pacote pode conseguir um aumento de uma ordem de grandeza no desempenho, em comparação com o roteador baseado em software. Um comutador baseado em fluxo tenta melhorar o desempenho, identificando fluxos de pacotes IP que possuem a mesma origem e mesmo destino. Isso pode ser feito mediante a observação do tráfego de saída ou utilização de um rótulo de fluxo especial no cabeçalho de pacote (permitido no IPv6, mas não no IPv4; ver Figura 5.7). Quando se identifica um fluxo, a rede pode estabelecer uma rota predefinida a fim de agilizar o processo de encaminhamento. Mais uma vez, obtêm-se grandes aumentos de desempenho, em comparação com um roteador baseado apenas em software.

A Figura 10.7 é um exemplo típico da técnica levada para a rede local em uma organização com uma grande quantidade de PCs e estações de trabalho (milhares a dezenas de milhares). Os sistemas de desktop possuem enlaces de 10Mbps a 100Mbps para uma LAN controlada por um comutador layer 2. A conectividade de LAN sem fio também provavelmente está disponível para usuários móveis. Os comutadores layer 3 estão no núcleo da rede local, formando um backbone local. Normalmente, esses comutadores estão interconectados a 1Gbps e se conectam a comutadores layer 2 de 100Mbps a 1Gbps. Os servidores se conectam diretamente a comutadores layer 2 ou layer 3 a 1Gbps ou, possivelmente, 100Mbps. Um roteador baseado em software, de menor custo, oferece conexão com a WAN. Os círculos na figura identificam sub-redes de LAN separadas; um quadro de broadcast MAC é limitado à sua própria sub-rede.

10.4 ETHERNET DE ALTA VELOCIDADE

Fast Ethernet

Se alguém tivesse de projetar uma LAN de alta velocidade (100Mbps ou mais) do zero, não escolheria CSMA/CD como base para o projeto. CSMA/CD é

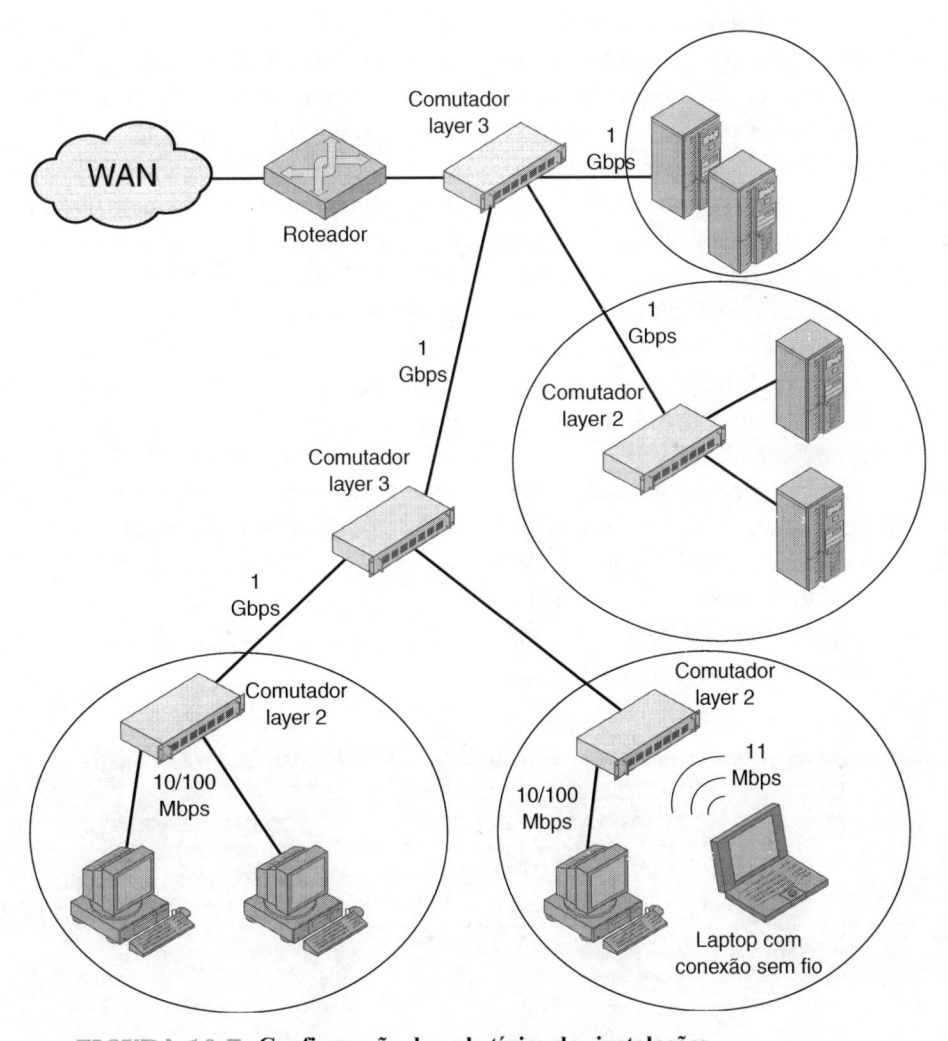

FIGURA 10.7 Configuração de rede típica das instalações.

simples de implementar e robusto em caso de falhas. No entanto, não escala bem. Quando a carga em um barramento aumenta, o número de colisões cresce, diminuindo o desempenho. Além do mais, à medida que a taxa de dados para determinado sistema aumenta, o desempenho também diminui. O motivo para isso é que, em uma taxa de dados mais alta, uma estação pode transmitir mais bits, antes de reconhecer uma colisão e, portanto, mais bits desperdiçados são transmitidos.

É possível contornar esses problemas. Para acomodar cargas mais altas, um sistema pode ser projetado para ter uma série de segmentos diferentes, interconectados com hubs. Os hubs podem atuar como barreiras, separando a LAN em domínios de colisão, de modo que uma colisão em um domínio não se espalha para outros domínios. O uso de hubs Ethernet comutados elimina de fato as colisões, aumentando ainda mais a eficiência.

Apesar de algumas desvantagens com seu uso, LANs no estilo Ethernet têm sido desenvolvidas para operar a 100Mbps, 1Gbps e 10Gbps. Vale a pena entender os motivos para isso. Do ponto de vista do fornecedor, o protocolo CSMA/CD é bem entendido e os fornecedores possuem experiência na criação do hardware, firmware e software para tais sistemas. A expansão do sistema para 100Mbps ou mais pode ser mais fácil do que implementar protocolo e topologia alternativos. Do ponto de vista do cliente, é relativamente fácil integrar sistemas mais antigos, trabalhando em 10Mbps, aos sistemas mais novos, trabalhando em velocidades maiores, se todos os sistemas utilizarem o mesmo formato de quadro e o mesmo protocolo de acesso. Em outras palavras, o uso contínuo de sistemas no estilo Ethernet é atraente porque a Ethernet já está lá. Essa mesma situação se repete em outras áreas da comunicação de dados. Na maioria dos casos, os fornecedores e os clientes não escolhem a solução tecnicamente superior. Custo, facilidade de gerenciamento e outros fatores relacionados à base já existente de equipamentos são itens mais importantes na seleção. Esse é o motivo de os sistemas no estilo Ethernet continuarem a dominar o mercado de LAN, muito tempo depois de os observadores terem previsto o fim da Ethernet.

Fast Ethernet refere-se a um conjunto de especificações desenvolvidas pelo Comitê IEEE 802.3 para oferecer uma LAN de baixo custo, compatível com Ethernet, operando a 100Mbps. A designação geral para esses padrões é 100BASE-T. O comitê definiu uma série de alternativas para serem usadas com diferentes meios de transmissão.

A Tabela 10.3 resume as principais características das opções 100BASE-T. Todas as opções 100BASE-T utilizam o protocolo MAC e formato de quadro IEEE 802.3. 100BASE-X refere-se a um conjunto de opções que utilizam as especificações de meio físico. Todos os esquemas 100BASE-X usam dois enlaces físicos entre os nós; um para transmissão e um para recepção. 100BASE-TX utiliza um par trançado blindado (STP) ou par trançado não-blindado (UTP – Categoria 5).[1] 100BASE-FX utiliza fibra óptica.

Em muitos prédios, qualquer uma das opções 100BASE-X exige a instalação de novo cabo. Para esses casos, 100BASE-T4 define uma alternativa de baixo custo que pode usar UTP Categoria 3 em qualidade de voz, além de UTP em Categoria 5 de maior qualidade. Para conseguir a velocidade de dados de 100Mbps por cabo de menor qualidade, 100BASE-T4 dita o uso de quatro linhas de par trançado entre os nós, com a transmissão de dados utilizando três pares em uma direção de cada vez.

Para todas as opções 100BASE-T, a topologia é semelhante à do 10BASE-T, a saber, uma topologia de fios em estrela.

Uma Ethernet tradicional é half duplex: uma estação pode transmitir ou receber um quadro, mas não pode fazer os dois simultaneamente. Com a operação full-

---

[1] Leia, no Capítulo 9, uma discussão sobre cabo Categoria 3 e Categoria 5.

Tabela 10.3 Alternativas para meio da camada física IEEE 802.3 a 100Mbps

	100BASE-TX	100BASE-TX	100BASE-FX	100BASE-T4
Meio de transmissão	2 pares, STP	2 pares, UTP Categoria 5	2 fibras ópticas	4 pares, UTP Categoria 3, 4 ou 5
Tamanho máximo do segmento	100m	100m	100m	100m
Distância da rede	200m	200m	400m	200m

duplex, uma estação pode transmitir e receber simultaneamente. Se uma Ethernet de 100Mbps trabalha no modo full-duplex, a velocidade de transferência teórica torna-se 200Mbps.

Várias mudanças são necessárias para operar no modo full-duplex. As estações conectadas precisam ter placas adaptadoras full-duplex em vez de half-duplex. O ponto central é um comutador. Nesse caso, cada estação constitui um domínio de colisão separado. Na verdade, não existem colisões, e o algoritmo CSMA/CD não é mais necessário. Entretanto, o mesmo formato de quadro MAC 802.3 é usado e as estações conectadas podem continuar a executar o algoritmo CSMA/CD, embora nenhuma colisão possa ser detectada.

Gigabit Ethernet

A estratégia para a Gigabit Ethernet é a mesma daquela existente para a Fast Ethernet. Embora defina uma nova especificação de meio e de transmissão, a Gigabit Ethernet retém o protocolo CSMA/CD e formato de quadro de seus predecessores de 10Mbps e 100Mbps. Ela é compatível com 100BASE-T e 10BASE-T, preservando um caminho de migração tranqüilo. À medida que mais organizações passam para 100BASE-T, colocando imensas cargas de tráfego nas redes de backbone, a demanda por Gigabit Ethernet se intensificou.

A Figura 10.8 mostra uma aplicação típica da Gigabit Ethernet. Um comutador de LAN de 1Gbps fornece conectividade de backbone para os servidores centrais e comutadores de grupo de trabalho de alta velocidade. Cada comutador de LAN de grupo de trabalho admite enlaces de 1Gpbs, para a conexão com o comutador de LAN de backbone e para dar suporte a servidores de grupo de trabalho de alto desempenho, e enlaces de 100Mbps, para dar suporte a estações de trabalho de alto desempenho, servidores e comutadores LAN de 100Mbps.

A especificação atual de 1Gbps para IEEE 802.3 inclui as seguintes alternativas da camada física (Figura 10.9):

- **1000BASE-LX:** Essa opção com comprimento de onda longo admite enlaces dúplex de até 550m e fibra modo múltiplo 62,5μm ou 50μm, ou até 5km de fibra modo único 10μm. Os comprimentos de onda estão no intervalo de 1.270 a 1.355nm.
- **1000BASE-SX:** Essa opção com comprimento de onda curto admite enlaces dúplex de até 275m com fibra modo múltiplo 62,5μm, ou até 550m usando fibra modo múltiplo 50μm. Os comprimentos de onda estão no intervalo de 770 a 860nm.
- **1000BASE-CX:** Essa opção admite enlaces de 1 Gbps entre dispositivos localizados dentro de uma única sala ou rack de equipamentos, usando jumpers de cobre (cabo de par trançado blindado e especializado, que pode ter até 25m). Cada enlace é composto de um par trançado blindado separado, esticado em cada direção.

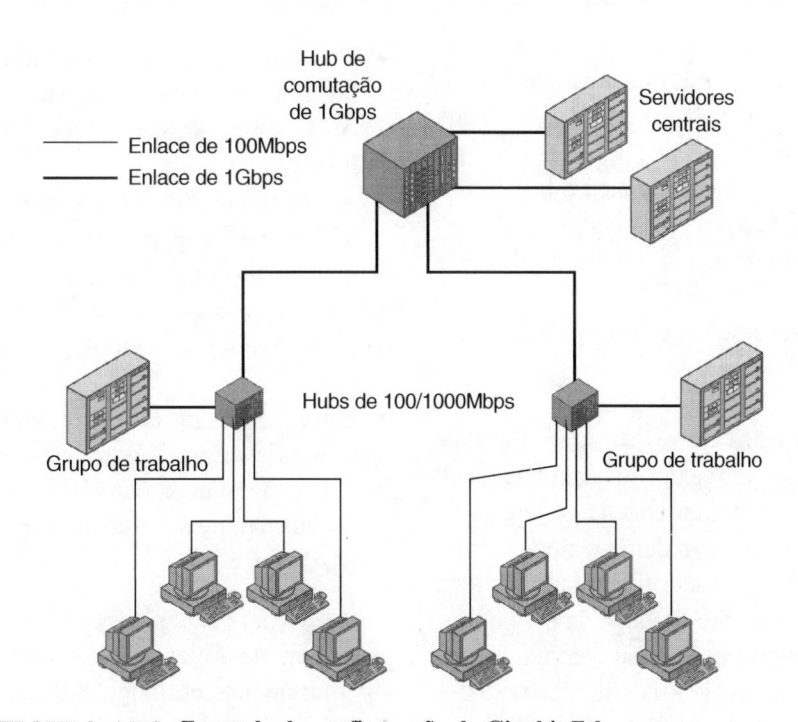

FIGURA 10.8 Exemplo de configuração da Gigabit Ethernet.

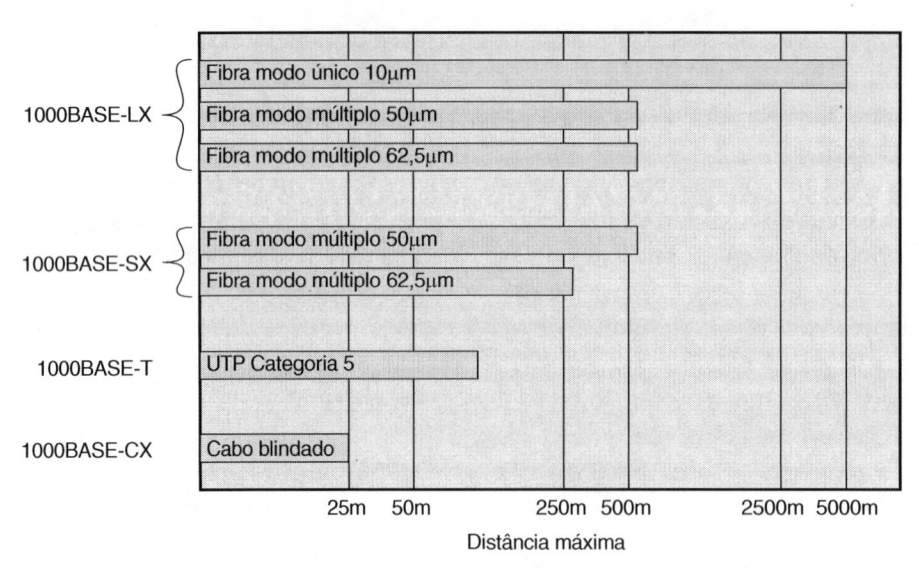

FIGURA 10.9 Opções de meio para Gigabit Ethernet (escala logarítmica).

- **1000BASE-T:** Essa opção utiliza quatro pares de par trançado não-blindado Categoria 5 para dar suporte a dispositivos por um intervalo de até 100m.

10-Gbps Ethernet

Com produtos gigabit ainda relativamente novos, a atenção passou nos últimos anos para uma capacidade 10-Gbps Ethernet. O principal requisito que motivou a Ethernet a 10 Gigabit é o aumento no tráfego da Internet e intranet. Diversos fatores contribuem para o crescimento explosivo no tráfego da Internet e da intranet:

- Um aumento no número de conexões de rede
- Um aumento na velocidade de conexão de cada estação final (por exemplo, usuários de 10Mbps que passam para 100Mbps, usuários de 56kbps analógicos que passam para DSL e modems a cabo)
- Um aumento na utilização de aplicações com uso intensivo da largura de banda, como vídeo de alta qualidade
- Um aumento no tráfego de hospedagem Web e hospedagem de aplicações

Inicialmente, os gerentes de rede usarão 10-Gbps Ethernet para oferecer interconexão de backbone local, de alta velocidade, entre comutadores de grande capacidade. À medida que aumente a demanda por largura de banda, a Ethernet a 10Gpbs será empregada por toda a rede e incluirá conectividade de farm de servidores, backbone e em nível de campus. Essa tecnologia permite que provedores de serviço da Internet (ISPs) e provedores de serviço de rede (NSPs) criem enlaces de velocidade muito alta a um baixo custo, entre comutadores e roteadores no mesmo local, de classe carrier.

A tecnologia também favorece a construção de redes metropolitanas (MANs) e WANs que conectam geograficamente LANs dispersas entre os campi ou pontos de presença (PoPs). Assim, a Ethernet começa a concorrer com ATM e outras tecnologias de transmissão/rede remota. Na maioria dos casos em que o requisito do cliente é o transporte de dados e TCP/IP, Ethernet a 10-Gbps oferece valor substancial em relação ao transporte ATM para usuários finais da rede e provedores de serviços:

- Nenhuma conversão dispendiosa, consumidora de largura de banda, entre pacotes Ethernet e células ATM é necessária; a rede é Ethernet, de ponta a ponta.
- A combinação de IP e Ethernet oferece qualidade de serviço e capacidade de policiamento de tráfego que se aproximam àquelas oferecidas por ATM, de modo que estão disponíveis aos usuários e provedores avançadas tecnologias de engenharia de tráfego.
- Uma grande variedade de interfaces ópticas padrão (comprimentos de onda e distâncias de enlace) tem sido especificada para 10-Gbps Ethernet, otimizando sua operação e custo para aplicações de LAN, MAN ou WAN.

O alvo para distâncias máximas do enlace cobre uma variedade de aplicações: de 300m a 40km. Os enlaces operam apenas no modo full-duplex, usando diversos meios físicos de fibra óptica.

Quatro opções de camada física são definidas para 10-Gbps Ethernet (Figura 10.10):

- **10GBASE-S (curta):** Projetada para transmissão a 850nm sobre fibra de modo múltiplo. Esse meio pode alcançar distâncias de até 300m.
- **10GBASE-L (longa):** Projetada para transmissão a 1.310nm sobre fibra de modo único. Esse meio pode alcançar distâncias de até 10km.
- **10GBASE-E (estendida):** Projetada para transmissão a 1.550nm sobre fibra de modo único. Esse meio pode alcançar distâncias de até 40km.
- **10GBASE-LX4:** Projetada para transmissão a 1.310nm sobre fibra de modo único ou fibra de modo múltiplo. Esse meio pode alcançar distâncias de até 10 km. Esse meio usa a multiplexação por divisão de comprimento de onda (WDM – Wavelength-Division Multiplexing) para multiplexar o fluxo de bits por quatro ondas de luz.

O sucesso da Fast Ethernet, Gigabit Ethernet e 10-Gbps Ethernet destaca a importância dos aspectos de gerenciamento de rede na escolha de uma tecnologia de rede. Tanto ATM quanto Fiber Channel, tratados mais adiante, podem ser opções tecnicamente superiores para um backbone de alta velocidade, devido à sua flexibilidade e facilidade de expansão. Todavia, as alternativas à Ethernet oferecem compatibilidade com as LANs instaladas, software de gerenciamento de rede e aplicações existentes. Essa compatibilidade foi responsável pela sobrevivência de uma tecnologia de quase 30 anos (CSMA/CD) no ambiente de rede atual, que evolui muito rapidamente.

10.5 FIBRE CHANNEL

À medida que a velocidade e a capacidade de memória dos computadores pessoais, das estações de trabalho e dos servidores cresciam, e à medida que as aplicações se tornavam ainda mais complexas, com maior dependência de gráficos e vídeo, aumentavam os requisitos para maior velocidade na entrega de dados ao processador. Esse requisito afeta dois métodos de comunicações de dados com o processador: canal de E/S e comunicações de rede.

Um canal de E/S é um enlace de comunicações ponto a ponto ou de múltiplos pontos, predominantemente baseado em hardware e projetado para alta velocidade por distâncias muito curtas. O canal de E/S transfere dados entre um buffer no dispositivo de origem e um buffer no dispositivo de destino, movendo apenas o conteúdo de usuário, de um dispositivo para outro, sem considerar o formato ou o significado dos dados. A lógica associada ao canal normalmente oferece o mínimo de controle necessário para gerenciar a transferência mais a detecção de erro de hardware. Os canais de E/S normalmente gerenciam transferências entre processadores e dispositivos periféricos, como discos, equipamento gráfico, CD-ROMs e dispositivos de E/S de vídeo.

Uma rede é uma coleção de pontos de acesso interconectados com uma estrutura de protocolo de software que possibilita a comunicação. A rede normalmente permite muitos tipos diferentes de transferência de dados, usando software para implementar os protocolos de rede e proporcionar controle de fluxo, detecção de erro e recuperação de erro. Conforme temos exposto neste livro, as redes normalmente gerenciam transferências entre sistemas finais por distâncias locais, metropolitanas ou remotas.

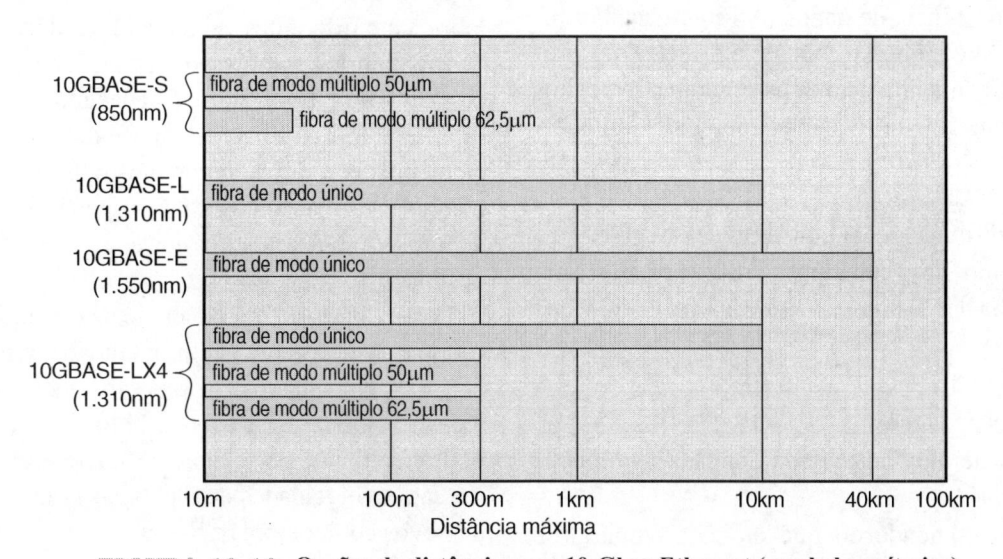

FIGURA 10.10 Opções de distância para 10-Gbps Ethernet (escala logarítmica).

Fibre Channel foi projetado para combinar os melhores recursos das duas tecnologias – a simplicidade e a velocidade das comunicações por canal com a flexibilidade e a interconectividade que caracterizam as comunicações de rede baseadas em protocolo. Essa fusão de técnicas permite que os projetistas de sistemas combinem a conexão periférica tradicional, a interligação de redes host a host, o agrupamento de processadores com acoplamento fraco e aplicações de multimídia em uma única interface de múltiplos protocolos. Os tipos das facilidades orientadas a canal, incorporados na arquitetura de protocolos Fibre Channel, incluem os seguintes:

- Qualificadores de tipo de dados para roteamento do payload do quadro para buffers específicos da interface
- Construções em nível de enlace associadas a operações de E/S individuais
- Especificações de interface de protocolo para permitir o suporte de arquiteturas de canal de E/S existentes, como Small Computer System Interface (SCSI)

Os tipos de facilidades orientadas a rede, incorporadas na arquitetura de protocolos Fibre Channel, são os seguintes:

- Multiplexação total do tráfego entre vários destinos
- Conectividade peer-to-peer entre qualquer par de portas sobre uma rede Fibre Channel
- Capacidades de interligação em rede com outras tecnologias de comunicação

Dependendo das necessidades da aplicação, técnicas tanto de canal quanto de rede podem ser utilizadas para qualquer transferência de dados. A Fibre Channel Industry Association, que é o consórcio do setor que promove Fibre Channel, relaciona os seguintes requisitos ambiciosos que o Fibre Channel pretende satisfazer [FCIA01]:

- Enlaces full-duplex com duas fibras por enlace
- Desempenho de 100Mbps a 800Mbps em uma única linha (full-duplex 200Mbps a 1600Mbps por enlace)
- Suporte para distâncias de até 10km
- Conectores pequenos
- Utilização de alta capacidade com insensibilidade de distância
- Maior conectividade do que os canais multidrop existentes
- Ampla disponibilidade (ou seja, componentes padrão)
- Suporte para múltiplos níveis de custo/desempenho, desde sistemas pequenos até supercomputadores
- Capacidade de transportar vários conjuntos de comandos de interface existentes para os protocolos de canal e rede existentes

A solução foi desenvolver um mecanismo de transporte genérico simples, baseado em enlaces ponto a ponto e uma rede de comutação. Essa infra-estrutura básica admite um esquema de codificação e enquadramento simples, que por sua vez admite uma série de protocolos de canal e rede.

Elementos de Fibre Channel

Os principais elementos de uma rede Fibre Channel são os sistemas finais, chamados *nós*, e a própria rede, que consiste em um ou mais elementos de comutação. A coleção de elementos de comutação é conhecida como *fábrica*. Esses elementos estão interconectados por enlaces ponto a ponto entre portas nos nós e comutadores individuais. A comunicação consiste na transmissão de quadros por enlaces ponto a ponto.

Cada nó inclui uma ou mais portas, chamadas N_ports, para interconexão. De modo semelhante, cada elemento de comutação de fábrica inclui várias portas, chamadas F_ports. A interconexão se dá por meio de enlaces bidirecionais entre as portas. Qualquer nó pode se comunicar com qualquer outro nó conectado à mesma fábrica, usando os serviços da fábrica. Todo o roteamento de quadros entre N_ports é feito pela fábrica. Os quadros podem ser colocados em buffer dentro da fábrica, possibilitando que diferentes nós se conectem à fábrica em diferentes velocidades de dados.

Uma fábrica pode ser implementada como um único elemento de fábrica com nós anexados (um arranjo de estrela simples) ou como uma rede mais genérica de elementos de fábrica, como mostra a Figura 10.11. De qualquer forma, a fábrica é responsável por colocar quadros em buffer e roteá-los entre os nós de origem e destino.

Por ser baseado em uma rede de comutação, o Fibre Channel se expande com facilidade em termos de N_ports, velocidade de dados e distância coberta. Essa técnica oferece grande flexibilidade. Fibre Channel pode acomodar perfeitamente novos meios de transmissão e velocidades de dados, mediante o acréscimo de novos comutadores e F_ports a uma fábrica existente. Assim, um investimento não se perde com atualiza-

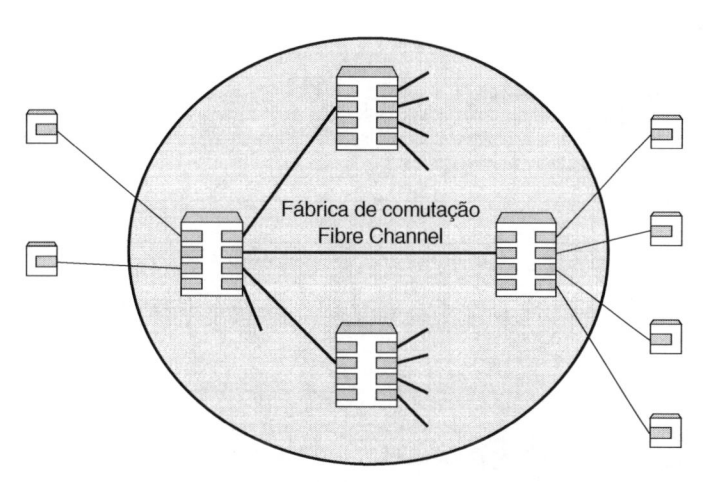

FIGURA 10.11 Rede Fibre Channel.

ção para novas tecnologias e novos equipamentos. Além disso, a arquitetura de protocolos em camadas acomoda a interface de E/S e protocolos de rede existentes, preservando o investimento prévio.

Arquitetura de protocolos Fibre Channel

O padrão Fibre Channel é organizado em cinco níveis. Cada nível define uma função ou conjunto de funções relacionadas. O padrão não dita uma correspondência entre níveis e implementações reais, com uma interface específica entre níveis adjacentes. Em vez disso, o padrão se refere ao nível como um "artifício de documento", usado para agrupar funções relacionadas. As camadas são as seguintes:

- **Meio físico FC-0:** Inclui fibra óptica para aplicações de longa distância, cabo coaxial para altas velocidades por curtas distâncias, e par trançado blindado para velocidades menores por distâncias menores.
- **Protocolo de transmissão FC-1:** Define o esquema de codificação do sinal.
- **Protocolo de quadro FC-2:** Lida com definição de topologias, formato de quadro, controle de fluxo e erro, e agrupamento de quadros em entidades lógicas, chamadas seqüências e trocas.
- **Serviços comuns FC-3:** Inclui multicasting.
- **Mapeamento FC-4:** Define o mapeamento de vários protocolos de canal e rede para Fibre Channel, incluindo IEEE 802, ATM, IP e a Small Computer System Interface (SCSI).

Meio físico e topologias do Fibre Channel

Um dos pontos mais fortes do padrão Fibre Channel é que ele oferece uma gama de opções para o meio físico, para a velocidade de dados nesse meio e para a topologia da rede.

Meio de transmissão As opções do meio de transmissão que estão disponíveis sob Fibre Channel incluem par trançado blindado, cabo coaxial e fibra óptica. Velocidades de dados padronizadas variam de 100 Mbps a 3,2Gbps. As distâncias de enlace ponto a ponto variam de 33m a 10km.

Topologias A topologia mais geral admitida pelo Fibre Channel é referenciada como uma fábrica ou topologia comutada. Essa é uma topologia arbitrária que inclui pelo menos um comutador para interconectar uma série de sistemas finais. A topologia de fábrica também pode consistir em uma série de comutadores que formam uma rede comutada, com alguns ou todos esses comutadores também dando suporte aos nós finais.

O roteamento na topologia de fábrica é transparente aos nós. Cada porta na configuração possui um endereço exclusivo. Quando os dados de um nó se transmitem para a fábrica, o comutador de borda ao qual o nó está conectado utiliza o endereço de porta de destino no quadro de dados que chega para determinar o local da porta de destino. O comutador, então, entrega o quadro para o outro nó, se conectado ao mesmo comutador, ou transfere o quadro para um comutador adjacente, para iniciar o roteamento do quadro ao destino remoto.

A topologia de fábrica oferece capacidade de expansão: quando portas adicionais são acrescentadas, a capacidade agregada da rede aumenta, reduzindo assim o congestionamento e a disputa, e aumentando a vazão. A fábrica é independente de protocolo e, em grande parte, insensível à distância. Pode-se mudar a tecnologia do próprio comutador e dos enlaces de transmissão

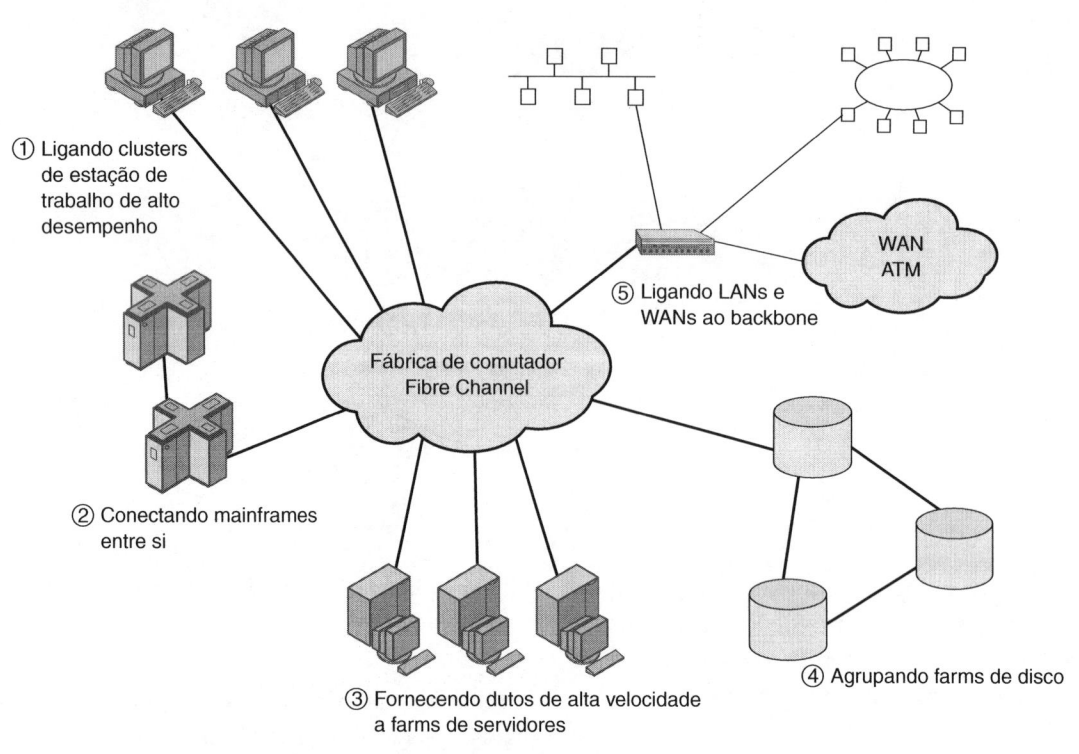

FIGURA 10.12 Cinco aplicações do Fibre Channel.

① Ligando clusters de estação de trabalho de alto desempenho
② Conectando mainframes entre si
③ Fornecendo dutos de alta velocidade a farms de servidores
④ Agrupando farms de disco
⑤ Ligando LANs e WANs ao backbone

Fábrica de comutador Fibre Channel

WAN ATM

que conectam o comutador aos nós sem afetar a configuração geral. Outra vantagem da topologia de fábrica é que o peso sobre os nós é minimizado. Um nó Fibre Channel individual (sistema final) só é responsável por gerenciar uma conexão ponto a ponto simples entre ele mesmo e a fábrica; a fábrica é responsável pelo roteamento entre as portas e pela detecção de erro.

Além da topologia de fábrica, o padrão Fibre Channel define duas outras topologias. Com a topologia ponto a ponto, existem apenas duas portas, e estas estão diretamente conectadas, sem interferência de quaisquer comutadores de fábrica. Nesse caso, não existe roteamento. A topologia de loop arbitrada é uma topologia simples, de baixo custo, para conectar até 126 nós em um loop.

Topologias, meios de transmissão e velocidades de dados podem ser combinados para oferecer uma configuração otimizada para determinado site. A Figura 10.12 é um exemplo que ilustra as principais aplicações do Fibre Channel.

Possibilidades para o Fibre Channel

Fibre Channel tem o apoio de um grupo de interesse do setor, conhecido como Fibre Channel Association, e existem várias placas de interface disponíveis para diferentes aplicações. Fibre Channel tem sido mais aceito como uma interconexão avançada de dispositivo periférico, oferecendo serviços que poderão substituir esquemas como SCSI. Essa é uma solução tecnicamente atraente para requisitos de LAN gerais de alta velocidade, mas deve competir com LANs Ethernet e ATM. As questões de custo e desempenho devem dominar a análise do gerente dessas tecnologias concorrentes.

NOTA DE APLICAÇÃO

Redes com Ethernet

Há uma grande variedade de sistemas de rede atualmente instalados nas empresas e organizações. Diversos desses protocolos de rede estão sendo relegados às fileiras dos sistemas legados. Alguns exemplos dessa tendência incluem Token Ring, FDDI e LocalTalk. Algumas versões da Ethernet também estão se unindo a esse grupo, especificamente, 10BASE5, 10BASE2 e 10BASE-T isolado. A grande maioria das redes atualmente empregadas baseia-se em formas mais rápidas de Ethernet, como 10/100 Ethernet, 100BASE-TX, 100BASE-FX, Gigabit e 10-Gbps Ethernet.

Hoje, e num futuro previsível, Ethernet é o protocolo de rede local dominante. Ele está até mesmo ganhando terreno no mercado da última milha. A força da Ethernet consiste em sua compatibilidade e simplicidade. A configuração de uma rede Ethernet é quase tão simples quanto retirar o equipamento da caixa e conectá-lo. Além disso, componentes Ethernet comuns estão se tornando muito baratos. Ao contrário, manter e instalar qualquer um dos sistemas legados anteriormente mencionados pode ser algo muito dispendioso.

A pergunta agora é: "Investir em qual Ethernet?" Embora a operação interna da Ethernet dependa de boa leitura de engenharia, existem alguns aspectos práticos da Ethernet que são importantes de conhecer antes de decidir. Uma organização precisa analisar seus requisitos e decidir quanta largura de banda é exigida para uso presente e futuro, que aplicações estarão executando pela rede (a arquitetura da rede) e quanto dinheiro será gasto.

Assim como o Microsoft Windows, a Ethernet possui muitas variedades. Alguns fatos básicos sobre velocidades de rede podem oferecer algum esclarecimento. Com o avanço na tecnologia, quase todo novo equipamento combina com velocidades de 10 a 100Mbps. As placas de rede são conhecidas como 10/100 e "sentirão automaticamente" as condições de rede e determinarão qual velocidade está disponível. Isso também acontece com as portas no equipamento de rede, como hubs e switches.

Muitos fornecedores anunciam a disponibilidade de velocidades gigabit no desktop. Embora isso pareça muito atraente, essa compra pode ser desnecessária. É possível que a rede possa superar a capacidade do computador de processar a informação. As velocidades de clock do barramento do computador e os atrasos do sistema operacional representam barreiras para o uso real de imensas quantidades de dados que uma rede gigabit pode enviar. Além disso, não existem muitos computadores que precisam enviar dados medidos em gigabytes. Para a maioria das aplicações, o custo desse equipamento de alta velocidade não se justifica.

Além do custo do equipamento, as velocidades gigabit podem exigir a instalação de fibra até o desktop. Gigabit sobre UTP está disponível, mas tem um alcance mais curto. A fibra pode aumentar significativamente os custos de instalação. Assim, Gigabit Ethernet é bem adequado a conexões de backbone em fibra, como aquelas entre gabinetes de fiação, conexões saindo do site e conexões para servidores de trabalho pesado. Para máquinas padrão, as placas de 100Mbps ou 10/100 normalmente são suficientes e isso provavelmente não mudará no futuro próximo. O equipamento de rede conectado aos nós finais também pode ser selecionado para dar suporte a velocidades 10/100. Finalmente, se as placas e o equipamento de rede admitirem isso, enlaces de 100Mbps podem ser montados para operação full-duplex, efetivamente ampliando a largura de banda máxima para 200Mbps. Até mesmo alguns enlaces de 10Mbps podem ser definidos para 20Mbps em full-duplex.

Embora praticamente nenhuma rede nova será instalada a 10Mbps, as redes mais antigas normalmente serão sistemas 10Mbps e terão uma mistura de tecnologias. Na medida do possível, todos os sistemas deverão migrar para UTP, exceto onde a interferência excessiva tornar imprópria essa migração. Qualquer equipamento novo adquirido deverá ser de modelos 10/100, para garantir a compatibilidade com o sistema antigo e com qualquer novo equipamento adquirido. Entretanto, o equipamento novo só transmitirá com a velocidade permitida pela fiação. A antiga fiação Categoria 3 não permitirá velocidades de 100Mbps. Até mesmo a fiação Categoria 5 pode não admitir as velocidades mais altas, dependendo da distância.

Os hubs são outro item que parece em extinção. Há não muito tempo, o custo por porta nas pontes e nos comutadores tornava a transição para eles terrivelmente dispendiosa. Contudo, nos últimos anos, a redução de custo desses equipamentos mais do que justifica sua compra. Os comutadores de hoje possuem algoritmos de aprendizado e não exigem um procedimento de configuração complicado. Basta conectá-los à rede e eles automaticamente descobrirão topologias de rede e locais de nó. Os recursos avançados oferecidos pelos comutadores por hubs podem aumentar significativamente o gerenciamento e a segurança pelo preço. Por exemplo, muitos comutadores já trazem embutidas estatísticas, redes locais virtuais e filtragem de firewall. Enfim, os comutadores (e pontes) proporcionam filtragem e isolamento de falhas como parte de sua operação padrão.

Para qualquer instalação nova, os seguintes itens deverão fazer parte da lista de compras: cabeamento UTP de melhor qualidade (Categoria 6), placas de rede capazes de realizar operação full-duplex 10/100 e comutadores com portas capazes de realizar operação full-duplex 10/100. Ao atualizar o sistema antigo, os administradores de rede deverão seguir essas orientações, cientes de que o equipamento estará rodando em uma infra-estrutura mais antiga.

10.6 RESUMO

LANs de alta velocidade surgiram como um elemento crítico dos sistemas de informação corporativos. Essas LANs são necessárias não apenas para fornecer um backbone nas instalações para conectar as LANs de departamento, mas também para dar suporte aos requisitos de alto desempenho das aplicações cliente/servidor e de intranet baseadas em gráficos.

Para a maior parte das aplicações, Fast Ethernet e as emergentes tecnologias Gigabit Ethernet dominam as opções de LAN de alta velocidade corporativas. Esses sistemas implicam menor risco e custo para gerentes por diversos motivos, entre os quais a compatibilidade com a grande base instalada Ethernet, a maturidade da tecnologia básica e a compatibilidade com software existente de gerenciamento e configuração de rede.

Na maior parte dos casos, uma organização terá várias LANs que precisam ser interconectadas. A técnica mais simples para atender esse requisito é a ponte.

Outra técnica para a implementação de LAN é Fibre Channel, que admite o conceito de Storage Area Network (SAN) e visa às estações de trabalho e servidores de alta velocidade, além da conexão direta de alguns dispositivos de E/S de alta velocidade.

10.7 Leitura e Web sites recomendados

[SPUR00] apresenta uma visão geral concisa, porém profunda, de todos os sistemas 802.3 de 10Mbps a 1Gbps, incluindo orientações de configuração para um único segmento de cada tipo de mídia, além de orientações para a montagem de Ethernets multissegmento usando uma série de tipos de meio. [NORR03] oferece um bom panorama da Gigabit Ethernet, com uma ampla análise das aplicações da tecnologia. Duas abordagens um pouco mais técnicas da Ethernet 100Mbps e Gigabit Ethernet são [SEIF98] e [KADA98]. Um bom artigo de estudo sobre Gigabit Ethernet é [FRAZ99].

[10GE02] é um documento que apresenta uma introdução útil à 10-Gbps Ethernet.

[SACH96] é um bom levantamento sobre Fibre Channel. Um exame curto, porém valioso, é [FCIA01].

10GE02 10 Gigabit Ethernet Alliance. *10 Gigabit Ethernet Technology Overview.* Documento de maio de 2002.

FCIA01 Fibre Channel Industry Association. *Fibre Channel Storage Area Networks.* San Francisco: Fibre Channel Industry Association, 2001.

FRAZ99 Frazier, H. e Johnson, H. "Gigabit Ethernet: From 100 to 1,000 Mbps". *IEEE Internet Computing,* janeiro/fevereiro de 1999.

KADA98 Kadambi, J.; Crayford, I. e Kalkunte, M. *Gigabit Ethernet.* Upper Saddle River, NJ: Prentice Hall, 1998.

NORR03 Norris, M. *Gigabit Ethernet Technology and Applications.* Norwood, MA: Artech House, 2003.

SACH96 Sachs. M. e Varma, A. "Fibre Channel and Related Standards". *IEEE Communications Magazine,* agosto de 1996.

SEIF98 Seifert, R. *Gigabit Ethernet.* Reading, MA: Addison-Wesley, 1998.

SPUR00 Spurgeon, C. *Ethernet: The Definitive Guide.* Cambridge, MA: O'Reilly and Associates, 2000.

Web sites recomendados

- **Interoperability Lab:** Site da Universidade de New Hampshire para teste de equipamentos em LANs de alta velocidade.
- **Charles Spurgeon's Ethernet Web Site:** Fornece informações amplas sobre Ethernet, incluindo links e documentos.
- **10 Gigabit Ethernet Alliance:** Esse grupo promove o padrão 10-Gbps Ethernet.
- **Fibre Channel Industry Association:** Inclui tutoriais, documentos, links para vendedores e descrições de aplicações Fibre Channel.
- **Storage Network Industry Association:** Um fórum do setor para desenvolvedores, integradores e profissionais de TI, que analisa e promove tecnologia e soluções de rede de armazenamento.

10.8 Principais termos, perguntas para revisão e problemas

Principais termos

Carrier Sense Multiple Access with Collision Detection (CSMA/CD)
comutador
comutador cut-through
comutador layer 2
comutador layer 3
comutador store-and-forward
Cyclic Redundancy Check (CRC)
Ethernet
Fast Ethernet
Fibre Channel
quadro
Frame Check Sequence (FCS)
Hub
ponte

Perguntas para revisão

10.1 O que é um farm de servidores?
10.2 Explique por que uma velocidade de dados de 10Mbps em todos os segmentos da LAN é cada vez mais inadequada para muitas empresas.
10.3 O que é CSMA/CD?
10.4 Que funções são realizadas por uma ponte?

10.5 Qual é a diferente entre um hub e um comutador layer 2?

10.6 Qual é a diferente entre um comutador store-and forward e um comutador cut-through?

10.7 Quais são as diferenças entre uma ponte e um comutador?

10.8 O que significa a frase *espaço de endereços plano*?

10.9 Quais são as opções de meio de transmissão para Fast Ethernet?

10.10 Quais são as opções de meio de transmissão para Gigabit Ethernet?

10.11 Quais são as opções de meio de transmissão para 10-Gbps Ethernet?

10.12 Liste os níveis de Fibre Channel e as funções de cada nível.

10.13 Quais são as opções de topologia para Fibre Channel?

Problemas

10.1 Você consegue determinar o tipo da placa de interface de rede instalada no seu computador? Descreva essa placa em termos de velocidade, protocolo layer 2 e o tipo de meio que você está usando (por exemplo, Ethernet 10-Mbps sobre UTP).

10.2 Usando programas de captura como Ethereal e programas internos como ping, nslookup e ipconfig, você consegue descobrir a informação a seguir?

    a. Com ipconfig ou ifconfig, descubra seu endereço MAC.

    b. Capture o tráfego do seu próprio computador e examine seu endereço MAC – ele corresponde ao da pergunta anterior?

    c. Você consegue determinar o valor de código para o IP nos quadros que capturou? Isso pode ser descoberto no campo de controle do quadro Ethernet.

10.3 Um argumento que esteve em discussão nos últimos tempos envolve a questão se ATM ou Gigabit Ethernet é a melhor escolha para uma solução de rede de alta velocidade. Compare essas duas tecnologias e formule um documento de posição esboçando um cenário em potencial para cada tecnologia, em que ela poderia constituir a solução ideal.

10.4 Broadband Integrated Services Digital Network (BISDN) é uma versão de banda larga óptica da ISDN (que oferece transmissão digital em cima de POTS). Os serviços BISDN incorporam várias tecnologias, incluindo Asynchronous Transfer Mode (ATM) e Synchronous Optical Network (SONET). Forneça uma visão geral básica da SONET. SONET pode ser usada para estender o alcance do protocolo de centro de dados Fibre Channel para o tráfego de dados internacional?

10.5 Token Ring é uma tecnologia alternativa (mas em grande parte considerada obsoleta) à Ethernet. Forneça uma visão geral básica da Token Ring e explique por que ela foi em grande parte ocultada pela Ethernet como uma alternativa à tecnologia de LAN.

10.6 Quando ocorre uma colisão, os sistemas IEEE 802.3 utilizam um algoritmo chamado *backoff exponencial binário* para calcular a quantidade aleatória de tempo que o emissor precisa esperar antes de tentar retransmitir o quadro. Para cada uma das retransmissões, o algoritmo dobra o intervalo do atraso aleatório. Assim, depois de n colisões, o emissor esperará por uma quantidade de tempo aleatória, na faixa de 0 a $2^n - 1$ unidades de tempo, antes de tentar retransmitir o quadro. Analise as vantagens dessa decisão de projeto.

10.7 Analise as vantagens de ter o campo FCS dos quadros IEEE 802.3 no término do quadro, em vez de no cabeçalho do quadro.

ESTUDO DE CASO IV: Carlson Companies

Carlson Companies é uma das maiores empresas privadas dos Estados Unidos, com mais de 180.000 funcionários em mais de 140 países. As empresas Carlson estão presentes nos setores de marketing, viagens de negócios e lazer e hospitalidade.

    Sua divisão de Tecnologia da Informação (TI), a Carlson Shared Services, atua como um provedor de serviços para seus clientes internos e, conseqüentemente, precisa dar suporte a diversas aplicações e serviços do usuário. A divisão de TI utiliza um modelo de processamento de dados centralizado para atender os requisitos operacionais da empresa. O ambiente de computação central inclui um mainframe IBM e mais de 50 servidores Hewlett-Packard e Sun em rede [CLAR02, HIGG02]. O mainframe admite uma grande variedade de aplicações, entre os quais banco de dados financeiro Oracle, correio eletrônico, Microsoft Exchange, Web, PeopleSoft e uma aplicação de data warehousing.

    Em 2002, a divisão de TI estabeleceu seis objetivos para garantir que os serviços de TI continuariam a atender as necessidades de uma empresa em crescimento, altamente dependente de dados e aplicações:

1. Implementar um data warehousing da empresa.
2. Montar uma rede global.
3. Mover para a arquitetura em nível de empresa.
4. Estabelecer a qualidade seis sigmas para clientes da Carlson.

5. Facilitar a terceirização e a troca.
6. Aproveitar a tecnologia e os recursos existentes.

A chave para atender esses objetivos foi implementar uma rede de armazenamento (SAN) com um banco de dados consolidado, centralizado, para dar suporte a aplicações de mainframe e servidor. A Carlson precisava de uma técnica de SAN e um centro de dados que oferecesse uma facilidade confiável, altamente escalável, para acomodar as demandas cada vez maiores de seus usuários.

Requisitos de armazenamento

Até pouco tempo, a divisão de PD central incluía armazenamento de disco separado para cada servidor, e mais o armazenamento do mainframe. Esse esquema de armazenamento de dados disperso tinha a vantagem da responsividade; ou seja, o tempo de acesso de um servidor para os seus dados era mínimo. Todavia, o custo de gerenciamento de dados era alto. Deveria haver procedimentos de backup para o armazenamento em cada servidor, além de controles de gerenciamento para reconciliar os dados distribuídos pelo sistema. O mainframe incluía um plano de recuperação de desastre eficiente, para preservar dados no caso de grandes falhas do sistema ou outros incidentes, e para voltar a funcionar on-line com pouca ou nenhuma interrupção para os usuários. Não existia qualquer plano comparável a esse para os muitos servidores.

Quando os bancos de dados da Carlson cresceram para mais de 10 terabytes (TB) de dados críticos à empresa, a equipe de TI determinou que uma estratégia de armazenamento de rede abrangente seria necessária para administrar o crescimento futuro.

Conceito da solução

O complexo de servidores existente da Carlson utilizava enlaces Fibre Channel para conseguir capacidades de comunicação e backup entre os servidores. A Carlson considerou a extensão dessa capacidade para uma SAN Fibre Channel completa, que abrangesse os servidores, o mainframe e facilidades de armazenamento centralizadas em massa. A equipe de TI concluiu que mais expansão com tecnologias Fibre Channel apenas seria algo difícil e dispendioso de gerenciar. Ao mesmo tempo, no suporte dos muitos sistemas cliente fora das instalações, que acessavam os servidores do centro de dados, a divisão de TI já tinha um investimento substancial em produtos de rede IP e treinamento de pessoal. Por conseguinte, a Carlson buscou uma solução que aproveitasse esse investimento em IP, oferecesse expansão à medida que serviços locais e remotos fossem acrescentados, e requisitasse o mínimo de engenharia de tráfego da rede de transporte de armazenamento.

Assim, a Carlson optou por uma solução baseada em uma SAN IP de núcleo, que atendesse os requisitos do centro de dados e do armazenamento remoto, e integrasse de forma transparente as novas tecnologias de armazenamento.

A SAN da Carlson

O núcleo da SAN da Carlson é um esquema baseado em IP em que os comutadores Gigabit Ethernet transportam tráfego IP entre os servidores e entre os servidores e o armazenamento central. Conectados aos comutadores Gigabit estão comutadores de armazenamento IP Nishan, que oferecem uma interface Fibre Channel para os servidores e o armazenamento, e um comutador de tráfego IP para o núcleo da Ethernet (Figura IV.1). Os comutadores Ethernet gozam de uma vantagem de custo considerável em relação a comutadores Fibre Channel comparáveis, e exigem gerenciamento e manutenção de menor custo.

Por redundância, os servidores são conectados com duplicidade aos comutadores de armazenamento IP, que por sua vez se conectam a comutadores Ethernet redundantes. A razão entre os servidores e a interconexão de armazenamento é determinada pelos requisitos de vazão de cada grupo de servidores. De modo semelhante, vários comutadores de armazenamento IP conectam o núcleo de comutadores Ethernet ao sistema de armazenamento da SAN. Pode-se expandir essa configuração para dar suporte a outros servidores e arrays de armazenamento, acrescentando comutadores de armazenamento IP adicionais. O núcleo da rede de comutadores Ethernet também se expande com facilidade, acrescentando-se comutadores adicionais.

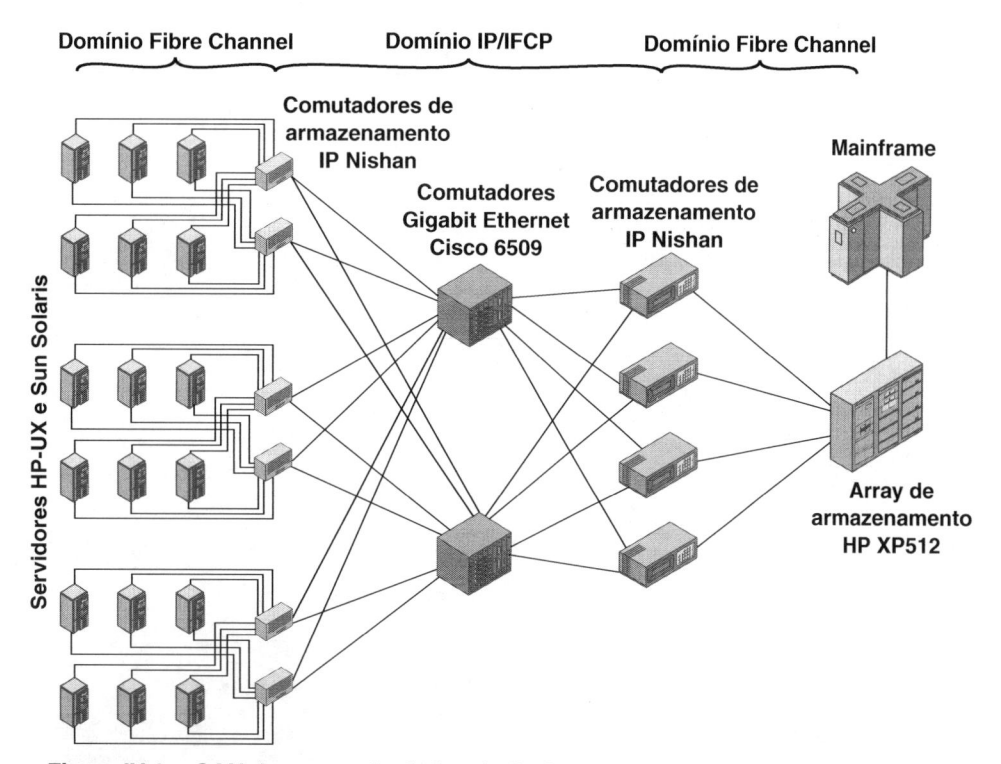

Figura IV.1 SAN do centro de dados da Carlson.

O foco da SAN da Carlson é um array HP StorageWorks Disc de 13 TB. Uma consideração importante no planejamento da transição foi a migração dos dados do armazenamento do mainframe para o armazenamento central. O mainframe hospeda diversas aplicações de missão crítica em um esquema de 24 horas. Assim, uma migração de dados off-line não era viável. A migração de todos os dados comuns para esse array foi executada em duas fases. Na primeira fase, cada servidor foi tirado do ar e uma cópia simples foi realizada para transferir os dados de aplicação dos sistemas nos servidores para o novo sistema de armazenamento. A segunda fase envolveu a transferência de 1,2TB de dados do armazenamento legado do mainframe para o novo sistema de armazenamento. A Carlson contratou para essa tarefa especialistas de armazenamento da HP, que utilizam ferramentas próprias de migração de dados e gerenciamento de rede para permitir que a transferência ocorresse durante as horas de processamento em produção. Os usuários finais não foram afetados durante a migração.

A SAN IP da Carlson ajuda a reduzir a administração e o gerenciamento constante da rede de armazenamento, aproveitando tecnologias de rede IP bem estabelecidas e compreendidas. Além disso, colocar os dados de armazenamento sobre IP facilita a integração de serviços de armazenamento mais eficientes para a rede corporativa da Carlson, incluindo o backup centralizado de instalações remotas para a SAN do centro de dados.

Perguntas para análise

1. Mostre como o enfoque de SAN da Carlson atende os objetivos da TI que a empresa está tentando alcançar.
2. Apresente os prós e o contras da consolidação de dados em uma facilidade de dados central da SAN *versus* a organização dispersa que ela substitui.
3. A SAN da Carlson mistura equipamentos de uma série de fornecedores. Que problemas isso gera e quais são algumas opções de gerenciamento para lidar com eles?

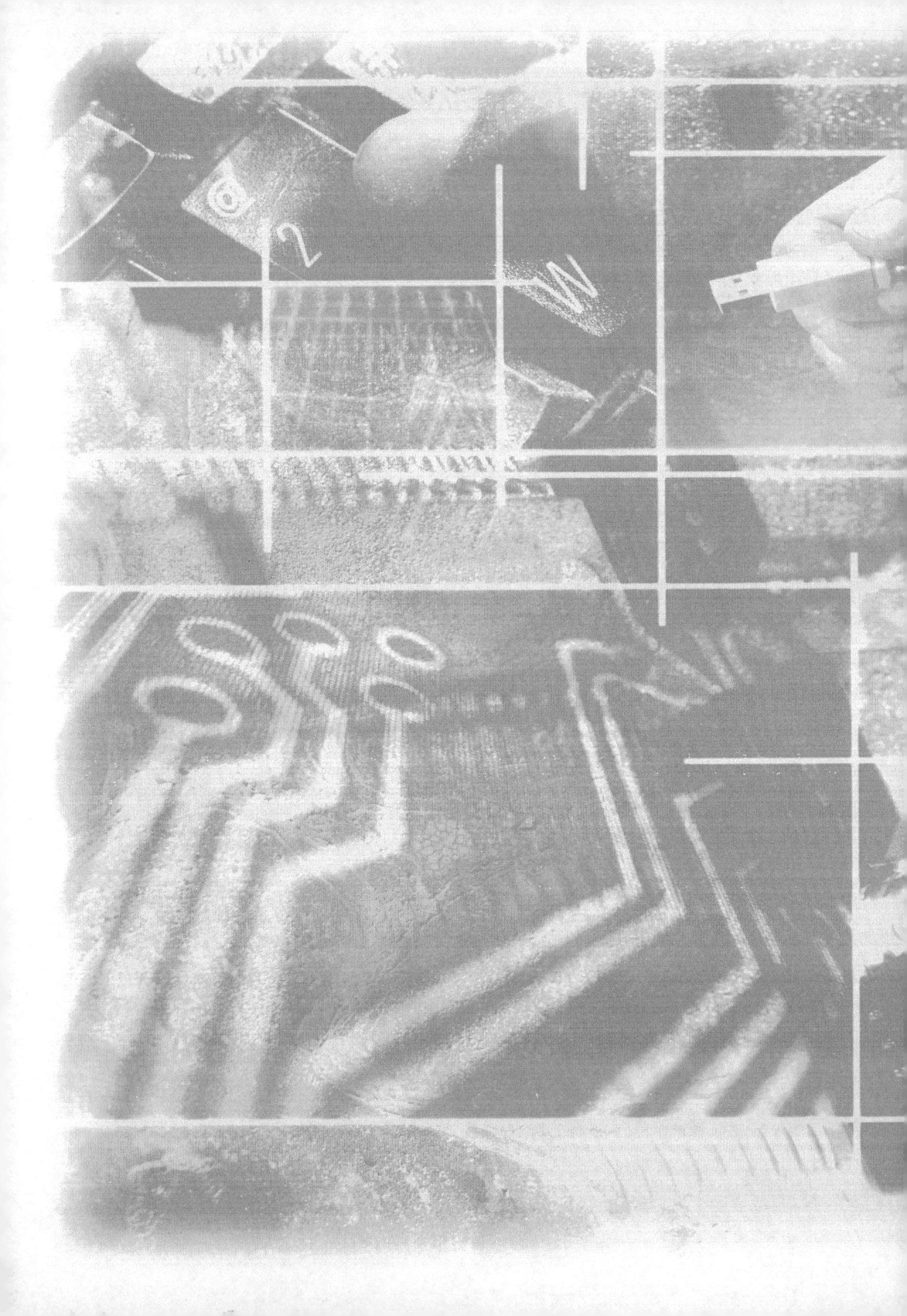

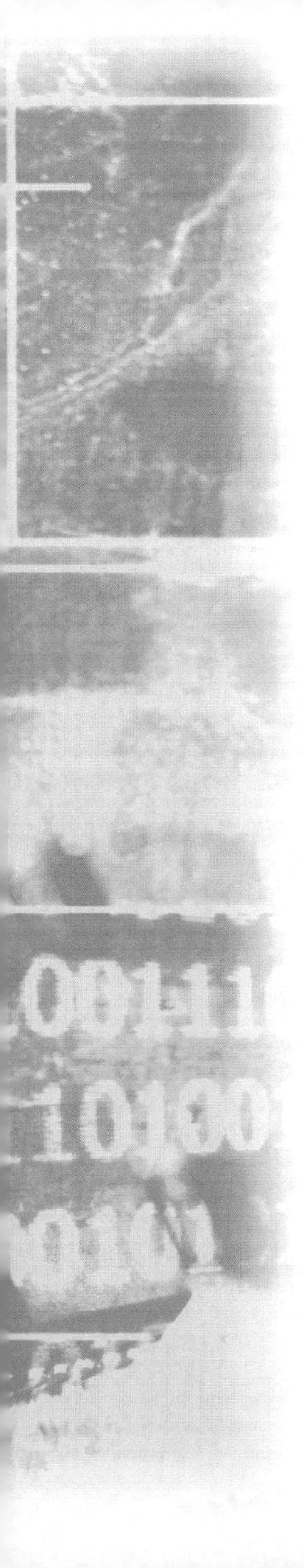

Capítulo 11

LANS sem fio

11.1 Visão geral

11.2 Padrão de LAN sem fio IEEE 802.11

11.3 Bluetooth

11.4 Resumo

11.5 Leitura e Web sites recomendados

11.6 Principais termos, perguntas para revisão e problemas

OBJETIVOS DO CAPÍTULO

Depois de ler este capítulo, você deverá ser capaz de

- Explicar a importância das LANs sem fio.
- Descrever os diversos métodos de interligação local sem fio.
- Analisar os principais elementos da arquitetura de LAN sem fio IEEE 802.11.
- Descrever os serviços fornecidos pela IEEE 802.11.
- Apresentar a funcionalidade oferecida em cada nível da arquitetura de protocolo IEEE 802.11
- Descrever aplicações comuns aceitas pela Bluetooth.
- Explicar a arquitetura de protocolo Bluetooth.
- Citar os modelos de uso da Bluetooth.

No espaço de alguns anos, as LANs sem fio tornaram-se um segmento importante do mercado de LAN. Cada vez mais organizações descobrem que as LANs sem fio são um complemento indispensável para as LANs com fio tradicionais, para atender necessidades de mobilidade, relocação, interligação, rede provisória e cobertura de locais difíceis de ligar.

Este capítulo fornece um estudo das LANs sem fio. Começaremos com um estudo das motivações para usar LANs sem fio que resume os vários métodos em uso. Depois, examinaremos os dois esquemas de LAN sem fio mais utilizados, IEEE 802.11 e Bluetooth.

11.1 VISÃO GERAL

Como o nome sugere, uma LAN sem fio utiliza um meio de transmissão sem fios. Até relativamente há pouco tempo, as LANs sem fio eram pouco usadas. As razões para isso incluíam os altos preços, as baixas velocidades de dados, as preocupações de segurança corporativa e necessidades de licenciamento. À medida que esses problemas se resolveram, a popularidade das LANs sem fio cresceu rapidamente.

Aplicações de LAN sem fio

[PAHL95] apresenta quatro áreas de aplicação para as LANs sem fio: Extensão de LAN, interconexão entre prédios, acesso itinerante e redes provisórias. Vamos examinar cada uma destas separadamente.

Extensão de LAN Os primeiros produtos de LAN sem fio, introduzidos no final da década de 1980, surgiram como substitutos das LANs tradicionais com fio. Uma LAN sem fio reduz o custo da instalação do cabeamento da LAN e facilita o trabalho de relocação e outras modificações na estrutura de rede. Entretanto, essa motivação para as LANs sem fio foi suplantada pelos fatos. Em primeiro lugar, à medida que aumentou a certeza quanto à necessidade das LANs, os arquitetos projetaram novas construções para incluir extensa pré-ligação de aplicações de dados. Depois, com os avanços na tecnologia de transmissão de dados, passou-se a utilizar cada vez mais o cabeamento de par trançado para LANs e, em especial, o par trançado não-blindado de categorias 3 e 5. A maioria das construções antigas já está ligada com uma grande quantidade de cabo de categoria 3, e muitas construções modernas estão pré-ligadas com a categoria 5. Portanto, o uso de uma LAN sem fio para substituir LANs com fio não ocorreu de modo expressivo.

Entretanto, em diversos ambientes, há uma aplicação para a LAN sem fio como uma alternativa para a LAN com fio. Exemplos disso incluem construções com grandes áreas livres, como fábricas, áreas de negócios de ações e armazéns; construções históricas com par trançado insuficiente e onde furos para novos cabeamentos são proibidos; e pequenos escritórios onde a instalação e manutenção de LANs com fio não são econômicas. Em todos esses casos, uma LAN sem fio fornece uma alternativa eficaz e mais atraente. Na maioria desses casos, uma organização também terá uma LAN com fio para dar suporte a servidores e algumas estações de trabalho estacionárias. Por exemplo, uma fábrica normalmente possui uma área de escritório que é separada do galpão de manufatura, mas que precisa estar ligada a ele para fins de rede. Assim, em geral, uma LAN sem fio estará vinculada a uma LAN com fio segundo os mesmos princípios. Portanto, essa área de aplicação é chamada de extensão de LAN.

A Figura 11.1 indica uma configuração simples de LAN sem fio que é típica de muitos ambientes. Existe uma LAN de backbone com fio, como Ethernet, que aceita servidores, estações de trabalho e uma ou mais pontes ou roteadores para conectar a outras redes. Além disso, há um módulo de controle (CM) que age como uma interface para uma LAN sem fio. O módulo de controle possui funcionalidade de ponte ou roteador para ligar a LAN sem fio ao backbone. Isso inclui algum tipo de lógica de controle de acesso, como um esquema de polling ou passagem de fichas, para regular o acesso dos sistemas terminais. Observe que alguns dos sistemas terminais são dispositivos independentes, como uma estação de trabalho ou um servidor. Os hubs ou outros módulos de usuário (UMs) que controlam diversas estações de uma LAN com fio também podem ser parte da configuração da LAN sem fio.

A configuração da Figura 11.1 pode ser chamada de LAN sem fio de célula única; todos os sistemas terminais sem fio estão dentro da faixa de um único módulo de controle. Outra configuração comum, apresentada na Figura 11.2, é uma LAN sem fio de células múltiplas. Nesse caso, existem vários módulos de controle interconectados por uma LAN com fio. Cada módulo de controle aceita vários sistemas terminais sem fio dentro de sua faixa de transmissão. Por exemplo, em uma LAN infravermelha, a transmissão é limitada a uma única sala; portanto, é necessária uma célula para cada sala em um prédio de escritórios que requeira suporte sem fio.

Interconexão entre prédios Outro uso da tecnologia de LAN sem fio é conectar LANs em prédios próximos, sejam elas LANs com ou sem fio. Nesse caso, um enlace sem fio ponto a ponto é usado entre dois prédios. Por exemplo, duas unidades microondas ou

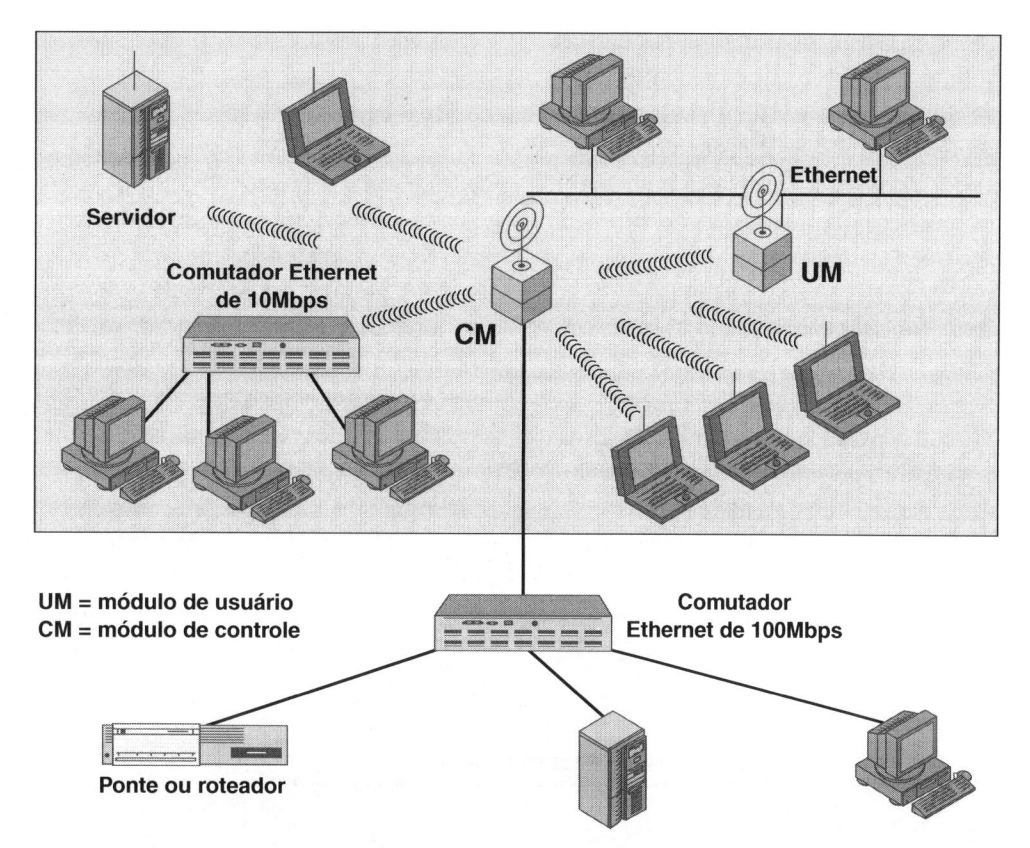

FIGURA 11.1 Exemplo de configuração de LAN sem fio de célula única.

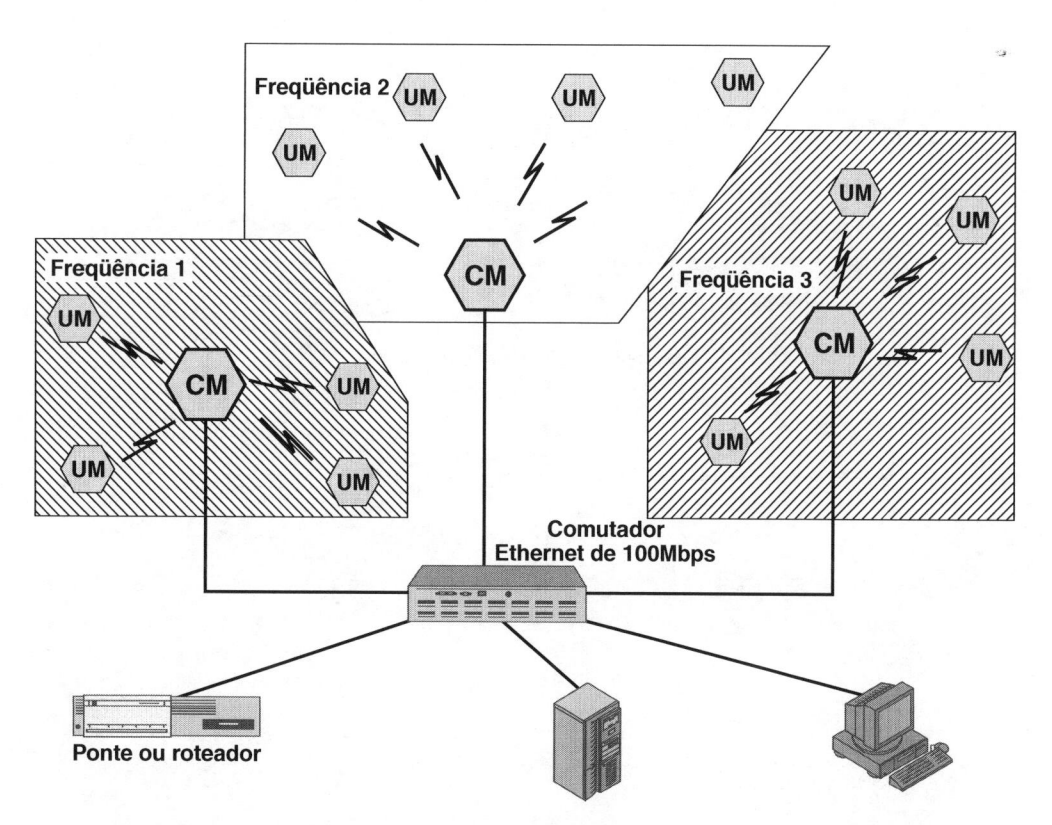

UM = módulo de usuário
CM = módulo de controle

FIGURA 11.2 Exemplo de configuração de LAN sem fio de células múltiplas.

transmissora/receptora de infravermelho podem ser colocadas nos telhados dos dois prédios dentro da linha de visão um do outro. Os dispositivos assim conectados normalmente são pontes ou roteadores. Esse único enlace ponto a ponto, em si, não é uma LAN, mas é comum incluir essa aplicação sob o título de LAN sem fio.

Acesso itinerante   O acesso itinerante fornece um enlace sem fio entre um hub de LAN e um terminal de dados móvel equipado com uma antena, como um computador laptop ou notepad. Um exemplo da utilidade desse tipo de conexão é permitir que um funcionário que retorna de uma viagem transfira dados de um computador pessoal portátil para um servidor no escritório. O acesso itinerante também é útil em um ambiente estendido, como um campus universitário ou uma empresa que opera de um grupo de prédios. Nesses dois casos, os usuários podem-se mover com seus computadores portáteis e podem querer acessar os servidores em uma LAN com fio de vários locais.

Rede *ad hoc*   Uma rede *ad hoc* é uma rede não-hierárquica (sem servidor centralizado), configurada temporariamente para atender algumas necessidades imediatas. Por exemplo, um grupo de empregados, cada qual com um laptop ou palmtop, pode-se encontrar em uma sala de conferências para uma reunião de negócios ou um curso de reciclagem. Os empregados interconectam seus computadores em uma rede *ad hoc* apenas pela duração da reunião.

A Figura 11.3 mostra as diferenças entre uma LAN sem fio que aceita extensão de LAN e requisitos de acesso itinerante e uma LAN sem fio *ad hoc*. No primeiro caso, a LAN sem fio forma uma infra-estrutura estacionária que consiste em uma ou mais células com um

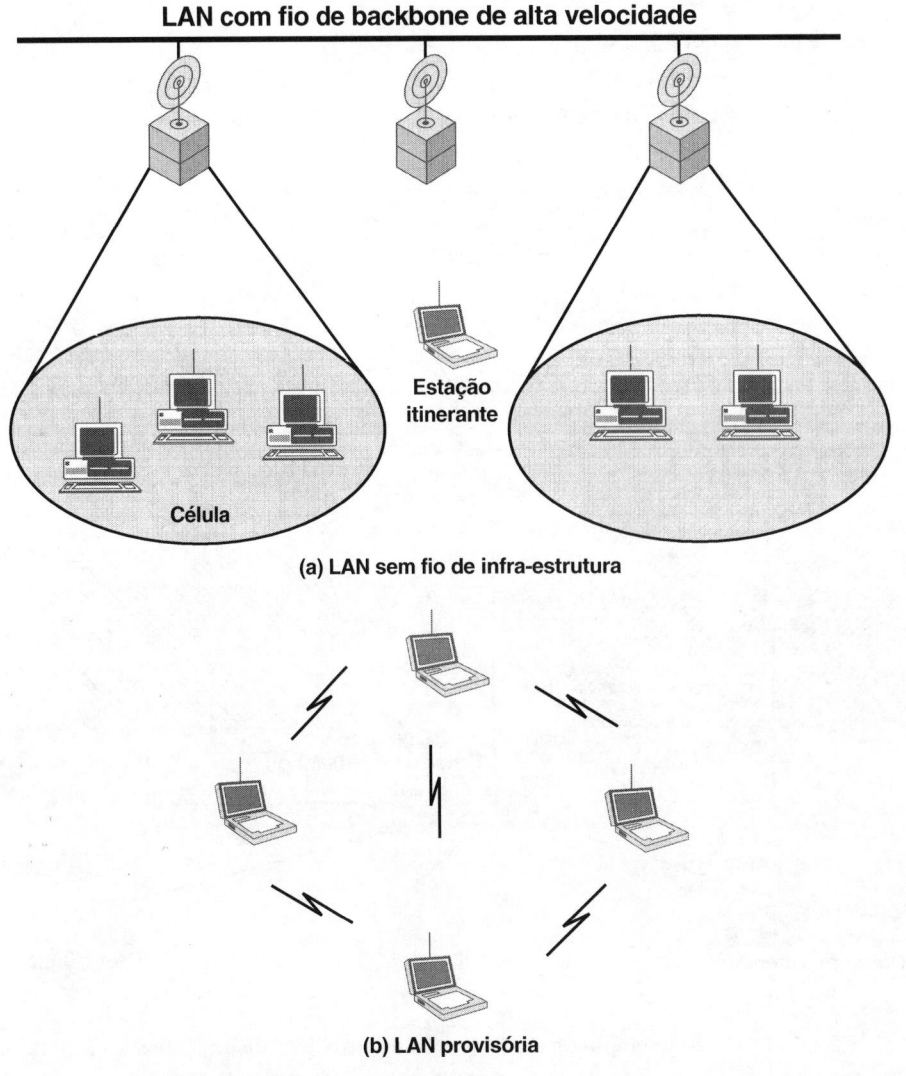

FIGURA 11.3   Configurações de LAN sem fio.

módulo de controle para cada célula. Dentro de uma célula, pode haver diversos sistemas terminais estacionários. As estações itinerantes podem-se mover de uma célula para outra. Por outro lado, não existe qualquer infra-estrutura para uma rede *ad hoc*. Em vez disso, pode-se configurar dinamicamente em uma rede temporária uma coleção de estações parceiras, que estão ao alcance umas das outras.

Requisitos de LAN sem fio

Uma LAN sem fio precisa atender aos mesmos tipos de requisitos típicos de qualquer LAN, incluindo alta capacidade, capacidade de cobrir curtas distâncias, total conectividade entre as estações conectadas e capacidade de broadcast. Além disso, existem diversos requisitos específicos ao ambiente de LAN sem fio. A seguir estão os requisitos considerados os mais importantes para as LANs sem fio:

- **Vazão**: O protocolo de controle de acesso ao meio deve utilizar da forma mais eficaz possível o meio sem fio para maximizar a capacidade.
- **Número de nós**: As LANs sem fio podem ter de aceitar centenas de nós por meio de múltiplas células.
- **Conexão com LAN de backbone**: Na maioria dos casos, é necessária a interconexão com estações em uma LAN de backbone com fio. Para LANs sem fio com infra-estrutura, isso é facilmente obtido com o uso dos módulos de controle que se conectam aos dois tipos de LAN. Também pode haver necessidade de acomodação de usuários móveis e de redes sem fio *ad hoc*.
- **Área de serviço**: Uma área de cobertura típica para uma LAN sem fio possui um diâmetro de 100 a 300 metros.
- **Consumo de bateria**: Os trabalhadores móveis usam estações de trabalho alimentadas por bateria que precisam ter uma longa duração quando usadas com adaptadores sem fio. Isso indica que é inapropriado um protocolo MAC que exige dos nós móveis monitoração constante dos pontos de acesso ou realização freqüente de handshakes com uma estação base. Implementações de LAN sem fio típicas possuem recursos para reduzir o consumo de energia e também evitar o uso da rede, como um modo de espera.
- **Robustez e segurança da transmissão:** A menos que corretamente projetada, uma LAN sem fio pode ser propensa a interferências e facilmente espionada. O projeto de uma LAN sem fio precisa proporcionar transmissão estável, mesmo em um ambiente ruidoso, e deve fornecer algum nível de segurança contra espionagem.
- **Operação de redes em local comum**: À medida que as LANs sem fio se tornam mais populares, é bastante provável que duas ou mais LANs sem fio operem na mesma área ou em alguma área onde a interferência entre as LANs é possível. Essa interferência pode impedir a operação normal de um algoritmo MAC e pode permitir acesso não-autorizado a uma LAN específica.
- **Operação livre de licença**: Os usuários prefeririam comprar e operar produtos de LAN sem fio sem ter de assinar uma licença para a banda de freqüência usada pela LAN.
- **Handoff/roaming**: O programa MAC usado na LAN sem fio deve permitir que estações móveis se movam de uma célula para outra.
- **Configuração dinâmica:** O endereçamento MAC e os aspectos de gerenciamento de rede da LAN devem permitir adição, exclusão e relocação dinâmica e automatizada de sistemas terminais sem prejuízo para outros usuários.

Tecnologia de LAN sem fio

As LANs sem fio geralmente são categorizadas de acordo com a técnica de transmissão que é usada. Todos os produtos de LAN sem fio atuais pertencem a uma das seguintes categorias:

- **LANs infravermelhas (IR)**: Uma célula individual de uma LAN IR é limitada a uma única sala, pois a luz infravermelha não penetra em paredes opacas.
- **LANs de amplo espectro:** Esse tipo de LAN usa a tecnologia de transmissão de amplo espectro. Na maioria dos casos, essas LANs operam nas bandas ISM (Industrial, Scientific e Medical) de modo que nenhum licenciamento FCC é necessário para seu uso nos Estados Unidos.
- **Microondas de banda estreita:** Essas LANs operam em freqüências de microondas, mas não usam amplo espectro. Alguns produtos operam em freqüências que exigem licenciamento FCC, enquanto outros usam uma das bandas ISM não-licenciadas.

A Tabela 11.1 resume algumas das características principais dessas três tecnologias; os detalhes são estudados nas próximas três seções.

Tabela 11.1 **Comparação entre as tecnologias de LAN sem fio**

	Infravermelho		Amplo espectro		Rádio
	Infravermelho difuso	Infravermelho de feixe dirigido	Salteamento de freqüência	Seqüência direta	Microondas de banda estreita
Velocidade de dados (Mbps)	1 a 4	1 a 10	1 a 3	2 a 50	10 a 20
Mobilidade	Estacionária/móvel	Estacionária com LOS	Móvel	Estacionária/móvel	
Faixa (m)	15 a 60	25	30 a 100	30 a 250	10 a 40
Detectabilidade	Mínima		Pequena		Regular
Comprimento de onda/Freqüência	A: 800 a 900 nm		902 a 928MHz 2,4 a 2,4835GHz 5,725 a 5,85GHz		902 a 928MHz 5,2 a 5,775GHz 18,825 a 19,205GHz
Técnica de modulação	ASK		FSK	QPSK	FSK/QPSK
Energia irradiada	–	<1W	25mW		
Método de acesso	CSMA	Token Ring, CSMA	CSMA	Reserva ALOHA, CSMA	
Licença exigida	Não		Não		Sim, exceto se ISM

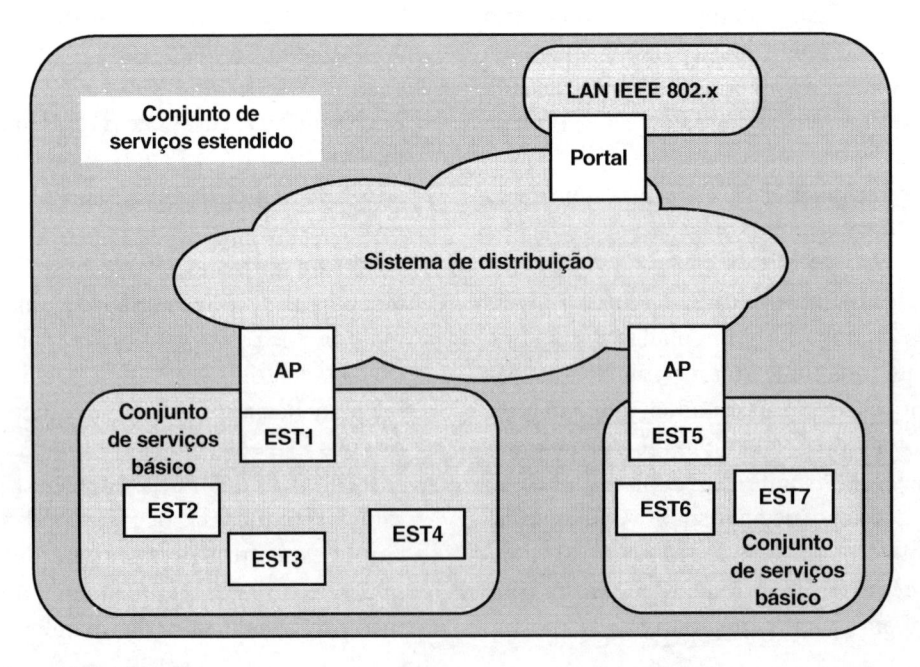

EST = Estação
AP = Ponto de acesso

FIGURA 11.4 Arquitetura IEEE 802.11.

11.2 PADRÃO DE LAN SEM FIO IEEE 802.11

O Comitê IEEE 802.11 desenvolveu um conjunto de padrões de LAN sem fio. Esta seção fornece uma sinopse.

Arquitetura IEEE 802.11

A Figura 11.4 ilustra o modelo desenvolvido pelo grupo de trabalho 802.11. A menor unidade de uma LAN sem fio é um conjunto de serviço básico (BSS), que consiste em algumas estações que executam o mesmo protocolo MAC e competem pelo acesso ao mesmo meio sem fio compartilhado. Um BSS pode estar isolado ou pode se conectar a um sistema de distribuição de backbone (DS) por meio de um ponto de acesso (AP). O ponto de acesso funciona como uma ponte. O protocolo MAC pode ser totalmente distribuído ou controlado por uma função de coordenação central situada no ponto de acesso. O BSS geralmente corresponde ao que chamamos de uma célula na literatura. O DS pode ser um comutador, uma rede com fio ou uma rede sem fio.

A configuração mais simples é mostrada na Figura 11.4, em que cada estação pertence a um único BSS; ou seja, cada estação está dentro da faixa sem fio apenas de outras estações dentro do mesmo BSS. Também é possível que dois BSSs se sobreponham geograficamente, de modo que uma única estação poderia participar em mais de um BSS. Além disso, a associação entre uma estação e um BSS é dinâmica. As estações podem ser desligadas, entrar em área e sair de área.

Um conjunto de serviço estendido (ESS) consiste em dois ou mais conjuntos básicos de serviço, interconectados por um sistema de distribuição. Em geral, o sistema de distribuição é uma LAN de backbone com fio, mas pode ser qualquer rede de comunicações. O conjunto de serviço estendido aparece como uma única LAN lógica para o nível de controle de enlace lógico (LLC).

A Figura 11.4 indica que um ponto de acesso (AP) é implementado como parte de uma estação; o AP é a lógica dentro de uma estação que fornece acesso ao DS, fornecendo serviços de DS, além de atuar como uma estação. Para integrar a arquitetura IEEE 802.11 com uma LAN com fio tradicional, utiliza-se um portal. A lógica do portal é implementada em um dispositivo, como uma ponte ou roteador, que é parte da LAN com fio e que é conectada ao DS.

Serviços IEEE 802.11

O IEEE 802.11 define diversos serviços que precisam ser fornecidos pela LAN sem fio para prover funcionalidade equivalente à que é inerente às LANs com fio. Os serviços mais importantes são os seguintes:

- **Associação:** Estabelece uma associação inicial entre uma estação e um ponto de acesso. Antes que uma estação possa transmitir ou receber quadros em uma LAN sem fio, sua identidade e endereço precisam ser conhecidos. Para esse fim, uma estação precisa estabelecer uma associação com um ponto de acesso. O ponto de acesso pode, então, comunicar essas informações com outros pontos de acesso para facilitar o roteamento e a entrega dos quadros endereçados.
- **Reassociação**: Torna possível uma associação estabelecida transferir-se de um ponto de acesso para outro, permitindo que uma estação móvel se mova.
- **Desassociação**: Uma notificação por parte de uma estação ou de um ponto de acesso de que uma associação existente está terminada. Uma estação deve emitir essa notificação antes de deixar uma área ou de desligar. Entretanto, o recurso de gerenciamento do MAC se protege contra estações que desaparecem sem notificação.
- **Autenticação**: Usada para estabelecer a identidade das estações uma para outra. Em uma LAN com fio, geralmente se considera que o acesso a uma conexão física significa autorização para se conectar com a LAN. Essa não é uma suposição válida para uma LAN sem fio, na qual a conectividade é obtida simplesmente com uma antena corretamente sintonizada. O serviço de autenticação é usado pelas estações para estabelecer sua identidade em estações com as quais elas desejam se comunicar. O padrão não exige qualquer esquema de autenticação específico, que poderia variar de um handshaking relativamente inseguro a esquemas de criptografia de chave pública.
- **Privacidade**: Usada para impedir que conteúdo de mensagens sejam lidos por outras pessoas além do destinatário pretendido. O padrão sugere o uso opcional da criptografia para garantir privacidade.

Medium Access Control IEEE 802.11

A camada MAC IEEE 802.11 abrange três áreas funcionais: entrega confiável de dados, controle de acesso e segurança. Nesta seção, iremos examinar a entrega confiável de dados e o controle de acesso; a área da segurança está além do nosso objetivo.

Entrega confiável de dados Assim como com qualquer rede sem fio, uma LAN sem fio usando as camadas física e MAC do IEEE 802.11 está sujeita a um considerável grau de falibilidade. Ruído, interferência e outros efeitos de propagação podem acarretar a perda de um número significativo de quadros. Mesmo com códigos de correção de erro, vários quadros MAC podem não ser recebidos corretamente. Essa situação pode ser tratada com mecanismos de confiabilidade em uma camada superior, como TCP. Entretanto, temporizadores usados para retransmissão em camadas mais altas normalmente estão na ordem de segundos. Portanto, é mais eficiente lidar com erros no nível do MAC. Para essa finalidade, o IEEE 802.11 inclui um protocolo de troca de quadros. Quando uma estação recebe um quadro de dados de outra estação, ela retorna um quadro de reconhecimento (acknowledgment – ACK) para a estação de origem. Essa troca é tratada como uma unidade atômica, não devendo ser interrompida por uma transmissão de qualquer outra estação. Se a origem não receber um ACK dentro de curto período, seja porque seus quadros de dados foram danificados ou porque o ACK de resposta foi danificado, a origem retransmite o quadro.

Assim, o mecanismo básico de transferência de dados no IEEE 802.11 envolve uma troca de dois quadros. Para melhorar a confiabilidade, pode-se usar uma troca de quatro quadros. Nesse esquema, uma origem primeiro emite um quadro Request to Send (RTS) para o destino. O destino, então, responde com um Clear to Send (CTS). Após receber o CTS, a origem transmite o quadro de dados e o destino responde com um ACK. O RTS alerta todas as estações dentro da área de recepção da origem que uma troca está em andamento; essas estações desistem da transmissão para evitar uma colisão entre dois quadros transmitidos ao mesmo tempo. Da mesma forma, o CTS alerta todas as estações dentro da área de recepção do destino que uma troca está em andamento. A parte RTS/CTS da troca é uma função necessária do MAC, mas pode ser desabilitada.

Controle de acesso O grupo de trabalho do 802.11 considerou dois tipos de propostas para um algoritmo MAC: protocolos de acesso distribuído, que, como o Ethernet, distribuem a decisão de transmitir entre todos os nós mediante um mecanismo de detecção de linha (carrier-sense); e protocolos de acesso centralizado, que envolvem regulação da transmissão por um tomador de decisão centralizado. Um protocolo de acesso distribuído faz sentido para uma rede *ad hoc* de estações de trabalho parceiras e também pode ser interes-

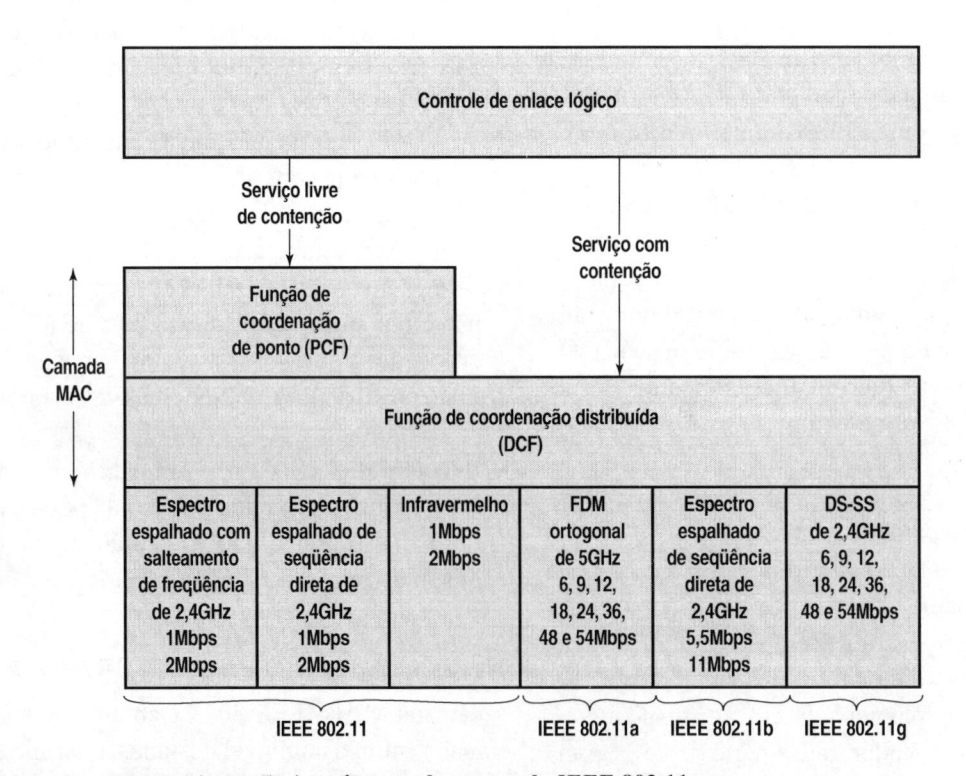

FIGURA 11.5 Arquitetura do protocolo IEEE 802.11.

sante em outras configurações de LAN sem fio que consistem principalmente em tráfego transmitido em rajadas. Um protocolo de acesso centralizado é apropriado para configurações em que diversas estações sem fio estão interconectadas e algum tipo de estação de base que se conecta a uma LAN de backbone com fio; ele é especialmente útil se alguns dos dados são sensíveis ao tempo ou são de alta prioridade.

O resultado final do 802.11 é um algoritmo MAC chamado DFWMAC (Distributed Foundation Wireless MAC) que fornece um mecanismo de controle de acesso distribuído com um controle centralizado opcional construído sobre aquele. A Figura 11.5 ilustra a arquitetura. A subcamada inferior da camada MAC é a função de coordenação distribuída (DCF). A DCF usa um algoritmo de contenção no estilo Ethernet para fornecer acesso a todo o tráfego. O tráfego assíncrono normal usa DCF diretamente. A função de coordenação de ponto (PCF) é um algoritmo MAC centralizado, usado para fornecer serviço livre de contenção; isso é feito numa consulta às estações em seqüência. O tráfego de prioridade mais alta, ou com maior requisito de temporização, usa a PCF. A PCF é construída sobre a DCF e explora recursos da DCF para garantir acesso a seus usuários. Finalmente, a camada do controle de enlace lógico (LLC) fornece uma interface para as camadas mais altas e realiza funções básicas de camada de enlace, como controle de erro.

Camada física do IEEE 802.11

A camada física para o IEEE 802.11 foi lançada em quatro fases; a primeira parte foi lançada em 1997, duas partes adicionais em 1999 e a mais recente em 2002. A primeira parte, chamada simplesmente IEEE 802.11, inclui a camada MAC e três especificações de camada física, duas na banda de 2,4GHz e uma em infravermelho, todas operando em 1 e 2Mbps. O IEEE 802.11a opera na banda de 5GHz em velocidades de dados de até 54Mbps. O IEEE 802.g estende o IEEE 802.11b para velocidades de dados mais altas. Veremos cada uma destas separadamente. Três meios físicos são definidos no padrão 802.11 original:

- Espectro espalhado de seqüência direta (DSSS) que opera na banda ISM de 2,4GHz, em velocidades de dados de 1Mbps e 2Mbps.
- Espectro espalhado com salteamento de freqüência (FHSS) que opera na banda ISM de 2,4GHz, em velocidades de dados de 1Mbps e 2Mbps.
- Infravermelho em 1Mbps e 2Mbps que opera em um comprimento de onda entre 850 e 950nm.

A opção de infravermelho nunca recebeu suporte do mercado. Os outros dois esquemas usam métodos de espectro espalhado. Basicamente, o espectro espalhado envolve o uso de uma largura de banda muito maior do que é realmente necessária para dar suporte a uma velocidade de dados específica. A finalidade de usar uma largura de banda maior é minimizar a interferência e reduzir drasticamente o índice de erros. No caso do FHSS, o espectro espalhado é obtido saltando freqüentemente de uma freqüência de portadora para outra; desse modo, se houver interferência ou queda de desempenho em determinada freqüência, isso afeta apenas uma pequena fração da transmissão. O DSSS efetivamente aumenta a velocidade de dados de um sinal, mapeando cada bit de dados para uma string de bits, com uma string usada para 1 binário e outra para 0 binário. A velocidade de dados mais alta usa uma largura de banda maior. O efeito é espalhar cada bit no tempo, o que minimiza os efeitos da interferência e degradação. O FHSS, que é mais simples, foi empregado na maioria das primeiras redes 802.11. Seguiram-se produtos usando o DSSS, que é mais eficaz no esquema 802.11. Entretanto, todos os produtos 802.11 originais eram de utilidade limitada, devido às baixas velocidades de dados.

O IEEE 802.11b é uma extensão do esquema DSSS IEEE 802.11, que fornece velocidades de dados de 5,5 e 11Mbps. Uma velocidade de dados mais alta é conseguida mediante uma técnica de modulação mais complexa. A especificação 802.11b rapidamente gerou ofertas de produtos, incluindo chipsets, placas de PC, pontos de acesso e sistemas. A Apple Computer foi a primeira empresa a oferecer produtos 802.11b, com seu computador portátil iBook, que usa a opção de rede sem fio AirPort. Outras empresas, entre as quais Cisco, 3Com e Dell, seguiram o exemplo. Embora esses novos produtos sejam todos baseados no mesmo padrão, há sempre uma preocupação se os produtos de diferentes fornecedores irão interoperar corretamente. Para atender essa questão, a Wireless Ethernet Compatibility Alliance (WECA) criou um pacote de teste para certificar a interoperabilidade para os produtos 802.11b. Os testes de interoperabilidade foram conduzidos e diversos produtos receberam certificação.

Outra preocupação para os produtos 802.11 originais e 802.11b é a interferência com outros sistemas que operam na banda de 2,4GHz, como Bluetooth, HomeRF e muitos outros dispositivos que usam a mesma parte do espectro (entre os quais monitores de bebês e abridores de portas de garagem). Um grupo de estudo de coexistência (IEEE 802.15) está examinando esse problema e, por enquanto, as perspectivas são animadoras.

Embora o 802.11b esteja alcançando certo grau de sucesso, sua velocidade de dados limitada acarreta uma atração limitada. Para atender às necessidades de uma LAN de velocidade realmente alta, o IEEE 802.11a não usa um esquema de espectro espalhado, mas, em seu lugar, usa multiplexação de divisão de freqüência ortogonal (OFDM). A OFDM, também chamada de modulação multicarrier, usa múltiplos sinais de portadora (até 52) em diferentes freqüências, enviando alguns dos bits em cada canal. As velocidades de dados possíveis para o IEEE 802.11a são 6, 9, 12, 18, 24, 36, 48 e 54Mbps.

O IEEE 802.11g é uma extensão de velocidade mais alta para o IEEE 802.11b. Esse esquema combina uma variedade de técnicas de codificação de camada física usadas no 802.11a e 802.11b, para fornecer serviço em diversas velocidades de dados.

11.3 BLUETOOTH

Bluetooth é uma conexão de rádio permanente e de curto alcance, que reside em um microchip. Ele foi desenvolvido inicialmente pelo fabricante de celulares sueco Ericsson em 1994, como uma forma de tornar possível que computadores laptop façam chamadas por meio de um telefone celular. Desde então, milhares de empresas têm-se unido para tornar o Bluetooth o padrão sem fio de curto alcance e de baixa potência para uma ampla variedade de dispositivos.

Os padrões Bluetooth são publicados por um consórcio de indústrias conhecido como o Bluetooth SIG (grupo de interesse especial Bluetooth).

O conceito por trás do Bluetooth é fornecer uma capacidade sem fio de curto alcance universal. Usando a banda de 2,4GHz, disponível globalmente para usos de baixa potência não-licenciados, os dispositivos Bluetooth dentro de 10m de distância entre si podem compartilhar até 720kbps de capacidade. O Bluetooth destina-se a oferecer suporte para uma lista ilimitada de aplicações, incluindo dados (como agendas e números de telefone), áudio, gráficos e mesmo vídeo. Por exemplo, os dispositivos de áudio podem incluir fones de ouvido, fones sem fio e comuns, aparelhos de som domésticos e players MP3 digitais. A seguir estão alguns exemplos do que o Bluetooth pode fornecer aos consumidores:

- Fazer chamadas de um fone de ouvido conectado remotamente a um telefone celular.
- Eliminar cabos que ligam computadores a impressoras, teclados e mouse.
- Conectar players MP3 sem fio a outras máquinas para realizar downloads de músicas.
- Configurar redes domésticas de modo que os usuários possam monitorar remotamente o aparelho de ar-condicionado, o forno e a navegação de Internet das crianças.
- Ligar para casa de um local remoto para ligar e desligar eletrodomésticos, ajustar o alarme e monitorar atividades.

Aplicações do Bluetooth

O Bluetooth é projetado para operar em um ambiente de muitos usuários. Até oito dispositivos podem se comunicar em uma pequena rede chamada **piconet**. Dez dessas piconets podem coexistir na mesma faixa de cobertura do rádio Bluetooth. Para oferecer segurança, cada enlace é codificado e protegido contra espionagem e interferência.

O Bluetooth oferece suporte para três áreas de aplicação gerais que usam conectividade sem fio de curto alcance.

- **Pontos de acesso de voz e dados**: O Bluetooth facilita as transmissões de voz e dados em tempo real, fornecendo fácil conexão sem fio entre dispositivos de comunicações portáteis e estacionários.
- **Substituição de cabo**: O Bluetooth elimina a necessidade das inúmeras e freqüentemente proprietárias ligações de cabo para conexão de praticamente qualquer tipo de dispositivo de comunicação. As conexões são instantâneas e mantidas mesmo quando os dispositivos não estão dentro da linha de visão. O alcance de cada rádio é de aproximadamente 10m, mas pode se estender até 100m com um amplificador opcional.
- **Rede *ad hoc***: Um dispositivo equipado com um rádio Bluetooth pode estabelecer conexão instantânea com outro rádio Bluetooth assim que ele entrar no alcance.

Documentos padrão do Bluetooth

Os padrões do Bluetooth apresentam um volume formidável; bem mais de 1.500 páginas, divididas em dois grupos: básico e perfil. As **especificações básicas** descrevem os detalhes das várias camadas da arquitetura de protocolo Bluetooth, desde a interface de rádio até o controle de enlace. São discutidos tópicos relacionados, como a interoperabilidade com tecnologias relacionadas, requisitos de teste e uma definição dos vários temporizadores Bluetooth e seus valores associados.

As **especificações de perfil** estão relacionadas ao uso da tecnologia Bluetooth para aceitar várias aplicações. Cada especificação de perfil analisa o uso da tecnologia definida nas especificações básicas a fim de implementar um modelo de uso em especial. A especificação de perfil inclui uma descrição de quais aspectos das especificações básicas são obrigatórios, opcionais e não-aplicáveis. A finalidade de uma especificação de perfil é definir um padrão de interoperabilidade para que os produtos de diferentes fornecedores que afirmam aceitar determinado modelo de uso realmente funcionem juntos. Em termos gerais, as especificações de perfil podem estar em uma de duas categorias: substituição de cabo ou áudio sem fio. Os perfis de substituição de cabo fornecem um meio prático de conectar logicamente dispositivos próximos e trocar dados. Por exemplo, quando dois dispositivos entrarem no alcance um do outro, eles podem consultar um ao outro para obter um perfil comum. Isso, então, pode fazer com que os usuários finais do dispositivo sejam alertados, ou fazer com que aconteça alguma troca automática de dados. Os perfis de áudio sem fio envolvem o estabelecimento das conexões de voz de curto alcance.

O desenvolvedor do Bluetooth precisa examinar os muitos documentos com determinada aplicação em mente. A lista de leitura começa com a cobertura de algumas especificações essenciais, além do perfil de acesso geral. Esse perfil é um dos muitos perfis que servem de fundação para outros perfis e não especificam funcionalidade usável independentemente. O perfil de acesso geral especifica como a arquitetura Bluetooth de banda base, definida nas especificações básicas, deve ser usada entre dispositivos que implementam um ou vários perfis. Depois de um conjunto de documentos básicos, a lista de leitura se divide em duas linhas, conforme o interesse do leitor seja a substituição de cabo ou o áudio sem fio.

Arquitetura de protocolo

O Bluetooth é definido como uma arquitetura de protocolos em camadas, que consiste em protocolos básicos, protocolos de substituição de cabo e controle de telefonia e protocolos adotados.

Os **protocolos básicos** formam uma pilha de cinco camadas que se compõem dos seguintes elementos:

- **Rádio**: Especifica detalhes da interface aérea, incluindo freqüência, o uso do salteamento de freqüência, esquema de modulação e potência de transmissão.

- **Banda base**: Envolve o estabelecimento da conexão dentro de uma piconet, o endereçamento, o formato de pacote, a temporização e o controle de energia.
- **Protocolo gerenciador de enlace (LMP)**: Responsável pela configuração de enlace entre dispositivos Bluetooth e pelo gerenciamento de enlace em andamento. Isso inclui aspectos de segurança, como autenticação e criptografia, além do controle e da negociação de tamanhos de pacote de banda base.
- **Controle de enlace lógico e protocolo de adaptação (L2CAP):** Adapta protocolos de camada superior à camada de banda base. O L2CAP fornece serviços sem conexão e orientados à conexão.
- **Programa de descoberta de serviço (SDP):** Pode-se consultar as informações de dispositivo, serviços e as características dos serviços para tornar possível o estabelecimento de uma conexão entre dois ou mais dispositivos Bluetooth.

RFCOMM é o **protocolo de substituição de cabo** incluído na especificação Bluetooth. O RFCOMM apresenta uma porta serial virtual que é projetada para tornar a substituição das tecnologias de cabo o mais transparente possível. As portas seriais são um dos tipos mais comuns de interfaces de comunicação usadas em dispositivos de computação e de comunicação. Conseqüentemente, o RFCOMM permite a substituição dos cabos de porta serial com o mínimo de modificação dos dispositivos existentes. O RFCOMM fornece transporte de dados binários e emula os sinais de controle EIA-232 sobre a camada de banda base do Bluetooth. O EIA-232 (antes conhecido como RS-232) é um padrão de interface de porta serial amplamente usado.

O Bluetooth especifica um **protocolo de controle de telefonia**. O TCS BIN (especificação de controle de telefonia – binário) é um protocolo baseado em bits que define a sinalização de controle de chamada para o estabelecimento de chamadas de fala e dados entre dispositivos Bluetooth. Além disso, ele define procedimentos de gerenciamento de mobilidade para manipular grupos de dispositivos TCS Bluetooth.

Os **protocolos adotados** se definem em especificações emitidas por outras organizações criadoras de padrão e são incorporados na arquitetura Bluetooth geral. A estratégia Bluetooth é de criar apenas protocolos necessários e usar padrões existentes sempre que possível. Os protocolos adotados incluem os seguintes:

- **PPP**: O Point-to-Point Protocol é um protocolo padrão da Internet para transportar datagramas IP por meio de um enlace ponto a ponto.

- **TCP/UDP/IP**: Esses são os protocolos básicos da família de protocolos TCP/IP.
- **OBEX**: O protocolo de troca de objeto é um protocolo em nível de sessão desenvolvido pela Infrared Data Association (IrDA) para a troca de objetos. O OBEX fornece funcionalidade semelhante à do HTTP, mas de maneira mais simples. Ele também fornece um modelo para representar objetos e operações. Exemplos de formatos de conteúdo transferidos pelo OBEX são o vCard e o vCalendar, que, respectivamente, possuem o formato de um cartão de visitas eletrônico e entradas de calendário pessoais e informações de agenda.
- **WAE/WAP**: O Bluetooth incorpora o ambiente de aplicação sem fio e o protocolo de aplicação sem fio em sua arquitetura.

Modelos de uso

Diversos modelos de uso são definidos nos documentos de perfil Bluetooth. Essencialmente, um modelo de uso é um conjunto de protocolos que implementa determinada aplicação baseada no Bluetooth. Cada perfil define os protocolos e os recursos de protocolo que aceitam um modelo de uso específico. Os modelos de uso mais importantes são os seguintes:

- **Transferência de arquivo:** O modelo de uso de transferência de arquivo aceita a transferência de diretórios, arquivos, documentos, imagens e formatos de mídia de fluxo. Esse modelo de uso também inclui a capacidade de pesquisar pastas em um dispositivo remoto.
- **Ponte da Internet:** Com esse modelo de uso, um PC é conectado sem fio a um telefone celular ou modem sem fio para fornecer capacidades de rede e fax discados. Para rede discada, utilizam-se os comandos AT para controlar o celular ou modem, e usa-se outra pilha de protocolo (por exemplo, PPP sobre RFCOMM) para transferência de dados. Para efetuar a transferência de fax, o software de fax opera diretamente sobre RFCOMM.
- **Acesso a LAN**: Esse modelo de uso permite que dispositivos em uma piconet acessem uma LAN. Uma vez conectado, o dispositivo funciona como se estivesse diretamente conectado (com cabo) à LAN.
- **Sincronização:** Esse modelo fornece uma sincronização dispositivo a dispositivo das informações PIM (gerenciamento de informações pessoais), como agenda de telefones, calendário, mensagens e anotações. O IrMC (comunicação móvel infravermelho) é um protocolo IrDA que fornece capacidade cliente/servidor para transferir informações PIM atualizadas de um dispositivo para outro.
- **Telefone três em um**: Os aparelhos de telefone que implementam esse modelo de uso podem atuar como um telefone sem fio conectado a uma estação de base de voz, como um dispositivo intercomunicador para se conectar a outros telefones e como um telefone celular.
- **Fone de ouvido**: O fone de ouvido pode atuar como a interface de entrada e saída de áudio de um dispositivo remoto.

Piconets e scatternets

A unidade básica de rede no Bluetooth é uma **piconet**, que consiste em um dispositivo mestre e de um a sete dispositivos escravos ativos. O rádio designado como o mestre cria a determinação do canal (seqüência de salteamento de freqüência) e da fase (offset de temporização, ou seja, quando transmitir), que devem ser usados por todos os dispositivos nessa piconet. O rádio designado como o mestre faz essa determinação usando seu próprio endereço de dispositivo como parâmetro, enquanto os dispositivos escravos precisam se ajustar ao mesmo canal e fase. Um escravo pode se comunicar apenas com o mestre e só quando tiver permissão do mestre. Um dispositivo em uma piconet também pode existir como parte de outra piconet e pode funcionar como um escravo ou um mestre em cada piconet (Figura 11.6). Essa forma de sobreposição é chamada de **scatternet**. A Figura 11.7 compara a arquitetura piconet/scatternet com outras formas de redes sem fio.

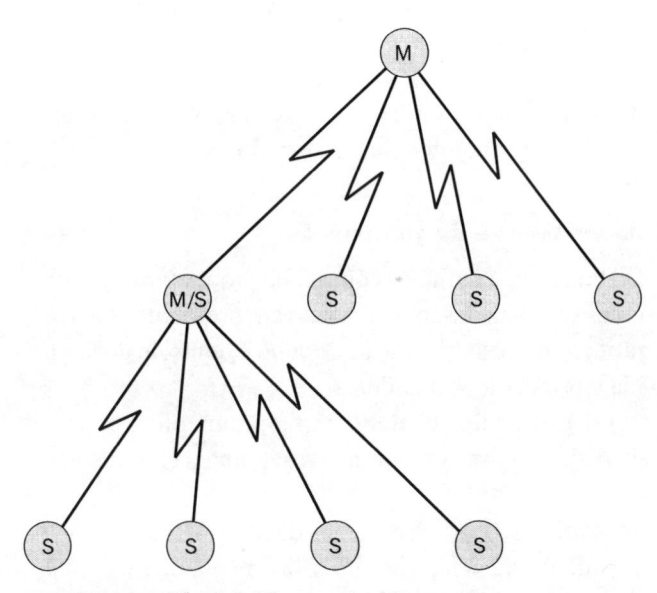

FIGURA 11.6 Relações master/slave.

(a) Sistema celular (os quadrados representam estações de base estacionárias)

(b) Sistemas provisórios convencionais

(c) Scatternets

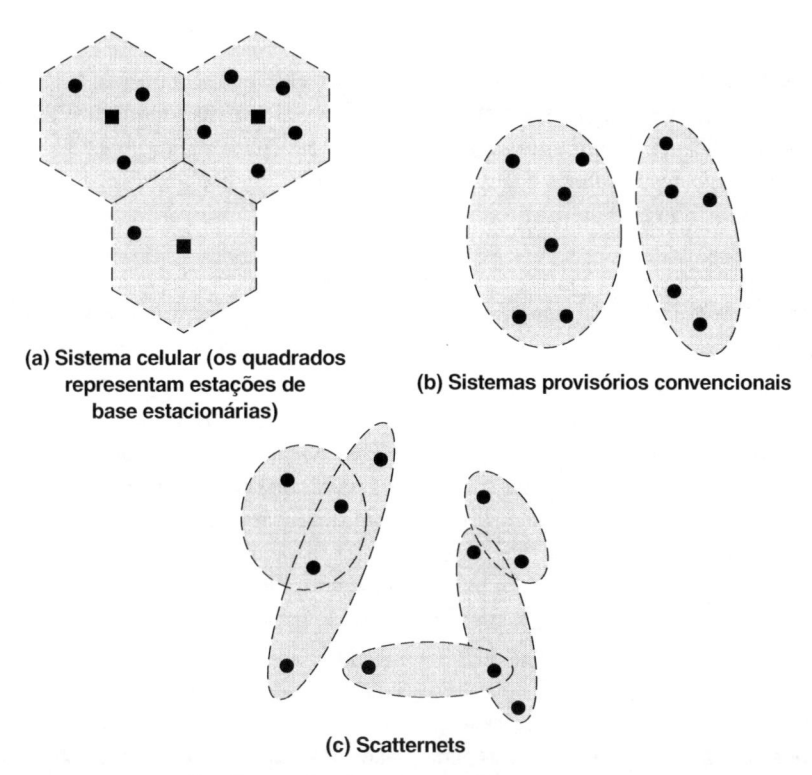

FIGURA 11.7 Configurações de rede sem fio.

A vantagem do esquema piconet/scatternet é que ele permite que muitos dispositivos compartilhem a mesma área física e façam uso eficiente da largura de banda. Um sistema Bluetooth usa um esquema de salto de freqüência com um espaçamento de portadora de 1MHz. Normalmente, utilizam-se até 80 freqüências diferentes para uma largura de banda total de 80MHz. Se o salteamento de freqüência não fosse usado, um único canal corresponderia a uma única banda de 1 MHz. Com o salteamento de freqüência, um canal lógico é definido pela seqüência de salteamento de freqüência. Em qualquer momento, a largura de banda disponível é de 1MHz, com um máximo de oito dispositivos compartilhando a largura de banda. Diferentes canais lógicos (diferentes seqüências de salteamento) podem compartilhar simultaneamente a mesma largu-

---

NOTA DE APLICAÇÃO

Implantando LANs sem fio

Muitas organizações têm de enfrentar o problema de decidir se devem ou não usar uma LAN sem fio, ou WLAN. Esse problema se agrava por vários motivos relacionados a WLAN, como segurança, gerenciamento de dispositivos utilizados e uma confusa matriz de padrões. Finalmente, a utilização de uma WLAN aumenta a responsabilidade da equipe de suporte sem que necessariamente ela receba treinamento ou experiência para manuseá-la.

Existem algumas razões para usar uma LAN sem fio: mobilidade, redução do custo de instalação, rede provisória e conexão de nós geograficamente remotos. Provavelmente, a primeira coisa que uma organização deve se perguntar é se uma WLAN é uma necessidade ou se é algo que, embora legal e interessante, realmente não acrescenta valor algum. Muitas empresas adotam esse raciocínio devido à brecha de segurança que a rede sem fio apresenta. É compreensível que isso possa ser arriscado demais ou um pesadelo gerencial para ser implantado. Esse método envolve certo risco, especialmente se a empresa achar desnecessário o treinamento sem fio. O risco se deve ao fato de que os empregados, alunos e visitantes usarão equipamento sem fio sem o conhecimento da empresa. Isso normalmente não visa a atacar a rede da empresa; é apenas um fato natural que cada vez mais dispositivos venham equipados com capacidade sem fio. Os novos laptops são um excelente exemplo disso.

Os dispositivos sem fio também possuem a irritante capacidade de encontrar conexões automaticamente. Isso se torna ainda mais grave no que diz respeito aos sistemas operacionais como o Windows XP, que tratam de muitas questões transparentemente sem fio e têm a funcionalidade do compartilhamento de conexões. O compartilhamento de conexões permitirá que múltiplos usuários acessem a rede por meio de uma única conexão de rede de computadores. Mesmo se você decidir não usar uma rede sem fio, deve se preparar para encontrar alguém que a utilize dentro da sua organização.

Escolher o padrão certo pode ser uma tarefa muito difícil. A família 802.11 teve várias gerações, com o 802.11b sendo a mais bem-sucedida. Entretanto, houve problemas consideráveis com o padrão 802.11b, incluindo largura de banda relativamente baixa, um pequeno número de pontos de acesso que podem ocupar uma área e interferência de outros dispositivos que compartilham a parte 2,4GHz do espectro.

Os padrões da próxima geração, 802.11a e 802.11g, tentam solucionar esses problemas, com o 802.11a sendo o mais bem-sucedido nesse aspecto, porque subiu para 5GHz. Se você já possui uma rede sem fio, sua decisão pode ser ligeiramente diferente da que você teria, se estivesse configurando uma agora. Para ser compatível com uma rede 802.11b existente, pode-se optar pela 802.11g, que possui capacidade de dados mais alta e ainda pode se comunicar diretamente com nós 802.11b. Isso está sendo considerado cada vez menos, pois muitos fornecedores estão produzindo dispositivos capazes de quebrar a barreira entre os padrões.

Dependendo do uso pretendido, novas instalações podem decidir exclusivamente por um dos novos padrões. Não se deve esquecer que existe uma enorme quantidade de equipamentos 802.11b preexistentes, e mais deles estão sendo implementados todos os dias; portanto, cabe tomar uma decisão sobre seu suporte. Para muitos, o 802.11a será a melhor escolha em razão de suas altas velocidades de dados, baixa interferência e o número de canais disponíveis. Entretanto, o forte do 802.11a também é o seu ponto fraco. Uma regra básica para a comunicação baseada em rádio é que quanto mais alta a freqüência, mais curta é a distância de transmissão. Como ele usa freqüências maiores, o 802.11a possui um alcance mais curto do que o 802.11b. Outra regra simples é que quanto mais alta a freqüência, mais fácil é interromper o sinal. Este último problema depende grandemente do seu ambiente operacional.

Nosso último ponto de análise se relaciona com a segurança. Embora nunca exista uma bola de cristal no que diz respeito a medidas de segurança, existem algumas práticas básicas que ajudarão a reduzir a exposição e a vulnerabilidade:

- Instale pontos de acesso fora do firewall da empresa para garantir que não se propaguem os dados corporativos.
- Ative o WEP. Ele pode ter seus problemas, mas irá deter a maioria dos espiões casuais.
- Execute pontos de acesso em comutadores em vez de hubs, para fornecer filtragem de tráfego.
- Realize uma pesquisa de site sem fio para determinar seu nível de exposição.
- Use uma VPN para nós sem fio.
- Empregue filtros básicos de camada 2 ou 3 para acesso de segurança.
- Na dúvida, use criptografia em seus dados.
- Entenda que a maioria dos problemas (maliciosos ou acidentais) não vem de hackers externos, mas de usuários internos.

O verdadeiro problema com a comunicação sem fio é que pouquíssimos administradores de rede gastam tempo suficiente com ela. Por isso, há uma tremenda falta de entendimento e experiência no tocante aos problemas. Embora esta breve exposição não pretenda ser o guia definitivo para a rede sem fio, ela deve ajudar a compreender alguns dos maiores problemas e idéias associados às WLANs.

---

ra de banda de 80MHz. Colisões ocorrerão quando dispositivos em diferentes piconets, em diferentes canais lógicos, usarem a mesma freqüência de salto ao mesmo tempo. À medida que aumenta o número de piconets em uma área, o número de colisões cresce e o desempenho cai. Resumindo, a área física e a largura de banda total são compartilhadas pela scatternet; o canal lógico e a transferência de dados são compartilhados por uma piconet.

11.4 RESUMO

Nos últimos anos, uma classe inteiramente nova de redes locais chegou para fornecer uma alternativa para as LANs com base no par trançado, cabo coaxial e fibra ótica: as LANs sem fio. As principais vantagens da LAN sem fio referem-se ao fato de ela eliminar o custo do cabeamento, o que normalmente é o componente mais caro de uma LAN, acomodar estações de trabalho móveis.

As LANs sem fio usam uma de três técnicas de transmissão: espectro espalhado, microondas de banda estreita e infravermelho. O conjunto mais importante de padrões que definem LANs sem fio são os estabelecidos pelo Comitê IEEE 802.11. O Bluetooth é uma especificação para rede e comunicação sem fio entre PCs, telefones celulares e outros dispositivos sem fio. O Bluetooth é um dos padrões de tecnologia de crescimento mais rápidos já existentes. Ele se destina ao uso no âmbito de uma área local.

11.5 Leitura e Web sites recomendados

[OHAR99] é um excelente estudo técnico do IEEE 802.11. Outro bom estudo é [LARO02]. [GEIE99] também faz uma cobertura detalhada dos padrões IEEE 802.11 e diversos estudos de casos. [CROW97] é um bom artigo de pesquisa sobre os padrões 802.11. Nenhuma das duas referências cobre o IEEE 802.11a e o IEEE 802.11b. [GEIE01] apresenta uma boa análise do IEEE 802.11a. [SHOE02] fornece uma sinopse do IEEE 802.11b. [HAAROOa] e [HAAROOb] oferecem bons resumos do Bluetooth. Outras duas pesquisas, ambas multipartes, também são de interesse: [WILS00] e [RODB00]. Existem dois bons estudos técnicos no formato de livro: [BRAY01] e [MILL01]; o primeiro é um pouco mais técnico do que o segundo.

BRAY01 Bray, J. e Sturman, C. *Bluetooth: Connect without Cables.* Upper Saddle River, NJ: Prentice Hall, 2001.

CROW97 Crow, B. *et al.* "IEEE 802.11 Wireless Local Area Networks". *IEEE Communications Magazine,* setembro de 1997.

GEIE99 Geier, J. *Wireless LANs.* New York: Macmillan Technical Publishing, 1999.

GEIE01 Geier, J. "Enabling Fast Wireless Networks with OFDM". *Communications System Design,* fevereiro de 2001. (www.csdmag.com)

HAAROOa Haartsen, J. "The Bluetooth Radio System". *IEEE Personal Communications,* fevereiro de 2000.

HAAROOb Haartsen, X e Mattisson, S. "Bluetooth – A New Low-Power Radio Interface Providing Short-Range Connectivity". *Proceedings of the IEEE,* outubro de 2000.

LARO02 LaRocca, J. e LaRocca, R. *802.11 Demystified.* Nova York: McGraw-Hill, 2002.

MILL01 Miller, B. e Bisdikian, C. *Bluetooth Revealed.* Upper Saddle River, NJ: Prentice Hall, 2001.

OHAR99 Ohara, B. e Petrick, A. *IEEE 802.11 Handbook: A Designer's Companion.* Nova York: IEEE Press, 1999.

RODB00 Rodbell, M. "Bluetooth: Wireless Local Access, Baseband and RF Interfaces, and Link Management". *Communications System Design,* março a maio de 2000. (www.csdmag.com)

SHOE02 Shoemajce, M. "IEEE 802.11g Jells as Applications Mount". *Communications System Design,* abril de 2002. (www.commsdesign.com)

WILSOO Wilson, I, and Kronz, J. "Inside Bluetooth: Part I and Part II". *Dr. Dobb's Journal,* março a abril de 2000.

Web sites recomendados

- **Wireless LAN Association:** Fornece uma introdução à tecnologia, incluindo uma discussão das considerações de implementação e estudos de caso dos usuários. Links para sites relacionados.
- **The IEEE 802.11 Wireless LAN Working Group:** Contém documentos de grupo de trabalho, além de arquivos de debate.
- **Wi-Fi Alliance:** Um grupo de indústrias que promove a interoperabilidade dos produtos 802.11 entre si e com a Ethernet.
- **Bluetooth SIG:** Contém todos os padrões, inúmeros outros documentos e notícias e informações sobre empresas e produtos do Bluetooth.
- **Infotooth:** Uma excelente fonte suplementar de informações sobre o Bluetooth.

11.6 Principais termos, perguntas para revisão e problemas

Principais termos

rede provisória
Bluetooth
IEEE 802.11
LAN infravermelha
LAN de microondas de banda estreita
acesso itinerante
piconet
scatternet
área de serviço
LAN de espectro espalhado
modelo de uso
LAN sem fio

Perguntas para revisão

11.1. Cite e defina brevemente quatro áreas de aplicação para as LANs sem fio.

11.2. Cite e defina brevemente os requisitos básicos para as LANs sem fio.

11.3. Qual é a diferença entre uma LAN sem fio de célula única e de células múltiplas?

11.4. Qual é a menor unidade de uma WLAN 802.11?

11.5. Defina um conjunto de serviço estendido.

11.6. Cite e defina em linhas gerais os serviços IEEE 802.11.

11.7. Qual é a diferença entre um ponto de acesso e um portal?

11.8. Um sistema de distribuição é uma rede sem fio?

11.9. De que maneira o conceito de associação está relacionado com o de mobilidade?

11.10. Em termos gerais, que áreas de aplicação possuem suporte do Bluetooth?
11.11. Qual é a diferença entre uma especificação básica e uma especificação de perfil?
11.12. O que é um modelo de uso?
11.13. Que tipo de rede os nós Bluetooth formam?
11.14. Quantos nós uma piconet pode aceitar?
11.15. Qual é a relação entre mestre e escravo em uma piconet?

Problemas

11.1 O quanto você sabe de sua rede sem fio?
 a. Qual é o SSID?
 b. Qual é o fornecedor do equipamento?
 c. Que padrão você está usando?
 d. Qual é o tamanho da rede?

11.2 Aplicando o que você sabe sobre redes com e sem fio, desenhe a topologia da sua rede.

11.3 Existem muitas ferramentas e aplicações gratuitas disponíveis para ajudar na análise das redes sem fio. Uma das mais comuns é o Netstumbler. Obtenha o software em www.netstumbler.com e siga os links para downloads. O site possui uma lista das placas sem fio aceitas. Usando o software Netstumbler, determine o seguinte:
 a. Quantos pontos de acesso em sua rede possuem o mesmo SSID?
 b. Qual é sua força de sinal para o seu ponto de acesso?
 c. Quantas outras redes sem fio e pontos de acesso você consegue encontrar?

11.4 A maioria das placas sem fio acompanha um pequeno conjunto de aplicações que pode realizar tarefas semelhantes às do Netstumbler. Usando seu próprio software cliente, defina os mesmos itens que você determinou com o Netstumbler. Eles coincidem?

11.5 Tente responder o seguinte: A que distância você pode ir sem desconectar de sua rede? Isso dependerá, em grande parte, do seu ambiente.

11.6 Compare e diferencie as LANs sem fio e com fio. Que problemas peculiares precisam ser resolvidos pelo projetista de uma LAN sem fio?

11.7 Dois documentos relacionados a fatores de segurança associados com mídia sem fio são o FCC OET-65 Bulletin e o ANSI/IEEE C95.1-1999. Descreva brevemente a finalidade desses documentos e resuma as preocupações de segurança associadas com a tecnologia de LAN sem fio.

11.8 Outro concorrente do Bluetooth (além do 802.11) é a Infrared Development Association (IrDA). Compare esses dois meios sem fio e caracterize um cenário em que cada um pode ser a solução ideal.

ESTUDO DE CASO V: St. Luke's Episcopal Hospital

Os hospitais foram um dos primeiros a adotar redes locais sem fio (WLANs). A população de usuários normalmente é móvel e dispersa ao longo de vários prédios, com uma necessidade de inserir e acessar dados em tempo real. O St. Luke's Episcopal Hospital, em Houston, Texas, é um bom exemplo de um hospital que utiliza eficazmente uma WLAN. Sua rede sem fio é distribuída entre vários prédios do hospital e usada em muitas aplicações. Os exemplos incluem os seguintes:

- **Diagnóstico de pacientes e representação de seu progresso em gráficos:** Os médicos e enfermeiros usam carrinhos equipados com laptops sem fio para acesso instantâneo a uma aplicação que gerencia os dados do paciente.

- **Prescrições:** As medicações são administradas por meio de um carrinho que circula de quarto em quarto. Os clínicos usam um scanner sem fio para ler o bracelete de ID do paciente, seu próprio ID e o código de barra no medicamento. Se uma ordem de prescrição tiver sido alterada ou cancelada, o clínico saberá imediatamente, porque o dispositivo móvel exibe os dados atualizados do paciente.

- **Unidades de tratamento intensivo:** Essas áreas usam a WLAN, porque a passagem de fios significaria a manipulação de forros de teto. A poeira e os micróbios que esse trabalho gera representaria um risco aos pacientes.

- **Gerenciamento de caso**: Os gerentes de caso no departamento de gerenciamento de utilização usam a WLAN para documentar as revisões dos pacientes, as informações de pedido/autorização de seguro e as informações de negação. A sessão sem fio permite acesso em tempo real às informações que garantem o nível de tratamento correto para um paciente e/ou a cobrança oportuna.

- **Unidades de pressão sangüínea:** Esses são carrinhos movidos de um paciente para outro, enquanto a equipe do hospital coleta e registra as informações de pressão sangüínea.

- **Nutrição e dieta:** Os responsáveis pelo serviço de dieta coletam menus de paciente em cada unidade de enfermaria e os inserem enquanto caminham. Isso permite que mais menus sejam inseridos, dando aos pacientes mais escolha. O nutricionista também pode ver as informações atuais do paciente, como dados de alimentação suplementar ou parenteral, e ver o que o paciente realmente comeu em determinada refeição.

O hospital possui três prédios e atende mais de 500.000 pacientes por ano.

A WLAN original

A primeira WLAN do St. Luke's foi desenvolvida em janeiro de 1998 em um único prédio que usava pontos de acesso (APs) fabricados pela Proxim (www.proxim.com). O AP é um dispositivo independente que funciona como uma interface entre uma célula IEEE 802.11 local (conjunto de serviço básico) e outras células, conformando-se com a arquitetura IEEE 802.11 da Figura 11.4. Um dos principais objetivos dessa instalação inicial era melhorar a eficiência. Entretanto, algumas vezes, ela tinha o efeito contrário. O maior problema era a queda das conexões. Conforme um usuário se movia pelo prédio, havia uma tendência para a WLAN derrubar a conexão, em vez de realizar a passagem para outro ponto de acesso. Como resultado, o usuário precisava restabelecer a conexão, logar-se na aplicação novamente e reinserir todos os dados que perdidos.

Também havia problemas físicos. As paredes em parte do prédio eram construídas em torno de telas de arame, o que interferia nas ondas de rádio. Os quartos de alguns pacientes eram localizados em compartimentos com sinais fracos de rádio. Para esses quartos, um enfermeiro ou médico às vezes perdia a conexão e precisava voltar até o corredor para reconectar. Os fornos de microondas nas copas de cada andar também eram uma fonte de interferência. Finalmente, à medida que mais usuários eram incluídos no sistema, os APs Proxim, com capacidade de 1,2Mbps, se tornavam cada vez mais inadequados, causando problemas de desempenho constantes.

A WLAN melhorada

Para resolver os problemas com sua WLAN original e colher os benefícios potenciais listados anteriormente neste caso de estudo, o St. Luke's fez duas mudanças [CONR03]. Em primeiro lugar, o hospital substituiu os APs Proxim por APs Cisco Aironet (www.aironet.com). Os APs Cisco, usando IEEE 802.11b, operam em 11Mbps. Além disso, os APs Cisco usam espectro espalhado de seqüência direta (DSSS), que é mais confiável do que a técnica de salteamento de freqüência usada nos APs Proxim.

A segunda medida tomada pelo St. Luke's foi adquirir uma solução de software da NetMotion Wireless (netmotionwireless.com) chamada Mobility. O layout básico da solução Mobility é mostrado na Figura V.I. O software Mobility é instalado em cada dispositivo cliente sem fio (geralmente um laptop ou palmtop) e em dois servidores NetMotion cuja tarefa é manter as conexões. Os dois servidores possuem uma capacidade de backup para o caso de falha em um servidor. O software Mobility mantém o estado de uma aplicação, mesmo se um dispositivo sem fio se mover para fora do alcance, experimentar interferência ou mudar para o modo standby. Quando um usuário entrar novamente no alcance ou mudar para o modo ativo, a aplicação do usuário retoma do ponto em que estava.

Basicamente, o Mobility funciona da seguinte maneira. Na conexão, cada cliente Mobility recebe um endereço IP virtual atribuído pelo servidor Mobility na rede com fio. O servidor Mobility gerencia tráfego de rede em nome do cliente, interceptando pacotes destinados ao endereço virtual do cliente e encaminhando-os para o endereço POP (ponto de presença) atual do cliente. Embora o endereço POP possa mudar quando o dispositivo se move para uma sub-rede diferente, de uma área de cobertura para outra, ou mesmo de uma rede para outra, o endereço virtual permanece constante enquanto quaisquer conexões estiverem ativas. Portanto, o servidor Mobility é um dispositivo proxy inserido entre um dispositivo cliente e um servidor de aplicação.

No início de 2003, cerca de um terço da área de tratamento dos pacientes (21 andares) estava coberta pela WLAN, consistindo em aproximadamente 270 dispositivos sem fio. Os outros andares ainda estavam usando pranchetas de papel. A transição para um sistema sem papel e sem fio está levando mais tempo do que o esperado. Uma razão é simplesmente o fato de os membros da equipe aceitarem um ambiente de trabalho mais computadorizado e treiná-los para usar os dispositivos corretamente.

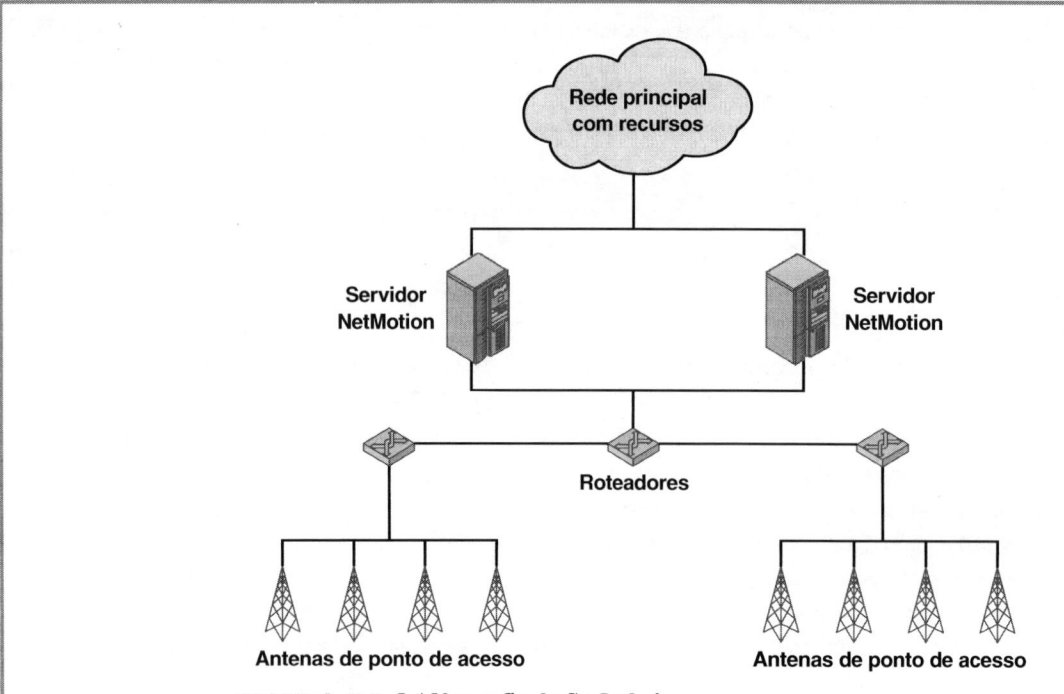

FIGURA V.1 LAN sem fio do St. Luke's.

Perguntas para análise

1. Visite o Web site do NetMotion e aprenda mais sobre o método técnico da arquitetura Mobility. Analise como esse método fornece os recursos de mobilidade do produto.
2. Examine os problemas que podem ocorrer em um ambiente de WLAN no St. Luke's.

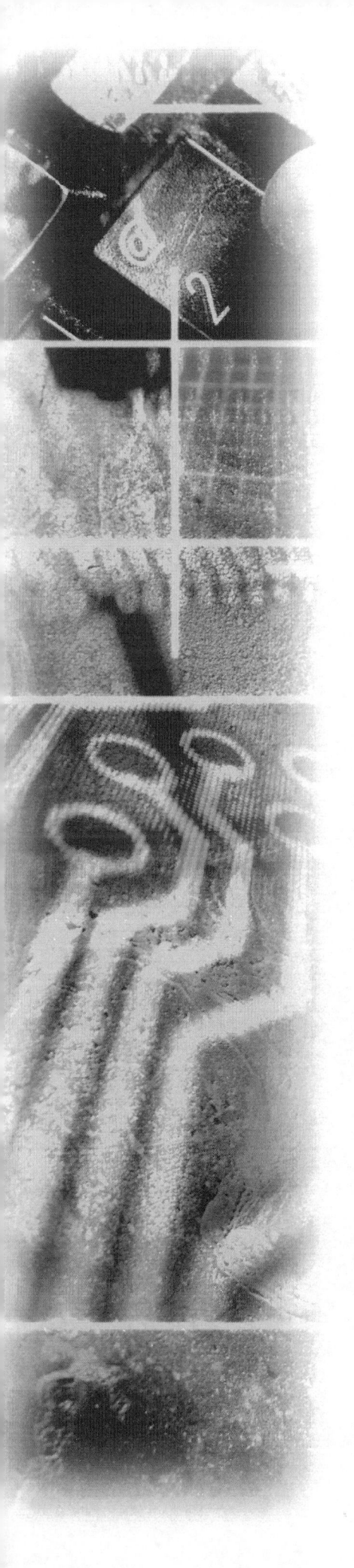

Parte Quatro

Redes remotas

A Parte Quatro faz uma análise dos mecanismos internos e das interfaces de rede de usuário usados para suporte de comunicação de voz, dados e multimídia em redes de longa distância. As tecnologias tradicionais de comutação de pacotes e comutação de circuitos são examinadas, bem como as WANs ATM e sem fio mais recentes.

MAPA DA PARTE QUATRO

CAPÍTULO 12
Comutação de circuitos e comutação de pacotes

O Capítulo 12 introduz o conceito das tecnologias de comutação de rede. Em seguida, apresenta os dois métodos tradicionais de rede remota: comutação de circuitos e comutação de pacotes. No tocante à comutação de circuitos, um importante problema de projeto que iremos explorar é o da sinalização de controle. O restante do capítulo explica a tecnologia de comutação de pacotes. O capítulo aborda os princípios básicos da comutação de pacotes e analisa os métodos de datagrama e de circuito virtual.

CAPÍTULO 13
Frame relay e ATM

Basicamente, Frame Relay é uma tecnologia de comutação de pacotes, mas é mais eficiente do que a comutação tradicional de pacotes e é projetada para aceitar velocidades de dados mais altas. O ATM, também conhecido como cell relay, é igualmente uma tecnologia de comutação de pacotes; ele é ainda mais eficaz do que o Frame Relay e é projetado para altíssimas velocidades de dados. O Capítulo 13 examina os protocolos e problemas de projeto envolvidos no Frame Relay e no ATM.

Capítulo 14
WANs sem fio

O Capítulo 14 começa com uma análise dos problemas de projeto importantes relacionados às redes sem fio celulares. O capítulo examina os problemas do acesso múltiplo, com ênfase especial no acesso múltiplo por divisão de código (CDMA), que está se tornando a principal tecnologia de transmissão celular. Em seguida, o capítulo aborda os problemas relacionados às redes celulares de terceira geração. O restante do capítulo trata das comunicações via satélite.

Capítulo 12

Comutação de circuitos e comutação de pacotes

12.1 Técnicas de comutação
12.2 Redes de comutação de circuitos
12.3 Redes de comutação de pacotes
12.4 Alternativas tradicionais de redes remotas
12.5 Resumo
12.6 Leitura e Web sites recomendados
12.7 Principais termos, perguntas para revisão e problemas

OBJETIVOS DO CAPÍTULO

Depois de ler este capítulo, você deverá ser capaz de

- Explicar a necessidade de uma rede de comunicações para comunicação remota de voz e dados.
- Definir comutação de circuitos e descrever os principais elementos das redes de comutação de circuitos.
- Analisar as aplicações importantes da comutação de circuitos, incluindo redes públicas, redes privadas e redes definidas por software.
- Descrever a comutação de pacotes e os principais elementos da tecnologia.
- Discutir as aplicações importantes de comutação de pacotes, incluindo redes públicas e privadas.
- Apresentar as vantagens relativas da comutação de circuitos e da comutação de pacotes e analisar as circunstâncias em que cada uma é mais apropriada.

Este capítulo começa com uma análise abrangente das redes de comunicações comutadas. O restante do capítulo focaliza as redes remotas e, em especial, os métodos tradicionais para o projeto de rede remota: a comutação de circuitos e a comutação de pacotes.

12.1 TÉCNICAS DE COMUTAÇÃO

Na transmissão de dados[1] para além de uma área local, a comunicação normalmente se dá mediante a transmissão de dados da origem ao destino por uma rede de nós de comutação intermediários; geralmente utiliza-se esse projeto de rede comutada também para implementar redes locais (LANs). Os nós de comutação não se ocupam do conteúdo dos dados; em vez disso, sua finalidade é fornecer um recurso de comutação que moverá os dados de nó para nó até que alcancem seu destino. A Figura 12.1 ilustra uma rede simples. Os dispositivos finais que desejam se comunicar podem ser chamados de *estações*. As estações podem ser computadores, terminais, telefones ou outros dispositivos de comunicação. Iremos nos referir aos dispositivos de comutação cuja finalidade é fornecer comunicação como *nós*. Os nós são conectados uns aos outros em alguma topologia por enlaces de transmissão. Cada estação está conectada a um nó, e o grupo de nós é chamado de *rede de comunicação*.

Em uma *rede de comunicação comutada*, os dados que entram na rede vindos de uma estação são roteados para o destino e são comutados de nó para nó. Por exemplo, na Figura 12.1, os dados da estação A destinados à estação F são enviados para o nó 4. Eles podem, então, ser roteados para o destino por meio dos nós 5 e 6, ou dos nós 7 e 6. Várias observações cabem aqui:

1. Alguns nós se conectam apenas a outros nós (por exemplo, 5 e 7). Sua única tarefa é a comutação interna dos dados. Outros nós também possuem uma ou mais estações anexadas; além de suas funções de comutação, esses nós aceitam dados e enviam dados para as estações anexadas.

2. Os enlaces entre estação e nó geralmente são enlaces ponto a ponto dedicados. Os enlaces nó para nó geralmente são enlaces multiplexados, usando multiplexação de divisão de freqüência (FDM) ou algum tipo de muliplexação de divisão de tempo (TDM).

3. Em geral, a rede não está totalmente conectada; ou seja, não há um enlace direto entre cada par de nós possível. Entretanto, sempre é desejável ter mais de um caminho possível por meio da rede para cada par de estações. Isso aumenta a confiabilidade da rede.

Utilizam-se duas tecnologias diferentes nas redes comutadas remotas: a comutação de circuitos e a comutação de pacotes. Essas duas tecnologias diferem na maneira como os nós comutam informações de um enlace para outro no caminho da origem até o destino. No restante deste capítulo, veremos os detalhes das duas tecnologias.

---

[1] Usamos este termo aqui em um sentido bastante geral, para incluir áudio, imagem e vídeo, bem como dados comuns (como números, texto etc.).

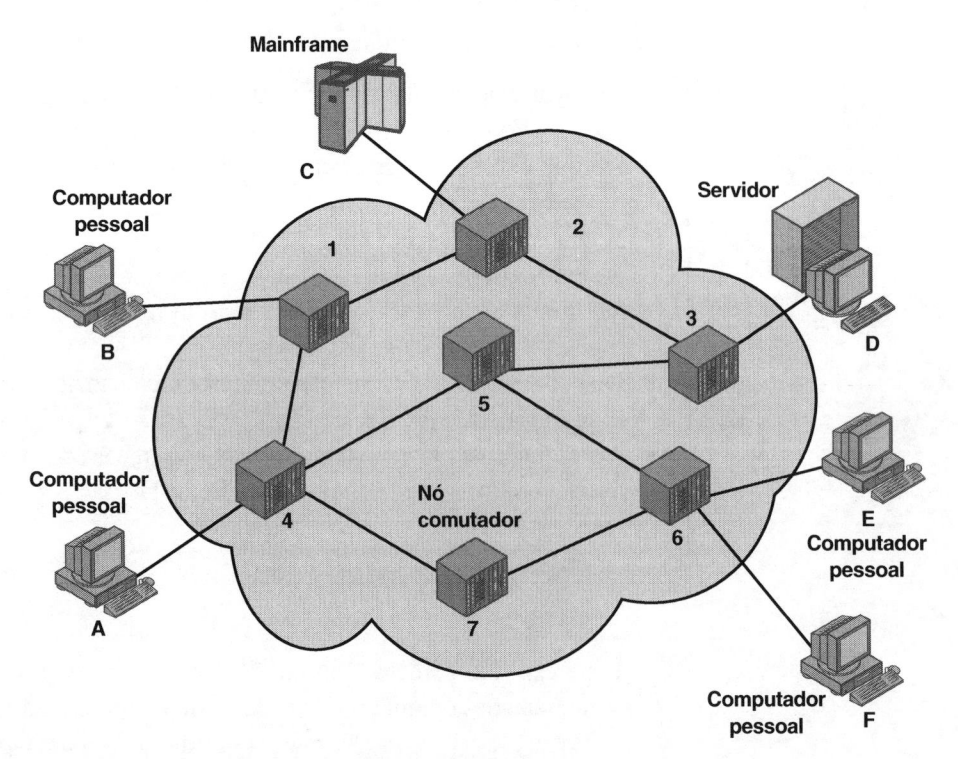

FIGURA 12.1 Rede de comutação simples.

12.2 REDES DE COMUTAÇÃO DE CIRCUITOS

Operação básica

Comutação de circuitos é a tecnologia dominante para as comunicações de voz atualmente e permanecerá nessa liderança até um futuro próximo. A comunicação por meio de comutação de circuitos significa que existe um caminho de comunicação dedicado entre duas estações. Esse caminho é uma seqüência conectada de enlaces entre os nós de rede. Em cada enlace físico, um canal é dedicado à conexão. O exemplo mais comum de comutação de circuitos é a rede de telefone.

A comunicação através de comutação de circuitos envolve três fases, que podem ser explicadas com referência à Figura 12.1.

1. **Estabelecimento do circuito.** Antes da transmissão de qualquer sinal, é preciso estabelecer um circuito direto (estação a estação). Por exemplo, a estação A envia para o nó 4 uma requisição de conexão com a estação E. Normalmente, o enlace de A para 4 é uma linha dedicada, de modo que parte da conexão já existe. O nó 4 precisa encontrar o próximo braço em uma rota que leva até E. Com base nas informações de roteamento e nas medidas de disponibilidade e talvez de custo, o nó 4 seleciona o enlace até o nó 5, aloca um canal livre (usando FDM ou TDM) nesse enlace e envia uma mensagem requisitando conexão com E. Até agora, um caminho dedicado foi estabelecido de A até 4 e, daí, até 5. Como várias estações podem ser conectadas a 4, este precisa ser capaz de estabelecer caminhos internos de múltiplas estações a múltiplos nós. Explicaremos mais adiante nesta seção como isso é possível. O restante do processo acontece de maneira semelhante. O nó 5 aloca um canal até o nó 6 e conecta internamente esse canal com o canal do nó 4. O nó 6 completa a conexão com o nó E. Ao completar a conexão, um teste é feito para determinar se E está ocupado ou preparado para aceitar a conexão.
2. **Transferência de dados.** Agora, os dados podem ser transmitidos de A por meio da rede até E. A transmissão pode ser voz analógica, voz digital ou dados binários, dependendo da natureza da rede. À medida que as portadoras evoluem para redes digitais totalmente integradas, o uso da transmissão digital (binária) para voz e dados está se tornando o método principal. O caminho é o seguinte: Enlace A-4, comutação interna por meio de 4, canal 4-5, comutação interna por meio de 5, canal 5-6, comutação interna por meio de 6, enlace 6-E. Em geral, a conexão é dúplex e os sinais podem ser transmitidos nas duas direções simultaneamente.
3. **Desconexão de circuito.** Após algum período de transferência de dados, a conexão é terminada, normalmente pela ação de uma das duas estações. Os sinais precisam ser propagados para os nós 4, 5 e 6 para desalocar os recursos dedicados.

Observe que o caminho de conexão se estabelece antes de começar a transmissão de dados. Portanto, a capacidade do canal precisa ser reservada entre cada par de nós no caminho, e cada nó precisa ter capacidade de comutação interna disponível para manipular a conexão requisitada. Os comutadores precisam ter inteligência para fazer essas alocações e criar uma rota através da rede.

A comutação de circuitos pode ser bastante ineficaz. A capacidade de canal é dedicada pela duração de uma conexão, mesmo se nenhum dado estiver sendo transferido. Para uma conexão de voz, a utilização pode ser bem alta, mas ainda não alcança 100%. Para uma conexão entre terminal e computador, a capacidade pode estar ociosa durante a maior parte do tempo da conexão. Em termos de desempenho, existe um retardo antes da transferência de sinal para o estabelecimento da chamada. Entretanto, uma vez que o circuito se estabelece, a rede se torna efetivamente transparente aos usuários. As informações são transmitidas em uma velocidade de dados fixa sem nenhum retardo além do de propagação pelos enlaces de transmissão. O retardo em cada nó é insignificante.

A comutação de circuitos foi desenvolvida para manipular tráfego de voz, mas agora está sendo usada para tráfego de dados. A Tabela 12.1 apresenta um resumo de algumas das principais aplicações da comutação de circuitos. O exemplo mais conhecido de uma rede de comutação de circuitos é a rede pública de telefone (Figura 12.2). Essa é, na verdade, um conjunto de redes nacionais interconectadas para formar o serviço internacional. Embora originalmente projetada e implementada para assinantes de telefone analógico, ela manipula um substancial tráfego de dados via modem e está se convertendo em uma rede digital. Outra aplicação comum da comutação de circuitos é o Private Branch Exchange (PBX), usado para interconectar telefones dentro de um prédio ou escritório. A comutação de circuitos também é usada nas redes privadas. Em ge-

Tabela 12.1 Aplicações da comutação de circuitos e comutação de pacotes

Comutação de circuitos	Comutação de pacotes
Rede pública de telefone Fornece interconexão para troca de voz dúplex entre telefones conectados. As chamadas podem se estabelecer entre qualquer par de assinantes em uma base nacional ou internacional. Esse tipo de rede manipula um volume cada vez maior de tráfego de dados.	**Rede pública de dados (PDN)/Rede de valor agregado (VAN)** Fornece um recurso de comunicação de dados remota para computadores e terminais. A rede é um recurso compartilhado, pertencente a um provedor que vende a capacidade para outros. Portanto, ela funciona com um serviço utilitário para várias comunidades de assinantes.
PBX Fornece uma capacidade de troca de voz e dados dentro de um mesmo prédio ou conjunto de prédios. As chamadas podem se estabelecer entre qualquer par de assinantes dentro da área local; a interconexão também é fornecida para redes remotas de comutação de circuitos, públicas ou privadas.	**Rede privada de comutação de pacotes** Fornece um recurso compartilhado para os computadores e terminais de uma organização. Uma rede de comutação de pacotes privada se justifica se houver um número substancial de dispositivos com uma quantidade importante de tráfego em uma organização.
Rede remota privada Fornece interconexão entre diversos locais. Geralmente usada para interconectar PBXs que são parte da mesma organização.	
Comutador de dados Fornece a interconexão dos terminais e computadores dentro de uma área local.	

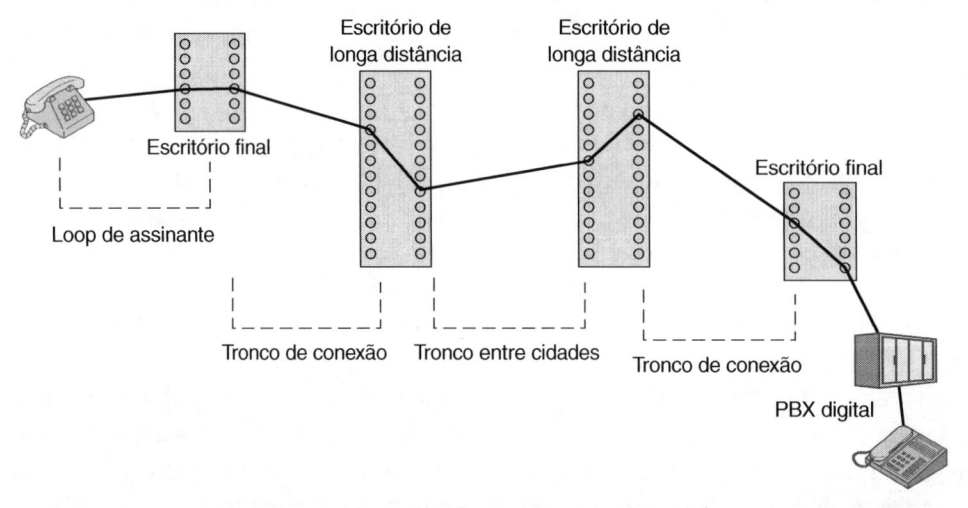

FIGURA 12.2 Exemplo de conexão por meio de uma rede pública de comutação de circuitos.

ral, essa rede é configurada por uma corporação ou outra grande organização para interconectar seus vários escritórios. Esse tipo de rede geralmente consiste em sistemas PBX em cada escritório interconectados pelas dedicadas alugadas obtidas de uma operadora, como AT&T. Um último exemplo comum da aplicação da comutação de circuitos é o comutador de dados. O comutador de dados é semelhante ao PBX, mas é projetado para interconectar dispositivos de processamento de dados digitais, como terminais e computadores.

Uma rede pública de telecomunicações pode ser descrita mediante quatro componentes arquitetônicos gerais:

- **Assinantes**: Os dispositivos que se conectam na rede. A maioria dos dispositivos de assinante das redes públicas de telecomunicações ainda é composta de telefones, mas a proporção de tráfego de dados está aumentando a cada ano.

- **Linha de assinante:** O enlace entre o assinante e a rede, também chamada de *loop de assinante* ou *loop local*. Quase todas as conexões de loop local usam fio de par trançado. O tamanho de um loop local normalmente está na faixa entre alguns quilômetros e algumas dezenas de quilômetros.
- **Centro de comutação**: Os centros de comutação na rede. Um centro de comutação que aceita diretamente assinantes é conhecido como um escritório final. Normalmente, um escritório final aceitará muitos milhares de assinantes em uma área localizada. Como existem mais de 19.000 escritórios finais nos Estados Unidos, é claramente impraticável para cada um deles ter um enlace direto para cada um dos outros escritórios finais; isso exigiria uma ordem de 2×10^8 enlaces. Em vez disso, utilizam-se centros de comutação intermediários.
- **Troncos**: Os braços entre os centros de comutação. Os troncos transportam múltiplos circuitos de freqüência de voz usando FDM ou TDM síncrona. Esses também são chamados de *sistemas de portadora*.

Os assinantes se conectam diretamente a um escritório final, que comuta o tráfego entre os assinantes e entre um assinante e outros centros de comutação. Os outros centros de comutação são responsáveis por rotear e comutar tráfego entre escritórios finais. Essa distinção é mostrada na Figura 12.3. Para conectar dois assinantes ligados ao mesmo escritório final, configura-se um circuito entre eles, da mesma maneira que a descrita anteriormente. Se dois assinantes se conectarem a diferentes escritórios finais, um circuito entre eles consistirá em uma cadeia de circuitos por meio de um ou mais escritórios intermediários. Na figura, uma conexão se estabelece entre as linhas A e B simplesmente configurando-se a conexão por meio do escritório final. A conexão entre C e D é mais complexa. No escritório final de C, uma conexão se estabelece entre a linha C e um canal em um tronco TDM para o comutador intermediário. No comutador intermediário, esse canal se conecta a um canal em um tronco TDM para o escritório final de D. Nesse escritório final, o canal é conectado à linha D.

A tecnologia de comutação de circuitos tem sido impulsionada por seu uso no transporte de tráfego de voz. Um dos principais requisitos para o tráfego de voz é que não pode haver quase nenhum retardo e certamente nenhuma variação no retardo. É necessário manter uma transmissão de sinal constante, uma vez que a transmissão e a recepção ocorrem na mesma velocidade de sinal. Esses requisitos são necessários para permitir uma conversação humana normal. Além disso, a qualidade do sinal recebido precisa ser alta o bastante para fornecer, no mínimo, inteligibilidade.

A comutação de circuitos atingiu sua posição ampla e dominante, pois ela é bem adaptada à transmissão analógica de sinais de voz. No mundo digital de hoje, suas ineficiências são mais aparentes. Entretanto, apesar da ineficiência, a comutação de circuitos é, e continuará sendo, uma escolha atraente para as redes locais e remotas. Um dos seus pontos mais fortes é que ela é transparente. Uma vez estabelecido, um circuito aparece como uma conexão direta com as duas estações conectadas; nenhuma lógica de rede especial é necessária na estação.

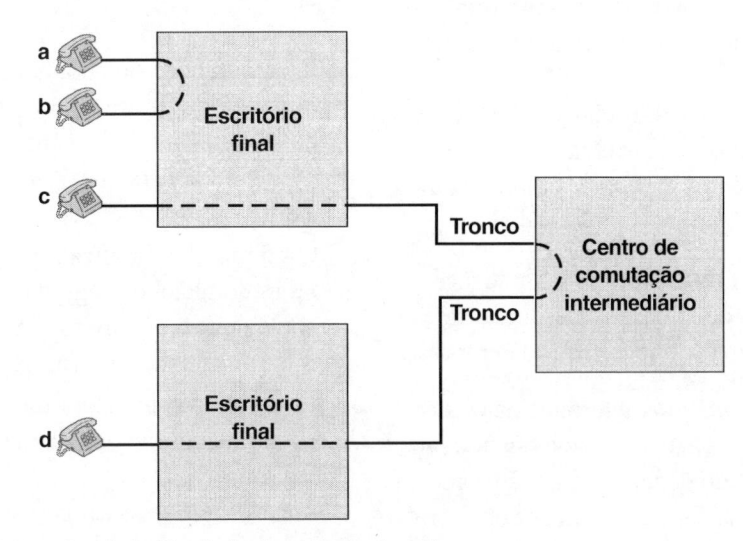

FIGURA 12.3 Estabelecimento do circuito.

Sinalização de controle

Os sinais de controle são o meio pelo qual a rede é gerenciada e pelo qual as chamadas se estabelecem e são mantidas e terminadas. O gerenciamento de chamadas e o gerenciamento de rede geral exigem que as informações sejam trocadas entre assinante e comutador, entre comutadores e entre comutador e centro de gerenciamento de rede. Para uma rede pública de telecomunicações de grande porte, é necessário um esquema de sinalização de controle relativamente complexo.

Funções de sinalização Os sinais de controle afetam muitos aspectos do comportamento da rede, incluindo os serviços de rede visíveis ao assinante e os mecanismos internos. À medida que as redes se tornam mais complexas, o número de funções realizadas pela sinalização de controle necessariamente cresce. As funções a seguir estão entre as mais importantes:

1. Comunicação audível com o assinante, incluindo tom de discagem, tom de chamada, sinal de ocupado etc.
2. Transmissão do número discado para escritórios de comutação que tentam completar uma conexão.
3. Transmissão de informações entre comutadores para indicar que uma chamada não pode ser completada.
4. Transmissão de informações entre comutadores para indicar que uma chamada foi terminada e que o caminho pode ser desconectado.
5. Um sinal para fazer um telefone tocar.
6. Transmissão de informações usadas para fins de cobrança.
7. Transmissão de informações que fornecem o estado do equipamento ou troncos na rede. Essas informações podem ser usadas para fins de roteamento e manutenção.
8. Transmissão de informações usadas no diagnóstico e isolamento de falhas do sistema.
9. Controle de equipamentos especiais, como o equipamento de canal de satélite.

Como exemplo do uso do controle de sinalização, pense em uma seqüência de conexão telefônica típica de uma linha para outra no mesmo escritório central:

1. Antes da chamada, ambos os telefones não estão em uso (no gancho). A chamada inicia quando um assinante retira o fone do gancho; essa ação é automaticamente sinalizada para o comutador do escritório final.
2. O comutador responde com um tom de discagem audível, sinalizando ao assinante que o número pode ser discado.
3. O chamador disca um número, que é comunicado como um endereço chamado para o comutador.
4. Se o assinante chamado não estiver ocupado, o comutador alerta esse assinante que uma chamada está sendo recebida, enviando um sinal de chamada que faz o telefone tocar.
5. É fornecido feedback ao assinante chamador pelo comutador:
   a. Se o assinante chamado não estiver ocupado, o comutador retorna um tom de chamada audível para o chamador, enquanto o sinal de chamada está sendo enviado para o assinante chamado.
   b. Se o assinante chamado estiver ocupado, o comutador envia um sinal de ocupado audível para o chamador.
   c. Se a chamada não puder ser completada por meio do comutador, este envia uma mensagem audível para o chamador.
6. A parte chamada aceita a chamada tirando o fone do gancho, o que é automaticamente sinalizado para o comutador.
7. O comutador termina o sinal de chamada e o tom de chamada audível, e estabelece uma conexão entre os dois assinantes.
8. A conexão é liberada quando um dos assinantes coloca o fone no gancho.

Quando o assinante chamado está conectado a um comutador diferente daquele ao qual está conectado o assinante chamador, as seguintes funções de sinalização de tronco comutador-para-comutador são necessárias:

1. O comutador iniciador captura um tronco intercomutador, envia uma indicação de "fora do gancho" no tronco e requisita um registrador de dígito na outra ponta, para que o endereço possa ser comunicado.
2. O comutador finalizador envia uma indicação de "fora do gancho" seguida de um sinal de "no gancho", conhecido como um "wink". Isso indica um estado "registrador pronto".
3. O comutador iniciador envia os dígitos de endereço para o comutador finalizador.

Esse exemplo ilustra algumas das funções realizadas usando os sinais de controle. A sinalização também pode ser classificada funcionalmente como de supervisão, endereço, informação de chamada e gerenciamento de rede.

O termo **supervisão** geralmente é usado para se referir às funções de controle que possuem um caracter binário (verdadeiro/falso, ligado/desligado), tal como a requisição para serviço, resposta, alerta e retornar para desocupado. Essas funções lidam com a disponibilidade do assinante chamado e dos recursos de rede necessários. Os sinais de controle de supervisão são usados para determinar se o recurso necessário está disponível e, se estiver, capturá-lo. Eles também são usados para comunicar o estado dos recursos requisitados.

Os sinais de **endereço** identificam um assinante. Inicialmente, um sinal de endereço é gerado por um assinante chamador quando está discando um número de telefone. O endereço resultante pode ser propagado por meio da rede para dar suporte à função de roteamento e para localizar e fazer tocar o telefone do assinante chamado.

O termo **informação de chamada** refere-se aos sinais que fornecem informações para o assinante sobre o estado de uma chamada. Isso está em contraste com os sinais internos de controle entre comutadores, que são usados no estabelecimento e término de uma chamada. Esses sinais internos são mensagens elétricas analógicas ou digitais. Por outro lado, os sinais de informação de chamada são tons audíveis que podem ser ouvidos pelo chamador ou por um operador com um aparelho telefônico apropriado.

Os sinais de supervisão, endereço e informação de chamada estão diretamente envolvidos no estabelecimento e término de uma chamada. Os sinais de **gerenciamento de rede** são usados para a manutenção, o diagnóstico e a operação geral da rede. Esses sinais podem ser na forma de mensagens, como uma lista de rotas pré-planejadas que está sendo enviada para uma estação a fim de atualizar suas tabelas de roteamento. Os sinais de gerenciamento de rede abrangem um campo vasto, e é essa categoria que irá se expandir mais com a crescente complexidade das redes comutadas.

Localização da sinalização A sinalização de controle precisa ser considerada em dois contextos: sinalização entre um assinante e a rede, e sinalização dentro da rede. Em geral, a sinalização opera diferentemente dentro desses dois contextos.

A sinalização entre um telefone ou outro dispositivo de assinante e o escritório de comutação ao qual ele se conecta é, em grande parte, determinada pelas características do dispositivo de assinante e pelas necessidades do usuário humano. Os sinais dentro da rede são inteiramente de computador para computador. A sinalização interna se refere não só ao gerenciamento das chamadas do assinante, mas também ao gerenciamento da própria rede. Portanto, para a sinalização interna, é necessário um repertório mais completo de comandos, respostas e conjunto de parâmetros.

Como se utilizam duas técnicas de sinalização diferentes, o escritório de comutação local ao qual o assinante está conectado precisa fornecer um mapeamento entre a técnica de sinalização relativamente menos complexa usada pelo assinante e a técnica mais complexa usada dentro da rede. Para a sinalização intra-rede, o Signaling System Number 7 (SS7) é usado na maioria das redes digitais.

Sinalização de canal comum A sinalização de controle tradicional nas redes de comutação de circuitos tem ocorrido numa base por tronco, ou **no canal**. Com a sinalização no canal, utiliza-se o mesmo canal para transportar sinais de controle e para transportar a chamada à qual os sinais de controle se referem. Essa sinalização começa no assinante iniciador e segue o mesmo caminho da chamada propriamente dita. Isso tem a vantagem de que nenhum recurso de transmissão adicional é necessário para sinalização; os recursos para transmissão de voz são compartilhados com a sinalização de controle.

À medida que as redes de telecomunicações tornam-se mais complexas e fornecem um conjunto mais valioso de serviços, as desvantagens da sinalização no canal tornam-se mais evidentes. A velocidade de transferência de informações é bastante limitada com a sinalização no canal, porque a mesma capacidade é compartilhada com as informações que estão sendo transmitidas. Com tais limites, é difícil acomodar, de maneira adequada, qualquer forma de mensagem de controle mais complexa. Para aproveitar as vantagens dos serviços potenciais e para acompanhar a crescente complexidade da emergente tecnologia de rede, é necessário um repertório de sinalização de controle mais abundante e capaz.

Uma segunda desvantagem da sinalização no canal é a quantidade de retardo desde o momento em que um assinante entra com um endereço (disca um número) e a conexão se estabelece. A necessidade de reduzir esse retardo está se tornando mais importante conforme a rede é usada de novas maneiras. Por exemplo, as chamadas controladas por computador, como no processamento de transação, usam mensagens relativamente curtas; portanto, o tempo de configuração de chamada representa uma parte significativa do tempo total da transação.

Esses dois problemas podem ser resolvidos com a sinalização de canal comum, em que sinais de controle são transportados sobre caminhos completamente independentes dos canais de voz. Um caminho de sinal de controle independente pode transportar sinais para diversos canais de assinante e, portanto, é um canal de controle comum para esses canais de assinante.

Internos à rede, os sinais de canal comum são transmitidos em caminhos que são logicamente distintos dos que transportam as informações do assinante. Em alguns casos, esses podem ser recursos de transmissão fisicamente distintos; em outros casos, utilizam-se canais lógicos separados em troncos compartilhados. Pode-se configurar o canal comum de acordo com a largura de banda necessária para transportar sinais de controle para uma abundante variedade de funções. Assim, tanto o protocolo de sinalização quanto a arquitetura de rede destinada a aceitar esse protocolo são mais complexos do que a sinalização no canal. Entretanto, a contínua queda nos custos de hardware de computador torna a sinalização de canal comum cada vez mais atraente. Os sinais de controle são mensagens passadas entre comutadores e entre um comutador e o centro de gerenciamento de rede. Desse modo, a parte da sinalização de controle da rede está de fato em uma rede de computadores distribuída que transporta mensagens curtas.

Com a sinalização no canal, os sinais de controle de um comutador são originados por um processador de controle e comutados para o canal de saída. No lado receptor, os sinais de controle precisam ser comutados do canal de voz para o processador de controle. Com a sinalização de canal comum, os sinais de controle transferem-se diretamente de um processador de controle para outro, sem se vincularem a um sinal de voz. Esse é um procedimento mais simples e menos suscetível a interferências acidentais ou intencionais entre assinante e sinais de controle. Essa é uma das motivações para a sinalização de canal comum. Outra importante razão para a sinalização de canal comum é que o tempo de configuração de chamada se reduz. Observe a seqüência de eventos para configuração de chamada com a sinalização no canal quando mais de um comutador estão envolvidos. Um sinal de controle será enviado de um comutador para o próximo no caminho pretendido. Em cada comutador, o sinal de controle não pode ser transferido por meio do comutador para o próximo segmento da rota até que o circuito associado se estabeleça por meio desse comutador. Com a sinalização de canal comum, o encaminhamento das informações de controle pode se sobrepor ao processo de configuração de circuito.

As técnicas de canal comum também podem ser usadas externamente à rede, na interface entre o assinante e a rede. Isso é o que ocorre com a ISDN (Integrated Digital Services Network) e muitas outras redes digitais. Para a sinalização externa, um canal logicamente distinto no enlace assinante-rede é dedicado para a sinalização de controle, usada para configurar e terminar conexões nos outros canais lógicos desse enlace. Portanto, um enlace multiplexado é controlado por um único canal sobre esse enlace.

Arquitetura Softswitch

A última tendência no desenvolvimento da tecnologia de comutação de circuitos é geralmente chamada de Softswitch. Basicamente, um Softswitch é um computador de finalidade geral que executa software especializado, transformando-se em um comutador telefônico inteligente. Os Softswitches custam bem menos do que os comutadores de circuito tradicionais e podem proporcionar mais funcionalidade. Em especial, além de manipular as funções de canal de dados tradicionais, um Softswitch pode converter um fluxo de bits de voz digitalizada em pacotes. Isso abre várias opções para transmissão, incluindo o método cada vez mais popular de voz sobre IP (Voice Over IP – VoIP).

Em qualquer comutador de rede telefônica, o elemento mais complexo é o software que controla o processamento de chamada. Esse software realiza roteamento de chamada e implementa lógica de processamento de chamada para centenas de recursos de chamada personalizados. Em geral, esse software é executado em um processador proprietário integrado com o hardware de comutação de circuitos físicos. Um método mais flexível é separar fisicamente a função de processamento de chamada da função de comutação no hardware. Na terminologia do Softswitch, a função de comutação física é realizada por um **gateway de mídia** (MG) e a lógica de processamento de chamada reside em um **controlador de gateway de mídia** (MGC).

A Figura 12.4 contrasta a arquitetura de um comutador de circuito de rede telefônica tradicional com a arquitetura Softswitch. No segundo caso, o MG e o MGC são entidades distintas e podem ser adquiridos de diferentes fornecedores. Para facilitar a interoperabilidade, um padrão foi lançado para um protocolo de controle de gateway de mídia entre o MG e o MGC (RFC 3015).

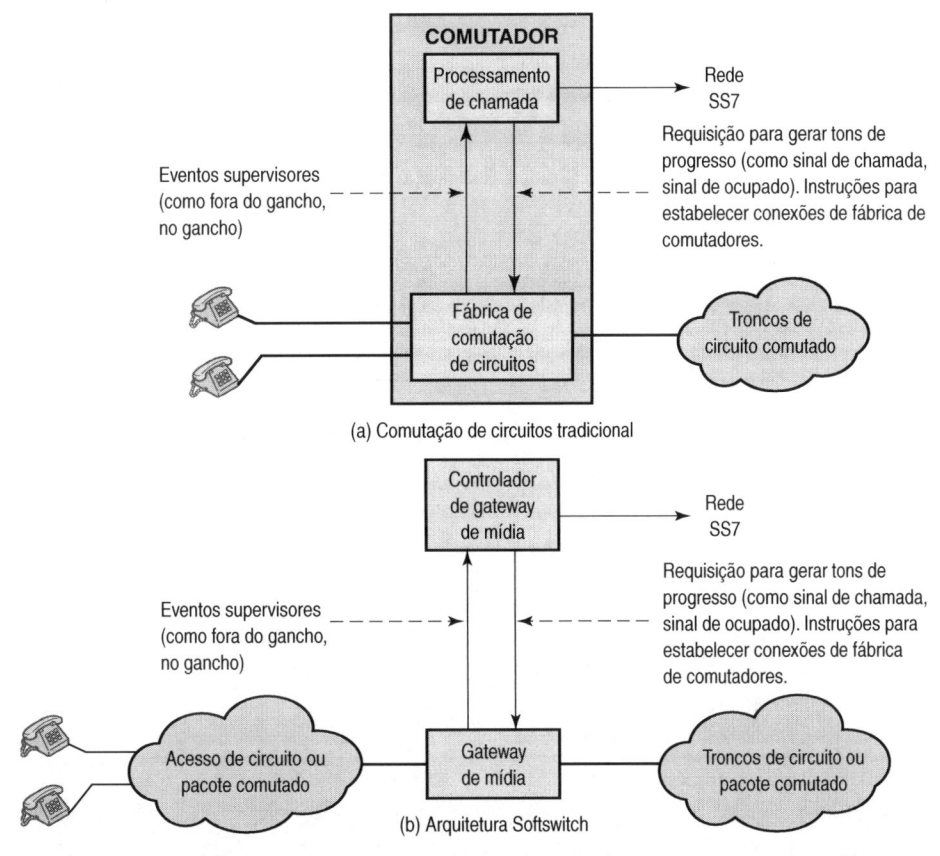

FIGURA 12.4 Comparação entre a comutação de circuitos tradicional e o Softswitch.

12.3 REDES DE COMUTAÇÃO DE PACOTES

Por volta de 1970, foi iniciada uma pesquisa sobre uma nova forma de arquitetura para comunicação de dados digitais de longa distância: a **comutação de pacotes**. Embora a tecnologia da comutação de pacotes tenha evoluído substancialmente desde então, é interessante notar que (1) a tecnologia básica da comutação de pacotes hoje é basicamente a mesma das redes do início da década de 1970 e (2) a comutação de pacotes continua sendo uma das poucas tecnologias eficazes para comunicação de dados de longa distância. As duas tecnologias mais recentes de WAN (rede remota) – Frame Relay e ATM – são essencialmente variações do método básico de comutação de pacotes. Neste capítulo, fornecemos uma sinopse da comutação de pacotes tradicional, que ainda está em uso; o Frame Relay e o ATM são abordados no Capítulo 13.

Operação básica

A rede de telecomunicações de comutação de circuitos de longa distância foi projetada originalmente para manipular tráfego de voz, e a maioria do tráfego nessas redes continua sendo voz. Uma importante característica das redes de comutação de circuitos é que os recursos dentro da rede são dedicados a chamadas específicas. Para conexões de voz, o circuito resultante irá beneficiar-se de uma alta porcentagem de utilização porque, na maioria do tempo, uma parte ou a outra está falando. Entretanto, à medida que a rede de comutação de circuitos começou a ser usada cada vez mais para conexões de dados, duas deficiências tornaram-se evidentes:

- Em uma conexão de dados usuário/host típica (por exemplo, usuário de computador pessoal conectado a um servidor de banco de dados), em grande parte do tempo, a linha está livre. Portanto, com as conexões de dados, um método de comutação de circuitos é ineficiente.
- Em uma rede de comutação de circuitos, a conexão fornece transmissão a uma velocidade constante. Assim, cada um dos dois dispositivos conectados precisa transmitir e receber na mesma velocidade de dados do outro. Isso limita a utilidade da rede para interconectar diversos computadores host e estações de trabalho.

Para entender como a comutação de pacotes resolve esses problemas, vamos resumir brevemente a operação de comutação de pacotes. Os dados são transmitidos em pacotes curtos. Um limite superior típico no tamanho de pacote é de 1.000 octetos (bytes). Se uma origem possui uma mensagem mais longa para ser enviada, a mensagem é desmembrada em uma série de pacotes (Figura 12.5). Cada pacote contém uma parte dos dados do usuário (ou todos os dados, para uma mensagem curta), além de algumas informações de controle. As informações de controle, no mínimo, incluem as informações de que a rede precisa para rotear o pacote por meio da rede e entregá-lo ao destino pretendido. Em cada nó na rota, o pacote é recebido, armazenado temporariamente e repassado para o próximo nó.

A Figura 12.6 ilustra a operação básica. Um computador transmissor ou outro dispositivo envia uma mensagem como uma seqüência de pacotes (a). Cada pacote inclui informações de controle que indicam a estação de destino (computador, terminal etc.). Os pacotes são inicialmente enviados para o nó ao qual a estação emissora se acha conectada. À medida que cada pacote chega nesse nó, ele armazena o pacote temporariamente, determina o próximo segmento da rota, e coloca o pacote na fila de saída nesse enlace. Quando o enlace estiver disponível, cada pacote será transmitido para o próximo nó (b). Todos os pacotes em algum momento posterior atravessarão a rede e serão entregues para o destino pretendido.

O método de comutação de pacotes possui diversas vantagens sobre a comutação de circuitos:

- A eficiência de linha é maior, já que um único enlace de nó para nó pode ser compartilhado dinamicamente por muitos pacotes ao longo do tempo. Os pacotes são colocados em fila e transmitidos tão rapidamente quanto possível pelo enlace. Por outro lado, com a comutação de circuitos, o tempo em um enlace de nó para nó é pré-alocado mediante a multiplexação de divisão de tempo síncrona. Em grande parte do tempo, esse enlace pode estar livre porque uma parte do seu tempo é dedicada a uma conexão que está livre.
- Uma rede de comutação de pacotes pode realizar conversão de velocidade de dados. Duas estações com velocidades de dados diferentes podem trocar pacotes, pois cada uma se conecta ao seu nó em sua própria velocidade de dados.
- Quando o tráfego se torna pesado em uma rede de comutação de circuitos, algumas chamadas são bloqueadas; ou seja, a rede recusa-se a aceitar requisições de conexão adicionais até que a carga diminua. Na rede de comutação de pacotes, os pacotes ainda são aceitos, mas o retardo de entrega aumenta.
- As prioridades podem ser aplicadas. Se um nó possui diversos pacotes em fila para transmissão, ele pode transmitir primeiro os pacotes de prioridade mais alta. Esses pacotes, portanto, irão experimentar menos retardo do que os pacotes de baixa prioridade.

A comutação de pacotes também possui desvantagens em relação à comutação de circuitos:

- Quando um pacote atravessa um nó de comutação de pacotes, ele sofre um retardo que não existe na comutação de circuitos. No mínimo, ele experimenta um retardo de transmissão igual ao tamanho do pacote em bits dividido pela velocidade do canal de entrada em bits por segundo; esse é o tempo que leva para absorver o pacote no buffer interno. Além disso, pode haver um retardo variável devido ao processamento e enfileiramento no nó.
- Como os pacotes entre uma determinada origem e destino podem variar em tamanho, tomar diferentes rotas e estar sujeitos a retardos variáveis nos comutadores que eles encontram, o retardo geral de um pacote pode variar substancialmente. Esse fenômeno, conhecido como **jitter**, pode não ser desejável

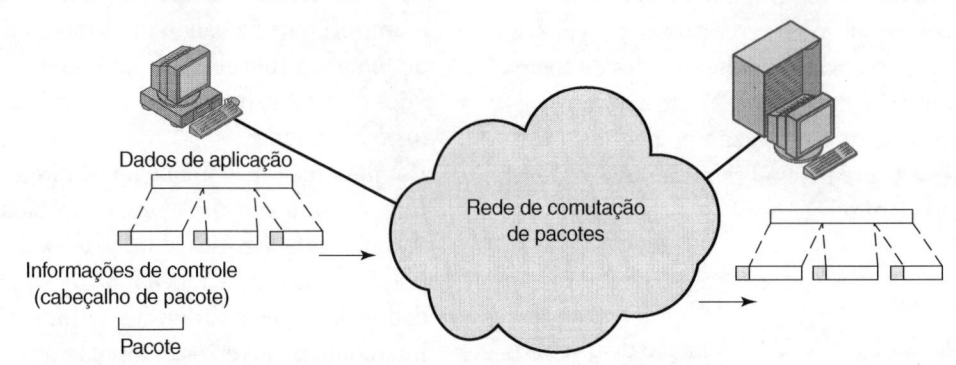

FIGURA 12.5 **O uso dos pacotes.**

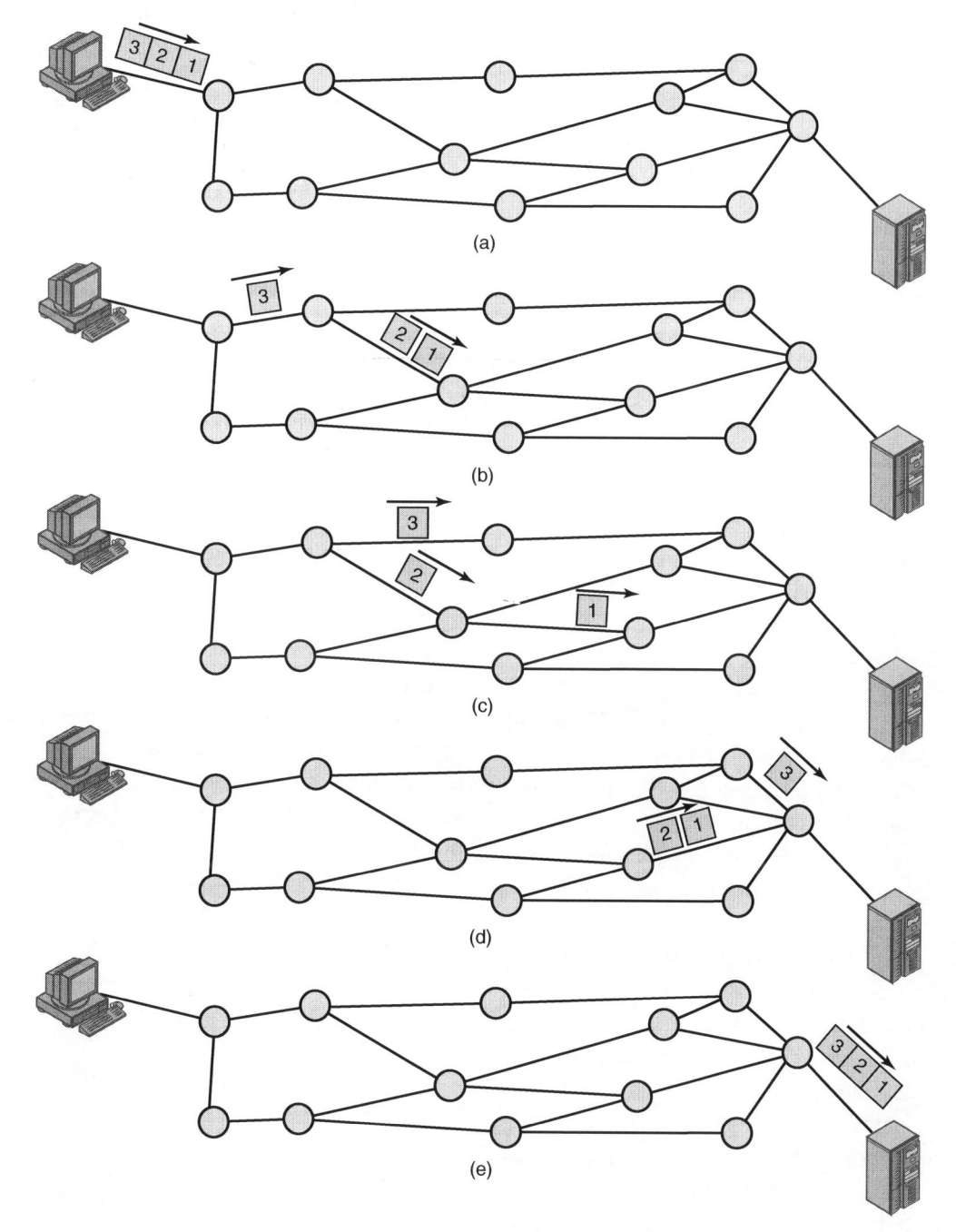

FIGURA 12.6 Comutação de pacotes: Método de datagrama.

para algumas aplicações (por exemplo, em aplicações de tempo real, incluindo voz por telefone e vídeo em tempo real).
- Para rotear os pacotes por meio da rede, as informações de overhead, incluindo o endereço do destino e freqüentemente informações de seqüenciação, precisam ser acrescentadas a cada pacote, o que reduz a capacidade de comunicação disponível para transportar dados de usuário. Isso não é necessário na comutação de circuitos, já que o circuito é configurado.
- Mais processamento é envolvido na transferência de informações usando a comutação de pacotes do que a comutação de circuitos em cada nó. No caso da comutação de circuitos, praticamente não há qualquer processamento em cada comutador, uma vez configurado o circuito.

Técnica de comutação

Uma estação tem uma mensagem a ser enviada por meio de uma rede de comutação de pacotes, mensagem esta que é de tamanho maior do que o tamanho de pacote máximo. Portanto, ela divide a mensagem em pacotes e envia esses pacotes, um de cada vez, para a rede. Uma pergunta que surge é como a rede irá manipular esse fluxo de pacotes quando tentar roteá-los por meio da rede e entregá-los para o destino pretendido. Utilizam-se dois métodos nas redes modernas: datagrama e circuito virtual.

No método de **datagrama**, cada pacote é tratado de maneira independente, sem referência aos pacotes que foram antes. Esse método é ilustrado na Figura 12.6. Cada nó escolhe o próximo nó no caminho de um pacote, levando em conta as informações recebidas dos nós vizinhos sobre tráfego, falhas de linha etc. Assim, os pacotes, cada qual com o mesmo endereço de destino, não seguem igualmente a mesma rota, e podem chegar fora de ordem no ponto de saída. Nesse exemplo, o nó de saída restaura os pacotes à sua ordem original antes de entregá-los ao destino. Em algumas redes de datagrama, cabe ao destino, e não ao nó de saída, fazer a reordenação. Também é possível que um pacote seja danificado na rede. Por exemplo, se um nó de comutação de pacotes for momentaneamente danificado, todos os seus pacotes enfileirados podem se perder. Novamente, cabe ao nó de saída ou ao destino detectar a perda de um pacote e decidir recuperá-lo. Nessa técnica, cada pacote, tratado independentemente, é chamado de um datagrama.

No método de **circuito virtual**, uma rota pré-planejada se estabelece antes do envio de qualquer pacote. Uma vez estabelecida a rota, todos os pacotes entre um par de partes em comunicação seguem essa mesma rota por meio da rede. Isso é ilustrado na Figura 12.7. Como a rota é fixada para a duração da conexão lógica, ela é um pouco semelhante a um circuito em uma rede de comutação de circuitos e é chamada de circuito virtual. Cada pacote, agora, contém um identificador de circuito virtual além dos dados. Cada nó na rota preestabelecida sabe para onde direcionar esses pacotes; nenhuma decisão de roteamento é necessária. A qualquer hora, cada estação pode ter mais de um circuito virtual para qualquer outra estação e pode ter circuitos virtuais para mais de uma estação.

Portanto, a principal característica da técnica de circuito virtual é que uma rota entre estações é configurada antes da transferência de dados. Observe que isso não significa que esse é um caminho dedicado, como na comutação de circuitos. Um pacote ainda é colocado em buffer em cada nó e enfileirado para saída. A diferença em relação ao método de datagrama é que, com os circuitos virtuais, o nó não precisa tomar uma decisão de roteamento para cada pacote. Isso é feito apenas uma vez para todos os pacotes que utilizam esse circuito virtual.

Se duas estações desejam trocar dados por um longo tempo, haverá certas vantagens no circuito virtual. Primeiro, a rede pode fornecer serviços relacionados ao circuito virtual, incluindo seqüenciação e controle de erro. A seqüenciação refere-se ao fato de que, como todos os pacotes seguem a mesma rota, eles chegam na ordem original. O controle de erro é um serviço que garante não só que os pacotes chegarão na seqüência correta, mas também que todos os pacotes chegarão corretamente. Por exemplo, se um pacote em uma seqüência do nó 4 ao nó 6 não chegar no nó 6, ou chegar com um erro, o nó 6 pode requisitar uma retransmissão desse pacote do nó 4. Outra vantagem é que os pacotes devem transitar a rede mais rapidamente com um circuito virtual; não é necessário tomar uma decisão de roteamento para cada pacote em cada nó.

Uma vantagem do método de datagrama é que se evita a fase de configuração de chamada. Portanto, se uma estação desejar enviar apenas um ou alguns pacotes, a entrega por datagrama será mais rápida. Outra vantagem do serviço de datagrama é que, por ser mais primitivo, ele também é mais flexível. Por exemplo, se houver congestionamento em uma parte da rede, os datagramas que chegam poderão ser roteados para fora do congestionamento. Com o uso dos circuitos virtuais, os pacotes seguem uma rota predefinida e, portanto, é mais difícil para a rede adaptar-se ao congestionamento. Uma terceira vantagem é que a entrega por datagrama é em si mais confiável. Com o uso dos circuitos virtuais, se um nó falhar, todos os circuitos virtuais que passam por meio desse nó serão perdidos. Com a entrega por datagrama, se um nó falhar, os pacotes subseqüentes podem encontrar uma rota alternativa que evita esse nó.

12.4 ALTERNATIVAS TRADICIONAIS DE REDES REMOTAS

Como indica a Tabela 12.1, a comutação de pacotes acrescenta novas alternativas para as redes remotas convencionais, além daquelas que podem ser fornecidas mediante a tecnologia de comutação de circuitos. Assim como existem as redes de comutação de circuitos públicas e privadas, existem também as redes de comutação de pacotes públicas e privadas. Uma rede de comutação de pacotes pública funciona quase da mes-

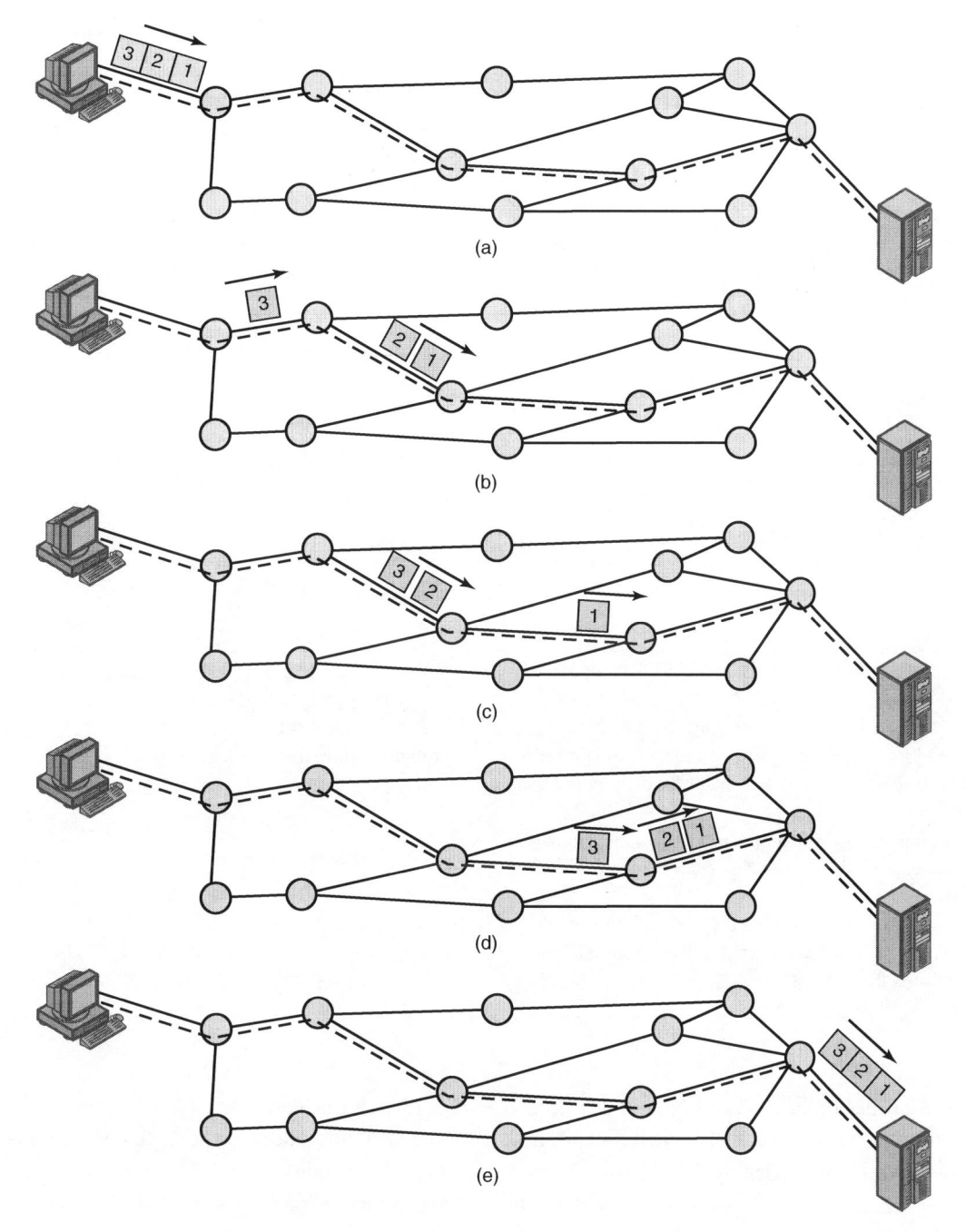

FIGURA 12.7 Comutação de pacotes: Método de circuito virtual.

ma maneira que uma rede de telefonia pública. Nesse caso, a rede fornece um serviço de transmissão de pacotes para uma variedade de assinantes. Normalmente, o provedor de rede possui um conjunto de nós de comutação de pacotes e conecta esses nós a linhas alugadas, fornecidas por uma operadora como AT&T. Essa rede é chamada de **rede de valor agregado** (VAN – Value-Added Network), refletindo o fato de que a rede acrescenta valor aos recursos de transmissão básicos. Em vários países, existe uma única rede pública possuída ou controlada pelo governo e chamada de **rede de dados pública**. A outra alternativa de comutação de pacotes é uma rede dedicada às necessidades de uma única organização. A organização pode possuir os nós de comutação de pacotes ou alugar uma rede inteira de comutação de pacotes dedicada. Nos dois casos, os enlaces entre os nós são novamente linhas de telecomunicações alugadas.

Assim, uma empresa se depara com uma variedade de escolhas para atender às necessidades de redes re-

Tabela 12.2 **Méritos relativos da comutação de circuitos e da comutação de pacotes**

Comutação de circuitos	
Vantagens	**Desvantagens**
Compatível com voz. Economias de escala podem ser obtidas usando a mesma rede para voz e dados. Unidade de procedimentos de chamada para voz e dados. Nenhum treinamento de usuário ou protocolo de comunicação especial é necessário para manipular tráfego de dados. Previsível, velocidade constante para tráfego de dados.	Sujeita a bloqueio. Isso dificulta dimensionar a rede corretamente. O problema é menos grave com o uso de técnicas de roteamento dinâmicas não-hierárquicas. Requer compatibilidade de assinante. Os dispositivos em cada lado de um circuito precisam ser compatíveis em termos de protocolo e velocidade de dados, já que o circuito é uma conexão transparente. Grande carga de processamento e sinal. Para aplicações do tipo transação, as chamadas de dados são de curta duração e precisam ser configuradas rapidamente. Isso aumenta proporcionalmente a carga de overhead na rede.
Comutação de pacotes	
Vantagens	**Desvantagens**
Fornece conversão de velocidade. Dois dispositivos conectados com diferentes velocidades de dados podem trocar dados; a rede coloca os dados em buffer e os entrega na velocidade de dados apropriada. Parece não bloqueadora. Conforme cresce a carga da rede, aumenta o retardo, mas se permitem normalmente novas trocas. Utilização eficiente. Comutadores e troncos são usados por demanda em vez de dedicar capacidade a uma chamada específica. Multiplexação lógica. Um sistema de host pode ter conversações simultâneas com diversos terminais por meio de uma única linha.	Roteamento e controle complexos. Para obter eficiência e flexibilidade, uma rede de comutação de pacotes precisa empregar um conjunto complexo de algoritmos de roteamento e controle. O retardo é uma função da carga. Ele pode ser longo e é variável.

motas. Essas escolhas incluem várias opções de alta velocidade, como Frame Relay e ATM. Nesta seção, iremos explorar as várias opções de WAN tradicionais para ter uma idéia dos tipos de trocas envolvidas. Os problemas são tratados no Capítulo 13.

Antes de começar nossa avaliação dessas alternativas, é útil examinar o resumo da comutação de circuitos e comutação de pacotes fornecido na Tabela 12.2. Embora tanto a comutação de circuitos quanto a comutação de pacotes possam ser usadas para transmissão de dados, cada qual tem seus pontos fortes e fracos específicos para uma determinada aplicação.

Redes remotas para voz

Tradicionalmente, todas as alternativas empresariais preferidas para comunicação remota de voz empregam comutação de circuitos. Com a crescente concorrência e a tecnologia cada vez mais avançada dos últimos anos, isso ainda deixa o gerente com muitas escolhas, incluindo as redes privadas, as redes definidas por software, o serviço de telefonia comum e os diversos serviços especiais, como números gratuitos. Para complicar ainda mais a escolha, existe a introdução dos serviços relacionados a ISDN.

Com todas essas opções, e com preços que mudam constantemente em função das várias escolhas, é difícil generalizar. O que se pode dizer é que as empresas dependem fortemente das redes de telefonia públicas e dos serviços relacionados. As redes privadas são apropriadas para uma organização com diversos escritórios e com uma substancial quantidade de tráfego de voz entre eles.

Uma nova entrada na concorrência é a tecnologia Voice Over IP (VoIP), mencionada no Capítulo 6. O VoIP usa um método de transmissão de pacotes sobre

Internet e intranets. O VoIP está tendo cada vez mais aceitação como uma alternativa.

Redes remotas para dados

Para tráfego de dados, o número de escolhas de rede remota é ainda mais amplo. Basicamente, podemos listar as seguintes categorias como alternativas:

- **Redes públicas de comutação de pacotes**: Existem diversas redes desse tipo nos Estados Unidos e, pelo menos, uma na maioria dos países industrializados. Normalmente, o usuário precisa alugar uma linha que liga o equipamento de computação do usuário ao nó de comutação de pacotes mais próximo.
- **Redes privadas de comutação de pacotes**: Nesse caso, o usuário possui ou aluga os nós de comutação de pacotes, que geralmente são instalados no mesmo local do equipamento de processamento de dados do usuário. As linhas alugadas, normalmente linhas digitais de 56 ou 64kbps, interconectam os nós.
- **Linhas privadas alugadas**: Linhas dedicada que podem ser usadas entre locais. Como nenhuma comutação é envolvida, a linha alugada é necessária entre qualquer par de locais que desejem trocar dados.
- **Redes públicas de comutação de circuitos**: Com o uso dos modems ou serviço digital comutado, o usuário pode utilizar linhas telefônicas discadas para comunicações de dados.
- **Redes privadas de comutação de circuitos**: Se o usuário tiver um conjunto interconectado de PBXs digitais, por linhas de 56kbps alugadas ou linhas T-1, então essa rede pode transportar dados e também voz.
- **ISDN**: O ISDN oferece comutação de pacotes e comutação de circuitos tradicional em um serviço integrado.

As duas últimas alternativas provavelmente são justificadas na base do tráfego de voz, com o tráfego de dados sendo uma espécie de bônus que vem com a rede. Como essas abordagens não são diretamente comparáveis com as outras, não iremos estudá-las mais neste capítulo.

Como com a voz, a escolha do método para rede de dados é complexa e depende dos preços atuais. Comparando as alternativas para redes de dados remotas, examinaremos primeiramente as questões de custo e desempenho, que são mais facilmente quantificadas e analisadas. Depois, trataremos de alguns outros aspectos que também são importantes na escolha de uma rede.

Considerações de custo/desempenho O tráfego de comunicações de dados pode ser *grosso modo* classificado em duas categorias: em fluxo e em rajadas. O tráfego em fluxo é caracterizado pela transmissão extensa e bastante contínua. Exemplos são a transferência de arquivos, telemetria, outros tipos de aplicações de processamento de dados em lote e comunicações de voz digitalizadas. O tráfego em rajadas caracteriza-se pelas transmissões curtas e esporádicas. O tráfego de cliente/servidor, como o processamento de transação, entrada de dados e compartilhamento de tempo, se encaixa nessa categoria. A transmissão de fax também é em rajadas.

O método de rede de comutação de circuitos pública usa linhas discadas. O custo é baseado na velocidade de dados, tempo de conexão e distância. Como já dissemos, isso é bastante ineficaz para tráfego em rajadas. Entretanto, para necessidades baseadas em fluxo ocasionais, essa pode ser uma escolha apropriada. Por exemplo, uma empresa pode ter escritórios distribuídos. No final do dia, cada escritório transfere um arquivo para a sede resumindo as atividades desse dia. Uma linha discada usada para uma única transferência de cada escritório parece ser a solução mais econômica. Quando existe um alto volume de tráfego em fluxo entre alguns locais, a solução mais econômica é obter circuitos dedicados entre os locais. Esses circuitos, também conhecidos como linhas alugadas ou circuitos semipermanentes, podem ser alugados de um provedor de telecomunicações, como uma companhia telefônica, ou de um provedor de satélite. O circuito dedicado tem um custo fixo constante baseado na velocidade de dados e, em alguns casos, na distância. Se o volume de tráfego for suficientemente alto, então, a utilização será alta o bastante para tornar esse método o mais atraente.

Por outro lado, se o tráfego for principalmente em rajadas, então, a comutação de pacotes é mais vantajosa. Além disso, a comutação de pacotes permite que terminais e portas de computador de várias velocidades de dados se interconectem. Se o tráfego for principalmente em rajadas, mas de volume relativamente modesto para uma organização, uma rede pública de comutação de pacotes oferece a melhor solução. Nesse caso, a rede fornece um serviço de transmissão de pacotes para uma variedade de assinantes, cada qual com necessidades de tráfego moderadas. Se houver um número suficiente de assinantes diferentes, o tráfego total deve ser grande o suficiente para resultar em alta utilização. Conseqüentemente, a rede pública é econômica do ponto de vista do provedor. O assinante tem as vantagens da comutação de pacotes sem o custo fixo da implementação e manutenção da rede. O custo para o assinante é baseado no tempo de conexão e no volume de tráfego, mas não na distância.

Se o volume do tráfego em rajadas de uma organização é alto e concentrado entre um pequeno número de locais, uma rede privada de comutação de pacotes é a melhor solução. Com muito tráfego em rajadas entre locais, a rede privada de comutação de pacotes propicia uma utilização muito melhor e, conseqüentemente, menor custo do que a comutação de circuitos ou linhas dedicadas simples. O custo de uma rede privada (não incluindo o custo fixo inicial dos nós de comutação de pacotes) é baseado unicamente na distância. Portanto, ele combina a eficácia da comutação pública de pacotes com a independência de tempo e volume dos circuitos dedicados.

Outras considerações   Além dos problemas de custo e desempenho, a escolha da rede também deve levar em conta o controle, a confiabilidade e a segurança.

É provável que uma organização grande o bastante para precisar de uma rede de dados remota se baseie fortemente nessa rede. Portanto, é fundamental que a gerência seja capaz de manter um controle correto da rede para fornecer um serviço eficaz e eficiente aos usuários. Exploraremos esse tópico em alguma profundidade no Capítulo 19. Para nossos objetivos aqui, podemos dizer que três aspectos do controle são importantes na comparação de vários métodos de rede: controle estratégico, controle de crescimento e operação diária da rede.

O **controle estratégico** envolve o processo de projetar e implementar a rede para atender às necessidades específicas da organização. Com a comutação de pacotes pública, o assinante praticamente não possui qualquer controle sobre os níveis de serviço, a confiabilidade ou a manutenção. A rede tem o objetivo de ser uma utilidade pública para servir ao consumidor médio. Com as linhas dedicadas ou uma rede privada de comutação de pacotes, a organização do usuário pode decidir sobre a capacidade e o nível de redundância pelos quais ela está disposta a pagar.

O **controle de crescimento** permite que os usuários planejem a expansão e a modificação da rede, à medida que aumenta a necessidade. Uma rede privada de comutação de pacotes fornece a maior flexibilidade para acomodar as necessidades de crescimento. Nós de comutação de pacotes adicionais, mais troncos e troncos de maior capacidade podem ser acrescentados conforme necessário. Isso aumenta a capacidade e a confiabilidade gerais da rede. Embora o usuário tenha controle sobre o número e a capacidade das linhas em um projeto de linha dedicada, há menos flexibilidade para expandir incrementalmente a rede. Novamente, com a rede pública de comutação de pacotes, o usuário não tem controle sobre o crescimento. As necessidades do usuário são satisfeitas apenas se elas estiverem dentro das capacidades da rede pública.

Com relação à **operação diária**, o usuário está preocupado com os picos de acomodação do tráfego e com o rápido diagnóstico e reparo de falhas. As redes de comutação de pacotes podem ser projetadas com um eficaz controle de rede centralizado, permitindo que a rede seja ajustada às condições do momento. É claro, no caso da rede pública, o usuário é dependente do provedor de rede. Como em qualquer utilidade pública, à semelhança de um sistema de transporte, costuma haver "horas de pico" nas redes públicas e os níveis de serviço declinam. O controle diário é mais difícil de automatizar no caso das linhas dedicadas; as ferramentas disponíveis são comparativamente poucas e simples, pois não estamos lidando com uma rede unificada.

A inerente confiabilidade de uma rede de comutação de pacotes é mais alta do que a de um conjunto de linhas dedicadas. A rede consiste em um conjunto de recursos compartilhados e é equipada com recursos de controle de rede automatizados e centralizados. As falhas podem ser facilmente localizadas e isoladas, e o tráfego pode ser deslocado para a parte mais saudável da rede. Uma rede pública pode precisar de um investimento mais alto em ferramentas de redundância e controle, pois o custo é dividido entre muitos usuários. Além disso, o usuário é liberado da obrigação de desenvolver a experiência necessária para manter uma grande rede de comunicação de dados em operação.

Finalmente, a segurança de dados é vital para a maioria das organizações. Exploraremos esse assunto em mais detalhes no Capítulo 18. Para os propósitos deste capítulo, podemos dizer que o uso de uma rede privada ou de linhas dedicadas claramente produzirá maior segurança do que uma rede pública de comutação de pacotes. As redes públicas podem usar vários mecanismos de controle de acesso para limitar as maneiras pelas quais os usuários podem obter dados através da rede. Esses mesmos mecanismos de controle são úteis nas redes privadas, uma vez que uma organização pode desejar separar várias comunidades de usuários.

A Tabela 12.3 resume a diferença entre os vários métodos de comunicações.

Tabela 12.3 Recursos das redes remotas

Recurso	Dedicada (linhas alugadas)	Pacote público	Pacote privado
Controle estratégico	Projeto, serviço e manutenção de rede podem receber prioridades e ser controlados pelo usuário.	Serviço limitado ao que atende ao consumidor médio.	Projeto, serviço e manutenção de rede podem receber prioridades e ser controlados pelo usuário.
Controle de crescimento e controle de operação	Não integrada; detecção de falha descentralizada pode ser cara.	Fornecida pelo provedor de serviço para satisfazer às necessidades médias.	Integrada em todos os equipamentos; isolamento e detecção de falha centralizados.
Confiabilidade	Recuperação de falha manual e visível ao usuário.	Recuperação de falha transparente e automática.	Recuperação de falha transparente e automática.
Segurança	Somente usuários privados.	Usuários públicos, controle de acesso de rede.	Somente usuários privados, controle de acesso de rede.

NOTA DE APLICAÇÃO

Comutação

Os debates sobre comutação podem ser confusos porque existem muitos protocolos e porque a comutação pode ser descrita como operando em várias camadas diferentes de nosso modelo de rede. Para muitas organizações, o tipo de comutação usado para enviar dados da posição local para destinos externos pode ser um completo mistério, devido à complexidade das redes remotas e um nível reduzido de controle local. Uma vez que os dados deixam a rede doméstica, há pouca coisa que um administrador de rede local possa fazer para afetar a viagem dos dados. Normalmente, a influência da equipe da rede local é limitada ao equipamento em sua instalação e ao tipo de conexão saindo dela.

Para tornar as coisas ainda mais difíceis, a próxima geração de redes utilizará técnicas de comutação multicamada, como o roteamento da camada 2, roteamento da camada 3, comutação ótica e comutação de camada de aplicação. Nos dois parágrafos a seguir, tentaremos fornecer uma orientação quanto aos termos de comutação que um administrador típico de rede provavelmente encontrará e alguns dos termos que descrevem a conectividade externa.

A maioria das redes locais executa o Internet Protocol (IP) sobre algum tipo de Ethernet. Os nós Ethernet geralmente são conectados uns aos outros por meio de um comutador de camada 2 que examina os endereços da camada 2 no quadro antes de encaminhar. O tráfego encapsulado dentro do quadro Ethernet é o baseado em IP. O cabeçalho de pacote IP inclui todas as informações necessárias para transportar o pacote da origem ao destino. Isso significa que estamos usando um método de datagrama. Embora os protocolos de camada superior, como o TCP, possam controlar o fluxo de dados até certo ponto, eles não mudam o tipo de comutação em uso. Se incluirmos a idéia de que quaisquer roteadores envolvidos estão processando os pacotes IP que fluem entre as redes, classificaríamos esse tipo de transmissão como uma rede de comutação de pacotes com um método de datagrama. Tanto a comutação de pacotes quanto a comutação de circuitos são descritas neste capítulo.

Quando o tráfego precisa viajar para fora do local, ele é transferido para a rede do provedor de Internet para processamento. Basicamente, esse é o início da Internet. A Internet é, na verdade, um gigantesco conjunto de redes, a maioria das quais pertencentes aos provedores de serviço de Internet (ISPs). Os Web sites ou servidores Web também estão conectados a essas redes. As redes de ISP podem variar em termos de protocolos usados, velocidades disponíveis e o tipo de comutação usado. Um item consistente é que todas as redes conectadas à Internet transmitem e recebem pacotes IP. Enquanto um pacote viaja da origem para o destino, é provável que ele cruze várias redes diferentes antes de chegar.

Ao entrar na rede de ISP, decisões de roteamento precisam ser tomadas. Se a rede utilizar um método de datagrama, nenhuma outra ação é realizada porque os pacotes IP já contêm todas as informações necessárias e nenhum circuito é necessário. Entretanto, se a rede utilizar circuitos virtuais para estabelecer um caminho de um lado da rede de ISP ao outro, esse circuito precisa se estabelecer antes que quaisquer dados possam ser encaminhados. Exemplos de protocolos que usam circuitos virtuais são Frame Relay e ATM (Asynchronous Transfer Mode).

Uma vez estabelecido o circuito, os dados são encaminhados, com cada nó de rede tomando decisões de encaminhamento baseado na configuração da conexão. Assim, uma decisão de roteamento (normalmente camada 3) é tomada na entrada da rede e, então, as decisões de comutação de uma camada para outra são tomadas conforme os dados atravessam a rede. Esse circuito virtual é válido apenas até a borda da rede do provedor. Em cada limite, outra decisão de roteamento precisa ser tomada e uma passagem realizada para a rede seguinte. Nesse ponto, o processo é novamente iniciado para cada rede, até que o destino seja alcançado.

Por exemplo, um usuário com conexão discada se conecta por meio do mesmo tipo de linha que uma chamada telefônica e os dados são manipulados exatamente da mesma maneira – comutação de circuitos. A única diferença é que os dados iniciaram como digitais e foram convertidos antes da transmissão. Uma vez feita a chamada telefônica com circuito comutado para o ISP, os dados podem ser transferidos. Todos os pacotes seguem o mesmo caminho até o ISP. O ISP pode ter uma rede IP padrão sendo executada sobre Ethernet, que simplesmente encaminha os dados para a interface de saída de roteador correta. Essa interface pode ser subseqüentemente conectada a outro ISP maior mediante portadoras T, uma rede Frame Relay ou ATM. O pacote atravessa um roteador e é encaminhado para a rede ATM e é preparado para viajar sobre uma conexão de circuito virtual. Esse circuito virtual foi configurado da mesma maneira que uma chamada telefônica de comutação de circuitos. Note que em nenhum momento o conteúdo dos datagramas IP de camada 3 são manipulados. Eles estão simplesmente sendo transportados sobre uma rede ATM em vez de uma Ethernet.

O tipo de comutação externa que uma organização seleciona é uma decisão que costuma depender de fatores como necessidade de largura de banda, custo e disponibilidade. Existe um grande número de protocolos que podem ser usados para conectar com o mundo externo, mas escolher o tipo correto exige uma pesquisa dos produtos disponíveis e um conhecimento das necessidades locais.

12.5 · RESUMO

O uso de um enlace direto ponto a ponto para comunicação de informações é inviável para todas as necessidades, exceto as mais limitadas. Para comunicação de informações práticas e econômicas, algum tipo de rede é necessário. Para comunicação fora do alcance de um único prédio ou conjunto de prédios, uma rede remota (WAN) é empregada. Duas tecnologias básicas são utilizadas: comutação de circuitos e comutação de pacotes.

A comutação de circuitos é usada nas redes de telefone públicas e é a base para as redes privadas construídas sobre linhas alugadas e que usam comutadores de circuito no local. A comutação de circuitos foi desenvolvida para manipular tráfego de voz, mas também pode manipular dados digitais, embora este último uso normalmente seja ineficiente. Com a comutação de circuitos, um caminho dedicado é estabelecido entre duas estações para comunicação. Os recursos de comutação e transmissão dentro da rede são reservados para uso exclusivo do circuito, durante a conexão. A conexão é transparente: uma vez estabelecida, ela aparece para os dispositivos conectados como se houvesse uma conexão direta.

A comutação de pacotes é empregada para fornecer um meio eficiente de usar recursos compartilhados em redes de comunicação de dados. Com a comutação de pacotes, uma estação transmite dados em pequenos blocos, denominados pacotes. Cada pacote contém uma parte dos dados do usuário e mais as informações de controle necessárias para o correto funcionamento da rede. As redes públicas de comutação de pacotes estão disponíveis para serem compartilhadas por várias comunidades separadas de assinante. A tecnologia também pode ser empregada para construir uma rede privada de comutação de pacotes.

A escolha entre comutação de circuitos e comutação de pacotes depende de um misto de considerações, incluindo custo, desempenho, confiabilidade e flexibilidade. As duas tecnologias continuarão sendo importantes para as redes remotas.

12.6 Leitura e Web sites recomendados

Devido à sua idade, a comutação de circuitos inspirou uma volumosa bibliografia. Dois ótimos livros sobre o assunto são [BELLOO] e [FREE96].

A bibliografia sobre a comutação de pacotes também é enorme. Os livros com bons tratamentos desse tema incluem [SPOH02] e [BERT92].

BELLOO Bellamy, J. *Digital Telephony.* Nova York: Wiley, 2000.
BERT92 Bertsekas, D. e Gallager, R. *Data Networks.* Englewood Cliffs, NJ: Prentice Hall, 1992.
FREE96 Freeman, R. *Telecommunication System Engineering.* Nova York: Wiley, 1996.
SPOH02 Spohn, D. *Data Network Design.* Nova York: McGraw-Hill, 2002.

Web sites recomendados

- **International Packet Communications Consortium:** Notícias, informações técnicas e informações de fornecedor sobre a tecnologia e produtos Softswitch.
- **Media Gateway Control Working Group:** Patrocinado pelo IETF para desenvolver o protocolo de controle de gateway de mídia e padrões relacionados.

12.7 Principais termos, perguntas para revisão e problemas

Principais termos

assinante
circuito virtual
comutação de circuitos
comutação de pacotes
datagrama
Integrated Services Digital Network (ISDN)
linha de assinante
loop de assinante
loop local
pacote
rede de dados pública (PDN)
tronco de rede de valor agregado (VAN)
sinalização de canal comum
sinalização de controle
sinalização no canal
Softswitch
Centro de comutação

Perguntas para revisão

12.1 Por que é útil ter mais de um caminho possível para cada par de estações por meio de uma rede?
12.2 Com relação a uma rede de comunicações comutada, identifique as seguintes afirmativas como verdadeiras ou falsas.
  a. Todos os nós de comutação se conectam a todos os outros nós.
  b. Os enlaces entre nós de comutação utilizam a mesma técnica de multiplexação.
  c. Os nós de comutação fornecem conectividade para uma única estação final.
12.3 Quais são os quatro componentes arquitetônicos genéricos de uma rede de comunicações pública? Defina cada termo.
12.4 Identifique as seguintes afirmativas como verdadeiras ou falsas com relação à comutação de circuitos.
  a. Uma conexão de ponta a ponta precisa ser completada para que a transmissão de dados possa ocorrer.
  b. Existem três etapas básicas; configuração da conexão, transferência de dados e término da conexão.
  c. A comutação de circuitos é muito eficiente.
12.5 Qual é a principal aplicação que impulsionou o projeto das redes de comutação de circuitos?
12.6 Estabeleça a diferença entre roteamento estático e alternado em uma rede de comutação de circuitos.
12.7 Qual é a diferença entre sinalização no canal e sinalização de canal comum?
12.8 Os sinais de controle usados na rede pública de telefonia comutada são parte de que arquitetura?
12.9 Explique a diferença entre os métodos de datagrama e de circuito virtual.
12.10 Quais são as vantagens das redes privadas?
12.11 Cite algumas limitações no uso de uma rede de comutação de circuitos para transmissão de dados.
12.12 O que é uma rede de valor agregado (VAN)?
12.13 Por que a comutação de pacotes é impraticável para transmissão digital de voz?

Problemas

12.1 A que distância do seu centro de comutação local se encontra sua empresa ou residência?
12.2 Na rede pública de telefonia comutada, sua ligação é configurada e comutada com base nos números que você disca. Esses números, na realidade, fornecem diferentes sons ou tons de freqüência para o centro de comutação. Como essa sinalização é chamada?
12.3 Defina os seguintes parâmetros para uma rede de comutação:

N = número de saltos entre dois sistemas finais especificados
L = tamanho da mensagem em bits
B = velocidade de dados, em bits por segundo (bps), em todos os enlaces
P = tamanho de pacote fixo, em bits
H = overhead (cabeçalho), em bits por pacote
S = tempo de configuração de chamada (comutação de circuitos ou circuito virtual) em segundos
D = retardo de propagação por salto em segundos
  a. Para $N = 4$, $L = 3200$, $B = 9600$, $P = 1024$, $H = 16$, $S = 0.2$, $D = 0.001$, calcule o retardo ponto a ponto para comutação de circuitos, comutação de pacotes de circuito virtual e comutação de pacotes de datagrama. Considere

que não haja qualquer reconhecimento (ack). Ignore o retardo de processamento nos nós.

b. Desenvolva expressões gerais para as três técnicas da parte (a), tomadas duas de cada vez (três expressões ao todo), mostrando as condições sob as quais os atrasos são iguais.

12.4 Considere uma rede de telefonia simples consistindo em dois escritórios finais e um comutador intermediário com um tronco dúplex de 1MHz entre cada escritório final e o comutador intermediário. Na média, um telefone é usado para fazer quatro chamadas por dia de trabalho de 8 horas, com uma duração média de chamada de seis minutos. Dez por cento das chamadas são de longa distância. Qual é o número máximo de telefones que um escritório final pode aceitar?

12.5 Explique a falha no seguinte raciocínio: a comutação de pacotes exige que bits de controle e endereço se incluam em cada pacote. Isso introduz um considerável overhead na comutação de pacotes. Na comutação de circuitos, um circuito transparente é estabelecido. Nenhum bit extra é necessário.

a. Portanto, não há overhead algum na comutação de circuitos.

b. Como não há overhead na comutação de circuitos, a utilização da linha é mais eficiente do que na comutação de pacotes.

12.6 Quando não se detecta nenhum mau funcionamento em qualquer uma das estações ou nós de uma rede, é possível que um pacote seja entregue ao destino errado?

12.7 Considere uma rede de comutação de pacotes de N nós, conectada pelas seguintes topologias:

a. Estrela: um nó central sem nenhuma estação conectada; todos os outros nós são conectados ao nó central.

b. Loop: cada nó se conecta a dois outros nós formando um loop fechado.

c. Totalmente conectada: cada nó é diretamente conectado a todos os outros nós. Para cada caso, forneça o número médio de saltos entre as estações.

ESTUDO DE CASO VI: Staten Island University Hospital

Uma das verdades básicas da Era da Informação é que cada empresa depende de um rápido e eficiente movimento de dados dentro e fora dos limites da organização. Em nenhum lugar isso é mais evidente do que na área de saúde. Embora os hospitais possam estar ostensivamente ligados à tarefa de cortar, suturar e medicar seres humanos, sua capacidade de fornecer esse serviço ao maior número possível de pacientes – e com lucros aceitáveis – depende grandemente de sua capacidade de processar e trocar eficazmente uma ampla faixa de dados entre departamentos internos e parceiros externos. Essa necessidade está se tornando ainda mais evidente à medida que a área de saúde sofre transformações. Uma instituição de saúde que se posicionou bem no meio de todas essas mudanças de tecnologia e de negócios é o Staten Island University Hospital (SIUH), em Staten Island, Nova York [LIEB98, LIEB99, KEEN99]. "Era usual que hospitais operassem de uma maneira bastante autônoma", explica Richard Jerothe, diretor de serviços de LAN de PC do SIUH. "Agora, no entanto, o processo de saúde gira em torno do médico responsável pelos primeiros socorros, o que requer extensa conectividade entre a rede de médicos associados ao hospital." Segundo Jerothe, à medida que a recuperação de custos se torna um problema mais complexo, as normas governamentais referentes a cuidados e auxílio médico também impõem necessidades adicionais sobre o gerenciamento das informações de saúde. Jerothe observa que esses fatores tornam a saúde uma área muito empolgante para os profissionais da Tecnologia da Informação. No seu modo de ver, por muitos anos, a maioria dos hospitais permaneceu atrás de outros setores em suas implementações de TI. Porém, as pressões competitivas e o surgimento de tecnologias de geração eletrônica de imagem médica fizeram com que muitos hospitais ultrapassassem organizações não ligadas à saúde em seus usos de rede. "Esse setor é um dos mais agressivos no que se refere a levar a tecnologia adiante", diz ele.

O Staten Island University Hospital é um complexo de 620 leitos, com um centro de trauma de nível 1 e uma ampla variedade de práticas especializadas, incluindo tratamento coronariano avançado, oncologia radiológica, geriatria e ginecologia/obstetrícia. Ele está estruturado em duas áreas principais, com as funções administrativas ocupando uma terceira área. Adicionalmente, o SIUH opera dezenas de clínicas satélite em toda a cidade de Nova York e um centro de bem-estar comunitário no Staten Island Mall. Ele também possui estreitas relações de trabalho com médicos e estagiários de medicina em toda a área circunvizinha. Até 1995, o ambiente de computação do hospital era centralizado em hosts AS/400 – que operavam os sistemas de dados corporativos de compras, de registro e de saúde – e uma rede SNA que conectava aproximadamente 900 terminais. Os PCs desktop foram colocados on-line com o tempo, mas eles ainda estavam conectados aos sistemas de back-end via emulação de terminal. Em 1995, contudo, o departamento de TI, sob a chefia de Patrick Carney, formulou seu plano estratégico. Entre outras considerações, o plano reconhecia duas realidades sobre o futuro da rede do hospital. Em primeiro lugar, a conectividade externa iria se tornar cada vez mais importante com o tempo. A segunda realidade que Carney e Jerothe reconheceram era que não havia modo algum de prever exatamente quanta largura de banda seria necessária para essa rede planejada. "Sabíamos que ela precisaria ser capaz de escalar; com a geração de imagens médicas, você pode facilmente acabar tendo arquivos de 30MB passando pelo fio", observa Jerothe. Assim, quando procuraram propostas dos provedores de rede remota, o que eles tinham para compartilhar era mais uma visão de requisitos do que um conjunto de especificações técnicas concretas. Isso não foi algo que a operadora local que atendia o SIUH, a Nynex (agora conhecida como Bell Atlantic), estivesse especialmente preparada para tratar. A atitude da Nynex foi: "Vocês precisam nos dizer o que vocês querem", conta Carney. "Mas nós não sabíamos exatamente o que queríamos. Estávamos procurando a Nynex para acrescentar valor, e eles não puderam. "Eles tinham um serviço pré-fabricado que queriam nos vender", lembra Jerothe.

Com sede em Staten Island, a Teleport Communications Group (TCG) é uma das primeiras e maiores operadoras locais concorrentes (CLECs) nos Estados Unidos. Em 1994, a TCG começou a fornecer linhas privativas e outros serviços de acesso dedicados para a área metropolitana de Nova York e Nova Jersey. Hoje, a empresa possui mais de 14.000Km de fibra óptica, bem como instalações de rede sem fio de banda larga. Ela opera em 57 importantes mercados em todo o país, e esse número continua a crescer conforme adquire mais operações locais. A TCG já tinha ganhado o serviço de voz local do SIUH em 1994. Além de ser significativamente mais barata do que a operadora local responsável, a Nynex, "as pessoas do hospital estavam procurando uma operadora que respondesse mais rápido às requisições de serviço e lhes oferecesse um tempo mais rápido de reparo", diz Rob Westervelt, vice-presidente de vendas da TCG Nova York e representante de contas para o SIUH antes de sua promoção.

De acordo com Westervelt, a TCG recomendou que o SIUH continuasse com a Nynex para o serviço de chegada e mantivesse suas portas de saída disponíveis como uma precaução contra falhas. "Não tentamos realmente nos vender como uma substituição completa para a operadora responsável", ele explica. "Oferecemos diversidade ao cliente para que ele pudesse eliminar possíveis pontos de falha isolados em sua empresa." Jerothe comenta: "Eles nos procuraram com a idéia da fibra 'escura', que teria nos dado bastante largura de banda a um preço bem acessível. Mas, novamente, não vimos o gerenciamento." Fibra escura se refere a situações em que o fornecedor de comunicações aluga diretamente ao cliente suas próprias fibras ópticas, sem fornecer quaisquer serviços nessa fibra. Portanto, os clientes são responsáveis por instalar seus próprios componentes eletrônicos em cada ponto final e por gerenciar o tráfego nas fibras específicas que eles alugam.

A TCG apresentou uma proposição sólida para a rede corporativa do SIUH. A proposta incluía fornecer ao hospital uma rede backbone-and-spoke totalmente integrada que pudesse conectar todos os escritórios afiliados em toda a área metropolitana de Nova York com largura de banda suficiente para compartilhar arquivos de imagens médicas e outros dados importantes. Hoje, a TCG, que agora é parte da AT&T, manipula 99% das chamadas locais do SIUH, com a Bell Atlantic servindo como o backup em caso de estouro. Um ano após mudar seu tráfego para a TCG, o hospital economiza pelo menos 50% em chamadas locais [KING99].

Segundo Carney, a nova rede já começou a pagar altos dividendos ao permitir que o SIUH atenda às necessidades cada vez maiores. "Por um lado, podemos ativar novos locais em apenas algumas semanas", diz ele. "Por outro, temos uma infra-estrutura de rede simples que pode suportar todas as nossas aplicações 'new age', desde a teleradiologia até à agenda da empresa."

Temas para análise

1 Explique por que as telecomunicações são vitais para a área de saúde e, em especial, para o SIUH.
2 Quem são as operadoras locais concorrentes (CLECs)? Explique as razões por que o SIUH preferiu uma CLEC à sua operadora local como responsável para suas necessidades de rede.
3 Discuta as vantagens e desvantagens da aquisição da TCG pela AT&T para esse projeto e, conseqüentemente, para o SIUH.

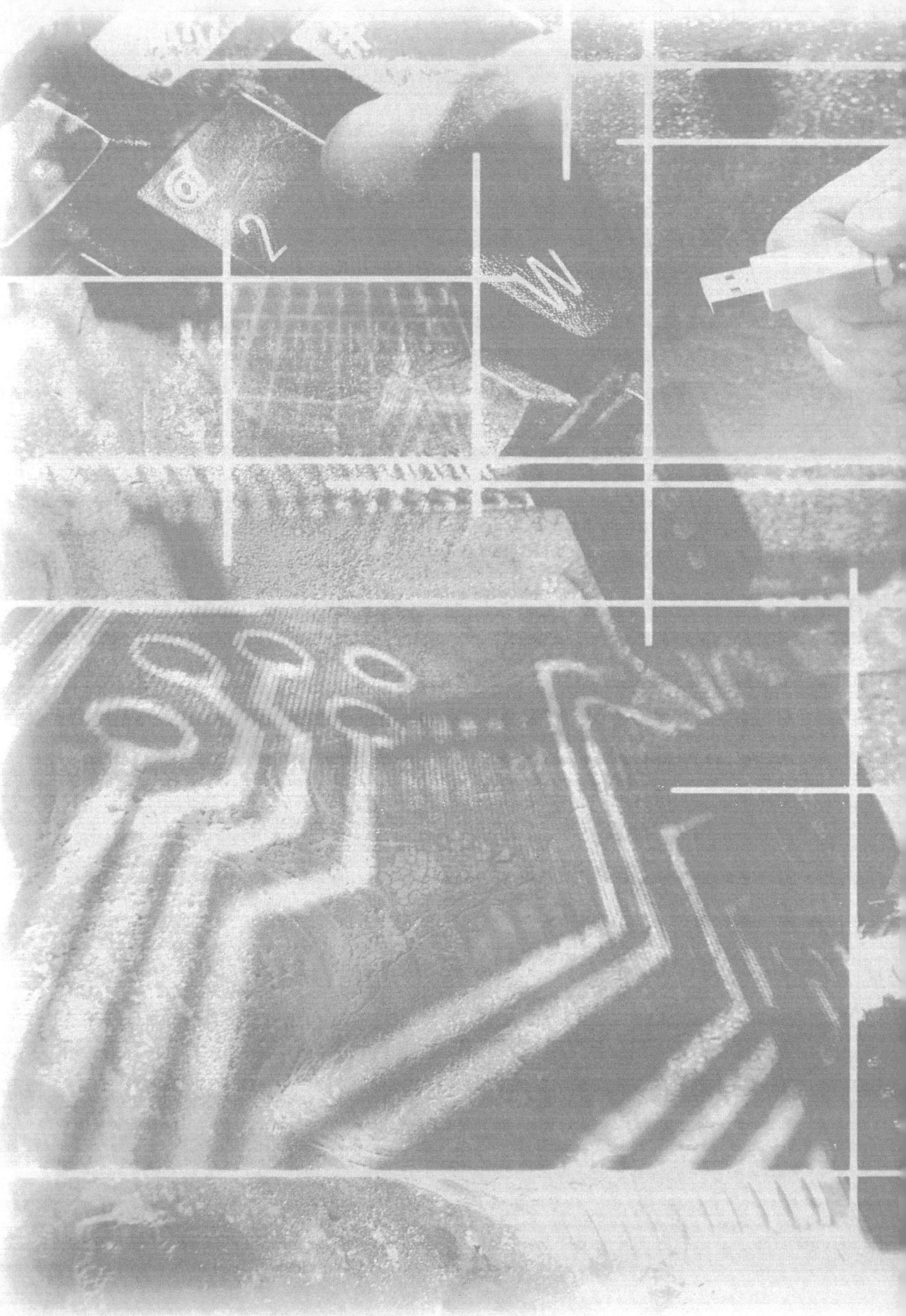

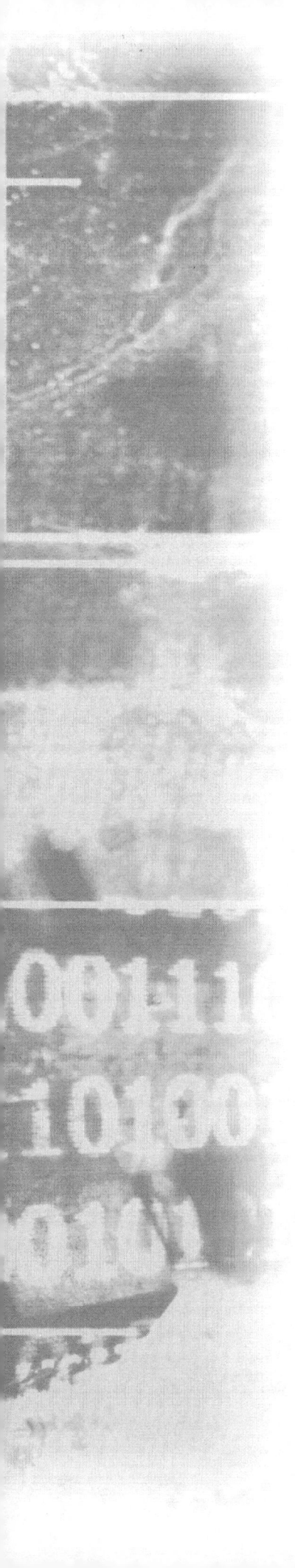

Capítulo 13

Frame Relay e ATM

13.1 Alternativas de rede remota

13.2 Frame Relay

13.3 Asynchronous Transfer Mode (ATM)

13.4 Resumo

13.5 Leitura e Web sites recomendados

13.6 Principais termos, perguntas para revisão e problemas

OBJETIVOS DO CAPÍTULO

Depois de ler este capítulo, você deverá ser capaz de

- Expor os motivos do interesse e da disponibilidade cada vez maiores pelas alternativas de alta velocidade para redes remotas.
- Descrever os recursos e as características das redes Frame Relay.
- Descrever os recursos e as características das redes ATM.
- Avaliar os prós e os contras dos serviços alternativos de alta velocidade.

À medida que a velocidade e o número de redes locais (LANs) prosseguem em sua contínua escalada, uma crescente demanda é colocada sobre as redes de comutação de pacotes remotas para aceitar a forte vazão gerada por essas LANs. Nos primeiros dias das redes remotas, projetou-se o X.25 para aceitar conexão direta de terminais e computadores por meio de longas distâncias. Em velocidades de até 64kbps, o X.25 atende bem essas exigências. Como as LANs passaram a desempenhar um importante papel no ambiente local, o X.25, com seu overhead substancial, tornou-se uma ferramenta inadequada para as redes remotas. Felizmente, várias novas gerações de serviços comutados de alta velocidade para redes remotas passaram rapidamente do laboratório de pesquisa e da fase de esboço de padrão para a fase de produto padronizado, disponível comercialmente. Existem vários desses serviços de WAN de alta velocidade disponíveis.

Sem dúvida, o gerente de rede, agora, pode se deparar com muitas escolhas para resolver problemas de capacidade. Neste capítulo, começaremos com uma descrição das várias alternativas de rede remota e mostraremos onde residem seus pontos fortes e fracos. Em seguida, focalizaremos as que provavelmente são as duas tecnologias de WAN mais importantes: Frame Relay e ATM.

Um método que não é tratado neste capítulo é o uso da Internet. A Internet costuma ser usada como uma infraestrutura de WAN secundária ou mesmo primária para conectar computadores em múltiplos locais. Esse assunto, bem como os temas relacionados às intranets, extranets e redes privativas virtuais (VPNs) são discutidos separadamente e tratados em outras partes deste livro.

13.1 ALTERNATIVAS DE REDE REMOTA

No exame das estratégias de rede remota para empresas e outras organizações, cumpre analisar duas tendências distintas, porém relacionadas. A primeira é a arquitetura de processamento distribuído, usada para dar suporte a aplicações e para atender às necessidades de uma organização, e a segunda são as tecnologias de rede remota e os serviços disponíveis para atender a essas necessidades.

Oferecimentos da WAN

Para atender as demandas do novo modelo de computação corporativa, os fornecedores de equipamento e serviços desenvolveram uma variedade de serviços de alta velocidade. Esses serviços incluem esquemas mais rápidos de linha multiplexada, como T-3 e SONET/SDH, bem como esquemas mais rápidos de redes comutadas, incluindo Frame Relay e ATM.

A Figura 13.1 ilustra as principais alternativas disponíveis nas operadoras públicas dos Estados Unidos; uma composição semelhante está disponível em outros países. Uma linha não-comutada, ou dedicada, é um enlace de transmissão alugado por um preço fixo. Essas linhas podem ser alugadas de uma operadora e usadas para conectar escritórios de uma organização. Os oferecimentos comuns incluem os seguintes:

- **Analógico**: A opção mais barata é alugar um enlace analógico de par trançado. Com os modems de linha privativa dedicada, velocidades de dados de 4,8 a 56 kbps são comuns.
- **Serviço de dados digital:** As linhas digitais de alta qualidade que exigem unidades de sinalização digitais em vez de modems são mais caras, mas podem ser alugadas em velocidades de dados mais altas.
- **T-1, T-3**: Por muitos anos, a linha alugada mais comum para necessidades de voz e dados de alto tráfego foi a linha T-1, que ainda é muito popular. Para necessidades maiores, a linha T-3 está amplamente disponível.
- **Frame Relay:** Embora o Frame Relay seja uma tecnologia de rede comutada, o protocolo Frame Relay pode ser usado por meio de uma linha dedicada para

Não-comutado (alugado)							
Analógico	4,8●——●56						
Serviço de dados digital	2,4●——●56						
T-1			1,54●				
Frame Relay			1,54●————●44,736				
T-3				●44,736			
SONET				51,84●————●2.488			
Comutado (em rede)							
Discado/modem	●1,2——●56						
Comutação de pacotes X.25	2,4●——●56						
ISDN		64●————●1,54					
ADSL		16●————●9					
Frame Relay			1,54●————●44,736				
SMDS			1,54●————●44,736				
ATM				25●——●155			
	1kbps	10kbps	100kbps	1Mbps	10Mbps	100Mbps	1Gbps	10Gbps

Velocidade de transmissão (escala logarítmica)

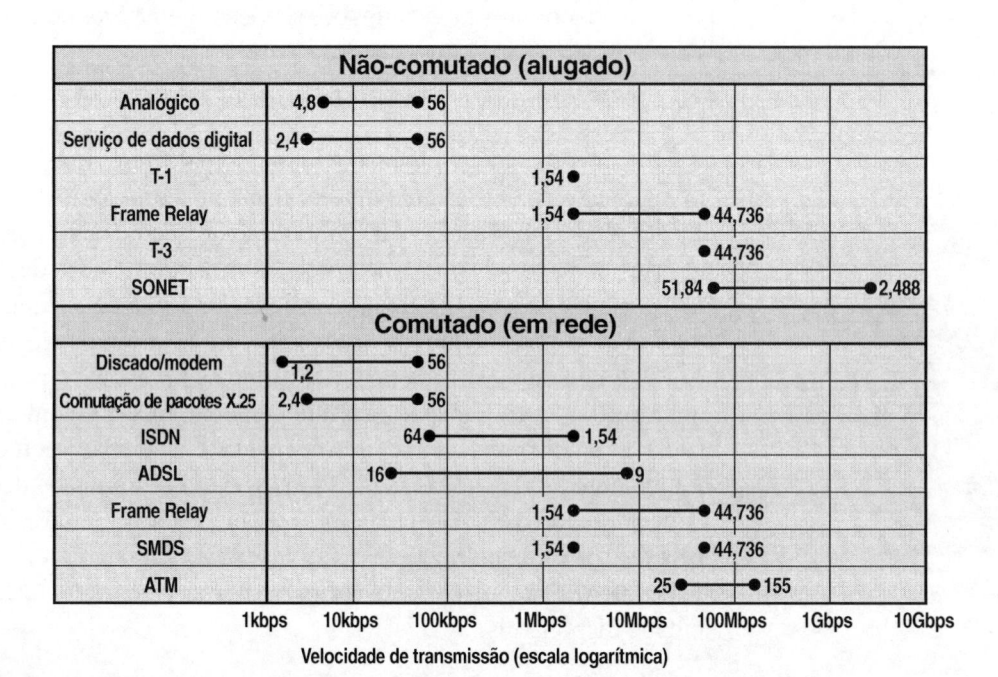

FIGURA 13.1 Serviços de comunicação das operadoras dos Estados Unidos.

fornecer uma técnica de multiplexação conveniente e flexível. Os dispositivos de Frame Relay são necessários nas instalações do cliente para esse método.
- **Sonet**: As linhas alugadas de velocidade mais alta que estão disponíveis usam SONET/SDH, tratados no Capítulo 17.

Os serviços comutados públicos incluem os seguintes:

- **Discado/modem**: Os modems conectados à rede pública de telefonia fornecem uma maneira relativamente barata de obter serviços de dados de baixa velocidade. Os modems em si são baratos, e os custos de telefone são razoáveis para tempos de conexão modestos. Esse é o método de acesso quase universal para usuários residenciais. Nas organizações, grande quantidade de LANs e PBXs é equipada com bancos de modem para fornecer serviço de transmissão de dados suplementar e de baixo custo.
- **Comutação de pacotes X.25**: Esse antigo suporte ainda é usado para fornecer um serviço de transferência de dados comutada. Com o crescente uso das aplicações gráficas e de multimídia, o X.25 em velocidades de dados tradicionais está se tornando cada vez mais inadequado. Normalmente, as tarifas de rede são baseadas no volume de dados transferido.
- **ISDN**: A Integrated Services Digital Network fornece comutação de circuitos e comutação de pacotes X.25 sobre canais B de 64kbps. Também é possível atingir velocidades de dados mais altas. Em geral, as taxas de rede são baseadas na duração da chamada, independentemente da quantidade da transferência de dados.
- **Frame Relay**: Fornece capacidade comutada em velocidades equivalentes à da T-1 alugada e, em alguns casos, velocidades mais altas até T-3. Seu baixo overhead a torna adequada para interconectar LANs e sistemas independentes de alta velocidade.
- **ATM**: O Asynchronous Transfer Mode é visto amplamente como uma tecnologia de rede universal, destinada a substituir muitas das ofertas atuais.

Escolher entre as várias alternativas alugadas e comutadas não é uma tarefa fácil, e a proliferação das alternativas tem aumentado a dificuldade. A Tabela 13.1 indica a prática comum de preços nos Estados Unidos; práticas comparáveis são usadas em outros países. Como se pode ver, as estruturas de preço dos vários serviços não são diretamente comparáveis. Isso causa uma complicação. Outros aspectos que complicam o processo de escolha incluem a dificuldade de prever volumes de tráfego futuros por organizações com necessidades de rede remota e a dificuldade em prever distribuições de tráfego, dada a flexibilidade das aplicações e a mobilidade dos usuários.

Evolução das arquiteturas WAN

A Figura 13.2a mostra o tipo de arquitetura dominante nas redes corporativas até recentemente e que continua sendo um modelo popular. Em uma configuração típica, todos os dispositivos na instalação de um cliente alimentam, por meio de um multiplexador de divisão de tempo síncrono, uma linha de assinante de alta velocidade até uma operadora. Isso inclui um PBX que controla máquinas de telefone e fax para tráfego de voz e fax, bem como uma interface para uma LAN. Geralmente, a interface da LAN é por meio de um roteador, examinado no Capítulo 4. Também pode haver diversos terminais burros conectados a um controlador que possui uma interface com o multiplexador. A linha propriamente dita pode ser T-1 ou T-3; à medida que a necessidade aumentar, enlaces SONET serão mais comuns.

Tabela 13.1 Alternativas de WAN (preços nos Estados Unidos)

Serviço	Taxa de uso	Taxa de distância
Linha alugada	Preço fixo por mês para uma capacidade específica (por exemplo, T-1 ou T-3) e nenhuma taxa adicional para uso.	Mais para distâncias maiores.
ISDN	Preço fixo por mês para serviço, mais uma taxa de uso baseada no tempo de conexão.	As taxas de longa distância se aplicam.
Frame relay	Preço fixo por mês para uma conexão de porta e uma taxa constante para um circuito virtual permanente (PVC) com base na capacidade do enlace.	Não dependente de distância.
ATM	As políticas de preço variam.	Não dependente de distância.

FIGURA 13.2 Estratégias de rede integradas.

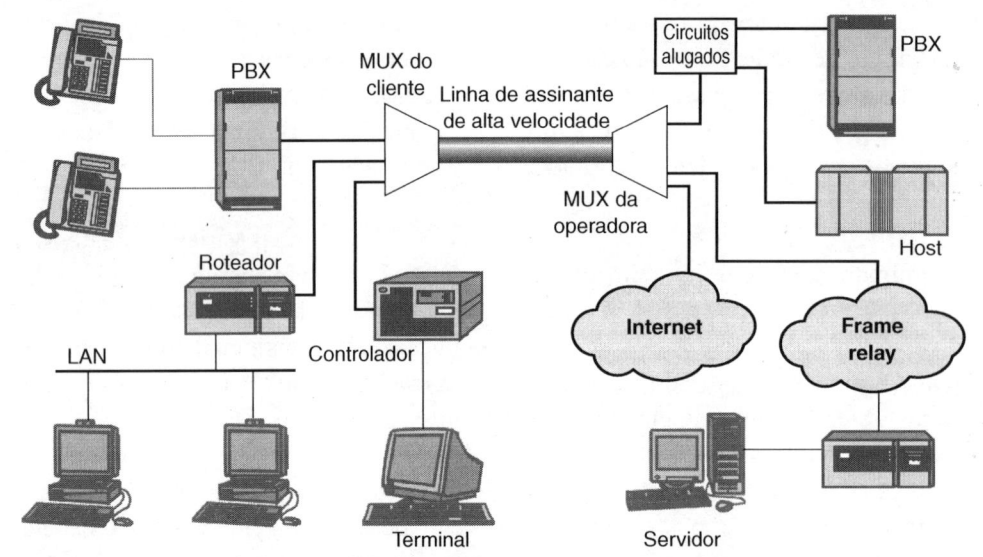

(a) Acesso de rede integrado usando canais dedicados

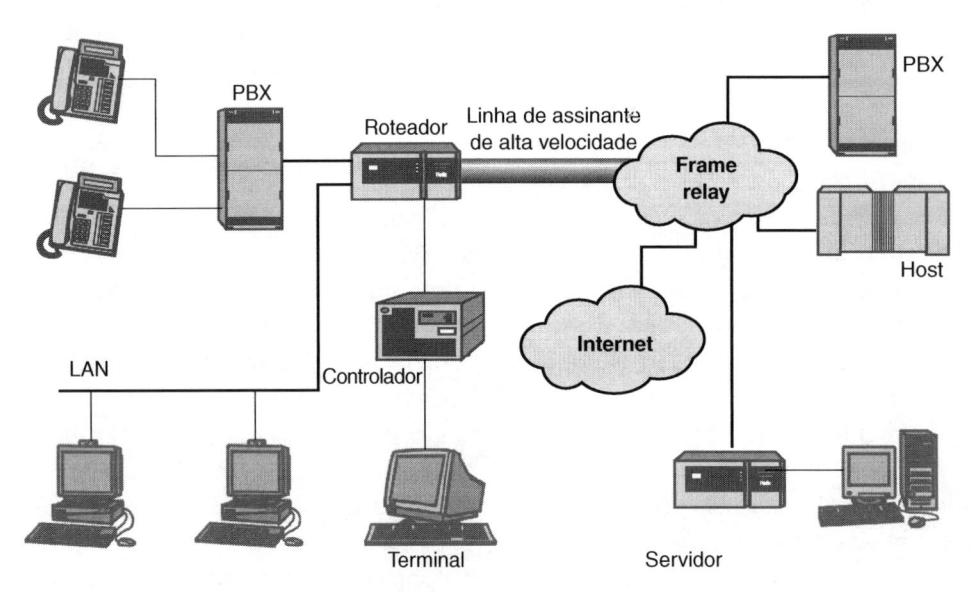

(b) Acesso de rede integrado usando WAN pública comutada

No lado da operadora, o tráfego multiplexado pode ser dividido em vários circuitos alugados. Esses possibilitam a criação de uma rede privativa conectando a PBXs, LANs e hosts mainframes em outros locais para esse cliente. Além disso, para tráfego de dados, a operadora pode fornecer uma interface para uma rede pública comutada de alta velocidade. Mais comumente hoje, essa rede é Frame Relay, mas as redes ATM também são oferecidas. Finalmente, um enlace para a Internet pode ser fornecido.

A Figura 13.2a mostra uma configuração atraente. Ela integra todo o tráfego de voz e dados do consumidor em uma única linha externa, o que simplifica o gerenciamento e a configuração de rede. Uma desvantagem é a sua relativa falta de flexibilidade. A capacidade da linha TDM síncrona é dividida em partições fixas alocadas para os vários elementos no local do cliente, como PBX, LAN e controlador de terminal. Isso torna difícil, ou até impossível, alocar capacidade dinamicamente conforme necessário.

Com o surgimento de redes públicas comutadas cada vez mais velozes, uma solução mais flexível agora é possível, tendo como exemplo a Figura 13.2b. Nesse arranjo, a linha externa de alta velocidade se conecta diretamente a uma rede pública comutada, como Frame Relay ou ATM. Embora o Frame Relay tenha sido inicialmente oferecido como uma rede de dados, algumas ofertas recentes possuem bastante capacidade para também manipular voz, e o ATM é bastante capaz de manipular tráfego de voz. Portanto, é possível conectar todo o equipamento do local nessa única linha na rede comutada. Pode-se utilizar conexões virtuais para configurar "canais" ("pipes") temporários para vários destinos. Além disso, a maioria dos fornecedores de Frame Relay e ATM oferece o que são chamadas de conexões virtuais permanentes; essas conexões fornecem o equivalente dos canais TDM síncronos dedicados e podem ser usadas para configurar redes privadas. Entretanto, as conexões virtuais permanentes podem ser modificadas de vez em quando para alterar a capacidade. Para máxima flexibilidade, o cliente pode se basear em conexões virtuais comutadas que são configuradas e removidas dinamicamente. Cada vez que uma conexão é configurada, o cliente pode configurá-la para transportar uma capacidade específica de tráfego. Portanto, à medida que se modifica a combinação de tráfego para dentro e para fora do local, o cliente pode alterar dinamicamente a combinação de capacidade para fornecer um desempenho ideal.

Para as redes remotas de alta velocidade, os oferecimentos do Frame Relay e ATM tornam-se cada vez mais os métodos preferidos. Embora o ATM seja considerado tecnicamente superior, o Frame Relay possui uma fatia de mercado maior, pois ele está disponível há mais tempo, o que possibilita o desenvolvimento de uma base instalada maior [WEXL03].

13.2 FRAME RELAY

O Frame Relay é projetado para fornecer um esquema de tráfego mais eficiente do que a comutação de pacotes tradicional. Os padrões para o Frame Relay amadureceram antes dos padrões para o ATM, e os produtos comerciais também chegaram antes. Conseqüentemente, existe uma grande base instalada de produtos de Frame Relay.

História

O método tradicional para a comutação de pacotes utiliza de um protocolo entre o usuário e a rede, chamado de X.25. O X.25 não só determina a interface usuário-rede, como também influencia o projeto interno da rede. Vários recursos importantes do método X.25 são os seguintes:

- Os pacotes de controle de chamada, usados para configurar e terminar circuitos virtuais, são transportados no mesmo canal e no mesmo circuito virtual dos pacotes de dados. Na verdade, a sinalização em banda é utilizada.
- A multiplexação de circuitos virtuais ocorre na camada 3.
- A camada 2 e a camada 3 incluem mecanismos de controle de fluxo e controle de erro.

O método X.25 gera um considerável overhead. Em cada salto por meio da rede, o protocolo de controle de enlace de dados envolve a troca de um quadro de dados e um quadro de reconhecimento (ack). Além disso, em cada nó intermediário, deve-se manter tabelas de estado para cada circuito virtual a fim de lidar com os aspectos de gerenciamento de chamada e controle de fluxo/controle de erro do protocolo X.25. Todo esse overhead pode ser justificado quando há uma importante probabilidade de erro em qualquer um dos enlaces na rede. Esse método não é o mais apropriado para as instalações de comunicação digitais modernas. As redes de hoje empregam tecnologia de transmissão digital confiável sobre enlaces de transmissão confiáveis de alta qualidade, muitos dos quais são fibras ópticas. Além disso, graças à fibra óptica e à transmissão digital, é possível alcançar altas velocidades de dados. Nesse ambiente, o overhead do X.25 não apenas é desnecessário como também prejudica a utilização eficaz das altas velocidades de dados disponíveis.

O Frame Relay é projetado para eliminar muito do overhead que o X.25 impõe sobre os sistemas de usuário final e sobre a rede de comutação de pacotes. As principais diferenças entre o Frame Relay e um serviço de comutação de pacotes X.25 convencional são as seguintes:

- A sinalização de controle de chamada é transportada em uma conexão lógica separada dos dados do usuário. Portanto, os nós intermediários não precisam manter tabelas de estado ou processar mensagens relativas ao controle de chamada em cada conexão individual.
- A multiplexação e a comutação das conexões lógicas ocorrem na camada 2 em vez de na camada 3, eliminando uma camada inteira do processamento.
- Não há qualquer controle de fluxo e controle de erro salto por salto. O controle de fluxo e o controle de erro ponto a ponto são a responsabilidade de uma camada mais alta, se eles estiverem implementados.

Portanto, com o Frame Relay, um único quadro de dados de usuário é enviado da origem ao destino, e um reconhecimento, gerado em uma camada mais alta, pode ser transportado de volta em um quadro. Não há qualquer troca salto a salto de quadro de dados e reconhecimentos.

Vamos considerar as vantagens e desvantagens desse método. A principal desvantagem potencial do Frame Relay, comparado com o X.25, é que perdemos a capacidade de realizar controle de fluxo e de erro enlace a enlace. (Embora o Frame Relay não forneça controle de fluxo e de erro ponto a ponto, isso é facilmente fornecido em uma camada mais alta). No X.25, vários circuitos virtuais são transportados em um único enlace físico, e o protocolo de camada de enlace fornece uma transmissão confiável da origem até a rede de comutação de pacotes e da rede de comutação de pacotes até o destino. Além disso, em cada salto por meio da rede, o protocolo de controle de enlace pode ser usado para confiabilidade. Com o uso do Frame Relay, esse controle de enlace salto a salto é perdido. Entretanto, com a crescente confiabilidade dos recursos de transmissão e comutação, essa não é uma grande desvantagem.

A vantagem do Frame Relay é que o processo de comunicação se torna mais eficiente. A funcionalidade de protocolo necessária na interface de rede do usuário é reduzida, assim como o processamento de rede interno. Conseqüentemente, um menor retardo e uma maior vazão podem ser esperados. Estudos indicam um aumento na vazão que usa o Frame Relay, comparado com o X.25, de uma ordem de magnitude ou mais [HARB92]. A recomendação ITU-T 1.233 indica que o Frame Relay deve ser usado em velocidades de acesso de até 2Mbps. Entretanto, o serviço Frame Relay agora está disponível em velocidades de dados ainda mais elevadas.

Arquitetura de protocolo Frame Relay

A Figura 13.3 descreve a arquitetura de protocolo para o suporte do Frame Relay. Precisamos considerar dois planos de operação separados: um plano de controle (C), que está envolvido no estabelecimento e término de conexões lógicas, e um plano de usuário (U), que é responsável pela transferência de dados do usuário entre assinantes. Assim, os protocolos do plano C estão entre um assinante e a rede, enquanto os protocolos do plano U fornecem funcionalidade ponto a ponto.

Plano de controle O plano de controle para o Frame Relay é semelhante ao plano para a sinalização de canal comum para serviços de comutação de circuitos, na medida em que o canal lógico é usado para informações de controle. Na camada de enlace de dados, o LAPD (Q.921) fornece um serviço de controle de enlace de dados confiável, com controle de erro e controle de fluxo, entre o usuário (TE) e a rede (NT). Esse serviço de enlace de dados é usado para a troca de mensagens de sinalização de controle Q.933.

Plano de usuário Para a efetiva transferência de informações entre usuários finais, o protocolo de plano de usuário é o LAPF (Link Access Procedure for Frame Mode Bearer Services), que é definido em Q.922. Utilizam-se apenas as funções básicas do LAPF para Frame Relay:

- Delimitação, alinhamento e transparência de quadro
- Multiplexação/demultiplexação de quadro usando o campo Endereço
- Inspeção do quadro para garantir que consiste em um número integral de octetos antes da inspeção do bit zero, ou após a extração do bit zero.

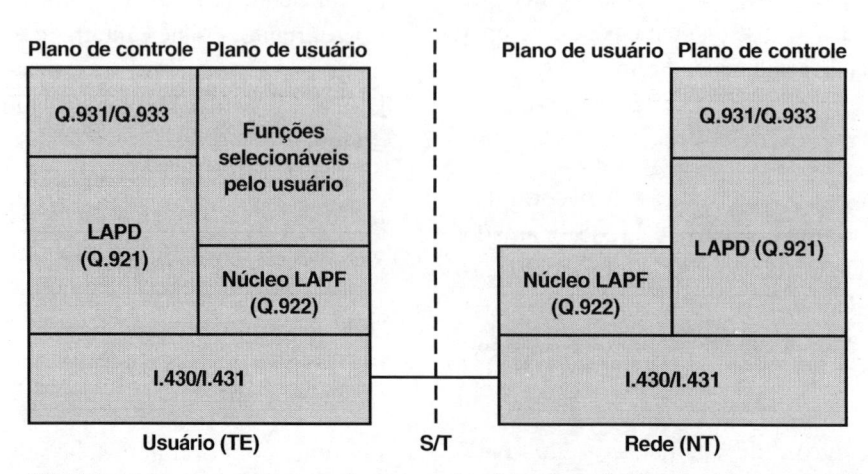

FIGURA 13.3 Arquitetura de protocolo de interface usuário-rede do Frame Relay.

- Inspeção do quadro para garantir que ele não seja extenso ou curto demais
- Detecção de erros de transmissão
- Funções de controle de congestionamento

A última função na lista é nova no LAPF. As outras funções relacionadas também são funções do LAPD.

As funções básicas do LAPF no plano de usuário constituem uma subcamada da camada de enlace de dados. Isso fornece o serviço bruto de transferência de quadros de enlace de dados de um assinante para outro, sem quaisquer controles de fluxo ou de erro. Além disso, o usuário pode escolher selecionar funções ponto a ponto adicionais de enlace de dados ou de camada de rede. Essas funções não são parte do serviço de Frame Relay. Com base nas funções básicas, uma rede oferece transmissão de quadros como um serviço de camada de enlace orientado à conexão com as seguintes propriedades:

- Preservação da ordem da transferência de quadros de uma borda da rede para a outra
- Pequena probabilidade de perda de quadros

Como com o X.25, o Frame Relay envolve o uso de conexões lógicas, nesse caso, chamadas de conexões de enlace de dados, em vez de circuitos virtuais. A Figura 13.4b enfatiza que os quadros transmitidos por meio dessas conexões de enlace de dados não são protegidos por um canal de controle de enlace de dados com controle de fluxo e erros.

Outra diferença entre o X.25 e o Frame Relay é que este último dedica uma conexão de enlace de dados separada para o controle de chamadas. A definição e a remoção das conexões de enlace de dados são feitas através dessa conexão de enlace de dados permanente, orientada a controle.

A arquitetura de Frame Relay reduz bastante a quantidade de trabalho necessária da rede. Os dados de usuário são transmitidos em quadros com praticamente nenhum processamento por parte dos nós de rede intermediários, além da verificação de erros e do roteamento baseado no número de conexão. Um quadro com erro é simplesmente descartado, deixando a recuperação do erro para as camadas superiores.

Transferência de dados de usuário

A operação de Frame Relay para a transferência de dados de usuário é mais bem explicada começando com o formato de quadro, ilustrado na Figura 13.5. O formato é semelhante ao dos outros protocolos de controle de enlace de dados, como HDLC (descrito no Capítulo 17), com uma omissão: não há um campo Controle. Nos protocolos de controle de enlace de dados tradicionais, o campo Controle é usado para as seguintes funções:

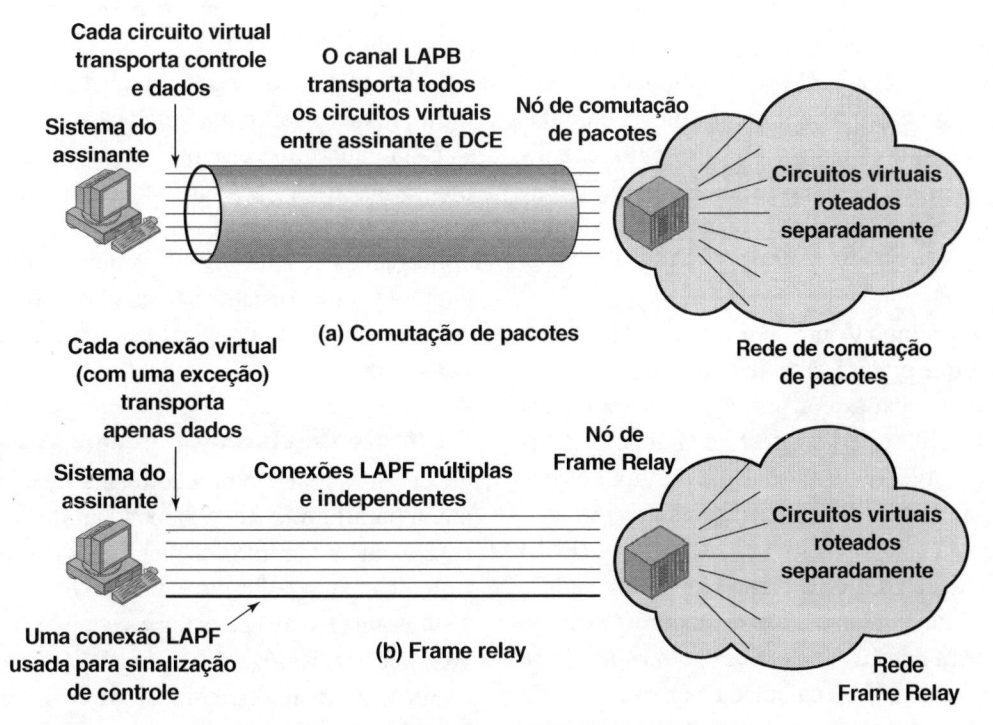

FIGURA 13.4 Circuitos virtuais e conexões virtuais de Frame Relay.

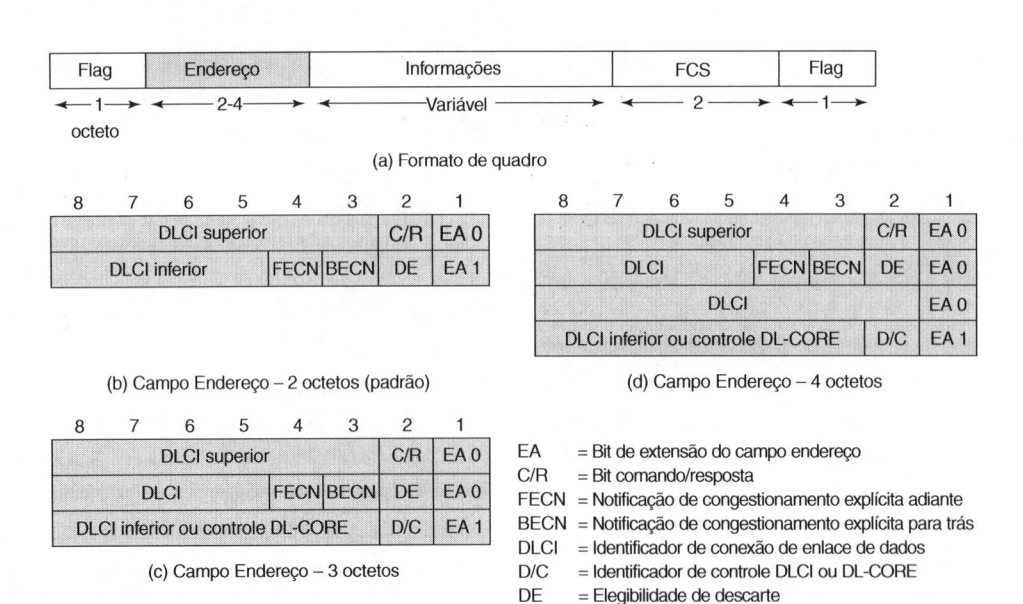

```
      Flag     Endereço        Informações       FCS     Flag
    ←—1—→ ←——2-4——→ ←———————Variável———————→ ←——2——→ ←—1—→
    octeto
```

(a) Formato de quadro

8	7	6	5	4	3	2	1
DLCI superior						C/R	EA 0
DLCI inferior				FECN	BECN	DE	EA 1

(b) Campo Endereço – 2 octetos (padrão)

8	7	6	5	4	3	2	1
DLCI superior						C/R	EA 0
DLCI				FECN	BECN	DE	EA 0
DLCI							EA 0
DLCI inferior ou controle DL-CORE						D/C	EA 1

(d) Campo Endereço – 4 octetos

8	7	6	5	4	3	2	1
DLCI superior						C/R	EA 0
DLCI				FECN	BECN	DE	EA 0
DLCI inferior ou controle DL-CORE						D/C	EA 1

(c) Campo Endereço – 3 octetos

EA = Bit de extensão do campo endereço
C/R = Bit comando/resposta
FECN = Notificação de congestionamento explícita adiante
BECN = Notificação de congestionamento explícita para trás
DLCI = Identificador de conexão de enlace de dados
D/C = Identificador de controle DLCI ou DL-CORE
DE = Elegibilidade de descarte

FIGURA 13.5 Formatos do núcleo LAPF.

- Parte do campo Controle identifica o tipo de quadro. Além de um quadro para transportar dados de usuário, existem vários quadros de controle. Esses não transportam quaisquer dados de usuário, mas são usados para várias funções de controle de protocolo, como definir e remover conexões lógicas.
- O campo Controle para quadros de dados de usuário inclui números de seqüência de envio e recepção. O número de seqüência de envio é usado para numerar seqüencialmente cada quadro transmitido. O número de seqüência de recepção é usado para fornecer um reconhecimento positivo ou negativo de quadros que chegam. O uso dos números de seqüência permite que o receptor controle a velocidade dos quadros que chegam (controle de fluxo) e informe os quadros que estão faltando ou são defeituosos; e estes podem, então, ser retransmitidos (controle de erro).

A falta de um campo Controle no formato de Frame Relay significa que precisa se realizar o processo de definir e remover conexões em um canal separado, em uma camada superior do software. Isso também significa que não é possível realizar controle de fluxo e controle de erro na camada de enlace de dados.

O flag e a seqüência de verificação de quadros (FCS) funcionam como no HDLC. O campo Flag é um padrão único que delimita o início e o fim do quadro. O campo FCS é usado para detecção de erros. Na transmissão, a soma de verificação FCS é calculada e armazenada no campo FCS. Na recepção, a soma de verificação é novamente calculada e comparada com o valor armazenado no campo FCS de chegada. Se houver uma divergência, então, o quadro é considerado em erro e é descartado.

O campo Informações transporta dados de camada superior. Os dados de camada superior podem ser os dados de usuário ou as mensagens de controle de chamada, como será explicado mais adiante.

O campo Endereço possui um tamanho padrão de 2 octetos e pode ser estendido para 3 ou 4 octetos. Ele transporta um identificador de conexão de enlace de dados (DLCI) de 10, 16 ou 23 bits. O DLCI torna possível que várias conexões Frame Relay lógicas sejam multiplexadas sobre um único canal.

O tamanho do campo Endereço – e, conseqüentemente, do DLCI – é determinado pelos bits de extensão do campo Endereço (EA). O bit C/R é específico da aplicação e não é usado pelo protocolo de Frame Relay padrão. Os bits restantes no campo Endereço têm a ver com o controle de congestionamento e são explicados mais adiante.

Controle de chamada Frame Relay

Os detalhes reais do procedimento de controle de chamada para Frame Relay dependem do contexto de seu uso. Aqui, resumimos os elementos essenciais do controle de chamada Frame Relay.

O Frame Relay aceita várias conexões sobre um único enlace, e cada qual tem um DLCI exclusivo localmente. A transferência de dados envolve as seguintes fases:

1. Estabelecer uma conexão lógica entre duas pontas e atribuir um DLCI único para a conexão.
2. Trocar informações nos quadros de dados. Cada quadro inclui um campo DLCI para identificar a conexão.
3. Liberar a conexão lógica.

O estabelecimento e a liberação de uma conexão lógica se realizam pela troca de mensagens sobre uma conexão dedicada ao controle de chamadas, com DLCI = 0. Um quadro com DLCI = 0 contém uma mensagem de controle de chamadas no campo Informações. No mínimo, são necessários quatro tipos de mensagem: SETUP, CONNECT, RELEASE e RELEASE COMPLETE.

Cada lado pode requisitar o estabelecimento de uma conexão lógica enviando uma mensagem SETUP. O outro lado, no momento da recepção da mensagem SETUP, precisa responder com uma mensagem CONNECT, se ele aceitar a conexão; caso contrário, ele responde com uma mensagem RELEASE COMPLETE. O lado que envia a mensagem SETUP pode atribuir o DLCI escolhendo um valor não utilizado e incluindo esse valor na mensagem SETUP. Caso contrário, o valor DLCI é atribuído pelo lado que está aceitando na mensagem CONNECT.

Qualquer lado pode requisitar o fim de uma conexão lógica enviando uma mensagem RELEASE. O outro lado, na recepção dessa mensagem, precisa responder com uma mensagem RELEASE COMPLETE.

Controle de congestionamento

O controle de congestionamento para uma rede Frame Relay é complicado devido às ferramentas limitadas disponíveis para handlers de quadro. O protocolo Frame Relay foi reestruturado para maximizar a vazão e a eficiência. Uma conseqüência disso é que um handler de quadro não pode controlar o fluxo de quadros proveniente de um assinante ou um nó adjacente usando o mecanismo de controle de fluxo típico dos outros protocolos de controle de enlace de dados.

O controle de congestionamento é de responsabilidade conjunta da rede e dos usuários finais. A rede (ou seja, o conjunto de nós de manipulação de quadro) está na melhor posição para monitorar o grau de congestionamento, enquanto os usuários finais estão na melhor posição para controlar o congestionamento, limitando o fluxo de tráfego. Com isso em mente, duas estratégias de controle de congestionamento gerais são aceitas no Frame Relay: prevenção de congestionamento e recuperação de congestionamento.

Os procedimentos de prevenção de congestionamento são usados em um início de congestionamento para minimizar seu efeito na rede. No momento em que a rede detecta o crescimento dos tamanhos de fila e o risco de congestionamento, haveria pouca evidência disponível aos usuários finais de que o congestionamento está aumentando. Portanto, precisa haver algum mecanismo de sinalização explícito a partir da rede que acione a prevenção de congestionamento.

Os procedimentos de recuperação de congestionamento são usados para evitar um colapso na rede em face de um congestionamento grave. Esses procedimentos normalmente começam quando a rede passa a perder quadros devido a um congestionamento. Essas perdas de quadros serão informadas por alguma camada superior do software e servem como um mecanismo de sinalização implícito.

Para sinalização explícita, são fornecidos dois bits no campo Endereço de cada quadro. Qualquer bit pode ser ligado pelo handler de quadro que detecta o congestionamento. Se um handler de quadro encaminhar um quadro em que um ou ambos desses bits estão ligados, ele não pode limpar os bits. Portanto, os bits constituem sinais da rede para o usuário final. Os dois bits são os seguintes:

- **Notificação de congestionamento explícita para trás (BECN):** Notifica o usuário de que os procedimentos de prevenção de congestionamento devem ser iniciados onde aplicável para o tráfego na direção oposta do quadro recebido. Ele indica que os quadros que o usuário transmitir nessa conexão lógica podem encontrar recursos congestionados.
- **Notificação de congestionamento explícita adiante (FECN):** Notifica o usuário de que os procedimentos de prevenção de congestionamento devem ser iniciados onde aplicável para o tráfego na mesma direção do quadro recebido. Ele indica que esse quadro, nessa conexão lógica, encontrou recursos congestionados.

A sinalização implícita ocorre quando a rede descarta um quadro, e esse fato é detectado pelo usuário final em uma camada superior. O papel da rede, naturalmente, é descartar quadros conforme necessário. Um bit no campo Endereço de cada quadro pode ser usado para fornecer orientação:

- **Elegibilidade de descarte (DE):** Indica que este quadro deve ser descartado, em vez de outros quadros em que esse bit não está ligado, quando é necessário descartar quadros.

A capacidade de DE possibilita que o usuário envie temporariamente mais quadros do que é permitido em média. Nesse caso, o usuário define o bit DE nos quadros em excesso. A rede encaminhará esses quadros se ela tiver capacidade para fazer isso.

O bit DE também pode ser definido por um handler de quadro. A rede pode monitorar o influxo dos quadros do usuário e usar o bit DE para proteger a rede. Ou seja, se o handler de quadro ao qual o usuário está diretamente conectado decidir que a entrada é potencialmente excessiva, ele liga o bit DE em cada quadro e, depois, o encaminha para mais adiante na rede.

O bit DE pode ser usado de maneira que forneça orientação para a decisão de descarte e, ao mesmo tempo, como uma ferramenta para oferecer um nível de serviço garantido. Essa ferramenta pode ser usada com base em cada conexão de enlace de dados para assegurar que os usuários pesados possam ter a vazão de que precisam sem penalizar os usuários mais leves. O mecanismo funciona desta maneira: cada usuário pode negociar uma **velocidade de informação comprometida** (CIR), em bits por segundo, no momento da definição da conexão. A CIR requisitada representa a estimativa do usuário de seu tráfego "normal" durante um período de atividade intensa; a CIR concedida, que é menor ou igual à CIR requisitada, é o comprometimento da rede em distribuir dados nessa velocidade na ausência de erros. O handler de quadro ao qual a estação do usuário está conectada, então, realiza uma função de medição (Figura 13.6). Se o usuário estiver enviando dados em uma velocidade menor que a CIR, o handler de quadro de entrada não altera o bit DE. Se a velocidade exceder à CIR, o handler de quadro de entrada ligará o bit DE nos quadros em excesso e, depois, os encaminhará; esses quadros podem chegar ao destino ou ser descartados, se um congestionamento for encontrado. Finalmente, uma velocidade máxima é definida, de forma que quaisquer quadros acima do máximo são descartados no handler de quadro de entrada.

13.3 ASYNCHRONOUS TRANSFER MODE (ATM)

O Frame Relay é projetado para aceitar velocidades de acesso de até 2Mbps. Mas, agora, mesmo o projeto aperfeiçoado do Frame Relay está hesitante em face de uma necessidade de velocidades de acesso remoto na casa das dezenas e centenas de megabits por segundo. Para acomodar essas gigantescas exigências, uma nova tecnologia emergiu: o **Asynchronous Transfer Mode** (ATM), também chamado de **relay de célula**.

O relay de célula é semelhante em conceito ao Frame Relay. Tanto o Frame Relay quanto o relay de célula aproveitam a confiabilidade e fidelidade das modernas instalações digitais para fornecer comutação de pacotes mais rápida do que o X.25. O relay de célula é ainda mais eficiente do que o Frame Relay em sua funcionalidade e pode aceitar velocidades de dados várias ordens de magnitude maiores do que o Frame Relay.

Canais virtuais e caminhos virtuais

O ATM é um modo de transferência baseado em pacotes. Como o Frame Relay e o X.25, ele permite que várias conexões lógicas sejam multiplexadas por meio de uma única interface física. O fluxo de informações em cada conexão lógica é organizado em pacotes de tamanho fixo, chamados de células. Assim como no Frame Relay, não há um controle de erro ou controle de fluxo enlace a enlace.

As conexões lógicas no ATM são chamadas de **canais virtuais**. Um canal virtual é análogo a um circuito virtual no X.25 ou a uma conexão de enlace de dados do Frame Relay. Ele é a unidade básica da comutação

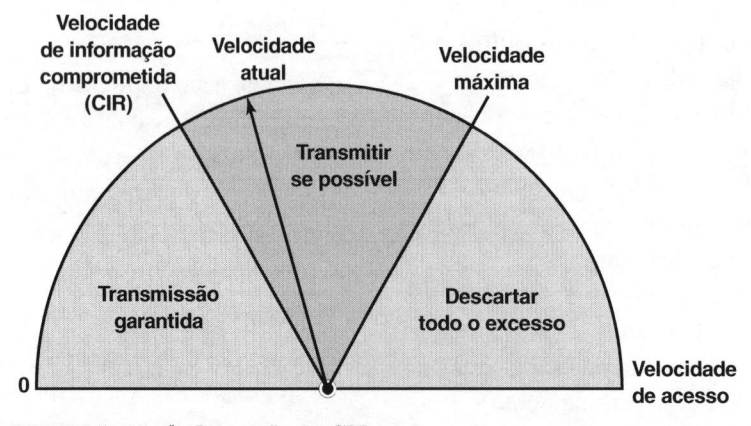

FIGURA 13.6 Operação da CIR.

em uma rede ATM. Um canal virtual é configurado entre dois usuários finais por meio da rede, e um fluxo dúplex de velocidade variável de células de tamanho fixo é trocado por meio da conexão. Os canais virtuais também são usados para troca usuário-rede (sinalização de controle) e troca rede-rede (gerenciamento de rede e roteamento).

Para o ATM, introduziu-se uma segunda subcamada de processamento que cria e gerencia caminhos virtuais (Figura 13.7). Um **caminho virtual** é um grupo de circuitos virtuais que possuem os mesmos pontos finais. Portanto, todas as células que fluem através de todos os canais virtuais em um único caminho virtual são comutadas juntas.

Diversas vantagens podem ser citadas para o uso dos caminhos virtuais:

- **Arquitetura de rede simplificada:** As funções de transporte de rede podem ser separadas naquelas funções relacionadas a uma conexão lógica individual (canal virtual) e aquelas funções relacionadas a um grupo de conexões lógicas (caminho virtual).
- **Desempenho de rede e confiabilidade melhorados:** A rede lida com menos entidades agregadas.
- **Processamento reduzido e tempo de configuração de conexão curto**: Muito do trabalho é feito quando o caminho virtual é configurado. A adição de novos canais virtuais a um caminho virtual existente envolve um mínimo de processamento.
- **Serviços de rede melhorados**: O caminho virtual é usado internamente à rede, mas também é visível ao usuário final. Portanto, o usuário pode definir grupos de usuários fechados ou redes fechadas de grupos de canais virtuais.

Características do caminho virtual e canal virtual A recomendação ITU-T I.150 relaciona as seguintes características das conexões de canal virtual:

- **Qualidade de serviço:** Um usuário de um canal virtual recebe uma qualidade de serviço especificada por parâmetros como taxa de perda de célula (porcentagem das células perdidas em relação às células transmitidas) e variação de retardo de célula.
- **Conexões de canal virtual comutadas e semipermanentes:** As conexões comutadas, que exigem sinalização de controle de chamada, e os canais dedicados (chamados semipermanentes) podem ser fornecidos.
- **Integridade de seqüência de célula:** A seqüência de células transmitidas dentro de um canal virtual é preservada.
- **Negociação de parâmetro de tráfego e monitoramento de uso:** Os parâmetros de tráfego podem ser negociados entre um usuário e a rede para cada canal virtual. A entrada das células no canal virtual é monitorada pela rede para garantir que os parâmetros negociados não sejam violados.

Os tipos de parâmetros de tráfego que podem ser negociados incluem velocidade média, velocidade de pico, grau de rajadas e duração do pico. A rede pode precisar de várias estratégias para lidar com congestionamento e para gerenciar canais virtuais existentes e requisitados. No nível mais básico, a rede pode simplesmente negar novas requisições de canais virtuais para evitar congestionamento. Adicionalmente, as células podem ser descartadas se os parâmetros negociados forem violados ou se o congestionamento se tornar grave. Em uma situação extrema, as conexões existentes podem ser terminadas.

I.150 também relaciona as características dos caminhos virtuais. As quatro primeiras características são idênticas àquelas para os canais virtuais. Ou seja, qualidade de serviço, caminhos virtuais comutados e semipermanentes, integridade de seqüência de célula, negociação de parâmetro de tráfego e monitoramento de uso são características de um caminho virtual. Existem diversas razões para essa duplicação. Em primeiro lugar, isso fornece alguma flexibilidade no modo como a rede gerencia as necessidades impostas sobre ela. Segundo, a rede precisa estar preocupada com as necessidades gerais para um caminho virtual e, dentro de um caminho virtual, pode negociar o estabelecimento de circui-

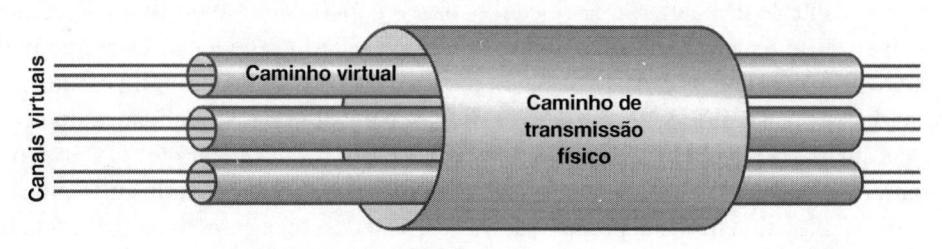

FIGURA 13.7 Relações de conexão ATM.

tos virtuais com características determinadas. Finalmente, uma vez configurado um caminho virtual, é possível que os usuários finais negociem a criação de novos canais virtuais. As características do caminho virtual impõem uma disciplina nas escolhas que os usuários finais podem fazer.

Além disso, uma quinta característica é listada para caminhos virtuais:

- **Restrição de identificador de canal virtual dentro de um caminho virtual**: Um ou mais identificadores (ou números) de canal virtual podem não estar disponíveis ao usuário do caminho virtual, mas podem ser reservados para uso de rede. Seriam exemplos os canais virtuais usados para gerenciamento de rede.

Sinalização de controle No ATM, é necessário um mecanismo para o estabelecimento e a liberação dos caminhos virtuais e canais virtuais. A troca de informações envolvida nesse processo é chamada de sinalização de controle e ocorre em conexões separadas daquelas que estão sendo gerenciadas.

Para os canais virtuais, I.150 especifica quatro métodos para proceder ao estabelecimento/liberação de um recurso. Utiliza-se um desses métodos, ou uma combinação deles, em qualquer rede em especial:

1. **Canais virtuais semipermanentes** podem ser usados para troca usuário para usuário. Nesse caso, nenhuma sinalização de controle é necessária.
2. Se não houver qualquer canal de sinalização de controle de chamada preestabelecido, um precisa ser configurado. Para esse fim, uma troca de sinalização de controle precisa ocorrer entre o usuário e a rede em algum canal. Consequentemente, precisamos de um canal permanente, talvez de baixa velocidade de dados, que será usado para configurar um canal virtual que será empregado para o controle de chamada. Esse canal é chamado de **canal de metassinalização**, pois o canal é usado para configurar canais de sinalização.
3. O canal de metassinalização pode ser usado para configurar um canal virtual entre o usuário e a rede para sinalização de controle de chamada. Esse canal virtual de sinalização usuário para rede pode, então, ser usado para configurar canais virtuais para transportar dados de usuário.
4. O canal de metassinalização também pode ser usado para configurar um canal virtual de sinalização usuário para usuário. Esse tipo de canal precisa ser configurado dentro de um caminho virtual preestabelecido. Ele pode, então, ser usado para que os dois usuários finais, sem intervenção da rede, estabeleçam e liberem canais virtuais usuário para usuário, a fim de transportar dados de usuário.

Para caminhos virtuais, três métodos são definidos em I.150:

1. Um caminho virtual pode se estabelecer em uma **base semipermanente** por acordo prévio. Nesse caso, nenhuma sinalização de controle é necessária.
2. O estabelecimento/liberação do caminho virtual pode ser **controlado pelo cliente**. Nesse caso, o cliente usa um canal virtual de sinalização para requisitar o caminho virtual da rede.
3. O estabelecimento/liberação do caminho virtual pode ser **controlado pela rede**. Nesse caso, a rede estabelece um caminho virtual para sua própria conveniência. O caminho pode ser de rede para rede, usuário para rede ou usuário para usuário.

Células ATM

O ATM usa células de tamanho fixo que consistem em um cabeçalho de 5 octetos e um campo Informações de 48 octetos. Existem várias vantagens em usar células pequenas de tamanho fixo. Em primeiro lugar, o uso de células pequenas pode reduzir o retardo de fila para uma célula de alta prioridade, pois ela espera menos se chegar um pouco depois de uma célula de prioridade mais baixa que ganhou acesso a um recurso (por exemplo, o transmissor). Em segundo lugar, parece que as células de tamanho fixo podem ser comutadas de modo mais eficiente, o que é importante para as altíssimas velocidades de dados do ATM. Com células de tamanho fixo, é mais fácil implementar o mecanismo de comutação no hardware.

A Figura 13.8a mostra o formato de cabeçalho na interface usuário-rede. A Figura 13.8b mostra o formato de cabeçalho de célula interno à rede.

O campo **Controle de Fluxo Genérico** (GFC) não aparece no cabeçalho de célula interno à rede, mas apenas na interface usuário-rede. Portanto, ele pode ser usado para o controle do fluxo de célula apenas na interface usuário-rede local. O campo poderia ser usado para auxiliar o consumidor no controle do fluxo de tráfego para diferentes qualidades de serviço. Em qualquer caso, o mecanismo GFC é usado para aliviar as condições de sobrecarga de curto prazo na rede.

I.150 descreve como uma exigência para o mecanismo GFC que todos os terminais sejam capazes de ter

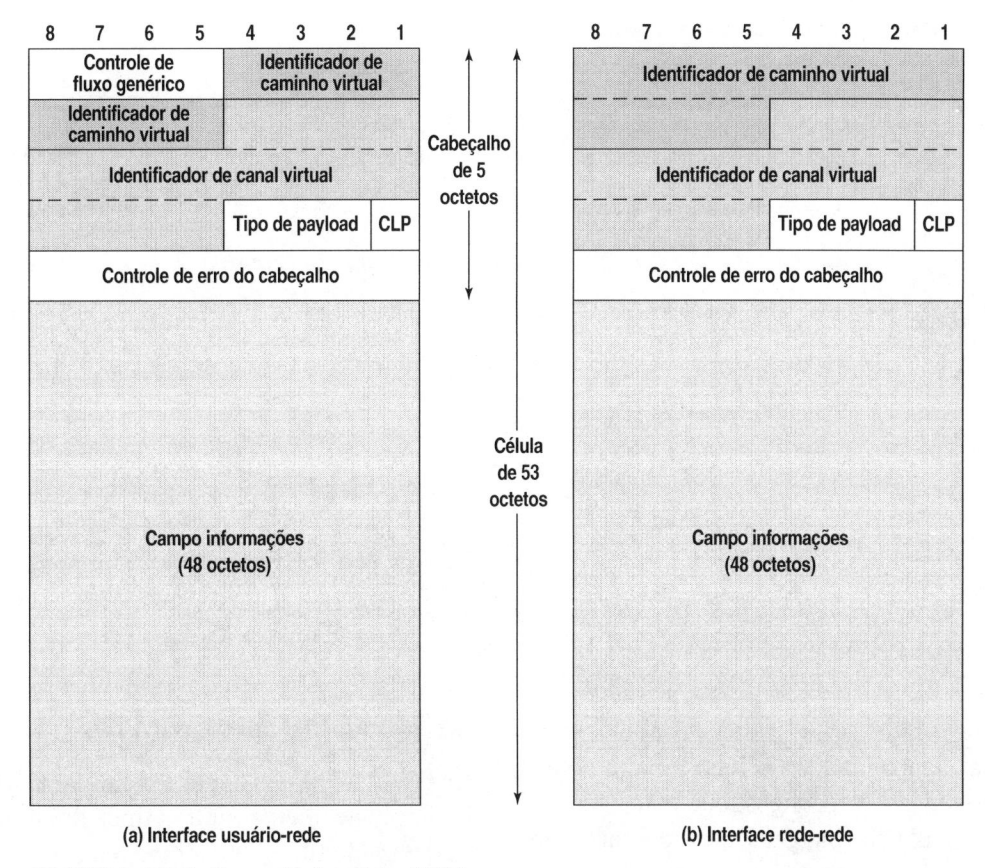

FIGURA 13.8 Formato de célula ATM.

acesso às suas capacidades garantidas. Isso inclui todos os terminais de velocidade de bits constante (CBR), bem como os terminais de velocidade de bits variável (VBR) que possuem um elemento de capacidade garantida (CBR e VBR são explicados a seguir).

O campo **Identificador de Caminho Virtual** (VPI) constitui um campo de roteamento para a rede. Ele possui 8 bits na interface usuário-rede e 12 bits na interface rede-rede, garantindo que mais caminhos virtuais sejam aceitos dentro da rede. O campo Identificador de Canal Virtual (VCI) é usado para rotear de e para o usuário final. Portanto, ele funciona quase como um ponto de acesso de serviço.

O campo **Tipo de Payload** (PT) indica o tipo de informação no campo Informações. A Tabela 13.2 mostra a interpretação dos bits PT. Um valor 0 no primeiro bit indica informações do usuário (isto é, informações da próxima camada acima). Nesse caso, o segundo bit indica se algum congestionamento foi experimentado; o terceiro bit, conhecido como o bit de tipo unidade de dados de serviço (SDU),[1] é um campo de um bit que

pode ser usado para discriminar dois tipos de SDUs ATM associados a uma conexão. O termo *SDU* se refere ao payload de 48 octetos da célula. Um valor 1 no primeiro bit do campo Tipo de Payload indica que essa célula transporta informações de gerenciamento ou manutenção de rede. Essa indicação torna possível a inserção de células de gerenciamento de rede em um canal virtual do usuário, sem afetar os dados do usuário. Assim, o campo PT pode fornecer informações de controle na banda.

O bit de **prioridade de perda de célula** (CLP) é usado para fornecer orientação para a rede no caso de um congestionamento. Um valor 0 indica uma célula de prioridade relativamente mais alta, que não deve ser descartada a menos que nenhuma outra alternativa esteja disponível. Um valor 1 indica que essa célula está sujeita a ser descartada dentro da rede. O usuário pode empregar esse campo de modo que células extras (além da taxa negociada) possam ser inseridas na rede, com uma CLP igual a 1, e entregues para o destino se a rede não estiver congestionada. A rede pode definir esse campo em 1 para qualquer célula de dados que esteja em violação do acordo concernente aos parâmetros de tráfego entre o usuário e a rede. Nesse caso, o comutador que faz a definição percebe que a

---

[1] Este é o termo usado nos documentos ATM Forum. Nos documentos ITU-T, esse bit é chamado de "usuário ATM para usuário ATM" (AAU – ATM-user-to-ATM-user). O significado é o mesmo.

Tabela 13.2 **Codificação do campo Tipo de Payload (PT)**

Codificação do PT	Interpretação	
000	Célula de dados do usuário, congestionamento não experimentado	Tipo de SDU = 0
001	Célula de dados do usuário, congestionamento não experimentado	Tipo de SDU = 1
010	Célula de dados do usuário, congestionamento experimentado	Tipo de SDU = 0
011	Célula de dados do usuário, congestionamento experimentado	Tipo de SDU = 1
100	Célula associada de segmento OAM	
101	Célula OAM associada de ponta a ponta	
110	Célula de gerenciamento de recursos	
111	Reservado para função futura	
SDU = Unidade de dados de serviço OAM = Operações, administração e manutenção		

célula excede os parâmetros de tráfego estabelecidos, mas que é capaz de manipular a célula. Em um ponto mais adiante na rede, se um congestionamento for encontrado, essa célula foi marcada para descarte em preferência às células que estão nos limites de tráfego combinados.

O campo **Controle de Erro de Cabeçalho** (HEC) é um código de erro de 8 bits que pode ser usado para corrigir erros de bit único no cabeçalho e para detectar erros de bit duplo. No caso da maioria dos protocolos de camada de enlace de dados existentes, tais como o LAPD e o HDLC, o campo de dados que serve como entrada para o cálculo de código de erro geralmente é muito maior do que o tamanho do código de erro resultante. Isso facilita a detecção de erros. No caso do ATM, a entrada para o cálculo é de apenas 32 bits, comparados com 8 bits para o código. O fato de a entrada ser relativamente curta faz com que se use o código não só para detecção de erro, mas também, em alguns casos, para a efetiva correção do erro. Isso é porque há suficiente redundância no código para se recuperar de certos padrões de erro.

A função de proteção de erro fornece recuperação de erros de cabeçalho de bit único e uma baixa probabilidade da entrega de células com cabeçalhos errôneos, mesmo sob condições de erro em rajadas. As características de erro dos sistemas de transmissão baseados em fibra parecem ser um misto de erros de bit único e erros em rajadas relativamente grandes. Para alguns sistemas de transmissão, a capacidade de correção de erros, que é mais demorada, pode não ser solicitada.

Categorias de serviços ATM

Uma rede ATM é projetada para ser capaz de transferir simultaneamente muitos tipos diferentes de tráfego, incluindo fluxos em tempo real, como voz, vídeo e fluxos TCP em rajadas. Embora cada um desses fluxos de tráfego seja manipulado como um fluxo de células de 53 octetos que viajam por meio de um canal virtual, o modo como cada fluxo de dados é manipulado dentro da rede depende das características do fluxo de tráfego e das necessidades de qualidade de serviço da aplicação. Por exemplo, tráfego de vídeo em tempo real precisa ser entregue dentro de uma variação mínima no retardo.

Nesta subseção, resumimos as categorias de serviço ATM, que são usadas por um sistema final para identificar o tipo de serviço necessário. As seguintes categorias de serviço foram definidas pelo ATM Forum:
- **Serviços em tempo real**
  - Velocidade de bits constante (CBR)
  - Velocidade de bits variável em tempo real (rt-VBR)
- **Serviços em tempo não-real**
  - Velocidade de bits variável em tempo não-real (nrt-VBR)
  - Velocidade de bits disponível (ABR)
  - Velocidade de bits não especificada (UBR)
  - Velocidade de quadros garantida (GFR)

Serviços em tempo real A diferença mais importante entre as aplicações se refere à quantidade e à variabilidade de retardo (ao que chamamos jitter) que a aplicação pode tolerar. As aplicações de tempo real normalmente envolvem um fluxo de informações para um usuário que pretende reproduzir esse fluxo em uma fonte. Por exemplo, um usuário espera que um fluxo de informações de áudio ou vídeo seja apresentado de uma maneira contínua e estável. A falta de continuidade ou a perda excessiva resulta em uma importante perda de qualidade. As aplicações que envolvem interação entre pessoas possuem rígidas restrições sobre retardo. Em geral, qualquer retardo acima de algumas centenas de milissegundos se torna perceptível e incômodo. Conseqüentemente, as demandas na rede ATM para comutação e entrega de dados em tempo real são altas.

O serviço **Velocidade de Bits Constante** (CBR) talvez seja o mais simples de definir. Ele é usado por aplicações que exigem uma velocidade de dados fixa continuamente disponível durante o tempo da conexão e um limite superior relativamente rígido no retardo da transferência. O CBR é comumente usado para informações descompactadas de áudio e vídeo. Exemplos de aplicações de CBR incluem os seguintes:

- Videoconferência
- Áudio interativo (por exemplo, telefonia)
- Distribuição de áudio e vídeo (por exemplo, televisão, aprendizado a distância, Pay Per View)
- Recuperação de áudio e vídeo (por exemplo, vídeo por demanda, biblioteca de áudio)

A categoria **Velocidade de Bits Variável em Tempo Real (rt-VBR)** destina-se a aplicações sensíveis ao tempo; ou seja, aquelas que exigem retardo e variação de retardo rigidamente restrita. A principal diferença entre as aplicações apropriadas para rt-VBR e as apropriadas para CBR é que as aplicações rt-VBR são transmitidas em uma velocidade que varia com o tempo. Da mesma forma, uma origem rt-VBR pode ser caracterizada como parcialmente em rajadas. Por exemplo, o método padrão para compactação de vídeo resulta em uma seqüência de quadros de imagem de tamanhos variados. Como o vídeo em tempo real exige uma velocidade de transmissão de quadros uniforme, a velocidade de dados real varia.

O serviço rt-VBR confere mais flexibilidade à rede do que o CBR. A rede é capaz de multiplexar estaticamente diversas conexões sobre a mesma capacidade dedicada e ainda fornecer o serviço necessário para cada conexão.

Serviços em tempo não-real Os serviços em tempo não-real são destinados a aplicações que possuem características de tráfego em rajadas e não têm preocupações rígidas com retardo e variação de retardo. Portanto, a rede possui maior flexibilidade em manipular esses fluxos de tráfego e pode tirar melhor proveito da multiplexação estatística para aumentar a eficiência da rede.

Para algumas aplicações de tempo não-real, é possível caracterizar o fluxo de tráfego esperado para que a rede possa fornecer qualidade de serviço substancialmente melhorada no que diz respeito à perda e retardo. Tais aplicações podem usar o serviço **Velocidade de Bits Variável em Tempo Não-Real (nrt-VBR)**. Com esse serviço, o sistema final especifica uma velocidade de célula de pico, uma velocidade de célula sustentável ou média e uma medida de o quanto as células podem ser em rajadas ou agrupadas. Com essas informações, a rede pode alocar recursos para fornecer um retardo relativamente baixo e uma perda de células mínima.

O serviço nrt-VBR pode ser usado para transferências de dados com necessidades de tempo de resposta críticas. Exemplos incluem reservas de avião, transações bancárias e monitoramento de processos.

Em qualquer momento, uma determinada quantidade da capacidade de uma rede ATM é consumida ao transportar tráfego CBR e os dois tipos de tráfego VBR. Capacidade adicional está disponível por uma ou ambas das seguintes razões: (1) Nem todos os recursos totais foram comprometidos para tráfego CBR e VBR e (2) a natureza em rajadas do tráfego VBR significa que, algumas vezes, menos do que a capacidade comprometida está em uso. Toda essa capacidade não utilizada poderia se tornar disponível para o serviço **Velocidade de Bits Não Especificada (UBR)**. Esse serviço é adequado para aplicações que podem tolerar retardos variáveis e algumas perdas de célula, o que geralmente ocorre no tráfego baseado em TCP. Com o UBR, as células são encaminhadas no sistema FIFO (o primeiro a entrar é o primeiro a sair) usando a capacidade não consumida por outros serviços; são possíveis tanto retardos quanto perdas variáveis. Nenhum comprometimento inicial é feito para uma origem UBR e nenhum feedback referente a congestionamento é fornecido; isso é conhecido como um **serviço de melhor esforço**. Exemplos de aplicações de UBR incluem os seguintes:

- Transferência, comunicação, distribuição e recuperação de texto/dados/imagem
- Terminal remoto (por exemplo, telecomutação)

Aplicações em rajadas que usam um protocolo ponto a ponto confiável, como TCP, podem detectar con-

NOTA DE APLICAÇÃO

Novas soluções para sair da instalação

Cada vez mais, vemos organizações trocando dados com locais externos como parte de sua rotina comercial regular. Como resultado, as tradicionais soluções de baixa largura de banda não são suficientes para manipular a carga. Além dos protocolos e serviços já mencionados neste capítulo, existem novos sistemas de transporte que surgiram recentemente. Embora originalmente visto como soluções para o lar, esses sistemas estão se mostrando promissores também para as empresas. Sistemas de cabo e sistemas digitais de assinante (DSLs) demonstram ser apropriados para certos tipos de instalações e, portanto, devem ser parte de qualquer análise de local.

Assim como o ATM e o Frame Relay, o cabo e o DSL podem ser "reprimidos". Isso significa que a velocidade de transmissão de dados pode ser modificada para atender a uma necessidade específica. O DSL também possui vários tipos diferentes de serviços disponíveis. O cabo também tem proposto planos de serviço diferentes para as empresas.

A exemplo da maioria dos serviços, existe a questão da disponibilidade regional. As ofertas geográficas variam um pouco. O preço de uma área para outra também pode ser muito diferente. Por exemplo, no nordeste dos Estados Unidos, o Frame Relay é bastante popular, embora o ISDN e o ATM continuem sendo soluções disponíveis, mas caras. Os serviços de cabo e DSL estão disponíveis e, na verdade, combatem diretamente um ao outro em campanhas publicitárias.

O sistema de cabo significa simplesmente que os dados estão sendo enviados pela mesma infra-estrutura de cabeamento que fornece a televisão a cabo. Outro canal (como os canais de televisão) é alocado para essa transmissão. Para todos os canais são alocados 6MHz, e o canal de dados não é diferente. As transmissões de dados da rede para o assinante e no sentido contrário são fornecidas por meio de diferentes portadoras, e os modems simplesmente modulam ou demodulam o sinal. O cabo é capaz de realizar transmissão de longo alcance devido ao cabo coaxial. Esse meio serve para proteger o sinal de interferências externas.

O problema de que a maioria das pessoas se queixa com o cabo é o número de usuários que pode estar em determinado segmento. A distribuição via cabo é um meio compartilhado e, desse modo, todos os usuários em uma área local estão freqüentemente no mesmo segmento, competindo por largura de banda. Por causa disso, o cabo normalmente começa a se comportar como Ethernet compartilhado – quanto maior o número de usuários, menor a largura de banda alocada para cada um. Mesmo com essa desvantagem, o cabo oferece uma alternativa de alta velocidade (geralmente até 1Mbps) que vale levar em consideração.

O DSL é transmitido pela mesma linha que seu telefone usa. Como o cabo, o DSL afirma que você pode usar seu telefone, enquanto está transmitindo dados. Embora as transmissões a cabo usem um sistema completamente diferente, o DSL requer um mecanismo para "desviar" uma conversação telefônica. As transmissões por DSL usam freqüências diferentes das transmissões de voz. Como sua saída de voz é de baixa freqüência, os modems de DSL transmitem em freqüências acima dessa para evitar interferência. É interessante notar que os dois sistemas usam a mesma técnica de modulação – QAM.

À diferença do cabo, os usuários de DSL não compartilham uma linha com outros usuários. Entretanto, o DSL tem outras restrições. O problema mais importante é a distância. Isso, somado à qualidade do cobre que conecta um local ao escritório central, pode eliminar o DSL como uma solução viável. O DSL não tem um bom desempenho além de alguns quilômetros, e, quanto maior for a distância, maior será o ruído e, portanto, menor a velocidade de dados. Mesmo com o melhor UTP, a distância máxima é limitada a 5,5km.

Embora nem o cabo nem o DSL sejam atualmente capazes de conexões de altíssima velocidade (10 a 100 Mbps), eles representam alternativas bem-sucedidas para os serviços tradicionais. Dependendo das necessidades da organização e da disponibilidade do serviço, eles definitivamente merecem ser estudados.

Essa discussão não estaria completa sem observar uma última solução de conectividade que apareceu muito recentemente – o Ethernet a 10 gigabits. Destinado especificamente a esse mercado particular, ele alavanca uma tecnologia conhecida (Ethernet) e é executado exclusivamente sobre fibra. O resultado é uma alternativa extremamente veloz para outros serviços, que é capaz de transmitir a longas distâncias. Para comparar, um local com alta transferência de dados, como uma universidade, que pode comprar uma custosa OC-3 de 155Mbps, poderia comprar uma conexão de 10 gigabits de preço comparativamente igual, que é mais de 60 vezes mais rápida.

gestionamento em uma rede por meio de retardos de viagem completa cada vez maiores e descarte de pacotes. Entretanto, o TCP não possui um mecanismo para fazer os recursos dentro da rede serem compartilhados de modo justo entre muitas conexões TCP. Além disso, o TCP não minimiza o congestionamento tão eficientemente quanto é possível, usando informações explícitas dos nós congestionados dentro da rede.

O serviço **Velocidade de Bits Disponível (ABR)** foi definido para melhorar o serviço fornecido para origens em rajada que, de outra forma, usariam UBR. Uma aplicação que usa ABR especifica uma velocidade de célula de pico (PCR) que ela utilizará e uma velocidade de célula mínima (MCR) que ela exige. A rede aloca recursos de modo que todas as aplicações ABR recebam pelo menos sua capacidade de MCR. Qualquer capacidade não utilizada, então, é compartilhada de uma maneira justa e controlada entre todas as origens ABR. O mecanismo ABR usa feedback explícito para as origens, a fim de garantir que a capacidade seja alocada justamente. Qualquer capacidade não usada por origens ABR permanece disponível para tráfego UBR.

Um exemplo de uma aplicação que usa ABR é a interconexão de LAN. Nesse caso, os sistemas finais conectados à rede ATM são roteadores.

A inclusão mais recente ao conjunto de categorias de serviço ATM é o serviço **Velocidade de Quadro Garantida (GFR)**, que é projetado especificamente para dar suporte a sub-redes backbone IP. O GFR fornece um melhor serviço do que o UBR para tráfego baseado em quadros, incluindo IP e Ethernet. Um importante objetivo do GFR é otimizar a manipulação do tráfego baseado em quadros que passa de uma LAN, por meio de um roteador, para uma rede backbone ATM. Essas redes ATM são cada vez mais usadas em grandes redes de empresas, operadoras e provedores de serviço de Internet, para consolidar e estender serviços IP remotamente. Embora o ABR também seja um serviço ATM destinado a fornecer uma medida maior do desempenho de pacote garantido sobre backbones ATM, o ABR é relativamente difícil de implementar entre roteadores através de uma rede ATM. Com a maior ênfase no uso do ATM para dar suporte ao tráfego baseado em IP, especialmente o tráfego originado em LANs Ethernet, o GFR pode oferecer a alternativa mais atraente para fornecer serviço ATM.

Uma das técnicas usadas pelo GFR para fornecer maior desempenho comparado ao UBR é exigir que os elementos de rede estejam cientes dos limites de quadro ou pacote. Assim, quando um congestionamento exigir o descarte de células, os elementos de rede precisam descartar todas as células que formam um único quadro. O GFR também permite que um usuário reserve capacidade para cada VC GFR. O usuário tem a garantia de que essa capacidade mínima será aceita. Quadros adicionais podem ser transmitidos se a rede não estiver congestionada.

13.4 RESUMO

Uma grande mudança ocorreu na provisão dos serviços de telecomunicações remotos. Os requisitos de capacidade cada vez maiores dos sistemas de computação distribuídos, aliados à introdução de recursos de transmissão de alta velocidade e alta confiabilidade, levaram ao surgimento de uma variedade de serviços de WAN que excedem em muito as capacidades das redes de comutação de pacotes tradicionais.

O serviço desse tipo mais amplamente disponível é o Frame Relay. O Frame Relay é oferecido por uma ampla variedade de provedores para configurações de rede tanto públicas quanto privadas. O Frame Relay utiliza pacotes de tamanho variável, denominados quadros, e um esquema de processamento que é consideravelmente mais simples do que as redes de comutação de pacotes tradicionais. As velocidades de dados de até 2Mbps são facilmente atingíveis.

O Asynchronous Transfer Mode (ATM) é ainda mais eficiente do que o Frame Relay e se destina a fornecer capacidade na faixa de centenas de Mbps a vários Gbps. A tecnologia ATM está tendo uso em uma larga variedade de ofertas para redes locais e remotas.

13.5 Leitura e Web sites recomendados

Um tratamento mais aprofundado do Frame Relay pode ser encontrado em [STAL99]. Um excelente tratamento na forma de livro é [BUCK00]. [MCDY99], [BLAC99] e [STAL02] dão boa cobertura do ATM.

BLAC99 Black, U. *ATM Volume I: Foundation for Broadband Networks.* Upper Saddle River, NJ: Prentice Hall, 1992.
BUCK00 Buckwalter, J. *Frame Relay: Technology and Practice.* Reading, MA: Addison-Wesley, 2000.
MCDY99 McDysan, D. e Spohn, D. *ATM: Theory and Application.* Nova York: McGraw-Hill, 1999.
STAL99 Stallings, W. *ISDN and Broadband ISDN, with Frame Relay and ATM.* Upper Saddle River, NJ: Prentice Hall, 1999.
STAL02 Stallings, W. *High-Speed Networks and Internets.* Upper Saddle River, NJ: Prentice Hall, 2002.

Web sites recomendados

- **Frame Relay Alliance:** Uma associação de membros corporativos, formada por fornecedores, operadoras, usuários e consultores, comprometidos com a implementação do Frame Relay em acordo com os padrões nacionais e internacionais. O site inclui uma relação de documentos técnicos e de implementação para venda.
- **Frame Relay Resource Center:** Boa fonte de informações sobre o Frame Relay.
- **ATM Hot Links:** Excelente coleção de documentos e links mantidos pela University of Minnesota.
- **ATM Forum:** Contém especificações técnicas e documentos.
- **Cell Relay Retreat:** Contém arquivos da lista de circulação sobre relay de célula, links para inúmeros documentos e Web sites relacionados ao ATM.

13.6 Principais termos, perguntas para revisão e problemas

Principais termos

Asynchronous Transfer Mode (ATM)
caminho virtual
canal virtual
célula
Frame Relay
rede digital de serviços integrados (ISDN)
rede remota (WAN)
SONET
T-1
T-3
velocidade de bits constante (CBR)
velocidade de bits disponível (ABR)
velocidade de bits não especificada (UBR)
velocidade de bits variável (VBR)
velocidade de quadro garantida (GFR)

Perguntas para revisão

13.1 Quais são os principais serviços de rede de alta velocidade disponíveis para redes remotas?
13.2 Em que o Frame Relay difere da comutação de pacotes?
13.3 Quais são as vantagens e desvantagens relativas do Frame Relay comparadas com a comutação de pacotes?
13.4 Por que toda a verificação de erros usada pelo sistema X.25 não é exigida nos sistemas de comunicação modernos?
13.5 Como o controle de congestionamento é manipulado em uma rede Frame Relay?
13.6 Em que o ATM difere do Frame Relay?
13.7 Quais são as vantagens e desvantagens relativas do ATM em comparação ao Frame Relay?
13.8 Qual é a diferença entre um canal virtual e um caminho virtual?
13.9 Quais são as vantagens de usar os caminhos virtuais?
13.10 Quais são as características de um canal virtual?
13.11 Quais são as características de um caminho virtual?
13.12 Relacione e explique brevemente os campos em uma célula ATM.
13.13 Relacione e defina brevemente as categorias de serviço ATM.

Problemas

13.1 Em toda parte dos Estados Unidos, os serviços disponíveis das operadoras podem variar. Determine o seguinte em sua área:
   a. Que tipos de serviço são os mais predominantes?
   b. Qual poderia ser o custo desses serviços para 256 kbps? 512kbps? 1Mbps?
   c. Além do custo do serviço, que outros custos poderiam ser verificados?

13.2 Liste todos os 16 possíveis valores do campo GFC e a interpretação de cada valor (alguns valores são inválidos).

13.3 Uma importante decisão de projeto para o ATM foi se deveriam ser usadas células de tamanho fixo ou de tamanho variável. Vamos analisar isso do ponto de vista da eficiência. Podemos definir a eficiência de transmissão como

$$N = \frac{\text{Número de octetos de informação}}{\text{Número de octetos de informação} + \text{Número de octetos de overhead}}$$

   a. Observe o uso de pacotes de tamanho fixo. Nesse caso, o overhead consiste nos octetos de cabeçalho. Defina

   L = Tamanho do campo de dados da célula nos octetos
   H = Tamanho do cabeçalho da célula, em octetos
   X = Número de octetos de informação a serem transmitidos como uma única mensagem

   Crie uma expressão para N. Dica: A expressão precisará usar o operador $\lceil \cdot \rceil$, em que $\lceil Y \rceil$ = o menor inteiro maior ou igual a Y.

   b. Se as células possuem tamanho variável, então, o overhead é determinado pelo cabeçalho mais os flags para delimitar as células ou um campo Tamanho adicional no cabeçalho. Suponhamos que Hv = octetos de overhead adicionais necessários para permitir o uso de células de tamanho variável. Crie uma expressão para N em função de X, H e Hv.

   c. Se $L = 48$, $H = 5$ e $Hv = 2$, crie um gráfico que represente N em relação ao tamanho de mensagem para células de tamanho fixo e variável. Comente os resultados.

13.4 Outra importante decisão de projeto para o ATM é o tamanho do campo de dados para células de tamanho fixo. Vamos examinar essa decisão do ponto de vista da eficiência e do retardo.
   a. Suponha que ocorra uma transmissão estendida, de modo que todas as células sejam completamente preenchidas. Crie uma expressão para a eficiência N em função de H e L.
   b. Retardo de empacotamento é aquele introduzido em um fluxo de transmissão pela necessidade de colocar bits em buffer, até que um pacote inteiro seja preenchido antes da transmissão. Crie uma expressão para esse retardo em função de L e da velocidade de dados R da origem.
   c. As velocidades de dados comuns para codificação de voz são 32kbps e 64kbps. Crie um gráfico que represente o

retardo de pacotização em função de L para essas duas velocidades de dados; use um eixo y à esquerda com um valor máximo de 2ms. No mesmo gráfico, represente a eficiência de transmissão em função de L; use um eixo y à direita com um valor máximo de 100%. Comente os resultados.

13.5 Analise as aplicações a seguir. Em cada caso, indique se você usaria X.25, Frame Relay ou ATM. Leve em conta que os sistemas estão disponíveis e com preços "competitivos" (ou seja, determine, em cada caso, se as características funcionais do oferecimento do serviço atendem bem às necessidades da aplicação). Explique, em cada caso, as razões de sua escolha.

a. Você tem um grande número de locais em uma área metropolitana. Em cada local, há um grande número de transações de dados em tempo real sendo processadas. As informações sobre as transações precisam ser enviadas independentemente e de modo mais ou menos aleatório entre os locais. Ou seja, a transação não é feita em lote ou não pode ocorrer em grupos. Os requisitos de desempenho são tais que o retardo precisa ser curto. Os volumes em cada local são modestos, mas na faixa total de até alguns megabits por segundo no total.

b. Você possui uma WAN nacional com cerca de meia dúzia de locais em áreas relativamente remotas. Os recursos de transmissão são variados e incluem enlaces de rádio, enlaces de satélite e enlaces de telefone que usam modems. As velocidades de dados são relativamente modestas.

c. Nesse caso, você tem aplicações de multimídia. Essas incluem comunicação de imagens e importantes serviços de áudio e vídeo em tempo real. Esses serviços são combinados com uma diversidade de outros serviços de dados. O número de locais é pequeno, mas com as aplicações de imagem e vídeo, o volume é bastante grande, beirando a faixa de gigabits por segundo. Existe também um grande número de usuários e aplicações envolvidos, de modo que é necessária uma grande quantidade de circuitos virtuais, ainda que o número de locais seja pequeno.

13.6 Considere a transmissão de vídeo compactado em uma rede ATM. Suponha que células ATM padrão precisam ser transmitidas por meio de 5 comutadores. A velocidade de dados é de 43Mbps.

a. Qual é o tempo de transmissão para uma célula por meio de um comutador?

b. Cada comutador pode estar transmitindo células de outro tráfego, sendo que todas elas são consideradas de prioridade mais baixa (não preemptiva para a célula). Se o comutador estiver ocupado na transmissão de uma célula, nossa célula precisa esperar até que outra célula complete a transmissão. Se o comutador estiver livre, nossa célula é transmitida imediatamente. Qual é o tempo máximo decorrido desde quando uma célula de vídeo típica chega no primeiro comutador (e sua possível espera) até que tenha acabado de ser transmitida pelo quinto e último comutador? Veja que você pode ignorar o tempo de propagação, o tempo de comutação e qualquer outra coisa, exceto o tempo de transmissão e o tempo gasto esperando que outra célula deixe um comutador.

c. Agora, suponha que sabemos que cada comutador é utilizado em 60% do tempo com o outro tráfego de baixa prioridade. Com isso, queremos dizer que, com probabilidade 0,6 quando olhamos um comutador, ele está ocupado. Suponha que, se houver uma célula sendo transmitida por um comutador, o retardo médio gasto esperando que uma célula termine a transmissão é de metade do tempo de transmissão da célula. Qual é o tempo médio desde a entrada no primeiro comutador até a saída do quinto?

d. Entretanto, a medida de maior interesse não é o retardo, mas o jitter, que é a variabilidade no retardo. Use as partes (b) e (c) para calcular a variabilidade máxima e média, respectivamente, no retardo.

Em todos os casos, considere que os vários eventos aleatórios são independentes uns dos outros; por exemplo, ignoramos o grau de rajadas típico desse tráfego.

13.7 Um conjunto de padrões amplamente usado e empregado em ambientes ATM locais é chamado de ATM LAN Emulation (LANE). Forneça uma descrição básica do LANE e descreva seu local na estratégia de rede de uma organização.

ESTUDO DE CASO VII: Olsten Staffing Services

A Olsten Staffing Services é uma líder mundial na área de empregos temporários. Para melhor atender suas centenas de milhares de empregados em tempo integral e trabalhadores temporários, a Olsten melhorou suas redes remotas, bem como as aplicações nelas sendo executadas. O redesenho de rede, iniciado em 1996, levou três anos para ser implementado [DESM99, SULL99, HOLD99].

O problema que a Olsten enfrentou em 1996 foi o resultado do seu crescimento impressionante. Nessa época, a Olsten era uma empresa de US$2 bilhões, tendo crescido de faturamentos de menos de US$100 milhões em 1980. Entretanto, a Olsten permaneceu uma empresa primordialmente baseada em papel. A organização tinha 625 escritórios de campo, mas seus sistemas baseados em papel dificultavam a cooperação. Se um escritório não pudesse atender rapidamente a uma necessidade, procurar candidatos em escritórios próximos implicava inúmeras ligações telefônicas, fax e pesquisa em pilhas de arquivos de papel. A localização dos dados profissionais tornava especialmente difícil servir grandes contas corporativas. Assim, grandes contas como Chase Manhattan mantinham contas separadas em diferentes escritórios de campo. Isso dificultava para o Chase ou para a Olsten gerenciar relatórios que detalhassem como muitos empregados temporários eram aproveitados e em que cargos ao longo de um determinado período.

O departamento de TI da Olsten via apenas uma maneira de a empresa manter sua posição no setor e ainda crescer: desfazer-se de suas máquinas mainframe e AS/400 e construir uma infra-estrutura de rede de servidores UNIX e redes de alta velocidade a partir do zero. A Olsten tinha dois objetivos principais para o projeto: fornecer informações centralizadas que identificassem rapidamente os empregados disponíveis para um cargo específico e fornecer informações rápidas e completas para os clientes. Do ponto de vista da rede, a necessidade de centralizar dados resultou em duas exigências: uma WAN confiável e um complexo de LAN centralizado para dar suporte aos dados e aplicações para a organização inteira.

Para os fornecedores, a Olsten escolheu a 3Com para o equipamento de rede e a AT&T para os serviços de WAN. A Olsten escolheu a 3Com porque tinha equipamentos com preços competitivos e porque a Olsten possuía equipamentos 3Com de baixa capacidade instalados em seus escritórios de campo e queria permanecer com um único fornecedor. A Olsten já tinha um contrato com a AT&T e podia renegociá-lo para atender às novas necessidades.

A Figura VII.1 mostra os destaques da solução da Olsten. Uma rede Frame Relay de âmbito nacional é usada para conectar todos os escritórios da Olsten. Os escritórios maiores possuem múltiplos enlaces T-1 (1,544Mbps por enlace) e os outros escritórios de campo têm enlaces de 256kbps para a rede Frame Relay. Todo o tráfego de Frame Relay é fundido em uma única conexão ATM T-3 (44,7Mbps) com o centro de dados na sede da empresa em Melville, Nova York. A T-3 está conectada ao serviço Accu-Ring da AT&T, que usa anéis de fibra auto-reparadores para fornecer um alto nível de redundância no loop de assinante. Um segundo enlace T-3 por meio de um caminho físico diferente fornece um backup redundante. No centro de dados, o tráfego é alimentado em uma complexa LAN que se compõe de vários sistemas Ethernet de alta velocidade interconectados e operando em 100Mbps e 1Gbps.

Essa infra-estrutura aceita um enorme conjunto de servidores (conhecido na área como uma "farm de servidores"), que consiste em 14 servidores Sun Solaris e 75 servidores Windows NT, além de mais de 500 máquinas de usuário final.

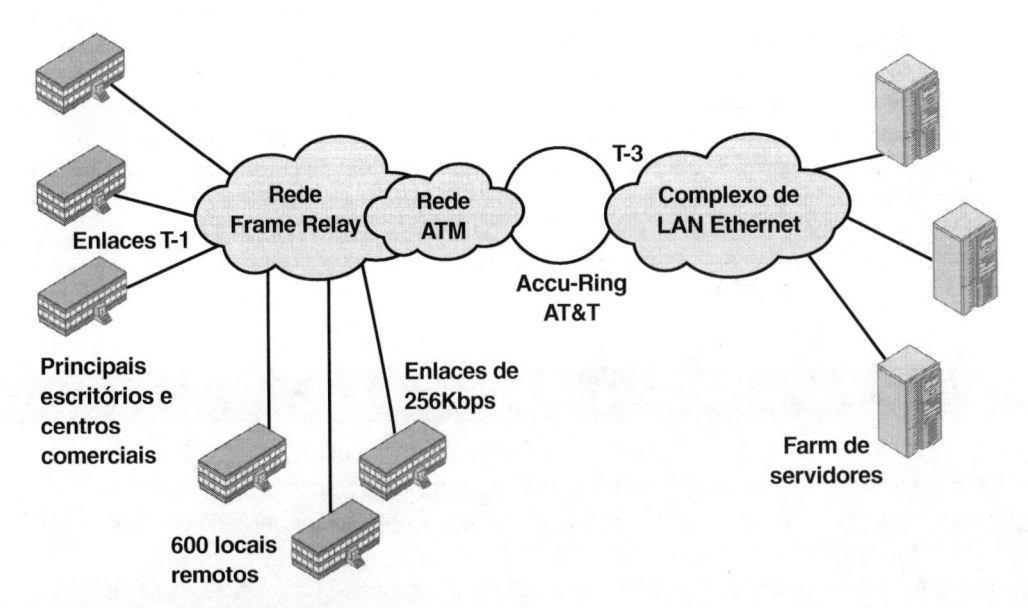

Figura VII.1 Configuração de rede da Olsten.

Perguntas para análise

1. Que tipos de aplicações você acha que a Olsten poderia efetivamente implementar em sua nova infra-estrutura de rede?
2. A nova infra-estrutura de rede parece fornecer uma razoável projeção de crescimento para o futuro?

ESTUDO DE CASO VIII: Guardian Life Insurance

Uma das maiores empresas de seguro de vida dos Estados Unidos, a Guardian possui mais de 5.500 empregados e mais de 2.800 representantes financeiros em 94 agências. A Guardian e suas subsidiárias fornecem a quase três milhões de pessoas seguro de vida e de invalidez, serviços de aposentadoria e produtos de investimento, como fundos mútuos, ações, seguro de vida variável e anuidades variáveis. A empresa também fornece programas de benefícios trabalhistas para mais de cinco milhões de participantes, incluindo seguro de vida, planos de saúde e dentários, bem como planos de pensão qualificados. Além de escritórios regionais nos estados de Nova York, Pensilvânia, Washington e Wisconsin, a empresa tem 55 escritórios de vendas remotos e 80 escritórios de agência remotos.

Após os ataques terroristas de 11 de setembro de 2001, a Guardian passou a se preocupar com os problemas de continuidade corporativa. A Guardian tinha quatro importantes centros de dados em seus quatro escritórios locais, mas o centro de dados principal estava na cidade de Nova York. A Guardian realizou uma avaliação de seus centros de dados a fim de ter uma base para planejar sobre o local dos recursos de processamento de dados. Um resultado surpreendente dessa avaliação teve a ver com a utilização. A avaliação revelou que os quatro centros de dados tinham aproximadamente 1.000 servidores UNIX e NT, com uma utilização de capacidade média de 10%. Mesmo em pico de demanda, apenas 25% do poder de processamento dos servidores estavam em uso [CLAR03, MUSI02]. A Guardian respondeu a essa avaliação com um plano que incluía os seguintes objetivos:

1. Mudar o centro de dados principal de Nova York para Bethlehem, Pensilvânia.
2. Melhorar a eficiência de seus centros de dados, incluindo a utilização de servidor e armazenamento. Especificamente, a Guardian estabeleceu uma meta de reduzir em 40% o número de servidores que apoiavam suas aplicações e bancos de dados e de reduzir em 60% a equipe de suporte de servidor.
3. Garantir uma transição tranqüila para o novo centro de dados principal.

Embora contando com uma considerável experiência em tecnologia da informação (TI), a Guardian achou que precisava de assistência externa para um empreendimento tão vultoso. Warren Jones, vice-presidente de operações de TI, citou duas razões para procurar ajuda externa:

1. A parceria oferece a capacidade de cuidar de um projeto independente e executá-lo em um tempo específico, sem ser afetado pelas atividades diárias.
2. A parceria confere uma perspectiva externa. O parceiro fornece uma avaliação imparcial dos pontos fortes e fracos do plano.

A empresa escolheu a firma de consultoria em TI Greenwich Technology Partners (GTP) para ajudá-la a projetar e executar a transição. Quatro das nove propostas submetidas para o contrato eram financeiramente competitivas com a da GTP. A Guardian decidiu pela GTP devido à sua presteza em responder ao RFP, seu histórico de flexibilidade em tarefas difíceis e seu compromisso de oferecer quaisquer recursos necessários para executar o projeto, sem qualquer custo adicional.

A GTP começou com uma avaliação do ambiente de TI da empresa e verificou o impacto que causaria a mudança do centro de dados de Nova York para Bethlehem. Um importante problema relatado para a mudança era que o maior número de usuários do centro de dados estava localizado na área de Nova York. Portanto, o novo plano precisava fornecer capacidade de transmissão de dados suficiente para atender às necessidades dos usuários. Felizmente, a infra-estrutura de rede já existente era bastante padronizada e facilmente escalável (Figura VIII.1). Um backbone de WAN ATM conecta os quatro escritórios regionais. Conexões Frame Relay conectam os escritórios de vendas remotos e os escritórios de agência remotos, e LANs Ethernet de 100Mbps e 1Gbps fornecem conectividade dentro das propriedades. Os roteadores Cisco Catalyst de séries 5500 e 7200 fornecem suporte de Ethernet combinado com um projeto modular e facilmente escalável. Os comutadores ATM Cisco IGX 8400 podem ser escalados para aceitar um serviço de rede ATM em qualquer capacidade desejada. Com três tecnologias de rede amplamente usadas já prontas, foram contornados alguns dos problemas que poderiam surgir em um ambiente de rede mais complexo.

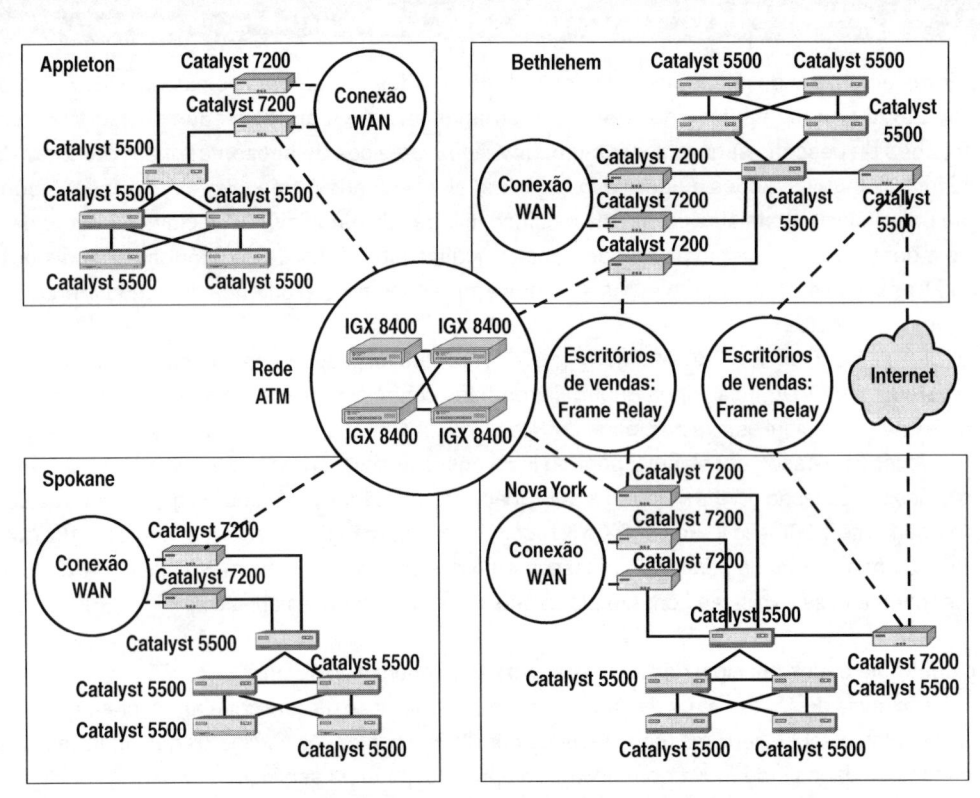

Figura VIII.1 Infra-estrutura de rede da Guardian.

A GTP também verificou os padrões de aplicação e banco de dados. Eles determinaram quais servidores eram de aplicação, de banco de dados, e de arquivo e impressão, e analisaram os dados em cada um. Além das aplicações tradicionais, como serviços de arquivo e impressão, PeopleSoft e Lotus Notes, a Guardian também usa uma coleção de aplicações para apoiar seu Web site de intranet. O site inclui materiais de marketing e ferramentas de vendas para os agentes da empresa, perfilamento de contas e dados de clientes. A empresa também investiu em diversas aplicações financeiras, como softwares para apoiar suas funções de comércio e títulos. Devido à complexidade das aplicações e à quantidade de recursos necessária para apoiá-los, muitas das aplicações da Guardian exigem servidores dedicados.

A equipe de transição, composta de profissionais da Guardian e da GTP, realizou um intenso trabalho de validação e benchmarking para se certificar de que estavam corretos os dados coletados durante a avaliação inicial. Eles mediram a utilização de rede em níveis granulares e modelaram vários cenários de consolidação para reduzir o hardware de servidor.

A partir dessa análise, a GTP começou a desenvolver um plano para consolidar os servidores, considerando aspectos corporativos e tecnológicos. Por exemplo, a equipe levou em conta a importância das aplicações apoiadas pelos servidores, bem como as unidades corporativas às quais elas pertenciam. Alguns servidores eram bons candidatos à consolidação, outros nem tanto, e outros estavam fora da garantia, o que os tornava caros demais para manter. Depois que o plano de migração foi criado e a nova arquitetura foi desenvolvida, efetuaram-se mais testes para garantir sua viabilidade.

A equipe dedicou muito raciocínio e análise à migração para a nova arquitetura, assim como para não prejudicar as operações normais da empresa. O plano visava antes às oportunidades menos complexas, começando com os serviços de arquivo e impressão. A Guardian tinha inicialmente mais de 30 servidores que forneciam esses serviços. Esses servidores foram consolidados em apenas dois servidores agrupados em uma configuração tolerante a falhas e de alta disponibilidade. Para as áreas mais complexas do plano, a equipe optou por fazer uma parte da consolidação em Nova York e, só então, mover os servidores para Bethlehem após a consolidação ter se estabilizado.

O projeto de consolidação e relocação em andamento havia produzido benefícios tangíveis para a Guardian em termos de redução de necessidades de hardware e pessoal. Mas os benefícios se estenderam para além desses objetivos iniciais. A atitude de resolver novos problemas eficientemente e no contexto da infra-estrutura existente começou a ocorrer. A Guardian não mais processa automaticamente pedidos para novos servidores como a maioria das operações e infra-estrutura que o mundo realizou em toda a década de 1990. Em vez disso, a Guardian analisa cada nova necessidade de aplicação e tenta suportá-la com o conjunto de hardware/software existente ou com mínimas atualizações e extensões.

O custo total do projeto foi de US$4,5 milhões, com os serviços da GTP representando aproximadamente 40% do total. Mas a empresa economizou mais de US$3 milhões em 2002, compensando uma grande parte desse custo. A empresa prevê economias anuais de mais de US$5 milhões ao longo dos próximos dois anos.

Perguntas para discussão

1. A Guardian inicialmente decidiu cuidar simultaneamente dos dois elementos-chave do seu projeto: a consolidação de seus servidores e a relocação do centro de dados principal. As alternativas teriam sido antes consolidar e depois relocar, ou primeiro relocar e depois consolidar. Como a análise anterior indica, a Guardian acabou usando um misto das duas estratégias. Apresente as vantagens e desvantagens das três alternativas.
2. Discuta os prós e os contras de terceirizar o projeto da Guardian.

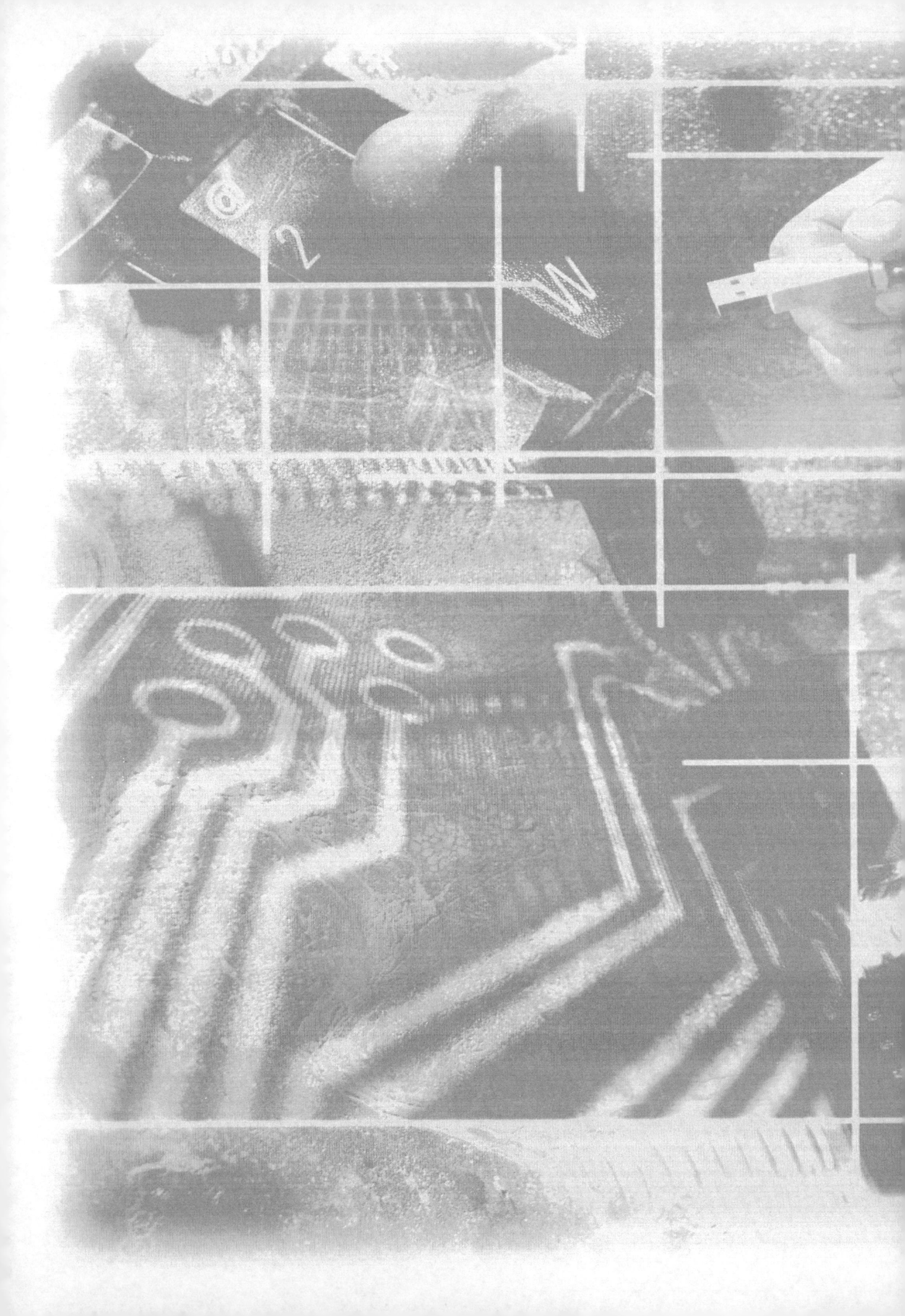

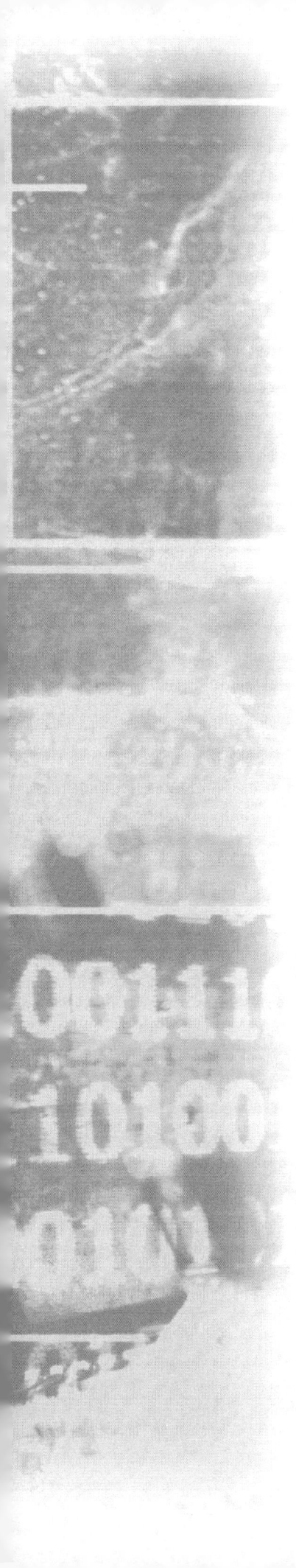

Capítulo 14

WANs sem fio

14.1 Redes celulares sem fio

14.2 Acesso múltiplo

14.3 Comunicação sem fio de terceira geração

14.4 Comunicação via satélite

14.5 Resumo

14.6 Leitura e Web sites recomendados

14.7 Principais termos, perguntas para revisão e problemas

OBJETIVOS DO CAPÍTULO

Depois de ler este capítulo, você deverá ser capaz de

- Identificar as vantagens e as desvantagens da comunicação não-dirigida (sem fio) em relação à comunicação dirigida.
- Estabelecer a diferença entre três gerações de telefonia móvel.
- Explicar os méritos relativos do acesso múltiplo por divisão de tempo (TDMA – Time Division Multiple Access) e acesso múltiplo por divisão de código (CDMA – Code Division Multiple Access).
- Descrever as possibilidades dos sistemas de comunicações pessoais (PCSs – Personal Communications Systems).
- Compreender as propriedades e aplicações dos satélites LEOS, MEOS e GEOS.

Como os sistemas de informação eletrônicos afetam cada aspecto de nossas vidas, incomoda cada vez mais estar ligado a esses sistemas por fios. A comunicação sem fio oferece mobilidade e muito mais. A comunicação sem fio deve ser considerada quando:

- A comunicação móvel é necessária.
- A comunicação precisa ocorrer em um terreno hostil ou difícil, o que inviabiliza ou impossibilita a comunicação com fio.
- Um sistema de comunicação tem de ser empregado rapidamente.

- Os equipamentos de comunicação precisam ser instalados a um baixo custo inicial.
- As mesmas informações devem ser difundidas para muitos locais.

Por outro lado, a comunicação sem fio possui desvantagens em relação aos meios dirigidos como par trançado, cabo coaxial ou fibra óptica:

- A comunicação sem fio opera em um ambiente menos controlado e, por isso, é mais suscetível à interferência, perda de sinal, ruído e espionagem.
- Geralmente, os equipamentos sem fio possuem velocidades de dados mais baixas do que os equipamentos dirigidos.
- As freqüências podem ser reutilizadas mais facilmente com o meio dirigido do que com o meio sem fio.

Neste capítulo, examinaremos os sistemas sem fio remotos, incluindo telefonia móvel, sistemas sem fio de terceira geração e comunicação via satélite. As LANs sem fio são tratadas no Capítulo 11.

14.1 REDES CELULARES SEM FIO

De todos os grandes avanços na comunicação de dados e telecomunicações, talvez o mais revolucionário seja o desenvolvimento das redes celulares. A tecnologia celular é a fundação da comunicação sem fio móvel e aceita usuários em locais que não sejam facilmente servidos por redes com fio. A tecnologia celular é a tecnologia básica para telefones celulares, sistemas de comunicações pessoais, Internet sem fio e aplicações Web sem fio, e muito mais.

O rádio celular é uma técnica que foi desenvolvida com a finalidade de aumentar a capacidade disponível para serviço de telefonia de rádio móvel. Antes da introdução do rádio celular, o serviço de telefonia de rádio móvel se dava apenas por um transmissor/receptor de alta potência. Um sistema típico aceitaria aproximadamente 25 canais com um raio efetivo de cerca de 80 km. A maneira de aumentar a capacidade do sistema é usar transmissores de baixa potência com raios mais curtos e usar inúmeros transmissores/receptores.

Organização da rede celular

O cerne de uma rede celular é o uso de diversos transmissores de baixa potência, da ordem de 100W ou menos. Como a faixa desse transmissor é pequena, uma área pode ser dividida em células, cada qual servida por sua própria antena. Cada célula recebe a alocação de uma banda de freqüências e é servida por uma estação base, que consiste em um transmissor, um receptor e uma unidade de controle. Células adjacentes recebem a atribuição de diferentes freqüências para evitar interferência ou linha cruzada. Entretanto, células suficientemente distantes uma das outras podem usar a mesma banda de freqüência.

A primeira decisão de projeto que se deve tomar é sobre a forma de as células cobrirem uma área. Uma matriz de células quadradas seria o layout mais simples de se definir (Figura 14.1a). Entretanto, essa geometria não é a ideal. Se a largura de uma célula quadrada é d, então a célula tem quatro vizinhas a uma distância d e quatro vizinhas a uma distância $\sqrt{2}d$. À medida que um usuário móvel dentro de uma célula se movimenta em direção aos limites da célula, é melhor que todas as antenas adjacentes estejam eqüidistantes. Isso simplifica a tarefa de determinar quando comutar o usuário para uma antena adjacente e qual antena escolher. Um padrão hexagonal fornece antenas eqüidistantes (Figura 14.1b). O raio de um hexágono é definido como o raio

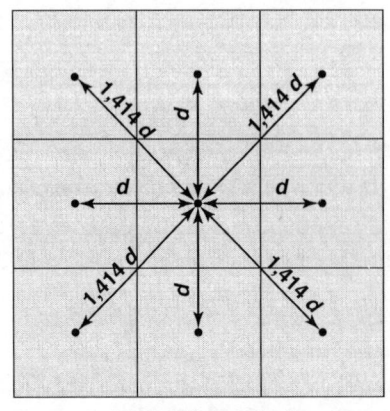

(a) Padrão quadrado (b) Padrão hexagonal

FIGURA 14.1 Geometrias celulares.

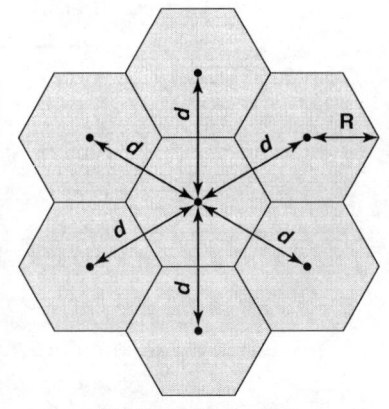

do círculo que o circunscreve (ou seja, a distância do centro até cada vértice; também igual ao tamanho de um lado de um hexágono). Para um raio de célula R, a distância entre o centro da célula e cada centro de célula adjacente é $d = \sqrt{3}R$.

Na prática, um padrão hexagonal preciso não é usado. As variações do ideal se devem a limitações topográficas, condições de propagação de sinal e limitações práticas em instalar antenas.

Com um sistema celular sem fio, você está limitado ao número de vezes que pode usar a mesma freqüência para diferentes comunicações, pois os sinais, não sendo limitados, podem interferir uns nos outros, mesmo se geograficamente separados. Os sistemas que aceitam simultaneamente grande número de comunicações precisam de mecanismos para conservar o espectro.

Reutilização de freqüência Em um sistema celular, cada célula possui um transceptor de base. A potência de transmissão é cuidadosamente controlada (tanto quanto é possível no ambiente de comunicação móvel altamente variável) a fim de permitir comunicação dentro da célula que usa determinada freqüência, enquanto limita a potência na freqüência que escapa da célula para células adjacentes. O objetivo é usar a mesma freqüência em outras células próximas (mas não adjacentes), permitindo que a freqüência seja usada para múltiplas conversações simultâneas. Geralmente, 10 a 15 freqüências são atribuídas a cada célula, dependendo do tráfego esperado.

O problema central é determinar quantas células precisam ser colocadas entre duas células que usam a mesma freqüência, de modo que as duas células não interfiram uma na outra. Vários padrões de reutilização de freqüência são possíveis. A Figura 14.2 mostra alguns exemplos. Se o padrão consiste em N células e a cada célula é atribuído o mesmo número de freqüências, cada célula pode ter K/N freqüências, em que K é o número total de freqüências fixado para o sistema. Para o AMPS (Advanced Mobile Phone Service, um esquema celular de primeira geração amplamente usado), $K = 395$ e $N = 7$ é o menor padrão que pode fornecer isolamento suficiente entre dois usos da mesma freqüência. Isso sig-

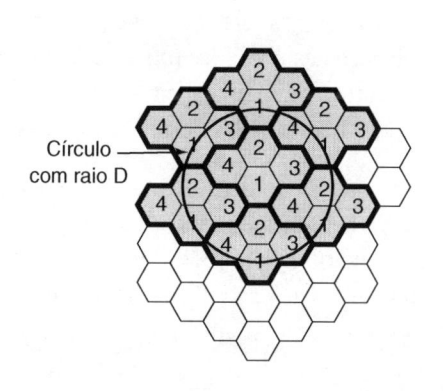

(a) Padrão de reutilização de freqüência para $N = 4$

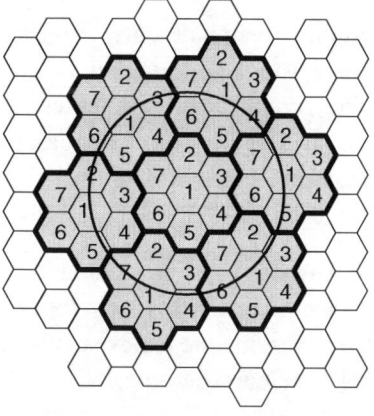

(b) Padrão de reutilização de freqüência para $N = 7$

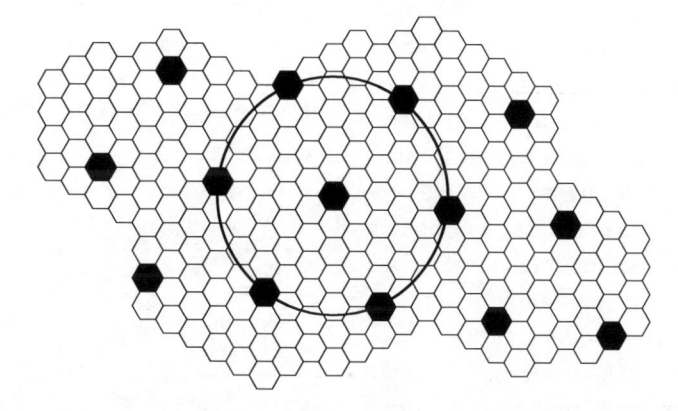

(c) Células pretas indicam uma reutilização de freqüência para $N = 19$

FIGURA 14.2 Padrões de reutilização de freqüência.

nifica que pode haver, no máximo, 57 freqüências por célula em média.

Ao caracterizar a reutilização de freqüência, costuma-se aplicar os seguintes parâmetros:

D = distância mínima entre centros de células que usam a mesma banda de freqüências (chamadas co-canais)
R = raio de uma célula
d = distância entre centros de células adjacentes ($d = \sqrt{3}R$)
N = número de células em um padrão repetitivo (cada célula no padrão usa uma banda de freqüência exclusiva), chamado **fator de reutilização**.

Em um padrão de célula hexagonal, apenas os seguintes valores de N são possíveis:

$$N = I^2 + J^2 + (I \times J), \ I, J = 0, 1, 2, 3, ...$$

Logo, os possíveis valores de N são 1, 3, 4, 7, 9, 12, 13, 16, 19, 21 e assim por diante. A seguinte relação se aplica:

$$\frac{D}{R} = \sqrt{3N}$$

Isso também pode ser expresso como $D/d = \sqrt{N}$.

Aumento de capacidade Eventualmente, à medida que mais clientes usam o sistema, o tráfego pode crescer de modo que não haja freqüências suficientes atribuídas a uma célula para manipular suas chamadas. Diversos métodos foram usados para resolver essa situação, incluindo os seguintes:

- **Inclusão de novos canais**: Em geral, quando um sistema é configurado em uma região, nem todos os canais são usados, e o crescimento e a expansão podem ser controlados de maneira organizada, incluindo novos canais.
- **Empréstimo de freqüência**: No caso mais simples, as freqüências são tomadas das células adjacentes por células congestionadas. As freqüências também podem ser atribuídas dinamicamente às células.
- **Divisão de célula**: Na prática, a distribuição do tráfego e os recursos topográficos não são uniformes, e isso apresenta oportunidades para aumento de capacidade. As células em áreas de alto uso podem ser divididas em células menores. Geralmente, as células originais possuem cerca de 6,5 a 13km de tamanho. As células menores podem, elas mesmas, ser divididas; entretanto, células de 1,5km estão próximas ao tamanho mínimo prático como uma solução geral (mas veja a análise subseqüente sobre as microcélulas). Para usar uma célula menor, o nível de potência precisa ser reduzido para manter o sinal dentro da célula. Além disso, à medida que as unidades móveis se movem, elas passam de célula para célula, o que exige transferir a chamada de um transceptor de base para outro. Esse processo é chamado de *handoff*. À medida que as células se tornam menores, esses handoffs se tornam mais freqüentes. Uma redução de raio por um fator de F reduz a área de cobertura e aumenta o número necessário de estações de base por um fator de F^2.
- **Setorização de célula:** Com a setorização, uma célula é dividida em diversos setores em forma de fatias, cada qual com seu conjunto de canais, normalmente 3 ou 6 setores por célula. Um subconjunto separado dos canais da célula é atribuído a cada setor, e antenas adicionais na estação de base são usadas para focalizar cada setor.
- **Microcélulas**: Conforme as células se tornam menores, as antenas se movem dos topos dos prédios ou morros altos para os topos de prédios mais baixos ou as laterais de grandes construções e, finalmente, para postes de luz, onde formam microcélulas. Cada diminuição no tamanho da célula é acompanhada por uma redução nos níveis de potência irradiados das estações de base e das unidades móveis. As microcélulas são úteis em ruas municipais, em áreas congestionadas ao longo de estradas e no interior de grandes recintos públicos.

A Tabela 14.1 mostra os parâmetros característicos de células tradicionais, chamadas macrocélulas, e para microcélulas com tecnologia atual. O espalhamento de retardo médio se refere ao retardo multicaminho (ou seja, o mesmo sinal segue diferentes caminhos e existe um retardo de tempo entre a primeira e a última chegada do sinal no receptor). Como indicado, o uso de células menores permite o uso de potência menor e oferece maiores condições de propagação.

Tabela 14.1 Parâmetros típicos para macrocélulas e microcélulas

	Macrocélula	Microcélula
Raio de célula	1 a 20km	0,1 a 1km
Potência de transmissão	1 a 10W	0,1 a 1W
Espalhamento de retardo médio	0,1 a 10us	10 a 100ns
Velocidade de bits máxima	0,3Mbps	1Mbps

> **EXEMPLO:** Considere um sistema de 32 células com um raio de célula de 1,6km, um total de 32 células, uma largura de banda de freqüência total que aceita 336 canais de tráfego e um fator de reutilização de $N = 7$. Se existem 32 células, que área geográfica é coberta, quantos canais existem por célula e qual é o número total de chamadas simultâneas que podem ser manipuladas? Repita o problema para um raio de célula de 0,8km e 128 células.
>
> A Figura 14.3a mostra um padrão aproximadamente quadrado. A área de um hexágono de raio R é $1,5\sqrt{3}$. Um hexágono de raio 1,6km tem uma área de 6,65km^2, e a área total coberta é de $6,65 \times 32 = 213$km^2. Para $N = 7$, o número de canais por célula é $336/7 = 48$, para uma capacidade de canal total de $48 \times 32 = 1.536$ canais. Para o layout da Figura 14.3b, a área coberta é de $1,66 \times 128 = 213$km^2. O número de canais por célula é $336/7 = 48$, para uma capacidade de canal total de $48 \times 128 = 6.144$ canais.

Operação de sistemas celulares

A Figura 14.4 mostra os elementos principais de um sistema celular. No centro aproximado de cada célula está uma estação de base (BS). A BS inclui uma antena, um controlador e diversos transceptores, todos usados para comunicação nos canais atribuídos a essa célula. O controlador é usado para manipular o processo de chamada entre a unidade móvel e o restante da rede. A qualquer momento, várias unidades de usuário móveis podem estar ativas e em movimento dentro de uma célula, comunicando-se com a BS. Cada BS é conectada a um escritório de comutação de telecomunicação móvel (MTSO), com um MTSO servindo a múltiplas BSs. Normalmente, o enlace entre um MTSO e uma BS é feito por um fio, embora um enlace sem fio também seja possível. O MTSO conecta chamadas entre unidades móveis. O MTSO também é conectado à rede pública de telefonia ou telecomunicações e pode realizar uma conexão entre um assinante fixo da rede pública e um assinante móvel da rede celular. O MTSO atribui o canal de voz a cada chamada, realiza handoffs e monitora a chamada para informações de cobrança.

O uso de um sistema celular é totalmente automatizado e não exige qualquer ação por parte do usuário além de realizar ou responder a uma chamada. Dois tipos de canais estão disponíveis entre a unidade móvel e a estação de base (BS): os canais de controle e os canais de tráfego. Os **canais de controle** são usados para trocar informações relacionadas à configuração e à manutenção de chamadas e ao estabelecimento de uma relação entre uma unidade móvel e a BS mais próxima. Os **canais de tráfego** transportam uma conexão de voz ou dados entre os usuários. A Figura 14.5 ilustra as etapas em uma chamada típica entre dois usuários móveis dentro de uma área controlada por um único MTSO:

- **Inicialização da unidade móvel:** Quando a unidade móvel é ligada, ela busca canais de controle de configuração (Figura 14.5a). As células com diferentes bandas de freqüência difundem repetidamente em canais diversos de configuração. O receptor seleciona o canal de configuração mais forte e monitora esse canal. O efeito desse procedimento é que a unidade móvel seleciona automaticamente a antena de BS da célula dentro da qual ela irá operar.[1] Depois,

---

[1] Normalmente, mas nem sempre, a antena, portanto, a estação de base selecionada, é a que está mais próxima da unidade móvel. Contudo, devido às anomalias da propagação, esse nem sempre é o caso.

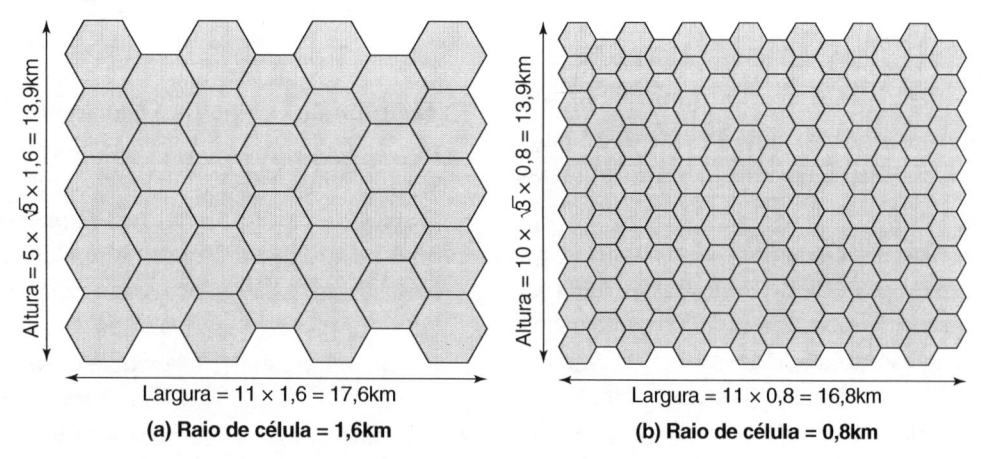

FIGURA 14.3 Exemplo de reutilização de freqüência.

(a) Raio de célula = 1,6km — Altura = $5 \times \sqrt{3} \times 1,6 = 13,9$km; Largura = $11 \times 1,6 = 17,6$km

(b) Raio de célula = 0,8km — Altura = $10 \times \sqrt{3} \times 0,8 = 13,9$km; Largura = $11 \times 0,8 = 16,8$km

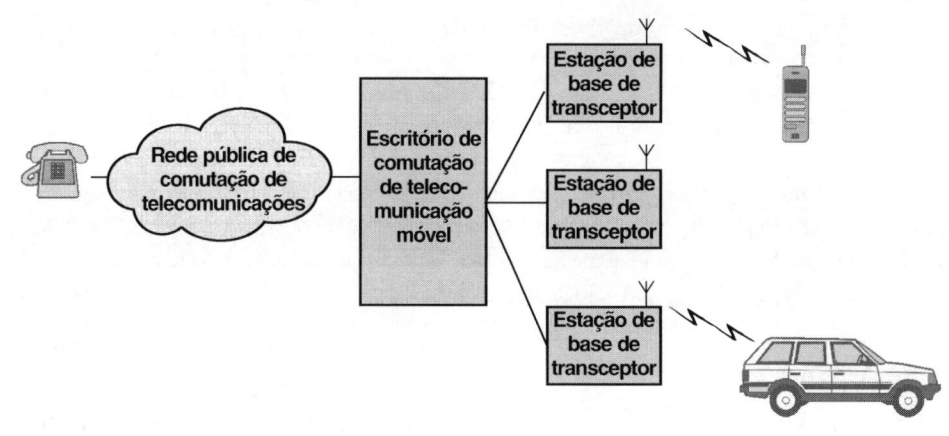

FIGURA 14.4 Visão geral do sistema celular.

um handshake ocorre entre a unidade móvel e o MTSO que controla essa célula, por meio da BS nessa célula. O handshake é usado para identificar o usuário e registrar seu local. Enquanto a unidade móvel estiver ligada, esse procedimento de busca é repetido periodicamente para considerar o movimento da unidade. Se a unidade entrar em uma nova célula, então, uma nova BS é selecionada. Além disso, a unidade móvel está monitorando páginas, que serão analisadas a seguir.

- **Chamada originada pela unidade móvel:** Uma unidade móvel origina uma chamada ao enviar o número da unidade chamada no canal de configuração pré-selecionado (Figura 14.5b). O receptor na unidade móvel verifica antes se o canal de configuração está livre, examinando informações no canal à frente (a partir da BS). Quando um "livre" é detectado, a unidade móvel pode transmitir no canal reverso correspondente (à BS). A BS envia a requisição para o MTSO.
- **Paginação**: O MTSO, então, tenta completar a conexão com a unidade chamada. O MTSO envia uma mensagem de paginação para determinadas BSs, dependendo do número de unidade móvel chamado (Figura 14.5c). Cada BS transmite o sinal de paginação em seu canal de configuração atribuído.
- **Chamada aceita**: A unidade móvel chamada reconhece seu número no canal de configuração que está sendo monitorado e responde a essa BS, que, por sua vez, envia a resposta para o MTSO. O MTSO define um circuito entre a BS chamadora e a BS chamada. Ao mesmo tempo, o MTSO seleciona um canal de tráfego disponível dentro da célula de cada BS e no-

tifica cada BS, que, assim, notifica sua unidade móvel (Figura 14.5d). As duas unidades móveis sintonizam seus respectivos canais atribuídos.
- **Chamada em andamento:** Enquanto a conexão é mantida, as duas unidades móveis trocam sinais de voz ou dados, por meio de suas respectivas BSs e do MTSO (Figura 14.5e).
- **Handoff**: Se uma unidade móvel sair do alcance de uma célula e entrar no alcance de outra célula durante uma conversação, o canal de tráfego precisará mudar para um canal atribuído à BS na nova célula (Figura 14.5f). O sistema faz essa mudança sem interromper a chamada ou avisar o usuário.

Outras funções realizadas pelo sistema, mas não ilustradas na Figura 14.5 incluem as seguintes:

- **Bloqueio de chamada**: Durante a fase da chamada iniciada pela unidade móvel, se todos os canais de tráfego atribuídos à BS mais próxima estiverem ocupados, então, a unidade móvel realiza um número predefinido de tentativas repetidas. Após um certo número de tentativas frustradas, um tom de ocupado é retornado ao usuário.
- **Término de chamada:** Quando um dos dois usuários desliga, o MTSO é informado e os canais de tráfego nas duas BSs são liberados.
- **Queda de chamada**: Durante uma conexão, devido à interferência ou aos pontos de sinal fraco em certas áreas, se a BS não puder manter a força de sinal mínima necessária por certo período, o canal de tráfego até o usuário é derrubado e o MTSO é informado.
- **Chamadas de/para assinante móvel fixo e remoto**: O MTSO se conecta à rede pública de telefonia

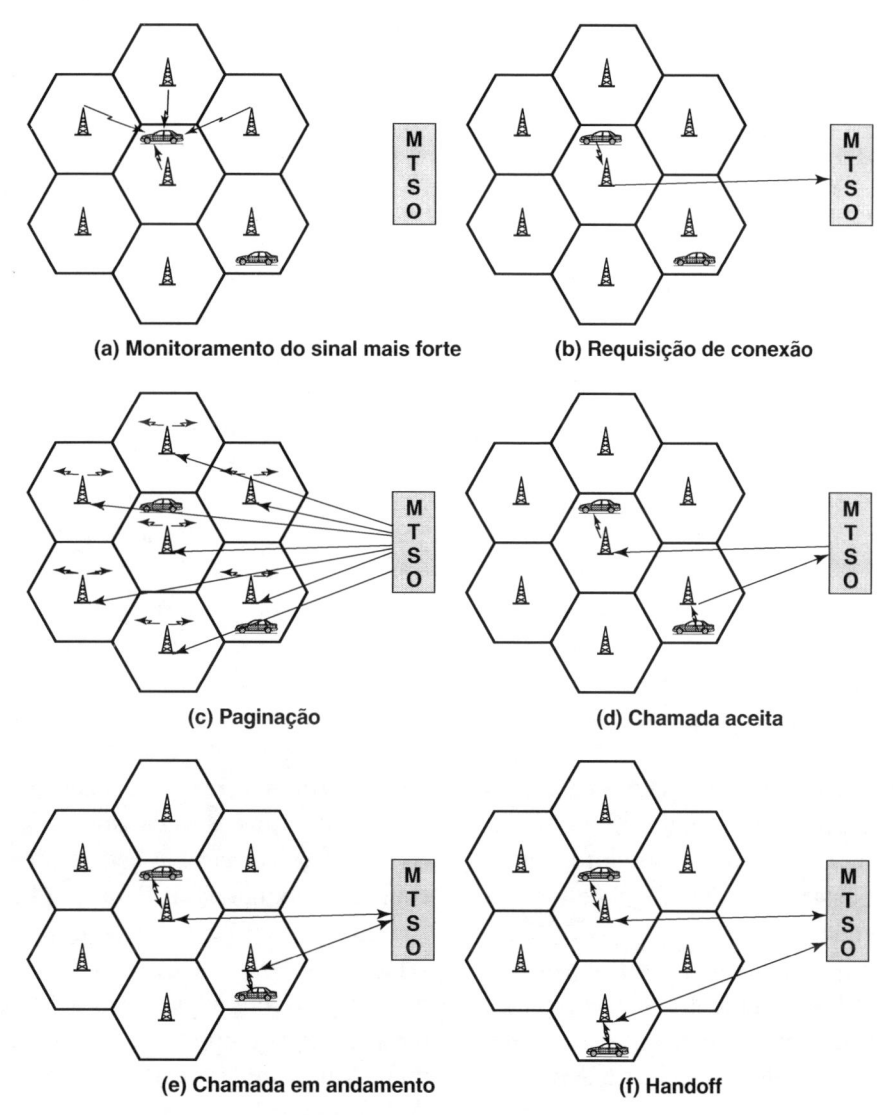

FIGURA 14.5 Exemplo de chamada móvel celular.

(a) Monitoramento do sinal mais forte
(b) Requisição de conexão
(c) Paginação
(d) Chamada aceita
(e) Chamada em andamento
(f) Handoff

comutada (PSTN). Portanto, o MTSO pode configurar uma conexão entre um usuário móvel em sua área e um assinante fixo por meio da rede telefônica. Além disso, o MTSO pode se conectar a um MTSO remoto por meio da rede telefônica ou de linhas dedicadas e configurar uma conexão entre um usuário móvel em sua área e um usuário móvel remoto.

14.2 ACESSO MÚLTIPLO

É possível categorizar os sistemas de telefonia móvel em gerações. Os sistemas de primeira geração são baseados em comunicação de voz analógica que usam modulação de freqüência. Um sistema de primeira geração amplamente empregado é o Advanced Mobile Phone System (AMPS), que é usado na América do Norte e do Sul, Austrália e China. Devido à enorme popularidade dos sistemas de primeira geração, tornaram-se necessários sistemas que usassem o espectro de modo mais eficiente para reduzir o congestionamento. Essa necessidade foi satisfeita pela segunda geração, que usa técnicas digitais e acesso múltiplo por divisão de tempo (TDMA) ou acesso múltiplo por divisão de código (CDMA) para o acesso de canal. Recursos avançados de processamento de chamada também estão presentes. A terceira geração está evoluindo a partir de diversos sistemas sem fio de segunda geração.

Nesta seção, descreveremos os conceitos básicos do acesso múltiplo, que é um elemento de projeto vital de qualquer sistema celular.

A principal motivação para a transição dos telefones celulares de primeira geração para a segunda foi a necessidade de conservar espectro. Os sistemas de primeira geração foram extremamente bem-sucedidos e o número de assinantes cresceu espantosamente durante anos. Entretanto, o uso (e o lucro) é limitado pela capacidade do espectro. Portanto, existe um ganho no uso eficiente do espectro. Nos Estados Unidos, esse interesse não tem diminuído pela recente política do FCC de leiloar espectro (por altíssimas somas de dinheiro) em vez de distribuí-lo. Por essas razões, é interessante examinarmos como o espectro é dividido entre os usuários nos sistemas atuais e planejados. Existem basicamente quatro maneiras de dividir o espectro entre usuários ativos: acesso múltiplo por divisão de freqüência (FDMA), acesso múltiplo por divisão de tempo (TDMA), acesso múltiplo por divisão de código (CDMA) e acesso múltiplo por divisão de espaço (SDMA).[2] Os dois primeiros tipos são discutidos no Capítulo 17; os dois outros serão tratados aqui.

A multiplexação de divisão de espaço é simplesmente a idéia de usar a mesma banda espectral em dois locais fisicamente separados. Um exemplo simples é a idéia da reutilização de freqüência nas células, como tratado neste capítulo. A mesma freqüência pode ser usada em duas células diferentes, desde que elas estejam suficientemente distantes para que não haja interferência entre seus sinais. Outra forma de divisão de espaço proposta para a telefonia celular é o uso de antenas altamente direcionais, de modo que a mesma freqüência possa ser usada para duas comunicações. Essa idéia pode ser ampliada, com a utilização de antenas de feixe direcionado; essas antenas podem realmente ser dinâmica e eletronicamente apontadas para um usuário específico. As idéias por trás da multiplexação por divisão de código são um pouco mais complexas, mas, devido à sua importância, as analisaremos a seguir.

Acesso múltiplo por divisão de código (CDMA)

O CDMA é baseado no espalhamento espectral de seqüência direta (DSSS). O DSSS, que foi brevemente descrito no Capítulo 11, é baseado na seguinte noção contra-intuitiva. Tomamos um sinal que desejamos comunicar e que tenha uma velocidade de dados de, digamos, D bits por segundo e o convertemos para transmissão em uma mensagem mais longa, e o transmitimos a uma velocidade mais alta, digamos, kD, onde k é chamado de *fator de espalhamento*. Ele poderia ser de aproximadamente 100. Várias coisas podem ser ganhas desse aparente desperdício de espectro. Por exemplo, podemos ganhar imunidade a vários tipos de ruído e distorção multicaminho. As primeiras aplicações do espalhamento espectral eram militares, utilizadas por sua imunidade à interferência. Ele também pode ser usado para ocultar e criptografar sinais. Contudo, é de nosso interesse que vários usuários possam usar independentemente uma largura de banda igual (ou mais alta) com muito pouca interferência.

Vamos descrever como isso ocorre. Começamos com um sinal de dados com velocidade D, que chamamos de velocidade de dados de bit. Desmembramos cada bit em k *chips* de acordo com um padrão fixo e específico para cada usuário, chamado *código do usuário*. O novo canal possui uma velocidade de dados de chip de kD chips por segundo. A título de ilustração, imaginamos um exemplo simples[3] com $k = 6$. É mais simples caracterizar um código como uma seqüência 1s e –1s. A Figura 14.6 mostra os códigos para três usuários, A, B e C, cada qual se comunicando com o mesmo receptor de estação de base, R. Logo, o código para o usuário A é $c_A = (1,-1,-1,1,-1,1)$. Da mesma forma, o usuário B possui o código $c_B = (1,1,-1,-1,1,1)$ e o usuário C tem $c_C = (1,1,-1,1,1,-1)$.

Considere o caso do usuário A se comunicando com a estação de base. A estação de base seguramente conhece o código de A. Para simplificar, imagine que a comunicação já esteja sincronizada de modo que a estação de base sabe quando procurar códigos. Se A quiser enviar um bit 1, A transmite seu código como um padrão de chip $(1,-1,-1,1,-1,1)$. Para enviar um bit 0, A transmite o complemento (1s e –1s inversos) de seu código, $(-1,1,1,-1,1,-1)$. Na estação de base, o receptor decodifica os padrões de chip. Se o receptor R receber um padrão de chip $d = (d1, d2, d3, d4, d5, d6)$ e o receptor estiver tentando se comunicar com um usuário u, de modo que ele tenha o código de u, $(c1, c2, c3, c4, c5, c6)$, o receptor realiza a seguinte função de decodificação:

$$S_u(d) = d1 \times c1 + d2 \times c2 + d3 \times c3 + d4 \times c4 + d5 \times c5 + d6 \times c6$$

O subscrito u em S simplesmente indica que u é o usuário em que estamos interessados. Vamos supor que

---

[2] Os termos FDMA, TDMA, CDMA e SDMA são basicamente equivalentes aos respectivos termos FDM, TDM, CDM e SDM. A expressão *acesso múltiplo* enfatiza que um único canal é compartilhado (acessado) por vários usuários.

[3] Este exemplo foi fornecido pelo Professor Richard Van Slyke, da Polytechnic University of Brooklyn.

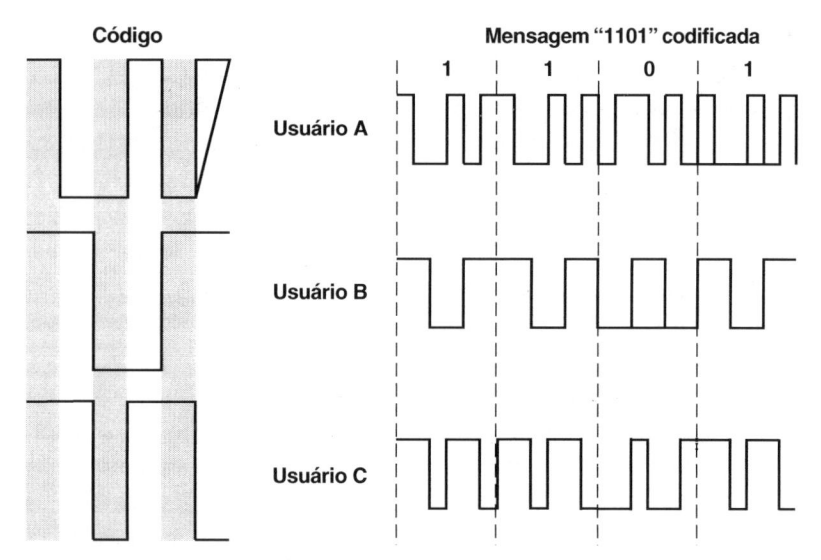

FIGURA 14.6 Exemplo de CDMA.

o usuário u seja realmente A e veja o que acontece. Se A enviar um bit 1, então, d é $(1,-1,-1,1,-1,1)$ e o cálculo anterior usando S_A se torna

$$S_A(1,-1,-1,1,-1,1) = 1 \times 1 + (-1) \times (-1) + (-1) \\ \times (-1) + 1 \times 1 + (-1) \times (-1) + 1 \times 1 = 6$$

Se A enviar um bit 0 que corresponde a $d = (-1, 1, 1, -1, 1, -1)$, temos

$$S_A(-1, 1, 1, -1, 1, -1) = -1 \times 1 + 1 \times (-1) + 1 \\ \times (-1) + (-1) \times 1 + 1 \times (-1) + (-1) \times 1 = -6$$

Observe que sempre no caso de $-6 \leq S_A(d) \leq 6$, independentemente da seqüência de -1s e 1s, que esteja esse d os únicos ds resultantes dos valores extremos de 6 e -6 são respectivamente o código de A e seu complemento. Então, se S_A produz um $+6$, dizemos que recebemos um bit 1 de A; se S_A produz um -6, dizemos que recebemos um bit 0 do usuário A; do contrário, consideramos que outra pessoa está enviando informações ou existe um erro. Mas, fazer tudo isso para quê? A razão se torna clara ao observarmos o que acontece se o usuário B estiver enviando, e tentarmos recebê-lo com S_A, ou seja, estamos decodificando com o código errado, o de A. Se B enviar um bit 1, então, $d = (1,1,-1,-1,1,1)$. Assim,

$$S_A(1, 1, -1, -1, 1, 1) = 1 \times 1 + 1 \times (-1) + (-1) \\ \times (-1) + (-1) \times 1 + 1 \times (-1) + 1 \times 1 = 0$$

Portanto, o sinal indesejado (de B) não aparece de modo algum. Você pode facilmente verificar que se B tivesse enviado um bit 0, o decodificador produziria um valor de 0 para S_A novamente. Isso significa que se o decodificador for linear e se A e B transmitem sinais s_A e s_B, respectivamente, ao mesmo tempo, então, $S_A(s_A + s_B) = S_A(s_A) + S_A(s_B) = S_A(s_A)$, já que o decodificador ignora B quando está usando o código de A. Os códigos de A e B que possuem a propriedade de $S_A(c_B) = S_B(c_A) = 0$ são chamados *ortogonais*. Esses códigos são muito bons, mas não existem muitos deles. O caso mais comum é quando $S_x(c_Y)$ é pequeno em valor absoluto quando $X \neq Y$. Então, é fácil distinguir entre os dois casos quando $X = Y$ e quando $X \neq Y$. Em nosso exemplo, $S_A(c_C) = S_C(c_A) = 0$, mas $S_B(c_C) = S_C(c_B) = 2$. No último caso, o sinal C daria uma pequena contribuição para o sinal decodificado em vez de 0. Usando o decodificador, S_u, o receptor pode classificar a transmissão de u mesmo quando houver outros usuários transmitindo na mesma célula.

Na prática, o receptor CDMA pode filtrar a contribuição dos usuários indesejados ou elas aparecem como ruído de baixo nível. Entretanto, se houver muitos usuários competindo pelo canal com o usuário que o receptor está tentando escutar, ou se a potência de sinal de um ou mais sinais concorrentes for muito alta, talvez por estar muito próximo do receptor (o problema do "próximo/distante"), o sistema não funciona. O ganho de codificação que obtemos, que é 6 em nosso exemplo simples, pode ser mais de 100 nos sistemas práticos, de modo que a capacidade de nosso decodificador filtrar códigos indesejados pode ser bastante eficaz.

Que método de acesso usar?

A Figura 14.7 ilustra as diferenças entre os métodos FDMA, TDMA e CDMA. Basicamente, com o FDMA, cada usuário se comunica com a estação de base em sua própria banda de freqüência estreita. Para o TDMA, os usuários compartilham uma banda de freqüência mais larga e se revezam na comunicação com a estação de base. Para o CDMA, muitos usuários podem usar simultaneamente a mesma banda de freqüência larga. O sinal do usuário é codificado a partir de um código único de modo que pareça um ruído de fundo para outros usuários. A estação de base usa os mesmos códigos para decifrar os diferentes sinais de usuário. O CDMA permite que mais usuários compartilhem determinada largura de banda em comparação com o FDMA ou o TDMA.

Além das formas puras de divisão de canal (FDMA, TDMA, CDMA, SDMA), formas híbridas também são possíveis. Por exemplo, o sistema de segunda geração conhecido como GSM usa o FDM para dividir o espectro selecionado em 124 canais. Cada canal, então, é dividido em até oito partes usando o TDMA. O número possível de usuários em qualquer célula é potencialmente enorme. Qualquer assinante na área poderia entrar na célula; além disso, um mundo inteiro de visitantes poderia aparecer. Felizmente, o número de clientes que está em determinada célula em determinado momento e usa suas unidades para chamadas é em geral muito pequeno. O problema é como identificar os usuários ativos em uma célula e como lhes atribuir subcanais vagos. As unidades móveis/assinantes que entram em uma célula por handoff podem receber a atribuição de um canal diretamente do escritório de comutação móvel. A questão continua sendo o que fazer quanto às unidades móveis/assinantes que acabaram de ser ativadas. Uma solução simples é usar um canal de acesso aleatório, em que qualquer usuário pode transmitir a qualquer hora. Se dois usuários transmitem aproximadamente ao mesmo tempo, seus sinais interferem entre si e cada qual precisa retransmitir. Como a mensagem de uma unidade móvel/assinante que anuncia sua presença é bastante curta e rara, a fraca utilização, característica dos canais de acesso aleatório, não chega a ser um problema. De igual modo, as informações de controle provenientes de uma unidade móvel/assinante podem ser transportadas no mesmo modo de acesso aleatório. Uma mensagem de controle deve atribuir à unidade móvel/assinante um canal dedicado quando uma conversação ou transferência de dados for necessária.

Portanto, a atribuição de canais e outras funções de controle que são relativamente curtas e raras podem ser iniciadas a partir de um método de acesso aleatório, enquanto as atividades de tráfego mais alto podem ser realizadas em subcanais de conversação dedicados, derivados de um esquema de acesso múltiplo.

Os principais esquemas de acesso múltiplo usados na telefonia celular (e também na comunicação via satélite) são FDMA (por exemplo, o sistema AMPS de primeira

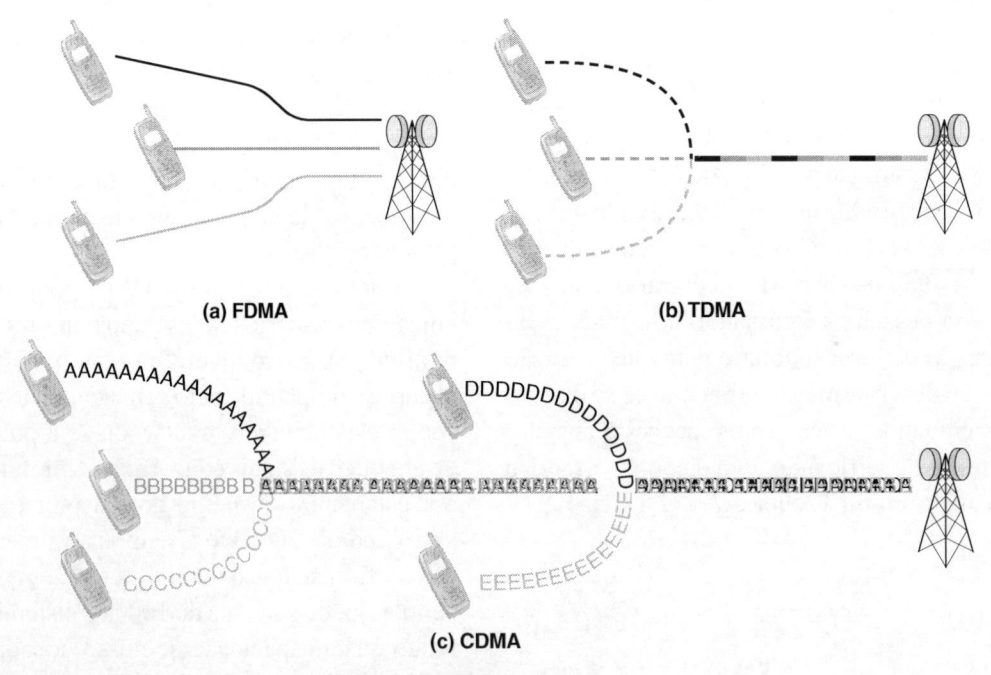

FIGURA 14.7 Esquemas de acesso múltiplo celular.

geração), TDMA (por exemplo, Digital AMPS, o sucessor digital do AMPS, e GSM, que também usa FDM) e CDMA, cuja pioneira é a Qualcomm. Esta relação está em ordem crescente de complexidade de implementação e também de eficiência espectral. No Digital AMPS, os canais de 30kHz do AMPS são divididos em subcanais usando TDM, produzindo uma melhoria de aproximadamente 3:1 na utilização do espectro. A Qualcomm afirma que há uma melhoria de dez vezes para os sistemas CDMA em relação ao AMPS. O CDMA usa o *soft handoff*, em que a potência dos códigos nas células antigas e novas é somada pela unidade móvel. Na outra direção, os dois sinais recebidos pelos dois transceptores de base podem ser comparados para gerar uma melhor comunicação.

Nos Estados Unidos, tem havido controvérsia quanto ao método de acesso a adotar. O FDMA representa claramente muito desperdício de espectro para os sistemas modernos. Além disso, com o desenvolvimento de chips de processamento digital de sinal de alto desempenho, o FDMA não é necessariamente mais fácil de implementar do que o TDMA. Entretanto, a escolha entre TDMA e CDMA é uma questão discutível. Os adeptos do TDMA alegam que as vantagens teóricas do esquema CDMA são difíceis de perceber na prática e que há muito mais experiências bem-sucedidas com o TDMA. Os proponentes do CDMA argumentam que as vantagens teóricas podem ser percebidas e que o CDMA oferece recursos adicionais, como faixa ampliada. Os sistemas TDMA conseguiram uma liderança precoce nas atuais implementações em todo o mundo. Mas, grandes fornecedores de sistemas sem fio estão começando a fazer negócio com vendedores de CDMA e o CDMA parece ser o método de acesso de escolha para os sistemas de terceira geração.

14.3 COMUNICAÇÃO SEM FIO DE TERCEIRA GERAÇÃO

O objetivo da terceira geração de comunicação sem fio é fornecer comunicação sem fio de altíssima velocidade para aceitar multimídia, dados e vídeo, além de voz. A iniciativa International Mobile Telecommunications para o ano 2000 (IMT-2000) da ITU definiu a visão da ITU em relação às capacidades da terceira geração da seguinte maneira:

- Qualidade de voz comparável à da rede pública de telefonia comutada
- Velocidade de dados de 144kbps disponível a usuários em veículos motorizados de alta velocidade sobre grandes áreas
- 384kbps disponíveis a pedestres parados ou movendo-se lentamente sobre pequenas áreas
- Suporte (a ser introduzido) para 2.048Mbps para uso em local de trabalho
- Suporte para serviços de dados de comutação de pacotes e comutação de circuitos
- Interface adaptável à Internet para refletir eficientemente a assimetria comum entre tráfego de entrada e saída
- Uso mais eficiente do espectro disponível em geral
- Suporte para uma ampla variedade de equipamentos móveis
- Flexibilidade para permitir a introdução de novos serviços e tecnologias

Em termos gerais, uma das forças-motrizes da tecnologia de comunicação moderna é a tendência em direção às telecomunicações pessoais universais e ao acesso de comunicação universal. O primeiro conceito se refere à capacidade de uma pessoa de se identificar facilmente e usar convenientemente qualquer sistema de comunicação em um país inteiro, por meio de um continente ou mesmo em nível mundial, em função de uma única conta. O segundo conceito se refere à capacidade de usar o terminal de alguém em uma ampla variedade de ambientes para se conectar a serviços de informação (por exemplo, ter um terminal portátil que funcione igualmente bem no escritório, na rua e no avião). Obviamente, essa revolução na computação pessoal envolve a comunicação sem fio de uma maneira fundamental. A telefonia celular GSM com seu módulo de identidade de assinante, por exemplo, é um grande passo em direção a esses objetivos.

Os sistemas de comunicações pessoais (PCSs) e as redes de comunicação pessoal (PCNs) são nomes associados a esses conceitos de comunicação sem fios globais, e também formam objetivos para os sistemas sem fio de terceira geração.

Geralmente, a tecnologia planejada é digital usando o acesso múltiplo de divisão de tempo ou o acesso múltiplo de divisão de código para fornecer uso eficiente do espectro e alta capacidade.

Os fones de ouvido PCS são projetados para ser de baixa capacidade e relativamente pequenos e leves. Há um empenho internacional no sentido de permitir que os mesmos terminais sejam usados em todo o mundo. As alocações de freqüência mundiais foram criadas para telefones sem fio de segunda geração (CT-2) na região de 800MHz e para comunicação pessoal mais avançada na banda de espectro de 1,7 a 2,2GHz.

A World Administrative Radio Conference (WARC 92) de 1992 resultou em alocações mundiais para futuros sistemas públicos de telecomunicações móveis em solo (FPLMTS). Esse conceito inclui serviços terrestres e baseados em satélite. Além disso, foram feitas alocações para serviços de satélite de baixa órbita terrestre (LEO) que podem ser usados para aceitar comunicação pessoal.

Algumas tecnologias propostas que são baseadas no PCS são American Digital Cellular System, Japanese Digital Cellular System, telefones sem fio de segunda geração (CT-2), o Global System for Mobile Communications (GSM) da Comunidade Européia para serviço celular digital e Digital European Cordless Telephone (DECT). Essas tecnologias envolvem telefonia sem fio avançada, que pode ser aceita pelos satélites LEOs e os satélites geoestacionários, bem como por antenas terrestres. A tecnologia está se desenvolvendo rapidamente. Uma capacidade de terceira geração desejável é o telefone móvel e terminais móveis que podem acessar serviços da Web.

Wireless Application Protocol (WAP)

O Wireless Application Protocol (WAP) é um padrão universal aberto, desenvolvido pelo WAP Forum para fornecer acesso a serviços de telefonia e de informação como Internet e Web aos usuários móveis de telefones sem fio e de outros terminais sem fio como pagers e PDAs. O WAP é projetado para operar com todas as tecnologias de rede sem fio (como GSM, CDMA e TDMA). Ele também é baseado nos padrões da Internet existentes, como IP, XML, HTML e HTTP, o máximo possível. Ele também inclui recursos de segurança. A Ericsson, a Motorola, a Nokia e a Phone.com estabeleceram o WAP Forum em 1997, que agora possui várias centenas de membros. O WAP Forum lançou a versão 1.1 do WAP em junho de 1999.

O que afeta fortemente o uso dos telefones e terminais móveis para serviços de dados são as limitações consideráveis dos dispositivos e das redes que os conectam. Os dispositivos possuem processadores, memória e bateria limitados. A interface com o usuário também é limitada e os visores são pequenos. As redes sem fio são caracterizadas pela largura de banda relativamente baixa, alta latência e disponibilidade e estabilidade imprevisíveis, comparadas com as conexões com fio. Além disso, todos esses recursos variam grandemente de um dispositivo terminal para outro e de uma rede para outra. Finalmente, os usuários móveis sem fio possuem expectativas e necessidades diferentes de outros usuários de sistemas de informação. Por exemplo, os terminais móveis precisam ser extremamente fáceis de usar, muito mais do que as estações de trabalho e computadores pessoais. O WAP é projetado para lidar com esses desafios.

A especificação WAP inclui o seguinte:

- Um modelo de programação baseado no modelo de programação Web
- Uma linguagem de marcação, a Wireless Markup Language, em conformidade com a XML
- Uma especificação de um pequeno navegador adequado para um terminal móvel sem fio
- Uma pilha de protocolo de comunicação leve
- Uma estrutura para aplicações de telefonia sem fio (WTAs)

O modelo de programação WAP

O modelo de programação WAP é baseado em três elementos: o *cliente*, o *gateway* e o *servidor original* (Figura 14.8). O HTTP é usado entre o gateway e o servidor original para transferir conteúdo. O gateway age como um servidor proxy para o domínio sem fio. Seu processador (ou processadores) fornece serviços que contornam as capacidades limitadas dos terminais sem fio móveis de mão. Por exemplo, o gateway fornece serviços de DNS, converte entre pilha de protocolo WAP e a pilha WWW (HTTP e TCP/IP), codifica informações da Web em uma forma mais compacta que minimiza a comunicação sem fio e, na outra direção, decodifica a forma compactada em convenções de comunicação Web padrão. O gateway também coloca em cache informações freqüentemente requisitadas.

A Wireless Markup Language (WML)

A WML não considera um teclado ou um mouse padrão um dispositivo de entrada. Ela é projetada para operar com keypads telefônicos, styluses e outros dispositivos de entrada comuns à comunicação sem fio móvel. Os documentos WML são subdivididos em unidades pequenas e bem-definidas da interação do usuário, chamados *cartões*. Os usuários navegam movendo-se para a frente e para trás entre os cartões. A WML usa um pequeno conjunto de tags de marcação, apropriado aos sistemas baseados em telefonia.

O micronavegador

O micronavegador (ou microbrowser) é um modelo de interface com o usuário, apropriado para dispositi-

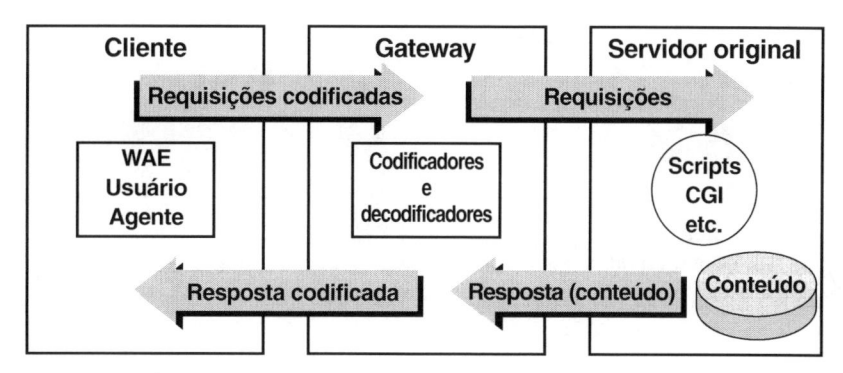

FIGURA 14.8 Modelo de programação WAP.

vos sem fio móveis. Um keypad telefônico de 12 teclas tradicional é usado para inserir caracteres alfanuméricos. Os usuários navegam entre os cartões WML usando teclas de rolagem para cima e para baixo, em vez de um mouse. Recursos de navegação familiares da Web (por exemplo, Back, Home e Bookmark) também são fornecidos.

Wireless Telephony Applications (WTAs)

A WTA fornece uma interface para os sistemas telefônicos locais e remotos. Portanto, usando o WTA, os desenvolvedores de aplicações podem usar o micronavegador para originar chamadas telefônicas e para responder a eventos da rede telefônica.

Um exemplo de configuração

A Figura 14.9 representa esquematicamente uma possível configuração WAP. Existem três redes: a Internet (excluindo a rede sem fio), a rede pública de telefonia comutada (PSTN) e a rede sem fio baseada, por exemplo, no GSM. O cliente poderia ser um terminal móvel de mão na rede sem fio. Ele se comunica, neste exemplo, com dois gateways; um é o WAP Proxy para a Internet. O WAP Proxy se comunica em nome do terminal com servidores na Internet. O Proxy traduz informações HTML para WML e as envia para o terminal. O material na Internet já no formato WML é passado diretamente para o terminal sem tradução. O outro gateway, o WTA Server, é um gateway para o PSTN de modo que o terminal WAP pode acessar recursos baseados em telefonia, como controle de chamada, acesso a catálogo de endereços e manipulação de mensagens por meio do micronavegador.

14.4 COMUNICAÇÃO VIA SATÉLITE

A comunicação via satélite equipara-se em importância à fibra óptica na evolução das telecomunicações e comunicação de dados.

O coração de um sistema de comunicação via satélite é uma antena baseada em satélite em uma órbita estável sobre a Terra. Em um sistema de comunicação via satélite, duas ou mais estações na Terra ou próximas da Terra se comunicam através de um ou mais satélites que servem como estações de relé no espaço. Os sistemas de antena na Terra ou próximos dela são chamados de **estações terrestres**. Uma transmissão de uma estação terrestre para o satélite é chamada de **uplink**, enquanto as transmissões do satélite para a estação terrestre são chamadas de **downlink**. O sistema no satélite que capta um sinal de uplink e o converte em um sinal de downlink é chamado de **transponder**.

Órbitas de satélite

Satélites geoestacionários O tipo mais comum de satélite de comunicação atualmente é o satélite geoestacionário (GEO), proposto inicialmente pelo autor de ficção científica Arthur C. Clarke em 1945. Se o satélite estiver em uma órbita circular a 35.863km da super-

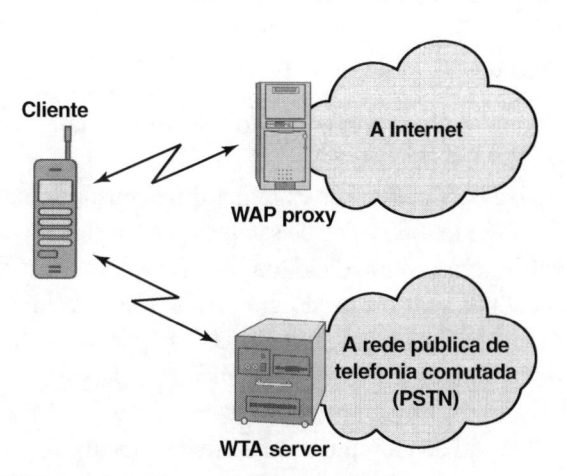

FIGURA 14.9 Esquema da rede WAP.

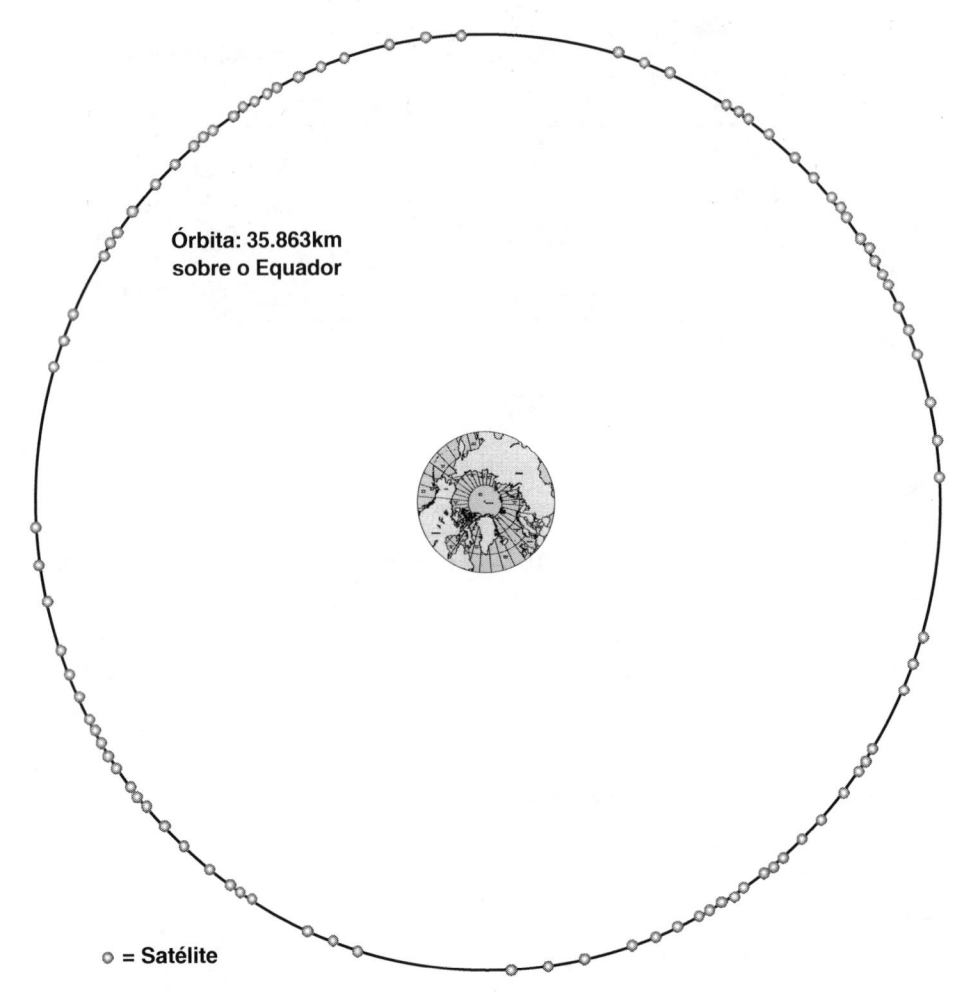

FIGURA 14.10 Órbita terrestre geoestacionária (GEO).

fície da Terra e girar no plano equatorial da Terra, ele irá girar exatamente na mesma velocidade angular da Terra e permanecerá sobre o mesmo ponto da linha do Equador em que a Terra gira.[4] A Figura 14.10 descreve a órbita GEO em escala com o tamanho da Terra; os símbolos de satélite querem indicar que existem muitos satélites na órbita GEO, alguns muito próximos uns dos outros.

A órbita GEO possui várias vantagens:

- Como o satélite é estacionário em relação à Terra, não há problemas de mudanças de freqüência devido ao movimento relativo do satélite e às antenas na Terra (efeito Doppler).

- O monitoramento do satélite por suas estações terrestres é simplificado.

- A 35.863km da Terra, o satélite pode se comunicar com praticamente um quarto do planeta; três satélites na órbita geoestacionária separados por 120° cobrem a maioria das partes habitadas de todo o globo, excluindo apenas as áreas próximas aos pólos norte e sul.

Por outro lado, existem problemas:

- O sinal pode se tornar muito fraco após viajar mais de 35.000km.
- As regiões polares e os extremos dos hemisférios norte e sul são mal-servidos de satélites geoestacionários.
- Mesmo na velocidade da luz (aproximadamente 300.000km/s) o retardo em enviar um sinal de um ponto no Equador abaixo do satélite para o satélite e de volta para a Terra é substancial.

O retardo da comunicação entre dois locais na Terra diretamente abaixo do satélite, na verdade, é de (2 ×

---

[4] O termo geossíncrono freqüentemente é usado no lugar de geoestacionário. Para os puristas, a diferença é que uma órbita geossíncrona é qualquer órbita circular em uma altitude de 35.863km, e uma órbita geoestacionária é uma órbita geossíncrona com inclinação zero, de modo que o satélite paira sobre um ponto na linha do Equador.

35.863)/300.000 ≈ 0,24s. Para outros locais não diretamente abaixo do satélite, o retardo é ainda maior. Se o enlace do satélite é usado para comunicação telefônica, o retardo acrescentado no tempo entre quando uma pessoa fala e a outra responde é multiplicado por dois, para quase 0,5s. Isso definitivamente é perceptível. Outra característica dos satélites geoestacionários é que eles usam suas freqüências atribuídas sobre uma área muito grande. Para aplicações ponto a multiponto, como transmissão de programas de TV, isso pode ser desejável, mas, para comunicação ponto a ponto, isso representa um grande desperdício de espectro. Antenas especiais de feixe direcionado e de ponto podem ser usadas para controlar a "pegada" ou a área de sinalização. Para resolver alguns desses problemas, órbitas diferentes da geoestacionária têm sido projetadas para satélites. Os *satélites de baixa órbita terrestre* (*LEOS*) e os *satélites de média órbita terrestre* (*MEOS*) são importantes para a comunicação pessoal de terceira geração.

Satélites LEO Os LEOs (Figura 14.11a) possuem as seguintes características:

- Órbita circular ou ligeiramente elíptica de menos de 2.000km. Os sistemas propostos e atuais estão na faixa de 500 a 1.500km.
- O período de órbita está na faixa de 1,5 a 2 horas.
- O diâmetro de cobertura é de aproximadamente 8.000km.
- O retardo de propagação de ida e volta é de menos de 20ms.
- O tempo máximo em que o satélite é visível de um ponto fixo na Terra (sobre o horizonte de rádio) é de até 20 minutos.
- Como o movimento do satélite em relação a um ponto fixo na Terra é alto, o sistema precisa ser capaz de lidar com os deslocamentos Doppler, que mudam a freqüência do sinal.
- A pressão atmosférica sobre o satélite LEO é significativa, resultando em um gradual declínio orbital.

O uso prático desse sistema requer a utilização de vários planos orbitais, cada qual com vários satélites em órbita. A comunicação entre duas estações terrestres normalmente envolverá a passagem (handoff) de sinal de um satélite para outro.

Os satélites LEO apresentam diversas vantagens sobre os satélites GEO. Além do menor retardo de propagação mencionado anteriormente, um sinal recebido do LEO é muito mais forte do que os do GEO para a mesma potência de transmissão. A cobertura do LEO pode ser mais bem localizada de modo que o espectro seja mais conservado. Por essa razão, essa tecnologia está atualmente sendo proposta para a comunicação com terminais móveis e com terminais pessoais que precisam de sinais mais fortes para funcionar. Por outro lado, para fornecer ampla cobertura por 24 horas, muitos satélites são necessários.

Houve diversas propostas comerciais para usar agrupamentos de LEOs a fim de fornecer serviços de comunicação. Essas propostas podem ser divididas em duas categorias:

- **Pequenos LEOs:** Destinam-se a operar em freqüências de comunicação abaixo de 1GHz, usando não mais que 5MHz de largura de banda e aceitando velocidades de dados de até 10kbps. Esses sistemas são destinados a paging, monitoramento e mensagens de baixa velocidade.

O Orbcomm é um exemplo desse sistema de satélite. Ele foi o primeiro pequeno LEO em operação; seus primeiros dois satélites foram lançados em abril de 1995. Ele é projetado para comunicação de paging e rajadas e é otimizado para manipular pequenas rajadas de dados de 6 a 250 bytes de tamanho. Ele é usado para as empresas rastrearem trailers, trens, equipamentos pesados e outros bens remotos e móveis. Ele também pode servir para monitorar medidores utilitários remotos, tanques de armazenamento de combustível, oleodutos etc. Além disso, é usado para permanecer em contato com trabalhadores remotos em qualquer lugar do mundo. Ele usa freqüências na faixa de 148 a 150,05MHz para os satélites e na faixa de 137 a 138MHz dos satélites. Ele possui mais de 30 satélites na baixa órbita terrestre. Aceita velocidades de dados de assinante de 2,4kbps para o satélite e de 4,8kbps de volta.

- **Grandes LEOs:** Trabalham em freqüências acima de 1GHz e aceitam velocidades de dados de até alguns megabits por segundo. Esses sistemas tendem a oferecer os mesmos serviços dos pequenos LEOs, com a adição dos serviços de voz e posicionamento. O Globalstar é um exemplo de sistema de grande LEO. Seus satélites são bastante rudimentares. Diferente de alguns dos sistemas de pequeno LEO, ele não possui processamento a bordo ou comunicação entre satélites. A maioria do processamento é feita pelas estações terrestres do sistema. Ele usa o CDMA como no padrão celular CDMA. Ele usa a banda S (aproximadamente 2GHz) para o downlink com

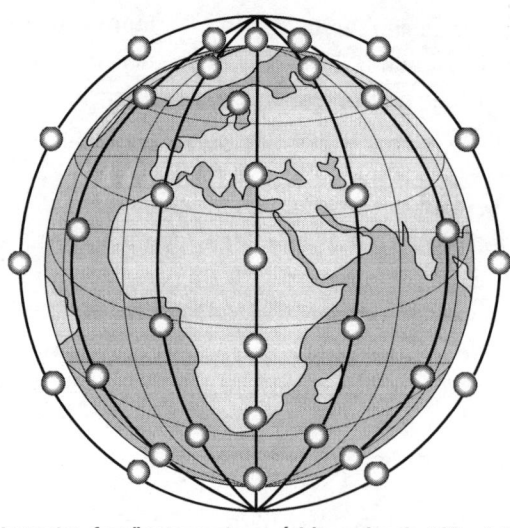

(a) Baixa órbita terrestre: freqüentemente na órbita polar de 500 a 1.500km de altitude

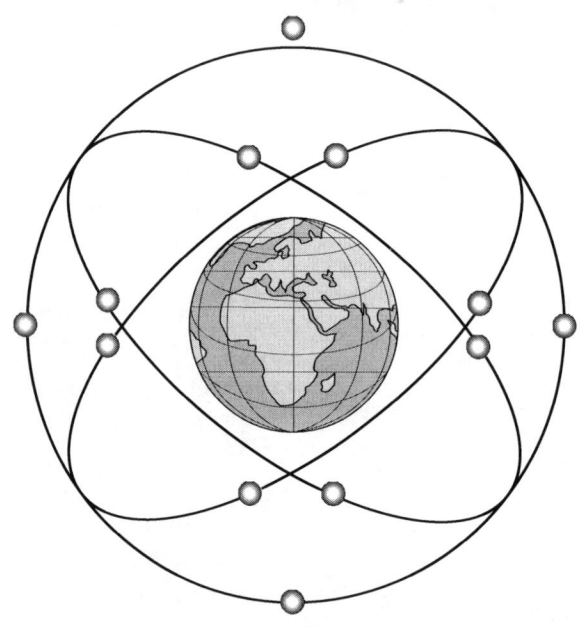

(b) Média órbita terrestre: inclinada para o Equador de 5.000 a 12.000km de altitude

FIGURA 14.11 Órbitas LEO e MEO.

usuários móveis. O Globalstar está intimamente integrado às operadoras de voz tradicionais. Todas as chamadas precisam ser processadas por meio de estações terrestres. A constelação do satélite consiste em 48 satélites operacionais e 8 reservas. Eles estão em órbitas de 1.413km de altura.

Satélites MEOs Os MEOs (Figura 14.11b) possuem as seguintes características:

- A órbita circular está em uma altitude na faixa de 5.000 a 12.000km.
- O período de órbita é de aproximadamente 6 horas.
- O diâmetro de cobertura é de 10.000 a 15.000km.
- O retardo da propagação de sinal de viagem inteira é de menos de 50ms.
- O tempo máximo em que o satélite é visível de um ponto fixo na Terra (acima do horizonte de rádio) é de algumas horas.

Os satélites MEOs exigem muito menos handoffs do que os satélites LEOs. Embora o retardo de propagação dos satélites para a Terra e a potência necessária sejam maiores do que para os LEOs, eles são substancialmente menores do que para os satélites GEOs. A nova ICO, estabelecida em janeiro de 1995, propôs um sistema MEO. Os lançamentos começaram em 2000. Doze satélites, incluindo os reservas, estão planejados para órbitas de 10.400km de altura. Os satélites serão divididos igualmente em dois planos inclinados em 45° para o Equador. As aplicações propostas são voz digital, dados, fax, notificação de alta penetração e serviços de mensagens.

Configurações de rede de satélite

A Figura 14.12 representa de uma maneira geral duas configurações comuns para a comunicação via satélite. Na primeira, o satélite está sendo usado para fornecer um enlace ponto a ponto entre duas antenas distantes baseadas no solo. Na segunda, o satélite fornece comunicação entre um transmissor baseado no solo e diversos receptores baseados no solo.

Aplicações

O satélite de comunicação é uma revolução tecnológica tão importante quanto a fibra óptica. Entre as aplicações mais importantes para os satélites estão as seguintes:

- Distribuição de televisão
- Transmissão de telefonia a longa distância
- Redes corporativas privadas

Devido à sua natureza de transmissão pública, os satélites são apropriados para a distribuição de televisão e estão sendo amplamente usados para esse fim nos Estados Unidos e em todo o mundo. Em seu uso tradicional, uma rede fornece programação de um local central. Os programas são transmitidos para o satélite e, então, difundidos para várias estações, que, por sua vez, os distribuem para os espectadores individuais. Uma aplicação mais recente da tecnologia de satélite para a distribuição de TV é o satélite de broadcast direto (DBS), em que os sinais de vídeo de satélite são transmitidos diretamente para o usuário doméstico.

A transmissão via satélite também é usada para troncos ponto a ponto entre escritórios de comutação telefônica nas redes públicas de telefonia. Ela é um meio útil para troncos internacionais de alta demanda e é

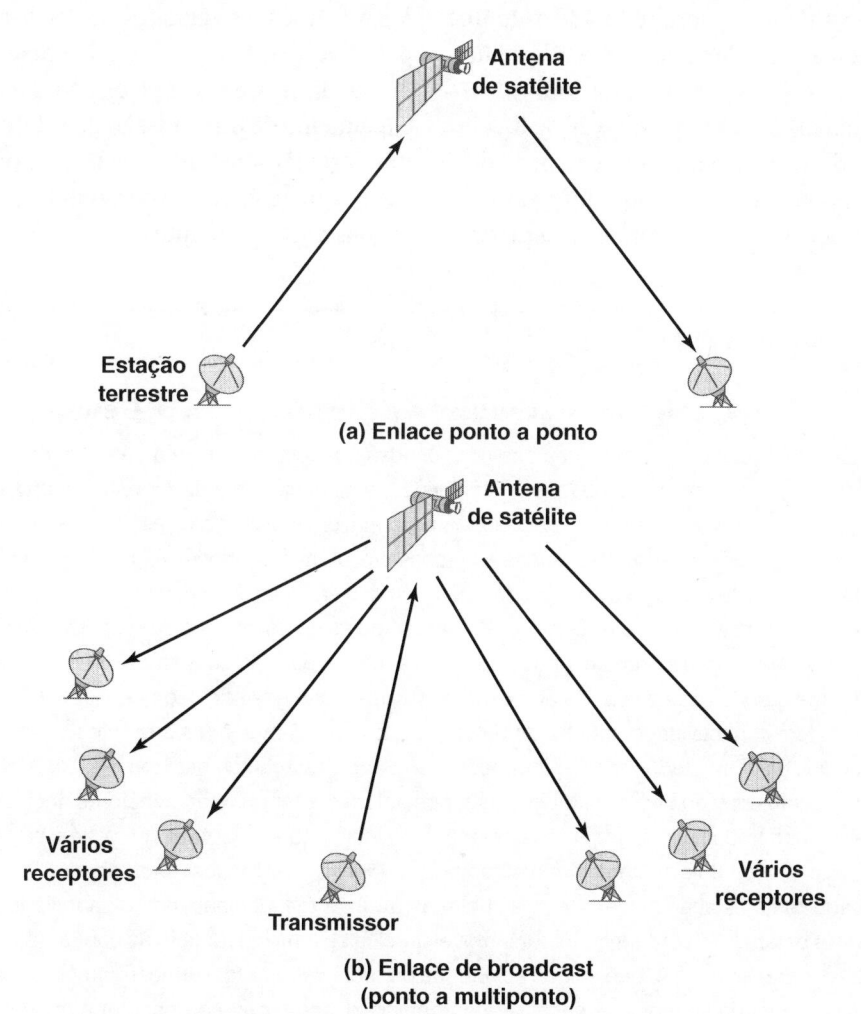

FIGURA 14.12 Configurações de comunicação via satélite.

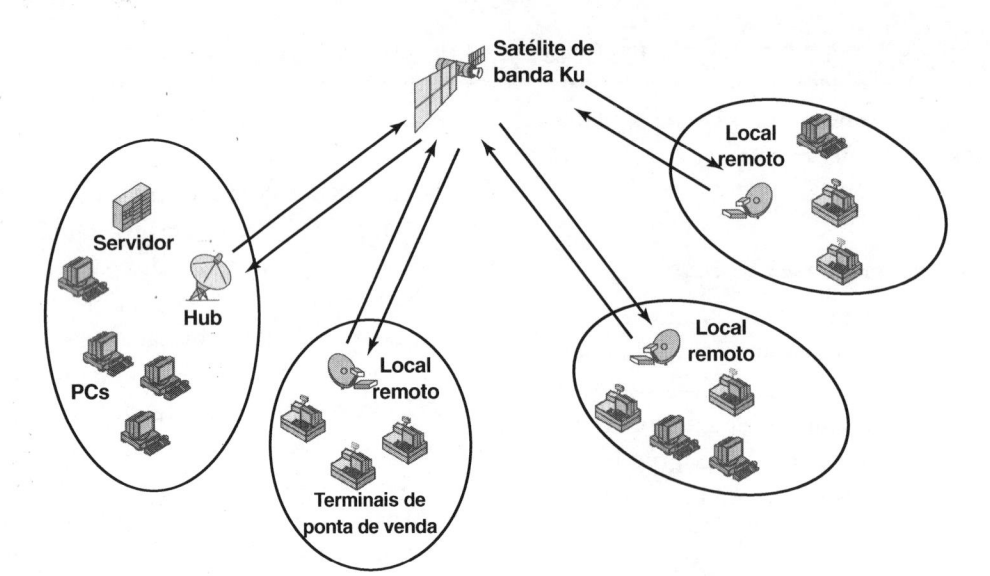

FIGURA 14.13 Configuração VSAT típica.

competitiva com os sistemas terrestres para muitos enlaces nacionais de longa distância.

Finalmente, existem inúmeras aplicações de dados corporativas para o satélite. O provedor de satélite pode dividir a capacidade total em vários canais e alugar esses canais para usuários corporativos individuais. Um usuário equipado com antenas em vários locais pode usar um canal de satélite para uma rede privada. Tradicionalmente, essas aplicações são muito caras e limitadas às organizações maiores, com necessidades de alto volume. Hoje, o sistema Very Small Aperture Terminal (VSAT) fornece uma alternativa de baixo custo. A Figura 14.13 descreve uma configuração VSAT típica. Diversas estações de assinante são equipadas com antenas VSAT de baixo custo. Usando alguma disciplina, essas estações compartilham uma capacidade de transmissão de satélite para transmitir a uma estação hub. A estação hub pode trocar mensagens com cada um dos assinantes e pode enviar mensagens entre assinantes.

NOTA DE APLICAÇÃO

PDAs, telefones celulares e laptops – Meu Deus!

As empresas estão envolvidas com várias questões relacionadas aos recursos de computação. Embora seja comum para uma organização comprar dezenas, ou mesmo centenas, de computadores desktop, as organizações ocasionalmente também precisam tomar decisões relativas à computação móvel. As escolhas realmente dependem da aplicação ou do uso para o qual o dispositivo se destina. Várias empresas procuram esticar seu orçamento para comprar dispositivos com capacidade acima da aplicação a que se destinam, ou que são insatisfatórios para as tarefas definidas e, por isso, são postos de lado. Para tomar a decisão certa, cabe fazer alguma análise no que diz respeito ao dispositivo certo.

Os laptops provavelmente são a primeira opção que vêm à mente, quando pensamos em dispositivos móveis. Os laptops possuem uma grande capacidade de processamento, memória e capacidade de disco rígido. A maioria dos novos laptops vem com conectividade sem fio embutida, que os torna ainda mais atraentes. Combinado com uma estação fixa, esse tipo de computador pode agir também como uma estação de desktop. Por mais atraentes que sejam, os laptops possuem um lado negativo. Muitos usuários optam por ter monitores maiores, teclados estendidos e um mouse extra quando trabalham no modo de desktop. Isso indica que os laptops, às vezes, são mais difíceis de usar devido ao estilo de teclado e ao tipo do mouse embutido. Outra possível desvantagem dos laptops, se o laptop for realmente usado como estação móvel, é que as baterias raramente funcionam como anunciado. Cada atividade extra consome mais bateria, e o verdadeiro usuário móvel precisa se familiarizar com as configurações de economia de energia. No final, para um usuário que exige capacidade de processamento e armazenamento e fácil acesso a todos os seus arquivos quando se move de casa para o trabalho, o laptop pode apresentar a melhor solução.

Os PDAs (Personal Data Assistants) são outra solução para a conectividade móvel. O Palm Pilots, o Handspring Visors e o Blackberries estão entre os mais populares. Todos os PDAs possuem uma ampla variedade de ferramentas, incluindo e-mail, visualização de imagens e recursos de calendário e agenda. Aplicações de uso geral do PDA parecem surgir a cada dia, além daquelas desenvolvidas localmente por uma organização. A conectividade com o PDA normalmente é obtida mediante um sistema de rádio de pacote (que avança para uma rede de fornecedor de celular local), como o General Packet Radio Service (GPRS).

Os PDAs representam um dispositivo de acesso a dados compacto e altamente portátil, que pode transferir dados de e para um computador. Os PDAs podem ser uma vantagem concreta quando é necessário um número limitado de aplicações. Um bom exemplo é o setor jurídico, em que advogados anteriormente equipados com laptops agora os substituíram por dispositivos de mão. Essa foi uma ótima solução, pois os advogados não precisavam gerar seus próprios documentos. Sua real necessidade era permanecer em contato com o escritório via e-mail. Como resultado, as empresas detectaram economias significativas e os advogados deixaram de ser sobrecarregados com o laptop mais pesado.

Um PDA não é um substituto para um laptop, já que ele não possui a capacidade necessária de processamento ou armazenamento. Embora a situação esteja melhorando, também existe a questão da usabilidade. Trabalhar com um stylus ou um teclado em miniatura pode ser uma experiência frustrante. Entretanto, para o usuário de PDA determinado, os teclados retráteis também estão disponíveis. Na verdade, os PDAs podem ser equipados com uma impressionante variedade de dispositivos add-on, incluindo módulos de conexão de rede locais com ou sem fio.

Os telefones celulares são nossa terceira opção de conectividade móvel e estão começando a fornecer alguns serviços de valor agregado, como o envio de mensagens ou o rádio bidirecional. Embora os serviços oferecidos nos Estados Unidos não estejam sequer próximos no nível dos fornecidos em outros países, eles estão melhorando. A vantagem real do telefone celular reside em sua conectividade de voz em qualquer hora e qualquer lugar. Embora um PDA possa se conectar por meio da mesma rede, o serviço de dados de pacote nem sempre está disponível e o suporte para voz não é seu forte. O mesmo é verdade para o suporte de voz de laptop. Além dos serviços de valor agregado, os telefones celulares também estão começando a mostrar sinais de aplicações para o usuário final; entretanto, as aplicações atualmente parecem estar mais voltadas para o entretenimento do que para o modelo comercial. Exmplos das capacidades adicionais dos telefones celulares incluem jogos, vídeo, fotografias e tecnologias push, como notícias de esporte e previsão do tempo.

Como sempre, antes de tudo precisamos nos perguntar: "O que estamos tentando fazer?" ou "O que precisamos fazer?" A resposta a essas perguntas em geral facilita a busca de uma solução que satisfaça as necessidades da organização. Os PDAs e telefones celulares, embora sejam considerados ferramentas necessárias, normalmente não são substitutos para o computador laptop ou desktop. Para portabilidade completa, é muito mais viável carregar um dispositivo do tamanho de maleta em vez de outro do tamanho de mesa. Por outro lado, existe uma grande diferença entre querer e precisar, sobretudo no que se refere ao resultado. As empresas são aconselhadas a verificar padrões de uso antes e depois das compras de PDA ou telefone celular para determinar se eles realmente são necessários. Mesmo que a capacidade de um laptop seja atualmente a melhor solução, as melhorias nos telefones celulares e PDAs podem nos fazer ponderar qual dispositivo usaremos na próxima geração de conectividade.

14.5 RESUMO

As redes sem fio celulares tradicionalmente têm oferecido suporte à telefonia móvel, mas agora também aceitam acesso sem fio à Internet e a outras aplicações de rede de dados sem fio. As redes celulares tornam-se onipresentes em todo o mundo e transportam uma parcela cada vez maior de tráfego de voz e dados de longa distância. Um sistema celular é baseado no princípio de usar um grande número de áreas geográficas relativamente pequenas, chamadas células, para cobrir uma grande área. A cada célula é alocada uma banda de freqüências e é servida por uma estação de base, que consiste em um transmissor, um receptor e uma unidade de controle. As células adjacentes recebem a atribuição de diferentes freqüências para evitar interferência ou linha cruzada. Entretanto, células suficientemente distantes umas das outras podem usar a mesma banda de freqüência.

A capacidade disponível dentro de cada célula é compartilhada entre diversos usuários por meio de algum tipo de esquema de acesso múltiplo. Para um determinado sistema, o acesso múltiplo é baseado no TDMA, FDMA, CDMA ou alguma combinação destes.

Outra forma importante de comunicação sem fio é a comunicação via satélite. A maioria do tráfego de satélite tradicionalmente tem-se transportado por satélites geoestacionários. Recentemente, foram introduzidas redes que usam satélites LEO e MEO.

14.6 Leitura e Web sites recomendados

Os tópicos neste capítulo são estudados em mais profundidade em [STAL02a]. Um excelente texto de pesquisa é [RAPP02]. Para um tratamento técnico detalhado da transmissão e comunicação sem fio, veja [FREE97].

FREE97 Freeman, R. *Radio System Design for Telecommunications.* Nova York: Wiley, 1997.
RAPP02 Rappaport, T., *Wireless Communications: Principles and Practice.* Upper Saddle River, NJ: Prentice Hall, 2002.
STAL02a Stallings, W. *Wireless Communications and Networks.* Upper Saddle River, NJ: Prentice Hall, 2002.

Web sites recomendados

- **Cellular Telecommunications and Internet Association:** Um consórcio de indústrias que fornece informações sobre aplicações bem-sucedidas da tecnologia sem fio.
- **3G Americas:** Um grupo comercial de empresas do hemisfério ocidental que aceitam uma variedade de esquemas de segunda e terceira gerações. Inclui notícias especializadas, documentos e outras informações técnicas.
- **Lloyd Wood's Satellite Web Page:** Uma excelente sinopse da comunicação via satélite, com muitos links.
- **Satellite Industry Association:** Organização comercial representando empresas de comunicação e espaciais dos Estados Unidos no campo dos satélites comerciais. Muitos links.

14.7 Principais termos, perguntas para revisão e problemas

Principais termos

acesso múltiplo
acesso múltiplo por divisão de código (CDMA)
acesso múltiplo por divisão de espaço (SDMA)
acesso múltiplo por divisão de freqüência (FDMA)
acesso múltiplo por divisão de tempo (TDMA)
espalhamento espectral de seqüência direta (DSSS)
divisão de célula
downlink
estação de base
estação terrestre
fator de reutilização
microcélulas
rede sem fio celular
reutilização de freqüência
satélite de baixa órbita terrestre (LEO)
satélite de comunicação
satélite de média órbita terrestre (MEO)
satélite geoestacionário
setorização de célula
transponder
uplink
Wireless Application Protocol (WAP)
Wireless Markup Language (WML)

Perguntas para revisão

14.1 Que forma geométrica é usada no desenho do sistema celular?
14.2 Qual é o princípio da reutilização de freqüência no contexto de uma rede celular?
14.3 Cite cinco maneiras de aumentar a capacidade de um sistema celular.
14.4 Explique a função de paginação de um sistema celular.
14.5 O que é um handoff celular?
14.6 Em um sistema celular, descreva a função dos canais de controle e dos canais de tráfego.
14.7 Descreva o que significa o termo *acesso múltiplo* no que se refere à comunicação celular.
14.8 Explique em linhas breves o princípio por trás do CDMA.
14.9 O que é o Wireless Application Protocol (WAP)?
14.10 Explique o que são os satélites GEOS, LEOS e MEOS (incluindo o que significam os acrônimos). Compare os três tipos com relação a fatores como tamanho e forma das órbitas, potência de sinal, reutilização de freqüência, retardo de propagação, número de satélites para cobertura global e freqüência de handoff.
14.11 Sob quais circunstâncias você usaria GEOS, LEOS e MEOS, respectivamente?

Problemas

14.1 Existem muitos provedores de celular que atendem cada área geográfica e cada qual pode usar uma tecnologia diferente.
    a. Quais são os provedores em sua área e quais são as tecnologias de acesso múltiplo usadas?
    b. Quais são as tecnologias por trás dos telefones celulares usados por você ou por sua família e pelos amigos?
14.2 Considere quatro sistemas celulares diferentes que compartilham as características a seguir. As bandas de freqüência são 825 a 845MHz para transmissão de unidade móvel e 870 a 890MHz para transmissão de estação de base. Um circuito dúplex consiste em um canal de 30kHz em cada direção. Os sistemas são distinguidos pelo fator de reutilização, que é 4, 7, 12 e 19, respectivamente.
    a Suponha que, em cada um dos sistemas, o agrupamento de células (4,7,12,19) é duplicado 16 vezes. Calcule o número de comunicações simultâneas que podem ser aceitas por sistema.
    b Calcule o número de comunicações simultâneas que podem ser aceitas por uma única célula em cada sistema.
    c Qual é a área coberta, em células, por sistema?
    d Suponha que o tamanho de célula seja o mesmo em todos os quatro sistemas e uma área fixa de 100 células

seja coberta em cada sistema. Calcule o número de comunicações simultâneas que podem ser aceitas em cada sistema.

14.3 Descreva a seqüência de eventos semelhantes aos da Figura 14.5 para:

a. uma chamada de uma unidade móvel para um assinante fixo

b. uma chamada de um assinante fixo para uma unidade móvel

14.4 Um sistema celular analógico possui um total de 33MHz de largura de banda e usa dois canais símplex (um único sentido) de 25kHz para fornecer canais de voz e controle dúplex (dois sentidos).

a. Qual é o número de canais disponíveis por célula para um fator de reutilização de freqüência de (1) 4 células, (2) 7 células e (3) 12 células?

b. Considere que 1MHz seja dedicado aos canais de controle, mas apenas um canal de controle seja necessário por célula. Determine uma distribuição razoável de canais de controle e canais de voz em cada célula para os três fatores de reutilização de freqüência da parte (a).

14.5 Um sistema celular usa o FDMA com uma alocação de espectro de 12,5MHz em cada direção, uma banda de guarda de 10kHz na borda do espectro alocado e uma largura de banda de canal de 30kHz. Qual é o número de canais disponíveis?

14.6 Para um sistema celular, a eficiência espectral do FDMA é definida como $\eta_a = \dfrac{B_c N_T}{B_w}$, em que

B_c = largura de banda do canal
B_w = largura de banda total em uma direção
N_T = número total de canais de voz na área coberta

Qual é um limite superior em η_a?

14.7 O Global System for Mobile Communications (GSM) é um padrão internacional para comunicação celular digital. Forneça um resumo básico do GSM, focalizando as três principais entidades funcionais de uma rede GSM. A estratégia GSM é uma alternativa superior ou inferior ao CDMA? Justifique sua resposta.

14.8 Alguma preocupação tem sido manifestada com relação aos possíveis danos à saúde relacionados ao uso do telefone celular. Discuta os potenciais riscos à saúde com relação à tecnologia de telefonia celular. Que precauções podem ser tomadas para minimizar esses riscos?

ESTUDO DE CASO IX: Choice Hotels International

Dentro do setor hoteleiro, tem havido tradicionalmente uma divisão entre as redes que servem funções de visita e as que servem operações e administração, ambas com respeito à transmissão de dados e à transmissão de voz. Nos últimos anos, a maioria das cadeias de hotel e motel tem movido em direção à consolidação das funções múltiplas nas redes que costumavam se dedicar a um único uso. Uma integração mais íntima da voz e dados e das redes de visita e de operações/administração é uma tendência cada vez mais forte. O Choice Hotels International é um bom exemplo dessa tendência [HARL02, DORN01, UHLAOO].

O Choice Hotels International é a segunda maior franquia de hotéis do mundo, com leitos suficientes para cerca de um milhão de pessoas. A empresa possui mais de 5.000 hotéis e resorts franqueados, abertos e em construção, em 48 países com as marcas Comfort Inn, Comfort Suites, Quality, Clarion, Sleep Inn, Rodeway Inn, Econo Lodge e MainStay Suites.

O Choice aceita duas funções de redes distintas. Um Web site central que possibilita os clientes reservarem quartos em qualquer acomodação de franquia do Choice. O sistema de reserva central, conhecido como Profit Manager, encontra automaticamente o hotel mais adequado com base no local, na faixa de preço ou no padrão. Como os hotéis individuais também recebem reservas, precisa haver um meio de os hotéis permanecerem sincronizados com o sistema central.

As redes do Choice também dão suporte para seus franquiados. O Choice, na verdade, é uma empresa relativamente pequena em termos de pessoal (cerca de 2.000 empregados) e não possui ou opera hotel algum. Todos os estabelecimentos sob suas marcas são propriedades independentes e pagam ao Choice taxas de licenciamento e royalties sobre todas as vendas. Em troca, eles recebem uma variedade de serviços, incluindo marketing, controle de qualidade e gerenciamento de estoque. Muitos desses serviços são oferecidos por intermédio de rede, para permitir que os gerentes façam pedidos de suprimentos e verifiquem o satus dos registros. Essa rede de suporte é semelhante a uma intranet corporativa, mas possui uma maior necessidade de confiabilidade. Os 5.000 gerentes de hotel são, na verdade, clientes do Choice, e não empregados. Portanto, os padrões para confiabilidade e desempenho da rede são altos.

No final da década de 1990, o Choice começou a se dedicar a fornecer um sistema de reservas global de excelência. Nessa época, a sincronização das reservas locais e on-line era feita manualmente. Cada hotel fornecia ao Choice um bloco de estoque fixo para vender através do sistema de reservas central, com uma média de 30% de capacidade. Uma vez que os 30% eram vendidos, o Profit Manager listava o hotel como lotado, ainda que pudesse haver muitos quartos disponíveis nos outros 70%. O problema inverso também ocorria: se o sistema de reservas local tivesse vendido todos os quartos disponíveis, exceto aqueles atribuídos ao Choice, a equipe local precisava recusar clientes adicionais. Portanto, o sistema era inerentemente ineficaz.

Nessa época, o Choice passou de um sistema de reservas central puramente baseado em telefone para um sistema baseado na Web. O Choice descobriu, como muitas outras empresas, que deixar os clientes se servirem on-line economizava tempo e dinheiro. Além disso, diferentemente de muitos setores preocupados em mudar para o e-commerce, o setor turístico é perfeito para serviços baseados na Web. As reservas em hotéis sempre foram feitas remotamente, pelo telefone. Não existe nenhum dos problemas de implementação que costumam afligir o setor de vendas diretas on-line, pois não existem custos de remessa e problemas de entrega e distribuição. E as vantagens são visíveis. Os clientes podem ter uma lista instantânea de cada quarto disponível com seus critérios escolhidos. Eles também podem visualizar o hotel e, em alguns casos, o quarto individual. Além disso, os quartos de hotel são um exemplo típico de produto "ansioso"; como os lugares em aviões e os ingressos de cinema, eles não podem ser guardados no estoque se não forem vendidos. Portanto, eles são ideais para usar ofertas e promoções especiais de última hora, que podem ser postadas on-line ou enviadas por e-mail aos clientes interessados.

Mas, todos esses benefícios exigem uma total integração entre os sistemas de reservas local e central. O Choice decidiu implementar uma rede IP de âmbito da franquia que fornecesse a cada hotel norte-americano uma conexão permanente com o banco de dados Profit Manager central. Os critérios mais importantes para essa rede foram a cobertura e a confiabilidade. A rede precisava alcançar todas as franquias e tinha de estar altamente disponível. A capacidade não era uma preocupação especial, pois as atualizações e reservas usam pouca capacidade.

Para atender a essas necessidades, o Choice decidiu adotar uma rede por satélite. Mesmo dentro dos Estados Unidos, a cobertura universal confiável exige dispendiosas linhas alugadas ou a dependência de redes comutadas, que nem sempre podem distribuir. A situação é muito pior internacionalmente. As redes por satélite fornecem cobertura universal e são realmente mais confiáveis do que a concorrência. Os satélites que usam pratos fixos são uma tecnologia madura e estável. Os períodos de inatividade, em média, somam apenas alguns minutos por ano.

Para seu esforço inicial, o Choice recorreu a Hughes Network Systems, que configurou uma rede IP dedicada usando dois satélites geoestacionários baseados em hubs separados (Figura IX.1). O hub é um centro de controle baseado em solo que inclui diversos comutadores e roteadores. No hub, a Hughes separa o tráfego do Choice do tráfego de seus outros clientes e os roteia adequadamente. O hub de Los Angeles cobre todo os Estados Unidos por meio de um serviço de satélite de feixe amplo. O hub de Germantown controla vários feixes pontuais mais estreitos que servem o Alasca, Havaí, e fornecem capacidade extra para grandes cidades. Cada hotel é equipado com um prato VSAT.

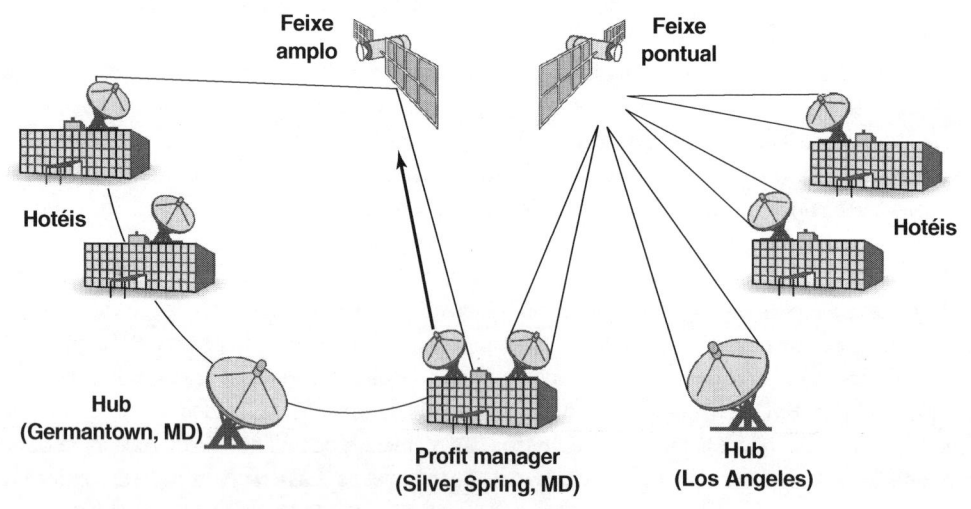

Figura IX.1 Rede americana do Choice Hotels.

Questões para análise

1. Talvez a maior desvantagem de um sistema baseado em satélite seja a latência. Altos retardos podem ser percebidos em algumas aplicações. Analise que problemas isso pode causar para o conjunto de aplicações do Choice.
2. Que problemas você poderia esperar, à medida que o Choice começasse a expandir a rede para um alcance global completo?

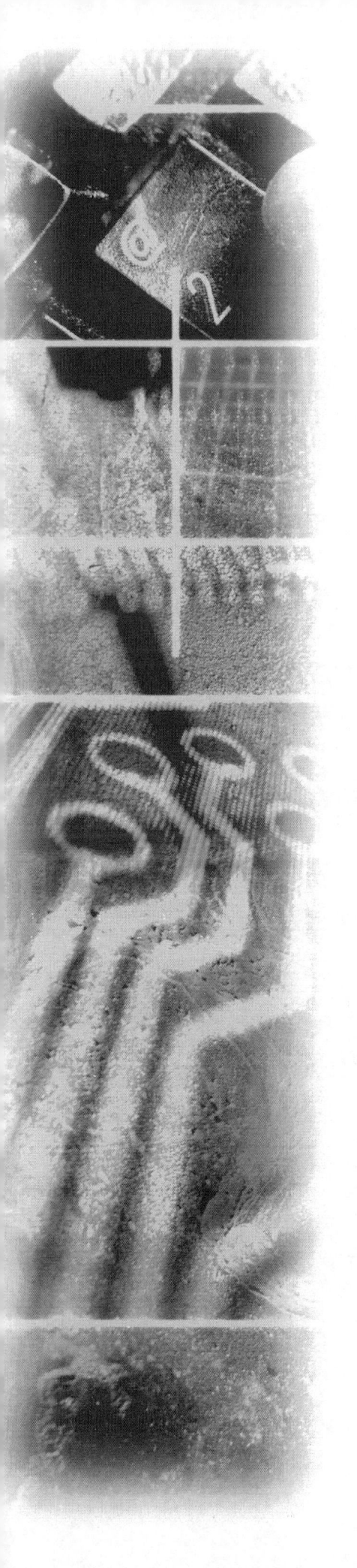

Parte Cinco

Comunicação de dados

O material na Parte Cinco trata dos aspectos fundamentais da tecnologia de comunicação. Em um contexto empresarial, é importante ter pelo menos um modesto nível de compreensão dessas tecnologias para poder avaliar vários produtos e serviços. Entretanto, na maioria dos casos, as escolhas confrontadas pelo tomador de decisão não se resumem a uma simples seleção de uma tecnologia, mas a um produto ou serviço que explora uma variedade de tecnologias. Portanto, é apenas em outros capítulos (Parte Quatro em diante) deste livro que podemos relacionar corretamente os conceitos em análise com as necessidades da empresa.

MAPA DA PARTE CINCO

CAPÍTULO 15
Transmissão de dados

Os princípios da transmissão de dados fundamentam todos os conceitos e as técnicas apresentados neste livro. Para entender a necessidade de codificação, multiplexação, comutação, controle de erro etc., o leitor deve entender o comportamento dos sinais de dados propagados por meio de um meio de transmissão. O Capítulo 15 trata da diferença entre dados digitais e analógicos e entre transmissão digital e analógica. Os conceitos de atenuação e ruído também são examinados.

CAPÍTULO 16
Fundamentos de comunicação de dados

A transmissão das informações por determinado meio envolve mais do que simplesmente inserir um sinal no meio. O Capítulo 16 examina diversos conceitos de comunicação de dados, entre os quais a transmissão analógica *versus* digital, técnicas de codificação de dados e a distinção entre transmissão síncrona e assíncrona. O capítulo também analisa o tema da detecção de erro.

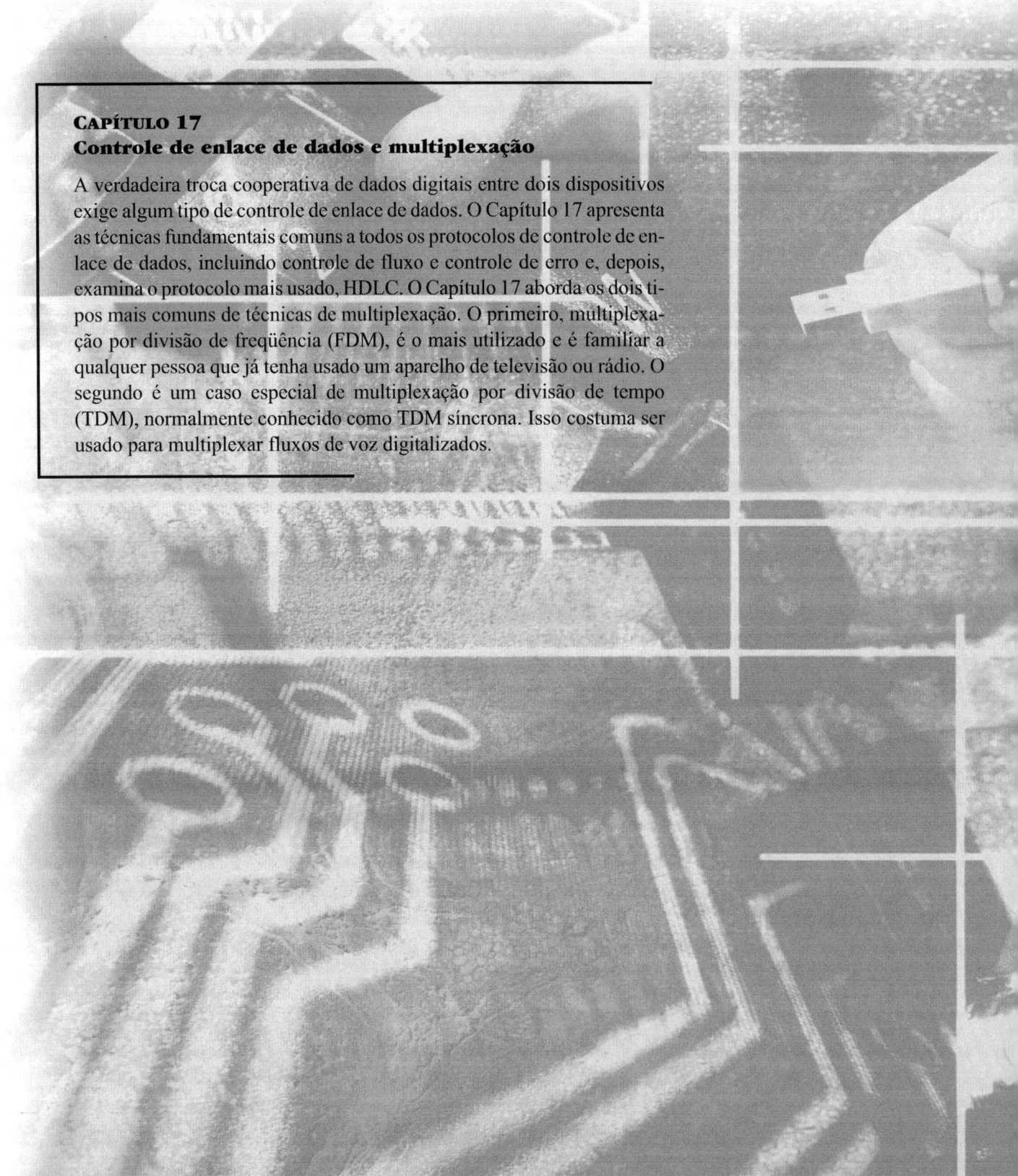

CAPÍTULO 17
Controle de enlace de dados e multiplexação

A verdadeira troca cooperativa de dados digitais entre dois dispositivos exige algum tipo de controle de enlace de dados. O Capítulo 17 apresenta as técnicas fundamentais comuns a todos os protocolos de controle de enlace de dados, incluindo controle de fluxo e controle de erro e, depois, examina o protocolo mais usado, HDLC. O Capítulo 17 aborda os dois tipos mais comuns de técnicas de multiplexação. O primeiro, multiplexação por divisão de freqüência (FDM), é o mais utilizado e é familiar a qualquer pessoa que já tenha usado um aparelho de televisão ou rádio. O segundo é um caso especial de multiplexação por divisão de tempo (TDM), normalmente conhecido como TDM síncrona. Isso costuma ser usado para multiplexar fluxos de voz digitalizados.

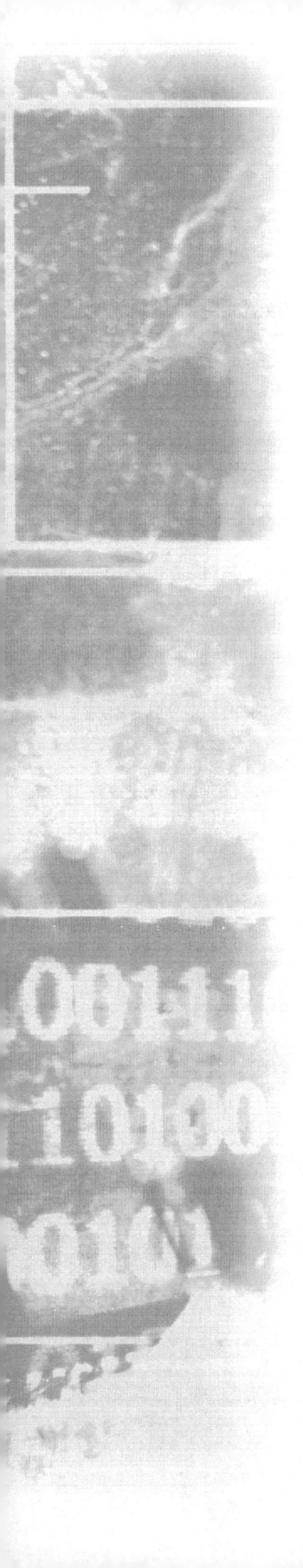

Capítulo 15

Transmissão de dados

15.1 Sinais para transmissão de informações
15.2 Deficiências de transmissão e capacidade de canal
15.3 Resumo
15.4 Leitura recomendada
15.5 Principais termos, perguntas para revisão e problemas

OBJETIVOS DO CAPÍTULO

Depois de ler este capítulo, você deverá ser capaz de

- Explicar as várias maneiras em que áudio, dados, imagem e vídeo podem ser representados por sinais eletromagnéticos.
- Analisar as diversas deficiências de transmissão que afetam a qualidade e a velocidade de transferência das informações.
- Examinar o conceito de capacidade de canal.

Neste livro, estamos preocupados com um meio especial de comunicar informações: a transmissão de ondas eletromagnéticas. Todos os tipos de informação que discutimos (áudio, dados, imagem, vídeo) podem ser representados por sinais eletromagnéticos e transmitidos por um meio de transmissão adequado.

Em primeiro lugar, veremos os tipos de sinais eletromagnéticos que são usados para transportar informações. Ao fazer isso, descreveremos a maneira mais simples em que cada um dos quatro tipos de informação pode ser representado. Em seguida, discutiremos o triste fato de que essa transmissão está sujeita a deficiências que podem acarretar erros e imperfeições. Após essa análise, podemos chegar a um entendimento do conceito da capacidade de canal.

15.1 SINAIS PARA TRANSMISSÃO DE INFORMAÇÕES

Sinais eletromagnéticos

As informações são transmitidas por meio de sinais eletromagnéticos. Um sinal eletromagnético é uma função do tempo, mas também pode ser expresso como uma função da freqüência; ou seja, o sinal consiste em componentes de diferentes freqüências. Acontece que a visão no domínio da freqüência de um sinal é muito mais importante para entender a transmissão de dados do que uma visão no domínio do tempo. As duas visões são apresentadas aqui.

Conceitos no domínio do tempo Visto como uma função do tempo, um sinal eletromagnético pode ser analógico ou digital. Um **sinal analógico** é aquele em que a intensidade do sinal varia de maneira uniforme com o tempo. Em outras palavras, não há pausas ou descontinuidades no sinal. Um **sinal digital** é aquele em que a intensidade do sinal mantém um nível constante por algum tempo e, depois, muda para outro nível constante. A Figura 15.1 mostra exemplos dos dois tipos de sinal. O sinal analógico poderia representar a fala, e o sinal digital poderia representar 1s e 0s binários.

O tipo mais simples de sinal é um **sinal periódico**, em que o mesmo padrão de sinal se repete ao longo do tempo. A Figura 15.2 mostra um exemplo de um sinal analógico periódico (onda senoidal) e de um sinal digital periódico (onda retangular). A onda senoidal é o sinal analógico fundamental. Uma onda senoidal geral pode ser representada por três parâmetros: amplitude de pico (A), freqüência (f) e fase (ϕ). A **amplitude de pico** é o valor ou a força máxima do sinal ao longo do tempo; geralmente, esse valor é medido em volts. A **freqüência** é a velocidade [em ciclos por segundo, ou hertz (Hz)] em que o sinal se repete. Um parâmetro equivalente é o **período** (T) de um sinal, que é a quantidade de tempo que ele leva para uma repetição; portanto, $T = 1/f$. **Fase** é uma medida da posição relativa no tempo dentro de um único período de um sinal, como ilustrado mais adiante.

A onda senoidal geral pode ser escrita desta forma:

$$s(t) = A \operatorname{sen}(2\pi f t + \phi)$$

A Figura 15.3 mostra o efeito de variar cada um dos três parâmetros. Na parte (a) da figura, a freqüência é de 1Hz; portanto, o período é $T = 1$ segundo. A parte (b) tem a mesma freqüência e fase, mas uma amplitude de pico de 0,5. Na parte (c), temos $f = 2$, que é equivalente a $T = 1/2$. Finalmente, a parte (d) mostra o efeito de um deslocamento de fase de $\pi/4$ radiano, que é 45 graus (2π radiano = $360°$ = 1 período).

Na Figura 15.3, o eixo horizontal é o tempo; o gráfico descreve o valor de um sinal em um ponto específico no espaço como uma função do tempo. Esses mesmos gráficos, com uma mudança de escala, podem ser aplicados com eixos horizontais no espaço. Nesse caso, os gráficos exibem o valor de um sinal em um determina-

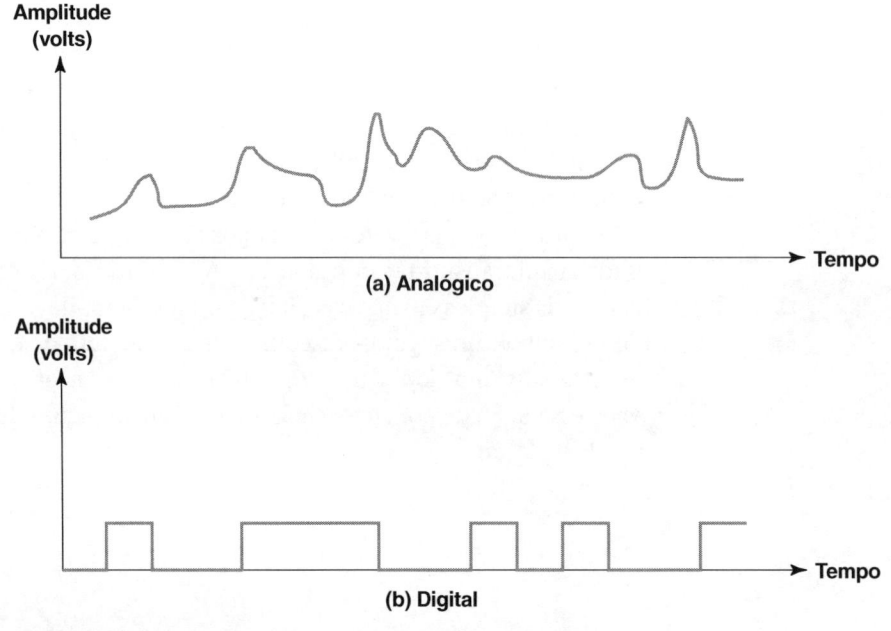

FIGURA 15.1 Formas de onda analógica e digital.

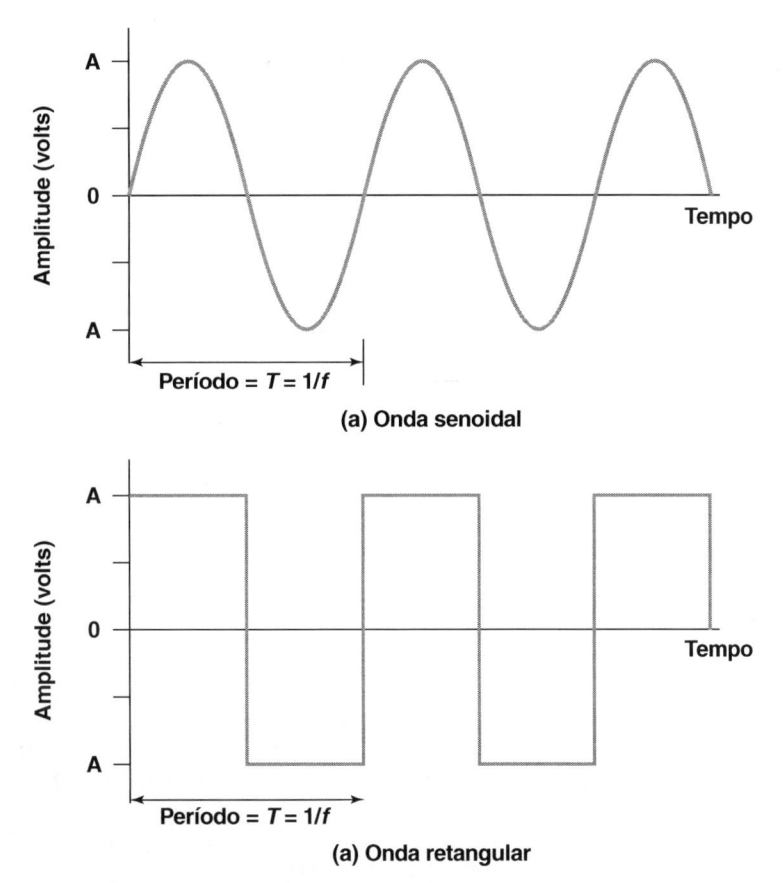

FIGURA 15.2 Exemplos de sinais periódicos.

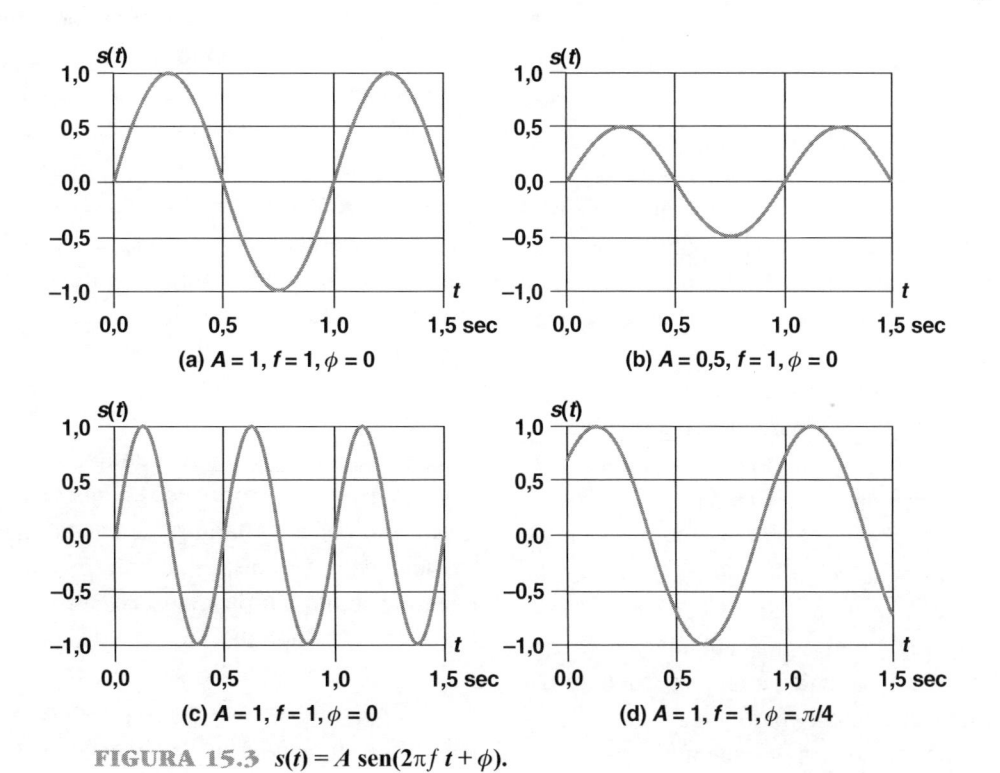

(a) Onda senoidal

(a) Onda retangular

(a) $A = 1, f = 1, \phi = 0$

(b) $A = 0,5, f = 1, \phi = 0$

(c) $A = 1, f = 1, \phi = 0$

(d) $A = 1, f = 1, \phi = \pi/4$

FIGURA 15.3 $s(t) = A\,\text{sen}(2\pi f\,t + \phi)$.

do ponto no tempo como uma função da distância. Por exemplo, para uma transmissão senoidal (digamos, uma onda de rádio eletromagnética a alguma distância de uma antena de rádio ou um som a alguma distância do alto-falante) em um dado instante no tempo, a intensidade do sinal varia de maneira senoidal como uma função da distância desde a origem.

Existe uma relação simples entre as duas ondas senoidais, uma no tempo e uma no espaço. O **comprimento de onda** (λ) de um sinal é definido como a distância ocupada por um único ciclo, ou, em outras palavras, a distância entre dois pontos da fase correspondente de dois ciclos consecutivos. Imagine que o sinal esteja viajando com uma velocidade v. Então, o comprimento de onda está relacionado com o período desta maneira: $\lambda = vT$. Equivalentemente, $\lambda f = v$. De particular relevância para esta discussão é o caso onde $v = c$, a velocidade da luz no espaço livre, que é aproximadamente 3×10^8m/s.

Conceitos de domínio da freqüência Na prática, um sinal eletromagnético será composto de muitas freqüências. Por exemplo, o sinal

$$s(t) = (4/\pi) \times (\operatorname{sen}(2\pi f\ t) + (1/3)\operatorname{sen}(2\pi(3f)t))$$

é mostrado na Figura 15.4c. Os componentes desse sinal são apenas ondas de seno de freqüências f e $3f$; as partes (a) e (b) da figura mostram esses componentes individuais. Existem duas observações interessantes que podem ser feitas em relação a essa figura:

- A segunda freqüência é um múltiplo inteiro da primeira freqüência. Quando todos os componentes de freqüência de um sinal são múltiplos inteiros de uma freqüência, a última freqüência é considerada a **freqüência fundamental**.
- O período do sinal total é igual ao período da freqüência fundamental. O período do componente $\operatorname{sen}(2\pi ft)$ é $T = 1/f$, e o período de s(t) também é T, como pode ser visto na Figura 15.4c.

Adicionando um número suficiente de sinais senoidais, cada qual com a amplitude, freqüência e fase apropriadas, qualquer sinal eletromagnético pode ser construído. Em outras palavras, qualquer sinal eletromagnético pode se apresentar como um conjunto de sinais analógicos periódicos (ondas senoidais) em diferentes amplitudes, freqüências e fases. A importância de ser capaz de olhar um sinal da perspectiva da fre-

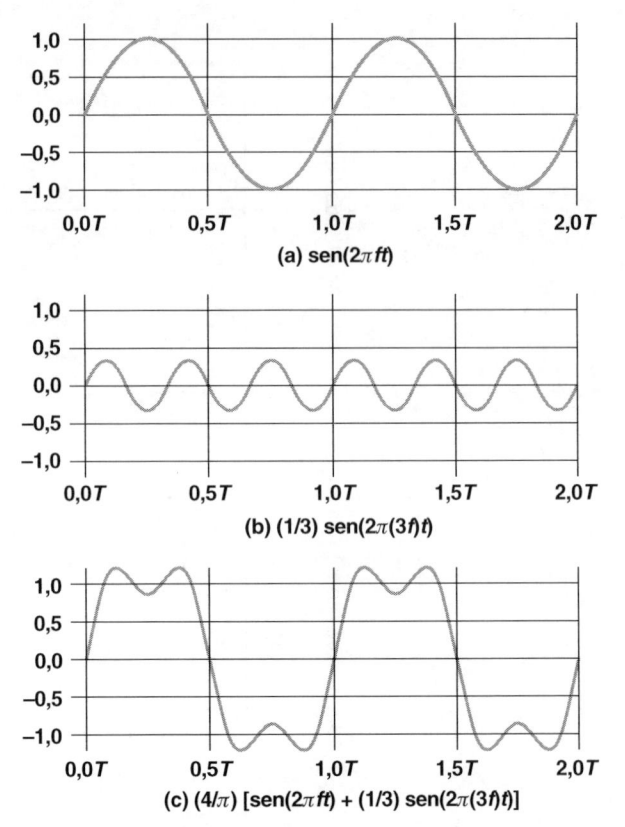

FIGURA 15.4 Adição dos componentes de freqüência ($T = 1/f$).

qüência (domínio da freqüência), em vez de uma perspectiva do tempo (domínio do tempo) deve ficar clara com o decorrer do assunto.

O **espectro** de um sinal é a faixa das freqüências que ele contém. Para o sinal da Figura 15.4c, o espectro se estende de f a $3f$. A largura de banda absoluta de um sinal é a largura do espectro. No caso da Figura 15.4c, a largura de banda é $3f - f = 2f$. Muitos sinais possuem uma largura de banda infinita. Entretanto, a maioria da energia no sinal está contida em uma banda de freqüências relativamente estreita. Essa banda é chamada de largura de banda efetiva, ou simplesmente **largura de banda**.

Existe uma relação direta entre a capacidade de um sinal transportar informações e sua largura de banda: Quanto maior for a largura de banda, mais alta será a capacidade de transportar informações. Como um exemplo muito simples, observe a onda retangular da Figura 15.2b. Suponha que um pulso positivo represente o 0 binário e um pulso negativo represente o 1 binário. Então, a forma de onda representa o fluxo binário 0101.... A duração de cada pulso é de $1/(2f)$; portanto, a velocidade de dados é de $2f$ bits por segundo (bps). Quais são os componentes de freqüência desse sinal?

Para responder a essa pergunta, observe novamente a Figura 15.4. Adicionando as ondas senoidais nas freqüências f e $3f$, obtemos uma forma de onda que começa a se parecer com a onda retangular original. Vamos continuar esse processo adicionando uma onda senoidal de freqüência $5f$, como mostra a Figura 15.5a e, depois, adicionando uma onda senoidal de freqüência $7f$, como mostra a Figura 15.5b. À medida que adicionamos mais múltiplos ímpares de f, apropriadamente escalados, a forma de onda resultante se aproxima cada vez mais da forma de onda retangular.

Realmente, podemos mostrar que os comportamentos de freqüência da onda quadrada com amplitudes A e $-A$ podem ser expressos da seguinte forma:

$$s(t) = A \times \frac{4}{\pi} \times \sum_{k \text{ odd}, k=1}^{\infty} \frac{\sin(2\pi k f t)}{k}$$

Portanto, essa forma de onda possui um número infinito de componentes de freqüência e, conseqüentemente, uma largura de banda infinita. Entretanto, a amplitude de pico do *k-ésimo* componente de freqüência, kf, é apenas $1/k$, de modo que a maioria da energia nessa forma de onda está nos primeiros componentes de freqüência. O que acontece se limitarmos a largura de banda a apenas os três primeiros componentes de freqüência? Já vimos a resposta na Figura 15.5a. Como podemos ver, a forma de onda resultante é razoavelmente próxima à da onda retangular original.

Podemos usar as Figuras 15.4 e 15.5 para ilustrar a relação entre a velocidade de dados e a largura de banda. Suponha que estejamos usando um sistema de transmissão digital que seja capaz de transmitir sinais com uma largura de banda de 4MHz. Vamos tentar transmitir uma seqüência de 1s e 0s alternados como a onda retangular da Figura 15.5c. Que velocidade de dados é possível atingir? Vejamos três casos.

Caso I. Vamos aproximar nossa onda retangular da forma de onda da Figura 15.5a. Embora essa forma de onda seja uma onda retangular "distorcida", ela é bastante próxima da onda retangular que um receptor deve ser capaz de discriminar entre um 0 binário e um 1 binário. Se fizermos $f = 10^6$ ciclos/segundo = 1MHz, então, a largura de banda do sinal

(a) $(4/\pi)[\text{sen}(2\pi ft) + (1/3)\text{sen}(2\pi(3f)t) + (1/5)\text{sen}(2\pi(5f)t)]$

(b) $(4/\pi)[\text{sen}(2\pi ft) + (1/3)\text{sen}(2\pi(3f)t) + (1/5)\text{sen}(2\pi(5f)t) + (1/7)\text{sen}(2\pi(7f)t)]$

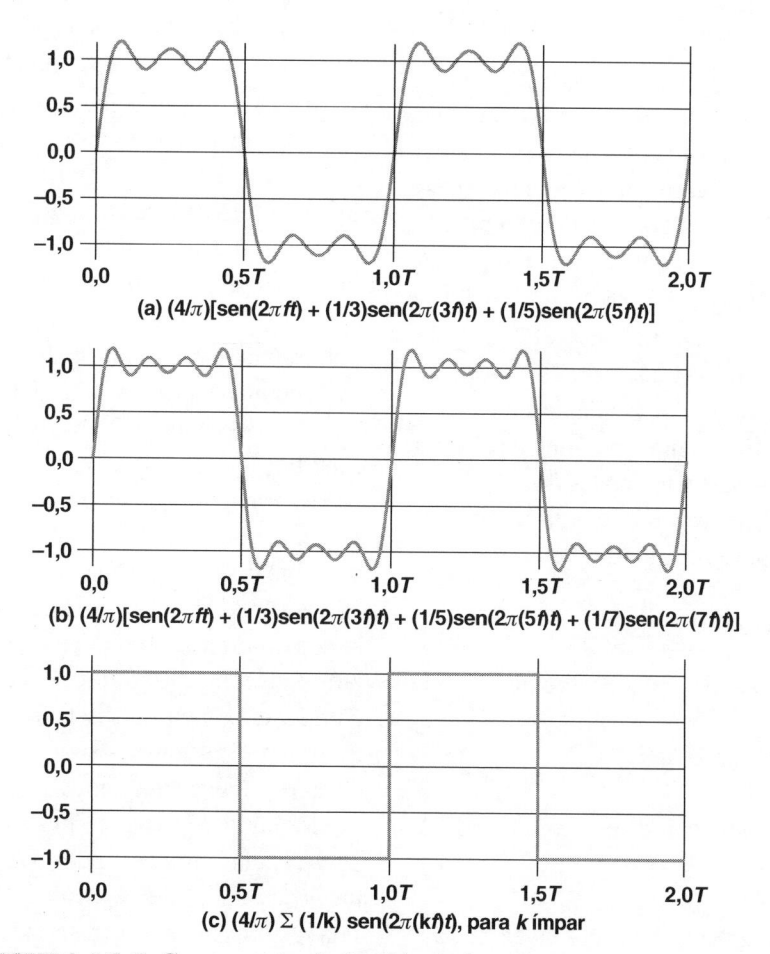

(c) $(4/\pi) \Sigma (1/k)\, \text{sen}(2\pi(kf)t)$, para k ímpar

FIGURA 15.5 Componentes de freqüência da onda retangular ($T = 1/f$).

$$s(t) = \frac{4}{\pi} \times \left[\sin((2\pi \times 10^6)t) + \frac{1}{2}\sin((2\pi \times 3 \times 10^6)t) \right.$$
$$\left. + \frac{1}{5}\sin((2\pi \times 5 \times 10^6)t) \right]$$

é $(5 \times 10^6) - 10^6 = 4$MHz. Observe que para $f = 1$MHz, o período da freqüência fundamental é $T = 1/10^6 = 10^{-6} = 1$ μs. Se tratarmos essa forma de onda como uma string de bits de 1s e 0s, um bit ocorre a cada 0,5μs, para uma velocidade de dados de $2 \times 10^6 = 2$Mbps. Portanto, para uma largura de banda de 4MHz, é obtida uma velocidade de dados de 2Mbps.

Caso II. Agora, suponha que temos uma largura de banda de 8MHz. Vamos olhar novamente a Figura 15.5a, mas, agora, com $f = 2$MHz. Usando a mesma linha de raciocínio de antes, a largura de banda do sinal é $(5 \times 2 \times 10^6) - (2 \times 10^6) = 8$MHz. Mas, nesse caso, $T = 1/f = 0,5$μs. Como resultado, um bit ocorre a cada 0,25μs para uma velocidade de dados de 4Mbps. Assim, dobrando a largura de banda e mantendo os outros parâmetros iguais, dobramos a velocidade de dados potencial.

Caso III. Agora, digamos que se considere a forma de onda da Figura 15.4c adequada para aproximar uma onda retangular. Ou seja, a diferença entre um pulso positivo e um negativo na Figura 15.4c é grande o bastante para que a forma de onda possa ser corretamente usada para representar uma seqüência de 1s e 0s. Considere, como no Caso II, que $f = 2$MHz e $T = 1/f = 0,5$μs, de modo que um bit ocorra a cada 0,25μs para uma velocidade de dados de 4Mbps. Usando a forma de onda da Figura 15.4c, a largura de banda do sinal é $(3 \times 2 \times 10^6) - (2 \times 10^6) = 4$MHz. Logo, determinada largura de banda pode aceitar várias velocidades de dados, dependendo da capacidade do receptor em discernir a diferença entre 0 e 1 na presença de ruído e outras deficiências.

Resumindo,

- **Caso I:** Largura de banda = 4MHz; velocidade de dados = 2Mbps
- **Caso II:** Largura de banda = 8MHz; velocidade de dados = 4Mbps
- **Caso III:** Largura de banda = 4MHz; velocidade de dados = 4Mbps

Podemos tirar as seguintes conclusões do estudo anterior. Em geral, qualquer forma de onda digital terá largura de banda infinita. Se tentarmos transmitir essa forma de onda como um sinal por meio de qualquer meio, o sistema de transmissão irá limitar a largura de banda que pode ser transmitida. Além disso, para qualquer meio específico, quanto maior a largura de banda transmitida, maior o custo. Assim, por um lado, razões econômicas e práticas determinam que as informações digitais sejam aproximadas por um sinal de largura de banda limitada. Por outro lado, limitar a largura de banda cria distorções que dificultam a tarefa de interpretar o sinal recebido. Quanto mais limitada for a largura de banda, maior será a distorção e maior será o potencial de erro pelo receptor.

Sinais analógicos

Sinais de áudio Assim como um sinal analógico é aquele cujo valor varia de maneira contínua, podemos dizer que as informações analógicas são aquelas que assumem valores contínuos. O exemplo mais familiar de informação analógica é a informação de áudio, ou acústica, que, na forma de ondas sonoras, pode ser percebida diretamente pelos seres humanos. Um tipo de informação acústica, é claro, é a fala humana, que possui componentes de freqüência na faixa de 20Hz a 20 kHz. Esse tipo de informação é facilmente convertido em um sinal eletromagnético para transmissão (Figura 15.6). Basicamente, todas as freqüências sonoras, cuja amplitude é medida em termos de decibéis (ou volume), são convertidas em freqüências eletromagnéticas, cuja amplitude é medida em volts. O aparelho telefônico contém um mecanismo simples para fazer essa conversão.

Portanto, a onda sonora da voz pode ser representada diretamente por um sinal eletromagnético que ocupa o mesmo espectro. Contudo, há uma necessidade de conciliação entre a fidelidade do som quando transmitido eletromagneticamente e o custo da transmissão, que aumenta com a ampliação da largura de banda. Embora, como dissemos, a fala humana tenha um espectro de 20Hz a 20kHz, testes mostraram que uma largura de banda muito menor, na faixa de 300 a 3.400Hz, produzirá uma reprodução de voz aceitável. Ou seja, se os componentes de freqüência fora dessa faixa forem subtraídos, os restantes soarão muito naturais. Por esse motivo, as redes telefônicas podem usar equipamentos de comunicação que limitam a transmissão do som para essa largura de banda (Figura 15.7). Essa redução na necessidade de capacidade para a transmissão de fala resulta em uma correspondente diminuição no custo do recurso.

Neste gráfico de um sinal analógico típico, as variações na amplitude e freqüência expressam as gradações de volume e timbre na fala ou música. Utilizam-se sinais semelhantes para transmitir imagens de televisão, mas em freqüências muito mais altas.

FIGURA 15.6 Conversão da entrada de voz para sinal analógico.

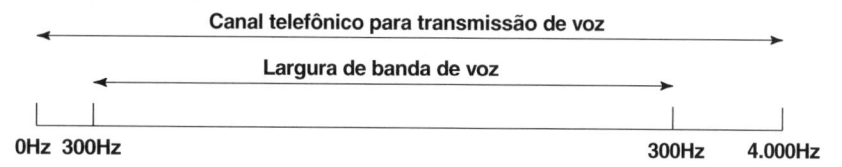

A voz humana cria ondas em muitas freqüências, mas a fala natural pode ser limitada a determinada faixa de freqüência, ou banda, de 300 a 3.400Hz. O equipamento telefônico permite uma largura de banda de voz de 4.000Hz, que inclui uma banda de guarda em cada lado da faixa de freqüência para evitar interferência de canais de voz adjacentes, quando vários canais de voz são multiplexados.

FIGURA 15.7 A banda de voz.

Repare na Figura 15.7 que a largura de banda real utilizada pela transmissão telefônica é de 4kHz, não de 3,1kHz. A largura de banda extra é usada para isolar o sinal de áudio da interferência dos sinais nas larguras de banda adjacentes.[1] Portanto, para a transmissão, o aparelho telefônico converte a onda sonora produzida pela voz que entra, em um sinal eletromagnético analógico na faixa de 300 a 3.400Hz. Esse sinal é, então, transmitido pelo sistema telefônico para um receptor de telefone, que reproduz uma onda sonora do sinal eletromagnético que chega.

Sinais de vídeo Para produzir um sinal de vídeo, utiliza-se uma câmera de TV capaz de realizar funções semelhantes ao receptor de TV. Um componente da câmera é uma chapa fotossensível, sobre a qual uma cena é oticamente focalizada. Um feixe de elétrons varre a chapa da esquerda para a direita de cima para baixo, da mesma maneira que a descrita na Figura 2.4 para o receptor. Conforme o feixe varre, um sinal elétrico analógico é produzido proporcionalmente ao brilho da cena em determinado ponto. Um total de 483 linhas é varrido em uma velocidade de 30 varreduras completas por segundo. Esse é um número aproximado, levando em conta o tempo gasto durante o intervalo de retomada vertical. O padrão real nos Estados Unidos é 525 linhas, mas, essa diferença de 42 é perdida durante a retomada vertical. Portanto, a freqüência de varredura horizontal é (525 linhas) × (30 varreduras/s) = 15.750 linhas por segundo, ou 63,5μs/linha. Desses 63,5μs, cerca de 11μs são permitidos para a retomada horizontal, deixando um total de 52,5μs por linha de vídeo.

Para transportar informações de vídeo analógico na velocidade necessária, uma largura de banda de aproximadamente 4MHz é necessária. Como ocorre com a transmissão de voz pela rede telefônica, a sinalização de vídeo pelo cabo de TV ou pelo broadcast (difusão) envolve o uso de largura de banda extra (ou bandas de guarda) para isolar os sinais de vídeo. Com essas bandas de guarda, a largura de banda padrão para a sinalização de vídeo colorido é de 6MHz.

Sinais digitais

O termo *sinalização digital* normalmente se refere à transmissão de pulsos eletromagnéticos que represen-

---

[1] No Capítulo 17, vemos que é comum ter vários sinais ocupando o mesmo meio de transmissão em diferentes partes do espectro, um processo conhecido como multiplexação. A largura de banda extra (a banda de guarda) evita que sinais adjacentes interfiram uns com os outros.

FIGURA 15.8 Conversão da entrada em PC para sinal digital.

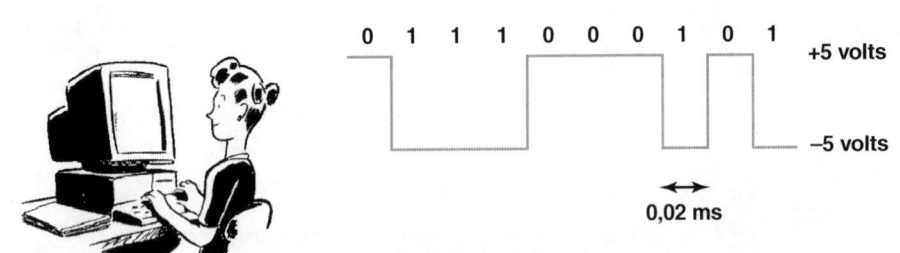

A entrada do usuário em um PC é convertida em um fluxo de dígitos binários (1s e 0s). Neste gráfico de um sinal digital típico, o 1 binário é representado por 5 volts, e o 0 binário é representado por +5 volts. O sinal para cada bit tem a duração de 0,02 milissegundos, dando uma velocidade de dados de 50.000 bits por segundo (50kbps).

tam os dois dígitos binários, 1 e 0. Por exemplo, um pulso de voltagem positiva constante poderia representar o 0 binário, e um pulso de voltagem negativa constante poderia representar o 1 binário. Outra alternativa é ter um dígito binário representado por um pulso de voltagem constante, e o outro representado pela ausência de voltagem. De qualquer forma, o que está sendo representado são informações binárias. As informações binárias são geradas por terminais, computadores e outros equipamentos de processamento de dados e, depois, convertidas em pulsos de voltagem digital para transmissão, como ilustrado na Figura 15.8. No contexto deste livro, os dados em que estamos interessados estão na forma de números ou de texto. Seja como for, precisamos converter essas informações para a forma binária; na forma binária, elas podem então ser convertidas em um sinal digital.

Para os seres humanos, os números são representados na forma decimal. No sistema decimal, 10 dígitos diferentes são usados para representar números. A posição de cada dígito em um número determina seu valor. Assim, o número decimal 83 significa oito dezenas mais três:

$$83 = (8 \times 10) + 3$$

e o número 4728 significa

$$4728 = (4 \times 1000) + (7 \times 100) + (2 \times 10) + 8$$

Dizemos que o sistema decimal possui uma base 10. Isso significa que cada dígito no número é multiplicado por 10 elevado a uma potência correspondente à posição desse dígito. Portanto,

$$83 = (8 \times 10^1) + 3$$
$$4728 = (4 \times 10^3) + (7 \times 10^2) + (2 \times 10^1) + 8$$

No sistema binário, temos apenas dois dígitos: 1 e 0. Portanto, os números no sistema binário são representados com a base 2. Assim como na notação decimal, cada dígito em um número binário possui um valor, dependendo de sua posição:

$$10 = (1 \times 2) + 0 = \text{decimal } 2$$
$$11 = (1 \times 2) + 1 = \text{decimal } 3$$
$$100 = (1 \times 2^2) + (0 \times 2) + 0 = \text{decimal } 4$$

onde o primeiro número em cada linha é um número binário. A notação binária pode ser estendida para representar valores fracionários e números negativos. Os detalhes não são relevantes aqui.

15.2 DEFICIÊNCIAS DE TRANSMISSÃO E CAPACIDADE DE CANAL

Com qualquer sistema de comunicação, o sinal que é recebido irá diferir do sinal que é transmitido, devido a várias deficiências de transmissão. Para os sinais analógicos, essas deficiências introduzem diversas modificações aleatórias que reduzem a qualidade do sinal. Para os sinais digitais, erros de bit são introduzidos: um 1 binário é transformado em um 0 binário e vice-versa. Nesta seção, iremos examinar as várias deficiências e comentar seus efeitos sobre a capacidade de transportar informações de um enlace de comunicações; o Capítulo 16 examina as medidas que podem ser tomadas para compensar essas deficiências.

Para um meio dirigido, como par trançado, cabo coaxial e fibra ótica, as deficiências mais importantes são as seguintes:

- Atenuação e distorção de atenuação
- Distorção de retardo
- Ruído

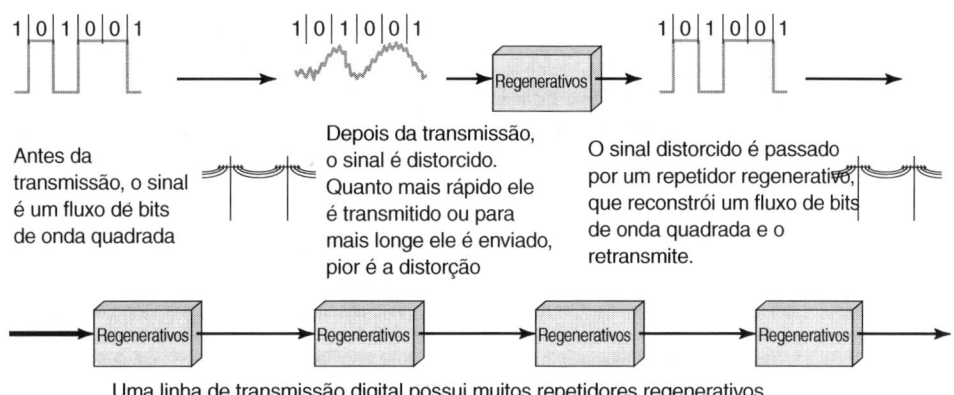

FIGURA 15.9 Repetidores regenerativos.

Com a transmissão sem fio, os problemas são os seguintes:

- Perda de espaço livre
- Absorção atmosférica
- Multicaminho
- Refração
- Ruído térmico

Meio dirigido

Atenuação Quando um sinal eletromagnético é transmitido por qualquer meio, ele gradualmente se torna mais fraco em distâncias maiores; isso é chamado de atenuação. A atenuação introduz três considerações para o engenheiro de transmissão:

1. Um sinal recebido precisa ter força suficiente para que o circuito eletrônico no receptor possa detectar e interpretar o sinal.
2. O sinal precisa manter um nível suficientemente mais alto do que o ruído para que seja recebido sem erro.
3. A atenuação é maior em freqüências mais altas, o que causa distorção.

A primeira e segunda considerações se resolvem com atenção à força de sinal e com o uso de amplificadores ou repetidores. No tipo mais simples de enlace entre transmissor e receptor, a transmissão de dados ocorre entre um *transmissor* e um *receptor* através de um *meio de transmissão*. Para distâncias muito curtas, nenhuma medida precisa ser tomada para compensar a atenuação. Para distâncias em que a atenuação se torna significativa, um ou mais dispositivos intermediários podem ser usados para compensar a deficiência. No caso dos sinais analógicos, um amplificador é usado; o amplificador aumenta a amplitude (força) do sinal. No caso ideal, o amplificador não irá alterar o conteúdo da informação do sinal. Na prática, entretanto, o amplificador introduzirá alguma distorção no sinal. Essa distorção será cumulativa se vários amplificadores forem usados ao longo do caminho entre o transmissor e o receptor. No caso dos sinais digitais, os dispositivos intermediários são um ou mais repetidores. O repetidor recebe o sinal que chega em um lado, recupera os dados binários e transmite um novo sinal digital no outro lado (Figura 15.9). Portanto, não existe uma acumulação da distorção. Contudo, qualquer erro feito na recuperação dos dados binários do sinal de entrada persistirá para o restante do caminho de transmissão.

A terceira consideração, conhecida como distorção de atenuação, é particularmente perceptível para sinais analógicos. Como a atenuação é diferente para diferentes freqüências, e o sinal é composto de vários componentes em diferentes freqüências, o sinal recebido não só tem a força reduzida, mas também é distorcido. Para resolver esse problema, existem técnicas que visam a equalizar a atenuação por meio de uma banda de freqüências. Isso normalmente é feito para linhas de telefone que usam bobinas de carga que mudam as propriedades elétricas da linha para amenizar os efeitos da atenuação.

Os sinais digitais também são compostos de diversas freqüências. Entretanto, a maior parte da energia em um sinal digital concentra-se em uma banda razoavelmente estreita. Por isso, a distorção de atenuação nos sinais digitais é um problema menos grave do que nos sinais analógicos.

Distorção de retardo A distorção de retardo é um fenômeno que ocorre nos cabos de transmissão (como par trançado, cabo coaxial e fibra óptica); ele não ocorre quando os sinais são transmitidos através do ar por meio de antenas. A distorção de retardo é causada pelo fato de que a velocidade de propagação de um sinal por meio de um cabo é diferente para diferentes freqüências. Para um sinal com uma determinada largura de banda, a velocidade tende a ser mais alta próximo à freqüência central do sinal e tende a cair perto das bordas da banda. Portanto, vários componentes de um sinal chegarão no receptor em momentos diferentes.

Esse efeito é chamado de distorção de retardo porque o sinal recebido é distorcido devido a um retardo variável em seus componentes de freqüência. A distorção de retardo é especialmente crítica para dados digitais. Devido à distorção de retardo, uma parte da energia do sinal em uma posição de bit transbordará para outras posições de bit, o que pode causar erros na recepção; isso é uma grande limitação à velocidade de dados para os dados digitais.

Ruído Quando as informações são transmitidas na forma de um sinal eletromagnético, o sinal recebido consistirá no sinal transmitido, modificado pela atenuação e as várias distorções impostas pelo sistema de transmissão, além da adição de energia eletromagnética indesejada que é inserida em algum lugar entre o transmissor e o receptor. Os sinais indesejados são chamados de **ruído**. O ruído é o principal fator limitador no desempenho dos sistemas de comunicações. O ruído pode ser dividido em quatro categorias:

- Ruído térmico
- Ruído de intermodulação
- Linha cruzada
- Ruído de impulso

O *ruído térmico* é devido à agitação térmica dos elétrons em um condutor. Ele está presente em todos os dispositivos eletrônicos e meios de transmissão e é uma função da temperatura. O ruído térmico é distribuído uniformemente entre o espectro de freqüência e, por isso, normalmente denomina-se **ruído branco**. O ruído térmico não pode ser eliminado e, portanto, impõe um limite superior no desempenho do sistema de comunicações.

Quando os sinais de diferentes freqüências compartilham o mesmo meio de transmissão, o resultado pode ser um *ruído de intermodulação*. O efeito do ruído de intermodulação é produzir sinais em uma freqüência que é a soma ou a diferença das duas freqüências originais ou múltiplos dessas freqüências. Por exemplo, se dois sinais, um em 4.000Hz e outro em 8.000Hz, compartilham o mesmo recurso de transmissão, eles podem produzir energia em 12.000Hz. Esse ruído poderia interferir com um sinal pretendido em 12.000Hz.

O ruído de intermodulação é produzido quando existe alguma não-linearidade no transmissor, no receptor ou no sistema de transmissão interventor. Normalmente, esses componentes se comportam como sistemas lineares; ou seja, a saída é igual à entrada vezes uma constante. Em um sistema não-linear, a saída é uma função mais complexa da entrada. Essa não-linearidade pode ser causada por mau funcionamento de componentes ou pelo uso de força de sinal excessiva. É nessas circunstâncias que os termos de soma e diferença ocorrem.

A *linha cruzada* já foi experimentada por qualquer pessoa que, durante uma conversa telefônica, tenha ouvido outra conversa telefônica; essa deficiência é uma combinação indesejada entre caminhos de sinal. Ela pode ocorrer por combinação elétrica entre cabos próximos ou por sobreposição dos sinais transmitidos por antenas. Em geral, a linha cruzada possui ordem de magnitude igual ou menor do que o ruído térmico.

Todos os tipos de ruído analisados até agora possuem magnitudes razoavelmente previsíveis e constantes. Portanto, é possível construir um sistema de transmissão que lide com eles. O *ruído de impulso*, no entanto, não é contínuo, consistindo em pulsos irregulares ou picos de ruído de curta duração e amplitude relativamente alta. Ele é gerado por diversas causas, incluindo distúrbios eletromagnéticos externos, como relâmpagos e falhas no sistema de comunicações.

O ruído de impulso normalmente é apenas uma pequena inconveniência para dados analógicos. Por exemplo, a transmissão de voz pode ser prejudicada por curtos cliques e estalos, sem qualquer perda de inteligibilidade. Entretanto, o ruído de impulso é a principal origem de erros na comunicação de dados digital. Por exemplo, um curto pico de energia de 0,01 segundo de duração não destruiria qualquer informação de voz, mas eliminaria cerca de 500 bits de dados transmitidos em 56kbps. A Figura 15.10 é um exemplo do efeito em um sinal digital. Aqui, o ruído consiste em um nível relativamente modesto de ruído térmico, além de alguns picos ocasionais de ruído de impulso. Os dados digitais são recuperados do sinal por amostragem da forma de onda recebida uma vez por tempo de bit. Como se pode ver, o ruído é ocasionalmente suficiente para mudar um 1 para um 0, ou um 0 para um 1.

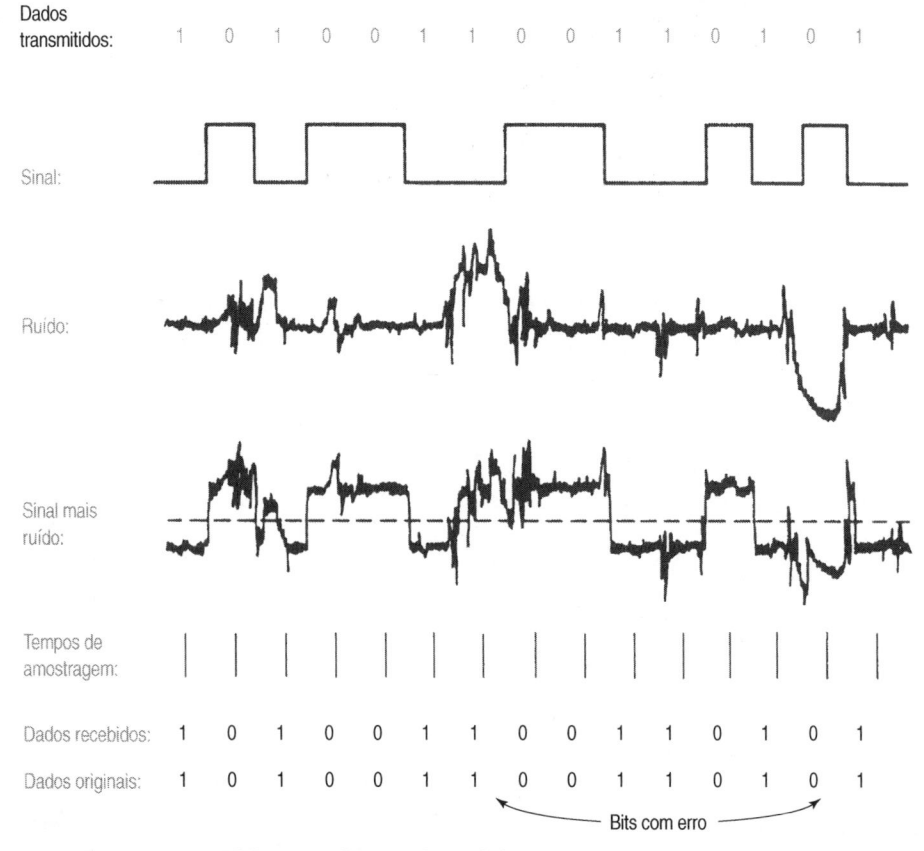

FIGURA 15.10 Efeito do ruído no sinal digital.

Meio não-dirigido

Perda de espaço livre Para qualquer tipo de comunicação sem fio, o sinal se dispersa com a distância. Portanto, uma antena com uma área fixa receberá menos potência de sinal à medida que se afasta da antena transmissora. Para comunicação via satélite, essa é a principal forma de perda de sinal. Sob condições ideais, a razão da potência P_r recebida pela antena para a potência irradiada P_t é dada por

$$\frac{P_r}{P_t} = \frac{A_r A_t f^2}{(cd)^2}$$

onde A_r é a área da antena receptora, A_t é a área da antena transmissora, d é a distância entre as antenas, f é a freqüência de portadora, $\lambda = c/f$ é a largura de banda e c = 300.000km/s é a velocidade da onda eletromagnética. Assim, para as mesmas dimensões de antena e separação, quanto mais alta for a freqüência de portadora f, mais baixa será a perda de caminho de espaço livre.

Absorção atmosférica Uma perda adicional entre as antenas transmissora e receptora é a absorção atmosférica. O vapor d'água e o oxigênio são os elementos que mais contribuem para a atenuação. Uma atenuação de pico ocorre nas proximidades de 22GHz devido ao vapor d'água. Em freqüências abaixo de 15GHz, a atenuação é menor. A presença do oxigênio resulta em um pico de absorção nas proximidades de 60GHz, mas interfere menos em freqüências abaixo de 30GHz. Chuva e neblina (gotículas de água suspensas) causam dispersão das ondas de rádio, o que resulta em atenuação. Essa pode ser uma importante causa de perda de sinal. Portanto, em áreas de precipitação significativa, qualquer segmento de caminho precisa ser mantido curto ou bandas de freqüência mais baixa precisam ser usadas.

Multicaminho Para sistemas sem fio, em que existe uma escolha relativamente livre do lugar onde as antenas devem se localizar, elas podem ser instaladas de modo que, na ausência de obstáculos interferentes por perto, haja uma linha de visão direta do transmissor até o receptor. Esse geralmente é o caso em muitos sistemas de satélite e microondas ponto a ponto. Em outros casos, como a telefonia móvel, existem obstáculos em abundância. O sinal pode ser refletido por esses obstáculos, de modo que várias cópias do sinal com retardos variáveis podem ser recebidas. Na verdade, em casos extremos, pode não haver qualquer sinal direto. Dependendo das diferenças nas distâncias de caminho das ondas diretas e refletidas, o sinal composto pode ser maior ou menor do que o sinal direto. A fortificação ou o cancelamento do sinal resultante da divisão do sinal em múltiplos caminhos pode ser controlado para a comunicação entre antenas fixas e bem-localizadas, e entre satélites e estações fixas; mas, para telefonia móvel e comunicação com antenas que não estejam bem-localizadas, as análises de multicaminho podem ser vitais.

Refração As ondas de rádio são refratadas (ou curvadas) quando se propagam pela atmosfera. A refração é causada pelas mudanças na velocidade do sinal com a altitude ou por outras alterações espaciais nas condições atmosféricas. Normalmente, a velocidade do sinal aumenta com a altitude, fazendo com que as ondas de rádio curvem para baixo. Entretanto, ocasionalmente, as condições do tempo podem levar a variações na velocidade em alturas que diferem significativamente das variações típicas. Isso pode acarretar uma situação em que apenas uma fração ou nenhuma parte da onda na linha de visão alcança a antena receptora.

Ruído térmico O ruído térmico, ou branco, é inevitável. Ele surge da atividade térmica dos dispositivos e meios dos sistemas de comunicação. Devido à fraqueza do sinal recebido pelas estações terrestres de satélite, o ruído térmico é particularmente importante para comunicação via satélite.

Capacidade de canal

Vimos que existe uma variedade de deficiências que distorcem ou enfraquecem o sinal. No que diz respeito aos dados digitais, a questão levantada é até que ponto essas deficiências limitam a velocidade de dados que pode ser atingida. A velocidade em que os dados podem ser transmitidos por meio de determinado caminho de comunicação, ou canal, sob condições específicas, é chamada de **capacidade de canal**.

Existem quatro conceitos que estamos tentando inter-relacionar:

- **Velocidade de dados:** Essa é a velocidade, em bits por segundo (bps), em que os dados podem ser comunicados.
- **Largura de banda:** É a largura de banda do sinal transmitido quando limitado pelo transmissor e pela natureza do meio de transmissão, expressa em ciclos por segundo, ou Hertz.
- **Ruído:** Esse é o nível médio do ruído sobre o caminho de comunicações.
- **Taxa de erros:** Essa é a taxa em que os erros ocorrem, onde um erro é a recepção de um 1 quando um 0 foi transmitido, ou a recepção de um 0 quando um 1 foi transmitido.

O problema que com o qual temos de lidar é o seguinte: os sistemas de comunicação são dispendiosos e, em geral, quanto maior for a largura de banda de um sistema, maior será seu custo. Além disso, todos os canais de transmissão de qualquer interesse prático são de largura de banda limitada. As limitações surgem de propriedades físicas do meio de transmissão ou de limitações deliberadas no transmissor sobre a largura de banda para evitar interferência de outras origens. Desse modo, gostaríamos de utilizar determinada largura de banda da maneira mais eficiente possível. Com relação aos dados digitais, isso significa que gostaríamos de obter a velocidade de dados mais alta possível em determinado limite de taxa de erros para uma largura de banda específica. O principal obstáculo para isso é o ruído.

Já mostramos a relação entre largura de banda e a velocidade de dados na Figura 15.4. Com todos os outros parâmetros iguais, dobrar a largura de banda duplica a velocidade de dados. Agora, analise a relação entre velocidade de dados, ruído e taxa de erros. Isso pode ser explicado intuitivamente em mais uma análise da Figura 15.10. A presença de ruído pode danificar um ou mais bits. Se a velocidade de dados aumentar, os bits se tornam "mais curtos", de modo que mais bits são afetados por determinado padrão de ruído. Portanto, em determinado nível de ruído, quanto maior for a velocidade de dados, mais alta será a taxa de erros.

Todos esses conceitos combinam-se perfeitamente em uma fórmula desenvolvida pelo matemático Claude Shannon. Como ilustrado anteriormente, quanto mais alta a velocidade de dados, maiores os danos que ruídos indesejados podem causar. Para determinado nível de ruído, esperaríamos que uma força de sinal maior melhorasse a capacidade de receber dados corretamente na presença de ruído. O principal parâmetro envolvido nesse raciocínio é a razão sinal-ruído (SNR, ou S/N), que é a razão da potência em um sinal para a potência contida no ruído que está presente em determinado ponto na transmissão. Geralmente, essa razão é medida em um receptor, pois é nesse ponto que é feita uma tentativa de processar o sinal e eliminar o ruído indesejado. A razão sinal-ruído é importante na transmissão dos dados digitais, porque ela define o limite superior na velocidade de dados atingível. O resultado de Shannon é que a capacidade de canal máxima, em bits por segundo, obedece à equação

$$C = B \log_2(1 + SNR)$$

onde C é a capacidade do canal, em bits por segundo, e B é a largura de banda do canal, em Hertz. A fórmula de Shannon representa o máximo teórico que pode ser alcançado. Na prática, entretanto, obtêm-se índices mais baixos. Uma razão para isso é que a fórmula considera o ruído térmico. O ruído de impulso não é levado em conta, nem a distorção de atenuação ou de retardo.

Podemos fazer várias observações referentes à equação de Shannon. A medida da eficiência de uma transmissão digital é a razão C/B, que é o valor de bps por Hertz que é obtido. Para determinado nível de ruído, pareceria que a velocidade de dados pudesse ser aumentada pelo aumento na força do sinal ou na largura de banda. Entretanto, conforme aumenta a força do sinal, também aumentam as não-linearidades no sistema, gerando um acréscimo no ruído de intermodulação. Note também que, como o ruído é considerado branco, quanto maior a largura de banda, mais ruído é admitido no sistema. Portanto, quando B aumenta, SNR diminui.

NOTA DE APLICAÇÃO

Sinais analógicos

Estamos cercados de sinais de uma grande variedade de origens. O entendimento desses sinais não raro pode nos ajudar a resolver problemas básicos com os equipamentos de comunicação. Por exemplo, os usuários de telefones celulares normalmente aprendem a se debruçar em janelas para melhorar sua recepção. Quando somos os responsáveis pelos sistemas de comunicação, entender os sinais à nossa volta pode significar a diferença entre o sucesso e o fracasso das operações comerciais diárias.

É interessante observar as diferenças entre os sistemas digitais e analógicos. As comunicações analógicas certamente existem há um período muito maior. Com a revolução digital nas décadas de 1970 e 1980, os sistemas analógicos foram considerados inferiores. E, agora, graças aos avanços na tecnologia celular e em outros sistemas de comunicação, todos nós queremos a comunicação digital. O interessante é que a maioria da comunicação, na verdade, ainda é analógica. Os termos *comunicação celular digital* ou *linhas de assinante digitais* realmente significam que estamos convertendo informações digitais para o transporte por uma rede analógica.

A comunicação em muitos sistemas – especialmente a comunicação através do ar – requer uma onda portadora analógica. Mesmo a comunicação de alta velocidade através de fibra óptica usa sinais analógicos. Os telefones celulares digitais ainda utilizam uma onda portadora analógica para transportar as mensagens digitalmente codificadas de um lugar para outro. Até mesmo os sinais de redes locais podem ser decompostos em suas partes analógicas componentes.

Por essa razão, o entendimento dos sinais analógicos e o efeito de instalar um sistema de comunicação dentro de um certo ambiente podem ser extremamente benéficos para uma organização. Compreender os problemas nos torna mais capazes de tomar decisões corretas durante fases de projeto, além de facilitar o diagnóstico, se problemas ocorrerem após a instalação.

Para os meios dirigidos, os problemas são mais fáceis de monitorar e eliminar. Como vimos na Nota de Aplicação no Capítulo 9, a melhor defesa contra os problemas de comunicação nos sistemas de meios dirigidos é uma instalação sólida. Isso é verdade não só para sistemas baseados em cobre, como Ethernet ou UTP, mas também em fibra óptica. Para os sistemas sem fio, mesmo o sistema de melhor qualidade pode se tornar inoperante por forças externas e incontroláveis. Essas forças não precisam ser eventos significativos como tempestades ou furacões. Mesmo pequenas alterações no ambiente podem criar problemas. Os provedores de telefones celulares sabem disso muito bem, já que vivenciaram a diferença que até mesmo uma simples árvore pode fazer, dependendo de ela estar molhada ou não. A construção local de um novo prédio ou chafariz pode criar reflexos ou mesmo eliminar a linha de visão entre a origem e o destino.

Mais graves do que o evidente problema da construção de um arranha-céu são os obstáculos invisíveis, como outras fontes de radiação eletromagnética. As torres de celular, estações de rádio, canais de polícia e bombeiros, rádio XM e muitos outros podem, individualmente ou em conjunto, criar problemas para um sistema sem fio local. No caso das comunicações ópticas sem fio, a interferência de rádio não é um problema, mas a linha de visão e as condições do tempo decerto são. Provavelmente, o pior problema em relação ao tempo é a neblina, mas outras dificuldades, como o aquecimento/resfriamento da plataforma do transceptor, vento, poeira e mesmo grandes caminhões, podem causar problemas de desalinhamento ou reduzir o desempenho.

O rádio XM representa um caso interessante de interferência. Trata-se de um serviço baseado em satélite que oferece principalmente canais de rádio de música e notícias por meio de freqüências de satélite. As freqüências são muito próximas às utilizadas por redes locais WiFi ou sem fio. Áreas ativas sem fio foram instaladas em quantidades cada vez maiores nos últimos dois anos, e essas áreas causam interferência com o receptor de rádio XM. Como os provedores de rádio XM pagam pela licença para operar nessa parte do espectro, acreditou-se que seus sinais sofriam a interferência imprópria de uma fonte não-licenciada. Infelizmente, a vasta proliferação de equipamentos de rede sem fio dificultou a correção dessa deficiência.

Os problemas experimentados por sistemas analógicos sem fio são muitos e variados. Entender como os sinais analógicos se propagam e interagem, bem como o efeito das condições locais, pode melhorar grandemente nossas chances de obter comunicações bem-sucedidas. Também é interessante notar que o que estamos aprendendo devido a nossa dependência cada vez maior da comunicação sem fio, os operadores de rádio HAM já sabem há anos.

15.3 RESUMO

Todos os tipos de informação que abordados neste livro (áudio, dados, imagem, vídeo) podem ser representados por sinais eletromagnéticos e transmitidos através de um meio de transmissão adequado. Dependendo do meio de transmissão e do ambiente de comunicações, os sinais analógicos ou digitais podem ser usados para transportar informações. Qualquer sinal eletromagnético, analógico ou digital, é composto de várias freqüências. Um parâmetro-chave que caracteriza o sinal é a largura de banda, que é a largura da faixa das freqüências que compõem o sinal. Normalmente, quanto maior a largura de banda do sinal, maior será sua capacidade de transportar informações.

Um importante problema no projeto de um sistema de comunicações é a deficiência da transmissão. As deficiências mais significativas são atenuação, distorção de atenuação, distorção de retardo e os vários tipos de ruído. As várias formas de ruído incluem o ruído térmico, ruído de intermodulação, linha cruzada e ruído de impulso. Para sinais analógicos, as deficiências de transmissão introduzem modificações aleatórias que diminuem a qualidade das informações recebidas e podem afetar a inteligibilidade. Para sinais digitais, as deficiências de transmissão podem causar erros de bit.

O projetista de um sistema de comunicações precisa lidar com quatro fatores: a largura de banda do sinal, a velocidade de dados que é usada para informações digitais, a quantidade de ruído e outras deficiências e o nível aceitável da taxa de erros. A largura de banda é limitada pelo meio de transmissão e pelo desejo de evitar interferências com outros sinais vizinhos. Como a largura de banda é um recurso escasso, é desejável maximizar a velocidade de dados obtida em determinada largura de banda. A velocidade de dados é limitada pela largura de banda, pela presença de deficiências e pela taxa de erros que é aceitável. A eficiência de um sistema de transmissão é medida pela razão entre a velocidade de dados (em bps) e a largura de banda (em Hz). As eficiências entre 1 e 5bps/Hz são consideradas satisfatórias.

15.4 Leitura recomendada

[STAL04] aborda todos os tópicos deste capítulo em mais detalhes. [FREE99] também é um tratamento claro e meticuloso dos assuntos deste capítulo. Um estudo completo da comunicação analógica e digital está em [COUC01].

COUC01 Couch, L. *Digital and Analog Communication Systems*. Upper Saddle River, NJ: Prentice Hall, 2001.
FREE99 Freeman, R. *Fundamentals of Telecommunications*. Nova York: Wiley, 1999.
STAL04 Stallings, W. *Data and Computer Communications*, 7ª edição. Upper Saddle River: NJ: Prentice Hall, 2004.

15.5 Principais termos, perguntas para revisão e problemas

Principais termos

amplitude
amplitude de pico
atenuação
capacidade de canal
comprimento de onda
distorção de retardo
espectro
fase
freqüência
freqüência fundamental
Hertz

largura de banda
onda retangular
onda senoidal
período
radiano
ruído
ruído branco
sinal analógico
sinal digital
sinal periódico

Perguntas de revisão

15.1. Estabeleça as diferenças entre um sinal eletromagnético analógico e um digital.

15.2. Cite três características importantes de um sinal periódico.

15.3. Quantos radianos existem em um círculo completo de 360 graus?

15.4. Qual é a relação entre o comprimento de onda e a freqüência de uma onda senoidal?

15.5. Defina freqüência fundamental.

15.6. Qual é a relação entre o espectro de um sinal e sua largura de banda?

15.7. Como as redes de telefone usam sistemas de comunicação que limitam a transmissão do som a uma largura de banda estreita?

15.8. O que é atenuação?

15.9. Como a distorção de retardo impõe uma limitação na velocidade de dados para dados digitais?

15.10. O que é ruído?

15.11. O que é ruído branco?

15.12. Por que o ruído térmico impõe um limite máximo no desempenho do sistema de comunicação?

15.13. O que é ruído de intermodulação?

15.14. Descreva o fenômeno conhecido como multicaminho.

15.15. Defina capacidade de canal.

15.16. Que fatores-chave afetam a capacidade de canal?

Problemas

15.1 Um sinal possui uma freqüência fundamental de 1.000 Hz. Qual é o período do sinal?

15.2 Expresse o seguinte na forma mais simples que puder:
  a. $\text{sen}(2\pi ft - \pi) + \text{sen}(2\pi ft + \pi)$
  b. $\text{sen}(2\pi ft) + \text{sen}(2\pi ft - \pi)$

15.3 O som pode ser modelado como funções senoidais. Compare a freqüência relativa e o comprimento de onda das notas musicais. Use 330m/s como a velocidade do som e as seguintes freqüências para a escala musical.

Nota	Dó	Ré	Mi	Fá	Sol	Lá	Si	Dó
Freqüência	264	297	330	352	396	440	495	528

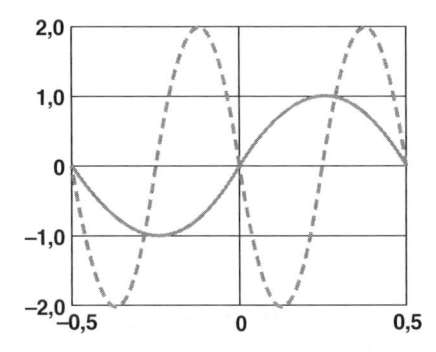

FIGURA 15.11 Figura para o Problema 15.4.

15.4 Se a curva contínua na Figura 15.11 representa $sen(2\pi t)$, o que a curva pontilhada representa? Ou seja, a curva pontilhada pode ser escrita na forma $A\,\text{sen}(2\pi + \phi)$; o que são A, f e ϕ?

15.5 Decomponha o sinal $(1 + 0{,}1 \cos 5t) \cos 100t$ em uma combinação linear das funções senoidais, e encontre a amplitude, a freqüência e a fase de cada componente. *Dica:* Use a identidade para $\cos a \cos b$.

15.6 Encontre o período da função $f(t) = (10 \cos t)^2$.

15.7 A Figura 15.4 mostra o efeito de eliminar componentes harmônicos mais altos de uma onda retangular e manter apenas alguns componentes harmônicos mais baixos. Como o sinal se pareceria no caso contrário; ou seja, manter todos os harmônicos mais altos e eliminar alguns harmônicos mais baixos?

15.8 Dados a largura de banda de áudio estreita (usável) de um sistema de transmissão de telefone, uma SNR nominal de 56dB (400.000) e um nível de distorção de <0,2%:
  a. Qual é a capacidade de canal máxima teórica (kbps) das linhas telefônicas tradicionais (POTS)?
  b. Qual é a capacidade de canal máxima real?

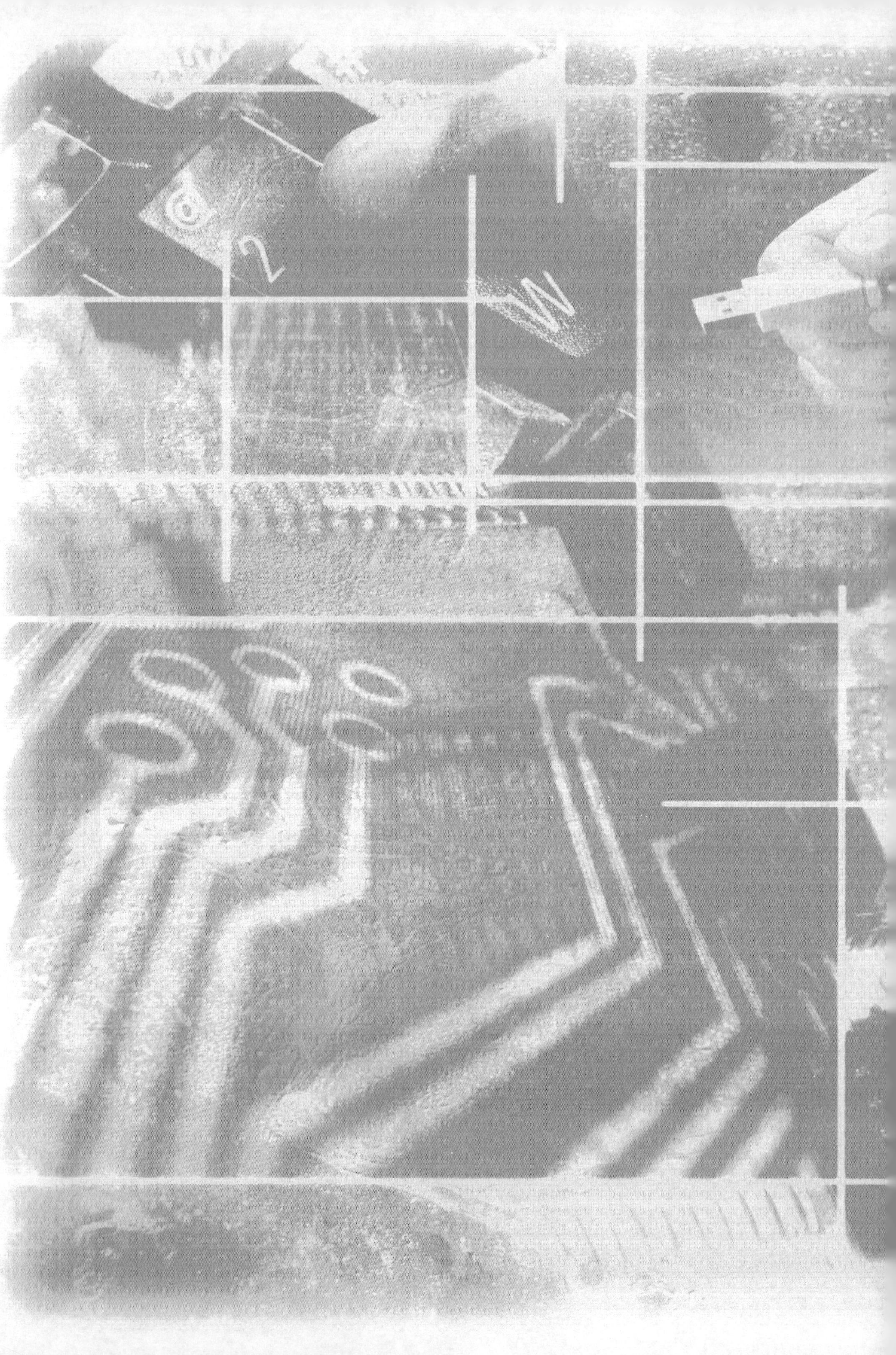

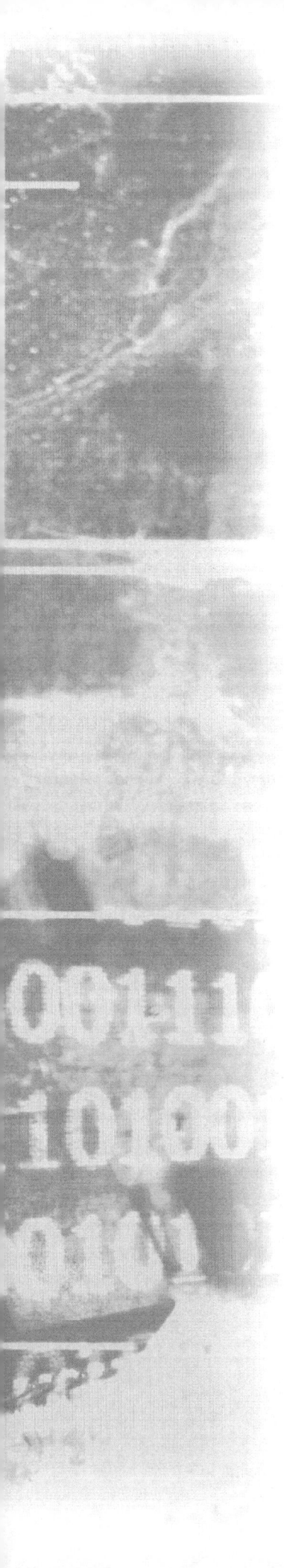

Capítulo 16

Fundamentos de comunicação de dados

16.1 Comunicação de dados analógica e digital
16.2 Técnicas de codificação de dados
16.3 Transmissão assíncrona e síncrona
16.4 Detecção de erros
16.5 Resumo
16.6 Leitura e Web sites recomendados
16.7 Principais termos, perguntas para revisão e problemas

OBJETIVOS DO CAPÍTULO

Depois de ler este capítulo, você deverá ser capaz de

- Explicar as diferenças entre transmissão analógica e digital.
- Descrever como os dados digitais podem ser codificados por meio de um modem de modo que possam ser transmitidos por meio de linhas telefônicas analógicas.
- Mostrar como os dados analógicos, como voz, podem ser codificados por meio de um codec para que possam ser transmitidos através de sistemas digitais.
- Explicar as diferenças entre transmissão síncrona e assíncrona e quando cada técnica é usada.
- Descrever o processo de detecção de erros.

A transmissão de dados por um meio de transmissão envolve mais do que simplesmente inserir um sinal no meio. É necessário um considerável grau de cooperação entre os dois lados. Este capítulo e o próximo exploram os mecanismos essenciais envolvidos na transmissão de dados bem-sucedida entre dois dispositivos através de um meio de transmissão. Em primeiro lugar, discutiremos a diferença entre transmissão analógica e digital. Depois, veremos as maneiras como os sinais podem ser codificados a fim de estabelecer uma comunicação eficiente e eficaz. Em seguida, analisaremos o problema da sincronização: para interpretar corretamente o sinal que entra, o receptor precisa saber quando cada bit começa e termina, de modo que possa acompanhar o transmissor. Várias técnicas comuns para sincronizar o receptor com o transmissor são descritas. Finalmente, este capítulo introduz o conceito da detecção de erro.

16.1 COMUNICAÇÃO DE DADOS ANALÓGICA E DIGITAL

Os sinais eletromagnéticos, capazes de se propagar por meio de uma variedade de meios de transmissão, podem ser usados para transportar dados. A maneira exata como esses sinais são codificados para transportar dados irá determinar a eficiência e a confiabilidade da transmissão. Esta seção introduz alguns conceitos básicos e fundamentais para a nossa análise.

Os termos *analógico* e *digital* correspondem, grosseiramente, a *contínuo* e *discreto*, respectivamente. Esses dois termos costumam ser usados na comunicação de dados em pelo menos três contextos: dados, sinalização e transmissão.

O uso desses termos em diferentes contextos normalmente é origem de confusão em artigos e livros. Nesta seção, esclareceremos as várias aplicações desses dois termos. Resumidamente, definimos dados como entidades que transportam significado, ou informação. Sinais são representações elétricas ou eletromagnéticas dos dados. Sinalização é a propagação física do sinal ao longo de um meio adequado. Transmissão é a comunicação dos dados pela propagação e pelo processamento dos sinais.

Já tivemos oportunidade de usar esses termos nos dois primeiros contextos. Os **dados analógicos** assumem valores contínuos em algum intervalo. Por exemplo, voz e vídeo são padrões de intensidade continuamente variáveis. A maioria dos dados coletados por sensores, como temperatura e pressão, é avaliada continuamente. Os **dados digitais** assumem valores discretos; alguns exemplos são o texto e os dados binários.

Em um sistema de comunicação, os dados são propagados de um ponto a outro por meio de sinais eletromagnéticos. Um **sinal analógico** é uma onda eletromagnética continuamente variável que pode ser transmitida por diversos meios, dependendo da freqüência. Um **sinal digital** é uma seqüência de pulsos de voltagem que podem ser transmitidos sobre um meio de fio; por exemplo, uma voltagem positiva constante pode representar 0 binário, e um valor negativo constante pode representar 1 binário. As principais vantagens da sinalização digital são que ela geralmente é mais barata do que a sinalização analógica e é menos suscetível a interferências de ruído. A principal desvantagem é que os sinais digitais sofrem mais de atenuação do que os sinais analógicos. Observe que a sinalização digital só é possível em meios de cobre, e não pode ser usada em fibra óptica ou meios sem fio.

Tanto os dados digitais quanto os analógicos podem ser representados – e, portanto, propagados – por sinais analógicos ou digitais; isso é ilustrado na Figura 16.1. Geralmente, os dados analógicos são uma função do tempo e ocupam um espectro de freqüência limitado. Esses dados podem ser diretamente representados por um sinal eletromagnético que ocupa o mesmo espectro (por exemplo, dados de voz na banda de voz do telefone). Além disso, devemos ver que várias formas de codificação podem ser usadas para fornecer um sinal analógico em uma parte diferente do espectro. Isso é feito para melhorar a qualidade do sinal ou a eficiência da transmissão.

Os dados digitais também podem ser representados por sinais analógicos, pelo uso de um **modem** (modulador/demodulador). O modem converte uma série de pulsos de voltagem binários em um sinal analógico que modula uma *freqüência de portadora*. O sinal resultante ocupa um certo espectro de freqüência, centralizado na onda portadora e pode ser propagado através de um meio apropriado a essa onda portadora. Os modems mais comuns representam dados digitais no espectro de voz, permitindo, assim, que dados digitais sejam propagados por linhas telefônicas de voz comuns. No outro lado da linha, um modem demodula o sinal para recuperar os dados originais. Várias técnicas de modulação são discutidas nesta seção.

Em uma operação bastante semelhante à realizada por um modem, os dados analógicos podem ser representados por um sinal digital. O dispositivo que desempenha essa função é um codec (codificador/decodificador). Basicamente, o codec capta um sinal analógico que representa diretamente os dados de voz e aproxima esse sinal por um fluxo de bits. No outro lado da linha, o fluxo de bits é usado para reconstruir os dados analógicos.

Finalmente, os dados digitais podem ser representados diretamente, na forma binária, por dois níveis de voltagem. Para melhorar as características de propagação, no entanto, os dados binários normalmente são codificados, como explicamos a seguir.

Cada uma das quatro combinações descritas acima está em amplo uso. As razões para escolher determinada combinação para qualquer tarefa de comunica-

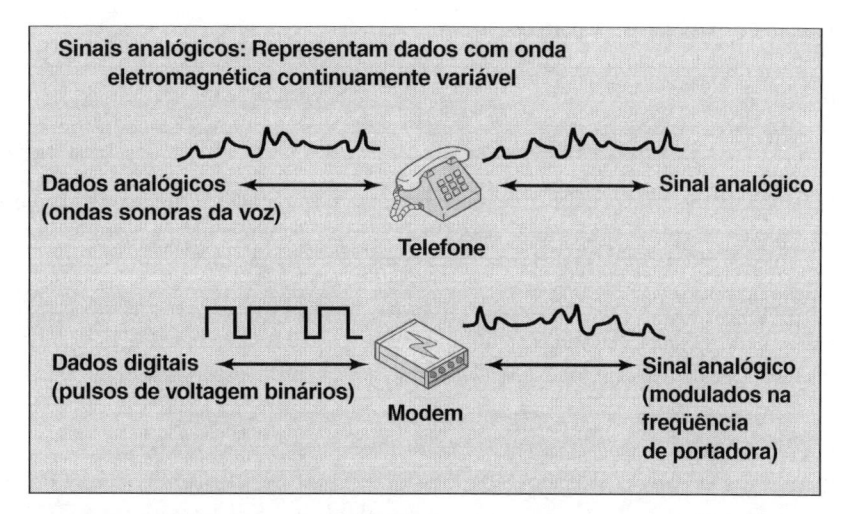

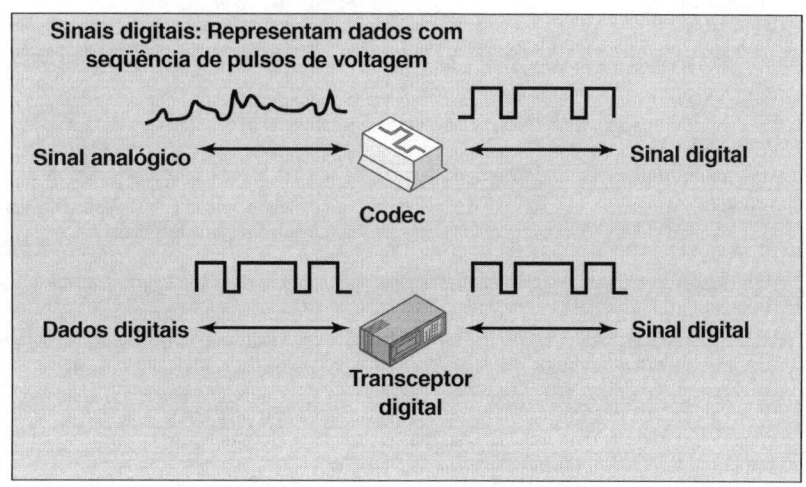

FIGURA 16.1 Sinalização analógica e digital dos dados analógicos e digitais.

ção variam. Relacionamos aqui algumas razões características:

- **Dados digitais, sinal digital:** Em geral, o equipamento para codificar dados digitais em um sinal digital é menos complexo e menos caro do que o equipamento digital para analógico.
- **Dados analógicos, sinal digital:** A conversão de dados analógicos para a forma digital permite o uso de modernos equipamentos digitais de transmissão e comutação.
- **Dados digitais, sinal analógico:** Alguns meios de transmissão, como fibra óptica e satélite, propagarão apenas sinais analógicos.
- **Dados analógicos, sinal analógico**: Os dados analógicos são facilmente convertidos em um sinal analógico.

Ainda resta uma última diferença a ser assinalada. Os sinais analógicos e digitais podem ser transmitidos em meios de transmissão adequados. O modo como esses sinais são tratados é uma função do sistema de transmissão. A Tabela 16.1 resume os métodos de transmissão. A **transmissão analógica** é um meio de transmitir sinais analógicos independentemente do seu conteúdo; os sinais podem representar dados analógicos (como voz) ou dados digitais (como dados que passam por meio de um modem). Em qualquer caso, o sinal analógico sofrerá atenuação, o que limita a extensão do enlace de transmissão. Para obter distâncias mais longas, o sistema de transmissão analógica inclui amplificadores que aumentam a energia no sinal. Infelizmente, o amplificador também amplifica os componentes do ruído. Com amplificadores instalados em cascata para obter longa distância, o sinal se torna cada vez mais distorcido. Para dados analógicos, como voz, bastante distorção pode ser tolerada sem que os dados se tornem ininteligíveis. Entretanto, para dados digitais transmitidos como sinais analógicos, os amplificadores em cascata aumentarão o número de erros.

Tabela 16.1 **Transmissão analógica e digital**

	(a) Dados e sinais	
	Sinal analógico	**Sinal digital**
Dados analógicos	Duas alternativas: (1) o sinal ocupa o mesmo espectro que os dados analógicos; (2) os dados analógicos são codificados para ocupar uma parte diferente do espectro.	Os dados analógicos são codificados com o uso de um codec para produzir um fluxo de bits digital.
Dados digitais	Os dados digitais são codificados com o uso de um modem para produzir sinal analógico.	Duas alternativas: (1) o sinal consiste em dois níveis de voltagem para representar os dois valores binários; (2) os dados digitais são codificados para produzir um sinal digital com propriedades desejadas.

	(b) Tratamento dos sinais	
	Transmissão analógica	**Transmissão digital**
Sinal analógico	É propagado por amplificadores; o mesmo tratamento quer o sinal seja usado para representar dados analógicos ou dados digitais.	Considera que o sinal analógico representa dados digitais. O sinal é propagado por repetidores; em cada repetidor, os dados digitais são recuperados do sinal de entrada e usados para gerar um novo sinal analógico de saída.
Sinal digital	Não usado.	O sinal digital representa um fluxo de 1s e 0s, que pode representar dados digitais ou pode ser uma codificação dos dados analógicos. O sinal é propagado por repetidores; em cada repetidor, o fluxo de 1s e 0s é recuperado do sinal de entrada e usado para gerar um novo sinal digital de saída.

A **transmissão digital**, por outro lado, está voltada para o conteúdo do sinal. Já mencionamos que um sinal digital pode ser propagado apenas a uma distância limitada antes da atenuação comprometer a integridade dos dados. Para conseguir distâncias maiores, utilizam-se repetidores. Um repetidor recebe o sinal digital, recupera o padrão de 1s e 0s e retransmite um novo sinal. Portanto, a atenuação é solucionada.

A mesma técnica pode ser usada com um sinal analógico, se for considerado que o sinal transporta dados digitais. Em pontos corretamente espaçados, o sistema de transmissão possui dispositivos de retransmissão em vez de amplificadores. O dispositivo de retransmissão recupera os dados digitais do sinal analógico e gera um sinal digital novo e limpo. Portanto, o ruído não é cumulativo.

Uma questão que surge naturalmente é sobre o método de transmissão preferido. A resposta do setor de telecomunicações e seus clientes é o método digital, apesar do enorme investimento em sistemas de comunicações analógicos. Tanto os sistemas de telecomunicação de longa distância quanto os serviços intrapredi ais estão gradualmente sendo convertidos em transmissão digital, e, quando possível, com técnicas de sinalização digital. As razões mais importantes para isso acham-se resumidas na Tabela 16.2.

Agora, passaremos a um exame de cada uma das quatro opções de codificação de sinal.

16.2 TÉCNICAS DE CODIFICAÇÃO DE DADOS

Como salientamos, os dados, quer analógicos ou digitais, precisam ser convertidos em um sinal para fins de transmissão.

No caso dos dados digitais, utilizam-se diferentes elementos de sinal para representar o 1 e 0 binários. O mapeamento de dígitos binários para elementos de sinal é o *esquema de codificação* para a transmissão. Os esquemas de codificação são projetados para minimizar erros na determinação do início e do fim de cada bit e os erros na determinação se cada bit é um 1 ou um 0.

Para dados analógicos, o esquema de codificação destina-se a melhorar a qualidade, ou a fidelidade, da

Tabela 16.2 Vantagens da transmissão digital

Custo

O surgimento da Large-Scale Integration (LSI) e da Very-Large-Scale Integration (VLSI) causou uma contínua queda no custo e tamanho dos equipamentos digitais. Equipamentos analógicos não mostraram uma queda semelhante. Além disso, os custos de manutenção de sistemas digitais são uma fração dos mesmos custos para os equipamentos analógicos.

Integridade de dados

Com o uso de repetidores digitais, em vez de amplificadores analógicos, os efeitos do ruído e outras deficiências de sinal não são cumulativos. Assim, é possível transmitir dados a distâncias maiores e por linhas de menor qualidade por meios digitais, sem comprometer a integridade dos dados.

Capacidade de utilização

Tornou-se econômico construir enlaces de transmissão com largura de banda extremamente alta, incluindo canais de satélite e fibra óptica. Um alto grau de multiplexação é necessário para utilizar eficazmente essa capacidade, e isso é obtido de modo mais fácil e barato com técnicas digitais (divisão de tempo) do que com técnicas analógicas (divisão de freqüência) (leia o Capítulo 17).

Segurança e privacidade

Técnicas de criptografia podem ser facilmente aplicadas em dados digitais e em dados analógicos que foram digitalizados.

Integração

Tratando digitalmente as informações analógicas e digitais, todos os sinais têm a mesma forma e podem ser tratados de maneira semelhante. Portanto, podem ser obtidas economias de escala e conveniência com a integração de voz, vídeo, imagem e dados digitais.

---

transmissão. Isto é, queremos que os dados analógicos recebidos sejam o mais próximos possível dos dados transmitidos.

Codificação analógica de informações digitais

A base para a codificação analógica é um sinal contínuo de freqüência constante denominado *sinal de portadora*. As informações digitais são codificadas por meio de um **modem** que modula uma das três características da onda portadora: amplitude, freqüência e fase (ou alguma combinação destas). A Figura 16.2 ilustra as três formas básicas de modulação de sinais analógicos para dados digitais:

- Ajuste de deslocamento de amplitude
- Ajuste de deslocamento de freqüência
- Ajuste de deslocamento de fase

Em todos esses casos, o sinal resultante contém uma faixa de freqüências nos dois lados da freqüência de portadora; essa faixa é a largura de banda do sinal.

Na codificação por **deslocamento de amplitude (ASK)**, os dois valores binários são representados por duas amplitudes diferentes da freqüência de portadora. Em alguns casos, uma das amplitudes é zero; ou seja, um dígito binário é representado pela presença, em amplitude constante, da onda portadora; e o outro, pela ausência da portadora. A codificação por deslocamento de amplitude é suscetível a repentinas alterações de ganho e é uma técnica de modulação bastante ineficiente. Em linhas de voz, ele é usado apenas até 1.200bps.

A técnica ASK também é comumente usada para transmitir dados digitais por meio de fibra óptica. Para transmissores LED, o 1 binário é representado por um curto pulso de luz e o 0 binário, pela ausência de luz. Os transmissores a laser normalmente possuem uma corrente "diagonal" fixa que faz com que o dispositivo emita um baixo nível de luz. Esse baixo nível representa 0 binário, enquanto uma onda de luz de amplitude mais alta representa 1 binário.

Na codificação por **deslocamento de freqüência (FSK)**, os dois valores binários são representados por duas freqüências diferentes perto da freqüência de portadora. Esse esquema é menos suscetível a erro do que a codificação por deslocamento de amplitude. Nas linhas de voz, ele normalmente é usado até 1.200bps. Ele também costuma ser usado para transmissão de rádio de alta freqüência (4 a 30MHz).

Na codificação por **deslocamento de fase (PSK)**, a fase do sinal de portadora é deslocada para codificar dados. A Figura 16.2c é um exemplo de um sistema de

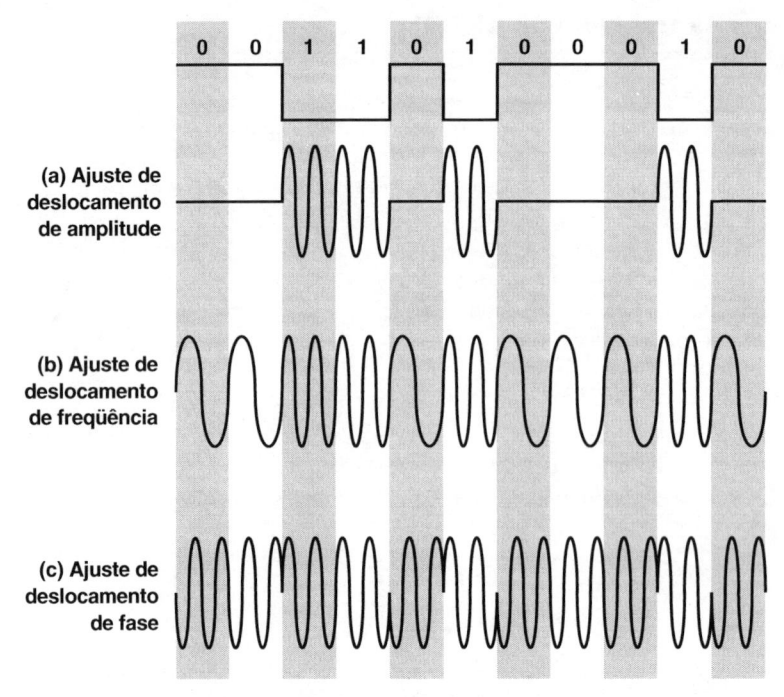

FIGURA 16.2 Modulação de sinais analógicos para dados digitais.

duas fases. Nesse sistema, um 0 é representado enviando uma rajada de sinal da mesma fase da rajada de sinal anterior enviada. Um 1 é representado enviando uma rajada de sinal da fase oposta para a rajada de sinal anterior. A codificação por deslocamento de fase pode usar mais de dois deslocamentos de fase. Um sistema de quatro fases codificaria dois bits com cada rajada de sinal. Essa técnica é mais eficiente e resistente a ruídos do que a codificação por deslocamento de freqüência; em uma linha de voz, alcançam-se velocidades até 9.600bps.

Finalmente, as técnicas descritas anteriormente podem ser combinadas. Uma combinação comum é a codificação por deslocamento de fase e a codificação por deslocamento de amplitude, em que alguns ou todos os deslocamentos de fase podem ocorrer em uma ou duas amplitudes. Essas técnicas são chamadas de sinalização *multinível*, pois cada elemento de sinal representa múltiplos bits. Note que a codificação por deslocamento de fase de quatro fases também entra nessa categoria.

Velocidade de dados e velocidade de sinalização Com a sinalização multinível, precisamos distinguir entre a velocidade de dados (ou de bits), que é a velocidade, em bits por segundo, em que os bits são transmitidos, e a velocidade de sinalização (ou de modulação), que é a velocidade em que os elementos de sinal são transmitidos. Esta última velocidade é expressa em *baud*, ou elementos de sinal por segundo.

A codificação por deslocamento de fase de quatro fases ilustra a diferença entre a velocidade de dados R (em bps) e a velocidade de modulação D (em baud) de um sinal. Vamos considerar que esse esquema esteja sendo empregado com entrada digital em que cada bit é representado por um pulso de voltagem constante, um nível para 1 binário e um nível para 0 binário. A velocidade de dados é $R = 1/T_b$, onde T_b é a duração de um bit. Entretanto, o sinal codificado contém $L = 4$ bits em cada elemento de sinal que usa $M = 16$ combinações diferentes de amplitude e fase. A velocidade de modulação pode ser considerada $R/4$, já que cada mudança do elemento de sinal comunica quatro bits. Portanto, a velocidade de sinalização da linha é 2.400 baud, mas a velocidade de dados é 9.600bps. Essa é a razão por que velocidades de dados mais altas podem ser alcançadas por meio de linhas de voz que empregam esquemas de modulação mais complexos.

Em geral,

$$D = \frac{R}{L} = \frac{R}{\log_2 M}$$

onde

D = velocidade de modulação, baud
R = velocidade de dados, bps
M = número de elementos de sinal diferentes = 2^L
L = número de bits por elemento de sinal

Tabela 16.3 Especificações de modem

Recomendação ITU-T	Velocidade de dados (bps)	Dial-Up	Half Duplex	Full Duplex
V.29	9.600		X	X
V.32	9.600	X		X
V.32bis	14.400	X		X
V.33	14.400			X
V.34	33.600	X	X	X
V.90	33.600 (envio) 56.000 (recepção)	X	X	X

Modems Embora os sistemas de telecomunicações públicos e privados estejam se tornando cada vez mais digitais, o uso de equipamentos analógicos para transmissão de dados será substancial ainda por muitos anos. Por esse motivo, o modem é um dos equipamentos de comunicação mais amplamente utilizados.

Os modems estão disponíveis em formas diferentes para uso em diversas aplicações. Os modems independentes, por exemplo, são auto-suficientes, com fontes de alimentação internas, e são usados com produtos de informação separados. Nos casos em que diversos circuitos colaboram – como na interface com um grande sistema de computador – os modems montados em rack normalmente são usados, compartilhando fontes de alimentação e carcaça. Os modems também podem estar acondicionados dentro de outro sistema (como um computador pessoal). Esses modems integrados normalmente diminuem o custo geral, mas aumentam a complexidade do produto de informação e o custo para projetá-lo. Os modems integrados geralmente são oferecidos como uma opção, pois padronizar um tipo de modem específico com um produto poderia restringir a utilidade do mesmo produto. Nesta subseção, forneceremos uma breve introdução de três tipos comuns de modem: classe de voz, cabo e ADSL.

Os **modems de classe de voz** são projetados para a transmissão de dados digitais através de linhas telefônicas comuns. Portanto, os modems fazem uso da mesma largura de banda disponível para sinais de voz. Como os modems são usados em pares para comunicações, e como esse uso freqüentemente ocorre por meio da rede pública de telefone, permitindo que muitos pares de modems diferentes se formem, os padrões são essenciais. A Tabela 16.3 relaciona os tipos de modem de classe de voz, como especificado pela Recomendação ITU-T que os definem.[1]

O **modem a cabo** permite acesso à Internet por meio de redes de televisão a cabo. O setor de TV a cabo foi o primeiro líder a fornecer acesso da alta velocidade para fins domésticos. A Figura 16.3 mostra um layout típico para distribuição por cabo. Na central de cabo, ou vinculado por uma linha de alta velocidade, está o provedor de serviços de Internet (ISP). Em geral, a empresa de cabo oferece seu próprio provedor de Internet, mas também pode fornecer enlaces para outros provedores. Da central, a empresa de cabo estende uma rede subterrânea de linhas de fibra e cabo coaxial que pode alcançar cada casa e escritório em sua região de operação. Tradicionalmente, utiliza-se esse sistema para distribuir transmissão de canais de televisão em sentido único, usando 5MHz por canal. É possível usar o mesmo layout de cabo, com componentes eletrônicos apropriados nos dois lados, para distribuir um canal de dados ao assinante e para fornecer um canal reverso do assinante para a central. Os canais nos dois sentidos usados para transmissão de dados são compartilhados entre inúmeros assinantes, que usam uma técnica de multiplexação de divisão de tempo, descrita no Capítulo 17. Dentro da casa ou no escritório do assinante, um "splitter" é usado para direcionar os sinais de televisão comuns para uma televisão e o canal de dados para um modem de cabo, que pode servir a um PC ou a uma rede de PCs.

Na implementação e utilização de uma rede digital pública remota de alta velocidade, a parte mais complicada é o enlace entre o assinante e a rede: a linha digital de assinante. Com bilhões de terminais em potencial, a perspectiva de instalar um novo cabo para cada novo cliente é assustadora. Em vez disso, os projetistas de redes buscam maneiras de explorar a base instalada de cabos de par trançado que vincula quase todos os clientes residenciais e comerciais às redes telefônicas. Esses enlaces foram instalados para transportar sinais de classe de voz em uma largura de banda de 0 a 4kHz. Entretanto, os fios podem transmitir sinais por meio de um espectro muito

---

[1] Uma abordagem da ITU-T e outros comitês de padrão está disponível em um documento de apoio no Web site deste livro.

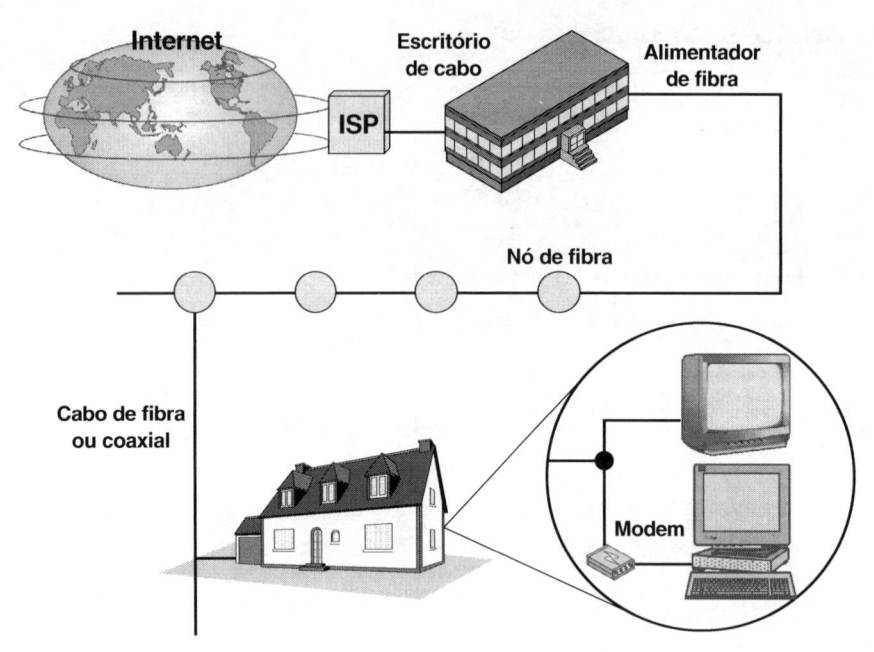

FIGURA 16.3 Aplicação de modem de cabo.

mais amplo – 1MHz ou mais. A **ADSL** (Asymmetric Digital Subscriber Line) é a mais conhecida de uma família de novas tecnologias de modem projetadas para fornecer transmissão de dados digitais de alta velocidade por meio da linha telefônica comum. A ADSL agora está sendo oferecida por diversas operadoras.

A Figura 16.4 descreve a configuração ADSL para acesso à Internet. O escritório central de telefone pode fornecer suporte para diversos ISPs, cada qual precisando aceitar a tecnologia de modem ADSL. No escritório central, o sinal de dados do ISP é combinado com um sinal de voz do comutador de voz telefônico comum. O sinal combinado pode, então, ser transmitido de/para um assinante local por meio da linha de assinante. No local do assinante, o par trançado é divido e roteado para um PC e um telefone. No PC, um modem ADSL demodula o sinal de dados para o PC. No telefone, um microfiltro passa o sinal de voz de 4kHz. Os sinais de dados e voz são combinados na linha de par trançado mediante técnicas de multiplexação de divisão de freqüência, como descrito no Capítulo 17.

A Tabela 16.4 compara o desempenho dos vários modems que analisamos e compara o desempenho destes com o acesso ISDN, que usa uma técnica de sinalização digital.

Codificação digital de informações analógicas

A evolução das redes públicas de telecomunicações e os private branche exchange (PBX) para transmissão e comutação digital exigem que os dados de voz sejam representados na forma digital. A técnica mais conhecida para digitalização de voz é a modulação por codificação de pulso (PCM – Pulse-Code Modulation). A PCM é baseada no teorema da amostragem, segundo o qual, se um sinal é amostrado em intervalos de tempo regulares e a uma velocidade mais alta do que duas vezes a mais alta freqüência do sinal, então, as amostras conterão todas as informações do sinal original.

Se os dados de voz fossem limitados a freqüências abaixo de 4.000Hz, como ocorre na rede de telefonia analógica, então, 8000 amostras por segundo seriam suficientes para caracterizar completamente o sinal de voz. Note, entretanto, que essas são amostras analógicas. Para a conversão em digital, um código binário precisa ser atribuído a cada uma dessas amostras analógicas. A Figura 16.5 mostra um exemplo em que o sinal original é considerado limitado pela banda, com uma largura de banda de B. As amostras analógicas são tiradas numa taxa de 2B, ou uma vez a cada $T_s = 1/2B$ segundos. Cada amostra analógica é aproximada, sendo quantificada em um de 16 níveis diferentes. Cada amostra pode, então, ser representada por 4 bits. Mas, como os valores quantificados são apenas aproximações, é impossível recuperar exatamente o sinal original. Com uma amostra de 8 bits, que permite 256 níveis de quantificação, a qualidade do sinal de voz recuperado é comparável à obtida pela transmissão analógica. Observe que isso implica a necessidade de uma veloci-

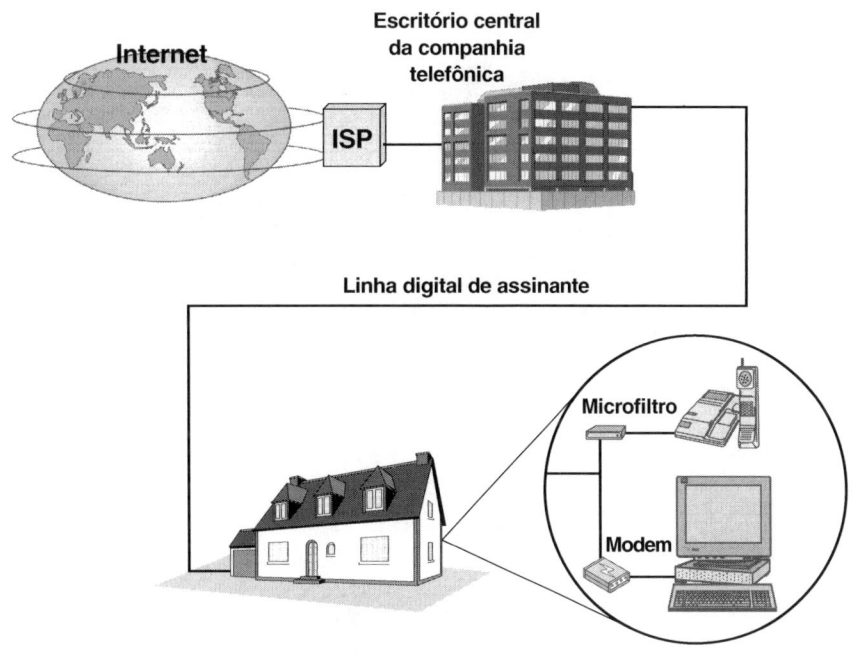

FIGURA 16.4 Aplicação de modem ADSL.

Tabela 16.4 Velocidades para métodos de acesso à Internet

Método de acesso	Velocidade de envio	Velocidade de recebimento	Tempo de download (arquivo de 10MB)
Modem discado (dial-up)	33,6kbps	56kbps	3 minutos
Velocidade básica de ISDN (dois canais)	128kbps	128kbps	1,3 minuto
ADSL	16 a 640kbps	1,5 a 9Mbps	1,1 a 6,7 segundos
Modem de cabo	400kbps	10 a 30Mbps	0,3 a 1 segundo

dade de dados de 8.000 amostras por segundo × 8 bits por amostra = 64kbps para um único sinal de voz.

É claro que o PCM pode ser usado para outros sinais que não sejam de voz. Por exemplo, um sinal de TV em cores possui uma largura de banda útil de 4,6MHz, e uma razoável qualidade pode ser obtida com amostras de 10 bits, para uma velocidade de dados de 92Mbps.

Em épocas recentes, variações na técnica PCM, bem como outras técnicas de codificação, serviram para reduzir a velocidade de dados digital necessária para transportar voz. Pode-se obter uma transmissão de voz de boa qualidade com uma velocidade de dados de 8 kbps. Com o vídeo, pode-se tirar proveito do fato de que, de um quadro para o outro, a maioria dos elementos de imagem não muda. Técnicas de codificação interquadros permitem que as necessidades de vídeo sejam reduzidas para aproximadamente 15Mbps, e, para cenas menos dinâmicas, como as de videoconferências, reduzidas para 1,5Mbps ou menos. Na verdade, graças aos avanços recentes surgiram produtos comerciais de videoconferência com velocidades de dados de apenas 64kbps.

Codificação digital de dados digitais

A maneira mais fácil e comum de transmitir sinais digitais é mediante dois níveis de voltagem diferentes para os dois dígitos binários. Em geral, uma voltagem negativa representa o 1 binário e uma voltagem positiva representa o 0 binário (Figura 16.6a). Esse código é conhecido como **Nonreturn-to-Zero-Level (NRZ-L)** (ou seja, o sinal nunca retorna para a voltagem zero, e o valor durante um tempo de bit é uma voltagem de nível). O NRZ-L normalmente é usado para conexões muito curtas, como entre um PC e um modem externo, ou entre um terminal e um computador próximo.

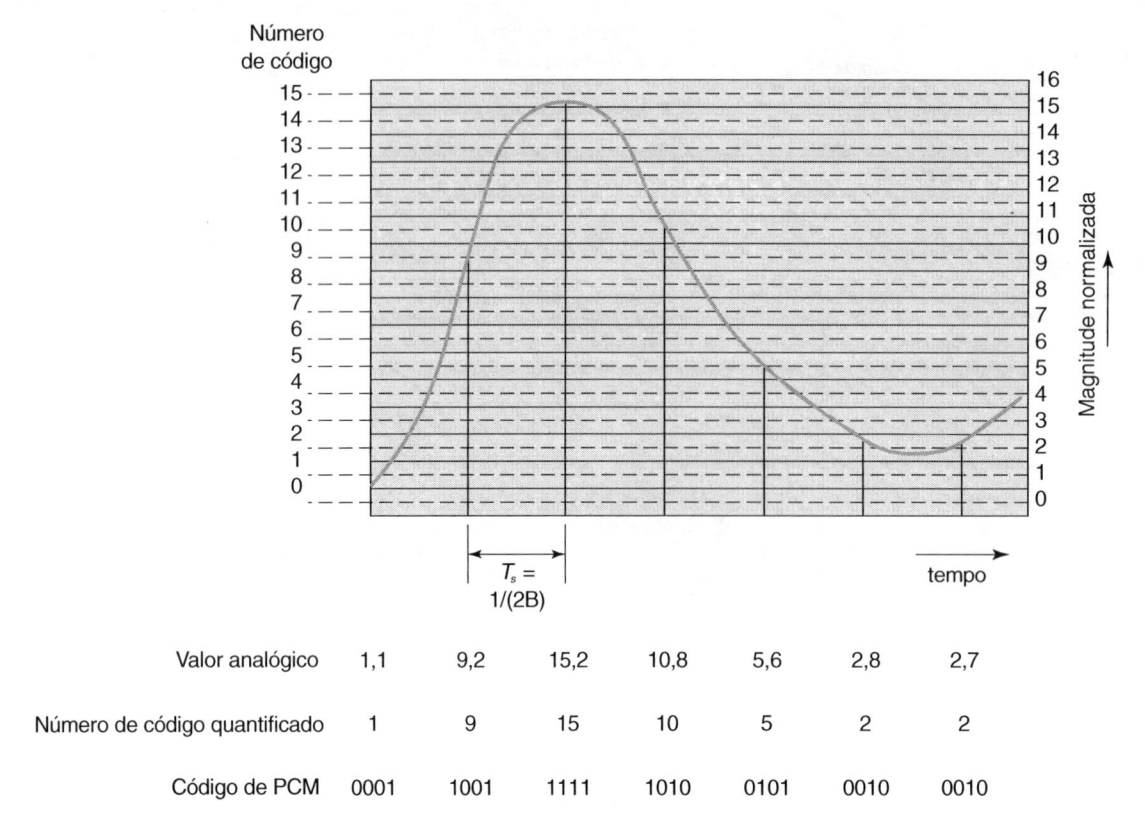

Valor analógico	1,1	9,2	15,2	10,8	5,6	2,8	2,7
Número de código quantificado	1	9	15	10	5	2	2
Código de PCM	0001	1001	1111	1010	0101	0010	0010

FIGURA 16.5 Exemplo de modulação por codificação de pulso.

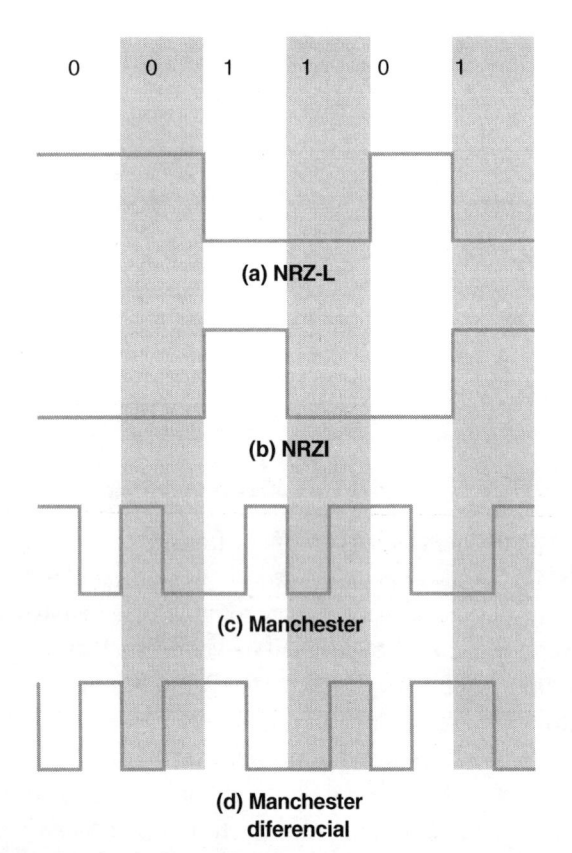

FIGURA 16.6 Exemplos de esquemas de codificação de sinal digital.

Uma variação do NRZ é o **NRZI (NRZ, Invert on Ones)**. Como no NRZ-L, o NRZI mantém um pulso de voltagem constante pela duração de um tempo de bit. Os dados em si são codificados como a presença ou ausência de uma transição de sinal no início do tempo de bit. Uma transição (baixo para alto ou alto para baixo) no início de um tempo de bit denota um 1 binário para esse tempo de bit; nenhuma transição indica um 0 binário (Figura 16.6b). O NRZI é usado em conexões ISDN de baixa velocidade (64kbps).

O NRZI é um exemplo de *codificação diferencial*. Na codificação diferencial, o sinal é decodificado comparando-se a polaridade dos elementos de sinal adjacentes em vez de se determinar o valor absoluto de um elemento de sinal. Uma vantagem desse esquema é que é mais confiável detectar uma transição na presença do ruído do que comparar um valor com um limite. Outra vantagem é que, com um layout de cabeamento complexo, é fácil perder o sentido da polaridade do sinal. Por exemplo, se os condutores de um dispositivo conectado a um cabo de par trançado forem acidentalmente invertidos, todos os 1s e 0s serão invertidos para o NRZ-L, o que não acontece com a codificação diferencial.

Uma desvantagem significativa da transmissão NRZ é que é difícil determinar o ponto em que um bit termina e outro começa. Para visualizar o problema, imagine que, com uma longa string de 1s ou 0s para NRZ-L, a saída é uma voltagem constante durante longo período. Nessas circunstâncias, qualquer flutuação entre a sincronização do transmissor e receptor acarretará a perda de sincronização entre os dois.

Há um conjunto de técnicas de codificação alternativas, agrupadas sob o termo *bifase*, que resolve esse problema. Duas dessas técnicas, Manchester e Manchester Diferencial, estão em uso comum. Todas as técnicas bifases exigem pelo menos uma transição por tempo de bit e podem ter até duas transições. Portanto, a velocidade de modulação máxima é duas vezes a velocidade para o NRZ; isso significa que a largura de banda necessária é proporcionalmente maior. Para compensar isso, os esquemas bifases apresentam duas vantagens:

- **Sincronização**: Como existe uma transição previsível durante cada tempo de bit, o receptor pode sincronizar sobre essa transição. Por esse motivo, os códigos bifases são conhecidos como códigos de auto-sincronização.
- **Detecção de erros**: A ausência de uma transição esperada pode ser usada para detectar erros. Um ruído na linha teria de inverter o sinal tanto antes quanto depois da transição esperada para causar um erro não detectado.

No código **Manchester** (Figura 16.6c), existe uma transição no meio de cada período de bit. A transição de meio bit serve como um mecanismo de sincronização e também como dados: uma transição de alto para baixo representa um 0, e uma transição de baixo para alto representa um 1. A codificação Manchester é usada nas redes Ethernet e várias outras redes locais (LANs). No código **Manchester Diferencial** (Figura 16.6d), a transição de meio bit é usada apenas para fornecer sincronização. A codificação de um 0 é representada pela presença de uma transição no início de um período de bit, e um 1 é representado pela ausência de uma transição no início de um período de bit. O Manchester Diferencial é usado em LANs token ring e tem a vantagem extra de empregar codificação diferencial.

Codificação analógica de informações analógicas

Podemos converter informações analógicas diretamente em um sinal analógico que ocupa a mesma largura de banda. O melhor exemplo disso é a voz. A onda sonora gerada pela voz na faixa de 300 a 3.400Hz pode ser representada por um sinal eletromagnético com os mesmos componentes de freqüência. Esse sinal, então, pode ser transmitido diretamente por uma linha telefônica de classe de voz.

Também é possível usar um sinal analógico para modular uma onda portadora para produzir um novo sinal analógico que transmita as mesmas informações, mas ocupe uma banda de freqüência diferente. Existem duas razões principais para isso:

- Uma freqüência mais alta pode ser necessária para uma transmissão eficaz. Para meios não-guiados, é praticamente impossível transmitir sinais de baixa freqüência – as antenas necessárias precisariam ter quilômetros de diâmetro. Os meios guiados também possuem restrições na faixa de freqüência. A fibra óptica, por exemplo, exige que a freqüência seja da ordem de 10^{14}Hz.
- A modulação analógico para analógico permite multiplexação de divisão de freqüência, uma importante técnica explorada no Capítulo 17.

Assim como na modulação digital para analógico, a modulação analógico para analógico envolve uma origem de informações que é usada para modular uma das três características principais de um sinal de portadora: amplitude, freqüência ou fase.

A Figura 16.7 ilustra as três possibilidades. Com a modulação de amplitude (AM), a amplitude da onda portadora varia com o padrão do sinal de modulação. Da mesma forma, a modulação de freqüência (FM) e a modulação de fase (PM) modulam a freqüência e a fase de uma onda portadora, respectivamente.

16.3 TRANSMISSÃO ASSÍNCRONA E SÍNCRONA

Lembre-se, na Figura 15.10, de que a recepção de dados digitais envolve amostrar o sinal de entrada uma vez por tempo de bit para determinar o valor binário. Uma das dificuldades encontradas nesse processo é que as várias deficiências de transmissão irão danificar o sinal de modo que ocorram erros ocasionais. Esse problema é agravado pela dificuldade de sincronização: para que o receptor amostre corretamente os bits que chegam, ele precisa conhecer o tempo de chegada e a duração de cada bit que recebe.

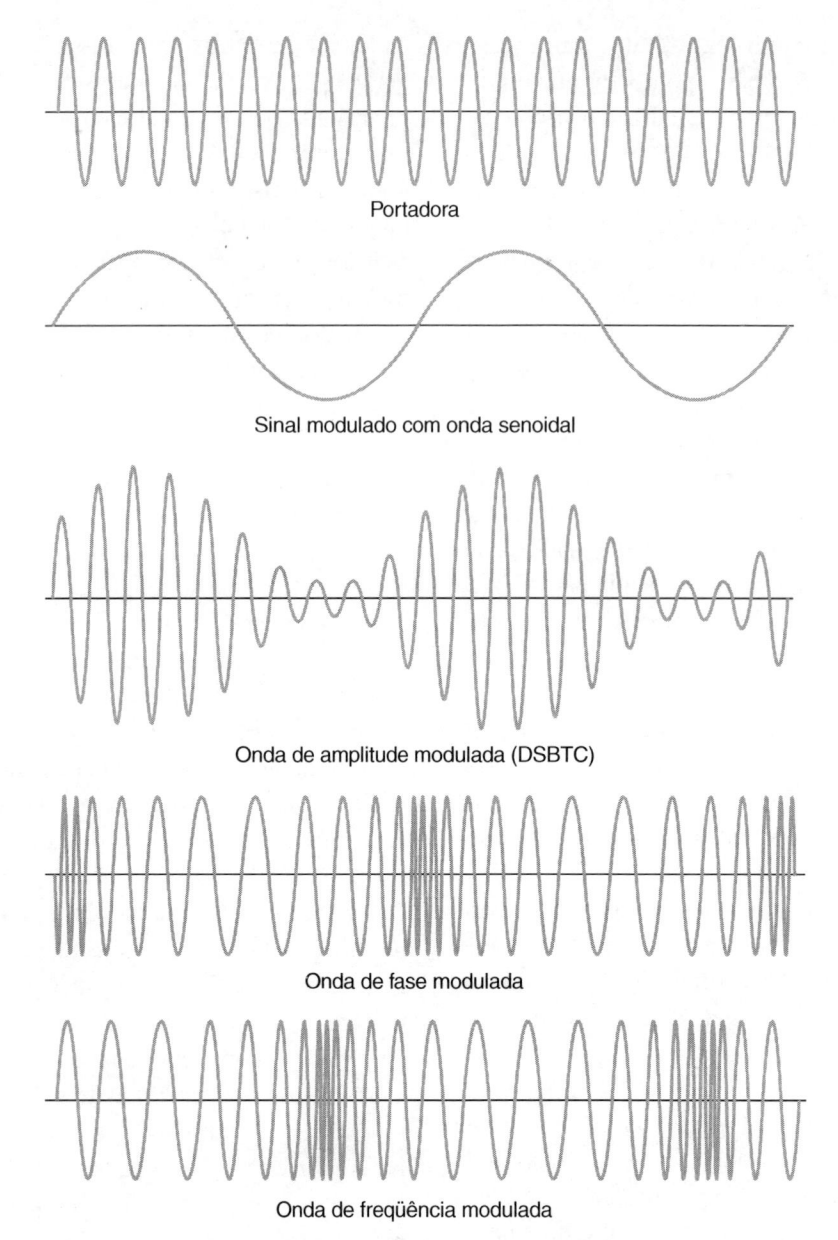

FIGURA 16.7 Modulação de amplitude, de fase e de freqüência de uma onda portadora senoidal por um sinal de onda senoidal.

Suponha que o emissor simplesmente transmita um fluxo de bits de dados. O emissor possui um relógio (clock) que controla a sincronização dos bits transmitidos. Por exemplo, se os dados devem ser transmitidos em um milhão de bits por segundo (1Mbps), então, um bit será transmitido a cada $1/10^6 = 1$ microssegundo (μs), como medido pelo relógio do emissor. Normalmente, o receptor tentará amostrar o meio de transmissão no centro de cada tempo de bit. Em nosso exemplo, a amostragem ocorreria uma vez a cada 1μs. Se o receptor sincronizar suas amostras com base em seu próprio relógio, então, haverá um problema se os relógios do transmissor e do receptor não estiverem precisamente sincronizados. Se houver uma flutuação de 1% (o relógio do receptor estiver 1% mais adiantado ou atrasado do que o do transmissor), então, a primeira amostragem será 0,01 de um tempo de bit (0,01μs) distante do centro do bit (o centro do bit está 0,5μs do início e do fim do bit). Após 50 ou mais amostras, o receptor pode estar em erro, pois ele está amostrando no tempo de bit errado ($50 \times 0,01 = 0,5$μs). Para menores diferenças de sincronização, o erro ocorreria mais tarde, mas, posteriormente, o receptor estaria fora de sincronia com o transmissor, se este enviar um fluxo de bits suficientemente longo e se não se tomar nenhuma ação para sincronizar o transmissor e o receptor.

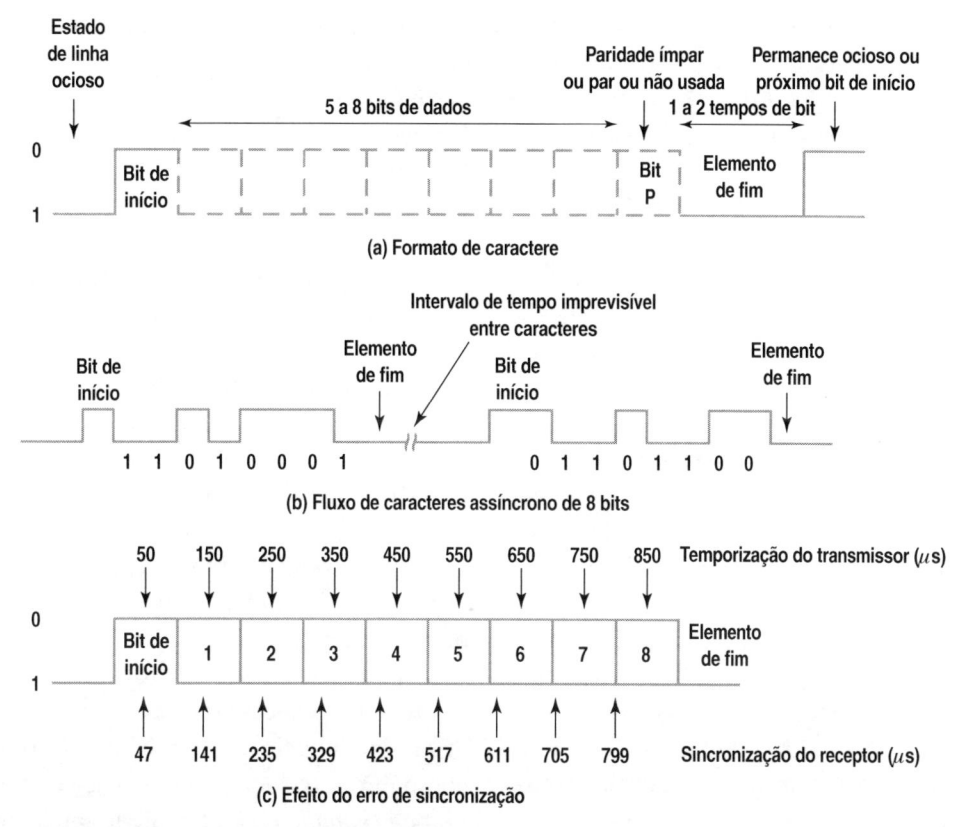

FIGURA 16.8 Transmissão assíncrona.

Transmissão assíncrona

Dois métodos são comuns para obter a sincronização desejada. O primeiro, curiosamente, denomina-se **transmissão assíncrona**. A estratégia desse esquema é evitar o problema da falta de sincronia, não enviando fluxos de bits longos e ininterruptos. Em vez disso, os dados são transmitidos mediante um caractere de cada vez, em que cada caractere possui 5 a 8 bits de tamanho.[2] A sincronização só precisa ser mantida dentro de cada caractere; o receptor tem a chance de re-sincronizar no início de cada caractere.

A Figura 16.8 ilustra essa técnica. Quando nenhum caractere está sendo transmitido, a linha entre o transmissor e o receptor está em estado *ocioso*. A definição de *ocioso* é equivalente ao elemento de sinalização para o 1 binário. Assim, para a sinalização de NRZ-L (veja a Figura 16.6), que é comum para a transmissão assíncrona, o estado ocioso seria a presença de uma voltagem negativa na linha. O início de um caractere é sinalizado por um *bit de início* com um valor de 0 binário. Este é seguido dos 5 a 8 bits que realmente formam o caractere. Os bits do caractere são transmitidos a partir do bit menos significativo. Por exemplo, para caracteres IRA, os bits de dados normalmente são seguidos de um bit de paridade, que, portanto, está na posição de bit mais importante. O bit de paridade define-se pelo transmissor, de modo que o número total de 1s no caractere, incluindo o bit de paridade, seja par (paridade par) ou ímpar (paridade ímpar), dependendo da convenção em uso. Esse bit é usado pelo receptor para detecção de erros, como exposto na seção 16.4. O último elemento é um *elemento de fim*, que é um 1 binário. Um tamanho mínimo para o elemento de fim é especificado, e isso normalmente é 1, 1,5 ou 2 vezes a duração de um bit comum. Nenhum valor máximo é especificado. Como o elemento de fim é o mesmo que o estado ocioso, o transmissor continuará a transmitir o elemento de fim até que ele esteja pronto para enviar o próximo caractere.

Se um fluxo estável de caracteres for enviado, o intervalo entre dois caracteres será uniforme e igual ao elemento de fim. Por exemplo, se o elemento de fim

---

[2] O número de bits que compõe um caractere depende do código usado. Já vimos um exemplo comum, o código IRA, que usa 7 bits por caractere (Capítulo 2). Outro código comum é o Extended Binary Coded Decimal Interchange Code (EBCDIC), que é um código de caractere de 8 bits usado em todas as máquinas IBM, exceto os computadores pessoais da IBM.

for um tempo de bit e os caracteres IRA ABC forem enviados (com bit de paridade par), o padrão será 0100000010100100001010110000111111...111.[3] O bit de início (0) começa a seqüência de sincronização para os próximos nove elementos, que são o código IRA de 7 bits, o bit de paridade e o elemento de fim. No estado ocioso, o receptor procura uma transição de 1 para 0 para sinalizar o início do novo caractere e, então, amostra o sinal de entrada em intervalos de 1 bit para sete intervalos. Depois, ele procura a próxima transição 1 para 0, o que não ocorrerá antes de mais um tempo de bit.

Os requisitos de sincronização para esse esquema são modestos. Por exemplo, os caracteres IRA normalmente são enviados como unidades de 8 bits, incluindo o bit de paridade. Se o receptor for 5% mais lento ou mais rápido do que o transmissor, a amostragem do bit de oito caracteres será deslocada em 45% e ainda será correta. A Figura 16.8c mostra os efeitos de um erro de sincronização de magnitude suficiente para causar um erro no recebimento. Neste exemplo, consideramos uma velocidade de dados de 10.000 bits por segundo (10kbps); portanto, cada bit tem a duração de 0,1 milissegundo (ms), ou 100μs. Considere que o receptor é 6% mais rápido, ou 6μs por tempo de bit. Portanto, o receptor amostra o caractere de entrada a cada 94μs (baseado no relógio do transmissor). Como se pode ver, a última amostra é incorreta.

A transmissão assíncrona é simples e barata, mas exige um overhead de 2 a 3 bits por caractere. Por exemplo, para um caractere de 8 bits sem bit de paridade, usando um elemento de fim de 1 bit de extensão, 2 de cada 10 bis não expressam informação alguma, mas são meramente para sincronização; portanto, o overhead é de 20%. É claro, seria possível reduzir a porcentagem do overhead com o envio de blocos maiores de bits entre o bit de início e o elemento de fim. Entretanto, como indica a Figura 16.8c, quanto maior o bloco de bits, maior o erro de sincronização cumulativo. Para obter maior eficiência, uma forma diferente de sincronização, conhecida como transmissão síncrona, é usada.

Transmissão síncrona

Com a **transmissão síncrona**, um bloco de bits é transmitido em um fluxo contínuo sem códigos de início e fim. O bloco pode ter muitos caracteres de extensão. Para prevenir flutuação entre transmissor e receptor, seus relógios precisam, de algum modo, estar sincronizados. Uma possibilidade é fornecer uma linha de relógio separada entre o transmissor e o receptor. Um lado (transmissor ou receptor) pulsa a linha regularmente com um curto pulso por tempo de bit. O outro lado usa esses pulsos regulares como um relógio. Essa técnica funciona bem em curtas distâncias, mas, em distâncias maiores, os pulsos de relógio estão sujeitos às mesmas deficiências do sinal de dados; assim, podem ocorrer erros de sincronização. Uma alternativa é incorporar as informações de sincronização no sinal de dados. Para sinais digitais, isso pode se realizar com a codificação Manchester ou Manchester Diferencial, como explicado na Seção 16.2. Para sinais analógicos, é possível utilizar diversas técnicas; por exemplo, a própria freqüência de portadora pode ser usada para sincronizar o receptor com base na fase da onda portadora.

Com a transmissão síncrona, existe outro nível de sincronização necessário para permitir que o receptor determine o início e o fim de um bloco de dados. Para conseguir isso, cada bloco começa com um padrão de bit de *preamble* e geralmente termina com um padrão de bit de *postamble*. Além disso, outros bits acrescentados ao bloco transmitem informações de controle usadas nos procedimentos de controle de enlace abordados no Capítulo 17. O conjunto formado pelos dados mais o *preamble*, o *postamble* e as informações de controle consiste em um **quadro**. O formato exato do quadro depende dos dados em que o procedimento de controle de enlace está sendo usado.

Para blocos de dados dimensionáveis, a transmissão síncrona é muito mais eficiente do que a assíncrona. A transmissão assíncrona exige 20% ou mais de overhead. As informações de controle, o preamble e o postamble na transmissão síncrona normalmente usam menos de 100 bits. Por exemplo, um dos esquemas mais comuns, HDLC, contém 48 bits de controle, preamble e postamble. Portanto, para um bloco de dados de 1.000 caracteres, cada quadro consiste em 48 bits de overhead e $1.000 \times 8 = 8.000$ bits de dados, para uma porcentagem de overhead de apenas $48/8048 \times 100\% = 0,6\%$.

Para aplicações que envolvem terminais de baixa velocidade ou computadores pessoais, a transmissão assíncrona é a técnica mais comum. A técnica é barata e sua ineficiência não é um problema na maioria das aplicações interativas, nas quais se gasta mais tempo olhando-se para a tela e pensando do que na transmissão em si. Entretanto, o overhead da transmissão as-

---

[3] No texto, a transmissão é mostrada da esquerda (primeiro bit transmitido) para a direita (último bit transmitido).

síncrona seria um alto preço a se pagar em aplicações mais demandantes de comunicação.

Para grandes sistemas e redes de computadores, a eficiência da transmissão síncrona é necessária, ainda que ela introduza o problema técnico da sincronização dos relógios do transmissor e receptor.

Além da necessidade de eficiência, as grandes transferências introduzem uma necessidade de verificação de erros. O usuário interativo verifica a existência de erros em sua própria entrada e saída, olhando a tela e redigitando ou pedindo a retransmissão de partes que contêm erros. Esse procedimento é claramente impraticável para longas transferências de arquivo que ocorrem em alta velocidade e não raro sem a presença de um operador. Como veremos, a transmissão síncrona implica o uso de um procedimento de controle de enlace de dados, que detectará erros automaticamente e fará com que um quadro errado seja retransmitido.

16.4 DETECÇÃO DE ERROS

A necessidade de controle de erros

Como comentado no Capítulo 15, qualquer sistema de transmissão tem o potencial de introduzir erros. A capacidade de controlar esses erros é uma tarefa cada vez mais importante em um sistema de comunicação de dados. Em parte, isso se deve ao problema de a integridade de dados estar se tornando cada vez mais importante. Existe uma pressão para redução das razões de erros aceitáveis para os sistemas de comunicação e armazenamento em massa, à medida que crescem as larguras de banda e os volumes de dados. Certos dados não podem estar errados; por exemplo, imagine o efeito de um erro de dados não detectado em uma transferência eletrônica de fundos. Em termos mais genéricos, em qualquer sistema que manipule grandes quantidades de dados, os erros não detectados e não corrigidos podem reduzir o desempenho e o tempo de resposta e, possivelmente, aumentar a necessidade de intervenção por operadores humanos. O processo de **controle de erro** envolve dois elementos:

- **Detecção de erros**: A redundância é introduzida no fluxo de dados para que a ocorrência de um erro seja detectada.
- **Correção de erros:** Uma vez detectado um erro pelo receptor, o receptor e o transmissor cooperam para fazer com que os quadros errôneos sejam retransmitidos.

Nesta seção, veremos o processo de detecção de erros. A correção de erros será examinada no Capítulo 17.

Verificações de paridade

O método mais simples de detecção de erros é anexar um bit de paridade no final de um bloco de dados. Um exemplo típico é a transmissão IRA, em que um bit de paridade é anexado em cada caractere IRA de 7 bits. O valor desse bit é selecionado de modo que o caractere tenha um número par de 1s (paridade par) ou um número ímpar de 1s (paridade ímpar). Assim, por exemplo, se o transmissor estiver transmitindo o caractere G (1110001) e usando paridade ímpar, ele anexará um 1 e transmitirá 11100011. O receptor examina o caractere recebido e, se o número total de 1s for ímpar, ele considera que nenhum erro ocorreu. Se um bit (ou qualquer número ímpar de bits) for erroneamente invertido durante a transmissão (por exemplo, 11000011), então, o receptor detectará um erro. Note, entretanto, que, se dois bits (ou qualquer número par de bits) forem invertidos devido a um erro, ocorre um erro não detectado. Em geral, a paridade par é usada para transmissão síncrona e a paridade ímpar é usada para transmissão assíncrona.

O uso do bit de paridade não é à prova de falhas, pois os impulsos de ruído normalmente são bastante longos para destruir mais de um bit, especialmente em altas velocidades de dados.

Verificação de redundância cíclica

Quando se utiliza a transmissão síncrona, é possível empregar uma técnica de detecção de erros mais eficiente (menor porcentagem de bits de overhead) e mais eficaz (mais erros detectados) do que o bit de paridade simples. Essa técnica requer a adição de uma **seqüência de verificação de quadro (FCS)**, ou **código de detecção de erros**, a cada quadro síncrono. O uso de uma FCS é ilustrado na Figura 16.9, usando o código CRC descrito nesta subseção. Na transmissão, um cálculo é realizado nos bits do quadro a ser transmitido; o resultado é inserido como um campo adicional no quadro. Na recepção, o mesmo cálculo é feito nos bits recebidos e o resultado calculado é comparado com o valor armazenado no quadro que chega. Se houver uma discordância, o receptor conclui que ocorreu um erro.

Um dos códigos de detecção de erros mais comuns e eficazes é a **verificação de redundância cíclica (CRC)**. Nessa técnica, a mensagem a ser transmitida é tratada com um número binário longo. Esse número é

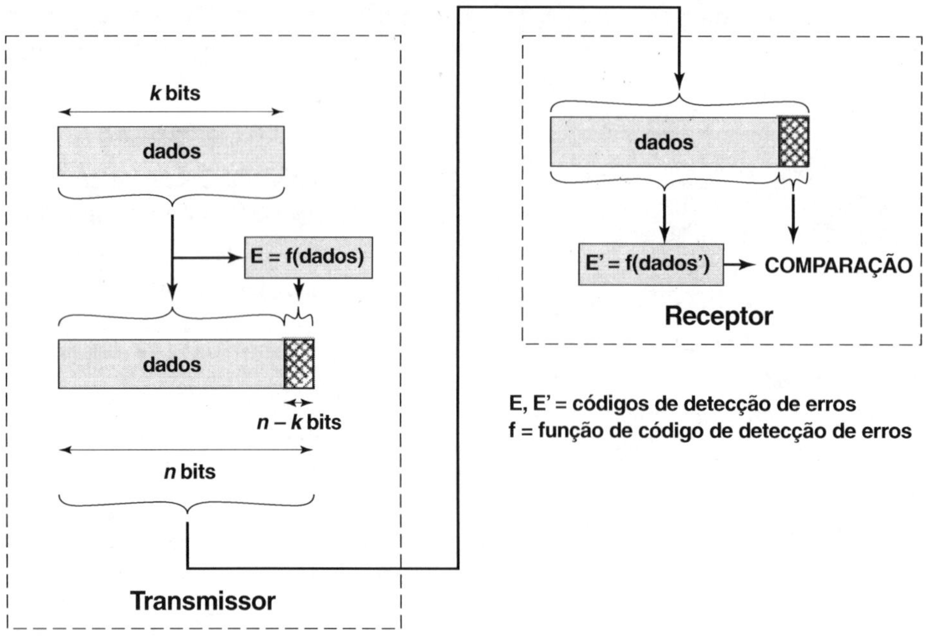

FIGURA 16.9 Processo de detecção de erros.

dividido por um número binário primo (um número divisível apenas por ele mesmo e por 1), e o resto é anexado ao quadro a ser transmitido. Quando o quadro é recebido, o receptor efetua a mesma divisão, usando o mesmo divisor, e compara o resto calculado com o resto recebido no quadro. Os divisores usados mais comumente são um de 17 bits, que produz um resto de 16 bits, e um de 33 bits, que produz um resto de 32 bits.

A medida da eficiência de qualquer código de detecção de erros é a porcentagem de erros que detecta. Para um CRC de tamanho N, a taxa de erros não detectados é da ordem de 2^{-N} (veja os detalhes em [STAL04]). Basicamente, o CRC é um método de detecção de erros extremamente poderoso e exige muito pouco overhead. Por exemplo, se uma FCS de 16 bits é usada com quadros de 1.000 bits, então, o overhead é de apenas 1,6%. Com uma FCS de 32 bits, o overhead é de 3,2%.

16.5 RESUMO

As informações analógicas e digitais podem ser codificadas como sinais analógicos ou digitais. A codificação que é escolhida depende das necessidades específicas a serem atendidas e dos meios e recursos de comunicações disponíveis. Por exemplo, para transmitir informações

---

NOTA DE APLICAÇÃO

Dispositivos, codificação, parâmetros de comunicação e protocolos

Esquemas de codificação, protocolos e erros não são exatamente parte de nossa vida cotidiana. De uma perspectiva do usuário final, tudo o que sabemos é se a rede (ou o computador) está ou não funcionando. Mesmo se estivermos em linhas de frente em que os sistemas de comunicação são vitais, normalmente não precisamos dedicar muito raciocínio. Entretanto, durante a instalação, a manutenção e o processo de diagnóstico, entender os mecanismos usados pelo equipamento de transmissão de dados e os padrões envolvidos pode fazer uma grande diferença.

Essa é uma configuração manual que precisa ser feita nos dois lados do enlace. Se um deles não estiver correto, a comunicação não pode ocorrer. Até mesmo os sistemas operacionais e drivers de dispositivo podem criar problemas, porque expõem definições que os usuários podem mudar. Um exemplo pode ser encontrado nas configurações de velocidade da Ethernet. As portas no equipamento de rede e na placa de interface de rede podem ser configuradas para uma determinada velocidade e para ser full ou half-duplex. Normalmente deixadas para "autoperceber" a rede, mudar essas portas manualmente pode interromper a conexão de rede. Nesse caso, diferentes configurações tornarão impossível o entendimento entre os dois lados, uma vez que não só as velocidades são diferentes, mas os esquemas de codificação mudaram completamente. Outro exemplo pode ser visto em tipos de Ethernet mais velozes. A Ethernet de gigabits existe em várias versões, tanto em cobre quanto em fibra óptica. As versões ópticas variam com base no comprimento de onda, e os diferentes comprimentos de onda não são compatíveis.

Os computadores modernos dispõem de vários métodos para lançar mão a fim de se comunicar com outros mecanismos. USB, EIA232 (também conhecido como porta COM ou serial), Firewire, portas paralelas, placas de rede, vídeo e interfaces para mouse e teclado representam certo tipo de transmissão de dados. O que aumenta a confusão é que as organizações normalmente acabam com várias plataformas de computação diferentes. Como resultado, os protocolos e esquemas de codificação usados por um dispositivo podem ter uma variedade de computadores Macintosh juntamente com máquinas baseadas no Windows. Isso pode criar um ambiente em que os periféricos precisem ser comprados tanto para Firewire quanto para USB. Além disso, o protocolo de rede local pode ser o LocalTalk ou o Ethernet mais antigos.

Os programas de emulação de terminal também podem ser uma origem de dificuldade em termos de parâmetros de comunicação. Computadores conectados por meio de uma conexão serial podem ser configurados para "falarem a mesma língua". Isso significa determinar a velocidade do enlace, o número de bits de dados usado e a paridade. Essa é uma configuração manual que precisa ser feita nos dois lados do enlace. Se um deles não estiver correto, a comunicação não pode ocorrer. Até mesmo os sistemas operacionais e drivers de dispositivo podem criar problemas, porque expõem definições que os usuários podem mudar. Um exemplo pode ser encontrado nas configurações de velocidade da Ethernet. As portas no equipamento de rede e na placa de interface de rede podem ser configuradas para uma determinada velocidade e para ser full ou half-duplex. Normalmente deixadas para "autoperceber" a rede, mudar essas portas manualmente pode interromper a conexão de rede. Nesse caso, diferentes configurações tornarão impossível o entendimento entre os dois lados, uma vez que não só as velocidades são diferentes, mas os esquemas de codificação mudaram completamente. Outro exemplo pode ser visto em tipos de Ethernet mais velozes. A Ethernet de gigabits existe em várias versões, tanto em cobre quanto em fibra óptica. As versões ópticas variam com base no comprimento de onda, e os diferentes comprimentos de onda não são compatíveis.

Parte da transmissão bem-sucedida é o controle de erros. O controle de erros pode significar a detecção de erros ou a detecção e correção de erros. As redes contemporâneas possuem taxas de erros extremamente baixas. Ter um único bit errôneo para um bilhão de bits transmitidos seria excessivo. As formas mais comuns de detecção de erros hoje são os bits de paridade única, as verificações de redundância cíclica e as somas de verificação. Esses métodos são usados principalmente por protocolos de camada inferior e sistemas de arquivos. Alguns protocolos de nível inferior possuem muitas funções embutidas de verificação e teste de erros. Protocolos como Point-to-Point Protocol (PPP) possuem ferramentas extras, embora não sejam freqüentemente usadas hoje. Suplementando esses mecanismos estão aqueles usados nos protocolos de camada superior, como os números de seqüência e a retransmissão no TCP.

Com o surgimento das redes sem fio, as taxas de erro aumentaram e podem ocorrer outros problemas, como perda de conexão. Em geral, a vazão das redes locais sem fio é menor que a das redes com fio. Isso é porque a rede sem fio é um meio compartilhado e os nós precisam disputar entre si largura de banda. O método de acesso usado é semelhante à Ethernet, mas pode demorar ainda mais. Além disso, a largura de banda geral é menor (para a 802.11b, os nós estão compartilhando um enlace de 11Mbps) e, portanto, a vazão fica prejudicada. Finalmente, cada quadro em uma LAN sem fio é reconhecido (ACK), o que torna tudo ainda mais lento. Outros protocolos de rede local não usam ACKs. Embora uma parte desse retardo seja amenizada com os padrões sem fio mais novos e rápidos, o maior permanecerá compartilhado e ainda exigirá ACKs. Por essas razões, talvez seja necessário modificar os parâmetros de comunicação para garantir transmissões sem fio bem-sucedidas.

Os usuários finais ou administradores de rede não podem modificar muitos dos componentes de um sistema de comunicação. Entretanto, o entendimento da natureza inter-relacionada dos esquemas de codificação, definições e operação do protocolo pode ajudar a melhorar a eficiência, agilizar os esforços de diagnóstico e auxiliar nas fases de projeto, de modo que se evitem muitos problemas. Em muitos casos, voltar aos fundamentos é a única maneira de resolver um problema.

digitais por meio de uma linha telefônica analógica, utiliza-se um modem para converter os dados digitais para a forma analógica. Da mesma maneira, existe um uso cada vez maior dos sistemas digitais, e as informações de voz precisam ser codificadas na forma digital para serem transmitidas nesses equipamentos digitais.

A transmissão de um fluxo de bits de um dispositivo para outro através de um enlace de transmissão envolve uma grande quantidade de cooperação e acordo entre os dois lados. Um dos requisitos mais fundamentais é a **sincronização**. O receptor precisa conhecer a velocidade em que os bits estão sendo recebidos para que ele possa tirar amostras da linha em intervalos regulares, a fim de determinar o valor de cada bit recebido. Duas técnicas estão em largo uso para essa finalidade. Na transmissão assíncrona, cada caractere de dados é tratado independentemente. Cada byte começa com um bit de início que alerta o receptor para um caractere que está chegando. O receptor amostra cada bit no caractere e, então, procura o início do próximo caractere. Essa técnica não funcionaria bem em longos blocos de dados, porque o relógio do receptor pode eventualmente sair de sincronia com o relógio do transmissor. Entretanto, enviar dados em longos blocos é mais eficiente do que enviar dados mediante um caractere de cada vez. Para grandes blocos, a transmissão síncrona é usada. Cada bloco de dados é formatado como um quadro que inclui um flag de início e um flag de fim. Algum tipo de sincronização, como o uso da codificação Manchester, é empregado para manter a sincronização.

As técnicas de detecção de erros são uma parte importante da transmissão de dados. O algoritmo mais utilizado para detecção de erros é a verificação de redundância cíclica (CRC).

16.6 Leitura e Web sites recomendados

[STAL04] aborda os tópicos deste capítulo em mais detalhes. Outro estudo bastante abrangente é [FREE98].

FREE98 Freeman, R. *Telecommunication Transmission Handbook*. Nova York: Wiley, 1998.
STAL04 Stallings, W. *Data and Computer Communications*, 7ª edição. Upper Saddle River, NJ: Prentice Hall, 2004.

Web sites recomendados

- **DSL Forum:** Inclui um FAQ e informações técnicas sobre especificações do ADSL Forum
- **Cable Datacom News**: Boa fonte de informações sobre os modems a cabo

16.7 Principais termos, perguntas para revisão e problemas

Principais termos

Codificação por deslocamento de amplitude
Codificação por deslocamento de fase
Codificação por deslocamento de freqüência
baud
bit de paridade
codec
código de detecção de erros
dados analógicos
dados digitais
detecção de erros
modem
modulação de amplitude
modulação por codificação de pulso (PCM)
modulação de fase
modulação de freqüência
sinal analógico
sinal digital
transmissão analógica
transmissão assíncrona
transmissão digital
transmissão síncrona
verificação de redundância cíclica (CRC)

Perguntas para revisão

16.1. Estabeleça a diferença entre dados analógicos, sinalização analógica e transmissão analógica.
16.2. Estabeleça a diferença entre dados digitais, sinalização digital e transmissão digital.
16.3. Qual é a diferença entre amplificação e retransmissão?
16.4. O que é a codificação diferencial?
16.5. Que função um modem desempenha?
16.6. O modem e o codec são funcionalmente inversos (ou seja, um modem invertido poderia funcionar como um codec ou vice-versa)?
16.7. Indique três importantes vantagens da transmissão digital sobre a transmissão analógica.
16.8. Como os valores binários são representados na codificação por deslocamento de amplitude, e qual é a limitação desse método?
16.9. Indique as principais categorias em que os modems podem ser classificados com base em suas velocidades de dados.
16.10. O que é NRZ-L? Qual a principal vantagem desse método de codificação de dados?
16.11. Associe o dispositivo ou sistema com o tipo correto de sinal e dados.

Dispositivo/Sistema	Dados/Sinal
Transmissões de modem	A. Dados digitais/codificação digital
Ethernet	B. Dados digitais/codificação analógica
Rádio AM/FM	C. Dados analógicos/codificação digital
PCM	D. Dados analógicos/codificação analógica

16.12. Em que a transmissão de um único caractere se difere da transmissão do próximo caractere na transmissão assíncrona?
16.13. Qual é a principal desvantagem da transmissão assíncrona?

Problemas

16.1 Dado o padrão de bits 01100, codifique esses dados usando a codificação por deslocamento de amplitude, a codificação por deslocamento de freqüência e a codificação por deslocamento de fase. Para esses problemas, você pode considerar que um 0 digital é o valor básico e que um 1 digital requer um aumento na amplitude, um aumento na freqüência ou uma mudança de fase. Você também pode considerar a transmissão da esquerda para a direita, com o primeiro 0 digital sendo o bit mais à esquerda.

16.2 Usando a codificação Manchester, codifique o padrão de bits 0100.

16.3 Suponha que um arquivo de 10.000 bytes deva ser enviado por uma linha em 2.400bps.

    a. Calcule o overhead, em bits e em tempo, ao usar comunicação assíncrona. Considere um bit de início e um elemento de fim de 1 bit de tamanho, e 8 bits para enviar o byte propriamente dito para cada caractere. O caractere de 8 bits consiste em todos os bits de dados, sem bit de paridade.

    b. Calcule o overhead, em bits e em tempo, ao usar comunicação síncrona. Considere que os dados são enviados em quadros. Cada quadro consiste em 1.000 caracteres = 8.000 bits e um overhead de 48 bits de controle por quadro.

    c. Quais seriam as respostas para as partes (a) e (b) para um arquivo de 100.000 caracteres?

    d. Quais seriam as respostas para as partes (a) e (b) para o arquivo original de 10.000 caracteres, mas com uma velocidade de dados de 9.600bps?

16.4 Uma origem de dados produz caracteres IRA de 7 bits. Crie uma expressão da velocidade de dados máxima efetiva (velocidade de bits de dados IRA) através de uma linha de x bps para o seguinte:

    a. Transmissão assíncrona, com um elemento de fim de 1,5 unidades e um bit de paridade.

    b. Transmissão síncrona, com um quadro consistindo em 48 bits de controle e 128 bits de informação. O campo "Informação" contém caracteres IRA de 8 bits (incluindo a paridade).

    c. O mesmo que a parte (b), exceto que o campo Informação possui 1.024 bits.

16.5 Demonstre por meio de um exemplo (escreva algumas dezenas de padrões de bit arbitrários; considere um bit de início e um elemento de fim do tamanho de 1 bit) como um receptor que apresenta erro de quadro na transmissão assíncrona posteriormente se torna realinhado.

16.6 Suponha que um emissor e um receptor usam transmissão assíncrona e concordam em não usar quaisquer elementos de fim. Isso poderia dar certo? Em caso positivo, explique algumas das condições necessárias.

16.7 Um esquema de transmissão assíncrona usa 8 bits de dados, um bit de paridade par e um elemento de fim de 2 bits de tamanho. Qual porcentagem de flutuação (imprecisão de sincronização) pode ser tolerada no receptor com respeito ao erro de quadro? Considere que as amostras de bit são tiradas no meio do período de relógio. Presuma também que, no começo do bit de início, o relógio e os bits que chegam estão dentro da fase.

16.8 Suponha que uma transmissão de dados serial síncrona esteja sincronizada por dois relógios (um no emissor e outro no receptor) que têm, cada um, uma flutuação de 1 minuto em um ano. Durante quanto tempo uma seqüência de bits pode ser enviada antes que uma possível flutuação de relógio possa causar um problema? Considere que uma forma de onda de um bit seja válida se ela for amostrada dentro de 40% do seu centro, e que o emissor e o receptor sejam re-sincronizados no início de cada quadro. Observe que a velocidade de transmissão não é um fator, já que tanto o período de bit quanto o erro de sincronização absoluto caem proporcionalmente em velocidades de transmissão mais altas.

16.9 Quando o presidente americano Franklin Roosevelt fez seu discurso inaugural – "a única coisa de que precisamos ter medo é do próprio medo...." – isso levou cerca de 23 minutos. Na forma impressa, esse discurso ocupa aproximadamente 4 páginas. A parte que é impressa em uma página possui cerca de 4 polegadas de largura e 71 polegadas de altura. Existem aproximadamente 77 caracteres por linha e cerca de 5 1/3 linhas por polegada vertical. Suponha que você desejasse representar o discurso em uma enciclopédia em CD-ROM.

    a. Quantos bytes de 8 bits seriam necessários para armazenar uma gravação do discurso de Franklin Roosevelt em PCM sem compactação, considerando uma largura de banda de 22.000Hz, monoaural? Ignore qualquer overhead. Você deseja escolher uma discretização de amostra que possa codificar cerca de 64.000 níveis de amplitude. Use a taxa de amostragem mínima apresentada pelo teorema de amostragem.

    b. Suponha que o discurso tenha sido armazenado como texto, um caractere por byte sem compactação. Quanto espaço, em bytes, está no CD-ROM agora?

    c. Suponha que o discurso tenha sido armazenado como uma imagem do texto como especificado anteriormente. Ou seja, você só pode escanear a área com texto. Suponha que a imagem seja escaneada em 1.200 pixels (elementos de imagem) por polegada, tanto na direção horizontal quanto na vertical, e que a imagem seja armazenada como preto e branco (sem cor ou tons de cinza). Novamente, ignore o overhead e não considere a compactação. Quanto espaço de armazenamento de CD-ROM em bytes é necessário para essa representação?

Nota: O tamanho relativo dos resultados de (a), (b) e (c) tem sentido qualitativo. A leitura transmite a maior parte da informação, incluindo inflexão e ritmo, além do próprio texto. A imagem transmite mais informação do que o texto, como fontes e layout de página, mas menos informação do que a leitura. O texto como uma string ASCII não transmite informação adicional alguma além do texto em si, mas é a parte mais compacta.

16.10 Dois dispositivos em comunicação estão usando uma verificação de paridade par de bit único para detecção de erros. O transmissor envia o byte 10101010 e (devido ao ruído de canal) o receptor recebe o byte 10011010. O receptor irá detectar o erro? Justifique.

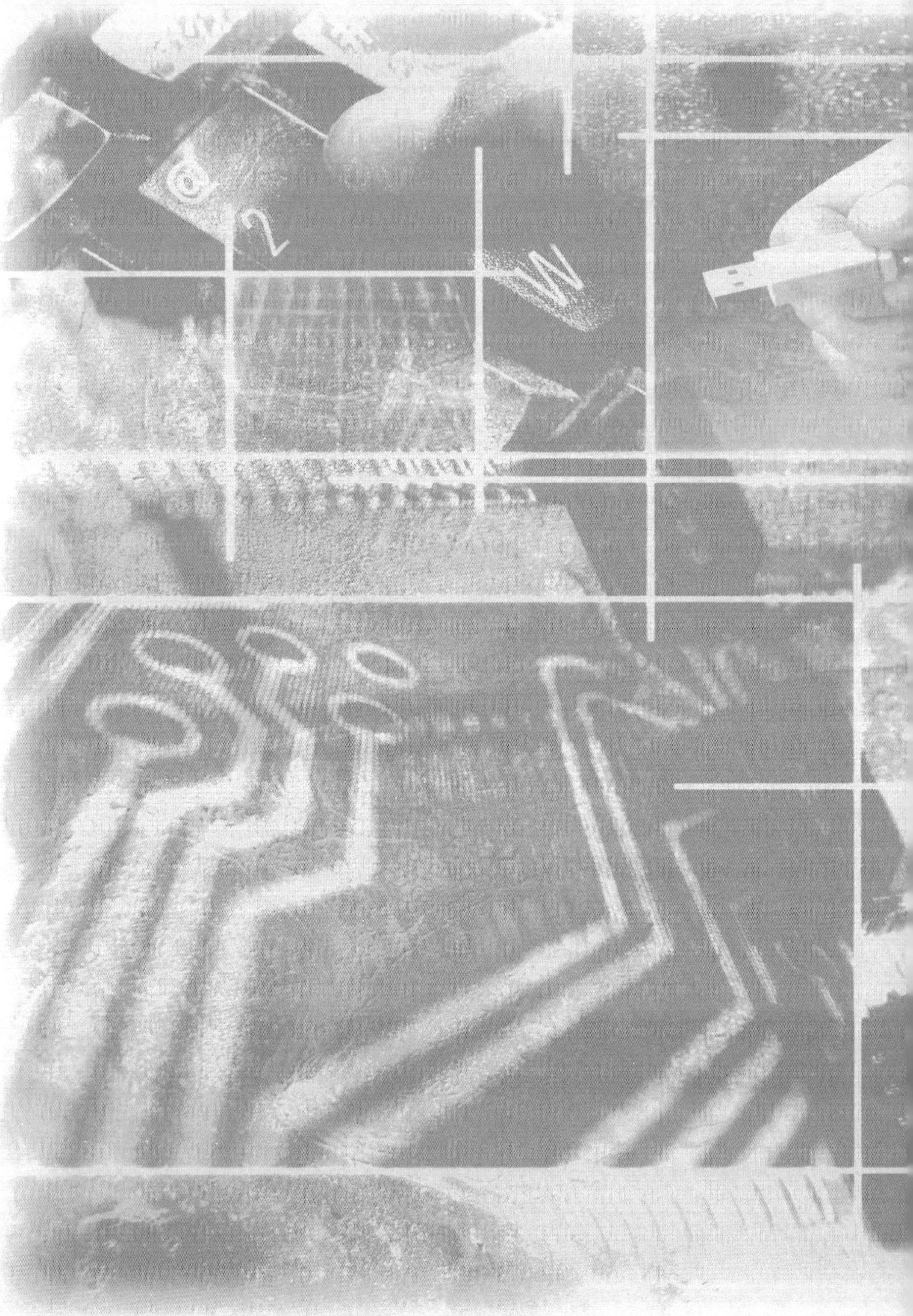

Capítulo 17

Controle de enlace de dados e multiplexação

17.1 Fluxo de Controle e controle de erros
17.2 Controle de enlace de dados de alto nível
17.3 Motivação para multiplexação
17.4 Multiplexação por divisão de freqüência
17.5 Multiplexação por divisão de tempo síncrona
17.6 Resumo
17.7 Leitura e Web sites recomendados
17.8 Principais termos, perguntas para revisão e problemas

OBJETIVOS DO CAPÍTULO

Depois de ler este capítulo, você deverá ser capaz de

- Explicar a necessidade de um protocolo de controle de enlace de dados.
- Descrever a operação básica de um protocolo de controle de enlace de dados, como o amplamente usado HDLC.
- Explicar a necessidade da eficiência de transmissão e citar os dois principais métodos usados para obter eficiência.
- Analisar o uso da multiplexação por divisão de freqüência na distribuição de vídeo e nas redes de voz.
- Comentar sobre o uso da multiplexação nos sistemas de portadora digital.
- Falar sobre o serviço T-1 e descrever sua importância e as aplicações que o estão utilizando.
- Explicar o padrão SONET e sua importância para as redes remotas.

Este capítulo examina dois importantes conceitos de comunicação de dados: o controle de enlace de dados e a multiplexação.

Um protocolo de controle de enlace de dados inclui técnicas para regular o fluxo de dados por meio de um enlace de comunicação e para compensar os erros de transmissão. Em primeiro lugar, examinaremos os conceitos do controle de fluxo e do controle de erros e, depois, ilustraremos seu uso no protocolo de controle de enlace de dados HDLC. Esse protocolo é um dos mais usados e ilustra as técnicas usadas nesses protocolos.

Uma importante fonte de gastos em qualquer ambiente distribuído ou em rede é o custo de transmissão. Devido à natureza crítica da transmissão nesses ambientes e ao seu custo potencialmente alto, é importante maximizar a quantidade de informações que podem ser transmitidas através de determinado recurso ou, alternativamente, minimizar a capacidade de transmissão necessária para satisfazer determinado requisito de comunicação de informações corporativas. A última parte deste capítulo examina o principal método para alcançar eficiência de transmissão: a multiplexação.

17.1 FLUXO DE CONTROLE E CONTROLE DE ERROS

Os padrões de interface física fornecem um meio pelo qual um fluxo de dados pode ser transmitido, quer de modo síncrono ou assíncrono, através de um meio de transmissão. Entretanto, essas interfaces não incluem todas as funções necessárias para comunicação de dados. Entre os itens mais importantes não incluídos estão o controle de fluxo e o controle de erros.

Para fornecer essas funções necessárias, utiliza-se um protocolo de controle de enlace de dados. Esses protocolos geralmente servem apenas para transmissão síncrona. O esquema básico é o seguinte. Os dados a serem transmitidos por uma aplicação são enviados para o módulo de enlace de dados, que organiza os dados em um conjunto de quadros. Cada quadro é suplementado com bits de controle de modo que os dois lados cooperem para distribuir os dados corretamente. Os bits de controle são acrescentados pelo emissor do quadro. Quando o quadro chega, o receptor examina os bits de controle e, se os dados chegarem corretamente, retira os bits de controle; em seguida, entrega os dados puros para o ponto de destino pretendido dentro do sistema. A Figura 17.1 ilustra o processo.

Com o uso dos bits de controle, diversas funções podem ser realizadas, incluindo o controle de fluxo e o controle de erros. Nesta seção, introduzimos essas funções. A próxima seção analisa especificamente um protocolo de controle de enlace de dados, conhecido como High-Level Data Link Control (HDLC).

Controle de fluxo

Suponha que desejamos escrever um driver de impressora, para passar dados de um computador para uma impressora. Nós conectamos os dois com o cabo apropriado em uma porta na máquina host. A porta host é programável para corresponder ao dispositivo periférico. Neste caso, vamos supor que a impressora esteja configurada para caracteres IRA de 7 bits, paridade ímpar, um bit de fim e uma velocidade de dados de 9.600bps. Usamos esses parâmetros na porta host, escrevemos o programa e tentamos enviar uma página de texto para a impressora. O resultado é que, após as primeiras linhas de texto, faltarão diversos caracteres; na verdade, há mais caracteres faltando do que impressos.

Qual é o problema? Em primeiro lugar, vamos calcular a velocidade de transferência de caracteres. Temos 7 bits para o caractere, 1 para o bit de início, um para a paridade e 1 para o bit de fim, totalizando 10 bits por caractere. Como o computador está transmitindo em 9.600bps, a velocidade de transferência é de 960 caracteres por segundo. Verificando o manual da impressora, descobrimos que ela pode imprimir no máximo 80 caracteres por segundo. Isso significa que estamos enviando 12 vezes mais dados do que a impressora pode aceitar. Não é surpresa que se percam dados.

Pode parecer estranho que impressora seja equipada com uma velocidade de dados mais alta do que a capacidade de impressão, mas isso é comum. A impressora possui um pequeno buffer (talvez 200 caracteres) de modo que possa aceitar caracteres em uma rajada, im-

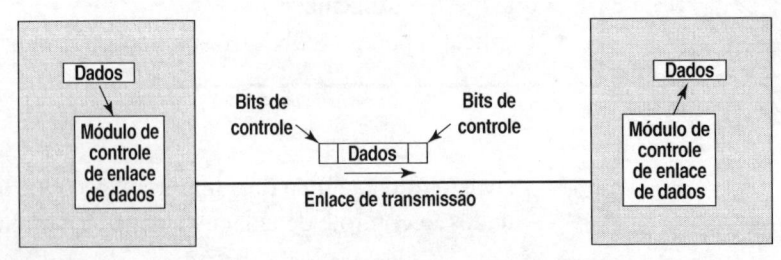

FIGURA 17.1 Funcionamento de um módulo de controle de enlace de dados.

primir esses caracteres e, depois, aceitar outra rajada. Assim, a impressora pode ser usada em uma linha compartilhada que esteja andando em uma velocidade suficientemente alta para servir diversas impressoras e terminais. Por exemplo, uma linha de 9.600bps poderia facilmente acomodar cinco ou dez impressoras desse tipo. Entretanto como a velocidade de dados é mais alta do que a velocidade de impressão, é possível que ocorra a condição de perda de dados descrita anteriormente.

O controle de fluxo é uma técnica para garantir que uma entidade transmissora não sobrecarregue uma entidade receptora com dados. No caso de um dispositivo eletromagnético, tal como uma impressora ou unidade de disco, um buffer fixo é fornecido, como descrito anteriormente. No caso de dados transmitidos para um computador, eles normalmente são destinados a alguma aplicação ou programa de sistema. O computador receptor aloca um buffer de dados de um determinado tamanho máximo para essa aplicação ou programa de sistema. Quando os dados são recebidos, o computador precisa realizar uma certa quantidade de processamento antes de passar os dados para o software de nível mais alto. Na ausência do controle de fluxo, o buffer do receptor pode encher e estourar, enquanto está processando dados antigos.

Para os protocolos de controle de enlace de dados, o controle de fluxo é realizado numerando-se cada quadro seqüencialmente (por exemplo, 0, 1, 2,...). Inicialmente, um buffer de um tamanho combinado é alocado no receptor. À medida que os quadros chegam e são processados, o receptor retorna um reconhecimento (ACK) para indicar quais quadros foram recebidos e implicitamente para informar quantos quadros mais podem ser enviados. Isso ficará mais claro quando abordarmos o HDLC mais adiante.

Controle de erros

No Capítulo 16, examinamos técnicas para um receptor detectar erros no processo de transmissão e recepção. Para corrigir esses erros, o controle de enlace de dados fornece mecanismos pelos quais os dois lados cooperam na retransmissão dos quadros afetados por erros na primeira tentativa. Esses mecanismos abrangem as técnicas de controle de fluxo tratadas anteriormente. Novamente, os dados são enviados como uma seqüência de quadros. Além disso, observamos dois tipos de erros:

- **Quadro perdido**: Um quadro não chega do outro lado. No caso de uma rede, esta pode simplesmente falhar ao entregar um quadro. No caso de um enlace de dados ponto a ponto direto, uma rajada de ruído pode danificar um quadro a ponto de o receptor não saber que um quadro foi transmitido.
- **Quadro danificado**: Um quadro reconhecível chega, mas alguns dos bits estão errados (foram alterados durante a transmissão).

As técnicas mais comuns para o controle de erros baseiam-se em algum ou em todos os seguintes itens:

- **Detecção de erros:** O destino detecta quadros que estão em erro, usando as técnicas descritas no capítulo anterior, e descarta esses quadros.
- **Reconhecimento positivo**: O destino retorna um reconhecimento (ACK) positivo para quadros sem erros e recebidos com sucesso.
- **Retransmissão após timeout:** A origem retransmite um quadro que não foi reconhecido após um período predeterminado.
- **Reconhecimento negativo e retransmissão:** O destino retorna um reconhecimento negativo para quadros em que um erro é detectado. A origem retransmite esses quadros.

Coletivamente, todos esses mecanismos são chamados de **requisição de repetição automática** (ARQ). O efeito da ARQ é tornar um enlace de dados potencialmente errôneo em um enlace de dados confiável. O mecanismo preciso da ARQ é descrito na próxima seção como parte de nossa análise do HDLC.

17.2 CONTROLE DE ENLACE DE DADOS DE ALTO NÍVEL

O protocolo de controle de enlace de dados mais importante é o HDLC. O HDLC é amplamente usado e é a base de muitos outros protocolos de controle de enlace de dados importantes, que usam os mesmos formatos ou semelhantes, e os mesmos mecanismos empregados no HDLC.

Estrutura de quadro do HDLC

Provavelmente, a melhor maneira de começar uma explicação do HDLC é analisar sua estrutura de quadro. A operação do HDLC envolve a troca de dois tipos de informação entre as duas estações conectadas. Em primeiro lugar, o HDLC aceita dados de usuário de alguma camada superior do software e entrega esses dados de usuário por meio do enlace para o outro lado. No outro lado, o HDLC aceita os dados de usuário e os entrega para uma camada superior do software nesse lado. Em segundo lugar, os dois módulos HDLC trocam informações de controle para fornecer controle de fluxo, controle de erros e outras funções de controle. O método para se obter isso é formatar as informações que são trocadas em um **quadro**. Um quadro é uma estrutura predefinida que fornece um local específico para vários tipos de informação de controle e para dados de usuário.

A Figura 17.2 ilustra o formato do quadro HDLC. O quadro possui os seguintes campos:

- **Flag**: Usado para sincronização. Aparece no início e no fim do quadro e sempre contém o padrão 01111110.
- **Endereço**: Indica a estação secundária para essa transmissão. É necessário no caso de uma linha multidrop, em que uma estação principal pode enviar dados para uma de várias secundárias, e uma de várias secundárias pode enviar dados para a principal. Esse campo normalmente possui 8 bits de tamanho, mas pode ser estendido (Figura 17.2b).
- **Controle**: Identifica a finalidade e as funções do quadro. É descrito mais adiante nesta subseção.
- **Informação**: Contém os dados de usuário a serem transmitidos.
- **Seqüência de verificação de quadro:** Contém uma verificação de redundância cíclica de 16 ou 32 bits.

O HDLC define três tipos de quadros, cada qual com um formato diferente do campo Controle. Os quadros de informação (quadros I) transportam os dados de usuário a serem transmitidos para a estação. Além disso, os quadros de informação contêm informações para controle de fluxo e controle de erros. Os quadros de supervisão (quadros S) fornecem outro meio de exercer controle de fluxo e controle de erros. Os quadros não-numerados (quadros U) fornecem funções de controle de enlace suplementares.

O primeiro ou os dois primeiros bits do campo Controle servem para identificar o tipo de quadro. As outras posições de bit são organizadas em subcampos, como indicado nas Figuras 17.2c e 17.2d. Seu uso é explicado na análise do funcionamento do HDLC, a seguir. Observe que o campo Controle básico para quadros S e I usa números seqüenciais de 3 bits. Com os comandos definir-modo apropriados, pode-se usar um campo Controle estendido que empregue números seqüenciais de 7 bits.

Todos os formatos de campo Controle contêm o bit poll/final (P/F). Seu uso depende do contexto. Em geral, nos quadros de comando, ele é chamado de bit P e é

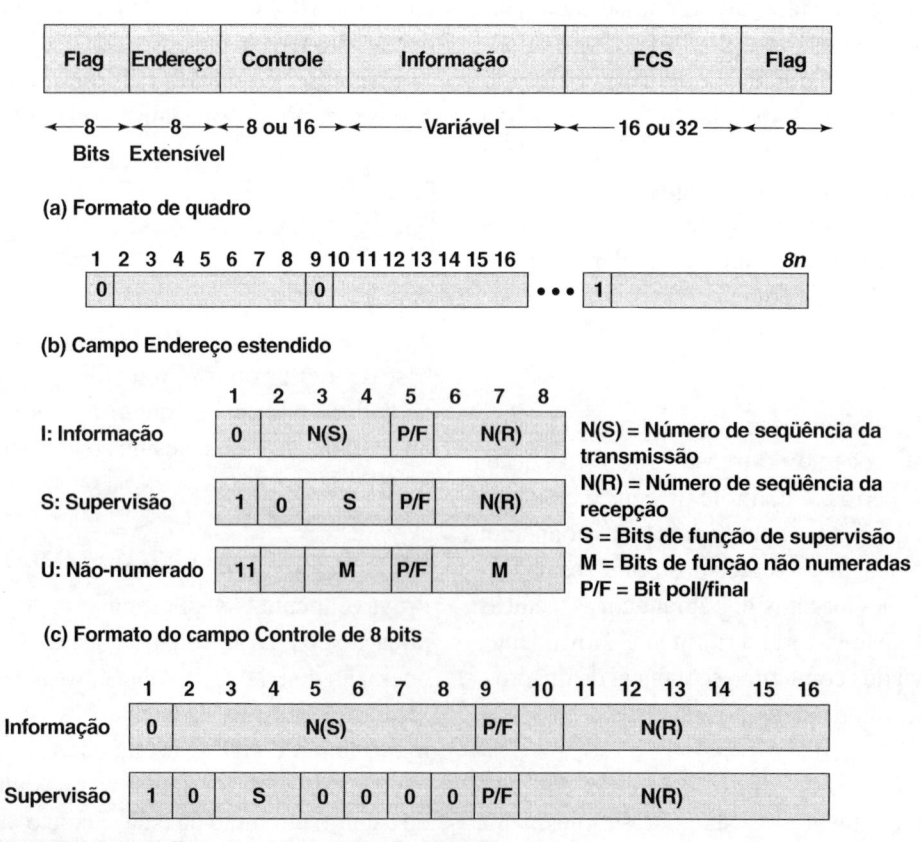

FIGURA 17.2 Estrutura de quadro do HDLC.

definido em 1 para solicitar um quadro de resposta da entidade HDLC parceira. Nos quadros de resposta, ele é chamado de bit F e é definido em 1 para indicar que é um quadro de resposta transmitido como resultado de um comando solicitante.

Operação do HDLC

A operação do HDLC consiste na troca de quadros I, quadros S e quadros U entre duas estações. Os vários comandos e respostas definidos para esses tipos de quadro estão relacionados na Tabela 17.1. Ao descrever a operação do HDLC, examinaremos esses três tipos de quadro.

A operação do HDLC envolve três fases. Em primeiro lugar, um dos dois lados inicializa o enlace de dados de modo que os quadros possam ser trocados de maneira organizada. Durante essa fase, são combinadas as opções que devem ser usadas. Após a inicialização, os dois lados trocam dados de usuário e as informações de controle para exercer controle de fluxo e de erros. Finalmente, um dos dois lados sinaliza o término da operação.

Tabela 17.1 Comandos e respostas do HDLC

Nome	Comando/Resposta	Descrição
Informação (I)	C/R	Troca dados de usuário
Supervisão (S)		
Receber pronto (RR)	C/R	Reconhecimento positivo; pronto para receber quadro I
Receber não pronto (RNR)	C/R	Reconhecimento positivo; não pronto para receber
Rejeitar (REJ)	C/R	Reconhecimento negativo; voltar N
Rejeitar seletivo (SREJ)	C/R	Reconhecimento negativo; rejeição seletiva
Não-numerado (U)		
Definir modo de resposta normal/estendido (SNRM/SNRME)	C	Define modo; estendido = números de seqüência de 7 bits
Definir modo de resposta assíncrono/estendido (SARM/SARME)	C	Define modo; estendido = números de seqüência de 7 bits
Definir modo balanceado assíncrono/estendido (SABM, SABME)	C	Define modo; estendido = números de seqüência de 7 bits
Definir modo de inicialização (SIM)	C	Inicializa funções de controle de enlace na estação endereçada
Desconectar (DISC)	C	Termina conexão de enlace lógica
Reconhecimento não numerado (UA)	R	Reconhece aceitação de um dos comandos definir-modo
Modo desconectado (DM)	R	O respondedor está no modo desconectado
Requisitar desconexão (RD)	R	Requisita o comando DISC
Requisitar modo de inicialização (RIM)	R	Inicialização necessária; requisita o comando SIM
Informações não-numeradas (UI)	C/R	Usado para trocar informações de controle
Poll não-numerada (UP)	C	Usado para solicitar informações de controle
Reset (RSET)	C	Usado para recuperação; redefine N(R), N(S)
Trocar identificação (XID)	C/R	Usado para requisitar/informar estado
Teste (TEST)	C/R	Troca campos de informação idênticos para teste
Rejeição de quadro (FRMR)	R	Informa recebimento de quadro inaceitável

Inicialização Qualquer lado pode requisitar inicialização, emitindo um dos seis comandos definir-modo. Esse comando possui três finalidades:

1. Sinaliza o outro lado de que a inicialização é requisitada.
2. Especifica qual dos três modos é requisitado; esses modos têm a ver com o fato de se um lado age como uma estação principal e controla a troca, ou se os dois lados são parceiros e cooperam na troca.
3. Especifica se números seqüenciais de 3 ou 7 bits devem ser usados.

Se o outro lado aceita essa requisição, então, o módulo HDLC nesse lado transmite de volta um quadro UA – Unnumbered Acknowledgment para o lado iniciador. Se a requisição for rejeitada, então, um quadro Disconnected Mode (DM) é enviado.

Transferência de dados Quando a inicialização tiver sido requisitada e aceita, uma conexão lógica se estabelece. Os dois lados podem começar a enviar dados de usuário em quadros I, iniciando com o número seqüencial 0. Os campos N(S) e N(R) do quadro I são números seqüenciais que aceitam controle de fluxo e controle de erros. Um módulo HDLC que envia uma seqüência de quadros I irá numerá-los seqüencialmente, módulo 8 ou 128, dependendo de números seqüenciais de 3 ou 7 bits serem usados ou não, e colocar o número seqüencial em N(S). N(R) é o reconhecimento para quadros I recebidos; ele permite que o módulo HDLC indique o número do próximo quadro I que ele espera receber.

Os quadros S também servem para controle de fluxo e de erros. Utiliza-se o quadro Receber Pronto (RR) para reconhecer o último quadro I recebido que indica o próximo quadro I esperado. O RR é usado quando não existe tráfego de dados de usuário reversos (quadros I) para transportar um reconhecimento. Receber Não Pronto (RNR) reconhece um quadro I, como em RR, mas também pede que a entidade parceira suspenda a transmissão de quadros I. Quando a entidade que emitiu o RNR estiver novamente pronta, ela envia um RR. REJ inicia a ARQ volta-para-N. Ele indica que o último quadro I recebido foi rejeitado e que a retransmissão de todos os quadros I começando com o número N(R) é necessária. Rejeitar Seletivo (SREJ) é usado para requisitar a retransmissão de um único quadro.

Desconexão Qualquer módulo HDLC pode iniciar uma desconexão, seja por sua própria iniciativa, se houver algum tipo de falha, ou sob a requisição de seu usuário de camada superior. O HDLC emite uma desconexão, enviando um quadro Desconectar (DISC). O outro lado precisa aceitar a desconexão, respondendo com um UA.

Exemplos de operação Para melhor entender a operação do HDLC, vários exemplos estão na Figura 17.3. Nos diagramas de exemplo, cada seta inclui uma legenda que especifica o tipo de quadro, a definição do bit P/F e, onde apropriado, os valores de N(R) e N(S). A definição do bit P ou F é 1 se a designação está presente e 0 se ausente.

A Figura 17.3a mostra os quadros envolvidos na configuração e desconexão de enlace. A entidade HDLC de um dos lados emite um comando SABM[1] para o outro lado e inicia um temporizador. O outro lado, no recebimento do SABM, retorna uma resposta UA e coloca as variáveis locais e os contadores em seus valores iniciais. A entidade iniciadora recebe a resposta UA, define suas variáveis e contadores e pára o temporizador. A conexão lógica agora está ativa e os dois lados podem começar a transmitir quadros. Se o temporizador expirar sem uma resposta, o originador repetirá o SABM, como ilustrado. Isso seria repetido até um UA ou DM ser recebido ou até que, após determinado número de tentativas, a entidade que tenta iniciação desista e informe falha a uma entidade de gerenciamento. Nesse caso, é necessária a intervenção da camada superior. A mesma figura (Figura 17.3a) mostra o procedimento de desconexão. Um lado emite um comando DISC e o outro responde com uma resposta UA.

A Figura 17.3b ilustra a troca full-duplex de quadros I. Quando uma entidade envia vários quadros I em seqüência sem dados de entrada, o número seqüencial de recebimento, N(R), é simplesmente repetido (por exemplo, 1,1,1; 1,2,1 na direção A para B). Quando uma entidade receber vários quadros I em seqüência sem ter enviado quadros, então, o número seqüencial de recebimento no próximo quadro que ela enviar precisa refletir a atividade cumulativa (por exemplo, 1,1,3 na direção B para A). Observe que, além dos quadros I, a troca de dados pode envolver quadros de supervisão.

A Figura 17.3c mostra uma operação que envolve uma condição "ocupado". Essa condição pode surgir porque uma entidade HDLC não é capaz de processar

---

[1] O termo é: Set Asynchronous Balanced Mode. O comando SABM é uma requisição para iniciar uma troca. A parte ABM do acrônimo se refere ao modo de transferência, um detalhe com o qual não precisamos nos preocupar agora.

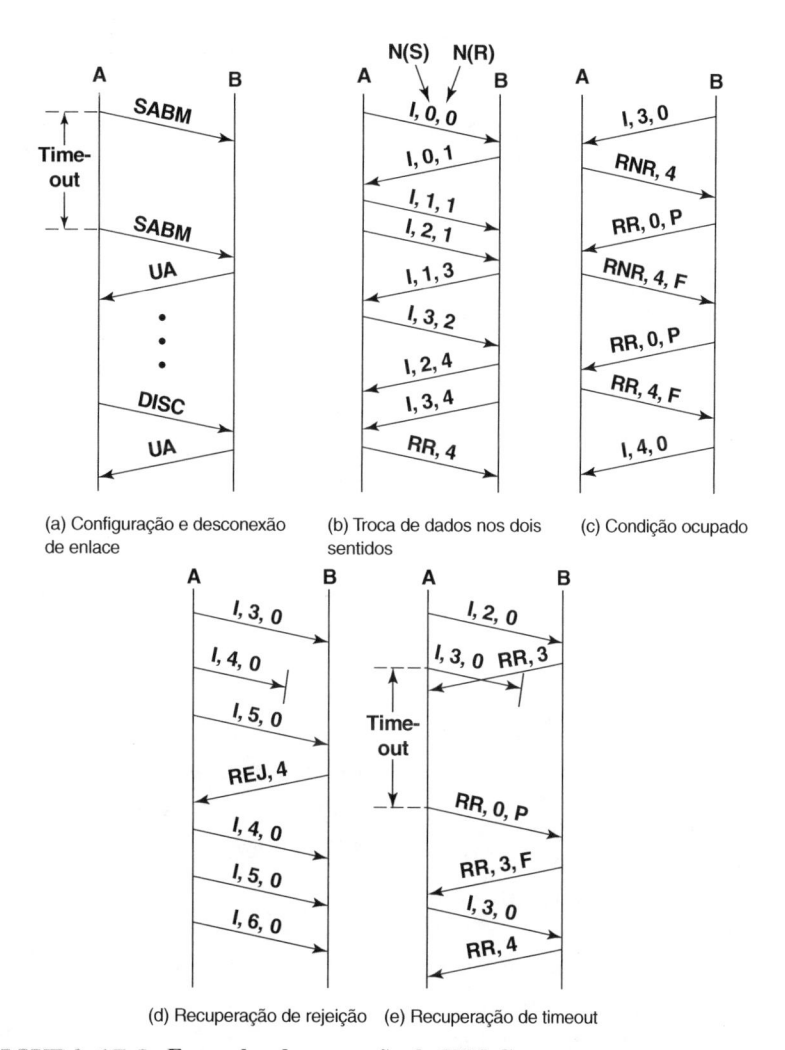

FIGURA 17.3 Exemplos de operação do HDLC.

(a) Configuração e desconexão de enlace
(b) Troca de dados nos dois sentidos
(c) Condição ocupado
(d) Recuperação de rejeição
(e) Recuperação de timeout

quadros I tão rapidamente quanto eles estão chegando, ou o usuário pretendido não é capaz de aceitar dados tão rapidamente quanto eles estão chegando nos quadros I. Em qualquer caso, o buffer de recebimento da entidade se enche e ela precisa suspender o fluxo de chegada de quadros I, usando um comando RNR. Nesse exemplo, a estação A emite um RNR, que exige que o outro lado suspenda a transmissão de quadros I. A estação que recebe o RNR normalmente questionará a estação ocupada em algum intervalo periódico, enviando um RR com o bit P ligado. Quando a condição "ocupado" tiver sido liberada, A retorna um RR, e a transmissão de quadros I de B pode continuar.

Um exemplo de recuperação de erro usando o comando REJ está na Figura 17.3d. Nesse exemplo, A transmite quadros I numerados como 3, 4 e 5. O quadro 4 sofre um erro. B detecta o erro e descarta o quadro. Quando B recebe o quadro I de número 5, ele descarta esse quadro porque está fora de ordem e envia um REJ com um N(R) de 4. Isso faz com que A inicie a retransmissão de todos os quadros I enviados, começando com o quadro 4. Ele pode continuar a enviar quadros adicionais após os quadros retransmitidos.

Um exemplo de recuperação de erro usando um timeout é mostrado na Figura 17.3e. Nesse exemplo, A transmite o quadro I de número 3 como o último em uma seqüência de quadros I. O quadro sofre um erro. B detecta o erro e descarta o quadro. Entretanto, B não pode enviar um REJ. Isso é porque não há uma maneira de saber se esse foi um quadro I. Se um erro for detectado em um quadro, todos os bits desse quadro são suspeitos, e o receptor não tem meios de resolvê-lo. A, no entanto, iniciou um temporizador, quando o quadro foi transmitido. Quando o temporizador expira, A inicia a ação de recuperação. Isso normalmente é feito questionando o outro lado com um comando RR com o bit P ligado, para determinar o estado do outro lado. Como o poll exige uma resposta, a entidade receberá um quadro com um campo N(R) e poderá continuar. Nesse caso, a resposta indica que o quadro 3 estava perdido, fazendo com que A o retransmita.

Esses exemplos não são completos; todavia, eles devem dar uma boa noção do comportamento do HDLC.

17.3 MOTIVAÇÃO PARA MULTIPLEXAÇÃO

Em geral, duas estações em comunicação não utilizarão a capacidade total de um enlace de dados. Para sua eficácia, teria de ser possível compartilhar essa capacidade. Um termo genérico para esse compartilhamento é *multiplexação*.

Uma aplicação comum de multiplexação é na comunicação de longa distância. Os troncos em redes de longa distância são enlaces de fibra óptica, coaxial ou microondas de alta capacidade. Esses enlaces podem transportar simultaneamente grandes quantidades de transmissões de voz e dados usando multiplexação.

A Figura 17.4 mostra a função de multiplexação em sua forma mais simples. Existem *n* entradas em um multiplexador. O multiplexador é conectado por um único enlace de dados com um demultiplexador. O enlace é capaz de transportar *n* canais de dados separados. O multiplexador combina (multiplexa) dados das *n* linhas de entrada e transmite por meio de um enlace de dados de capacidade mais alta. O demultiplexador aceita o fluxo de dados multiplexado, separa (demultiplexa) os dados de acordo com o canal e os distribui para as linhas de saída apropriadas.

O largo uso da multiplexação na comunicação de dados explica-se pelo seguinte:

- Quanto mais alta for a velocidade de dados, mais econômico se torna o sistema de transmissão. Ou seja, para determinada aplicação e por meio de uma certa distância, o custo por kbps diminui com o aumento da velocidade de dados do sistema de transmissão. Da mesma forma, o custo do equipamento de transmissão e recepção, por kbps, diminui com o aumento da velocidade de dados.

- A maioria dos dispositivos de comunicação de dados individuais exige velocidades de dados relativamente modestas. Por exemplo, para muitas aplicações de terminal e computador pessoal que não envolvem acesso à Web ou gráficos pesados, uma velocidade de dados entre 9.600bps e 64kbps geralmente é suficiente.

As afirmações anteriores foram expressas em termos de dispositivos de comunicação de dados. Afirmações semelhantes se aplicam à comunicação de voz. Ou seja, quanto maior a capacidade de um sistema de transmissão, em termos de canais de voz, menor o custo por canal de voz individual, e a capacidade necessária para um único canal de voz é modesta.

O restante deste capítulo concentra-se em dois tipos de técnicas de multiplexação. O primeiro tipo, a multiplexação por divisão de freqüência (FDM), é o mais usado e é familiar a qualquer um que já tenha usado um aparelho de rádio ou televisão. O segundo é um caso especial de multiplexação por divisão de tempo (TDM), conhecido como TDM síncrona. É comumente usado para multiplexar fluxos de voz digitalizados e fluxos de dados.

17.4 MULTIPLEXAÇÃO POR DIVISÃO DE FREQÜÊNCIA

A **multiplexação por divisão de freqüência** (FDM) é uma forma familiar e amplamente usada de multiplexação. Um exemplo simples é seu uso em sistemas de TV a cabo, que transportam múltiplos canais de vídeo em um único cabo. A FDM é possível quando a largura de banda útil do meio de transmissão excede a largura de banda necessária dos sinais a serem transmitidos. Diversos sinais podem ser transportados simultaneamente se cada sinal for modulado em uma freqüência de portadora diferente, e as freqüências de portadora forem suficientemente separadas para que as larguras de banda dos sinais não se sobreponham. Um caso geral de FDM é mostrado na Figura 17.5a. Seis origens de si-

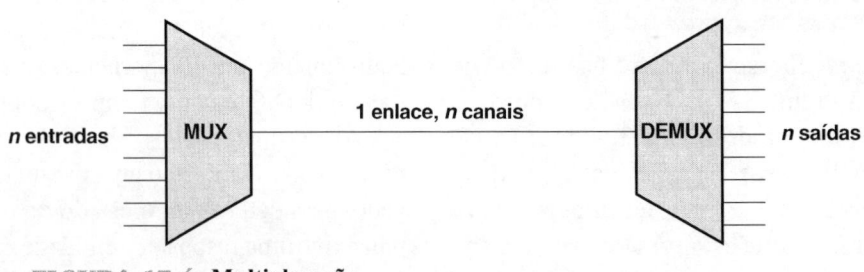

FIGURA 17.4 Multiplexação.

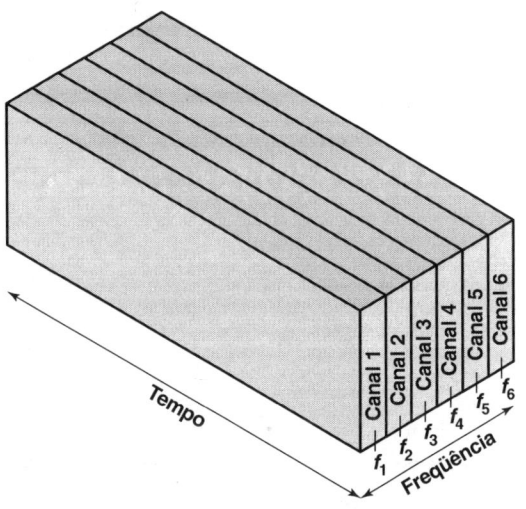

(a) Multiplexação por divisão de freqüência

(b) Multiplexação por divisão de tempo

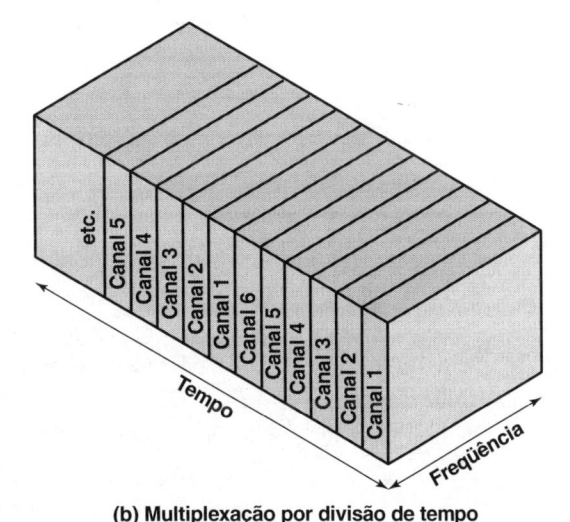

FIGURA 17.5 FDM e TDM.

nal são alimentadas em um multiplexador, que modula cada sinal em uma freqüência diferente (f_1, ..., f_6). Cada sinal modulado requer certa largura de banda centralizada em sua freqüência de portadora, denominada *canal*. Para evitar interferência, os canais são separados por bandas de guarda, que são partes não utilizadas do espectro.

O sinal composto transmitido através do meio é analógico. Note, entretanto, que os sinais de entrada podem ser digitais ou analógicos. No caso da entrada digital, os sinais de entrada precisam ser passados por modems para serem convertidos em analógicos. Em qualquer caso, cada sinal de entrada analógico precisa, então, ser modulado para movê-lo para a banda de freqüência apropriada.

Um exemplo simples de FDM é ilustrado na Figura 17.6, que mostra a transmissão de três sinais de voz simultaneamente através de um meio de transmissão.

Como foi mencionado anteriormente, em geral considera-se a largura de banda de um sinal de voz como de 4kHz, com um espectro efetivo de 300 a 3.400Hz (Figura 17.6a). Se esse sinal for usado para modular em amplitude uma onda portadora de 64kHz, o espectro resultante será o da Figura 17.6b. O sinal modulado possui uma largura de banda de 8kHz, estendendo de 60 até 68kHz. Para usarmos eficientemente a largura de banda, escolhemos transmitir apenas a metade inferior do espectro, chamada de banda lateral inferior. Da mesma forma, os outros dois sinais de voz podem ser modulados para se encaixar nas faixas de 64 a 68kHz e 68 a 72kHz, respectivamente. Esses sinais são, então, combinados no multiplexador para produzir um único sinal com uma faixa de 60 a 72kHz. No lado receptor, o processo de demultiplexação envolve dividir o sinal recebido em três bandas de freqüência e, depois, demodular cada sinal novamente para a banda de voz original (0 a

(a) Espectro do sinal de voz

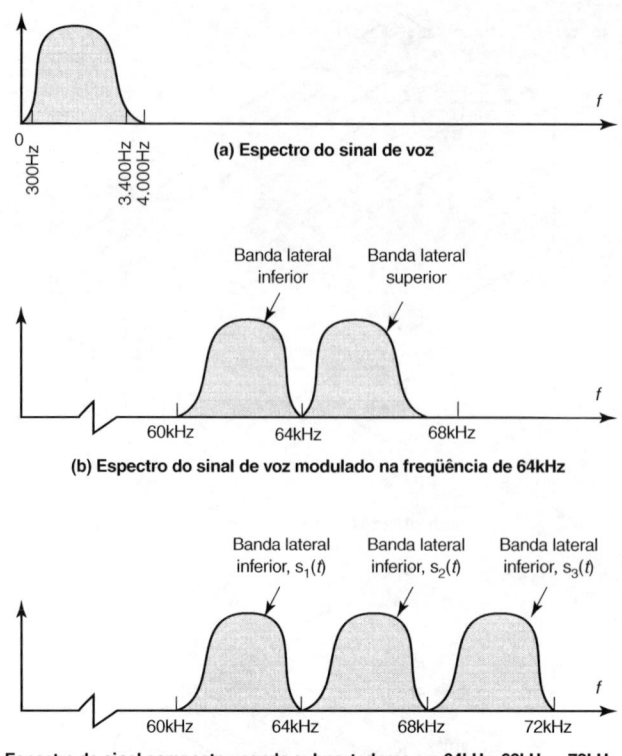

(b) Espectro do sinal de voz modulado na freqüência de 64kHz

(c) Espectro do sinal composto usando subportadoras em 64kHz, 68kHz e 72kHz

FIGURA 17.6 FDM dos três sinais de banda de voz.

4kHz). Note que existe apenas uma pequena quantidade de sobreposição entre os sinais multiplexados. Como a largura de banda efetiva de cada sinal é realmente menos de 4kHz, nenhuma interferência perceptível é produzida.

A FDM foi a base da transmissão telefônica durante muito anos; ela realmente é mais eficiente em termos de largura de banda do que os sistemas digitais. O problema é que o ruído é amplificado juntamente com o sinal de voz. Esse fato, além da grande queda no custo dos componentes digitais, levou à substituição generalizada dos sistemas FDM pelos sistemas **TDM** nas redes telefônicas.

Embora o uso da FDM para transmissão de voz esteja diminuindo rapidamente, ele ainda é usado quase exclusivamente para sistemas de distribuição de televisão, incluindo televisão aberta e TV a cabo. O sinal analógico de televisão, tratado no Capítulo 2, cabe confortavelmente em uma largura de banda de 6MHz. A Figura 17.7 representa o sinal de vídeo transmitido e sua largura de banda. O sinal de vídeo preto-e-branco modula em amplitude um sinal de portadora. O sinal resultante possui uma largura de banda de aproximadamente 5MHz, estando sua maioria acima do sinal de portadora. Uma subportadora de cor separada é usada para transmitir informações de cor. Esta é espaçada da onda portadora principal o suficiente para que basicamente não haja interferência. Finalmente, a parte de áudio do sinal é modulada em uma terceira onda portadora, fora da largura de banda efetiva dos outros dois sinais. O sinal composto cabe em uma largura de banda de 6MHz, com as portadoras de sinal de vídeo, cor e áudio em 1,25MHz, 4,799545MHz e 5,75MHz acima da borda inferior da banda, respectivamente. Portanto, múltiplos sinais de TV podem ter multiplexação de divisão de freqüência em um cabo, cada qual com uma largura de banda de 6MHz. Devido à enorme largura de banda do cabo coaxial (500MHz), dezenas de sinais de vídeo podem ser transportados simultaneamente usando a FDM.

Multiplexação por divisão de comprimento de onda

O verdadeiro potencial da fibra óptica é completamente explorado quando vários feixes de luz em diferentes freqüências são transmitidos na mesma fibra. Isso é uma forma de multiplexação por divisão de freqüência (FDM), mas é comumente chamada de multiplexação por divisão de comprimento de onda (WDM). Com a WDM, a luz fluindo por meio da fibra consiste em muitas cores, ou comprimentos de onda, cada uma trans-

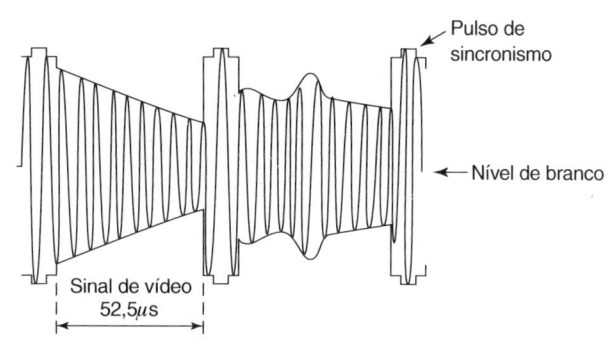

(a) Modulação de amplitude com sinal de vídeo

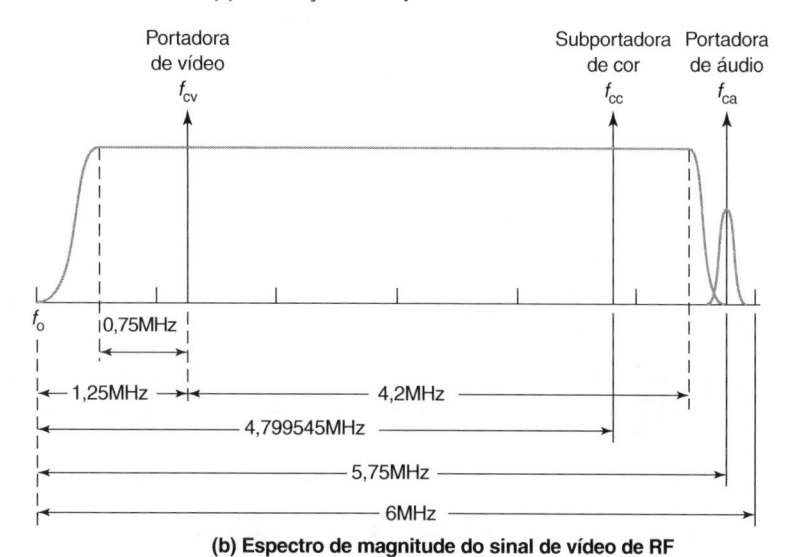

(b) Espectro de magnitude do sinal de vídeo de RF

FIGURA 17.7 Sinal de TV transmitido.

portando um canal de dados separado. Em 1997, foi um feito quando o Bell Laboratories pôde demonstrar um sistema WDM com 100 feixes, cada um operando em 10Gbps, perfazendo uma velocidade total de dados de 1 trilhão de bits por segundo (também chamado de 1 terabit por segundo, ou 1Tbps). Sistemas comerciais com 160 canais de 10Gbps agora estão disponíveis. Em um ambiente de laboratório, a Alcatel transportou 256 canais de 39,8Gbps cada um (totalizando 10,1Tbps) ao longo de uma distância de 100km.

Um sistema WDM típico tem a mesma arquitetura geral de outros sistemas FDM. Diversas origens geram um feixe de laser em diferentes comprimentos de onda. Esses são enviados para um multiplexador, que consolida as origens para transmissão em uma única linha de fibra. Os amplificadores ópticos, normalmente afastados dezenas de quilômetros, amplificam todos os comprimentos de onda simultaneamente. Por fim, o sinal composto chega em um demultiplexador, em que os canais componentes são separados e enviados a receptores no ponto de destino.

A maioria dos sistemas WDM opera na faixa de 1.550nm. Nos primeiros sistemas, 200GHz eram alocados para cada canal, mas, hoje, a maioria dos sistemas WDM usa espaçamento de 50GHz. O espaçamento de canal definido na ITU-T G.692, que acomoda 80 canais de 50GHz, é resumido na Tabela 17.2.

O termo **multiplexação por divisão de comprimento de onda densa** (DWDM) é freqüentemente visto em bibliografias especializadas. Não há qualquer definição oficial ou padrão desse termo. O termo conota o uso de mais canais, espaçados mais proximamente, do que na WDM normal. Geralmente, um espaçamento de canal de 200GHz ou menos poderia ser considerado denso.

ADSL

A linha de assinante digital assimétrica fornece um interessante exemplo do uso da FDM. Nesta seção, fornecemos um breve resumo do método.

Projeto da ADSL O termo *assimétrico* é usado porque a ADSL fornece mais capacidade downstream (do es-

Tabela 17.2 **Espaçamento de canal WDM da ITU (G.692)**

Freqüência (THz)	Comprimento de onda (no vácuo) (nm)	50GHz	100GHz	200GHz
196,10	1528,77	X	X	X
196,05	1529,16	X		
196,00	1529,55	X	X	
195,95	1529,94	X		
195,90	1530,33	X	X	X
195,85	1530,72	X		
195,80	1531,12	X	X	
195,75	1531,51	X		
195,70	1531,90	X	X	X
195,65	1532,29	X		
195,60	1532,68	X	X	
...	...			
192,10	1560,61	X	X	X

critério central da operadora para o local do cliente) do que upstream (do cliente para a operadora). A ADSL foi originalmente destinada a atender necessidades de vídeo por demanda e serviços relacionados. Essa aplicação não se materializou. Entretanto, desde a introdução da tecnologia ADSL, cresceu a demanda por acesso de alta velocidade à Internet. Em geral, o usuário exige capacidade muito mais alta para transmissão downstream (download) do que upstream (upload). A maioria das transmissões por parte do usuário está na forma de toques de teclado ou transmissão de curtas mensagens de e-mail, enquanto o tráfego recebido, especialmente o tráfego da Web, pode envolver grandes quantidades de dados e incluir imagens ou mesmo vídeo. Portanto, a ADSL fornece uma combinação perfeita para as necessidades da Internet.

A ADSL usa multiplexação de divisão de freqüência (FDM) como uma nova maneira de explorar a capacidade de 1MHz do par trançado. Existem três elementos na estratégia da ADSL (Figura 17.8):

- Reservar os 25kHz inferiores para voz, conhecidos como POTS (Plain Old Telephone Service). A voz é transportada apenas na banda de 0 a 4kHz; a largura de banda adicional é para prevenir linha cruzada entre os canais de voz e de dados.

- Usar cancelamento de eco[2] ou FDM para alocar duas bandas, uma banda upstream menor e uma banda downstream maior.
- Usar FDM dentro das bandas upstream e downstream. Nesse caso, um único fluxo de bits é dividido em vários fluxos de bits paralelos, e cada parte é transportada em uma banda de freqüência separada. Uma técnica comumente usada é conhecida como multitom discreto, explicado a seguir.

Quando o cancelamento de eco é usado, toda a banda de freqüência para o canal upstream se sobrepõe à parte inferior do canal downstream. Isso apresenta duas vantagens em relação ao uso de bandas de freqüência diferentes para upstream e downstream:

- Quanto mais alta a freqüência, maior a atenuação. Com o cancelamento de eco, mais da largura de banda downstream está na parte "boa" do espectro.

---

[2] O cancelamento de eco é uma técnica de processamento de sinal que possibilita a transmissão de sinais em ambas as direções na mesma banda de freqüência em uma única linha de transmissão simultaneamente. Em essência, um transmissor precisa subtrair o eco de sua própria transmissão do sinal que chega para recuperar o sinal enviado pelo outro lado.

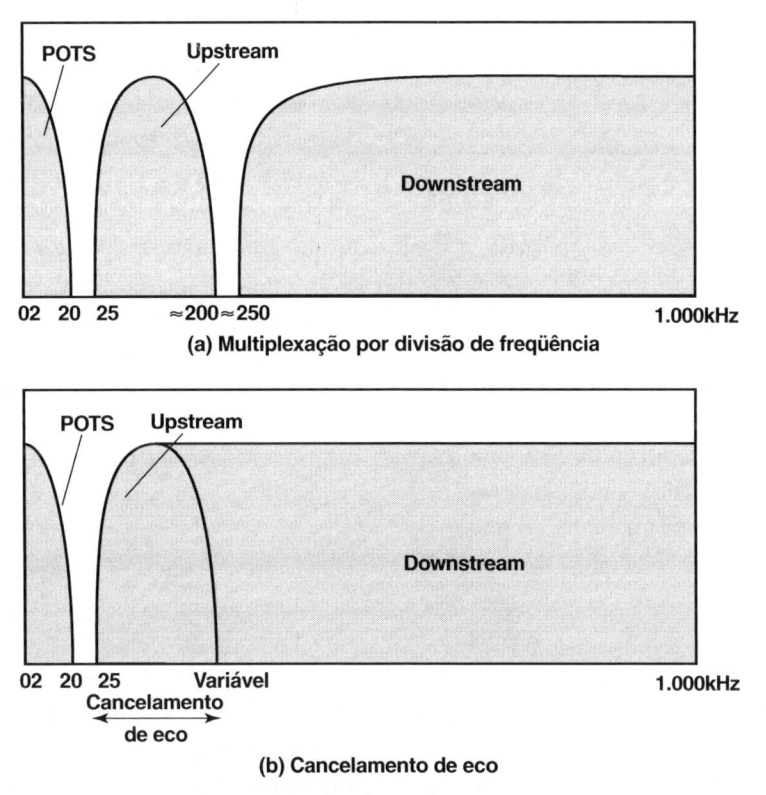

FIGURA 17.8 Configuração do canal ADSL.

O projeto com cancelamento de eco é mais flexível para mudar a capacidade upstream. O canal upstream pode se estender para cima sem invadir o downstream; em vez disso, a área da sobreposição é estendida.

A desvantagem do cancelamento de eco é a necessidade da lógica de cancelamento de eco nos dois lados da linha.

O esquema ADSL propicia um alcance de até 5,5km, dependendo do diâmetro do cabo e de sua qualidade. Isso basta para cobrir cerca de 95% de todas as linhas de assinante dos Estados Unidos e deve fornecer a mesma cobertura em outros países.

Multitom discreto O multitom discreto (DMT) usa vários sinais de portadora em diferentes freqüências, enviando alguns bits em cada canal. A banda de transmissão disponível (upstream ou downstream) é dividida em vários subcanais de 4kHz. Na inicialização, o modem DMT envia sinais de teste em cada subcanal para determinar a relação sinal/ruído. O modem, então, atribui mais bits aos canais com melhor qualidade de transmissão de sinal e menos bits aos canais com pior qualidade de transmissão de sinal. A Figura 17.9 ilustra esse processo. Cada subcanal pode transportar uma velocidade de dados de 0 a 60kbps. A figura mostra uma situação característica de atenuação crescente e, portanto, da relação sinal/ruído decrescente em freqüências mais altas. Como resultado, os subcanais de freqüência mais alta transportam menos da carga.

Os atuais projetos de ADSL/DMT utilizam 256 subcanais downstream. Teoricamente, com cada subcanal de 4kHz que transporta 60kbps, seria possível transmitir em uma velocidade de 15,36Mbps. Na prática, entretanto, as deficiências de transmissão impedem a obtenção dessa velocidade de dados. As implementações atuais operam em velocidades de 1,5 a 9Mbps, dependendo da distância e da qualidade da linha.

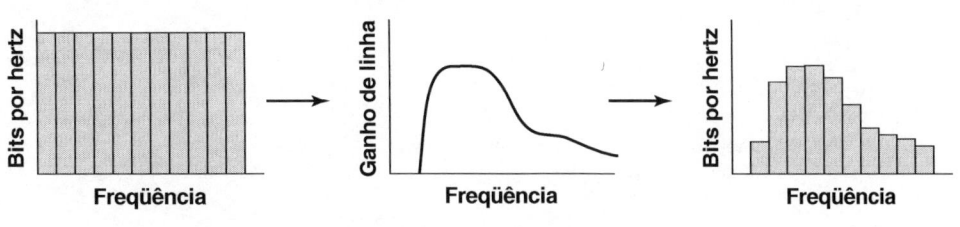

FIGURA 17.9 Bits DMT por alocação de canal.

17.5 MULTIPLEXAÇÃO POR DIVISÃO DE TEMPO SÍNCRONA

O mecanismo TDM

O outro importante tipo de multiplexação é a **multiplexação por divisão de tempo** (TDM). Nesta seção, examinaremos a **TDM síncrona**, que costuma ser denominada simplesmente TDM.

A multiplexação por divisão de tempo é possível quando a velocidade de dados do meio de transmissão excede a velocidade de dados exigida para os sinais a serem transmitidos. Diversos sinais digitais, ou sinais analógicos que transportam dados digitais, podem ser transportados simultaneamente, intercalando partes de cada sinal no tempo. Um caso geral de TDM é mostrado na Figura 17.5b. Seis origens de sinal são alimentadas em um multiplexador, que intercala os bits de cada sinal, alternando os bits transmitidos de cada um dos sinais de uma maneira circular. Por exemplo, o multiplexador na Figura 17.5b tem seis entradas que poderiam ser, digamos, cada qual de 9,6kbps. Uma única linha com uma capacidade de pelo menos 57,6kbps acomoda todas as seis origens.

A Figura 17.10 ilustra um exemplo simples de TDM, apresentando a transmissão dos três sinais de dados simultaneamente através de um meio de transmissão. Nesse exemplo, cada origem opera em 64 kbps. A saída de cada origem é brevemente colocada em buffer. Em geral, cada buffer possui um bit ou um caractere de tamanho. Os buffers são lidos de maneira circular para formar um fluxo de dados digital composto. As operações de leitura são bastante rápidas para que cada buffer seja esvaziado antes de chegarem mais dados. Os dados lidos do buffer são combinados pelo multiplexador em um fluxo de dados composto. Assim, a velocidade de dados transmitida pelo multiplexador precisa, pelo menos, ser igual à soma das velocidades de dados das três entradas (3 × 64 = 192kbps). O sinal original produzido pelo multiplexador pode ser transmitido digitalmente ou passado por um modem, para transmissão de um sinal analógico. Em qualquer caso, a transmissão normalmente é síncrona (e não assíncrona). No lado receptor, o processo de demultiplexação envolve distribuir os dados que chegam entre três buffers de destino.

Os dados transmitidos por um sistema de TDM síncrona possuem o formato como o da Figura 17.11. Os dados são organizados em **quadros**, cada qual contém um ciclo de lacunas de tempo. Em cada quadro, uma ou mais lacunas são dedicadas a cada origem de dados. A transmissão consiste na transferência de uma seqüência de quadros. O conjunto de lacunas de tempo dedicadas a cada origem, de quadro para quadro, é considerado um **canal**. Observe que esse é o mesmo termo usado para FDM. Os dois usos do termo *canal* são logicamente equivalentes. Nos dois casos, uma parte da capacidade de transmissão é dedicada aos sinais de uma única origem; essa origem vê um canal de velocidade de dados constante ou largura de banda constante para transmissão.

O tamanho da lacuna é igual ao tamanho do buffer do transmissor, normalmente um bit ou um byte (caractere). Utiliza-se a técnica de intercalação de bytes com origens assíncronas e síncronas. Cada lacuna de tempo contém um byte de dados. Em geral, os bits de início e

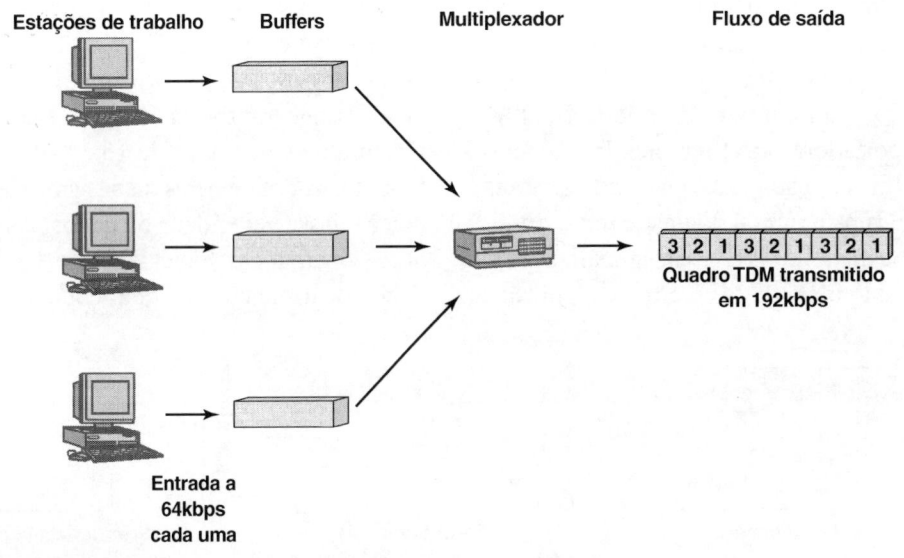

FIGURA 17.10 TDM síncrona de três canais de dados.

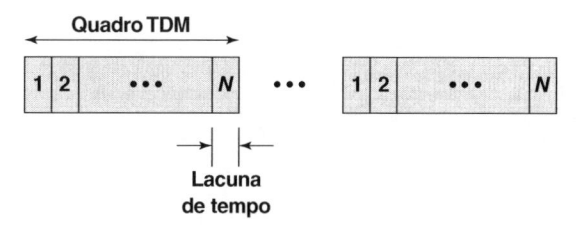

FIGURA 17.11 Estrutura de quadro TDM.

de fim de cada caractere são eliminados antes da transmissão e re-inseridos pelo receptor, melhorando, assim, a eficiência. A técnica de intercalação de bit é usada com origens síncronas.

A TDM síncrona é chamada de síncrona não porque a transmissão síncrona é usada, mas porque as lacunas de tempo são atribuídas previamente às origens e são fixas. As lacunas de tempo para uma determinada origem são transmitidas quer a origem tenha dados para enviar ou não. É claro, esse também é o caso no que diz respeito a FDM: uma banda de freqüência é dedicada a uma origem específica, esteja a origem transmitindo em um determinado momento ou não. Nos dois casos, a capacidade é desperdiçada em nome da simplicidade de implementação. Contudo, mesmo quando a atribuição fixa é usada, é possível para um dispositivo de TDM síncrona manipular origens de diferentes velocidades de dados. Por exemplo, uma lacuna por quadro poderia ser atribuída aos dispositivos de entrada mais lentos, enquanto várias lacunas por quadro seriam atribuídas aos dispositivos mais rápidos.

Sistemas de portadora digitais

O sistema de onda portadora de longa distância fornecido nos Estados Unidos e em todo o mundo foi projetado para transmitir sinais de voz por meio de enlaces de transmissão de alta capacidade, como fibra óptica, cabo coaxial e microondas. Parte da evolução dessas redes de telecomunicações para a tecnologia digital tem sido a adoção de estruturas de transmissão de TDM síncrona. Nos Estados Unidos, a AT&T desenvolveu uma hierarquia de estruturas de TDM de várias capacidades; essa estrutura também está em uso no Canadá e no Japão. Uma hierarquia semelhante, mas, infelizmente, não idêntica, foi adotada internacionalmente sob o patrocínio da ITU-T (Tabela 17.3).

A base da hierarquia TDM (na América do Norte e no Japão) é o formato de transmissão DS-1 (Figura 17.12), que multiplexa 24 canais. Cada quadro contém 8 bits por canal, além de um bit de enquadramento para um total de $24 \times 8 + 1 = 193$ bits. Para transmissão de voz, aplicam-se as seguintes regras. Cada canal contém uma word de dados de voz digitalizada. O sinal de voz analógico original é digitalizado mediante a modulação por codificação de pulso (PCM) em uma velocidade de 8.000 amostras por segundo. Assim, cada lacuna de canal e, portanto, cada quadro precisa repetir 8.000 vezes por segundo. Com um tamanho de quadro de 193 bits, temos uma velocidade de dados de $8.000 \times 193 = 1,544$Mbps. Para cinco de cada seis quadros, amostras PCM de 8 bits são usadas. Para cada sexto quadro, cada canal contém uma palavra PCM de 7 bits mais um bit de sinalização. Os bits de sinalização formam um fluxo para cada canal de voz que contém informações de controle e roteamento de rede. Por exemplo, utilizam-se os sinais de controle para estabelecer uma conexão ou terminar uma chamada.

O mesmo formato DS-1 é utilizado para fornecer serviço de dados digitais. Para compatibilidade com a voz, utiliza-se a mesma velocidade de dados de 1,544 Mbps. Neste caso, 23 canais de dados são fornecidos. A 24ª posição de canal é reservada para um byte de sincronização especial, que permite re-enquadramento

Tabela 17.3 Padrões de portadora TDM norte-americanos e internacionais

Norte-americanos			Internacionais (ITU-T)		
Designação	Número de canais de voz	Velocidade de dados (Mbps)	Nível	Número de canais de voz	Velocidade de dados (Mbps)
DS-1	24	1,544	1	30	2,048
DS-1C	48	3,152	2	120	8,448
DS-2	96	6,312	3	480	34,368
DS-3	672	44,736	4	1920	139,264
DS-4	4032	274,176	5	7680	565,148

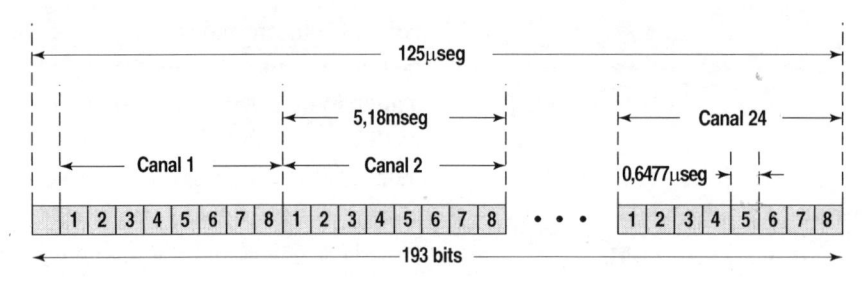

FIGURA 17.12 Formato de transmissão DS-1.

mais rápido e confiável após um erro de enquadramento. Dentro de cada canal, 7 bits por quadro são usados para dados, com o oitavo bit usado para indicar se o canal, referente a esse quadro, contém dados de usuário ou dados de controle do sistema. Com 7 bits por canal, e como cada quadro é repetido 8.000 vezes por segundo, é possível fornecer uma velocidade de dados de 56 kbps por canal. Velocidades de dados menores são obtidas com uma técnica conhecida como multiplexação subvelocidade. Para essa técnica, um bit adicional é retirado de cada canal para indicar qual taxa de multiplexação subvelocidade está sendo fornecida. Isso deixa uma capacidade total por canal de 6 × 8.000 = 48kbps. Essa capacidade é usada para multiplexar 5 canais de 9,6kbps, 10 canais de 4,8kbps ou 20 canais de 2,4kbps. Por exemplo, se o canal 2 for usado para fornecer serviço de 9,6kbps, então, até 5 subcanais de dados compartilham esse canal. Os dados para cada subcanal aparecem como 6 bits no canal 2 a cada quinto quadro.

Finalmente, o formato DS-1 pode ser usado para transportar uma combinação de canais de voz e dados. Nesse caso, todos os 24 canais são utilizados; nenhum byte de sincronização é fornecido.

Acima dessa velocidade de dados básica de 1,544Mbps, a multiplexação de nível mais alto é conseguida com a intercalação de bits de entradas DS-1. Por exemplo, o sistema de transmissão DS-2 combina quatro entradas DS-1 em um fluxo de 6,312Mbps. Os dados das quatro origens são intercalados 12 bits de cada vez. Note que 1,544 × 4 = 6,176Mbps. A capacidade restante é usada para bits de enquadramento e de controle.

As designações DS-1, DS-1C etc. referem-se ao esquema de multiplexação usado para transportar informações. A AT&T e outras operadoras fornecem recursos de transmissão que aceitam esses vários sinais multiplexados, chamados de sistemas de portadora. Esses são designados com um rótulo "T". Assim, a portadora T-1 fornece uma velocidade de dados de 1,544Mbps e, portanto, é capaz de aceitar o formato multiplex DS-1, e assim por diante para velocidades de dados mais altas.

Facilidades T-1

A facilidade T-1 é amplamente usada nas empresas como uma maneira de suportar capacidade de rede e controlar os custos. O uso externo mais comum (não parte da rede telefônica) das facilidades T-1 é para transmissão dedicada alugada entre bases de cliente. Essas facilidades permitem que o cliente configure redes privadas para transportar tráfego em toda uma organização. Exemplos de aplicações para essas redes privadas incluem os seguintes:

- **Redes privadas de voz:** Quando existe uma quantidade substancial de tráfego de voz entre locais, uma rede privada alugada pode fornecer uma considerável economia em relação ao uso de sistemas discados.

- **Redes privadas de dados**: Da mesma forma, altos volumes de dados entre dois ou mais locais podem ser suportados pelas linhas T-1.

- **Videoteleconferência:** Torna possível a transmissão de vídeo de alta qualidade. À medida que a necessidade de largura de banda para vídeo diminui, os enlaces de videoconferência podem compartilhar facilidades T-1 com outras aplicações.

- **Fax digital de alta velocidade**: Permite a transmissão rápida de imagens de fax e, dependendo da carga do fax, pode ser capaz de compartilhar o enlace T-1 com outras aplicações.
- **Acesso à Internet**: Se for previsto um alto volume de tráfego entre o local e a Internet, será necessária uma linha de acesso de alta capacidade até o provedor de serviço de Internet.

Para usuários com grandes necessidades de transmissão, o uso da rede T-1 é atraente por duas razões. Em primeiro lugar, uma T-1 permite configurações mais simples do que o uso de uma combinação de ofertas de velocidade mais baixa. Em segundo lugar, os serviços de transmissão T-1 são menos dispendiosos.

Outro uso comum da linha T-1 é no fornecimento de acesso de alta velocidade dos locais do cliente até a rede telefônica. Nessa aplicação, uma rede local, ou central telefônica no local do cliente, suporta diversos dispositivos que geram tráfego para fora do local o suficiente para exigir o uso de uma linha de acesso T-1 até a rede pública.

SONET/SDH

SONET (Synchronous Optical Network) é uma interface de transmissão óptica originalmente proposta pela BellCore e padronizada pelo ANSI. Uma versão compatível, chamada de Synchronous Digital Hierarchy (SDH), foi publicada pelo ITU-T nas recomendações G.707, G.708 e G.709.[3] SONET destina-se a fornecer uma especificação para aproveitar a capacidade de transmissão digital de alta velocidade da fibra óptica.

Hierarquia de sinal   A especificação SONET define uma hierarquia de velocidades de dados digitais padronizadas (Tabela 17.4). O nível mais baixo, denominado STS-1 (Synchronous Transport Signal nível 1) ou OC-1 (Optical Carrier nível 1),[4] é 51,84Mbps. Essa velocidade pode ser usada para transportar um único sinal DS-3 ou um grupo de sinais de velocidade mais baixa, como DS1, DS1C, DS2, além de velocidades ITU-T (como 2,048Mbps).

Vários sinais STS-1 podem ser combinados para formar um sinal STS-N. O sinal é criado por bytes intercalados de N sinais STS-1, que são mutuamente sincronizados. Para a Synchronous Digital Hierarchy ITU-T, a velocidade mais baixa é 155,52Mbps, que é denominada STM-1. Isso corresponde à SONET-3.

Formato de quadro   O bloco de construção básico da SONET é o quadro STS-1, que consiste em 810 octetos e é transmitido uma vez a cada 125μs, para uma velocidade de dados total de 51,84Mbps (Figura 17.13a). O quadro pode ser visto logicamente como uma matriz de 9 linhas de 90 octetos cada, com a transmissão sendo uma linha de cada vez, da esquerda para a direita e de cima para baixo.

As três primeiras colunas (3 octetos × 9 linhas = 27 octetos) de um quadro são dedicadas aos octetos de overhead, chamados de overhead de seção e overhead de linha, que se referem a diferentes níveis de detalhe ao descrever uma transmissão SONET. Esses octetos transmitem não só informações de sincronização, como também informações de gerenciamento de rede.

O restante do quadro é o payload, que é fornecido pela camada lógica da SONET denominado caminho. O payload inclui uma coluna de overhead de caminho, que não está necessariamente na primeira posição de coluna disponível; o overhead de linha contém um ponteiro que indica onde o overhead de caminho começa.

A Figura 17.13b mostra o formato geral para quadros de velocidade mais alta, usando a designação ITU-T.

---

[3] A seguir, usaremos o termo *SONET* para nos referir às duas especificações. Onde houver diferenças, estas serão indicadas.
[4] Uma velocidade OC-N é o equivalente óptico de um sinal elétrico STS-N. Os dispositivos de usuário final transmitem e recebem sinais elétricos; esses precisam ser convertidos de e para sinais ópticos para transmissão por meio de fibra óptica.

Tabela 17.4 **Hierarquia de sinal SONET/SDH**

Designação SONET	Designação ITU-T	Velocidade de dados	Velocidade de Payload (Mbps)
STS-1/OC-1	STM-0	51,84Mbps	50,112Mbps
STS-3/OC-3	STM-1	155,52Mbps	150,336Mbps
STS-9/OC-9		466,56Mbps	451,008Mbps
STS-12/OC-12	STM-4	622,08Mbps	601,344Mbps
STS-18/OC-18		933,12Mbps	902,016Mbps
STS-24/OC-24		1,24416Gbps	1,202688Gbps
STS-36/OC-36		1,86624Gbps	1,804032Gbps
STS-48/OC-48	STM-16	2,48832Gbps	2,405376Gbps
STS-96/OC-96		4,87664Gbps	4,810752Gbps
STS-192/OC-192	STM-64	9,95328Gbps	9,621504Gbps
STS-768	STM-256	39,81312Gbps	38,486016Gbps
STS-3072		159,25248Gbps	1,53944064Gbps

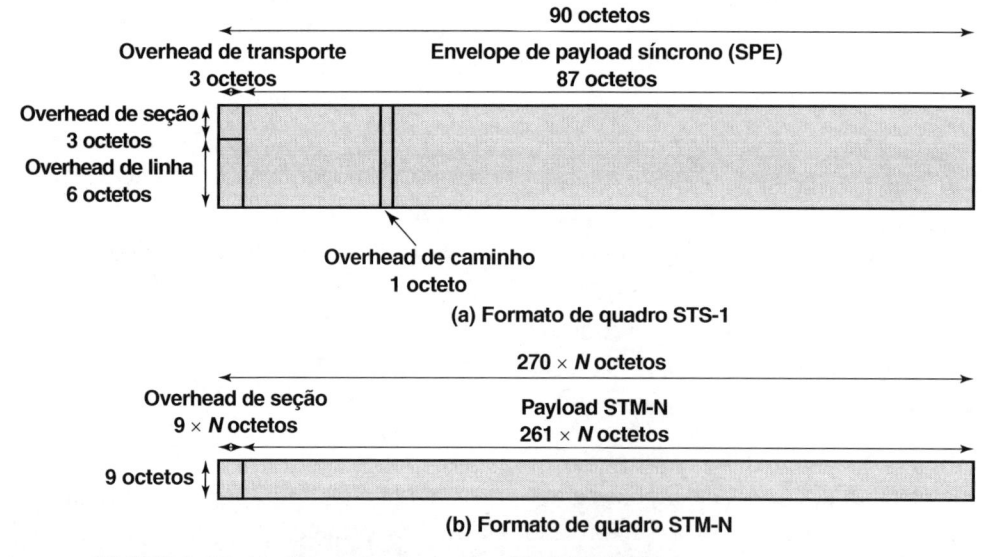

FIGURA 17.13 Formatos de quadro SONET/SDH.

NOTA DE APLICAÇÃO

Mudanças na comunicação

É interessante notar as mudanças nos mecanismos que usamos na comunicação de dados. De especial interesse é a forma como os dados se transferem de um local para outro, em comparação com dez ou mesmo cinco anos atrás. Os mecanismos que implementamos para garantir transmissões bem-sucedidas tornam-se desatualizados para logo serem substituídos por outras ferramentas de eliminação de falhas. Essas mudanças nem sempre são o resultado de avanços na tecnologia; muitas delas ocorrem devido a mudanças no *quê* comunicamos e com quem.

A tecnologia certamente avança e cria novas formas de fazer as coisas. Quando analisamos as redes remotas e, em especial, os protocolos utilizados, podemos verificar mudanças na qualidade das conexões. Por exemplo, o X.25 é um protocolo usado para conectar locais com a WAN. Ele possui várias funções embutidas para garantir conectividade à prova de erros. Todos os nós que fazem parte da rede realizam essas verificações. Com os progressos na transmissão de dados, tanto no equipamento de transmissão quanto nos meios utilizados, essa quantidade de verificação de erros não é mais necessária e, hoje, é considerada um overhead desnecessário.

Entretanto, esse overhead poderia não ter sido um problema se não fosse a enorme demanda por conectividade para fora do local. Tem havido uma mudança fundamental na maneira como trocamos informações. Cada vez mais vemos pessoas e organizações enviarem dados para locais "além do horizonte". Houve um tempo em que os projetistas de rede usavam a chamada "regra 80/20". Essa regra descrevia o que alguns denominam "localidade de referência", que simplesmente significa "com quem estamos falando?". Com a regra 80/20, 80% de nossos dados permaneciam na rede doméstica. Os 20% representavam o tráfego que poderia fluir para os nós externos. Isso significa que, na maior parte do tempo, os nós individuais não precisavam de conexões externas.

Com o surgimento do processamento distribuído, conexões seguras entre locais corporativos, Web sites, hotmail, sites de adultos, mecanismos de busca e importantes recursos de pesquisa disponíveis on-line, essa regra foi quase completamente invertida. Agora, precisamos de grandes aumentos na velocidade e precisão para não congestionar as linhas de saída com as retransmissões. Novas aplicações podem acrescentar-se a essa necessidade de conectividade externa. A indústria de games está aplicando enormes somas de dinheiro no desenvolvimento de poderosos mundos virtuais, que são tão fascinantes a ponto de garantir sua porcentagem de usuários on-line. O game on-line "Everquest" é um exemplo perfeito dessa tendência. Temos visto migrações do X.25 para o Frame Relay, portadoras T e ATM, que são seguidos da SONET. A próxima geração poderá efetuar toda a transferência de informações por meio de enlaces Ethernet de 10Gbps ou algo ainda mais rápido.

As universidades são, potenciamente, o melhor exemplo de organizações afetadas por essa tendência. Uma classificação pela qual as universidades competem é a lista "most wired" ("os mais ligados"), como pode ser visto nos relatórios Internet Life do Yahoo!. Constantes atualizações para melhorar as velocidades de enlace de desktop, a capacidade de roteador, o suporte de protocolo, a mobilidade sem fio e os enlaces offsite são parte dessa corrida para ser um "superligado". Essa lista também inclui uma variedade de novas políticas para uso e segurança aceitáveis em redes de campus. Os alunos podem impor altas demandas na infra-estrutura. A maioria dos professores provavelmente concordaria que, sempre que há novas ferramentas ou mecanismos para facilitar a comunicação e o compartilhamento de arquivos pela rede, os alunos os encontram e os implementam.

Mas os enlaces para o mundo externo não são as únicas mudanças no modo como trocamos informações. A comunicação sem fio é outra área de demanda para redes universitárias e não-acadêmicas. As redes sem fio têm amplos efeitos em termos de suporte, segurança e gerenciamento. As pessoas, agora, querem estar conectadas o tempo todo e onde quer que estejam. Isso significa que as aplicações exigirão o que chamamos de persistência. Esse termo se refere a uma capacidade de conectividade transparente a mudanças de tempo, topologia, protocolo e velocidade enquanto um usuário está em movimento. A tecnologia mais óbvia a ser colocada em uso é a 802.11, mas a lista também precisa incluir o MobileIP (para assegurar conectividade de roaming) e o IPv6 para acomodar o número maior de usuários e a qualidade do serviço que eles desejam. Grandes transformações na telefonia também serão parte dessa migração, enquanto mudamos para uma existência mais baseada no IP.

Mudar para os sistemas sem fio também significa mais dificuldades de desempenho, já que os usuários acostumados com conexões dedicadas de 10 ou 100Mbps, agora, precisam compartilhar enlaces mais lentos e mais suscetíveis a erros. Isso requer que os provedores garantam algum nível de qualidade, maiores níveis de acesso a nós individuais e controle de interferência de rádio. Embora esse não seja um dos métodos de controle de erros mais familiares, ficar livre ou eliminar fontes de interferência melhorará a vazão e reduzirá erros nos enlaces sem fio.

À medida que mudamos de uma arquitetura para a próxima e de um conjunto de protocolo para outro, os métodos de controle de fluxo e de erros podem mudar, mas os objetivos permanecem os mesmos. Os enlaces precisam ser controlados para reduzir erros e garantir conectividade. Além de entender os novos protocolos, é importante que os provedores sigam o fluxo das informações, enquanto os usuários tomam caminhos diferentes e mudam os requisitos de sistema.

17.6 RESUMO

Devido à possibilidade de erros de transmissão, e como o receptor dos dados podem precisar regular a velocidade em que os dados chegam, as técnicas de sincronização e interface, sozinhas, são insuficientes. É necessário impor uma camada de controle em cada dispositivo de comunicação que forneça funções como controle de fluxo, detecção de erros e controle de erros. Essa camada de controle é conhecida como um protocolo de controle de enlace de dados. O mais comum desses protocolos é o HDLC. Outros protocolos de controle de enlace de dados semelhantes também estão em uso.

A multiplexação permite que várias origens de transmissão compartilhem uma maior capacidade de transmissão. Duas formas de multiplexação são a multiplexação por divisão de freqüência (FDM) e a multiplexação por divisão de tempo (TDM).

17.7 Leitura e Web sites recomendados

Uma abordagem dos sistemas de portadora FDM e TDM encontra-se em [FREE98] e [CARN99]. A SONET é tratada em mais profundidade em [STAL04].

CARN99 Carne, E. *Telecommunications Primer: Data, Voice, and Video Communications.* Upper Saddle River, NJ: Prentice Hall, 1999.
FREE98 Freeman, R. *Telecommunications Transmission Handbook.* Nova York: Wiley, 1998.
STAL04 Stallings, W. *Data and Computer Communications,* 7ª edição. Upper **Saddle** River, NJ: Prentice Hall, 2004.

Web sites recomendados

- **Network Services and Integration Forum:** Examina os produtos, a tecnologia e os padrões atuais da SONET.
- **SONET Home Page:** Links úteis, tutoriais, artigos e FAQs sobre a SONET.

17.8 Principais termos, perguntas para revisão e problemas

Principais termos

canal TDM
controle de enlace de dados de alto nível (HDLC)
controle de erros
controle de fluxo
hierarquia digital síncrona (SDH)
linha digital de assinante (DSL)
linha digital de assinante assimétrica (ADSL)
multiplexação
multiplexação por divisão de comprimento de onda (WDM)
multiplexação por divisão de comprimento de onda denso (DWDM)
multiplexação por divisão de freqüência (FDM)
multiplexação por divisão de tempo (TDM)
multitom discreto (DMT)
protocolo de controle de enlace de dados
quadro
quadro TDM
rede óptica síncrona (SONET)
requisição de repetição automática (ARQ)
TDM síncrona

Perguntas para revisão

17.1. Defina *controle de fluxo*.
17.2. Defina *controle de erros*.
17.3. Cite os itens comuns para o controle de erros em um protocolo de controle de enlace.
17.4. Qual é a finalidade do campo Flag no HDLC?
17.5. Que tipo de detecção de erros é usado no campo Seqüência de Verificação de Quadro do HDLC?
17.6. Quais são os três tipos de quadro aceitos pelo HDLC? Descreva cada um deles.
17.7. O que é multiplexação?
17.8. Como é chamado o conjunto de lacunas de tempo ou a freqüência alocada para uma única origem?
17.9. Por que a multiplexação é tão econômica?
17.10. Como se evita a interferência usando a multiplexação por divisão de freqüência?
17.11. O que é o cancelamento de eco?
17.12. Defina *upstream* e *downstream* com relação às linhas de assinante.
17.13. Explique como funciona a multiplexação por divisão de tempo síncrona (TDM síncrona).
17.14. Cite alguns dos principais usos das linhas T-1.
17.15. Por que o uso das linhas privadas T-1 é tão atraente para as empresas?

Problemas

17.1 Suponha que vários enlaces físicos conectam duas estações. Queremos usar um "HDLC multienlace" que use esses enlaces de modo eficiente, enviando quadros em FIFO (o primeiro a entrar é o primeiro a sair) no próximo enlace disponível. Que melhorias no HDLC são necessárias?
17.2 Como podemos obter uma velocidade de dados de 56 kbps em 23 canais usando um formato DS-1?
17.3 Para ter alguma indicação das demandas relativas do tráfego de voz e dados, observe o seguinte:
  a. Calcule o número de bits usados para enviar uma chamada telefônica de 3 minutos usando PCM padrão.
  b. Considerando uma média de 65 caracteres por linha e 55 linhas por página, quantas páginas do texto do IRA correspondem a uma chamada telefônica de 3 minutos?

c. Quantas páginas de fax em resolução padrão – ou seja, 200dpi (pontos por polegada) horizontalmente e 100dpi verticalmente – correspondem a uma chamada telefônica de 3 minutos? Considere que a página efetiva contém 8 polegadas de largura por 10,5 polegadas de altura. Além disso, considere um índice de compactação de 10 para 1.

17.4 Recentemente, foi anunciado um novo scanner que fornecia resolução de 1.200dpi e mais de 1 bilhão de cores.

a. Quanta memória, em bytes, seria necessária para armazenar um mapa de bits de uma fotografia monocromática de 8 polegadas por 10 polegadas em 1.200dpi, com uma escala de cinza de 10 bits?

b. Suponha que as cores são representadas como uma combinação de três – vermelho, azul e verde – cada qual com n bits para representar sua intensidade. Qual é o menor valor de n que fornecerá mais de 1 bilhão de cores?

c. Quanto tempo levaria para enviar uma representação em tons de cinza de uma fotografia de 8×10 polegadas em 1.200dpi por meio de uma linha T-1 (1,544Mbps)?

17.5 Parafraseando Lincoln, todo o canal por pouco tempo, um pouco do canal por todo o tempo. Consulte a Figura 17.5 e relacione essa frase à figura.

17.6 Pense que você precisa projetar uma portadora TDM, digamos, T-489, para aceitar 30 canais de voz usando amostras de 6 bits e uma estrutura semelhante à da linha T-1. Determine a velocidade de bits necessária.

17.7 A TDM estatística (ou assíncrona) é uma alternativa para a TDM síncrona. Descreva em que a STDM é diferente da TDM (síncrona). Quais as vantagens e as desvantagens da STDM?

17.8 As linhas T-3 e OC-3 são alternativas para a linha T-1. Quais são as velocidades de dados máximas para esses dois meios? Descreva um cenário em que cada meio (T-l, T-3 e OC-3) constituiria uma solução ótima. Leve em conta as considerações de capacidade e custo em sua resposta.

ESTUDO DE CASO X: Haukeland University Hospital

O Haukeland University Hospital é um dos maiores hospitais da Noruega. O hospital oferece quase todo tipo de diagnóstico e tratamento médico. O Haukeland University Hospital é o hospital regional para a Western Area Health Region, fornecendo serviços para os 900 mil habitantes da região. Com 200 admissões e 1.000 pacientes de ambulatório por dia, ele é um dos hospitais mais movimentados da Escandinávia. Com seu total de 6.000 funcionários, o hospital também é o maior empregador do oeste da Noruega. Mais de 500 médicos e 2.000 enfermeiros fornecem serviços de saúde diuturnamente a mais de 67.000 pacientes internados e 314.000 pacientes de ambulatório por ano. Com 1.100 leitos, o Haukeland University Hospital é um hospital acadêmico com fortes vínculos com a Universidade de Bergen. A cada ano, 180 médicos residentes recebem seu treinamento clínico no hospital, que também é um importante centro de ensino e treinamento para outros grupos de saúde e outros alunos. No centro de treinamento do próprio hospital, mais de 100 enfermeiros por ano se especializam em tratamento intensivo, anestesia e pediatria. O hospital também oferece ensino especial a 100 especialistas em enfermagem a cada ano.

O Haukeland é o principal membro de uma rede de saúde de centros de tratamento, hospitais locais, instituições psiquiátricas e serviços dentários em todo o sudoeste da Noruega; a rede é conhecida como iHelse.net. A esparsa densidade populacional e o terreno montanhoso fazem dessa região uma candidata ideal para a telemedicina. O hospital reconheceu a necessidade de criar uma rede e uma infra-estrutura de transferência de imagem de modo que a localização não limitasse a disponibilidade de médicos especialistas. Sem essa infra-estrutura, os especialistas precisariam viajar para atender a cada paciente individual, gastando um tempo valioso cruzando toda a região. Assim, um sistema de telemedicina melhora significativamente a produtividade do especialista. Além disso, se os pacientes mudarem de um hospital para outro, seu tratamento não é retardado, pois o hospital escolhido pode acessar imediatamente o histórico médico do paciente, incluindo exames radiológicos anteriores. Finalmente, os médicos que trabalham em qualquer local têm acesso a todos os registros e serviços de informação do hospital central, devido às interconexões de computador.

Fundamental para a estratégia de telemedicina do hospital foi a instalação do sistema Picture Archiving and Communications System (PACS), que pode produzir imagens digitais de radiologia e outros documentos médicos. O PACS exige um considerável espaço de armazenamento e, igualmente importante, o suporte de uma WAN de alta capacidade que pudesse servir a região do hospital [KIRB01].

Quando o Haukeland decidiu desenvolver o PACS, uma parte importante do planejamento foi examinar a infra-estrutura de WAN atual que servia a iHelse.net. Na época, a iHelse.net se baseava em uma rede Frame Relay de 256kbps, ao custo mensal de US$600 por conexão. A WAN iHelse.net servia 70 locais na região, com 10.000 usuários e mais de 5.000 estações de trabalho. Embora a cobertura da WAN fosse satisfatória para as operações diárias atuais, ela não poderia suportar o PACS. O hospital precisava melhorar consideravelmente a capacidade, e os chefes de projeto concentraram seus esforços iniciais em atualizar a WAN para 10Mbps ou 100Mbps usando Frame Relay ou ATM.

Para sua surpresa e satisfação, o hospital descobriu que podia fazer melhor do que esperava e economizar dinheiro no negócio. A razão para isso tinha a ver com a economia de fornecer enlaces de fibra óptica de longa distância. As operadoras de competição local (CLECs) normalmente instalam cabo de fibra óptica com uma enorme capacidade. Os principais custos da instalação de fibra de longa distância são os custos de território e mão-de-obra; a fibra em si é uma despesa módica. Portanto, a estratégia é pôr no chão uma grande quantidade de cabo enquanto você tem a sujeira escavada e o canal aberto, e recuperar o investimento vendendo capacidade de baixo custo. Com essa capacidade disponível, o Haukeland pôde unir um negócio que envolvia não apenas 100Mbps, mas uma capacidade de conexão de 1Gbps, a um preço mensal de US$500 por conexão. Esta é a economia atual em capacidade de longa distância: o Haukeland teve um aumento de 400.000% em capacidade de conexão a um preço reduzido.

A tecnologia de rede usada para aceitar esse serviço de WAN foi a Gigabit Ethernet. Embora a Ethernet normalmente seja considerada uma tecnologia de LAN, na verdade, ela se tornou uma concorrente para distâncias modestas no mercado de WAN – um nicho freqüentemente chamado de rede metropolitana (MAN – Metropolitan Area Network). Para a Gigabit Ethernet, os enlaces entre comutadores Ethernet, usando fibra de modo único, na ordem de dezenas de quilômetros, são viáveis. Com um diâmetro de aproximadamente 200km, a região do hospital se presta a uma MAN Ethernet comutada.

Um dos recursos mais atraentes da solução Ethernet para o Haukeland University Hospital é que ele já estava usando a Gigabit Ethernet em sua LAN. Assim, a equipe de TI do hospital não precisou de treinamento para incorporar a MAN Ethernet no sistema. A Figura X.I fornece um resumo da configuração atual.

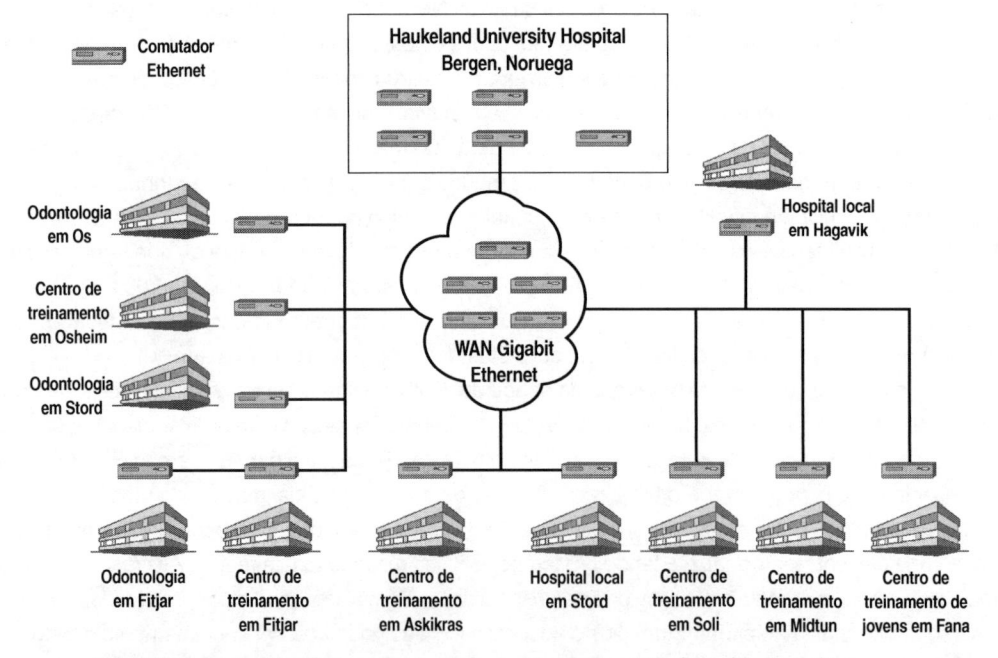

FIGURA X.1 Configuração de rede do Haukeland University Hospital.

Perguntas para revisão

1. Pesquise as ofertas atuais para Frame Relay, ATM e MANs Ethernet, e analise as vantagens relativas de cada um.
2. Que problemas de transmissão você esperaria que o Haukeland enfrentasse ao passar da WAN Frame Relay para a WAN Ethernet?

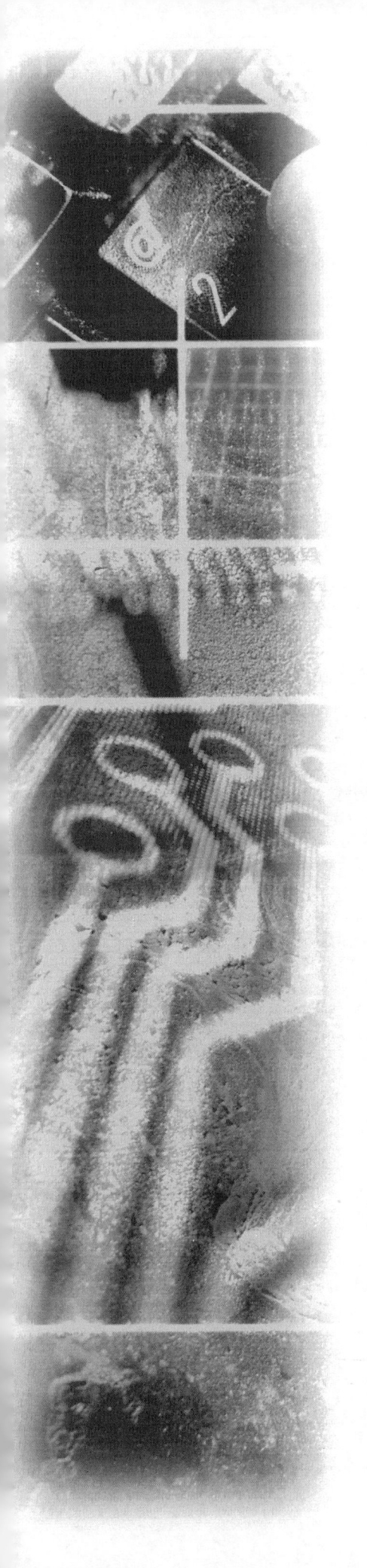

Parte Seis

Aspectos de gerenciamento

À medida que as redes usadas em uma organização e as aplicações distribuídas que elas aceitam crescem em tamanho e complexidade, os problemas de gerenciamento tornam-se cada vez mais difíceis e importantes. Nesta parte final do livro, veremos os aspectos envolvidos na inclusão da Internet no ambiente corporativo de computação e no gerenciamento operacional das redes de computador.

MAPA DA PARTE UM

CAPÍTULO 18
Segurança de rede

A segurança tem-se tornado cada vez mais importante com o crescimento em número e importância das redes. O Capítulo 18 fornece um estudo das técnicas e dos serviços de segurança. O capítulo começa com uma análise das técnicas de criptografia para garantir privacidade, incluindo o uso da criptografia convencional e de chave pública. Depois, faz um estudo da área da autenticação e de assinaturas digitais. Os dois algoritmos de criptografia mais importantes, AES e RSA, são examinados, bem como o SHA-1, uma importante função de hash unidirecional em várias aplicações de segurança. O Capítulo 18 também trata do SSL e do conjunto de padrões de segurança do IP.

CAPÍTULO 19
Gerenciamento de rede

Um elemento vital para qualquer rede corporativa é o gerenciamento de rede. O Capítulo 19 estabelece os requisitos para o gerenciamento de rede e examina os elementos-chave dos sistemas de gerenciamento de rede. O importante Simple Network Management Protocol (SNMP) é analisado em detalhes no capítulo.

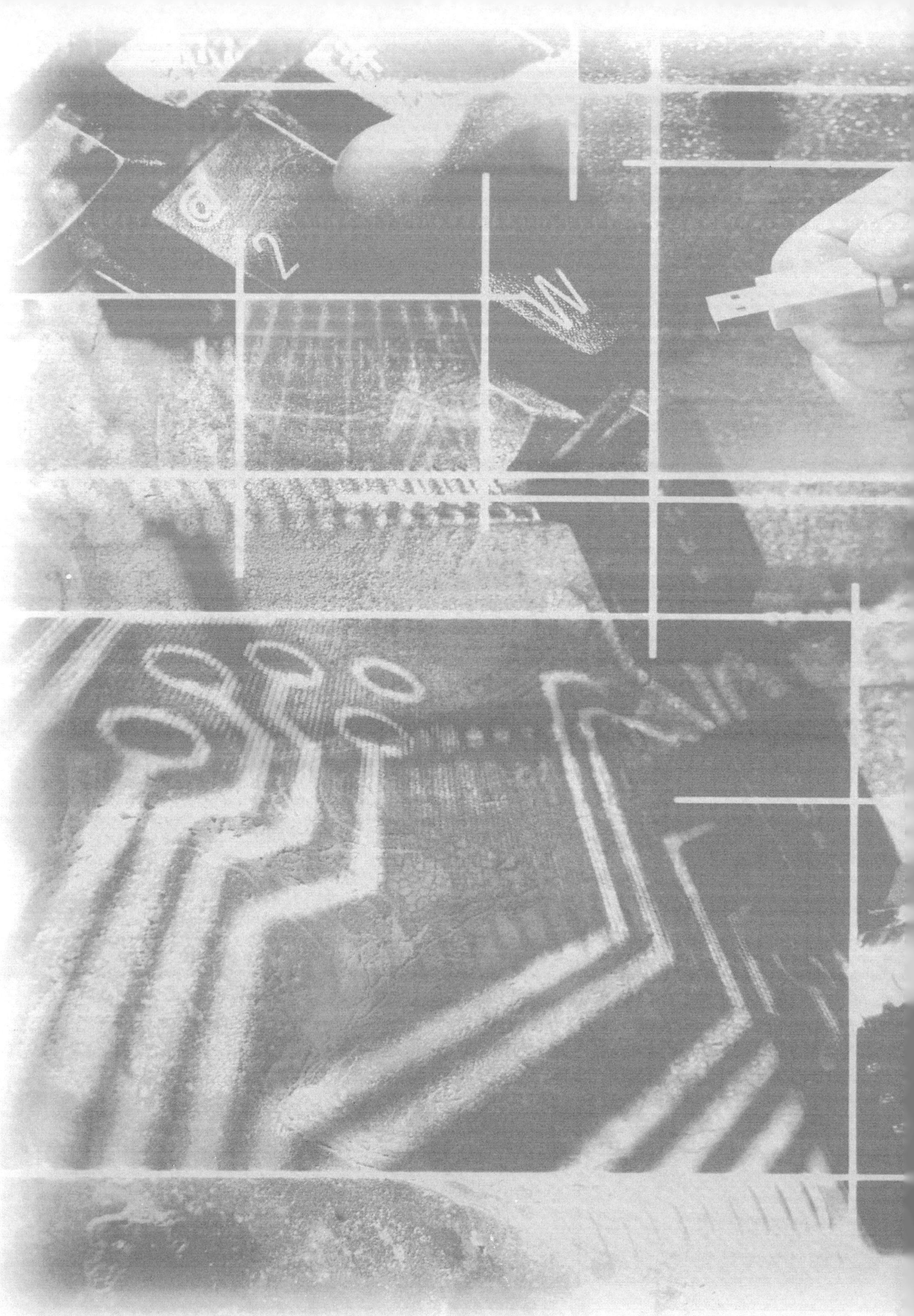

Capítulo 18

Segurança de rede

18.1 Requisitos de segurança e ataques
18.2 Privacidade e criptografia simétrica
18.3 Autenticação de mensagem e funções de hash
18.4 Criptografia de chave pública e assinaturas digitais
18.5 Redes privadas virtuais e IPSec
18.6 Resumo
18.7 Leitura e Web sites recomendados
18.8 Principais termos, perguntas para revisão e problemas

OBJETIVOS DO CAPÍTULO

Depois de ler este capítulo, você deverá ser capaz de

- Citar as ameaças de segurança mais importantes enfrentadas por uma instalação de processamento de dados distribuída e indicar onde essas ameaças ocorrem.
- Definir criptografia convencional e de chave pública e comparar os usos dos dois métodos.
- Explicar a relevância dos algoritmos de criptografia DES, AES e RSA.
- Analisar os problemas da distribuição e gerenciamento de chaves.
- Comentar as aplicações da criptografia na segurança de rede.
- Analisar o uso do IPSec para criar uma rede privada virtual.

A necessidade da **segurança de informação** dentro de uma organização tem sofrido duas importantes mudanças nas últimas décadas. Antes do uso extensivo de equipamentos de processamento de dados, a segurança de informações consideradas valiosas para uma organização era feita principalmente por meios físicos e administrativos. Um exemplo dos primeiros é o uso de pesados armários com trancas de segredo para guardar documentos importantes. Um exemplo dos segundos são os procedimentos de pesquisa pessoal usados no processo de contratação.

Com a introdução do computador, a necessidade de ferramentas automatizadas para proteger arquivos e outras informações armazenadas no computador tornou-se evidente. Esse é especialmente o caso de um sistema compartilhado, como um sistema de compartilhamento de tempo; e a necessidade é ainda maior para sistemas que podem ser acessados a partir de uma rede de telefonia pública ou de dados. O nome genérico para o grupo de ferramentas projetadas para proteger dados e deter hackers denomina-se **segurança de computador**. Embora importante, esse tema transcende os objetivos deste capítulo.

A segunda grande mudança que afetou a segurança foi a introdução dos sistemas distribuídos e o uso das redes e dos recursos de comunicação para transportar dados entre terminal de usuário e computador e entre computador e computador. As medidas de **segurança de rede** são necessárias para proteger os dados durante sua transmissão e para garantir que as transmissões de dados sejam autênticas.

A tecnologia básica em que se fundamentam praticamente todas as aplicações automatizadas de segurança de rede e de computador é a criptografia. Dois métodos fundamentais estão em uso: criptografia simétrica e criptografia de chave pública, também conhecida como criptografia assimétrica. Enquanto examinarmos os vários métodos de segurança de rede, exploraremos esses dois tipos de criptografia.

Este capítulo começa com um resumo dos requisitos para a segurança de rede. Em seguida, analisaremos a criptografia simétrica e seu uso para fornecer privacidade. Depois, exploraremos a autenticação de mensagens e discutiremos o uso da criptografia de chave pública e das assinaturas digitais. O capítulo termina com uma análise dos recursos de segurança do IPSec.

18.1 REQUISITOS DE SEGURANÇA E ATAQUES

Para entender os tipos de ameaça à segurança que existem, precisamos ter uma definição dos requisitos de segurança. A segurança de computador e de rede trata de quatro requisitos:

- **Privacidade**: Exige que os dados sejam acessíveis apenas por pessoas autorizadas. Esse tipo de acesso inclui impressão, exibição e outras formas de exposição de dados, inclusive simplesmente revelar a existência de um objeto.

- **Integridade**: Exige que apenas pessoas autorizadas possam modificar dados. A modificação inclui escrever, alterar, mudar o estado, excluir e criar.
- **Disponibilidade**: Exige que os dados estejam disponíveis às pessoas autorizadas.
- **Autenticidade**: Exige que um host ou serviço seja capaz de verificar a identidade de um usuário.

Um modo útil de classificar os ataques de segurança (RFC 2828) é em termos de *ataques passivos* e *ataques ativos*. Um ataque passivo tenta aprender ou utilizar informações do sistema sem afetar os recursos do mesmo. Um ataque ativo tenta alterar os recursos do sistema ou afetar sua operação.

Ataques passivos

Os ataques passivos envolvem espionar ou monitorar as transmissões. O objetivo do oponente é obter informações que estão sendo transmitidas. Dois tipos de ataques passivos são o vazamento de conteúdo de mensagens e a análise de tráfego.

O **vazamento de conteúdo de mensagens** é facilmente entendido. Uma conversação telefônica, uma mensagem de e-mail ou um arquivo transferido pode conter informações importantes ou confidenciais. É desejável impedir que um oponente conheça o conteúdo dessas transmissões.

Um segundo tipo de ataque passivo, a **análise de tráfego**, é mais sutil. Suponha que tenhamos mascarado o conteúdo das mensagens ou outro tráfego de informação para que oponentes, mesmo se capturassem a mensagem, não pudessem extrair as informações da mensagem. A técnica comum para mascarar conteúdo é a criptografia. Mesmo com proteção criptográfica configurada, um oponente ainda poderia observar o padrão dessas mensagens. O oponente poderia determinar o local e a identidade dos hosts em comunicação e poderia observar a freqüência e o tamanho das mensagens que estão sendo trocadas. Essas informações podem ser úteis para supor a natureza da comunicação em curso.

Os ataques passivos são muito difíceis de detectar porque não envolvem qualquer alteração nos dados. Em geral, o tráfego de mensagem é enviado e recebido de uma maneira aparentemente normal; nem o emissor nem o receptor percebem que terceiros leram as mensagens ou observaram o padrão de tráfego. Entretanto, é possível impedir o sucesso desses ataques, normalmente por meio da criptografia. Assim, a ênfase em lidar com ataques passivos está na prevenção e não na detecção.

Ataques ativos

Os ataques ativos envolvem alguma modificação do fluxo de dados ou a criação de um fluxo falso e podem ser subdivididos em quatro categorias: de falsidade, de repetição, de modificação de mensagens e de negação de serviço.

Um ataque de **falsidade** ocorre quando uma entidade finge ser uma entidade diferente. Um ataque de falsidade normalmente inclui uma das outras formas de ataque ativo. Por exemplo, seqüências de autenticação podem ser capturadas e repetidas após uma seqüência de autenticação válida, permitindo, assim, que uma entidade autorizada com poucos privilégios obtenha privilégios extras, personificando uma entidade possuidora de tais privilégios.

O ataque de **repetição** envolve a captura passiva de uma unidade de dados e sua subseqüente retransmissão para produzir um efeito não autorizado.

Um ataque de **modificação de mensagens** simplesmente significa que alguma parte de uma mensagem legítima é alterada, ou que essas mensagens são atrasadas ou reordenadas, para produzir um efeito não autorizado. Por exemplo, uma mensagem que informa "Autorize José da Silva a ler contas de arquivo confidenciais" é modificada para "Autorize Pedro de Souza a ler contas de arquivo confidenciais".

Os ataques de **negação de serviço** impedem ou inibem o uso ou o gerenciamento normal dos recursos de comunicação. Esses ataques podem ter um alvo específico; por exemplo, uma entidade pode suprimir todas as mensagens direcionadas a determinado destino (como o serviço de auditoria de segurança). Outra forma de negação de serviço é o distúrbio de toda uma rede ou servidor, desativando o servidor de rede ou sobrecarregando-o com mensagens de modo que comprometa o desempenho.

Os ataques ativos apresentam as características opostas dos ataques passivos. Enquanto os ataques passivos são difíceis de detectar, medidas estão disponíveis para impedir seu sucesso. Por outro lado, é muito difícil prevenir perfeitamente os ataques ativos, pois isso exigiria proteção física de todos os equipamentos e das linhas de comunicação em todo o tempo. Em vez disso, o objetivo é detectar esses ataques e recuperar qualquer prejuízo ou atraso causado por eles. Como a detecção tem um efeito inibidor, ela também pode contribuir para a prevenção.

18.2 PRIVACIDADE E CRIPTOGRAFIA SIMÉTRICA

A técnica universal para fornecer privacidade para dados transmitidos é a criptografia simétrica. Esta seção examina primeiramente o conceito básico da criptografia simétrica e, em seguida, trata dos dois algoritmos de criptografia simétrica mais importantes: o Data Encryption Standard (DES) e o Advanced Encryption Standard (AES). Depois, examinaremos o uso da criptografia simétrica para obter privacidade.

Criptografia simétrica

A criptografia simétrica, também chamada de criptografia convencional ou de chave única, era o único tipo de criptografia em uso antes da introdução da criptografia de chave pública no final da década de 1970. Inúmeros indivíduos e grupos, desde Júlio César até a força alemã U-boat e os atuais usuários diplomatas, militares e comerciais, utilizaram a criptografia simétrica para comunicação secreta. Sem dúvida, ela ainda é o mais usado dos dois tipos de criptografia.

Um esquema de criptografia simétrica possui cinco itens (Figura 18.1):

- **Texto claro**: É a mensagem ou os dados originais inseridos como entrada do algoritmo.

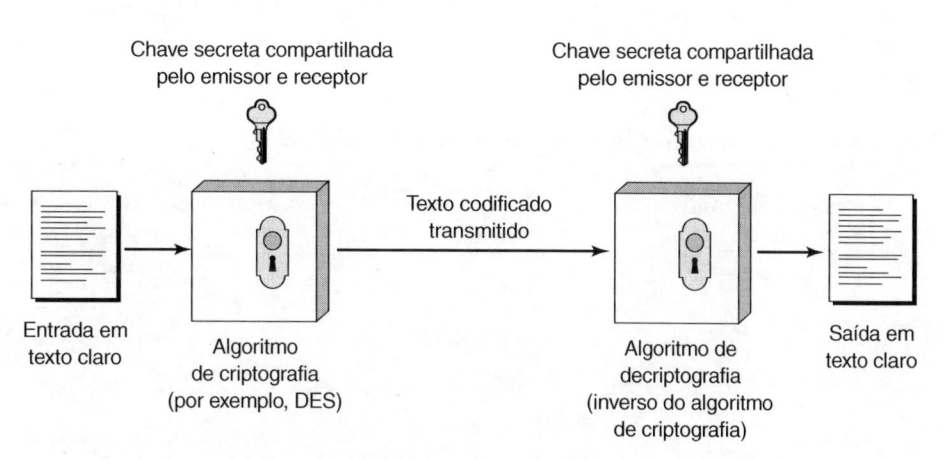

FIGURA 18.1 Modelo simplificado de criptografia simétrica.

- **Algoritmo de criptografia**: O algoritmo de criptografia realiza várias substituições e transformações no texto claro.
- **Chave secreta**: A chave secreta também é a entrada para o algoritmo de criptografia. As substituições e transformações exatas realizadas pelo algoritmo dependem da chave.
- **Texto codificado**: É a mensagem em códigos produzida como saída. Ela depende do texto claro e da chave secreta. Para determinada mensagem, duas chaves diferentes produzirão dois textos codificados diferentes.
- **Algoritmo de decriptografia**: É basicamente o algoritmo de criptografia executado ao contrário. Ele toma o texto codificado e a chave secreta e produz o texto claro original.

Existem dois requisitos para o uso seguro da criptografia simétrica:

1. Precisamos de um algoritmo de criptografia forte. No mínimo, desejamos que o algoritmo seja tal que um oponente que saiba o algoritmo e tenha acesso a um ou mais textos codificados seja incapaz de decifrar o texto codificado ou descobrir a chave. Esse requisito normalmente é afirmado de uma forma mais categórica: o oponente deve ser incapaz de decriptografar ou descobrir a chave, mesmo que ele esteja na posse de vários textos codificados, juntamente com o texto claro que produziu cada texto codificado.
2. Emissor e receptor precisam ter obtido cópias da chave secreta de uma maneira segura e precisam manter a chave em segurança. Se alguém puder descobrir a chave e souber o algoritmo, toda a comunicação que usa essa chave estará vulnerável.

Existem dois métodos gerais de atacar um esquema de criptografia simétrica: o primeiro ataque é conhecido como **análise criptográfica** (ou cripto-análise). Os ataques cripto-analíticos se baseiam na natureza do algoritmo, além, talvez, de algum conhecimento das características gerais do texto claro ou mesmo de alguns pares de texto claro e texto codificado de exemplo. Esse tipo de ataque explora as características do algoritmo para tentar deduzir determinado texto claro ou para deduzir a chave em uso. Se o ataque tiver sucesso em deduzir a chave, o efeito é catastrófico: todas as mensagens futuras e passadas criptografadas com essa chave estarão comprometidas.

O segundo método, conhecido como **ataque de força bruta**, consiste em tentar todas as chaves possíveis em um trecho de texto codificado até se obter uma tradução inteligível para texto claro. Em média, metade de todas as chaves possíveis precisa ser testada para obter sucesso. A Tabela 18.1 mostra quanto tempo está envolvido nos vários tamanhos de chave. A tabela mostra os resultados para cada tamanho de chave, considerando que é necessário $1\mu s$ para realizar uma única decriptografia, uma ordem de magnitude razoável para os computadores atuais. Com o uso de organizações de microprocessadores extremamente equivalentes, podem ser obtidas velocidades de processamento muitas ordens de magnitude mais altas. A última coluna da tabela leva em conta os resultados para um sistema que pode processar 1 milhão de chaves por microssegundo. Como se pode ver, nesse nível de desempenho, uma chave de 56 bits não pode mais ser considerada segura em termos computacionais.

Algoritmos de criptografia

Os algoritmos de criptografia simétrica mais usados são os de cifragem em bloco. Uma cifragem em bloco processa a entrada de texto claro em blocos de tamanho fixo e produz um bloco de texto codificado de mesmo tamanho para cada bloco de texto claro. Os dois algoritmos simétricos mais importantes, ambos sendo de ci-

Tabela 18.1 Tempo médio necessário para pesquisa de chave

Tamanho da chave (bits)	Número de chaves alternativas	Tempo necessário em 1 criptografia/μs	Tempo necessário em 10^6 criptografias/μs
32	$2^{32} = 4,3 \times 10^9$	$2^{31}\mu s = 35,8$ minutos	2,15 milissegundos
56	$2^{56} = 7,2 \times 10^{16}$	$2^{55}\mu s = 1142$ anos	10,01 horas
128	$2^{128} = 3,4 \times 10^{38}$	$2^{127}\mu s = 5,4 \times 10^{24}$ anos	$5,4 \times 10^{18}$ anos
168	$2^{168} = 3,7 \times 10^{50}$	$2^{16}\mu s = 5,9 \times 10^{36}$ anos	$5,9 \times 10^{30}$ anos

fragem em bloco, são o Data Encryption Standard (DES) e o Advanced Encryption Standard (AES).

Data Encryption Standard O DES foi o algoritmo de criptografia dominante desde sua introdução em 1977. Entretanto, como ele usa apenas uma chave de 56 bits, foi apenas uma questão de tempo até que a velocidade de processamento dos computadores o tornasse obsoleto. Em 1998, a Electronic Frontier Foundation (EFF) anunciou que havia "quebrado" o DES em um teste com uma máquina "cracker de DES", construída por menos de US$250.000. O ataque levou menos de três dias. A EFF publicou uma descrição detalhada da máquina, tornando possível que outros construíssem seus próprios crackers [EFF98]. E, é claro, os preços do hardware continuarão a cair, enquanto as velocidades aumentam, tornando o DES cada vez mais inútil.

A vida do DES foi estendida pelo uso do DES triplo (3DES), que envolve a repetição do algoritmo DES básico três vezes, mediante duas ou três chaves únicas, para um tamanho de chave de 112 ou 168 bits.

A principal desvantagem do 3DES é que o software do algoritmo é relativamente lento. Outro ponto fraco é que tanto o DES quanto o 3DES usam um tamanho de bloco de 64 bits. Por questões de eficiência e segurança, um tamanho de bloco maior é desejável.

Advanced Encryption Standard Em função dessas desvantagens, o 3DES não é um candidato razoável para uso em longo prazo. Como substituto, o National Institute of Standards and Technology (NIST) divulgou uma chamada para propostas para um novo Advanced Encryption Standard (AES), que deveria ter uma força de segurança igual, ou melhor, à do 3DES e uma eficiência bem maior. Além desses requisitos gerais, o NIST especificou que o AES precisaria ser de cifragem em bloco simétrico, com um tamanho de bloco de 128 bits e suporte para tamanhos de chave de 128, 192 e 256 bits. Os critérios de avaliação incluem segurança, eficiência computacional, requisitos de memória, flexibilidade e aplicabilidade de hardware e software. Em 2001, o NIST lançou o AES como um padrão federal de processamento de informações (FIPS 197).

Na descrição desta seção, consideramos um tamanho de chave de 128 bits, que provavelmente é o mais implementado.

A Figura 18.2 mostra a estrutura geral do AES. A entrada para os algoritmos de criptografia e decriptografia é um único bloco de 128 bits. No FIPS 197, esse bloco é descrito como uma matriz quadrada de bytes. Esse bloco é copiado para o vetor **State**, que é modificado em cada fase da criptografia ou decriptografia. Após a fase final, **State** é copiado para uma matriz de saída. Da mesma forma, a chave de 128 bits é descrita como uma matriz quadrada de bytes. Essa chave é, então, expandida em um vetor de palavras de programação de chave; cada palavra possui quatro bytes, e a programação de chave total possui no total 44 palavras, para chaves de 128 bits. A classificação de bytes dentro de uma matriz é feita por coluna. Assim, por exemplo, os quatro primeiros bytes dentro de uma entrada de texto claro de 128 bits para a cifragem criptográfica ocupam a primeira coluna da matriz **de entrada**, o segundo grupo de quatro bytes ocupa a segunda coluna, e assim por diante. Da mesma maneira, os quatro primeiros bytes da chave expandida, que formam uma palavra, ocupam a primeira coluna da matriz **w**. Os comentários a seguir tornam o AES mais claro:

1. A chave que é fornecida como entrada é expandida em um vetor de 44 palavras de 32 bits, w[i]. Quatro palavras distintas (128 bits) servem como uma chave de ciclo para cada ciclo.
2. Utilizam-se quatro fases diferentes, uma de permutação e três de substituição:
   - **Substituição de bytes**: Usa uma tabela, chamada S-box,[1] para realizar uma substituição byte a byte do bloco.
   - **Deslocamento de linhas**: Uma permutação simples que é realizada linha por linha.
   - **Mistura de colunas:** Uma substituição que altera cada byte em uma coluna, como uma função de todos os bytes na coluna.
   - **Adição de chave de ciclo**: Um simples XOR bit a bit do bloco atual com uma parte da chave expandida.
3. A estrutura é bastante simples. Para a criptografia e a decriptografia, a cifragem começa com uma fase Adição de chave de ciclo, seguida de nove ciclos, contendo cada qual quatro fases, seguidos de um décimo ciclo de três fases. A Figura 18.3 mostra a estrutura de um ciclo de criptografia completo.
4. Apenas a fase Adição de chave de ciclo usa a chave. Por essa razão, a cifragem começa e termina com uma fase Adição de chave de ciclo. Qualquer outra fase, aplicada no início ou no fim, é reversí-

---

[1] O termo *S-box*, ou quadro de substituição, é comumente usado na descrição de cifragens simétricas para se referir a uma tabela usada para um tipo de consulta do mecanismo de substituição.

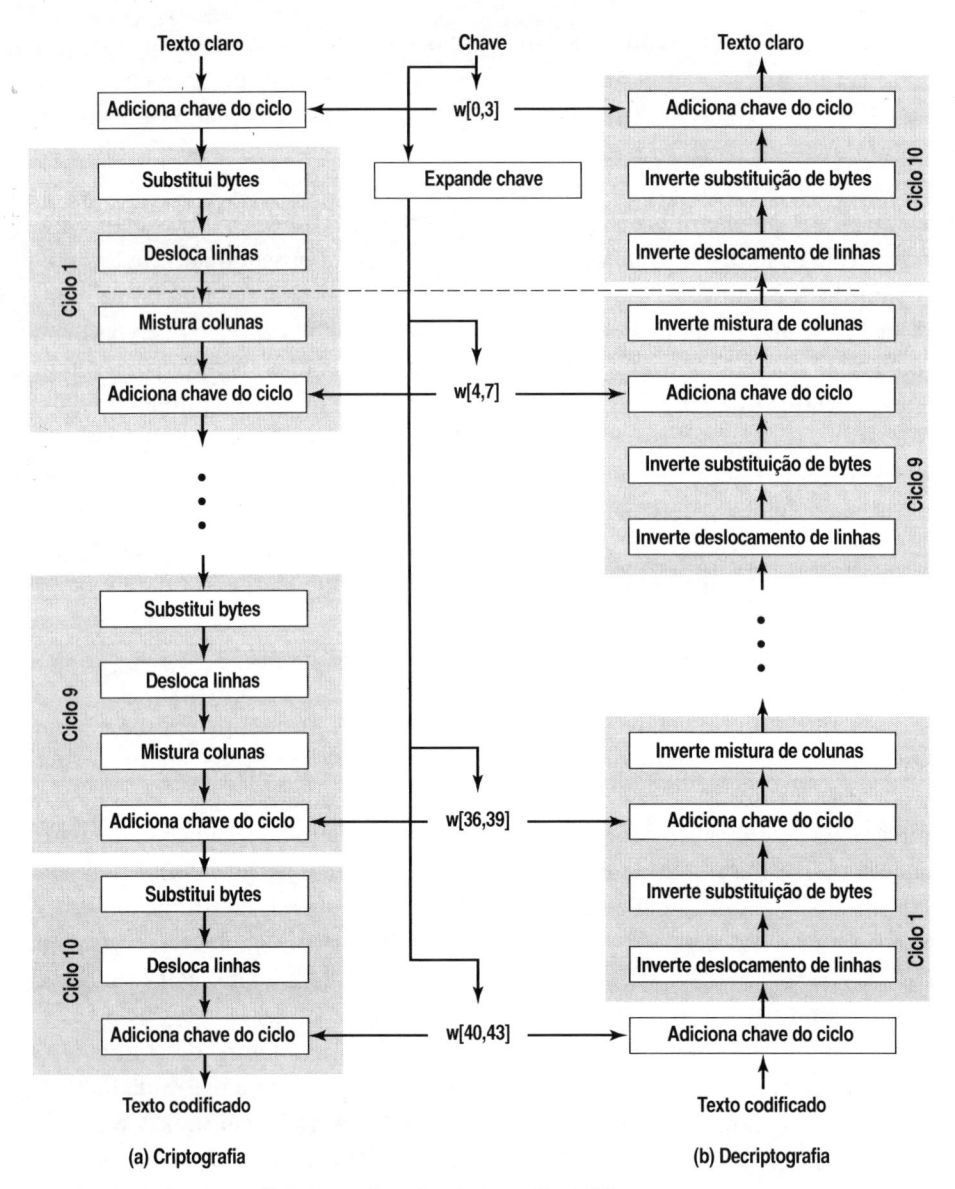

FIGURA 18.2 Criptografia e decriptografia AES.

vel sem conhecimento da chave, e, portanto, não acrescentaria qualquer segurança.

5. A fase Adição de chave de ciclo, por si só, não seria formidável. As outras três fases juntas embaralham os bits, mas, sozinhas, não forneceriam qualquer segurança, pois não usam a chave. Podemos ver a cifragem como operações alternadas de criptografia XOR (Adição de chave de ciclo) de um bloco, seguidas do embaralhamento do bloco (as outras três fases), seguida da criptografia XOR, e assim por diante. Esse esquema é tanto eficaz quanto altamente seguro.

6. Cada fase é facilmente reversível. Para as fases Substituição de bytes, Deslocamento de linhas e Mistura de colunas, utiliza-se uma função inversa no algoritmo de decriptografia. Para a fase Adição de chave de ciclo, o inverso é obtido mediante uma operação XOR no bloco com a mesma chave de ciclo, usando a igualdade $A \oplus A \oplus B = B$.

7. Como com a maioria das cifragens por bloco, o algoritmo de decriptografia faz uso da chave expandida na ordem inversa. Entretanto, o algoritmo de decriptografia não é idêntico ao algoritmo de criptografia. Isso é conseqüência da estrutura específica do AES.

8. Uma vez estabelecido que todas as quatro fases são reversíveis, é fácil verificar que a decriptografia realmente recupera o texto claro. A Figura 18.2 dispõe a criptografia e decriptografia indo a direções verticais opostas. Em cada ponto horizontal (por exemplo, a linha tracejada na figura), **State** é o mesmo para criptografia e para decriptografia.

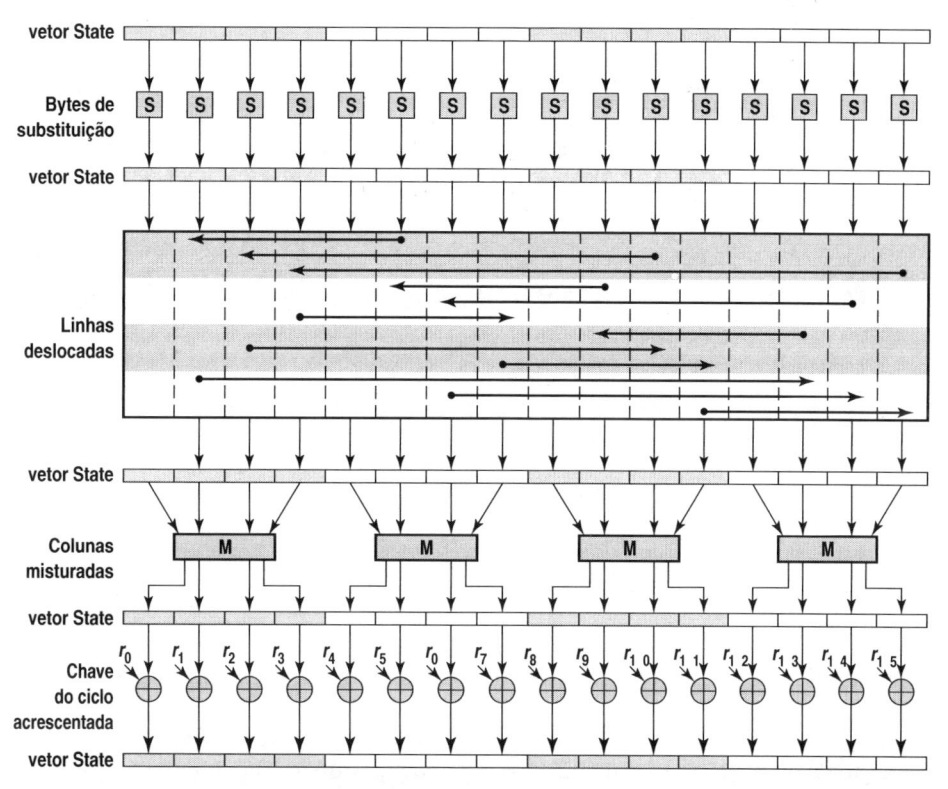

FIGURA 18.3 Ciclo de criptografia AES.

9. O último ciclo da criptografia e da decriptografia consiste apenas em três fases. Mais uma vez, isso é conseqüência da estrutura particular do AES e é necessário para tornar a cifragem reversível.

Local dos dispositivos de criptografia

O método mais poderoso e comum de combater as ameaças à segurança de rede é a criptografia. Usando a criptografia, precisamos decidir o que criptografar e onde o mecanismo de criptografia deve se localizar. Como indica a Figura 18.4, existem duas alternativas básicas: criptografia no enlace e criptografia fim a fim.

Com a criptografia no enlace, cada enlace de comunicação vulnerável é equipado nos dois lados com um dispositivo de criptografia. Assim, todo o tráfego por meio de todos os enlaces de comunicação estará seguro. Embora exija muitos dispositivos de criptografia em uma rede grande, esse método fornece um alto nível de segurança. Uma desvantagem é que a mensagem precisa ser decriptografada toda vez que entra em um comutador de pacote; isso é necessário porque o comutador precisa ler o endereço (número de circuito virtual) no cabeçalho do pacote para rotear o pacote. Portanto, a mensagem é vulnerável em cada comutador. Se a rede for uma rede de comutação de pacotes, o usuário não tem qualquer controle sobre a segurança dos nós.

Com a criptografia fim a fim, o processo de criptografia é realizado nos dois sistemas finais. O host ou terminal de origem criptografa os dados, que, então, na forma criptografada, são transmitidos inalteradamente por meio da rede para o host ou terminal de destino. O destino compartilha uma chave com a origem e, assim, pode decriptografar os dados. Esse método parece proteger a transmissão contra ataques nos enlaces ou comutadores da rede. Entretanto, ainda há um ponto fraco.

Analise a seguinte situação. Um host conecta-se a uma rede de comutação de pacotes X.25, configura um circuito virtual com outro host, e está preparado para transferir dados para esse outro host usando criptografia fim a fim. Os dados são transmitidos por essa rede na forma de pacotes, consistindo em um cabeçalho e alguns dados de usuário. Que parte de cada pacote o host irá criptografar? Suponha que o host criptografe o pacote inteiro, incluindo o cabeçalho. Isso não funcionará, pois, lembre-se de que apenas o outro host pode realizar a decriptografia. O nó de comutação de pacotes receberá um pacote criptografado e será incapaz de ler o cabeçalho. Portanto, ele não poderá rotear o pacote. Isso significa que o host pode apenas criptografar a parte dos dados de usuário do pacote e precisa deixar o cabeçalho em texto claro para que a rede possa lê-lo.

Desse modo, com a criptografia fim a fim, os dados do usuário estão seguros, mas o padrão de tráfego não,

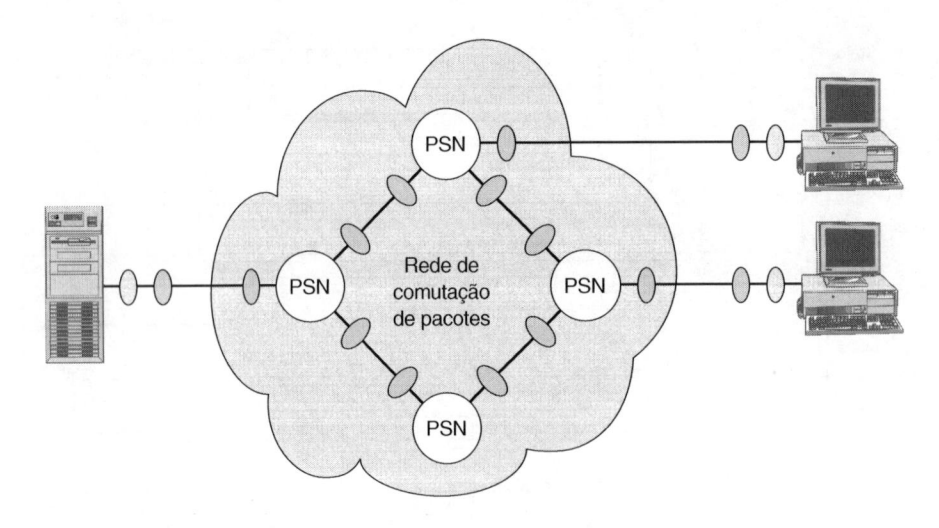

FIGURA 18.4 Criptografia por meio de uma rede de comutação de pacotes.

○ = Dispositivo de criptografia fim a fim
○ = Dispositivo de criptografia no enlace
PSN = Nó de comutação de pacotes

uma vez que os cabeçalhos de pacote são transmitidos em texto claro. Para obter maior segurança, são necessárias as criptografias de enlace e fim a fim, como mostra a Figura 18.4.

Em suma, quando se empregam as duas formas, o host criptografa a parte dos dados de usuário de um pacote que usa uma chave de criptografia fim a fim. O pacote inteiro é, então, criptografado usando uma chave de criptografia de enlace. À medida que o pacote atravessa a rede, cada comutador o decriptografa com uma chave de criptografia de enlace para ler o cabeçalho, e, depois, criptografa o pacote inteiro novamente para enviá-lo para o próximo enlace. Agora, o pacote inteiro está seguro, exceto pelo tempo em que o pacote está realmente na memória de um comutador de pacotes, período em que o cabeçalho de pacote está em texto claro.

Distribuição de chave

Para que a criptografia simétrica funcione, os dois lados de uma troca segura precisam ter a mesma chave, e essa chave tem de estar protegida contra o acesso de terceiros. Além disso, mudanças freqüentes de chave são desejáveis para limitar a quantidade de dados comprometidos, caso um oponente aprenda a chave. Portanto, o poder de qualquer sistema de criptografia está na técnica de distribuição de chave, um termo que se refere ao meio de distribuir uma chave a duas partes que desejam trocar dados, sem permitir que outros vejam a chave. A distribuição de chave pode se realizar de diversas maneiras. Para duas partes, A e B,

1. Uma chave pode ser selecionada por A e distribuída fisicamente para B.
2. Uma terceira parte poderia selecionar a chave e distribuí-la fisicamente para A e B.
3. Se A e B tiverem, anterior e recentemente, usado uma chave, uma parte poderia transmitir a nova chave para a outra, de maneira criptografada e usando a chave antiga.
4. Se A e B tiverem, cada qual, uma conexão criptografada com uma terceira parte, C, C poderia distribuir uma chave nos enlaces criptografados para A e B.

As opções 1 e 2 exigem a distribuição manual de uma chave. Para a criptografia de enlace, esse é um requisito razoável, pois cada dispositivo de criptografia de enlace vai apenas trocar dados com seu parceiro no outro lado do enlace. Entretanto, para a criptografia fim a fim, a distribuição manual é embaraçosa. Em um sistema distribuído, qualquer host ou terminal específico pode precisar realizar trocas com muitos outros hosts e terminais ao longo do tempo. Assim, cada dispositivo precisa de diversas chaves, fornecidas dinamicamente. O problema é especialmente difícil em um sistema remoto distribuído.

A opção 3 é uma possibilidade para a criptografia de enlace ou a criptografia fim a fim, mas, se um oponente conseguir ter acesso a uma chave, então, todas as chaves subseqüentes serão reveladas. Mesmo que mudanças freqüentes sejam feitas nas chaves de criptografia de enlace, essas devem ser feitas manualmente. Para fornecer chaves para a criptografia fim a fim, a opção 4 é preferível.

A Figura 18.5 ilustra uma implementação da opção 4 para criptografia fim a fim. Na figura, a criptografia de enlace é ignorada. Ela pode ser acrescentada ou não, conforme a necessidade. Para esse esquema, identificam-se dois tipos de chave:

- **Chave de sessão**: Quando dois sistemas finais (hosts, terminais etc.) desejam se comunicar, eles estabelecem uma conexão lógica (como circuito virtual). Pela duração dessa conexão lógica, todos os dados de usuário são criptografados com uma chave de sessão de única vez. No final da sessão, ou conexão, a chave de sessão é destruída.
- **Chave permanente**: Uma chave permanente é uma chave usada entre entidades com o fim de distribuir chaves de sessão.

A configuração consiste nos seguintes elementos:
- **Centro de distribuição de chave (KDC)**: O centro de distribuição de chave determina quais sistemas que podem se comunicar entre si. Quando dois sistemas recebem permissão para estabelecer uma conexão, o centro de distribuição de chave fornece uma chave de sessão de única vez para essa conexão.
- **Módulo de serviço de segurança (SSM)**: Esse módulo, que pode conferir funcionalidade em uma camada de protocolo, realiza criptografia fim a fim e obtém chaves de sessão em nome dos usuários.

As etapas envolvidas em estabelecer uma conexão estão na figura. Quando um host deseja configurar uma conexão com outro host, ele transmite um pacote de requisição de conexão (etapa 1). O SSM salva esse pacote e pede ao KDC permissão para estabelecer a conexão (etapa 2). A comunicação entre o SSM e o KDC é criptografada mediante uma chave mestra, compartilhada apenas por esse SSM e o KDC. Se o KDC aprovar a requisição de conexão, ele gera a chave de sessão e a entrega para os dois SSMs apropriados, usando uma chave permanente e única para cada SSM (etapa 3). O SSM agora pode liberar o pacote de requisição de conexão, e uma conexão é configurada entre os dois sistemas finais (etapa 4). Todos os dados de usuário trocados entre os dois sistemas finais são criptografados por seus respectivos SSMs com a chave de sessão de única vez.

O método de distribuição de chave automatizada fornece a flexibilidade e as características dinâmicas necessárias para vários usuários de terminal acessarem diversos hosts e para os hosts trocarem dados entre si.

Outro método para a distribuição de chave utiliza a criptografia de chave pública, que é examinada na seção 18.4.

Enchimento de tráfego

Já mencionamos que, em alguns casos, os usuários estão preocupados com a segurança da análise de tráfego. Com o uso da criptografia de enlace, os cabeçalhos de pacote são criptografados, reduzindo as chances de análise de tráfego. Entretanto, nessas circunstâncias, ainda é possível um hacker acessar a quantidade de tráfego em uma rede e observar a quantidade de tráfego que entra e sai de cada sistema final. Uma contramedida eficaz para esse ataque é o enchimento de tráfego.

1. O host envia pacote para requisitar a conexão.
2. O serviço de segurança coloca o pacote em buffer; pede ao KDC a chave de sessão.
3. O KDC distribui a chave de sessão para os dois hosts.
4. O Pacote em buffer transmitido.

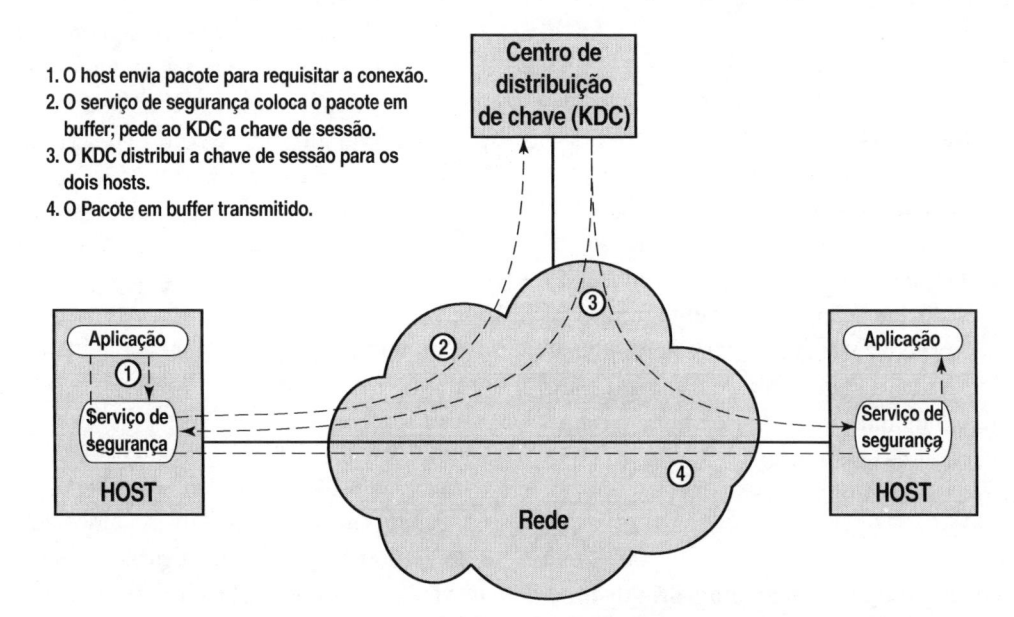

FIGURA 18.5 Distribuição de chave automática para protocolo baseado em conexão.

O enchimento de tráfego é uma função que produz saída de texto codificado continuamente, mesmo na ausência de texto claro. Gera-se um fluxo de dados aleatório contínuo. Quando um texto claro está disponível, ele é criptografado e transmitido. Quando uma entrada de texto claro não está presente, os dados aleatórios são criptografados e transmitidos. Isso torna impossível para um oponente distinguir entre o fluxo de dados verdadeiro e o ruído, impossibilitando, assim, deduzir a quantidade de tráfego.

18.3 AUTENTICAÇÃO DE MENSAGEM E FUNÇÕES DE HASH

A criptografia protege contra ataques passivos (espionagem). Uma necessidade diferente é proteger contra ataques ativos (falsificação de dados e transações). A proteção contra esses ataques é conhecida como autenticação de mensagem.

Métodos de autenticação de mensagem

Uma mensagem, um arquivo, documento ou outro conjunto de dados é tido como autêntico quando é genuíno e veio de sua suposta origem. A autenticação de mensagem é um procedimento que permite que as partes em comunicação verifiquem se as mensagens recebidas são autênticas. Os dois aspectos importantes são verificar se o conteúdo da mensagem não foi alterado e se a origem é autêntica. Também podemos verificar a oportunidade de uma mensagem (se ela não foi artificialmente retardada e repetida) e a seqüência relativa a outras mensagens que fluem entre duas partes.

Autenticação mediante criptografia simétrica É possível realizar autenticação simplesmente pelo uso da criptografia simétrica. Se considerarmos que apenas o emissor e o receptor compartilham uma chave (que é como deveria ser), então, apenas o emissor genuíno seria capaz de criptografar com sucesso uma mensagem para o outro participante. Além disso, se a mensagem incluir um código de detecção de erro e um número seqüencial, o receptor tem a garantia de que nenhuma alteração foi feita e que a seqüência está correta. Se a mensagem também incluir uma marca de hora, o receptor pode ter a certeza de que a mensagem não foi retardada além do que é normalmente esperado para o tráfego de rede.

Autenticação de mensagem sem criptografia de mensagem Nesta seção, examinaremos vários métodos de autenticação de mensagem que não se baseiam na criptografia de mensagem. Em todos esses métodos, uma tag de autenticação é gerada e anexada a cada mensagem para transmissão. A mensagem propriamente dita não é criptografada e pode ser lida no destino, independentemente da função de autenticação no destino.

Como os métodos tratados nesta seção não criptografam a mensagem, a privacidade da mensagem não é fornecida. Já que a criptografia simétrica fornece autenticação e é amplamente usada com produtos imediatamente disponíveis, por que não simplesmente usar esse método, que fornece privacidade e autenticação? [DAVI80] propõe três situações em que a autenticação de mensagem sem privacidade é preferível:

1. Existem várias aplicações em que a mesma mensagem é difundida para vários destinos. Por exemplo, uma notificação aos usuários de que a rede está indisponível ou um sinal de alarme em um centro de controle. É mais barato e mais seguro ter apenas um destino responsável por monitorar a autenticidade. Assim, a mensagem precisa ser difundida em texto claro com uma tag de autenticação de mensagem associada. O sistema responsável realiza automaticamente. Se ocorrer uma violação, os outros sistemas de destino são alertados por um alarme geral.
2. Outro cenário possível é uma troca em que um dos lados tem uma alta atividade e não pode dispor de tempo para decriptografar todas as mensagens que chegam. A autenticação é realizada de maneira seletiva, com mensagens escolhidas aleatoriamente para verificação.
3. A autenticação de um programa de computador em texto claro é um serviço atraente. O programa de computador pode ser executado sem precisar ser decriptografado toda vez, o que seria desperdício de recursos do processador. Entretanto, se uma tag de autenticação de mensagem fosse anexada ao programa, ele poderia ser verificado sempre que fosse necessário garantir a integridade do programa.

Portanto, há um lugar para a autenticação e a criptografia no que diz respeito aos cuidados de segurança.

Código de autenticação de mensagem Uma técnica de autenticação de mensagem envolve o uso de uma chave secreta para gerar um pequeno bloco de dados, conhecido como código de autenticação de mensagem, que é anexado à mensagem. Dentro dessa técnica, duas partes em comunicação, digamos, A e B, compartilham uma chave secreta comum, K_{AB}. Quando A tem uma mensagem M a ser enviada para B, ele calcula o código de autenticação de mensagem como uma função da mensagem e a chave: $MAC_M = F(K_{AB}, M)$. A mensagem, juntamente com o código, é transmitida para o destinatário pretendido. O destinatário efetua o mesmo cálculo na mensagem recebida, usando a mesma chave secreta, para gerar um novo código de autenticação de mensagem. O código recebido é comparado com o código calculado (Figura 18.6). Se considerarmos que apenas o receptor e o emissor sabem a identidade da chave secreta, e se o código recebido corresponde ao código calculado, então

1. O receptor tem a garantia de que a mensagem não foi alterada. Se um oponente alterar a mensagem, mas não alterar o código, então, o cálculo do receptor irá diferir do código recebido. Considerando-se que o oponente não sabe a chave secreta, ele não pode alterar o código para corresponder às alterações na mensagem.
2. O receptor tem a garantia de que a mensagem é do suposto emissor. Como ninguém mais conhece a chave secreta, ninguém mais poderia preparar uma mensagem com um código correto.
3. Se a mensagem inclui um número seqüencial (como é usado no X.25, HDLC e TCP), então, o receptor pode ter certeza da seqüência correta, pois um oponente não pode alterar corretamente o número seqüencial.

Vários algoritmos podem ser usados para gerar o código. O National Bureau of Standards, em sua publicação *DES Modes of Operation*, recomenda o uso do DES. O DES é usado para gerar uma versão criptografada da mensagem, e os últimos bits do texto codificado são usados como o código. Em geral, utiliza-se um código de 16 ou 32 bits.

O processo descrito anteriormente é semelhante à criptografia. Uma diferença é que o algoritmo de autenticação não precisa ser reversível, como acontece na decriptografia. Ocorre que, devido às propriedades matemáticas da função de autenticação, ele é menos vulnerável do que a criptografia.

Função de hash unidirecional   Uma variação do código de autenticação de mensagem que tem merecido especial atenção é a função de hash unidirecional. À semelhança do código de autenticação de mensagem, uma função de hash aceita uma mensagem de tamanho variável M como entrada e produz um resumo de mensagem de tamanho fixo $H(M)$ como saída. Diferente do MAC, uma função hash não usa também uma chave secreta como entrada. Para autenticar uma mensagem, o resumo de mensagem é enviado com a mensagem de modo que o resumo seja autêntico.

A Figura 18.7 ilustra três maneiras em que a mensagem pode ser autenticada. O resumo de mensagem pode ser criptografado mediante a criptografia simétrica (parte a); se consideramos que apenas o emissor e o

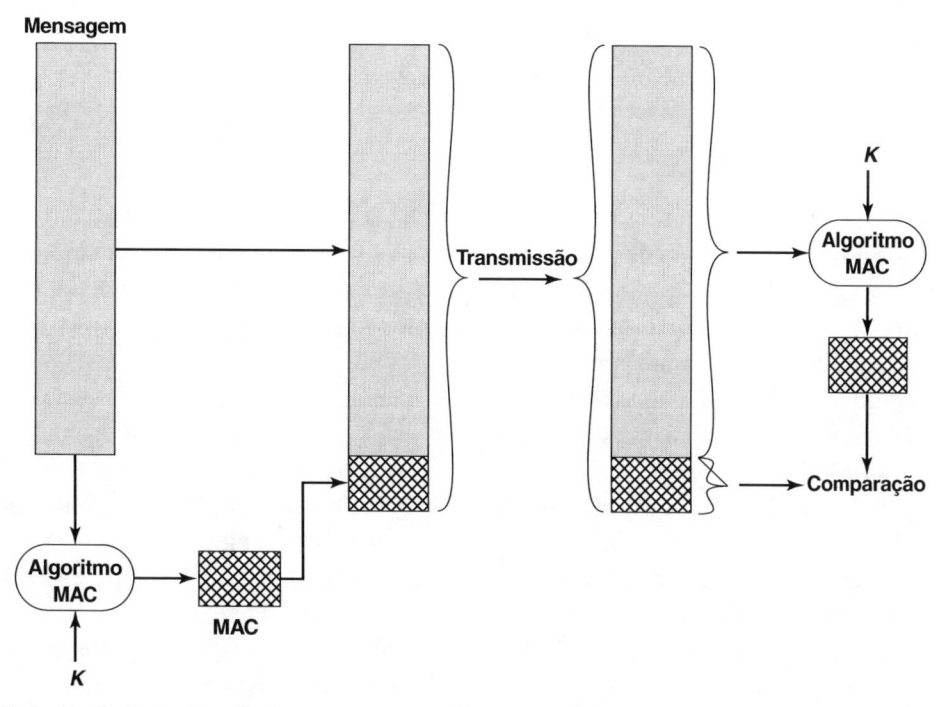

FIGURA 18.6   Autenticação de mensagem mediante um código de autenticação de mensagem (MAC).

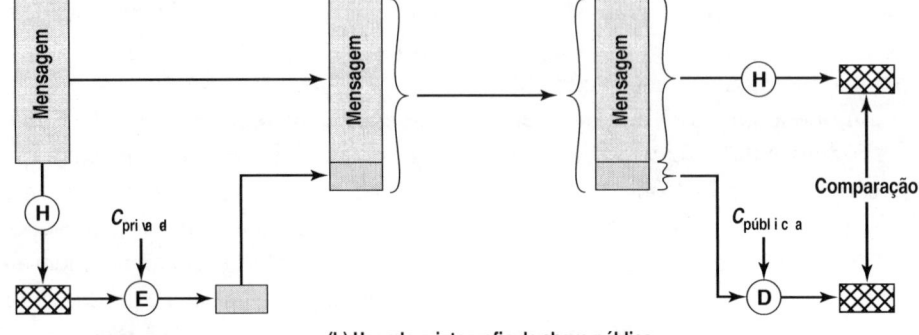

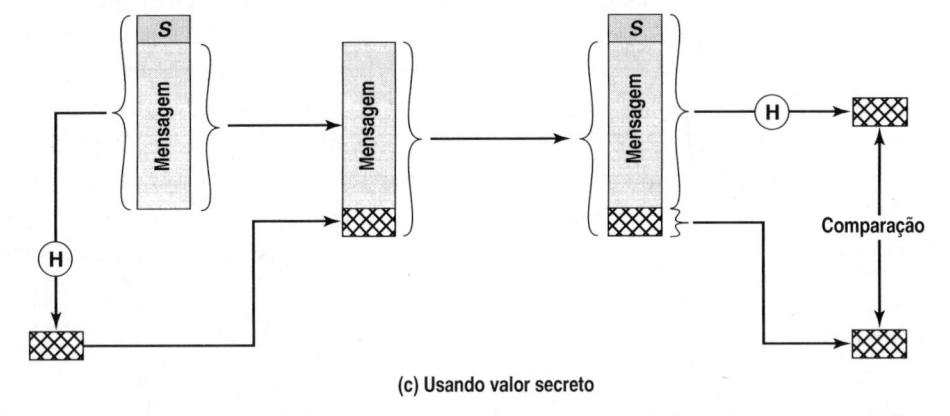

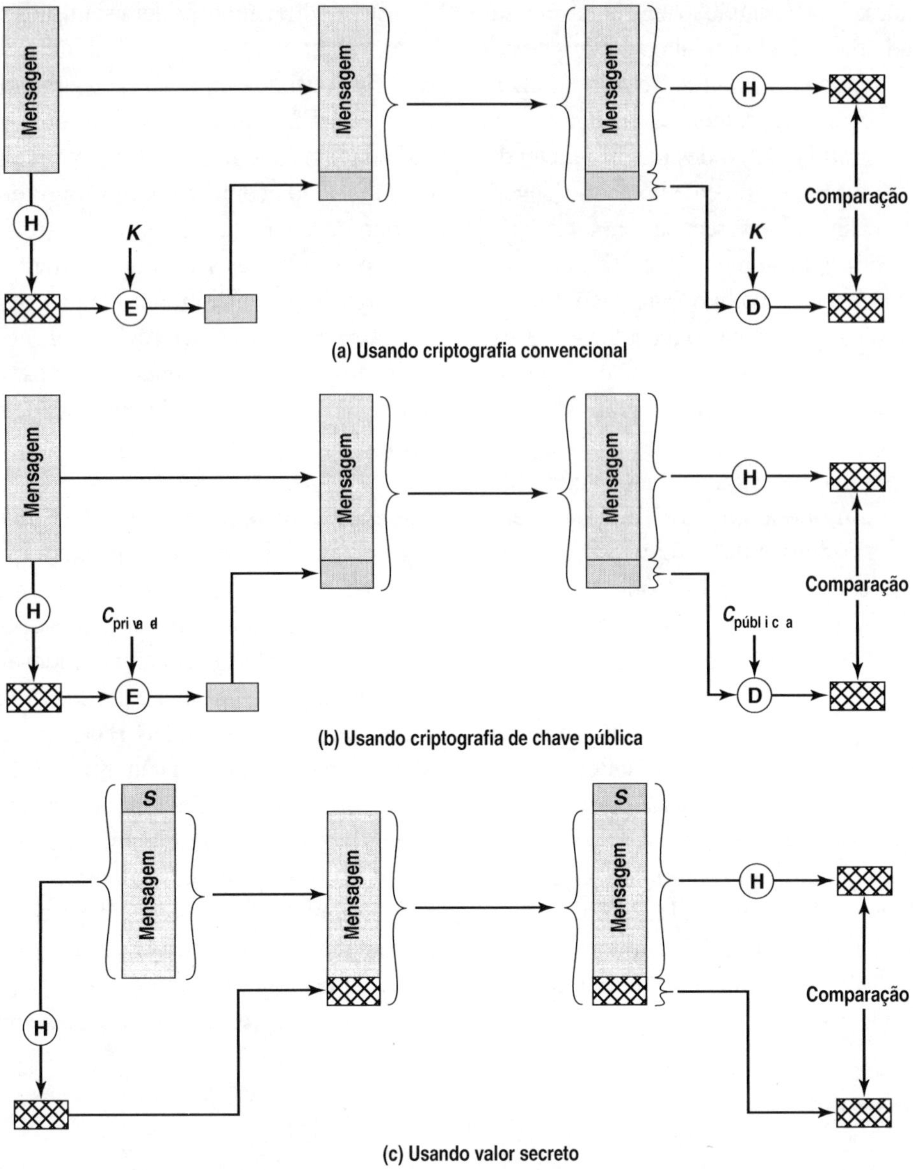

FIGURA 18.7 Autenticação de mensagem com uma função de hash unidirecional.

receptor compartilham a chave de criptografia, então, a autenticação estará garantida. O resumo de mensagem também pode ser criptografado com a criptografia de chave pública (parte b); isso é explicado na seção 18.4. O método de chave pública tem duas vantagens: fornece uma assinatura digital, bem como uma autenticação de mensagem, e não exige a distribuição de chaves para as partes em comunicação.

Essas duas técnicas possuem uma vantagem em relação às técnicas que criptografam a mensagem inteira, já que exigem menos computação. Apesar disso, há interesse no desenvolvimento de uma técnica que evite completamente a criptografia. Vários motivos para esse interesse são apontados em [TSUD92]:

- O software de criptografia é meio lento. Ainda que a quantidade de dados a serem criptografados por mensagem seja pequena, pode haver um fluxo fixo de mensagens que entram e saem de um sistema.
- Os custos de hardware não são módicos. As implementações de chip de baixo custo do DES estão disponíveis, mas os gastos aumentam se todos os nós em uma rede precisarem dessa capacidade.
- O hardware de criptografia é otimizado para grandes tamanhos de dados. Para pequenos blocos de dados, uma alta proporção do tempo é gasta em overhead de inicialização/chamada.
- Os algoritmos de criptografia podem ser cobertos por patentes e precisam ser licenciados, o que eleva o custo.

- Os algoritmos de criptografia podem estar sujeitos ao controle de exportação.

A Figura 18.7c mostra uma técnica que usa uma função de hash, mas nenhuma criptografia para autenticação de mensagem. Essa técnica leva em conta que duas partes se comunicando, por exemplo, A e B, compartilham um valor secreto comum s_{AB}. Quando A tem uma mensagem para enviar para B, ele calcula a função de hash por meio da concatenação do valor secreto e da mensagem: $MD_M = H(S_{AB}||M)$.[2] Depois, ele envia $[M||MD_M]$ para B. Como B possui s_{AB}, ele pode recalcular $H(S_{AB}||M)$ e verificar MD_M. Como o valor secreto em si não é enviado, não é possível para um oponente modificar uma mensagem interceptada. Desde que o valor secreto permaneça secreto, também não é possível que um oponente gere uma mensagem falsa.

Essa terceira técnica, a de usar um valor secreto compartilhado, é adotada para a segurança IP; ela também foi especificada para o SNMPv3, comentado no Capítulo 19.

Funções de hash seguras

A função de hash unidirecional, ou função de hash segura, é importante não só na autenticação de mensagem, mas nas assinaturas digitais. Nesta seção, começaremos uma análise dos requisitos para uma função de hash segura. Depois, veremos uma das funções de hash mais importantes, SHA-1.

Requisitos da função de hash A finalidade de uma função de hash é produzir uma "impressão digital" de um arquivo, mensagem ou outro bloco de dados. Para ser útil para a autenticação de mensagem, uma função de hash H precisa ter as seguintes propriedades:

1. H pode ser aplicada a um bloco de dados de qualquer tamanho.
2. H produz uma saída de tamanho fixo.
3. $H(x)$ é relativamente fácil de calcular para qualquer x, tornando as implementações de hardware e software práticas.
4. Para qualquer código h, em termos computacionais é impossível encontrar x tal que $H(x) = h$.
5. Para qualquer bloco x, em termos computacionais é impossível encontrar $y \neq x$ com $H(y) = H(x)$.
6. Em termos computacionais, é impossível encontrar qualquer par (x,y) tal que $H(x) = H(y)$.

As três primeiras propriedades são requisitos da aplicação prática de uma função de hash para autenticação de mensagem.

A quarta propriedade é a propriedade unidirecional: é fácil gerar um código dada uma mensagem, mas é praticamente impossível gerar uma mensagem dado um código. Essa propriedade é importante se a técnica de autenticação envolve o uso de um valor secreto (Figura 18.7c). O valor secreto propriamente dito não é enviado; entretanto, se a função de hash não for unidirecional, um oponente pode facilmente descobrir o valor secreto: se o oponente puder observar ou interceptar uma transmissão, ele obterá a mensagem M e o código de hash $MD_M = H(S_{AB}||M)$. O oponente, então, inverte a função de hash para obter $S_{AB}||M = H^{-1}(MD_M)$. Como o oponente, agora, tem M e também $S_{AB}||M$, é uma simples questão de recuperar S_{AB}.

A quinta propriedade garante que é impossível encontrar uma mensagem alternativa com o mesmo valor de hash de uma mensagem dada. Isso evita a falsificação quando se usa um código de hash criptografado (Figuras 18.7a e 18.7b). Se essa propriedade não fosse verdadeira, um oponente seria capaz de executar esta seqüência: em primeiro lugar, observar ou interceptar uma mensagem e seu código de hash criptografado; em segundo, gerar um código de hash não criptografado a partir da mensagem; por último, gerar uma mensagem alternativa com o mesmo código de hash.

Uma função de hash que satisfaz as cinco primeiras propriedades na lista anterior é considerada uma função de hash fraca. Se a sexta propriedade também é satisfeita, então, ela é considerada uma função de hash forte. A sexta propriedade protege contra um tipo sofisticado de ataque conhecido como o ataque de aniversário.[3]

Além de fornecer autenticação, um resumo de mensagem também fornece integridade de dados. Ele realiza a mesma função de uma seqüência de verificação de quadro: se quaisquer bits na mensagem forem acidentalmente alterados em trânsito, o resumo de mensagem estará em erro.

18.4 CRIPTOGRAFIA DE CHAVE PÚBLICA E ASSINATURAS DIGITAIS

Tão importante quanto a criptografia simétrica é a criptografia de chave pública, que tem uso na autenticação de mensagem e na distribuição de chave. Esta seção

---

[2] || significa concatenação.

[3] Veja [STAL03] para uma explicação sobre os ataques de aniversário.

analisa primeiramente o conceito básico da criptografia de chave pública, seguido de um exame das assinaturas digitais. Depois, abordaremos o algoritmo de chave pública mais utilizado, o RSA. Finalmente, veremos o problema da distribuição de chave.

Criptografia de chave pública

A criptografia de chave pública, proposta publicamente pela primeira vez por Diffie e Hellman em 1976 [DIFF76], é o primeiro avanço realmente revolucionário na criptografia em milhares de anos. Por um lado, os algoritmos de chave pública se baseiam em funções matemáticas, e não em operações simples nos padrões de bits. Mais importante, a criptografia de chave pública é assimétrica, envolvendo o uso de duas chaves separadas, ao contrário da criptografia simétrica, que usa apenas uma chave. O uso de duas chaves tem profundas consequências nas áreas da privacidade, distribuição de chave e autenticação.

Antes de continuar, devemos antes mencionar vários mal-entendidos comuns em relação à criptografia de chave pública. Um deles é que a criptografia de chave pública é mais segura contra análise criptográfica que a criptografia simétrica. Na realidade, a segurança de qualquer esquema de criptografia depende (1) do tamanho da chave e (2) do trabalho computacional envolvido na violação de uma cifra. Em princípio, não há nada sobre criptografia simétrica ou de chave pública que torne uma superior à outra do ponto de vista de resistência à cripto-análise. Um segundo engano é acreditar que a criptografia de chave pública é uma técnica de finalidade geral, que tornou a criptografia simétrica obsoleta. Ao contrário, devido ao overhead computacional dos atuais esquemas de criptografia de chave pública, não parece haver qualquer probabilidade de que a criptografia simétrica seja abandonada num futuro próximo. Finalmente, existe uma opinião de que a distribuição de chave seja banal quando a criptografia de chave pública for usada, em comparação com o handshaking extremamente incômodo, ligado aos centros de distribuição de chave para a criptografia simétrica. Na verdade, alguma forma de protocolo é necessária, normalmente envolvendo um agente central; e os procedimentos não são mais simples ou em nada mais eficientes do que os exigidos para a criptografia simétrica. Um esquema de criptografia de chave pública possui seis itens (Figura 18.8):

- **Texto claro**: É a mensagem, ou dados legíveis, que é inserida no algoritmo como entrada.
- **Algoritmo de criptografia**: O algoritmo de criptografia realiza várias transformações no texto claro.
- **Chave pública e privada**: É um par de chaves que foram selecionadas de modo que, se uma for usada para criptografia, a outra é usada para decriptografia. As transformações exatas realizadas pelo algoritmo de criptografia dependem da chave pública ou privada que é fornecida como entrada.
- **Texto codificado**: É a mensagem codificada, produzida como saída. Ela depende do texto claro e da chave. Para determinada mensagem, duas chaves diferentes produzirão dois textos codificados diferentes.
- **Algoritmo de decriptografia**: Esse algoritmo aceita o texto codificado e a chave correspondente e produz o texto claro original.

Como o nome indica, a chave pública do par se torna pública para outros usarem, enquanto a chave privada é conhecida apenas pelo seu proprietário. Um algoritmo criptográfico de chave pública de finalidade geral baseia-se em uma chave para criptografia e outra chave diferente, mas relacionada, para decriptografia. Além disso, esses algoritmos possuem as seguintes e importantes características:

- Em termos computacionais, é impossível determinar a chave de decriptografia, conhecendo apenas o algoritmo criptográfico e a chave de criptografia.
- Para a maioria dos esquemas de chave pública, pode-se utilizar qualquer uma das duas chaves relacionadas para criptografia, sendo que a outra é usada para decriptografia.

As etapas básicas são as seguintes:

1. Cada usuário gera um par de chaves a ser usado para a criptografia e a decriptografia das mensagens.
2. Cada usuário coloca uma das duas chaves em um registrador público ou outro arquivo acessível. Essa é a chave pública. A chave correspondente é mantida privada. Como mostra a Figura 18.8, cada usuário mantém uma coleção de chaves públicas obtidas de outros.
3. Se Bob deseja enviar uma mensagem particular para Alice, Bob criptografa a mensagem usando a chave pública de Alice.
4. Quando Alice recebe a mensagem, ela a decriptografa usando sua chave particular. Nenhum outro destinatário pode decriptografar a mensagem, porque apenas Alice tem a chave privada.

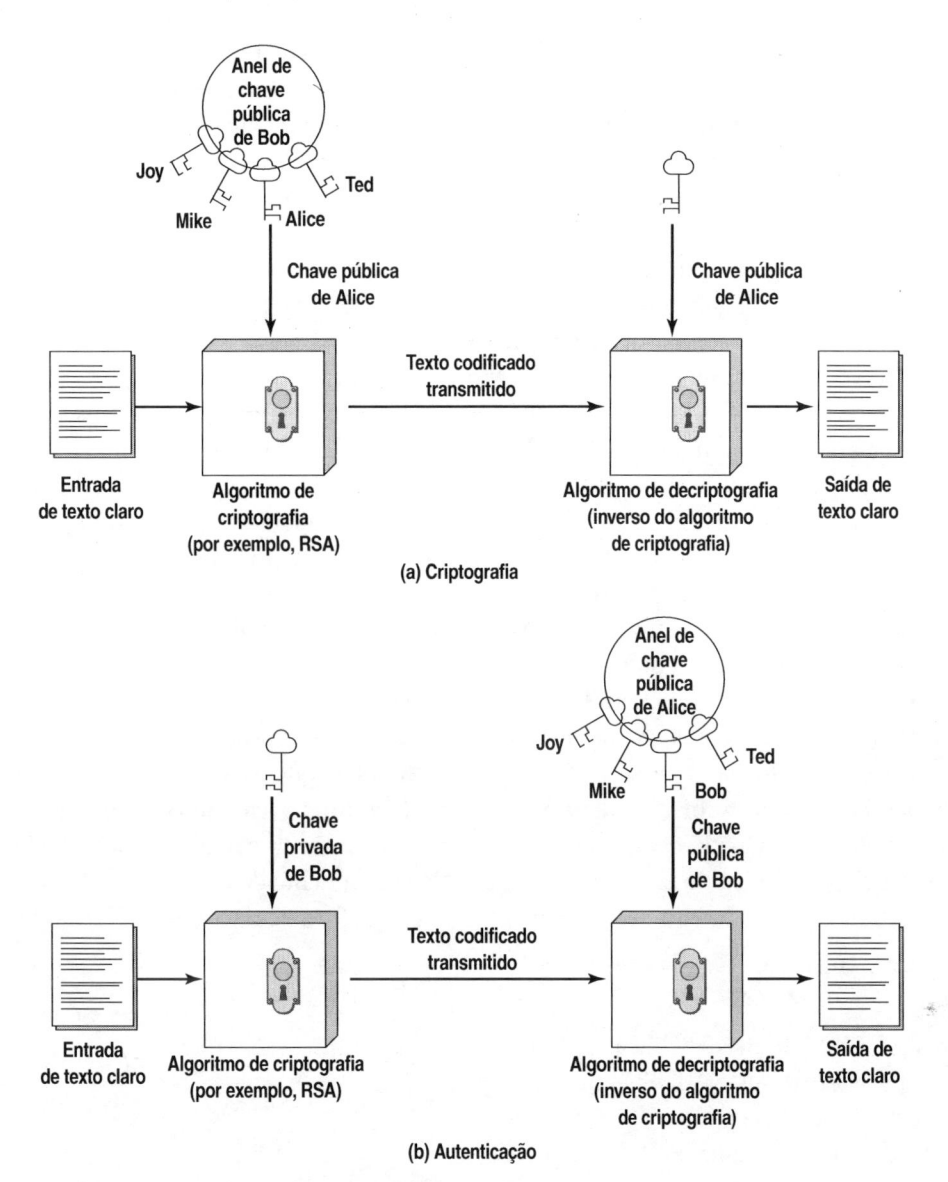

FIGURA 18.8 Criptografia de chave pública.

Com esse método, todos os participantes têm acesso às chaves públicas, e as chaves privadas são geradas localmente por participante e, portanto, nunca precisa ser distribuída. Desde que um usuário proteja sua chave privada, a comunicação que está sendo recebida é segura. A qualquer hora, um usuário pode mudar a chave privada e publicar a chave pública correspondente para substituir a antiga chave pública.

Assinatura digital

A criptografia de chave pública pode ser usada de outra maneira, como ilustrado na Figura 18.8b. Suponha que Bob queira enviar uma mensagem para Alice, e, embora não seja importante que a mensagem seja mantida em segredo, ele deseja que Alice tenha certeza de que a mensagem é realmente dele. Nesse caso, Bob usa sua chave privada para criptografar a mensagem. Quando Alice recebe o texto codificado, ela descobre que pode decriptografá-lo com a chave pública de Bob, provando, assim, que a mensagem só pode ter sido criptografada por Bob. Como ninguém mais possui a chave privada de Bob, ninguém mais poderia ter criado um texto codificado que pudesse ser decriptografado com a chave pública de Bob. Portanto, a mensagem criptografada inteira serve como uma **assinatura digital**. Além disso, já que é impossível alterar a mensagem sem acessar a chave privada de Bob, a mensagem está autenticada tanto em termos de origem quanto em termos de integridade dos dados.

No esquema anterior, a mensagem inteira é criptografada, o que, embora validando o autor e o conteúdo, exige uma grande quantidade de armazenamento. Cada documento precisa ser mantido em texto claro para ser usado para fins práticos. Uma cópia também precisa ser armazenada em texto codificado, de modo que a origem e o conteúdo possam ser verificados em caso de uma divergência. Uma maneira mais eficaz de alcançar os mesmos resultados é criptografar um pequeno bloco de bits que seja uma função do documento. Esse bloco, denominado autenticador, precisa ter a propriedade de ser impossível mudar o documento sem mudar o autenticador. Se o autenticador for criptografado com a chave privada do emissor, ele servirá como uma assinatura que verifica a origem, o conteúdo e a seqüenciação. Um código de hash seguro como o SHA-1 pode desempenhar essa função.

É importante enfatizar que a assinatura digital não fornece privacidade. Ou seja, a mensagem enviada é protegida contra alterações, mas não contra espionagem. Isso é óbvio no caso de uma assinatura baseada em uma parte da mensagem, pois o restante da mensagem é transmitido às claras. Mesmo no caso da criptografia completa, não há qualquer proteção de privacidade, pois qualquer observador pode decriptografar a mensagem, se usar a chave pública do emissor.

Algoritmo de criptografia de chave pública RSA

Um dos primeiros esquemas de chave pública foi desenvolvido em 1977 por Ron Rivest, Adi Shamir e Len Adleman da MIT e publicado pela primeira vez em 1978 [RIVE78]. Desde essa época, o esquema RSA prevalece como o único método amplamente aceito e implementado de criptografia de chave pública. O RSA é uma cifragem por bloco, em que o texto claro e o texto codificado são inteiros entre 0 e $n - 1$ para qualquer n.

A criptografia e a decriptografia ocorrem da seguinte forma, para algum bloco de texto claro M e bloco de texto codificado C:

$C = M^e \bmod n$
$M = C^d \bmod n = (M^e)^d \bmod n = M^{ed} \bmod n$

Tanto o emissor quanto o receptor precisam conhecer os valores n e e, sendo que apenas o receptor conhece o valor de d. Esse é um algoritmo de criptografia de chave pública com uma chave pública de $KU = \{e, n\}$ e uma chave privada de $KR = \{d, n\}$. Para que esse algoritmo seja satisfatório para criptografia de chave pública, os seguintes requisitos precisam ser atendidos:

1. É impossível encontrar valores de e, d, n tais que $M^{ed} = M \bmod n$ para todo $M < n$.
2. É relativamente fácil calcular M^e e C^d para todo valor de $M < n$.
3. É impossível determinar d dado e e n.

Os dois primeiros requisitos são facilmente atendidos. O terceiro pode ser atendido para grandes valores de e e n.

A Figura 18.9 resume o algoritmo RSA. Comece selecionando dois números primos, p e q, e calculando seu produto n, que é o módulo para criptografia e decriptografia. Em seguida, precisamos da quantidade $\phi(n)$, denominada o quociente de Euler de n, que é o número de inteiros positivos menores que n e relativamente primos com n.[4] Depois, selecione um inteiro e que seja relativamente primo com $\phi(n)$ [ou seja, o maior divisor comum de e e $\phi(n)$ é 1]. Finalmente, calcule d tal que $de \bmod \phi(n) = 1$. Pode ser mostrado que d e e possuem as propriedades desejadas.

Suponha que o usuário A tenha publicado sua chave pública e que o usuário B deseja enviar a mensagem M para A. Então, B calcula $C = M^e \pmod{n}$ e transmite C. No recebimento desse texto codificado, o usuário A decriptografa, calculando $M = C^d \pmod{n}$.

Geração de chave	
Selecione p, q	p e q ambos primos, $p \neq q$
Calcule $n = p \times q$	
Calcule $\phi(n) = (p-1)(q-1)$	
Selecione inteiro e	$\gcd(\phi(n), e) = 1; 1 < e < \phi(n)$
Calcule d	$de \bmod \phi(n) = 1$
Chave pública	$KU = \{e, n\}$
Chave privada	$KR = \{d, n\}$

Criptografia	
Texto claro:	$M < n$
Texto codificado:	$C = M^e \pmod{n}$

Decriptografia	
Texto codificado:	C
Texto claro:	$M = C^d \pmod{n}$

FIGURA 18.9 Algoritmo RSA.

---

[4] Pode-se ver que quando n é um produto de dois primos, p e q, então, $\phi(n) = (p-1)(q-1)$.

Um exemplo, de [SING99], é mostrado na Figura 18.10. Para esse exemplo, as chaves foram geradas da seguinte maneira:

1. Selecione dois números primos, $p = 17$ e $q = 11$.
2. Calcule $n = pq = 17 \times 11 = 187$.
3. Calcule $\phi(n) = (p-1)(q-1) = 16 \times 10 = 160$.
4. Selecione e, de forma que e seja relativamente primo com $\phi(n) = 160$ e menor que $\phi(n)$; escolhemos $e = 7$.
5. Determine d, de forma que $de \bmod 160 = 1$ e $d < 160$. O valor correto é $d = 23$, pois $23 \times 7 = 161 = 10 \times 160 + 1$.

As chaves resultantes são a chave pública $KU = \{7, 187\}$ e a chave privada $KR = \{23, 187\}$. O exemplo mostra o uso dessas chaves para uma entrada de texto claro de $M = 88$. Para criptografia, precisamos calcular $C = 88^7 \bmod 187$. Explorando as propriedades da aritmética modular, podemos fazer isso da seguinte forma:

$88^7 \bmod 187 = [(88^4 \bmod 187) \times (88^2 \bmod 187)$
$\quad \times (88^1 \bmod 187)] \bmod 187$
$88^1 \bmod 187 = 88$
$88^2 \bmod 187 = 7744 \bmod 187 = 77$
$88^4 \bmod 187 = 59.969.536 \bmod 187 = 132$
$88^7 \bmod 187 = (88 \times 77 \times 132) \bmod 187 = 894.432 \bmod 187 = 11$

Para decriptografia, calculamos $M = 11^{23} \bmod 187$:

$11^{23} \bmod 187 = [(11^1 \bmod 187) \times (11^2 \bmod 187) \times (11^4 \bmod 187) \times (11^8 \bmod 187) \times (11^8 \bmod 187)] \bmod 187$
$11^1 \bmod 187 = 11$
$11^2 \bmod 187 = 121$
$11^4 \bmod 187 = 14.641 \bmod 187 = 55$
$11^8 \bmod 187 = 214.358.881 \bmod 187 = 33$
$11^{23} \bmod 187 = (11 \times 121 \times 55 \times 33 \times 33)$
$\quad \bmod 187 = 79.720.245 \bmod 187 = 88$

Existem dois métodos possíveis para vencer o algoritmo RSA. O primeiro é o método força bruta: tente todas as chaves privadas possíveis. Assim, quanto maior for o número de bits em e e d, mais seguro será o algoritmo. Entretanto, como os cálculos envolvidos tanto na geração de chave quanto na criptografia/decriptografia são complexos, quanto maior for o tamanho da chave, mais lentamente o sistema será executado.

A maioria dos debates sobre a análise criptográfica do RSA tem focalizado a tarefa de desmembrar n em seus fatores primos. Para um n grande com grandes fatores primos, a fatoração é um problema difícil, mas não tão difícil quanto costumava ser. Uma ilustração extraordinária disso é a seguinte: em 1977, os três inventores do RSA desafiaram os leitores da *Scientific American* a decodificar uma frase cifrada que eles imprimiram na coluna "Mathematical Games" de Martin Gardner. Eles ofereceram um prêmio de US$100 para quem retornasse a frase em texto claro, algo que previam não ser possível ocorrer em 40 quatrilhões de anos. Em abril de 1994, um grupo que trabalhava na Internet, usando mais de 1.600 computadores, reivindicou o prêmio após apenas oito meses de trabalho [LEUT94]. Esse desafio aplicou um tamanho de chave pública (tamanho de n) de 129 dígitos decimais, ou aproximadamente 428 bits. Esse resultado não invalida o uso do RSA; ele simplesmente significa que se deve usar tamanhos de chave maiores. Atualmente, um tamanho de chave de 1.024 bits (cerca de 300 dígitos decimais) é considerado suficientemente forte para quase todas as aplicações.

Gerenciamento de chave

Com a criptografia simétrica, um requisito fundamental para que duas partes se comuniquem com segurança é elas compartilharem uma chave secreta. Suponha que Bob deseja criar uma aplicação de mensagem que o permita trocar e-mail seguramente com qualquer pessoa com acesso à Internet ou a alguma outra rede compartilhada pelas duas partes. Suponha que Bob deseja fazer isso usando apenas criptografia simétrica. Com a criptografia simétrica, Bob e seu correspondente, digamos, Alice, precisam encontrar um meio de compartilhar uma chave secreta única que ninguém mais conheça. Como eles podem fazer isso? Se Alice estiver na sala ao lado da

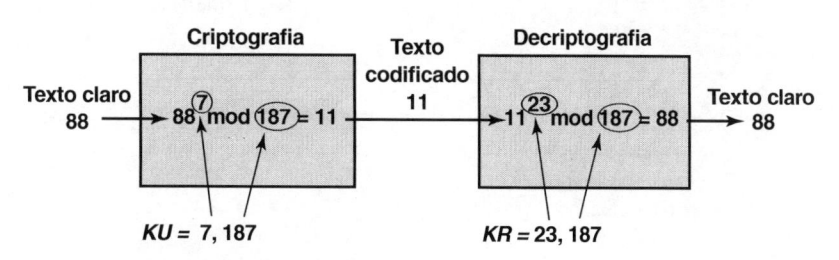

FIGURA 18.10 Exemplo de algoritmo RSA.

de Bob, Bob pode gerar uma chave e escrevê-la em um pedaço de papel ou armazená-la em um disquete e entregá-la para Alice. Mas, se Alice estiver no outro lado do mundo, o que Bob pode fazer? Bem, ele pode criptografar essa chave, usando criptografia simétrica, e enviá-la por e-mail para Alice, mas isso significa que Bob e Alice precisam compartilhar uma chave secreta para criptografar essa nova chave secreta. Além disso, Bob e qualquer outra pessoa que utilize esse novo programa de e-mail encontram o mesmo problema com todos os possíveis correspondentes: cada par de correspondentes precisa compartilhar uma chave secreta única.

Como distribuir chaves secretas com segurança é o problema mais difícil para a criptografia simétrica. Esse problema é eliminado com a criptografia de chave pública pelo simples fato de que a chave privada nunca é distribuída. Se Bob quiser se corresponder com Alice e outras pessoas, ele gera um único par de chaves, uma privada e outra pública. Ele mantém a chave privada segura e difunde a chave pública para todos. Se Alice fizer o mesmo, então, Bob tem a chave pública de Alice, Alice tem a chave pública de Bob e, agora, eles podem se comunicar com segurança. Quando Bob desejar se comunicar com Alice, ele pode fazer o seguinte:

1. Preparar uma mensagem.
2. Criptografar essa mensagem usando criptografia simétrica com uma chave de sessão simétrica unidirecional.
3. Criptografar a chave de sessão usando criptografia de chave pública com a chave pública de Alice.
4. Anexar a chave de sessão criptografada à mensagem e enviá-la para Alice.

Apenas Alice é capaz de decriptografar a chave de sessão e, portanto, de recuperar a mensagem original.

É justo salientar, no entanto, que apenas trocamos um problema por outro. A chave privada de Alice está segura porque ela nunca precisa revelá-la; entretanto, Bob precisa ter certeza de que a chave pública supostamente de Alice é de fato a chave pública de Alice. Alguém mais poderia ter difundido uma chave pública e ter dito que ela era de Alice.

A solução para esse problema é o **certificado de chave pública**. Basicamente, um certificado consiste em uma chave pública mais um ID de usuário do proprietário da chave, com o bloco inteiro assinado por um terceiro que tenha credibilidade. Geralmente, o terceiro é uma autoridade de certificação (CA – Certificate Authority), respaldada pela comunidade de usuários, como um órgão governamental ou uma instituição financeira. Um usuário pode apresentar sua chave pública para a autoridade de uma maneira segura e obter um certificado. O usuário, então, pode publicar o certificado. Qualquer pessoa que precise da chave pública desse usuário pode obter o certificado e verificar se ele é válido por meio da assinatura confiável anexada. A Figura 18.11 ilustra o processo.

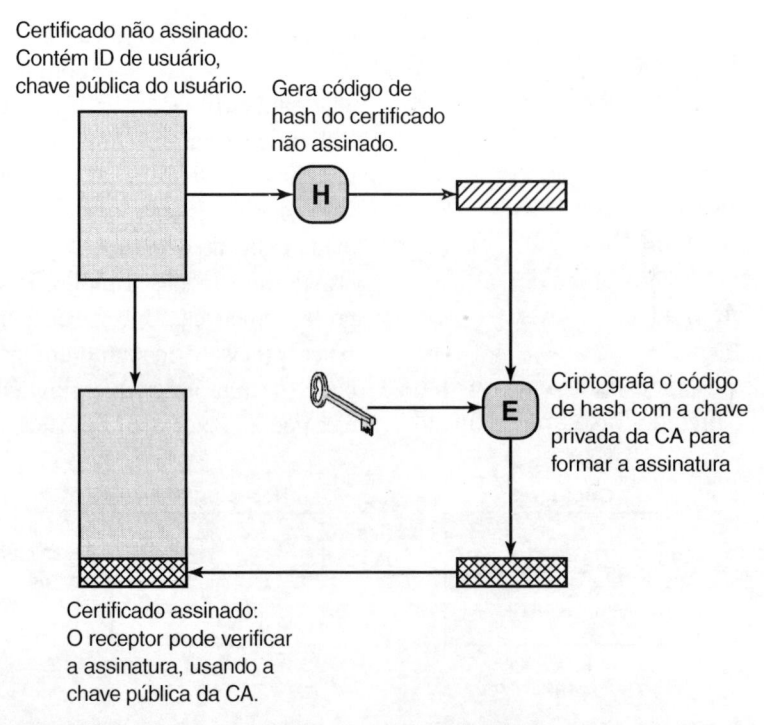

FIGURA 18.11 Uso do certificado de chave pública.

18.5 REDES PRIVADAS VIRTUAIS E IPSEC

No ambiente de computação distribuída de hoje, a **rede privada virtual** (VPN) oferece uma solução atraente para os administradores de rede. Basicamente, uma VPN consiste em um conjunto de computadores interconectados por meio de uma rede relativamente insegura e que utiliza a criptografia e protocolos especiais para fornecer segurança. Em cada local corporativo, estações de trabalho, servidores e bancos de dados são conectados por uma ou mais redes locais (LANs). As LANs estão sob o controle do gerente de rede e podem ser configuradas e ajustadas para desempenho de baixo custo. Pode-se usar a Internet ou alguma outra rede pública para interconectar locais, oferecendo uma redução de custo em relação ao uso de uma rede privada e transferindo a tarefa de gerenciamento da rede remota para o provedor público de rede. Essa mesma rede pública fornece um caminho de acesso para que telecomutadores e outros funcionários móveis efetuem logon nos sistemas corporativos a partir de locais remotos. Mas, o gerente se depara com uma necessidade fundamental: a segurança. O uso de uma rede pública expõe o tráfego da empresa à espionagem e oferece um ponto de entrada em potencial para usuários não autorizados.

Para resolver esse problema, o gerente pode escolher entre uma variedade de pacotes e produtos de criptografia e autenticação. As soluções proprietárias ensejam diversos problemas. Em primeiro lugar, até que ponto a solução é segura? Se forem usados esquemas de criptografia ou autenticação proprietários, pode haver pouca garantia técnica quanto ao nível de segurança oferecido. Outro problema é a questão da compatibilidade. Nenhum gerente quer ficar limitado no tocante à escolha de estações de trabalho, servidores, roteadores, firewalls etc., por uma necessidade de compatibilidade com o sistema de segurança. Essa é a motivação para o conjunto de padrões de Internet IP Security (IPSec).

IPSec

Em 1994, o Internet Architecture Board (IAB) emitiu um relatório intitulado "Security in the Internet Architecture" (segurança na arquitetura da Internet) (RFC 1636). O relatório declarava o consenso geral de que a Internet precisa de mais segurança e identificava áreas críticas para os mecanismos de segurança. Entre essas áreas estava a necessidade de proteger a infra-estrutura de rede contra o monitoramento e o tráfego de rede sem autorização e a necessidade de proteger o tráfego entre usuários finais, usando mecanismos de autenticação e criptografia.

Essas preocupações são totalmente justificadas. Como confirmação, o relatório anual de 2002 do Computer Emergency Response Team (CERT) lista mais de 82.000 incidentes de segurança relatados [CERT03]. Os tipos mais graves de ataques incluíam falsificação (spoofing) de IP, em que intrusos criam pacotes com endereços de IP falsos e exploram aplicações que usam autenticação baseada em IP; e várias formas de espionagem e farejamento (sniffing), em que oponentes lêem informações transmitidas, incluindo informações de logon e conteúdo de banco de dados.

Para fornecer segurança, o IAB incluiu a autenticação e a criptografia como recursos de segurança necessários na próxima geração de IP, que foi lançada como IPv6. Felizmente, essas capacidades de segurança foram projetadas para serem usáveis com o IPv4 atual e o IPv6 futuro. Isso significa que os fornecedores podem começar a oferecer esses recursos agora, e muitos fornecedores já possuem capacidade de IPSec em seus produtos. A especificação IPSec agora existe como um conjunto de padrões da Internet.

Aplicações do IPSec

O IPSec fornece a capacidade de proteger comunicações por meio de uma LAN, por meio de WANs públicas e privadas, e através da Internet. Exemplos do seu uso incluem os seguintes:

- **Proteção da conectividade de filiais por meio da Internet:** Uma empresa pode construir uma rede privada virtual por meio da Internet ou de uma WAN pública. Isso permite que a empresa utilize intensamente a Internet e reduza sua necessidade de redes privadas, reduzindo custos e overhead de gerenciamento de rede.
- **Acesso remoto seguro através da Internet**: Um usuário final cujo sistema esteja equipado com protocolos de segurança IP pode fazer uma chamada local para um provedor de Internet (ISP) e ganhar acesso seguro à rede de uma empresa. Isso reduz o custo com despesas de viajem de funcionários e telecomutadores.
- **Estabelecimento de conectividade de extranet e intranet com parceiros**: O IPSec pode ser usado para proteger comunicação com outras organizações, garantindo autenticação e privacidade e fornecendo um mecanismo de troca de chaves.
- **Melhoria da segurança no comércio eletrônico**: Ainda que algumas aplicações da Web e de comér-

cio eletrônico tenham protocolos de segurança embutidos, o uso do IPSec aumenta essa segurança. O IPSec garante que todo o tráfego designado pelo administrador de rede seja criptografado e autenticado, acrescentando uma camada extra de segurança no que quer que seja fornecido na camada de aplicação.

O principal recurso do IPSec que lhe permite aceitar essas aplicações variadas é sua capacidade de criptografar e/ou autenticar *todo* o tráfego no nível do IP. Assim, todas as aplicações distribuídas, como logon remoto, cliente/servidor, e-mail, transferência de arquivo e acesso à Web, podem estar protegidas.

A Figura 18.12 é um cenário típico de uso do IPSec. Uma organização mantém LANs em locais dispersos. Tráfego IP não seguro é conduzido em cada LAN. Para tráfego externo, por meio de algum tipo de WAN pública ou privada, os protocolos IPSec são usados. Esses protocolos operam em dispositivos de rede, como um roteador ou firewall, que conectam cada LAN ao mundo externo. O dispositivo de rede IPSec normalmente irá criptografar e compactar todo o tráfego que entra na WAN, e decriptografar e descompactar o tráfego proveniente da WAN; essas operações são transparentes às estações de trabalho e servidores na LAN. A transmissão segura também é possível com usuários individuais que discam para a WAN. Essas estações de trabalho precisam implementar os protocolos IPSec para fornecer segurança.

Vantagens do IPSec

Algumas vantagens do IPSec são as seguintes:

- Quando o IPSec é implementado em um firewall ou roteador, ele proporciona forte segurança para ser aplicada em todo o tráfego que cruza o perímetro. O tráfego dentro de uma empresa ou grupo de trabalho não incorre no overhead do processamento relacionado à segurança.
- O IPSec em um firewall é resistente ao bypass, se todo o tráfego do exterior precisar usar IP e o firewall for o único meio de entrada da Internet para a organização.
- O IPSec está abaixo da camada de transporte (TCP, UDP) e, portanto, é transparente às aplicações. Não há necessidade de mudar o software em um sistema de usuário ou servidor quando o IPSec é implementado no firewall ou roteador. Mesmo se o IPSec for implementado em sistemas finais, o software de camada superior, incluindo as aplicações, não é afetado.
- O IPSec pode ser transparente aos usuários finais. Não há necessidade de treinar usuários nos mecanismos de segurança, publicar material codificado para cada usuário ou invalidar material codificado quando os usuários deixam a organização.
- O IPSec pode fornecer segurança para usuários individuais, se necessário. Isso é útil para trabalhadores externos e para configurar uma sub-rede virtual segura dentro de uma organização para aplicações críticas.

Funções do IPSec

O IPSec fornece três recursos principais: uma função apenas de autenticação, chamada Authentication Header (AH), uma função combinada de autenticação/criptografia, chamada Encapsulating Security Payload (ESP), e uma função de troca de chave. Para as VPNs, tanto a autenticação quanto a criptografia normalmente são desejadas, pois ela é importante para (1) assegurar que usuários sem autorização não penetrem na rede privada virtual e (2) assegurar que espiões na Internet não possam ler mensagens enviadas pela VPN. Como geralmente esses dois recursos são desejáveis, a maioria das implementações provavelmente usa o ESP em vez do AH. A função de troca de chave permite troca manual de chaves, bem como um esquema automatizado.

A atual especificação requer que o IPSec aceite o Data Encryption Standard (DES) para criptografia, mas diversos outros algoritmos também podem ser usados. Devido à preocupação quanto à força do DES, é provável que outros algoritmos, como o 3DES, sejam amplamente usados. Para autenticação, é necessário um esquema relativamente novo, conhecido como HMAC.

Modos de transporte e de túnel

O ESP aceita dois modos de uso: transporte e túnel.

O modo de transporte fornece proteção principalmente para protocolos de camada superior. Ou seja, a proteção do modo de transporte se estende para o payload de um pacote IP. Em geral, o modo de transporte é usado para comunicação fim a fim entre dois hosts (por exemplo, um cliente e um servidor, ou duas estações de trabalho). O ESP no modo de transporte criptografa e, opcionalmente, autentica o payload IP, mas não o cabeçalho IP (Figura 18.13b). Essa configuração é útil para redes relativamente pequenas, em que cada host e cada servidor são equipados com IPSec. Entretanto, para uma VPN avançada, o modo de túnel é muito mais eficiente.

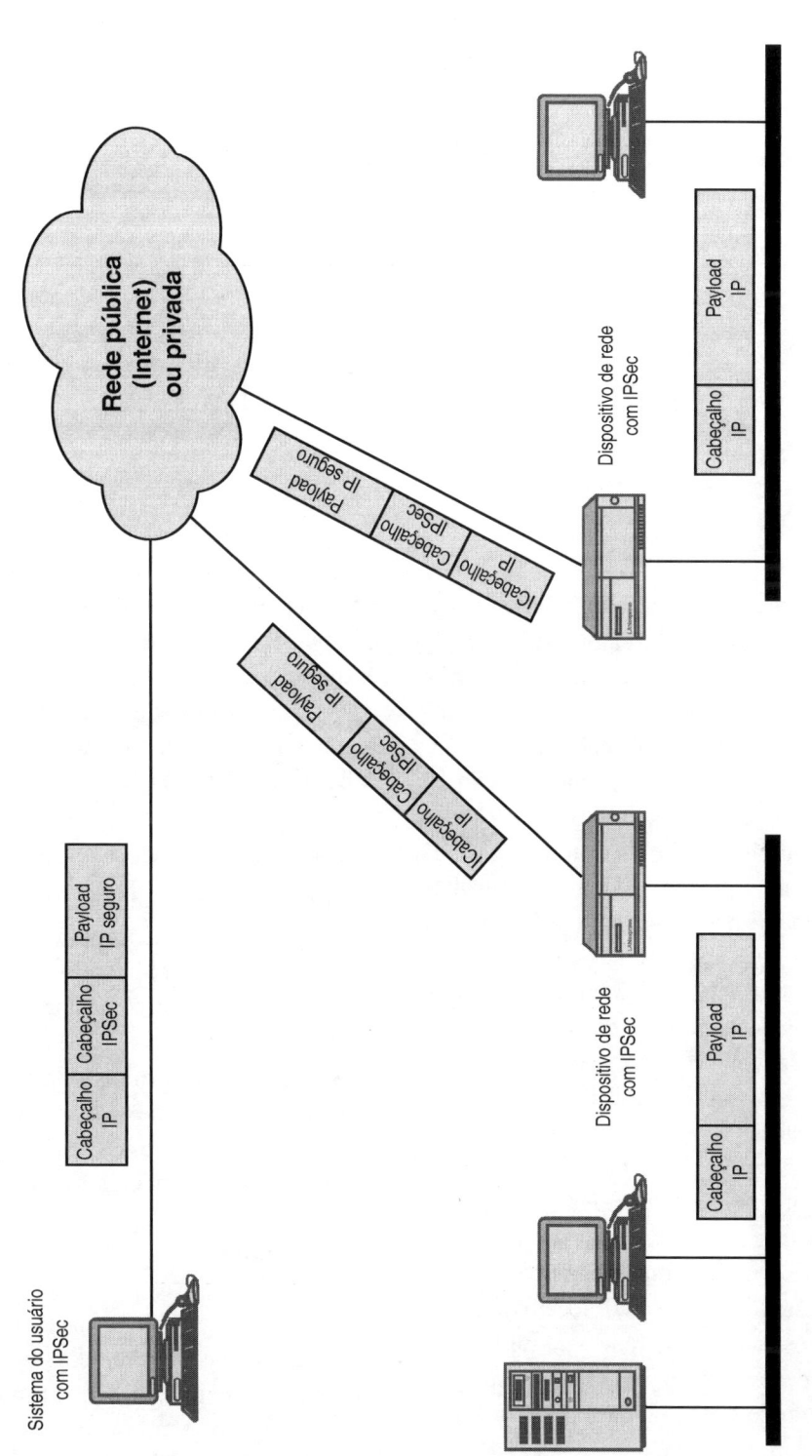

FIGURA 18.12 Um cenário de segurança IP.

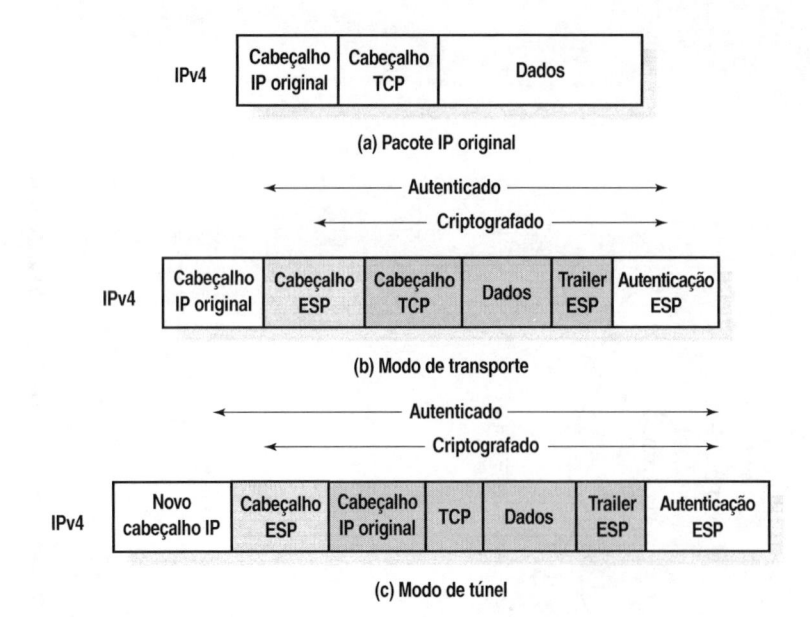

FIGURA 18.13 Escopo da criptografia e autenticação ESP.

O modo de túnel fornece proteção para o pacote IP inteiro. Para conseguir isso, após os campos ESP serem incluídos no pacote IP, todo o pacote mais os campos de segurança são tratados como o payload do novo pacote IP "externo", com um novo cabeçalho IP externo. O pacote original (ou interno) inteiro viaja por meio de um "túnel" de um ponto de uma rede IP para outro; nenhum roteador no caminho é capaz de examinar o cabeçalho IP interno. Como o pacote original é encapsulado, o novo e maior pacote pode ter endereços de origem e destino totalmente diferentes, fortalecendo a segurança. O modo de túnel é usado quando um ou ambos os lados são um gateway de segurança, como um firewall ou roteador que implementa o IPSec. Com o modo de túnel, diversos hosts em redes por trás de firewalls podem travar comunicações seguras sem implementar o IPSec. Os pacotes desprotegidos gerados por esses hosts são tunelados através de redes externas que usam o modo de túnel, configurado pelo software IPSec no firewall ou roteador seguro no limite da rede local.

Aqui está um exemplo de como o IPSec no modo de túnel funciona. O host A em uma rede gera um pacote IP com o endereço de destino do host B em outra rede. Esse pacote é roteado do host originário para um firewall ou roteador seguro no limite da rede de A. O firewall filtra todos os pacotes para determinar a necessidade de processamento IPSec. Se esse pacote de A para B exigir IPSec, o firewall realiza o processamento IPSec e encapsula o pacote em um cabeçalho IP externo. O endereço IP de origem desse pacote IP externo é esse firewall, com roteadores intermediários examinando apenas o cabeçalho IP externo. No firewall de B, o cabeçalho IP externo é retirado e o pacote interno é entregue a B.

O ESP no modo de túnel criptografa e, opcionalmente, autentica todo o pacote IP interno, incluindo o cabeçalho IP interno.

Gerenciamento de chave

A parte de gerenciamento de chave do IPSec envolve a determinação e distribuição de chaves secretas. O documento IPSec Architecture sugere suporte para dois tipos de gerenciamento de chave:

- **Manual**: Um administrador de sistema configura manualmente cada sistema com suas próprias chaves e com as chaves dos outros sistemas em comunicação. Isso é prático para ambientes pequenos e relativamente estáticos.
- **Automatizado**: Um sistema automatizado permite a criação de chaves por demanda e facilita o uso das chaves em um grande sistema distribuído com uma configuração emergente. Um sistema automatizado é o mais flexível, mas requer mais esforço para configurar, além de mais software; portanto, instalações menores provavelmente optarão pelo gerenciamento de chave manual.

IPSec e VPNs

A força-motriz para a aceitação e utilização do IP seguro é a necessidade de usuários corporativos e governamentais conectarem sua infra-estrutura de WAN/LAN privada com a Internet para (1) acessar serviços da Internet e (2) usar a Internet como um componente do sistema de transporte de WAN. Os usuários precisam proteger suas redes e, ao mesmo tempo, enviar e receber tráfego pela Internet. Os mecanismos de autenticação e privacidade do IP seguro fornecem a base para uma estratégia de segurança.

Como os mecanismos de segurança IP foram definidos independentemente de seu uso com o IP atual ou o IPv6, o uso desses mecanismos não depende do uso do IPv6. Na verdade, é provável que vejamos um largo uso dos recursos do IP seguro muito antes do IPv6 se tornar comum, pois a necessidade de segurança em nível de IP é maior do que a necessidade das funções extras oferecidas pelo IPv6 comparativamente ao IP atual.

Com a chegada do IPSec, os gerentes possuem um meio padronizado de implementar segurança para VPNs.

Além disso, todos os algoritmos de criptografia e autenticação, bem como os protocolos de segurança, usados no IPSec, são bem estudados e possuem anos de análises. Como resultado, o usuário pode estar confiante de que o recurso IPSec realmente propicia forte segurança.

O IPSec pode ser implementado em roteadores ou firewalls mantidos e operados pela organização. Isso confere ao gerente de rede um controle completo sobre os aspectos de segurança da VPN, o que é altamente desejável. Entretanto, o IPSec é um conjunto complexo de funções e módulos, e a responsabilidade de gerenciamento e configuração é imensa. A alternativa é buscar uma solução de um provedor de serviços. Um provedor de serviços pode simplificar o trabalho de planejamento, implementação e manutenção de VPNs baseadas na Internet para acesso seguro a recursos de rede e comunicação segura entre locais.

> **NOTA DE APLICAÇÃO**
>
> ### Camadas de segurança
>
> A segurança em relação a computadores e redes pode ser uma questão muito complicada. Além do grande número de riscos, a ampla variedade de sistemas e tecnologias que precisam estar protegidos pode tornar o trabalho de um guru de segurança quase impossível. Pode ser útil dividir as tarefas ou áreas para encontrar o melhor método de segurança. Uma técnica é dividir o domínio em grupos de segurança de sistema e de rede.
>
> Provavelmente, uma das primeiras regras de segurança, independente de qual área você esteja focalizando, é entender a natureza da ameaça. As empresas gastam milhões de dólares em equipamento e pessoal para proteger coisas que não precisam de proteção. A maioria das organizações concorda que seus usuários, acidentalmente ou por intenção, são seu maior problema de segurança. A faixa de dificuldades inclui vírus baixados, uso impróprio dos recursos da empresa e má utilização de senhas (das suas próprias ou de outros). O hacker que penetra firewalls corporativos para roubar estudos valiosos da empresa não é um caso típico. Do exterior, os "sujeitos malvados" normalmente estão tentando derrubar as coisas com algum tipo de ataque de negação de serviço.
>
> Ao trabalhar com segurança de sistema, o grupo geralmente se concentra em computadores e servidores de usuário final. Esses são os dispositivos mais comuns de serem atacados. Examine qualquer ataque recente e verá que a maioria dos problemas acaba sendo resolvida ou bloqueada com um conjunto de upgrades, correções de sistema ou firewalls pessoais. Toda vez que um servidor ou serviço é colocado no ar, ele precisa estar atualizado em relação ao sistema operacional e apenas com as portas de comunicação necessárias abertas.
>
> Com a segurança de rede, estamos tentando evitar tráfego sem autorização. O problema é que existem dezenas de protocolos usados atualmente e uma enormidade de serviços que são abertos a cada dia. Portanto, bloquear um certo tipo de tráfego pode fazer com que um serviço desejado seja interrompido. Como resultado, os administradores de rede precisam ter um profundo conhecimento não só da configuração inicial, mas também de como os protocolos funcionam.
>
> Muitas vezes, nos referimos aos programas e às técnicas de segurança como nossa caixa de ferramentas. Com o analista de segurança de rede, uma das maneiras mais fáceis de pensar nessa caixa de ferramentas é como uma série de camadas que correspondem às camadas do modelo de rede TCP/IP. A seguir está um exemplo das ferramentas para as várias camadas.
>
> 1. Camada física – O problema aqui é com o sinal real e, portanto, os métodos são muito simples – fechamento de portas, minimização de acesso às portas, locações de antena e criptografia de baixo nível como WEP.

2. Camada de rede – Subindo na pilha, agora estamos lidando com uma maior inteligência nos dispositivos de rede e podemos começar a aplicar firewalls de baixo nível como filtros baseados em endereço MAC. Ferramentas adicionais incluem VLANs e 802.1x.
3. Camada de interconexão de redes – Na camada 3, o cabeçalho IP agora está exposto e, então, filtragem ou firewalls podem ser aplicados nos endereços IP. Outros métodos valiosos incluem VPNs e NAT.
4. Camada de transporte – Na camada 4, as portas TCP e UDP são o foco principal e, portanto, nossos filtros agora visam fluxos de comunicação específicos. Na camada 3, os filtros são chamados ACLs padrão. Os ACLs mais complexos são chamados ACLs estendidos e normalmente são aplicados na camada 4.
5. Camada de aplicação – As ferramentas disponíveis aqui geralmente focalizam o usuário com senhas e autenticação. Essas podem ser combinadas com outras ferramentas mencionadas anteriormente, como 802.1x e VPNs. Além disso, existem outras formas de criptografia, como as usadas no SSH e SSL.

É importante notar que essa é apenas uma lista parcial e nenhum único método pode ser considerado eficaz contra todas as ameaças. Na verdade, as técnicas de segurança, em sua maioria, podem ser vencidas se aplicadas individualmente. Entretanto, usadas em conjunto como um método em camadas, elas representam uma formidável barreira contra os possíveis intrusos.

Seja qual for sua área de interesse – sistema ou rede –, é de grande importância uma política relativa ao uso seguro e aceitável. A instrução de usuários também é muito importante. Muitas vezes, os usuários negligenciam práticas de segurança, burlando-as involuntariamente e os vírus são um excelente exemplo disso. O uso de políticas e alguma instrução básica para melhores práticas podem fazer muito para proteger a rede e os recursos do sistema.

18.6 RESUMO

A confiança das empresas no uso de sistemas de processamento de dados e o uso cada vez maior de redes e recursos de comunicação para construir sistemas distribuídos têm resultado em uma forte necessidade de segurança de computador e de rede. A segurança de computador se refere a mecanismos internos e relativos a um único sistema de computador. O principal objetivo é proteger os recursos de dados desse sistema. A segurança de rede lida com a proteção dos dados e das mensagens que são comunicados. Este capítulo tratou da segurança de rede.

As necessidades de segurança são tratadas mais efetivamente examinando-se as várias ameaças de segurança enfrentadas por uma organização. Podemos organizar essas ameaças em duas categorias principais. As ameaças passivas, algumas vezes chamadas de espionagem, envolvem tentativas de um intruso obter informações relacionadas à comunicação. Na maioria dos casos, a forma mais grave desse tipo de ameaça é a exposição a partes não autorizadas de arquivos, mensagens ou documentos em trânsito. A outra categoria de ameaças inclui uma variedade de ameaças ativas. Essas envolvem alguma modificação dos dados transmitidos ou a criação de transmissões falsas.

Sem dúvida, a ferramenta automatizada mais importante para a segurança de redes e comunicação é a criptografia. A criptografia é um processo que oculta o significado, mudando mensagens inteligíveis para mensagens ininteligíveis. A maioria dos equipamentos de criptografia comercialmente disponíveis utiliza a criptografia convencional, em que as duas partes compartilham uma única chave de criptografia/decriptografia. O principal desafio para a criptografia convencional é a distribuição e proteção das chaves. A solução é usar um esquema de criptografia de chave pública, cujo processo envolve duas chaves, uma para criptografia e outra chave associada para decriptografia. Uma das chaves é mantida privada pela parte que gerou o par de chaves, e a outra é tornada pública.

A criptografia convencional e a de chave pública normalmente são combinadas em aplicações de rede seguras para fornecer um espectro de serviços de segurança. A criptografia convencional é usada para criptografar dados transmitidos, freqüentemente usando uma chave de sessão de curta duração e de uma só vez. A chave de sessão pode ser distribuída por um centro de distribuição de chave confiável ou transmitida na forma criptografada, usando criptografia de chave pública. A criptografia de chave pública também é usada para criar assinaturas digitais, que autenticam a origem das mensagens transmitidas.

18.7 Leitura e Web sites recomendados

Os tópicos neste capítulo são abordados com mais detalhes em [STAL03]. Para uma cobertura dos algoritmos criptográficos, [SCHN96] é um trabalho de referência fundamental; ele contém descrições de inúmeros algoritmos e protocolos de criptografia.

SCHN96 Schneier, B. *Applied Cryptography.* Nova York: Wiley, 1996.
STAL03 Stallings, W. *Cryptography and Network Security: Principles and Practice,* 3ª edição. Upper Saddle River, NJ: Prentice Hall, 2003.

Web sites recomendados

- **COASTS:** Conjunto abrangente de links relacionados à criptografia e à segurança de rede.
- **IETF Security Area:** Fornece informações atuais sobre os esforços de padronização de segurança na Internet.
- **IEEE Technical Committee on Security and Privacy:** Fornece cópias do boletim do IEEE e informações sobre atividades relacionadas ao IEEE.

18.8 Principais termos, perguntas para revisão e problemas

Principais termos

Advanced Encryption Standard (AES)
algoritmo de criptografia
algoritmo de decriptografia
análise criptográfica
assinatura digital
ataque ativo
ataque de força bruta
ataque passivo
autenticação de mensagem
autenticidade
chave de sessão
chave permanente
chave privada
chave pública
chave secreta
criptografia de chave pública
criptografia simétrica
Data Encryption Standard (DES)
disponibilidade
distribuição de chave
enchimento de tráfego
função de hash segura
função de hash unidirecional
gerenciamento de chave
integridade
privacidade
redes privadas virtuais (VPNs)
segurança IP (IPSec)
texto claro
texto codificado

Perguntas para revisão

18.1. Cite e descreva os quatro requisitos básicos de segurança.
18.2. Qual é a diferença entre as ameaças de segurança passiva e ativa?
18.3. Liste e defina brevemente as categorias de ameaça de segurança passiva e ativa.
18.4. O que são o DES e o Triple DES (3DES)?
18.5. Em que o AES deve ser considerado um avanço em relação ao 3DES?
18.6. Explique o enchimento de tráfego.
18.7. Liste e defina brevemente vários métodos de autenticação de mensagem.
18.8. O que é uma função de hash segura?
18.9. Explique a diferença entre criptografia simétrica e criptografia de chave pública.
18.10. Quais são as diferenças entre os termos *chave pública, chave privada* e *chave secreta*?
18.11. O que é uma assinatura digital?
18.12. O que é um certificado de chave pública?
18.13. Que serviços são fornecidos pelo IPSec?

Problemas

18.1 Dê alguns exemplos em que a análise de tráfego poderia comprometer a segurança. Descreva situações em que a criptografia fim a fim combinada com criptografia de enlace ainda permitiria análise de tráfego suficiente para ser perigosa.

18.2 Os esquemas de distribuição de chave usando um centro de controle de acesso e/ou um centro de distribuição de chave possuem pontos centrais vulneráveis a ataques. Analise as implicações de segurança de tal centralização.

18.3 Suponha que alguém sugira a seguinte maneira de confirmar se você e um parceiro estão de posse da mesma chave secreta. Você cria uma string aleatória de bits do tamanho da chave, efetua um XOR entre essa string e a chave e envia o resultado por meio do canal. Seu parceiro efetua um XOR entre o bloco entrando e a chave (que deve ser igual à sua chave) e o envia de volta. Você verifica e, se o que recebeu é a sua string aleatória original, você descobriu que seu parceiro tem a mesma chave secreta, mas nenhum de vocês jamais transmitiu a chave. Existe uma falha nesse esquema?

18.4 Oscar deseja enviar uma mensagem para Minerva, e apenas Minerva pode interpretar. Oscar também deseja que Minerva tenha certeza de que a mensagem veio realmente dele e não de um impostor. Descreva um cenário (e/ou desenhe um diagrama) que ilustre o uso da criptografia de chave pública para permitir essa transação com êxito.

18.5 Antes da descoberta de quaisquer esquemas de chave pública específicos, como RSA, foi desenvolvida uma prova de existência, cuja finalidade era demonstrar que a criptografia de chave pública é possível na teoria. Analise as funções $f_1(x_1) = z_1$; $f_2(x_2, y_2) = z_2$; $f_3(x_3, y_3) = z_3$, em que todos os valores são inteiros com $1 \leq x_i, y_i, z_i \leq N$. A função f_1 pode ser representada por um vetor M1 de tamanho N, em que a entrada k é o valor de $f_1(k)$. Da mesma forma, f_2 e f_3 podem ser representados por matrizes $N \times N$ M2 e M3. A intenção é representar o processo de criptografia/decriptografia por consultas em tabelas com valores muito grandes de N. Essas tabelas seriam inviavelmente grandes, mas, em princípio, poderiam ser construídas. O esquema funciona da seguinte maneira: construa M1 com uma permutação aleatória de todos os inteiros entre 1 e N; ou seja, cada inteiro aparece exatamente uma vez em M1. Construa M2 de modo que cada linha contenha uma permutação aleatória dos primeiros N inteiros. Finalmente, complete M3 de modo a satisfazer à seguinte condição:

$$f_3(f_2(f_1(k), p), k) = p \text{ para todo } k, p \text{ com } 1 \leq k, p \leq N$$

Ou seja,

1. M1 recebe uma entrada k e produz uma saída x.
2. M2 recebe entradas x e p e produz uma saída z.
3. M3 recebe entradas z e k e produz p.

As três tabelas, uma vez construídas, são tornadas públicas.

a. Devemos deixar claro que é possível construir M3 para satisfazer à condição mencionada anteriormente. Como um exemplo, complete M3 para o seguinte caso simples:

$$M1 = \begin{bmatrix} 5 \\ 4 \\ 2 \\ 3 \\ 1 \end{bmatrix} \quad M2 = \begin{bmatrix} 5 & 2 & 3 & 4 & 1 \\ 4 & 2 & 5 & 1 & 3 \\ 1 & 3 & 2 & 4 & 5 \\ 3 & 1 & 4 & 2 & 5 \\ 2 & 5 & 1 & 4 & 1 \end{bmatrix} \quad M3 = \begin{bmatrix} & & & & \\ & & & & \\ & & & & \\ & & & & \\ & & & & \end{bmatrix}$$

Convenção: O elemento i de *M1* corresponde a $k = i$. A linha i de *M2* corresponde a $x = i$; a coluna j de *M2* corresponde a $p = j$; a linha i de *M3* corresponde a $z = i$; a coluna j de *M3* corresponde a $k = j$.

b. Descreva o uso desse conjunto de tabelas para realizar criptografia e decriptografia entre dois usuários.
c. Diga se esse é um esquema seguro.

18.6 Realize criptografia e decriptografia usando o algoritmo RSA, como na Figura 18.10, para o seguinte:

a. $p = 3; q = 11, d = 7; M = 5$
b. $p = 5; q = 11, e = 3; M = 9$
c. $p = 7; q = 11, e = 17; M = 8$
d. $p = 11; q = 13, e = 11; M = 7$
e. $p = 17; q = 31, e = 7; M = 2$. *Dica*: A descrição não é tão difícil quanto você imagina; use um pouco de sua perspicácia.

18.7 Em um sistema de chave pública usando RSA, você intercepta o texto codificado $C = 10$ enviado a um usuário cuja chave pública é $e = 5, n = 35$. Qual é o texto claro M?

18.8 Em um sistema RSA, a chave pública de determinado usuário é $e = 31, n = 3599$. Qual é a chave privada desse usuário?

18.9 Suponha que tenhamos um conjunto de blocos codificados com o algoritmo RSA e não temos a chave privada. Considere que $n = pq$, e sendo a chave pública. Suponha também que alguém nos diga que um dos blocos de texto claro tem um fator comum com n. Isso nos ajuda de alguma forma?

18.10 Mostre como o RSA pode ser representado pelas matrizes M1, M2 e M3 do Problema 18.4.

18.11 Observe o seguinte esquema:

1. Escolha um número ímpar, E.
2. Escolha dois números primos, P e Q, em que $(P-1)(Q-1) - 1$ seja divisível por E.
3. Multiplique P e Q para obter N.
4. Calcule $D = \dfrac{(P-1)(Q-1)(E-1)+1}{E}$.

Esse esquema é equivalente ao RSA? Justifique.

18.12 Considere o uso do RSA com uma chave conhecida para construir uma função de hash unidirecional. Depois, processe uma mensagem que consiste em uma seqüência de blocos como segue: criptografe o primeiro bloco, realize um XOR entre o resultado e o segundo bloco; criptografe novamente e assim por diante. Mostre que esse esquema não é seguro, resolvendo o seguinte problema. Dada uma mensagem de dois blocos, B1 e B2, e sua função de hash

$$\text{RSAH(B1,B2)} = \text{RSA(RSA(B1)} \oplus \text{B2)}$$

Dado um bloco arbitrário, C1, escolha C2 de modo que RSAH(C1, C2) = RSAH(B1, B2).

18.13 O Web site deste livro contém um enlace para um site no qual o software de criptografia de chave pública PGP está disponível para download. Efetue o download, instale o software e experimente o seguinte após criar seu próprio par de chaves pública/privada. Antes de continuar, há algumas coisas importantes a serem lembradas. Ninguém será capaz de decriptografar o que você envia, a menos que você publique sua chave pública. Os destinatários também precisarão ter o software PGP. Finalmente, lembre-se de suas senhas.

Criptografe um único arquivo.

Criptografe vários arquivos juntos (também chamado de archive).

Criptografe seu e-mail.

Como um projeto mais avançado, você pode instalar a VPN PGP. Você precisa ter certeza de que outra máquina possa decodificar seu túnel no outro lado.

18.14 Teste a vulnerabilidade de uma máquina no seguinte site: http://grc.com/default.htm. Siga o link *Shields UP!* para realizar uma série de testes gratuitos listados no meio da página.

ESTUDO DE CASO XI: O hacker que existe em todos nós[1]

"Como você soletra 'pilhagem'?", pergunta Fred Norwood, gerente de tecnologia de infra-estrutura da informação da El Paso Energy Corp. em Houston. Doze de nós tínhamos acabado de hackear a jóia do pessoal da Microsoft Corp. – uma caixa do Windows NT – e estávamos copiando senhas para nossos discos rígidos. Atravessando a sala, o esperto gerente de segurança de dados da Motorola Inc., Sam Gerard, soletra a resposta para nós: "F-U-N!" (divertido). Isso foi no segundo dia do Extreme Hacking, um curso ministrado por adolescentes especialistas em segurança nos escritórios da Ernst and Young LLP.

Durante quatro dias, os gerentes de rede, auditores e especialistas em segurança de empresas como Motorola, Electronic Data Systems Corp. e State Farm Insurance mudaram para o lado negro. Fazendo isso, eles aprenderam exatamente aquilo contra o que lutavam para manter crackers fora de suas redes.

A verdade é que praticar hacking é fácil. E, bem,... divertido. Nós escancarávamos portas de servidor e apanhávamos os dados que queríamos – tudo sem qualquer sentimento de culpa.

"Este curso me oferece uma noção muito melhor da mentalidade e capacidade dos hackers", diz John McGraw, um planejador de tecnologia de segurança de uma grande empresa de serviços de computação. "Sabemos de todas essas vulnerabilidades, mas, provavelmente, existem muitas outras de que ninguém sabe".

Isso estava tão divertido que eu lamentei ter de deixar o game "Capture The Flag" no final do terceiro dia. Mas meu táxi para o aeroporto estava esperando 20 andares abaixo. Nesse momento, eu tinha pulado para o quarto e último servidor UNIX vítima e estava me aproximando dessa bandeira. Mas eu tinha de embarcar em um avião.

Primeiro Dia: Encontrando os bens

No primeiro dia, nós espionamos nossa vítima. Nosso instrutor, Stuart McClure, prefere o termo mais elegante, "averiguamos". Começamos a averiguação, localizando informações publicamente disponíveis na Internet. McClure fala sobre procurar o Web site da Securities and Exchange Commission (SEC) para ter um esboço resumido de uma empresa e seus associados, laboratórios e aquisições. Podíamos usar essas informações para entrar em uma empresa, violando suas aquisições ou subsidiárias, porque essas sub-redes normalmente não são bem monitoradas ou protegidas como redes no escritório local. Mas, em nome da praticidade, evitamos o SEC e fomos direto ao InterNic Registrar, o serviço que atribui nomes de domínio. Consultando o InterNic com um simples comando "whois", conseguimos todos os endereços IP dos servidores Web da nossa vítima – juntamente com os nicknames de empresa – e os servidores de nome de domínio (DNS) auxiliares em associados e laboratórios. Até descobrimos que tipo de servidores eles são (o DNS principal é um Sun-3/180 rodando o UNIX), bem como os nomes e números de telefone dos administradores do servidor.

Eu mostrei para o famoso hacker, Kevin Mitnick, que adorava esse recurso do InterNic. Ele ligou para esses administradores de rede e tentou usar "engenharia social" com eles sobre as informações de rede. "É incrível a quantidade de informações que se pode obter da Internet. Você não imagina que está interagindo lá, tão exposto", diz Norwood da El Paso Energy's.

Nós utilizamos algumas ferramentas de diagnóstico de rede comuns (como transferências de zona – normalmente usadas para correlacionar dados entre o backup e os servidores principais, e consulta de serviço de nomes – um utilitário usado para procurar o endereço IP de um nome como www.microsoft.com) com alguns dos endereços IP que conseguimos. Logo tínhamos uma lista de nomes de domínio e endereços IP de todas as máquinas conectadas com nossa rede vítima.

Em seguida, usamos o traceroute (outra ferramenta administrativa, que rastreia a rota entre uma origem e um destino) para ver a topologia de rede e identificar possíveis dispositivos de controle de acesso, como roteadores e firewalls, de que deveríamos nos afastar.

É hora de arrombar algumas portas e olhar algumas janelas. McClure chama isso de "varredura de porta" – usar ferramentas de hacking de administração e para download com o objetivo de descobrir que portas estão abertas e que serviços estão rodando nessas portas. Eu estou particularmente boquiaberto com o furtivo Nmap, um utilitário

---

[1] Reimpresso com permissão de *Computer World*, 11 de outubro de 1999, por Deborah Radcliffi.

para mapeamento de rede disponível gratuitamente na Web. Usamos o Nmap contra nosso principal alvo para conseguir um mapa das portas abertas, juntamente com os protocolos de rede e os serviços de aplicação que eles aceitam. No topo de nossa lista, por exemplo, podemos ver: "Porta 7: Aberta; protocolo TCP; serviço Telnet". E assim segue com outras 10 portas abertas apenas nessa máquina. A turma grita de empolgação.

Eu percebo o quanto me sinto impassível em relação à vítima. É terrível imaginar que existam centenas, talvez milhares, de outros hackers de grupos subversivos, como Global Hell, que provavelmente se sentem da mesma maneira.

Segundo Dia: A dança da raiz do NT

Apresentamos Eric Schultze, afetuosamente considerado um "hoover" por seus companheiros. Um hoover pode realmente sugar até os intestinos de uma máquina vítima, e Schultze, com 31 anos, prova que merece esse nome. Começamos com a escolha de nosso alvo. Os servidores de teste são famosos por conter controles de senhas e monitoramento. Ou poderíamos farejar o servidor de e-mail à procura de nomes de usuário e senhas. Decidimos pelo controlador de domínio de backup – um servidor físico separado – em que nomes de usuário são armazenados e a segurança normalmente é esquecida porque é "apenas" um backup.

Estabelecemos uma sessão nula (um utilitário da Microsoft que permite que serviços se comuniquem uns com os outros sem a identificação de um usuário) com o servidor vítima. Eu me sinto como um fantasma dentro da casa de alguém. Eu posso ver tudo – serviços de rede, arquivos de senha, contas de usuário e até folhas de pagamento. Mas não posso tocar em nada porque nulo só é designado para comunicação interprocessos.

Para a vítima, "a coisa triste sobre a Microsoft é que ela não registra nada disso", explica Schultze.

Estamos loucos para ganhar acesso raiz (o nível de acesso mais privilegiado). Mas, antes, precisamos nos desconectar e, depois, conectar-nos novamente como usuários legítimos para obter os hashes de senha (senhas codificadas) e submetê-las às nossas melhores ferramentas de violação de senha. Entramos novamente sob o nome de usuário "backup", deduzindo a senha (também "backup"). "Comando processado com sucesso", responde a máquina.

Eu pergunto a Schultze se um peso na consciência levou os administradores a monitorar melhor suas senhas. Não, diz ele. A maioria das redes ainda está cheia dessas senhas fáceis de deduzir.

Uma vez dentro, copiamos arquivos de usuário e criptografamos hashes de senha para o nosso disco rígido. Desconectamos e acessamos os hashes com o L0phtcrack e o ainda mais rápido John the Ripper. Disponíveis na Web, as duas ferramentas testam senhas à luz de um dicionário de senhas comuns até que sejam descobertas. As senhas mais difíceis podem levar um dia, já que precisam ser verificadas caractere por caractere. Em alguns minutos, tínhamos mais de 70% de senhas em texto claro em nossas mãos gordurentas.

Os hashes LAN Manager da Microsoft são os piores do ponto de vista da vítima, já que ele divide senhas em seções de sete caracteres e usa uma constante conhecida para criptografar cada seção, diz Schultze. Como nossas ferramentas de hacking já são programadas para isso, elas processam senhas muito mais rapidamente do que fariam no UNIX. E, se o administrador desativar o LAN Manager, a caixa do NT não se comunicará com nenhuma caixa do Windows 95 ou 98; portanto, é um problema difícil de se resolver.

Armados por nossas senhas recém-descobertas, finalmente atingimos nosso objetivo para o dia. Invadimos novamente a máquina com o nível de administrador e assumimos controle raiz de nossa máquina. "Qual é a primeira coisa que você faz quando ganha a raiz? Você dança a 'dança da raiz'", ensina Ron Nguyen, outro instrutor. Levante um dos braços, sacuda os quadris, levante o outro braço, sacuda os quadris e repita isso até que tenha tirado tudo o que quiser do sistema.

Para nosso prazer, Nguyen carrega um cartão vermelho intitulado "18 coisas a fazer após invadir o Admin" (Tabela XI.1). Mas, para o último soco nos rostos das nossas vítimas, nós ocultamos nossas ferramentas de hacking em um fluxo de dados alternado por trás de um arquivo readme.txt no servidor da vítima. Você poderia facilmente ocultar 10MB de ferramentas de hacking atrás desse arquivo, sem mudar o tamanho de arquivo, segundo Schultze. A única maneira pela qual os administradores podem detectar isso é configurar registros de auditoria que os alertariam quando o espaço em disco mudasse significativamente.

Tabela XI.1 18 coisas a fazer após invadir o Admin

1. Desativar a auditoria
2. Apanhar o arquivo de senha
3. Criar um "adminkit" (ferramentas de hacker)
4. Enumerar informações do servidor
5. Enumerar segredos do LSA (Windows NT's Local Security Authority no registro onde os hashes de senha são mantidos)
6. Transferir as informações do registro
7. Usar o Nltest (uma ferramenta que consulta servidores NT remotamente)
8. Roubar a caixa
9. Acrescentar uma conta de administrador
10. Obter um Shell de comando remoto
11. Seqüestrar a interface gráfica com o usuário
12. Desativar o Passprop (configurações de política de senha do NT)
13. Instalar uma porta dos fundos
14. Instalar cavalos-de-tróia e farejadores
15. Repetir
16. Ocultar o adminkit (para que você possa usar a máquina como um ponto de partida para atacar outras máquinas)
17. Ativar a auditoria
18. Fazer um belo lanche

Terceiro Dia: Capturando a bandeira do UNIX

"Invadir a raiz é um estado de espírito". Assim começa nosso programa no terceiro dia. E estamos realmente entrando nesse "estado". Chegamos para a aula esfregando nossas mãos de ansiedade para violar o venerável UNIX. Nosso instrutor, um ex-analista da Força Aérea, Chris Prosise, não nos deixa desanimar.

Começamos repetindo a averiguação e ganhando acesso quase da mesma maneira que fizemos no NT. Mas Prosise quer tornar isso mais divertido. Ele está nos mostrando como mexer no servidor DNS para re-rotear tráfego para um endereço IP falso em um servidor "evil.com", onde podemos: (a) obter informações ou (b) re-rotear a mensagem para lugar nenhum.

Ele também mostra como efetuar ataques de HTTP, como o test-Common Gateway Interface, que força a vítima a entregar arquivos e diretórios com um simples comando "get", e como executar comandos remotos que desativem controles de acesso. Instalamos cavalos-de-tróia (código executável para cumprir nossa ordem remotamente) e arrombamos portas dos fundos para que possamos voltar usando uma sessão de terminal Telnet, sem precisar de identificações ou senhas.

Depois, brincamos de capturar a bandeira, saltando entre quatro caixas UNIX. E creio que foi nesse momento que fui subitamente interrompido pelo meu táxi.

Basta dizer que aprendemos nossa lição. Os gerentes de rede e segurança têm um osso duro de roer. Segurança à prova de bala é um nome inadequado. E gerenciar o risco de segurança é o melhor que qualquer um pode querer. Também aprendemos que existe um pouco de hacker em cada um de nós. E, cultivando esse hacker lá dentro, os profissionais de segurança da informação podem lutar melhor com os verdadeiros hackers.

Perguntas para discussão

1. Até que ponto você acha que o local de computador típico é vulnerável?
2. Qual é a magnitude do risco? Ou seja, se a segurança for comprometida, qual é o custo potencial para a vítima?
3. Que políticas e procedimentos você pode sugerir para se defender das ameaças ilustradas neste estudo de caso?

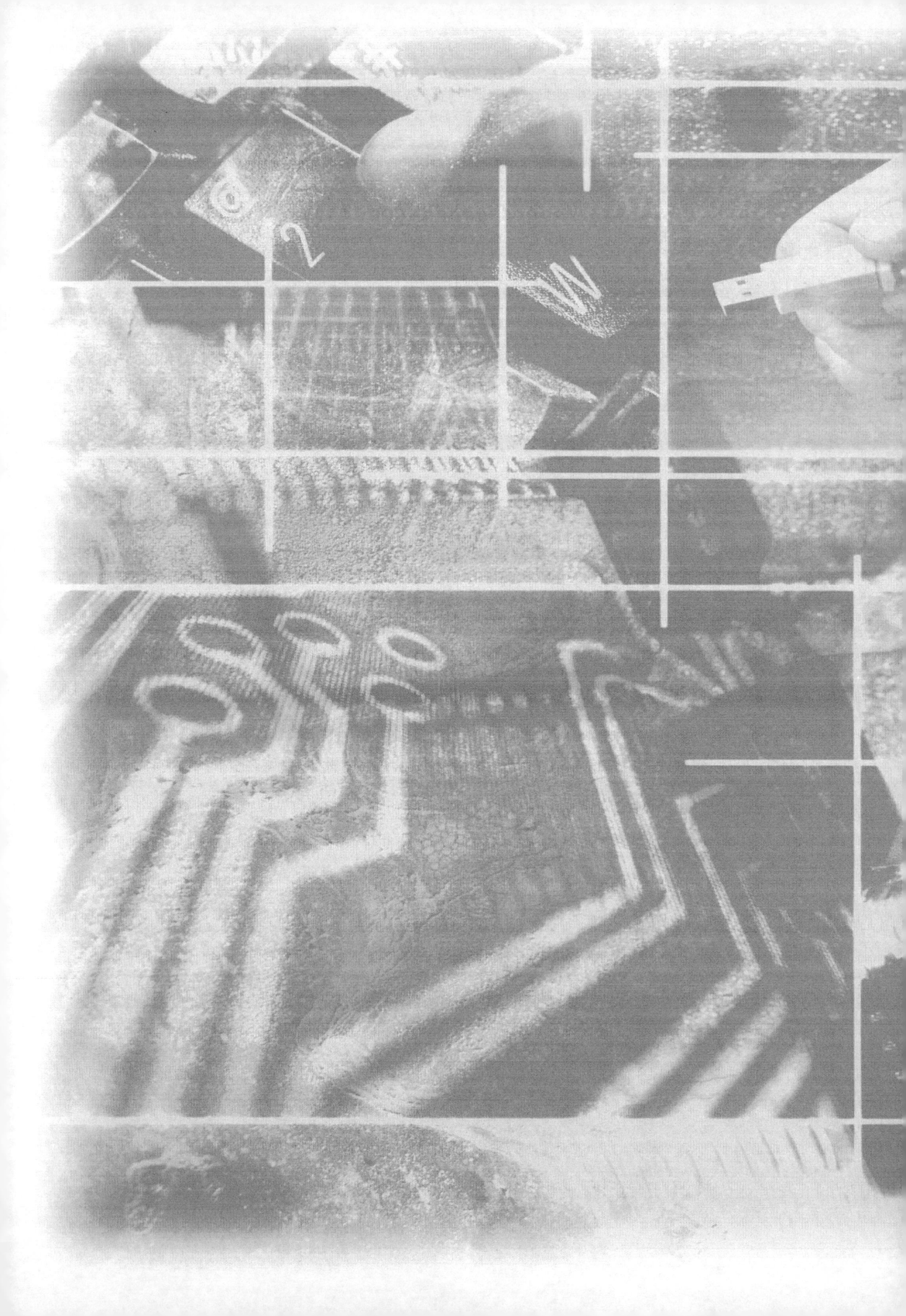

Capítulo 19

Gerenciamento de rede

19.1 Requisitos de gerenciamento de rede
19.2 Sistemas de gerenciamento de rede
19.3 Simple Network Management Protocol (SNMP)
19.4 Leitura e Web sites recomendados
19.5 Principais termos, perguntas para revisão e problemas

OBJETIVOS DO CAPÍTULO

Depois de ler este capítulo, você deverá ser capaz de

- Citar e definir os principais requisitos que um sistema de gerenciamento de rede deve satisfazer.
- Fazer um resumo da arquitetura de um sistema de gerenciamento de rede, explicando cada um de seus elementos básicos.
- Descrever o SNMP e estabelecer as diferenças entre as versões 1, 2 e 3.

As redes e os sistemas de processamento distribuído são de importância vital e crescente em todos os tipos de empresa. A tendência é em direção a redes maiores e mais complexas, que aceitam mais aplicações e mais usuários. À medida que essas redes crescem em escala, dois fatos se tornam claros e preocupantes:

- A rede com seus recursos associados e as aplicações distribuídas tornam-se indispensáveis para a organização.
- Mais coisas podem sair errado, desativando a rede ou parte dela, ou diminuindo o desempenho para um nível inaceitável.

Uma grande rede não pode ser organizada e gerenciada unicamente pelo esforço humano. A complexidade desse tipo de sistema obriga ao uso de ferramentas automatizadas de gerenciamento de rede. A urgência da necessidade dessas ferramentas é cada vez maior, bem como a dificuldade em fornecê-las, se a rede incluir equipamento de diversos fornecedores. Além disso, a crescente descentralização dos serviços de rede, como exemplificado pela crescente importância das estações de trabalho e computação cliente/servidor, torna cada vez mais difícil gerenciar a rede de maneira coerente e coordenada. Nesses complexos sistemas de informação, muitos recursos importantes de rede são dispersos para muito além do pessoal de gerenciamento de rede.

Este capítulo fornece uma visão geral do gerenciamento de rede. Começamos com um exame dos requisitos para o gerenciamento de rede. Isso deve fornecer uma noção do alcance da tarefa a ser desempenhada. Para gerenciar uma rede, é fundamental conhecer algo sobre o estado e o comportamento atuais dessa rede.

Para o gerenciamento de LAN isolado, ou para um ambiente de LAN/WAN combinado, o necessário é um sistema de gerenciamento de rede que inclua um conjunto completo de ferramentas de coleta e controle de dados e que seja integrado ao hardware e ao software da rede. Veremos a arquitetura geral de um sistema de gerenciamento de rede e, depois, examinaremos o pacote de software padronizado mais comum para apoiar o gerenciamento de rede: o SNMP.

19.1 REQUISITOS DE GERENCIAMENTO DE REDE

A Tabela 19.1 apresenta as principais áreas do gerenciamento de rede, como foi proposto pela International Organization for Standardization (ISO). Essas categorias fornecem uma maneira útil de organizar nossa análise dos requisitos.

Gerenciamento de falhas

Visão geral Para manter o correto funcionamento de uma rede complexa, é necessário ter cuidado para que os sistemas como um todo, e cada componente individualmente, estejam na ordem de funcionamento correta. Quando ocorre uma falha, é importante tomar as seguintes medidas, o mais rapidamente possível:

- Determinar exatamente onde está a falha.
- Isolar o restante da rede da falha, de modo que ela possa continuar operando sem interferência.
- Reconfigurar ou modificar a rede de modo que minimize o impacto de operar sem o componente ou componentes falhos.
- Reparar ou substituir os componentes falhos para restaurar a rede ao seu estado inicial.

Para determinar o gerenciamento de falhas, é fundamental estabelecer o conceito básico de uma falha. As falhas devem ser distinguidas dos erros. Uma **falha** é uma condição anormal que requer atenção (ou ação) da gerência para reparar. Uma falha normalmente é indicada pelo fato de a rede não funcionar corretamente ou apresentar erros excessivos. Por exemplo, se uma linha de comunicações for fisicamente cortada, nenhum sinal pode passar. Ou uma dobra no cabo pode causar distorções incontroláveis, de modo que haja um índice de erros de bit persistentemente alto. Certos erros (como um único erro de bit em uma linha de comunicação) podem ocorrer ocasionalmente e, em geral, não se consideram falhas. Normalmente é possível compensar

Tabela 19.1 Áreas funcionais de gerenciamento da ISO

Gerenciamento de falhas
Os recursos que permitem a detecção, o isolamento e a correção da operação anormal do ambiente OSI.

Gerenciamento de contabilidade
Os recursos que permitem que se imponham taxas para o uso dos objetos gerenciados e se identifiquem os custos para o uso desses objetos gerenciados.

Gerenciamento de configuração e de nome
Os recursos que controlam, identificam, coletam e fornecem dados para objetos gerenciados, com o objetivo de ajudar a fornecer operação contínua dos serviços de interconexão.

Gerenciamento de desempenho
Os recursos necessários para avaliar o comportamento dos objetos gerenciados e a eficácia das atividades de comunicação.

Gerenciamento de segurança
Os aspectos da segurança OSI essenciais para operar corretamente o gerenciamento de rede OSI e para proteger os objetos gerenciados.

erros com mecanismos de controle de erros dos diversos protocolos.

Necessidades do usuário Os usuários esperam a resolução rápida e segura do problema. A maioria dos usuários irá tolerar interrupções ocasionais. Quando aquelas interrupções freqüentes ocorrem, no entanto, o usuário geralmente espera receber imediata notificação e deseja que o problema seja corrigido quase imediatamente. Para fornecer esse nível de resolução de falhas, é necessário implementar funções de detecção de falha e gerenciamento de diagnóstico bastante rápidas e confiáveis. O impacto e a duração das falhas também podem ser minimizados pelo uso de componentes redundantes e rotas de comunicação alternativas, para conferir à rede um grau de tolerância a falhas. A própria capacidade de gerenciamento de falhas deve ser redundante para aumentar a confiabilidade da rede.

Os usuários esperam ser informados sobre o estado da rede, incluindo manutenções programadas e não programadas que possam causar transtornos. Os usuários esperam garantia de um correto funcionamento da rede através de mecanismos que usam testes confiáveis ou dumps, logs, alertas ou estatísticas de análise. Após corrigir uma falha e restaurar um sistema ao seu pleno estado operacional, o serviço de gerenciamento de falhas precisa garantir que o problema esteja realmente resolvido e que novos problemas não ocorrerão. Esse requisito é chamado de rastreamento e controle de problemas.

Como nas outras áreas do gerenciamento de rede, o gerenciamento de falhas deve ter um efeito mínimo no desempenho da rede.

Gerenciamento de contabilidade

Visão geral Em muitas redes corporativas, as divisões individuais ou centros de custo, ou mesmo contas de projeto individuais, são debitadas pelo uso dos serviços de rede. Esses são procedimentos de contabilidade interna, e não reais transferências de dinheiro, mas são importantes para os usuários participantes. Além disso, mesmo se nenhum débito interno for efetuado, o gerente de rede precisa ser capaz de monitorar o uso dos recursos de rede por usuário ou classe de usuário por diversas razões, incluindo as seguintes:

- Um usuário ou grupo de usuários pode estar abusando dos seus privilégios de acesso e sobrecarregando a rede à custa dos outros usuários.
- Os usuários podem estar usando ineficazmente a rede, e o gerente de rede pode ajudar na alteração dos procedimentos para melhorar o desempenho.

- O gerente de rede estará em uma posição melhor para planejar o crescimento da rede, se a atividade de usuário for conhecida em detalhes suficientes.

Necessidades do usuário O gerente de rede precisa ser capaz de especificar os tipos de informação de contabilidade a serem registrados nos vários nós, o intervalo de tempo desejado entre sucessivos envios das informações registradas para os nós de gerenciamento de nível superior, e os algoritmos a serem usados no cálculo do débito. Os relatórios de contabilidade devem ser gerados sob o controle do gerente de rede.

Para limitar o acesso às informações de contabilidade, o sistema de contabilidade precisa fornecer a capacidade de verificar a autorização dos usuários para acessar e manipular essas informações.

Gerenciamento de configuração e de nome

Visão geral As redes de comunicação de dados modernas são formadas por componentes individuais e subsistemas lógicos (como o driver de dispositivo em um sistema operacional), que podem ser configurados para realizar muitas aplicações diferentes. O mesmo dispositivo, por exemplo, pode ser configurado para agir como um roteador ou como um nó de sistema final, ou as duas coisas. Uma vez decidido como um dispositivo deve ser usado, o gerente de configuração pode escolher o software apropriado e o conjunto de atributos e valores adequados (por exemplo, um temporizador de retransmissão de camada de transporte) para esse dispositivo.

O gerenciamento de configuração se preocupa em inicializar uma rede e desligar elegantemente toda a rede ou parte dela. Ele também cuida de manter, acrescentar e atualizar as relações entre componentes e o estado dos próprios componentes durante a operação da rede.

Necessidades do usuário As operações de inicialização e desligamento em uma rede são responsabilidades específicas do gerente de configuração. Muitas vezes, é desejável que as operações em certos componentes se realizem sem assistência (por exemplo, iniciar ou desligar uma unidade de interface de rede). O gerente de rede precisa ter a capacidade de identificar inicialmente os componentes que formam a rede e definir a conectividade desejada desses componentes. Os que configuram regularmente uma rede com o mesmo conjunto de atributos de recurso (ou com um conjunto de atributos parecido) precisam de meios para definir e modificar os atributos-padrão e carregar os conjuntos predefinidos de atributos nos componentes de rede especificados. O gerente de rede precisa ter a capacidade de alterar a conectividade dos componentes de rede, quando as necessidades dos usuários mudarem. A reconfiguração de uma rede freqüentemente é desejada em resposta a uma avaliação de desempenho ou em apoio à atualização de rede, recuperação de falha ou verificações de segurança.

Os usuários normalmente precisam (ou desejam) ser informados do estado dos recursos e componentes da rede. Assim, quando ocorrerem mudanças na configuração, os usuários devem ser notificados dessas mudanças. Relatórios de configuração podem ser gerados rotineiramente ou em resposta a uma solicitação de recebimento desse relatório. Antes da reconfiguração, os usuários geralmente desejam indagar sobre o estado iminente dos recursos e seus atributos.

Muitas vezes, os gerentes de rede desejam que apenas usuários (operadores) autorizados administrem e controlem a operação da rede (por exemplo, distribuição e atualização de software).

Gerenciamento de desempenho

Visão geral As redes de comunicação de dados modernas são formadas por muitos e variados componentes, que precisam se intercomunicar e compartilhar dados e recursos. Em alguns casos, é vital para a eficácia de uma aplicação que a comunicação por meio da rede esteja dentro de certos limites de desempenho. O gerenciamento de desempenho de uma rede pode ser dividido em duas grandes categorias funcionais – monitoramento e controle. O monitoramento é a função que acompanha as atividades na rede. A função de controle permite que o gerenciamento de desempenho faça ajustes para melhorar o desempenho da rede. Algumas questões de desempenho a cargo do gerente de rede são:

- Qual é o nível da utilização de capacidade?
- Existe tráfego excessivo?
- A vazão caiu a níveis inaceitáveis?
- Existem gargalos?
- O tempo de resposta está aumentando?

Para lidar com essas questões, o gerente de rede precisa focalizar um conjunto de recursos inicial a ser monitorado para avaliar os níveis de desempenho. Isso inclui associar métricas e valores apropriados a recursos de rede relevantes como indicadores dos diferentes níveis de desempenho. Por exemplo, que quantidade de retransmissões em uma conexão de transporte é considerada um problema de desempenho que exige atenção? O gerenciamento de desempenho; portanto, precisa monitorar muitos recursos para fornecer informações sobre o nível operacional da rede. Coletando essas informações, analisando-as e, depois, usando a análise resultante como feedback para o conjunto de valores prescrito, o gerente de rede pode se tornar cada vez mais apto a reconhecer situações indicativas de queda de desempenho atual ou iminente.

Necessidades do usuário Antes de usar uma rede para uma aplicação em especial, um usuário pode querer saber coisas como o pior e o médio tempo de resposta e a confiabilidade dos serviços de rede. Portanto, o desempenho precisa ser conhecido em detalhes suficientes para responder a indagações específicas do usuário. Os usuários finais esperam que os serviços de rede sejam gerenciados no sentido de possibilitar que suas aplicações continuamente apresentem um bom tempo de resposta. Os gerentes de rede precisam de estatísticas de desempenho para ajudá-los a planejar, gerenciar e manter grandes redes. As estatísticas de desempenho podem ser usadas para identificar possíveis gargalos antes que estes causem problemas aos usuários finais. Uma ação corretiva apropriada precisa, então, ser conduzida. Essa ação pode ser na forma de tabelas de roteamento dinâmicas para equilibrar ou redistribuir a carga de tráfego durante horários de utilização de pico, ou quando um gargalo é identificado por um rápido aumento de carga em uma determinada área. Em longo prazo, o planejamento de capacidade baseado nessas informações de desempenho pode indicar as decisões corretas a tomar com relação, por exemplo, à expansão das linhas nessa área.

Gerenciamento de segurança

Visão geral O gerenciamento de segurança se concentra na geração, na distribuição e no armazenamento de chaves de criptografia. As senhas e outras informações de autenticação ou de controle de acesso precisam ser mantidas e distribuídas. O gerenciamento de segurança também está envolvido com o monitoramento e o controle do acesso às redes de computadores, e o acesso a todas ou parte das informações de gerenciamento de rede obtidas dos nós da rede. Os logs são uma importante ferramenta de segurança e, portanto, o gerenciamento de segurança está muito envolvido com a coleta, o armazenamento e o exame dos registros de auditoria e logs de segurança, bem como com a ativação e desativação desses recursos de log.

Necessidades do usuário O gerenciamento de segurança fornece condições para a proteção dos recursos de rede e das informações do usuário. Os recursos de segurança devem estar disponíveis apenas para usuários autorizados. Os usuários desejam saber que existem políticas de segurança apropriadas em vigor e que o próprio gerenciamento dos recursos de segurança são seguros.

19.2 SISTEMAS DE GERENCIAMENTO DE REDE

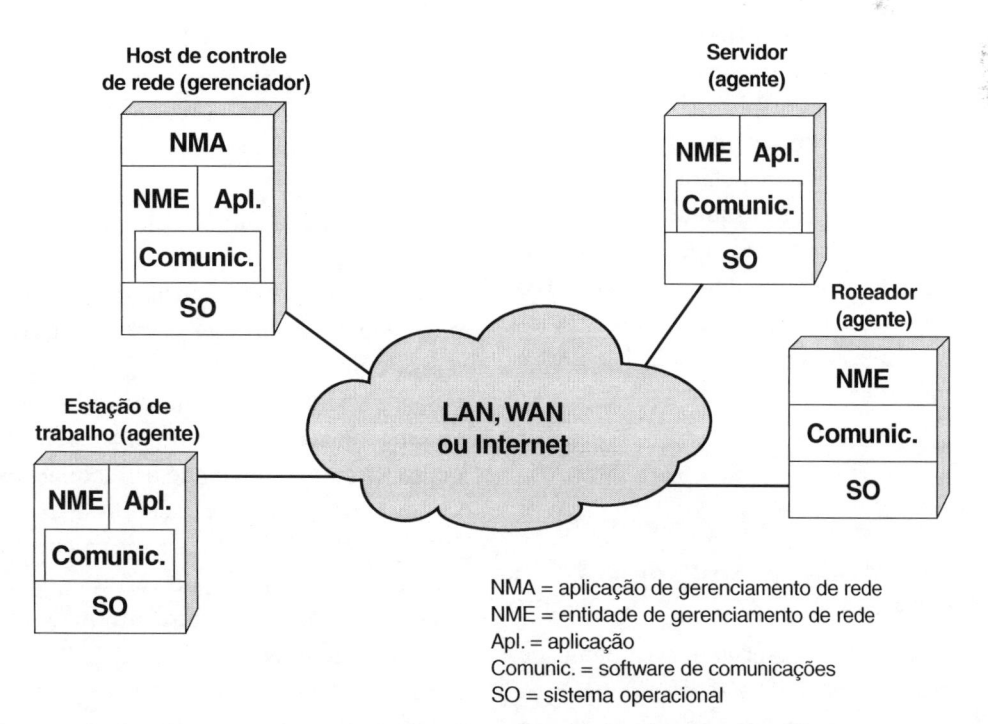

Arquitetura de um sistema de gerenciamento de rede

Um sistema de gerenciamento de rede é um conjunto de ferramentas para monitoramento e controle de rede que é integrado nos seguintes sentidos:

- Uma única interface de operador com um amigável, mas poderoso, conjunto de comandos para realizar a maioria ou todas as tarefas de gerenciamento de rede.
- Uma quantidade mínima de equipamento separado. Ou seja, a maioria do hardware e software necessário para o gerenciamento de rede está incorporada no equipamento de usuário existente.

Um sistema de gerenciamento de rede consiste em adições incrementais de hardware e software implementadas entre os componentes de rede existentes. O software usado para realizar as tarefas de gerenciamento de rede reside nos computadores host e nos processadores de comunicações (como processadores de front-end, controladores de clusters terminais, pontes e roteadores). Um sistema de gerenciamento de rede se destina a olhar a rede inteira como uma arquitetura unificada, com endereços e rótulos atribuídos a cada ponto e os atributos específicos de cada elemento e enlace conhecido ao sistema. Para ativar os elementos da rede, forneça informações de estado regulares de feedback para o centro de controle de rede.

A Figura 19.1 mostra a arquitetura de um sistema de gerenciamento de rede. Cada nó de rede contém um conjunto de software dedicado à tarefa de gerenciamento de rede, conjunto este referido no diagrama como uma entidade de gerenciamento de rede (NME). Cada NME realiza as seguintes tarefas:

- Coletar estatísticas sobre comunicações e atividades relacionadas à rede.
- Armazenar estatísticas localmente.
- Responder aos comandos do centro de controle de rede, incluindo comandos para:

NMA = aplicação de gerenciamento de rede
NME = entidade de gerenciamento de rede
Apl. = aplicação
Comunic. = software de comunicações
SO = sistema operacional

FIGURA 19.1 Elementos de um sistema de gerenciamento de rede.

1. Transmitir estatísticas coletadas para o centro de controle de rede.
2. Mudar um parâmetro (por exemplo, um temporizador usado em um protocolo de transporte).
3. Fornecer informações de estado (por exemplo, valores de parâmetro e enlaces ativos).
4. Gerenciar tráfego artificial para realizar um teste.

- Enviar mensagens para o NCC quando as condições locais sofrerem uma alteração importante.

Pelo menos um host na rede é designado como o host de controle de rede, ou **gerenciador**. Além do software de NME, o host de controle de rede inclui um conjunto de software denominado aplicação de gerenciamento de rede (NMA). A NMA inclui uma interface de operador para permitir que um usuário autorizado gerencie a rede. A NMA responde aos comandos do usuário exibindo informações e/ou emitindo comandos às NMEs por toda a rede. Essa comunicação é realizada mediante um protocolo de gerenciamento de rede em nível de aplicação que emprega a arquitetura de comunicação da mesma maneira que qualquer outra aplicação distribuída.

Cada um dos outros nós na rede que fazem parte do sistema de gerenciamento de rede inclui uma NME e, para fins de gerenciamento de rede, é chamado de **agente**. Os agentes incluem sistemas finais que aceitam aplicações de usuário, bem como nós que fornecem um serviço de comunicação, como processadores de front-end, controladores de cluster, pontes e roteadores.

Como representado na Figura 19.1, o host de controle de rede controla e se comunica com as NMEs em outros sistemas. Para manter alta disponibilidade da função de gerenciamento de rede, utilizam-se dois ou mais hosts de controle de rede. Em uma operação normal, um dos centros é usado para controle, enquanto outros centros estão ociosos ou simplesmente coletam estatísticas. Se o host de controle de rede principal falhar, o sistema de backup pode ser usado.

19.3 SIMPLE NETWORK MANAGEMENT PROTOCOL (SNMP)

Simple Network Management Protocol Version 1 (SNMPv1)

O SNMP foi desenvolvido para servir de ferramenta de gerenciamento para redes e inter-redes operando o TCP/IP. Desde então, ele tem-se expandido para uso em todos os tipos de ambientes de rede. O termo *protocolo de gerenciamento de rede simples (simple network management protocol – SNMP)* é, na verdade, usado para se referir a uma coleção de especificações para gerenciamento de rede que inclui o protocolo propriamente dito, a definição de um banco de dados e conceitos associados.

Conceitos básicos O modelo do gerenciamento de rede que é usado para o SNMP inclui os seguintes elementos-chave:

- Estação de gerenciamento, ou gerenciador
- Agente
- Base de informações de gerenciamento
- Protocolo de gerenciamento de rede

A **estação de gerenciamento** normalmente é um dispositivo independente, mas pode ser uma capacidade implementada em um sistema compartilhado. Em qualquer caso, a estação de gerenciamento age como a interface entre o gerente de rede humano e o sistema de gerenciamento de rede. A estação de gerenciamento terá, no mínimo:

- Um conjunto de aplicações de gerenciamento para análise de dados, recuperação de falhas etc.
- Uma interface com o usuário pela qual o gerente de rede pode monitorar e controlar a rede
- A capacidade de traduzir as necessidades do gerente de rede no monitoramento e controle reais dos elementos remotos na rede
- Um banco de dados de informações de gerenciamento de rede extraídas dos bancos de dados de todas as entidades gerenciadas na rede

Apenas os dois últimos elementos são objeto da padronização do SNMP.

O outro elemento ativo no sistema de gerenciamento de rede é o **agente de gerenciamento**. As plataformas principais, como hosts, pontes, roteadores e hubs, podem ser equipadas com software agente para que possam ser gerenciadas de uma estação de gerenciamento. O agente responde às requisições de informações a partir de uma estação de gerenciamento, responde às requisições para ações a partir da estação de gerenciamento e pode, de vez em quando, fornecer à estação de gerenciamento informações importantes, mas não solicitadas.

Para gerenciar recursos na rede, cada recurso é representado como um objeto. Um objeto é, basicamente, uma variável de dados que representa um aspecto do agente de gerenciamento. A coleção de objetos é chamada de **base de informações de gerenciamento**

(MIB). A MIB atua como uma coleção de pontos de acesso no agente para a estação de gerenciamento. Esses objetos são padronizados através dos sistemas de uma classe específica (por exemplo, todas as pontes aceitam os mesmos objetos de gerenciamento). Uma estação de gerenciamento realiza a função de gerenciamento recuperando o valor dos objetos MIB. Uma estação de gerenciamento pode fazer com que uma ação ocorra em um agente ou pode mudar as configurações de um agente, modificando o valor de variáveis específicas.

A estação e os agentes de gerenciamento são vinculados por um **protocolo de gerenciamento de rede**. O protocolo usado para o gerenciamento das redes TCP/IP é o Simple Network Management Protocol (SNMP). Uma versão melhorada do SNMP, conhecida como SNMPv2, é destinada às redes baseadas em TCP/IP e em OSI. Cada um desses protocolos inclui as seguintes capacidades principais:

- **Get**: Permite que a estação de gerenciamento recupere o valor dos objetos no agente
- **Set**: Permite que a estação de gerenciamento defina o valor dos objetos no agente
- **Notify**: Permite que um agente envie notificações não solicitadas à estação de gerenciamento sobre os eventos importantes

Em um esquema de gerenciamento de rede centralizado tradicional, um host na configuração desempenha o papel de uma estação de gerenciamento de rede; pode haver uma ou duas outras estações de gerenciamento com uma função de backup. O restante dos dispositivos na rede contém software agente e uma MIB, para permitir o monitoramento e o controle a partir da estação de gerenciamento. À medida que as redes crescem em tamanho e em carga de tráfego, esse sistema centralizado se torna inviável. Muita carga é colocada sobre a estação de gerenciamento e existe muito tráfego, com relatórios de cada agente precisando atravessar a rede inteira até o centro de controle. Nessas circunstâncias, um método descentralizado e distribuído funciona melhor (veja, por exemplo, a Figura 19.2). Em um esquema de gerenciamento de rede descentralizado, pode haver várias estações de gerenciamento de nível superior, que podem ser consideradas servidores de gerenciamento. Cada um desses servidores poderia gerenciar diretamente uma parte do grupo de agentes total. Entretanto, para muitos dos agentes, o servidor de gerenciamento delega responsabilidade a um gerenciador intermediário. O gerenciador intermediário desempenha o papel de gerenciador a fim de monitorar e controlar os agentes sob sua responsabilidade. Ele também age como um gerenciador para fornecer informações e aceitar con-

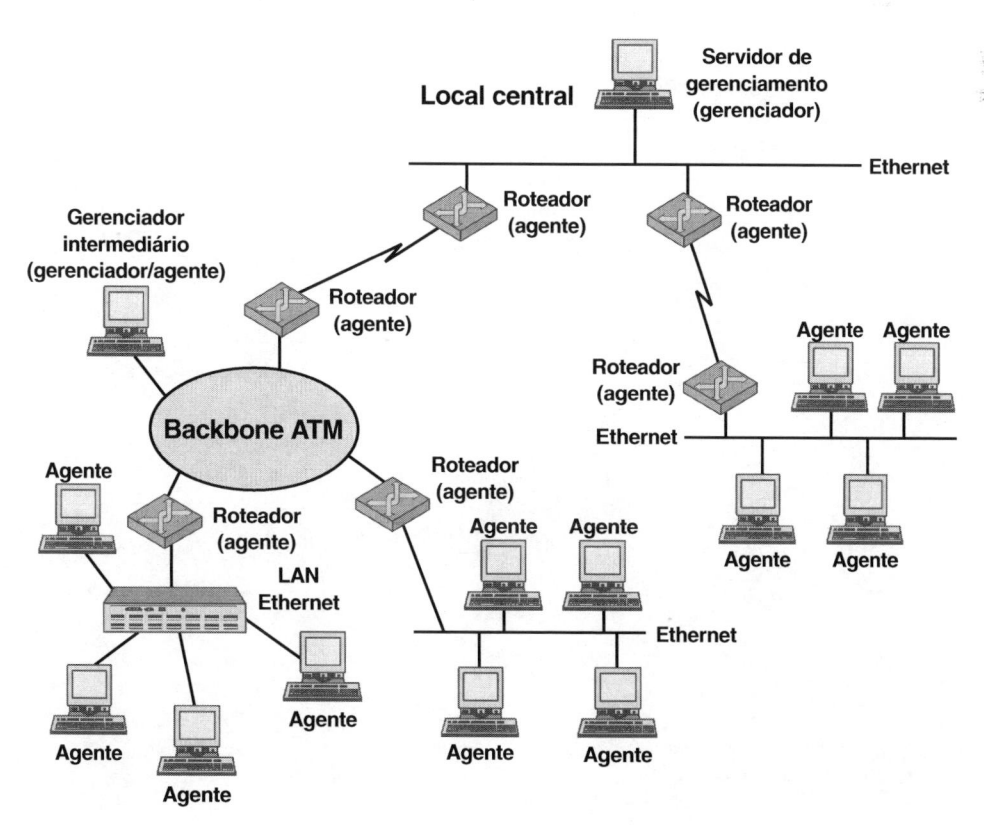

FIGURA 19.2 Exemplo de uma configuração de gerenciamento distribuído de rede.

trole de um servidor de gerenciamento de nível mais alto. Esse tipo de arquitetura pulveriza a carga de processamento e reduz o tráfego de rede total.

Arquitetura do protocolo de gerenciamento de rede O SNMP é um protocolo em nível de aplicação que faz parte da família de protocolos TCP/IP. Ele se destina a operar sobre o User Datagram Protocol (UDP). A Figura 19.3 apresenta a configuração típica dos protocolos para o SNMPv1. Para uma estação de gerenciamento independente, um processo de gerenciamento controla o acesso a uma MIB central na estação de gerenciamento e fornece uma interface com o gerenciador de rede. O processo de gerenciamento realiza o gerenciamento de rede usando o SNMP, que é implementado sobre o UDP, o IP e os principais protocolos dependentes de rede (como Ethernet, ATM e Frame Relay).

Cada agente também precisa implementar SNMP, UDP e IP. Além disso, existe um processo de agente que interpreta as mensagens SNMP e controla a MIB do agente. Para um dispositivo de agente que aceita outras aplicações, como FTP, o TCP e o UDP são necessários. Na Figura 19.3, as partes sombreadas representam o ambiente operacional – o que deve ser gerenciado. As partes não sombreadas fornecem suporte para a função de gerenciamento de rede.

A Figura 19.4 fornece uma visão um pouco mais próxima do contexto de programa do SNMP. De uma estação de gerenciamento, três tipos de mensagens SNMP são emitidas em nome das aplicações de gerenciamento: GetRequest, GetNextRequest e SetRequest. As duas primeiras são duas variações da função get. Todas as três mensagens são reconhecidas pelo agente na forma de uma mensagem GetResponse, que é passada para a aplicação de gerenciamento. Além disso, um agente pode emitir uma mensagem Trap em resposta a um evento que afeta a MIB e os recursos gerenciados subjacentes. As requisições de gerenciamento são enviadas para o UDP porta 161, enquanto o agente envia traps para o UDP porta 162.

Como o SNMP se baseia no UDP, que é um protocolo sem conexão, o SNMP é, ele mesmo, sem conexão. Nenhuma conexão em andamento é mantida entre uma estação de gerenciamento e seus agentes. Em vez disso, cada troca é uma transação separada entre uma estação de gerenciamento e um agente.

Simple Network Management Protocol Version 2 (SNMPv2)

Em agosto de 1988, a especificação para o SNMP foi lançada e rapidamente tornou-se o padrão de gerenciamento de rede dominante. Vários fornecedores ofere-

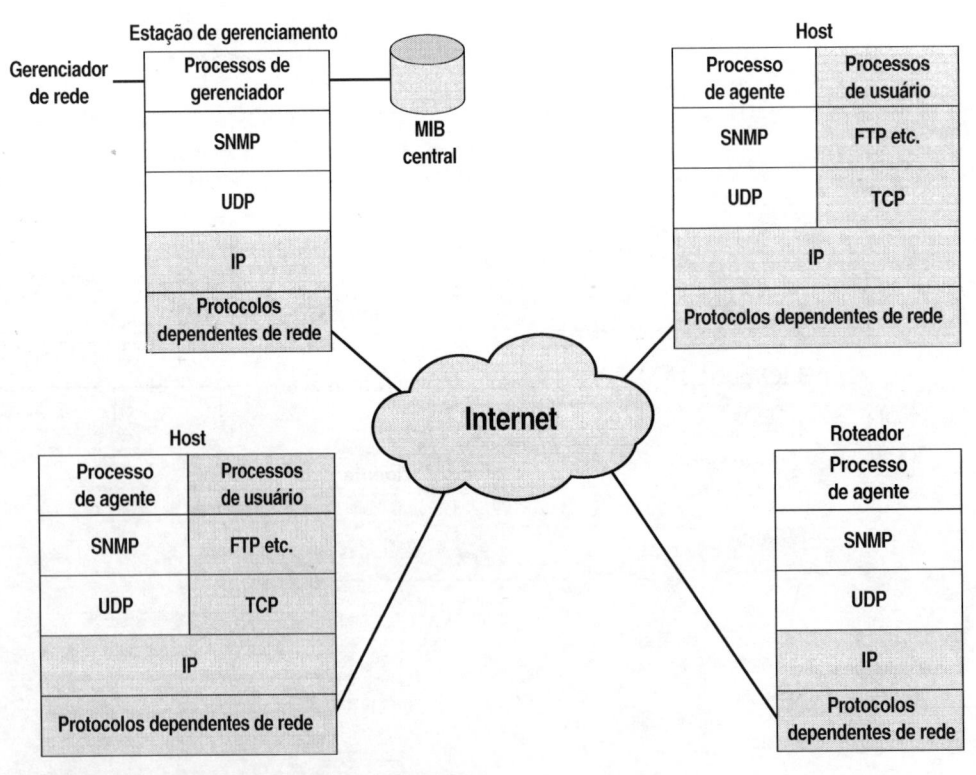

FIGURA 19.3 Configuração do SNMPv1.

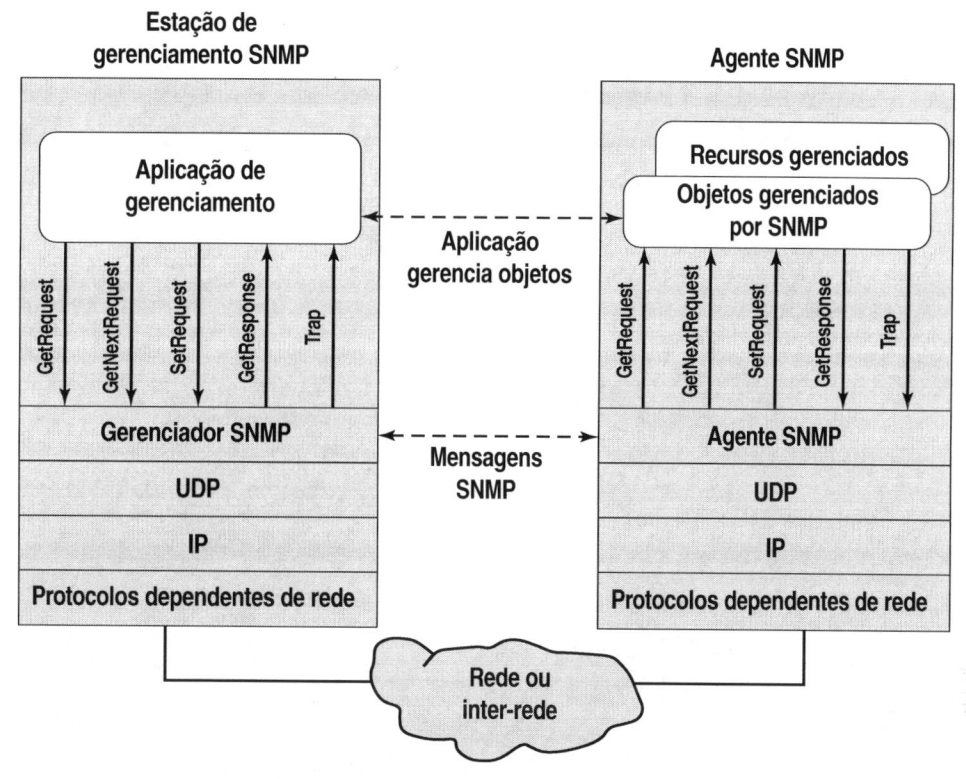

FIGURA 19.4 O papel do SNMPv1.

cem estações de trabalho de gerenciamento de rede independentes baseadas no SNMP, e a maioria dos fornecedores de pontes, roteadores, estações de trabalho e PCs oferece pacotes de agente SNMP, que permitem que seus produtos sejam gerenciados por uma estação de gerenciamento SNMP.

Como o nome sugere, o SNMP é uma ferramenta simples para gerenciamento de rede. Ela define uma base de informações de gerenciamento (MIB) limitada e facilmente implementada de variáveis escalares e tabelas bidimensionais, e define um protocolo eficiente para permitir que um gerente obtenha e defina variáveis MIB e para possibilitar que um agente emita notificações não solicitadas, chamadas *traps*. Essa simplicidade é a força do SNMP. O protocolo é facilmente implementado e consome poucos recursos de processador e de rede. Além disso, tanto o protocolo quanto as estruturas da MIB são suficientemente simples para que não seja difícil alcançar interoperabilidade entre estações de gerenciamento e software de agente mediante de uma combinação de fornecedores.

Com seu amplo uso, as deficiências do SNMP tornaram-se cada vez mais evidentes; essas incluem deficiências funcionais e a falta de um recurso de segurança. Como resultado, foi lançada uma versão aprimorada, conhecida como SNMPv2, (RFCs 1901, 1905 a 1909, e 2578 a 2580). O SNMPv2 rapidamente ganhou apoio, e vários fornecedores anunciaram produtos poucos meses após o lançamento do padrão.

Os elementos do SNMPv2 Assim como no SNMPv1, o SNMPv2 fornece uma estrutura na qual as aplicações de gerenciamento de rede podem ser construídas. Essas aplicações, como o gerenciamento de falhas, o monitoramento de desempenho e a contabilidade, estão fora do escopo do padrão.

O SNMPv2 fornece a infra-estrutura para o gerenciamento de rede. A Figura 19.5 é um exemplo de uma configuração que ilustra essa infra-estrutura.

A essência do SNMPv2 é um protocolo usado para trocar informações de gerenciamento. Cada "participante" no sistema de gerenciamento de rede mantém um banco de dados local de informações relevantes para o gerenciamento de rede, conhecido como base de informações de gerenciamento (MIB). O padrão SNMPv2 define a estrutura dessas informações e os tipos de dados permitidos; essa definição é conhecida como a estrutura das informações de gerenciamento (SMI). Podemos pensar nisso como a linguagem para definir informações de gerenciamento. O padrão também fornece diversas MIBs que geralmente são úteis

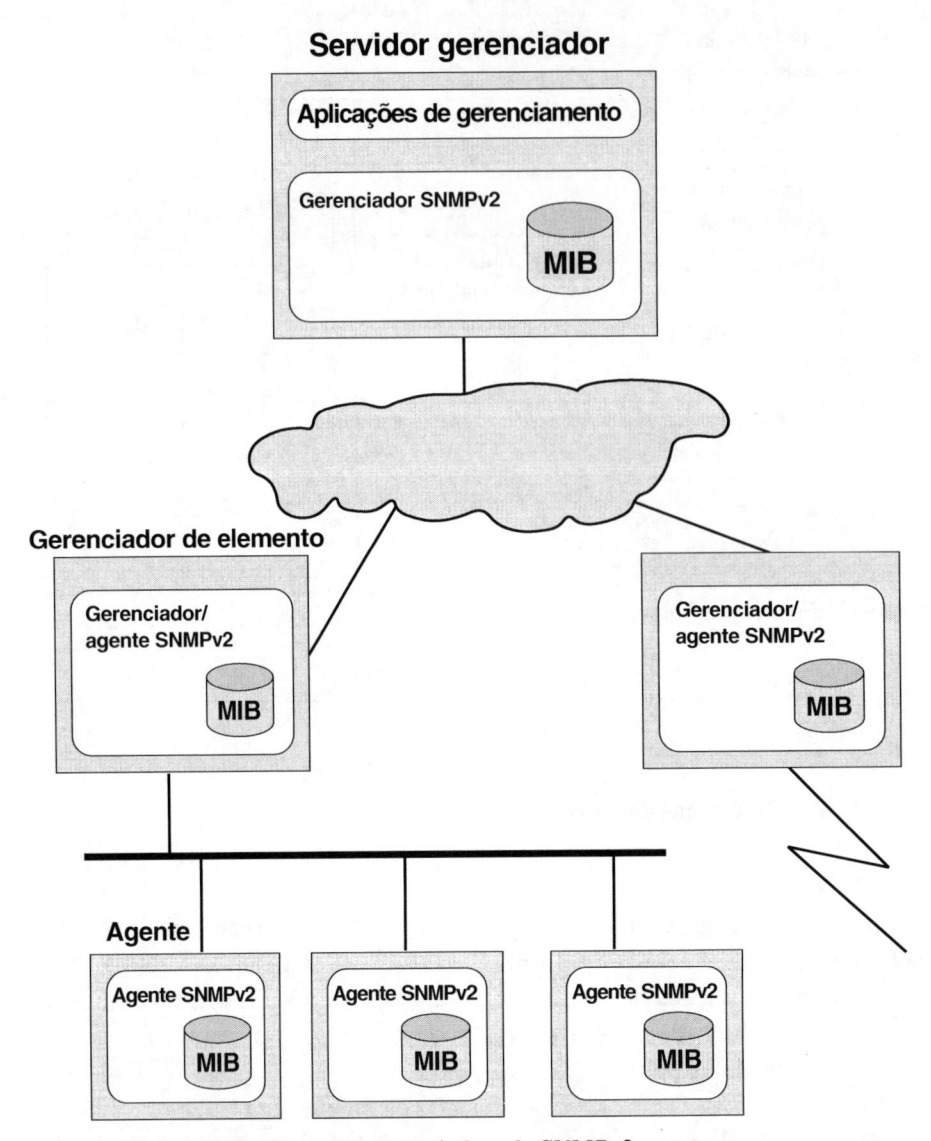

FIGURA 19.5 Configuração gerenciada pelo SNMPv2.

para o gerenciamento de rede.[1] Além disso, novas MIBs podem ser definidas por fornecedores e grupos de usuários.

Pelo menos um sistema na configuração precisa ser responsável pelo gerenciamento de rede. É aqui que qualquer aplicação de gerenciamento de rede é hospedada. Pode haver mais de uma dessas estações de gerenciamento, para fornecer redundância ou simplesmente para dividir as responsabilidades em uma grande rede. A maioria dos sistemas age no papel de agente. Um agente coleta informações localmente e as armazena para posterior acesso por um gerenciador. As informações incluem dados sobre o próprio sistema e também podem incluir informações de tráfego para a rede ou redes às quais o agente está conectado.

O SNMPv2 aceita uma estratégia de gerenciamento de rede altamente centralizada ou uma estratégia distribuída. No último caso, alguns sistemas operam tanto no papel de gerenciador quanto no de agente. Em seu papel de agente, esse sistema aceitará comandos de um sistema de gerenciamento superior. Alguns desses comandos se relacionam à MIB local no agente. Outros comandos exigem que o agente atue como um proxy para dispositivos remotos. Nesse caso, o agente proxy assume o papel de gerenciador para acessar informações no agente remoto e, depois, assu-

---

[1] Há uma pequena confusão sobre o termo *MIB*. Em sua forma singular, o termo *MIB* pode se referir a todo o banco de dados de informações de gerenciamento em um gerenciador ou agente. Ele também pode ser usado no singular ou no plural em referência a um conjunto definido e específico de informações de gerenciamento que é parte de um MIB geral. Portanto, o padrão SNMPv2 inclui a definição de várias MIBs e incorpora, por referência, MIBs definidas no SNMPv1.

me o papel de um agente para passar essas informações para um gerenciador superior.

Todas essas trocas acontecem usando o protocolo SNMPv2, que é um protocolo simples do tipo requisição/resposta. Em geral, o SNMPv2 é implementado sobre o User Datagram Protocol (UDP), que é parte da família TCP/IP. Como as trocas do SNMPv2 estão na forma de pares requisição/resposta, uma conexão atual confiável não é obrigatória.

Estrutura das informações de gerenciamento A estrutura das informações de gerenciamento (SMI) define a estrutura geral dentro da qual uma MIB pode ser definida e construída. A SMI estabelece os tipos de dados que podem ser usados na MIB e como os recursos dentro da MIB são representados e nomeados. A filosofia por trás da SMI é encorajar a simplicidade e a extensibilidade dentro da MIB. Portanto, a MIB pode armazenar apenas tipos de dados simples: escalares e matrizes bidimensionais de escalares, chamadas tabelas. A SMI não aceita a criação ou recuperação de estruturas de dados complexas. Essa filosofia está em oposição à usada com o gerenciamento de sistemas OSI, que fornece estruturas de dados complexas e modos de recuperação para proporcionar maior funcionalidade. A SMI evita tipos e estruturas de dados complexos para simplificar a tarefa de implementação e para melhorar a interoperabilidade. As MIBs, inevitavelmente, conterão tipos de dados criados por fornecedor e, a menos que restrições rígidas sejam impostas na definição desses tipos de dados, a interoperabilidade sofrerá.

Existem três elementos fundamentais na especificação SMI. No nível mais baixo, a SMI especifica os tipos de dados que podem ser armazenados. Depois, a SMI especifica uma técnica formal para definir objetos e tabelas de objetos. Finalmente, a SMI fornece um esquema para associar um identificador único a cada objeto real em um sistema, de modo que os dados em um agente possam ser referenciados por um gerenciador.

A Tabela 19.2 mostra os tipos de dados permitidos pela SMI. Esse é um conjunto de tipos razoavelmente restrito. Por exemplo, números reais não são aceitos. Entretanto, ele é rico o bastante para atender a maioria das necessidades de gerenciamento de rede.

Operação de protocolo O coração da estrutura SNMPv2 é o próprio protocolo. O protocolo fornece um mecanismo básico e simples para a troca de informações de gerenciamento entre gerenciador e agente.

A unidade básica de troca é a mensagem, que consiste em um wrapper de mensagem externo e uma unidade de dados de protocolo (PDU) interna. O cabeçalho de mensagem externo lida com a segurança e é tratado mais adiante nesta seção.

Sete tipos de PDUs podem ser transportados em uma mensagem SNMP. Os formatos gerais para essas PDUs

Tabela 19.2 Tipos de dados permitidos no SNMPv2

Tipo de dados	Descrição
INTEGER	Inteiros na faixa de -2^{31} a $2^{31} - 1$.
UInteger32	Inteiros na faixa de 0 to $2^{32} - 1$.
Counter32	Um inteiro não-negativo que pode ser incrementado em módulo 2^{32}.
Counter64	Um inteiro não-negativo que pode ser incrementado em módulo 2^{64}.
Gauge32	Um inteiro não-negativo que pode aumentar ou diminuir, mas não deve exceder um valor máximo. O valor máximo não pode ser maior que $2^{32} - 1$.
TimeTicks	Um inteiro não-negativo que representa o tempo, módulo 2^{32}, em centésimos de segundo.
OCTET STRING	Strings de octeto para dados binários ou textuais arbitrários; pode-se limitar a 255 octetos.
IpAddress	Um endereço de inter-rede de 32 bis.
Opaque	Um campo de bit arbitrário.
BIT STRING	Uma enumeração de bits nomeados.
OBJECT IDENTIFIER	Nome administrativamente atribuído a objeto ou outro elemento padronizado. O valor é uma seqüência de até 128 inteiros não-negativos.

| Tipo de PDU | ID de Requisição | 0 | 0 | Vinculações de Variável |

(a) GetRequest-PDU, GetNextRequest-PDU, SetRequest-PDU, SNMPv2-Trap-PDU, InformRequest-PDU

| Tipo de PDU | ID de Requisição | Status de Erro | Índice de Erro | Vinculações de Variável |

(b) Response-PDU

| Tipo de PDU | ID de Requisição | Não-Repetidores | Repetições Máximas | Vinculações de Variável |

(c) GetBulkRequest-PDU

| nome1 | valor1 | nome2 | valor2 | ••• | nome*n* | valor*n* |

(d) Vinculações de Variável

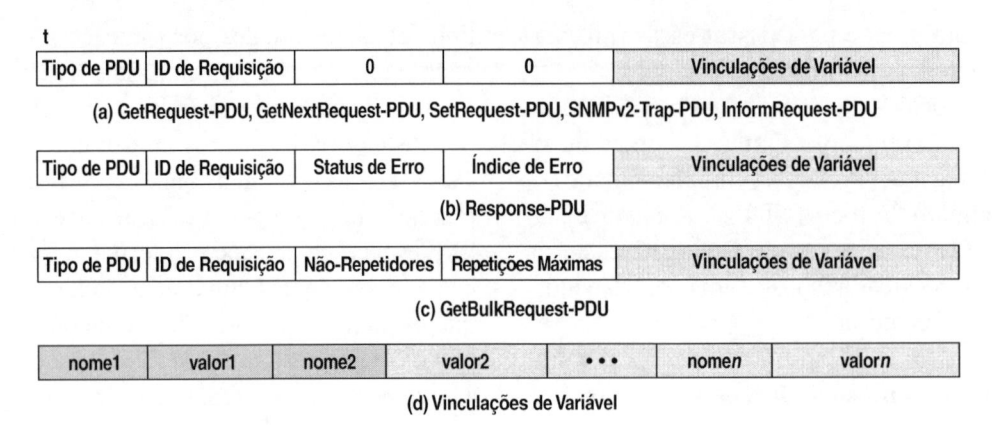

FIGURA 19.6 Formatos da PDU SNMPv2.

são ilustrados informalmente na Figura 19.6. Vários campos são comuns a diversas PDUs. O campo ID de Requisição é um inteiro atribuído de modo que cada requisição pendente possa ser identificada unicamente. Isso permite que um gerenciador correlacione as respostas que chegam com as requisições pendentes. Ele também torna possível um agente manipular PDUs duplicadas geradas por um serviço de transporte defeituoso. O campo Vinculações de Variável contém uma lista de identificadores de objeto; dependendo da PDU, a lista também pode incluir um valor para cada objeto.

A GetRequest-PDU, emitida por um gerenciador, inclui uma lista de um ou mais nomes de objeto para os quais valores são requisitados. Se a operação get for bem-sucedida, então, o agente respondedor enviará uma Response-PDU. A lista de vinculações de variável conterá o identificador e valor de todos os objetos recuperados. Para qualquer variável que não esteja na visão MIB relevante, seu identificador e um código de erro são retornados na lista de vinculações de variável. Portanto, o SNMPv2 permite respostas parciais a uma GetRequest, que é um avanço significativo em relação ao SNMP. No SNMP, se uma ou mais das variáveis em uma GetRequest não forem aceitas, o agente retorna uma mensagem de erro com o status noSuchName. Para lidar com esse erro, o gerenciador SNMP precisa ou retornar nenhum valor para a aplicação requisitante, ou precisa incluir um algoritmo que responda a um erro removendo as variáveis inexistentes, reenviando a requisição e, depois, enviando um resultado parcial para a aplicação.

A GetNextRequest-PDU também é emitida por um gerenciador e inclui uma lista de um ou mais objetos. Nesse caso, para cada objeto nomeado no campo Vinculações de Variável, um valor deve ser retornado para o objeto que estiver próximo na ordem lexicográfica, o que significa dizer, próximo na MIB em termos de sua posição na estrutura de árvore dos identificadores de objeto. Assim como com a GetRequest-PDU, o agente retornará valores para o máximo possível de variáveis. Uma das forças da GetNextRequest-PDU é que ela permite que uma entidade gerenciadora descubra a estrutura de uma visão MIB dinamicamente. Isso é útil se o gerenciador não conhecer inicialmente o conjunto de objetos aceitos por um agente ou que estão em uma visão MIB específica.

Um dos principais avanços no SNMPv2 é a GetBulkRequest-PDU. A finalidade dessa PDU é minimizar o número de trocas de protocolo necessárias para recuperar uma grande quantidade de informações de gerenciamento. A GetBulkRequest-PDU permite que um gerenciador SNMPv2 solicite que a resposta inclua quantas variáveis requisitadas forem possíveis dadas as restrições do tamanho de mensagem.

A SetRequest-PDU é emitida por um gerenciador para solicitar que os valores de um ou mais objetos sejam alterados. A entidade SNMPv2 recebedora responde com uma Response-PDU que contém o mesmo ID de Requisição. A operação SetRequest é indivisível: ou todas as variáveis são atualizadas ou nenhuma delas será. Se a entidade respondedora for capaz de definir valores para todas as variáveis presentes na lista de vinculações de variável que chegou, a Response-PDU incluirá o campo Vinculações de Variável, com um valor fornecido para cada variável. Se pelo menos um dos valores de variável não puder ser fornecido, então, nenhum valor será retornado e nenhum valor será atualizado. No último caso, o código de status de erro indica a razão para a falha, e o campo Índice de Erro indica a variável na lista de vinculações de variável que causou a falha.

A SNMPv2-Trap-PDU é gerada e transmitida por uma entidade SNMPv2 atuando no papel de um agente quando um evento incomum ocorre. Ela é usada para fornecer à estação de gerenciamento uma notificação assíncrona de algum evento importante. A lista de vinculações de variável é usada para conter as informações associadas com a mensagem de trap. Diferente de GetRequest, GetNextRequest, GetBulkRequest, SetRequest e InformRequest-PDUs, a SNMPv2-Trap-PDU não exige uma resposta da entidade receptora; ela é uma mensagem não-confirmada.

A InformRequest-PDU é enviada por uma entidade SNMPv2 que atua no papel de gerenciador, em nome de uma aplicação, para outra entidade SNMPv2 que atua no papel de gerenciador, para fornecer informações de gerenciamento a uma aplicação que usa a última entidade. Assim como na SNMPv2-Trap-PDU, o campo Vinculações de Variável serve para transmitir as informações associadas. O gerenciador que recebe uma InformRequest reconhece o recebimento com uma Response-PDU.

Para as PDUs SNMPv2-Trap e InformRequest, podem ser definidas várias condições que indicam quando a notificação é gerada; as informações a serem enviadas também são especificadas.

Simple Network Management Protocol Version 3 (SNMPv3)

Muitas das deficiências funcionais do SNMP foram solucionadas no SNMPv2. Para corrigir as deficiências de segurança do SNMPv1/v2, o SNMPv3 foi lançado como um conjunto de padrões propostos em janeiro de 1998 (atualmente, RFCs 3410 a 3415). Esse conjunto de documentos não fornece uma capacidade SNMP completa, mas define uma arquitetura SNMP geral e um conjunto de capacidades de segurança. Essas se destinam a ser usadas com o SNMPv2 existente ou com o SNMPv1.

O SNMPv3 fornece três serviços importantes: autenticação, privacidade e controle de acesso. Os dois primeiros são parte do User-Based Security Model (USM), e o último é definido no View-Based Access Control Model (VACM). Os serviços de segurança são controlados pela identidade do usuário que requisita o serviço; essa identidade é expressa como um principal, que pode ser um indivíduo, uma aplicação ou um grupo de indivíduos ou aplicações.

O mecanismo de autenticação no USM garante que uma mensagem recebida foi transmitida pelo principal, cujo identificador aparece como a origem no cabeçalho de mensagem. Esse mecanismo também garante que a mensagem não foi alterada em trânsito e não foi deliberadamente retardada ou repetida. O principal emissor fornece autenticação que inclui um código de autenticação de mensagem com a mensagem SNMP que está enviando. Esse código é uma função do conteúdo da mensagem, a identidade das partes emissora e receptora, o tempo de transmissão e uma chave secreta que deve ser conhecida apenas pelo emissor e pelo receptor. A chave secreta precisa ser definida fora do USM como uma função de configuração. Ou seja, o gerenciador de configuração ou o gerenciador de rede é responsável por distribuir chaves secretas a serem carregadas nos bancos de dados dos vários gerenciadores e agentes SNMP. Isso pode ser feito manualmente ou mediante algum tipo de transferência de dados segura fora do USM. Quando o principal receptor obtém a mensagem, ele usa a mesma chave secreta para calcular o código de autenticação de mensagem novamente. Se a versão do código do receptor coincidir com o valor anexado à mensagem que chega, então, o receptor sabe que a mensagem só pode ter sido originada do gerenciador autorizado e que esta não foi alterada em trânsito. A chave secreta compartilhada entre as partes emissora e receptora precisa ser pré-configurada. O código de autenticação real é conhecido como HMAC, que é um mecanismo de autenticação padrão Internet.

O serviço de privacidade do USM permite que gerenciadores e agentes criptografem mensagens. Novamente, o principal gerenciador e o principal agente precisam compartilhar uma chave secreta. Nesse caso, se os dois forem configurados para usar o serviço de privacidade, todo o tráfego entre eles será criptografado pelo Data Encryption Standard (DES). O principal emissor criptografa a mensagem usando o algoritmo DES e sua chave secreta, e envia a mensagem para o principal receptor, que a decriptografa usando o algoritmo DES e a mesma chave secreta.

O serviço de controle de acesso permite configurar agentes para fornecer níveis diferentes de acesso à base de informações de gerenciamento (MIB) do agente para diferentes gerenciadores. Um principal agente pode restringir acesso à sua MIB para determinado principal gerenciador de duas maneiras. Em primeiro lugar, ele pode restringir acesso a uma certa parte de sua MIB. Por exemplo, um agente pode restringir a maioria dos gerenciadores de ver estatísticas relacionadas ao desempenho e apenas permitir que um único principal gerenciador designado veja e atualize parâmetros de configuração. Em segundo lugar, o agente pode limitar as operações que um gerenciador pode usar nessa parte da MIB. Por exemplo, um principal gerenciador específico poderia

NOTA DE APLICAÇÃO

Que grau de gerenciamento?

Gerenciar sistemas e redes tem algo em comum com a educação de crianças – às vezes, é muito difícil deixá-las serem elas mesmas. Com o software e hardware atuais de comunicação, existe uma tremenda quantidade de capacidade de gerenciamento embutida. Se isso não for suficiente, você pode instalar software e hardware adicionais para a finalidade expressa de mais gerenciamento. Embora esteja claro que algum nível de gerenciamento é fundamental, é fácil ficar envolvido e desperdiçar o dia gerenciando dispositivos em perfeito funcionamento.

Há literalmente dezenas de "itens" de gerenciamento. A seguir está uma breve lista das informações que podem ser relatadas pela maioria dos dispositivos de rede.

- Estatísticas de monitoramento para a rede
- Estado do equipamento
- Ativação/desativação de portas
- Exibição gráfica de informações (portas)
- Segurança (usuários, login, tráfego de bloco de dispositivo desconhecido, codificação)
- Flexibilidade
- Mensagem/apuração
- Atualizações de software
- Controle de tráfego/topologia
- Configuração de endereço IP
- Conjunto de padrões
- Monitoramento de outros dispositivos
- Gerenciamento de mensagens (para monitorar)
- Visualização de falhas

Além de ser capaz de determinar muita coisa em relação à rede, essas informações podem ser enviadas para o administrador via e-mail, mensagens SNMP, pagers e telefones celulares. Um erro comum é definir os parâmetros de gerenciamento e limites de alarme antes de entender o funcionamento normal da rede. É o gerente experiente quem decide ser notificado de todo e qualquer evento de rede. Por exemplo, poderíamos definir um alarme para nos enviar um e-mail no momento em que o número de quadros transmitidos com erro na rede sem fio excedesse a 10, quando o nível normal de retransmissão por hora fosse 300. Isso acarretaria uma montanha de e-mails.

Com as redes pequenas (incluindo redes domésticas), a quantidade de gerenciamento necessária normalmente é muito pequena. Entretanto, há casos em que certa quantidade de configuração e notificação pode ser desejada. Esses casos incluem a configuração inicial, os alertas de segurança e os itens específicos da rede, como cobrança e autorização. Em casa, podemos ter necessidades adicionais, como monitoramento dos pais para o uso da Web pelas crianças ou configuração de software para navegadores. Em qualquer caso, o nível de envolvimento geralmente é pequeno e não há muitas chamadas para servidores caros, ou dias perdidos na configuração do sistema de gerenciamento.

À medida que as redes crescem, decisões precisam ser tomadas em relação ao nível apropriado de sofisticação do Network Management System (NMS). Lembre-se de que o tempo que você gasta gerenciando a rede é um tempo roubado de outras tarefas. O NMS também pode diminuir o desempenho da rede. Anteriormente neste livro, introduzimos os conceitos de "em banda" e "fora de banda". A maioria dos dispositivos é inicialmente configurada por meio de um console ou enlace serial. Esse é um caminho físico separado para o tráfego de gerenciamento e é chamado de gerenciamento fora de banda. Uma vez que o administrador começa a usar Telnet, HTTP ou SNMP para executar a rede, as mensagens competem com tráfego de dados padrão. Isso é chamado de gerenciamento em banda. Existem algumas situações em que a topologia ou configuração pode efetivamente desativar uma parte da rede devido à troca de mensagens motivada pelo gerenciamento. Por exemplo, um enlace suspeito pode ser instruído a espelhar todo o seu tráfego para outro local para fins de análise. Quando isso ocorrer, o enlace que recebe as novas informações pode ser sobrecarregado, se houver outros processos em execução. Portanto, é necessário ter cuidado não só na quantidade de gerenciamento utilizada, mas também em como esse gerenciamento se realiza.

Gerenciar recursos de computação e uma rede pode ser difícil e demorado. Os segredos para executar esquemas de gerenciamento bem-sucedidos incluem entender as condições de operação normais da rede, implementar apenas os itens de gerenciamento que são necessários, conhecer as situações que resultarão em condições de alarme e entender o efeito de implementar seu NMS e programar alertas apenas para itens de que você realmente deseja ser informado.

ser limitado ao acesso de leitura a uma parte da MIB de um agente. A política de controle de acesso a ser usada por um agente para cada gerenciador precisa ser pré-configurada e consiste basicamente em uma tabela que detalha os privilégios de acesso dos vários gerenciadores autorizados.

19.4 Leitura e Web sites recomendados

[STAL99] fornece um exame completo e detalhado do SNMP, SNMPv2 e SNMPv3; o livro também fornece um resumo da tecnologia de gerenciamento de rede. Um dos poucos livros sobre o assunto do gerenciamento de rede é [SUBR00].

STAL99 Stallings, W. *SNMP, SNMPv2, SNMPv3, and RMON 1 and 2.* Reading, MA: Addison-Wesley, 1999.
SUBR00 Subranamian, M. *Network Management: Principles and Practice.* Reading, MA: Addison-Wesley, 2000.

Web site recomendado

- **Simple Web Site:** Mantido pela University of Twente. É uma boa fonte de informações sobre o SNMP, incluindo ponteiros para muitas implementações de domínio público e listas de livros e artigos.

19.5 Principais termos, perguntas para revisão e problemas

Principais termos

agente
base de informações de gerenciamento (MIB)
estação de gerenciamento
falha
gerenciamento de configuração e de nome
gerenciamento de contabilidade
gerenciamento de desempenho
gerenciamento de falhas
gerenciamento de rede
gerenciamento de segurança
gerente
protocolo de gerenciamento de rede
Simple Network Management Protocol (SNMP)
sistema de gerenciamento de rede
Structure of Management Information (SMI)

Perguntas para revisão

19.1 Relacione e defina brevemente as principais áreas que compõem o gerenciamento de rede.
19.2 Defina *falha* no âmbito do gerenciamento de rede.
19.3 Cite duas maneiras em que um sistema de gerenciamento de rede pode se caracterizar como integrado.
19.4 Liste e defina brevemente os principais elementos do SNMP.
19.5 Que funções são fornecidas pelo SNMP?
19.6 Que protocolo de camada inferior encapsula mensagens SNMP?
19.7 Descreva duas interpretações diferentes do termo *MIB*.
19.8 Quais são as diferenças entre SNMPv1, SNMPv2 e SNMPv3?

Problemas

19.1 Como o SNMP usa dois números de porta diferentes (portas UDP 161 e 162), um único sistema pode facilmente executar um gerenciador e um agente. O que aconteceria se o mesmo número de porta fosse usado para ambos?

19.2 A especificação da versão original (versão 1) do SNMP possui a seguinte definição de um novo tipo:

$$\text{Gauge} ::= \text{[APPLICATION 2] IMPLICIT INTEGER} \\ (0..4294967295)$$

O padrão inclui a seguinte explicação das semânticas desse tipo:

> Esse tipo em nível de aplicação representa um inteiro não-negativo, que pode aumentar ou diminuir, mas que fixa em um valor máximo. Esse padrão especifica um valor máximo de $2^{32} - 1$ (4294967295 decimal) para gauges.

Infelizmente, a palavra *fixa* não é definida, e isso tem gerado duas interpretações diferentes. O padrão SNMPv2 eliminou a ambigüidade com a seguinte definição:

> O valor de um Gauge tem seu valor máximo sempre que a informação sendo modelada é maior ou igual a esse valor máximo; se a informação sendo modelada diminuir subseqüentemente abaixo do valor máximo, o Gauge também diminui.

a. Qual é a interpretação alternativa?
b. Discuta os prós e contras das duas interpretações.

19.3 Uma das primeiras etapas na configuração de um dispositivo a ser gerenciado é atribuir-lhe um endereço IP. Por quê?

19.4 Muitos administradores de rede usam o programa ping como uma importante ferramenta de gerenciamento.
a. Por que você usaria o programa ping em um dispositivo de rede?
b. Por que você usaria o ping em você mesmo?

19.5 Vimos que o SNMP usa o UDP como seu protocolo de transporte. Por que o UDP foi escolhido em vez do TCP?

19.6 Qual é a desvantagem de fazer o sistema de gerenciamento de rede operar na camada de aplicação?

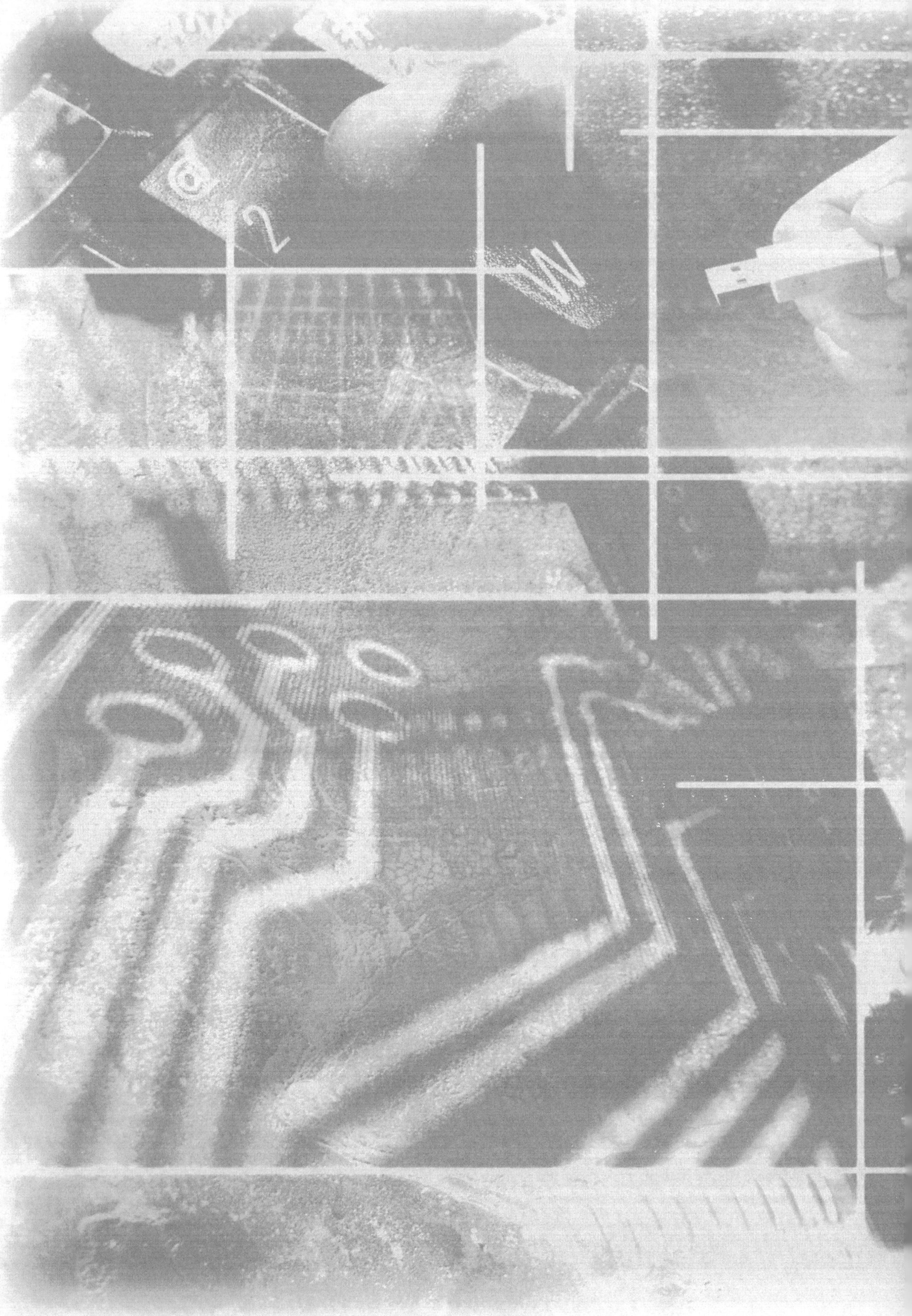

Glossário

Amplitude O tamanho ou a magnitude de uma forma de onda de voltagem ou corrente.

Arquitetura de protocolo A estrutura de software que implementa a função de comunicações. Normalmente, a arquitetura de protocolo consiste em um conjunto de camadas de protocolos, com um ou mais protocolos em cada camada.

Assinatura digital Um mecanismo de autenticação que permite o criador de uma mensagem anexar um código que atua como uma assinatura. A assinatura garante a origem e a integridade da mensagem.

Asynchronous Transfer Mode (ATM) Uma forma de comutação de pacotes em que são usadas células de tamanho fixo de 53 octetos. Não existe uma camada de rede e muitas das funções básicas foram agilizadas ou eliminadas para proporcionar maior vazão.

Atenuação Uma diminuição na magnitude da corrente, voltagem ou potência de um sinal na transmissão entre pontos.

Automatic Repeat Request (ARQ) Um recurso que inicia automaticamente uma requisição de retransmissão quando se detecta erro na transmissão.

Banco de dados distribuído Um banco de dados que não é armazenado em um único local, mas, sim, disperso por uma rede de computadores interconectados.

Banco de dados Uma coleção de dados inter-relacionados, normalmente com redundância controlada, organizados para atender a várias aplicações. Os dados são armazenados de modo que possam ser usados por diferentes programas, seja qual for a estrutura ou organização interna.

Banda Uma unidade de velocidade de sinalização igual ao número de condições ou eventos de sinal discretos por segundo, ou o inverso do tempo do elemento de sinal mais curto.

Bit de paridade Um bit de verificação anexado a um conjunto de bits binários para tornar a soma de todos os dígitos binários, incluindo o bit de verificação, sempre ímpar ou sempre par.

Bit Dígito binário. Uma unidade de informação representada por um zero ou um 1.

Byte Uma seqüência de dígitos binários operados como uma unidade e normalmente com oito bits de extensão, capaz de manter um caractere no conjunto de caracteres local.

Cabeçalho   Informação de controle definida pelo sistema, que precede os dados do usuário em uma unidade de dados do protocolo.

Cabo coaxial   Um cabo que consiste em um condutor, normalmente um pequeno tubo ou fio de cobre, isolado dentro de outro condutor de diâmetro maior, normalmente um tubo ou uma malha de cobre.

Camada de aplicação   A camada 7 do modelo OSI. Essa camada determina a interface do sistema com o usuário e fornece serviços úteis orientados a aplicação.

Camada de apresentação   Camada 6 do modelo OSI. Trata do formato e da exibição dos dados.

Camada de enlace de dados   A camada 2 do modelo OSI. Converte um canal de transmissão não confiável em um canal confiável.

Camada de rede   A camada 3 do modelo OSI. Responsável por rotear dados por uma rede de comunicação.

Camada de sessão   A camada 5 do modelo OSI. Gerencia uma conexão lógica (sessão) entre dois processos ou aplicações que se comunicam.

Camada de transporte   A camada 4 do modelo OSI. Oferece transferência confiável e seqüenciada de dados entre as extremidades.

Camada física   Camada 1 do modelo OSI. Trata dos aspectos elétricos, mecânicos e de temporização da transmissão do sinal por um meio.

Central Office (CO)   O local em que as empresas telefônicas terminam as linhas do cliente e posicionam equipamento de comutação para interconectar essas linhas com outras redes.

Circuito virtual   Um mecanismo de comutação de pacotes em que uma conexão lógica (circuito virtual) se estabelece entre duas estações no início da transmissão. Todos os pacotes seguem a mesma rota, não precisam transportar um endereço completo e chegam em seqüência.

Code Division Multiple Access (CDMA)   Uma técnica de multiplexação utilizada com espectro espalhado.

Codec   Codificador-decodificador. Transforma dados analógicos em fluxo de bits digital (codificador) e sinais digitais em dados analógicos (decodificador).

Codificação por deslocamento de amplitude   Modulação em que dois valores binários são representados por duas amplitudes diferentes da freqüência da portadora.

Codificação por deslocamento de freqüência   Modulação em que os dois valores binários são representados por duas freqüências diferentes perto da freqüência da portadora.

Codificação por mudança de fase   Modulação em que a fase do sinal da portadora é mudada para representar os dados digitais.

Código de detecção de erro   Um código para o qual cada sinal de dados está em conformidade com regras de construção específicas, de modo que divergências dessa construção no sinal recebido possam ser detectadas automaticamente.

Comutação de circuitos   Um método de comunicação em que um caminho de comunicações dedicado se estabelece entre dois dispositivos por meio de um ou mais nós de comutação intermediários. Ao contrário da comutação de pacotes, os dados digitais são enviados como um fluxo contínuo de bits. A taxa de dados é garantida, e o atraso é essencialmente limitado ao tempo de propagação.

Comutação de pacotes   Um método de transmissão de mensagens por uma rede de comunicações, em que mensagens longas são subdivididas em pacotes curtos. Cada pacote é passado da origem ao destino por meio de nós intermediários. Em cada nó, a mensagem inteira é recebida, armazenada rapidamente e depois passada adiante para o nó seguinte.

Controle de erro   Uma técnica para detectar e corrigir erros.

Correio eletrônico   Correspondência na forma de mensagens transmitidas entre estações de trabalho por uma rede. O protocolo mais comum utilizado para dar suporte ao correio eletrônico é o Simple Mail Transfer Protocol (SMTP).

Criptografia de chave pública   Uma forma de cripto-sistema em que a criptografia e a decriptografia se realizam mediante duas chaves separadas, uma conhecida como a chave pública, a outra como a chave privada.

Criptografia simétrica   Uma forma de cripto-sistema em que a criptografia e a decriptografia se realizam com a utilização da mesma chave. Também conhecida como criptografia convencional.

Criptografia Converter texto ou dados simples em forma não inteligível, por meio de um cálculo matemático reversível.

Customer Premises Equipment (CPE) Equipamento de telecomunicação localizado nas instalações do cliente (local físico), e não nas instalações do provedor ou entre eles.

Cyclic Redundancy Check (CRC) Um código de detecção de erro em que o código é o resto da divisão dos bits a serem verificados por um número binário predeterminado.

Dados analógicos Dados representados por uma quantidade física considerada variável continuamente e cuja magnitude se torna diretamente proporcional aos dados ou a uma função adequada dos dados.

Dados digitais Dados representados por valores ou condições discretas.

Datagrama Na comutação de pacotes, um pacote autocontido, independente de outros pacotes, que transporta informações suficientes para rotear do equipamento terminal de dados (DTE) de origem para o DTE de destino, sem depender de trocas anteriores entre os DTEs e a rede.

Decibel Uma medida da força relativa de dois sinais. O número de decibéis é 10 vezes o log da razão da potência de dois sinais, ou 20 vezes o log da razão da voltagem de dois sinais.

Decriptografia A tradução do texto ou dados criptografados (chamado de texto cifrado) para texto ou dados originais (denominado texto claro). Também chamado decifração.

Disponibilidade A porcentagem do tempo em que determinada função ou aplicação está disponível para os usuários.

Domain Name System (DNS) Um serviço de pesquisa de diretório que oferece um mapeamento entre o nome de um host na Internet e seu endereço numérico.

Domínio Um grupo de redes que fazem parte da Internet e que estão sob o controle administrativo de uma única entidade, como uma empresa ou agência do governo.

Downlink O enlace de comunicações do satélite até a estação terrestre.

Espectro espalhado de seqüência direta Uma forma de espectro espalhado em que cada bit no sinal original é representado por vários bits no sinal transmitido, usando um código de ampliação.

Espectro Refere-se a um intervalo de freqüências absoluto e contíguo.

Extranet A extensão da intranet de uma empresa para a Internet, para que clientes, fornecedores e profissionais selecionados acessem dados e aplicações privadas da empresa por meio da World Wide Web. Difere do (e normalmente é acrescido ao) Web site público da empresa, que é acessível a todos. A diferença pode não ser clara, mas geralmente uma extranet implica acesso em tempo real por meio de algum tipo de firewall.

Fase Para um sinal periódico $f(t)$, a parte fracionária t/P do período P por meio do qual t avançou em relação a uma origem arbitrária. A origem normalmente é apanhada na última passagem por zero anterior da direção negativa para a positiva.

Fibra óptica Um filamento fino de vidro ou outro material transparente, pelo qual um raio de luz codificado com sinal pode ser transmitido por meio da reflexão interna total.

Frame Check Sequence (FCS) Um código de detecção de erro inserido como um campo em um bloco de dados a ser transmitido. O código serve para verificar erros no recebimento dos dados.

Frame Relay Uma forma de comutação de pacotes baseada no uso de quadros de tamanho variável na camada de enlace. Não existe camada de rede, e muitas das funções básicas foram agilizadas ou eliminadas para proporcionar maior vazão.

Freqüência Taxa de oscilação do sinal em ciclos por segundo (Hertz).

Frequency Division Multiplexing (FDM) Divisão de uma facilidade de transmissão em dois ou mais canais, através da divisão da banda de freqüência transmitida pela facilidade em bandas mais estreitas, cada qual usada para constituir um canal distinto.

Host Qualquer sistema final, como um PC, estação de trabalho ou servidor, que se conecte à Internet.

Interligação de redes Comunicação entre dispositivos por meio de várias redes.

Internet Protocol (IP) Um protocolo padronizado que é executado em hosts e roteadores para interconectar uma série de redes independentes.

Internet Service Provider (ISP) Uma empresa que oferece a outras empresas ou indivíduos acesso ou presença na Internet.

Internet Uma inter-rede de alcance mundial baseada no TCP/IP, que interconecta milhares de redes públicas e privadas e milhões de usuários.

Intranet Uma inter-rede corporativa que oferece as principais aplicações de Internet, especialmente a World Wide Web. Uma intranet opera dentro da organização para fins internos e pode existir como uma inter-rede isolada, autocontida, ou pode ter enlaces com a Internet. O exemplo mais comum é o uso por uma empresa de um ou mais servidores de World Wide Web em uma rede TCP/IP interna para distribuição de informações dentro da empresa.

Largura de banda A diferente entre as freqüências limitantes de uma banda de freqüência contínua.

Local Area Network (LAN) Uma rede de comunicação de dados que está geograficamente limitada a um único prédio ou grupo de prédios.

Loop local Um caminho de transmissão, geralmente par trançado, entre o assinante individual e o centro de comutação mais próximo de uma rede pública de telecomunicações. Também chamado de loop do assinante.

Medium Access Control (MAC) Para uma rede de comunicação, o método para determinar qual estação tem acesso ao meio de transmissão em determinado momento.

Meio de transmissão O meio físico que transporta dados entre as estações de dados.

Meio guiado Um meio de transmissão em que ondas eletromagnéticas são guiadas ao longo de um meio sólido, como par trançado de cobre, cabo coaxial de cobre ou fibra óptica.

Meio não guiado Um meio de transmissão, como a atmosfera ou o espaço exterior, usado para a transmissão sem fio.

Melhor esforço Uma técnica de entrega da rede ou da inter-rede que não garante a entrega dos dados e trata todos os pacotes de forma igual. Todos os pacotes são encaminhados com base em "primeiro a chegar, primeiro a ser atendido". Não existe tratamento preferencial baseado em prioridade ou outros aspectos.

Modelo de referência Open Systems Interconnection (OSI) Um modelo de comunicações entre dispositivos em cooperação. Ele define uma arquitetura de sete camadas para as funções de comunicação.

Modem Modulador/demodulador. Um dispositivo que converte dados digitais em um sinal analógico que pode ser transmitido por uma linha de telecomunicação e que converte o sinal analógico recebido em dados digitais.

Multiplexação por divisão síncrona do tempo Um método de TDM em que slots de tempo em uma linha de transmissão compartilhada são atribuídos a dispositivos numa base fixa, predeterminada.

Multiplexação Em transmissão de dados, uma função que permite que duas ou mais fontes de dados compartilhem um meio de transmissão comum, de modo que cada fonte de dados tenha seu próprio canal.

Network Access Point (NAP) Nos Estados Unidos, um ponto de acesso à rede (NAP – Network Access Point) é um dos muitos pontos principais de interconexão com a Internet, que servem para unir todos os ISPs.

Network Service Provider (NSP) Uma empresa que fornece serviços de backbone para um provedor de serviços da Internet (ISP – Internet Service Provider), a empresa que a maioria dos usuários Web utiliza para o acesso à Internet.

Octeto Um grupo de oito bits adjacentes, normalmente operados como uma unidade.

Pacote Um grupo de bits que inclui informações e controle de dados. Geralmente, refere-se a uma unidade de dados do protocolo da camada de rede (camada OSI 3).

Par trançado Um meio de transmissão que consiste em dois condutores isolados, trançados para reduzir o ruído.

Período O valor absoluto do intervalo mínimo após o qual as mesmas características de uma forma de onda periódica se repetem.

Ponte Um dispositivo de interconexão de redes que conecta duas redes locais semelhantes, que utilizam os mesmos protocolos de LAN.

Ponto a ponto Uma configuração em que duas e somente duas estações compartilham um caminho de transmissão.

Ponto de presença (POP) Um local que possui uma coleção de equipamentos de telecomunicações, normalmente se referindo ao ISP ou instalações da companhia telefônica. O POP de um ISP é a borda da rede do ISP; as conexões dos usuários são aceitas e autenticadas aqui. Um provedor de acesso à Internet pode operar vários POPs distribuídos por sua área de operação, para aumentar a chance de que seus assinantes possam alcançar um deles com uma ligação telefônica local.

Porta Um endereço da camada de transporte que identifica um usuário de um protocolo na camada de transporte.

Processamento de dados distribuído Processamento de dados em que algumas ou todas as funções de processamento, armazenamento e controle, além das funções de entrada/saída, são dispersas entre as estações de processamento de dados.

Protocol Data Unit (PDU) Informações que são entregues como uma unidade entre entidades parceiras de uma rede. Uma PDU normalmente contém informações de controle e informações de endereço em um cabeçalho. A PDU também pode conter dados.

Protocolo Um conjunto de regras semânticas e sintáticas, que descrevem como transmitir dados, especialmente por uma rede. Os protocolos de nível inferior definem os padrões elétricos e físicos a serem observados, ordem de bit e byte, e a transmissão, detecção e correção de erros do fluxo de bits. Os protocolos de alto nível lidam com a formatação dos dados, incluindo a sintaxe das mensagens, o diálogo do terminal com o computador, conjuntos de caracteres e a seqüência das mensagens.

Pulse Code Modulation (PCM) Um processo em que um sinal é digitalizado e a magnitude de cada amostra com relação a uma referência fixa é quantificada e convertida por codificação para um sinal digital

Quadro Um grupo de bits que inclui dados e um ou mais endereços, além de outras informações de controle do protocolo. Normalmente, refere-se a uma unidade de dados de protocolo da camada de enlace (camada OSI 2).

Qualidade de serviço (QoS) Um conjunto de parâmetros que descrevem a qualidade (por exemplo, taxa de dados, rapidez, uso de buffer, prioridade) de um fluxo de dados específico. A QoS mínima é o melhor esforço, que trata todos os pacotes igualmente com base em "primeiro a entrar, primeiro a ser atendido". A QoS pode ditar o caminho escolhido para a entrega por um roteador, o serviço de rede solicitado pelo roteador da próxima rede nesse caminho e a ordem em que os pacotes em espera são encaminhados a partir do roteador.

Rede celular Uma rede de comunicações sem fio, em que antenas fixas são arrumadas em um padrão hexagonal e estações móveis se comunicam por antenas fixas nas vizinhanças.

Rede local *Ver* **Local Area Network (LAN)**.

Roteador Um dispositivo de inter-redes que conecta duas redes de computadores. Ele utiliza um protocolo de inter-rede e considera que todos os dispositivos conectados nas redes utilizam a mesma arquitetura de protocolo na camada de inter-rede e acima.

Roteamento A determinação de um caminho que uma unidade de dados (quadro, pacote, mensagem) atravessará da origem ao destino.

Ruído branco Ruído que possui um espectro de freqüência plano, ou uniforme, no intervalo de freqüência de interesse.

Ruído Sinais indesejados que se combinam com (e, portanto, distorcem) o sinal intencionado para transmissão e recepção.

Service Access Point (SAP) Um meio de identificar um usuário dos serviços de uma entidade de protocolo. Uma entidade de protocolo oferece um ou mais SAPs, para uso por entidades de nível superior.

Serviços diferenciados Funcionalidade na Internet e em inter-redes privadas para dar suporte a requisitos específicos de QoS para um grupo de usuários, todos eles usando o mesmo rótulo de serviço nos pacotes IP.

Sinal analógico Uma onda eletromagnética que varia continuamente e pode ser propagada por diversos meios.

Sinal digital Um sinal discreto ou descontínuo, como uma seqüência de pulsos de voltagem.

Sinal periódico Um sinal $f(t)$ que satisfaz $f(t) = f(t + nk)$ para todos os inteiros n, com k sendo uma constante.

Sinal Uma onda eletromagnética usada para transmitir informações.

Sinalização de canal comum Técnica em que os sinais de controle da rede (por exemplo, requisição de chamada) são separados do caminho associado de voz ou dados, colocando a sinalização de um grupo de caminhos de voz ou dados em um canal separado, dedicado apenas à sinalização.

Sinalização A produção de um sinal eletromagnético que representa dados analógicos ou digitais e sua propagação ao longo de um meio de transmissão.

Soma de verificação Um código de detecção de erro baseado em uma operação de soma realizada sobre os bits a serem verificados.

Texto cifrado A saída de um algoritmo de criptografia; a forma criptografada de uma mensagem ou dados.

Texto claro A entrada de uma função de criptografia ou a saída de uma função de descriptografia.

Time Division Multiplexing (TDM) A divisão de uma facilidade de transmissão em dois ou mais canais pela alocação do canal comum a vários canais de informação diferentes, um de cada vez.

Transmissão analógica A transmissão de sinais analógicos sem considerar o conteúdo. O sinal pode ser amplificado, mas não existe tentativa intermediária de recuperar os dados a partir do sinal.

Transmissão assíncrona Transmissão em que cada caractere de informação é sincronizado individualmente, em geral pelo uso de elementos de partida e elementos de parada.

Transmissão digital A transmissão de dados digitais ou dados analógicos que foram digitalizados, mediante um sinal analógico ou digital, em que o conteúdo digital é recuperado e repetido em pontos intermediários para reduzir os efeitos de danos como ruído, distorção e atenuação.

Transmissão sem fio Transmissão eletromagnética por ar, vácuo ou água, mediante uma antena.

Transmissão síncrona Transmissão de dados em que o tempo da ocorrência de cada sinal representando um bit está relacionado a um quadro de tempo fixo.

Transmissão A comunicação de dados pela propagação e processamento de sinais. No caso de sinais digitais ou de sinais analógicos que codificam dados digitais, repetidores podem ser utilizados. Para sinais analógicos, é possível utilizar amplificadores.

Uplink O enlace de comunicações da estação terrestre ao satélite.

Virtual Private Network (VPN) O uso da criptografia e da autenticação nas camadas de protocolo inferiores para oferecer uma conexão segura por uma rede que de outra forma seria insegura, normalmente a Internet. VPNs geralmente são mais baratas do que as redes privadas reais, usando linhas privadas, mas precisam ter o mesmo sistema de criptografia e autenticação nas duas extremidades. A criptografia pode ser realizada por um software de firewall ou possivelmente por roteadores.

World Wide Web (WWW) Um sistema de hipermídia em rede, orientado graficamente. As informações são armazenadas em servidores, trocadas entre os servidores e navegadores, e exibidas nos navegadores na forma de páginas de texto e imagens.

Acrônimos

ADSL	Asymmetric Digital Subscriber Line
AES	Advanced Encryption Standard
AM	Amplitude Modulation
ANSI	American National Standard Institute
API	Application Programming Interface
ARQ	Automatic Repeat Request
ASCII	American Standard Code for Information Interchange
ASK	Amplitude-Shift Keying
ATM	Asynchronous Transfer Mode
BGP	Border Gateway Protocol
CDMA	Code Division Multiple Access
CSMA/CD	Carrier Sense Multiple Access with Collision Detection
CPE	Customer Premises Equipment
CRC	Cyclic Redundancy Check
DES	Data Encryption Standard
DDP	Distributed Data Processing
DNS	Domain Name System
DWDM	Dense Wavelength-Division Multiplexing
FCC	Federal Communications Commission
FCS	Frame Check Sequence
FDM	Frequency Division Multiplexing
FDMA	Frequency Division Multiple Access
FSK	Frequency-Shift Keying
FTP	File Transfer Protocol
FM	Frequency Modulation
HDLC	High-Level Data Link Control
HTML	Hypertext Markup Language
HTTP	Hypertext Transfer Protocol
IAB	Internet Architecture Board
IEEE	Institute of Electrical and Electronics Engineers
IETF	Internet Engineering Task Force
IP	Internet Protocol
IRA	International Reference Alphabet
ISDN	Integrated Services Digital Network
ISP	Internet Service Provider
IT	Information Technology
ITU	International Telecommunication Union
ITU-T	ITU Telecommunication Standardization Sector
LAN	Local Area Network
LEO	Low-Earth-Orbiting
LLC	Logical Link Control
MAC	Medium Access Control

MAN	Metropolitan Area Network	SDP	Session Description Protocol
MEO	Medium-Earth-Orbiting	SIP	Session Initiation Protocol
MIB	Management Information Base	SMTP	Simple Mail Transfer Protocol
MIME	Multi-Purpose Internet Mail Extension	SNMP	Simple Network Management Protocol
NAP	Network Access Point	SONET	Synchronous Optical Network
NSP	Network Service Provider	STP	Shielded Twisted Pair
OSI	Open Systems Interconnection	TCP	Transmission Control Protocol
OSPF	Open Shortest Path First	TDM	Time Division Multiplexing
PBX	Private Branch Exchange	TDMA	Time Division Multiple Access
PCM	Pulse-Code Modulation	UDP	User Datagram Protocol
PDF	Portable Document Format	URI	Universal Resource Identifier
PDN	Public Data Network	URL	Uniform Resource Locator
PDU	Protocol Data Unit	UTP	Unshielded Twisted Pair
POP	Point of Presence	VAN	Value-Added Network
PSK	Phase-Shift Keying	VoIP	Voice Over IP
PSTN	Public Switched Telephone Network	VPN	Virtual Private Network
QoS	Quality of Service	WAN	Wide Area Network
SAN	Storage Area Network	WDM	Wavelength Division Multiplexing
SAP	Service Access Point	WAP	Wireless Application Protocol
SDH	Synchronous Digital Hierarchy	WWW	World Wide Web

Referências Bibliográficas

Abreviações

ACM	Association for Computing Machinery
IEEE	Institute of Electrical and Electronics Engineers
10GE02	10 Gigabit Ethernet Alliance. *10 Gigabit Ethernet Technology Overview.* White paper, maio de 2002.
ANDE95	Anderson, J.; Rappaport, T. e Yoshida, S. "Propagation Measurements and Models for Wireless Communications Channels". *IEEE Communications Magazine,* janeiro de 1995.
ARMI00	Armitage, G. *Quality of Service in IP Networks.* Indianapolis, IN: Macmillan Technical Publishing, 2000.
BELL00	Bellamy, J. *Digital Telephony.* Nova York: Wiley, 2000.
BERN98	Bernard, R. *The Corporate Intranet.* Nova York: Wiley, 1998.
BERS96a	Berson, A. *Client/Server Architecture.* Nova York: McGraw-Hill, 1996.
BERN96b	Bernstein, P. "Middleware: A Model for Distributed System Services". *Communications of the ACM,* fevereiro de 1996.
BERT92	Bertsekas, D. e Gallager, R. *Data Networks.* Englewood Cliffs, NJ: Prentice Hall, 1992.
BLAC99	Black, U. *ATM Volume I: Foundation for Broadband Networks.* Upper Saddle River, NJ: Prentice Hall, 1992.
BLAC00	Black, U. *IP Routing Protocols: RIP, OSPF, BGP, PNNI & Cisco Routing Protocols.* Upper Saddle River, NJ: Prentice Hall, 2000.
BORT02	Borthick, S. "SIP Services: Slowly Rolling Forward". *Business Communications Review,* junho de 2002.
BORT03	Borthick, S. "SIP for the Enterprise: Work in Progress". *Business Communications Review,* fevereiro de 2003.
BRAY01	Bray, J. e Sturman, C. *Bluetooth: Connect without Cables.* Upper Saddle River, NJ: Prentice Hall, 2001.
BREY99	Breyer, R. e Riley, S. *Switched, Fast, and Gigabit Ethernet.* Nova York: Macmillan Technical Publishing, 1999.
BRUN99	Bruno, L." Extranet Indemnity". *Data Communications,* julho de 1999.
BUCK00	Buckwalter, J. *Frame Relay: Technology and Practice.* Reading, MA: Addison-Wesley, 2000.
CAMP99	Campbell, A.; Coulson, G. e Kounavis, M. "Managing Complexity: Middleware Explained". *IT Pro,* outubro de 1999.

CARN99 Carne, E. *Telecommunications Primer: Data, Voice, and Video Communications.* Upper Saddle River, NJ: Prentice Hall, 1999.

CERF74 Cerf, V. e Kahn, R. "A Protocol for Packet Network Interconnection". *IEEE Transactions on Communications,* maio de 1974.

CERT03 CERT Coordination Center. *CERT Coordination Center 2002 Annual Report.* Carnegie-Mellon University, 2003. http://www.cert.org/annual_rpts/cert_rpt_01.html.

CLAR92 Clark, D.; Shenker, S. e Zhang, L. "Supporting Real-Time Applications in an Integrated Services Packet Network: Architecture and Mechanism". *Proceedings, SIGCOMM '92,* agosto de 1992.

CLAR95 Clark, D. *Adding Service Discrimination to the Internet.* MIT Laboratory for Computer Science Technical Report, setembro de 1995. Disponível em http://ana-www.lcs.mit.edu/anaweb/papers.html.

CLAR02 Clark, E. "Carlson Companies Trades up to an IP SAN". *Network Magazine,* dezembro de 2002.

CLAR03 Clark, E. "Guardian Life Insurance Shapes Up With Server Consolidation". *Communications Convergence Magazine,* 4 de fevereiro de 2003. www.cconvergence.com.

COHE96 Cohen, J. "Rule Reversal: Old 80/20 LAN Traffic Model is Getting Turned on Its Head". *Network World,* 16 de dezembro de 1996.

COME00 Comer, D. *The Internet Book.* Upper Saddle River, NJ: Prentice Hall, 2000.

CONN99 Connor, D. "Data Replication Helps Prevent Potential Problems". *Network World,* 13 de dezembro de 1999.

CONR03 Conery-Murray, A. "Hospital Cures Wireless LAN of Dropped Connections". *Network Magazine,* janeiro de 2003.

COUC01 Couch, L. *Digital and Analog Communication Systems.* Upper Saddle River, NJ: Prentice Hall, 2001.

COUL02 Coulouris, G; Dollimore, J. e Kindberg, T. *Distributed Systems: Concepts and Design.* Reading, MA: Addison-Wesley, 2002.

CROL00 Croll, A. e Packman, E. *Managing Bandwidth: Deploying QoS in Enterprise Networks.* Upper Saddle River, NJ: Prentice Hall, 2000.

CROW97 Crow, B. e outros. "IEEE 802.11 Wireless Local Area Networks". *IEEE Communications Magazine,* setembro de 1997.

DAVI89 Davies, D. e Price, W. *Security for Computer Networks.* Nova York: Wiley, 1989.

DESM99 Desmond, P. "Top-Notch Network Overhaul". *Network World,* 15 de novembro de 1999.

DIAN02 Dianda, J.; Gurbani, V. e Jones, M. "Session Initiation Protocol Services Architecture". *Bell Labs Technical Journal,* Volume 7, Número 1, 2002.

DIFF76 Diffie, W. e Hellman, M. "Multiuser Cryptographic Techniques". *IEEE Transactions on Information Theory,* novembro de 1976.

DORN01 Dornan, A. "Hotel Chain Reserves Room on Space Network". *Network Magazine,* janeiro de 2001.

DWYE92 Dwyer, S. e outros. "Teleradiology Using Switched Dialup Networks". *IEEE Journal on Selected Areas in Communications,* setembro de 1992.

ECKE95 Eckerson, W. "Client Server Architecture". *Network World Collaboration,* inverno de 1995.

ECKE96 Eckel, G. *Intranet Working.* Indianapolis, IN: New Riders, 1996.

EFF98 Electronic Frontier Foundation. *Cracking DES: Secrets of Encryption Research, Wiretap Politics, and Chip Design.* Sebastopol, CA: O'Reilly, 1998.

ELSA02 El-Sayed, M. e Jaffe, J. "A View of Telecommunications Network Evolution". *IEEE Communications Magazine,* dezembro de 2002.

EVAN96 Evans, T. *Building an Intranet.* Indianápolis, IN: Sams, 1996.

FCIA01 Fibre Channel Industry Association. *Fibre Channel Storage Area Networks.* San Francisco: Fibre Channel Industry Association, 2001.

FRAZ99	Frazier, H. e Johnson, H. "Gigabit Ethernet: From 100 to 1,000 Mbps". *IEEE Internet Computing,* janeiro-fevereiro de 1999.	HARL02	Harler, C. "Bring It On!" *Hospitality Technology Magazine,* janeiro-fevereiro de 2002.
FREE96	Freeman, R. *Telecommunication System Engineering.* Nova York: Wiley, 1996.	HETT03	Hettick, L. "Building Blocks for Converged Applications". *Business Communications Review,* junho de 2003.
FREE97	Freeman, R. *Radio System Design for Telecommunications.* Nova York: Wiley, 1997.	HIGG02	Higgins, K. "T.G.I. Friday's Owner Serves up an IP SAN". *Network Computing,* 15 de setembro de 2002.
FREE98	Freeman, R. *Telecommunication Transmission Handbook.* Nova York: Wiley, 1998.	HIGG03	Higgins, K. "Warehouse Data Earns its Keep". *Network Computing,* 1 de maio de 2003.
FREE99	Freeman, R. *Fundamentals of Telecommunications.* Nova York: Wiley, 1999.	HOFF00	Hoffman, P. "Overview of Internet Mail Standards". *The Internet Protocol Journal,* junho de 2000. (www.cisco.com/warp/public/759)
GEIE99	Geier, J. *Wireless LANs.* Nova York: Macmillan Technical Publishing, 1999.		
GEIE01	Geier, J. "Enabling Fast Wireless Networks with OFDM". *Communications System Design,* fevereiro de 2001. (www.csdmag.com)	HOFF02	Hoffer, J.; Prescott, M. e McFadden, F. *Modern Database Management.* Upper Saddle River, NJ: Prentice Hall, 2002.
		HOLD99	Hold, D. "Building Business Networks". *Business Week,* 12 de julho de 1999.
GOLI99	Golick, J. "Distributed Data Replication". *Network Magazine,* dezembro de 1999.	HUIT00	Huitema, C. *Routing in the Internet.* Upper Saddle River, NJ: Prentice Hall, 2000.
GOOD02	Goode, B. "Voice Over Internet Protocol (VoIP)". *Proceedings of the IEEE,* setembro de 2002.	IBM00	IBM Corp. "ING Life Develops Extranet Using Domino and Host On-Demand with VSE/ESA". *VM and VSE Solutions Journal,* julho de 2000. (wwwl.ibm.com/servers/eserver/zseries/library/casestudies)
GOUR02	Gourley, D. e outros. *HTTP: The Definitive Guide.* Sebastopol, CA: O'Reilly, 2002.		
GUYN88	Guynes, J. 1988. "Impact of System Response Time on State Anxiety". *Communications of the ACM,* março de 1988.	JOHN96	Johnson, J. "Tech Team". *Data Communications,* fevereiro de 1996.
		KADA98	Kadambi, J.; Crayford, I. e Kalkunte, M. *Gigabit Ethernet.* Upper Saddle River, NJ: Prentice Hall, 1998.
HAAROOa	Haartsen, J. "The Bluetooth Radio System". *IEEE Personal Communications,* fevereiro de 2000.	KANE98	Kanel, X; Givler, J.; Leiba, B. e Segmuller, W. "Internet Messaging Frameworks". *IBM Systems Journal,* Número 1, 1998.
HAAROOb	Haartsen, J. e Mattisson, S. "Bluetooth—A New Low-Power Radio Interface Providing Short-Range Connectivity". *Proceedings of the IEEE,* outubro de 2000.		
		KESH98	Keshav, S. e Sharma, R. "Issues and Trends in Router Design". *IEEE Communications Magazine,* maio de 1998.
HAFN96	Hafner, K. e Lyon, M. *Where Wizards Stay up Late,* Nova York: Simon and Schuster, 1996.	KEEN99	Keener, R. "Voice, Data, Video Network Offered with One-Stop Shopping". *Health Management,* junho de 1999.
HAIG92	Haight, T. "The Dynamic Desktop". *Network Computing,* junho de 1992.		
HARB92	Harbison, R. "Frame Relay: Technology for Our Time". *LAN Technology,* dezembro de 1992.	KHAR98	Khare, R. "The Spec's in the Mail". *IEEE Internet Computing,* setembro-outubro de 1998.

KING99 King, R. "CLECs Get Moving in New York". *Interactive Week,* 25 de janeiro de 1999.

KIRB01 Kirby, R. "Telemedicine and the No-Brainer Bandwidth Bargain". *Network Magazine,* fevereiro de 2001.

KRIS01 Krishnamurthy, B. e Rexford, J. *Web Protocols and Practice: HTTP/1.1, Networking Protocols, Caching, and Traffic Measurement.* Upper Saddle River, NJ: Prentice Hall, 2001.

LARO02 LaRocca, J. e LaRocca, R. *802.11 Demystified.* Nova York: McGraw-Hill, 2002.

LEUT94 Leutwyler, K. "Superhack". *Scientific American,* julho de 1994.

LIEB95 Liebmann, L. "Keeping Inn Control". *LAN Magazine,* junho de 1995.

LIEB98 Liebmann, L. "CLEC Provides Alternative Medicine". *Network Magazine,* março de 1998.

LIEB99 Liebmann, L. "Bandwidth Fuels E-conomy". *Information Week,* 10 de maio de 1999.

MADA98 Madaus, J. e Webster, L. "Opening the Door to Distance Learning". *Computers in Libraries,* maio de 1998.

MART88 Martin, J. e Leban, J. *Principles of Data Communication.* Englewood Cliffs, NJ: Prentice Hall, 1988.

MCDY99 McDysan, D. e Spohn, D. *ATM: Theory and Application.* Nova York: McGraw-Hill, 1999.

MILL01 Miller, B. e Bisdikian, C. *Bluetooth Revealed.* Upper Saddle River, NJ: Prentice Hall, 2001.

MILO00 Milonas, A. "Enterprise Networking for the New Millennium". *Bell Labs Technical Journal,* janeiro-março de 2002.

MUSI02 Musich, P. "Project Gets Helping Hand". *eWeek,* 25 de novembro de 2002. www.eweek.com.

NORR03 Norris, M. *Gigabit Ethernet Technology and Applications.* Norwood, MA: Artech House, 2003.

OHAR99 Ohara, B. e Petrick, A. *IEEE 802.11 Handbook: A Designer's Companion.* Nova York: IEEE Press, 1999.

OZSU99 Ozsu, M. e Valduriez, P. *Principles of Distributed Database Systems.* Upper Saddle River, NJ: Prentice Hall, 1999.

PAHL95 Pahlavan, K., Probert, T. e Chase, M. "Trends in Local Wireless Networks". *IEEE Communications Magazine,* março de 1995.

PERL00 Perlman, R. *Interconnections: Bridges, Routers, Switches, and Internetworking Protocols.* Reading, MA: Addison-Wesley, 2000.

PFAF98 Pfaffenberger, B. *Building a Strategic Extranet.* Foster City, CA: IDG Books, 1998.

RAO02 Rao, K.; Bojkovic, Z. e Milovanovic, D. *Multimedia Communication Systems: Techniques, Standards, and Networks.* Upper Saddle River, NJ: Prentice Hall.

RAPP02 Rappaport, T, *Wireless Communications: Principles and Practice.* Upper Saddle River, NJ: Prentice Hall, 2002.

REAGO0a Reagan, P. *Client/Server Computing.* Upper Saddle River, NJ: Prentice Hall, 2000.

REAGO0b Reagan, P. *Client/Server Network: Design, Operation, and Management.* Upper Saddle River, NJ: Prentice Hall, 2000.

REGA04 Regan, P. *Local Area Networks.* Upper Saddle River, NJ: Prentice Hall, 2004.

REGE96 Rege, J. "A New Face For Florida". *Oracle Magazine,* julho-agosto de 1996.

RENA96 Renaud, P. *An Introduction to Client/Server Systems.* Nova York: Wiley, 1996.

RIVE78 Rivest, R.; Shamir, A. e Adleman, L. "A Method for Obtaining Digital Signatures and Public Key Cryptosystems". *Communications of the ACM,* fevereiro de 1978.

RODB00 Rodbell, M. "Bluetooth: Wireless Local Access, Baseband and RF Interfaces, and Link Management". *Communications System Design,* março, abril e maio de 2000. (www.csdmag.com)

RODR02 Rodriguez, A. e outros. *TCP/IP Tutorial and Technical Overview.* Upper Saddle River, NJ: Prentice Hall, 2002.

ROSE98 Rose, M. e Strom, D. *Internet Messaging: From the Desktop to the Enterprise.* Upper Saddle River, NJ: Prentice Hall, 1998.

ROTH93	Rothschild, M. "Coming Soon: Internal Markets". *Forbes ASAP,* 7 de junho de 1993.	SPIR88	Spiram, K. e Whitt, W. "Characterizing Superposition Arrival Processes in Packet Multiplexers for Voice and Data". *IEEE Journal on Selected Areas in Communications,* setembro de 1988.
SACH96	Sachs, M. e Varma, A. "Fibre Channel and Related Standards". *IEEE Communications Magazine,* agosto de 1996.		
		SPOH02	Spohn, D. *Data Network Design.* Nova York: McGraw-Hill, 2002.
SCHN96	Schneier, B. *Applied Cryptography.* Nova York: Wiley, 1996.	SPOR03	Sportack, M. *IP Addressing Fundamentals.* Indianápolis, IN: Cisco Press, 2003.
SCHU98	Schulzrinne, H. e Rosenberg, J. "The Session Initiation Protocol: Providing Advanced Telephony Access Across the Internet". *Bell Labs Technical Journal,* outubro-dezembro de 1998.	SPUR00	Spurgeon, C. *Ethernet: The Definitive Guide.* Cambridge, MA: O'Reilly and Associates, 2000.
		STAL99a	Stallings, W. *ISDN and Broadband ISDN, with Frame Relay and ATM.* Upper Saddle River, NJ: Prentice Hall, 1999.
SCHU99	Schulzrinne, H. e Rosenberg, J. "The IETF Internet Telephony Architecture and Protocols". *IEEE Network,* maio-junho de 1999.		
		STAL99b	Stallings, W. *SNMP, SNMPv2, SNMPv3, and RMON 1 and 2.* Reading, MA: Addison-Wesley, 1999.
SEIF98	Seifert, R. *Gigabit Ethernet.* Reading, MA: Addison-Wesley, 1998.		
SEVC96	Sevcik, P. "Designing a High-Performance Web Site". *Business Communications Review,* março de 1996.	STAL00	Stallings, W. *Local and Metropolitan Area Networks,* 6ª edição. Upper Saddle River, NJ: Prentice Hall, 2000.
SEVC03	Sevcik, P. "How Fast Is Fast Enough?". *Business Communications Review,* março de 2003.	STAL02a	Stallings, W. *Wireless Communications and Networks.* Upper Saddle River, NJ: Prentice Hall, 2002.
SHEN95	Shenker, S. "Fundamental Design Issues for the Future Internet". *IEEE Journal on Selected Areas in Communications,* setembro de 1995.	STAL02b	Stallings, W. *High-Speed Networks and Internets.* Upper Saddle River, NJ: Prentice Hall, 2002.
		STAL03	Stallings, W. *Cryptography and Network Security: Principles and Practice,* 3ª edição. Upper Saddle River, NJ: Prentice Hall, 2003.
SHNE84	Shneiderman, B. "Response Time and Display Rate in Human Performance with Computers". *ACM Computing Surveys,* setembro de 1984.		
		STAL04	Stallings, W. *Data and Computer Communications,* 7ª edição. Upper Saddle River, NJ: Prentice Hall, 2004.
SHOE02	Shoemake, M. "IEEE 802.11g Jells as Applications Mount". *Communications System Design,* abril de 2002. (www.commsdesign.com)		
		STEI02a	Steinmetz, R. e Nahrstedt, K. *Multimedia Fundamentals, Volume 1: Media Coding and Content Processing.* Upper Saddle River, NJ: Prentice Hall.
SIMO95	Simon, A. e Wheeler, T. *Open Client/Server Computing and Middleware.* Chestnut Hill, MA: AP Professional Books, 1995.		
		STEI02b	Steinert-Threlkeld, T. "MasterCard Tools Up Data Handling". *Baseline Magazine,* 17 de junho de 2002.
SING99	Singh, S. *The Code Book: The Science of Secrecy from Ancient Egypt to Quantum Cryptography.* Nova York: Anchor Books, 1999.	SUBR00	Subranamian, M. *Network Management: Principles and Practice.* Reading, MA: Addison-Wesley, 2000.
SMIT88	Smith, M. "A Model of Human Communication". *IEEE Communications Magazine,* fevereiro de 1988.	SULL99	Sullivan, K. "Interim Help Yields Long-Term Lucre". *PC Week,* 19 de abril de 1999.

TEGE95 Teger, S. "Multimedia: From Vision to Reality". *AT& T Technical Journal,* setembro-outubro de 1995.

THAD81 Thadhani, A. "Interactive User Productivity". *IBM Systems Journal,* Número 1, 1981.

TSUD92 Tsudik, G. "Message Authentication with One-Way Hash Functions". *Proceedings, INFOCOM '92,* maio de 1992.

UHLA00 Uhland, V. "The Turbo-Charged Enterprise". *Satellite Broadband,* novembro de 2001.

WEXL03 Wexler, J. "Irrepressible Frame Relay". *Business Communications Review,* julho de 2003.

WHET96 Whetzel, J. "Integrating the World Wide Web and Database Technology". *AT&T Technical Journal,* março-abril de 1996.

WILS00 Wilson, J. e Kronz, J. "Inside Bluetooth: Part I and Part II". *Dr. Dobb's Journal,* março e abril de 2000.

XIAO99 Xiao, X. e Ni, L. "Internet QoS: A Big Picture". *IEEE Network,* março-abril de 1999.

Índice

A

acesso à Web e HTTP, 120-124
Acesso Múltiplo por Divisão de Tempo (TDMA), 301
Acesso Múltiplo por duração de código (CDMA), 301-304
Adobe Postscript, 120
ADSL, 367
    multitom discreto, 367
    projeto, 366-367
Advance Encryption Standard (AES), 383
Advance Mobile Phone System (AMPS), 301
Advanced Research Projects Agency (ARPA), 59, 62
agente de gerenciamento, 414
agente de transferência de mensagem, definição, 113
agente do usuário:
    definição, 113
    HTTP, definição, 122
alcance da rede, definição, 164
alcance de vizinhos, definição, 164
algoritmos de criptografia, 382-385
America Online, 68
amplitude de pico, definição, 320
Amplitude-Shift Keying (ASK), 339
analógico, definição, 20
Andreasson, Mark, 64
Andrew Files System (AFS), 120
Anon-FTP, 120
aplicações baseadas na Internet, 109-134
    correio eletrônico, 110-120
    HTTP, 120-124
    SIP, 124-131
    SMTP, 110-120
    telefonia, 124-131
aplicações cliente/servidor, 138-143
    arquitetura em três camadas, 142-143
    banco de dados, 139-140
    classes, 141-142
aplicações de banco de dados, cliente/servidor, 139-140
aplicações distribuídas, 43-44
Application Programming Interface (API), 136, 144
application, do tipo MIME, 120

application/octet-stream, subtipo, 120
aquisição de vizinhos, definição, 164
ARPANET, 59-62
arquitetura cliente/servidor em três camadas, 142-143
arquitetura cliente/servidor, 138
    DDP, 41
    definição, 7
arquitetura de protocolos, 78-89
    definição, 79
    modelo em três camadas, 80-82
    necessidade, 78-80
    padronizada, 82-83
    simples, 78-83
    TCP/IP, 83-89
arquiteturas de protocolos padronizadas, 82-83
arquivos locais, 120
árvore de domínios, ilustração, 69
assinaturas digitais, 391-396
Asymmetric Digital Subscriber Line (ADSL), 342
Asynchronous Transfer Mode (ATM), 9, 11, 36, 280-287
    caminhos virtuais, 280-282
    canais virtuais, 280-282
    categorias de serviço, 284-287
    células, 282-284
ataques, segurança da rede, 380-381
    ataques ativos, 380-381
    ataques passivos, 380
atenuação, 327
ATM. *Ver* Asynchronous Transfer Mode
áudio, como um requisito de informação de negócios, 20-21
audio, tipo MIME, 120
autenticação de mensagem, 387-391
Autonomous Systems (AS), 162
Available Bit Rate (ABR), 287

B

backbone local de alta velocidade, 206
backoff, definição, 208
Backward Explicit Congestion Notification (BECN), 279
banco de dados centralizado, 46

banco de dados distribuído, definição, 46
banco de dados replicado, 46
banco de dados, definição, 46
banco de dados, tipos, 46-49
    centralizado, 46
    distribuído, 46
    particionado, 46-49
    replicado, 46
bancos de dados particionado, 46-49
base semipermanente, caminho virtual, 282
Berners-Lee, Tim, 64
Big LEOs, 310
bit, definição, 16
bloqueando passagem de mensagens, 146
Bluetooth SIG, 238
Bluetooth, 238-241
    aplicações, 238
    arquitetura de protocolos, 239
    documentos padrão, 238
    modelos de uso, 240
    piconets, 240-241
    scatternets, 240-241
Bolt, Beranek e Newman, 62
Border Gateway Protocol (BGP)
byte, definição, 16

C

cabeçalho, definição, 82
cabo coaxial, 12, 192
camada de acesso à rede, definição, 80, 84
camada de aplicação, definição, 80, 84
camada de transporte, definição, 80, 84
camada física, definição, 83
caminho virtual controlado pela rede, 282
caminhos virtuais, ATM, 280-282
campo de cabeçalho da inter-rede, IPv4, 95
canais de controle, 299
canais virtuais semipermanentes, 282
canais virtuais, ATM, 280-282
canal de meta-sinalização, 282
capacidade do canal, 330
caracteres de controle, definição, 21
Carlson Companies, estudo de caso, 225-227
categorias de serviço ATM, 284-285
Cell Loss Priority (CLP), 283
células ATM, 282-284
Central Office (CO), 65, 66
Centrex, 20, 21
Cerf, Vin, 62
CERFnet, 64
CERN, 64
chamadas de procedimento remoto, middleware, 147-148
    vínculo cliente/servidor, 147-148

Choice Hotels International, estudo de caso, 315-316
circuito virtual para comutação de pacotes, 260
CIX, 64
Clarke, Arthur C, 307
classes de inter-rede, 160
cliente, caminho virtual controlado pelo, 282
cliente, definição, 136
cliente/servidor, definição, 136
cliente/servidor, modelo, 8
codec, definição, 336
codificação diferencial, 344
código de detecção de erro, 81, 349
colisão, definição, 208
Commercial Information Interchange (CIX), 64
Committed Information Rate (CIR), 280
Common Object Model (COM), 148
Common Request Broker Architecture (CORBA), 148
comprimento de onda, definição, 321
computação cliente/servidor, 136-148
    ambiente, 137
    aplicações, 139-143
        arquitetura em três camadas, 142-143
        banco de dados, 139-140
        classes, 141-142
    crescimento, 136-139
        definição, 136-138
        evolução, 138
    middleware, 143-148
        arquitetura, 143-144
        chamadas de procedimento remoto, 147-148
        mecanismos orientados a objeto, 148
        passagem de mensagens, 144-147
    tabela de terminologia, 136
computação distribuída, definição, 8
comunicação de dados analógicas, 336-338
comunicação de dados digitais, 336-338
comunicação de dados, definição, 6
comunicação de dados, rede, 2-5
    função na empresa, 2-5
comunicação de imagens, definição, 6
comunicação de vídeo, definição, 6
comunicação de voz, definição, 5
comunicação por computador, definição, 78
comunicação por satélite, 307-312
    órbitas de satélite, 307-312
        geoestacionárias, 307-309
        satélites LEO, 309
        satélites MEO, 311-312
comunicação sem fio de terceira geração, 305-307
comunicação, técnicas, 13
comutação de circuitos:
    arquitetura softswitch, 256
    definição, 60, 251

operação básica, 251-253
redes, 9, 251-256
sinalização de controle, 253-256
versus comutação de mensagens, 61
comutação de mensagem, 60-61
definição, 60
versus comutação de circuitos, 61
comutação de pacotes:
definição, 60, 256
operação básica, 257-259
redes, 9, 256-260
técnicas de comutação, 247-260
comutação, circuito e pacote, 247-268
técnicas, 250
comutador store-and-forward, 214
comutadores Ethernet, 211-215
comutadores Layer 2, 211-214
comutadores Layer 3, 214-215
conectividade, definição, 49
confidencialidade, segurança de rede, 381-388
Content-Description, MIME, 117
Content-ID, MIME, 117
Content-transfer-encoding, MIME, 117
Content-type, MIME, 117
conteúdo Web, intranet, 149
Controlador de Gateway de Mídia (MGC), 256
controladores comerciais, 4-5
controle de congestionamento, Frame Relay, 279-280
controle de erro, 349, 357
Controle de Erro de Cabeçalho (HEC), 284
controle de fluxo, 356-357
Controle de Fluxo Genérico (GFC), 282
controle lógico do enlace e protocolo de adaptação (L2CAP), bluetooth, 239
convergência controlada por negócios, ilustração, 5
convergência, comunicações da empresa, 4-5
correção de erro, 349
correio eletrônico, 110-120
configurações, 112
definição, 110
Multipurpose Internet Mail Extension, 116-120
público *versus* privado, 110
Simple Mail Transfer Protocol, 113-116
único computador *versus* múltiplos computadores, 110-113
correio eletrônico de múltiplos computadores, 110-113
correio eletrônico de único computador, 110-113
correio eletrônico privado, 110
correio eletrônico público, 110
criptoanálise, definição, 382
criptografia de chave pública, 391-396
criptografia simétrica, 381-388
algoritmos, 382-385
distribuição de chaves, 386-387

local de dispositivo, 385-386
preenchimento de tráfego, 387
CSMA/CD (Carrier Sense Multiple Access with Collision Detection), introdução, 207
CSNET, 63
Customer Premises Equipment (CPE), 65, 66
cut-through switch, 214
Cyclades, 62

D

dados digitais, definição, 336
dados, como requisito de informações da empresa, 20-21
dados, definição, 336
dados, IPv4, 95
Data Encryption Standard (DES), 383
Data Link Connection Identifier (DLCI), 278
DDP. *Ver* Distributed Data Processing (DDP)
Defense Advanced Research Projects Agency (DARPA), 83
Dense Wavelength Division Multiplexing (DWDM), 3
desempenho, definição, 50
deslocamento de fragmento, IPv4, 95
deslocamento de freqüência (FSK), 447
detecção de erro, 349-350
necessidade de controle, 349
verificação de redundância cíclica, 349-350
verificações de paridade, 349
Diferencial Manchester, código, 345
Differentiated services (DS), 172-176
Digital Subscriber Line (DSL), definição, 10
digital, definição, 20
Direct Broadcast Satellites (DBS), 311
disponibilidade, definição, 50
dispositivos distribuídos, 45
distorção de atraso, 328
Distributed Data Processing (DDP), 35-54
benefícios, 42
centralizado *versus* distribuído, 26-43
dados, 45-49
desvantagens, 43
formas, 43-45
implicações na rede, 49-50
versus processamento centralizado. *Ver* processamento de dados centralizado *versus* distribuído
divisão de células, 298
DNS, banco de dados, 70, 125
DNS, operação, 70
Domain Name Space (DNS), 70
Domain Name System (DNS), 70
domínio de freqüência, conceitos, 320-324
domínios da inter-rede, 68-72
nomes e endereços, 70
sistema de nomes, 72

Doppler, efeito, 208
DS/ECN, IPv4, 95
DVDs, 169

E

eficiência da transmissão, 13
eletrônica digital, 169-171
Eligibilidade de descarte (DE), 279
e-mail. *Ver* correio eletrônico
empréstimo de freqüência, 298
End Systems (ES), 89
endereçamento, 159-162
    classes de rede, 160
    inter-rede, 160-162. *Ver também* operação da Internet,
        endereçamento
    sub-redes, 160-162
endereço de destino, IPv4, 95
endereço de origem IPv4, 95
enlace de dados, controle, 355-362
    alto nível, 357-362
    controle de erro, 356-357
    controle de fluxo, 356-357
entrelaçamento, definição, 25
Escritório de Comutações de Telecomunicações Móveis (MTSO), 299
especificações básicas, bluetooth, 238
especificações de perfil, bluetooth, 239
espectro, definição, 322
estação base, definição, 296
estações terrestres, 307
estações, definição, 250
estratégias de replicação, 45-47
ethernet de alta velocidade, 215-219
    10-Gbps ethernet, 218-219
    fast ethernet, 215-218
    gigabit ethernet, 217
Ethernet, 205-219
    alta velocidade, 215-219
    comutadores, 212-215
    definição, 207
    hubs, 211-212
    pontes, 210-211
    surgimento de LANs de alta velocidade, 206
    tradicional, 207-210
        controle de acesso ao meio, 207-210
        LAN com topologia de barramento, 207
European Laboratory for Particle Physics, 64
Exterior Gateway Protocol (EGP), 163
Exterior Router Protocol (ERP), 163
extranet:
    benefícios, 152-153
    definição, 89, 152

F

farms de servidor centralizadas, 206
farms de servidores, definição, 186
fase, definição, 320
Fast ethernet, 205, 215-218
fator de reutilização, definição, 297
fibra óptica, 12, 193
    cabo, 12
Fibre Channel, 205, 219-225
    arquitetura de protocolos, 221
    elementos, 220
    introdução, 185
    meios físicos, 221
    propriedades, 222-223
    topologias, 221
File Transfer Protocol (FTP), 62, 88, 120
flags:
    IPv4, 95
    TCP, 92
Florida Department of Management Services, estudo de caso, 106-108
formatos de documento, 24
formatos de imagem, 24
Forrester, Jay, 138
Frame Check Sequence (FCS), 82, 278
Frame Relay, 275-280
    arquitetura de protocolos, 276-277
    base, 275-276
    controle de chamada de repasse, 278-279
    controle de congestionamento, 279-280
    plano de controle, 276-277
    redes, 9
    transferência de dados do usuário, 277-278
freqüência fundamental, definição, 320
freqüência, definição, 320
Frequency Division Multiplexing (FDM), 250, 362-367
    ADSL, 366-367
    divisão de tamanho de onda, 365
FTP. *Ver* File Transfer Protocol
fundamentos de comunicação de dados, 335-353
    analógico, 336-338
    detecção de erro, 349-350
    digital, 336-338
    técnicas de codificação de dados, 338-345
    transmissão assíncrona, 345-348
    transmissão síncrona, 348-349
futuros sistemas de telecomunicações móveis por terra, 305

G

Gateway de Mídia (MG), 256
General Atomics, 64
geossíncrono, definição, 308

gerenciamento de configuração, rede, 411
gerenciamento de contabilidade, rede, 411
gerenciamento de desempenho da rede, 412
gerenciamento de falhas na rede, 410-411
gerenciamento de nomes da rede, 411
gerenciamento de rede, 45, 409-423
    introdução, 13
    protocolo, 415
    requisitos, 410-412
    sistemas, 413-414
    SNMP, 414-421
gerenciamento de segurança da rede, 412
GIF. *Ver* Graphics Interchange Format
Gigabit ethernet, 3, 206, 217
    redes de backbone, 3
gráficos de varredura, definição, 23
gráficos de vetor, definição, 22-23
Graphical User Interface (GUI), 38, 139
Graphics Interchange Format (GIF), 24
grupos de trabalho poderosos, 206
Guardian Life Insurance, estudo de caso, 291-293

H

hackers, como estudo de caso, 405-407
handoff, definição, 298
hash, funções, 391
Haukeland University Hospital, estudo de caso, 375-376
HDLC, protocolos, 277
High-level Data Link (HDLC), 357-362
Holiday Inn, ilustração da arquitetura do sistema de informações, 37
hosts, definição, 63
HTTP. *Ver* Hypertext Transfer Protocol
hub coordenador, definição, 212
hub intermediário, definição, 212
hubs ethernet, 212
HyperText Markup Language (HTML), 41, 64
    exemplos de operação, 122
    principais termos relacionados, 121
Hypertext Transfer Protocol, 120-124

I

identificação, IPv4, 95
Identificador de Caminho Virtual (VCI), 283
Identificador de Canal Virtual (VPI), 283
IEEE 802, modelo de referência, 195-196
IEEE 802.11:
    arquitetura, 235
    camada física, 237-238
    controle de acesso ao meio, 235-238
        controle de acesso, 236
        remessa de dados confiável, 236
    padrão, 233-238

    arquitetura, 235
    camada física, 237-238
    controle de acesso ao meio, 235-236
    serviços, 235
    serviços, 235
IEEE 802.3, opções de meio a 10 Mbps, 210
imagem como um requisito de informação da empresa, 22-24
    formatos, 24
    implicações na rede, 24
    representação, 22-24
imagem de tons de cinza, definição, 23
implicações na rede, DDP, 49-50
informação, requisitos da empresa, 5-6
informações de negócios, requisitos, 19-33
    áudio, 20-21
    dados, 21
        implicações na rede, 22
    imagem, 22-24
        formatos, 24
        implicações na rede, 24
        representação, 22-24
    medidas de desempenho, 26-29
    vídeo, 24-26
infravermelho (IR), LANs, 233
integração, definição, 8
interconexão entre prédios, 231-232
interfaces de protocolo, 88
Interior Gateway Protocol (IGP), 163
Intermediate Systems (IS), 89
International Organization for Standardization (ISO), 7
International Reference Alphabet (IRA), 21
International System of Units (SI), definição, 16
Internet:
    aplicações distribuídas, 6-8
        arquiteturas cliente/servidor, 8
        intranets, 8
Internet Engineering Task Force (IETF)
Internet Explorer da Microsoft, 64
Internet Protocol (IP), 62, 84
Internet Service Provider (ISP), 10, 64, 66
    definição, 10
Internet Software Consortium, 71
Internet, nomes e endereços, 68-72
Internet, operação, 159-179
    endereçamento, 160-162
        classes de rede, 160
        máscaras de sub-rede, 160-162
        sub-redes, 160-162
    protocolos de roteamento, OSFP, 162-167
    qualidade de serviço, 167-171
        eletrônica digital, 169-171
        LANs de alta velocidade, 167
        redes remotas corporativas, 168-169

serviços diferenciados, 171-176
    configuração, 174-176
    operação, 174-176
    serviços, 172-173
velocidade, 166-171
    eletrônica digital, 169-171
    LANs de alta velocidade, 166-167
    redes remotas corporativas, 168-169
Internet, SIP e telefonia, 124-131
Internet, tabela de servidores raiz, 71
    arquitetura, 64-72
        projeto, 64-68
        uso comercial, 67-68
    definição, 89
    domínios, 68-72
        endereços, 68-69
        nomes, 68-69
        sistema de nomes, 70-72
    história, 59-64
        início, 59-63
        papel do NSF, 63
        pontos de interconexão, 64
        World Wide Web, 65
J.P. Morgan's Securities Fixed Income Market Department, exemplo de facilidade de processamento de dados distribuído, 38, 39
janela TCP, 92
jitter, definição, 258

JKL

Joint Photographies Experts Group (JPEG), definição, 24
JPEG. *Ver* Joint Photographic Experts Group
Kahn, Bob, 62
L2CAP. *Ver* controle lógico do enlace e protocolo de adaptação
LAN de alta velocidade, 167-168
LAN de topologia em barramento, 207
LAN protocolos e arquitetura, 183-203
    arquitetura de protocolos, 195-198
        controle de acesso ao meio, 198
        controle lógico do enlace, 197-198
        modelo de referência IEEE 802, 195-197
    base, 183-186
        LANs de backbone, 186
        LANs de computadores pessoais, 183-185
        LANs de fábrica, 186
        redes de alta velocidade para escritório, 185-186
    configuração, 187-188
        cenário de evolução, 188
        LANS em camadas, 187
    meio de transmissão dirigido, 188-195
        cabeamento estruturado, 194-195
        cabo coaxial, 191

fibra óptica, 192-193
par trançado, 189-192
LANs de alta velocidade, surgimento de, 167, 206
LANs de backbone, 186
LANs de computador pessoal, 184
LANs de espectro amplo, 233
LANs de fábrica, 186
LANs em camadas, 187
LANs sem fio de alta velocidade, 206
LANs sem fio, 229-244
    aplicações, 230-232
        rede *ad hoc*, 232
    interconexão entre prédios, 230-232
    bluetooth, 238-241
        aplicações, 238
        arquitetura de protocolos, 239
        documentos padrão, 238
        modelos de uso, 240
        piconets, 240-241
        scatternets, 240-241
    IEEE 802.11, padrão, 235-238
        arquitetura, 235
        camada física, 237-238
        controle de acesso ao meio, 235-236
        serviços, 235
    requisitos, 233
    tecnologia, 233
    visão geral, 229-233
        aplicações, 229-233
        requisitos, 233
        tecnologia, 233
LAPD, 276
LAPF, 276
laptops, 312-313
largura de banda, definição, 322
linha cruzada, 328
linhas alugadas privadas, 263
linhas telefônicas de par trançado, 12
Link Manager Protocol (LMP), bluetooth, 239
LINX, 64
lista de correspondência eletrônica, 151
LLC, unidade de dados de protocolo, 196
Local Area Networks (LANs), 4, 8, 37, 41, 62, 63, 79, 84, 137, 163, 167, 183-203
Logical Link Control (LLC), 195, 196-198
London Internet Exchange (LINX), 64
loop de assinante, 253
loop local, 66, 253
    definição, 66

M

macrocélulas, definição, 298
MAE, 64

MAIL, comando, 115
mainframes, definição, 187
MAN. *Ver* Metropolitan Area Networks
Manchester, código, 345
Masquerade, 381
MasterCard International, estudo de caso, 54-56
MCI Mail, 110
mecanismos orientados a objeto, middleware, 148
medida de desempenho, requisito de informações da empresa, 25-29
Medium Access Control (MAC), 184, 195, 196, 198, 207-210, 235-238
meio de transmissão dirigido, 188-195
    cabeamento estruturado, 194
    cabo coaxial, 192
    fibra óptica, 192-193
    par trançado, 189-192
meio de transmissão, 12
meio de transmissão, definição, 188
meio dirigido:
    definição, 188
    dificuldades de transmissão, 327-328
meio não guiado:
    definição, 188
    prejuízos à transmissão, 329-330
message, tipo MIME, definição, 119
message/external-body, subtipo MIME, definição, 119
message/partial, subtipo MIME, definição, 119
message/rfc822, subtipo MIME, definição, 119
Metropolitan Area Networks (MAN), definição, 10
microbrowser, 306
microcélulas, 298
microondas de banda estreita, 233
microondas terrestres, 12
middleware, 143-148
    arquitetura, 143-144
    chamadas de procedimento remoto, 147-148
    definição, 143
    mecanismos orientados a objeto, 148
    passagem de mensagens, 144-147
MIME. *Ver* Multipurpose Internet Mail Extension
MIME-Version, 117
modelo de cliente gordo, 143
modelo de três camadas, arquitetura de protocolos, 80-82
modelos de uso, bluetooth, 240
modems a cabo, 10, 341
modems com classificação de voz, 341
modems, 336
    cabo, 341
    classe de voz, 341
modificação de mensagens, 381
modulação por codificação de pulso, 342
Mosaic, desenvolvimento, 64

multimodo de índice graduado, 193
multipart, tipo MIME, 117
multipart/alternative, subtipo MIME, definição, 119
multipart/digest, subtipo MIME, definição, 119
multipart/mixed, subtipo MIME, definição, 119
multiplexação por divisão de tempo síncrona, 368-371
    facilidades T-l, 370-371
    mecanismo, 368
    sistemas de portadora digital, 369-370
    SONET/SDH, 371
multiplexação, 362-371
    divisão de freqüência, 362-367
    divisão de tempo síncrona, 368-372
    motivação, 362
Multipurpose Internet Mail Extension (MIME), 116-120
    tipos de conteúdo, 117-120
    visão geral, 117
multitom discreto, 367

N

National Science Foundation. *Ver* U.S. National Science Foundation
navegador, desenvolvimento do, 64
NCSA Center, University of Illinois, 64
negação de serviço, 381
Netscape Navigator, 64
Network Access Point (NAP), 67
Network Service Provider (NSP), 67
NeXT, computador, 64
no canal, definição, 255
nome de domínio, definição, 68
nomes de domínio, tabela de nível superior, 69
Non-Return-to-Zero-Level (NRZ-L), 343
nós, definição, 250
Notificação de congestionamento explícito adiante (FECN), 279
NRZI, 344
NSF. *Ver* U.S. National Science Foundation
NSFNET, 63-64
número de confirmação, TCP, 92
número de seqüência, 81, 91
    TCP, 91
NYSERnet, 64

O

Object Linking and Embedding (OLE), 148
octeto, definição, 16
Olsten Staffing Services, estudo de caso, 289-290
opções do IPv4, 95
opções do TCP, 93
Open Shortest Path First (OSPF), protocolo, 164-166
Open System Interconnection (OSI), 7, 96. *Ver também* OSI
    definição, 7
    modelo de referência, 96

órbitas de satélite, 307-312
   geoestacionárias, 307-309
   satélites LEO, 309-310
   satélites MEO, 310-312
OSI, 96-119
   ambiente, 98
   arquitetura, 96-98
      versus TCP/IP, 97
   camadas, 96

P

pacote, 82
padrões, admitindo, 14
par trançado, 189-192
   blindado, 190
   não-blindado, 190
      UTP Categoria 3 UTP, 190-192
      UTP Categoria 5 UTP, 190-192
paridade ímpar, definição, 22
paridade par e ímpar, 22
paridade par, 22
particionamento horizontal, 44
particionamento vertical e horizontal, 44
particionamento vertical, definição, 44
passagem de mensagem confiável, 146
passagem de mensagem sem bloqueio, 146
passagem de mensagens não confiável, 146
passagem de mensagens, middleware, 146
   bloqueio *versus* não bloqueio, 146
   confiabilidade *versus* não confiabilidade, 146
Payload, Tipo de (PT), 283
PBX. *Ver* Private Branch Exchange
PDAs, 312-313
PDF. *Ver* Portable Document Format
peer-to-peer, redes, 13
Pequenos LEOs, 309
perda de espaço livre, 329
Performance Systems International, 64
período, definição, 320
Personal Communication Service (PCS), 305
Phase-Shift Keying (PSK), 339
piconet, 238, 240
   definição, 238
pixels, definição, 23
Point of Presence (POP), 66
política de uso aceitável, 68
ponteiro de urgente, TCP, 93
pontes, 89, 210-211
   definição, 210
   Ethernet, 210-211
pontos de acesso aos dados, bluetooth, 238
pontos de avaliação de voz, bluetooth, 238
pontos de interconexão da Internet, 64

porta de destino:
   definição, 81
   TCP, 91
porta de origem TCP, 91
Portable Document Format (PDF), 24
portas, definição, 80
Postscript, definição, 24
PowerBuilder, 142
preenchimento, IPv4, 95
prejuízos à transmissão de dados, 326-330
   meio dirigido, 327-328
   meio não dirigido, 329-330
Private Branch eXchange (PBX), 21, 252
processamento baseado em servidor, 141
processamento baseado no cliente, 141
processamento baseado no host, 141
processamento cooperativo, 142
processamento de dados centralizado *versus* distribuído,
   arquitetura cliente/servidor, 41
processamento de dados centralizado, definição, 36
processamento de dados centralizado, instalação,
   benefícios, 36
processamento de dados centralizado, *versus* processamento de
   dados distribuído, 36-43
   considerações de gerenciamento e organização, 38-43
   extranets, 41
   intranets, 41
   organização, 36-38
   tendências técnicas levando a, 38
processamento de dados distribuído, empresa e, 7
propagação em modo único, 193
Protocol Data Unit (PDU), 82
protocolo de controle de telefonia, bluetooth, 239
protocolo de substituição de cabo, bluetooth, 238, 239
   procedimento, 239
protocolo sem estado, definição, 120
protocolo, definição, 78
protocolo, IPv4, 95
protocolos adotados, bluetooth, 239
protocolos básicos, bluetooth, 239
protocolos de roteamento, operação de inter-rede, 164-166
PSINet, 64
Public Data Network (PDN)/Value-Added Network (VAN),
   252
Public Switched Telephone Network (PSTN), 3, 301

Q

quadro MAC, 196, 208
quadro, 82, 348, 358
   definição, 207, 348
   HDLC, 357
Quality of Service (QoS), 3, 166-171
   operação de inter-rede e, 166-171

R

RCPT, comando, 115
Real-Time Transport Protocol (RTP), definição, 124
Real-time Variable Bit Rate (rt-VBR), 285
receptor, definição, 328
rede de área corporativa, 168-169
rede de computador, definição, 78
rede de comunicação comutada, 250
Rede de Dados Pública (PDN), 261
Rede de Valor Agregado (VAN), 260, 261
rede, definição, 63, 137
redes *ad hoc*, 232
    bluetooth, 238
redes de área de armazenamento, 184-185
redes de back-end, 184-185
redes de escritório de alta velocidade, 185-186
redes locais. *Ver* Local Area Networks (LANs)
redes privadas de comutação de circuitos, 263
redes privadas de comutação de pacotes, 263
redes privadas virtuais, 397
redes públicas de comutação de circuitos, 263
redes públicas de comutação de pacotes, 263
redes sem fio de celular
    operação, 299-301
    organização de rede, 296-299
redes sem fio, 10
redes, comunicação de dados e, 2-5
redes, definição, 1-2
redes, introdução, 8-11
    exemplo de configuração, 10-11
    LANs, 8-9,10
    redes metropolitanas, 10
    redes remotas, 9
    redes sem fio, 10
refração, 330
relay de célula, 9, 280. *Ver também* Asynchronous Transfer Mode (ATM)
replay, 381
replicação adiada, 46
replicação em tempo real, 46
replicação quase em tempo real, 46
resolução espaço-temporal, 25
Resource Records (RR), 70
resultados de tempo de resposta, gráficos de alta função, 26
RFC 3261, 125-130
RFC 822, 116
RGB (Red-Green-Blue), definição, 23
roteador, definição, 84
roteadores, 63, 89, 90
ruído branco, definição, 328
ruído de impulso, 328
ruído termal, 330
ruído, definição, 328

S

satélites GEO. *Ver* satélites geoestacionários
satélites geoestacionários, 307-309
satélites LEO, 309-311
satélites MEO, 311-312
    aplicações, 311-312
    configurações de rede, 310
satélites na baixa órbita terrestre. *Ver* satélites LEO
satélites na média órbita terrestre. *Ver* satélites MEO
SATNET, 62
scatternets, 240-241
segmentos, definição, 81
segurança da informação, definição, 379
segurança da rede, 379-404
    assinaturas digitais, 391-396
    ataques, 380-381
    autenticação de mensagem, 388-391
    confidencialidade, 381-388
    criptografia de chave pública, 391-396
    criptografia simétrica, 381-388
    definição, 379-380
    função de hash, 388-391
    introdução, 13
    IPSEC, 397-401
    redes privadas virtuais, 397-401
    requisitos, 380-381
segurança de computador, definição, 379-380
segurança, requisitos, 380-381
sem fio, LANs. *Ver* LANs sem fio
semântica, definição, 78
Service Access Points (SAPs), definição, 80
Service Discovery Protocol (SDP), bluetooth, 239
serviço de melhor esforço, 285
serviço no modo de conexão, 198
serviço sem conexão e com confirmação, 197-198
serviço sem conexão não confirmado, 198
serviços baseados em informação, velocidades de dados exigidas, 3
serviços de satélite na baixa órbita terrestre, 305
serviços, definição, 2
servidor de correio, 120
servidor de origem HTTP, definição, 122
servidor, definição, 136
servidores de nomes raiz, definição, 71
servidores de nomes, 70
Session Description Protocol (SDP), 125, 131
Session Initiation Protocol (SIP). *Ver* SIP, telefonia de inter-rede e
setores de células, 298
Shielded Twisted Pair (STP), 190
Simple Mail Transfer Protocol (SMTP), 41, 113-116
    configuração da conexão, 115
    operação básica, 113-114
    transferência de correio, 115
    visão geral, 115

Simple Network Management Protocol (SNMP), 86, 88, 414-421
sinais analógicos, 324-325, 331-332
    definição, 320, 336
    sinais de áudio, 324
    sinais de vídeo, 325
sinais eletromagnéticos, 320-324
    domínio de freqüência, 320-324
    domínio de tempo, 320
sinais, definição, 336
sinais, transportando informações, 320-326
    analógicos, 324-325
    digitais, 325-326
    eletromagnéticos, 320-324
sinal digital, definição, 320
sinal periódico, definição, 320
sinalização de controle, comutação de circuitos, 254-256
    localização do canal, 255
    sinalização de canal comum, 255-256
    sinalização, 254-255
sinalização digital, definição, 325
sinalização, definição, 336
sintaxe, definição, 78
SIP, telefonia de inter-rede e, 124-130
    componentes, 125-126
    exemplos de operação, 126-128
    identificador de recurso uniforme, 126
    mensagens, 129-130
    protocolo de descrição de sessão, 131
    protocolos, 125-126
sistemas de cabeamento estruturados, 194-195
sistemas de portadora digital, 368-370
SMTP, definição de emissor, 114
SMTP, definição de protocolo, 114
SMTP, definição de receptor, 114
SMTP. *Ver* Simple Mail Transfer Protocol
Softswitch, arquitetura de comutação de circuitos, 256
soma de verificação do cabeçalho IPv4, 95
soma de verificação, 82
soma de verificação, TCP, 92
SONET/SDH, 371
SQL Windows, 142
St. Luke's Episcopal Hospital, estudo de caso, 245-246
Staten Island University Hospital, estudo de caso, 268-269
strings de caracteres, definição, 22
Structured Query Language (SQL), 136, 140, 144
sub-redes, 214
    definição, 89
    máscaras, 160-162
supervisão, funções de controle, 255
Synchronous Optical NETwork (SONET), definição, 11
Systems Network Architecture (SNA), definição, 6

T

T-1, facilidades, 370-371
tamanho do cabeçalho TCP, 92
tamanho total, IPv4, 95
taxa de amostragem, definição, 25
taxa de dados, 340
taxas de vazão, 2-3
taxas de vazão, serviços *versus*, 3
TCP reservado, 92
TCP/IP, 41, 62, 68-96, 139
    aplicações de inter-rede, 7
    aplicações, 88
    arquitetura *versus* OSI, 97
    arquitetura, 83-88
    camadas, 83-84
    conceitos, ilustração de, 86
    detalhes do IP, 91-96
    interligação de redes, 88-91
    operação, 86-87
TCP:
    detalhes, 91-95
    UDP, 84-85
técnica de datagrama, comutação de pacotes, 260
técnica de servidor gordo, 142
técnica iterativa, definição, 72
técnica recursiva, definição, 72
técnicas de codificação de dados, 338-346
    analógica de informação digital, 338-343
    digital de informação digital, 343-346
telefones celulares, 312-313
TELNET, 88
tempo de resposta do sistema, 27
tempo de resposta do usuário, 27
tempo de vida, IPv4, 95
temporização, definição, 78
tendências levando ao PDD, 38
texto, definição, 21
TFTP, 120
tipo de imagem MIME, 120
Tipo de Multiplexação Divisão de Tempo (TDM), 250
tipo de serviço, definição, 95
tipo de vídeo, MIME, 120
tipo text, MIME, 117
Tomlinson, Ray, 62
tradutores, 70
tráfego:
    análise, 380
    canais, 299
    definição, 2
    enchimento, 387
tráfego elástico, definição, 170
transmissão analógica, 337

transmissão assíncrona, 345-348
transmissão de dados, 319-333
    capacidade do canal, 326-331
    deficiências, 326-331
    sinais, transportando informações, 320-326
transmissão de informações, 12-13
    eficiência, 13
    meio de transmissão, 12
    técnicas de comunicação, 13
    tipos de transmissão, 13
transmissão digital, 338
transmissão por fibra óptica, definição, 12
transmissão sem fio, definição, 188
transmissão síncrona, 348-349
transmissão, definição, 336
Transmission Control Protocol, 62
Transmission Control Protocol/Internet Protocol, 7. *Ver também* TCP/IP
transmissor, definição, 328
transponder, definição, 307
Trivial File Transfer Protocol (TFTP), 78

U

U.S. National Science Foundation (NSF), 63-64
Uniform Resource Locator (URL):
    definição, 122
    desenvolvimento, 64
Unshielded Twisted Pair (UTP), 190
uplink, definição, 307
USENET, 151
User Datagram Protocol (UDP), 85
UUNET Technologies, 64

V

varredura intercalada de vídeo, ilustração, 25
Velocidade de Bit Constante (CBR), 283, 285
    terminais, 282
Velocidade de Bit Variável (VBR), terminais, 283
Velocidade de Bits Não Especificada (UBR), 285
Velocidade de Bits Variável em Tempo Não-Real (nrt-VBR), 285
Velocidade de Quadro Garantida (GFR), 287
velocidade de sinalização, 340
velocidade, operação de inter-rede e, 166-169

verificação de redundância cíclica, 349-350
verificações de paridade, 349
versão do conteúdo da mensagem, 380
versão do IPv4, 95
Very Small Aperature Terminal (VSAT), 312
vetor State, 383
vídeo como requisito de informações de negócios, 24-25
vínculo cliente/servidor, chamadas de procedimento remoto, 147-148
vínculo não persistente, definição, 147
vínculo persistente, definição, 148
Voice over IP (VoIP), 124, 262
    definição, 124

W

WANs sem fio, 295-315
    acesso múltiplo, 301-304
    comunicação sem fio de terceira geração, 305-307
    comunicação por satélite, 307-312
    redes sem fio com celulares, 296-301
WANs. *Ver* Wide Area Network
Web/banco de dados, aplicações
    intranet, 150-151
Wide Area Network (WAN), 9, 63, 137
    alternativas tradicionais, 260-265
    alternativas, 272-275
        evolução de arquiteturas de WAN, 273-275
        ofertas de WAN, 272-273
    ATM, 9
    comutação de circuitos, 9
    comutação de pacotes, 9
    frame relay, 9
Wireless Application Protocol (WAP), 306-307
    modelo de programação, 306-307
Wireless Markup Language (WML), 306
Wireless Telephony Applications (WTAs), 307
World Administrative Radio Conference (1992), 305
World Wide Web, invenção da, 64
X.25, rede, 275, 277

Z

zona, definição, 70